10kV及以下变配电工程通用标准系列图集

变电配电工程通用标准图集

（下册）

（设计·加工安装·设备材料）

《变电配电工程通用标准图集》编写组 编

中国水利水电出版社
www.waterpub.com.cn
·北京·

内 容 提 要

本系列图集共分四套，每套分上、下册。系列图集分别为：《架空线路与电缆线路工程通用标准图集》《变电配电工程通用标准图集》《电气二次回路工程通用标准图集》《现代建筑电气工程通用标准图集》。系列图集所有图都刻录在 CDROM 多媒体光盘中，因而可操作性强，不仅具有参考价值，而且具有实际使用价值。

本套书为《变电配电工程通用标准图集》（上、下册）（附 CAD 光盘）（设计・加工安装・设备材料）。主要内容有第一篇通用技术篇，下设九章，第一章 10kV 及以下配电网设计，第二章 10kV 及以下架空配电线路，第三章电力电缆配电线路，第四章 10kV/0.4kV 变配电所（站），第五章低压电器及低压成套配电设备，第六章新建住宅小区配电工程建设，第七章建筑物内配电工程，第八章电能计量装置，第九章建筑物综合布线系统工程设计；第二篇变电配电工程篇，下设六章，第一章 10kV 变配电所建筑构造，第二章室内变配电装置，第三章常规室外变配电装置，第四章预装箱式变电站，第五章电力需求侧 10kV 配电系统，第六章农网变配电工程。

本书可供变电配电工程设计、施工、安装、设备材料购销、运行维护、检修等专业的技术人员和管理人员阅读使用，也可供大专院校相关专业师生参考。

图书在版编目（CIP）数据

变电配电工程通用标准图集 ：设计・加工安装・设备材料. 下册 / 《变电配电工程通用标准图集》编写组编. -- 北京 ：中国水利水电出版社，2020.9
（10kV及以下变配电工程通用标准系列图集）
ISBN 978-7-5170-8902-5

Ⅰ. ①变… Ⅱ. ①变… Ⅲ. ①配电系统－电力工程－图集 Ⅳ. ①TM7-64

中国版本图书馆CIP数据核字(2020)第182330号

书　　名	10kV 及以下变配电工程通用标准系列图集 **变电配电工程通用标准图集** （设计・加工安装・设备材料）（下册）（附 CAD 光盘） BIANDIAN PEIDIAN GONGCHENG TONGYONG BIAOZHUN TUJI
作　　者	《变电配电工程通用标准图集》编写组　编
出版发行	中国水利水电出版社 （北京市海淀区玉渊潭南路 1 号 D 座　100038） 网址：www. waterpub. com. cn E-mail：sales@waterpub. com. cn 电话：（010）68367658（营销中心）
经　　售	北京科水图书销售中心（零售） 电话：（010）88383994、63202643、68545874 全国各地新华书店和相关出版物销售网点
排　　版	中国水利水电出版社微机排版中心
印　　刷	天津嘉恒印务有限公司
规　　格	210mm×297mm　16 开本　40.75 印张　1972 千字
版　　次	2020 年 9 月第 1 版　2020 年 9 月第 1 次印刷
印　　数	0001—2000 册
定　　价	**298.00** 元（附光盘 1 张）

前言

到2020年，我国要实现国内生产总值和城乡居民收入在2010年水平上的“双倍增”，意味着我国GDP平均增速达到7.2%～7.8%。按此预测，到2020年，我国全社会用电量达到8.4万亿kW·h，经济社会对于电力的依赖度增加，未来配电网将面临巨大的考验。提升配电网运行水平、建设智能配电网将成为未来电力系统重要的工作之一。本系列图集是为配合《国家发展改革委关于加快配电网建设改造的指导意见》（发改能源〔2015〕1899号）和国家能源局《配电网建设改造行动计划（2015—2020年）》（国能电力〔2015〕290号）的贯彻落实，满足第一线工程技术人员的急需而编写的。本系列图集从工程实际出发，综合地吸取了全国城乡电网建设与改造的实践经验，系统地归纳了中压电网（10kV、6kV、3kV）和低压电网（380V/220V）的变配电工程的设计范例，设计、施工安装与设备材料三大环节紧密相连，为方便设计人员出图，配备了与图集配套的CAD光盘。毫无疑问，本系列图集必将为新一轮城乡电网建设与改造的规范化、标准化、科学化、智能化提供有力的技术支持。本系列图集所遵循的编写原则是：全面、系统、新颖、权威、实用、可用。所有图样均采用新国标图形符号绘制，并遵守计算机辅助绘图规定，选用模数M为2.5mm的网络系统。图集中尺寸单位无标注的均为毫米（mm）。本系列图集所有图都刻录在CDROM多媒体光盘中，因而可操作性强，不仅具有参考价值，而且具有实用价值。

为方便不同专业的读者使用，本系列图集共分四套出版，每套分上、下册。分别为：《架空线路与电缆线路工程通用标准图集》（上、下册）（附CAD光盘）（设计·加工安装·设备材料）、《变电配电工程通用标准图集》（上、下册）（附CAD光盘）（设计·加工安装·设备材料）、《电气二次回路工程通用标准图集》（上、下册）（附CAD光盘）（设计·加工安装·设备材料）、《现代建筑电气工程通用标准图集》（上、下册）（附CAD光盘）（设计·施工安装·设备材料）。每本书整体框架分为“篇、章、节”三个层次。每章分为若干节，节下的每一页图纸都有一个唯一的图号。《架空线路与电缆线路工程通用标准图集》分为三篇，即第一篇通用技术篇；第二篇架空线路篇，下设四章，第一章10kV及以下裸导线架空配电线路，第二章10kV及以下绝缘导线架空配电线路，第三章10kV及以下不同电压等级绝缘导线同杆架设配电线路，第四章农网10kV配电线路；第三篇电缆线路篇，下设四章，第一章10kV及以下电力电缆线路，第二章通信电缆管道敷设，第三章电力电缆头安装，第四章电力电缆线路其他工程。《变电配电工程通用标准图集》分为两篇，第一篇通用技术篇；第二篇变电配电工程篇，下设六章，第一章10kV变配电所建筑构造，第二章室内变配电装置，第三章常规室外变配电装置，第四章预装箱式变电站，第五章电力需求侧10kV配电系统，第六章农网变配电工程。《电气二次回路工程通用标准图集》分为两篇，第一篇通用技术篇；第二篇二次回路篇，下设四章，第一章10kV配电设备典型组合系统和继电保护，第二章低压盘、柜及二次回路，第三章低压备用电源和应急电源，第四章电能计量装置。《现代建筑电气工程通用标准图集》分为两篇，第一篇通用技术篇；第二篇建筑电气篇，下设五章，第一章新建住宅小区配电工程，第二章建筑物内电气工程，第三章电气照明节能设计与常用灯具安装，第四章电视、电话、广播及安全防范系统，第五章综合布线系统工程设计与施工。

本图集由王晋生主编。

参加本图集编写工作的有：胡中流、肖芝民、李军华、张丽、王雪、兰成杰、王政、郑雅琴、赵琼、王京伟、王京疆、朱学亮、周小云、古丽华、张文斌、杨军、范辉、李佳辰、李培、胡玉楼、宋荣、卢德民、焦玉林、李禹萱、胡玉明、王彬、裴钰、任毅、陈昌伟、白斌、钟晓玲、王娜、韩宵、李康、许杰、杨惠娟、李晓玲、彭利军、侯华、周艳、王琛、李征、王亭、郭佩雨、王璐、吴艳钟、张文娟。

提供资料并参与部分编写工作和图表绘制工作的还有：叶常容、李建基、张强、张方、高水、石峰、王卫东、石威杰、丁毓山、贺和平、任旭印、潘利杰、程宾、张倩、张娜、李俊华、石宝香、成冲、张明星、郭荣立、王峰、李新歌、尹建华、苏跃华、刘海龙、李小方、李爱丽、胡兰、王志玲、李自雄、陈海龙、李亮、韩国民、刘力侨、任翠兰、张洋、吕洋、任华、李翱翔、孙雅欣、李红、王岩、李景、赵振国、任芳、魏红、薛军、吴爽、李勇高、王慧、杜涛涛、李启明、郭会霞、霍胜木、邢烟、李青丽、谢成康、杨虎、马荣花、张贺丽、薛金梅、李荣芳、马良、孙洋洋、胡毫、余小冬、丁爱荣、王文举、冯娇、徐文华、陈东、毛玲、李键、孙运生、尚丽、王敏州、杨国伟、李红、刘红军、白春东、林博、魏健良、周凤春、黄杰、董小玫、郭贞、吕会勤、王爱枝、孙金力、孙建华、孙志红、孙东生、王彬、王惊、李丽丽、吴孟月、闫冬梅、孙金梅、张丹丹、李东利、王忠民、赵建周、李勇军、陈笑宇、谢峰、魏杰、赵军宪、王奎洵、张继涛、杨景艳、史长行、田杰、史乃明、吉金东、马计敏、李立国、郝宗强、吕万辉、王桂荣、刁发良、秦喜辰、徐信阳、乔可辰、姜东升、温宁、郭春生、李耀照、朱英杰、刘立强、王力杰、胡士锋、牛志刚、张志秋、宋旭之、乔自谦、高庆东、吕学彬、焦现锋、李炜、闫国文、苗存园、权威、蒋松涛、张平、黄锦、田宇鲲、曹宝来、王烈、刘福盈、崔殿启、白侠、陈治玮、李志刚、张柏刚、王志强、史春山、代晓光、刘德文、隋秋娜、林自成、何建新、王佩其、骆耀辉、石鸿侠、皮爱珍、何利红、徐军、邓花菜、吴皓明、曹明、金明、周武、田细和、林露、邹爱华、罗金华、宋子云、谢丽华、刘文娟、李菊英、肖月娥、李翠英、于利、傅美英、石章超、刘雅莹、甘来华、喻秀群、唐秀英、廖小云、杨月娥、周彩云、金绵曾、唐冬秀、刘菊梅、焦斌英、曾芳桃、谢翠兰、王学英、王玉莲、刘碧辉、宋菊华、李淑华、路素英、许玉辉、余建辉、黄伟玲、冠湘梅、周勇、秦立生、曹辉、周月均、张金秀、程淑云、李福容、卿菊英、许建纯、陈越英、周玉辉、周玉兰、黄大顺、曹冻平、蒋兴、彭罗、胡三姣、邓青莲、谢荣柏、何淑媛、高爱华、曹伍满、程淑莲、刘招良、黄振山、周松江、王灿、叶军、李仑兵、金续曾、彭友珍、乔斌、王京开、袁翠云、陈化钢、石威杰、崔元春、崔连秀、张宏彦、周海英、冷化新、初春、张丽、张鹏罡、王立新、曲宏伟、梁艳、王松岩、于福荣、崔连华、潘瑞辉、孙敬东、都业国、孟令辉、张晓东、万志太、方向申、郭宏海、赵长勇、栾相东、迟文仲、仲维斌、莫金辉、莫树森、黄金东、朱晓东、金昌辉、金美华、姜德华、白明、刘涛、万莹、霍云、邢志艳、邵清英、赵世民、初宝仁、王月、汪永华、钱青海、祁菲等。

在图集的编写过程中，我们参阅了大量的图册、图集，以及部分厂商的产品说明书和产品图册，在此谨向文献资料的作者致以诚挚的谢意。

本书可供变电配电工程设计、施工、安装、设备材料购销、运行维护、检修等专业的技术人员和管理人员阅读使用，也可供大专院校相关专业师生参考。

限于作者的水平，图集中难免有不当之处，敬请读者批评指正。

作者

2019 年 10 月

总 目 录

前言

上 册

第一篇 通用技术篇

第二篇　变电配电工程篇

下　册

目录

前言

上册

第一篇 通用技术篇

下 册

一、适用范围

负荷小而分散的工业企业、大中城市的繁华地段、集中居民区以及受场地限制而又不允许装设杆上变压器台的，可设户外预装式变电站。YB型变电所配电变压器容量在50～1250kVA范围，既可选油浸式变压器，也可选干式变压器。

二、设备材料选择

YB型变电所可归纳为以下5种类型：组合共箱式（ZGS）、预装型（YB）、紧凑型（DXB）、普通型（ZBW）、智能型（XBZ1）。对应于上述5支派，以a、b、d、e、t脚注来区分。

ZGS与YB型用S9-M变压器，其绕组和铁芯是与高压负荷开关、熔断器等器件共箱或分箱油浸的；其余均用S9-M、S12-M、SH11-M、S12-M全密封配电变压器或采用SC、SG系列干式变压器，ZBW型还可选用S9～S12型。其中SH11、SH12为非晶合金铁芯变压器；SG系列为NOMEX绝缘非包封线圈干式变压器。用高压负荷开关通断负荷电流，用高压熔断器切断短路及过载电流，这种组合是预装式变电站操作及保护电器的首选。这类电器有国产的，也有进口的。

为了方便工程设计和建设单位运作，图2-4-1-2～图2-4-1-4提供了户外预装式变电站主要技术条件的相关资料。

预装式变电站的施工应核实出厂资料中外形及基础尺寸后进行。

三、安全要求

（1）预装式变电站位置选择应避开室外低洼处，且具有良好的排水设施，基础台标高由设计确定。

（2）预装式变电站进出线，高压部分应选用交联聚乙烯电缆，低压部分应选用全塑或交联聚乙烯电缆。

（3）应按规定喷涂或悬挂醒目的安全标示牌、名称牌。

（4）有条件的地方可作围栏，并加锁。

第四章　预装箱式变电站				第一节　预装箱式变电站主要技术条件
图号	2-4-1-1	图名	说明	

一、产品引用标准

标准号	标准名
GB 17467	高压/低压 预装式变电站
JB/T 10217	组合式变压器
DL/T 537	高压/低压预装箱式变电站选用导则

二、正常使用环境条件（其他使用条件按国家标准相关规定）

项目	界限
海拔/m	≤1000 □
环境温度/℃	+40～−25 □
风速/（m/s）	≤35
相对湿度（25℃时）/%	日平均值≤95，月平均值≤90
地震引发地面加速度	水平＜3m/s²，垂直＜1.5m/s²
安装地点倾斜度	≤3°
安装地点状况	无火灾、爆炸危险、化学腐蚀及剧烈震动，地势较高，避开低洼积水处

三、系统运行条件

名称	参数			
额定频率/Hz	50	□	60	□
额定电压/kV	10	□	6	□
设备最高电压/kV	12	□	7.6	□
始端短路电流/kA				
中性点接地方式	不接地□ 小电阻接地□ 其他□			

四、预装式变电站类型

安装地点：户外

供电方式：单端 □

环网（或双端） □

型式：组合式变压器（共箱式） □

预装型（改装型组变） □

紧凑型 □

普通型 □

智能型 □

五、变压器的绝缘水平和有关参数性能

1. 变压器的绝缘水平

选项	□	□
额定电压/kV	10	6
工频耐压（有效值）/kV	35/28	25/20
冲击耐压（峰值）/kV	75	60

注：分子为油浸变试验值，分母为包封线圈式干变试验值。

2. 变压器有关参数、性能

选　项	□	□	□	□	□	□	□	□	□	□	□	□
变压器容量/kVA	50	100	160	200	250	315	400	500	630	800	1000	1250
阻抗电压/%	4/4								4.5/6	4.5/6	4.5/6	4.5(5.5)/6
变压器类别	普通油浸变压器 □				密封式油浸变压器 □				干式变压器 □			
变压器型号	S9/S9-M □/□ S10/S10-M □/□ S11/S11-M □/□ S12/S12-M □/□ SH11/SH11-M □/□ SH12/SH12-M □/□ SC □ SG □											
变比	10kV/0.4 kV □						6kV/0.4kV □					
调压范围	+5% □				+2×2.5% □				有载调压 □			
接线组别	Yyn0 □						Dyn11 □					
低压回路数	1 □		4 □		6 □		8 □			12 □		
冷却方法	自然通风 □ 机械通风 □											
绝缘油	优质矿物油 □ 高燃点油 □ 其他 □											
绝缘等级	E □ H □ A □											

注：1. 分子/分母分别为油变/干变的参数或普通型/全密封型。

2. 低压回路数包括电容器回路，补偿容量按15%～30%S_r选项。

3. E、H、A最高温升限值分别为75K、125K、65K。

六、变压器在连续额定容量转态下的温度限值

顶层温升65K，绕组平均温升65K。

七、高压单元

高压电缆进出线		配备全绝缘全屏蔽预制式高压电缆附件 电缆截面/mm²
高压避雷器		氧化锌 □ 肘型 □
高压负荷开关	国产 □	二位置 □ 四位置 □/□ 压气式 □
	进口 □	真空 □ SF_6 □

八、低压单元

(1) 低压主开关类型。

(2) 低压分路开关类型。

(3) 低压开关技术参数。

项 目	单 位	参 数
额定电压	V	400
分回路额定电流	A	2000
主回路额定短时耐受电流	kA	50 (1s)
分回路额定短时耐受电流	kA	37 (1s) 45 (1s) $S_0 \geqslant 1000$kVA
分回路电流	A	工程决定

(4) 低压无功补偿 ______ kvar，自动跟踪投切□。

九、功能件

(1) 计量方式：低压计量□；高压计量□。

(2) 315kVA及以上变压器应装湿度、温度监测装置□。

(3) 800kVA及以上油浸式变压器应装气体继电器□。

(4) 断相保护□。

(5) 主开关欠压保护□。

(6) 主开关分励跳闸□。

(7) 分路漏电保护□。

(8) 负控装置□。

(9) 自控排风□。

(10) 干变风机控制□。

(11) 凝露控制□。

十、安全防护与环境要求

1. 高压电气

高压配电装置应配备带电显示器□，接地故障指示器□。并应设有完善的防电气误操作闭锁（五防）。双电源供电两受电开关间应根据不同运行方式装设可靠联锁、机械闭锁。

2. 低压系统

接地型式为TN系统：TN-S□、TN-C-S□、TN-C□。

TT系统□。

IT系统□。

3. 设备接地

箱体应设专用接地导体，其上应设有不少于两个与接地网相连的固定连接端子，并应有明显接地标志，接地端子用不小于M12的铜质螺栓，接地铜带截面不小于30mm²。

4. 外观

箱体全绝缘结构，外观色彩与环境协调。

5. 噪声水平

装用油浸变压器55dB；装用干式变压器65dB（集中居民区推荐用卷铁芯变压器S11-M、S11；S12-M、S12）。

十一、结构要求

(1) 箱壳防护等级：IP33。

(2) 箱体布置形式：目字形□；品字形□；带操作通道□。

(3) 箱体材料：不锈钢□；钢板漆膜□；敷铝锌钢板□；玻纤增强塑料板□；特种玻纤增强水泥预制板□；其他□。

(4) 箱体应具备防尘、防雨、防锈蚀、防小动物、防凝露功能。

(5) 凡电缆井未附设入口的，应提出在隔室底部设置人孔。

(6) 额定箱壳散热级别：0K□；10K□；20K□；30K□。

第四章 预装箱式变电站		第一节 预装箱式变电站主要技术条件	
图号	2-4-1-4	图名	户外预装式变配电站主要技术条件（三）

箱式变电站将变压器、高低压电器设备等发热元件组装在箱壳内，恶化了散热条件，所以标准将外壳级别定义为“在规定的正常使用条件下，变压器在外壳内的温升和同一台变压器在相同负载下在外壳外的温升之差”，《高压/低压预装箱式变电站选用导则》（DL/T 537）规定有四个额定外壳级别：级别 0、10、20、30 分别对应于 0K、10K、20K、30K 的最大温升差值（国标仅 10K、20K、30K 三个额定外壳级别）。标准还规定壳内的变压器，在额定电流状态下工作时，其温升要比无外壳条件下运行时高，可能会超过《电力变压器 温升》（GB 1094.2）或《干式电力变压器》（GB 6450）规定的温度极限，因此变压器的使用条件应按照安装地点外部的使用条件和外壳级别来确定，并应据此计算变压器的使用容量和确定箱式变电站的最大额定容量。

外壳等级必须通过温升实验来确认，所以标准规定的型式试验中明确指出温升试验的目的是校验箱式变电站外壳设计的正确性，即能正常运行且不缩短站内元件的预期使用寿命。实验应证明变压器在外壳内的温升与同一台变压器在外壳外部测的温升差值不大于外壳级别规定的数值。

事实上，已经投运的许多箱变无温升试验数据，无额定外壳级别，以致不顾设备使用条件变化的现实，盲目用变压器铭牌容量作为箱式变电站的额定容量。其实这个额定值既无科学依据也无意义，而且是有害的。

多年来国产预装箱式变电站在城乡配电网的推广运用也是对制造技术水平和产品质量最实在的检验，对运行暴露出来的质量问题与标准的相关条文比照可知，产生问题的最直接原因就是对标准规定的违背，相关有权单位在准产认证和设备选用上违背标准规定，一些技术设备力量差的制造商在短期利益驱使下绕过对先进技术的消化与创新，刻意模仿进口设备的外形，满足于“形似”而把箱变简单化为高低压开关柜加变压器的集装箱，并以低价或其他不法手段挤占市场，客观上阻碍了我国箱变技术的发展。

造成变压器在高温环境中运行的 20K 级、30K 级箱式变电站的大量挂网运行，是我国输变电能耗居高不下及变压器寿命大幅度下降的重要原因，应该引起足够重视，并尽快予以解决。

电力行业标准 DL/T 537 是与 IEC 62271—202：2014 标准等同的，同时又充分体现我国电力系统使用工况有完善和补充，如增加了 0K 级额定外壳级别，即要求预装箱式变电站在此级别下要保证变压器的额定出力，为此可以装设强迫通风装置。该标准的附录 D 给出了确定油浸式变压器和干式变压器的负荷系数的方法。因为与箱式变电站额定最大容量对应的变压器，对于不同的外壳级别和周围温度，能够带不同的负荷。

一、油浸变压器

建议按下述各条使用图 1 的曲线：

（1）选出代表外壳级别的曲线。

（2）在纵轴上找到变电站安装处已知的周围温度平均值。

(3) 外壳级别线和周围温度线的交点给出了变压器的负荷系数。

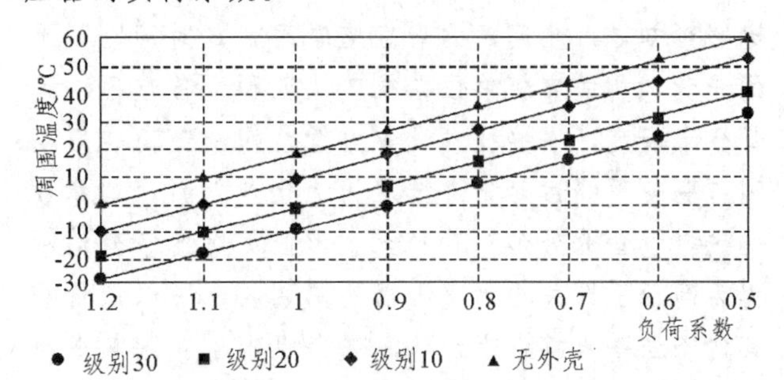

图 1 外壳中油浸式变压器的负荷系数

二、干式变压器

建议按下述各条使用图 2 的曲线：

(1) 选出代表外壳级别的曲线。

(2) 在纵轴上找到变电站安装处已知的周围温度平均值。

(3) 外壳级别线和周围温度线的交点给出了变压器的负荷系数。

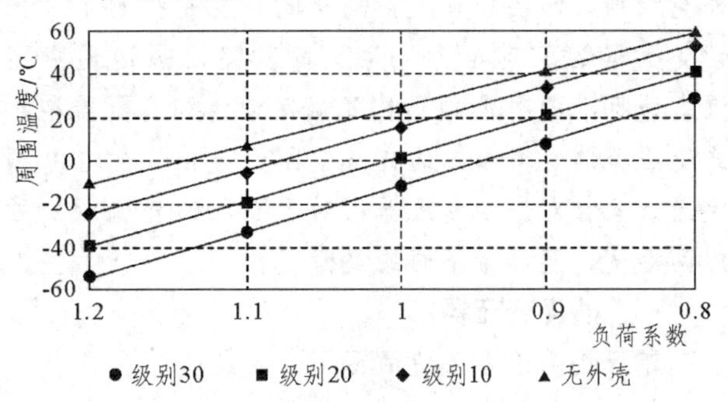

图 2 外壳中干式变压器的负荷系数

图 1（油浸式变压器）给出的一组曲线，变压器的空载/负载损耗比为 1∶6，图 2（干式变压器）给出的一组曲线，变压器的空载/负载损耗比为 1∶4。已经考虑过其他的值，用同一条曲线来表示，并不存在可测量的误差。上述曲线对损耗比为 1∶2 至 1∶12 均有效。

三、举例

1. 前提

(1) 安装处周围温度的年平均值为 10℃。

(2) 在冬季周围温度的平均值为 0℃。

(3) 在夏季周围温度的平均值为 20℃。

(4) 负荷的年平均值为 900kVA。

(5) 在冬季负荷的平均值为 1000kVA。

(6) 在夏季负荷的平均值为 600kVA。

2. 问题 1

对 1000kVA、12kW 总损耗的油浸式变压器，其热点温度和液面温度均不超过最大值，需选用哪一种额定外壳级别？

3. 答案 1

(1) 对周围温度平均值 10℃和负荷系数 0.9，图 1 推荐使用级别 20 的外壳。

(2) 对冬季周围温度平均值 0℃和负荷系数 1.0，图 1 推荐使用级别 20 的外壳。

(3) 对夏季周围温度平均值 20℃和负荷系数 0.6，图 1 推荐使用级别 30 的外壳。

4. 结论 1

对最大容量 1000kVA，最大损耗 12kW 的变压器，只能选用级别 20 和级别 10 的外壳。

5. 问题 2

在上述前提下，选用级别 30 的外壳，变压器的允许负荷系数是多少？

6. 答案 2

(1) 对周围温度年平均值 10℃和级别 30，图 1 给出的最大负荷系数为 0.77。

(2) 对冬季周围温度年平均值 0℃和级别 30，图 1 给出的最大负荷系数为 0.89。

(3) 对夏季周围温度年平均值 20℃和级别 30，图 1 给出的最大负荷系数为 0.64。

7. 结论 2

如果选用级别 30K 的外壳除了夏季，变压器的负荷必须受到限制。

设计制造 0K 级、10K 级箱体的预制箱式变电站刻不容缓。

四、相关专利

1. 专利一

专利名：0K级箱体的箱式变电站。

专利号：200720041376。

该专利适用于安装油浸式变压器（油变）的箱式变电站，是应某大型国企的合同要求而设计的。经现场运行检验，满足标准DL/T 537中“0K级箱体”的要求，已经在多个大型重点工程中使用并赢得用户认可。在0K级箱体中，变压器室实现零温升（与大气温度相同），变压器恢复最初设计的低能耗、高负载率和高寿命。与目前电网中运行的30K级箱变相比，其有载损耗降低12%。箱体选材合理，设计和制造技术先进，在满足温升、防锈蚀、防水湿浸入等功能的基础上，母线材料成本和其他材料成本较30K级的所谓“景观型”“复合板隔热型”欧变更低，可以给制造厂商带来直接的经济利益。同时大量降低国家电网损耗，具备非常可观的社会效益。

本箱体为组装式结构，零部件采用标准化、通用化设计，可以备件生产，生产工期短，一批合同一星期之内可以完成。

2. 专利二

专利名：迷宫式防晒散热的户外变电站箱体。

专利号：ZL200520040235X。

该专利适用于安装干式变压器（干变）的箱式变电站（也可安装油变）。该专利可以实现变压器室和低压室的温升不大于10℃，变压器和电容器在可能的最低环境温度下运行。与目前电网中运行的30K级所谓“欧变”比较，有载损耗降低8%，变压器的负载率和寿命也得以恢复或提高，大量降低电网损耗，具备非常可观的社会效益。由于低压室散热条件良好，避免了电容器发热、鼓胀、爆炸等箱变频发事故。箱体选材合理，设计和制造技术先进，在满足温升、防锈蚀、防水湿浸入等功能的基础上，母线成本和其他材料成本较30K级的所谓“欧变”更低，可以给制造厂商带来直接的经济效益（以630kVA箱变为例，每台箱变仅材料费用就可降低3000元以上）。

本箱体为组装式结构，零部件采用标准化、通用化设计，可以备件生产，生产工期短，一批合同一星期之内可以完成。

3. 专利三

专利名：电气开关（断路器）无线遥控装置。

该专利适用于欧式箱变以及所有变配电所，可以在用户布控范围内对高压断路器、负荷开关以及低压断路器实现遥控跳闸操作和合闸操作，避免开关柜就地操作可能发生的电弧灼伤人体等恶性事故。该专利特别适用于地埋式箱式变电站的地面控制，特别适用于真空断路器（负荷开关）安全距离以远的分合闸操作，彻底避免因意外拉弧造成的恶性伤人事故（地埋变操作空间窄小，操作条件恶劣，真空开关存在因真空破坏而分闸时燃弧的可能）。

4. 专利作者介绍

刘文武，高级工程师。从事成套电气设备的设计和制造工作30余年，从事箱式变电站的设计和制造工作20余年。

通过对箱式变电站在我国南方夏季高温时段运行时，超温跳闸和被迫降荷运行等事故原因的分析，较早发现国家电网中运行的所谓“欧变”存在的巨大隐患，即仅仅由于箱体（外壳）的粗制滥造，人为地造成变压器运行温度被抬高20～30℃，变压器负载损耗增加8%～12%，寿命及负载率大幅度降低。在对ABB箱变、施耐德箱变及西门子箱变的优缺点进行分析研究的基础上，结合国内实际情况，设计出工艺简单、成本低廉、性能优良的0K级和10K级预装式变电站箱体，被国内几大公司选定为定型产品，大批生产并投放市场。主持设计和制造的产品在奥运会兴奋剂检测中心、酒泉卫星发射中心、海南石化等多个国家重点工程中挂网运行。2007年在《电气时代》发表论文《变压器的负载损耗与箱式变电站的箱壳级别》，并提出解决问题的方案。

根据市场需求，设计出电气开关（断路器、负荷开关等）安全距离以远的无线遥控装置，彻底避免了电气开关现场操作时电弧灼伤人员的频发恶性事故。该装置被应用于真空开关、地埋式变电站的分合闸远距离操作中，取得理想效果，被几大供电公司选定为换代产品。

持有专利“0K级箱体的箱式变电站”“迷宫式防晒散热的户外变电站箱体”等；与他人共同持有专利“电气开关（断路器）无线遥控装置”“箱式变电站遥控暗锁装置”等。

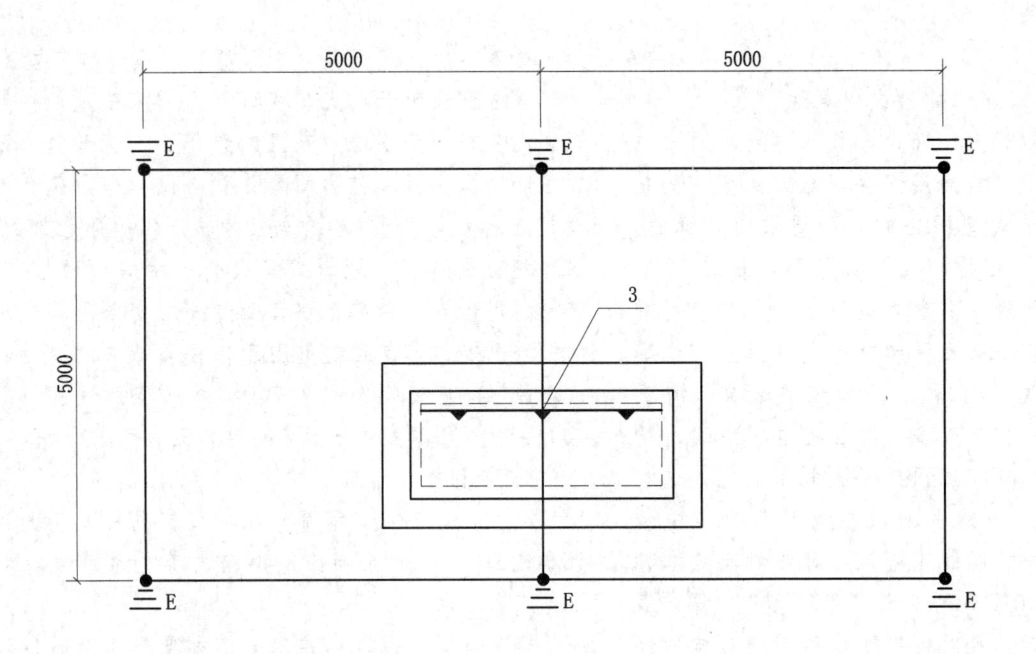

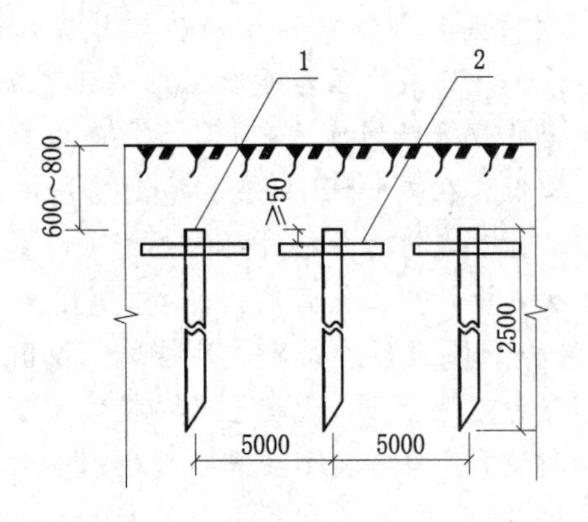

接地极安装

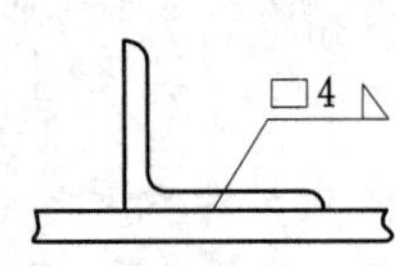

连接方式

注：(1) 接地电阻值要求不超过4Ω，如不合格则补打接地极。
(2) 接地极、接地线热镀锌。
(3) 安装做法见接地装置安装相关图集。

材 料 表

编号	名 称	规 格	单位	数量	备 注
1	接地板	∟50×5, l=2500	根	6	
2	接地线	—40×4	m	40	
3	接地铜排		副	1	制造厂配

第四章 预装箱式变电站		第一节 预装箱式变电站主要技术条件	
图号	2-4-1-8	图名	预装箱式变电站接地装置做法图

型式及安装代号		YBa-P	YBa-M	YBa-D	YBb		YBd	
设备型号		ZGS□/10组合变		DGS□/10	YB□/10预装型		DXB□/10紧凑型	
变压器容量/kVA		50～1000			100～800		50～800	
使用场合		Z(终端)	H(环网)		Z(终端)	H(环网)	Z(终端)	H(环网)
高压10(6) kV	主接线方案							
计量	高计/低计	□/□			□/□		□/□	
低压0.4kV	回路数	1、4～6			4～6		4～8	
	无功补偿	□ kvar			□ kvar		□ kvar	
智能化		□			□		□	
结构		P 品字	M 目字	D 地埋式	P 品字		P 品字	
图号	概略图	图2-4-2-3			图2-4-2-13		图2-4-2-17	
	外形布置	图2-4-2-4	图2-4-2-5	—	图2-4-2-14		图2-4-2-18	
	安装图	图2-4-2-6	图2-4-2-7	图2-4-2-8	图2-4-2-15		图2-4-2-19	
	基础土建	图2-4-2-9	图2-4-2-10	图2-4-2-10、图2-4-2-11	图2-4-2-16		图2-4-2-20	
特点		组合变压器：其变压器铁芯、高压负荷开关、熔断器等共箱，体积小，安装方便。按JB/T 10217管理			改进型组合变：由变（下油箱）、高（上油箱）、操作室、低压件组成。体积小，造价低。按GB/T 17467管理		由高（环网柜）、低、变三个功能单元组成，成套性强，结构紧凑，占地少，节能，造价低。按DL/T 537管理	

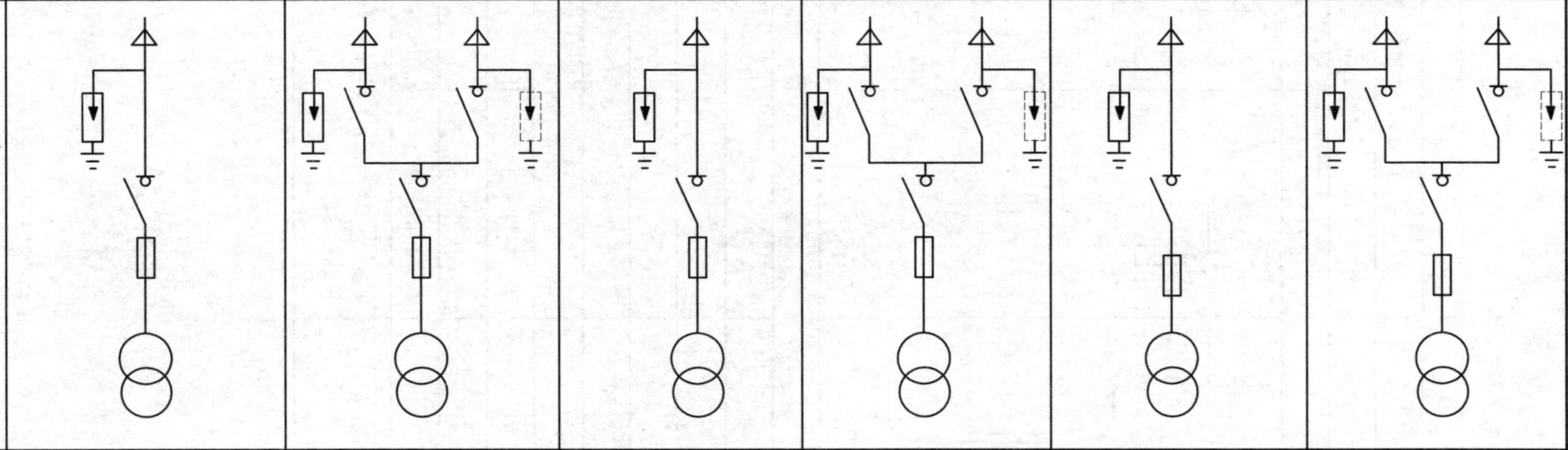

注：(1)当为双端电源或经常开环运行时，需在第二进线侧装避雷器。
(2)对双电源供电方式应装防误操作机械闭锁。

第四章　预装箱式变电站		第二节　预装箱式变电站主接线方案布置图及土建图	
图号	2-4-2-1	图名	十种预装箱式变电站主接线方案及使用场合和特点（一）

型式及安装代号		YBe-P	YBe-M	YBe-C	YBt-P	YBt-M
设备型号		ZBW□/10普通型			XBZ1□/10智能型	
变压器容量/kVA		200～1250			50～1250	
使用场合		Z(终端)	H(环网)		Z(终端)	H(环网)
高压10（6）kV	主接线方案	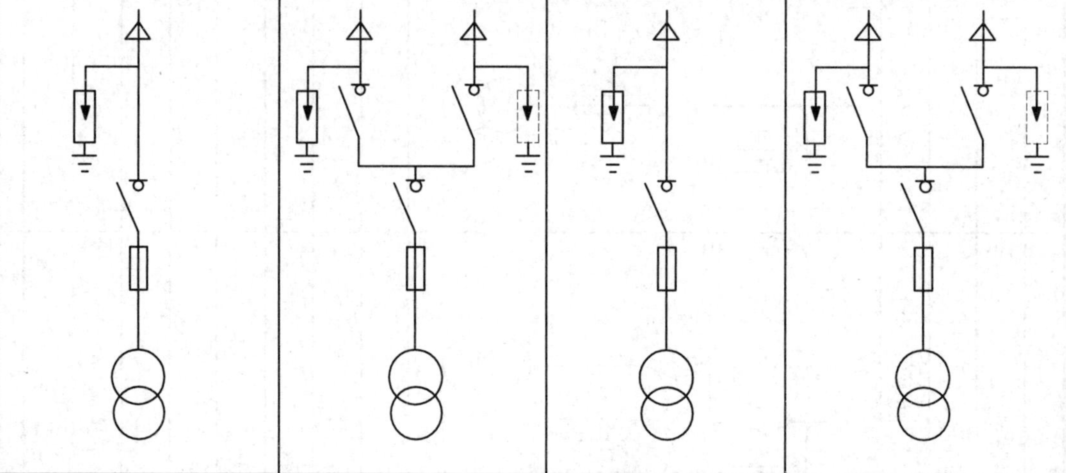				
计量	高计/低计	□/□			□/□	
低压0.4kV	回路数	4～12			4～12	
	无功补偿	□ kvar			□ kvar	
智能化		□			□	
结构		P 品字	M 目字	C 沉箱式	P 品字	M 目字
图号	概略图	图2-4-2-21			图2-4-2-29	
	外形布置	图2-4-2-22、图2-4-2-23			图2-4-2-30	图2-4-2-33
	安装图	图2-4-2-24	图2-4-2-26	图2-4-2-28	图2-4-2-31	图2-4-2-34
	基础土建	图2-4-2-25	图2-4-2-27	—	图2-4-2-32	图2-4-2-35
特点		高、低柜，变压器，套装在较大箱体内，组合方便，体积大，机械通风，重。按GB/T 17467管理			由高、低、变、计量单元及智能系统等组合，成套性强，体积较小，占地少	

注：(1)当为双端电源或经常开环运行时，需在第二进线侧装避雷器。
(2)对双电源供电方式应装防误操作机械闭锁。

第四章　预装箱式变电站			第二节　预装箱式变电站主接线方案布置图及土建图
图号	2-4-2-2	图名	十种预装箱式变电站主接线方案及使用场合和特点（二）

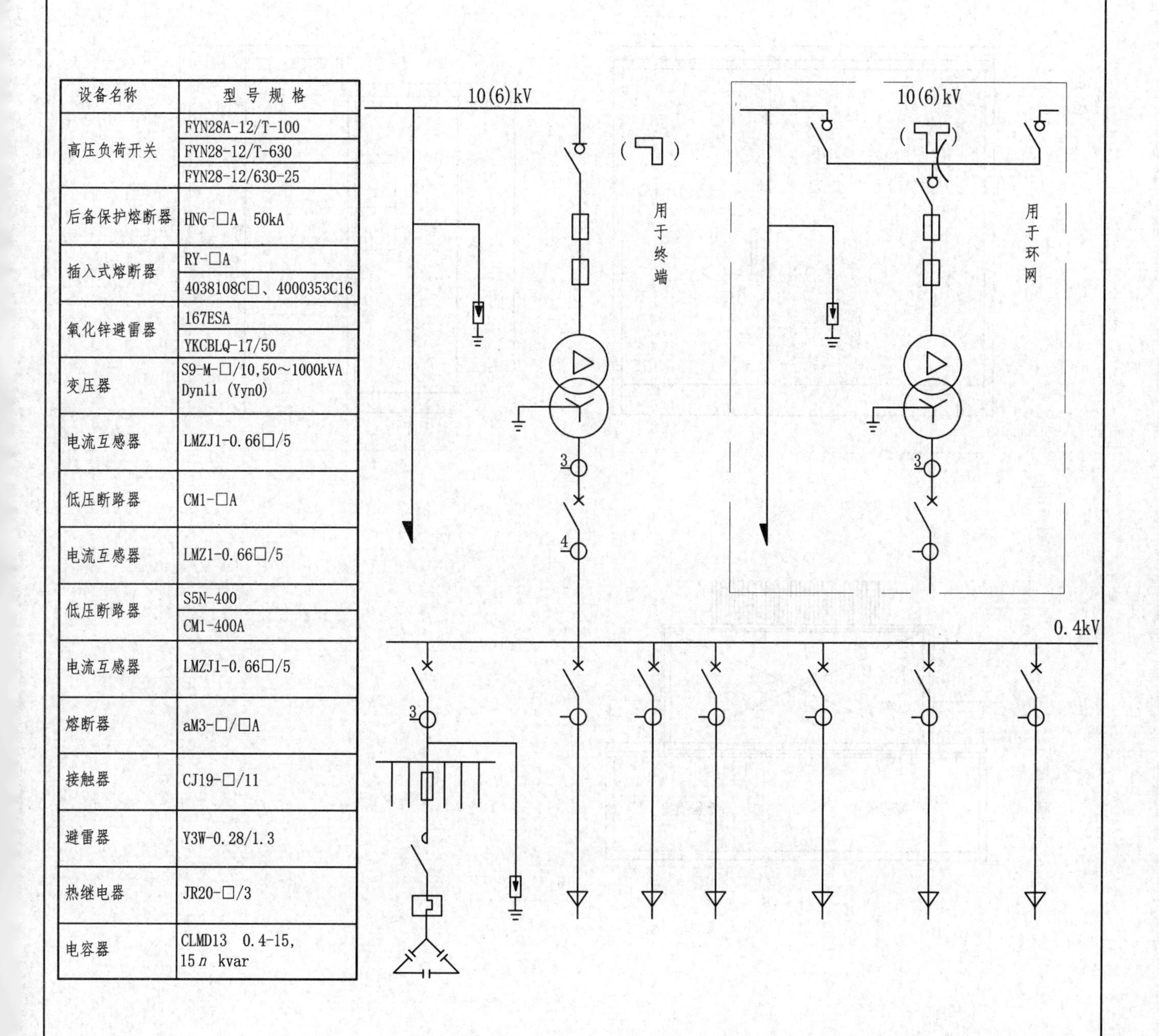

设备名称	型号规格
高压负荷开关	FYN28A-12/T-100 FYN28-12/T-630 FYN28-12/630-25
后备保护熔断器	HNG-□A 50kA
插入式熔断器	RY-□A 4038108C□、4000353C16
氧化锌避雷器	167ESA YKCBLQ-17/50
变压器	S9-M-□/10,50～1000kVA Dyn11 (Yyn0)
电流互感器	LMZJ1-0.66□/5
低压断路器	CM1-□A
电流互感器	LMZ1-0.66□/5
低压断路器	S5N-400 CM1-400A
电流互感器	LMZJ1-0.66□/5
熔断器	aM3-□/□A
接触器	CJ19-□/11
避雷器	Y3W-0.28/1.3
热继电器	JR20-□/3
电容器	CLMD13 0.4-15, 15n kvar

插入式熔断器熔丝规格

规格 \ 额定容量/kVA		50	100	125	160	200	250	315	400	500	800	1000
熔丝规格	10kV	C04	C06	C07	C08	C10	C10	C10	C11	C12	C14	C16
	6kV	C06	C08	C09	C10	C10	C10	C12	C12	C14	C16	C16

第四章 预装箱式变电站		第二节 预装箱式变电站主接线方案布置图及土建图	
图号	2-4-2-3	图名	YBa组合共箱预装变电气系统概略图

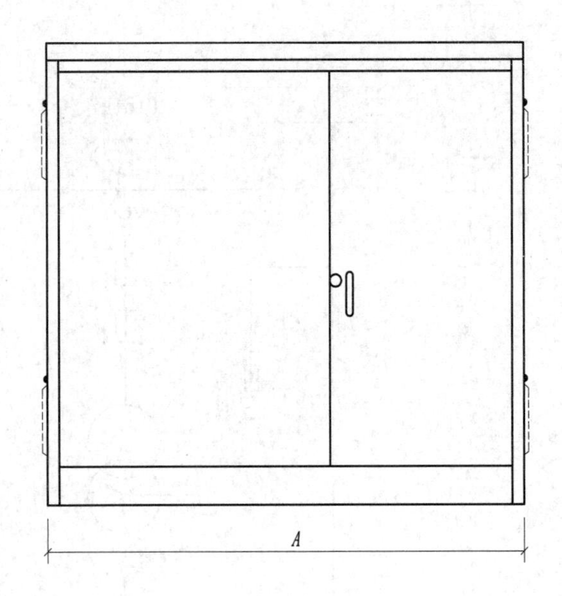

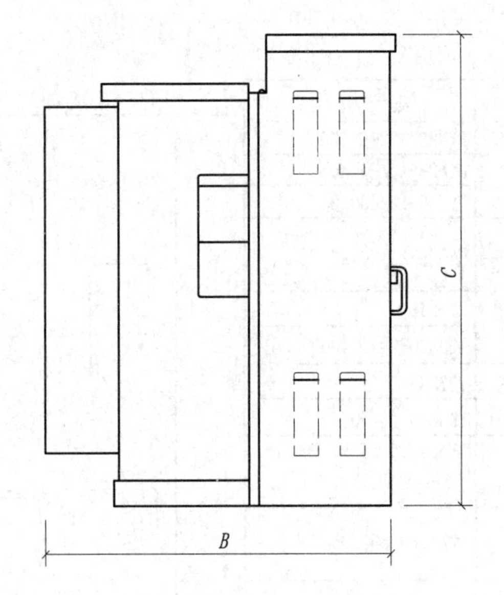

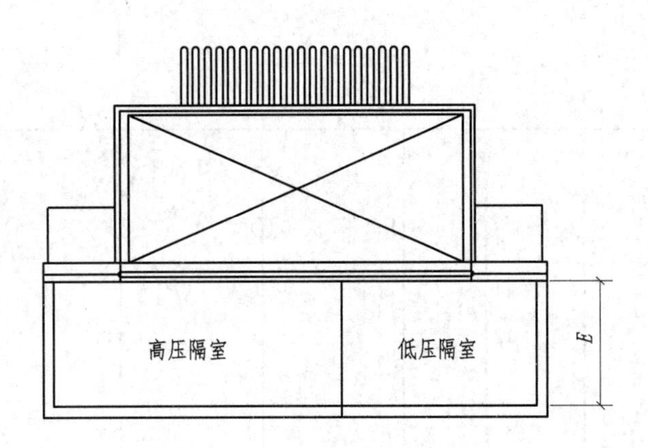

ZGS□-$\frac{Z}{H}$-□/10组合式变压器外形尺寸

额定容量/kVA	*A*	*B*	*C*	*E*	质量/kg
50～200	2000	1116	1580	508	2000
250～500	2000	1330	1580	508	2450～3200
630	2000	1420	1710	632	3400
800	2000	1420	1710	632	3600
1000	2000	1420	1710	632	4000

第四章　预装箱式变电站		第二节　预装箱式变电站主接线方案布置图及土建图	
图号	2-4-2-4	图名	YBa-P组合共箱品字预装变外形尺寸及布置图

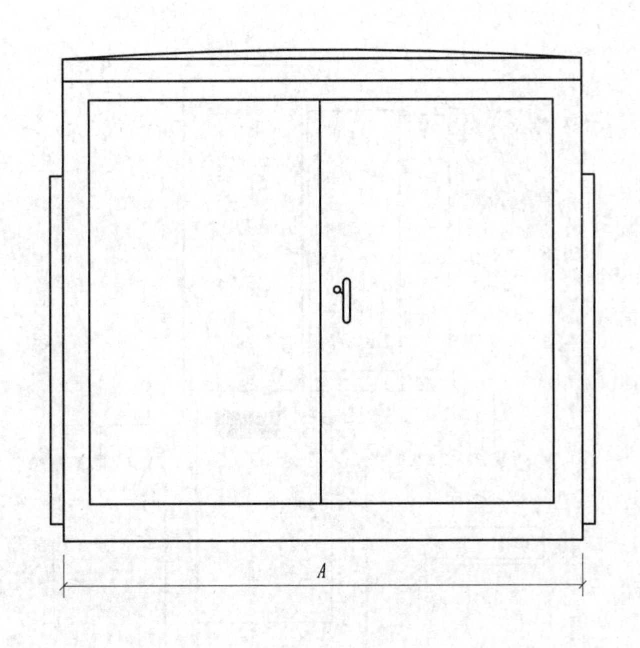

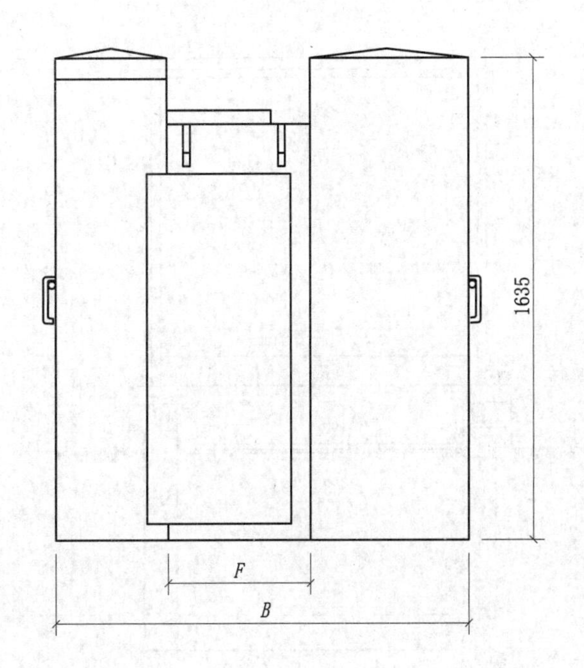

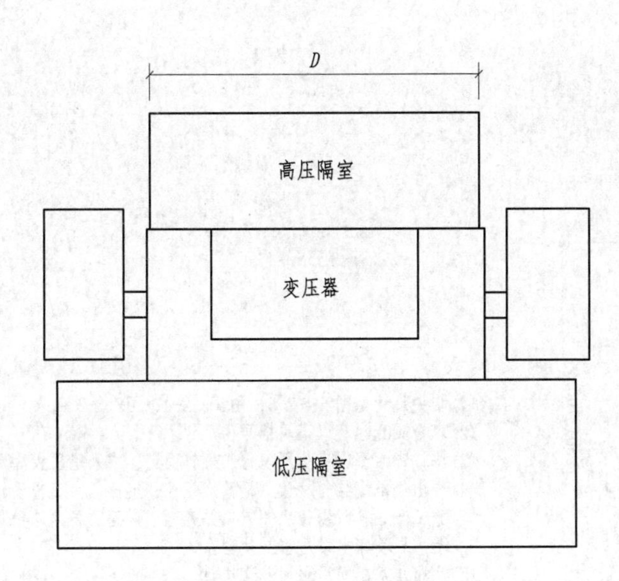

ZGS□-$\frac{Z}{H}$-□/10组合式变压器外形尺寸

额定容量/kVA	A	B	D	F	质量/kg
≤500	1820	1820	1400	660	≤3250
630、800	2000	1860	1400	800	3900
1000	2200	1920	1400	800	5100

第四章 预装箱式变电站		第二节 预装箱式变电站主接线方案布置图及土建图	
图号	2-4-2-5	图名	YBa-M组合共箱目字预装变外形尺寸及布置图

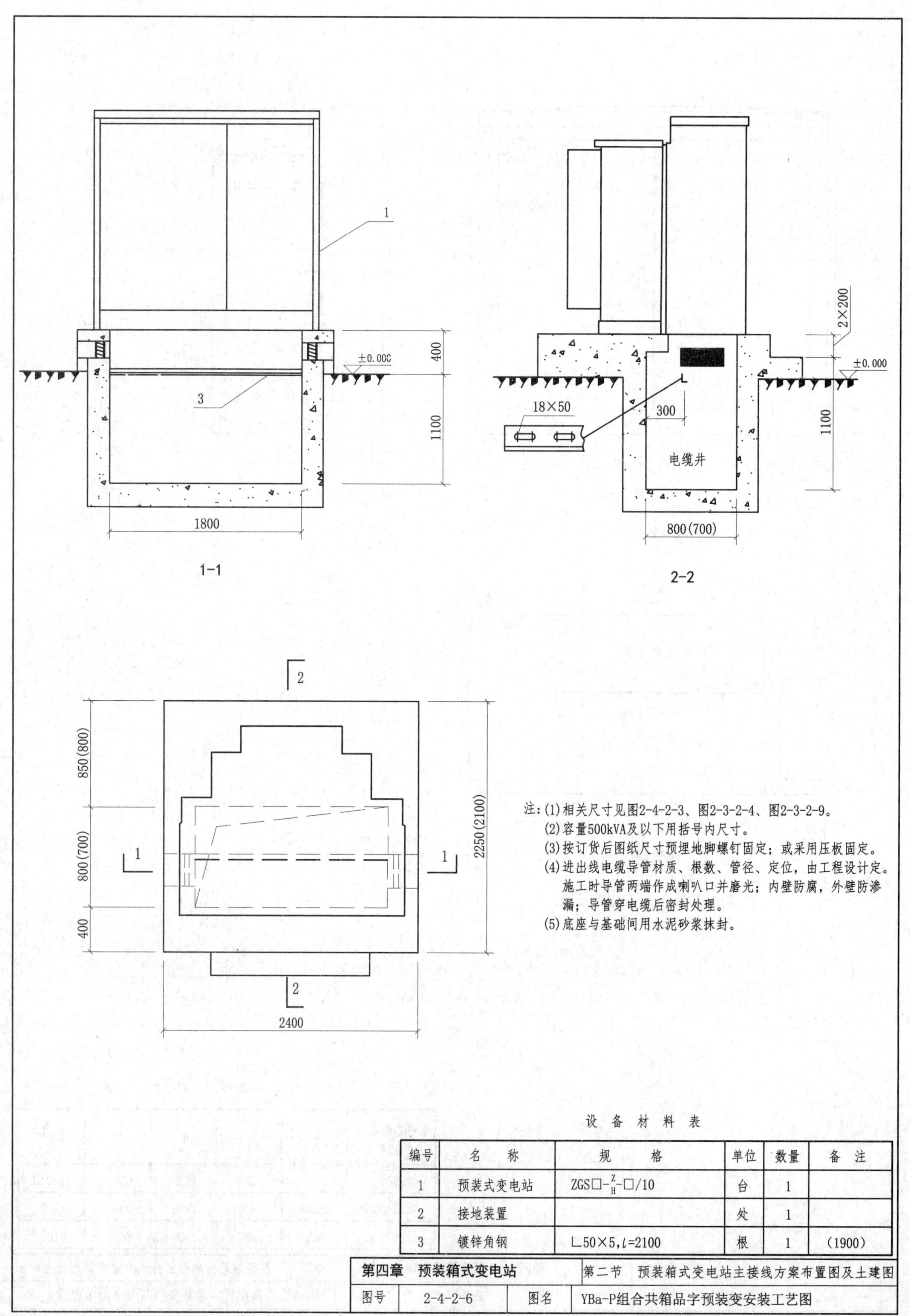

注：(1)相关尺寸见图2-4-2-3、图2-3-2-4、图2-3-2-9。
(2)容量500kVA及以下用括号内尺寸。
(3)按订货后图纸尺寸预埋地脚螺钉固定；或采用压板固定。
(4)进出线电缆导管材质、根数、管径、定位，由工程设计定。施工时导管两端作成喇叭口并磨光；内壁防腐，外壁防渗漏；导管穿电缆后密封处理。
(5)底座与基础间用水泥砂浆抹封。

设 备 材 料 表

编号	名 称	规 格	单位	数量	备 注
1	预装式变电站	ZGS□-$\frac{Z}{H}$-□/10	台	1	
2	接地装置		处	1	
3	镀锌角钢	∟50×5，l=2100	根	1	(1900)

第四章 预装箱式变电站		第二节 预装箱式变电站主接线方案布置图及土建图	
图号	2-4-2-6	图名	YBa-P组合共箱品字预装变安装工艺图

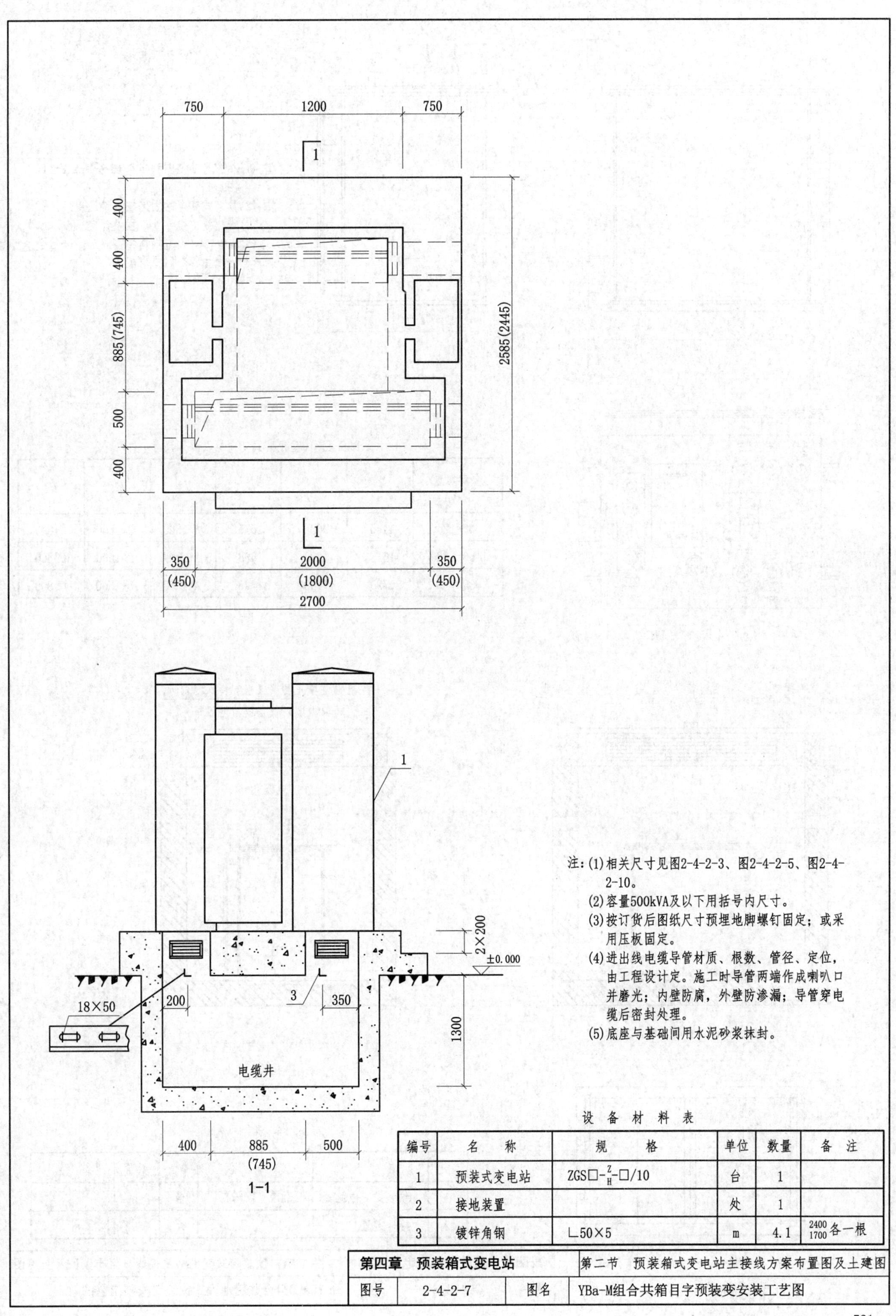

1-1

注：(1)相关尺寸见图2-4-2-3、图2-4-2-5、图2-4-2-10。
(2)容量500kVA及以下用括号内尺寸。
(3)按订货后图纸尺寸预埋地脚螺钉固定；或采用压板固定。
(4)进出线电缆导管材质、根数、管径、定位，由工程设计定。施工时导管两端作成喇叭口并磨光；内壁防腐，外壁防渗漏；导管穿电缆后密封处理。
(5)底座与基础间用水泥砂浆抹封。

设 备 材 料 表

编号	名　称	规　格	单位	数量	备　注
1	预装式变电站	ZGS□-$\frac{Z}{H}$-□/10	台	1	
2	接地装置		处	1	
3	镀锌角钢	∟50×5	m	4.1	2400 1700 各一根

第四章　预装箱式变电站		第二节　预装箱式变电站主接线方案布置图及土建图	
图号	2-4-2-7	图名	YBa-M组合共箱目字预装变安装工艺图

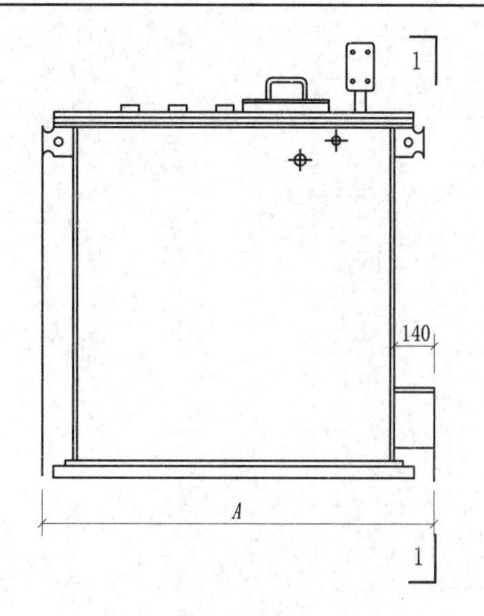

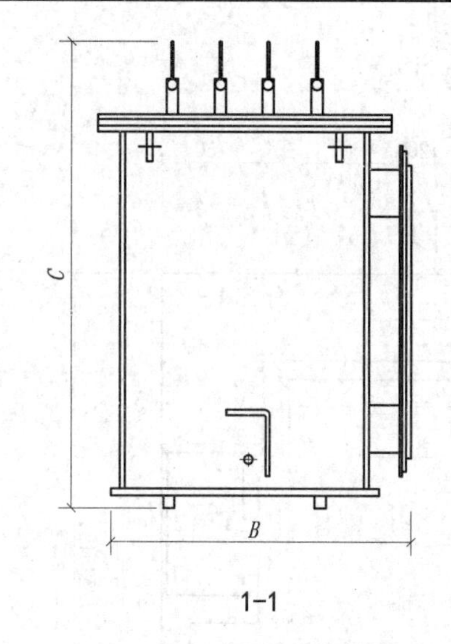

注：(1)相关尺寸见图2-4-2-3、图2-4-2-11、图2-4-2-12。
(2)预装式变电站固定按制造厂规定。
(3)进出线电缆导管工程设计定。
(4)安全防火设施根据相关规范，并结合当地主管部门要求配备。

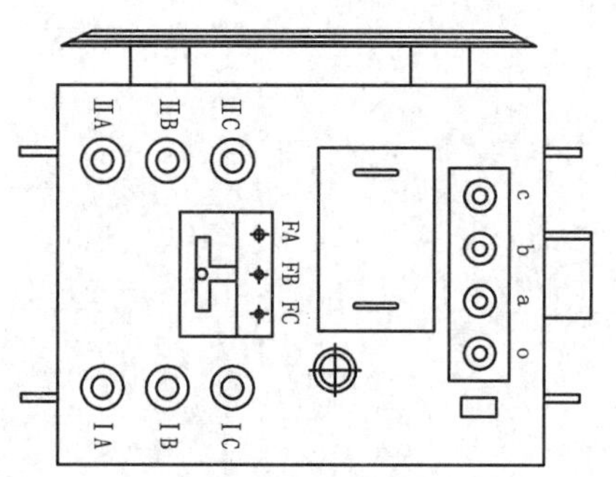

DGS-□/10型预装式变电站及外形尺寸

额定容量/kVA	A	B	C	L	W	H
50～125	1445	900	1575	A+1800	B+1500	C+800
160～500	1615	1035	1688	A+1800	B+1500	C+800
630	1790	1140	1725	A+1800	B+1500	C+800

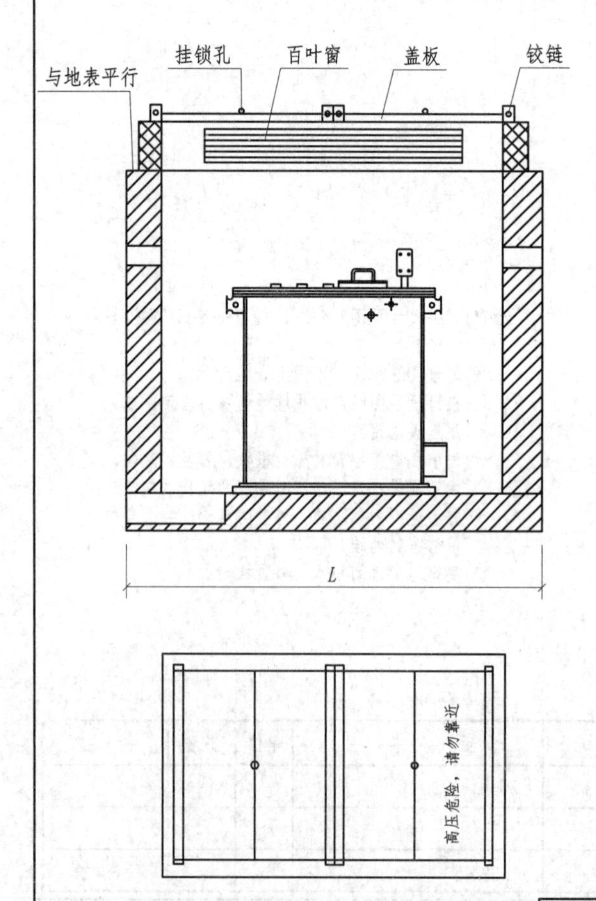

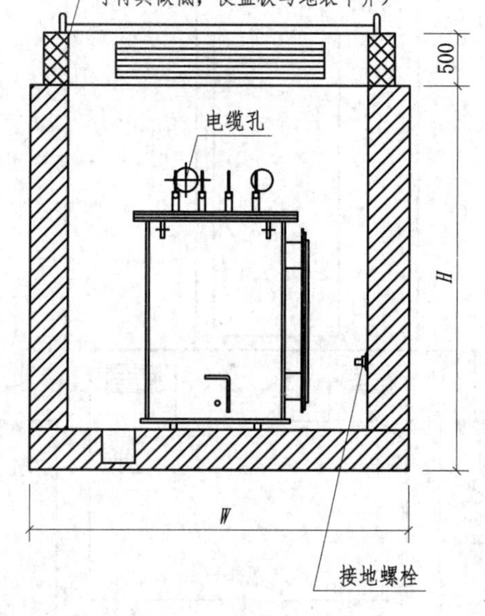

设备材料表

编号	名　称	规　格	单位	数量	备　注
1	预装式变电站	DGS-□/10	台	1	
2	接地装置		处	1	

第四章　预装箱式变电站		第二节　预装箱式变电站主接线方案布置图及土建图	
图号	2-4-2-8	图名	YBa-D组合共箱地埋式预装变安装工艺图

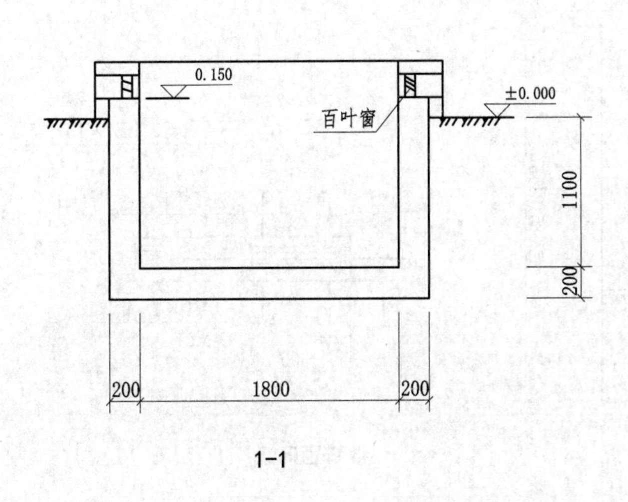

1-1

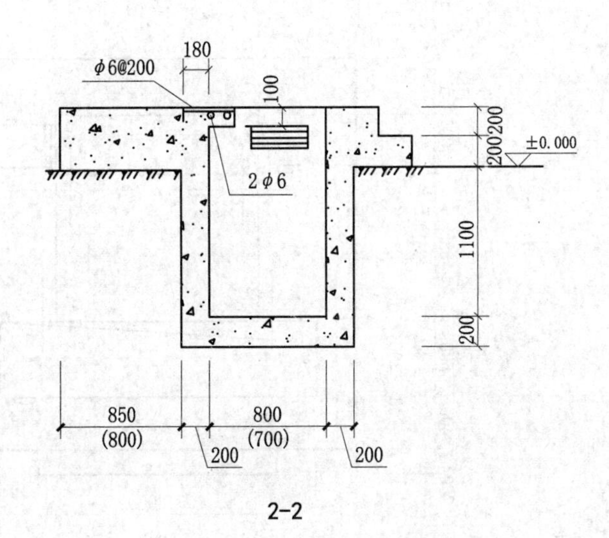

2-2

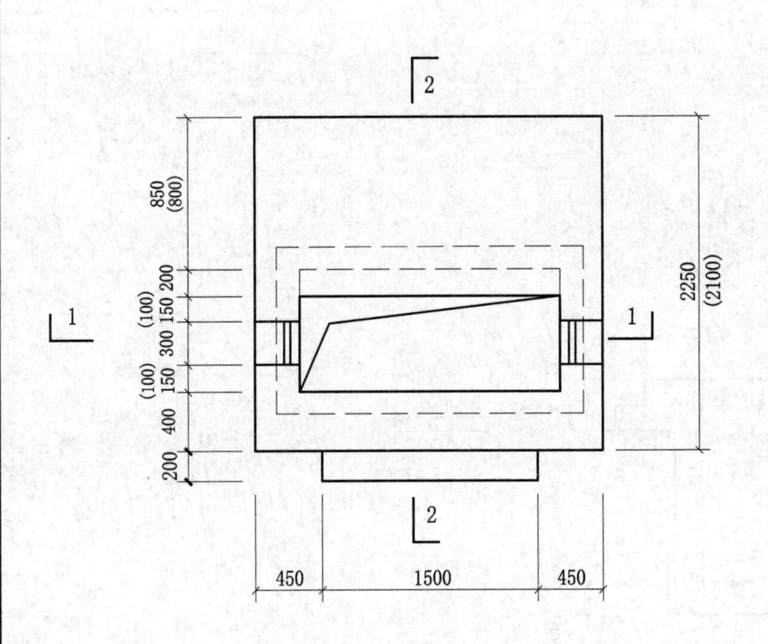

基础平面

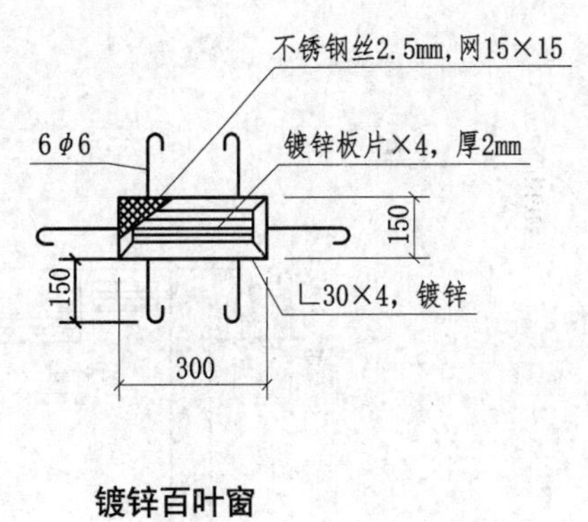

镀锌百叶窗

注:（1）基坑必须落在黏土层上、环境地势较高处。
（2）基坑材料用防水混凝土C20。抗渗标号S6。
（3）面层采用1∶2水泥砂浆抹平，最薄处厚20mm。按1%坡度向外找坡。
（4）当变压器容量在500kVA及以下时用括号内数字。

第四章　预装箱式变电站		第二节　预装箱式变电站主接线方案布置图及土建图	
图号	2-4-2-9	图名	YBa-P组合共箱品字预装变基础土建施工图

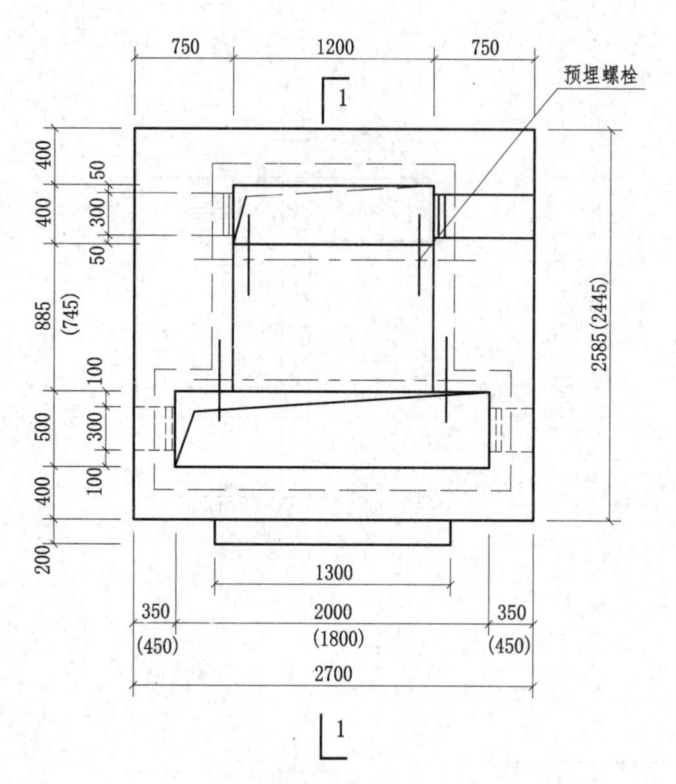

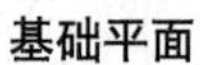

基础平面

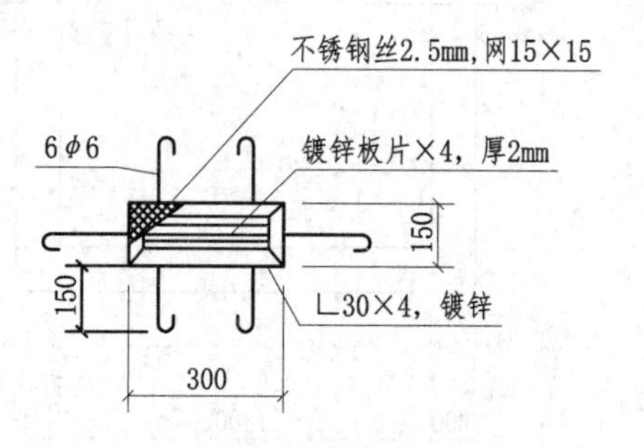

镀锌百叶窗

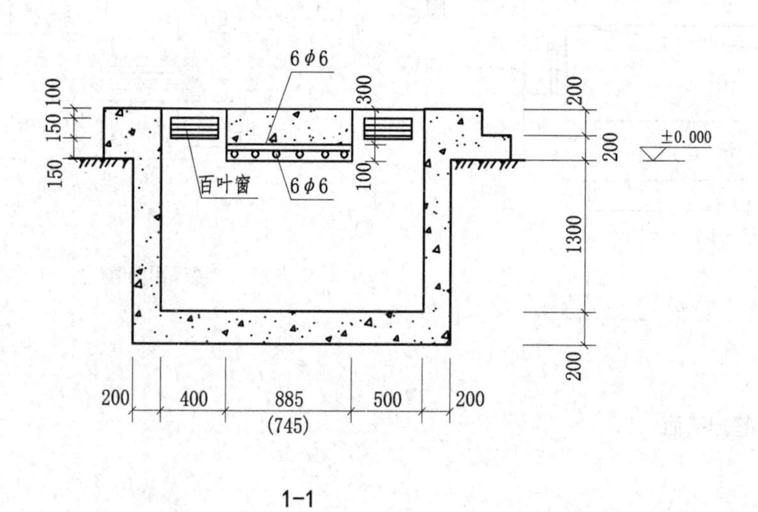

1-1

注：(1)基坑必须落在黏土层上、环境地势较高处。
(2)基坑材料用防水混凝土C20，抗渗标号S6。
(3)面层采用1∶2水泥砂浆抹平，最薄处厚20mm。按1%坡度向外找坡。
(4)当变压器容量在500kVA及以下时用括号内数字。
(5)预埋螺栓大小及定位，根据厂家图纸确定。

第四章　预装箱式变电站			第二节　预装箱式变电站主接线方案布置图及土建图
图号	2-4-2-10	图名	YBa-M组合共箱目字预装变基础土建施工图

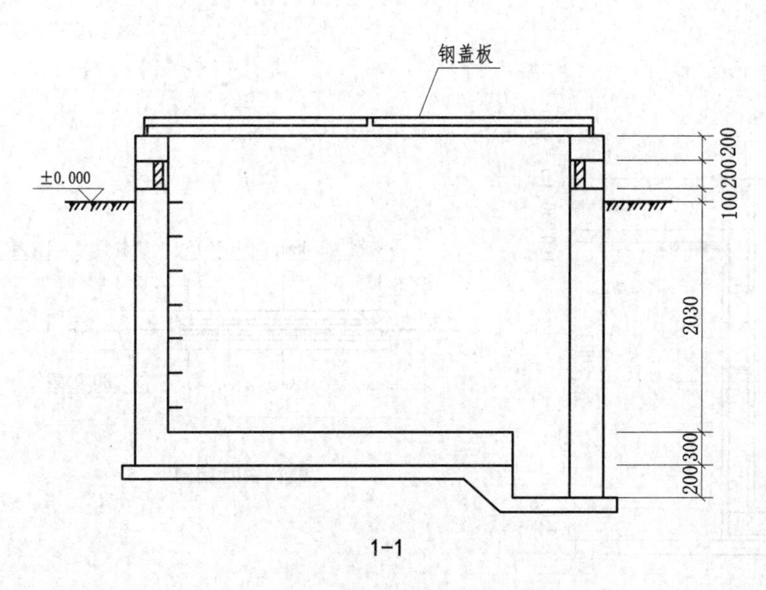

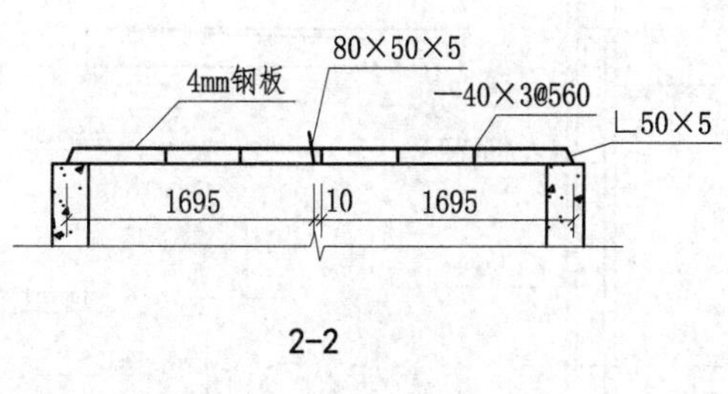

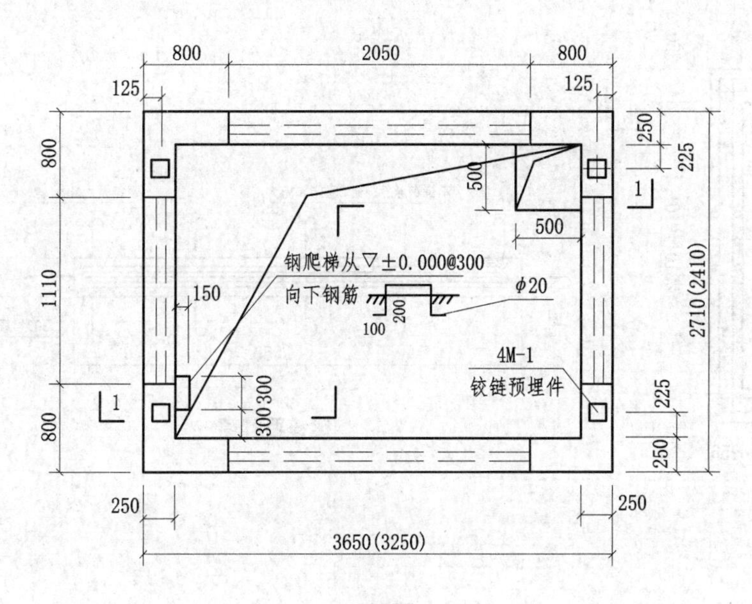

平面图

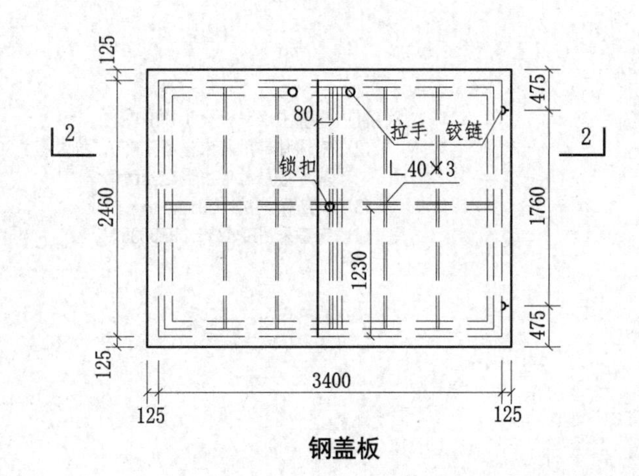

钢盖板

注：(1)地埋式变电站要求置于周围地势较高处。
(2)面层采用1∶2水泥砂浆抹平，最薄处厚20mm。按1%向外找坡。
(3)进出线电缆导管的数量及管径可根据用户的实际情况和进出线位置来确定。
(4)钢构件均需除锈后，红丹打底两遍，灰色调和漆两遍。
(5)图中括号内数字用于50～125kVA变压器。门、窗做相应调整。

第四章　预装箱式变电站		第二节　预装箱式变电站主接线方案布置图及土建图	
图号	2-4-2-11	图名	YBa-D组合共箱地埋式预装变基础土建施工图(一)

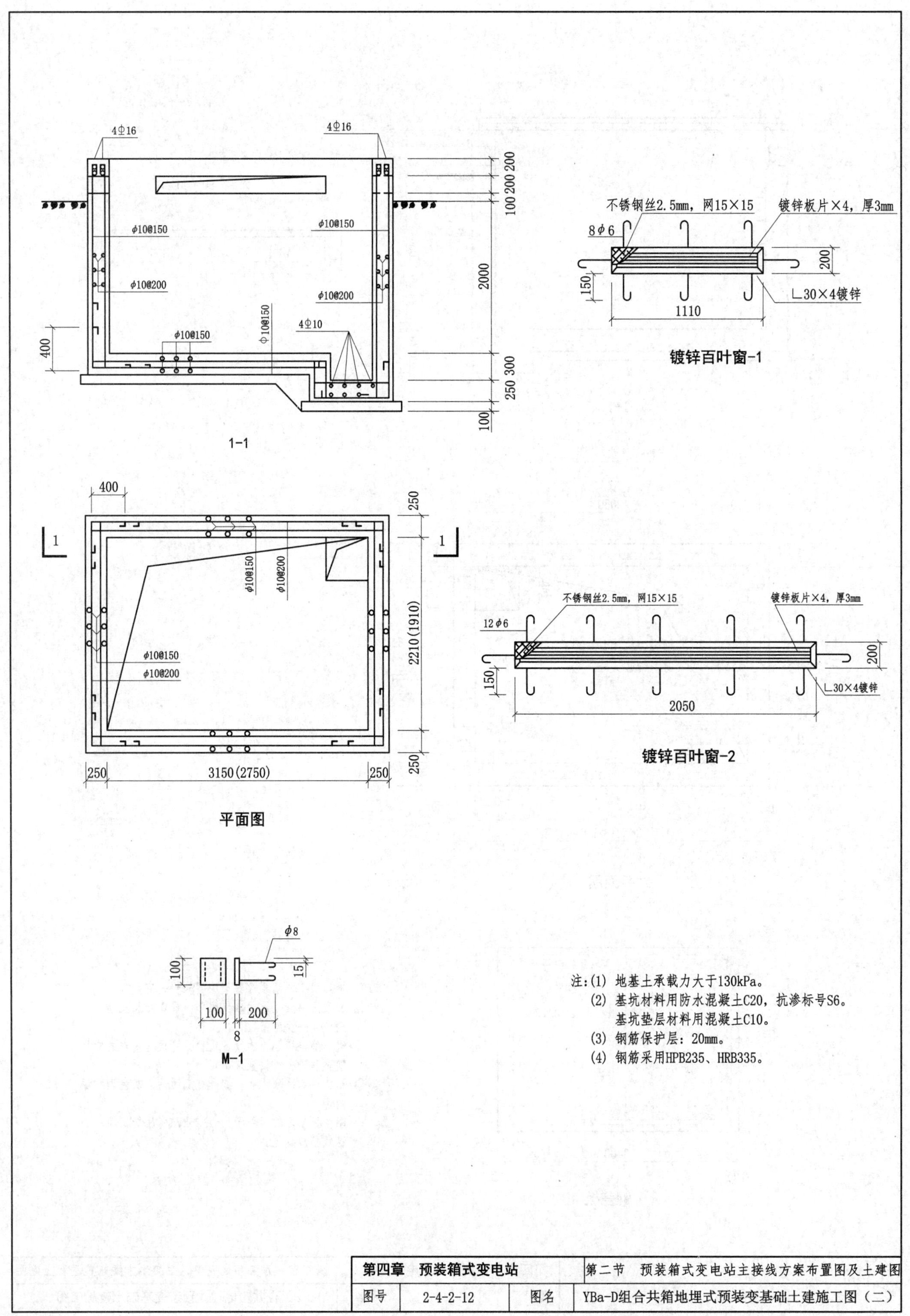
4Φ16
4Φ16
φ10@150
φ10@200
φ10@150
φ10@200
φ10@150
φ10@150
4Φ10
400
100 200 200
2000
250 300
100
1-1
不锈钢丝2.5mm，网15×15
镀锌板片×4，厚3mm
8φ6
200
150
1110
∟30×4镀锌
镀锌百叶窗-1
400
250
1
1
φ10@150
φ10@200
φ10@150
φ10@200
2210(1910)
250
250
3150(2750)
250
250
平面图
不锈钢丝2.5mm，网15×15
镀锌板片×4，厚3mm
12φ6
200
150
2050
∟30×4镀锌
镀锌百叶窗-2
φ8
100
15
100
200
8
M-1
注：(1) 地基土承载力大于130kPa。
(2) 基坑材料用防水混凝土C20，抗渗标号S6。
基坑垫层材料用混凝土C10。
(3) 钢筋保护层：20mm。
(4) 钢筋采用HPB235、HRB335。
第四章 预装箱式变电站
第二节 预装箱式变电站主接线方案布置图及土建图
图号
2-4-2-12
图名
YBa-D组合共箱地埋式预装变基础土建施工图（二）

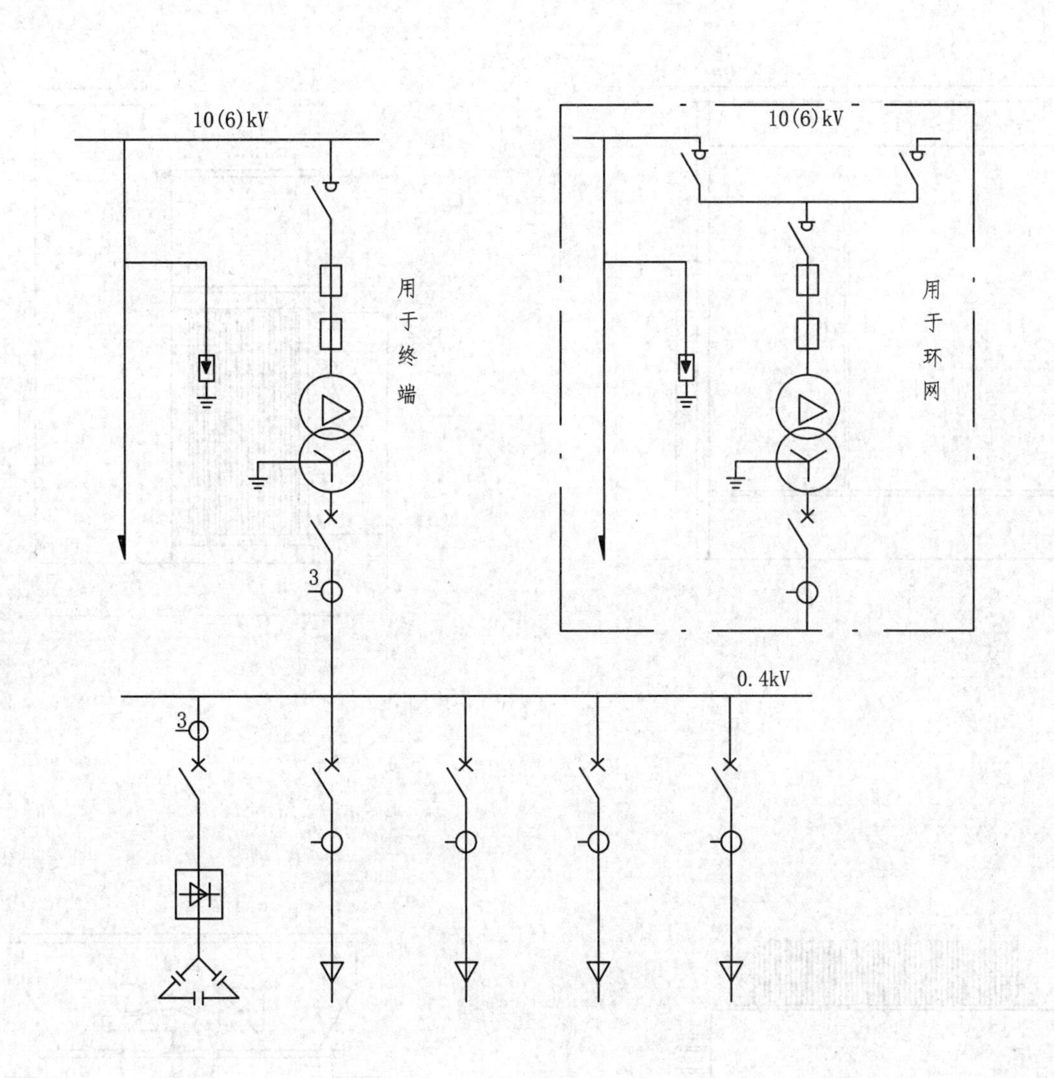

高压熔断器参数

名称	额定容量/kVA	100	125	160	200	250	315	400	500	630	800
插入式熔断器 I_e/A	10kV	10	15	25	25	25	25	40	40	65	65
	6kV	15	15	25	25	35	40	50	65	80	100
后备保护熔断器 I_e/A	10kV	40	50	63	80	85	80	100	125	150	175
	6kV	50	63	80	80	125	150	150	175	175	200

设备名称	型号规格
高压负荷开关	FYN28-12/T-100
	FYN28A-12/T-630
	FYN28-12/630-25
插入式熔断器	4038108C□,BAY-0-NET 10～100A
后备保护熔断器	ELSP　　40～200A
氧化锌避雷器	167ESA
变压器	S9-M-□/10,100～800kVA Dyn11(Yyn0)
低压断路器	CM1-□A
电流互感器	LMZ2-0.66□/5
电流互感器	LMZ2-0.66□/5
低压断路器	DZ20□-□/3300
电流互感器	LMZ2-0.66□/5
SCR	DWⅡ-S168
电容器	CLMD13　0.4-15, 15 *n* kvar

第四章　预装箱式变电站		第二节　预装箱式变电站主接线方案布置图及土建图	
图号	2-4-2-13	图名	YBb品字预装型预装变电气系统概略图

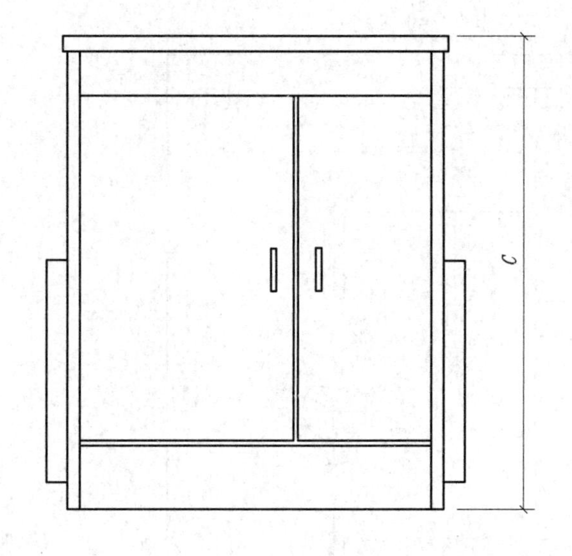

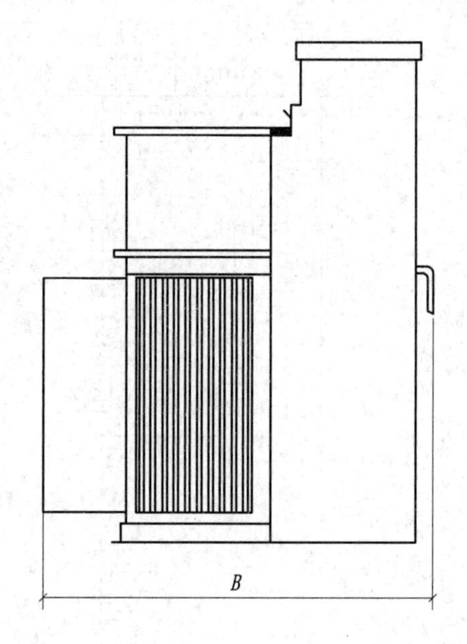

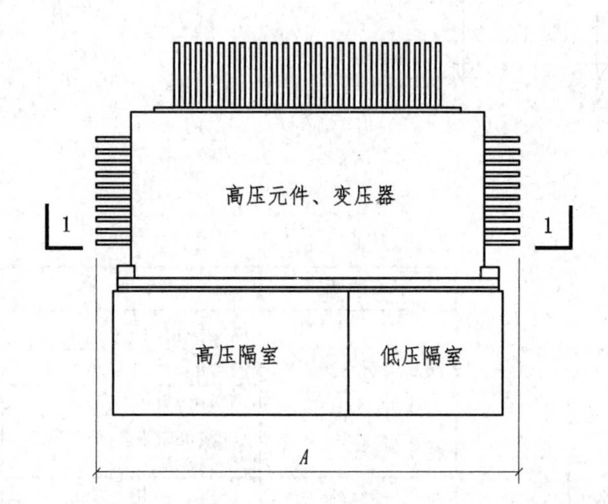

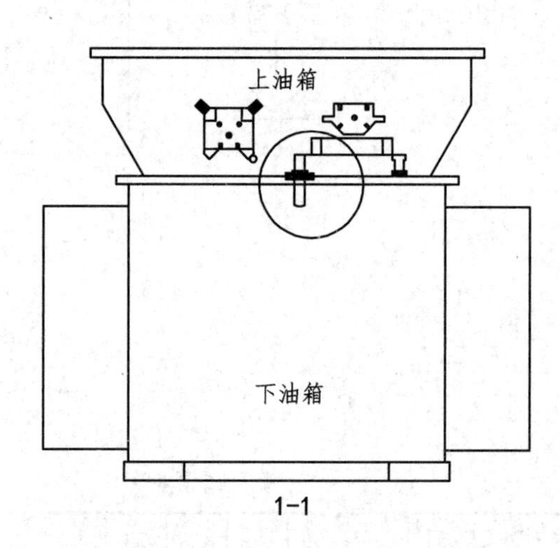

1-1

YBP□-$\frac{Z}{H}$-□/10预装式变电站外形尺寸

额定容量/kVA	A	B	C	质量/kg
100～250	1830	1580	1720	1600～2000
315～800	1830	1580	1920	2200～3600

第四章 预装箱式变电站		第二节 预装箱式变电站主接线方案布置图及土建图	
图号	2-4-2-14	图名	YBb品字预装型预装变外形尺寸及布置图

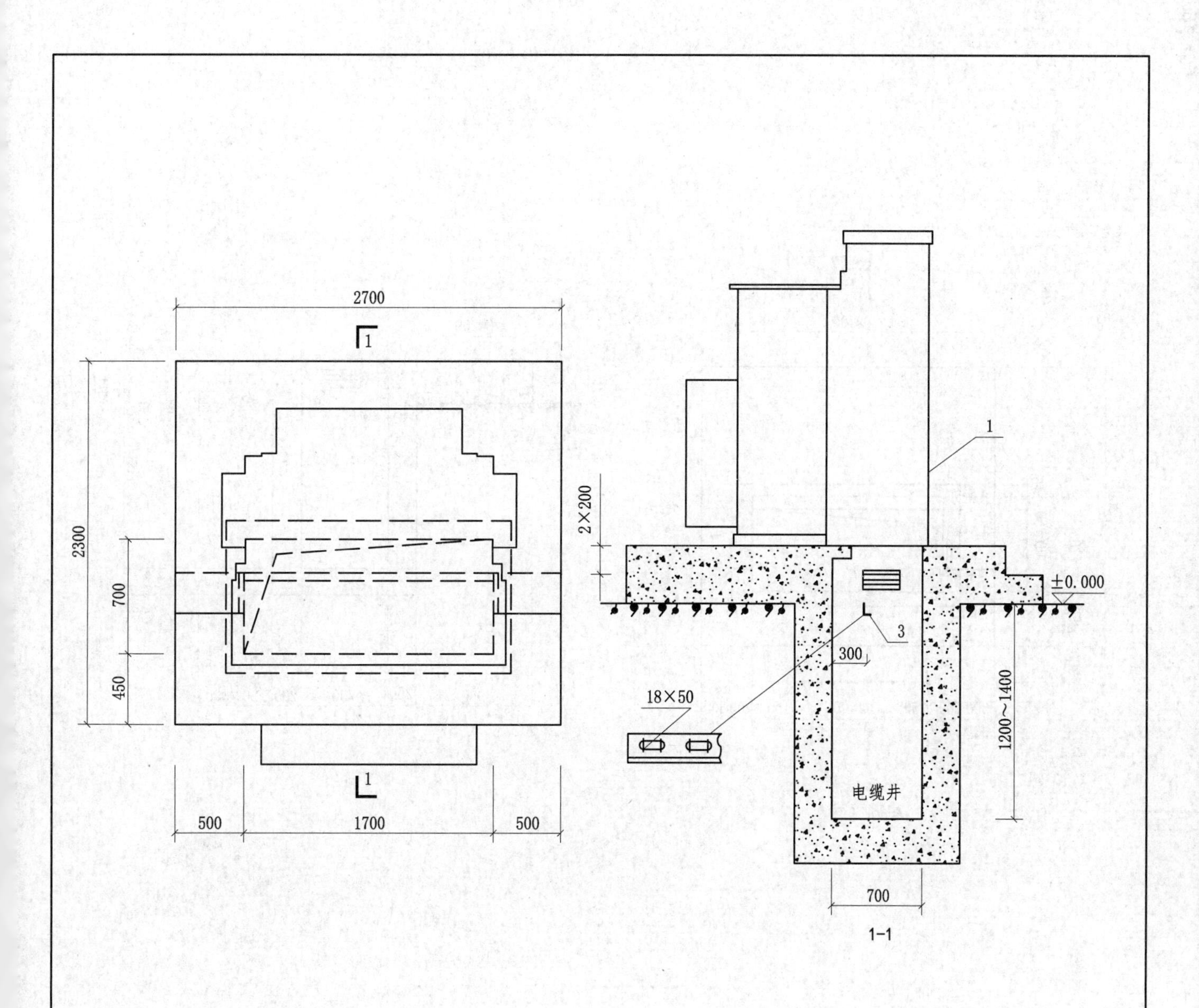

注：(1) 相关尺寸见图2-4-2-13、图2-4-2-14、图2-4-2-16。
(2) 按订货后图纸尺寸预埋地脚螺钉固定；或采用压板固定。
(3) 进出线电缆导管材质、根数、管径、定位，由工程设计定。施工时导管两端作成喇叭口并磨光；内壁防腐，外壁防渗漏；导管穿电缆后密封处理。
(4) 底座与基础间用水泥砂浆抹封。

设备材料表

编号	名 称	规 格	单位	数量	备 注
1	预装式变电站	YBP□-$\frac{Z}{H}$-□/10	台	1	
2	接地装置		处	1	
3	角钢	∟50×5,l=2000	根	1	镀锌

第四章 预装箱式变电站		第二节 预装箱式变电站主接线方案布置图及土建图	
图号	2-4-2-15	图名	YBb品字预装型预装变安装工艺图

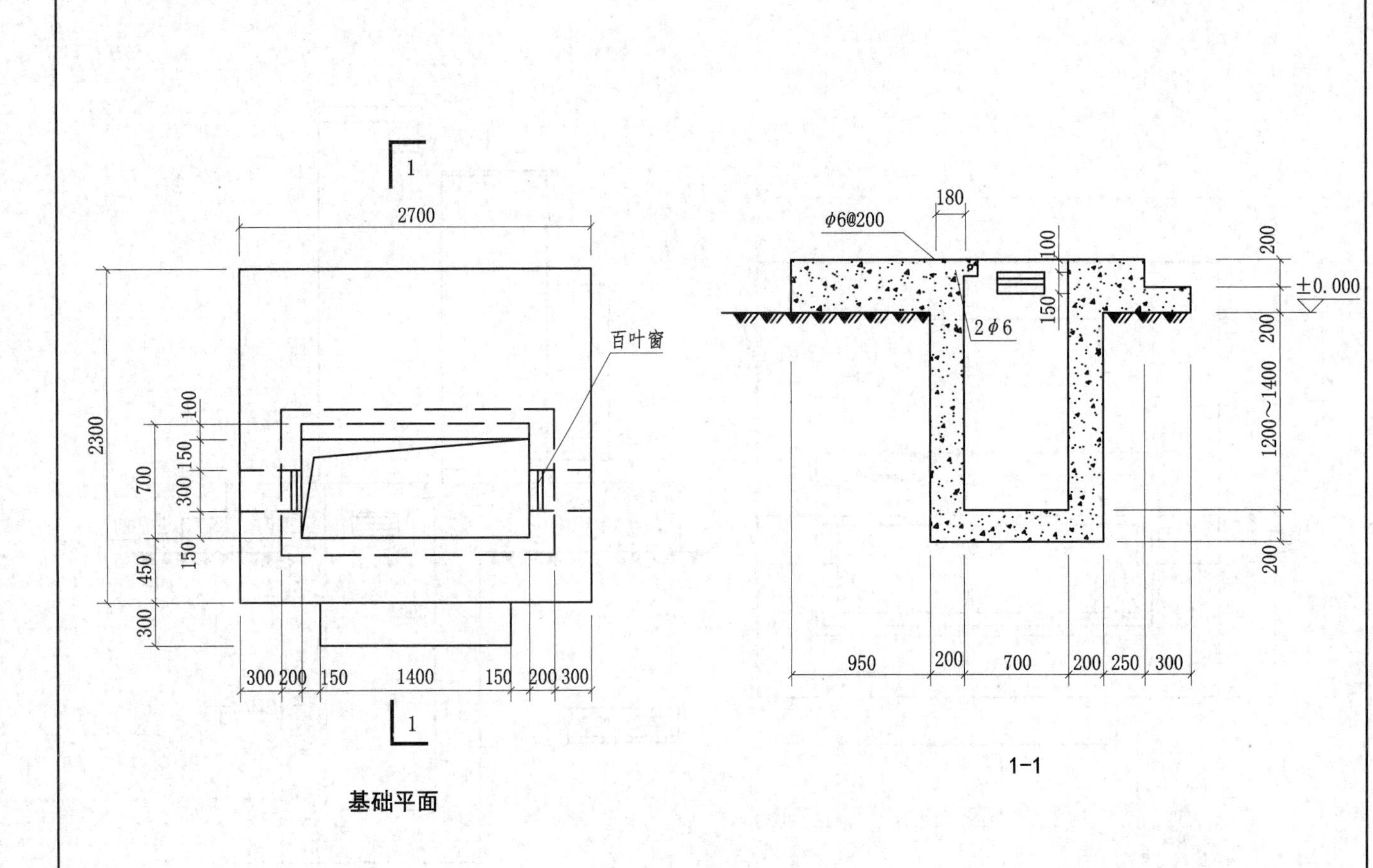

基础平面

1-1

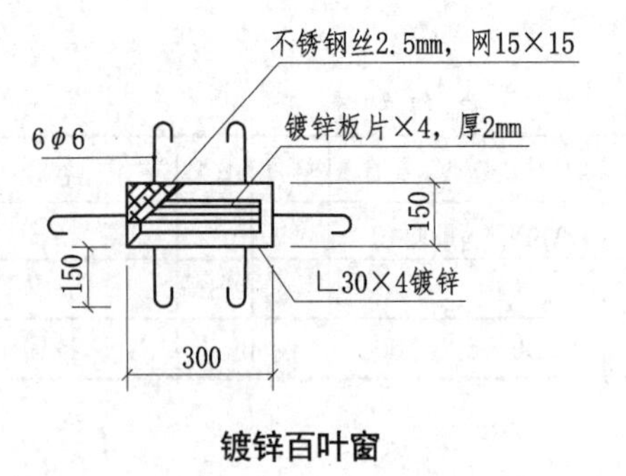

镀锌百叶窗

注：(1) 基坑必须落在黏土层上，环境地势较高处。
(2) 基坑材料用防水混凝土C20，抗渗标号S6。
(3) 面层采用1∶2水泥砂浆抹平，最薄处厚20mm。按1%坡度向外找坡。

第四章 预装箱式变电站		第二节 预装箱式变电站主接线方案布置图及土建图	
图号	2-4-2-16	图名	YBb品字预装型预装变基础土建施工图

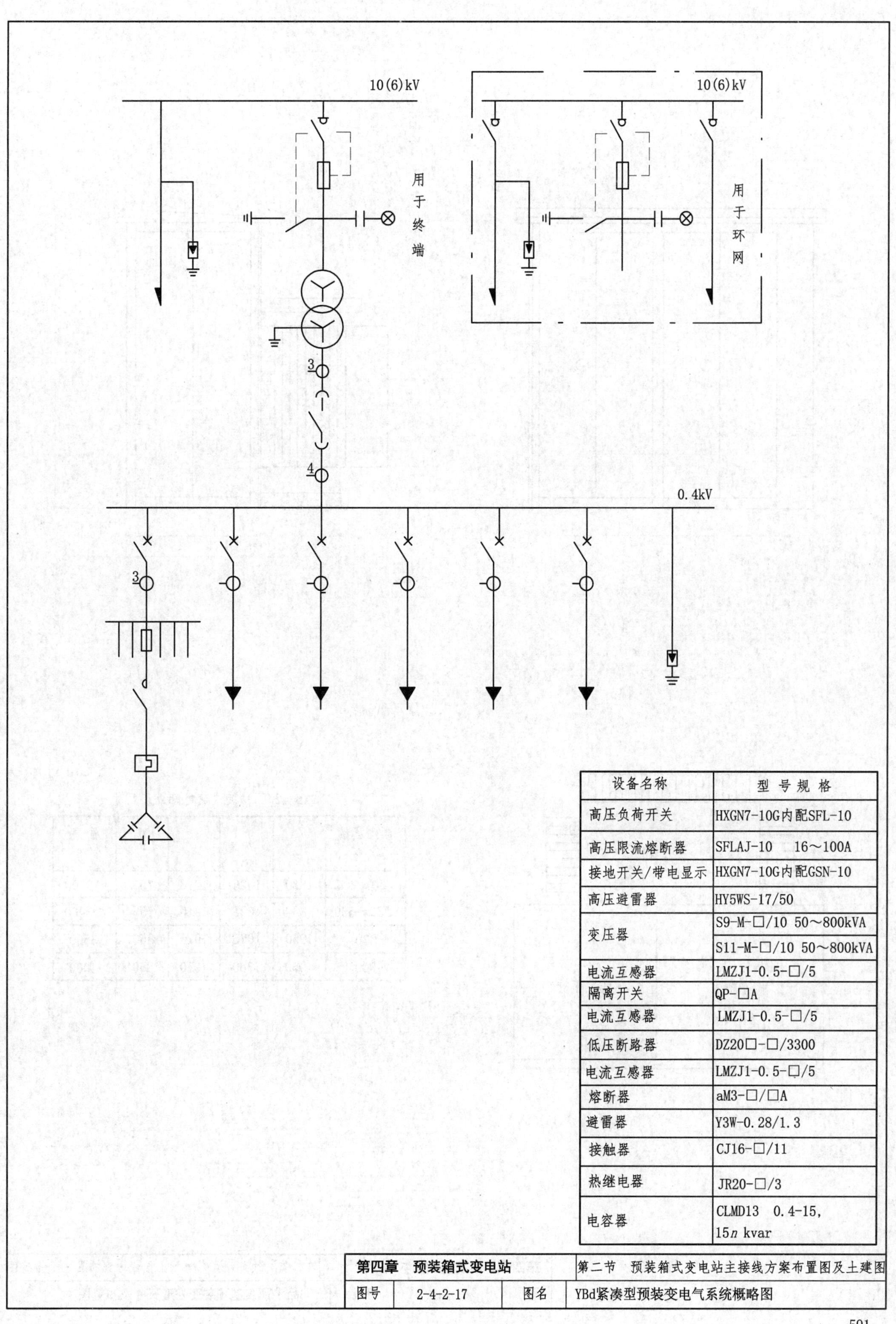

设备名称	型 号 规 格
高压负荷开关	HXGN7-10G内配SFL-10
高压限流熔断器	SFLAJ-10　16～100A
接地开关/带电显示	HXGN7-10G内配GSN-10
高压避雷器	HY5WS-17/50
变压器	S9-M-□/10 50～800kVA
	S11-M-□/10 50～800kVA
电流互感器	LMZJ1-0.5-□/5
隔离开关	QP-□A
电流互感器	LMZJ1-0.5-□/5
低压断路器	DZ20□-□/3300
电流互感器	LMZJ1-0.5-□/5
熔断器	aM3-□/□A
避雷器	Y3W-0.28/1.3
接触器	CJ16-□/11
热继电器	JR20-□/3
电容器	CLMD13　0.4-15, 15n kvar

第四章　预装箱式变电站			第二节　预装箱式变电站主接线方案布置图及土建图
图号	2-4-2-17	图名	YBd紧凑型预装变电气系统概略图

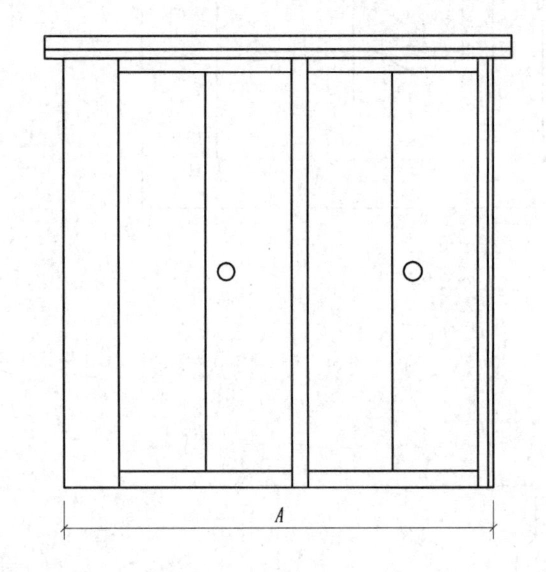

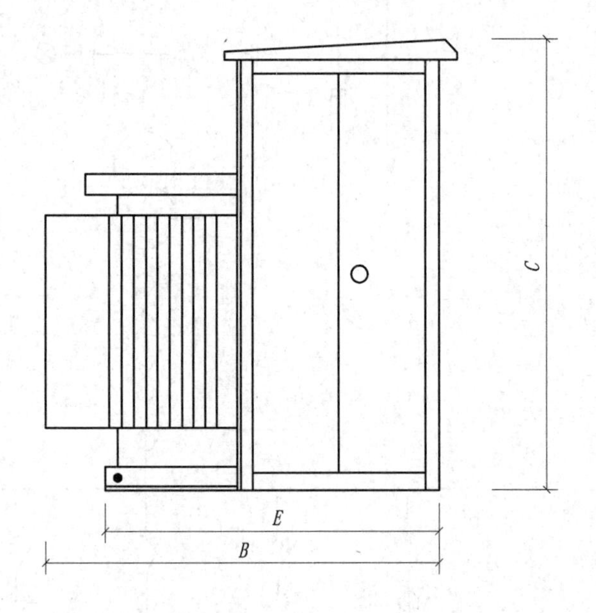

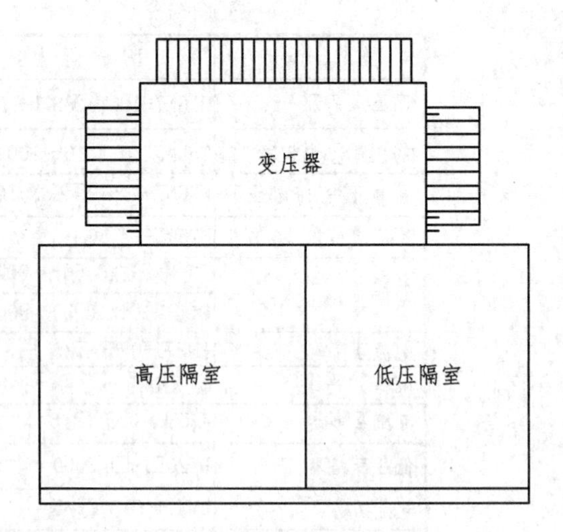

DXB-12/□预装式变电站外形尺寸

额定容量/kVA	A	B	C	E	质量/kg
50～200	1830	1625	1910	755	≤2000
250～500	1830	1625	1910	755	≤3000
630	1950	1675	1910	850	3500
800	1950	1700	1910	850	4000

第四章　预装箱式变电站		第二节　预装箱式变电站主接线方案布置图及土建图	
图号	2-4-2-18	图名	YBd品字紧凑型预装变外形尺寸及布置图

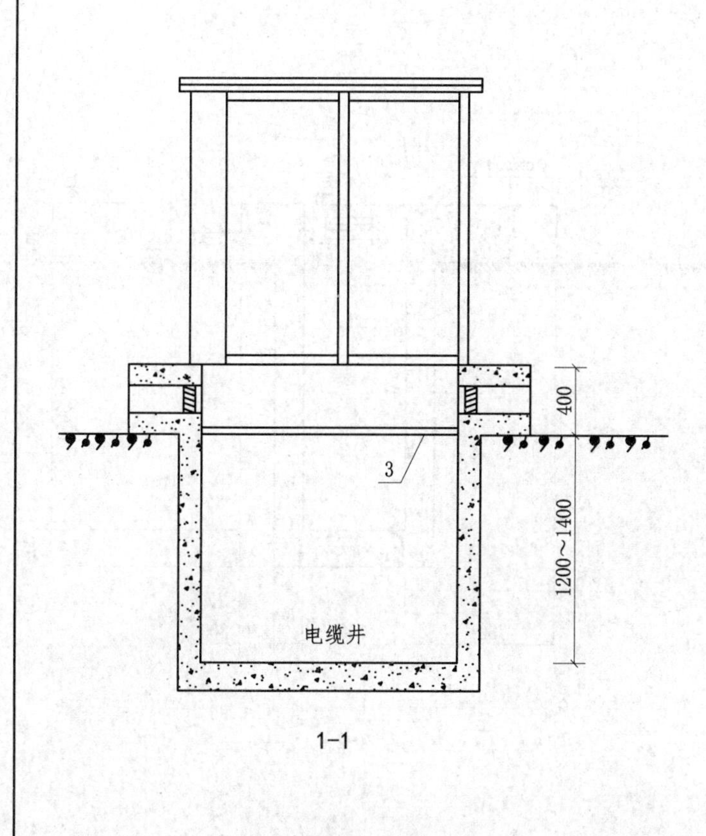

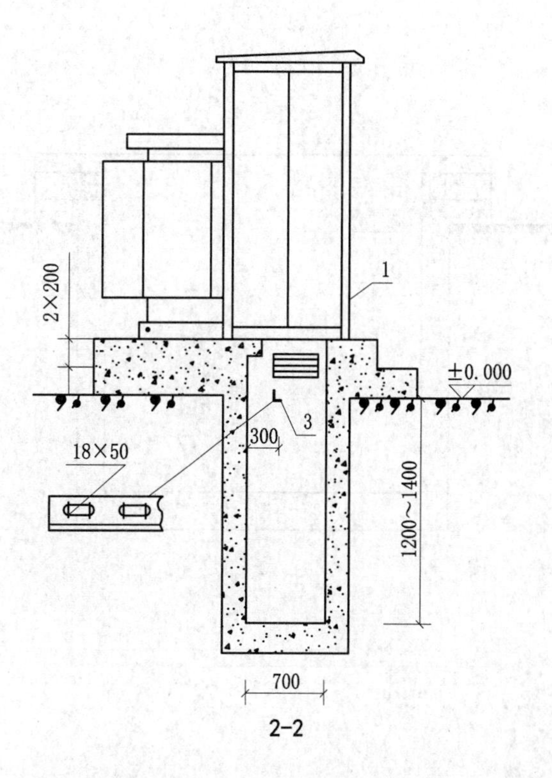

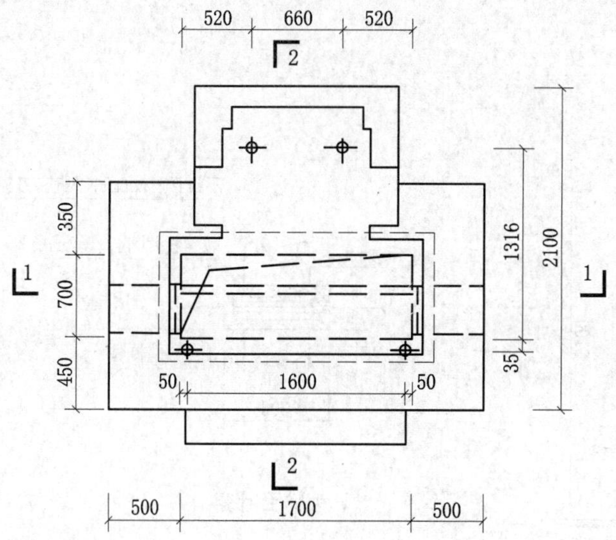

注：(1) 相关尺寸见图2-4-2-17、图2-4-2-18、图2-4-2-20。
(2) 按订货后图纸尺寸预埋地脚螺钉固定。
(3) 进出线电缆导管材质、根数、管径、定位，由工程设计定。施工时导管两端作成喇叭口并磨光；内壁防腐，外壁防渗漏；导管穿电缆后密封处理。
(4) 底座与基础间用水泥砂浆抹封。

设 备 材 料 表

编号	名 称	规 格	单位	数量	备 注
1	预装式变电站	DXB-12/□	台	1	
2	接地装置		处	1	
3	角钢	∟50×5，l=2000	根	1	镀锌

第四章　预装箱式变电站		第二节　预装箱式变电站主接线方案布置图及土建图	
图号	2-4-2-19	图名	YBd品字紧凑型预装变安装工艺图

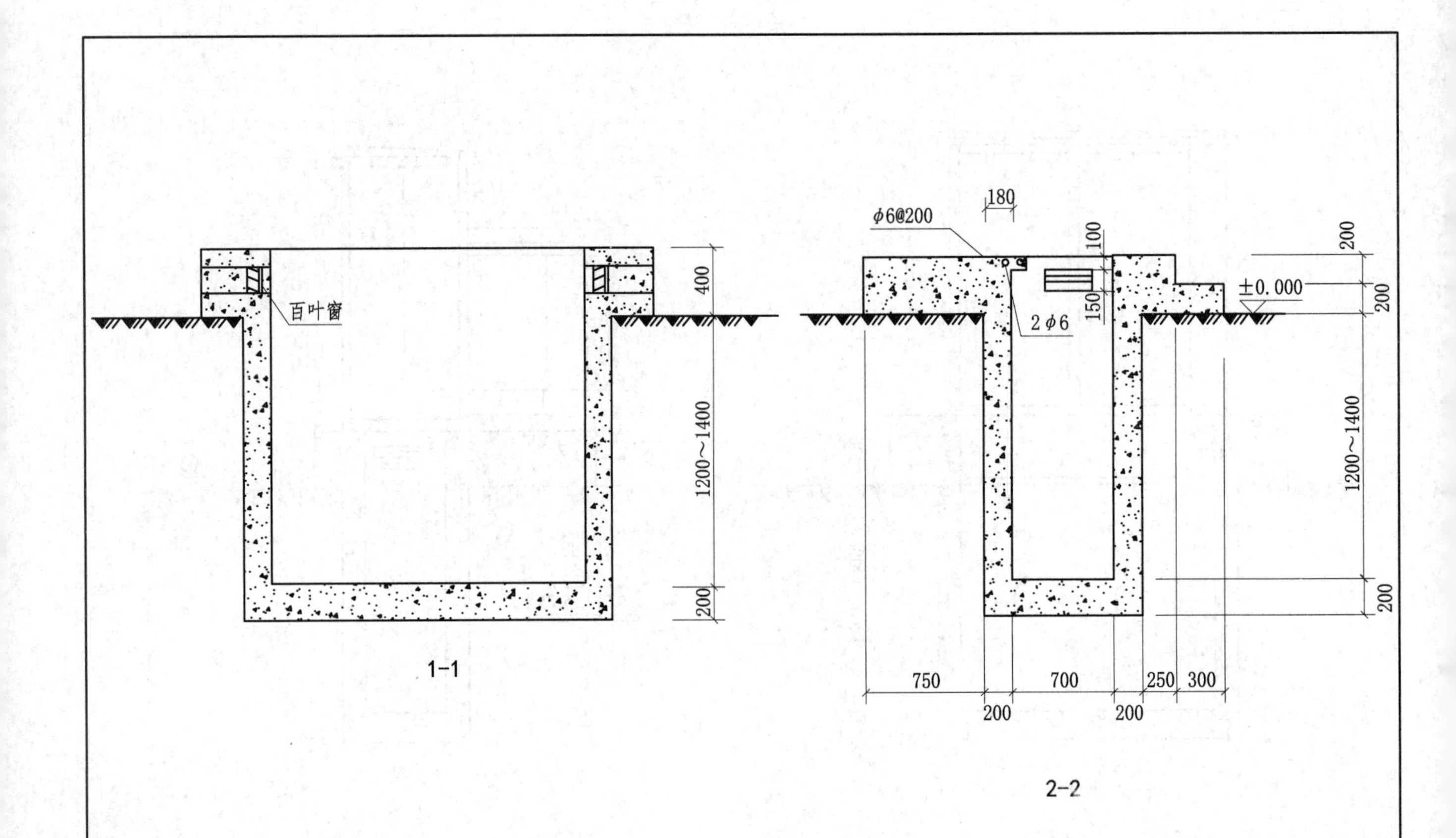

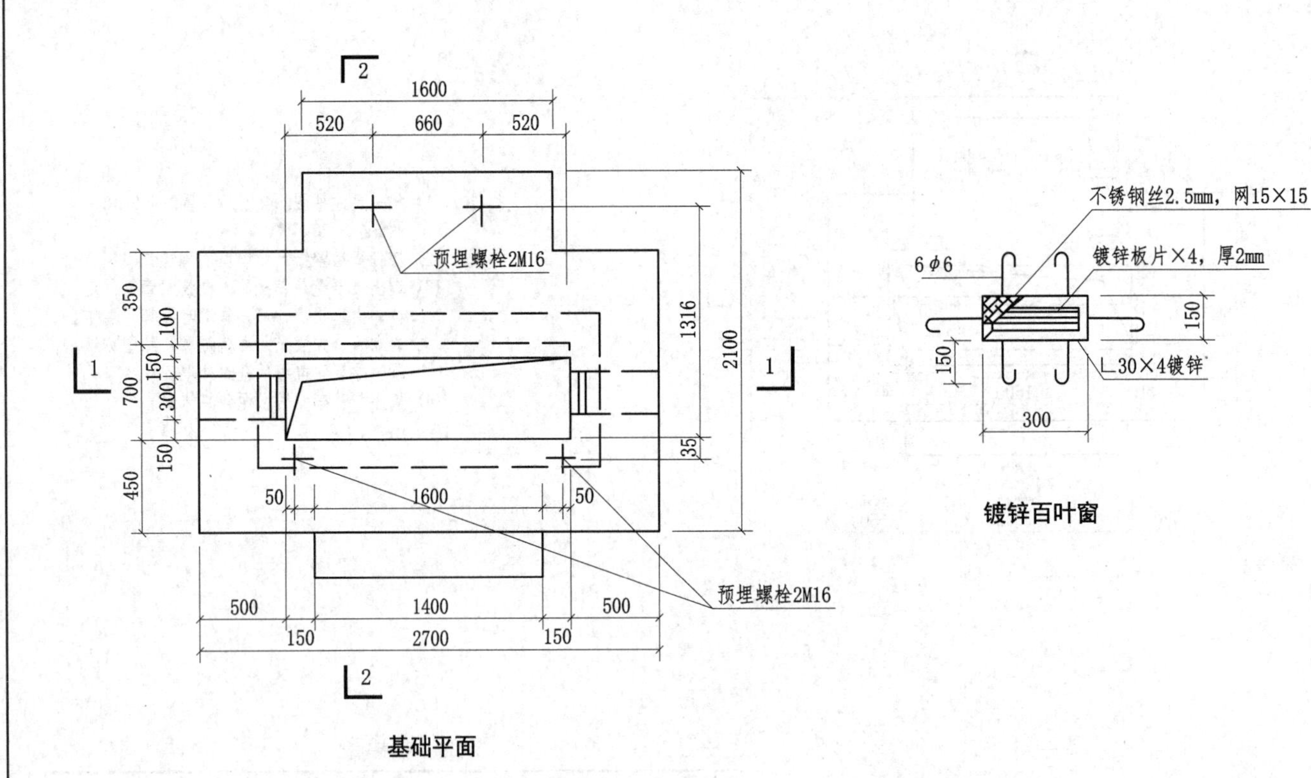

注：(1) 基坑必须落在黏土层上，环境地势较高处。
(2) 基坑材料用防水混凝土C20，抗渗标号S6。
(3) 面层采用1∶2水泥砂浆抹平，最薄处厚20mm。按1%坡度向外找坡。

第四章　预装箱式变电站		第二节　预装箱式变电站主接线方案布置图及土建图	
图号	2-4-2-20	图名	YBd品字紧凑型预装变基础土建施工图

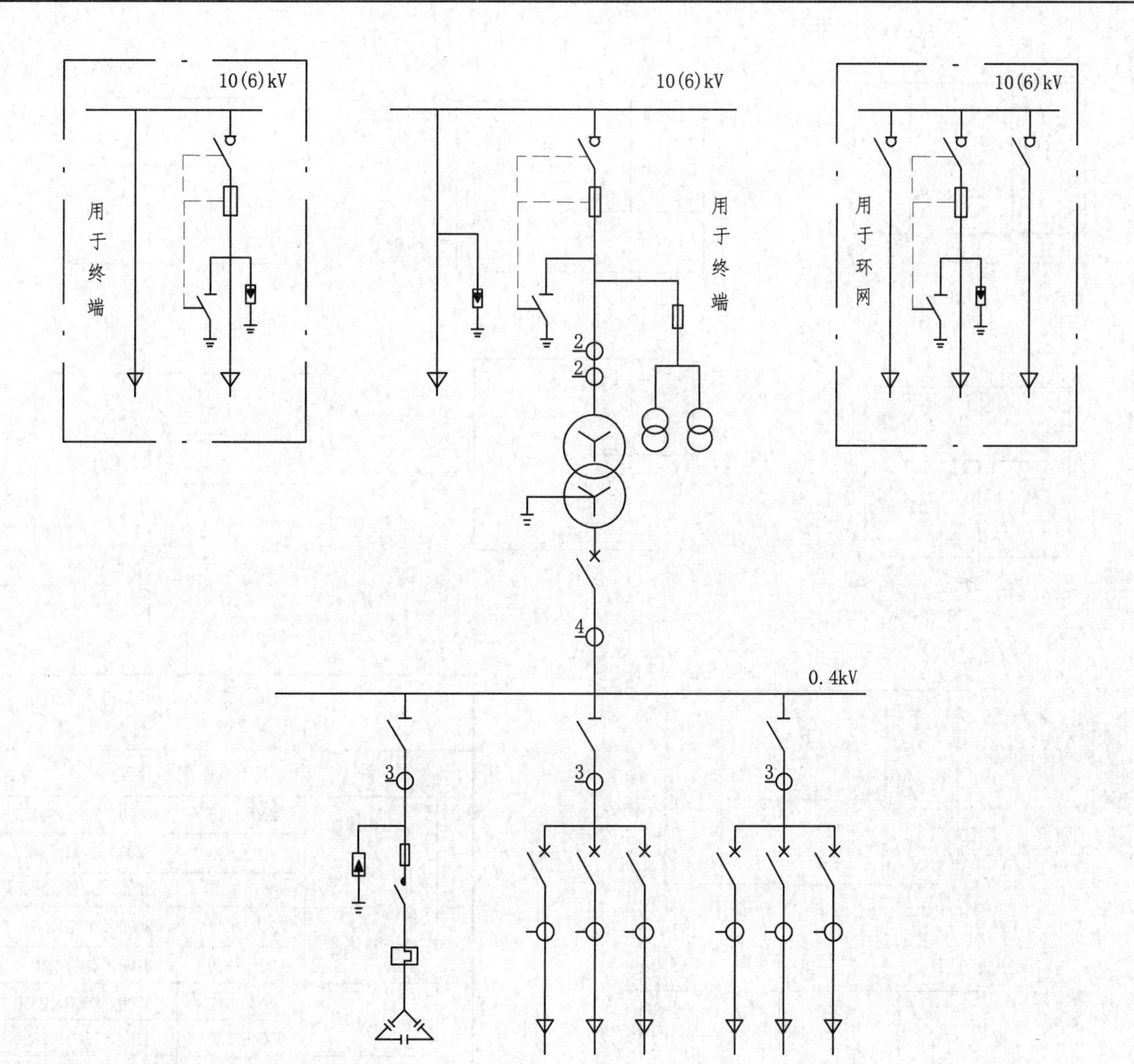

设备名称	型号规格
高压负荷开关	FN7-DXLRA/630A
高压熔断器	XRNT-□A
带电显示器	GSN-10
氧化锌避雷器	HY5WS-17/50
电流互感器	LA-10-□/5
高压熔断器	RN2-10/0.5
电流互感器	DZ-10/0.1kV
变压器	S9-M-□/10,200～1250kVA Yyn0(SC, SG)
低压断路器	HLA-600,HNB-1200, PB-3000
电流互感器	LMZJ1-□/5
隔离开关	HD13B-1500A
低压断路器	DZ20□-400A
电流互感器	LMZJ1-□/5
热继电器	JR20-□/3
电容器自动补偿	CLMD13 0.4-15, 15n kvar

第四章 预装箱式变电站			第二节 预装箱式变电站主接线方案布置图及土建图
图号	2-4-2-21	图名	YBe普通型预装变电气系统概略图

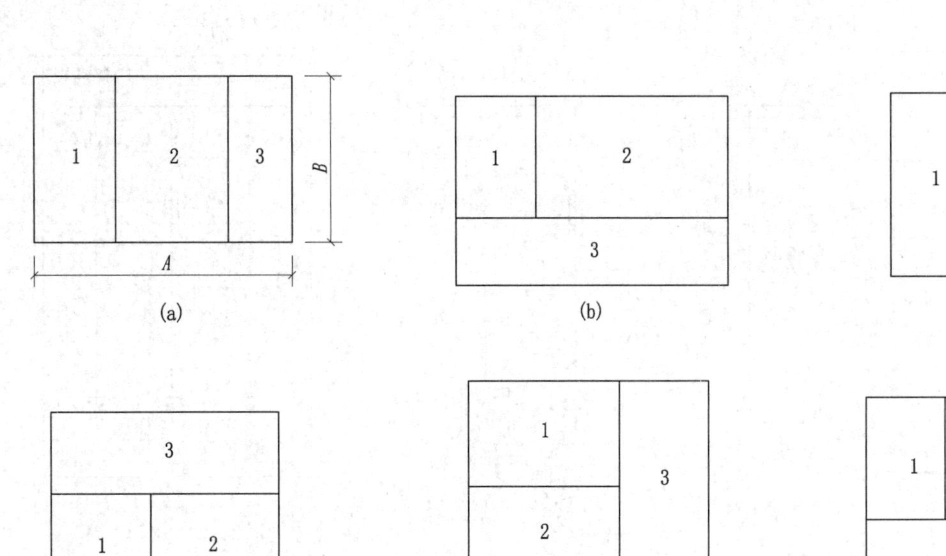

(a) (b) (c)

(d) (e)

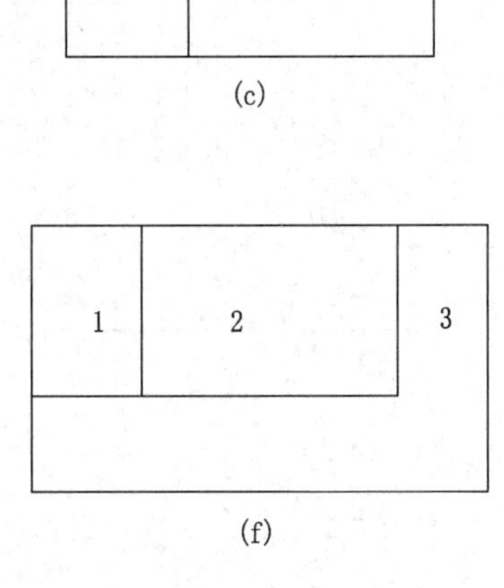

(f)

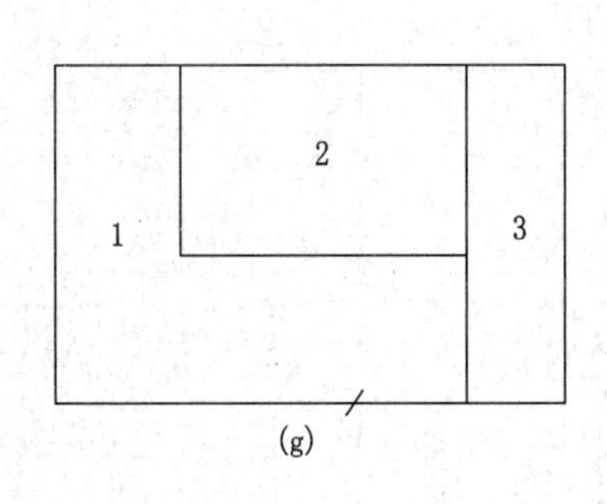

(g)

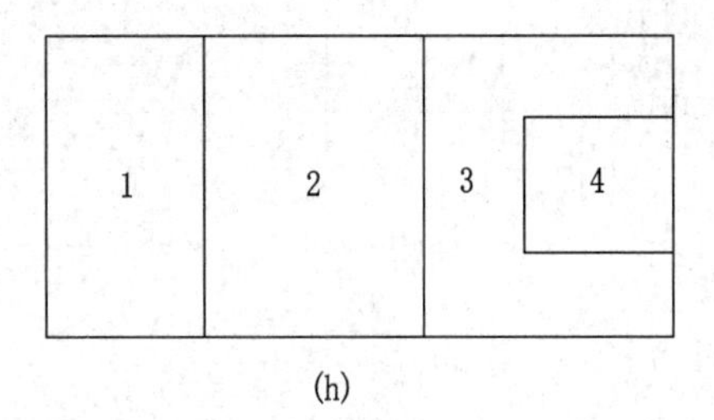

(h)

1—高压隔室;2—变压器隔室;3—低压隔室;4—操作通道

注:(1)YBe类安装方式中组合式变电站制造厂家众多,结构纷繁,本图作抽样表示,选型安装时以到货尺寸为准。

(2)根据实际需要外形尺寸可以调整。

结构		变压器容量/kVA	外形尺寸(长×宽×高)/mm
ZBW □ 、YBW □ 、YB □			
a	Z 终端型 H 环网型	200~315	3100×2000×2450
		400~630	3200×2000×2450
		800~1250	3500×2400×2650
b	Z 终端型	200~630	3000×2000×2530
		800~1250	3400×2300×2630
f	Z 终端型	200~630	3700×2000×2530
		800~1250	4100×2300×2630
g	H 环网型	200~630	3700×2300×2530
		800~1250	4100×2600×2630
h	Z 终端型	200~630	4200×2200×2530
		800~1250	4800×2200×2630
	H 环网型	200~630	4200×2500×2530
		800~1250	4800×2500×2630
ZBW □			
a	Z 终端型 H 环网型	200~250	2755×1350×2130
		315~630	3255×1900×2390
		800~1250	3555×2300×2650
c	H 环网型	200~500	2550×2000×2130
		630~800	3000×2000×2380
e	Z 终端型	200~500	2300×1800×2090
		200~500	2300×1800×2240
d	Z 终端型	200~315	2555×1650×2060
	H 环网型	400~630	2720×2305×2490

第四章 预装箱式变电站		第二节 预装箱式变电站主接线方案布置图及土建图	
图号	2-4-2-22	图名	YBe普通型预装变外形尺寸及布置图(一)

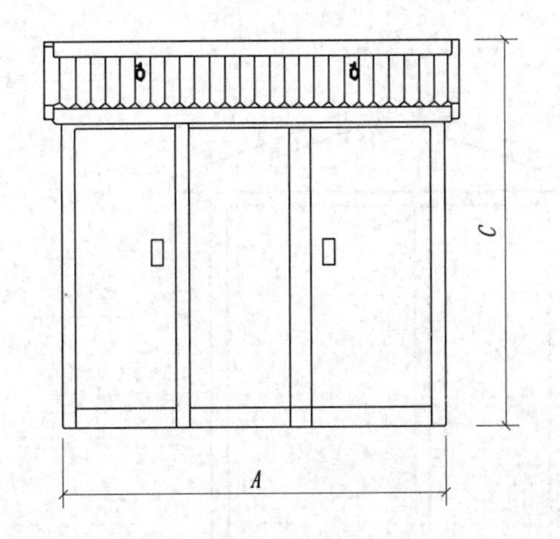

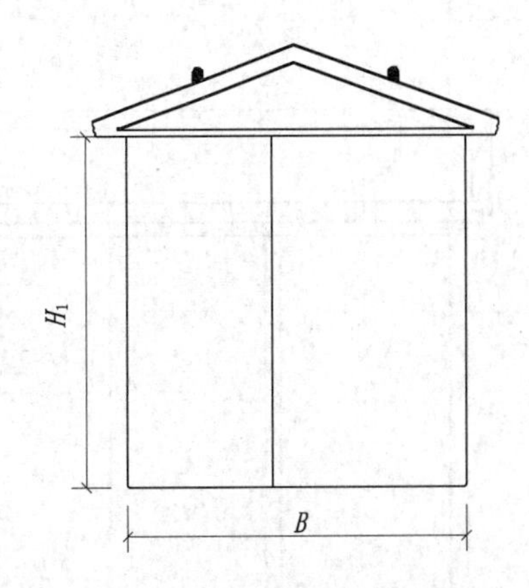

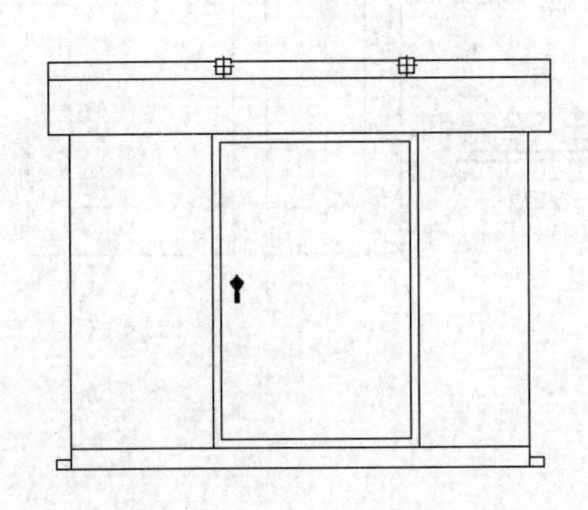

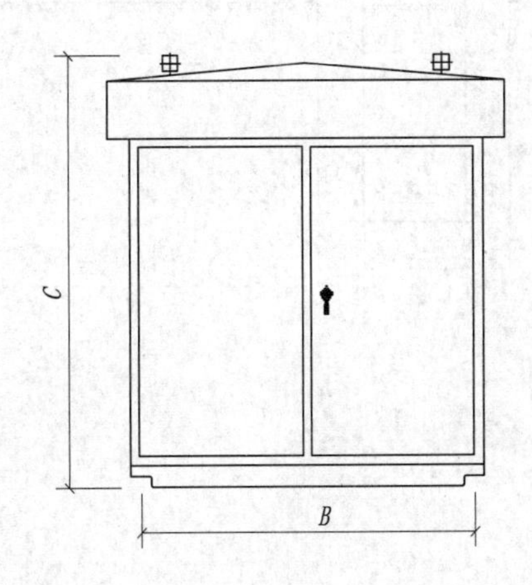

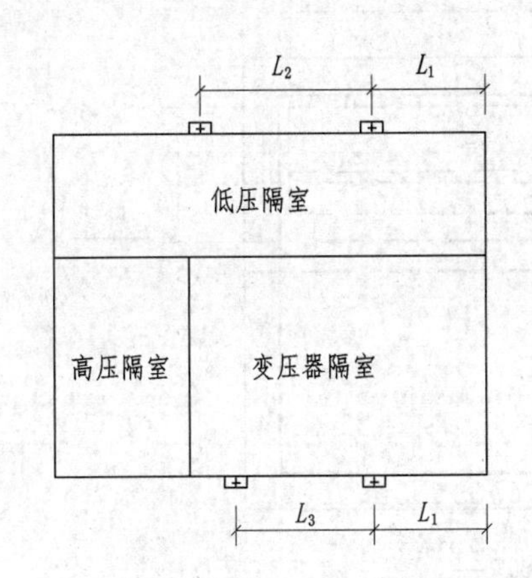

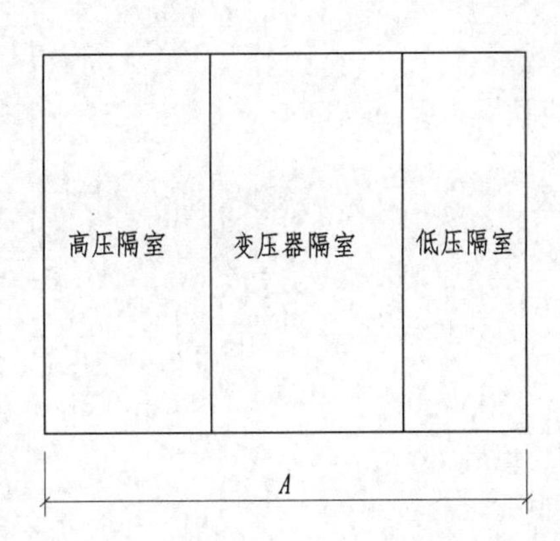

ZBW□-□/P预装式变电站外形尺寸

额定容量/kVA	A	B	C	L_1	L_2	L_3	H_1
200	2300	1800	2090	740	840	730	1640
250～500	2300	1800	2090	580	1000	890	1640
630～800	2400	1800	2240	440	1140	1030	1790

ZBW□-□/M预装式变电站外形尺寸

额定容量/kVA	A	B	C
200～315	3100	2000	2450
400～630	3200	2200	2450
800～1250	3500	2400	2650

第四章 预装箱式变电站		第二节 预装箱式变电站主接线方案布置图及土建图	
图号	2-4-2-23	图名	YBe普通型预装变外形尺寸及布置图（二）

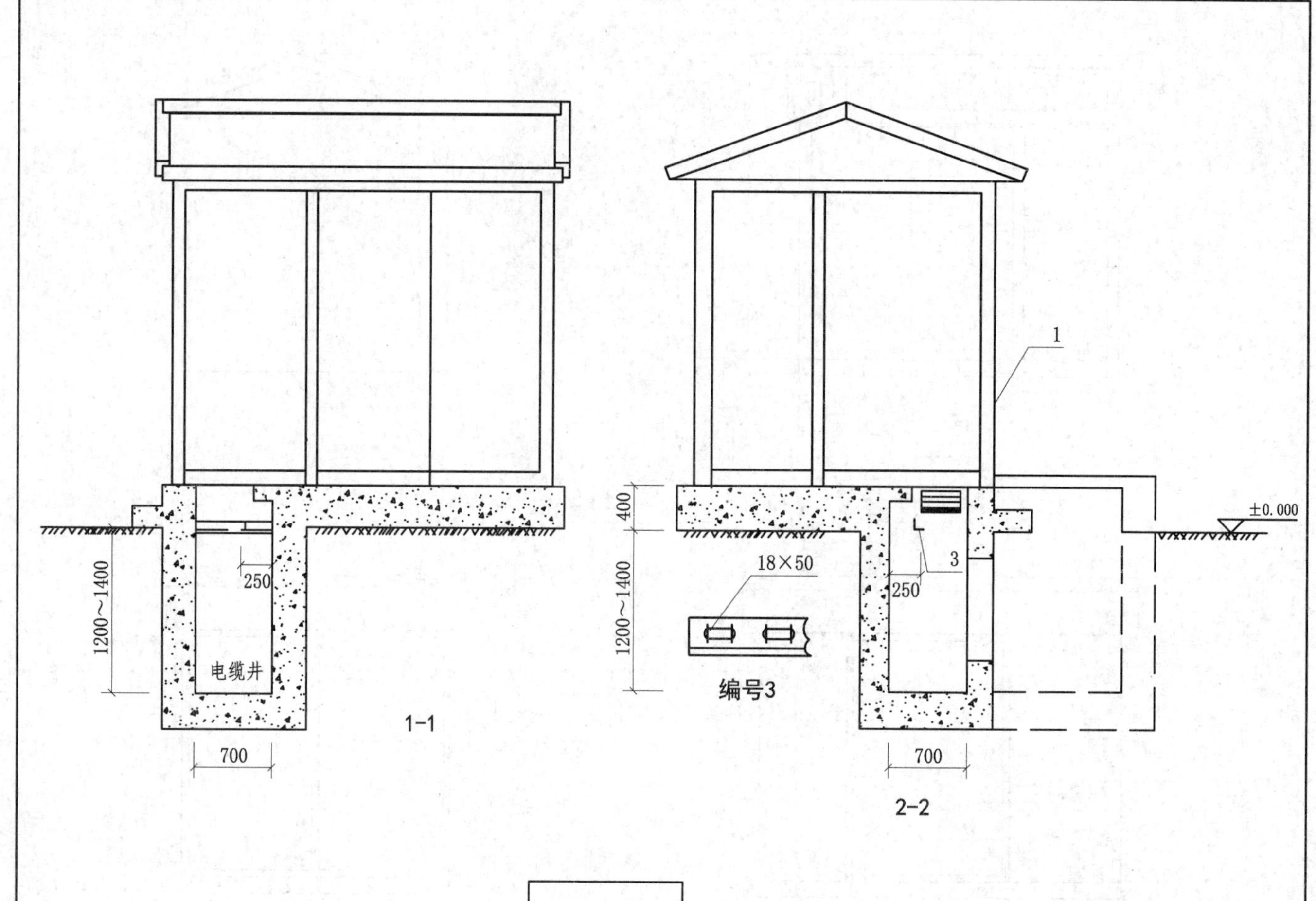

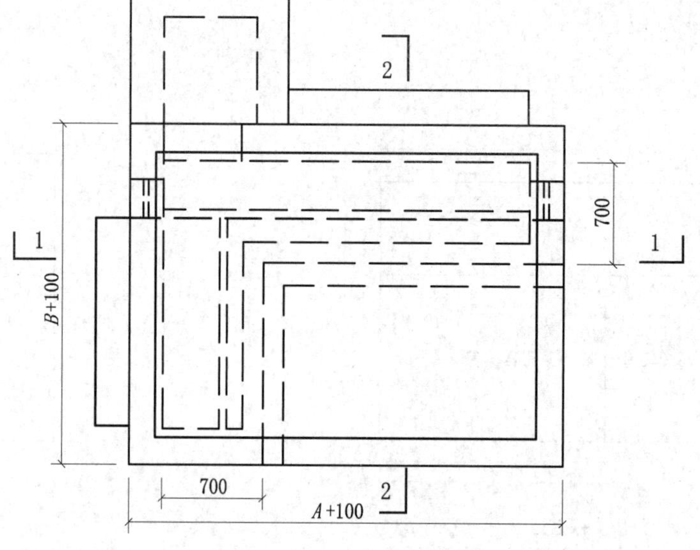

注:(1)相关尺寸见图2-4-2-21、图2-4-2-23、图2-4-2-25。
(2)按订货后图纸尺寸预埋地脚螺钉固定；L_2、L_3 见图2-4-2-23。
(3)进出线电缆导管材质、根数、管径、定位，由工程设计定。施工时导管两端作成喇叭口并磨光；内壁防腐，外壁防渗漏；导管穿电缆后密封处理。
(4)底座与基础间用水泥砂浆抹封，就位后变压器滚轮可用卸制动件固定。

设备材料表

编号	名称	规格	单位	数量	备注
1	预装式变电站	ZBW11-□/P	台	1	
2	接地装置		处	1	
3	镀锌角钢	∟50×5×l	根	2	电缆架l工程定

第四章 预装箱式变电站		第二节 预装箱式变电站主接线方案布置图及土建图	
图号	2-4-2-24	图名	YBe-P品字普通型预装变安装工艺图

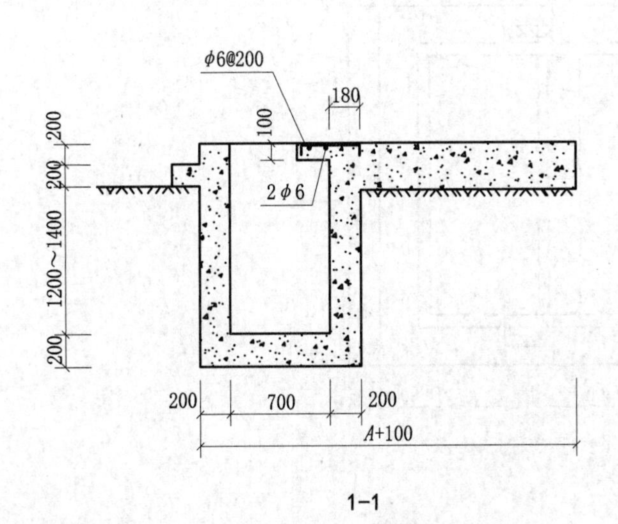

1-1

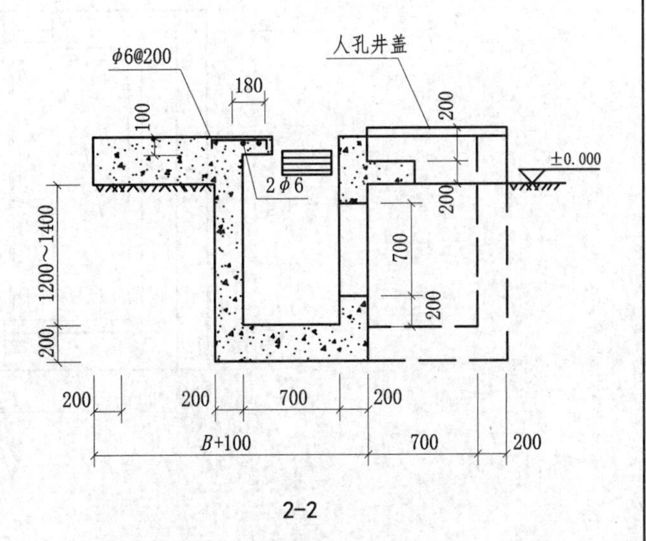

2-2

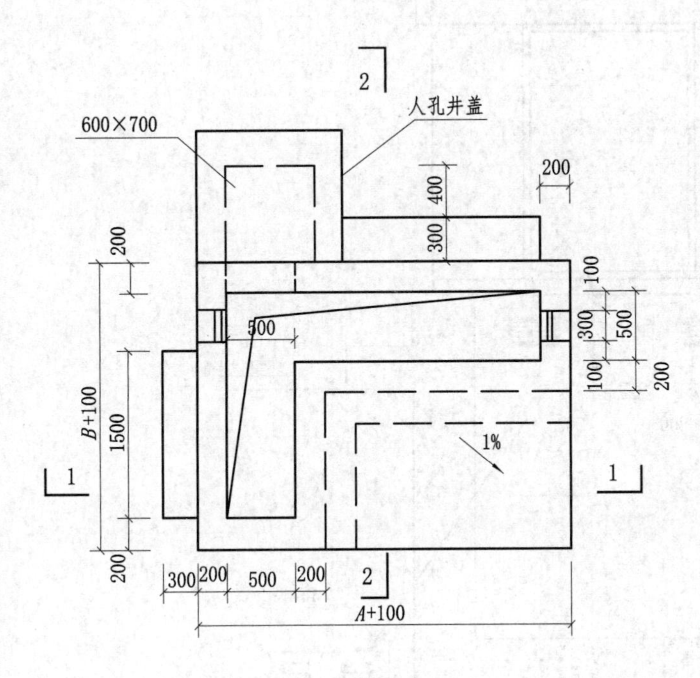

基础平面

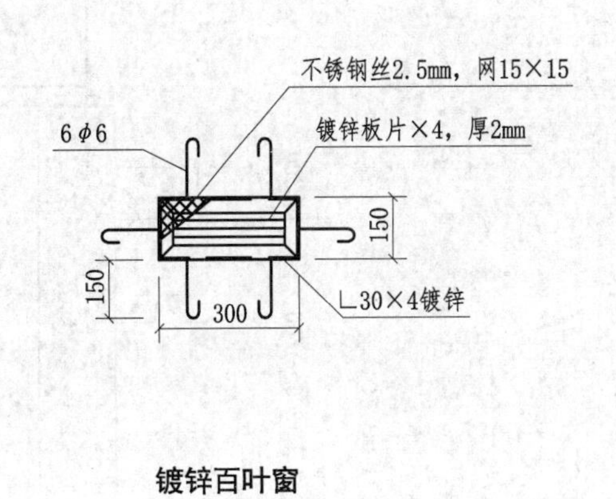

镀锌百叶窗

注：(1) 基坑必须落在黏土层上、环境地势较高处。
(2) 基坑材料用防水混凝土C20，抗渗标号S6。
(3) 面层采用1∶2水泥砂浆抹平，最薄处厚20mm，按1%坡度向外找坡。
(4) 安装螺栓预埋见制造厂家图纸。
(5) 钢筋HPB235。

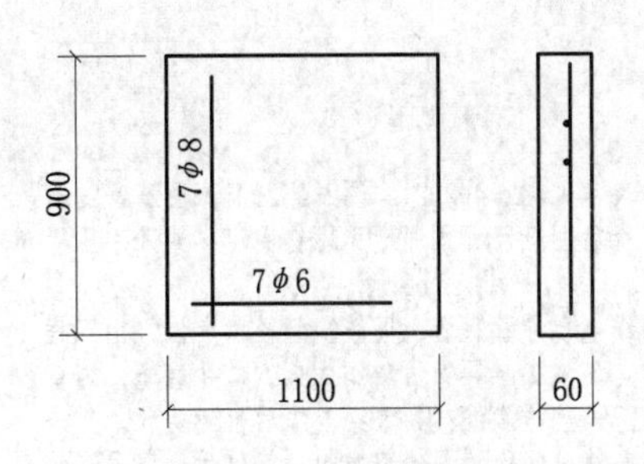

混凝土盖板

第四章 预装箱式变电站		第二节 预装箱式变电站主接线方案布置图及土建图	
图号	2-4-2-25	图名	YBe-P品字普通型预装变基础土建施工图

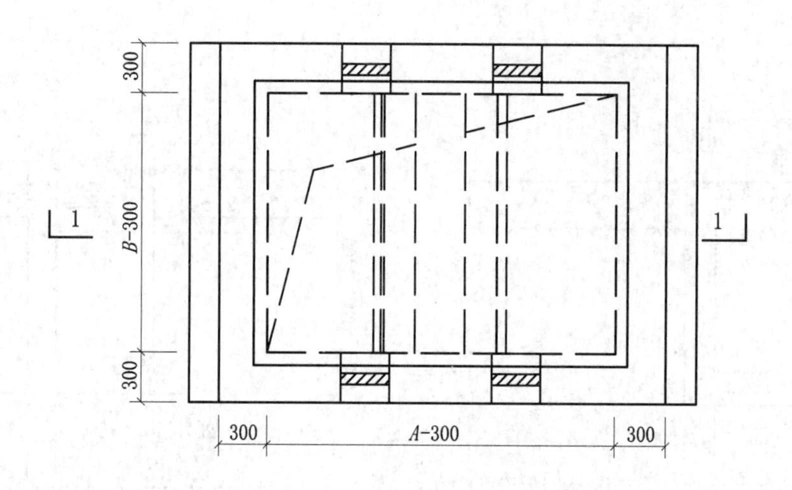

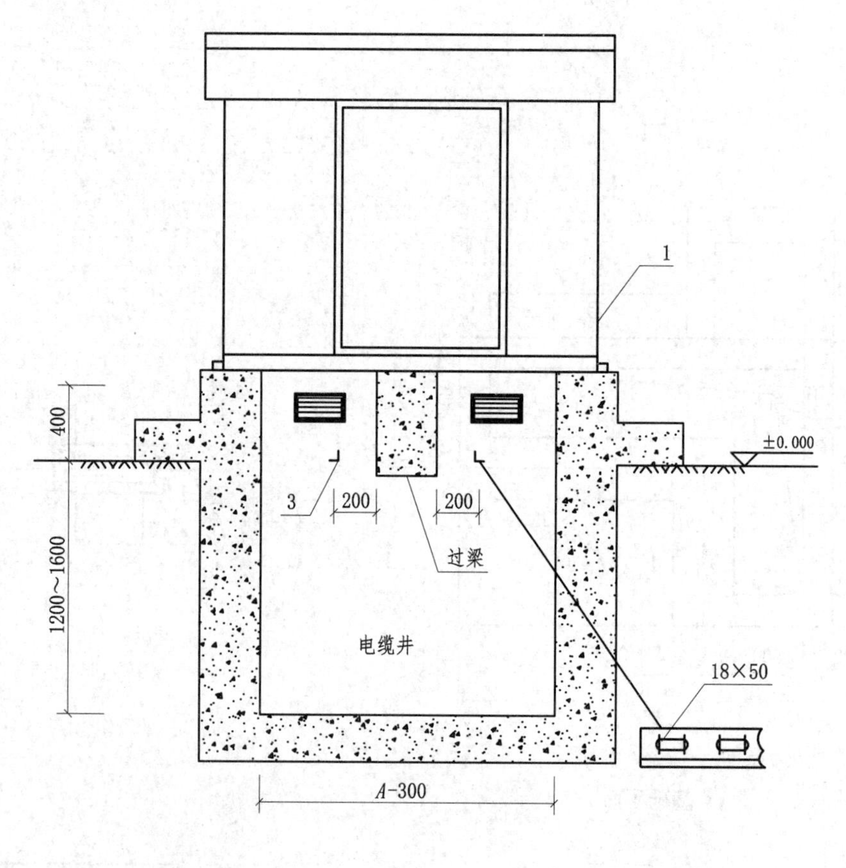

1-1

注:(1)相关尺寸见图2-4-2-21、图2-4-2-23、图2-4-2-27。
(2)按订货后图纸尺寸预埋地脚螺钉固定；或采用压板固定。
(3)进出线电缆导管材质、根数、管径、定位，由工程设计定。施工时导管两端作成喇叭口并磨光；内壁防腐，外壁防渗漏；导管穿电缆后密封处理。
(4)底座与基础间用水泥砂浆抹封，就位后变压器滚轮用可卸制动件固定。

设 备 材 料 表

编号	名 称	规 格	单位	数量	备注
1	预装式变电站	ZBW□-□/M	台	1	
2	接地装置		处	1	
3	角 钢	∟50×5×B	根	2	镀锌

第四章 预装箱式变电站		第二节 预装箱式变电站主接线方案布置图及土建图	
图号	2-4-2-26	图名	YBe-M目字普通型预装变安装工艺图

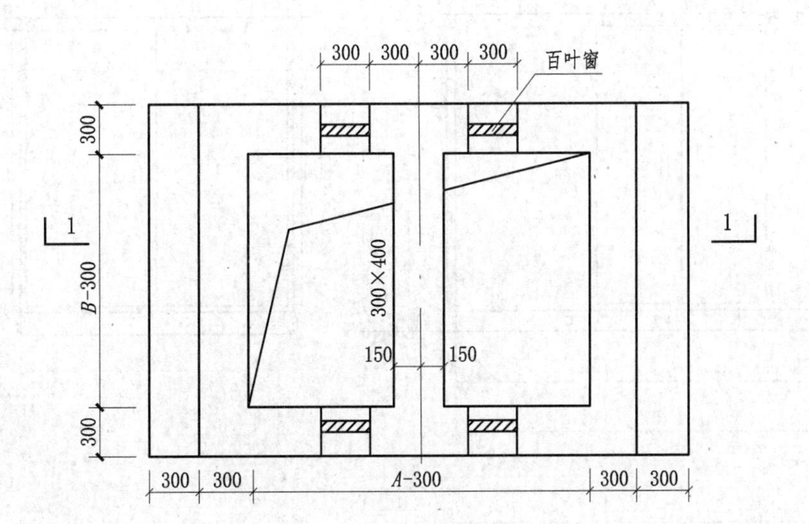

基础平面

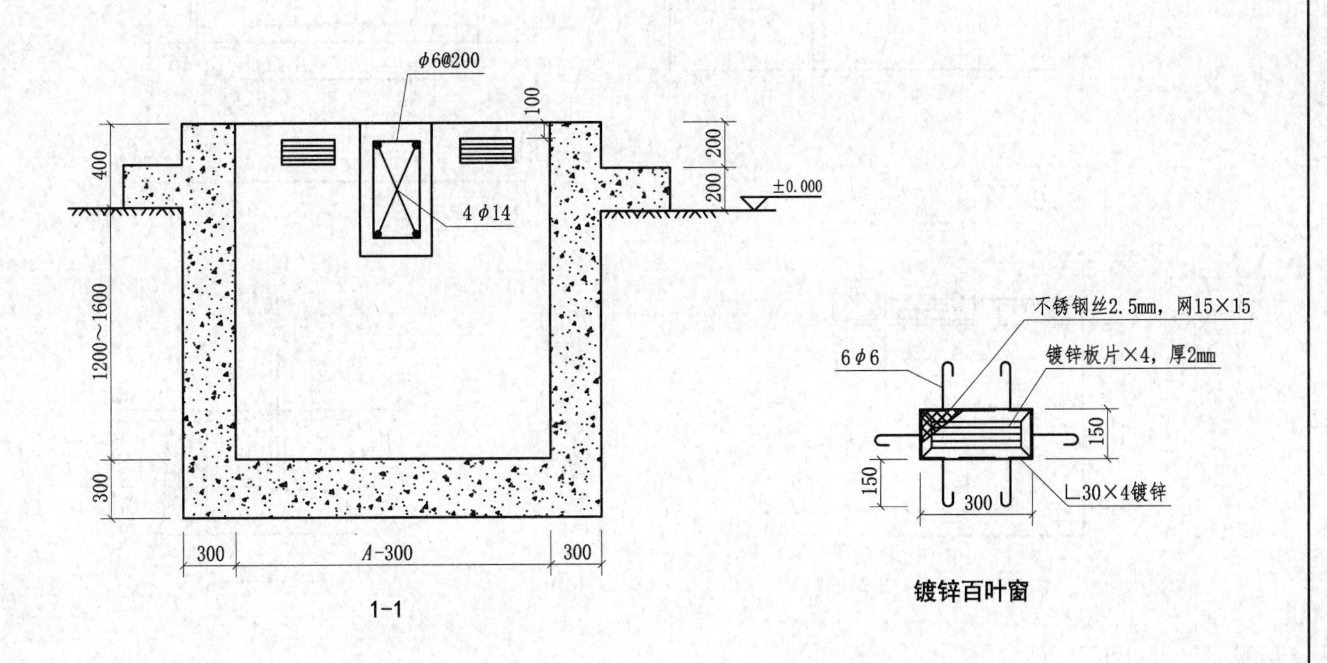

1-1

镀锌百叶窗

注：(1) 基坑必须落在黏土层上、环境地势较高处。
(2) 基坑材料用防水混凝土C20，抗渗标号S6。
(3) 面层采用1∶2水泥砂浆抹平，最薄处厚20mm，按1%坡度向外找坡。
(4) 尺寸A、B见图2-4-2-23ZBW□-□/M外型尺寸。

第四章 预装箱式变电站		第二节 预装箱式变电站主接线方案布置图及土建图	
图号	2-4-2-27	图名	YBe-M目字普通型预装变基础土建施工图

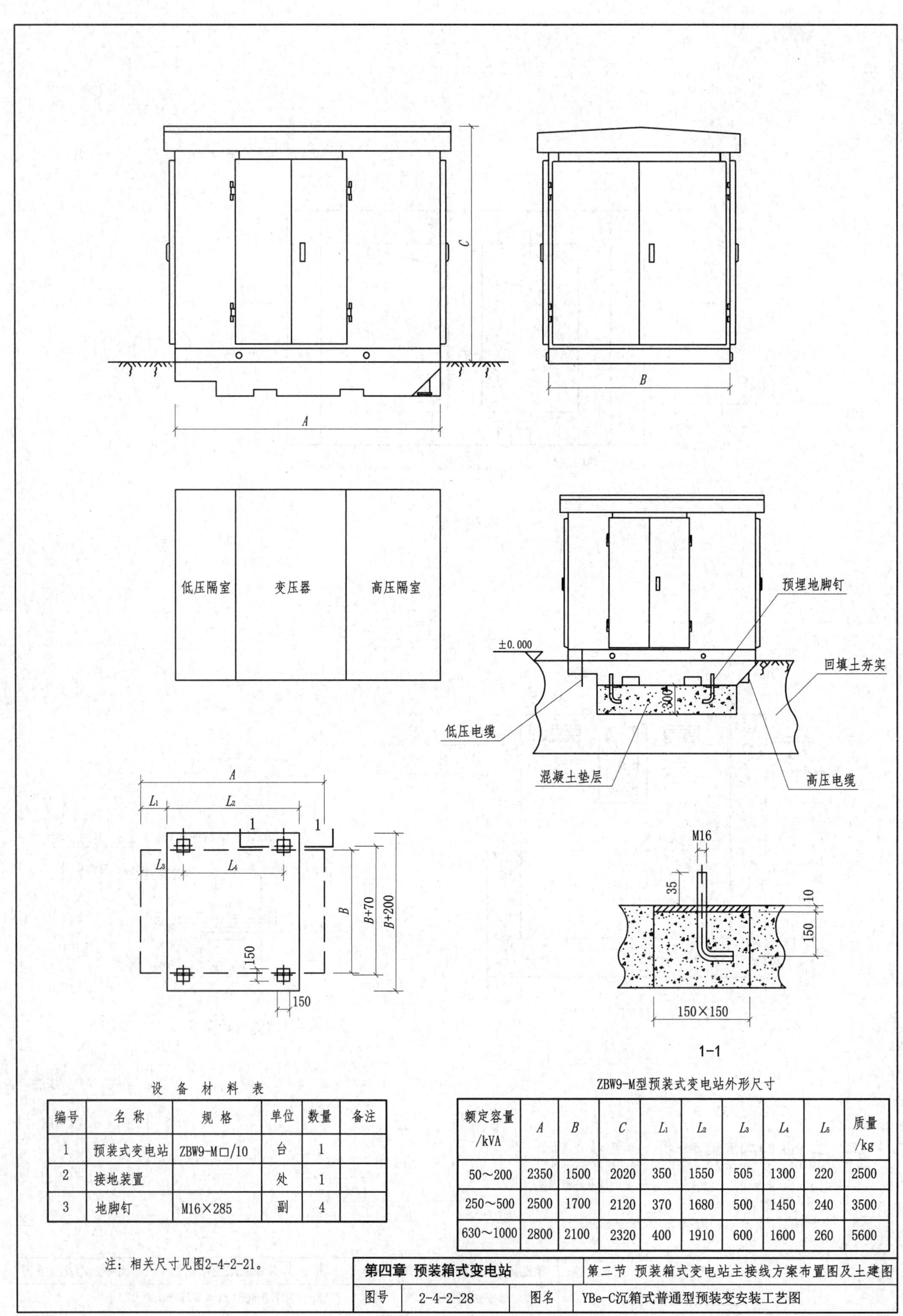

设 备 材 料 表

编号	名称	规格	单位	数量	备注
1	预装式变电站	ZBW9-M□/10	台	1	
2	接地装置		处	1	
3	地脚钉	M16×285	副	4	

ZBW9-M型预装式变电站外形尺寸

额定容量/kVA	A	B	C	L_1	L_2	L_3	L_4	L_5	质量/kg
50～200	2350	1500	2020	350	1550	505	1300	220	2500
250～500	2500	1700	2120	370	1680	500	1450	240	3500
630～1000	2800	2100	2320	400	1910	600	1600	260	5600

注：相关尺寸见图2-4-2-21。

第四章 预装箱式变电站		第二节 预装箱式变电站主接线方案布置图及土建图	
图号	2-4-2-28	图名	YBe-C沉箱式普通型预装变安装工艺图

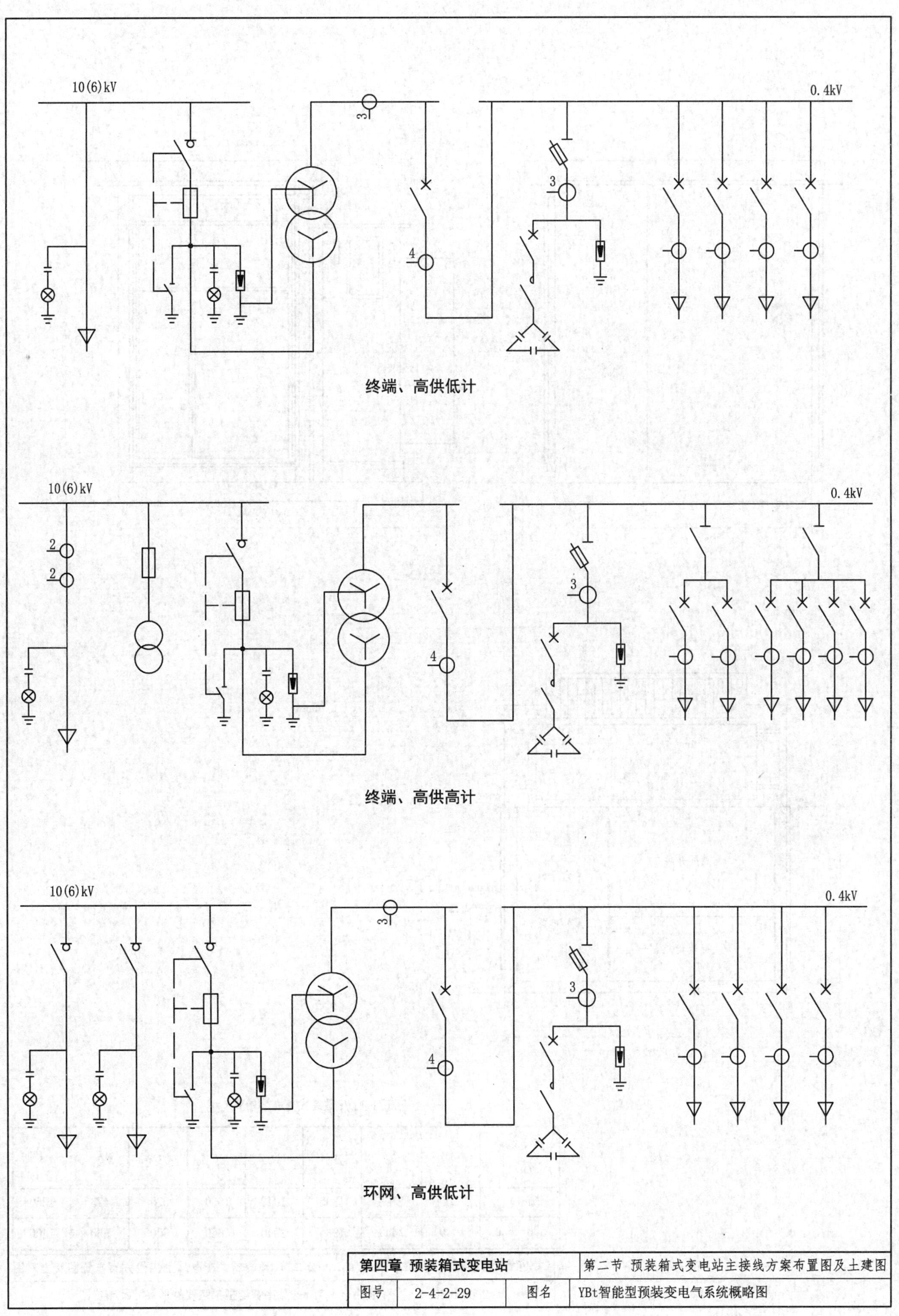

第四章 预装箱式变电站		第二节 预装箱式变电站主接线方案布置图及土建图	
图号	2-4-2-29	图名	YBt智能型预装变电气系统概略图

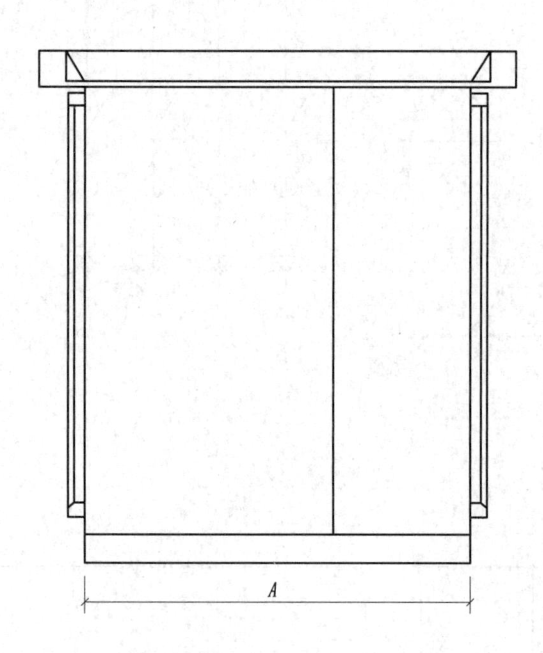

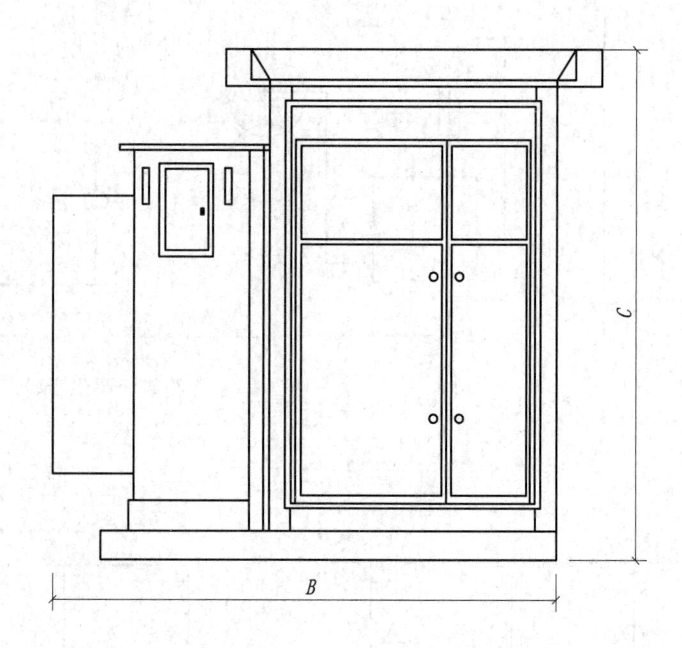

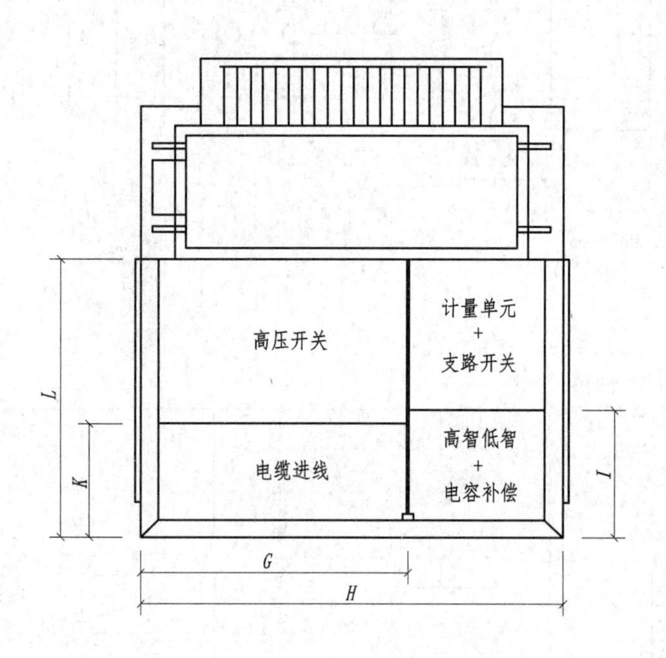

XBZ1-□/P预装式变电站外形尺寸

额定容量/kVA	A	B	C	G	H	I	K	L
50～400	1600	2195	1835	1040	1660	525	475	1250
500～630	1600	2350	1935	1040	1660	600	550	1400

第四章 预装箱式变电站		第二节 预装箱式变电站主接线方案布置图及土建图	
图号	2-4-2-30	图名	YBt-P品字智能型预装变外形尺寸及布置图

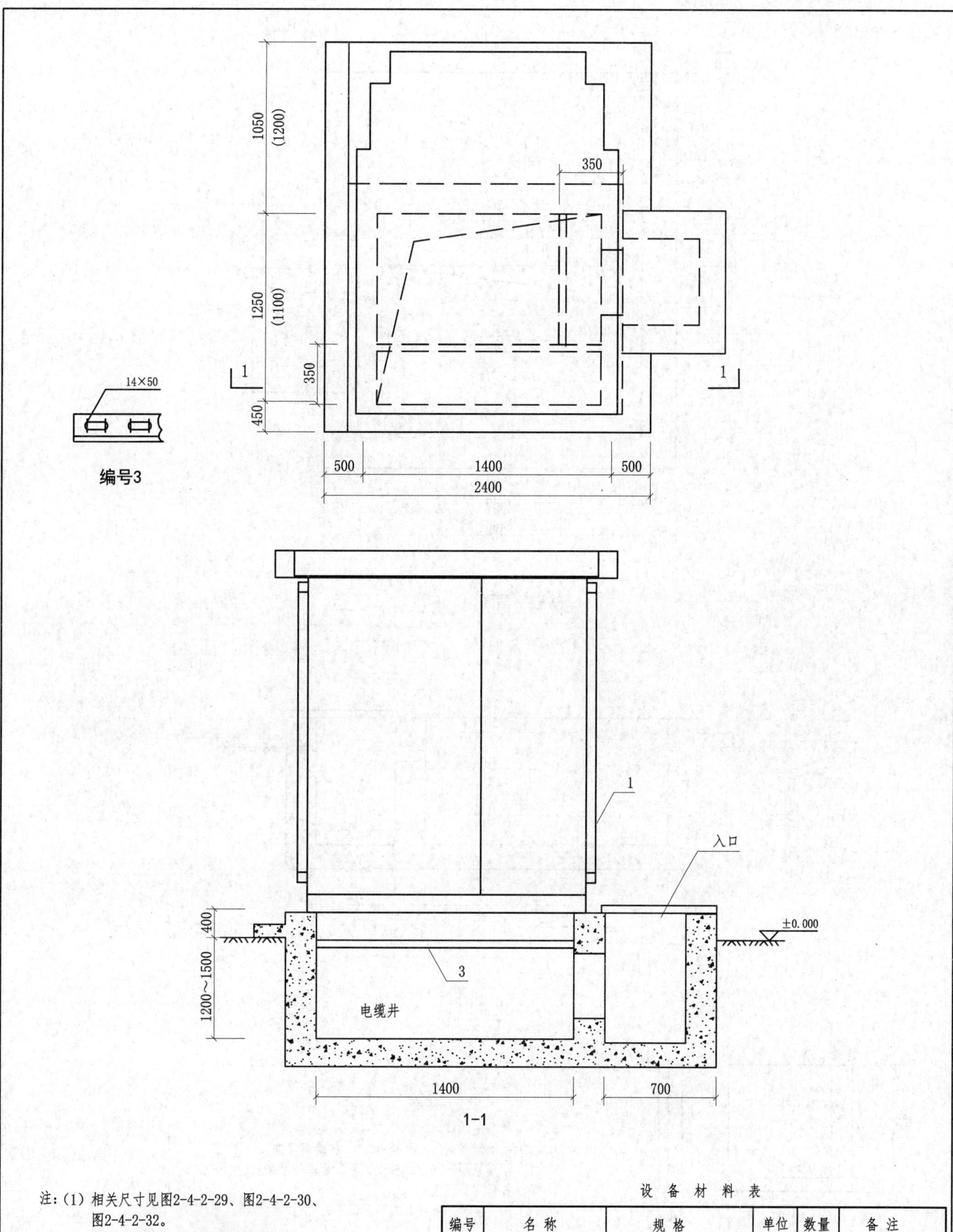

注：(1) 相关尺寸见图2-4-2-29、图2-4-2-30、图2-4-2-32。
(2) 按订货后图纸尺寸预埋地脚螺钉固定。
(3) 进出线电缆导管材质、根数、管径、定位，由工程设计定。施工时导管两端作成喇叭口并磨光；内壁防腐，外壁防渗漏；导管穿电缆后密封处理。
(4) 底座与基础间用水泥砂浆抹封。

设 备 材 料 表

编号	名 称	规 格	单位	数量	备 注
1	预装式变电站	XBZ1-□/P	台	1	
2	接地装置		处	1	
3	镀锌角钢	∟50×5	米	3	1050(900) 1700 各一根

第四章 预装箱式变电站		第二节 预装箱式变电站主接线方案布置图及土建图	
图号	2-4-2-31	图名	YBt-P品字智能型预装变安装工艺图

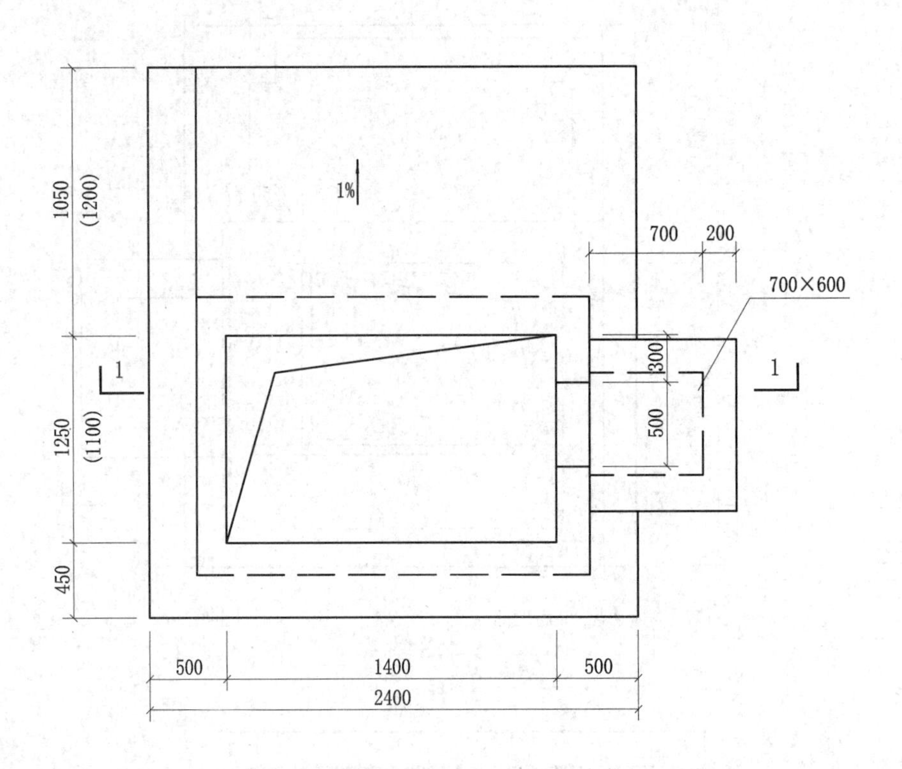

基础平面图

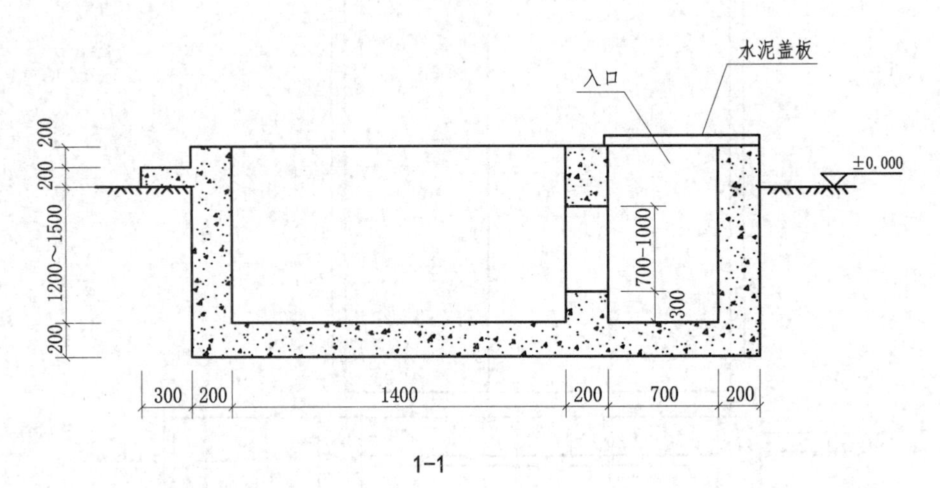

1-1

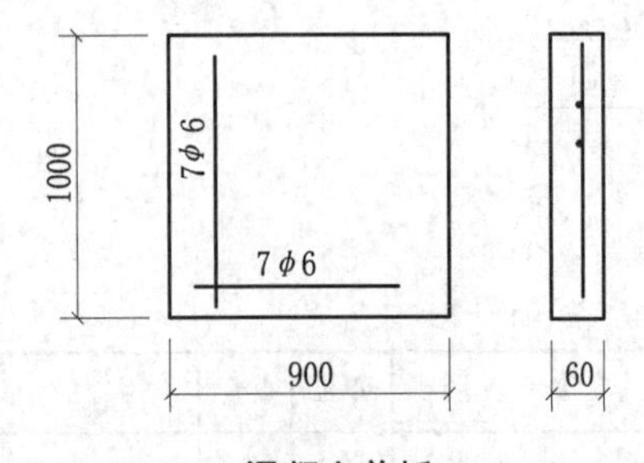

混凝土盖板

注：(1) 地基土承载力大于130kPa、环境地势较高处。
(2) 基坑材料用防水混凝土C20，抗渗标号S6。
(3) 面层采用1∶2水泥砂浆抹平，最薄处厚20mm。按1%向外找坡。
(4) 当变压器容量在400kVA及以下时用括号内数字。

第四章 预装箱式变电站		第二节 预装箱式变电站主接线方案布置图及土建图	
图号	2-4-2-32	图名	YBt-P品字智能型预装变基础土建施工图

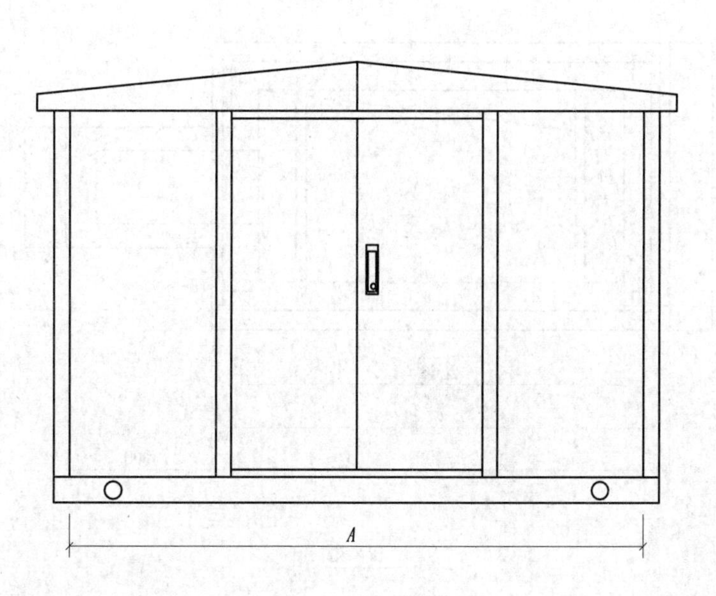

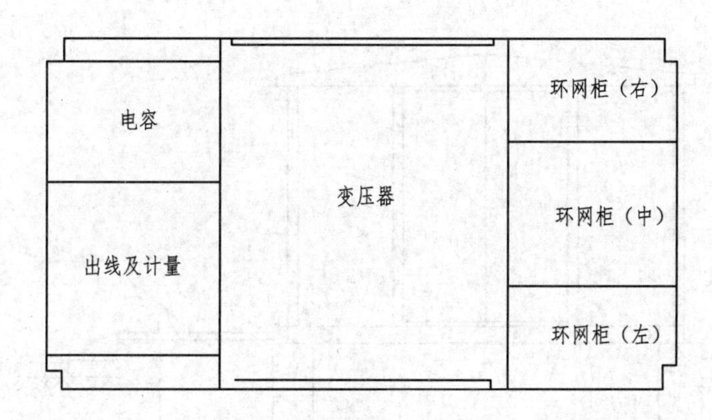

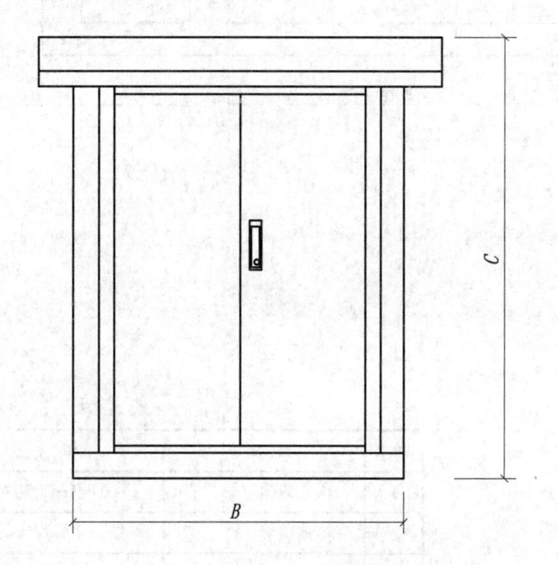

XBZ1-□/M预装式变电站外形尺寸

额定容量/kVA	A	B	C
100～315	3000	2100	2160
400～630	3200	2100	2160
800～1000	3300	2200	2160
1250	3400	2200	2460

第四章　预装箱式变电站		第二节　预装箱式变电站主接线方案布置图及土建图	
图号	2-4-2-33	图名	YBt-M目字智能型预装变外形尺寸布置图

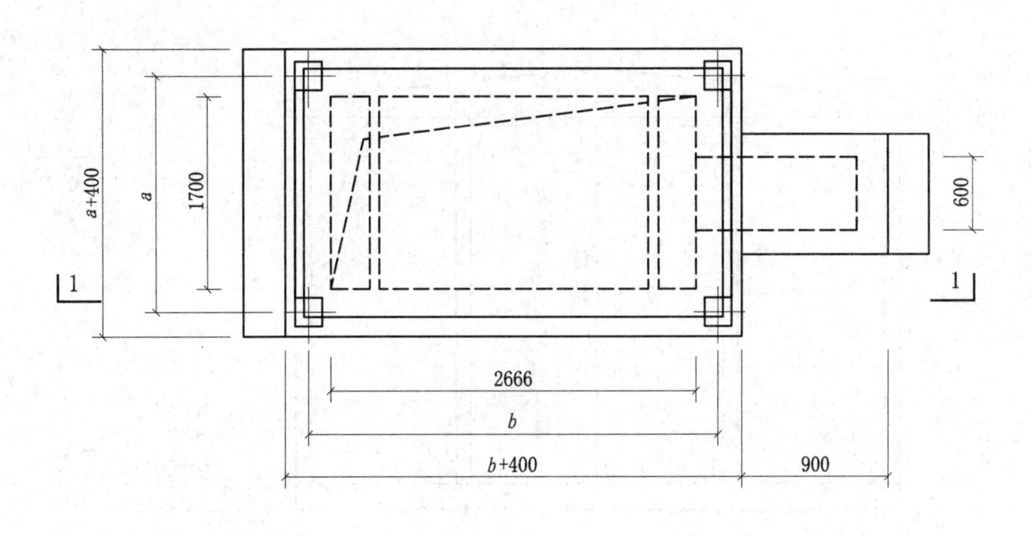

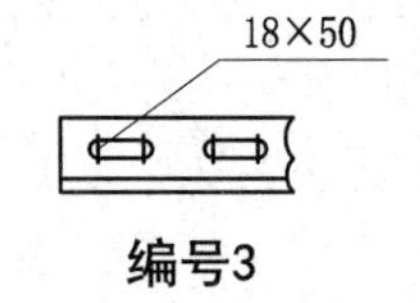

编号3

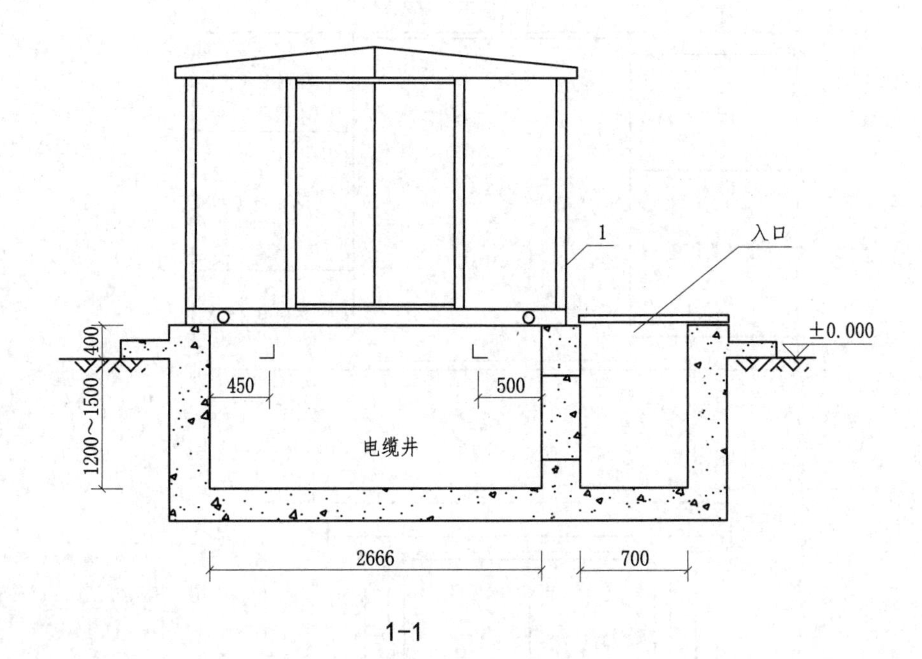

1-1

注：(1) 相关尺寸见图2-4-2-29、图2-4-2-33、图2-4-2-35

(2) 按订货后图纸尺寸预埋地脚螺钉固定；或采用压板固定。

(3) 进出线电缆导管材质、根数、管径、定位，由工程设计定。施工时导管两端作成喇叭口并磨光；内壁防腐，外壁防渗漏；导管穿电缆后密封处理。

(4) 底座与基础间用水泥砂浆抹封。就位后变压器滚轮用可卸制动件固定。

设备材料表

编号	名称	规格	单位	数量	备注
1	预装式变电站	XBZ1-□/M	台	1	
2	接地装置		处	1	
3	角钢	∟50×5,l=2000	根	2	

第四章 预装箱式变电站		第二节 预装箱式变电站主接线方案布置图及土建图	
图号	2-4-2-34	图名	YBt-M目字智能型预装变安装工艺图

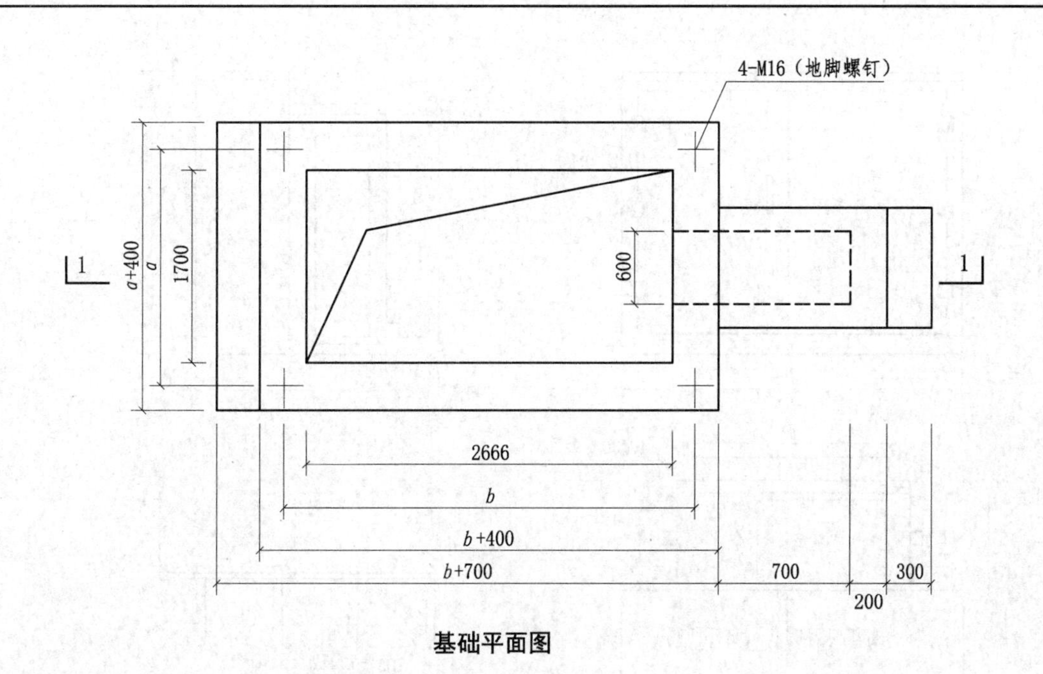

基础平面图

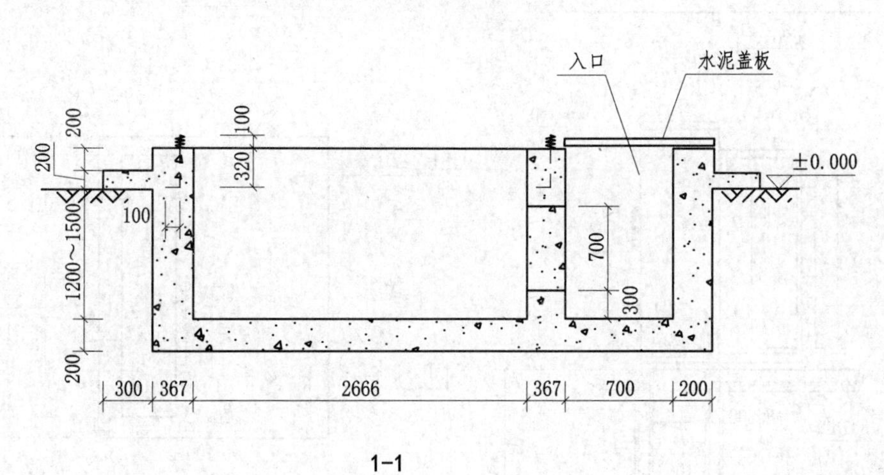

1-1

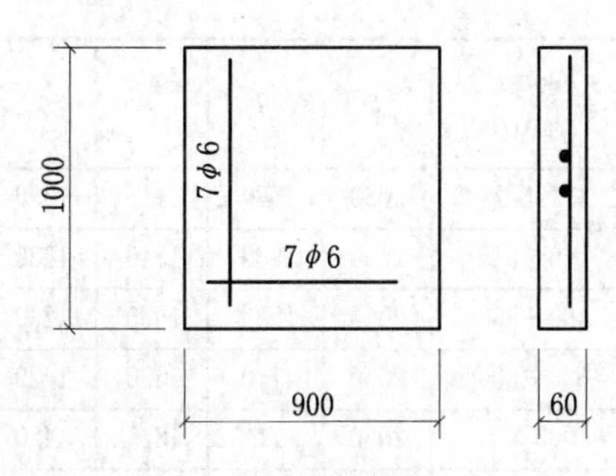

混凝土盖板

注：（1）地基土承载力大于130kPa，环境地势较高处。
（2）基坑材料用防水混凝土C20。抗渗标号S6。
（3）面层采用1∶2水泥砂浆抹平，最薄处厚20mm。按1%向外找坡。
（4）预埋地脚螺栓尺寸a、b按出厂图纸确定。

第四章　预装箱式变电站		第二节 预装箱式变电站主接线方案布置图及土建图	
图号	2-4-2-35	图名	YBt-M目字智能型预装变基础土建施工图

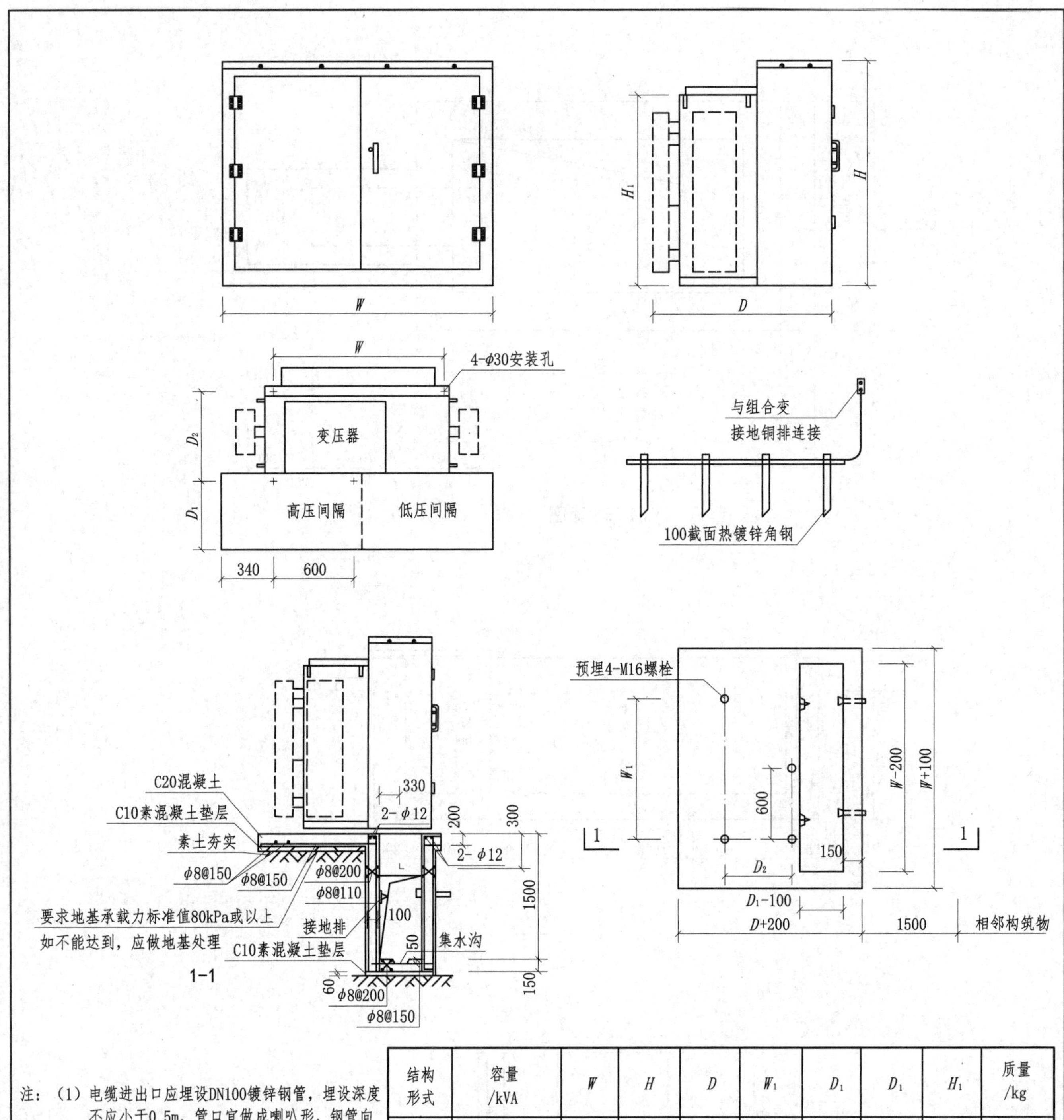

注：（1）电缆进出口应埋设DN100镀锌钢管，埋设深度不应小于0.5m，管口宜做成喇叭形，钢管向外倾斜5/100，防雨水内灌。

（2）基础上表面应打水平尺以保证水平，避免引起组合式变压器安装变形。

（3）接地体埋设深度不应小于0.6m，双面焊接，焊口涂防锈漆；接地电阻不大于4Ω。

结构形式	容量/kVA	W	H	D	W_1	D_1	D_1	H_1	质量/kg
标准品字形	≤125	2050	1580	1116	1330	508	575	1340	2000
	160～315	2050	1580	1340	1130	508	650	1340	2450
	400～500	2050	1580	1560	1230	508	695	1340	3400
	630～800	2050	1710	1690	1420	632	775	1480	3600
	1000	2050	1710	1820	1420	632	815	1480	4000
	1250	2050	1710	1840	1560	632	795	1480	4800
大品字形	≤125	2250	1900	1280	1180	632	615	1240	2100
	160～315	2250	1900	1470	1130	632	650	1340	2550
	400～500	2250	1900	1524	1230	632	695	1340	3500
	630～800	2250	1900	1690	1420	632	775	1480	3700
	1000	2250	1900	1820	1420	632	815	1480	4100

第四章　预装箱式变电站		第三节 顺德特种变压器厂预装组合变电站	
图号	2-4-3-1	图名	顺德特变组合品字型预装变布置图及地基图

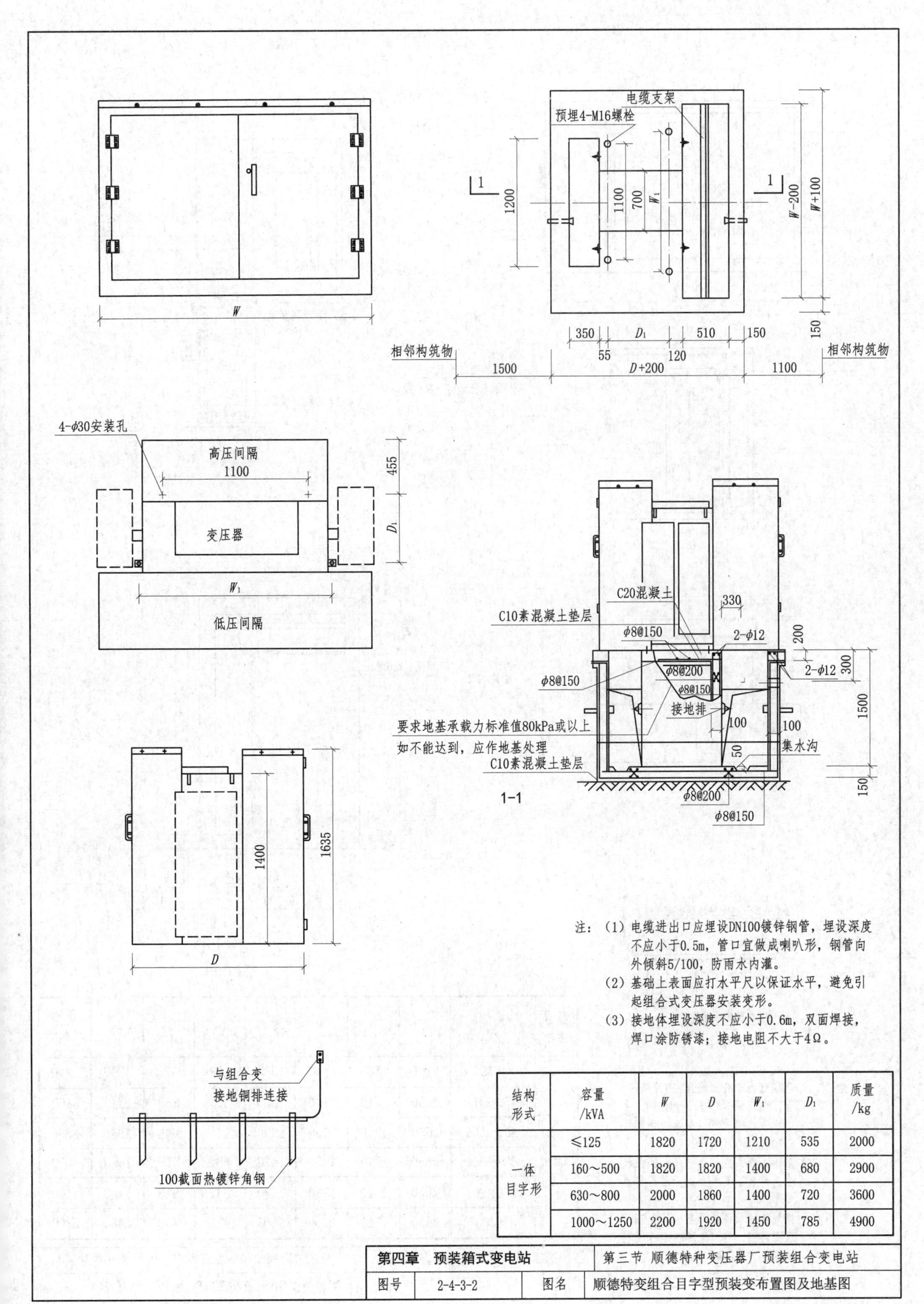

注：(1) 电缆进出口应埋设DN100镀锌钢管，埋设深度不应小于0.5m，管口宜做成喇叭形，钢管向外倾斜5/100，防雨水内灌。

(2) 基础上表面应打水平尺以保证水平，避免引起组合式变压器安装变形。

(3) 接地体埋设深度不应小于0.6m，双面焊接，焊口涂防锈漆；接地电阻不大于4Ω。

结构形式	容量/kVA	W	D	W_1	D_1	质量/kg
一体目字形	≤125	1820	1720	1210	535	2000
	160～500	1820	1820	1400	680	2900
	630～800	2000	1860	1400	720	3600
	1000～1250	2200	1920	1450	785	4900

第四章　预装箱式变电站		第三节 顺德特种变压器厂预装组合变电站	
图号	2-4-3-2	图名	顺德特变组合目字型预装变布置图及地基图

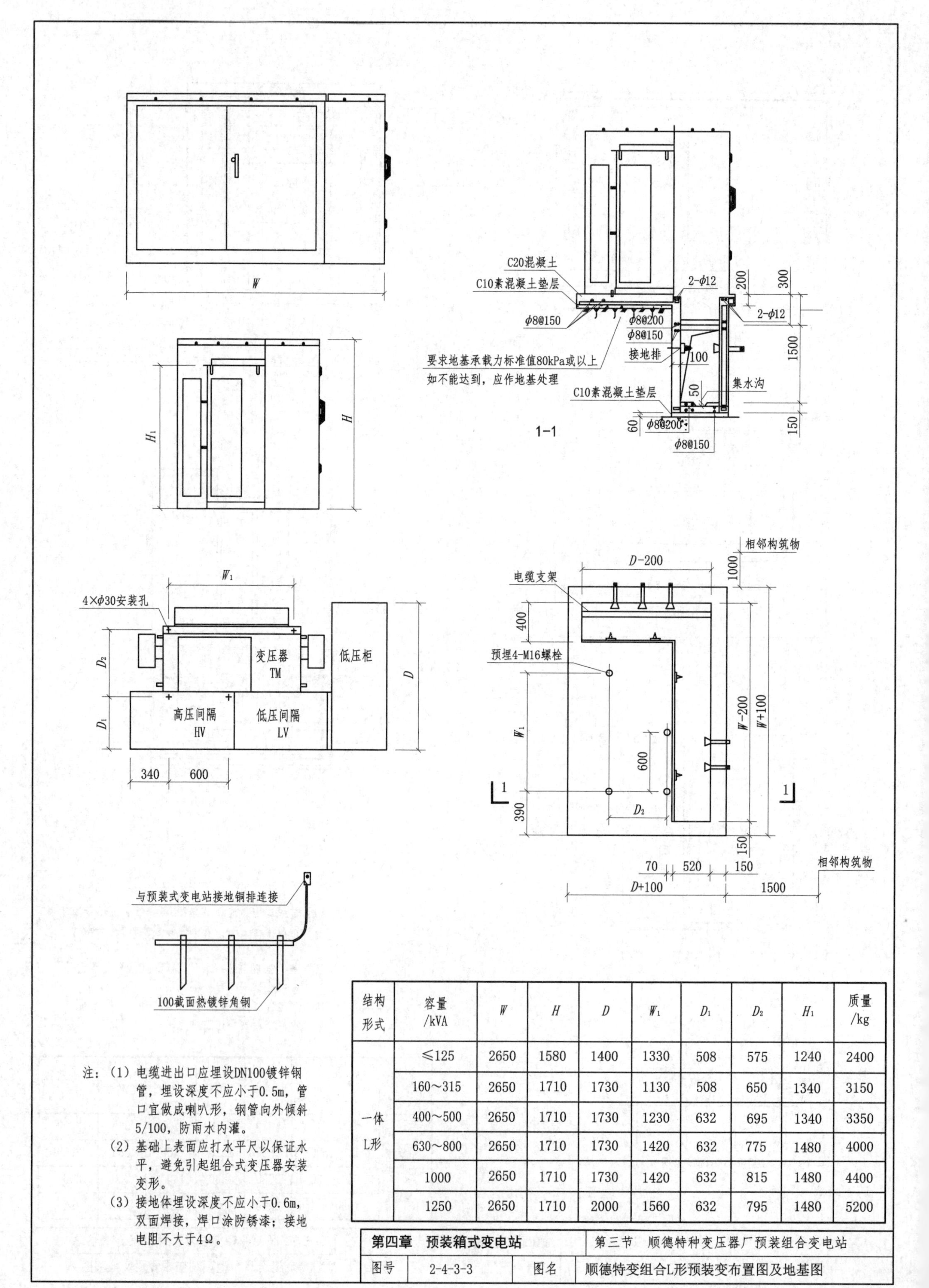

结构形式	容量/kVA	W	H	D	W₁	D₁	D₂	H₁	质量/kg
一体L形	≤125	2650	1580	1400	1330	508	575	1240	2400
	160～315	2650	1710	1730	1130	508	650	1340	3150
	400～500	2650	1710	1730	1230	632	695	1340	3350
	630～800	2650	1710	1730	1420	632	775	1480	4000
	1000	2650	1710	1730	1420	632	815	1480	4400
	1250	2650	1710	2000	1560	632	795	1480	5200

注：（1）电缆进出口应埋设DN100镀锌钢管，埋设深度不应小于0.5m，管口宜做成喇叭形，钢管向外倾斜5/100，防雨水内灌。

（2）基础上表面应打水平尺以保证水平，避免引起组合式变压器安装变形。

（3）接地体埋设深度不应小于0.6m，双面焊接，焊口涂防锈漆；接地电阻不大于4Ω。

第四章　预装箱式变电站		第三节　顺德特种变压器厂预装组合变电站
图号	2-4-3-3	图名　顺德特变组合L形预装变布置图及地基图

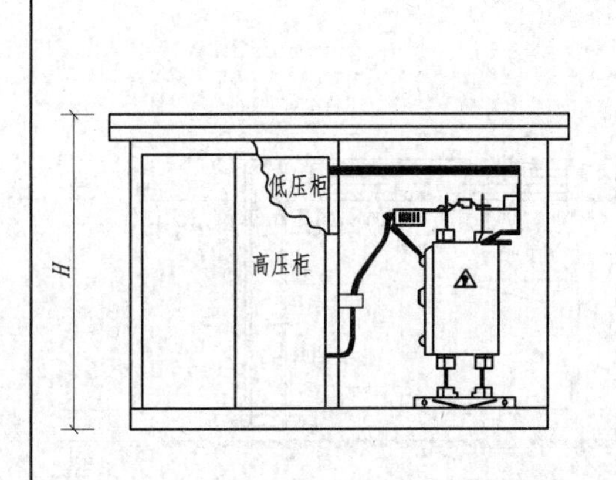

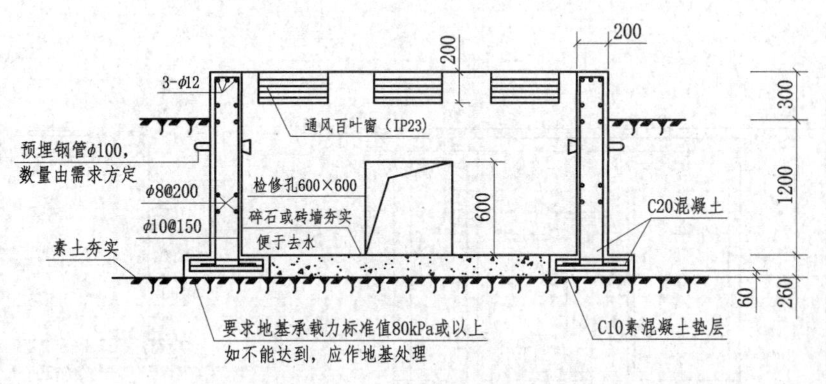

1-1

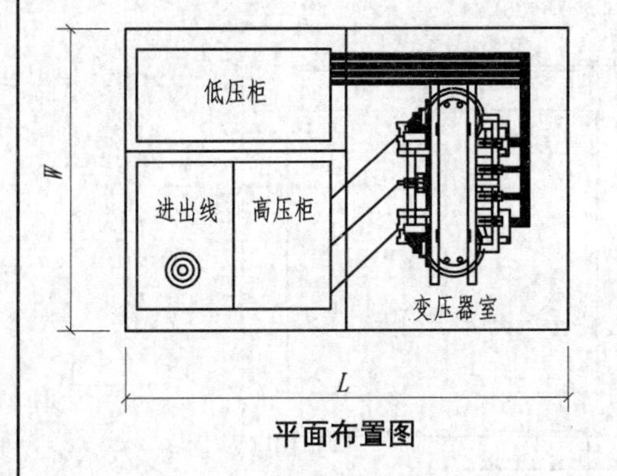

平面布置图

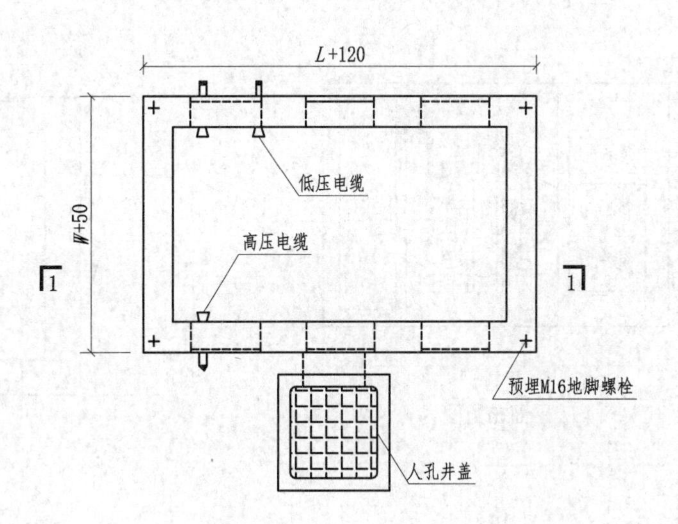

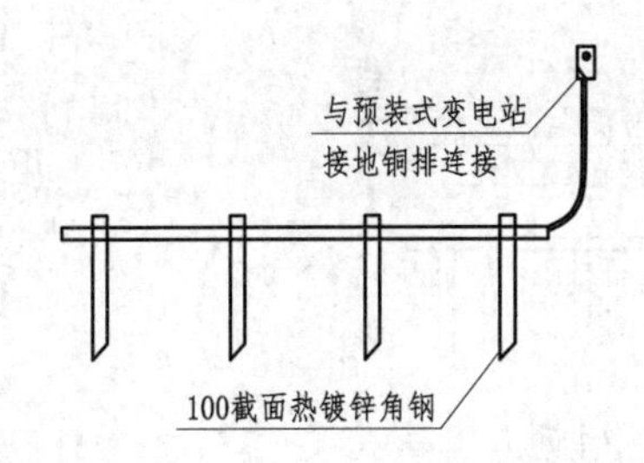

注：(1) 电缆进出口应埋设DN100镀锌钢管，埋设深度不应小于0.5m，管口宜做成喇叭形，钢管向外倾斜5/100，防雨水内灌。
(2) 基础通风口有效面积根据变压器容量所需通风面积确定。
(3) 基础上表面应打水平尺以保证水平，水平倾斜度不超过10mm，避免引起预装式变电站安装变形。
(4) 接地体埋设深度不应小于0.6m，双面焊接，焊口涂防锈漆；接地电阻不大于4Ω。

序号	外壳型号	变压器容量/kVA	外形尺寸/mm			备　注
			宽 W	长 L	高 H	
1	ZW413	80	2000	2000	2365	
2	ZW401	315	1850	2500	2365	
3	ZW403	500	2350	2600	2490	
4	ZW402	630	2250	2800	2490	可装配环网柜

第四章　预装箱式变电站		第三节　顺德特种变压器厂预装组合变电站	
图号	2-4-3-4	图名	顺德特变预装式品字型预装变布置图及地基图

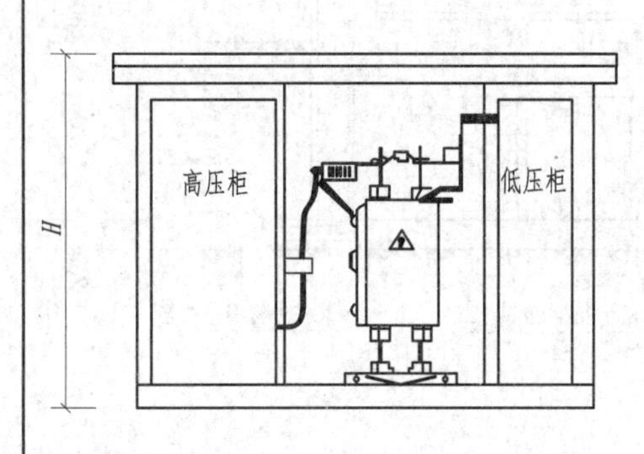

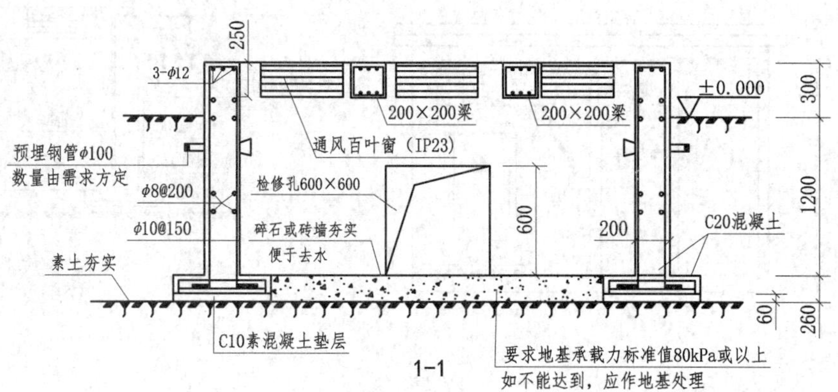

1-1

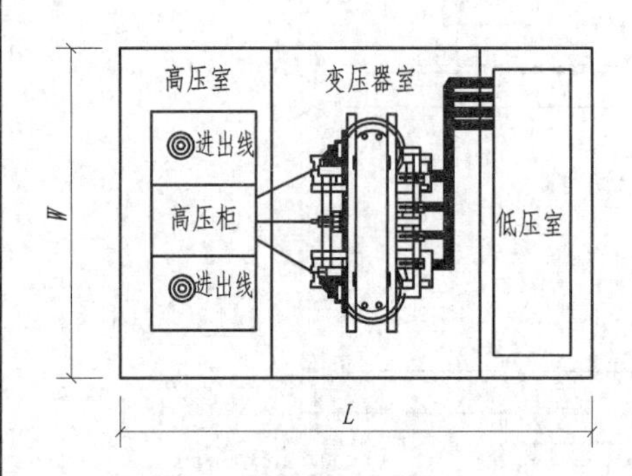

平面布置图

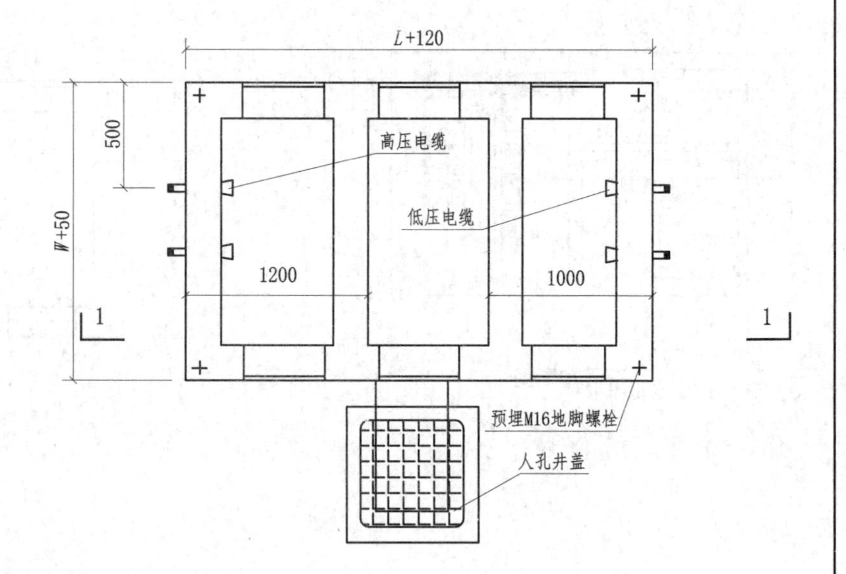

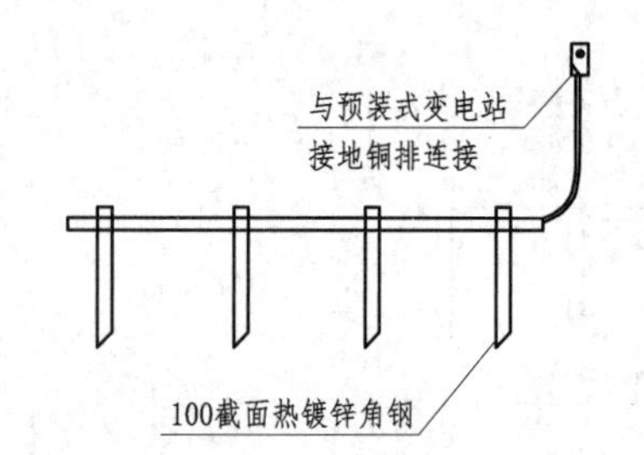

注：(1) 电缆进出口应埋设DN100镀锌钢管，埋设深度不应小于0.5m，管口宜做成喇叭形，钢管向外倾斜5/100，防雨水内灌。

(2) 基础通风口有效面积根据变压器容量所需通风面积确定。

(3) 基础上表面应打水平尺以保证水平，水平倾斜度不超过10mm，避免引起预装式变电站安装变形。

(4) 接地体埋设深度不应小于0.6m，双面焊接，焊口涂防锈漆；接地电阻不大于4Ω。

序号	外壳型号	变压器容量/kVA	外形尺寸/mm			备　注
			宽 W	长 L	高 H	
1	ZW305	250	1550	2700	2133	
2	ZW335	500	1600	2600	1980	
3	ZW325	800	1800	2640	2150	
4	ZW301	800	2050	3070	2340	
5	ZW304	800	2050	3200	2340	
6	ZW303	800	2420	3120	2595	
7	ZW302	1250	2420	3350	2595	

第四章　预装箱式变电站		第三节　顺德特种变压器厂预装组合变电站	
图号	2-4-3-5	图名	顺德特变预装式目字型预装变布置图及地基图

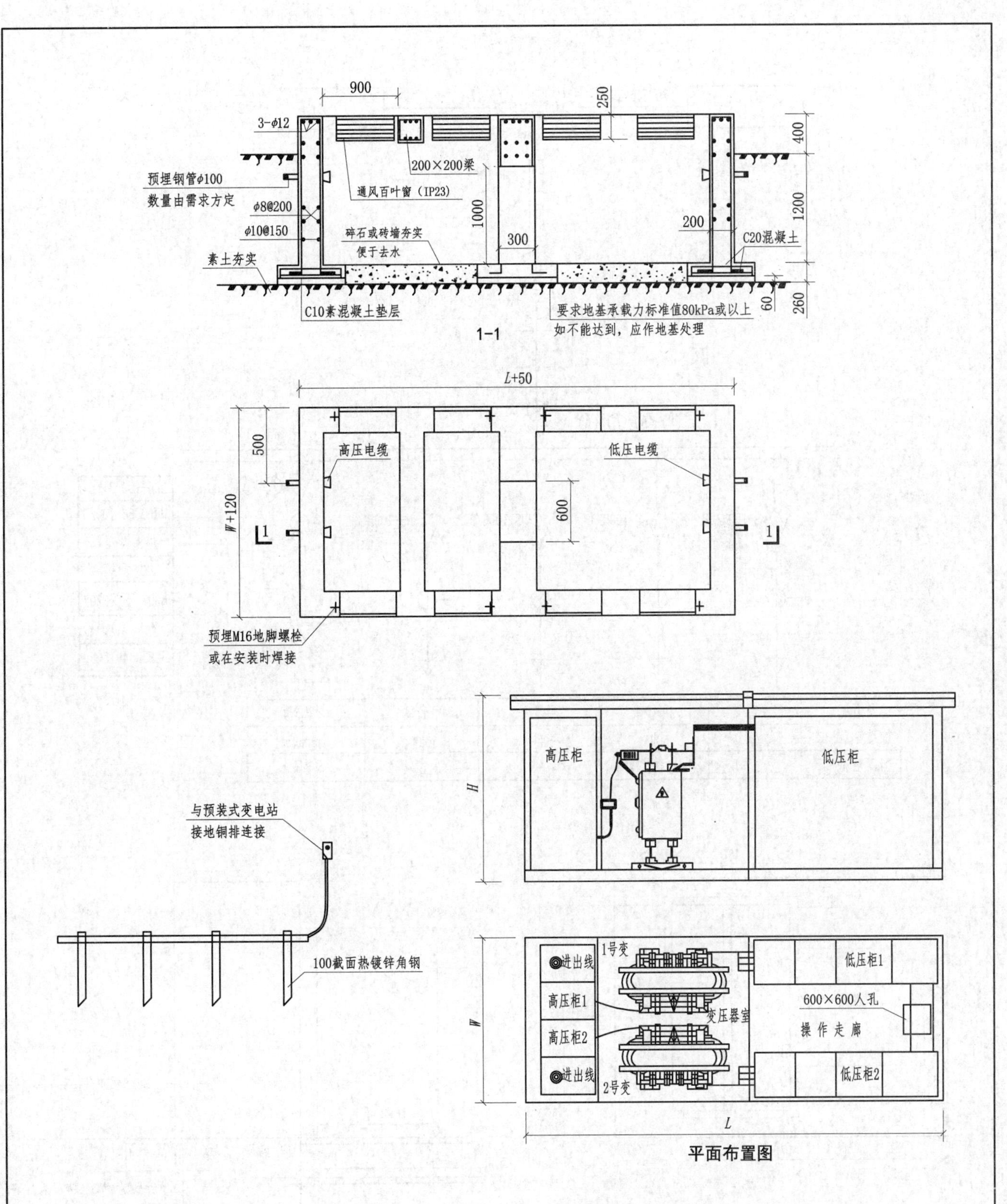

平面布置图

注：(1) 电缆进出口应埋设DN100镀锌钢管，埋设深度不应小于0.5m，管口宜做成喇叭形，钢管向外倾斜5/100，防雨水内灌。
(2) 基础通风口有效面积根据变压器容量所需通风面积确定。
(3) 基础上表面应打水平尺以保证水平，水平倾斜度不超过10mm，避免引起预装式变电站安装变形。
(4) 接地体埋设深度不应小于0.6m，双面焊接，焊口涂防锈漆；接地电阻不大于4Ω。

序号	外壳型号	变压器容量/kVA	外形尺寸/mm			备　注
			宽 W	长 L	高 H	
1	ZW514	630	1850	4600	2215	
2	ZW512	250	2200	5400	2650	
3	ZW522	2×1250	2600	6000	2650	两台变压器
4	ZW530	2×1250	2940	6300	2650	两台变压器

第四章　预装箱式变电站		第三节　顺德特种变压器厂预装组合变电站	
图号	2-4-3-6	图名	顺德特变预装式分体式预装变布置图及地基图

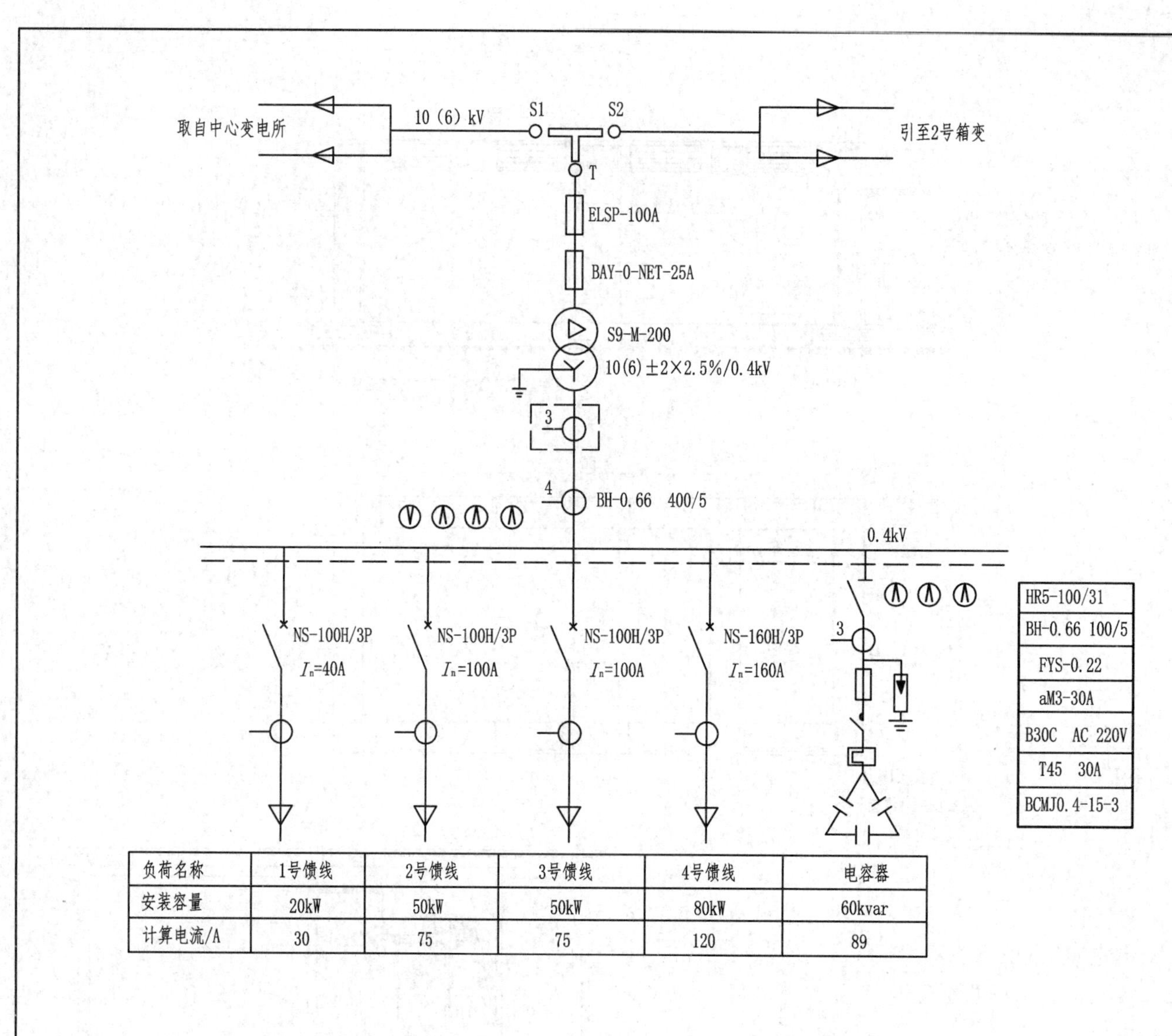

负荷名称	1号馈线	2号馈线	3号馈线	4号馈线	电容器
安装容量	20kW	50kW	50kW	80kW	60kvar
计算电流/A	30	75	75	120	89

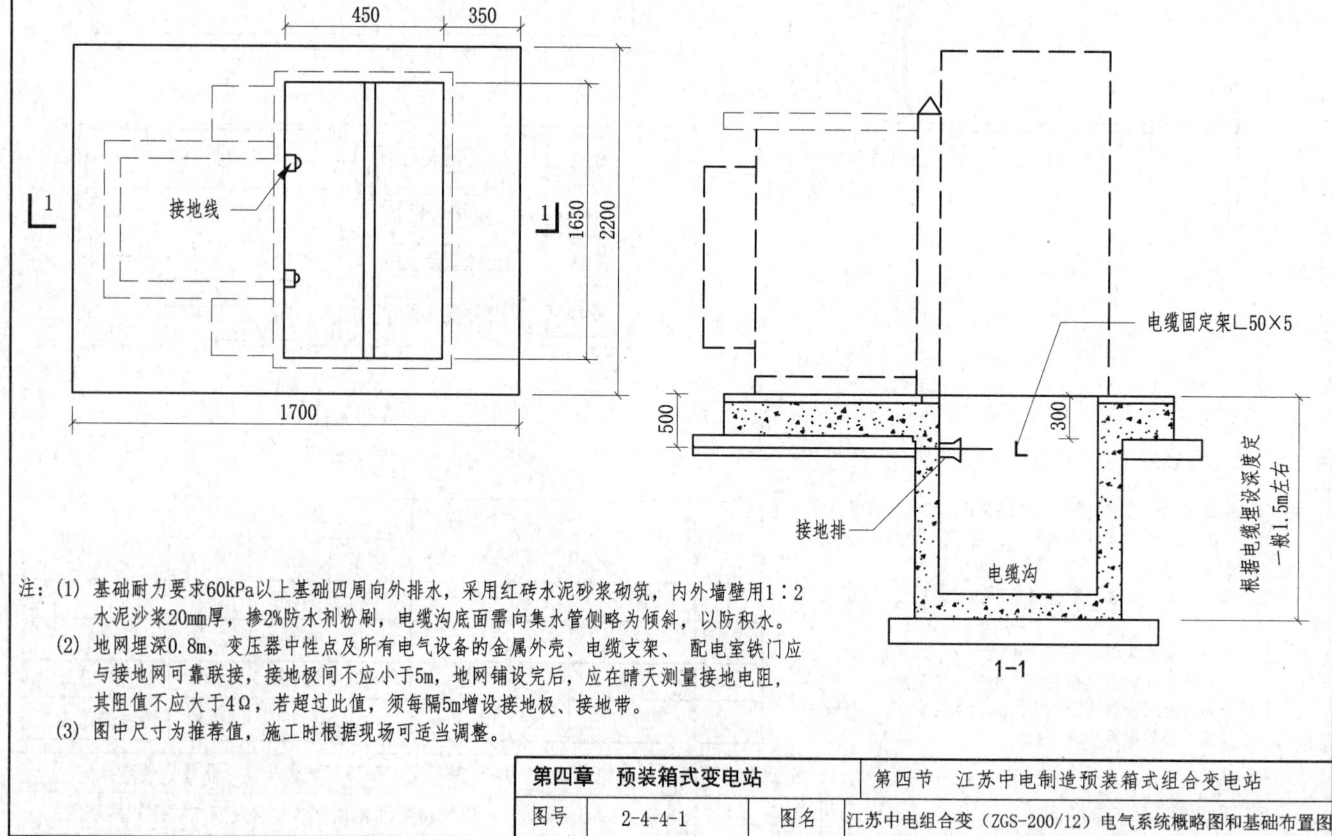

注：(1) 基础耐力要求60kPa以上基础四周向外排水，采用红砖水泥砂浆砌筑，内外墙壁用1∶2水泥沙浆20mm厚，掺2%防水剂粉刷，电缆沟底面需向集水管侧略为倾斜，以防积水。

(2) 地网埋深0.8m，变压器中性点及所有电气设备的金属外壳、电缆支架、配电室铁门应与接地网可靠联接，接地极间不应小于5m，地网铺设完后，应在晴天测量接地电阻，其阻值不应大于4Ω，若超过此值，须每隔5m增设接地极、接地带。

(3) 图中尺寸为推荐值，施工时根据现场可适当调整。

第四章　预装箱式变电站		第四节　江苏中电制造预装箱式组合变电站	
图号	2-4-4-1	图名	江苏中电组合变（ZGS-200/12）电气系统概略图和基础布置图

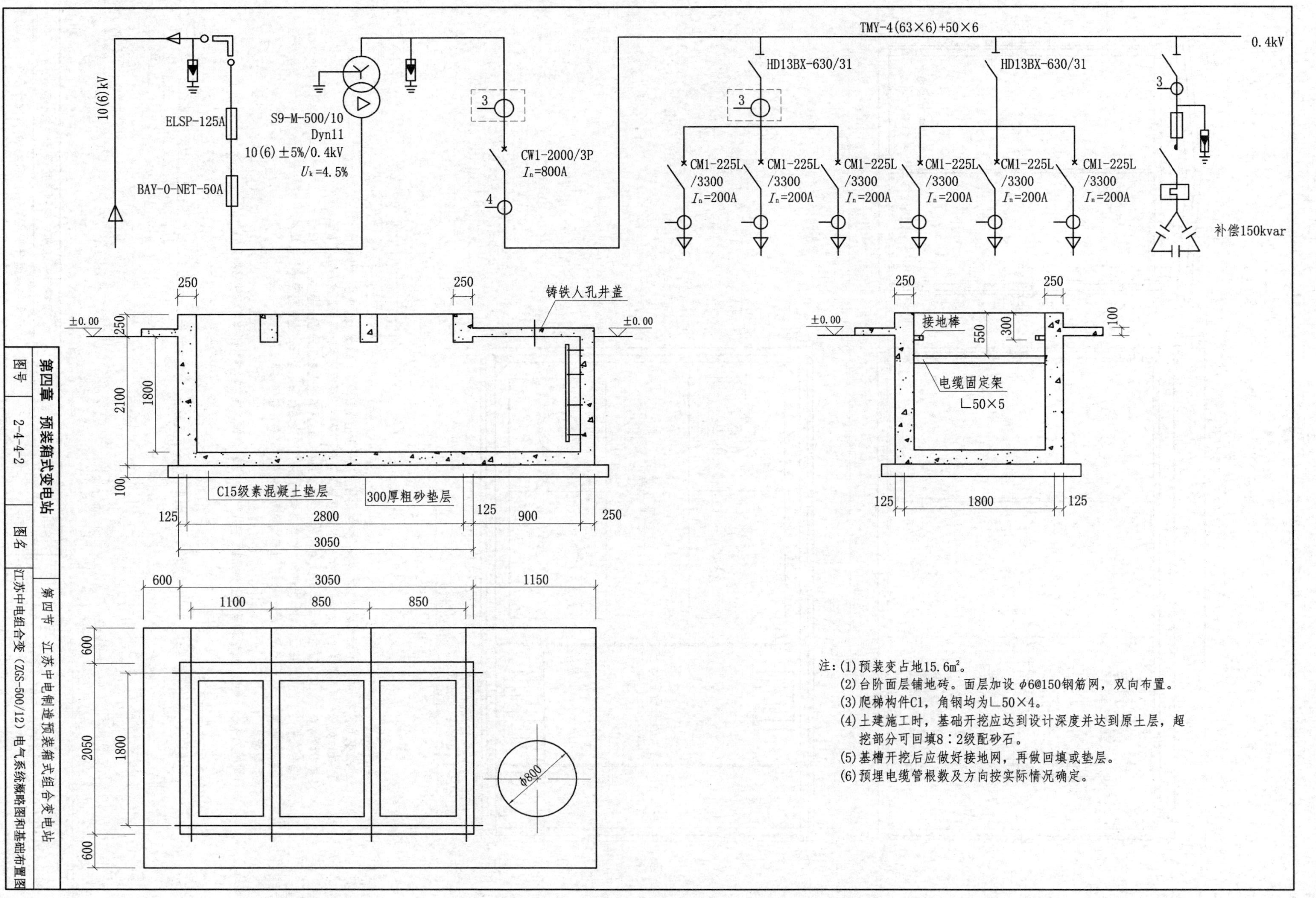

第四章 预装箱式变电站		第四节 江苏中电制造预装箱式组合变电站	
图号	2-4-4-2	图名	江苏中电组合变（ZGS-500/12）电气系统概略图和基础布置图

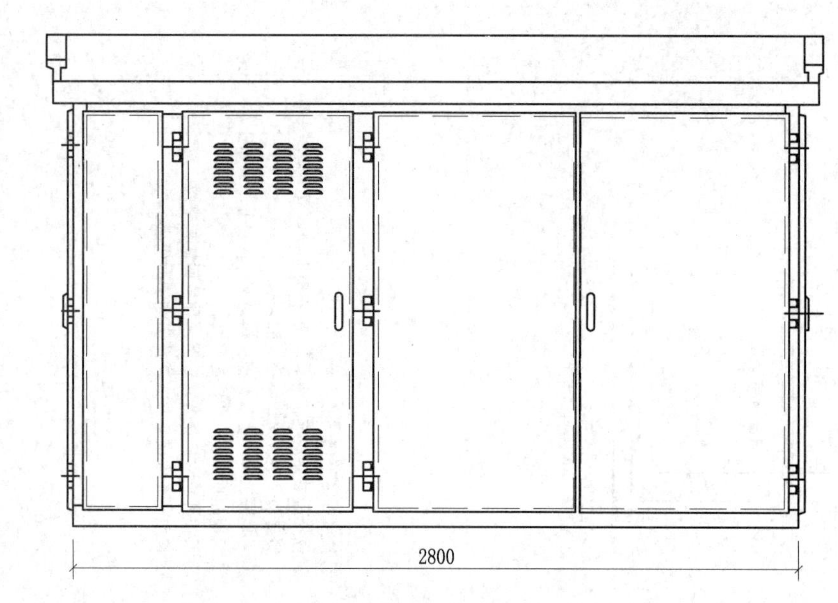

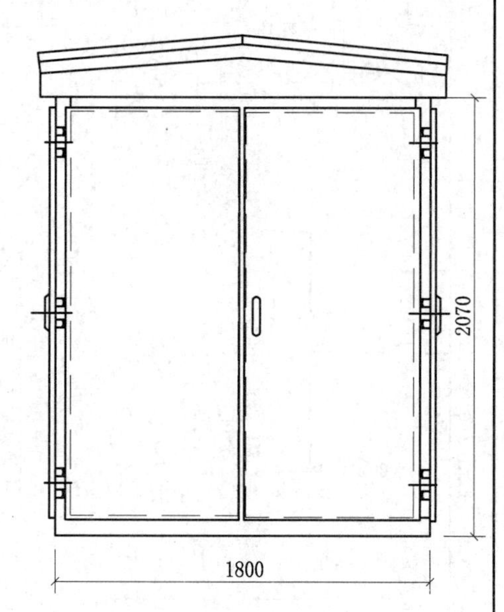

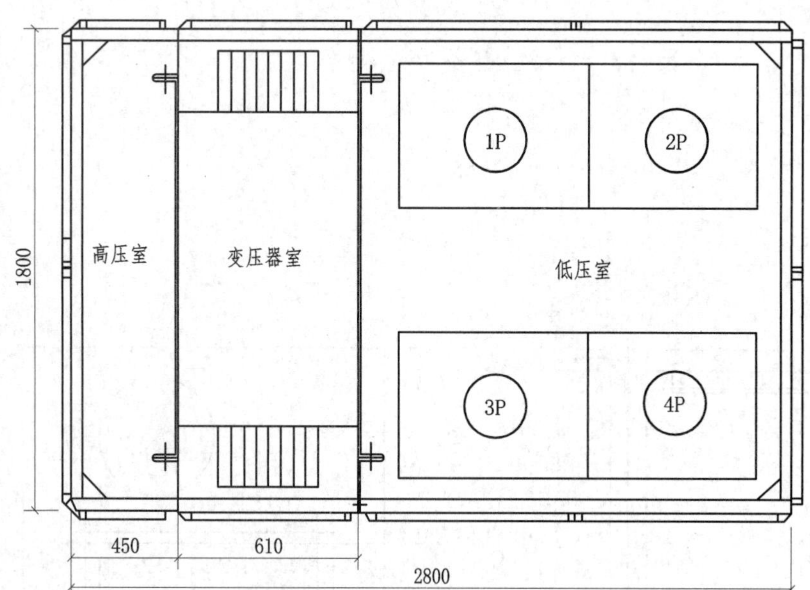

一、结构特点

本方案为目字形布置的组合式变压器结构，其结构特点是低压出线回路多、容量大，改变了传统品字型美变低压出线回路受限制的问题。另外将变压器器身、负荷开关、环网开关、保护用熔断器、避雷器等设备统一设计放置在同一油箱中。油箱采用全密封结构。选用高燃点变压器油，铁芯也可采用非晶合金铁芯，三相五柱式，空载损耗低。10kV套管出线采用专用的肘形电缆头，也有配置带负荷插拔的肘形电缆头，易于接入或断开电源。油浸式负荷开关简单可靠，操作方便。

二、外形特点

(1)运用文化石、瓷砖、琉璃瓦等材料将智能型箱式变电站进行装饰，使之能够外形美观，能够融入自然，与环境协调一致。

(2)采用艺术木板装潢。

(3)运用造船厂户外环保漆或不锈钢外壳使箱变经久耐用，适合在各种恶劣环境中运行。

第四章　预装箱式变电站		第四节　江苏中电制造预装箱式组合变电站	
图号	2-4-4-3	图名	江苏中电组合变（ZGS-500/12）外形尺寸及平面布置图

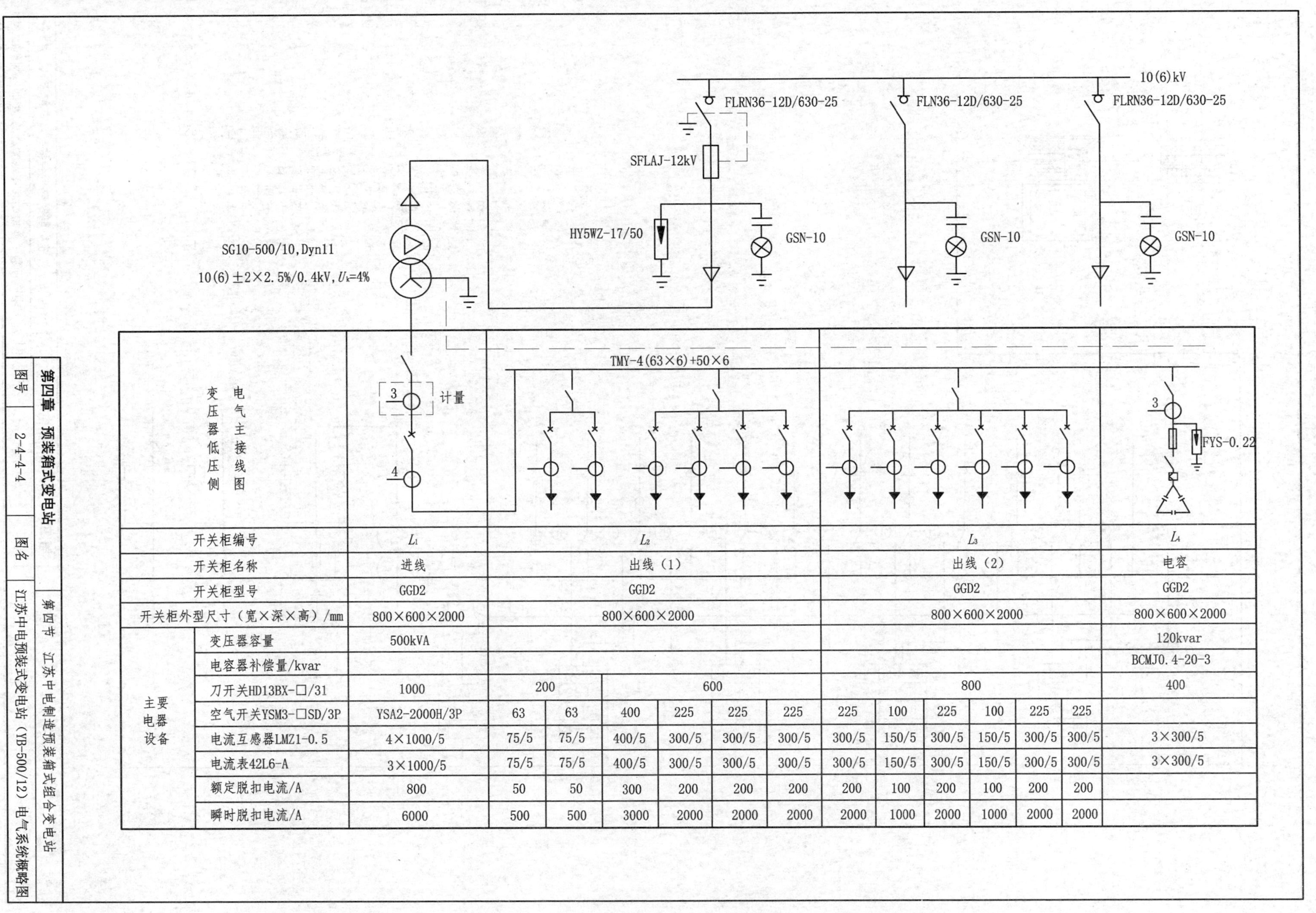

开关柜编号		L_1	L_2						L_3						L_4
开关柜名称		进线	出线（1）						出线（2）						电容
开关柜型号		GGD2	GGD2						GGD2						GGD2
开关柜外型尺寸（宽×深×高）/mm		800×600×2000	800×600×2000						800×600×2000						800×600×2000
主要电器设备	变压器容量	500kVA													120kvar
	电容器补偿量/kvar														BCMJ0.4-20-3
	刀开关HD13BX-□/31	1000	200		600				800						400
	空气开关YSM3-□SD/3P	YSA2-2000H/3P	63	63	400	225	225	225	225	100	225	100	225	225	
	电流互感器LMZ1-0.5	4×1000/5	75/5	75/5	400/5	300/5	300/5	300/5	300/5	150/5	300/5	150/5	300/5	300/5	3×300/5
	电流表42L6-A	3×1000/5	75/5	75/5	400/5	300/5	300/5	300/5	300/5	150/5	300/5	150/5	300/5	300/5	3×300/5
	额定脱扣电流/A	800	50	50	300	200	200	200	200	100	200	100	200	200	
	瞬时脱扣电流/A	6000	500	500	3000	2000	2000	2000	2000	1000	2000	1000	2000	2000	

第四章　预装箱式变电站		第四节　江苏中电制造预装箱式组合变电站	
图号	2-4-4-4	图名	江苏中电预装式变电站（YB-500/12）电气系统概略图

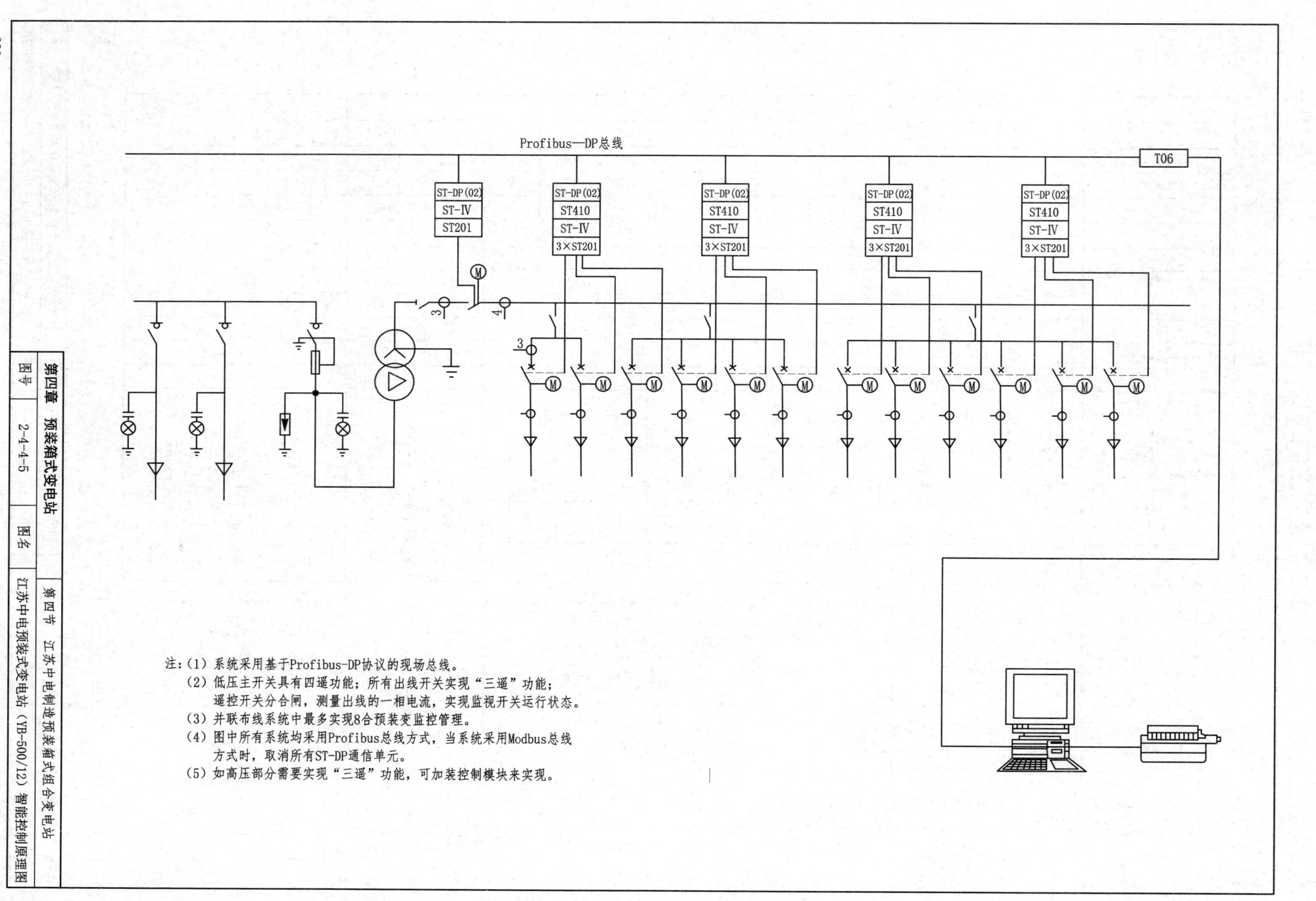

注：(1) 系统采用基于Profibus-DP协议的现场总线。

(2) 低压主开关具有四遥功能；所有出线开关实现“三遥”功能；遥控开关分合闸，测量出线的一相电流，实现监视开关运行状态。

(3) 并联布线系统中最多实现8台预装变监控管理。

(4) 图中所有系统均采用Profibus总线方式，当系统采用Modbus总线方式时，取消所有ST-DP通信单元。

(5) 如高压部分需要实现“三遥”功能，可加装控制模块来实现。

第四章　预装箱式变电站		第四节　江苏中电制造预装箱式组合变电站	
图号	2-4-4-5	图名	江苏中电预装式变电站（YB-500/12）智能控制原理图

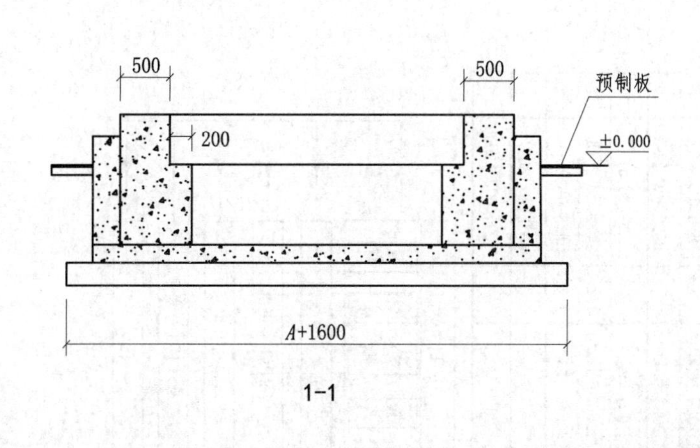

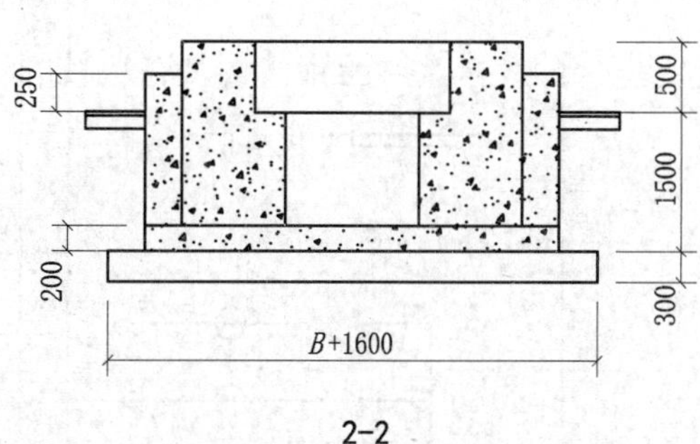

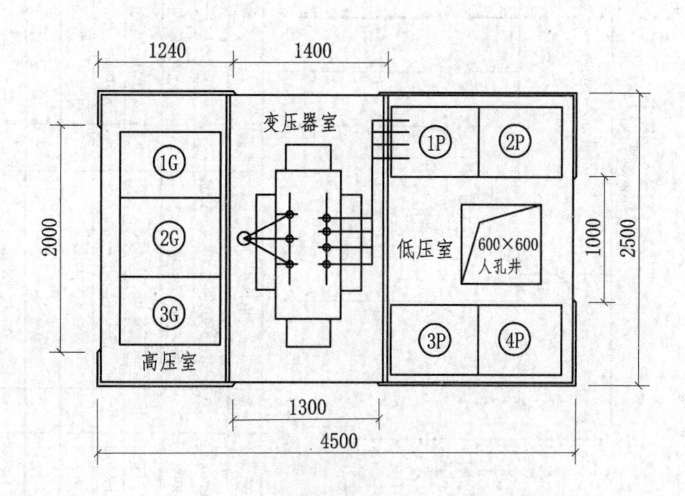

平面布置图

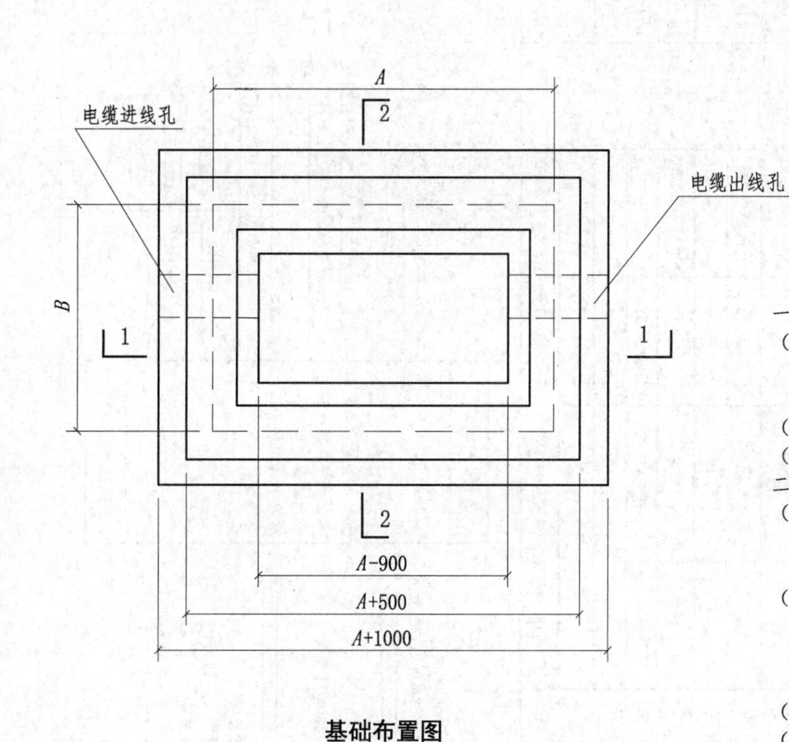

基础布置图

一、外型特点

（1）预装变外壳采用特殊配方的非金属材料制造，具有隔热、环保、美观大方、与周围环境相协调等优点。

（2）外壳参考高度为2600mm，根据实际情况可作调整。

（3）本图与YB-1000/12预装式变电站通用。

二、基础

（1）开挖基坑时，需进行素土夯实，湿松散杂须做地基加固处理。基础施工地点应选周围地势的最高点，以防积水受损。

（2）安装墩用混凝土浇制，也可以用砖砌并在其顶面及侧壁用1:25水泥砂浆粉面20厚，安装墩应建在经过处理并浇制平整的钢筋平板上。预制操作踏板系预制钢筋混凝土平板。

（3）在地脚螺钉附近最少预埋两处接地线杆。

（4）基础底面负重不得小于2000kg/m²。

第四章　预装箱式变电站		第四节　江苏中电制造预装箱式组合变电站	
图号	2-4-4-6	图名	江苏中电预装式变电站（YB-500/12）基础图及平面布置图

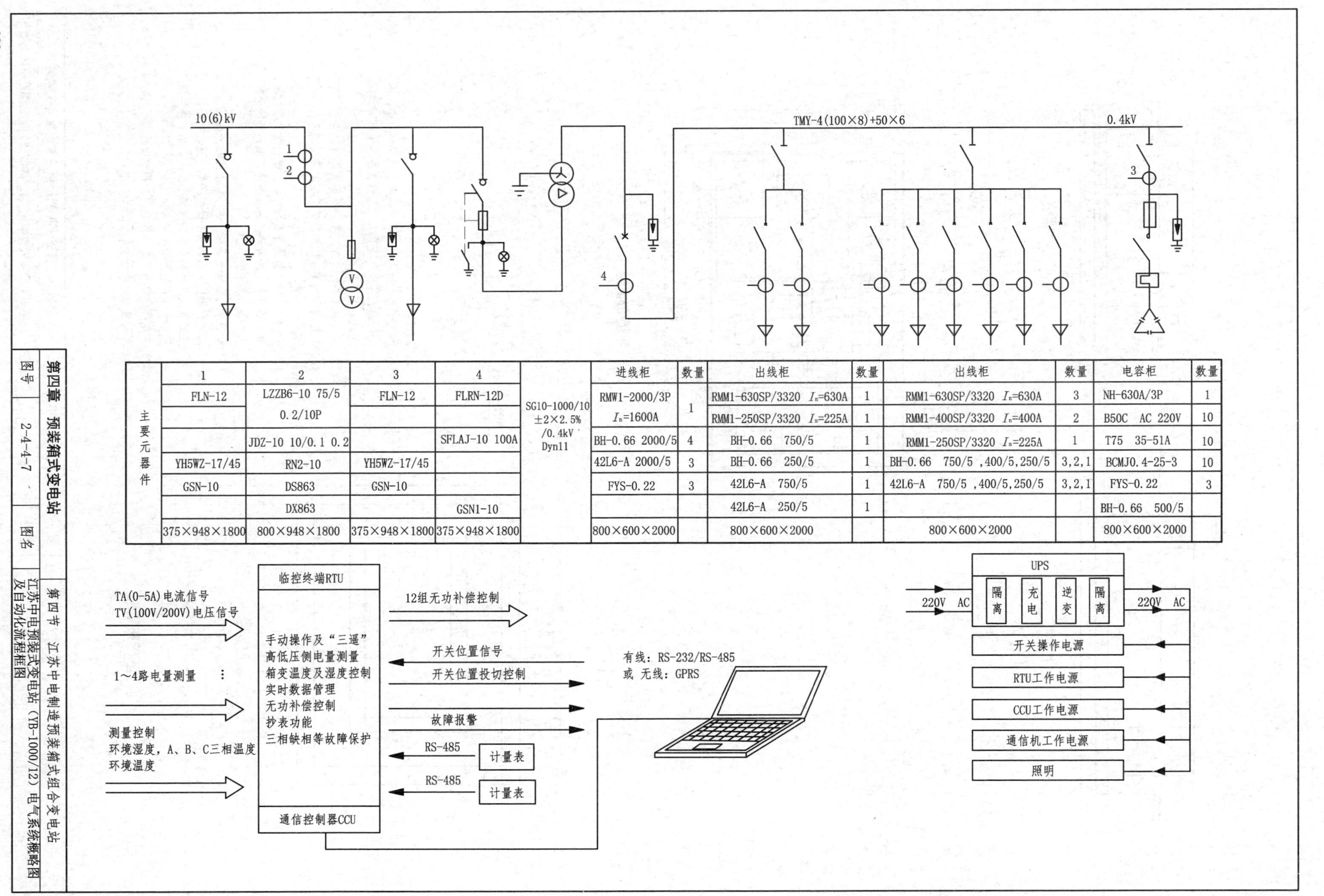

	1	2	3	4		进线柜	数量	出线柜	数量	出线柜	数量	电容柜	数量
主要元器件	FLN-12	LZZB6-10 75/5 0.2/10P	FLN-12	FLRN-12D	SG10-1000/10 ±2×2.5% /0.4kV Dyn11	RMW1-2000/3P I_n=1600A	1	RMM1-630SP/3320 I_n=630A	1	RMM1-630SP/3320 I_n=630A	3	NH-630A/3P	1
								RMM1-250SP/3320 I_n=225A	1	RMM1-400SP/3320 I_n=400A	2	B50C AC 220V	10
		JDZ-10 10/0.1 0.2		SFLAJ-10 100A		BH-0.66 2000/5	4	BH-0.66 750/5	1	RMM1-250SP/3320 I_n=225A	1	T75 35-51A	10
	YH5WZ-17/45	RN2-10	YH5WZ-17/45			42L6-A 2000/5	3	BH-0.66 250/5	1	BH-0.66 750/5 ,400/5,250/5	3,2,1	BCMJ0.4-25-3	10
	GSN-10	DS863	GSN-10			FYS-0.22	3	42L6-A 750/5	1	42L6-A 750/5 ,400/5,250/5	3,2,1	FYS-0.22	3
		DX863		GSN1-10				42L6-A 250/5	1			BH-0.66 500/5	
	375×948×1800	800×948×1800	375×948×1800	375×948×1800		800×600×2000		800×600×2000		800×600×2000		800×600×2000	

第四章 预装箱式变电站		第四节 江苏中电制造预装箱式组合变电站	
图号	2-4-4-7	图名	江苏中电预装式变电站（YB-1000/12）电气系统概略图及自动化流程框图

布置型式		中压配电装置与变压器同站布置					
变压器进出线方式		中压电缆下进 低压电缆上(下)出	中压电缆上进 低压电缆上出	中压电缆下进 低压母线上出	中压电缆上进 低压母线上出	中压电缆上(下)进 低压横排母线侧出	中压电缆上(下)进 低压立排母线侧出
进线电源断开点方式		变压器中压侧不设进线电源断开点					
方案号		一	二	三	四	五	六
主接线方案		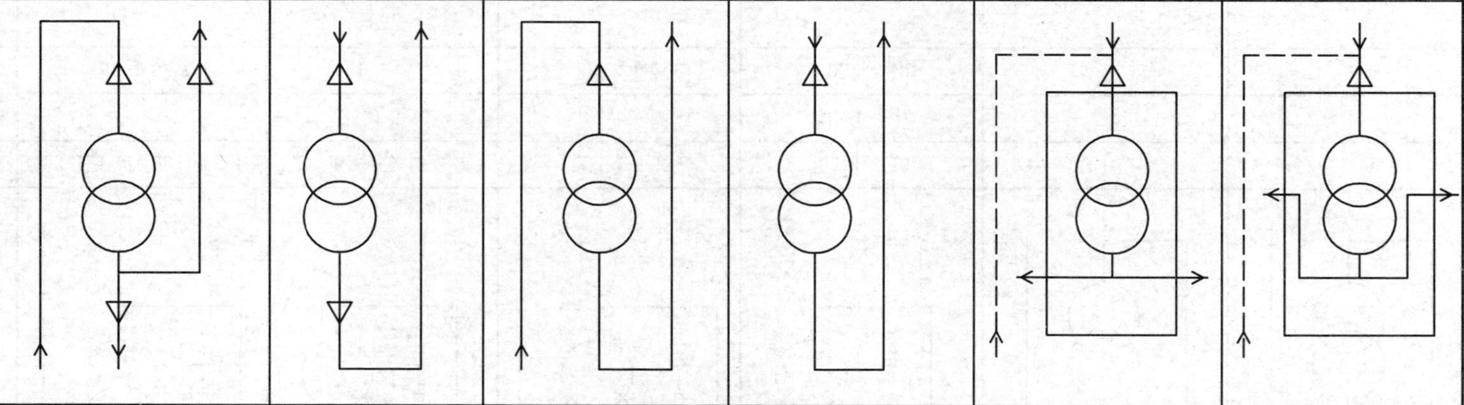					
安装图图号	无外壳窄面布置	图2-4-5-12 (图2-4-5-14)	图2-4-5-13	图2-4-5-15	图2-4-5-16		
	无外壳宽面布置		图2-4-5-13		图2-4-5-16		
	有外壳布置	图2-4-5-18(图2-4-5-19、图2-4-5-17)		图2-4-5-20	图2-4-5-21	图2-4-5-22	图2-4-5-23 (图2-4-5-24)
	变压器室 窄面布置						
	变压器室 宽面布置						
备　注		若6～10kV馈电装置设有避雷器在配电变压器上，可不再设避雷器					

注：（1）中压配电装置与变压器同站布置时变压器6～10kV电源进线可不设隔离电器，不同站布置需设隔离电器。

（2）虚线及“( )”表示另一出线方式。

第四章　预装箱式变电站		第五节　干式变压器	
图号	2-4-5-1	图名	主接线方案（一）

布置型式	中压配电装置与变压器同站布置				中压配电装置与变压器不同站布置	
变压器进出线方式	中压电缆下进 低压电缆上(下)出	中压电缆上进 低压电缆上出	中压电缆下进 低压母线上出	中压电缆上进 低压母线上出	中压电缆下进 低压母线上出	
进线电源断开点方式					中压隔离开关	中压负荷开关
方案号	七	八	九	十	十一	十二
主接线方案	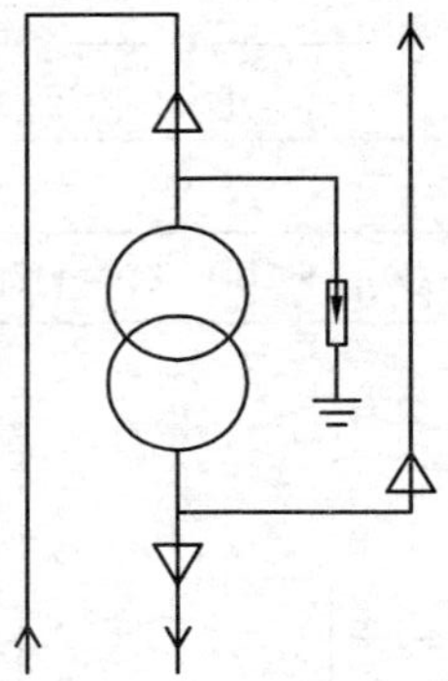	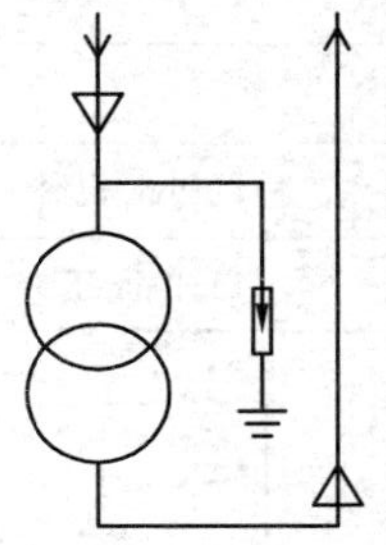	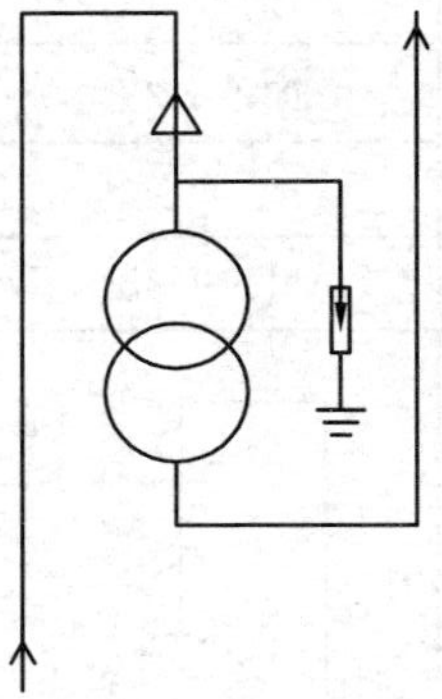	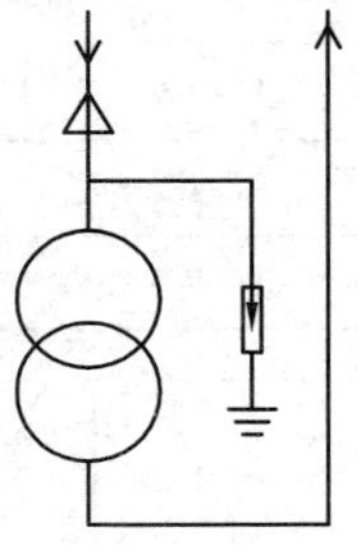	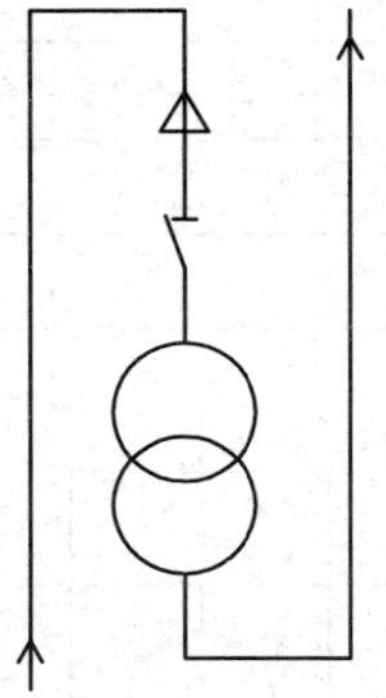	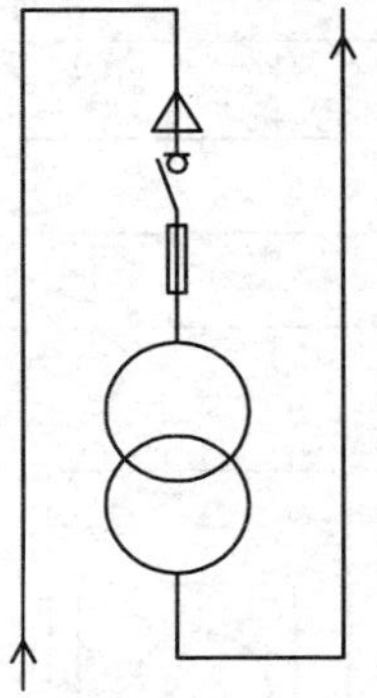
安装图图号 无外壳窄面布置	图2-4-5-12(图2-4-5-14)	图2-4-5-13	图2-4-5-15	图2-4-5-16		
安装图图号 无外壳宽面布置		图2-4-5-13		图2-4-5-16		
安装图图号 有外壳布置	图2-4-5-17		图2-4-5-20	图2-4-5-21		
安装图图号 变压器室 窄面布置					图2-4-5-25	图2-4-5-25
安装图图号 变压器室 宽面布置					图2-4-5-26	图2-4-5-26
备　注	需在变压器处设避雷器				变压器供电侧已设有避雷器	

注：(1)中压配电装置与变压器同站布置时变压器6～10kV电源进线可不设隔离电器，不同站布置需设隔离电器。
(2)虚线及“( )”表示另一出线方式。

第四章　预装箱式变电站		第五节　干式变压器	
图号	2-4-5-2	图名	主接线方案（二）

布置型式		中压配电装置与变压器不同站布置			
变压器进出线方式		中压电缆下进	低压母线（电缆）上（下）出	中压电缆上进	低压母线（电缆）上出
进线电源断开点方式		中压负荷开关（环网柜）	中压负荷开关(设短路保护)（环网柜）	中压负荷开关（环网柜）	中压负荷开关(设短路保护)（环网柜）
方案号		十三	十四	十五	十六
主接线方案		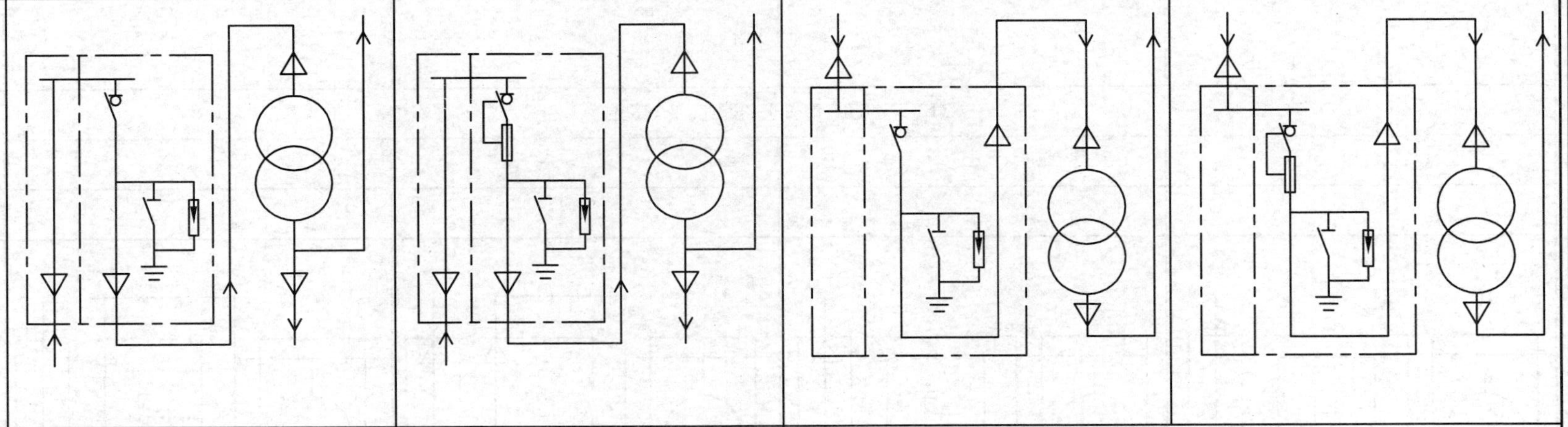			
安装图图号	无外壳窄面布置	图2-4-5-15（图2-4-5-12）		图2-4-5-16（图2-4-5-13）	
	无外壳宽面布置			图2-4-5-16（图2-4-5-13）	
	有外壳布置	图2-4-5-20（图2-4-5-18、图2-4-5-19、图2-4-5-17）		图2-4-5-21	
	变压器室 窄面布置	图2-4-5-25			
	变压器室 宽面布置	图2-4-5-26			
备　注		变电所布置图(一)～(三)、(五)示意1～4、12、16、17、26、27		变电所布置图(一)、(三)示意5～7、8～11、14、15	

注：(1)中压配电装置与变压器同站布置时，变压器6～10kV电源进线可不设隔离电器，不同站布置需设隔离电器。

(2)虚线及“( )”表示另一出线方式。

第四章　预装箱式变电站		第五节　干式变压器	
图号	2-4-5-3	图名	主接线方案（三）

布置型式		中压配电装置与变压器不同站布置			
变压器进出线方式		中压电缆下进线	低压母线横排（立排）侧出	中压电缆上进线	低压母线横排（立排）侧出
进线电源断开点方式		中压负荷开关（环网柜）	中压负荷开关(设短路保护)（环网柜）	中压负荷开关（环网柜）	中压负荷开关(设短路保护)（环网柜）
方案号		十七	十八	十九	二十
主接线方案		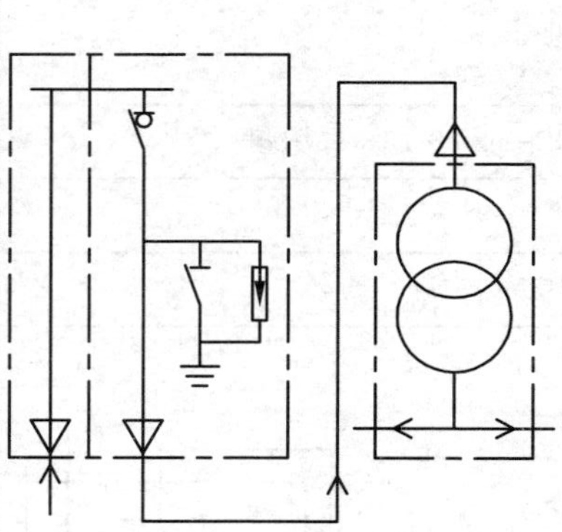	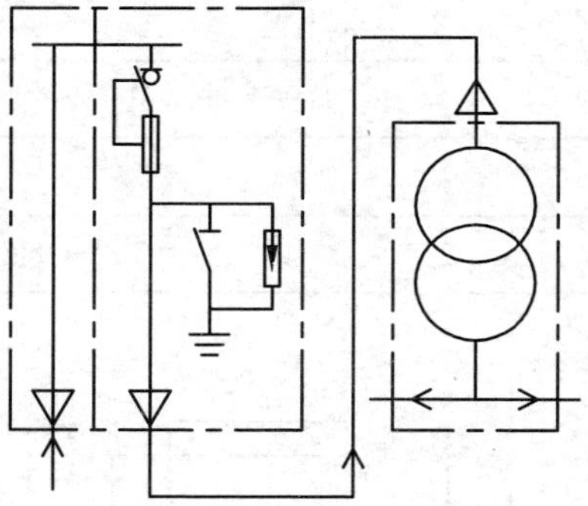	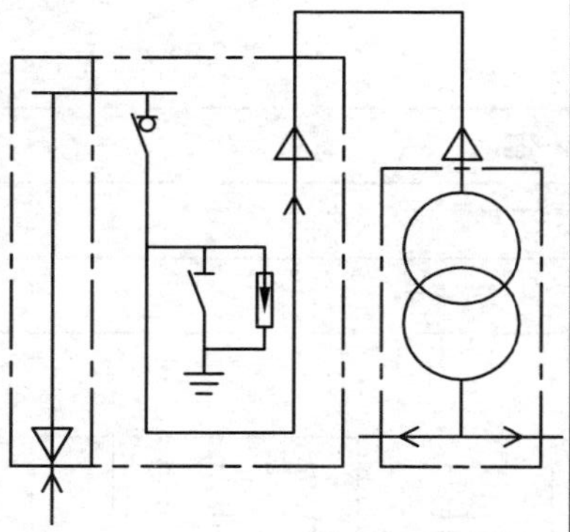	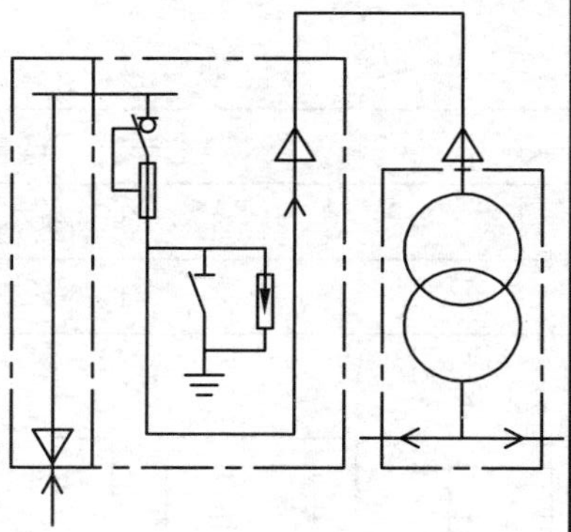
安装图图号	无外壳窄面布置				
	无外壳宽面布置				
	有外壳布置	图2-4-5-22（图2-4-5-23、图2-4-5-24）			
	变压器室 窄面布置				
	变压器室 宽面布置				
备　注		变电所布置图(五)示意22～25			

注：(1)中压配电装置与变压器同站布置时，变压器6～10kV电源进线可不设隔离电器，不同站布置需设隔离电器。
(2)虚线及“( )”表示另一出线方式。

第四章　预装箱式变电站		第五节　干式变压器	
图号	2-4-5-4	图名	主接线方案（四）

布置型式		中压配电装置与变压器不同站布置			
变压器进出线方式		高压电缆下进　低压母线（电缆）上出		高压电缆上进　低压母线（电缆）上出	
进线电源断开点方式		手车中压柜的手车(断路器切负荷)(中压开关柜)			
方案号		二十一	二十二	二十三	二十四
主接线方案		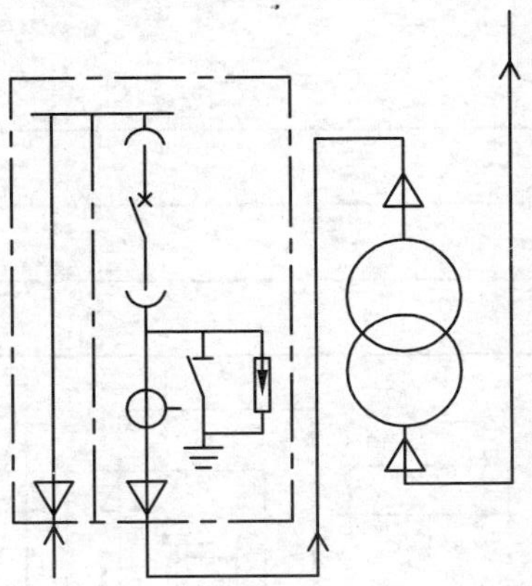	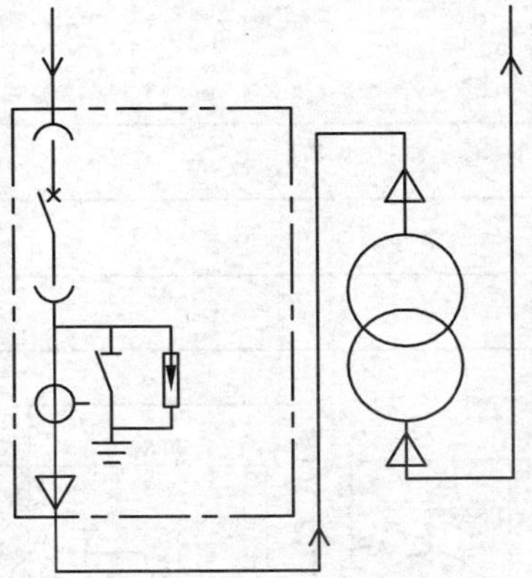	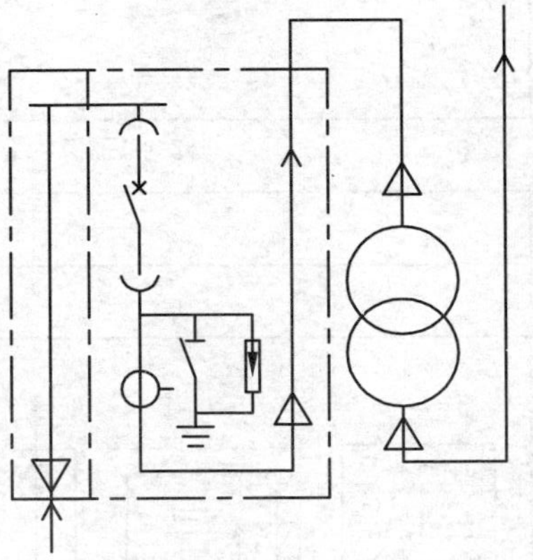	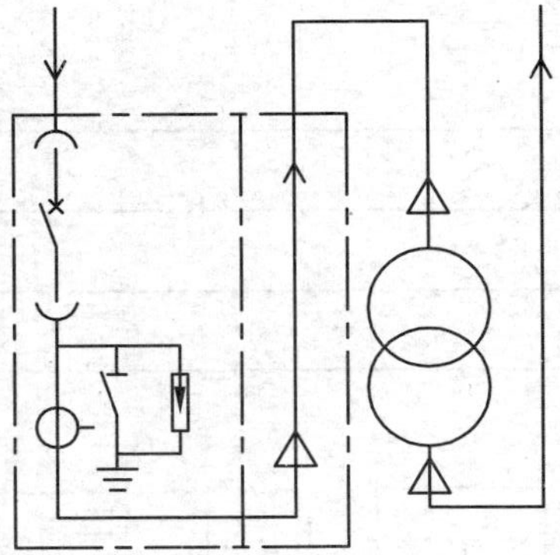
安装图图号	无外壳窄面布置	图2-4-5-15（图2-4-5-12）		图2-4-5-16（图2-4-5-13）	
	无外壳宽面布置			图2-4-5-16（图2-4-5-13）	
	有外壳布置	图2-4-5-20（图2-4-5-18、图2-4-5-19、图2-4-5-17）		图2-4-5-21	
	变压器室 窄面布置	图2-4-5-25			
	变压器室 宽面布置	图2-4-5-26			
备　注		变电所布置图(四)示意20		变电所布置图(四)示意18、19	

注：(1)中压配电装置与变压器同站布置时，变压器6～10kV电源进线可不设隔离电器，不同站布置需设隔离电器。
(2)虚线及“( )”表示另一出线方式。

第四章　预装箱式变电站		第五节　干式变压器	
图号	2-4-5-5	图名	主接线方案（五）

布置型式		中压配电装置与变压器不同站布置			
变压器进出线方式		中压电缆下进　低压母线横排（立排）侧出		中压电缆上进　低压母线横排（立排）侧出	
进线电源断开点方式		手车式中压柜(用断路器切负荷)(中压开关柜)			
方案号		二十五	二十六	二十七	二十八
主接线方案		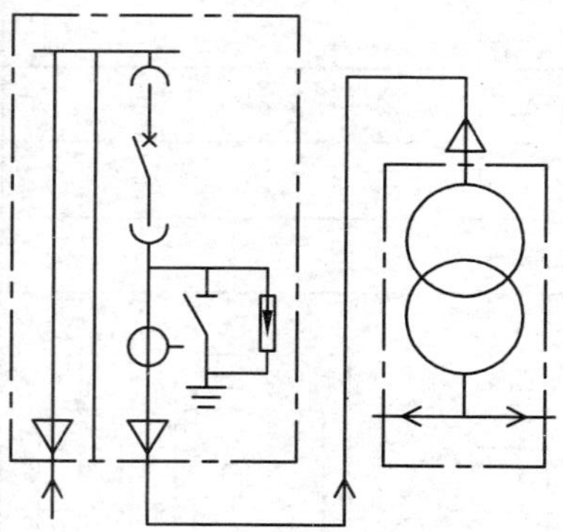	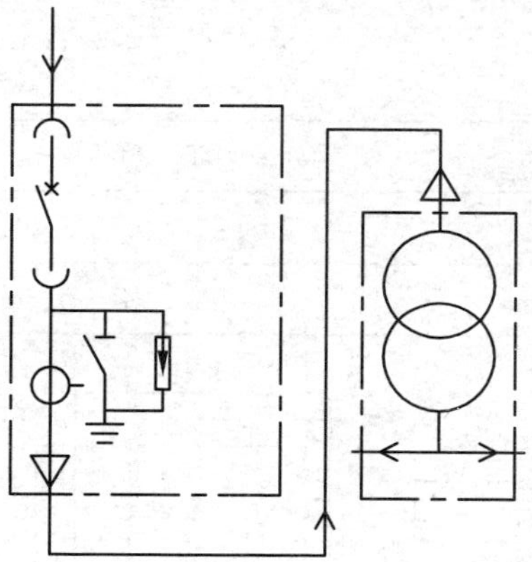	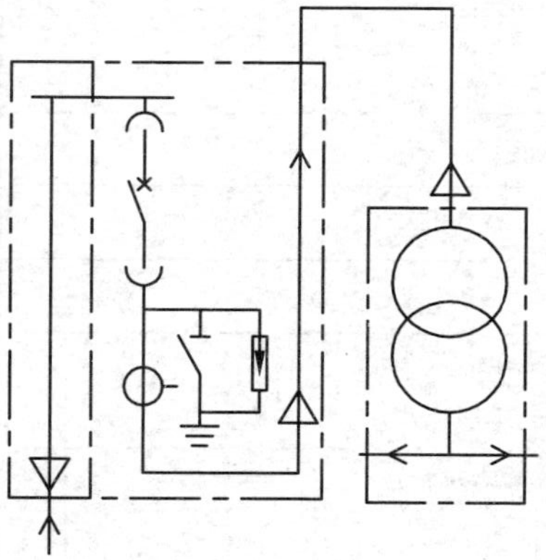	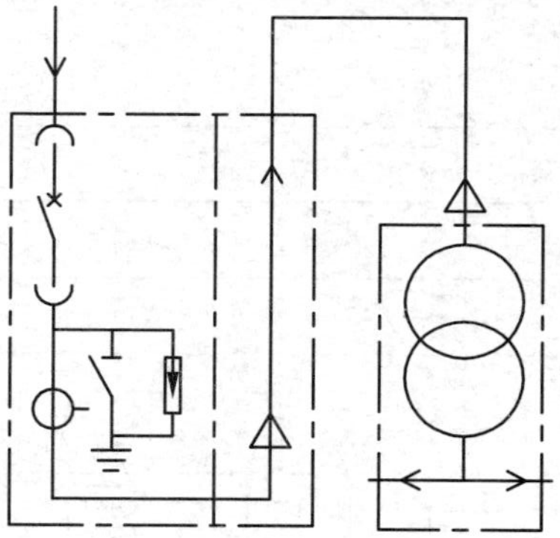
安装图图号	无外壳窄面布置				
	无外壳宽面布置				
	有外壳布置	图2-4-5-22（图2-4-5-23、图2-4-5-24）			
	变压器室 窄面布置				
	变压器室 宽面布置				
备　注		变电所布置图(五)示意22～25			

注：(1)中压配电装置与变压器同站布置时，变压器6～10kV电源进线可不设隔离电器，不同站布置需设隔离电器。
(2)虚线及“( )”表示另一出线方式。

第四章　预装箱式变电站		第五节　干式变压器	
图号	2-4-5-6	图名	主接线方案（六）

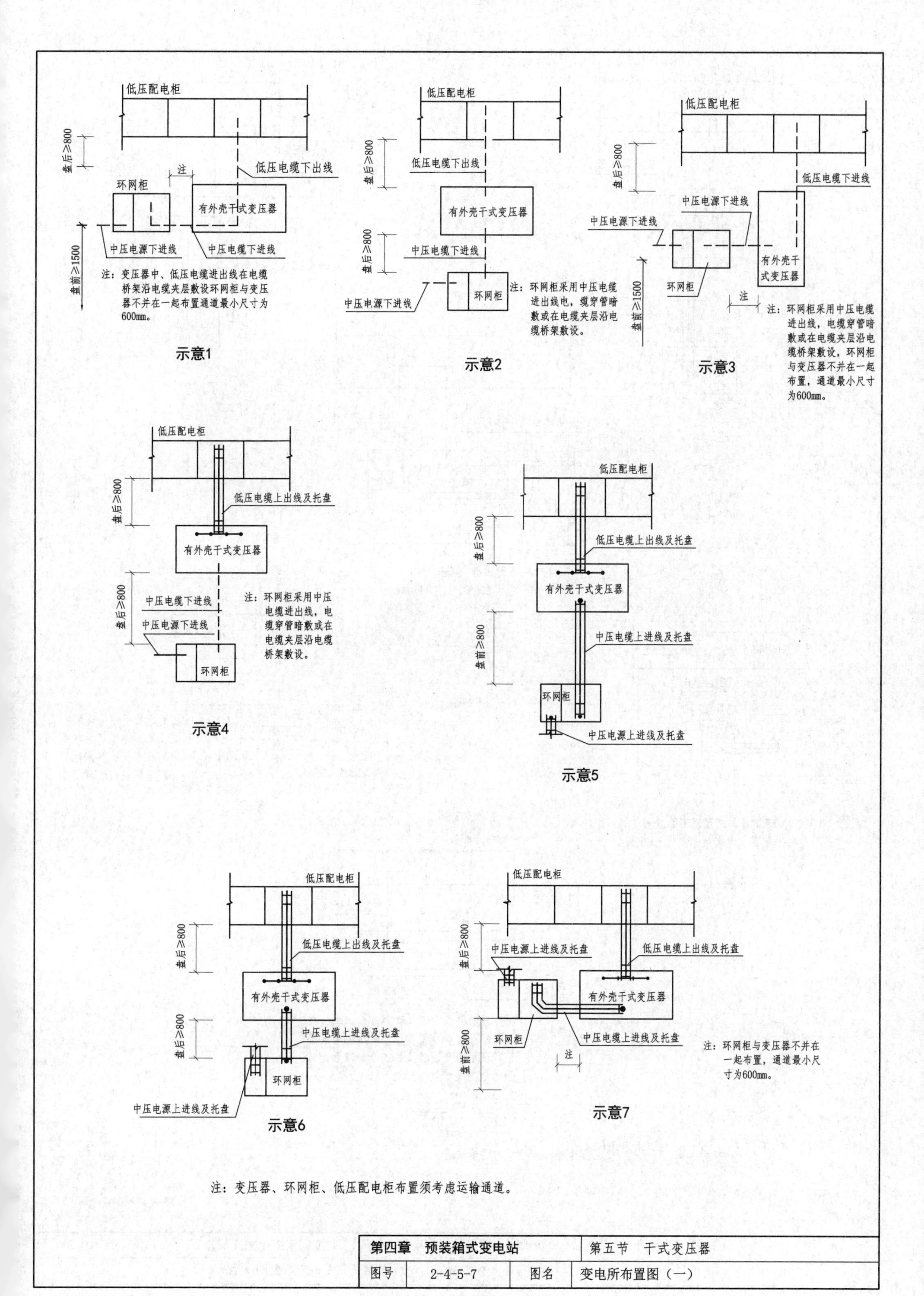
低压配电柜
盘后≥800
注
低压电缆下出线
环网柜
有外壳干式变压器
盘前≥1500
中压电源下进线
中压电缆下进线
注：变压器中、低压电缆进出线在电缆桥架沿电缆夹层敷设环网柜与变压器不并在一起布置通道最小尺寸为600mm。
示意1
低压配电柜
盘后≥800
低压电缆下出线
有外壳干式变压器
盘后≥800
中压电缆下进线
中压电源下进线
环网柜
注：环网柜采用中压电缆进出线电，缆穿管暗敷或在电缆夹层沿电缆桥架敷设。
示意2
低压配电柜
盘后≥800
低压电缆下进线
中压电源下进线
中压电源下进线
有外壳干式变压器
环网柜
盘前≥1500
注
注：环网柜采用中压电缆进出线，电缆穿管暗敷或在电缆夹层沿电缆桥架敷设，环网柜与变压器不并在一起布置，通道最小尺寸为600mm。
示意3
低压配电柜
盘后≥800
低压电缆上出线及托盘
有外壳干式变压器
盘后≥800
中压电缆下进线
中压电源下进线
环网柜
注：环网柜采用中压电缆进出线，电缆穿管暗敷或在电缆夹层沿电缆桥架敷设。
示意4
低压配电柜
盘后≥800
低压电缆上出线及托盘
有外壳干式变压器
盘前≥800
中压电缆上进线及托盘
环网柜
中压电源上进线及托盘
示意5
低压配电柜
盘后≥800
低压电缆上出线及托盘
有外壳干式变压器
盘后≥800
中压电缆上进线及托盘
环网柜
中压电源上进线及托盘
示意6
低压配电柜
盘后≥800
中压电源上进线及托盘
低压电缆上出线及托盘
有外壳干式变压器
盘前≥800
环网柜
中压电缆上进线及托盘
注
注：环网柜与变压器不并在一起布置，通道最小尺寸为600mm。
示意7
注：变压器、环网柜、低压配电柜布置须考虑运输通道。
第四章　预装箱式变电站
第五节　干式变压器
图号
2-4-5-7
图名
变电所布置图（一）

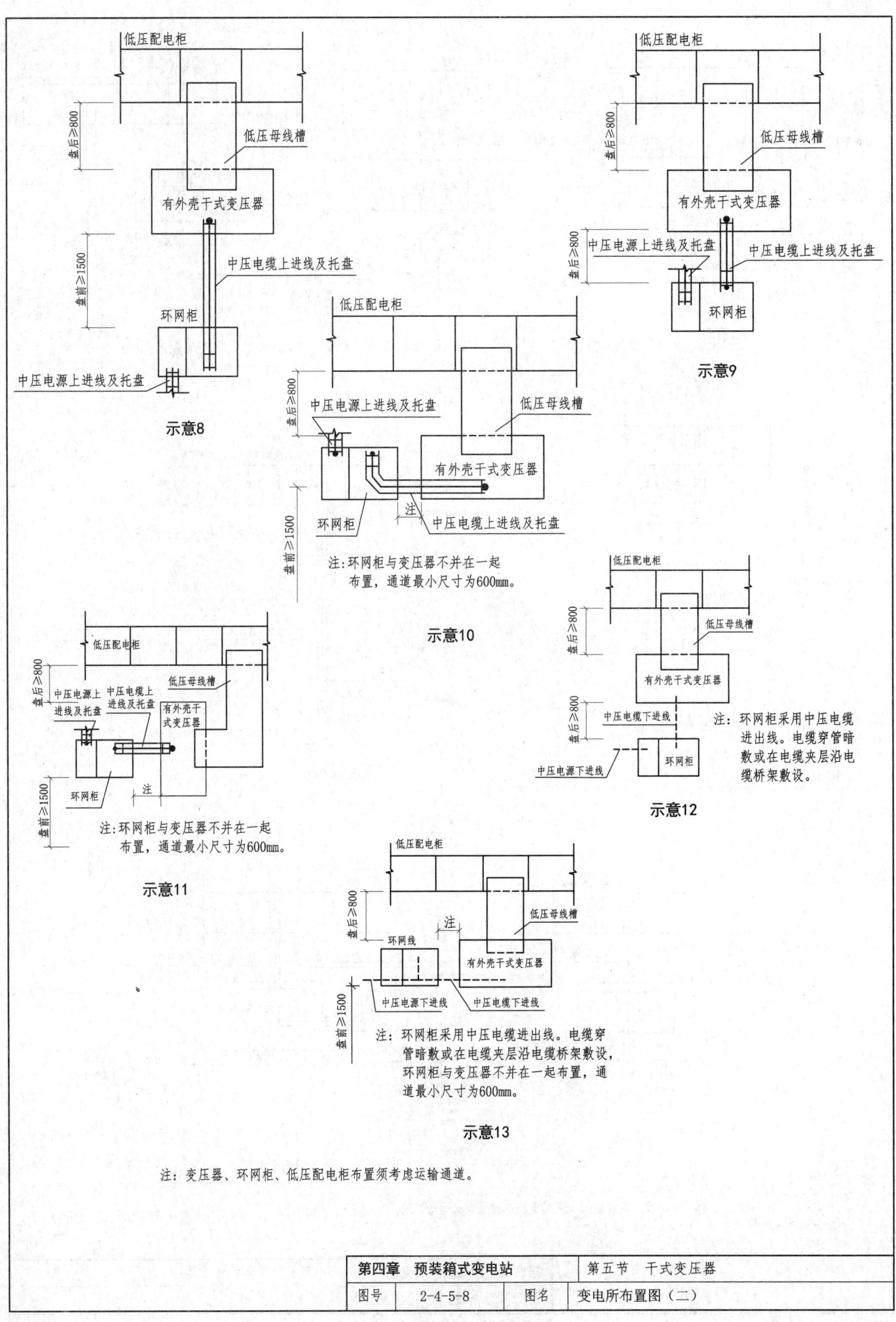

低压配电柜
盘后≥800
低压母线槽
有外壳干式变压器
盘前≥1500
中压电缆上进线及托盘
环网柜
中压电源上进线及托盘
示意8
低压配电柜
盘后≥800
低压母线槽
有外壳干式变压器
中压电源上进线及托盘
中压电缆上进线及托盘
环网柜
示意9
低压配电柜
盘后≥800
中压电源上进线及托盘
低压母线槽
有外壳干式变压器
盘前≥1500
注
环网柜
中压电缆上进线及托盘
注:环网柜与变压器不并在一起
布置，通道最小尺寸为600mm。
示意10
低压配电柜
盘后≥800
中压电源上
进线及托盘
中压电缆上
进线及托盘
低压母线槽
有外壳干
式变压器
环网柜
注
盘前≥1500
注:环网柜与变压器不并在一起
布置，通道最小尺寸为600mm。
示意11
低压配电柜
盘后≥800
低压母线槽
有外壳干式变压器
盘后≥800
中压电缆下进线
中压电源下进线
环网柜
注:环网柜采用中压电缆
进出线。电缆穿管暗
敷或在电缆夹层沿电
缆桥架敷设。
示意12
低压配电柜
盘后≥800
注
低压母线槽
环网线
有外壳干式变压器
盘前≥1500
中压电源下进线
中压电缆下进线
注:环网柜采用中压电缆进出线。电缆穿
管暗敷或在电缆夹层沿电缆桥架敷设，
环网柜与变压器不并在一起布置，通
道最小尺寸为600mm。
示意13
注：变压器、环网柜、低压配电柜布置须考虑运输通道。
第四章　预装箱式变电站
第五节　干式变压器
图号
2-4-5-8
图名
变电所布置图（二）

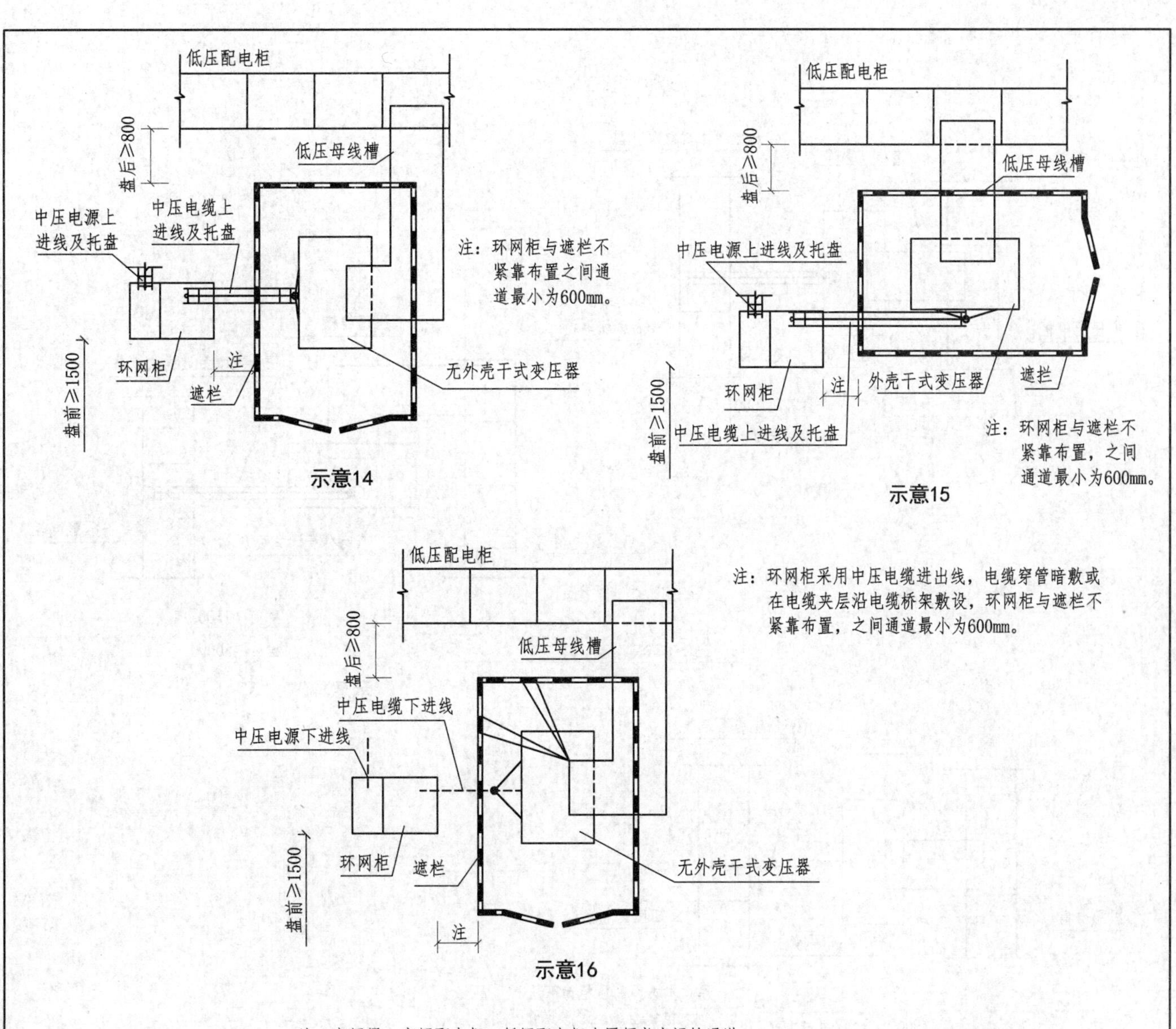

示意14

示意15

示意16

注：变压器、高压配电柜、低压配电柜布置须考虑运输通道。

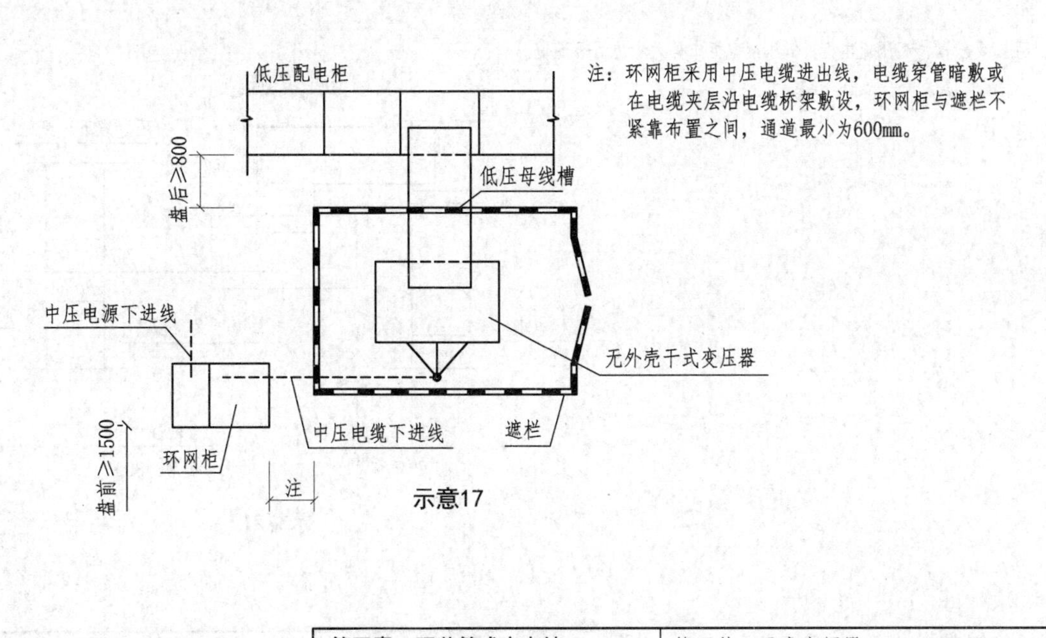

示意17

第四章　预装箱式变电站		第五节　干式变压器	
图号	2-4-5-9	图名	变电所布置图（三）

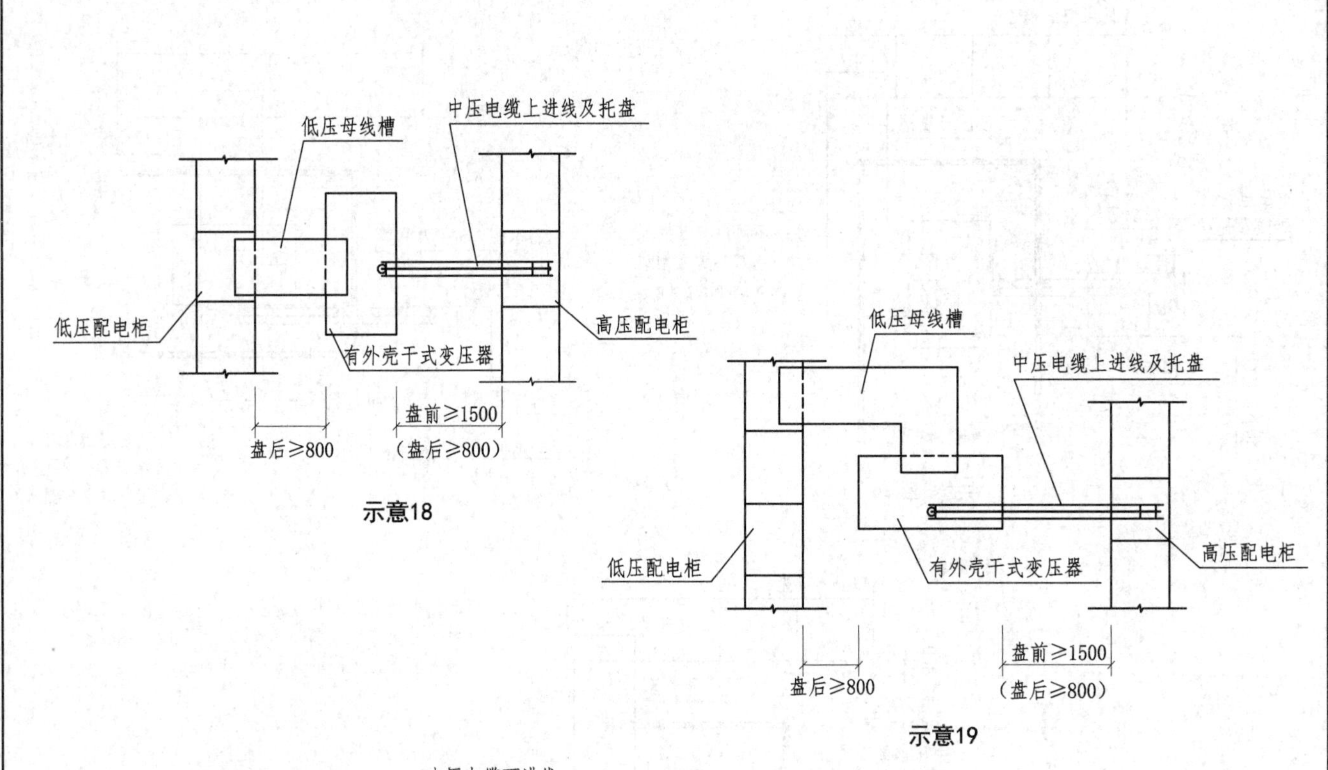

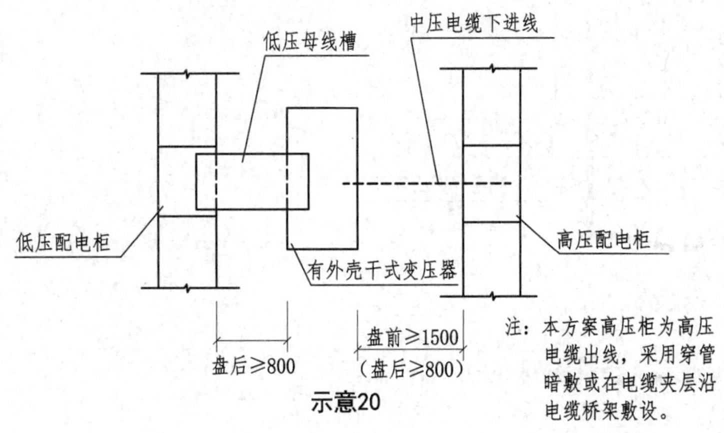

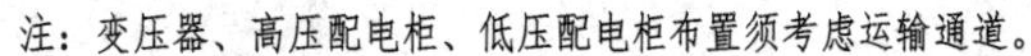
注：变压器、高压配电柜、低压配电柜布置须考虑运输通道。

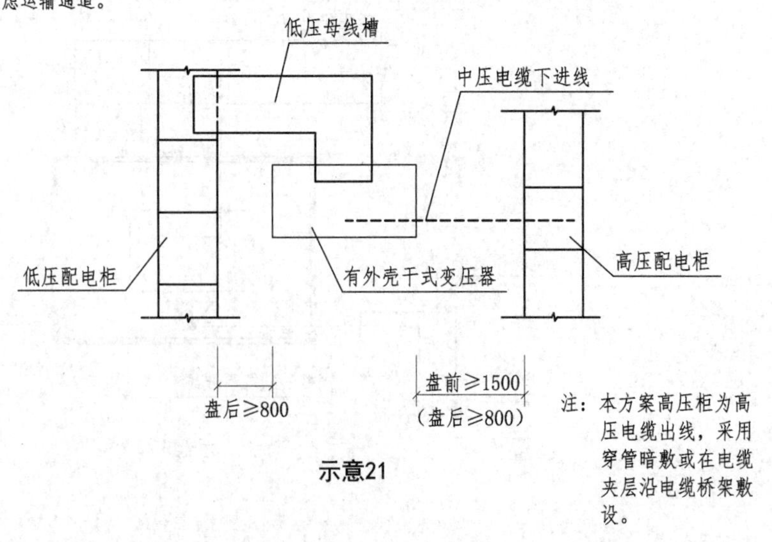

第四章　预装箱式变电站		第五节　干式变压器	
图号	2-4-5-10	图名	变电所布置图（四）

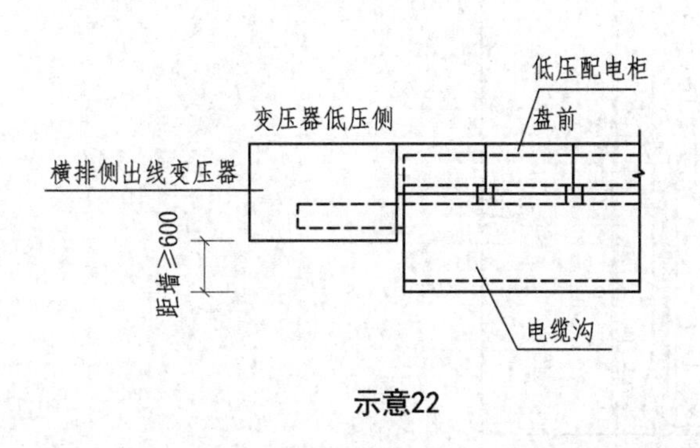

示意22

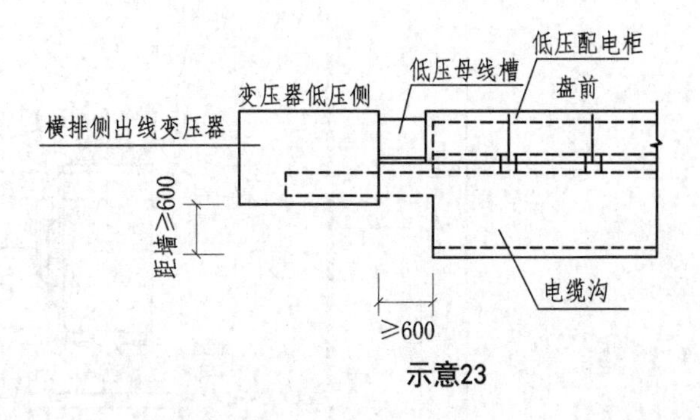

示意23

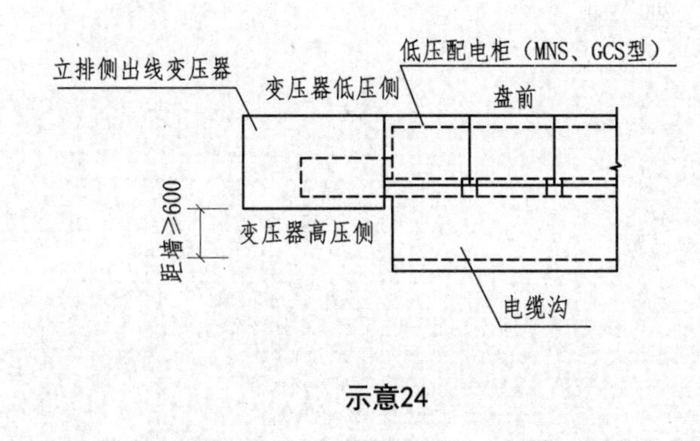

示意24

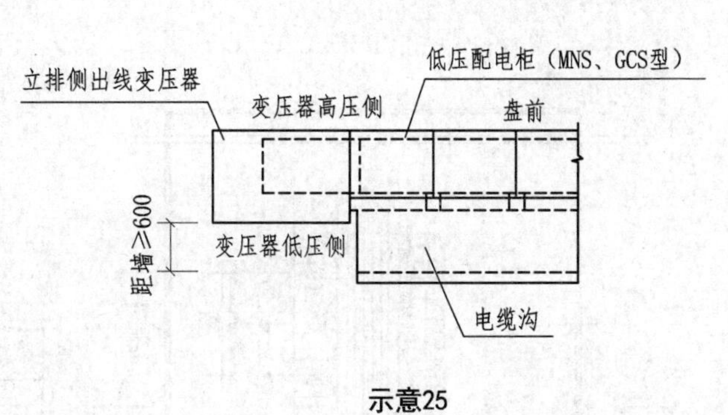

示意25

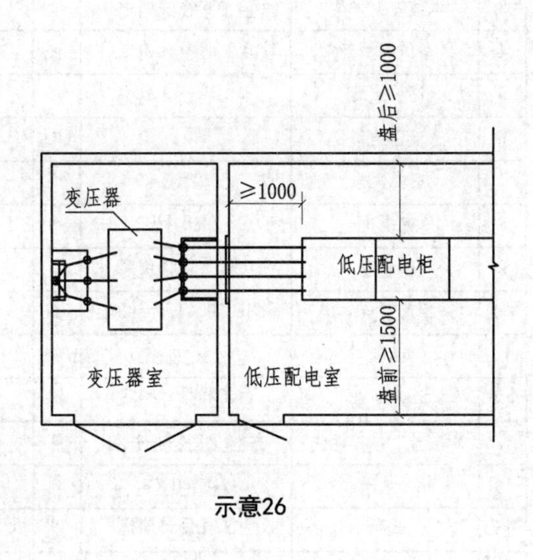

示意26

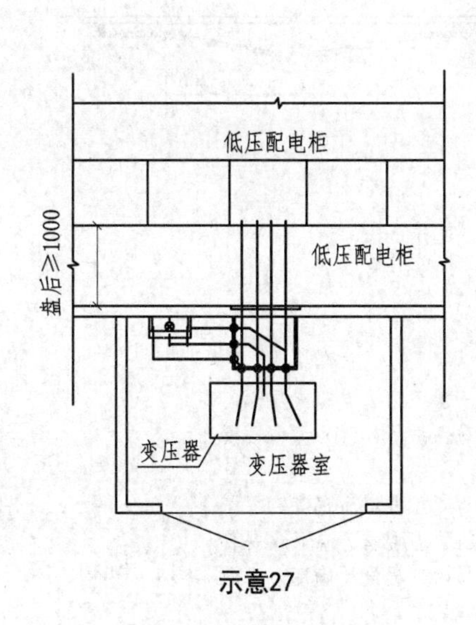

示意27

注：（1）示意22～27变压器采用高压电缆上进线方式，变压器底部电缆沟取消。
（2）示意22～27采用电缆夹层，则取消电缆沟。
（3）高压配电装置的布置可参考图2-4-5-7～图2-4-5-10所示变电所布置图，本图不另表示。

第四章　预装箱式变电站			第五节　干式变压器
图号	2-4-5-11	图名	变电所布置图（五）

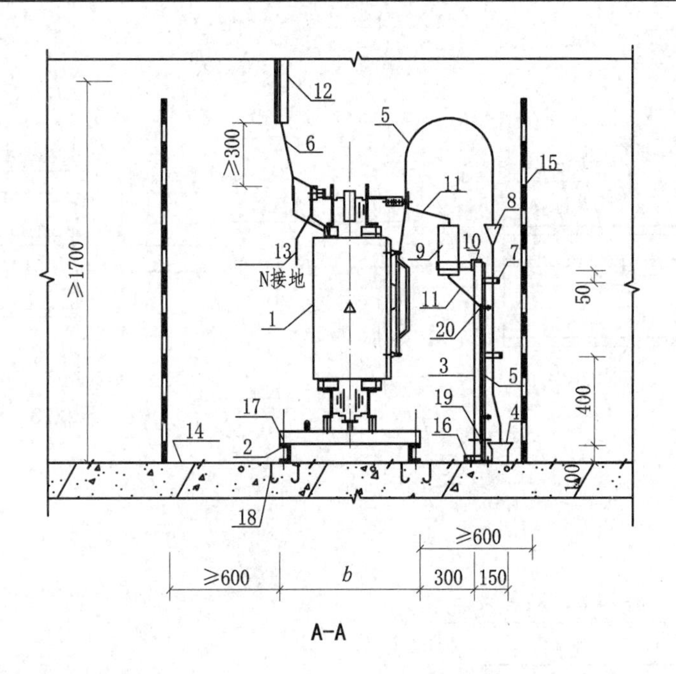

A-A

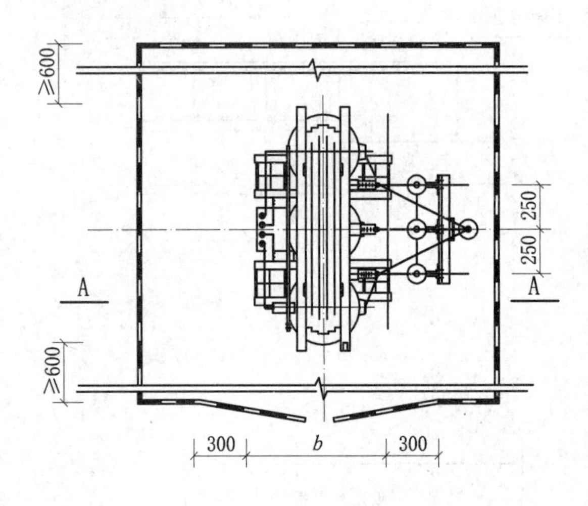

注：(1) 变压器下方为电缆夹层时，电缆保护管处改为预留楼板洞。
(2) b 为变压器窄面宽度。
(3) 变压器温控箱、温显仪安装位置由工程设计确定，本图不另表示。
(4) 变压器落地安装，不用安装底座时做法见图2-4-5-28。
(5) 变压器工作接地线由工程设计确定接地形式及选择接地线，因变压器中性点接取位置各厂不同，本图仅按在变压器上部接取示意。

主要材料表

序号	名 称	型号及规格	单位	数量	备注
1	干式变压器	由工程设计确定	台	1	
2	干式变压器安装底座	由工程设计确定	组	1	
3	电缆安装支架	由工程设计确定	个	1	10号槽钢
4	电缆保护管	由工程设计确定	m		
5	高压电缆	由工程设计确定	m		
6	低压电缆		m		
7	电缆支架	型式3	个		
8	电缆头	10(6)kV	个	1	
9	避雷器	由工程设计确定	台	3	不设避雷器时则取消
10	避雷器固定支架	角钢∟50×4，l=900mm	个	1	
11	电线	1×25mm²	m		
12	电缆托盘	由工程设计确定	m		
13	变压器工作接地线	规格见图2-4-5-30	m		
14	PE接地干线	扁钢40×4	m		暗敷时的规格
15	遮栏	由工程设计确定	组	1	
16	膨胀螺栓固定	M12	套	4	
17	螺栓固定	M12	套	4	
18	预埋钢板	钢板150mm×150mm	个	4	
19	接地螺栓、垫圈	M8	个	1	
20	电线卡	按电线规格确定	个	2	

第四章　预装箱式变电站		第五节　干式变压器	
图号	2-4-5-12	图名	无外壳窄面布置、电缆下进上出安装图

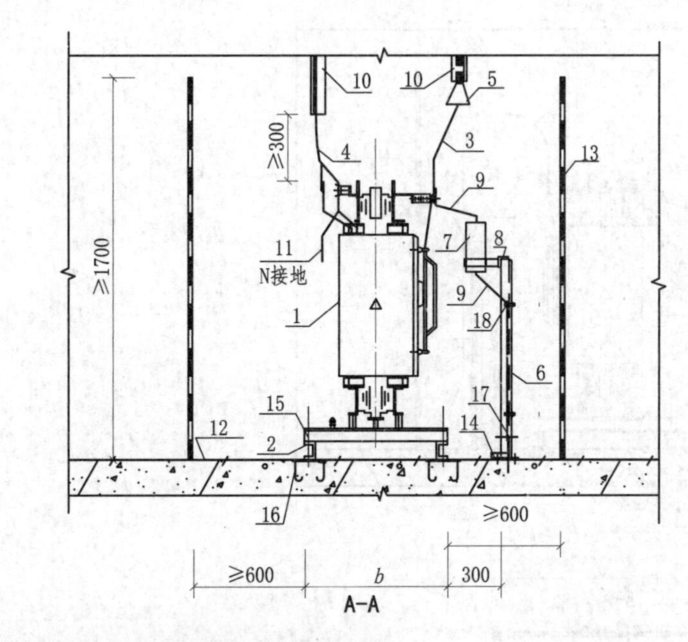

A-A

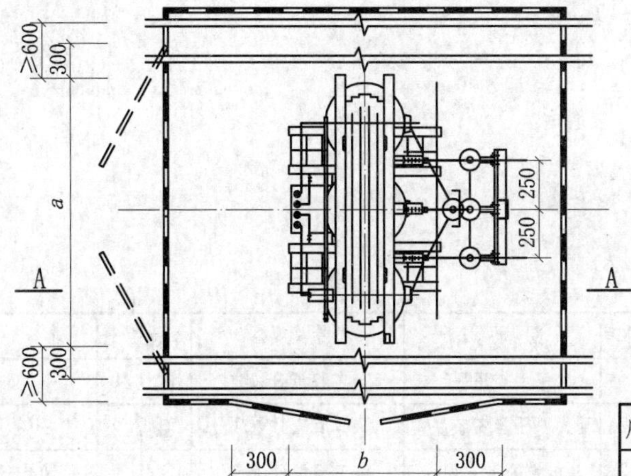

注：(1)a为变压器宽面尺寸，b为窄面尺寸。
(2)变压器温控箱、温显仪安装位置由工程设计确定，本图不另表示。
(3)变压器落地安装，不用安装底座时做法见图2-4-5-28。
(4)本图窄面推进门用实线表示，宽面推进门用虚线表示。
(5)变压器工作接地线由工程设计确定接地形式及选择接地线，因变压器中性点接取位置各厂不同，本图仅按在变压器上部接取示意。

主要材料表

序号	名　称	型号及规格	单位	数量	备注
1	干式变压器	由工程设计确定	台	1	
2	干式变压器安装底座	由工程设计确定	组	2	
3	高压电缆	由工程设计确定	m		10号槽钢
4	低压电缆		m		
5	电缆头	10(6)kV	个	1	
6	避雷器安装支架	由工程设计确定	个	1	
7	避雷器	由工程设计确定	台	3	不设避雷器时则取消
8	避雷器固定支架	角钢∟50×4，l=900mm	个	1	
9	电线	1×25mm²	m		
10	电缆托盘	由工程设计确定	m		
11	变压器工作接地线	规格见图2-4-5-30	m		
12	PE接地干线	扁钢40×4	m		
13	遮栏	由工程设计确定	组	1	
14	膨胀螺栓固定	M12	套	4	暗敷时的规格
15	螺栓固定	M12	套	4	
16	预埋钢板	钢板150mm×150mm	个	4	
17	接地螺栓、垫圈	M8	个	1	
18	电线卡	按照电线规格确定	套	2	

第四章　预装箱式变电站		第五节　干式变压器
图号	2-4-5-13	图名　无外壳窄面布置、电缆上进上出安装图

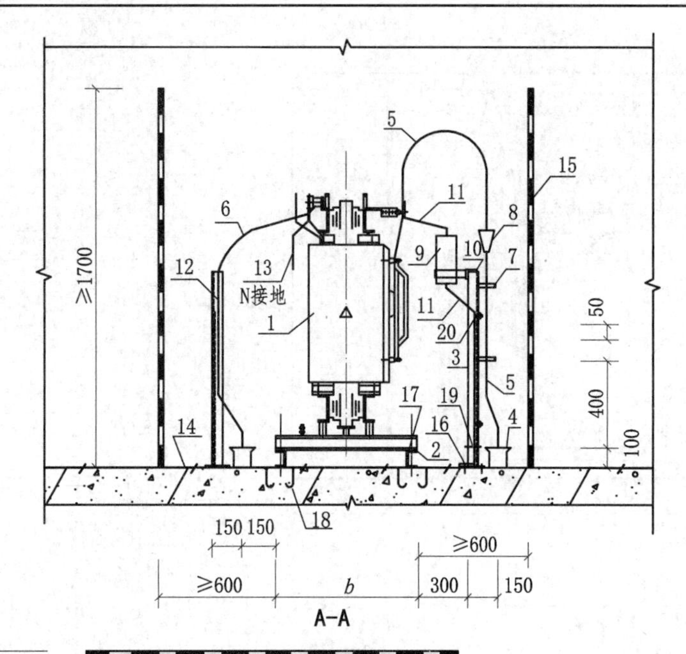

A-A

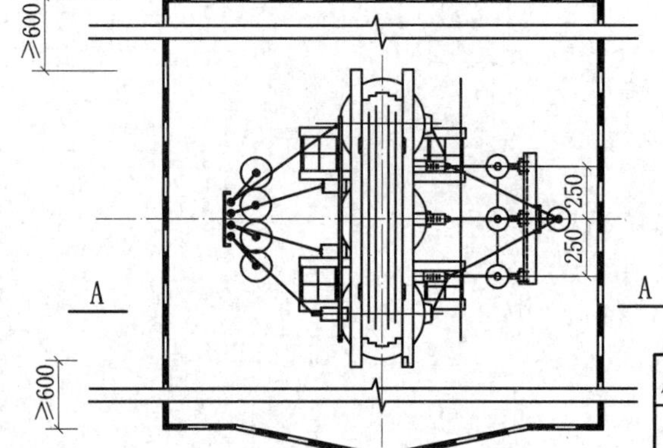

注：（1）变压器下方为电缆夹层时，电缆保护管处改为预留楼板洞。
（2）b为变压器窄面宽度。
（3）变压器温控箱、温显仪安装位置由工程设计确定，本图不另表示。
（4）变压器落地安装，不用安装底座时做法见图2-4-5-28。
（5）变压器工作接地线由工程设计确定接地形式及选择接地线，因变压器中性点接取位置各厂不同，本图仅按在变压器上部接取示意。

主 要 材 料 表

序号	名 称	型号及规格	单位	数量	备注
1	干式变压器	由工程设计确定	台	1	
2	干式变压器安装底座	由工程设计确定	组	2	
3	电缆安装支架	由工程设计确定	个	1	10号槽钢
4	电缆保护管	由工程设计确定	m		
5	高压电缆	由工程设计确定	m		
6	低压电缆		m		
7	电缆支架	型式3	个		
8	电缆头	10(6)kV	个	1	
9	避雷器	由工程设计确定	台	3	不设避雷器时则取消
10	避雷器固定支架	角钢∟50×4，l=900mm	个	1	
11	电线	1×25mm²	m		
12	电缆托盘	由工程设计确定	m		
13	变压器工作接地线	规格见图2-4-5-30	m		
14	PE接地干线	扁钢40×4	m		暗敷时的规格
15	遮栏	由工程设计确定	组	1	
16	膨胀螺栓固定	M12	套	4	
17	螺栓固定	M12	套	4	
18	预埋钢板	钢板150mm×150mm	个	4	
19	接地螺栓、垫圈	M8	个	1	
20	电线卡	按电线确定规格	个	2	

第四章 预装箱式变电站		第五节 干式变压器	
图号	2-4-5-14	图名	无外壳窄面布置、电缆下进下出安装图

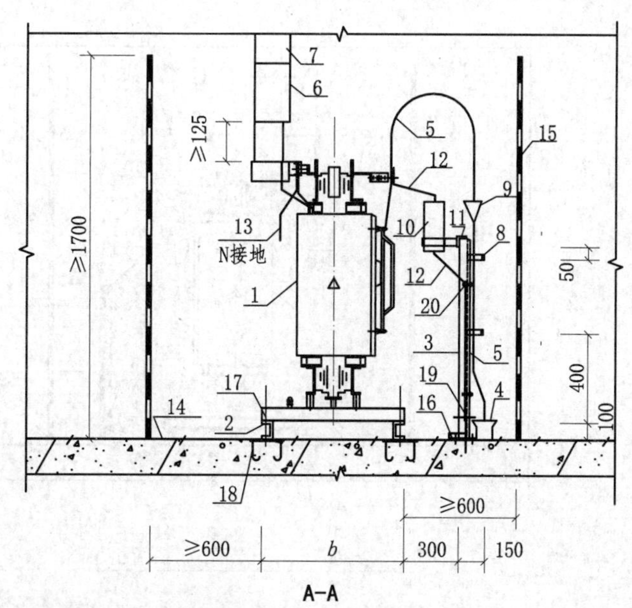

A-A

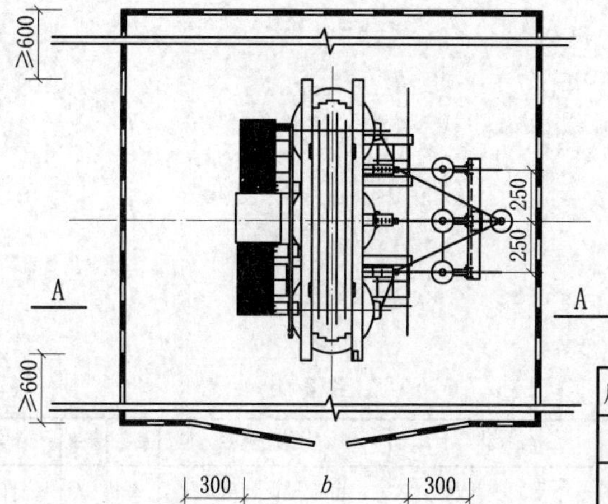

注：（1）变压器下方为电缆夹层时，电缆保护管处改为预留楼板洞。
（2）b为变压器窄面宽度。
（3）变压器温控箱、温显仪安装位置由工程设计确定，本图不另表示。
（4）变压器落地安装，不用安装底座时做法见图2-4-5-28。
（5）变压器工作接地线由工程设计确定接地形式及选择接地线，因变压器中性点接取位置各厂不同，本图仅按在变压器上部接取示意。

主要材料表

序号	名称	型号及规格	单位	数量	备注
1	干式变压器	由工程设计确定	台	1	用封闭母线端子
2	干式变压器安装底座	由工程设计确定	组	2	8号槽钢
3	电缆安装支架	由工程设计确定	个	1	10号槽钢
4	电缆保护管	由工程设计确定	m		
5	高压电缆	由工程设计确定	m		
6	低压始端母线槽		m		
7	母线槽		m		
8	电缆支架	型式3	个		
9	电缆头	10(6)kV	个	1	
10	避雷器	由工程设计确定	台	3	不设避雷器时则取消
11	避雷器固定支架	角钢∟50×4，l=900mm	个	1	
12	电线	1×25mm²	m		
13	变压器工作接地线	规格见图2-4-5-30	m		
14	PE接地干线	扁钢40×4	m		暗敷时的规格
15	遮栏	由工程设计确定	组	1	
16	膨胀螺栓固定	M12	套	4	
17	螺栓固定	M12	套	4	
18	预埋钢板	钢板150mm×150mm	个	4	
19	接地螺栓、垫圈	M8	套	1	
20	电线卡	按电线确定规格	套	2	

第四章　预装箱式变电站		第五节　干式变压器	
图号	2-4-5-15	图名	无外壳窄面布置、电缆下进母线上出安装图

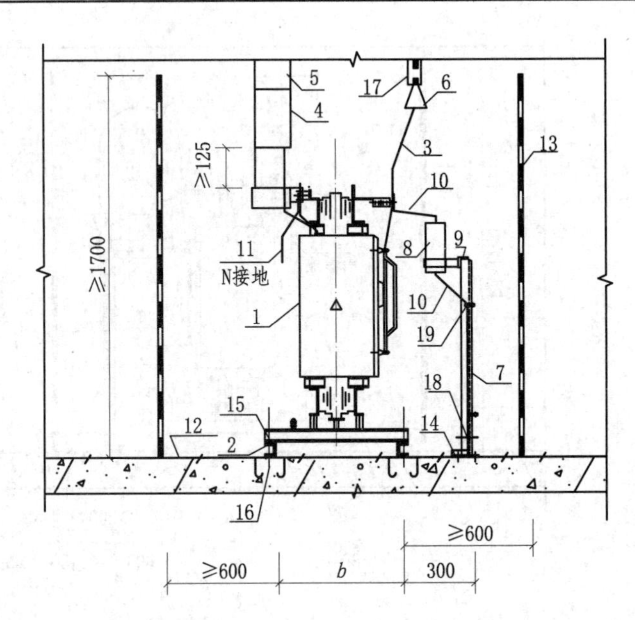

A-A

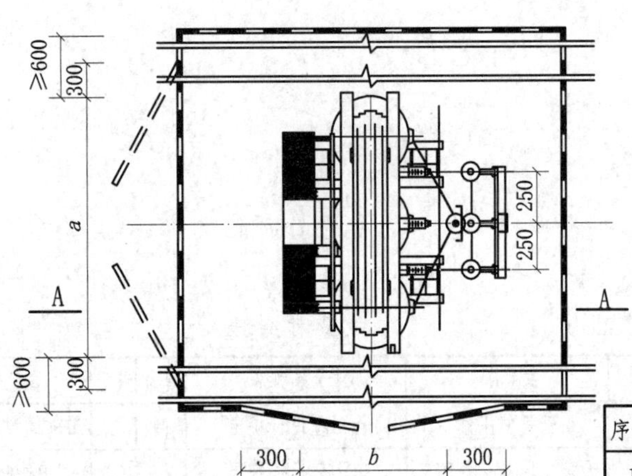

注：(1)a为变压器宽面尺寸，b为窄面尺寸。

(2)变压器温控箱、温显仪安装位置由工程设计确定，本图不另表示。

(3)变压器落地安装，不用安装底座时做法见图2-4-5-28。

(4)本图窄面推进门用实线表示，宽面推进门用虚线表示。

(5)变压器工作接地线由工程设计确定接地形式及选择接地线，因变压器中性点接取位置各厂不同，本图仅按在变压器上部接取示意。

主要材料表

序号	名　称	型号及规格	单位	数量	备　注
1	干式变压器	由工程设计确定	台	1	用封闭母线端子
2	干式变压器安装底座	由工程设计确定	组	1	8号槽钢
3	高压电缆	由工程设计确定	m		10号槽钢
4	低压始端母线电缆槽		m		
5	低压母线电缆槽		m		
6	电缆头	10(6)kV	个	1	
7	避雷器安装支架	由工程设计确定	个	1	不设避雷器时则取消
8	避雷器	由工程设计确定	台	3	
9	避雷器固定支架	角钢∟50×4，l=900mm	个	1	
10	电线	1×25mm²	m		
11	变压器工作接地线	规格见图2-4-5-30	m		
12	PE接地干线	扁钢40×4	m		暗敷时的规格
13	遮栏	由工程设计确定	组	1	
14	膨胀螺栓固定	M12	套	4	
15	螺栓固定	M12	套	4	
16	预埋钢板	钢板150mm×150mm	个	4	
17	电缆托盘	由工程设计确定	m		
18	接地螺栓、垫圈	M8	套	1	
19	电线卡	按电线确定规格	套	2	

第四章　预装箱式变电站		第五节　干式变压器	
图号	2-4-5-16	图名	无外壳窄面布置、电缆上进母线上出安装图

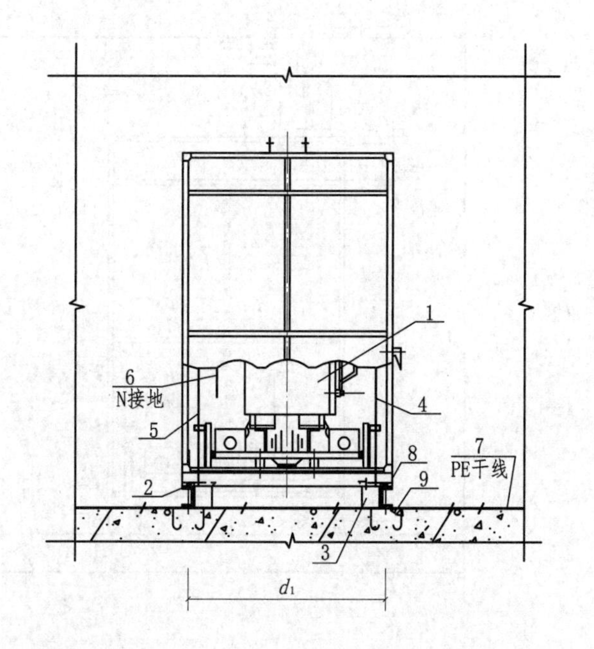

注：（1）变压器下方为电缆夹层时，电缆保护管处改为预留楼板洞。
（2）d_1为变压器固定孔位置尺寸。
（3）变压器落地安装，不用安装底座时做法见图2-4-5-28。
（4）变压器配套温控箱、温显仪，本图不另表示。
（5）变压器装设避雷器，订货时须说明。
（6）变压器工作接地线由工程设计确定接地形式及选择接地线，因变压器中性点接取位置各厂不同，本图仅按在变压器上部接取示意。

主要材料表

序号	名　称	型号及规格	单位	数量	备　注
1	干式变压器	由工程设计确定	台	1	
2	干式变压器安装底座	由工程设计确定	组	1	
3	电缆保护管	由工程设计确定	m		
4	高压电缆	由工程设计确定	m		
5	低压电缆		m		
6	变压器工作接地线	规格见图2-4-5-30	m		
7	PE接地干线	扁钢40×4	m		暗敷时的规格
8	螺栓固定	M12	套	4	
9	预埋钢板	钢板150mm×150mm	个	4	

第四章　预装箱式变电站		第五节　干式变压器	
图号	2-4-5-17	图名	有外壳、电缆下进下出安装图

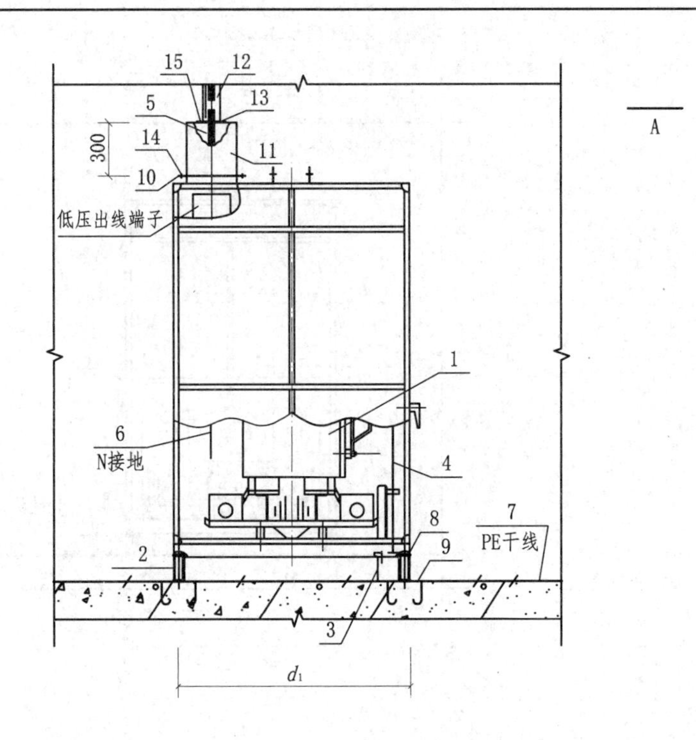

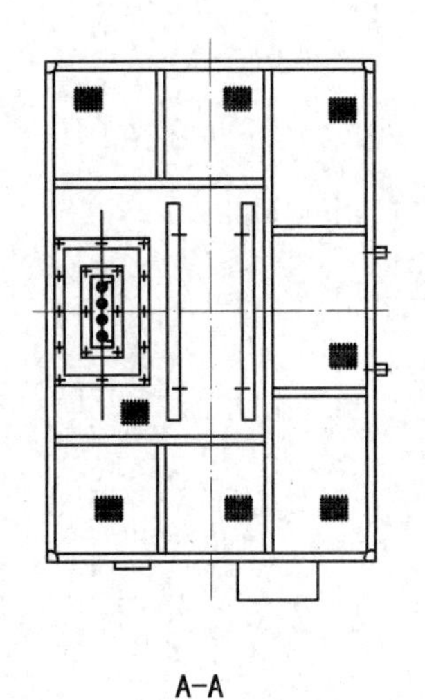

A-A

注：（1）变压器下方为电缆夹层时，电缆保护管处改为预留楼板洞。
（2）d_1为变压器固定孔位置尺寸。
（3）变压器落地安装，不用安装底座时做法见图2-4-5-28。
（4）变压器配套温控箱、温显仪，本图不另表示。
（5）变压器装设避雷器订货时须说明。
（6）变压器工作接地线由工程设计确定接地形式及选择接地线，因变压器中性点接取位置各厂不同，本图仅按在变压器上部接取示意。

主要材料表

序号	名 称	型号及规格	单位	数量	备注
1	干式变压器	由工程设计确定	台	1	
2	干式变压器安装底座	由工程设计确定	组	1	
3	电缆保护管	由工程设计确定	m		
4	高压电缆	由工程设计确定	m		
5	低压电缆		m		
6	变压器工作接地线	规格见图2-4-5-30	m		
7	PE接地干线	扁钢40×4	m		暗敷时的规格
8	螺栓固定	M12	套	4	
9	预埋钢板	钢板150mm×150mm	个	4	
10	法兰		组	1	
11	接线盒	由工程设计确定	个	1	
12	电缆桥架	由工程设计确定	个	1	
13	电缆接线盒封板	由工程设计确定	个	2	
14	法兰固定螺栓	M12	套	12	
15	封板固定螺栓	M8	套	6	

第四章 预装箱式变电站		第五节 干式变压器	
图号	2-4-5-18	图名	有外壳、电缆下进上出安装图（一）

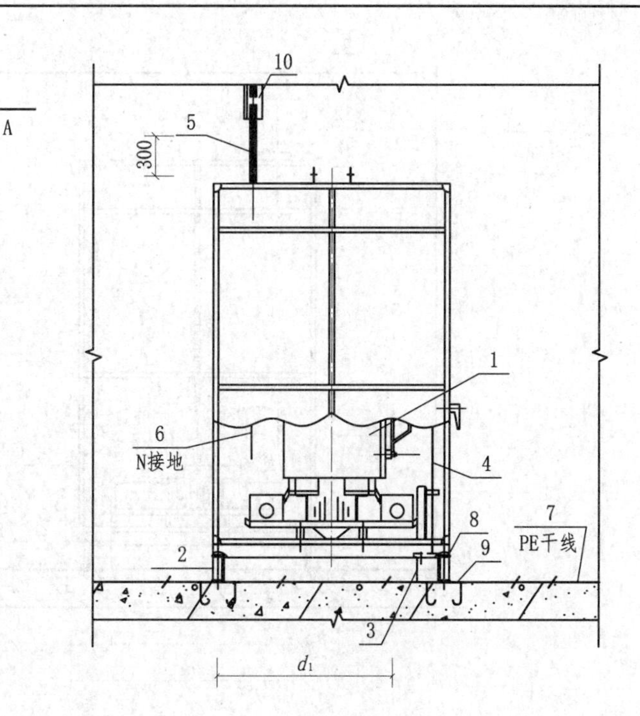

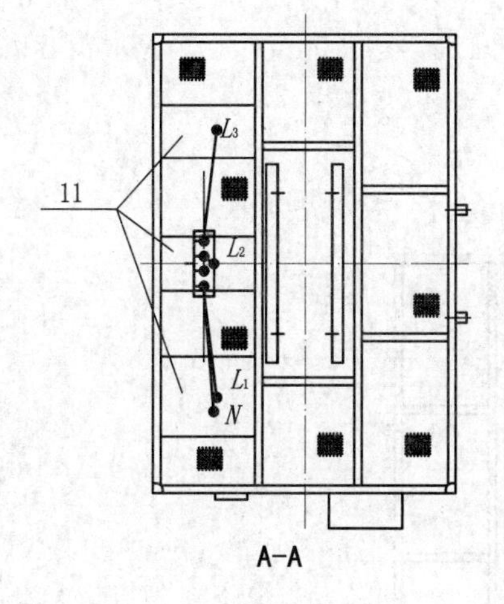

A—A

注：（1）变压器下方为电缆夹层时，电缆保护管处改为预留楼板洞。
（2）d_1为变压器固定孔位置尺寸。
（3）变压器落地安装，不用安装底座时做法见图2-4-5-28。
（4）变压器配套温控箱、温显仪,本图不另表示。
（5）变压器装设避雷器订货时须说明。
（6）变压器工作接地线由工程设计确定接地形式及选择接地线，因变压器中性点接取位置各厂不同，本图仅按在变压器上部接取示意。

主要材料表

序号	名称	型号及规格	单位	数量	备注
1	干式变压器	由工程设计确定	台	1	
2	干式变压器安装底座	由工程设计确定	组	1	
3	电缆保护管	由工程设计确定	m		
4	高压电缆	由工程设计确定	m		
5	低压电缆		m		
6	变压器工作接地线	规格见图2-4-5-30	m		
7	PE接地干线	扁钢40×4	m		暗敷时的规格
8	螺栓固定	M12	套	4	
9	预埋钢板	钢板150mm×150mm	个	4	
10	电缆桥架	由工程设计确定	组	1	
11	低压电缆出线盖板	电缆孔由工程设计确定	个	3	配套供货

第四章　预装箱式变电站		第五节　干式变压器	
图号	2-4-5-19	图名	有外壳、电缆下进上出安装图（二）

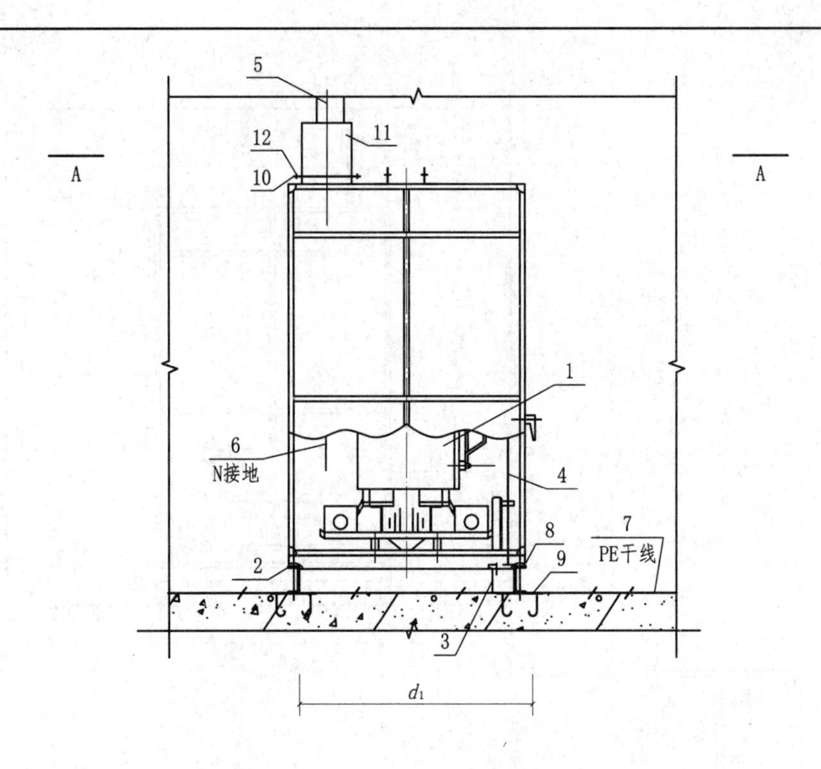

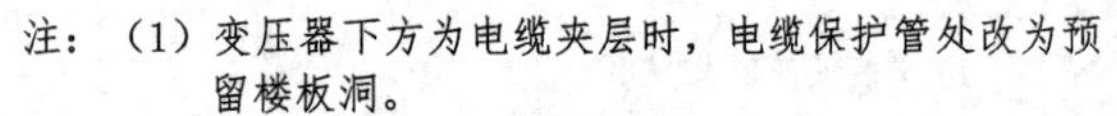
注：（1）变压器下方为电缆夹层时，电缆保护管处改为预留楼板洞。

（2）d_1为变压器固定孔位置尺寸。

（3）变压器落地安装，不用安装底座时做法见图2-4-5-28。

（4）变压器配套温控箱、温显仪，本图不另表示。

（5）变压器装设避雷器在订货时须说明。

（6）变压器工作接地线由工程设计确定接地形式及选择接地线，因变压器中性点接取位置各厂不同，本图仅按在变压器上部接取示意。

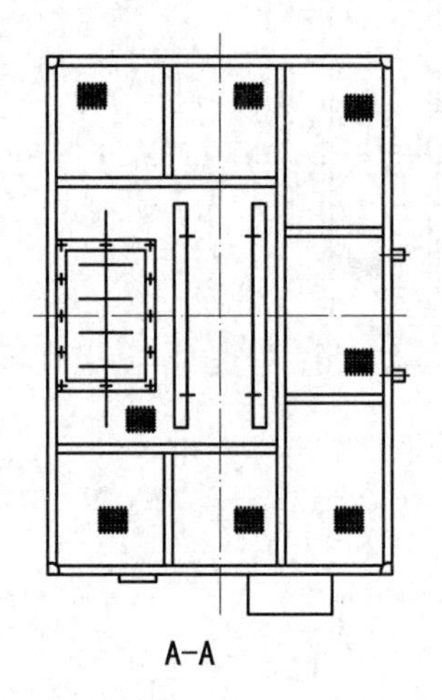

A-A

主要材料表

序号	名称	型号及规格	单位	数量	备注
1	干式变压器	由工程设计确定	台	1	
2	干式变压器安装底座	由工程设计确定	组	1	
3	电缆保护管	由工程设计确定	m		
4	高压电缆	由工程设计确定	m		
5	低压母线槽		m		
6	变压器工作接地线	规格见图2-4-5-30	m		
7	PE接地干线	扁钢40×4	m		暗敷时的规格
8	螺栓固定	M12	套	4	
9	预埋钢板	钢板150mm×150mm	个	4	
10	封闭母线连接法兰		组	1	配套供货
11	母线槽始端盒	尺寸由工程设计确定	个	1	
12	法兰固定螺栓	M12	套	12	

第四章　预装箱式变电站		第五节　干式变压器	
图号	2-4-5-20	图名	有外壳、电缆下进母线上出安装图

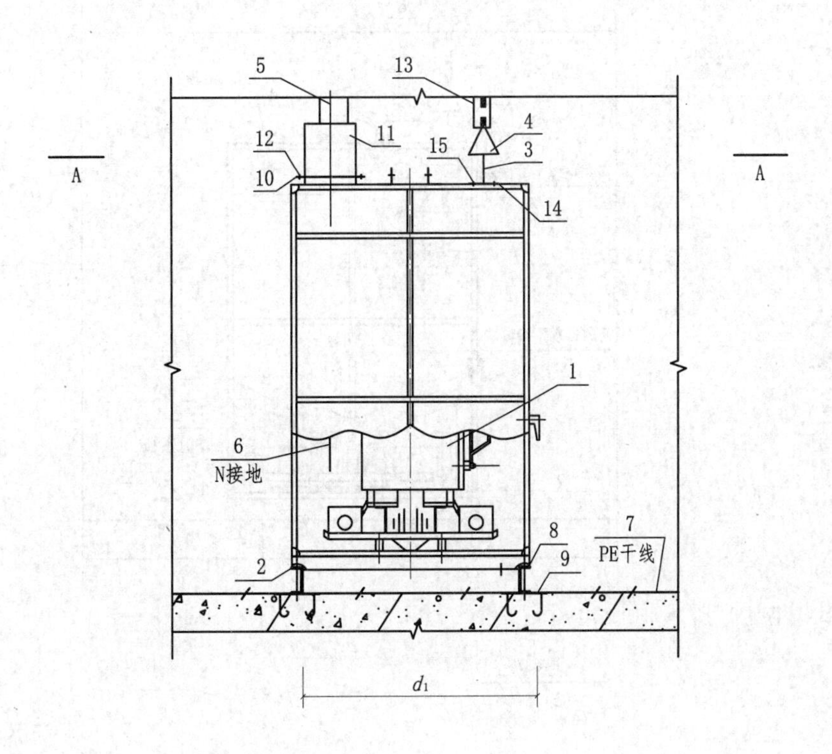

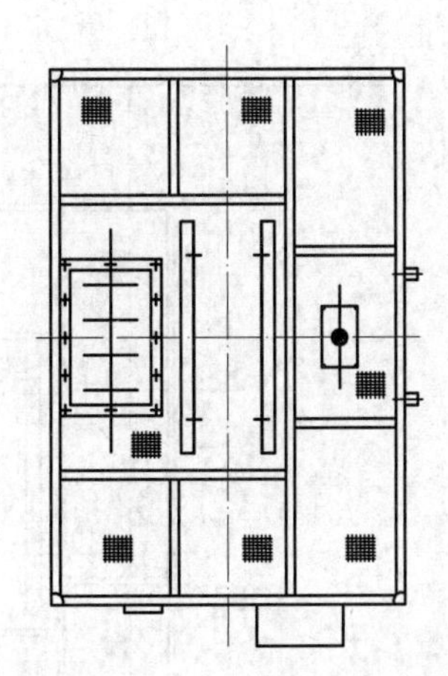

A-A

主要材料表

序号	名称	型号及规格	单位	数量	备注
1	干式变压器	由工程设计确定	台	1	
2	干式变压器安装底座	由工程设计确定	组	1	
3	高压电缆	由工程设计确定	m		
4	高压电缆头		个	1	
5	低压母线槽		m		
6	变压器工作接地线	规格见图2-4-5-30	m		
7	PE接地干线	扁钢40×4	m		暗敷时的规格
8	螺栓固定	M12	套	4	
9	预埋钢板	钢板150mm×150mm	个	4	
10	封闭母线连接法兰		组	1	配套供货
11	母线槽始端盒	尺寸由工程设计确定	个	1	
12	法兰固定螺栓	M12	套	12	
13	电缆桥架	由工程设计确定	m		
14	高压电缆封板	电缆开孔由工程设计确定	套	1	配套供货
15	电缆封板固定螺栓	M6	套	6	

注：（1）变压器下方为电缆夹层时，电缆保护管处改为预留楼板洞。
（2）d_1为变压器固定孔位置尺寸。
（3）变压器落地安装，不用安装底座时做法见图2-4-5-28。
（4）变压器配套温控箱、温显仪，本图不另表示。
（5）变压器装设避雷器在订货时须说明。
（6）变压器工作接地线由工程设计确定接地形式及选择接地线，因变压器中性点接取位置各厂不同，本图仅按在变压器上部接取示意。

第四章　预装箱式变电站		第五节　干式变压器	
图号	2-4-5-21	图名	有外壳、电缆上进母线上出安装图

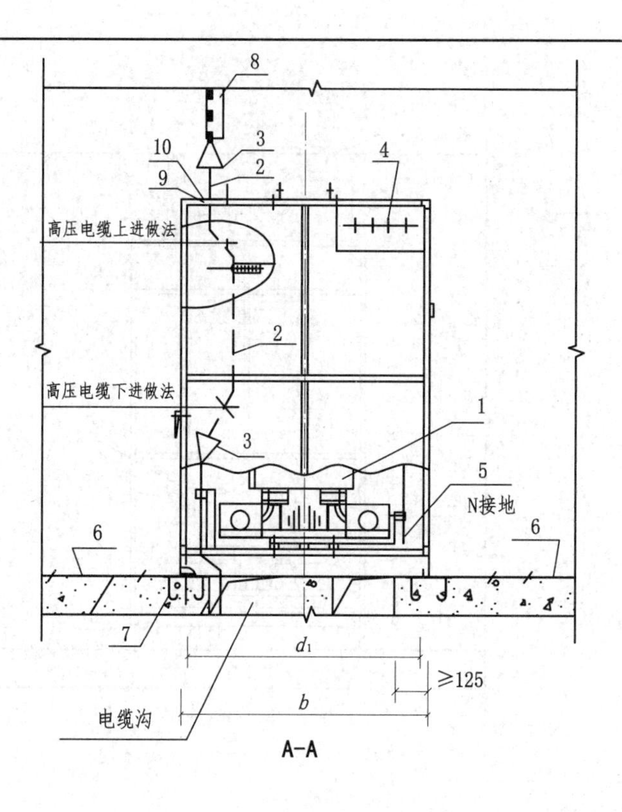

A-A

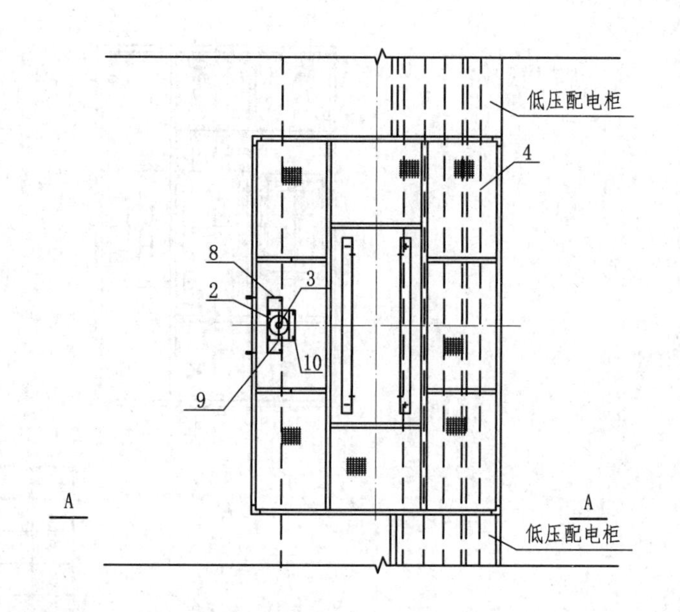

注：(1)变压器下方为电缆夹层时，电缆保护管处改为预留楼板洞。
(2) b 为变压器窄面宽度。
(3) d_1为变压器固定孔位置尺寸。
(4)变压器落地安装，焊接固定在预埋钢板上用安装底座时做法见图2-4-5-28。
(5)变压器配套温控箱、温显仪，本图不另表示。
(6)变压器装设避雷器在订货时须说明。
(7)变压器工作接地线由工程设计确定接地形式及选择接地线，因变压器中性点接取位置各厂不同，本图仅按在变压器下部接取示意。
(8)本方案用于和低压配电柜拼装，选用时注意母线高度的配合。
(9)本方案两侧均可拼装低压配电柜，拼装方向由工程设计确定。

主要材料表

序号	名称	型号及规格	单位	数量	备注
1	干式变压器	由工程设计确定	台	1	
2	高压电缆	由工程设计确定	m		
3	高压电缆头		个	1	
4	低压横排母线		m		
5	变压器工作接地线	规格见图2-4-5-30	m		
6	PE接地干线	扁钢40×4	m		暗敷时的规格
7	预埋钢板	钢板150mm×150mm	个	4	
8	电缆桥架	由工程设计确定	m		
9	高压电缆封板	电缆孔由工程设计确定	套	1	配套供货
10	电缆封板固定螺栓	M6	套	6	

第四章 预装箱式变电站		第五节 干式变压器
图号	2-4-5-22	图名 有外壳、电缆进线母线横排侧出安装图

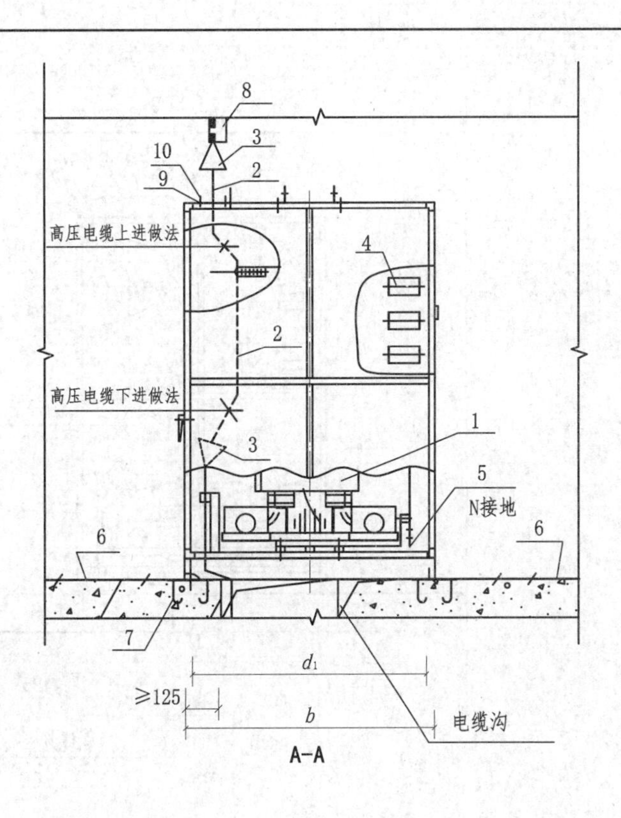

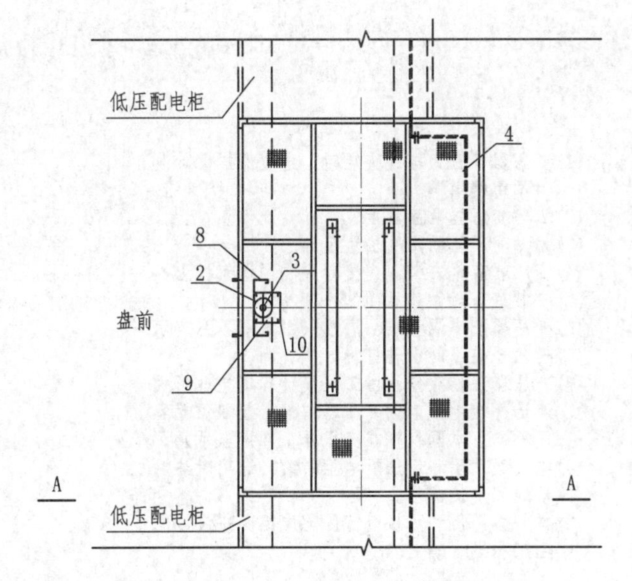

注：(1)变压器下方为电缆夹层时，电缆保护管处改为预留楼板洞。
(2) b为变压器窄面宽度。
(3) d_1为变压器固定孔位置尺寸。
(4)变压器落地安装，焊接固定在预埋钢板上用安装底座时做法见图2-4-5-28。
(5)变压器配套温控箱、温显仪，本图不另表示。
(6)变压器装设避雷器在订货时须说明。
(7)变压器工作接地线由工程设计确定接地形式及选择接地线，因变压器中性点接取位置各厂不同，本图仅按在变压器下部接取示意。
(8)本方案用于和低压配电柜拼装，选用时注意母线高度的配合。
(9)本方案两侧均可拼装低压配电柜，拼装方向由工程设计确定。

主要材料表

序号	名称	型号及规格	单位	数量	数量	备注
1	干式变压器	由工程设计确定	台	1		
2	高压电缆	由工程设计确定	m			
3	高压电缆头		个	1		
4	低压立排母线		m		32	
5	变压器工作接地线	规格见图2-4-5-30	m		32	
6	PE接地干线	扁钢40×4	m			暗敷时的规格
7	预埋钢板	钢板150mm×150mm	个	4	31	
8	电缆桥架	由工程设计确定	m			
9	高压电缆封板	电缆孔由工程设计确定	套	1		配套供货
10	电缆封板固定螺栓	M6	套	6		

第四章　预装箱式变电站		第五节　干式变压器	
图号	2-4-5-23	图名	有外壳、电缆进线母线立排侧出安装图（一）

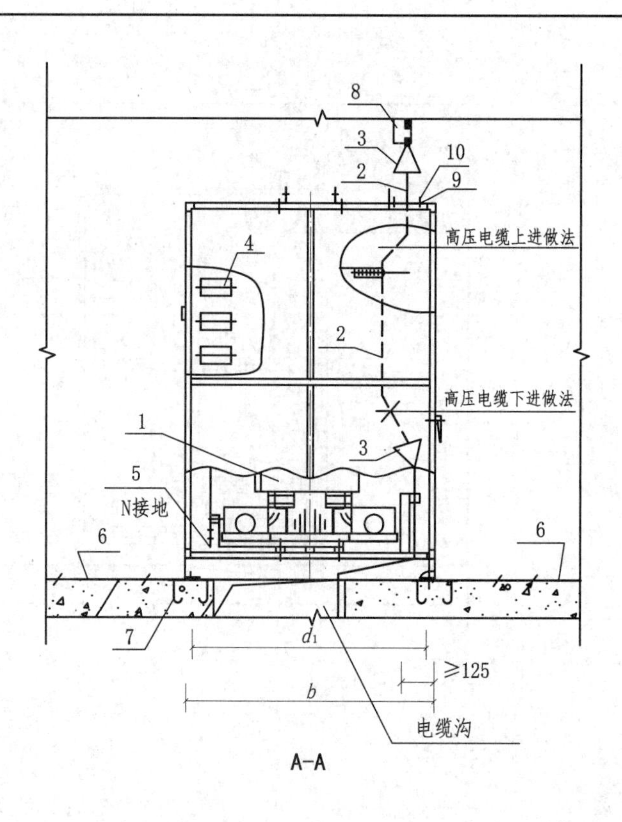

A-A

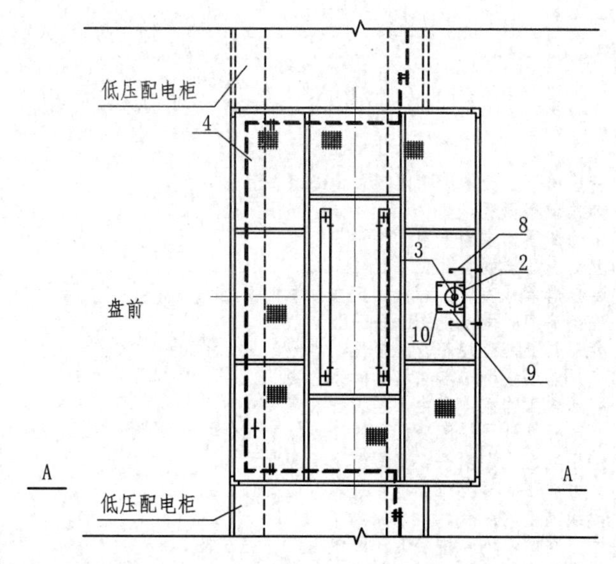

注：(1)变压器下方为电缆夹层时，电缆保护管处改为预留楼板洞。
(2) b 为变压器窄面宽度。
(3) d_1为变压器固定孔位置尺寸。
(4)变压器落地安装，焊接固定在预埋钢板上用安装底座时做法见图2-4-5-28。
(5)变压器配套温控箱、温显仪，本图不另表示。
(6)变压器装设避雷器订货时须说明。
(7)变压器工作接地线由工程设计确定接地形式及选择接地线，因变压器中性点接取位置各厂不同，本图仅按在变压器下部接取示意。
(8)本方案用于和低压配电柜拼装，选用时注意母线高度的配合。
(9)本方案两侧均可拼装低压配电柜，拼装方向由工程设计确定。

主要材料表

序号	名称	型号及规格	单位	数量	备注
1	干式变压器	由工程设计确定	台	1	
2	高压电缆	由工程设计确定	m		
3	高压电缆头		个	1	
4	低压立排母线		m		
5	变压器工作接地线	规格见图2-4-5-30	m		
6	PE接地干线	扁钢40×4	m		暗敷时的规格
7	预埋钢板	钢板150mm×150mm	个	4	
8	电缆桥架	由工程设计确定	m		
9	高压电缆封板	电缆孔由工程设计确定	套	1	配套供货
10	电缆封板固定螺栓	M6	套	6	

第四章　预装箱式变电站			第五节　干式变压器
图号	2-4-5-24	图名	有外壳、电缆进线母线立排侧出安装图（二）

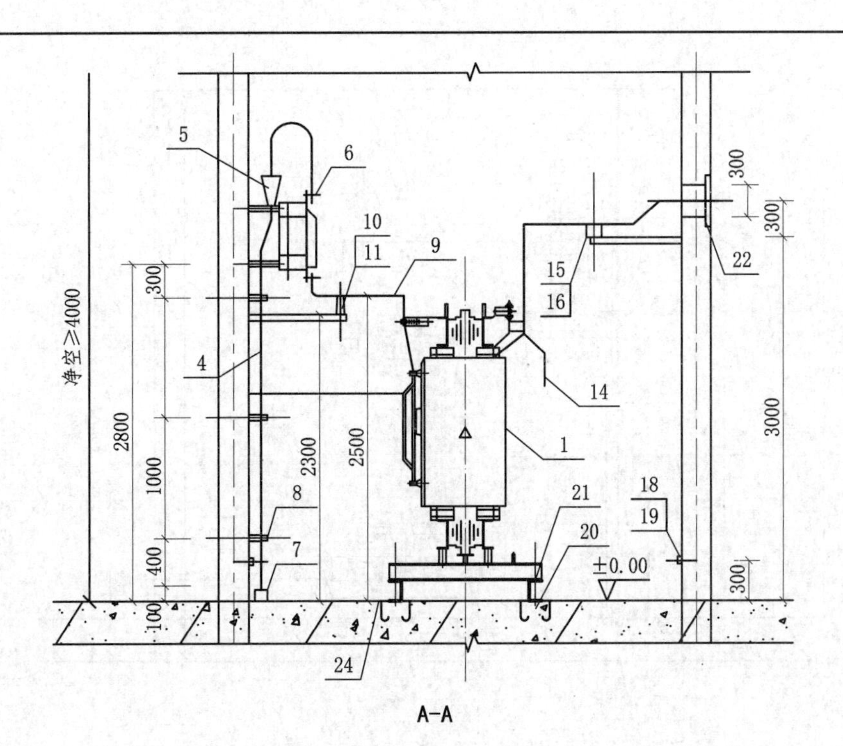

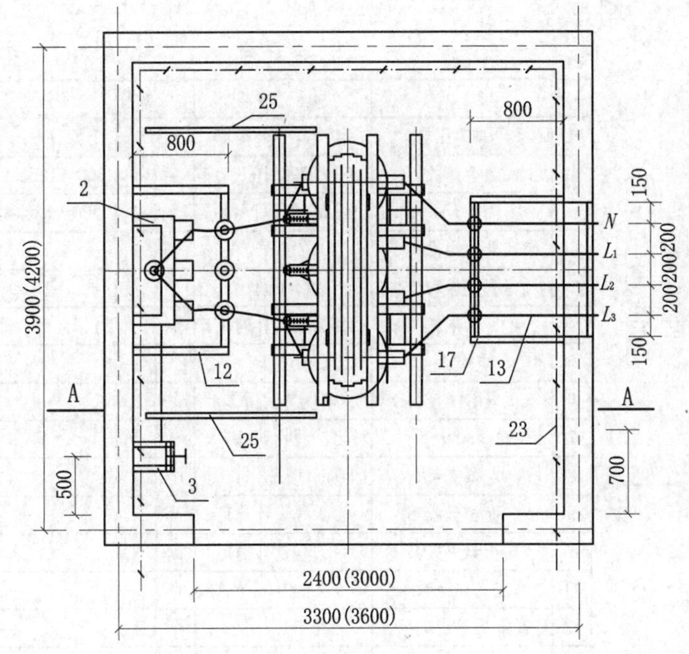

主要材料表

序号	名　称	型号及规格	单位	数量	备注
1	干式变压器	由工程设计确定	台	1	
2	负荷开关	FN3-10	台	1	800～1250kVA
	隔离开关	GN6-10(6)T/400	台	1	200～630kVA
3	负荷开关操动机构	CS3	台	1	
	隔离开关操动机构	CS6-1T	台	1	
4	高压电缆	由工程设计确定	m		
5	电缆头	10(6)kV	个	1	
6	电缆芯端接头	按电缆芯截面选定	个	3	
7	电缆保护管	由工程设计确定	m		
8	电缆支架	型式3	个	1	
9	高压母线	由工程设计确定	m		
10	高压母线夹具	由工程设计确定	副	3	
11	高压支柱绝缘子	ZA-10(6)Y	个	3	
12	高压母线支架		个		
13	低压母线		m		
14	变压器工作接地线	规格见图2-4-5-30	m		
15	低压母线夹具	按母线截面选定	组	1	
16	电车线路绝缘子	WX-01	个	4	
17	低压母线支架		个	1	
18	PE接地干线	镀锌扁钢25×4	m	12	暗敷为40×4
19	固定钩		个	1	
20	干式变压器安装底座	由工程设计确定	组	1	
21	螺栓固定	M12	套	4	
22	低压母线穿墙板		个	1	
23	临时接地接线柱		个	1	
24	预埋钢板	钢板150mm×150mm	个	4	
25	木栅栏	现场按工程实际制作	个	2	

注：（1）变压器下方为电缆夹层时，电缆保护管处改为预留楼板洞，本图按单台变压器室布置。
（2）变压器落地安装，不用安装底座时做法见图2-4-5-28。
（3）b 为变压器窄面宽度。
（4）变压器通风窗面积须满足图2-4-5-32要求，开窗面积按本图有困难时可用铁丝网门或参照油变压器高式安装做法。
（5）变压器外壳解地线由工程设计确定。
（6）变压器温控箱、温显仪安装位置由工程设计确定。
（7）变压器工作接地线由工程设计确定接地形式及选择接地线，因变压器中性点接取位置各厂不同，本图仅按在变压器上部接取示意。

第四章　预装箱式变电站		第五节　干式变压器	
图号	2-4-5-25	图名	无外壳窄面布置、电缆下进母线上出安装图（一）

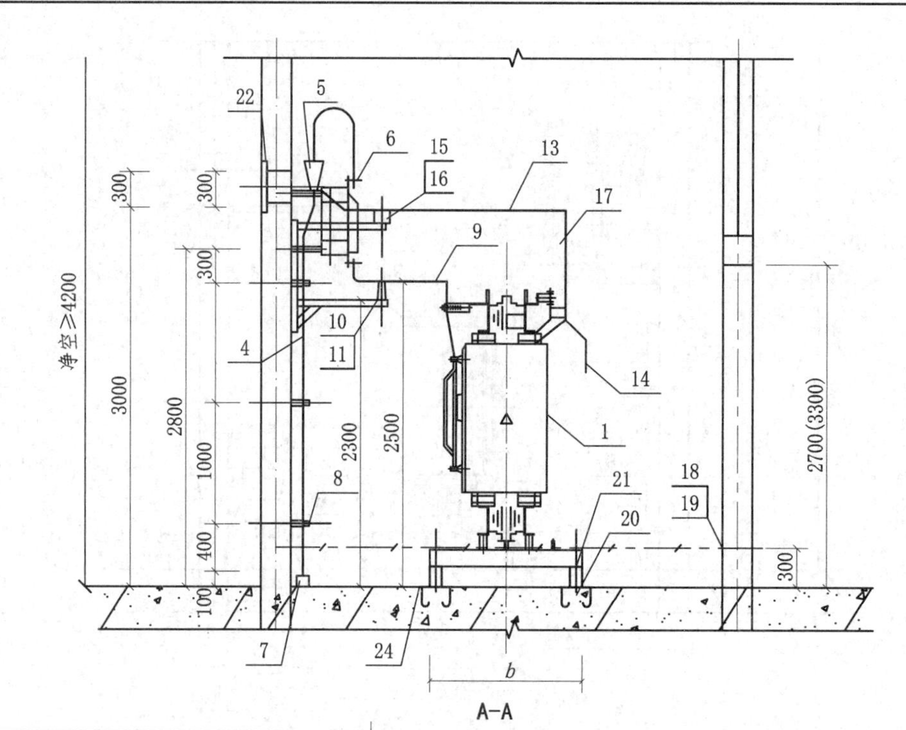

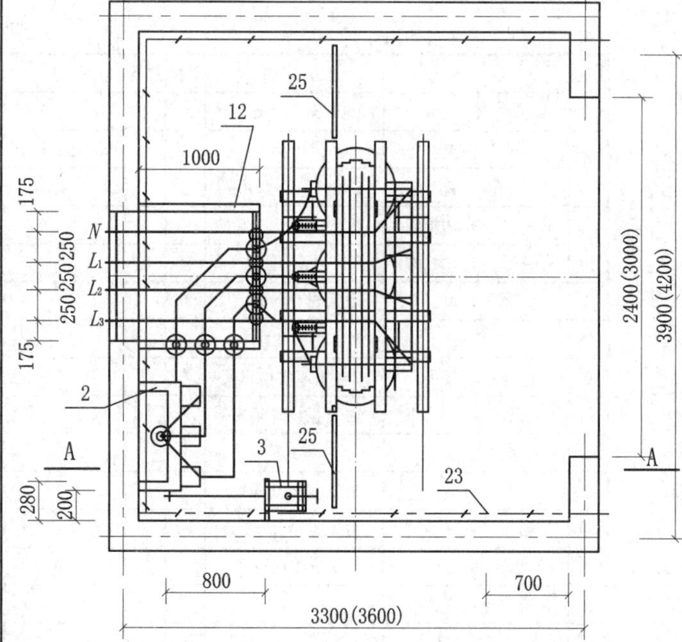

注：（1）变压器下方为电缆夹层时，电缆保护管处改为预留楼板洞，本图按单台变压器室布置。

（2）变压器落地安装，不用安装底座时做法见图2-4-5-28。

（3）b 为变压器窄面宽度。

（4）变压器通风窗面积须满足图2-4-5-32要求，开窗面积按本图有困难时可用铁丝网门或参照油变压器高式安装做法。

（5）变压器外壳解地线由工程设计确定。

（6）变压器温控箱、温显仪安装位置由工程设计确定。

（7）变压器工作接地线由工程设计确定接地形式及选择接地线，因变压器中性点接取位置各厂不同，本图仅按在变压器上部接取示意。

主要材料表

序号	名称	型号及规格	单位	数量	备注
1	干式变压器	由工程设计确定	台	1	
2	负荷开关	FN3-10	台	1	800～1250kVA
	隔离开关	GN6-10(6)T/400	台	1	200～630kVA
3	负荷开关操动机构	CS3	台	1	
	隔离开关操动机构	CS6-1T	台	1	
4	高压电缆	由工程设计确定	m		
5	电缆头	10(6)kV	个	1	
6	电缆芯端接头	按电缆芯截面选定	个	3	
7	电缆保护管	由工程设计确定	m		
8	电缆支架	型式3	个	1	
9	高压母线	由工程设计确定	m		
10	高压母线夹具	由工程设计确定	副	3	
11	高压支柱绝缘子	ZA-10(6)Y	个	3	
12	高低压母线支架		个	1	
13	低压母线		m		
14	变压器工作接地线	规格见图2-4-5-30	m		
15	低压母线夹具	按母线截面选定	组	1	
16	电车线路绝缘子	WX-01	个	4	
17	低压母线夹板		副	1	
18	PE接地干线	镀锌扁钢25×4	m	12	
19	固定钩		个	1	
20	干式变压器安装底座	由工程设计确定	组	1	
21	螺栓固定	M12	套	4	
22	低压母线穿墙板		个	1	
23	临时接地接线柱		个	1	
24	预埋钢板	钢板150mm×150mm	个	4	
25	木栅栏	现场按实际情况制作	个	2	

第四章 预装箱式变电站		第五节 干式变压器	
图号	2-4-5-26	图名	无外壳窄面布置、电缆下进母线上出安装图（二）

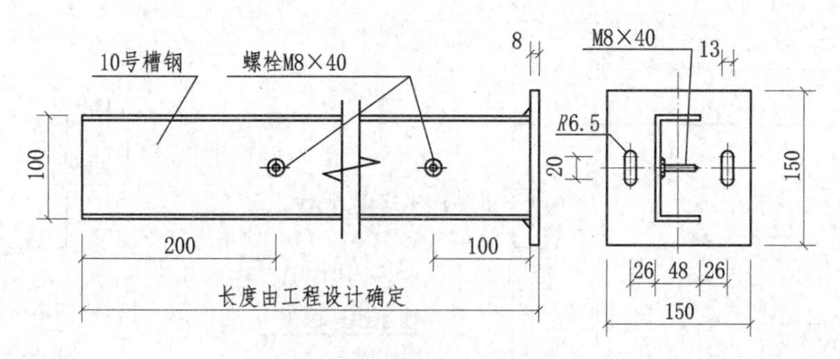

电缆、避雷器安装支架

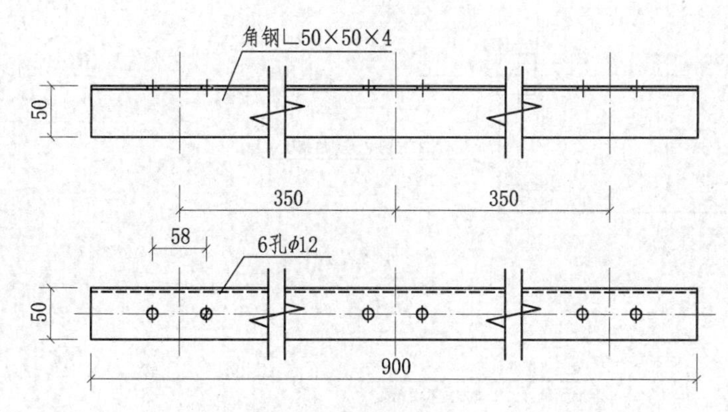

注:本支架焊接固定在槽钢支架上。

避雷器固定支架

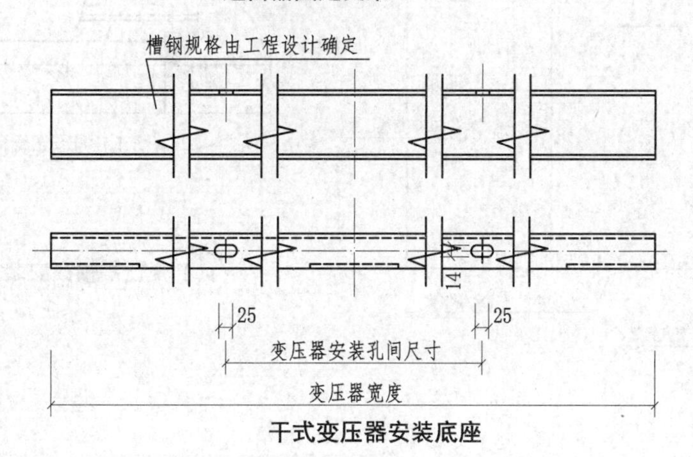

干式变压器安装底座

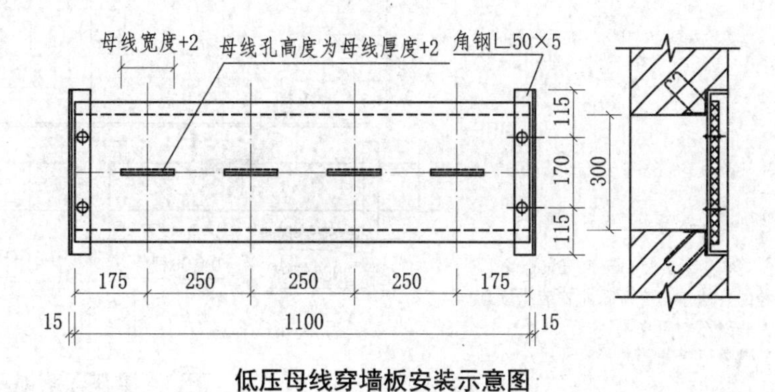

低压母线穿墙板安装示意图

第四章　预装箱式变电站		第五节　干式变压器	
图号	2-4-5-27	图名	安装支架图

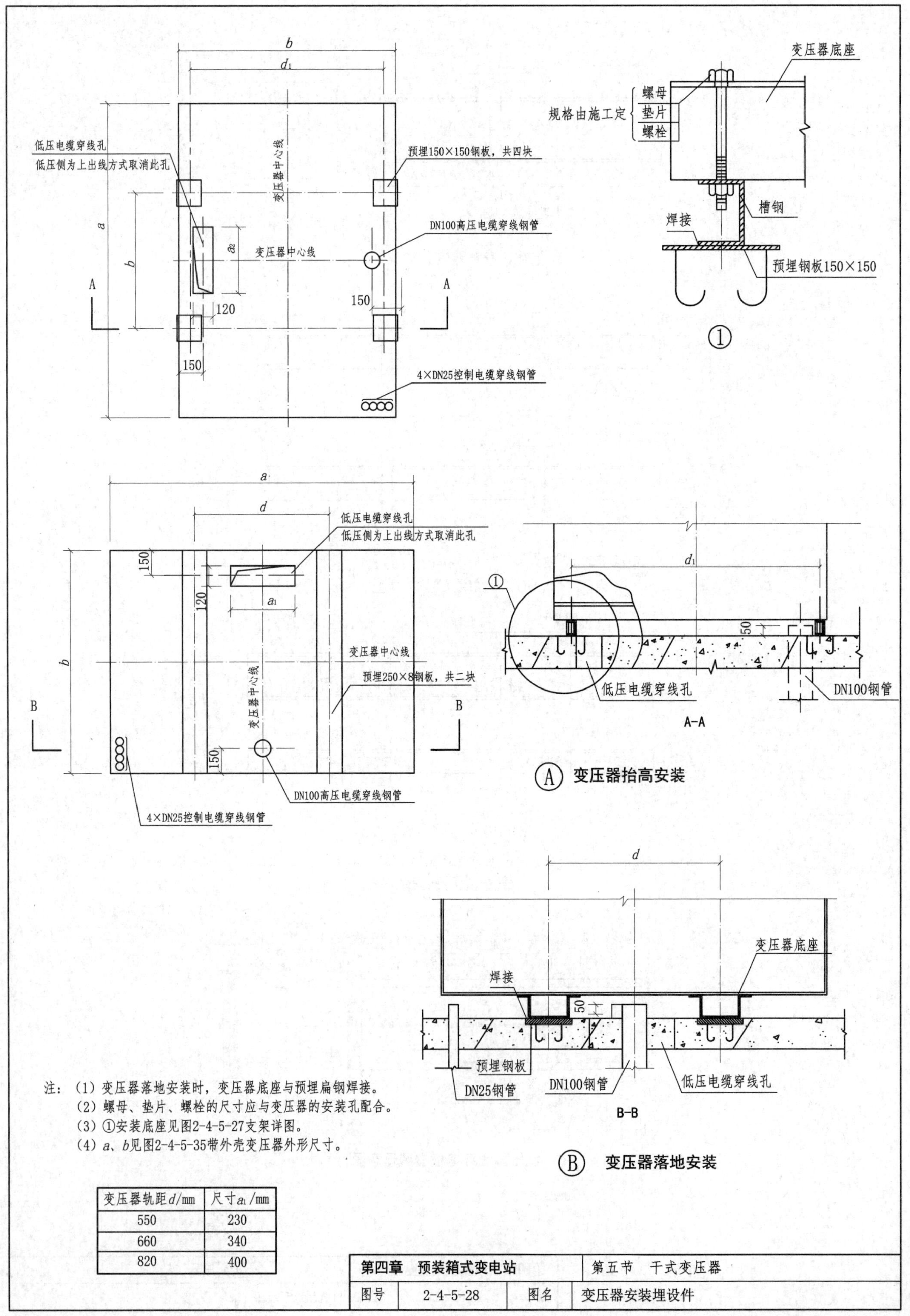

注：（1）变压器落地安装时，变压器底座与预埋扁钢焊接。
（2）螺母、垫片、螺栓的尺寸应与变压器的安装孔配合。
（3）①安装底座见图2-4-5-27支架详图。
（4）a、b见图2-4-5-35带外壳变压器外形尺寸。

变压器轨距d/mm	尺寸a_1/mm
550	230
660	340
820	400

第四章　预装箱式变电站		第五节　干式变压器	
图号	2-4-5-28	图名	变压器安装埋设件

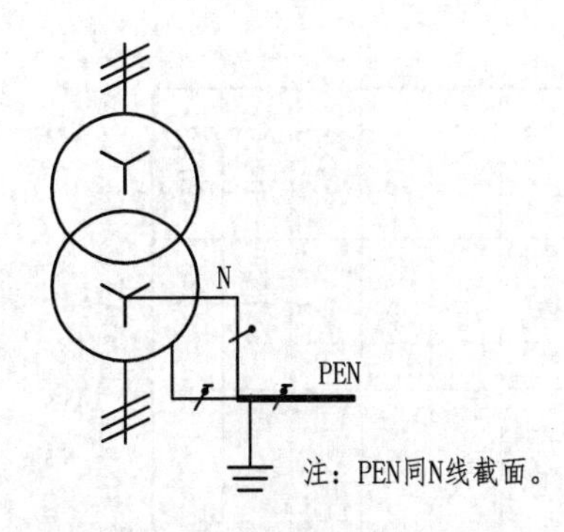

TN-C（TN-C-S）接地系统

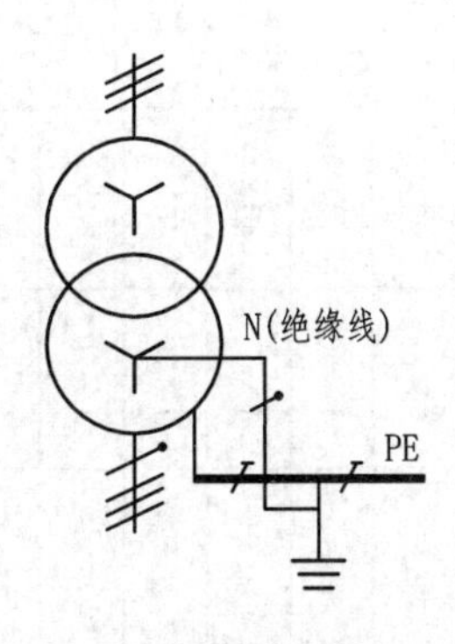

TN-S接地系统

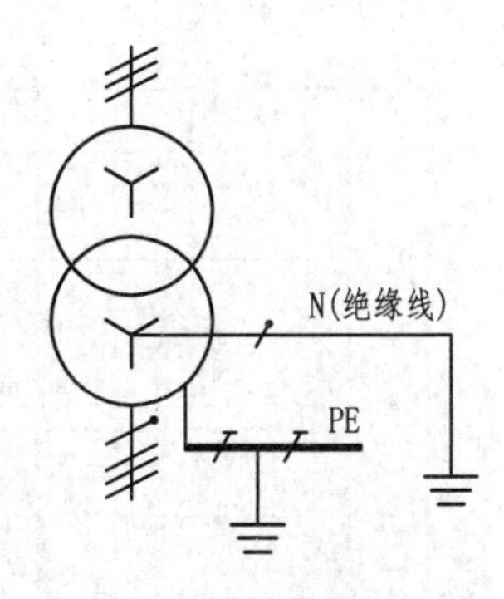

TT接地系统

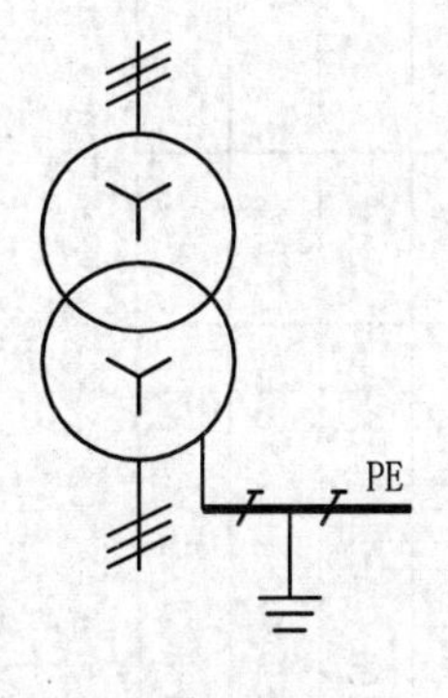

IT接地系统

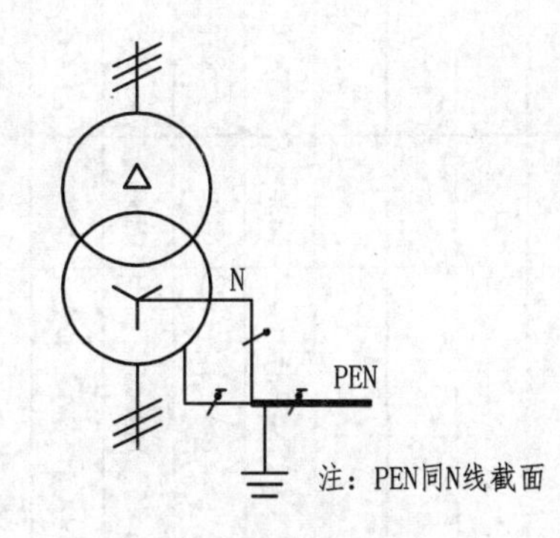

TN-C（TN-C-S）接地系统

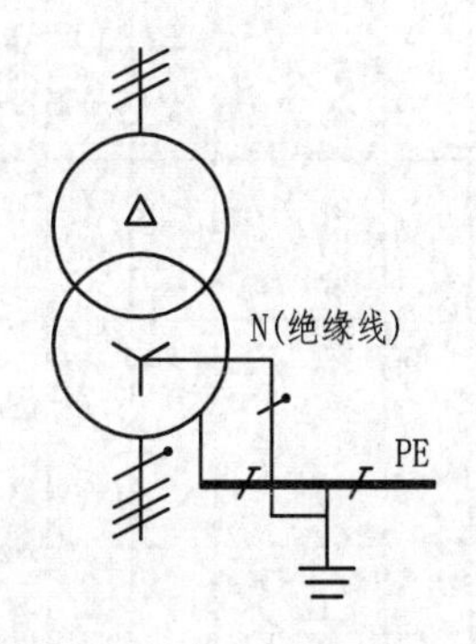

TN-S接地系统

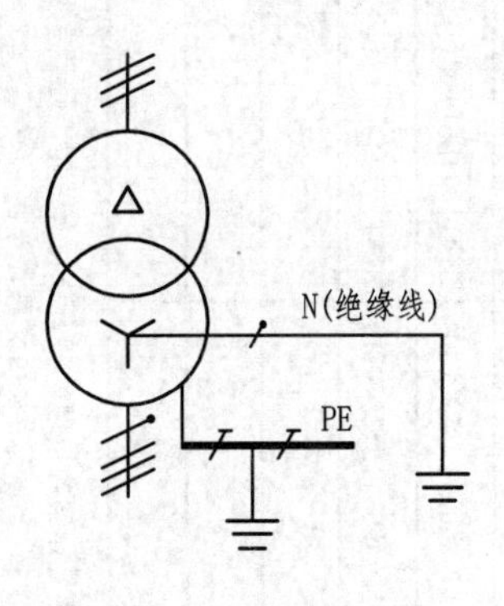

TT接地系统

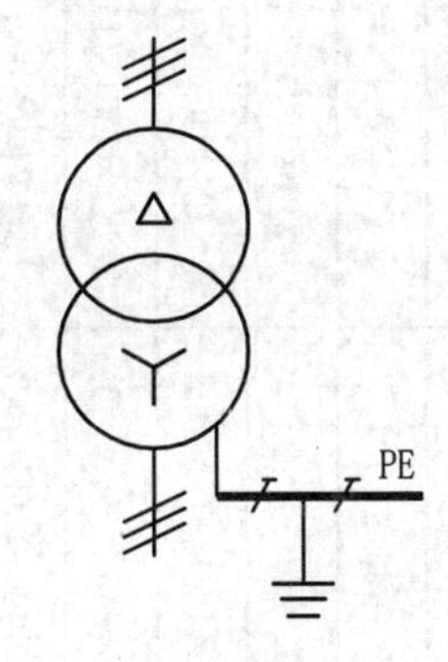

IT接地系统

注：(1) 本图按低压配电系统的TN-C（TN-C-S）、TN-S、TT、IT接地形式绘制变压器中性线接地形式，具体工程采用何种接地系统由工程设计确定。
(2) TN-C(TN-C-S)系统N、PE线合并接地。
(3) TN-S系统N、PE线分开共用接地装置。
(4) TT系统N、PE线接地装置分别设置。
(5) IT系统是中性线不接地（或电源线经过电阻接地）。

第四章　预装箱式变电站			第五节　干式变压器
图号	2-4-5-29	图名	低压配电系统的三种接地系统

变压器容量 /kVA	变压器阻抗电压 /%	变压器低压侧出线选择				变压器低压侧中性点接地线选择				
		低压电缆出线/mm²		低压母线出线 /mm²	母线槽 /A	BV电线 /mm²	VV电缆 /mm²	铜母线 /mm²	裸铜绞线 /mm²	镀锌扁钢 /mm²
		VV-0.6/1kV	YJV-0.6/1kV							
30	4	4×16	4×16			1×16	1×16	15×3	1×16	25×4
50		3×35+1×16	3×25+1×16			1×16	1×16	15×3	1×16	25×4
80		3×70+1×35	3×50+1×25			1×25	1×25	15×3	1×16	25×4
100		3×95+1×50	3×70+1×35			1×25	1×25	15×3	1×25	25×4
125		3×120+1×70	3×95+1×50			1×35	1×35	15×3	1×35	25×4
160		3×185+1×95	3×120+1×70			1×50	1×50	15×3	1×35	25×4
200		3×240+1×120	3×185+1×95			1×50	1×50	15×3	1×35	25×4
250		2(3×150+1×70)	3×240+1×120	3(40×4)+(30×3)	630	1×70	1×70	15×3	1×50	40×4
315		2(3×240+1×120)	2(3×150+1×70)	3(40×5)+(30×4)	630	1×70	1×70	20×3	1×50	40×4
400		3[2(1×185)]+(1×185)	2(3×240+1×120)	3(50×5)+(40×4)	800	1×95	1×95	20×3	1×70	40×4
500		3[2(1×240)]+(1×240)	3[2(1×185]+(1×185)	3(63×6.3)+(40×5)	1000	1×120	1×120	25×3	1×70	40×5
630		3[2(1×400)]+(1×400)	3[2(1×240)]+(1×240)	3(80×6.3)+(50×6.3)	1250	1×150	1×150	25×3	1×95	50×5
800	6	3[4(1×185)]+2(1×185)	3[2(1×400)]+(1×400)	3(100×6.3)+(50×6.3)	1600	1×120	1×120	30×4	1×95	50×5
1000		3[4(1×240)]+2(1×240)	3[4(1×185)]+2(1×185)	3(100×8)+(80×6.3)	2000	1×150	1×150	30×4	1×95	50×5
1250		3[4(1×400)]+2(1×400)	3[4(1×240)]+2(1×240)	3(125×10)+(63×10)	2500	1×185	1×185	30×4	1×120	63×5
1600				3[2(100×10)]+(100×10)	3150		1×240	40×4	1×150	80×5
2000				3[2(125×10)]+(125×10)	4000		1×240	40×4	1×850	100×5
2500				3[3(125×10)]+(125×16)	5000		1×300	40×5	1×240	80×8

注：（1）变压器低压侧出线按环境温度选择铜芯电缆、铜母线、母线槽。过载系数取1.25。单芯电缆并列系数取0.8；多芯电缆取0.9，VV型电缆温度系数取0.94；YJV型电缆取0.96，母线温度校正系数取0.887。电缆按河北宝丰集团资料选择。

（2）中性点接地线按变压器Dyn11接法、变压器负序及零序阻抗等于正序阻抗、变压器低压侧出线5m、短路切除时间0.6s计算。

第四章　预装箱式变电站		第五节　干式变压器	
图号	2-4-5-30	图名	变压器低压侧出线选择

变压器安装形式 / 建筑物部分	变压器独立布置(独立变压器室)		变压器与中低压配电装置同站布置	
	带外壳	不带外壳	带外壳	不带外壳
建筑物耐火等级	二级			
墙壁	内墙面不必抹灰,但须勾缝刷白		内墙面抹灰、勾缝、刷白	
地坪	水泥压光		水泥压光或水磨石	
屋面	应有隔热层及良好可靠的防水和排水措施,平屋顶应有必要的坡度,一般不设女儿墙			
屋面	—		还应有保温层	
顶棚	刷白			
屋檐	防止屋面的雨水沿墙面流淌			
采光窗	不设采光窗		自然采光,允许木窗,能开启的窗设置窗纱,窗台高度大于等于1.8m	
采光窗	—			靠近带电部分的窗采用固定窗
通风窗	允许用木制的通风窗,须采用措施防雨,雪和小动物进入室内			
通风窗	出风窗采用百叶窗		进/出风窗采用百叶窗	
通风窗	门上的进风窗也采用百叶窗,内设网孔不大于10×10的铁丝网			
门	朝外开启的非防火门,单扇门宽不小于1.5m时,在双扇门的一扇上应加开供维护人员出入的朝外开启的小门			
门	小门应装弹簧锁,小门及大门的开启角度不小于120°			
其他	—			变压器周围应设轻型金属隔离网,具网格上半部不大于40×40,下半部不大于10×10,高度不低于1.7m
其他	在需要时设安装搬运时用的地锚		—	

注:(1)适用范围:6~10/0.4kV30~2500kVA环氧树脂浇铸配电变压器。
(2)正常使用环境条件为:海拔不大于1000m;环境温度不大于40℃,不小于−30℃。
(3)变压器的进出线方式:30~1250kVA采用中压电缆进线,低压电缆出线方式;250~2500kVA采用中压电缆进线,低压母线出线方式。
(4)温控部分电源从低压配电系统接取。

第四章 预装箱式变电站		第五节 干式变压器	
图号	2-4-5-31	图名	变压器安装土建设计技术要求

安装SC9（SCB9）型变压器							安装SC8（SCB8）型变压器						
变压器容量 /kVA	进出风窗中心高差 /m	进出风窗面积之比 $F_j:F_c$	进风温度 t_j=30℃		进风温度 t_j=35℃		变压器容量 /kVA	进出风窗中心高差 /m	进出风窗面积之比 $F_j:F_c$	进风温度 t_j=30℃		进风温度 t_j=35℃	
			进风窗面积 F_j/m^2	出风窗面积 F_c/m^2	进风窗面积 F_j/m^2	出风窗面积 F_c/m^2				进风窗面积 F_j/m^2	出风窗面积 F_c/m^2	进风窗面积 F_j/m^2	出风窗面积 F_c/m^2
630	2.0	1∶1	1.45	1.45	4.09	4.09	1600	2.0	1∶1	2.83	2.83	7.99	7.99
		1∶1.5	1.16	1.73	3.27	4.90			1∶1.5	2.26	3.39	6.39	9.59
	2.5	1∶1	1.29	1.29	3.65	3.65		2.5	1∶1	2.53	2.53	7.15	7.15
		1∶1.5	1.03	1.55	2.92	4.38			1∶1.5	2.02	3.03	5.72	8.57
	3.0	1∶1	1.18	1.18	3.34	3.34		3.0	1∶1	2.31	2.31	6.52	6.52
		1∶1.5	0.94	1.41	2.67	4.00			1∶1.5	1.85	2.77	5.22	7.82
	3.5	1∶1	1.09	1.09	3.09	3.09		3.5	1∶1	2.14	2.14	6.05	6.05
		1∶1.5	0.87	1.31	2.47	3.71			1∶1.5	1.71	2.56	4.84	7.25
800	2.0	1∶1	1.69	1.69	4.78	4.78		4.0	1∶1	2.00	2.00	5.65	5.65
		1∶1.5	1.35	2.03	3.82	5.73			1∶1.5	1.60	2.40	4.52	6.78
	2.5	1∶1	1.51	1.51	4.37	4.37	2000	2.0	1∶1	3.40	3.40	9.62	9.62
		1∶1.5	1.21	1.81	3.50	5.24			1∶1.5	2.72	4.08	7.69	11.53
	3.0	1∶1	1.38	1.38	3.90	3.90		2.5	1∶1	3.04	3.04	8.60	8.60
		1∶1.5	1.10	1.65	3.12	4.68			1∶1.5	2.43	3.65	6.88	10.31
	3.5	1∶1	1.28	1.28	3.61	3.61		3.0	1∶1	2.77	2.77	7.85	7.85
		1∶1.5	1.02	1.53	2.89	4.33			1∶1.5	2.22	3.33	6.28	9.41
1000	2.0	1∶1	1.95	1.95	5.50	5.50		3.5	1∶1	2.57	2.57	7.28	7.28
		1∶1.5	1.56	2.33	4.40	6.60			1∶1.5	2.06	3.08	5.82	8.73
	2.5	1∶1	1.74	1.74	4.92	4.92		4.0	1∶1	2.41	2.41	6.8	6.8
		1∶1.5	1.39	2.08	3.93	5.9			1∶1.5	1.93	2.89	5.44	8.16
	3.0	1∶1	1.59	1.59	4.49	4.49	2500	2.0	1∶1	4.04	4.04	11.42	11.42
		1∶1.5	1.27	1.90	3.59	5.38			1∶1.5	3.23	4.84	9.13	13.69
	3.5	1∶1	1.47	1.47	4.16	4.16		2.5	1∶1	3.61	3.61	10.21	10.21
		1∶1.5	1.18	1.76	3.33	4.99			1∶1.5	2.89	4.33	8.17	12.24
1250	2.0	1∶1	2.36	2.36	6.67	6.67		3.0	1∶1	3.30	3.30	9.32	9.32
		1∶1.5	1.89	2.83	5.34	8.00			1∶1.5	2.64	3.95	7.46	11.18
	2.5	1∶1	2.11	2.11	5.96	5.96		3.5	1∶1	3.05	3.05	8.64	8.64
		1∶1.5	1.69	2.53	4.77	7.15			1∶1.5	2.44	3.66	6.91	10.36
	3.0	1∶1	1.93	1.93	5.44	5.44		4.0	1∶1	2.86	2.86	8.08	8.08
		1∶1.5	1.54	2.31	4.36	6.53			1∶1.5	2.29	3.43	6.46	9.69
	3.5	1∶1	1.78	1.78	5.05	5.05							
		1∶1.5	1.43	2.14	4.04	6.05							
	4.0	1∶1	1.67	1.67	4.72	4.72							
		1∶1.5	1.34	2.00	3.77	5.66							

注：此数据摘自国标《采暖通风与空气调设计规范》（GBJ 19）。

第四章　预装箱式变电站		第五节　干式变压器	
图号	2-4-5-32	图名	变压器室通风窗有效面积表

城市名称	温度/℃	城市名称	温度/℃	城市名称	温度/℃	城市名称	温度/℃	城市名称	温度/℃	城市名称	温度/℃	城市名称	温度/℃	城市名称	温度/℃	城市名称	温度/℃
北京市	30	阜新	28	延安	28	新疆维吾尔自治区		安徽省		建阳	33	湘潭	33	峨眉	32	海南省	
上海市	30	开原	27	西安	31	伊宁	27	亳州	31	上杭	32	岳阳	32	乐山	30	海口	32
天津市	30			汉中	29	乌鲁木齐	29	蚌埠	32	漳州	33	株洲	34	雅安	30	西沙	30
重庆市	32	内蒙古自治区		宝鸡	30	吐鲁番	36	合肥	32			邵阳	32	会理	25		
黑龙江省		海拉尔	25	安康	31	哈密	32	安庆	32	河南省		郴州	34	康定	20	西藏自治区	
嫩江	25	赤峰	28			喀什	29	芜湖	32	郑州	32			绵阳	29	昌都	22
爱珲	25	通辽	28	宁夏回族自治区		和田	29	六安	32	驻马店	31	广西壮族自治区		达县	34	拉萨	19
伊春	25	包头	26	银川	27	克拉玛依	30	屯溪	33	信阳	32	桂林	32	万县	33	林芝	20
安达	27	锡林浩特	26	盐池	27	阿勒泰	26			安阳	32	百色	32	广元	30	日喀则	19
绥芬河	23	呼和浩特	28	吴忠	27			浙江省		新乡	32	梧州	32			索县	16
齐齐哈尔	27	二连浩特	28	石嘴山	27			杭州	33	开封	32	南宁	32	贵州省		那曲	13
哈尔滨	27			中卫	27	山东省		定海	31	洛阳	32	柳州	32	遵义	29		
佳木斯	26	河北省		固原	23	济南	31	衢州	34	许昌	32	北海	32	毕节	26	香港特别行政区	
鸡西	26	承德	28			潍坊	30	温州	31	南阳	32			贵阳	28	香港	31
鹤岗	25	唐山	29	甘肃省		青岛	27	宁波	32	三门峡	32	广东省		兴仁	25		
		保定	31	敦煌	30	菏泽	31	金华	32	商丘	32	韶关	33	思南	32	澳门特别行政区	
吉林省		石家庄	31	酒泉	26	张店	31	舟山	30	平顶山	32	汕头	31	威宁	21	澳门	31
长春	27	张家口	27	山丹	25	烟台	27					广州	31	安顺	25		
四平	27	秦皇岛	27	兰州	26	德州	31	江西省		湖北省		阳江	31	独山	26	台湾省	
延吉	26	邢台	31	平凉	25	莱阳	29	景德镇	34	光化	32	湛江	31			台北	31
吉林	27	邯郸	31	天水	27	淄博	31	南昌	33	宜昌	33	加积	32	云南省		花莲	30
通榆	28			武都	28	临沂	30	吉安	34	武汉	33	榆林港	31	昆明	23	恒春	31
通化	26	山西省		玉门	27			赣州	33	恩施	32			蒙自	26		
		太原	28			江苏省		九江	33	江陵	32	四川省		昭通	24		
辽宁省		运城	32	青海省		徐州	31	德兴	33	黄石	33	甘孜	19	丽江	22		
沈阳	28	大同	26	西宁	22	南京	31	萍乡	33			南充	32	腾冲	23		
本溪	28	阳泉	28	共和	20	南通	31			湖南省		成都	29	思茅	25		
锦州	28	阳城	29	格尔木	22	常州	32	福建省		常德	32	宜宾	30	景洪	31		
营口	28	长治	27	玛多	11	淮阴	31	福州	31	长沙	33	西昌	26				
丹东	27			都兰	19	连云港	31	永安	33	芷江	32	内江	31				
大连	26	陕西省		玉树	17	武进	32	厦门	31	零陵	33	泸州	31				
朝阳	29	榆林	28					南平	34	衡阳	34	自贡	27				

注：此数据摘自国标《采暖通风与空气调设计规范》（GBJ 19）。

第四章　预装箱式变电站		第五节　干式变压器	
图号	2-4-5-33	图名	全国主要城市夏季通风计算温度表

	型号	P_0	P_K (75°C)	U_K	L_0	L_P	T_A	尺寸/mm											低压端子
		W	W	%	%	dB(A)	kg	*a*	*b*	*c*	*d*	*e*	*f*	*g*	*h*	*i*	k_1	k_2	
低压线绕	SC9-30/10	200	560	4	2.8	48	315	960	600	745	0	670	660	196	336	210	150	—	(a)
	SC9-50/10	260	860		2.4	48	520	990	600	840	0	745	745	232	349	210	150	—	(a)
	SC9-80/10	340	1140		2	48	550	1030	600	955	0	860	860	234	351	250	150	—	(a)
	SC9-100/10	360	1440		2	50	590	1030	740	1100	550	1005	1005	238	355	250	150	—	(a)
	SC9-125/10	420	1580		1.6	50	740	1110	740	1120	550	1025	1025	244	361	250	150	—	(a)
	SC9-160/10	500	1980		1.6	50	880	1150	740	1155	550	1060	1060	264	366	350	150	—	(b)
	SC9-200/10	560	2240		1.6	50	1000	1150	740	1275	550	1180	1180	265	373	350	150	—	(b)
	SC9-250/10	650	2410		1.6	52	1175	1200	740	1335	550	1364	1220	270	377	350	200	—	(c)
	SC9-315/10	820	3100		1.4	52	1580	1240	850	1365	660	1394	1250	282	389	350	200	—	(c)
	SC9-400/10	900	3600		1.4	52	1580	1240	850	1495	660	1522	1380	284	391	350	200	—	(c)
低压箔绕	SCB9-500/10	1100	4300	4	1.4	52	1920	1330	850	1640	660	1640	1525	301	399	350	425	150	(d)
	SCB9-630/10	1200	5400		1.2	52	2210	1390	850	1680	660	1680	1565	317	409	350	445	150	(d)
	SCB9-630/10	1100	5600	6	1.2	52	2270	1480	850	1640	660	1640	1525	306	398	350	475	150	(d)
	SCB9-800/10	1350	6600		1.2	53	2710	1510	1070	1840	820	1850	1725	318	408	350	485	160	(e)
	SCB9-1000/10	1550	7600		1.0	53	3275	1600	1070	1860	820	1870	1745	328	418	350	515	160	(e)
	SCB9-1250/10	2000	9100		1.0	53	3950	1770	1070	1900	820	1920	1785	356	433	350	570	180	(f)
	SCB9-1600/10	2300	11000		1.0	53	4785	1860	1070	1970	820	1905	1835	375	446	350	600	180	(g),δ10
	SCB9-2000/10	2700	13300		0.8	54	5765	2010	1070	2020	820	2035	1885	400	495	350	650	200	(g),δ12
	SCB9-2500/10	3200	15800		0.8	54	6490	2040	1070	2020	820	2050	1885	410	499	350	660	200	(h)

低压端子

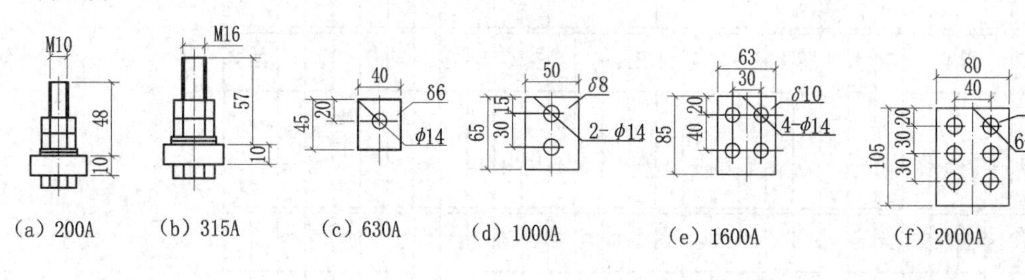

(a) 200A (b) 315A (c) 630A (d) 1000A (e) 1600A (f) 2000A

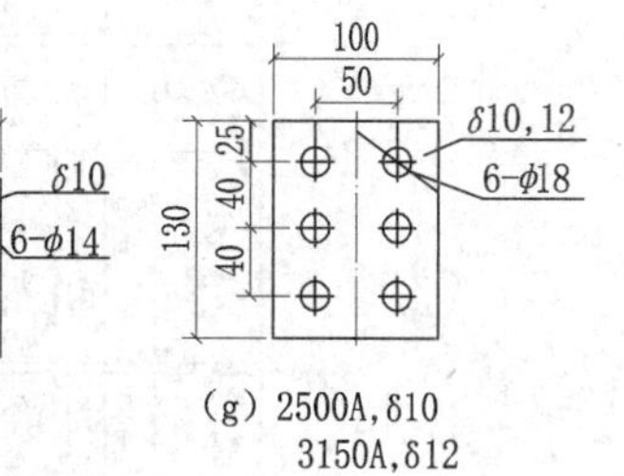

(g) 2500A,δ10 3150A,δ12

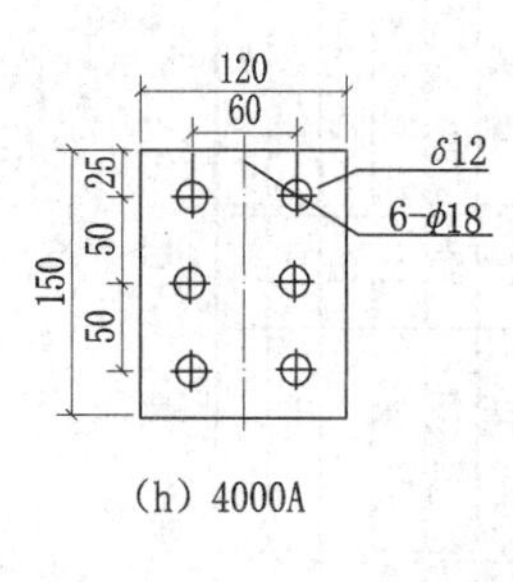

(h) 4000A

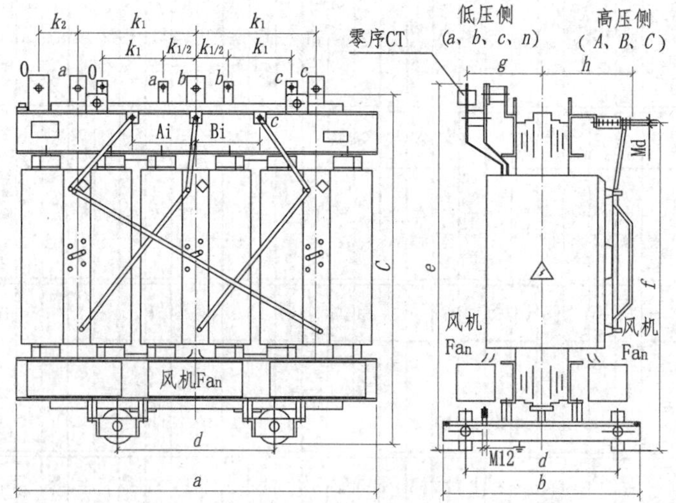

示意图

注：(1) 高压出线端子为Md，当容量小于2000kVA时，Md为M10，容量大于2000kVA时，Md为M16。

(2) 箔式产品低压端子*n*、*a*、*b*、*c*为不对称结构，图中含有k_1、k_2参数；线绕产品低压端子*n*、*a*、*b*、*c*为对称结构，图中仅含k_1参数。

(3) 强迫风冷系统（风机）尺寸不超过本体尺寸（*a*×*b*）范围。

d	820	660	550
D	18	14	14
n	280	220	220

小车安装尺寸

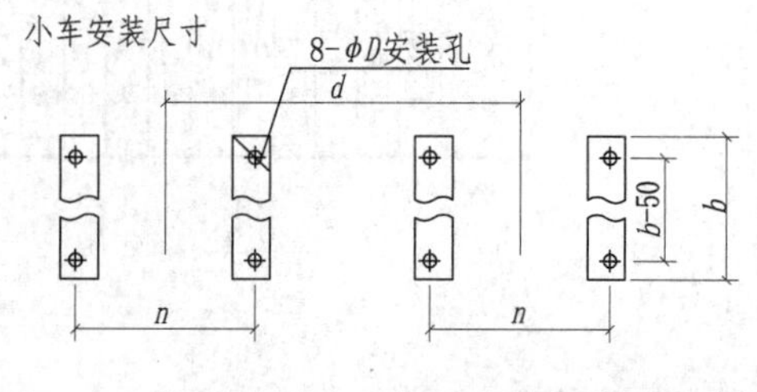

第四章　预装箱式变电站		第五节　干式变压器
图号	2-4-5-34	图名	顺德特变产变压器参数及外形尺寸

型号	U_k	尺寸/mm														封母端子
	%	a	b	c	c_1	c_2	d	d_1	e	f	g	h	i	k	D	
SC9-250/10	4	1500	1200	1600	100	1694	550	1130	1500	1200	380	377	350	100	18	(a)
SC9-315/10		1600	1250	1600	100	1694	660	1180	1549	1230	380	389	350	100	18	(b)
SC9-400/10		1600	1250	1800	100	1894	660	1180	1689	1360	380	391	350	100	18	(b)
SCB9-500/10		1600	1350	2000	100	2094	660	1180	1800	1475	420	399	350	100	18	(c)
SCB9-630/10		1800	1350	2000	100	2094	660	1180	1800	1515	420	409	350	100	18	(c)
SCB9-630/10	6	1800	1350	2000	100	2094	660	1180	1800	1475	420	398	350	100	18	(c)
SCB9-800/10		1900	1350	2200	100	2294	820	1280	1990	1685	448	408	350	100	24	(d)
SCB9-1000/10		1900	1350	2200	100	2294	820	1280	2010	1685	478	418	350	100	24	(d)
SCB9-1250/10		2100	1450	2200	125	2294	820	1380	2080	1750	484	433	350	100	24	(e)
SCB9-1600/10		2200	1450	2200	125	2294	820	1380	2130	1810	470	446	350	150	24	(f), δ6
SCB9-2000/10		2300	1450	2300	125	2394	820	1380	2240	1860	470	495	350	150	24	(f), δ8
SCB9-2500/10		2400	1500	2300	125	2394	820	1430	2240	1860	495	499	350	150	24	(f), δ10

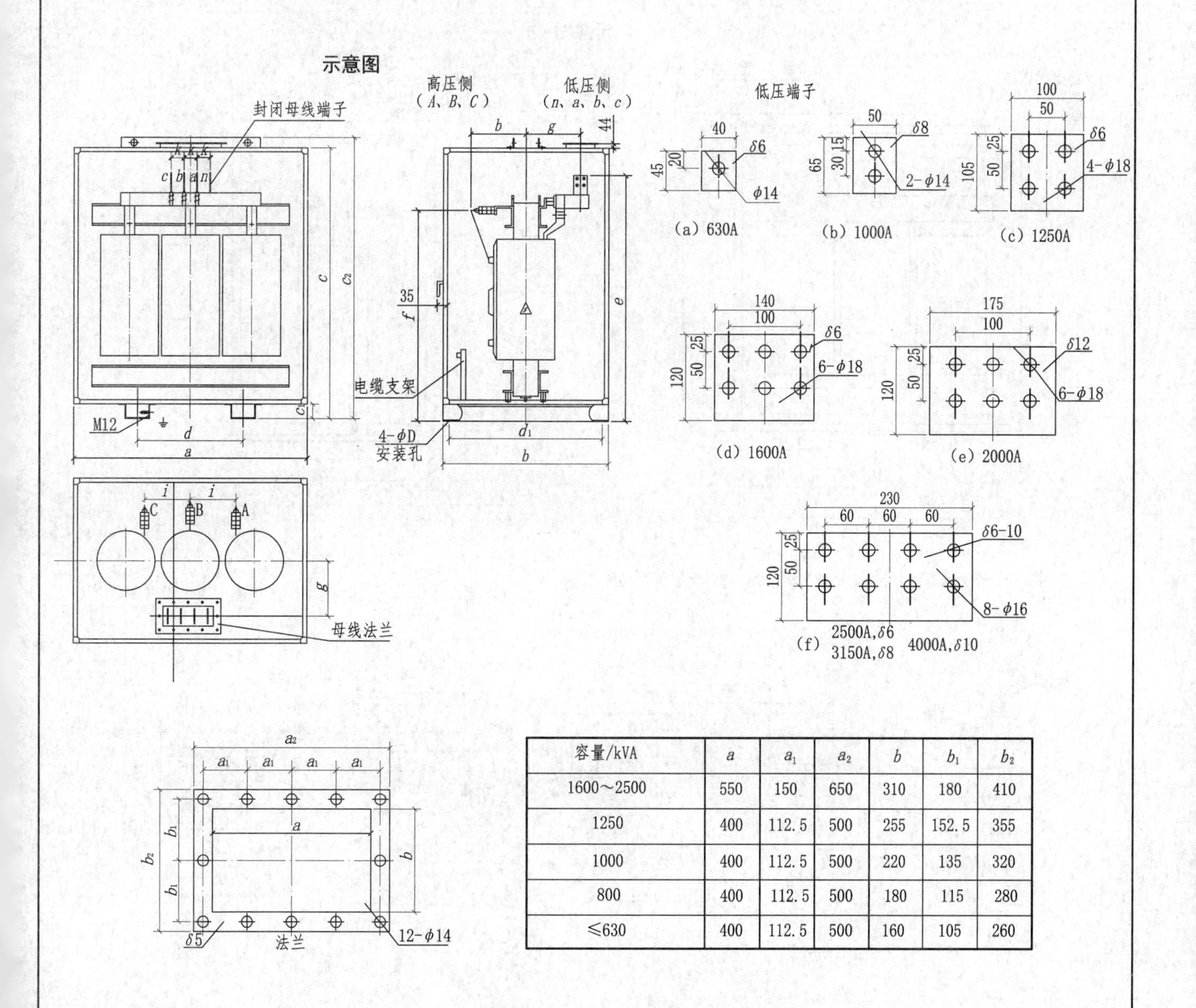

容量/kVA	a	a_1	a_2	b	b_1	b_2
1600～2500	550	150	650	310	180	410
1250	400	112.5	500	255	152.5	355
1000	400	112.5	500	220	135	320
800	400	112.5	500	180	115	280
≤630	400	112.5	500	160	105	260

第四章　预装箱式变电站		第五节　干式变压器	
图号	2-4-5-35	图名	顺德特变产带外壳变压器外形尺寸

型号	U_k	尺寸/mm												低压端子
	%	a	b	c	c_1	c_2	d	d_1	f	h	i	k	D	
SC9-250/10		1500	1200	2200	100	2257	550	1130	1200	377	350	100	18	(a)
SC9-315/10		1600	1250	2200	100	2294	660	1180	1230	389	350	100	18	(a)
SC9-400/10	4	1600	1250	2200	100	2294	660	1180	1360	391	350	100	18	(a)
SCB9-500/10		1600	1250	2200	100	2294	660	1180	1505	399	350	100	18	(b)
SCB9-630/10		1800	1350	2200	100	2294	660	1280	1545	409	350	100	18	(b)
SCB9-630/10		1800	1350	2200	100	2294	660	1280	1505	398	350	100	18	(b)
SCB9-800/10		1900	1350	2200	100	2294	820	1280	1665	408	350	100	24	(c)
SCB9-1000/10		1900	1350	2200	100	2294	820	1280	1685	418	350	100	24	(d)
SCB9-1250/10	6	2100	1450	2200	125	2294	820	1380	1750	433	350	100	24	(e),δ10
SCB9-1600/10		2200	1450	2200	125	2294	820	1380	1810	446	350	100	24	(e),δ12
SCB9-2000/10		2300	1450	2300	125	2394	820	1380	1860	495	350	120	24	双并(e),δ10
SCB9-2500/10		2400	1500	2300	125	2394	820	1430	1860	499	350	120	24	双并(e),δ12

示意图

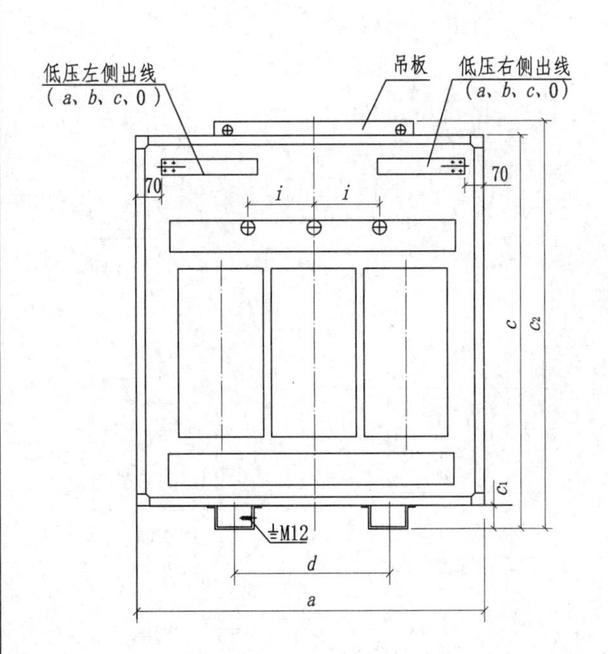

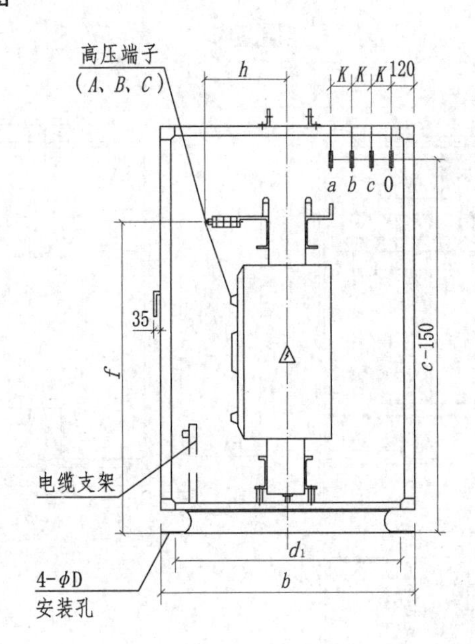

注：带外壳变压器为去小车车轮安装方式,用户要求时才配小车轮。

低压端子

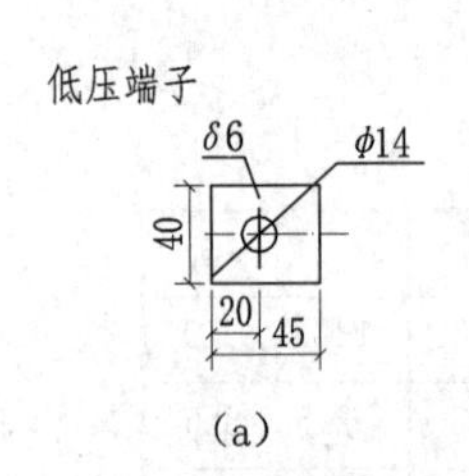

(a)

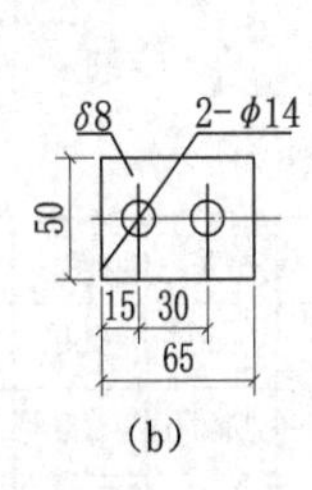

(b)

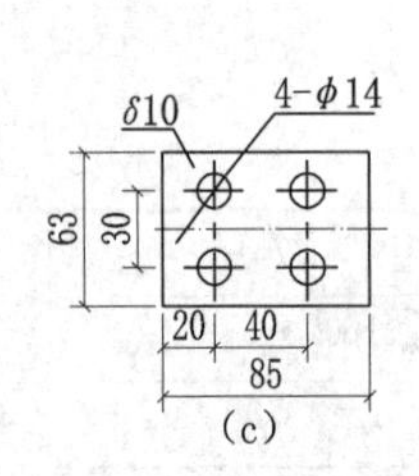

(c)

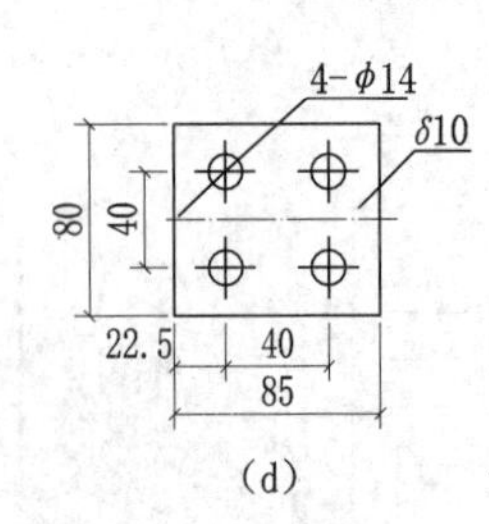

(d)

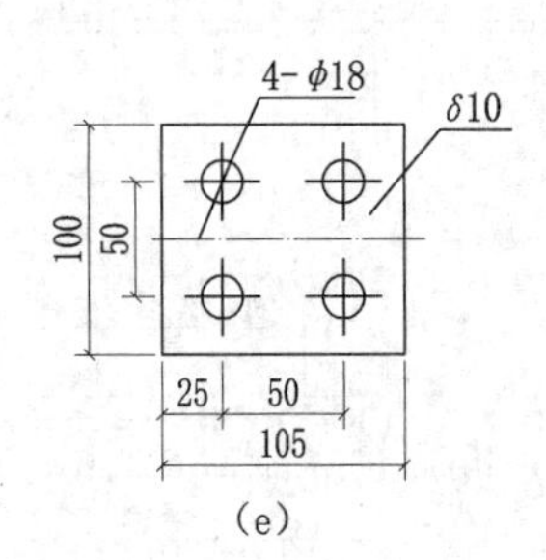

(e)

第四章　预装箱式变电站			第五节　干式变压器
图号	2-4-5-36	图名	顺德特变产变压器横排侧出母线外形尺寸

型号	U_k	尺寸/mm														低压端子
	%	*a*	*b*	*c*	c_1	c_2	*d*	d_1	*f*	*h*	*i*	*k*	*u*	*v*	*D*	
SC9-250/10		1600	1250	2200	100	2257	550	1130	1200	377	350	220	712.5	120	18	(a)
SC9-315/10		1800	1350	2200	100	2294	660	1180	1230	389	350	220	712.5	120	18	(a)
SC9-400/10	4	1800	1350	2200	100	2294	660	1180	1360	391	350	220	712.5	120	18	(a)
SCB9-500/10		1800	1350	2200	100	2294	660	1180	1505	399	350	225	712.5	160	18	(b)
SCB9-630/10		1900	1350	2200	100	2294	660	1280	1545	409	350	225	712.5	160	18	(b)
SCB9-630/10		1900	1350	2200	100	2294	660	1280	1505	398	350	225	712.5	160	18	(b)
SCB9-800/10		2100	1450	2200	100	2294	820	1280	1665	408	350	231.5	1512.5	180	24	(c)
SCB9-1000/10		2100	1450	2200	100	2294	820	1380	1682	418	350	240	1512.5	180	24	(d)
SCB9-1250/10	6	2200	1450	2200	125	2294	820	1380	1750	433	350	275	1512.5	200	24	(e),δ10
SCB9-1600/10		2400	1500	2200	125	2294	820	1380	1810	446	350	275	1512.5	200	24	(e),δ12
SCB9-2000/10		2400	1500	2200	125	2294	820	1380	1860	495	350	275	1512.5	280	24	双并(e),δ10
SCB9-2500/10		2400	1500	2200	125	2294	820	1480	1860	499	350	275	1512.5	280	24	双并(e),δ12

示意图

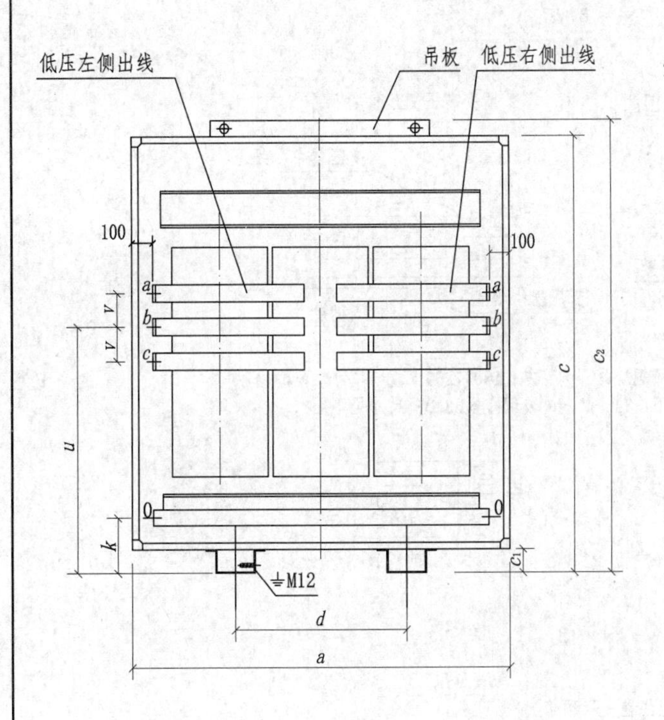

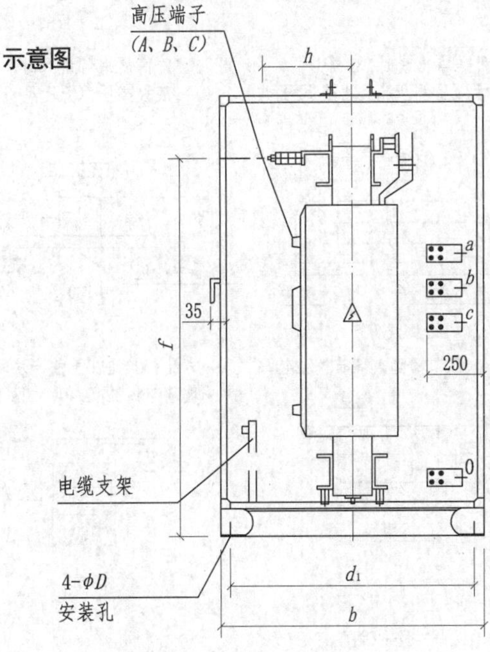

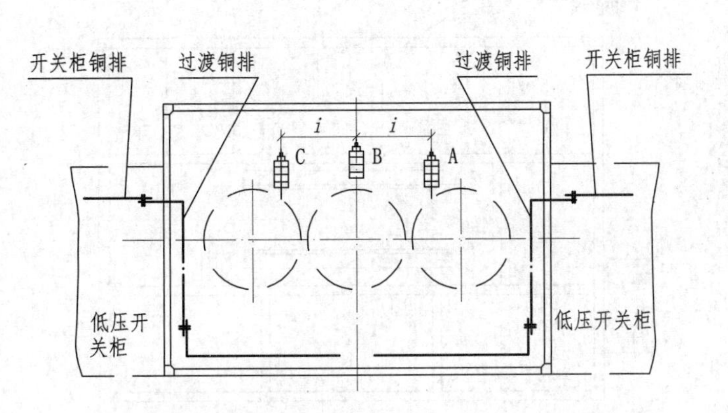

低压端子

δ6 ϕ14 40 20 45

(a)

δ8 2-ϕ14 50 15 30 65

(b)

δ10 4-ϕ14 63 30 20 40 85

(c)

4-ϕ14 δ10 80 40 22.5 40 85

(d)

4-ϕ18 δ10 100 50 25 50 105

(e)

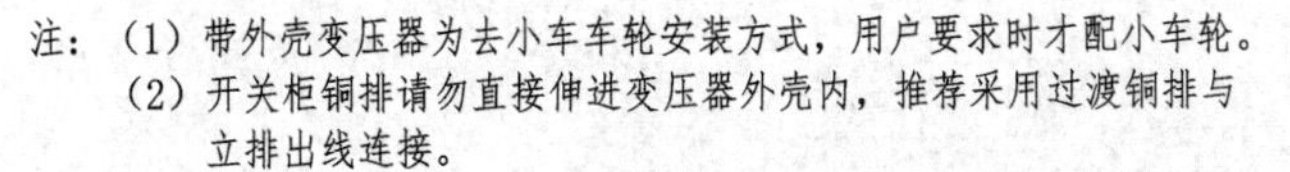

注：(1) 带外壳变压器为去小车车轮安装方式，用户要求时才配小车轮。
(2) 开关柜铜排请勿直接伸进变压器外壳内，推荐采用过渡铜排与立排出线连接。

第四章 预装箱式变电站		第五节 干式变压器	
图号	2-4-5-37	图名	顺德特变产变压器立排侧出母线外形尺寸

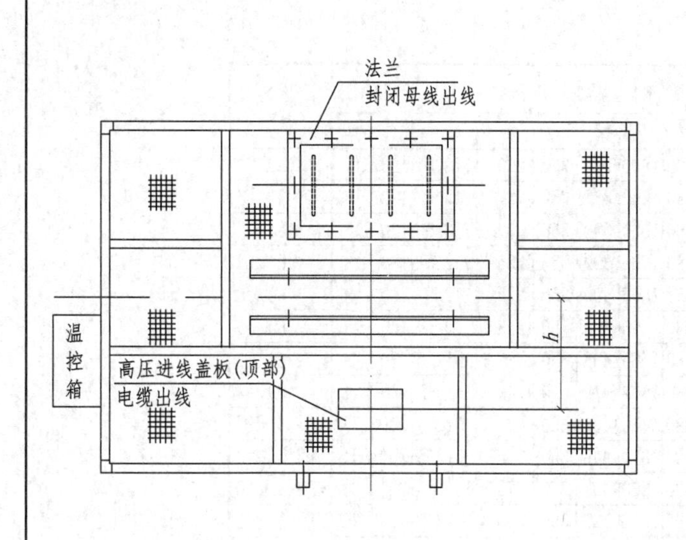

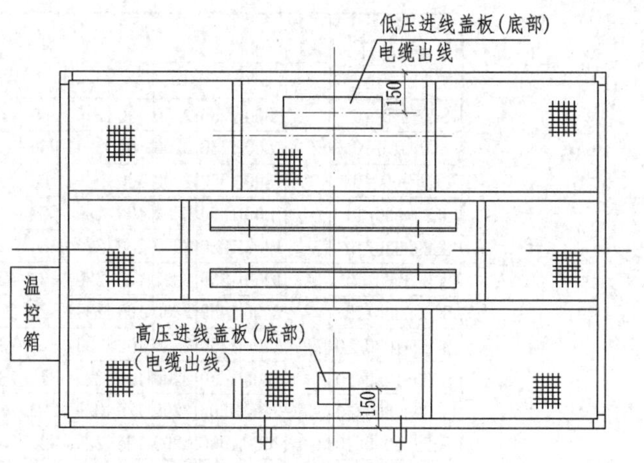

1. 低压下出线时，
底板低压侧开孔尺寸见下图：

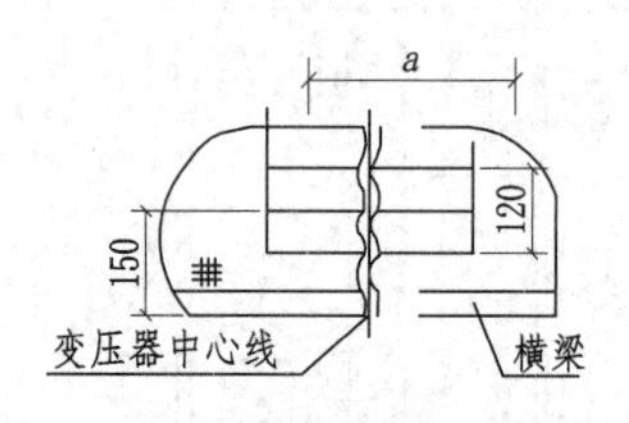

方孔上放一块环氧酚醛玻璃布板3240，
尺寸见下图：

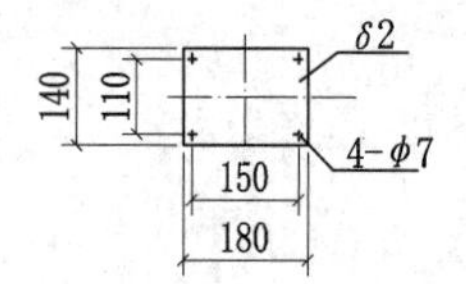

2. 高压底部进线时，
底板高压侧开孔见下图：

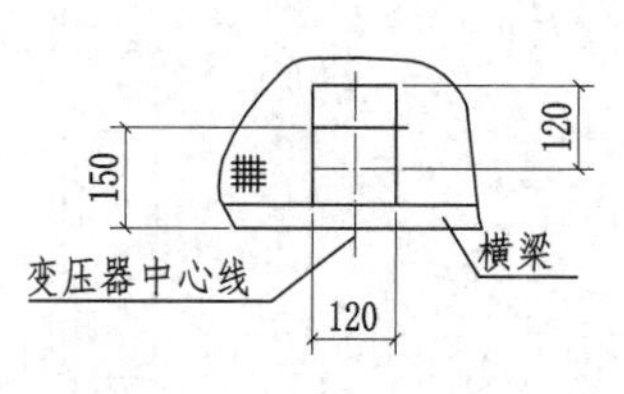

方孔120×120上放一块环氧酚醛
玻璃布板3240，尺寸见下图：

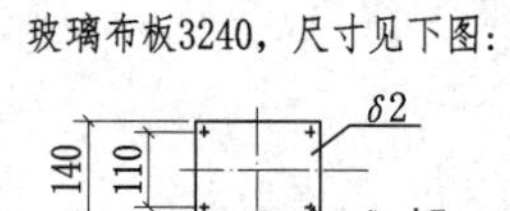

3. 高压顶部进线时，
顶板高压侧开孔见下图：

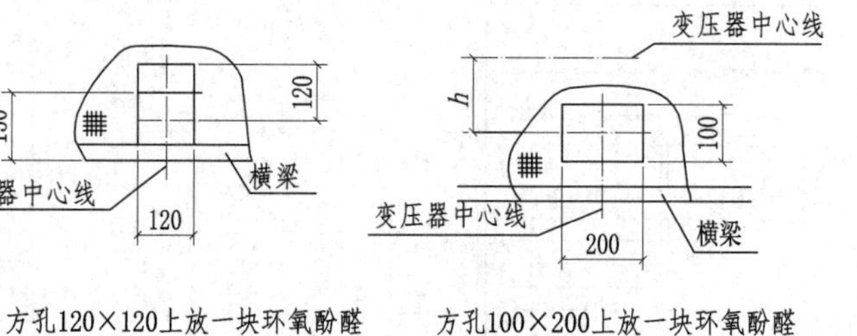

方孔100×200上放一块环氧酚醛
玻璃布板3240，尺寸见下图：

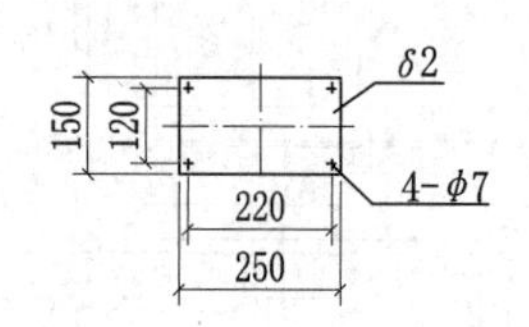

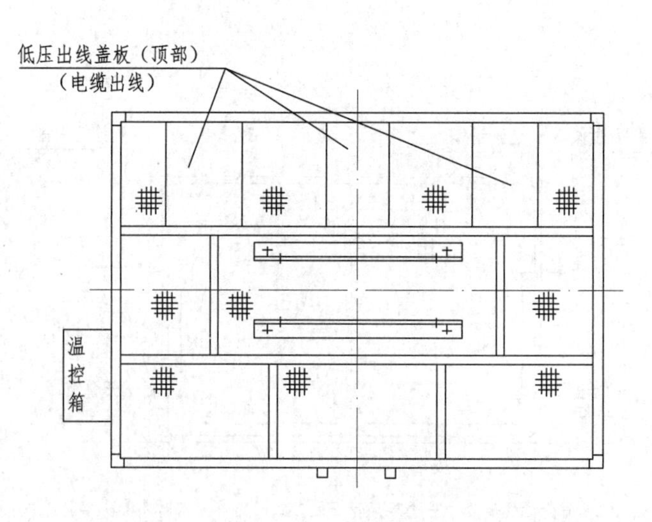

注：(1) 高压顶部进线时，其尺寸详见变压器参数及外形尺寸图见图2-4-5-34。
(2) 低压顶部出线时，封闭母线法兰尺寸详见带外壳变压器外形尺寸图（图2-4-5-35）。

820	400	460	215
660	340	400	185
550	230	290	130
轨迹d	a	b	c

第四章　预装箱式变电站		第五节　干式变压器	
图号	2-4-5-38	图名	顺德特变产带外壳变压器出线孔详图

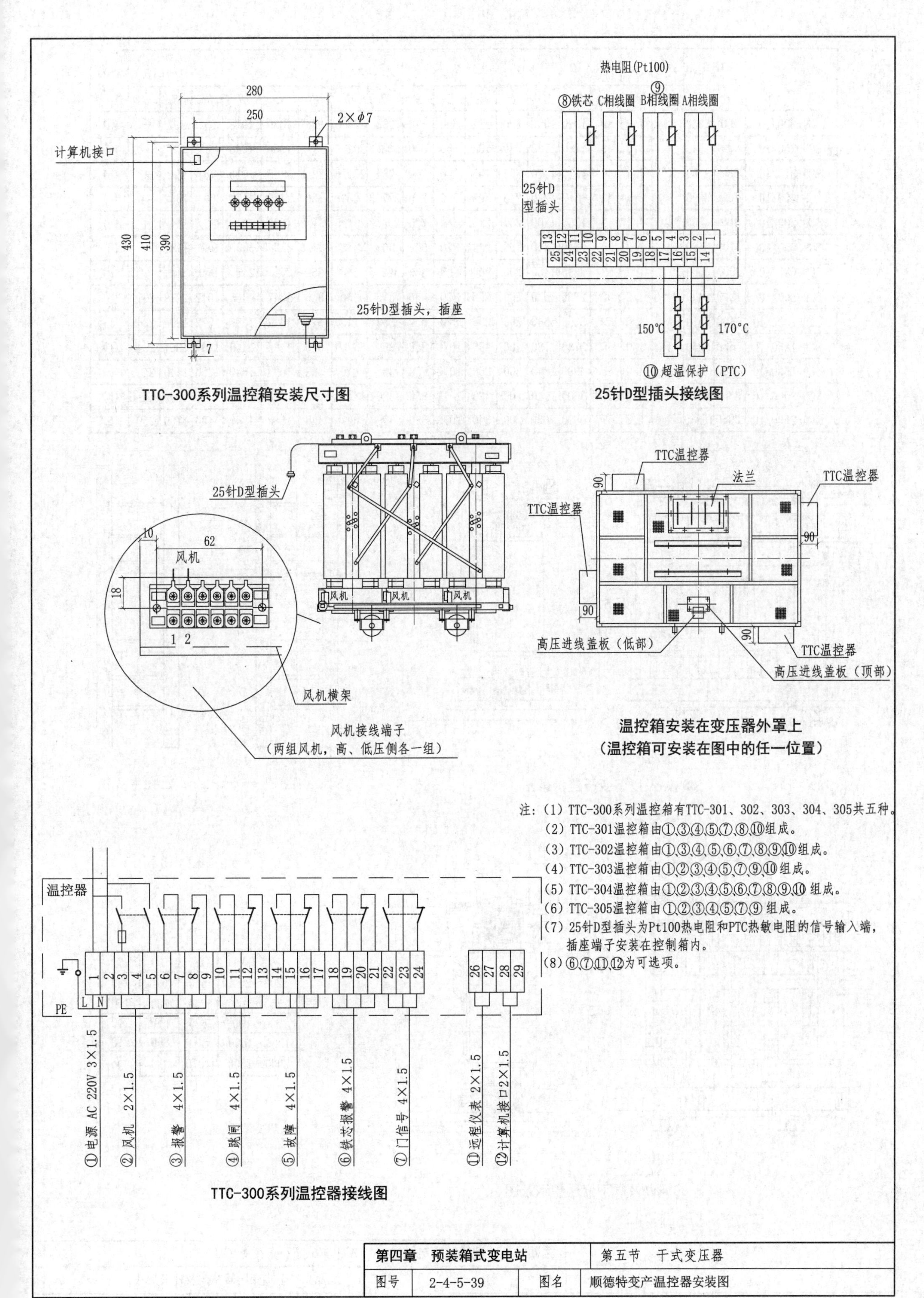

注：（1）TTC-300系列温控箱有TTC-301、302、303、304、305共五种。

（2）TTC-301温控箱由①⑶④⑤⑦⑧⑩组成。

（3）TTC-302温控箱由①③④⑤⑥⑦⑧⑨⑩组成。

（4）TTC-303温控箱由①②③④⑤⑦⑨⑩组成。

（5）TTC-304温控箱由①②③④⑤⑥⑦⑧⑨⑩组成。

（6）TTC-305温控箱由①②③④⑤⑦⑨组成。

（7）25针D型插头为Pt100热电阻和PTC热敏电阻的信号输入端，插座端子安装在控制箱内。

（8）⑥⑦⑪⑫为可选项。

第四章 预装箱式变电站		第五节 干式变压器	
图号	2-4-5-39	图名	顺德特变产温控器安装图

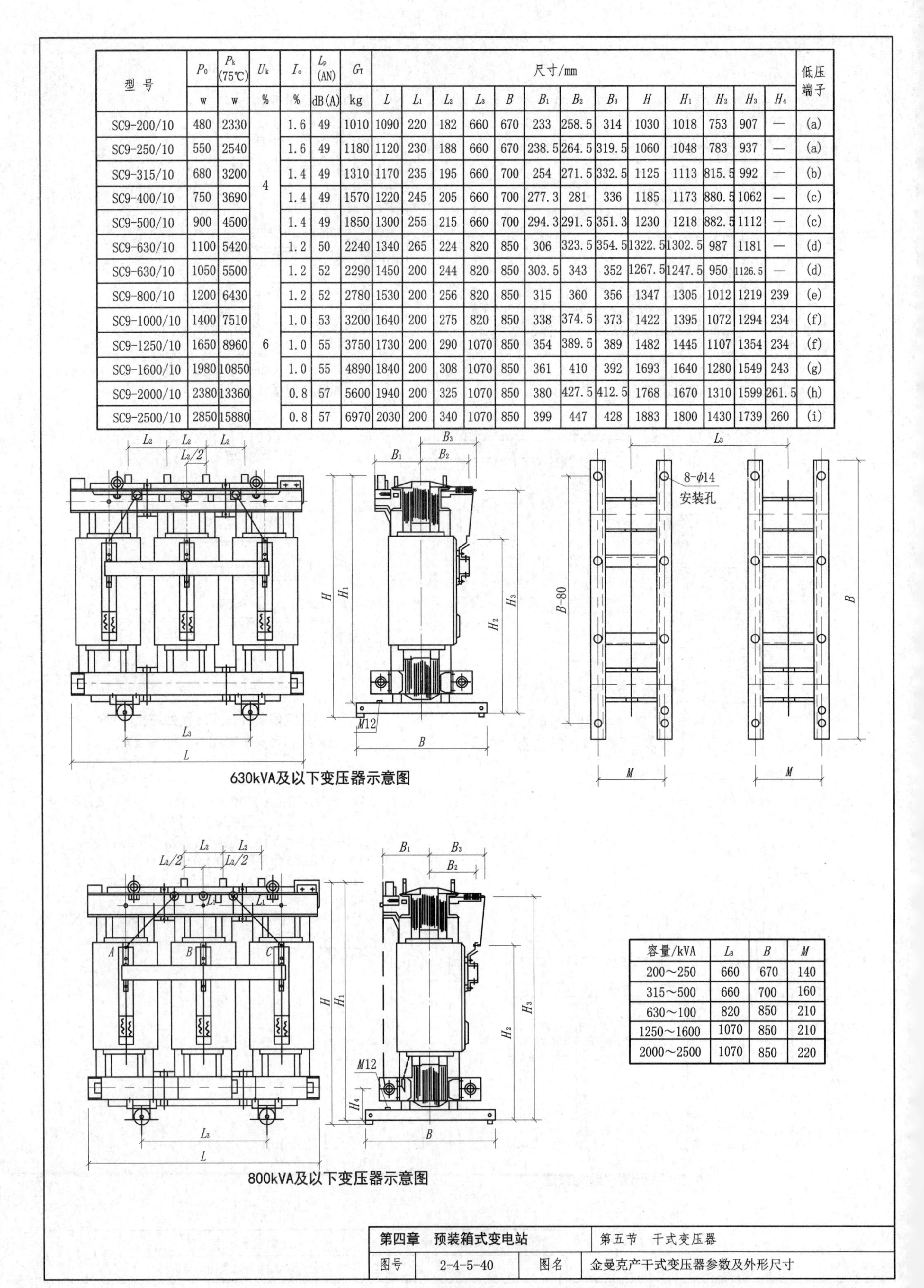

型号	P_0	P_k (75℃)	U_k	I_o	L_p (AN)	G_T	尺寸/mm														低压端子
	w	w	%	%	dB(A)	kg	L	L_1	L_2	L_3	B	B_1	B_2	B_3	H	H_1	H_2	H_3	H_4	
SC9-200/10	480	2330		1.6	49	1010	1090	220	182	660	670	233	258.5	314	1030	1018	753	907	—	(a)
SC9-250/10	550	2540		1.6	49	1180	1120	230	188	660	670	238.5	264.5	319.5	1060	1048	783	937	—	(a)
SC9-315/10	680	3200	4	1.4	49	1310	1170	235	195	660	700	254	271.5	332.5	1125	1113	815.5	992	—	(b)
SC9-400/10	750	3690		1.4	49	1570	1220	245	205	660	700	277.3	281	336	1185	1173	880.5	1062	—	(c)
SC9-500/10	900	4500		1.4	49	1850	1300	255	215	660	700	294.3	291.5	351.3	1230	1218	882.5	1112	—	(c)
SC9-630/10	1100	5420		1.2	50	2240	1340	265	224	820	850	306	323.5	354.5	1322.5	1302.5	987	1181	—	(d)
SC9-630/10	1050	5500		1.2	52	2290	1450	200	244	820	850	303.5	343	352	1267.5	1247.5	950	1126.5	—	(d)
SC9-800/10	1200	6430		1.2	52	2780	1530	200	256	820	850	315	360	356	1347	1305	1012	1219	239	(e)
SC9-1000/10	1400	7510		1.0	53	3200	1640	200	275	820	850	338	374.5	373	1422	1395	1072	1294	234	(f)
SC9-1250/10	1650	8960	6	1.0	55	3750	1730	200	290	1070	850	354	389.5	389	1482	1445	1107	1354	234	(f)
SC9-1600/10	1980	10850		1.0	55	4890	1840	200	308	1070	850	361	410	392	1693	1640	1280	1549	243	(g)
SC9-2000/10	2380	13360		0.8	57	5600	1940	200	325	1070	850	380	427.5	412.5	1768	1670	1310	1599	261.5	(h)
SC9-2500/10	2850	15880		0.8	57	6970	2030	200	340	1070	850	399	447	428	1883	1800	1430	1739	260	(i)

630kVA及以下变压器示意图

容量/kVA	L_3	B	M
200～250	660	670	140
315～500	660	700	160
630～100	820	850	210
1250～1600	1070	850	210
2000～2500	1070	850	220

800kVA及以下变压器示意图

第四章　预装箱式变电站		第五节　干式变压器	
图号	2-4-5-40	图名	金曼克产干式变压器参数及外形尺寸

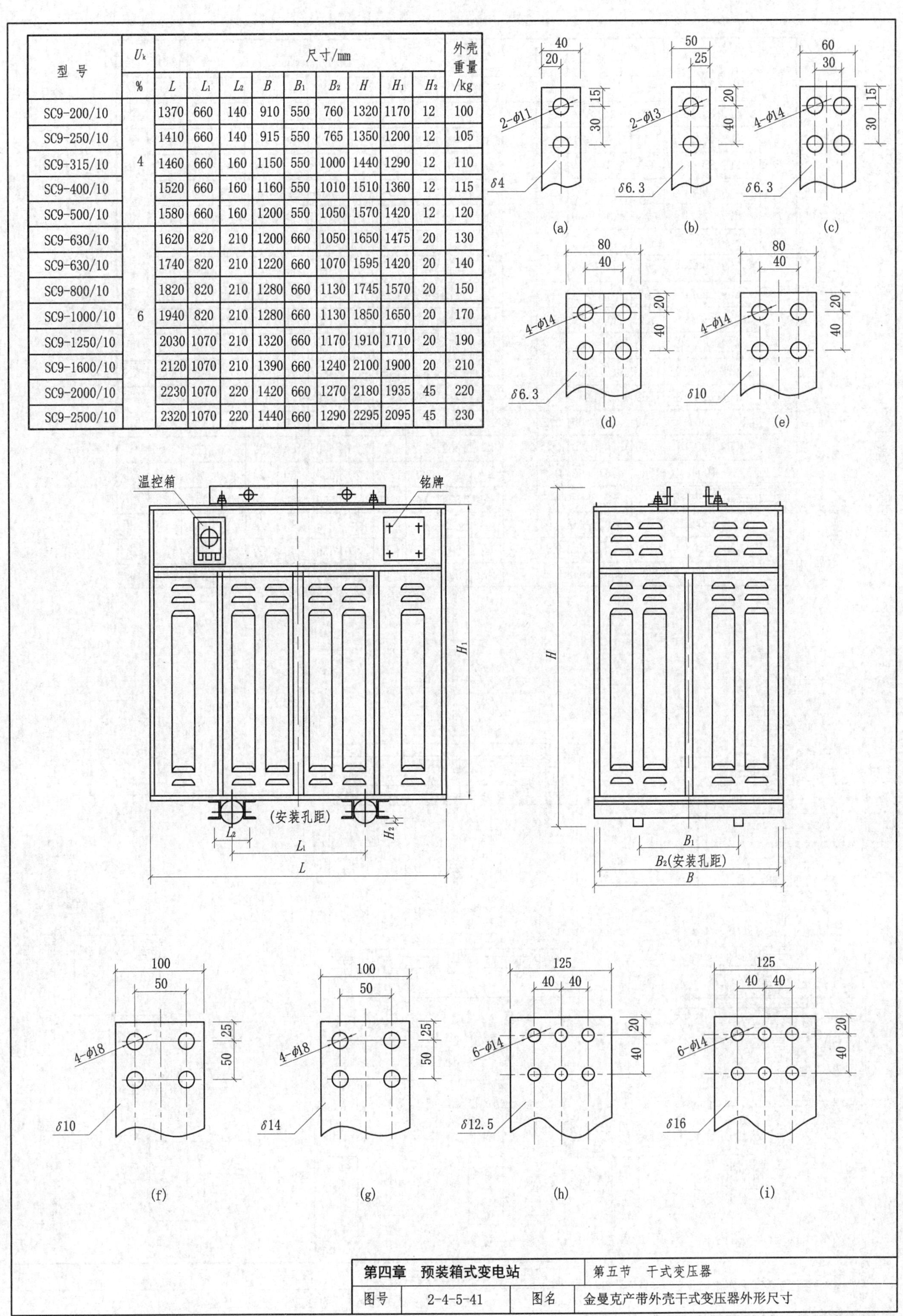

型号	U_k	尺寸/mm									外壳重量/kg
	%	L	L_1	L_2	B	B_1	B_2	H	H_1	H_2	
SC9-200/10	4	1370	660	140	910	550	760	1320	1170	12	100
SC9-250/10		1410	660	140	915	550	765	1350	1200	12	105
SC9-315/10		1460	660	160	1150	550	1000	1440	1290	12	110
SC9-400/10		1520	660	160	1160	550	1010	1510	1360	12	115
SC9-500/10		1580	660	160	1200	550	1050	1570	1420	12	120
SC9-630/10	6	1620	820	210	1200	660	1050	1650	1475	20	130
SC9-630/10		1740	820	210	1220	660	1070	1595	1420	20	140
SC9-800/10		1820	820	210	1280	660	1130	1745	1570	20	150
SC9-1000/10		1940	820	210	1280	660	1130	1850	1650	20	170
SC9-1250/10		2030	1070	210	1320	660	1170	1910	1710	20	190
SC9-1600/10		2120	1070	210	1390	660	1240	2100	1900	20	210
SC9-2000/10		2230	1070	220	1420	660	1270	2180	1935	45	220
SC9-2500/10		2320	1070	220	1440	660	1290	2295	2095	45	230

第四章　预装箱式变电站		第五节　干式变压器
图号	2-4-5-41	图名	金曼克产带外壳干式变压器外形尺寸

型号		P_0/W		P_k (75℃)	I_0	U_k	$\overline{L_{pa}}$	外形尺寸/mm										重量	低压端子
		标准	节能	W	%	%	dB	A	B	H	E	M	D	I	L	h		kg	
低压线绕	SC9-30/10	230	200	610	3	4	35	870	525	920	400	290	125	100	220	390		380	图1
	SC9-50/10	300	270	920	2.8		36	915	675	1020	550	305	125	100	230	420		480	图1
	SC9-80/10	390	350	1270	2.2		36	990	675	1040	550	330	125	100	240	430		620	图1
	SC9-100/10	420	380	1460	2.2		38	1005	675	1080	550	335	125	100	245	440		660	图1
	SC9-125/10	500	450	1700	2		38	1020	675	1160	550	340	125	100	250	440		730	图1
	SC9-160/10	580	540	1970	1.6		38	1080	675	1190	550	360	125	100	260	470		900	图1
	SC9-200/10	620	560	2320	1.4		40	1140	675	1250	550	380	125	100	275	490		1050	图1
	SC9-250/10	750	670	2550	1		40	1170	675	1290	550	390	125	100	280	510		1160	图2
	SC9-315/10	920	830	3200	1		42	1310	785	1350	660	435	125	100	320	560		1460	图3
	SC9-400/10	1060	950	3690	0.8		42	1350	785	1450	660	450	125	95	330	580		1700	图3
低压箔绕	SC9B-500/10	1180	1080	4500	0.8	4	42	1380	785	1500	660	460	125	95	345	600		2050	图3
	SC9B-630/10	1500	1350	5430	0.8		44	1410	785	1570	660	480	125	95	355	620		2320	图4
	SC9B-630/10	1350	1220	5500	0.8	6	44	1440	785	1500	660	490	125	95	360	640		2180	图4
	SCB9-800/10	1550	1350	6430	0.8		44	1500	980	1640	820	500	160	130	370	650		2660	图5
	SCB9-1000/10	1800	1575	7500	0.5		44	1590	980	1750	820	530	160	120	390	690		3240	图5
	SCB9-1250/10	2200	1980	8960	0.5		46	1650	980	1860	820	550	160	120	420	740		3900	图5
	SCB9-1600/10	2500	2340	10820	0.5		46	1830	980	1950	820	610	160	120	435	780		4540	图6
	SCB9-2000/10	3100	2790	13330	0.5		48	1890	1270	2070	1070	630	200	150	465	820		5700	图6
	SCB9-2500/10	3700	3330	15860	0.5		48	2090	1270	2200	1070	690	200	150	510	900		7000	图7

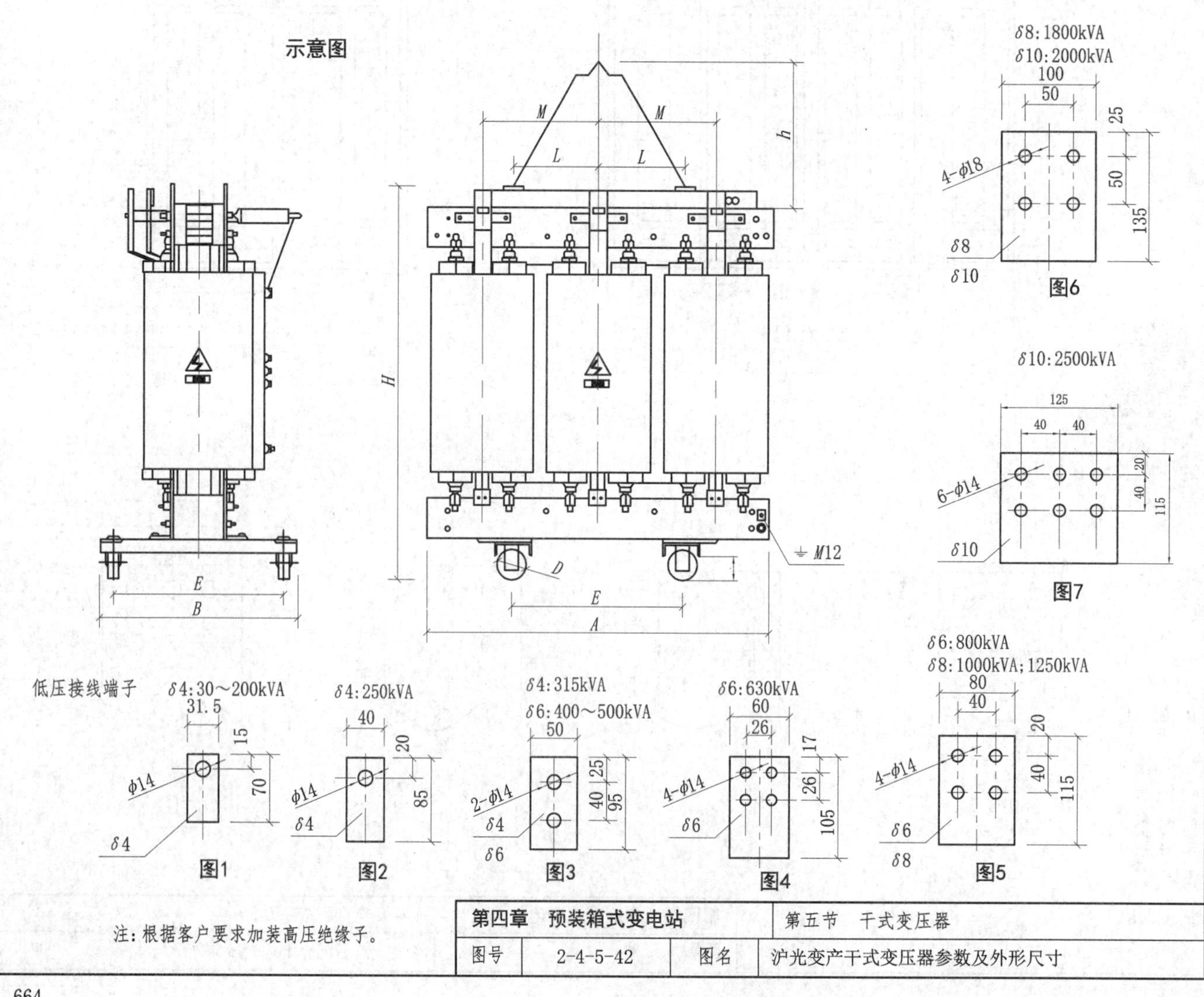

注：根据客户要求加装高压绝缘子。

第四章 预装箱式变电站		第五节 干式变压器	
图号	2-4-5-42	图名	沪光变产干式变压器参数及外形尺寸

型号	尺寸/mm									外壳重量/kg	风机型号
	A/mm	B/mm	H/mm	K/mm	E/mm	L/mm	F/mm	h/mm	D/mm		
SC9-30/10	1200	1000	1000	100	550	820	780	300	30	165	
SC9-50/10	1200	1000	1000	100	550	820	780	300	30	165	
SC9-80/10	1200	1000	1000	100	550	820	780	300	30	165	
SC9-100/10	1300	1100	1200	100	550	820	980	300	30	200	
SC9-125/10	1300	1100	1200	100	550	820	980	300	30	200	
SC9-160/10	1300	1100	1200	100	550	820	980	300	30	200	
SC9-200/10	1400	1100	1300	100	550	820	980	400	30	200	
SC9-250/10	1400	1100	1300	100	550	820	980	400	30	200	
SC9-315/10	1600	1200	1500	80	660	1070	1380	400	50	260	FFD08-50
SC9-400/10	1600	1200	1500	80	660	1070	1380	400	50	260	FFD08-50
SCB9-500/10	1700	1200	1600	90	660	1070	1480	400	50	260	FFD08-64
SCB9-630/10	1700	1200	1600	90	660	1070	1480	400	50	260	FFD08-64
SCB9-800/10	1800	1400	1800	80	820	1070	1480	600	50	300	FFD10-68
SCB9-1000/10	1800	1400	1800	80	820	1070	1480	600	50	300	FFD10-68
SCB9-1250/10	2100	1500	2000	70	820	1070	1580	600	50	350	FFD10-78
SCB9-1600/10	2100	1500	2000	70	820	1070	1580	600	50	350	FFD10-78
SCB9-2000/10	2300	1600	2100	0	1070	1470	1580	800	80	410	FFD10-78
SCB9-2500/10	2300	1600	2100	0	1070	1470	1580	800	80	410	FFD10-98

注：(1) 本尺寸适用于IP20和IP23，本外壳模式顶部设起吊孔，高压侧正前方上下均设有电缆进线孔，可方便选择，本外壳结构为组装式。
(2) IP20模式外壳底及顶为网格结构，IP23设防滴顶盖，外壳侧板上部与下部开百叶窗。
(3) 根据低压出线方式可配备相应的电缆支架。
(4) 根据不同需要可配不锈钢外壳和铝合金外壳。
(5) 温控装置和风冷装置出厂时全部组装完毕，客户需配备一路220V、300W的电源。

容量/kVA	a	d	e
30～80	650	180	200
100～250	750	210	200
315～400	900	280	250
500～630	1000	260	250
800～1000	1100	340	350
1250～1600	1200	390	350
2000～2500	1400	480	400

示意图

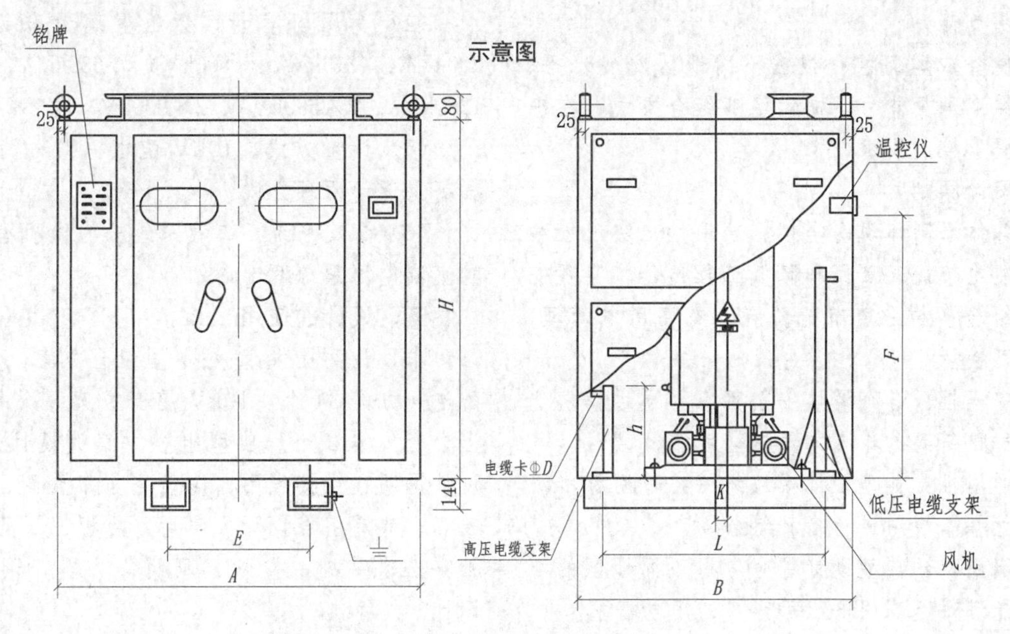

1. 低压上出线时，顶板低压侧开孔尺寸见下图：

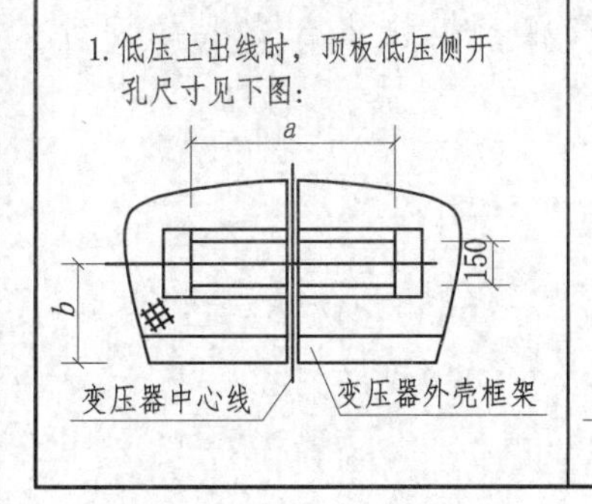

2. 低压下出线时，底板低压侧开孔尺寸见下图：

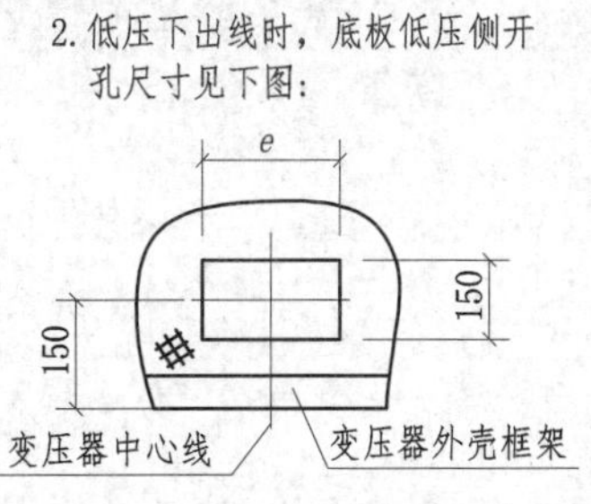

3. 高压底（顶）部进线时，底（顶）板高压侧开孔尺寸见下图：

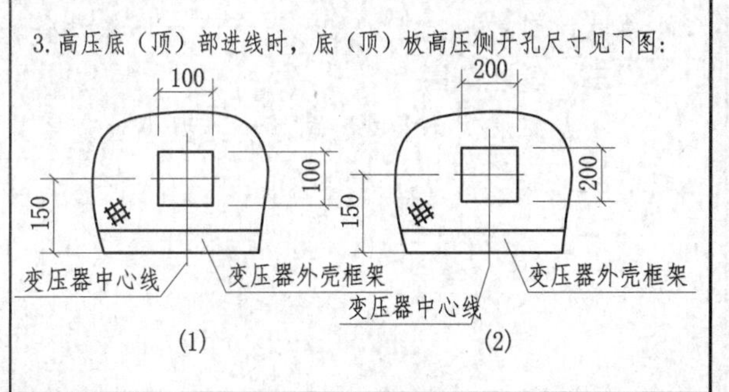

第四章 预装箱式变电站		第五节 干式变压器
图号	2-4-5-43	图名	沪光变产带外壳干式变压器外形尺寸

一、设计要求

为向用户提供电力技术咨询，帮助用户初步确定配电方式，引导用户采用新型节能设备与降耗措施，推行有序用电管理技术手段，同时节约配电工程设计时间，加快用户接电，应满足以下要求：

(1) 安全可靠。设计符合《供配电系统设计规范》(GB 50052)、国家电监会《关于加强重要电力用户供电电源及自备应急电源配置监督管理的意见》以及《国家电网公司业扩供电方案编制导则》(国家电网营销〔2010〕1247号)的要求。

(2) 组合多样化。设计模块能灵活组合，实现多样化的配置方案，满足不同用户的用电需求，并能以经济方式运行。

(3) 节能降耗。设计应优先选用国家推广的节能、环保设备。

(4) 有序用电管理。根据不同设计组合特点与安装位置信号强度，选用采用无线或GPRS负荷监测的用电信息采集管理终端，能有效监测用电负荷并分级控制负荷。

(5) 投资成本可控。根据不同地区发展水平、不同用户经济承受能力，提供经济组合方式，在确保安全前提下控制投资成本。

二、设计原则

设计总体原则体现安全性、通用性、实用性和前瞻性，注重节能、环保和降低工程造价。实现安全可靠，组合多样化、节能降耗、有序用电管理、投资成本可控。

(1) 安全性：各个模块安全可靠，通过模块优化组合、拼接得到的组合方案安全可靠。

(2) 通用性：典型设计模块统一，适用标准统一，能利用基本模块进行多种组合。

(3) 实用性：典型设计综合考虑不同地区的实际情况，能满足不同用电水平客户的用电需求。

(4) 前瞻性：典型设计优先采用电网新技术，鼓励设计创新，推广应用新型节能、环保设备。

三、设计范围

电力需求侧10kV配电系统典型设计范围是从用户电源接入点至10kV配电间（10kV箱变或10kV柱上台变）低压出线屏止，设计容量范围是100～2500kVA。

四、设计方式

典型设计采用模块化设计方式，分为高压电源接入部分、高压配电装置、变压器、低压配电装置、二次系统、计量装置6个基本模块，细分为36个功能子模块。可以根据用电需求选用相应的模块进行拼接、组合，形成配电系统整体设计。

功能子模块分类如下：

(1) 电源接入。10kV电源接入分为经架空线接入和电缆接入两种类型。

(2) 电气主接线。10kV接线形式分为线路变压器组、单母线接线和单母线分段接线；0.4kV接线形式分为单母线接线和单母线分段接线。

(3) 进出线回路数。10kV进线分为一回或两回进线；0.4kV分为一进四出、一进八出、两进八出和两进十六出等。

(4) 变压器容量。变压器容量分为100kVA、200kVA、315kVA、500kVA、630kVA、800kVA、1250kVA、2×630kVA、2×800kVA和2×1250kVA。

(5) 计量方式。10kV配电系统分为高供高计和高供低计两种方式。

(6) 二次系统。二次系统分为微机型保护配置和直流电源系统两部分。

五、设计的使用

本设计共提供39种典型组合方案，其中10kV配电间方案34个，10kV箱变方案3个和10kV柱上台变方案2个。典型组合方案的设计内容包括：设计说明、主接线图、电气平面布置图、主要材料表等。选定组合设计方案后，应根据工程具体情况补充土建基础、接地、照明等内容，形成完整的设计。

如提供的已有组合方案不能满足具体供用电或工程需要，也可选取相应模块组合成新的设计方案。

第五章　电力需求侧10kV配电系统			第一节　总说明
图号	2-5-1-1	图名	设计说明

一、10kV进线电源采用电缆接入

(1) 使用者根据10kV配电系统配电变压器总体容量和系统短路动稳定性、热稳定性选择不同的电缆截面。

(2) 使用者根据10kV配电系统配电变压器总体容量选择经10kV熔断器、隔离刀闸、真空断路器、环网柜四种接入方式。本典型设计原则上用电负荷容量不大于630kVA的配电工程选择经熔断器接入方式，用电负荷容量不小于800kVA的配电工程选择经真空断路器接入方式；从电缆线路上引接选择从环网柜接入方式。

(3) 倒挂引下电杆可采用YB-190×15m预应力混凝土杆。

(4) 选择经熔断器、隔离刀闸或真空断路器接入系统形式的引下电缆截面规格，需根据10kV配电系统配电变压器总体容量和系统短路动稳定性、热稳定性选择。

二、10kV进线电源采用导线接入

(1) 使用者根据10kV配电系统配电变压器总体容量选择不同的导线截面。

(2) 使用者根据10kV配电系统配电变压器总体容量选择经10kV熔断器、隔离刀闸、真空断路器三种接入方式。原则上用电负荷容量不大于630kVA的配电工程选择经熔断器接入方式，用电负荷容量不小于800kVA的配电工程选择经真空断路器接入方式。

(3) 水泥电杆可采用YB-190×15m预应力混凝土杆。

(4) 选择经熔断器、隔离刀闸或真空断路器接入方式的分支架空线路导线截面，需根据10kV配电系统配电变压器总体容量和系统短路动稳定性、热稳定性选择。

(5) 分支杆及倒挂引下杆均需挂A、B、C相序牌。

(6) 倒挂杆及真空断路器杆均采用－4mm×40mm镀锌引下扁钢与杆身用8号镀锌铁丝绑扎，与倒挂横担、真空断路器支架等连接接地，将扁钢端头钻ϕ10孔套入横担孔位，并用M8螺栓拧紧，连接时扁钢端头适当弯曲。

(7) 倒挂引下杆摇测的工频接地电阻在变压器总容量为100kVA以上的不应大于4Ω，在变压器总容量为100kVA及以下的不应大于10Ω。

三、电气主接线

(1) 10kV配电系统电气主接线应根据系统变压器容量、出线线路、变压器连接元件总数和设备配置等条件确定。

(2) 10kV采用线路变压器组、单母线或单母线分段接线。

(3) 0.4kV采用单母线或单母分线段接线。

(4) 10kV设备短路电流水平按20kA/2s选择(具体工程应根据系统短路电流水平确定)。

四、10kV高压开关柜

高压侧设计拟选用KYN□-12 (GZS1-12)型中置式高压开关柜或HXGN型环网柜，具体技术要求如下：

(1) 中置式高压开关柜内配真空断路器，空气绝缘负荷开关柜和充气式负荷开关柜均应选用优质真空负荷开关或SF_6负荷开关，操动机构一般采用弹簧储能机构。

(2) 开关柜根据环境条件配置温湿度控制器。

(3) 开关柜额定电流为630A及以下。

(4) 熔断器熔体额定电流根据变压器的额定容量选取。

(5) 未带熔断器的出线负荷开关柜应配置电缆故障指示器。

(6) 所有开关柜体都应安装带电显示器，要求带二次对相孔。

(7) 进线开关柜应根据线路的实际情况决定是否安装氧化锌避雷器。

(8) 电缆头选择630A及以下电缆头，并应满足热稳定要求。

(9) 开关柜应具备“五防”功能。

(10) 开关机构可为手动或电动，一般采用弹簧储能机构。

五、变压器

(1) 变压器拟选用节能环保型（低损耗、低噪声）产品。

(2) 独立户内式配电间（箱变）可采用油浸式变压器，大楼建筑物内非独立配电间或地下式配电间内变压器应采用干式变压器。

(3) 配电间内单台变压器容量不宜超过1250kVA，箱变内单台变压器容量不宜超过630kVA。

(4) 变压器接线组别宜采用Dyn11或Yyn0。

(5) 变压器额定变比：

1) 城区或供电半径较小地区的变压器额定变比采用10.5±2×2.5%/0.4kV。

2) 郊区或供电半径较大、布置在线路末端的变压器额定变比采用10±2×2.5%/0.4kV。

(6) 短路阻抗百分值：

1) 油浸式变压器：容量在100～500kVA间的变压器，短路阻抗采用4%；容量为630kVA的变压器，短路阻抗可采用4%或4.5%；容量在800～1250kVA间的变压器，短路阻抗采用4.5%。

2) 干式变压器：容量在100～500kVA间的变压器，短路阻抗采用4%；容量为630kVA的变压器，短路阻抗可采用4%或6%；容量在800～1250kVA间的变压器，短路阻抗采用6%。

六、低压开关柜

(1) 低压开关柜拟选GGD2型固定式低压开关柜和GCS（K）型抽屉式低压开关柜。

(2) 低压开关柜的进线和出线开关宜选用空气断路器，总进线柜一般配置框架智能式断路器，出线柜一般采用塑壳断路器；要求有瞬时脱扣、短延时脱扣、长延时脱扣三段保护，宜采用分励脱扣器，一般不设置失压脱扣。

七、无功补偿电容器柜

(1) 无功补偿电容器柜应采用无功自动补偿方式，具有三相、单相混合补偿方式。

(2) 补偿容量按单台变压器容量20%～40%配置，可按三相、单相混合补偿，保证用电高峰时功率因数达到0.95以上。

(3) 低压电力电容器采用自愈式电容器，要求免维护、无污染、环保；过电流不小于$1.3I_N$，浪涌电流不小于$200I_N$。

八、电气平面布置

10kV单母线接线一般按单列布置，两个独立的单母线、单母线分段时根据现场条件可分单列或双列布置；0.4kV单母线接线或单母线分段一般按单列布置。10kV欧式箱变内设备呈“目”字形或“品”字形排列，分隔成高压室、变压器室、低压室。

九、导体选择

短路电流水平为20kA/4s，按发热及动稳定条件校验，10kV主母线及进线间隔导体选630A及以下。10kV开关柜与变压器高压侧连接电缆须按发热及动稳定条件校验选用，一般选用YJV22-8.7kV/15kV型交联聚乙烯绝缘钢带铠装聚氯乙烯护套电力电缆。

低压母线最大工作电流按变压器容量、发热及动热稳定条件计算决定。

十、防雷、接地及过电压保护

(1) 防雷设计应满足《建筑物防雷设计规范》（GB 50057）的要求。

(2) 采用交流无间隙金属氧化物避雷器进行过电压保护。

(3) 配电间交流电气装置的接地应符合《交流电气装置的接地》（DL/T 621）要求。配电间采用水平和垂直接地的混合接地网。接地体的截面和材料选择应考虑热稳定和腐蚀的要求。配电间接地电阻、跨步电压和接触电压应满足有关规程要求。具体工程中如接地电阻不能满足要求，则需要采取降阻措施。

(4) 电气装置过电压保护应满足《交流电气装置的过电压保护和绝缘配合》（DL/T 620）要求。

十一、站用电

站用电、照明系统电源取自本系统0.4kV电源或电压互感器，也可以装设站用变压器，应设置事故照明。

一、二次设备布置方案

10kV配电间、箱变和柱上台变装设用电信息采集管理终端和多功能电能表。所有10kV二次设备宜采用保护测控一体化装置，就地安装在各自开关柜（箱）二次小室内。

二、保护及自动装置配置

元件保护配置原则如下：

(1) 变压器容量在630kVA及以下组合设计方案中，10kV出线柜内装设熔断器，用于变压器保护。

(2) 变压器容量在630kVA以上，10kV进线装设过流、速断，变压器装设过流、速断、瓦斯(仅用于油浸式变压器)、温度（仅用于干式变压器)、零序等常规保护。本典型设计方案中拟选用直流操作的微机型保护测控装置（设有通信接口，需要时所有信息可通过接口上传)。

(3) 低压侧短路和过载保护利用空气断路器自身具有的保护特性来实现。

三、电能计量

变压器容量在500kVA及以下的10kV配电间、10kV箱变及10kV柱上台变组合设计方案中，宜采用高供低计方式；变压器容量在630kVA及以上，应采用高供高计方式。

(1) 10kV配电间（箱变或柱上台变）应根据实际情况配置电能计量装置，高供高计用户应在10kV进线侧设高压综合计量屏，高供低计用户应在0.4kV总进线侧设低压综合计量屏，其他分类计量可在低压出线屏上实现。电能计量装置的选用及配置应满足《电能计量装置技术管理规程》(DL/T 448)规定。

(2) 计量方式依据系统中性点接地方式确定：

1) 中性点绝缘系统采用三相三线计量方式；

2) 中性点非绝缘系统采用三相四线计量方式。

(3) 选用电子式多功能电能表，就地安装在开关柜二次仪表室内。

(4) 计量柜或互感器柜的设置根据一次主接线选择。

(5) 计量二次回路不得接入与计量无关的设备。

(6) 计量电流回路设计拟采用不低于4mm^{2}单芯硬铜芯电线（缆)，电压回路设计拟采用不低于2.5mm^{2}单芯硬铜芯电线（缆)，并按A黄、B绿、C红、N黑分色。

(7) 本典型设计按照购电制配置专用综合计量屏（屏内安装计量专用TA、TV、用电信息采集管理终端、多功能计量表)，可通过用电信息采集管理终端控制计量屏内断路器（或负荷开关)。

四、直流系统

本典型设计直流系统额定电压采用DC 220V。直流电源装置采用微型直流电源装置或直流屏（带高频开关电源模块和阀控式铅酸蓄电池组，蓄电池容量按2h事故放电时间考虑)。

第五章　电力需求侧10kV配电系统			第一节　总说明
图号	2-5-1-4	图名	电气二次部分技术说明

一、站址场地

(1) 站址应接近负荷中心，满足低压供电半径要求。

(2) 站址宜按正方向布置，采用建筑坐标系。

(3) 土建按最终规模设计。

二、主体建筑

(1) 独立主体建筑。

主体建筑设计要具有现代工业建筑气息，建筑造型和立面色调要与周边地理环境协调统一，外观设计应简洁、稳重、实用。对于建筑物外立面，应避免使用较为特殊的装饰，如玻璃雨篷、通体玻璃幕墙、修饰性栏栅、半圆形房间等。

(2) 非独立主体建筑。

建筑设计要满足现代工业建筑要求，外观设计应简洁、稳重、实用。应注意设备运输、进出线通道、防雷、外观等与主体建筑的配合与协调。

三、总平面布置

(1) 独立主体建筑。

工程的总平面布置，其布置应满足生产工艺、运输、防火、防爆、环境保护和施工等方面的要求，进行统筹安排，合理布置，考虑机械作业通道和空间，检修维护方便，有利于施工。同时须考虑有效的防水、排水、通风、防潮与隔声等措施。

(2) 非独立主体建筑。

执行非独立主体建筑工艺标准，对于设在建筑本体内的，宜设在地上层面，并应留有设备运输通道；当条件限制且有地下多层时，应优先考虑地下负一层，不应设在最底层；不宜设置在卫生间、浴室或其他经常积水场所的下方；同时要考虑有效的防水、排水、通风、防潮与隔声等措施；配电间不宜设置在有人居住房间的正下方。

四、排水、消防、通风、环境保护及其他

(1) 排水：宜采用自流式有组织排水，设置集水井汇集雨水，经地下设置的排水暗管，有组织地将水排至附近市政雨水管网中。

(2) 消防：采用化学灭火方式。

(3) 环保：配电间噪声对周围环境影响应符合GB 3096《声环境质量标准》的规定和要求。

(4) 通风及其他：10kV配电间宜采用自然通风，应设事故排风装置，土建基础设计应充分考虑防潮措施；装有SF_6设备的配电间装置室应装设强力通风装置，风口设置在室内底部，宜设置独立的排气通风装置，箱变变压器室和低压室安装自动控制风扇强制通风（或由运行人员手动控制），并应充分考虑防潮、防洪、排水等措施。

五、安全工器具

配电间应配置规程要求的安全工器具和消防设施。

六、标识板、标识牌

为加强运行管理，防止误操作、误入带电间隔，设备应按要求设置标识板、标识牌。

第五章　电力需求侧10kV配电系统			第一节　总说明
图号	2-5-1-5	图名	土建部分说明和其他说明

基本模块	子模块	接线方式	适用范围
M-1 高压电源接入部分	M-1-1 电缆搭火	M-1-1-1 电缆搭火一（倒挂引下经熔断器，电缆引接进线）	适用于从10kV架空线上引电源，电缆引接进线；用电负荷容量不大于630kVA的配电工程
		M-1-1-2 电缆搭火二（倒挂引下经隔离刀闸，电缆引接进线）	适用于从10kV架空线上引电源，电缆引接进线
		M-1-1-3 电缆搭火三（倒挂引下经真空断路器，电缆引接进线）	适用于从10kV架空线上引电源，电缆引接进线；用电负荷不小于800kVA的配电工程
		M-1-1-4 电缆搭火四（从环网柜引接电源，电缆引接进线）	适用于从10kV架空线上引电源，电缆引接进线；新设环网柜的配电工程
	M-1-2 架空搭火	M-1-2-1 架空搭火一（架空线路引接；倒挂引下经熔断器，架空进线）	适用于从10kV架空线上引电源，架空进线；用电负荷不大于630kVA的配电工程
		M-1-2-2 架空搭火二（架空线路引接；倒挂引下经隔离刀闸，架空进线）	适用于从10kV架空线上引电源，架空进线
		M-1-2-3 架空搭火三（架空线路引接；倒挂引下经真空断路器，架空进线）	适用于从10kV架空线上引电源，架空进线；用电负荷不小于800kVA的配电工程
M-2 高压配电装置部分	M-2-1 线路变压器组接线	M-2-1-1 线路变压器组接线形式一（高压户内负荷开关或跌落式熔断器）	适用于10kV单电源供电，单台变压器容量200kVA及以下，高供低计的10kV配电系统
		M-2-1-2 线路变压器组接线形式二（固定式高压开关柜、一进一出、不带高压计量）	适用于10kV单电源供电，单台变压器容量500kVA及以下，高供低计，变压器设熔断器保护的10kV配电系统
		M-2-1-3 线路变压器组接线形式三（固定式高压开关柜、一进一出、高压计量）	适用于10kV单电源供电，单台变压器容量630kVA，高供高计，变压器设熔断器保护的10kV配电系统
		M-2-1-4 线路变压器组接线形式四（中置式高压开关柜、一进一出、高压计量）	适用于10kV单电源供电，单台变压器容量800kVA及以上，高供高计，高压侧设真空断路器、微机型保护测控单元的10kV配电系统
	M-2-2 单母线接线	M-2-2-1 单母线接线方式一（中置式高压开关柜、一进二出、高压计量）	适用于10kV单电源供电，两台变压器，高供高计，高压侧设真空断路器、微机型保护测控单元的10kV配电系统
		M-2-2-2 单母线接线方式二［中置式高压开关柜、一进N出（$N>2$）、高压计量］	适用于10kV单电源供电，N台变压器（$N>2$），高供高计，高压侧设真空断路器、微机型保护测控单元的10kV配电系统
	M-2-3 单母线分段接线	M-2-3-1 单母线分段接线方式一（中置式高压开关柜、二进二出、高压计量）	适用于10kV双电源供电，两台变压器，高供高计，高压侧设真空断路器、微机型保护测控单元的10kV配电系统
		M-2-3-2 单母线分段接线方式二［中置式高压开关柜、二进N出（$N>2$）、高压计量］	适用于10kV双电源供电，N台变压器（$N>2$），高供高计，高压侧设真空断路器、微机型保护测控单元的10kV配电系统
M-3 变压器部分	M-3-1 油浸式	M-3-1 油浸式配电变压器	适用于所有油浸式配电变压器（100～1250kVA）
	M-3-2 干式	M-3-2 干式配电变压器	适用于所有干式配电变压器（100～1250kVA）

第五章 电力需求侧10kV配电系统		第一节 总说明	
图号	2-5-1-6	图名	10kV配电系统典型模块接线方式和适用范围（一）

续表

基本模块	子模块	接线方式	适用范围
M-4 低压配电装置部分	M-4-1 单母线接线	M-4-1-1 单母线接线方式一（固定式低压开关柜、一进四出、带低压总计量）	适用于单台变压器容量为500kVA及以下，低压计量的配电系统
		M-4-1-2 单母线接线方式二（固定式低压开关柜、一进四出、不带低压总计量）	适用于单台变压器容量为630kVA及以上，高压计量的配电系统
		M-4-1-3 单母线接线方式三（抽屉式低压开关柜、一进八出）	适用于单台变压器容量800kVA及以上，高压计量的配电系统
	M-4-2 单母线分段接线	M-4-2-1 单母线分段接线方式一（抽屉式低压开关柜、二进八出）	适用于单台变压器容量630kVA，高压计量的配电系统
		M-4-2-2 单母线分段接线方式二（抽屉式低压开关柜、二进十六出）	适用于单台容量630kVA，两台变压器、高压计量的配电系统
	M-4-3 小容量应急回路	M-4-3 小容量应急负荷回路、单母线接线方式（固定式低压开关柜、二进八出）	适用于单台变压器容量630kVA及以上，高压计量、低压侧带小容量应急负荷回路的配电系统
	M-4-4 大容量应急负荷回路	M-4-4-1 大容量应急负荷回路、单母线接线方式一（固定式低压开关柜、二进十七出）	适用于两台变压器容量630kVA及以上，高压计量、低压侧带大容量应急负荷回路的配电系统
		M-4-4-2 大容量应急负荷回路、单母线接线方式二（固定式低压开关柜、二进八出）	适用于大型企业及重要的民用建筑中配备应急发电机组的配电系统
	M-4-5 UPS	M-4-5 固定式低压开关柜、不间断电源UPS、二进一出	适用于大型企业及重要的民用建筑中有特别重要负荷的配电系统；本模块应用交流不间断电源，适用于允许中断供电时间为毫秒级的负荷
	M-4-6 EPS	M-4-6 固定式低压开关柜、应急电源EPS、二进一出	适用于大型企业及重要的民用建筑中有特别重要负荷的配电系统；允许中断供电时间为0.25s以上的负荷
M-5 二次系统部分	M-5-1 微机保护	M-5-1-1 微机保护配置图一（单电源供电、单台容量800kVA及以上变压器）	适用于10kV单电源供电、单台容量800kVA及以上变压器、高压设真空断路器、变压器设微机型保护测控单元、高压计量的配电系统
		M-5-1-2 微机保护配置图二（单电源供电、两台变压器）	适用于10kV单电源供电、两台变压器、高压设真空断路器装设微机型保护测控单元、高压计量的配电系统
		M-5-1-3 微机保护配置图三（双电源供电、两台变压器）	适用于10kV双电源供电、两台变压器、高压设真空断路器装设微机型保护测控单元、高压计量的配电系统
	M-5-2 直流电源	M-5-2-1 微型直流电源装置接线图	适用于高压装设微机保护测控单元、需要直流操作电源的配电系统
		M-5-2-2 直流屏系统接线图	适用于高压装设微机保护测控单元、需要直流操作电源的配电系统
M-6 电能计量部分	M-6-1	M-6-1 高压组合计量箱	适用于10kV单电源供电、高压计量、采用临时用电用户
	M-6-2	M-6-2 10kV单电源、高供高计、高压计量屏	适用于10kV单电源供电、高压计量、采用购电制的配电系统
	M-6-3	M-6-3 10kV双电源、高供高计、高压计量屏	适用于10kV双电源供电、高压双计量、采用购电制的配电系统
	M-6-4	M-6-4 高供低计、低压计量屏	适用于10kV单电源供电、低压总计量、采用购电制的配电系统

注：合计基本模块6个，子模块19个，接线方式36种。

第五章 电力需求侧10kV配电系统			第一节 总说明
图号	2-5-1-7	图名	10kV配电系统典型模块接线方式和适用范围（二）

序号	方案编号	变压器容量/kVA	电气主接线	主要设备选择	进出线回路数	计量方式	模块组合
1	PB-1	1×100（油变）	高压侧：线路变压器组接线 低压侧：单母线接线	高压配电装置：环网柜 变压器：油浸式配电变压器 低压配电装置：固定式低压开关柜	高压侧：1回 低压侧：4回	高供低计	M-1-1-1，M-2-1-2（或M-2-1-1），M-3-1，M-4-1-1，M-6-4
2	PB-2	1×100（干变）	高压侧：线路变压器组接线 低压侧：单母线接线	高压配电装置：环网柜 变压器：干式配电变压器 低压配电装置：固定式低压开关柜	高压侧：1回 低压侧：4回	高供低计	M-1-1-1，M-2-1-2（或M-2-1-1），M-3-2，M-4-1-1，M-6-4
3	PB-3	1×200（油变）	高压侧：线路变压器组接线 低压侧：单母线接线	高压配电装置：环网柜 变压器：油浸式配电变压器 低压配电装置：固定式低压开关柜	高压侧：1回 低压侧：4回	高供低计	M-1-1-1，M-2-1-2（或M-2-1-1），M-3-1，M-4-1-1，M-6-4
4	PB-4	1×200（干变）	高压侧：线路变压器组接线 低压侧：单母线接线	高压配电装置：环网柜 变压器：干式配电变压器 低压配电装置：固定式低压开关柜	高压侧：1回 低压侧：4回	高供低计	M-1-1-1，M-2-1-2（或M-2-1-1），M-3-2，M-4-1-1，M-6-4
5	PB-5	1×315（油变）	高压侧：线路变压器组接线 低压侧：单母线接线	高压配电装置：环网柜 变压器：油浸式配电变压器 低压配电装置：固定式低压开关柜	高压侧：1回 低压侧：4回	高供低计	M-1-1-1，M-2-1-2，M-3-1，M-4-1-1，M-6-4
6	PB-6	1×315（干变）	高压侧：线路变压器组接线 低压侧：单母线接线	高压配电装置：环网柜 变压器：干式配电变压器 低压配电装置：固定式低压开关柜	高压侧：1回 低压侧：4回	高供低计	M-1-1-1，M-2-1-2，M-3-2，M-4-1-1，M-6-4
7	PB-7	1×500（油变）	高压侧：线路变压器组接线 低压侧：单母线接线	高压配电装置：环网柜 变压器：油浸式配电变压器 低压配电装置：固定式低压开关柜	高压侧：1回 低压侧：4回	高供低计	M-1-1-1，M-2-1-2，M-3-1，M-4-1-1，M-6-4
8	PB-8	1×500（干变）	高压侧：线路变压器组接线 低压侧：单母线接线	高压配电装置：环网柜 变压器：干式配电变压器 低压配电装置：固定式低压开关柜	高压侧：1回 低压侧：4回	高供低计	M-1-1-1，M-2-1-2，M-3-2，M-4-1-1，M-6-4
9	PB-9	1×630（油变）	高压侧：线路变压器组接线 低压侧：单母线接线	高压配电装置：环网柜 变压器：油浸式配电变压器 低压配电装置：固定式低压开关柜	高压侧：1回 低压侧：4回	高供高计	M-1-1-1，M-2-1-3，M-3-1，M-4-1-2，M-6-2
10	PB-10	1×630（干变）	高压侧：线路变压器组接线 低压侧：单母线接线	高压配电装置：环网柜 变压器：干式配电变压器 低压配电装置：固定式低压开关柜	高压侧：1回 低压侧：4回	高供高计	M-1-1-1，M-2-1-3，M-3-2，M-4-1-2，M-6-2
11	PB-11	1×800（油变）	高压侧：线路变压器组接线 低压侧：单母线接线	高压配电装置：中置式高压开关柜 变压器：油浸式变压器 低压侧：抽屉式低压开关柜	高压侧：1回 低压侧：8回	高供高计	M-1-1-3，M-2-1-4，M-3-1，M-4-1-3，M-5-1-1，M-5-2-1，M-6-2
12	PB-12	1×800（干变）	高压侧：线路变压器组接线 低压侧：单母线接线	高压配电装置：中置式高压开关柜 变压器：干式变压器 低压侧：抽屉式低压开关柜	高压侧：1回 低压侧：8回	高供高计	M-1-1-3，M-2-1-4，M-3-2，M-4-1-3，M-5-1-1，M-5-2-1，M-6-2

第五章　电力需求侧 10kV 配电系统		第一节　总说明
图号	2-5-1-8	图名：10kV 配电系统有配电间典型组合设计方案（一）

续表

序号	方案编号	变压器容量/kVA	电气主接线	主要设备选择	进出线回路数	计量方式	模块组合
13	PB-13	1×1250（油变）	高压侧：线路变压器组接线 低压侧：单母线接线	高压配电装置：中置式高压开关柜 变压器：油浸式变压器 低压侧：抽屉式低压开关柜	高压侧：1回 低压侧：8回	高供高计	M-1-1-3，M-2-1-4， M-3-1，M-4-1-3， M-5-1-1，M-5-2-1，M-6-2
14	PB-14	1×1250（干变）	高压侧：线路变压器组接线 低压侧：单母线接线	高压配电装置：中置式高压开关柜 变压器：干式变压器 低压侧：抽屉式低压开关柜	高压侧：1回 低压侧：8回	高供高计	M-1-1-3，M-2-1-4， M-3-2，M-4-1-3， M-5-1-1，M-5-2-1，M-6-2
15	PB-15	2×630（油变）	高压侧：单母线接线 低压侧：单母线分段接线	高压配电装置：中置式高压开关柜 变压器：油浸式变压器 低压侧：抽屉式低压开关柜	高压侧：1回 低压侧：8回	高供高计	M-1-1-3，M-2-2-1， M-3-1，M-4-2-1， M-5-1-2，M-5-2-1，M-6-2
16	PB-16	2×630（干变）	高压侧：单母线接线 低压侧：单母线分段接线	高压配电装置：中置式高压开关柜 变压器：干式变压器 低压侧：抽屉式低压开关柜	高压侧：1回 低压侧：8回	高供高计	M-1-1-3，M-2-2-1， M-3-2，M-4-2-1， M-5-1-2，M-5-2-1，M-6-2
17	PB-17	2×800（油变）	高压侧：单母线接线 低压侧：单母线分段接线	高压配电装置：中置式高压开关柜 变压器：油浸式变压器 低压侧：抽屉式低压开关柜	高压侧：1回 低压侧：16回	高供高计	M-1-1-3，M-2-2-1， M-3-1，M-4-2-2， M-5-1-2，M-5-2-1，M-6-2
18	PB-18	2×800（干变）	高压侧：单母线接线 低压侧：单母线分段接线	高压配电装置：中置式高压开关柜 变压器：干式变压器 低压侧：抽屉式低压开关柜	高压侧：1回 低压侧：16回	高供高计	M-1-1-3，M-2-2-1， M-3-2，M-4-2-2， M-5-1-2，M-5-2-1，M-6-2
19	PB-19	2×1250（油变）	高压侧：单母线接线 低压侧：单母线分段接线	高压配电装置：中置式高压开关柜 变压器：油浸式变压器 低压侧：抽屉式低压开关柜	高压侧：1回 低压侧：16回	高供高计	M-1-1-3，M-2-2-1， M-3-1，M-4-2-2， M-5-1-2，M-5-2-1，M-6-2
20	PB-20	2×1250（干变）	高压侧：单母线接线 低压侧：单母线分段接线	高压配电装置：中置式高压开关柜 变压器：干式变压器 低压侧：抽屉式低压开关柜	高压侧：1回 低压侧：16回	高供高计	M-1-1-3，M-2-2-1， M-3-2，M-4-2-2， M-5-1-2，M-5-2-1，M-6-2
21	PB-21	2×630（油变）	高压侧：单母线分段接线 低压侧：单母线分段接线	高压配电装置：中置式高压开关柜 变压器：油浸式变压器 低压侧：抽屉式低压开关柜	高压侧：2回 低压侧：8回	高供高计	M-1-1-3，M-2-3-1， M-3-1，M-4-2-1， M-5-1-3，M-5-2-2，M-6-3
22	PB-22	2×630（干变）	高压侧：单母线分段接线 低压侧：单母线分段接线	高压配电装置：中置式高压开关柜 变压器：干式变压器 低压侧：抽屉式低压开关柜	高压侧：2回 低压侧：8回	高供高计	M-1-1-3，M-2-3-1， M-3-2，M-4-2-1， M-5-1-3，M-5-2-2，M-6-3
23	PB-23	2×800（油变）	高压侧：单母线分段接线 低压侧：单母线分段接线	高压配电装置：中置式高压开关柜 变压器：油浸式变压器 低压侧：抽屉式低压开关柜	高压侧：2回 低压侧：16回	高供高计	M-1-1-3，M-2-3-1， M-3-1，M-4-2-1， M-5-1-3，M-5-2-2，M-6-3

续表

序号	方案编号	变压器容量/kVA	电气主接线	主要设备选择	进出线回路数	计量方式	模块组合
24	PB-24	2×800（干变）	高压侧：单母线分段接线 低压侧：单母线分段接线	高压配电装置：中置式高压开关柜 变压器：干式变压器 低压侧：抽屉式低压开关柜	高压侧：2回 低压侧：16回	高供高计	M-1-1-3，M-2-3-1， M-3-2，M-4-2-1， M-5-1-3，M-5-2-2，M-6-3
25	PB-25	2×1250（油变）	高压侧：单母线分段接线 低压侧：单母线分段接线	高压配电装置：中置式高压开关柜 变压器：油浸式变压器 低压侧：抽屉式低压开关柜	高压侧：2回 低压侧：16回	高供高计	M-1-1-3，M-2-3-1， M-3-1，M-4-2-1， M-5-1-3，M-5-2-2，M-6-3
26	PB-26	2×1250（干变）	高压侧：单母线分段接线 低压侧：单母线分段接线	高压配电装置：中置式高压开关柜 变压器：干式变压器 低压侧：抽屉式低压开关柜	高压侧：2回 低压侧：16回	高供高计	M-1-1-3，M-2-3-1， M-3-2，M-4-2-1， M-5-1-3，M-5-2-2，M-6-3
27	PB-27	1×630（油变）	高压侧：线路变压器组接线 低压侧：单母线接线	高压配电装置：环网柜 变压器：油浸式变压器 低压侧：固定式低压开关柜(有应急电源接入系统)	高压侧：1回 低压侧：8回	高供高计	M-1-1-1，M-2-1-3， M-3-1，M-4-3， M-6-2
28	PB-28	1×630（干变）	高压侧：线路变压器组接线 低压侧：单母线接线	高压配电装置：环网柜 变压器：干浸式变压器 低压侧：固定式低压开关柜(有应急电源接入系统)	高压侧：1回 低压侧：8回	高供高计	M-1-1-1，M-2-1-3， M-3-2，M-4-3， M-6-2
29	PB-29	1×800（油变）	高压侧：线路变压器组接线 低压侧：单母线分段接线	高压配电装置：中置式高压开关柜 变压器：油浸式变压器 低压侧：固定式低压开关柜(有应急电源接入系统)	高压侧：1回 低压侧：16回	高供高计	M-1-1-3，M-2-1-4， M-3-1，M-4-3，M-4-4-2， M-5-1-1，M-5-2-1，M-6-2
30	PB-30	1×800（干变）	高压侧：线路变压器组接线 低压侧：单母线分段接线	高压配电装置：中置式高压开关柜 变压器：干式变压器 低压侧：固定式低压开关柜(有应急电源接入系统)	高压侧：1回 低压侧：16回	高供高计	M-1-1-3，M-2-1-4， M-3-2，M-4-3，M-4-4-2， M-5-1-1，M-5-2-1，M-6-2
31	PB-31	2×630（油变）	高压侧：单母线接线 低压侧：单母线分段接线	高压配电装置：中置式高压开关柜 变压器：油浸式变压器 低压侧：固定式低压开关柜(有应急电源接入系统)	高压侧：1回 低压侧：24回	高供高计	M-1-1-3，M-2-2-1， M-3-1，M-4-4-1，M-4-4-2， M-5-1-2，M-5-2-1，M-6-2
32	PB-32	2×630（干变）	高压侧：单母线接线 低压侧：单母线分段接线	高压配电装置：中置式高压开关柜 变压器：干式变压器 低压侧：固定式低压开关柜(有应急电源接入系统)	高压侧：1回 低压侧：24回	高供高计	M-1-1-3，M-2-2-1， M-3-2，M-4-4-1，M-4-4-2， M-5-1-2，M-5-2-1，M-6-2
33	PB-33	2×630（油变）	高压侧：单母线分段接线 低压侧：单母线分段接线	高压配电装置：中置式高压开关柜 变压器：油浸式变压器 低压侧：固定式低压开关柜(有应急电源接入系统)	高压侧：2回 低压侧：24回	高供高计	M-1-1-3，M-2-3-1， M-3-1，M-4-4-1，M-4-4-2， M-5-1-3，M-5-2-2，M-6-3
34	PB-34	2×630（干变）	高压侧：单母线分段接线 低压侧：单母线分段接线	高压配电装置：中置式高压开关柜 变压器：干式变压器 低压侧：固定式低压开关柜(有应急电源接入系统)	高压侧：2回 低压侧：24回	高供高计	M-1-1-3，M-2-3-1， M-3-2，M-4-4-1，M-4-4-2， M-5-1-3，M-5-2-2，M-6-3

10kV 配电系统箱变典型组合设计方案

序号	方案编号	变压器容量/kVA	电气主接线	主要设备选择	进出线回路数	计量方式	模块组合
1	XB-1	1×315 （油变）	高压侧：线路变压器组接线 低压侧：单母线	高压配电装置：环网柜 变压器：油浸式变压器 低压侧：固定式低压开关柜	高压侧：1回 低压侧：4回	高供低计	M-1-1-1，M-2-1-2，M-3-1，M-4-1-1，M-6-4
2	XB-2	1×500 （油变）	高压侧：线路变压器组接线 低压侧：单母线	高压配电装置：环网柜 变压器：油浸式变压器 低压侧：固定式低压开关柜	高压侧：1回 低压侧：4回	高供低计	M-1-1-1，M-2-1-2，M-3-1，M-4-1-1，M-6-4
3	XB-3	1×630 （油变）	高压侧：线路变压器组接线 低压侧：单母线	高压配电装置：环网柜 变压器：油浸式变压器 低压侧：固定式低压开关柜	高压侧：1回 低压侧：4回	高供高计	M-1-1-1，M-2-1-3，M-3-1，M-4-1-2，M-6-2

10kV 配电系统柱上台变典型组合设计方案

序号	方案编号	变压器容量/kVA	电气主接线	主要设备选择	进出线回路数	计量方式	模块组合
1	ZB-1	1×200 （油变）	高压侧：线路变压器组接线 低压侧：单母线接线	高压侧：熔断器 变压器：油浸式变压器 低压侧：综合计量配电箱	高压侧：1回 低压侧：1回	高供低计	M-1-2-1，M-2-1-1，M-3-1
2	ZB-2	1×400 （油变）	高压侧：线路变压器组接线 低压侧：单母线接线	高压侧：熔断器 变压器：油浸式变压器 高压侧：综合计量配电箱	高压侧：1回 低压侧：2回	高供低计	M-1-2-1，M-2-1-1，M-3-1

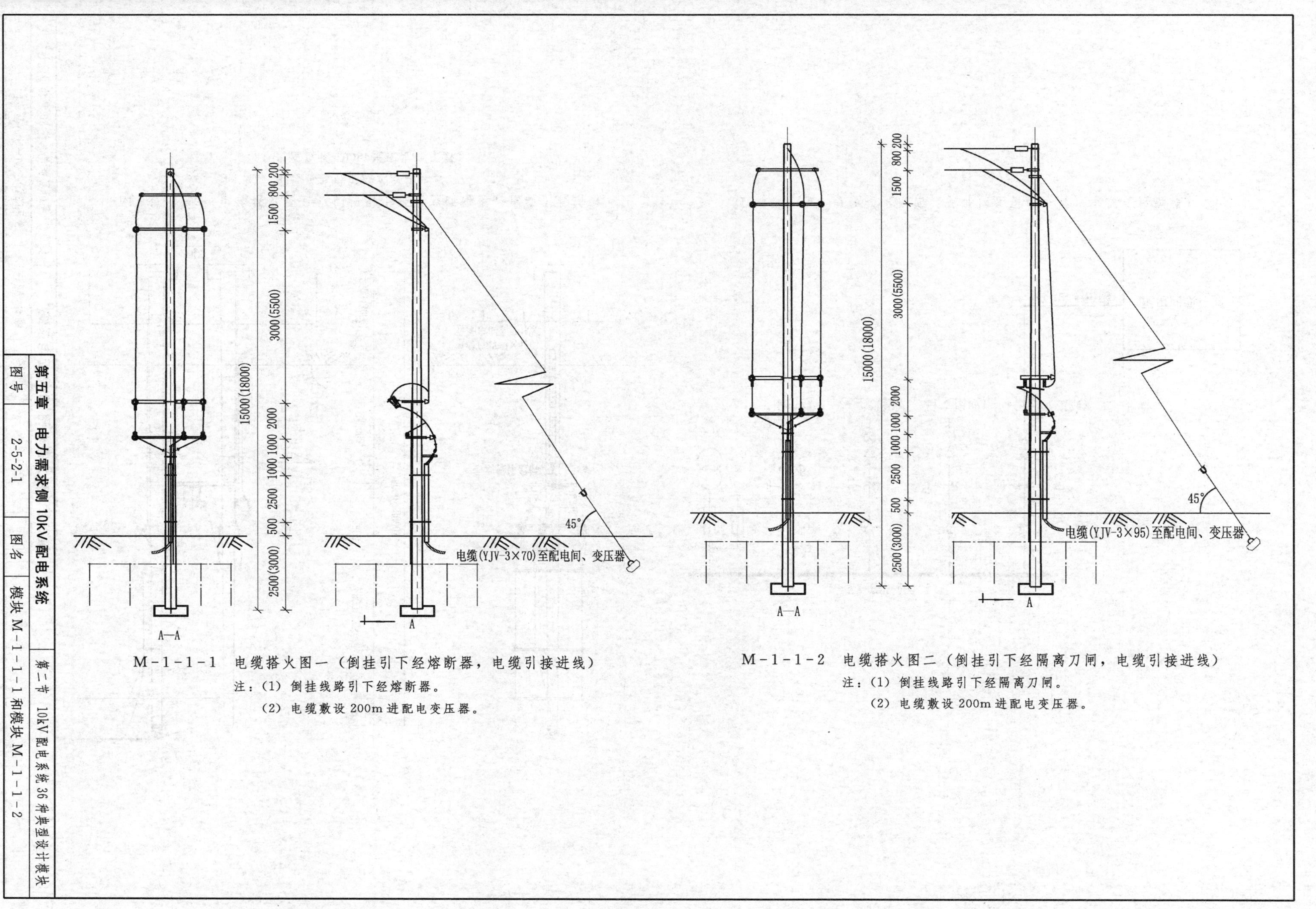

M-1-1-1　电缆搭火图一（倒挂引下经熔断器，电缆引接进线）

注：(1) 倒挂线路引下经熔断器。

(2) 电缆敷设 200m 进配电变压器。

M-1-1-2　电缆搭火图二（倒挂引下经隔离刀闸，电缆引接进线）

注：(1) 倒挂线路引下经隔离刀闸。

(2) 电缆敷设 200m 进配电变压器。

第五章　电力需求侧 10kV 配电系统		第二节　10kV 配电系统 36 种典型设计模块	
图号	2-5-2-1	图名	模块 M-1-1-1 和模块 M-1-1-2

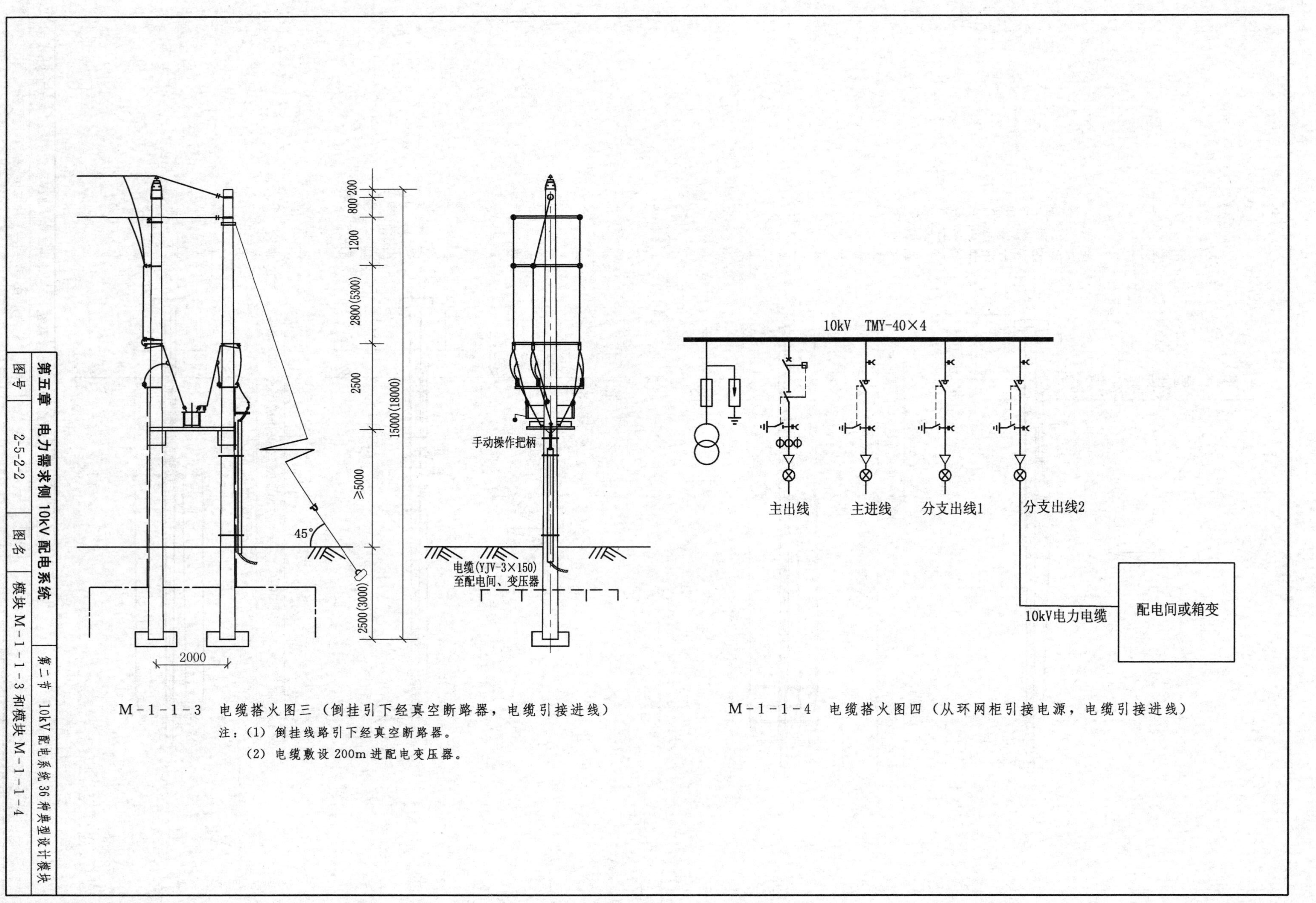

M-1-1-3 电缆搭火图三（倒挂引下经真空断路器，电缆引接进线）

注：(1) 倒挂线路引下经真空断路器。

(2) 电缆敷设 200m 进配电变压器。

M-1-1-4 电缆搭火图四（从环网柜引接电源，电缆引接进线）

第五章 电力需求侧 10kV 配电系统		第二节 10kV 配电系统 36 种典型设计模块	
图号	2-5-2-2	图名	模块 M-1-1-3 和模块 M-1-1-4

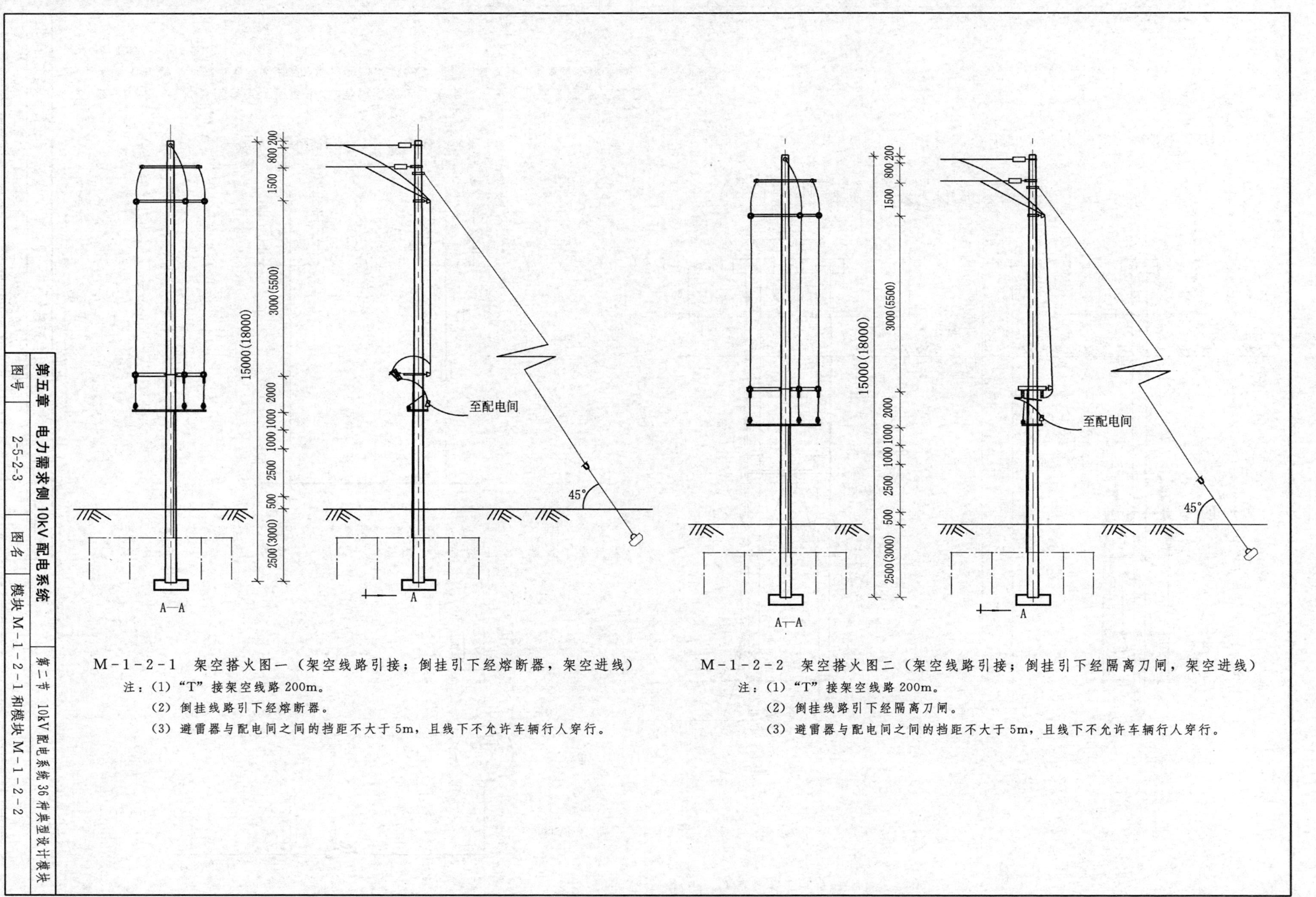

M－1－2－1　架空搭火图一（架空线路引接；倒挂引下经熔断器，架空进线）

注：(1)“T”接架空线路200m。

(2) 倒挂线路引下经熔断器。

(3) 避雷器与配电间之间的挡距不大于5m，且线下不允许车辆行人穿行。

M－1－2－2　架空搭火图二（架空线路引接；倒挂引下经隔离刀闸，架空进线）

注：(1)“T”接架空线路200m。

(2) 倒挂线路引下经隔离刀闸。

(3) 避雷器与配电间之间的挡距不大于5m，且线下不允许车辆行人穿行。

第五章　电力需求侧10kV配电系统		第二节　10kV配电系统36种典型设计模块	
图号	2-5-2-3	图名	模块M－1－2－1和模块M－1－2－2

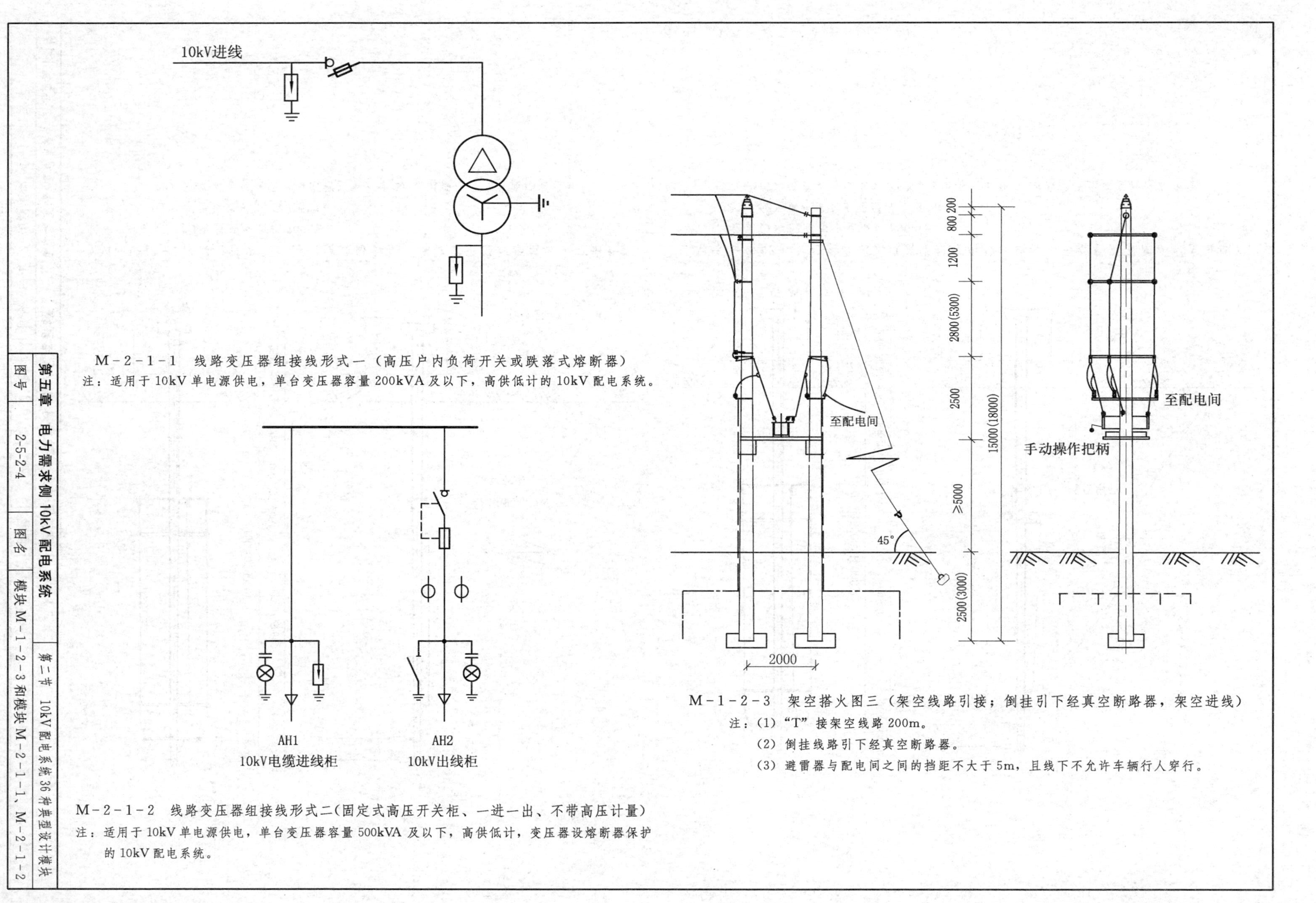

M－2－1－1　线路变压器组接线形式一（高压户内负荷开关或跌落式熔断器）

注：适用于10kV单电源供电，单台变压器容量200kVA及以下，高供低计的10kV配电系统。

M－2－1－2　线路变压器组接线形式二(固定式高压开关柜、一进一出、不带高压计量)

注：适用于10kV单电源供电，单台变压器容量500kVA及以下，高供低计，变压器设熔断器保护的10kV配电系统。

M－1－2－3　架空搭火图三（架空线路引接；倒挂引下经真空断路器，架空进线）

注：(1)“T”接架空线路200m。

(2) 倒挂线路引下经真空断路器。

(3) 避雷器与配电间之间的挡距不大于5m，且线下不允许车辆行人穿行。

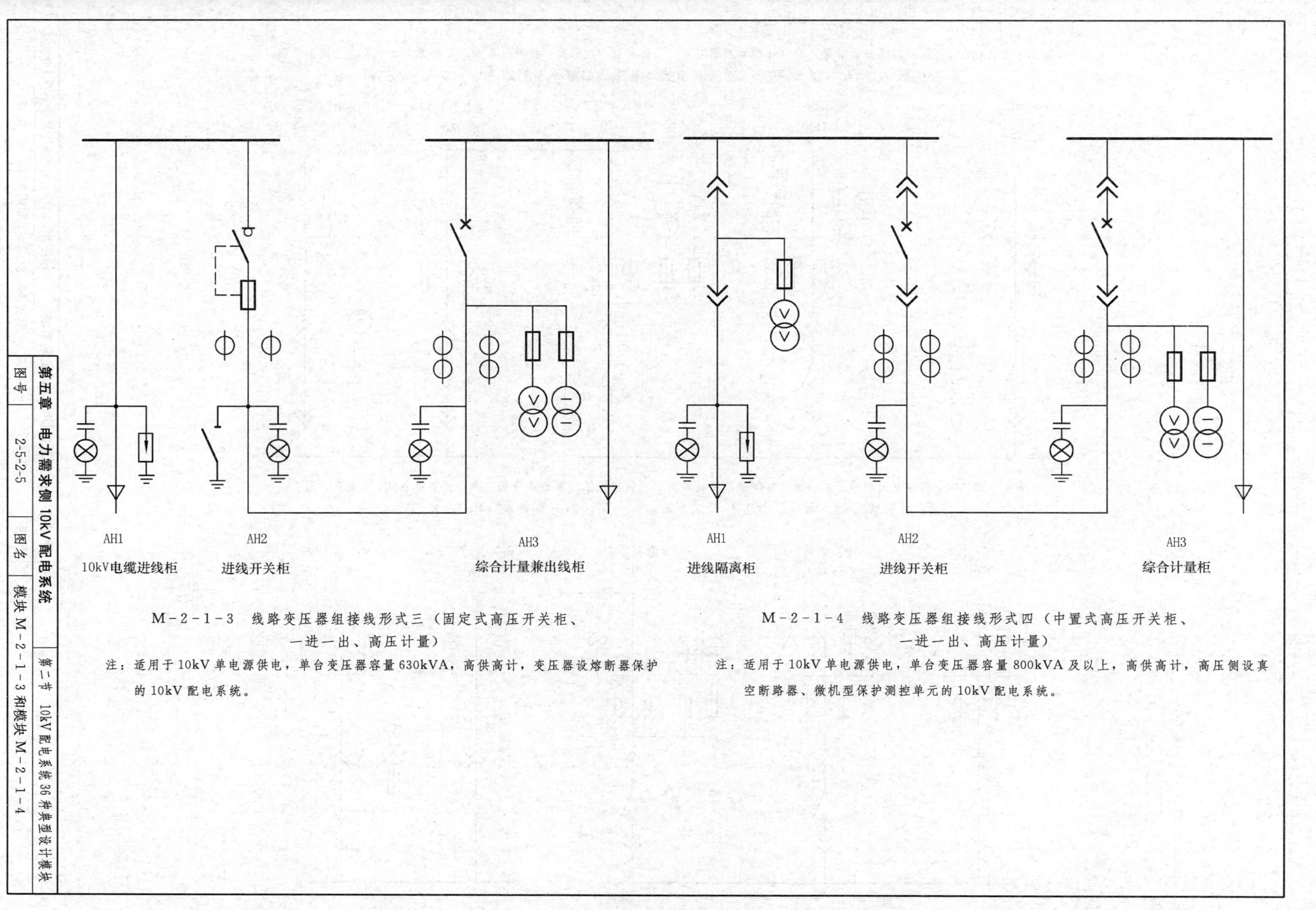

M－2－1－3 线路变压器组接线形式三（固定式高压开关柜、一进一出、高压计量）

注：适用于10kV单电源供电，单台变压器容量630kVA，高供高计，变压器设熔断器保护的10kV配电系统。

M－2－1－4 线路变压器组接线形式四（中置式高压开关柜、一进一出、高压计量）

注：适用于10kV单电源供电，单台变压器容量800kVA及以上，高供高计，高压侧设真空断路器、微机型保护测控单元的10kV配电系统。

第五章 电力需求侧10kV配电系统			第二节 10kV配电系统36种典型设计模块
图号	2-5-2-5	图名	模块M－2－1－3和模块M－2－1－4

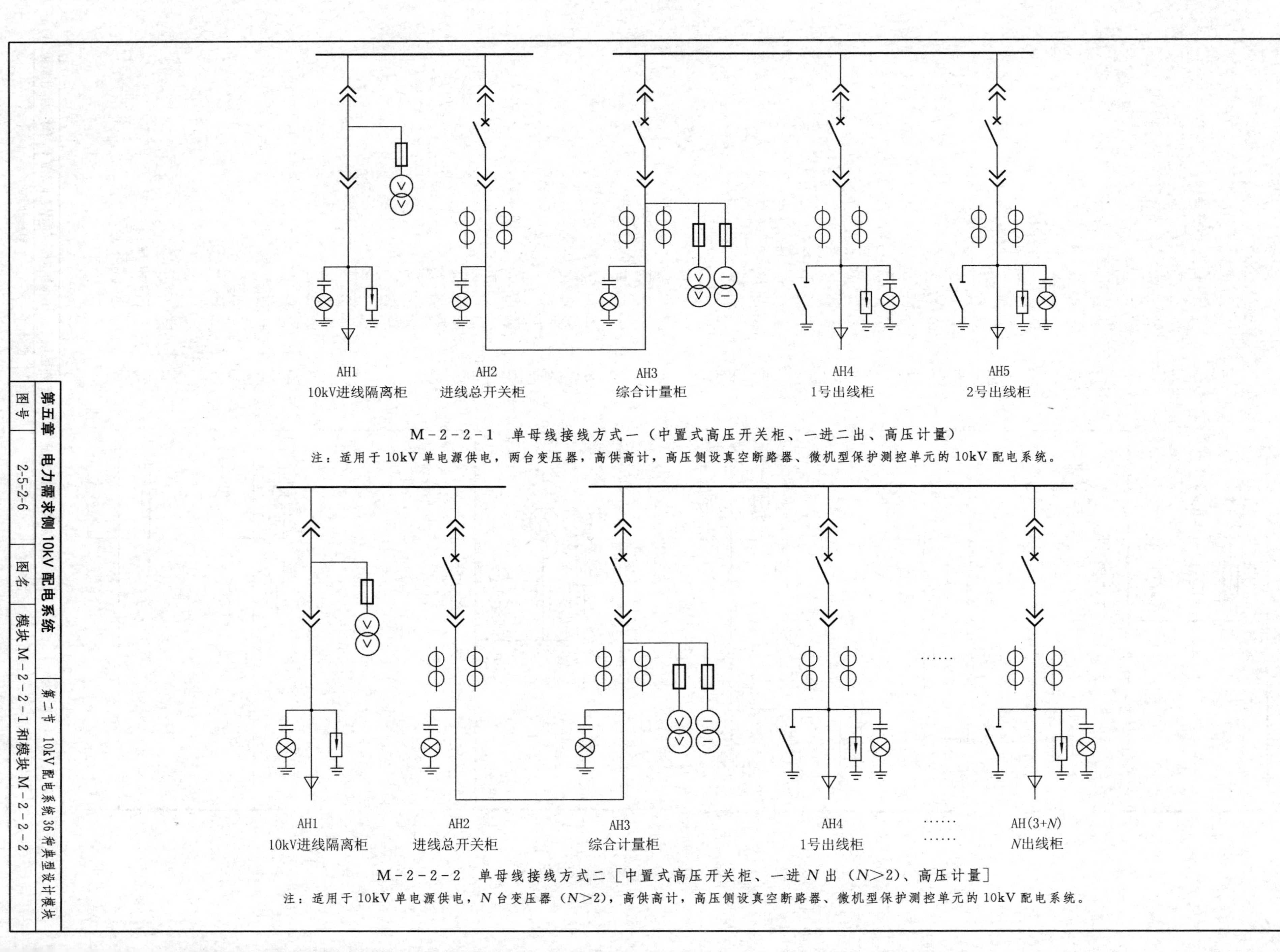

M-2-2-1 单母线接线方式一（中置式高压开关柜、一进二出、高压计量）

注：适用于10kV单电源供电，两台变压器，高供高计，高压侧设真空断路器、微机型保护测控单元的10kV配电系统。

M-2-2-2 单母线接线方式二［中置式高压开关柜、一进N出（N>2）、高压计量］

注：适用于10kV单电源供电，N台变压器（N>2），高供高计，高压侧设真空断路器、微机型保护测控单元的10kV配电系统。

第五章 电力需求侧10kV配电系统			第二节 10kV配电系统36种典型设计模块
图号	2-5-2-6	图名	模块M-2-2-1和模块M-2-2-2

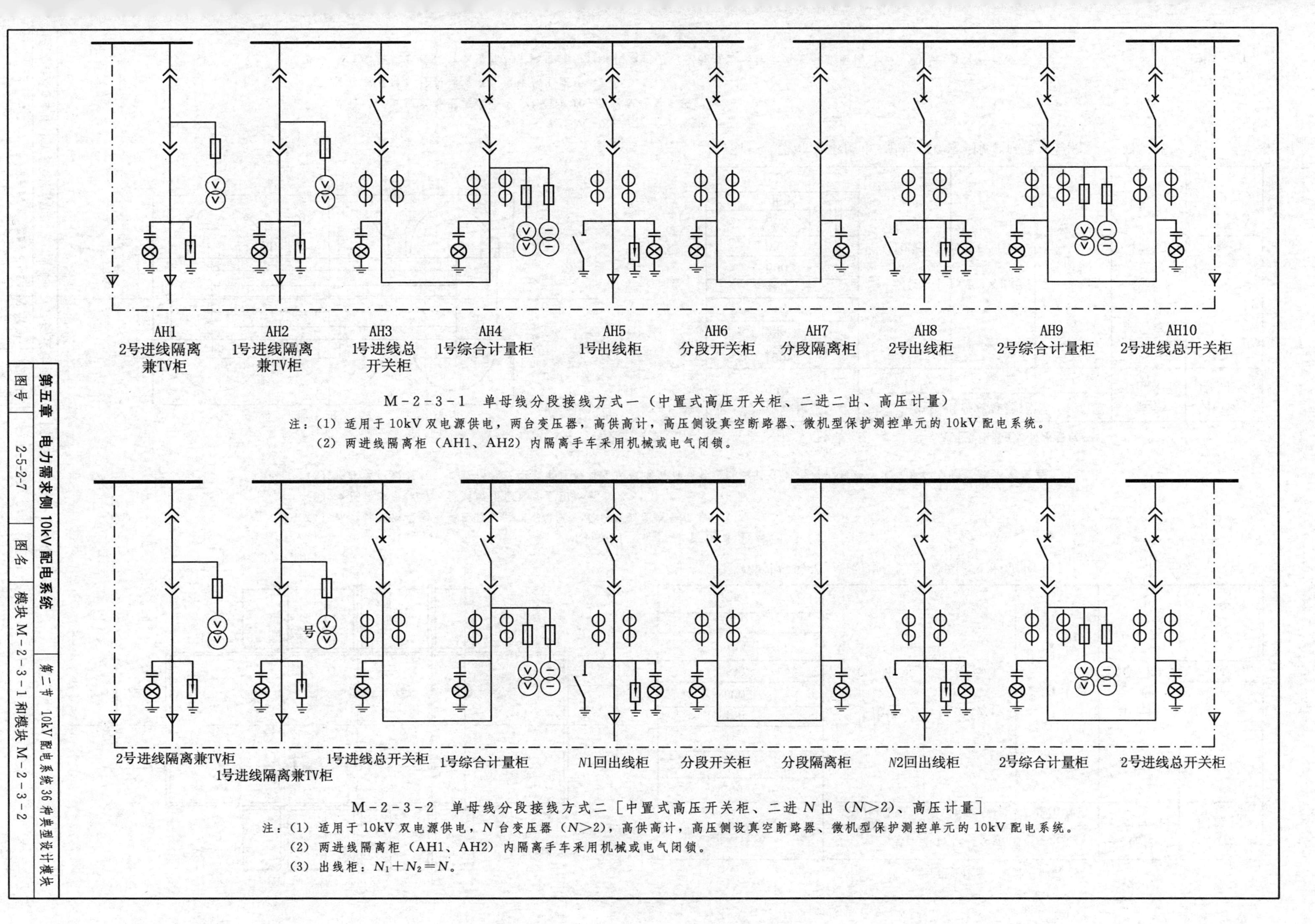

第五章　电力需求侧10kV配电系统		第二节　10kV配电系统36种典型设计模块	
图号	2-5-2-7	图名	模块M－2－3－1和模块M－2－3－2

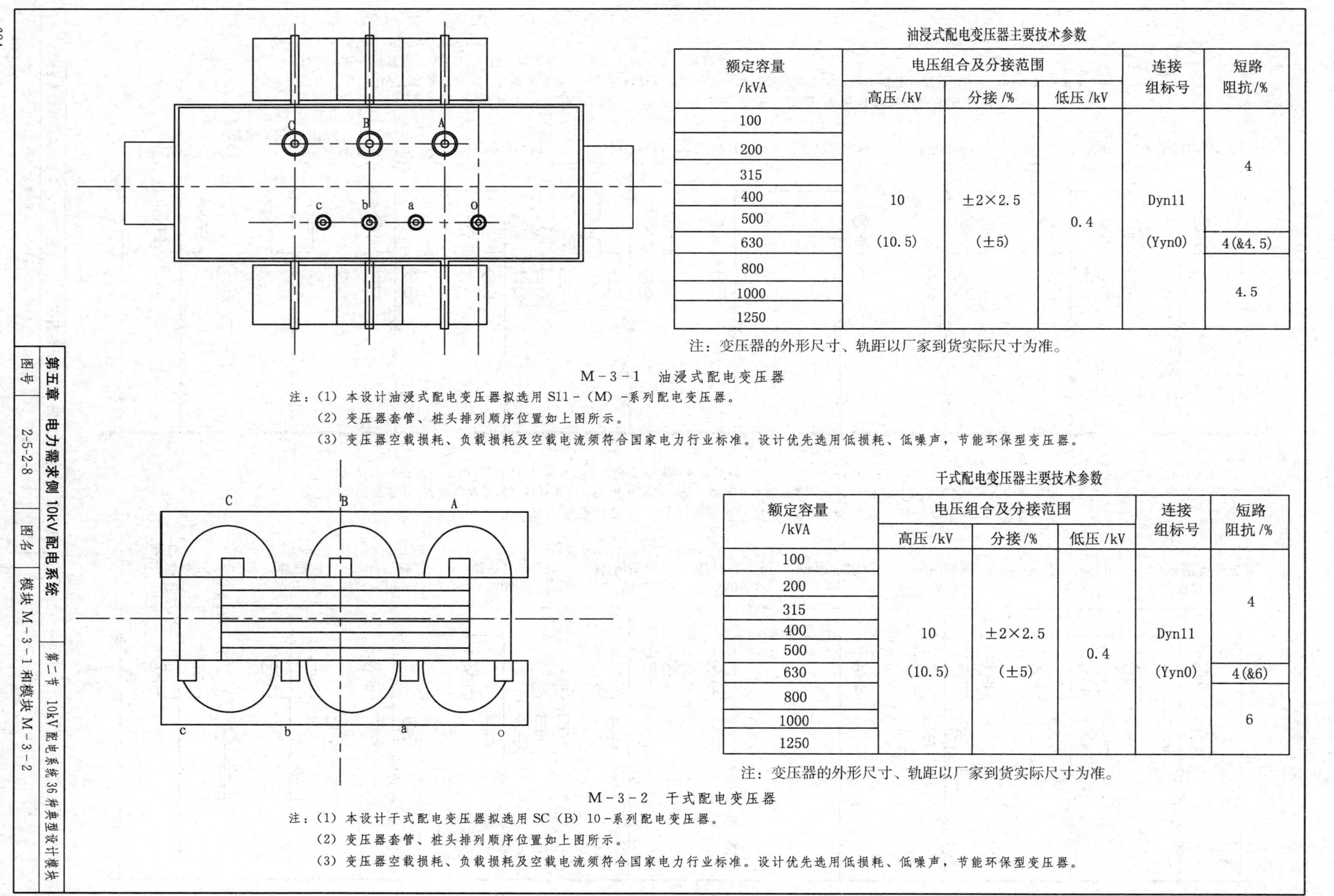

油浸式配电变压器主要技术参数

额定容量 /kVA	电压组合及分接范围			连接组标号	短路阻抗 /%
	高压 /kV	分接 /%	低压 /kV		
100	10 (10.5)	±2×2.5 (±5)	0.4	Dyn11 (Yyn0)	4
200					
315					
400					
500					
630					4(&4.5)
800					4.5
1000					
1250					

注：变压器的外形尺寸、轨距以厂家到货实际尺寸为准。

M－3－1　油浸式配电变压器

注：(1) 本设计油浸式配电变压器拟选用 S11－(M)－系列配电变压器。

(2) 变压器套管、桩头排列顺序位置如上图所示。

(3) 变压器空载损耗、负载损耗及空载电流须符合国家电力行业标准。设计优先选用低损耗、低噪声，节能环保型变压器。

干式配电变压器主要技术参数

额定容量 /kVA	电压组合及分接范围			连接组标号	短路阻抗 /%
	高压 /kV	分接 /%	低压 /kV		
100	10 (10.5)	±2×2.5 (±5)	0.4	Dyn11 (Yyn0)	4
200					
315					
400					
500					
630					4(&6)
800					6
1000					
1250					

注：变压器的外形尺寸、轨距以厂家到货实际尺寸为准。

M－3－2　干式配电变压器

注：(1) 本设计干式配电变压器拟选用 SC (B) 10－系列配电变压器。

(2) 变压器套管、桩头排列顺序位置如上图所示。

(3) 变压器空载损耗、负载损耗及空载电流须符合国家电力行业标准。设计优先选用低损耗、低噪声，节能环保型变压器。

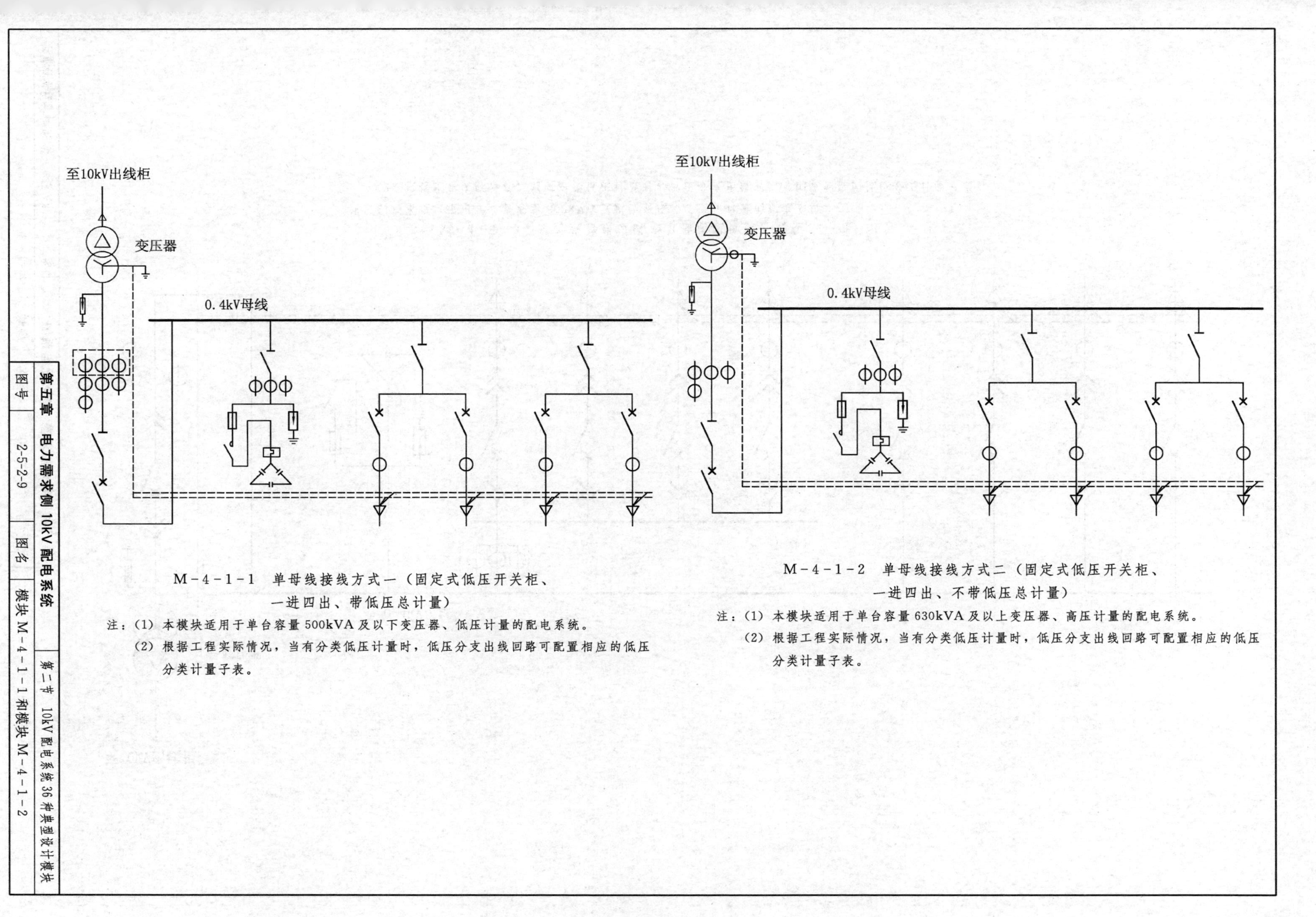

M-4-1-1 单母线接线方式一（固定式低压开关柜、一进四出、带低压总计量）

注：(1) 本模块适用于单台容量500kVA及以下变压器、低压计量的配电系统。
(2) 根据工程实际情况，当有分类低压计量时，低压分支出线回路可配置相应的低压分类计量子表。

M-4-1-2 单母线接线方式二（固定式低压开关柜、一进四出、不带低压总计量）

注：(1) 本模块适用于单台容量630kVA及以上变压器、高压计量的配电系统。
(2) 根据工程实际情况，当有分类低压计量时，低压分支出线回路可配置相应的低压分类计量子表。

图号	2-5-2-9	图名	模块M-4-1-1和模块M-4-1-2

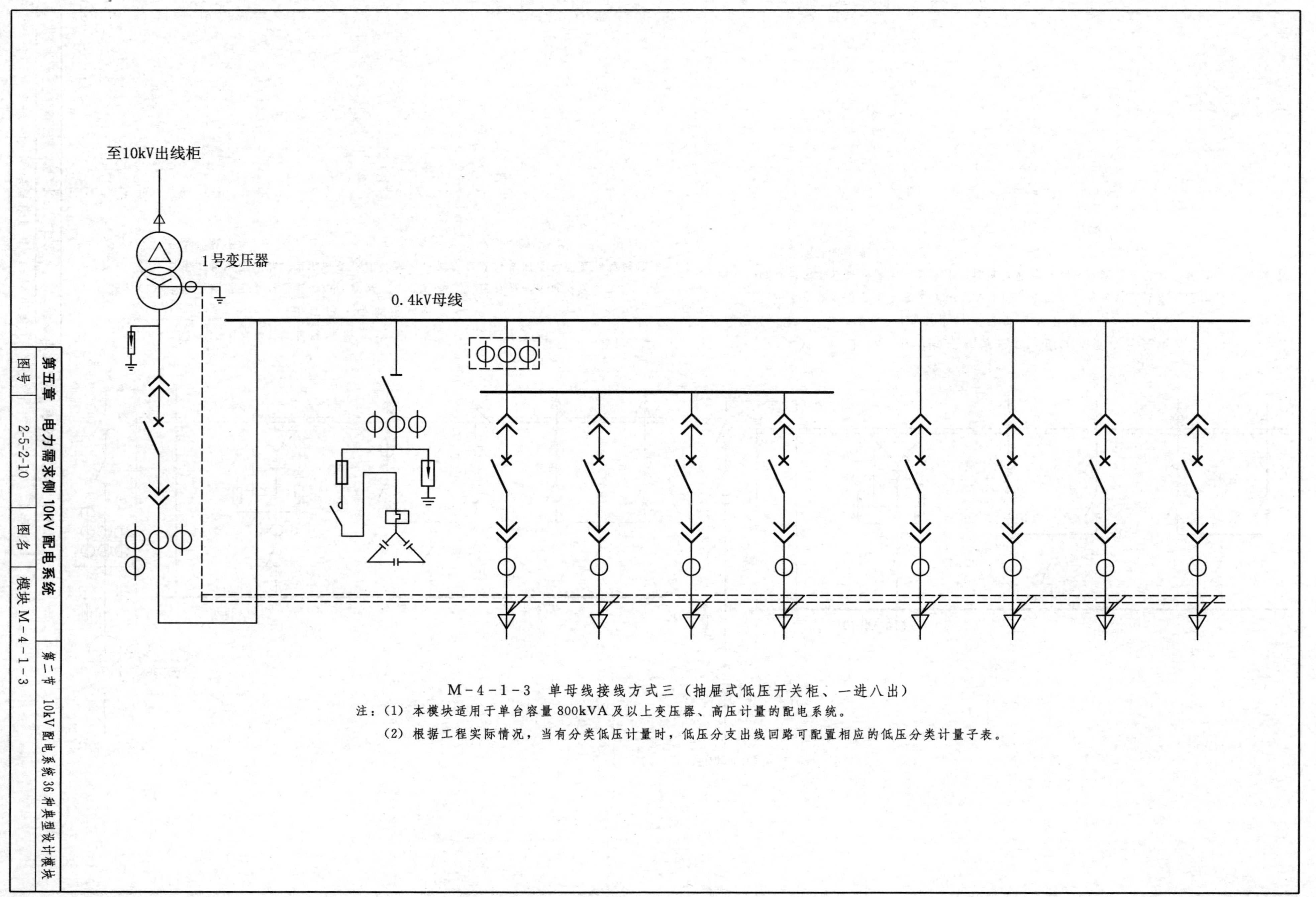

M－4－1－3 单母线接线方式三（抽屉式低压开关柜、一进八出）

注：(1) 本模块适用于单台容量800kVA及以上变压器、高压计量的配电系统。

(2) 根据工程实际情况，当有分类低压计量时，低压分支出线回路可配置相应的低压分类计量子表。

第五章 电力需求侧10kV配电系统				第二节 10kV配电系统36种典型设计模块
图号	2-5-2-10	图名	模块M－4－1－3	

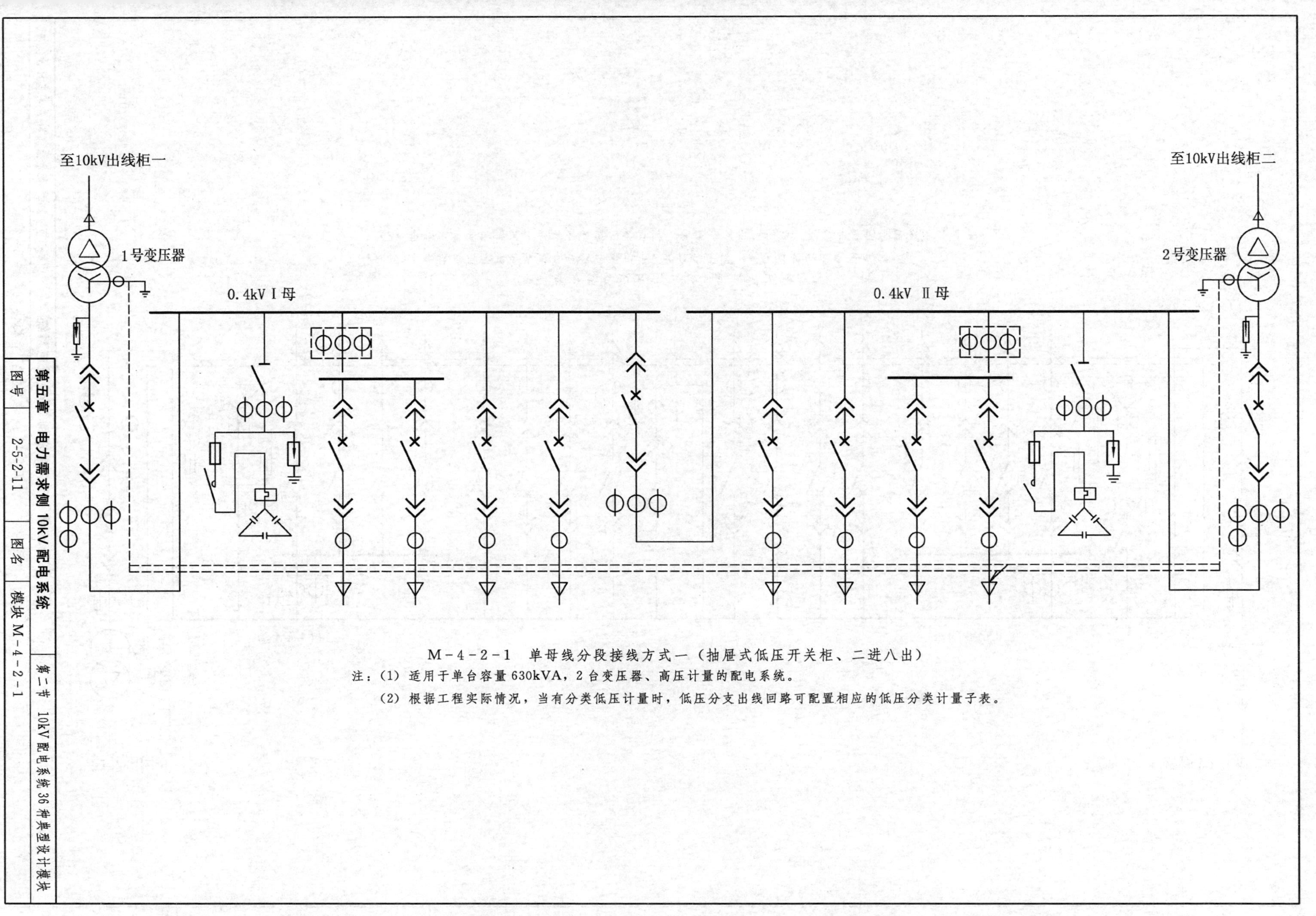

M－4－2－1　单母线分段接线方式一（抽屉式低压开关柜、二进八出）

注：(1) 适用于单台容量630kVA，2台变压器、高压计量的配电系统。

(2) 根据工程实际情况，当有分类低压计量时，低压分支出线回路可配置相应的低压分类计量子表。

第五章　电力需求侧 10kV 配电系统			第二节　10kV 配电系统 36 种典型设计模块
图号	2-5-2-11	图名	模块 M－4－2－1

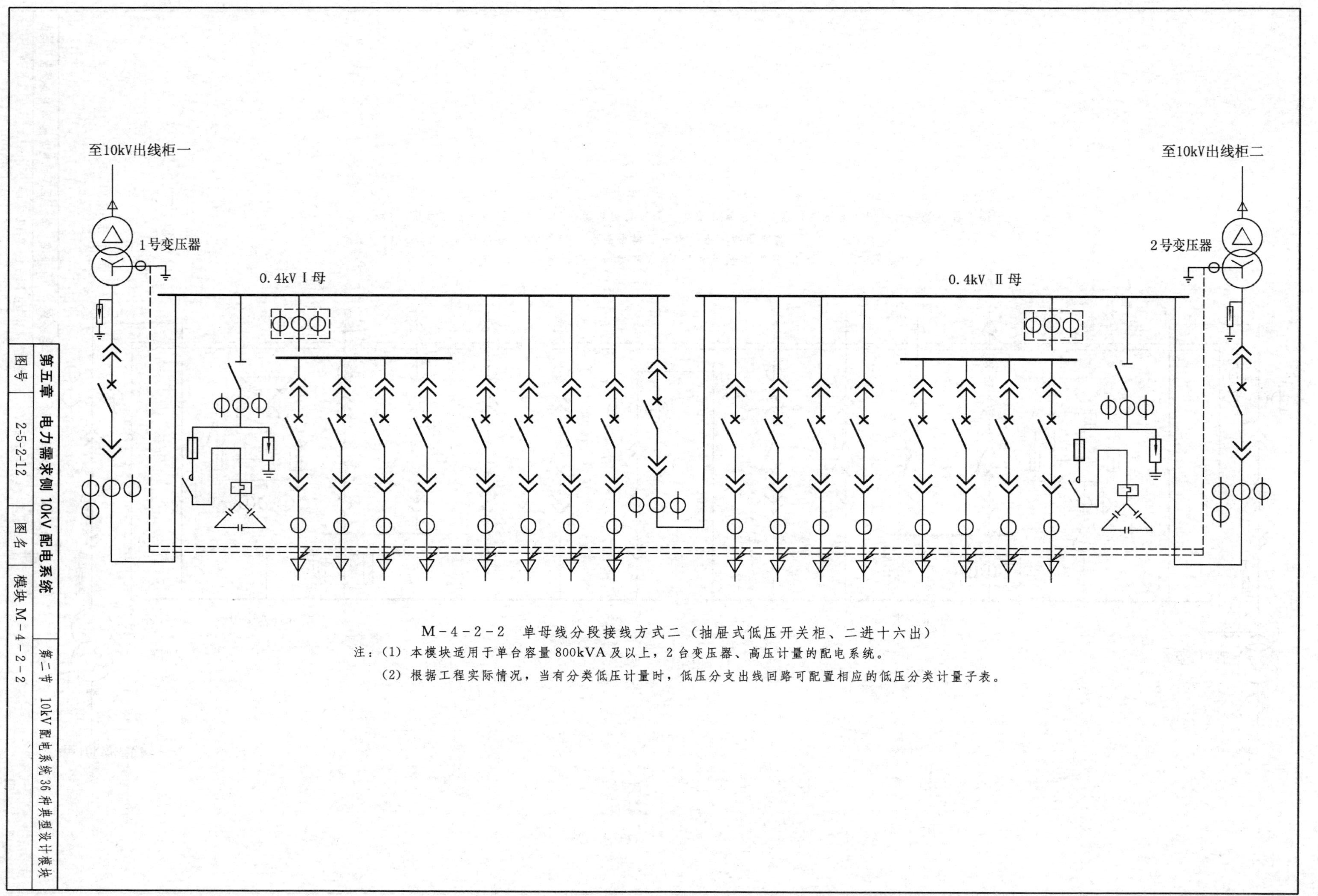

M－4－2－2　单母线分段接线方式二（抽屉式低压开关柜、二进十六出）

注：(1) 本模块适用于单台容量800kVA及以上，2台变压器、高压计量的配电系统。

(2) 根据工程实际情况，当有分类低压计量时，低压分支出线回路可配置相应的低压分类计量子表。

第五章　电力需求侧10kV配电系统			第二节　10kV配电系统36种典型设计模块
图号	2-5-2-12	图名	模块M－4－2－2

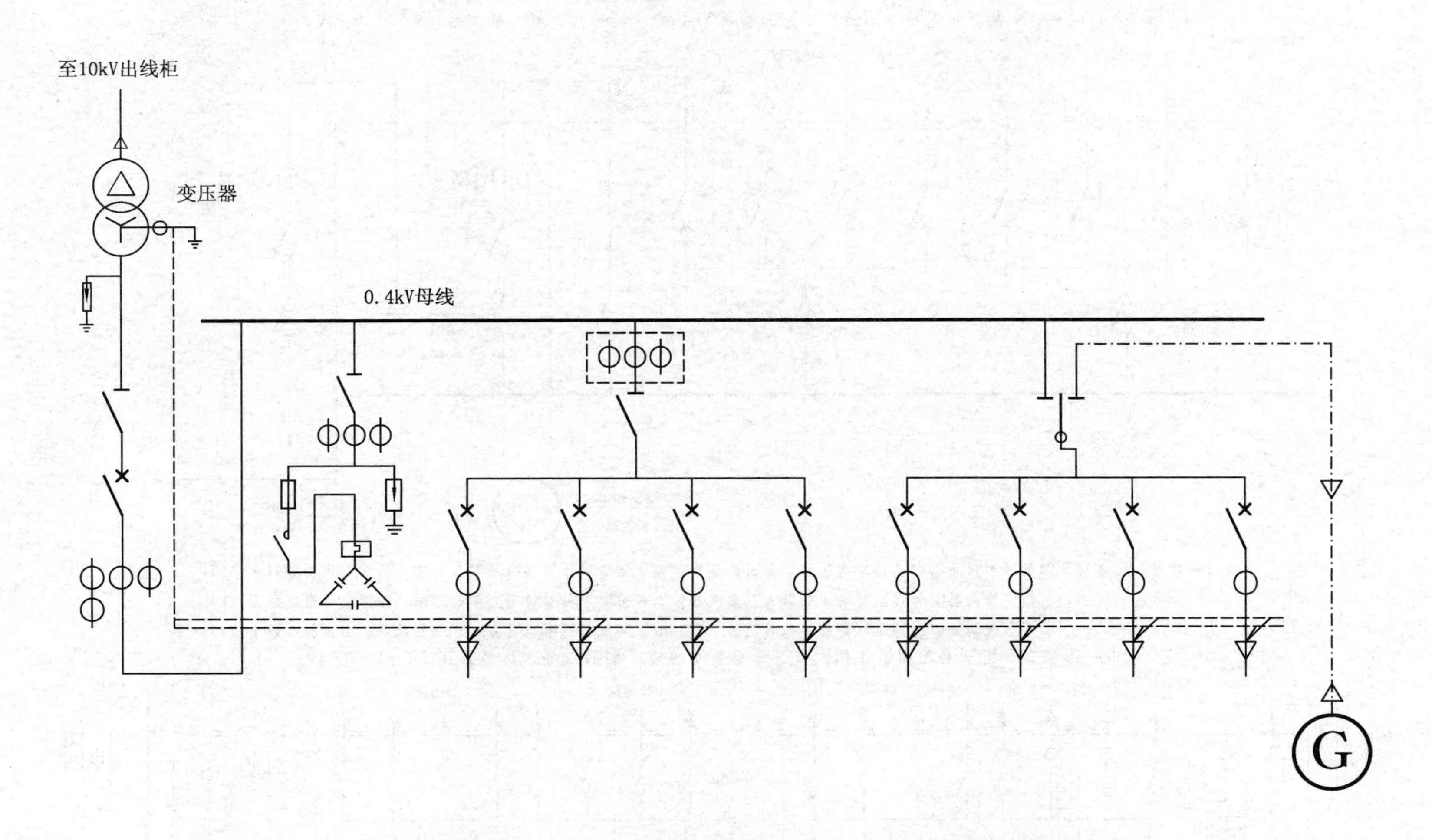

M－4－3　小容量应急负荷回路、单母线接线方式（固定式低压开关柜、二进八出）

注：（1）本模块适用于单台容量630kVA及以上变压器、高压计量、低压侧带小容量应急负荷回路的配电系统。

（2）根据工程实际情况，当有分类低压计量时，低压分支出线回路可配置相应的低压分类计量子表。

（3）为提高供电可靠性，本项目设有小容量柴油发电机备用电源，本设计仅考虑预留接入位置，发电机及相关配电线路等设备由用户自备。

第五章　电力需求侧10kV配电系统		第二节　10kV配电系统36种典型设计模块	
图号	2-5-2-13	图名	模块M－4－3

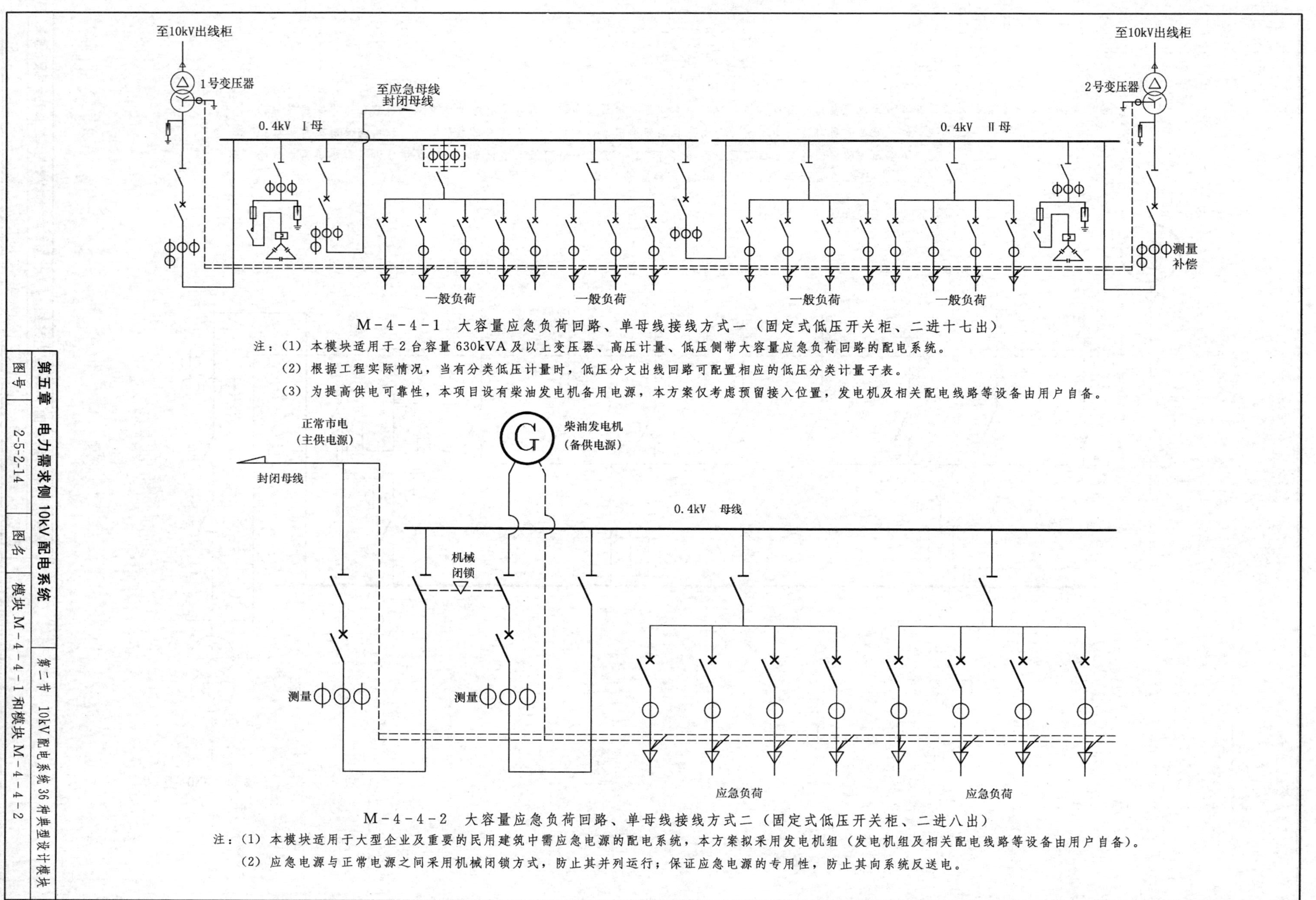

M－4－4－1 大容量应急负荷回路、单母线接线方式一（固定式低压开关柜、二进十七出）

注：（1）本模块适用于2台容量630kVA及以上变压器、高压计量、低压侧带大容量应急负荷回路的配电系统。

（2）根据工程实际情况，当有分类低压计量时，低压分支出线回路可配置相应的低压分类计量子表。

（3）为提高供电可靠性，本项目设有柴油发电机备用电源，本方案仅考虑预留接入位置，发电机及相关配电线路等设备由用户自备。

M－4－4－2 大容量应急负荷回路、单母线接线方式二（固定式低压开关柜、二进八出）

注：（1）本模块适用于大型企业及重要的民用建筑中需应急电源的配电系统，本方案拟采用发电机组（发电机组及相关配电线路等设备由用户自备）。

（2）应急电源与正常电源之间采用机械闭锁方式，防止其并列运行；保证应急电源的专用性，防止其向系统反送电。

第五章 电力需求侧10kV配电系统		第二节 10kV配电系统36种典型设计模块	
图号	2-5-2-14	图名	模块M－4－4－1和模块M－4－4－2

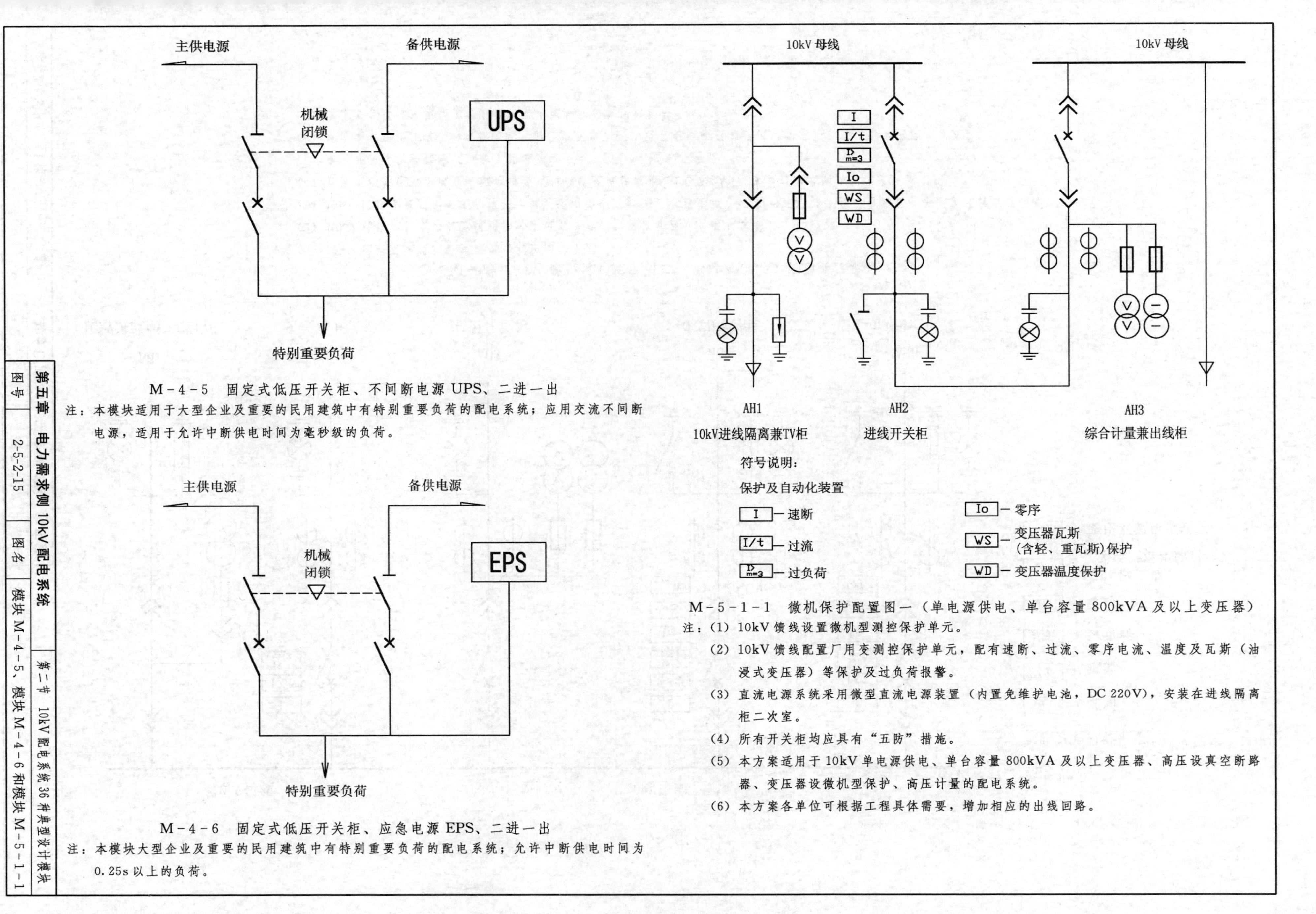

M－4－5　固定式低压开关柜、不间断电源 UPS、二进一出

注：本模块适用于大型企业及重要的民用建筑中有特别重要负荷的配电系统；应用交流不间断电源，适用于允许中断供电时间为毫秒级的负荷。

M－4－6　固定式低压开关柜、应急电源 EPS、二进一出

注：本模块大型企业及重要的民用建筑中有特别重要负荷的配电系统；允许中断供电时间为 0.25s 以上的负荷。

M－5－1－1　微机保护配置图一（单电源供电、单台容量 800kVA 及以上变压器）

注：(1) 10kV 馈线设置微机型测控保护单元。

(2) 10kV 馈线配置厂用变测控保护单元，配有速断、过流、零序电流、温度及瓦斯（油浸式变压器）等保护及过负荷报警。

(3) 直流电源系统采用微型直流电源装置（内置免维护电池，DC 220V），安装在进线隔离柜二次室。

(4) 所有开关柜均应具有“五防”措施。

(5) 本方案适用于 10kV 单电源供电、单台容量 800kVA 及以上变压器、高压设真空断路器、变压器设微机型保护、高压计量的配电系统。

(6) 本方案各单位可根据工程具体需要，增加相应的出线回路。

第五章　电力需求侧 10kV 配电系统			第二节　10kV 配电系统 36 种典型设计模块
图号	2-5-2-15	图名	模块 M－4－5、模块 M－4－6 和模块 M－5－1－1

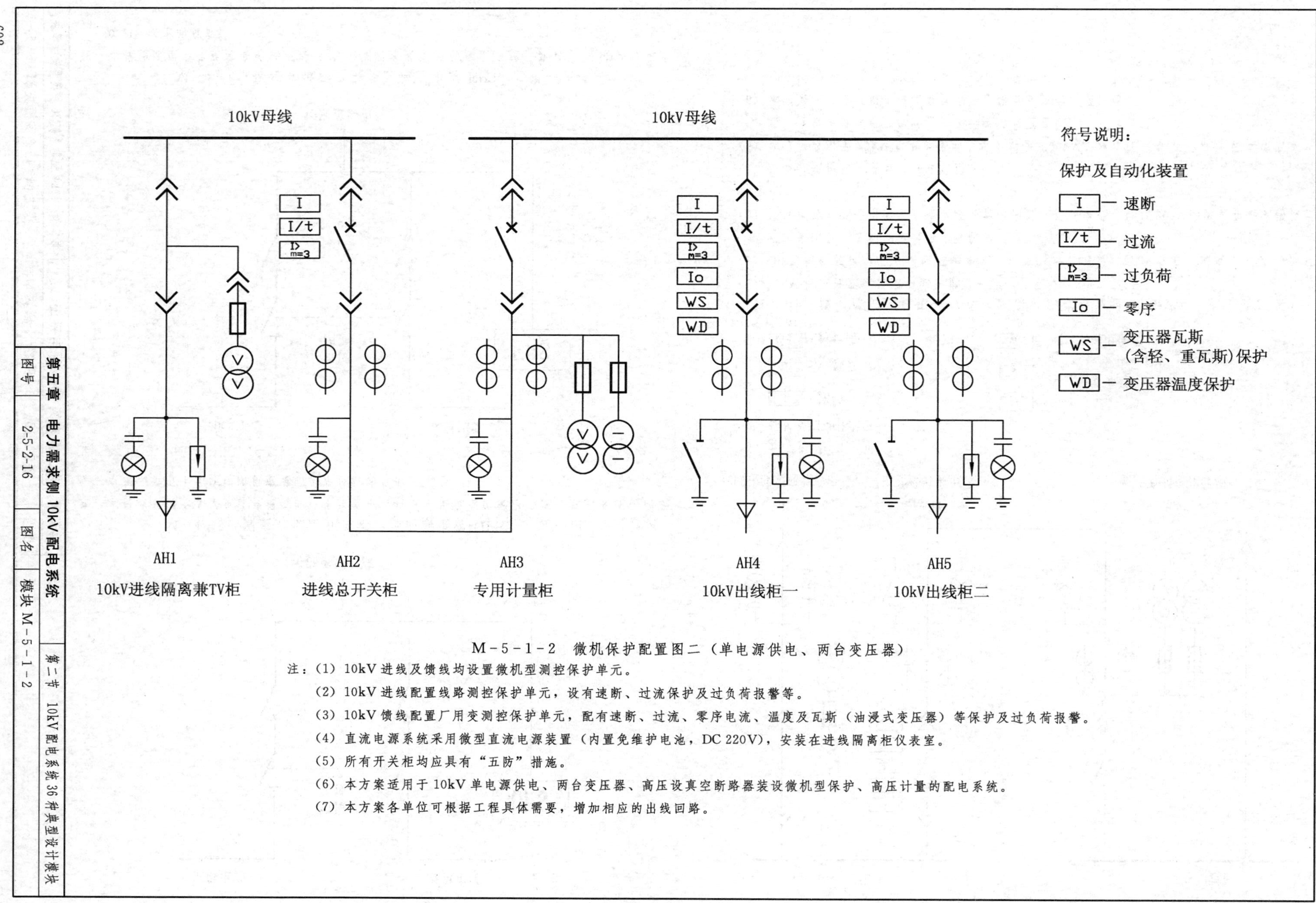

M－5－1－2 微机保护配置图二（单电源供电、两台变压器）

注：（1）10kV 进线及馈线均设置微机型测控保护单元。

（2）10kV 进线配置线路测控保护单元，设有速断、过流保护及过负荷报警等。

（3）10kV 馈线配置厂用变测控保护单元，配有速断、过流、零序电流、温度及瓦斯（油浸式变压器）等保护及过负荷报警。

（4）直流电源系统采用微型直流电源装置（内置免维护电池，DC 220V），安装在进线隔离柜仪表室。

（5）所有开关柜均应具有“五防”措施。

（6）本方案适用于 10kV 单电源供电、两台变压器、高压设真空断路器装设微机型保护、高压计量的配电系统。

（7）本方案各单位可根据工程具体需要，增加相应的出线回路。

第五章　电力需求侧 10kV 配电系统				第二节　10kV 配电系统 36 种典型设计模块
图号	2-5-2-16	图名	模块 M－5－1－2	

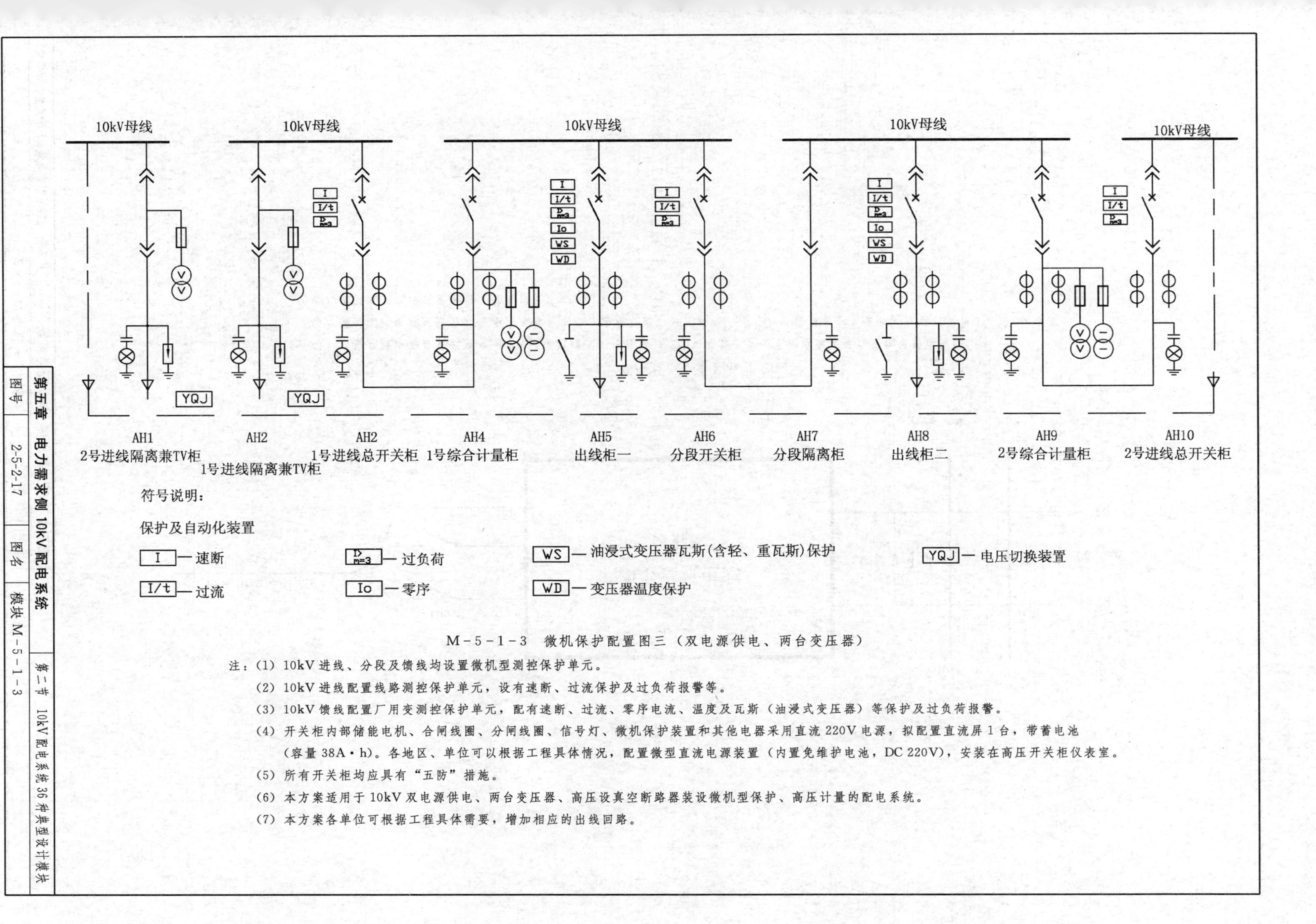

M－5－1－3　微机保护配置图三（双电源供电、两台变压器）

注：(1) 10kV 进线、分段及馈线均设置微机型测控保护单元。

(2) 10kV 进线配置线路测控保护单元，设有速断、过流保护及过负荷报警等。

(3) 10kV 馈线配置厂用变测控保护单元，配有速断、过流、零序电流、温度及瓦斯（油浸式变压器）等保护及过负荷报警。

(4) 开关柜内部储能电机、合闸线圈、分闸线圈、信号灯、微机保护装置和其他电器采用直流 220V 电源，拟配置直流屏 1 台，带蓄电池（容量 38A・h）。各地区、单位可以根据工程具体情况，配置微型直流电源装置（内置免维护电池，DC 220V），安装在高压开关柜仪表室。

(5) 所有开关柜均应具有“五防”措施。

(6) 本方案适用于 10kV 双电源供电、两台变压器、高压设真空断路器装设微机型保护、高压计量的配电系统。

(7) 本方案各单位可根据工程具体需要，增加相应的出线回路。

第五章　电力需求侧 10kV 配电系统		第二节　10kV 配电系统 36 种典型设计模块	
图号	2-5-2-17	图名	模块 M－5－1－3

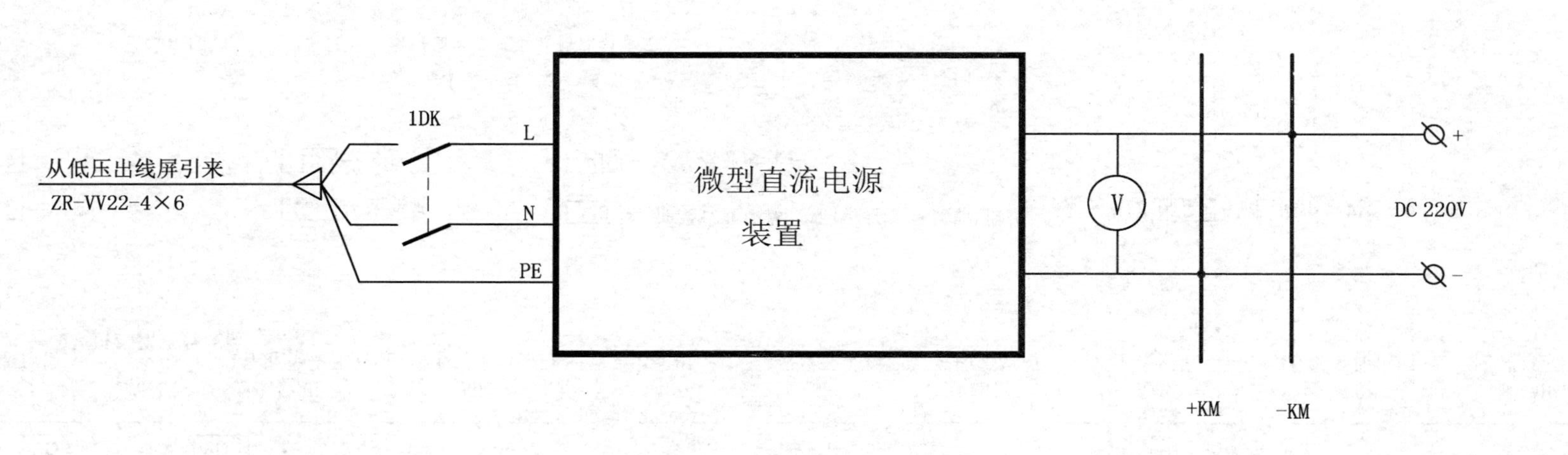

M－5－2－1　微型直流电源装置接线图

注：(1) 微型直流电源装置采用交流 220V 电源输入，输出直流 220V 电源。微型直流电源装置内置免维护电池。

(2) 微型直流电源装置为开关柜内部储能电机、合闸线圈、分闸线圈、信号灯、微机保护装置和其他电器提供 DC 220V 电源。

(3) 微型直流电源装置采用开关柜内安装方式。

第五章　电力需求侧 10kV 配电系统				第二节　10kV 配电系统 36 种典型设计模块
图号	2-5-2-18	图名	模块 M－5－2－1	

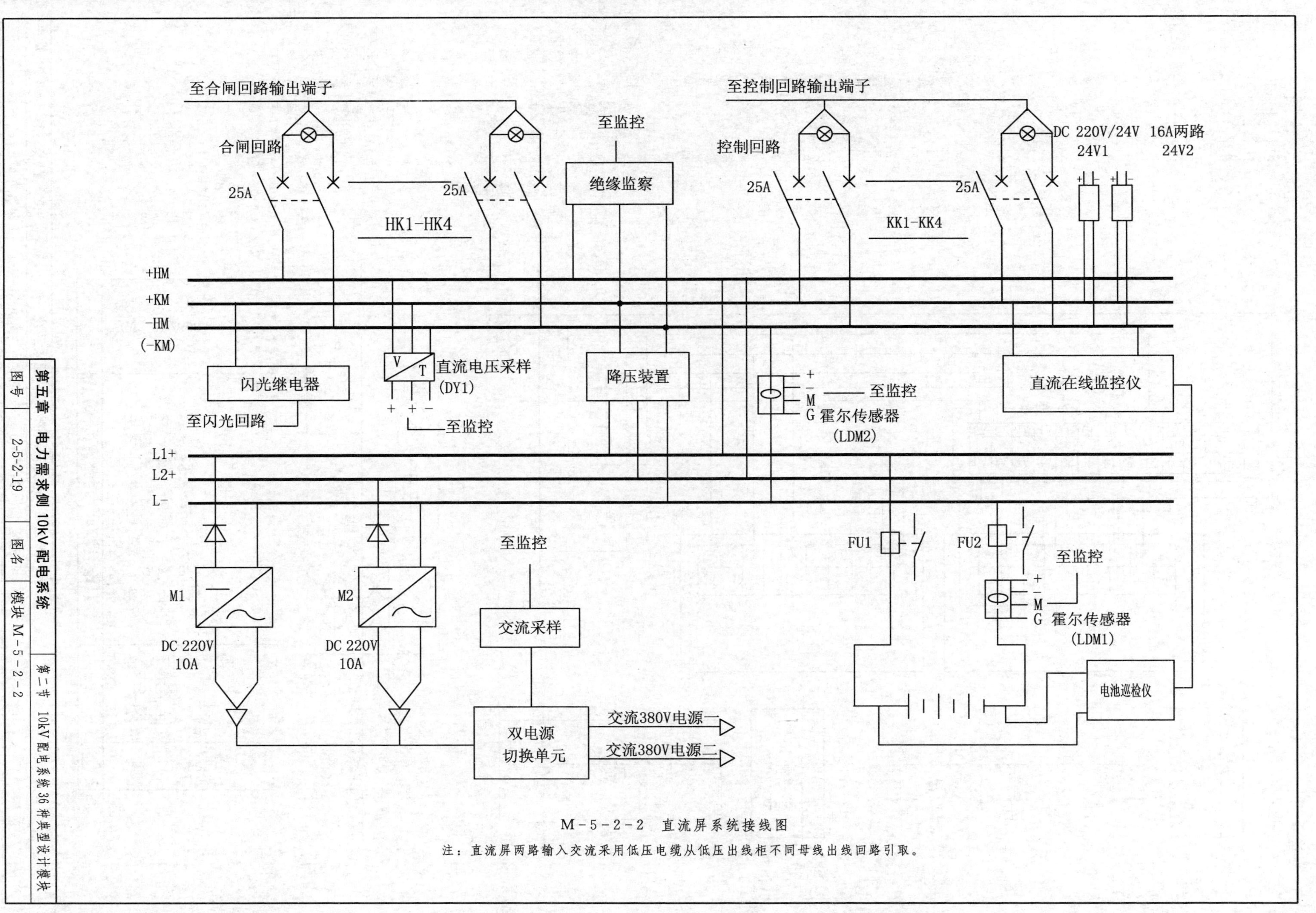

M－5－2－2　直流屏系统接线图

注：直流屏两路输入交流采用低压电缆从低压出线柜不同母线出线回路引取。

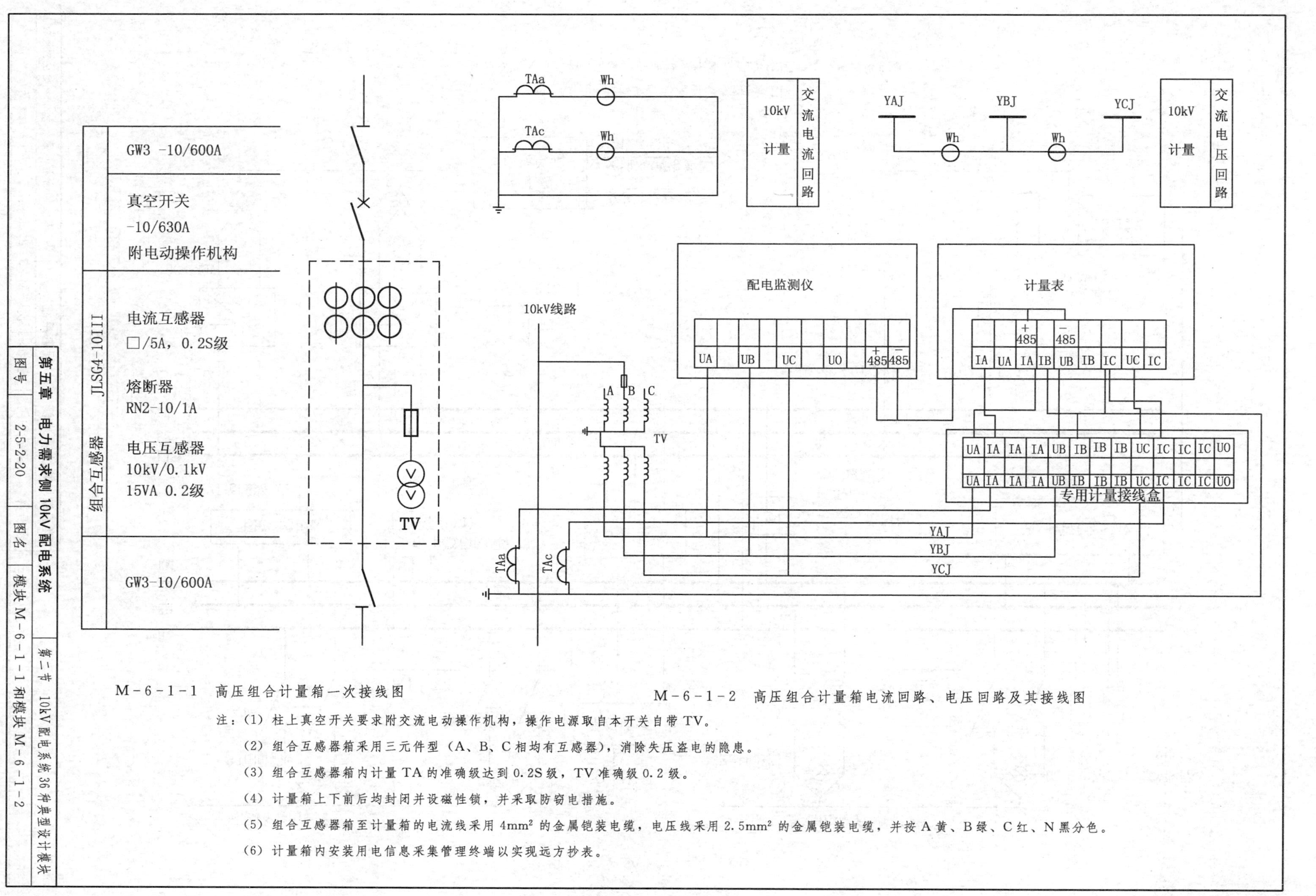

M－6－1－1　高压组合计量箱一次接线图

M－6－1－2　高压组合计量箱电流回路、电压回路及其接线图

注：(1) 柱上真空开关要求附交流电动操作机构，操作电源取自本开关自带 TV。

(2) 组合互感器箱采用三元件型（A、B、C 相均有互感器），消除失压盗电的隐患。

(3) 组合互感器箱内计量 TA 的准确级达到 0.2S 级，TV 准确级 0.2 级。

(4) 计量箱上下前后均封闭并设磁性锁，并采取防窃电措施。

(5) 组合互感器箱至计量箱的电流线采用 4mm² 的金属铠装电缆，电压线采用 2.5mm² 的金属铠装电缆，并按 A 黄、B 绿、C 红、N 黑分色。

(6) 计量箱内安装用电信息采集管理终端以实现远方抄表。

第五章　电力需求侧 10kV 配电系统		第二节　10kV 配电系统 36 种典型设计模块	
图号	2-5-2-20	图名	模块 M－6－1－1 和模块 M－6－1－2

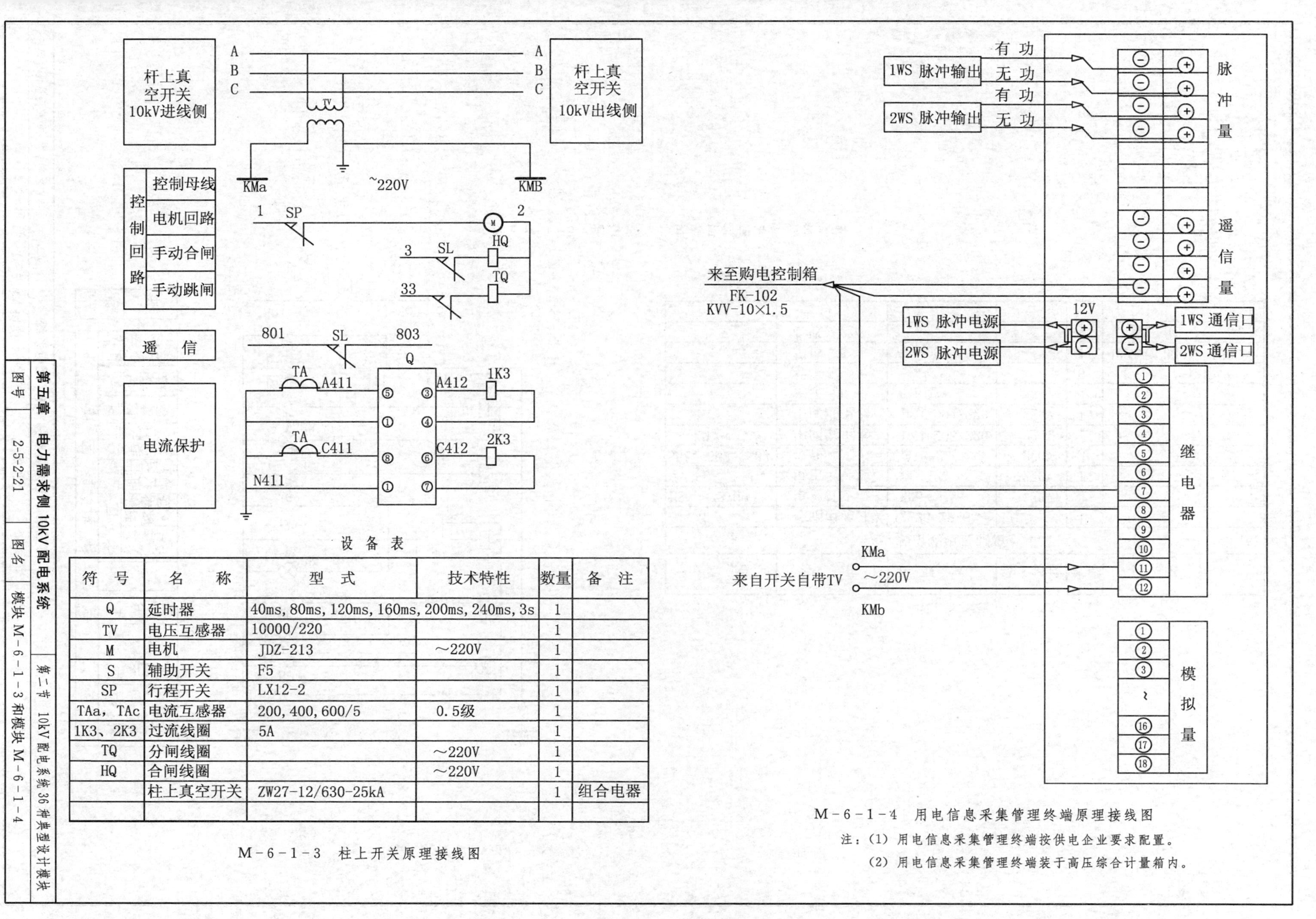

设 备 表

符 号	名 称	型 式	技术特性	数量	备 注
Q	延时器	40ms, 80ms, 120ms, 160ms, 200ms, 240ms, 3s		1	
TV	电压互感器	10000/220		1	
M	电机	JDZ-213	~220V	1	
S	辅助开关	F5		1	
SP	行程开关	LX12-2		1	
TAa，TAc	电流互感器	200, 400, 600/5	0.5级	1	
1K3、2K3	过流线圈	5A		1	
TQ	分闸线圈		~220V	1	
HQ	合闸线圈		~220V	1	
	柱上真空开关	ZW27-12/630-25kA		1	组合电器

M－6－1－3　柱上开关原理接线图

M－6－1－4　用电信息采集管理终端原理接线图

注：(1) 用电信息采集管理终端按供电企业要求配置。

(2) 用电信息采集管理终端装于高压综合计量箱内。

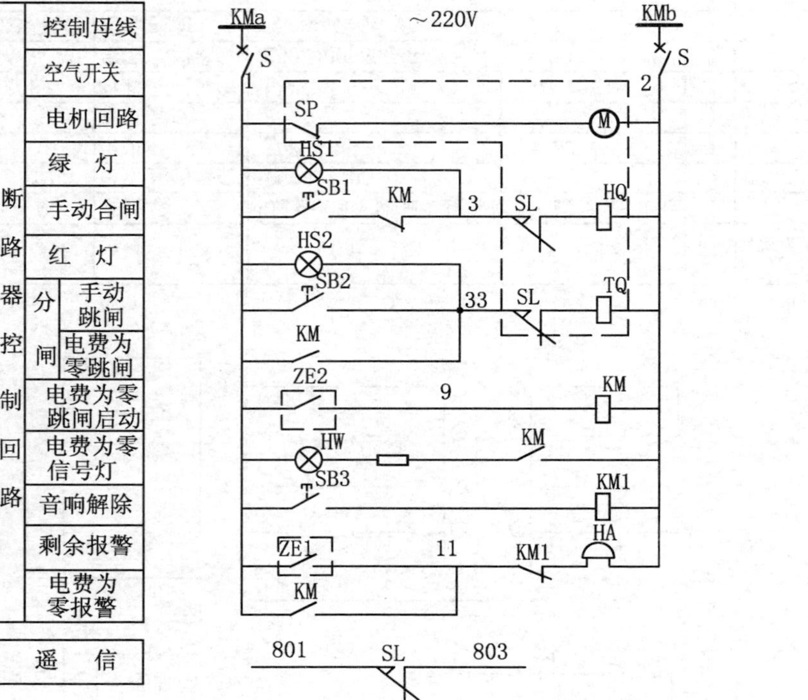

设备表

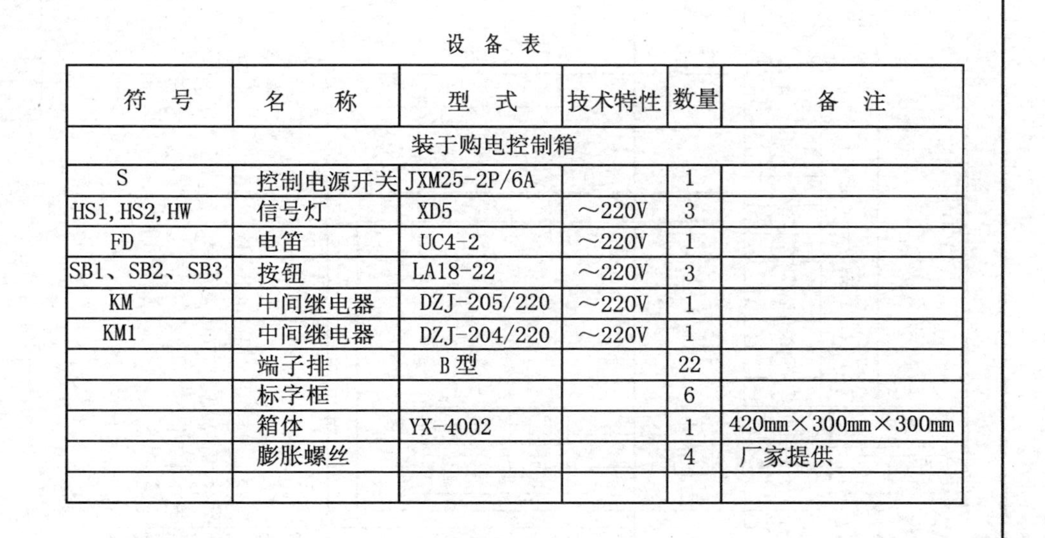

符号	名称	型式	技术特性	数量	备注
装于购电控制箱					
S	控制电源开关	JXM25-2P/6A		1	
HS1, HS2, HW	信号灯	XD5	~220V	3	
FD	电笛	UC4-2	~220V	1	
SB1、SB2、SB3	按钮	LA18-22	~220V	3	
KM	中间继电器	DZJ-205/220	~220V	1	
KM1	中间继电器	DZJ-204/220	~220V	1	
	端子排	B型		22	
	标字框			6	
	箱体	YX-4002		1	420mm×300mm×300mm
	膨胀螺丝			4	厂家提供

M-6-1-5　高压组合计量箱控制回路原理接线图

第五章　电力需求侧10kV配电系统		第二节　10kV配电系统36种典型设计模块	
图号	2-5-2-22	图名	模块M-6-1-5

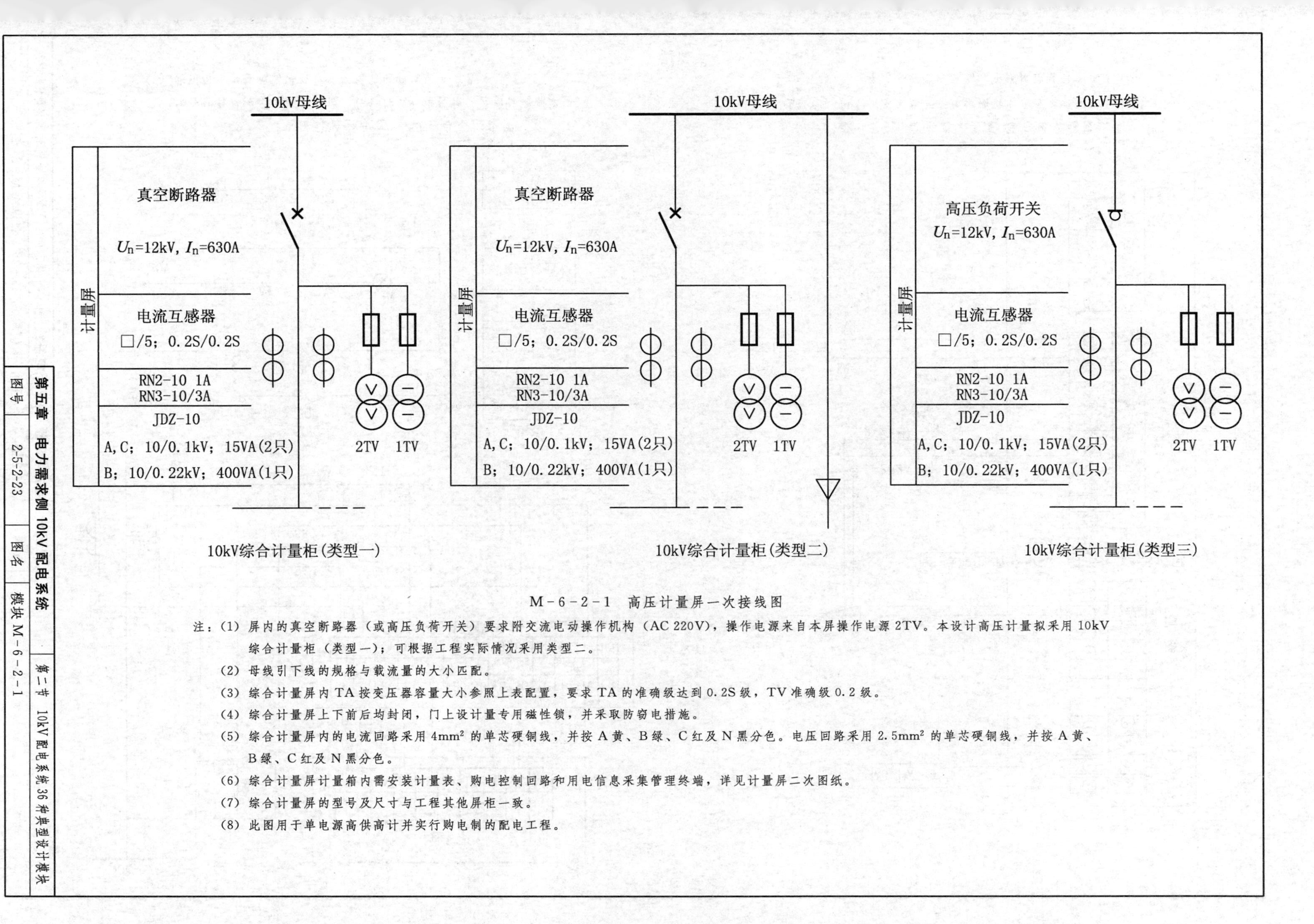

M－6－2－1　高压计量屏一次接线图

注：(1) 屏内的真空断路器（或高压负荷开关）要求附交流电动操作机构（AC 220V），操作电源来自本屏操作电源 2TV。本设计高压计量拟采用 10kV 综合计量柜（类型一）；可根据工程实际情况采用类型二。

(2) 母线引下线的规格与载流量的大小匹配。

(3) 综合计量屏内 TA 按变压器容量大小参照上表配置，要求 TA 的准确级达到 0.2S 级，TV 准确级 0.2 级。

(4) 综合计量屏上下前后均封闭，门上设计量专用磁性锁，并采取防窃电措施。

(5) 综合计量屏内的电流回路采用 $4mm^2$ 的单芯硬铜线，并按 A 黄、B 绿、C 红及 N 黑分色。电压回路采用 $2.5mm^2$ 的单芯硬铜线，并按 A 黄、B 绿、C 红及 N 黑分色。

(6) 综合计量屏计量箱内需安装计量表、购电控制回路和用电信息采集管理终端，详见计量屏二次图纸。

(7) 综合计量屏的型号及尺寸与工程其他屏柜一致。

(8) 此图用于单电源高供高计并实行购电制的配电工程。

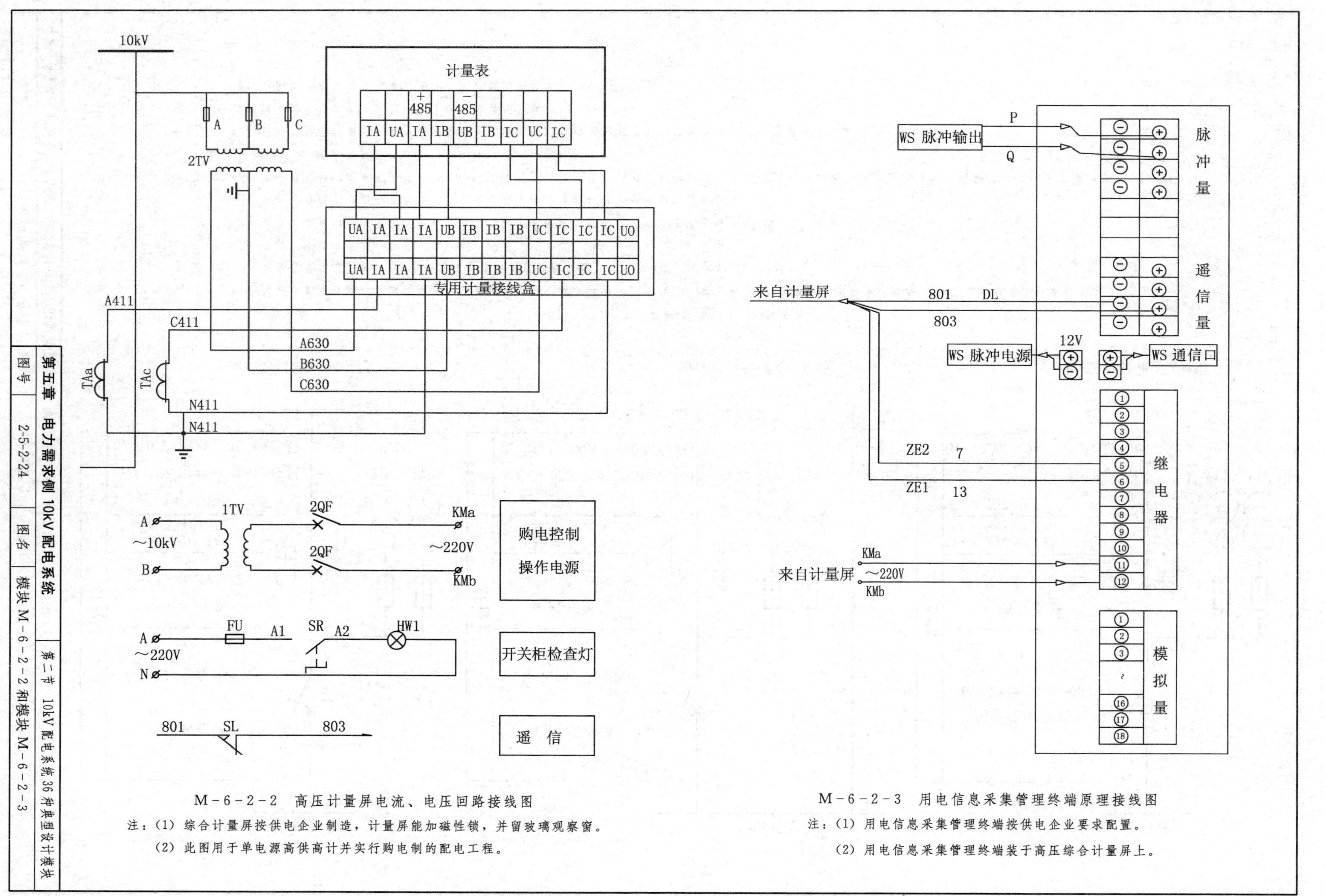

M－6－2－2　高压计量屏电流、电压回路接线图

注：(1) 综合计量屏按供电企业制造，计量屏能加磁性锁，并留玻璃观察窗。

(2) 此图用于单电源高供高计并实行购电制的配电工程。

M－6－2－3　用电信息采集管理终端原理接线图

注：(1) 用电信息采集管理终端按供电企业要求配置。

(2) 用电信息采集管理终端装于高压综合计量屏上。

第五章　电力需求侧 10kV 配电系统		第二节　10kV 配电系统 36 种典型设计模块	
图号	2-5-2-24	图名	模块 M－6－2－2 和模块 M－6－2－3

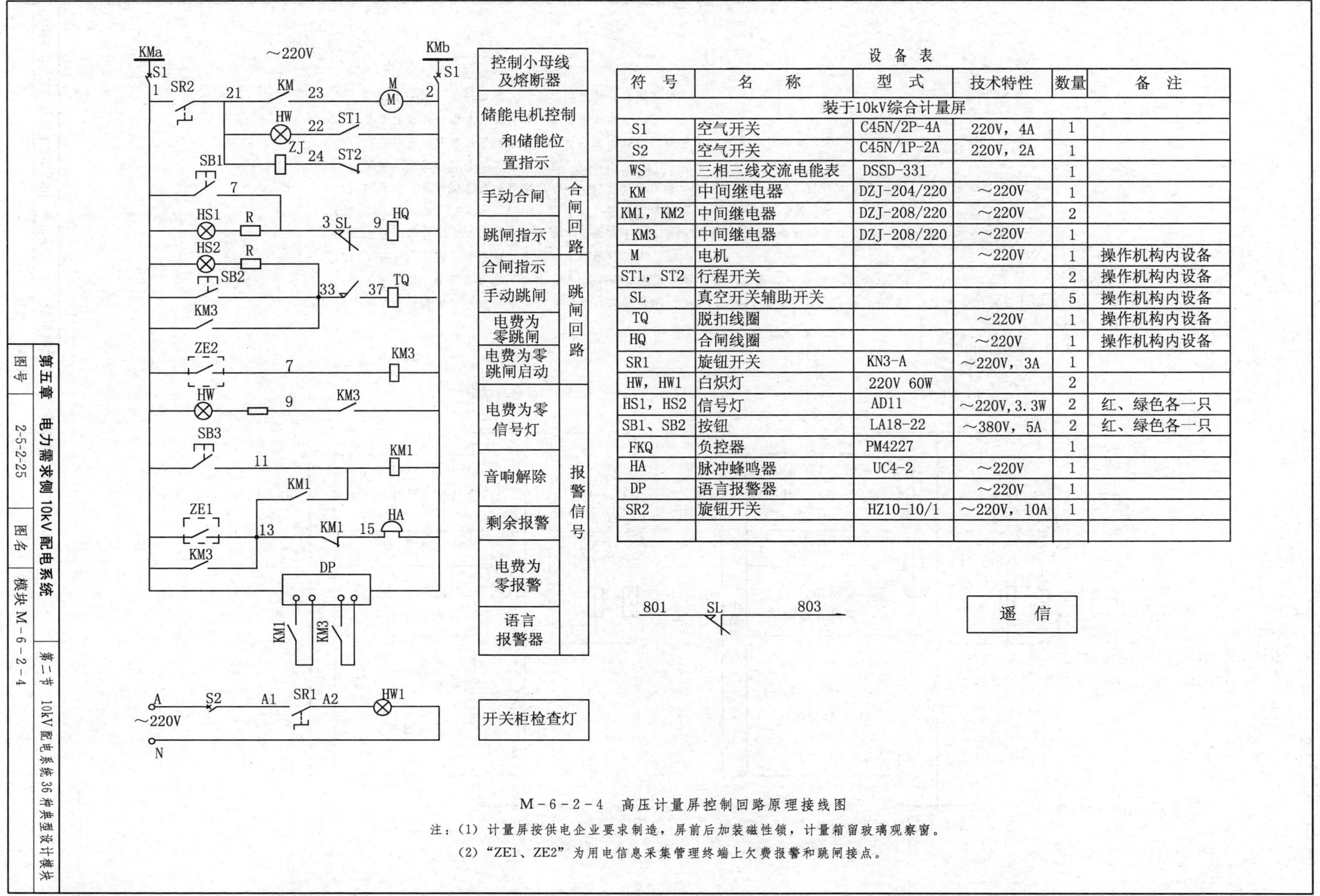

设 备 表

符 号	名 称	型 式	技术特性	数量	备 注
装于10kV综合计量屏					
S1	空气开关	C45N/2P-4A	220V，4A	1	
S2	空气开关	C45N/1P-2A	220V，2A	1	
WS	三相三线交流电能表	DSSD-331		1	
KM	中间继电器	DZJ-204/220	~220V	1	
KM1，KM2	中间继电器	DZJ-208/220	~220V	2	
KM3	中间继电器	DZJ-208/220	~220V	1	
M	电机		~220V	1	操作机构内设备
ST1，ST2	行程开关			2	操作机构内设备
SL	真空开关辅助开关			5	操作机构内设备
TQ	脱扣线圈		~220V	1	操作机构内设备
HQ	合闸线圈		~220V	1	操作机构内设备
SR1	旋钮开关	KN3-A	~220V，3A	1	
HW，HW1	白炽灯	220V 60W		2	
HS1，HS2	信号灯	AD11	~220V，3.3W	2	红、绿色各一只
SB1、SB2	按钮	LA18-22	~380V，5A	2	红、绿色各一只
FKQ	负控器	PM4227		1	
HA	脉冲蜂鸣器	UC4-2	~220V	1	
DP	语言报警器		~220V	1	
SR2	旋钮开关	HZ10-10/1	~220V，10A	1	

M－6－2－4　高压计量屏控制回路原理接线图

注：(1) 计量屏按供电企业要求制造，屏前后加装磁性锁，计量箱留玻璃观察窗。

(2) “ZE1、ZE2”为用电信息采集管理终端上欠费报警和跳闸接点。

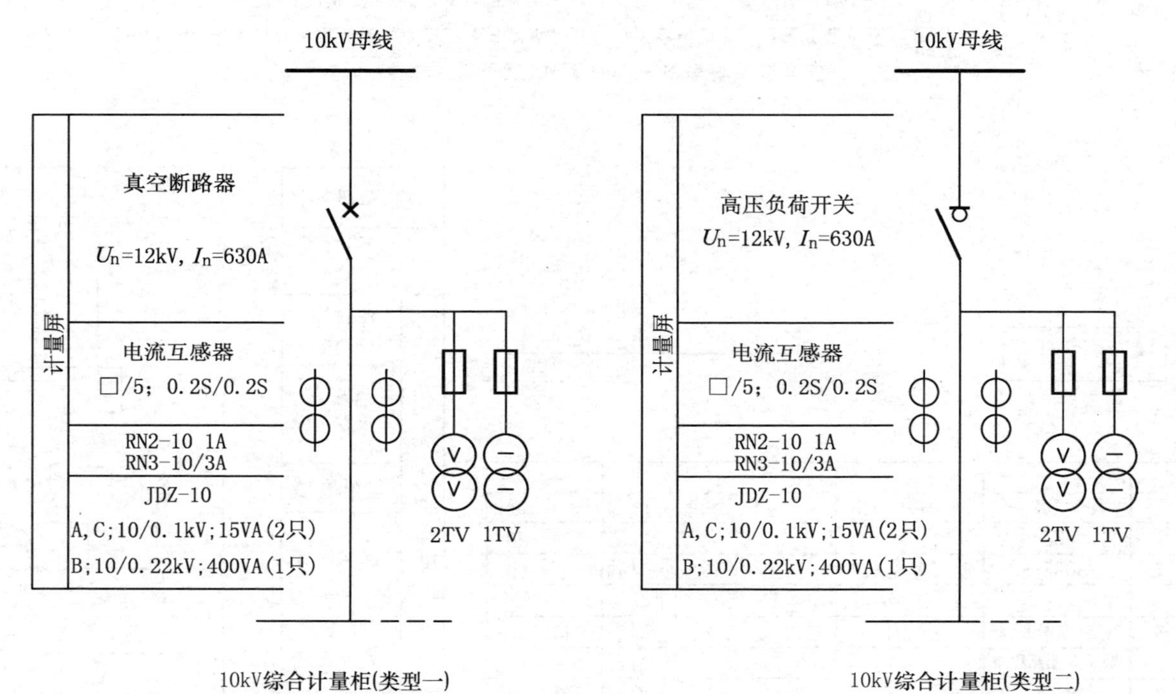

M-6-3-1 高压计量屏一次接线图

注：(1) 屏内的真空断路器要求附交流电动操作机构（AC 220V），操作电源来自本屏操作电源 TV。本设计高压计量拟采用 10kV 综合计量柜（类型一）；可根据工程实际情况采用类型二。

(2) 母线引下线的规格与载流量的大小匹配。

(3) 综合计量屏内 TA 按变压器容量大小参照上表配置，要求 TA 的准确级达到 0.2S 级，TV 准确级 0.2 级。

(4) 综合计量屏上下前后均封闭，门上设计量专用磁性锁，并采取防窃电措施。

(5) 综合计量屏内的电流回路采用 $4mm^2$ 的单芯硬铜线，并按 A 黄、B 绿、C 红及 N 黑分色。电压回路采用 $2.5mm^2$ 的单芯硬铜线，并按 A 黄、B 绿、C 红及 N 黑分色。

(6) 综合计量屏计量箱内需安装计量表、购电控制回路和用电信息采集管理终端，详见计量屏二次图纸。

(7) 综合计量屏的型号及尺寸与工程其他屏柜一致。

(8) 此图用于双电源高供高计并实行购电制的配电工程。

第五章　电力需求侧 10kV 配电系统			第二节　10kV 配电系统 36 种典型设计模块
图号	2-5-2-26	图名	模块 M-6-3-1

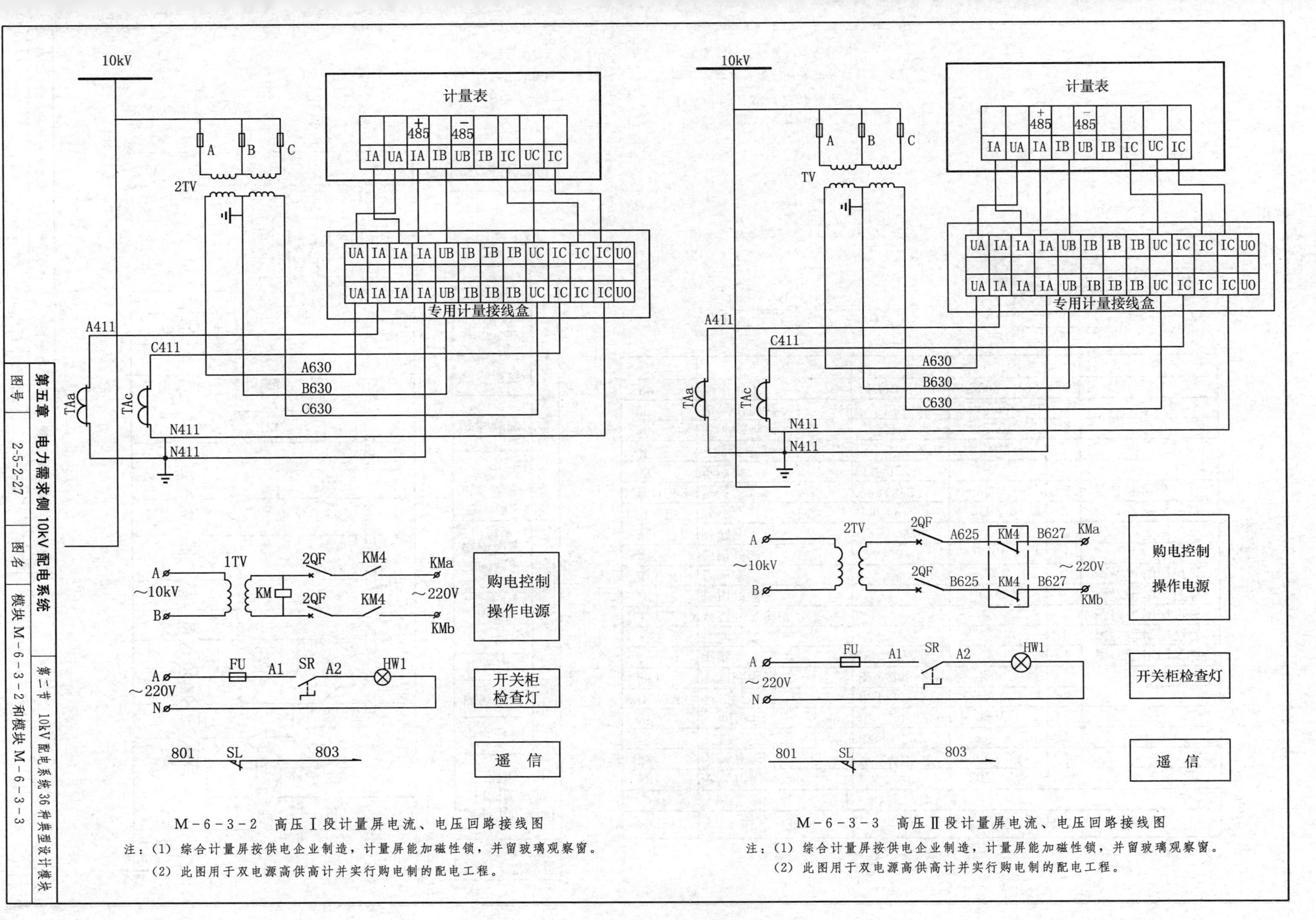

M-6-3-2 高压Ⅰ段计量屏电流、电压回路接线图

注：(1) 综合计量屏按供电企业制造，计量屏能加磁性锁，并留玻璃观察窗。
(2) 此图用于双电源高供高计并实行购电制的配电工程。

M-6-3-3 高压Ⅱ段计量屏电流、电压回路接线图

注：(1) 综合计量屏按供电企业制造，计量屏能加磁性锁，并留玻璃观察窗。
(2) 此图用于双电源高供高计并实行购电制的配电工程。

第五章 电力需求侧 10kV 配电系统			第二节 10kV 配电系统 36 种典型设计模块
图号	2-5-2-27	图名	模块 M-6-3-2 和模块 M-6-3-3

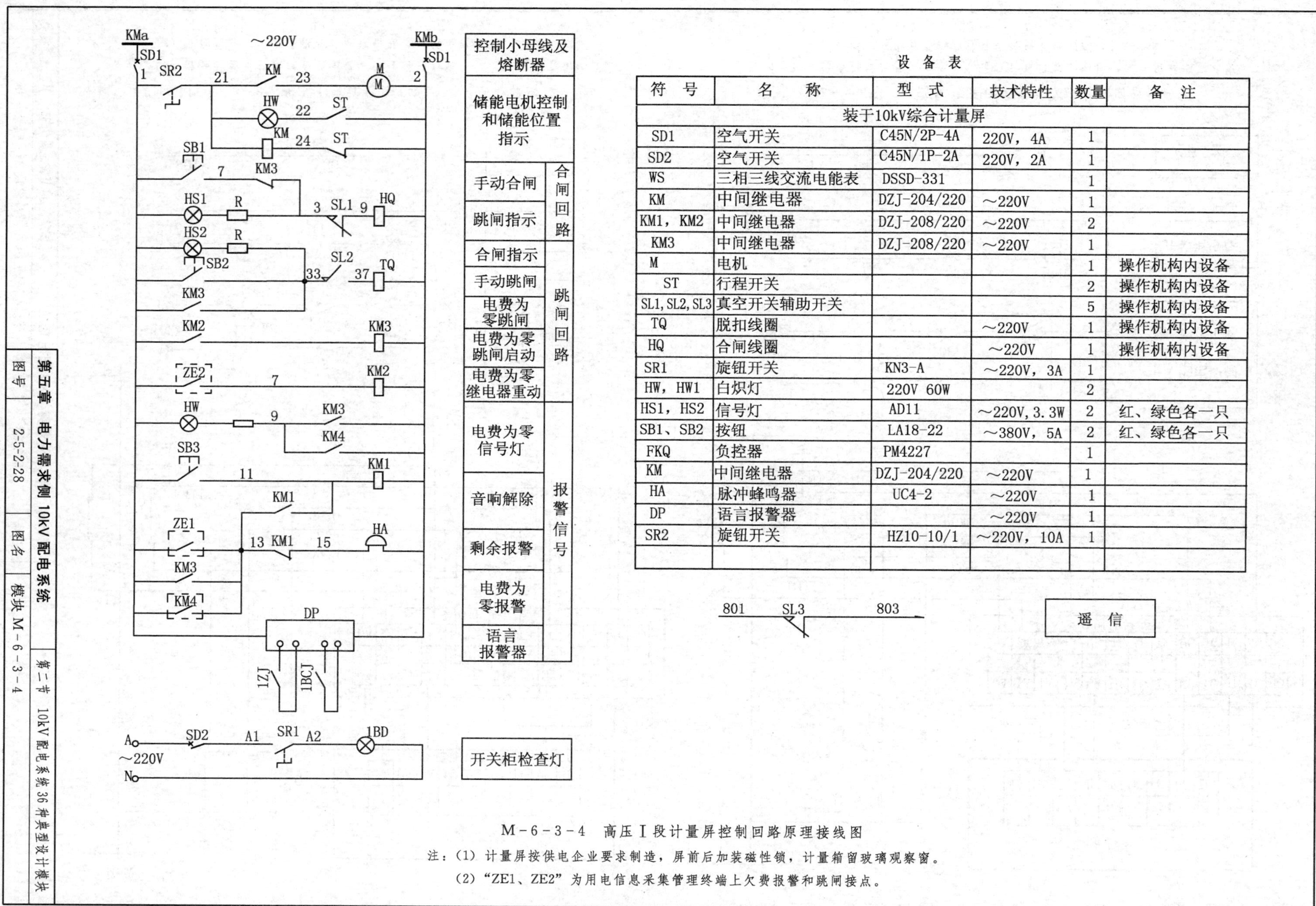

设备表

符号	名称	型式	技术特性	数量	备注
装于10kV综合计量屏					
SD1	空气开关	C45N/2P-4A	220V，4A	1	
SD2	空气开关	C45N/1P-2A	220V，2A	1	
WS	三相三线交流电能表	DSSD-331		1	
KM	中间继电器	DZJ-204/220	~220V	1	
KM1，KM2	中间继电器	DZJ-208/220	~220V	2	
KM3	中间继电器	DZJ-208/220	~220V	1	
M	电机			1	操作机构内设备
ST	行程开关			2	操作机构内设备
SL1,SL2,SL3	真空开关辅助开关			5	操作机构内设备
TQ	脱扣线圈		~220V	1	操作机构内设备
HQ	合闸线圈		~220V	1	操作机构内设备
SR1	旋钮开关	KN3-A	~220V，3A	1	
HW，HW1	白炽灯	220V 60W		2	
HS1，HS2	信号灯	AD11	~220V，3.3W	2	红、绿色各一只
SB1、SB2	按钮	LA18-22	~380V，5A	2	红、绿色各一只
FKQ	负控器	PM4227		1	
KM	中间继电器	DZJ-204/220	~220V	1	
HA	脉冲蜂鸣器	UC4-2	~220V	1	
DP	语言报警器		~220V	1	
SR2	旋钮开关	HZ10-10/1	~220V，10A	1	

M－6－3－4　高压Ⅰ段计量屏控制回路原理接线图

注：(1) 计量屏按供电企业要求制造，屏前后加装磁性锁，计量箱留玻璃观察窗。

(2) “ZE1、ZE2”为用电信息采集管理终端上欠费报警和跳闸接点。

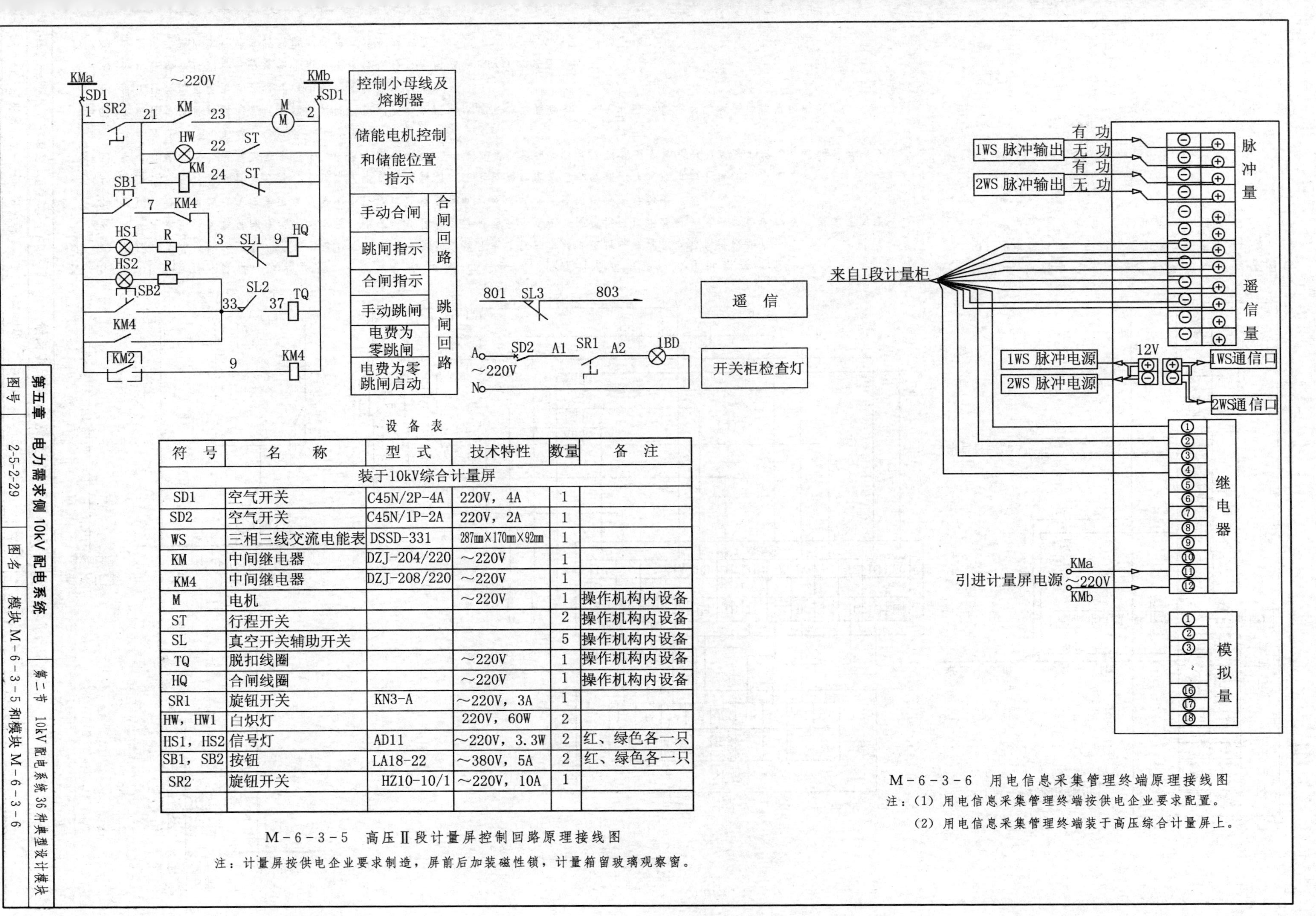

设 备 表

符 号	名 称	型 式	技术特性	数量	备 注
装于10kV综合计量屏					
SD1	空气开关	C45N/2P-4A	220V，4A	1	
SD2	空气开关	C45N/1P-2A	220V，2A	1	
WS	三相三线交流电能表	DSSD-331	287mm×170mm×92mm	1	
KM	中间继电器	DZJ-204/220	~220V	1	
KM4	中间继电器	DZJ-208/220	~220V	1	
M	电机		~220V	1	操作机构内设备
ST	行程开关			2	操作机构内设备
SL	真空开关辅助开关			5	操作机构内设备
TQ	脱扣线圈		~220V	1	操作机构内设备
HQ	合闸线圈		~220V	1	操作机构内设备
SR1	旋钮开关	KN3-A	~220V，3A	1	
HW，HW1	白炽灯		220V，60W	2	
HS1，HS2	信号灯	AD11	~220V，3.3W	2	红、绿色各一只
SB1，SB2	按钮	LA18-22	~380V，5A	2	红、绿色各一只
SR2	旋钮开关	HZ10-10/1	~220V，10A	1	

M－6－3－5 高压Ⅱ段计量屏控制回路原理接线图

注：计量屏按供电企业要求制造，屏前后加装磁性锁，计量箱留玻璃观察窗。

M－6－3－6 用电信息采集管理终端原理接线图

注：（1）用电信息采集管理终端按供电企业要求配置。

（2）用电信息采集管理终端装于高压综合计量屏上。

图号 2-5-2-29 图名 模块M－6－3－5和模块M－6－3－6

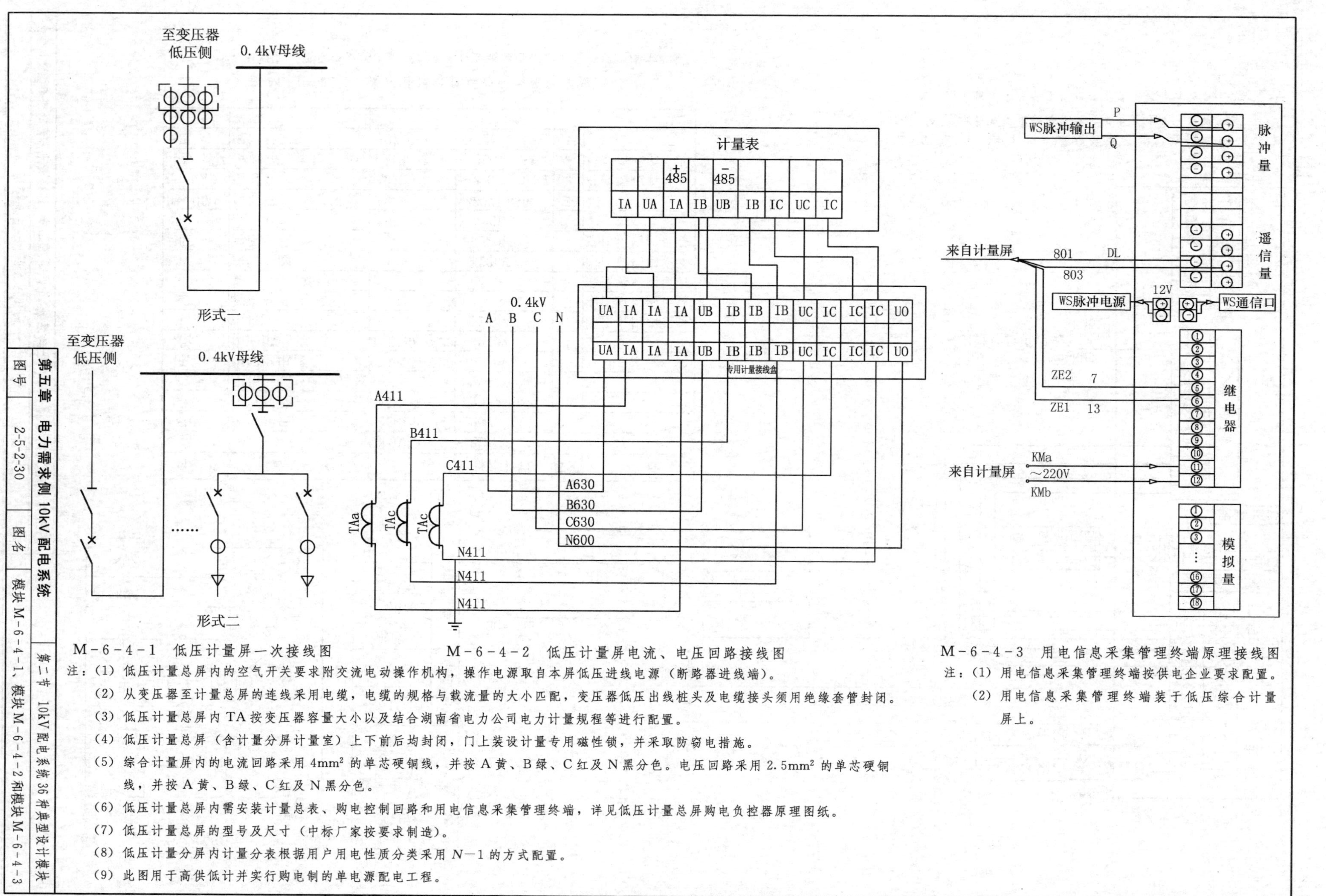

M－6－4－1　低压计量屏一次接线图

M－6－4－2　低压计量屏电流、电压回路接线图

注：(1) 低压计量总屏内的空气开关要求附交流电动操作机构，操作电源取自本屏低压进线电源（断路器进线端）。

(2) 从变压器至计量总屏的连线采用电缆，电缆的规格与载流量的大小匹配，变压器低压出线桩头及电缆接头须用绝缘套管封闭。

(3) 低压计量总屏内 TA 按变压器容量大小以及结合湖南省电力公司电力计量规程等进行配置。

(4) 低压计量总屏（含计量分屏计量室）上下前后均封闭，门上装设计量专用磁性锁，并采取防窃电措施。

(5) 综合计量屏内的电流回路采用 $4mm^2$ 的单芯硬铜线，并按 A 黄、B 绿、C 红及 N 黑分色。电压回路采用 $2.5mm^2$ 的单芯硬铜线，并按 A 黄、B 绿、C 红及 N 黑分色。

(6) 低压计量总屏内需安装计量总表、购电控制回路和用电信息采集管理终端，详见低压计量总屏购电负控器原理图纸。

(7) 低压计量总屏的型号及尺寸（中标厂家按要求制造）。

(8) 低压计量分屏内计量分表根据用户用电性质分类采用 $N-1$ 的方式配置。

(9) 此图用于高供低计并实行购电制的单电源配电工程。

M－6－4－3　用电信息采集管理终端原理接线图

注：(1) 用电信息采集管理终端按供电企业要求配置。

(2) 用电信息采集管理终端装于低压综合计量屏上。

第五章　电力需求侧 10kV 配电系统		第二节　10kV 配电系统 36 种典型设计模块	
图号	2-5-2-30	图名	模块 M－6－4－1、模块 M－6－4－2 和模块 M－6－4－3

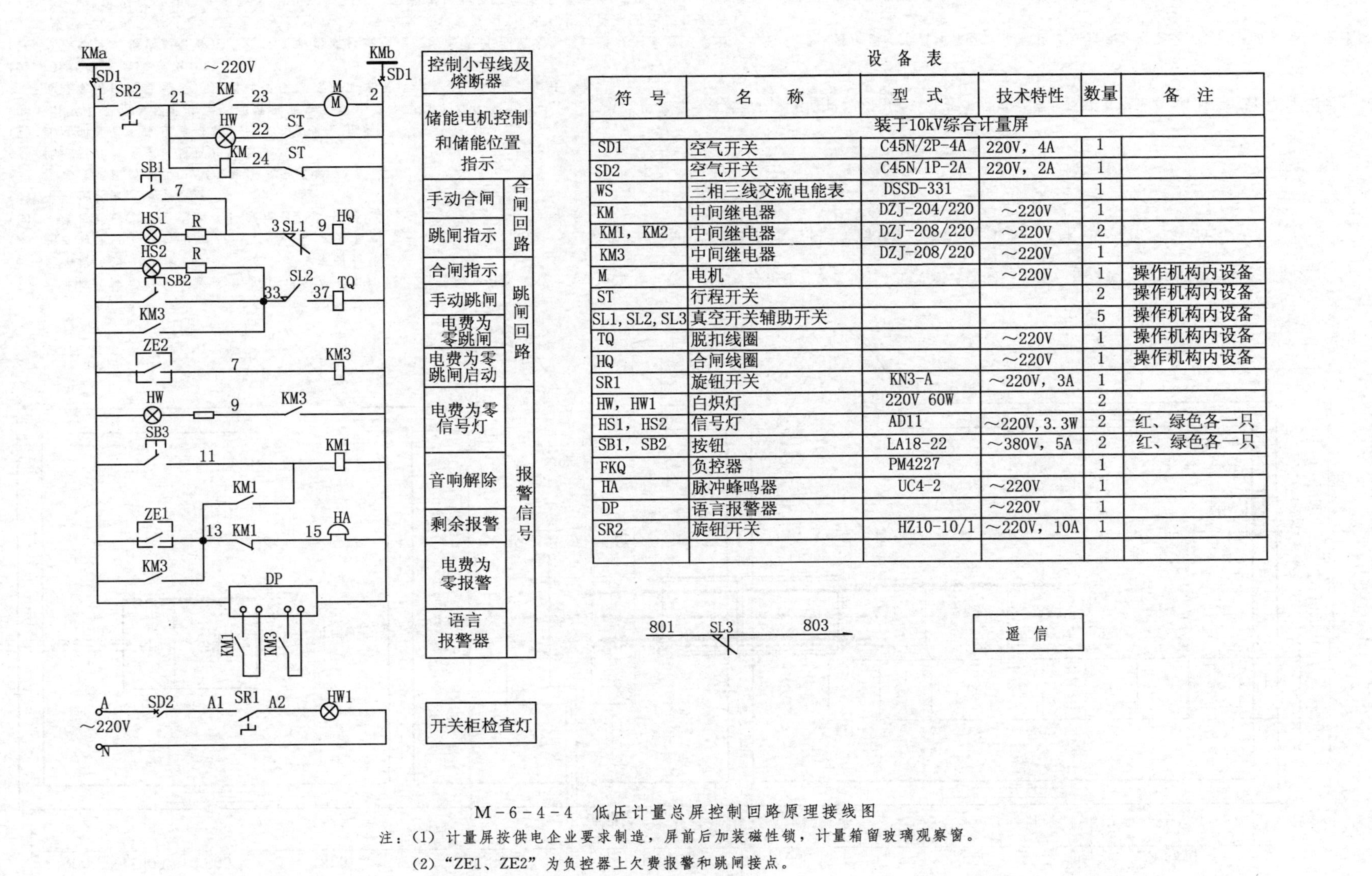

设备表

符号	名称	型式	技术特性	数量	备注
装于10kV综合计量屏					
SD1	空气开关	C45N/2P-4A	220V，4A	1	
SD2	空气开关	C45N/1P-2A	220V，2A	1	
WS	三相三线交流电能表	DSSD-331		1	
KM	中间继电器	DZJ-204/220	~220V	1	
KM1，KM2	中间继电器	DZJ-208/220	~220V	2	
KM3	中间继电器	DZJ-208/220	~220V	1	
M	电机		~220V	1	操作机构内设备
ST	行程开关			2	操作机构内设备
SL1, SL2, SL3	真空开关辅助开关			5	操作机构内设备
TQ	脱扣线圈		~220V	1	操作机构内设备
HQ	合闸线圈		~220V	1	操作机构内设备
SR1	旋钮开关	KN3-A	~220V，3A	1	
HW，HW1	白炽灯	220V 60W		2	
HS1，HS2	信号灯	AD11	~220V, 3.3W	2	红、绿色各一只
SB1，SB2	按钮	LA18-22	~380V，5A	2	红、绿色各一只
FKQ	负控器	PM4227		1	
HA	脉冲蜂鸣器	UC4-2	~220V	1	
DP	语言报警器		~220V	1	
SR2	旋钮开关	HZ10-10/1	~220V，10A	1	

M－6－4－4　低压计量总屏控制回路原理接线图

注：(1) 计量屏按供电企业要求制造，屏前后加装磁性锁，计量箱留玻璃观察窗。

(2) “ZE1、ZE2” 为负控器上欠费报警和跳闸接点。

(3) 此图用于高供低计并实行购电制的配电工程。

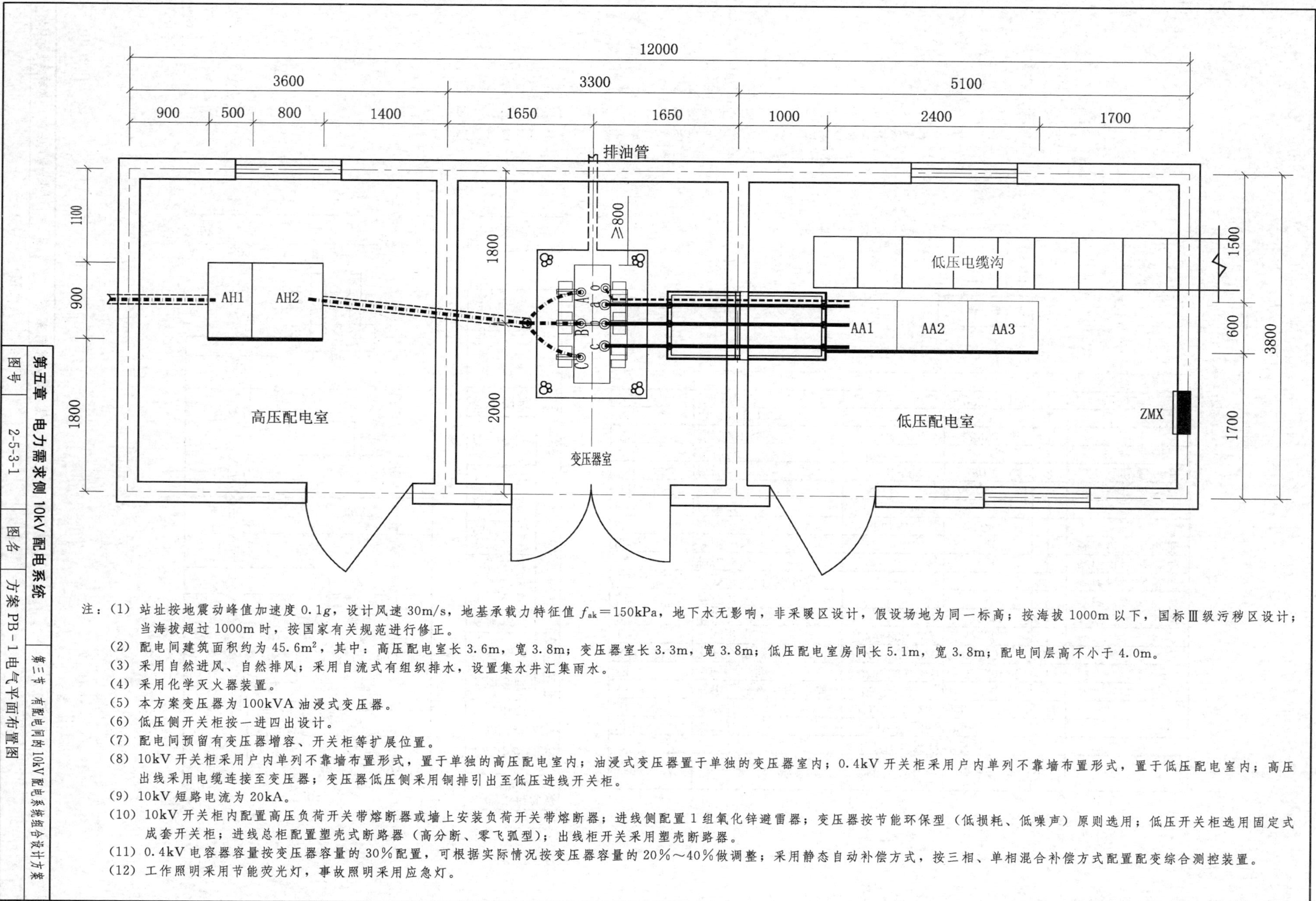

注：(1) 站址按地震动峰值加速度 0.1g，设计风速 30m/s，地基承载力特征值 f_{ak}＝150kPa，地下水无影响，非采暖区设计，假设场地为同一标高；按海拔 1000m 以下，国标Ⅲ级污秽区设计；当海拔超过 1000m 时，按国家有关规范进行修正。

(2) 配电间建筑面积约为 45.6m^2，其中：高压配电室长 3.6m，宽 3.8m；变压器室长 3.3m，宽 3.8m；低压配电室房间长 5.1m，宽 3.8m；配电间层高不小于 4.0m。

(3) 采用自然进风、自然排风；采用自流式有组织排水，设置集水井汇集雨水。

(4) 采用化学灭火器装置。

(5) 本方案变压器为 100kVA 油浸式变压器。

(6) 低压侧开关柜按一进四出设计。

(7) 配电间预留有变压器增容、开关柜等扩展位置。

(8) 10kV 开关柜采用户内单列不靠墙布置形式，置于单独的高压配电室内；油浸式变压器置于单独的变压器室内；0.4kV 开关柜采用户内单列不靠墙布置形式，置于低压配电室内；高压出线采用电缆连接至变压器；变压器低压侧采用铜排引出至低压进线开关柜。

(9) 10kV 短路电流为 20kA。

(10) 10kV 开关柜内配置高压负荷开关带熔断器或墙上安装负荷开关带熔断器；进线侧配置 1 组氧化锌避雷器；变压器按节能环保型（低损耗、低噪声）原则选用；低压开关柜选用固定式成套开关柜；进线总柜配置塑壳式断路器（高分断、零飞弧型）；出线柜开关采用塑壳断路器。

(11) 0.4kV 电容器容量按变压器容量的 30%配置，可根据实际情况按变压器容量的 20%～40%做调整；采用静态自动补偿方式，按三相、单相混合补偿方式配置配变综合测控装置。

(12) 工作照明采用节能荧光灯，事故照明采用应急灯。

第五章　电力需求侧 10kV 配电系统		第三节　有配电间的 10kV 配电系统组合设计方案	
图号	2-5-3-1	图名	方案 PB－1 电气平面布置图

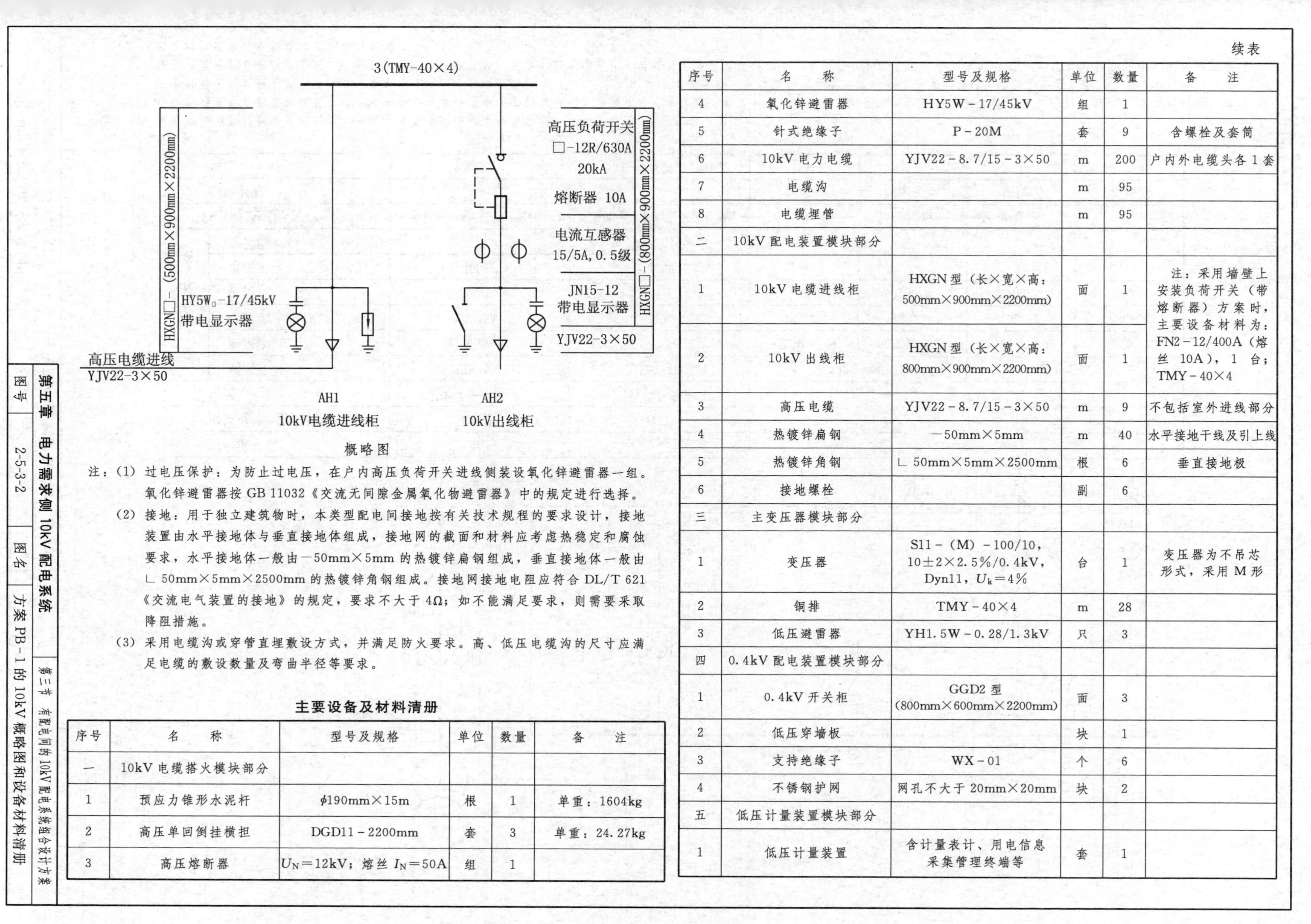

概略图

注：（1）过电压保护：为防止过电压，在户内高压负荷开关进线侧装设氧化锌避雷器一组。氧化锌避雷器按 GB 11032《交流无间隙金属氧化物避雷器》中的规定进行选择。

（2）接地：用于独立建筑物时，本类型配电间接地按有关技术规程的要求设计，接地装置由水平接地体与垂直接地体组成，接地网的截面和材料应考虑热稳定和腐蚀要求，水平接地体一般由—50mm×5mm 的热镀锌扁钢组成，垂直接地体一般由∟50mm×5mm×2500mm 的热镀锌角钢组成。接地网接地电阻应符合 DL/T 621《交流电气装置的接地》的规定，要求不大于 4Ω；如不能满足要求，则需要采取降阻措施。

（3）采用电缆沟或穿管直埋敷设方式，并满足防火要求。高、低压电缆沟的尺寸应满足电缆的敷设数量及弯曲半径等要求。

主要设备及材料清册

序号	名　称	型号及规格	单位	数量	备　注
一	10kV 电缆搭火模块部分				
1	预应力锥形水泥杆	ϕ190mm×15m	根	1	单重：1604kg
2	高压单回倒挂横担	DGD11－2200mm	套	3	单重：24.27kg
3	高压熔断器	U_N=12kV；熔丝 I_N=50A	组	1	

续表

序号	名　称	型号及规格	单位	数量	备　注
4	氧化锌避雷器	HY5W－17/45kV	组	1	
5	针式绝缘子	P－20M	套	9	含螺栓及套筒
6	10kV 电力电缆	YJV22－8.7/15－3×50	m	200	户内外电缆头各 1 套
7	电缆沟		m	95	
8	电缆埋管		m	95	
二	10kV 配电装置模块部分				
1	10kV 电缆进线柜	HXGN 型（长×宽×高：500mm×900mm×2200mm）	面	1	注：采用墙壁上安装负荷开关（带熔断器）方案时，主要设备材料为：FN2－12/400A（熔丝 10A），1 台；TMY－40×4
2	10kV 出线柜	HXGN 型（长×宽×高：800mm×900mm×2200mm）	面	1	
3	高压电缆	YJV22－8.7/15－3×50	m	9	不包括室外进线部分
4	热镀锌扁钢	—50mm×5mm	m	40	水平接地干线及引上线
5	热镀锌角钢	∟50mm×5mm×2500mm	根	6	垂直接地极
6	接地螺栓		副	6	
三	主变压器模块部分				
1	变压器	S11－（M）－100/10，10±2×2.5%/0.4kV，Dyn11，U_k=4%	台	1	变压器为不吊芯形式，采用 M 形
2	铜排	TMY－40×4	m	28	
3	低压避雷器	YH1.5W－0.28/1.3kV	只	3	
四	0.4kV 配电装置模块部分				
1	0.4kV 开关柜	GGD2 型（800mm×600mm×2200mm）	面	3	
2	低压穿墙板		块	1	
3	支持绝缘子	WX－01	个	6	
4	不锈钢护网	网孔不大于 20mm×20mm	块	2	
五	低压计量装置模块部分				
1	低压计量装置	含计量表计、用电信息采集管理终端等	套	1	

概略图

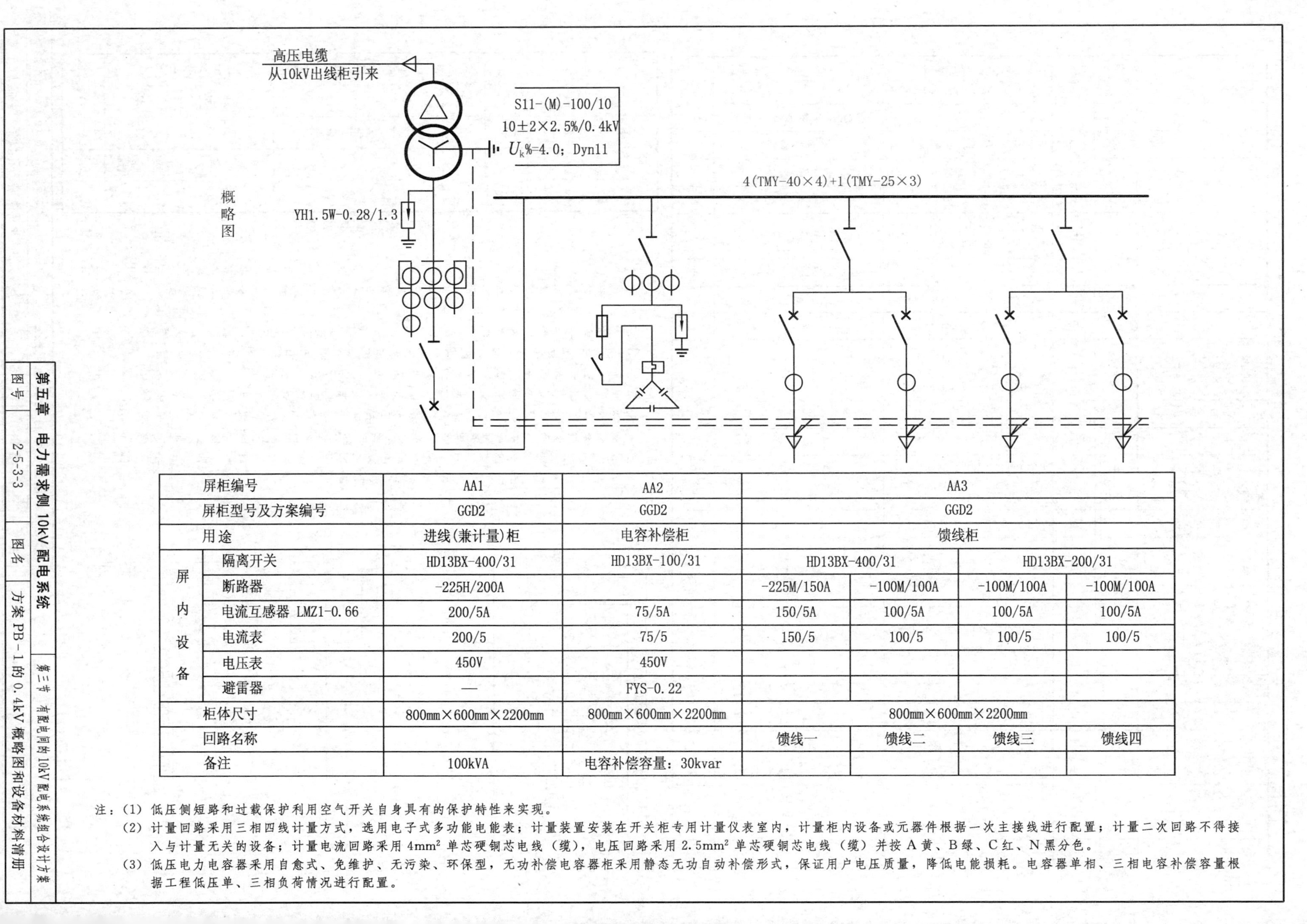

屏柜编号		AA1	AA2	AA3			
屏柜型号及方案编号		GGD2	GGD2	GGD2			
用途		进线(兼计量)柜	电容补偿柜	馈线柜			
屏内设备	隔离开关	HD13BX-400/31	HD13BX-100/31	HD13BX-400/31		HD13BX-200/31	
	断路器	-225H/200A		-225M/150A	-100M/100A	-100M/100A	-100M/100A
	电流互感器 LMZ1-0.66	200/5A	75/5A	150/5A	100/5A	100/5A	100/5A
	电流表	200/5	75/5	150/5	100/5	100/5	100/5
	电压表	450V	450V				
	避雷器	—	FYS-0.22				
柜体尺寸		800mm×600mm×2200mm	800mm×600mm×2200mm	800mm×600mm×2200mm			
回路名称				馈线一	馈线二	馈线三	馈线四
备注		100kVA	电容补偿容量：30kvar				

注：(1) 低压侧短路和过载保护利用空气开关自身具有的保护特性来实现。

(2) 计量回路采用三相四线计量方式，选用电子式多功能电能表；计量装置安装在开关柜专用计量仪表室内，计量柜内设备或元器件根据一次主接线进行配置；计量二次回路不得接入与计量无关的设备；计量电流回路采用 4mm² 单芯硬铜芯电线（缆），电压回路采用 2.5mm² 单芯硬铜芯电线（缆）并按 A 黄、B 绿、C 红、N 黑分色。

(3) 低压电力电容器采用自愈式、免维护、无污染、环保型，无功补偿电容器柜采用静态无功自动补偿形式，保证用户电压质量，降低电能损耗。电容器单相、三相电容补偿容量根据工程低压单、三相负荷情况进行配置。

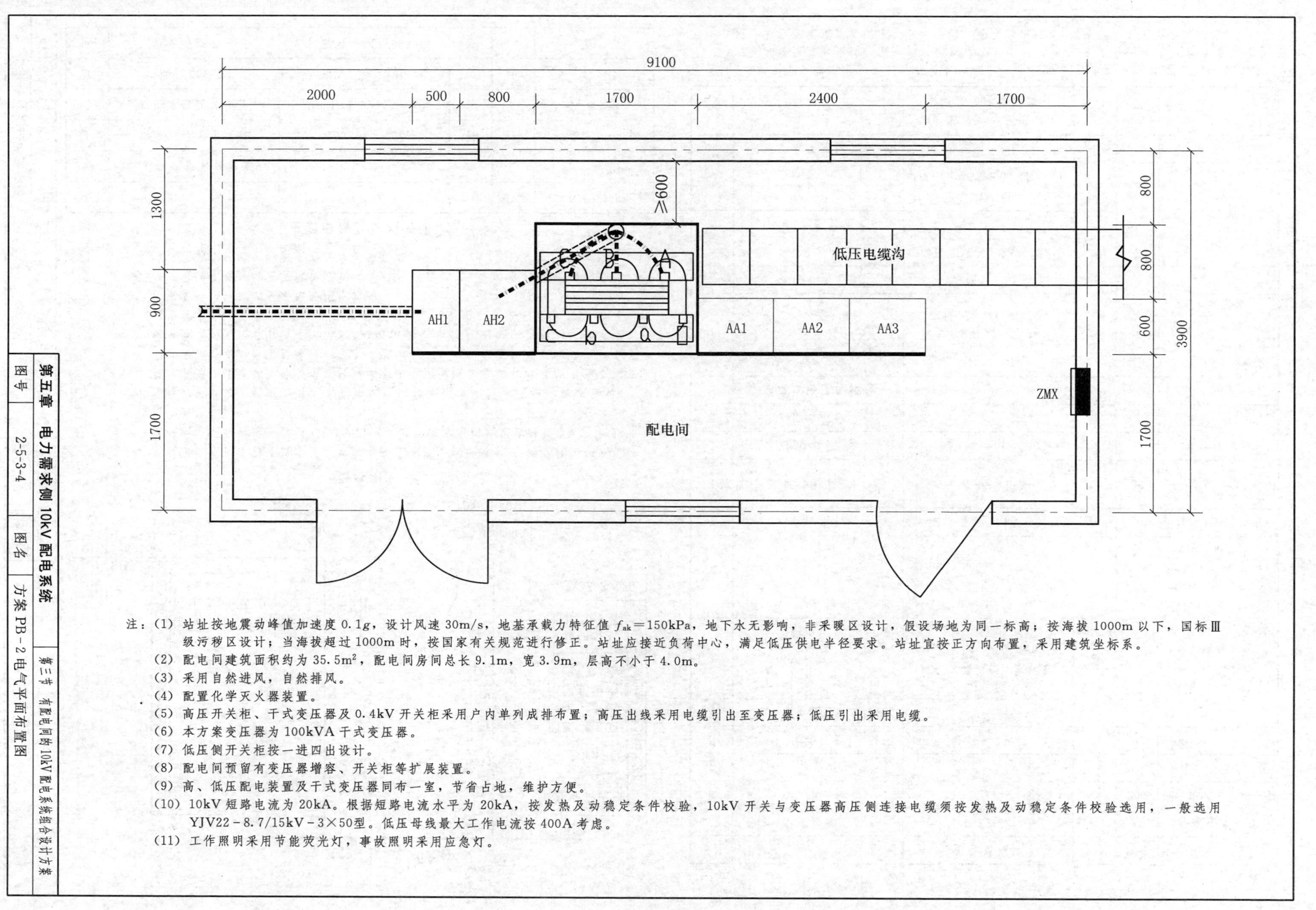

注：(1) 站址按地震动峰值加速度 0.1g，设计风速 30m/s，地基承载力特征值 f_{ak}=150kPa，地下水无影响，非采暖区设计，假设场地为同一标高；按海拔 1000m 以下，国标Ⅲ级污秽区设计；当海拔超过 1000m 时，按国家有关规范进行修正。站址应接近负荷中心，满足低压供电半径要求。站址宜按正方向布置，采用建筑坐标系。

(2) 配电间建筑面积约为 35.5m²，配电间房间总长 9.1m，宽 3.9m，层高不小于 4.0m。

(3) 采用自然进风，自然排风。

(4) 配置化学灭火器装置。

(5) 高压开关柜、干式变压器及 0.4kV 开关柜采用户内单列成排布置；高压出线采用电缆引出至变压器；低压引出采用电缆。

(6) 本方案变压器为 100kVA 干式变压器。

(7) 低压侧开关柜按一进四出设计。

(8) 配电间预留有变压器增容、开关柜等扩展装置。

(9) 高、低压配电装置及干式变压器同布一室，节省占地，维护方便。

(10) 10kV 短路电流为 20kA。根据短路电流水平为 20kA，按发热及动稳定条件校验，10kV 开关与变压器高压侧连接电缆须按发热及动稳定条件校验选用，一般选用 YJV22－8.7/15kV－3×50型。低压母线最大工作电流按 400A 考虑。

(11) 工作照明采用节能荧光灯，事故照明采用应急灯。

第五章　电力需求侧 10kV 配电系统			第三节　有配电间的 10kV 配电系统组合设计方案
图号	2-5-3-4	图名	方案 PB－2 电气平面布置图

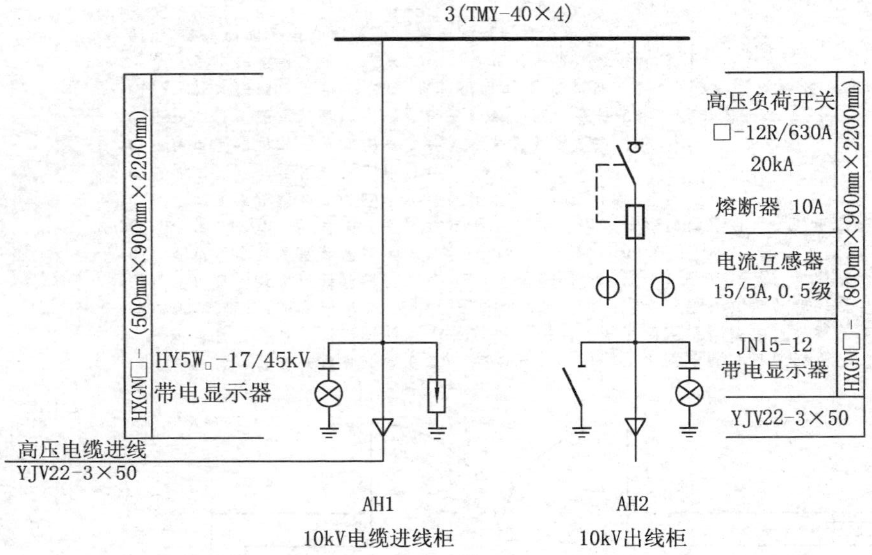

3(TMY-40×4)

HXGN□-(500mm×900mm×2200mm)

HY5W□-17/45kV
带电显示器

高压电缆进线
YJV22-3×50

HXGN□-(800mm×900mm×2200mm)

高压负荷开关
□-12R/630A
20kA
熔断器 10A
电流互感器
15/5A, 0.5级
JN15-12
带电显示器
YJV22-3×50

AH1
10kV电缆进线柜

AH2
10kV出线柜

概略图

注：(1) 过电压保护：为防止过电压，在户内高压负荷开关进线间隔装设氧化锌避雷器一组。氧化锌避雷器按 GB 11032《交流无间隙金属氧化物避雷器》中的规定进行选择。

(2) 接地：用于独立建筑物时，本类型配电间接地按有关技术规程的要求设计，接地装置由水平接地体与垂直接地体组成，接地网的截面和材料应考虑热稳定和腐蚀要求，水平接地体一般由－50mm×5mm 的热镀锌扁钢组成，垂直接地体一般由∟ 50mm×5mm×2500mm 的热镀锌角钢组成。接地网接地电阻应符合 DL/T 621《交流电气装置的接地》的规定，要求不大于 4Ω；如不能满足要求，则需要采取降阻措施。

(3) 采用电缆沟或穿管直埋敷设方式，并满足防火要求。高、低压电缆沟的尺寸应满足电缆的敷设数量及弯曲半径等要求。

主要设备及材料清册

序号	名 称	型号及规格	单位	数量	备 注
一	10kV 电缆搭火模块部分				
1	预应力锥形水泥杆	ϕ190mm×15m	根	1	单重：1604kg
2	高压单回倒挂横担	DGD11-2200mm	套	3	单重：24.27kg
3	高压熔断器	U_N=12kV；熔丝 I_N=50A	组	1	
4	氧化锌避雷器	HY5W□-17/45kV	组	1	

续表

序号	名 称	型号及规格	单位	数量	备 注
5	针式绝缘子	P-20M	套	9	含螺栓及套筒
6	10kV 电力电缆	YJV22-8.7/15-3×50	m	200	户内外电缆头各1套
7	电缆沟		m	95	
8	电缆埋管		m	95	
二	10kV 配电装置模块部分				
1	10kV 电缆进线柜	HXGN 型（长×宽×高：500mm×900mm×2200mm）	面	1	注：采用墙壁上安装负荷开关（带熔断器）方式时，主要设备材料为：FN2-12/400A（熔丝 10A），1 台；TMY-40×4
2	10kV 出线柜	HXGN 型（长×宽×高：800mm×900mm×2200mm）	面	1	
3	高压电缆	YJV22-8.7/15kV-3×50	m	7	不包括室外进线部分
4	热镀锌扁钢	－50mm×5mm	m	36	水平接地干线及引上线
5	热镀锌角钢	∟ 50mm×5mm×2500mm	根	6	垂直接地极
6	接地螺栓		副	3	
三	主变压器模块部分				
1	变压器	SC10-100/10，10±2×2.5%/0.4kV，Dyn11，U_k=4%	台	1	带外壳（防护等级不低于 IP3X），配风机、温控系统装置
2	低压封闭母线	4（TMY-40×4）	m	5	
3	低压避雷器	YH1.5W-0.28/1.3kV	只	3	
四	0.4kV 配电装置模块部分				
1	0.4kV 开关柜	GGD2 型，800mm×600mm×2200mm	面	3	
五	低压计量装置模块部分				
1	低压计量装置	含计量表计、用电信息采集管理终端等	套	1	

注：10kV 配电装置选用高压负荷开关带熔断器，进线侧配置 1 组氧化锌避雷器；变压器按节能环保型（低损耗、低噪声）原则选用；0.4kV 低压开关柜选用固定式成套开关柜；进线总柜配置塑壳式断路器（高分断、零飞弧型）；出线柜开关采用塑壳断路器。

第五章 电力需求侧 10kV 配电系统		第三节 有配电间的 10kV 配电系统组合设计方案	
图号	2-5-3-5	图名	方案 PB-2 的 10kV 概略图和设备材料清册

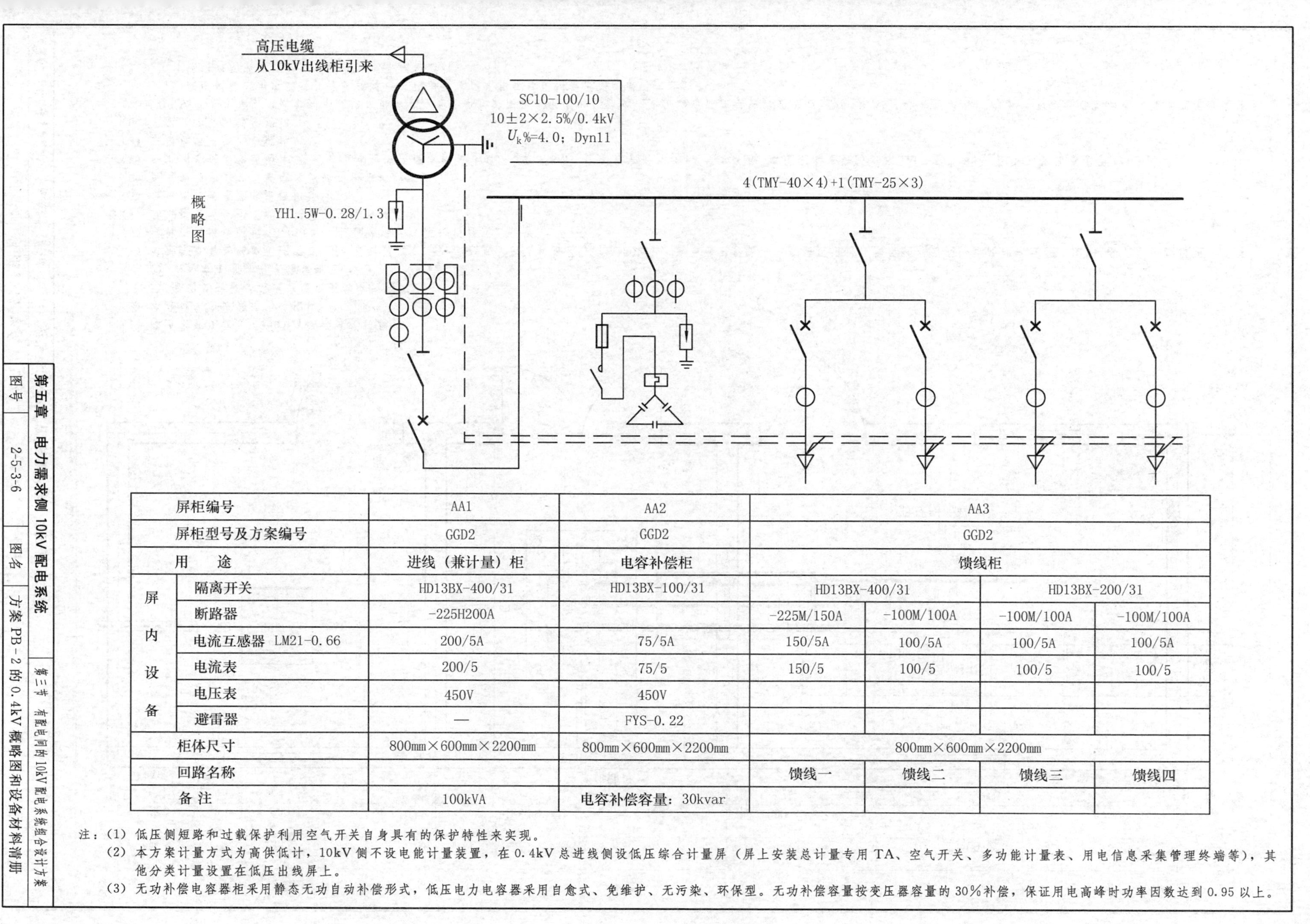

屏柜编号		AA1	AA2	AA3			
屏柜型号及方案编号		GGD2	GGD2	GGD2			
用途		进线（兼计量）柜	电容补偿柜	馈线柜			
屏内设备	隔离开关	HD13BX-400/31	HD13BX-100/31	HD13BX-400/31		HD13BX-200/31	
	断路器	-225H200A		-225M/150A	-100M/100A	-100M/100A	-100M/100A
	电流互感器 LM21-0.66	200/5A	75/5A	150/5A	100/5A	100/5A	100/5A
	电流表	200/5	75/5	150/5	100/5	100/5	100/5
	电压表	450V	450V				
	避雷器	—	FYS-0.22				
柜体尺寸		800mm×600mm×2200mm	800mm×600mm×2200mm	800mm×600mm×2200mm			
回路名称				馈线一	馈线二	馈线三	馈线四
备注		100kVA	电容补偿容量：30kvar				

注：(1) 低压侧短路和过载保护利用空气开关自身具有的保护特性来实现。

(2) 本方案计量方式为高供低计，10kV侧不设电能计量装置，在0.4kV总进线侧设低压综合计量屏（屏上安装总计量专用TA、空气开关、多功能计量表、用电信息采集管理终端等），其他分类计量设置在低压出线屏上。

(3) 无功补偿电容器柜采用静态无功自动补偿形式，低压电力电容器采用自愈式、免维护、无污染、环保型。无功补偿容量按变压器容量的30%补偿，保证用电高峰时功率因数达到0.95以上。

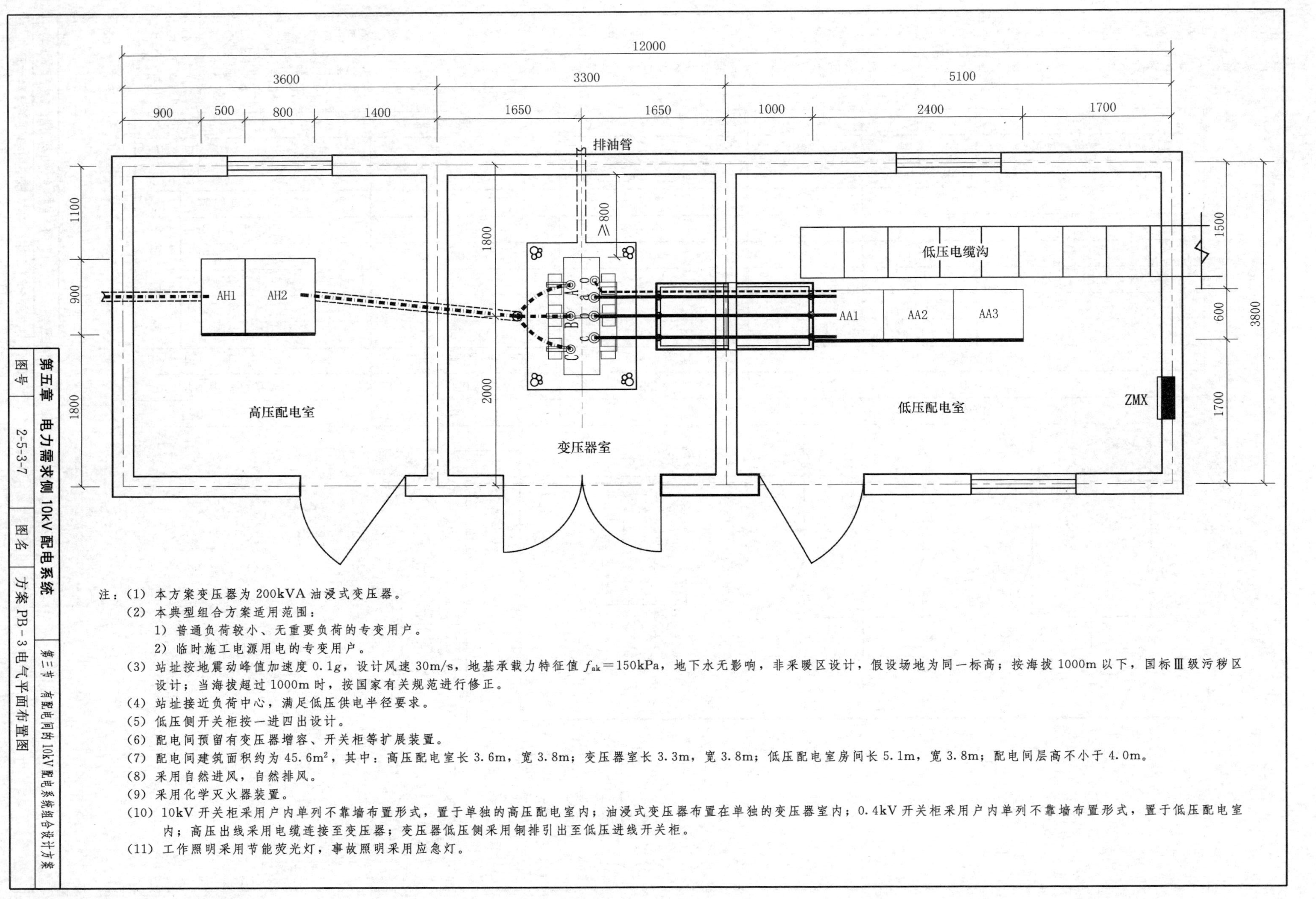

注：(1) 本方案变压器为 200kVA 油浸式变压器。

(2) 本典型组合方案适用范围：

1) 普通负荷较小、无重要负荷的专变用户。

2) 临时施工电源用电的专变用户。

(3) 站址按地震动峰值加速度 0.1g，设计风速 30m/s，地基承载力特征值 f_{ak}=150kPa，地下水无影响，非采暖区设计，假设场地为同一标高；按海拔 1000m 以下，国标Ⅲ级污秽区设计；当海拔超过 1000m 时，按国家有关规范进行修正。

(4) 站址接近负荷中心，满足低压供电半径要求。

(5) 低压侧开关柜按一进四出设计。

(6) 配电间预留有变压器增容、开关柜等扩展装置。

(7) 配电间建筑面积约为 45.6m^2，其中：高压配电室长 3.6m，宽 3.8m；变压器室长 3.3m，宽 3.8m；低压配电室房间长 5.1m，宽 3.8m；配电间层高不小于 4.0m。

(8) 采用自然进风，自然排风。

(9) 采用化学灭火器装置。

(10) 10kV 开关柜采用户内单列不靠墙布置形式，置于单独的高压配电室内；油浸式变压器布置在单独的变压器室内；0.4kV 开关柜采用户内单列不靠墙布置形式，置于低压配电室内；高压出线采用电缆连接至变压器；变压器低压侧采用铜排引出至低压进线开关柜。

(11) 工作照明采用节能荧光灯，事故照明采用应急灯。

图号	2-5-3-7	图名	方案 PB－3 电气平面布置图

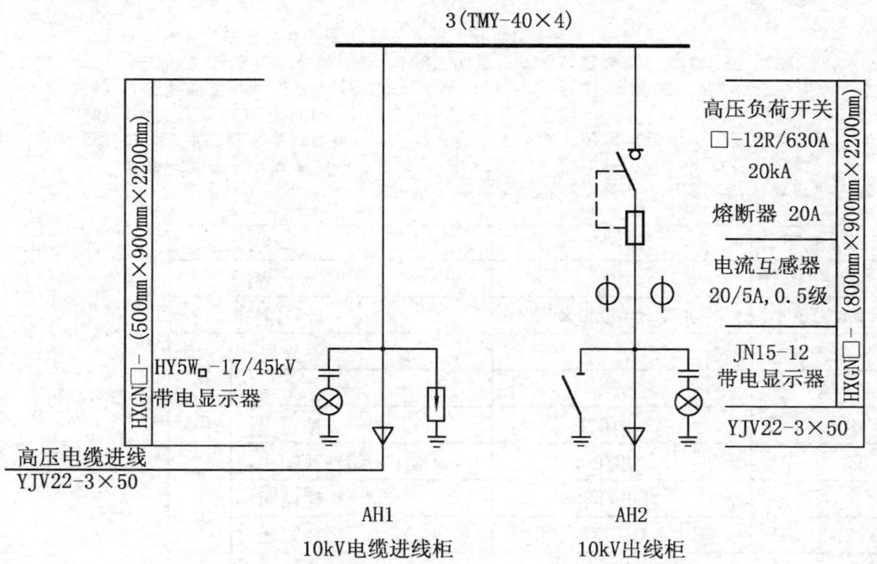

3(TMY-40×4)

高压负荷开关 □-12R/630A 20kA

熔断器 20A

电流互感器 20/5A, 0.5级

JN15-12 带电显示器

YJV22-3×50

HXGN□-(800mm×900mm×2200mm)

HXGN□-(500mm×900mm×2200mm)

HY5W□-17/45kV

带电显示器

高压电缆进线 YJV22-3×50

AH1 10kV电缆进线柜

AH2 10kV出线柜

概略图

注：(1) 高压进线侧装设熔断器，用于变压器保护。
(2) 过电压保护：为防止过电压，在户内高压负荷开关进线侧装设氧化锌避雷器一组。氧化锌避雷器按 GB 11032《交流无间隙金属氧化物避雷器》中的规定进行选择。
(3) 接地：用于独立建筑物时，本类型配电间接地按有关技术规程的要求设计，接地装置由水平接地体与垂直接地体组成，接地网的截面和材料应考虑热稳定和腐蚀要求，水平接地体一般由－50mm×5mm 的热镀锌扁钢组成，垂直接地体一般由∟ 50mm×5mm×2500mm 的热镀锌角钢组成。接地网接地电阻应符合 DL/T 621《交流电气装置的接地》的规定，要求不大于 4Ω；如不能满足要求，则需要采取降阻措施。
(4) 采用电缆沟或穿管直埋敷设方式，并满足防火要求。高、低压电缆沟的尺寸应满足电缆的敷设数量及电缆弯曲半径等要求。

主要设备及材料清册

序号	名　　称	型号及规格	单位	数量	备　　注
一	10kV 电缆搭火模块部分				
1	预应力锥形水泥杆	ϕ190mm×15m	根	1	单重：1604kg
2	高压单回倒挂横担	DGD11－2200mm	套	3	单重：24.27kg
3	高压熔断器	U_N=12kV；熔丝 I_N=50A	组	1	
4	氧化锌避雷器	HY5W－17/45kV	组	1	
5	针式绝缘子	P－20M	套	9	含螺栓及套筒
6	10kV 电力电缆	YJV22－8.7/15－3×50	m	200	户内外电缆头各1套

续表

序号	名　　称	型号及规格	单位	数量	备　　注
7	电缆沟		m	95	
8	电缆埋管		m	95	
二	10kV 配电装置模块部分				
1	10kV 电缆进线柜	HXGN 型（长×宽×高：500mm×900mm×2200mm）	面	1	注：采用墙壁上安装负荷开关（带熔断器）方案时，主要设备材料为：FN2－12/400A（熔丝20A），1台；TMY－40×4
2	10kV 出线柜	HXGN 型（长×宽×高：800mm×900mm×2200mm）	面	1	
3	高压电缆	YJV22－8.7/15－3×50	m	9	不包括室外进线部分
4	热镀锌扁钢	－50mm×5mm	m	40	水平接地干线及引上线
5	热镀锌角钢	∟ 50mm×5mm×2500mm	根	6	垂直接地极
6	接地螺栓		副	6	
三	主变压器模块部分				
1	变压器	S11－(M)－200/10，10±2×2.5%/0.4kV，Dyn11，U_k=4%	台	1	变压器为不吊芯形式，采用 M 形
2	铜排	TMY－40×4	m	28	
3	低压避雷器	YH1.5W－0.28/1.3kV	只	3	
四	0.4kV 配电装置部分				
1	0.4kV 开关柜	GGD2 型（800mm×600mm×2200mm）	面	3	
2	低压穿墙板		块	1	
3	支持绝缘子	WX－01	个	6	
4	不锈钢护网	网孔不大于 20mm×20mm	块	2	
五	低压计量装置模块部分				
1	低压计量装置	含计量表计、用电信息采集管理终端等	套	1	

图号 2-5-3-8　图名 方案 PB－3 的 10kV 概略图和设备材料清册

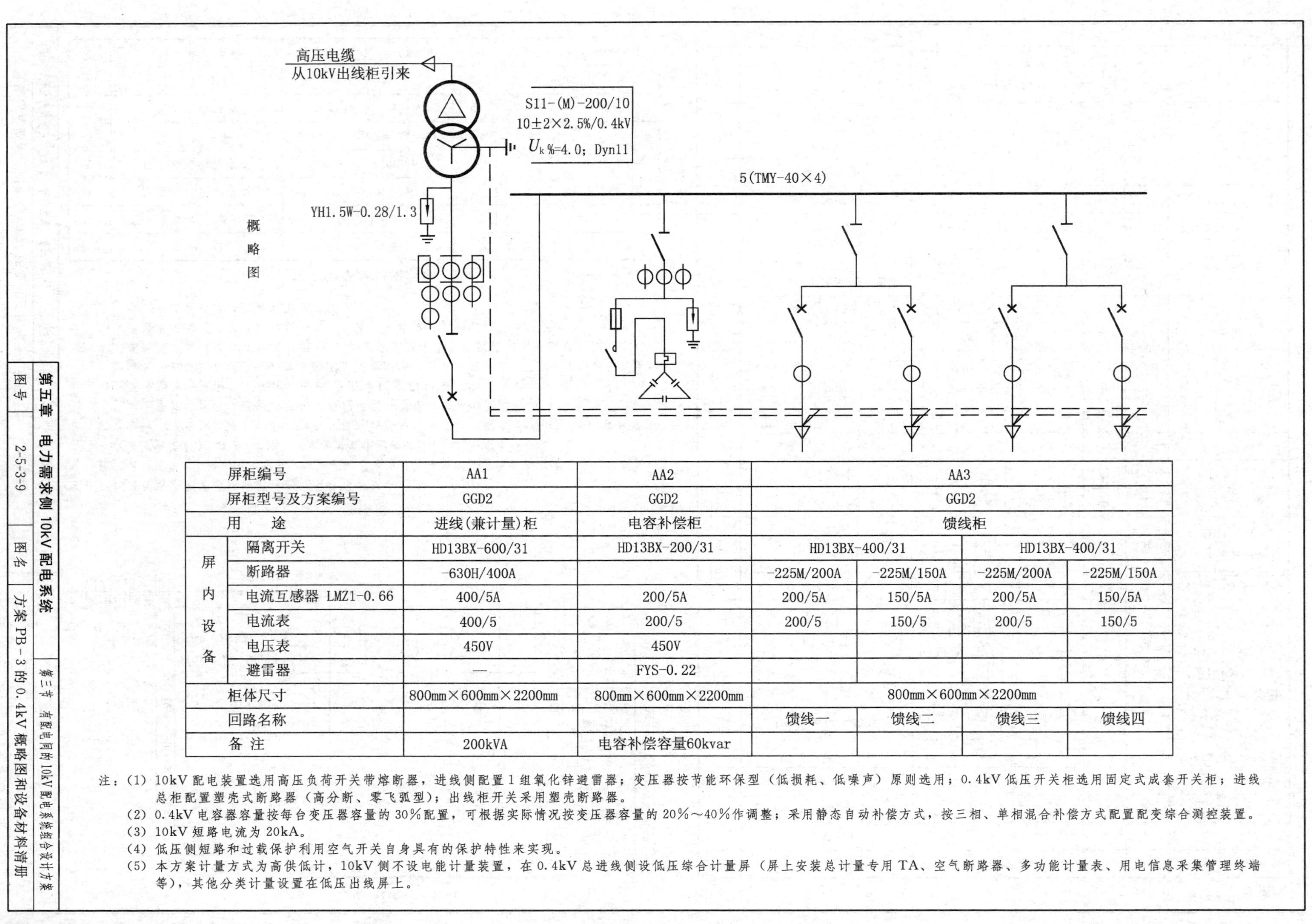

屏柜编号		AA1	AA2	AA3			
屏柜型号及方案编号		GGD2	GGD2	GGD2			
用　途		进线(兼计量)柜	电容补偿柜	馈线柜			
屏内设备	隔离开关	HD13BX-600/31	HD13BX-200/31	HD13BX-400/31		HD13BX-400/31	
	断路器	-630H/400A		-225M/200A	-225M/150A	-225M/200A	-225M/150A
	电流互感器 LMZ1-0.66	400/5A	200/5A	200/5A	150/5A	200/5A	150/5A
	电流表	400/5	200/5	200/5	150/5	200/5	150/5
	电压表	450V	450V				
	避雷器	—	FYS-0.22				
柜体尺寸		800mm×600mm×2200mm	800mm×600mm×2200mm	800mm×600mm×2200mm			
回路名称				馈线一	馈线二	馈线三	馈线四
备 注		200kVA	电容补偿容量60kvar				

注：(1) 10kV 配电装置选用高压负荷开关带熔断器，进线侧配置1组氧化锌避雷器；变压器按节能环保型（低损耗、低噪声）原则选用；0.4kV 低压开关柜选用固定式成套开关柜；进线总柜配置塑壳式断路器（高分断、零飞弧型）；出线柜开关采用塑壳断路器。

(2) 0.4kV 电容器容量按每台变压器容量的30%配置，可根据实际情况按变压器容量的20%～40%作调整；采用静态自动补偿方式，按三相、单相混合补偿方式配置配变综合测控装置。

(3) 10kV 短路电流为20kA。

(4) 低压侧短路和过载保护利用空气开关自身具有的保护特性来实现。

(5) 本方案计量方式为高供低计，10kV 侧不设电能计量装置，在0.4kV 总进线侧设低压综合计量屏（屏上安装总计量专用TA、空气断路器、多功能计量表、用电信息采集管理终端等），其他分类计量设置在低压出线屏上。

第五章　电力需求侧10kV配电系统		第三节　有配电间的10kV配电系统组合设计方案	
图号	2-5-3-9	图名	方案PB-3的0.4kV概略图和设备材料清册

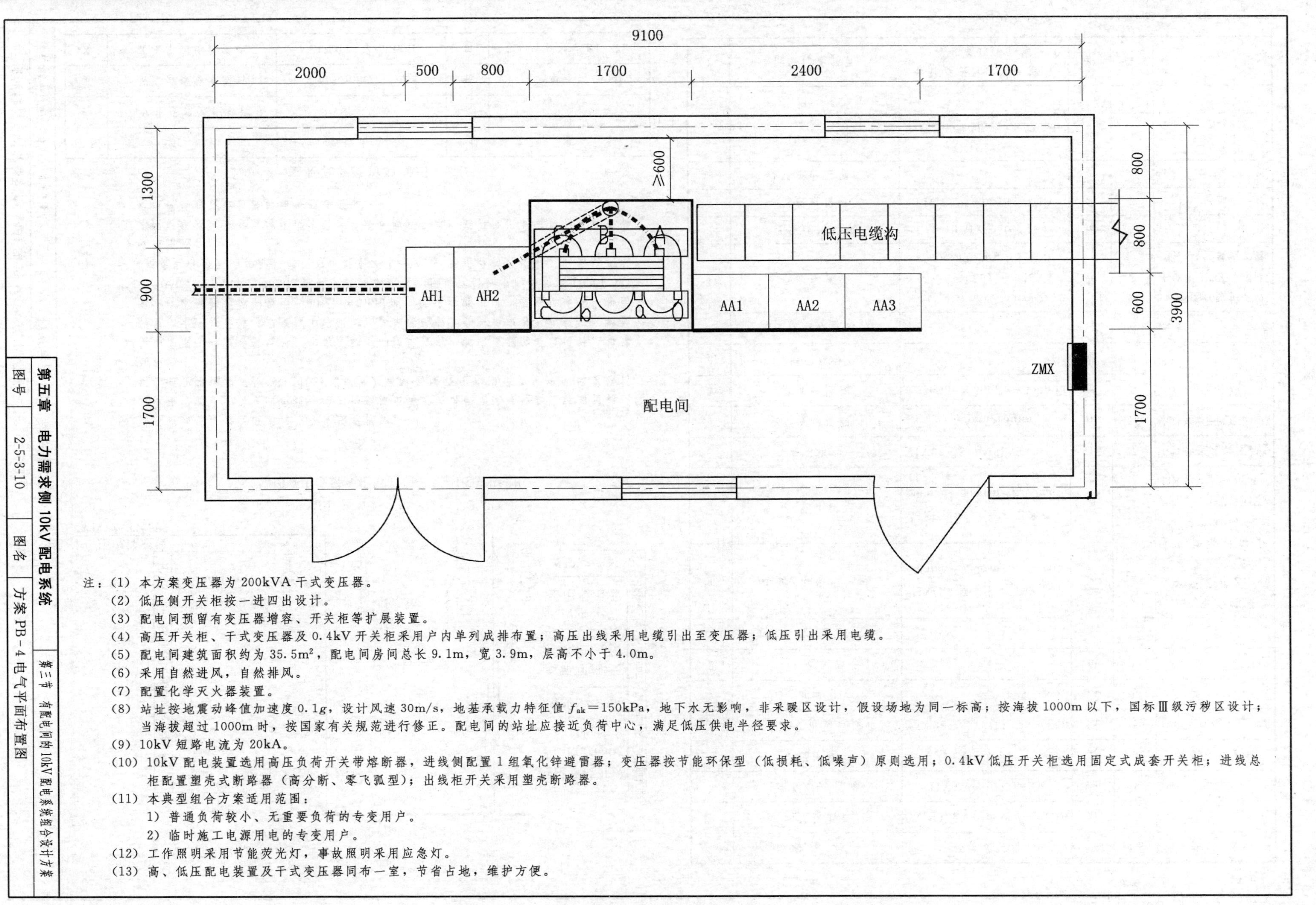

注：(1) 本方案变压器为200kVA干式变压器。
(2) 低压侧开关柜按一进四出设计。
(3) 配电间预留有变压器增容、开关柜等扩展装置。
(4) 高压开关柜、干式变压器及0.4kV开关柜采用户内单列成排布置；高压出线采用电缆引出至变压器；低压引出采用电缆。
(5) 配电间建筑面积约为35.5m²，配电间房间总长9.1m，宽3.9m，层高不小于4.0m。
(6) 采用自然进风，自然排风。
(7) 配置化学灭火器装置。
(8) 站址按地震动峰值加速度0.1g，设计风速30m/s，地基承载力特征值f_{ak}=150kPa，地下水无影响，非采暖区设计，假设场地为同一标高；按海拔1000m以下，国标Ⅲ级污秽区设计；当海拔超过1000m时，按国家有关规范进行修正。配电间的站址应接近负荷中心，满足低压供电半径要求。
(9) 10kV短路电流为20kA。
(10) 10kV配电装置选用高压负荷开关带熔断器，进线侧配置1组氧化锌避雷器；变压器按节能环保型（低损耗、低噪声）原则选用；0.4kV低压开关柜选用固定式成套开关柜；进线总柜配置塑壳式断路器（高分断、零飞弧型）；出线柜开关采用塑壳断路器。
(11) 本典型组合方案适用范围：
1) 普通负荷较小、无重要负荷的专变用户。
2) 临时施工电源用电的专变用户。
(12) 工作照明采用节能荧光灯，事故照明采用应急灯。
(13) 高、低压配电装置及干式变压器同布一室，节省占地，维护方便。

第五章　电力需求侧10kV配电系统		第三节　有配电间的10kV配电系统组合设计方案	
图号	2-5-3-10	图名	方案PB-4电气平面布置图

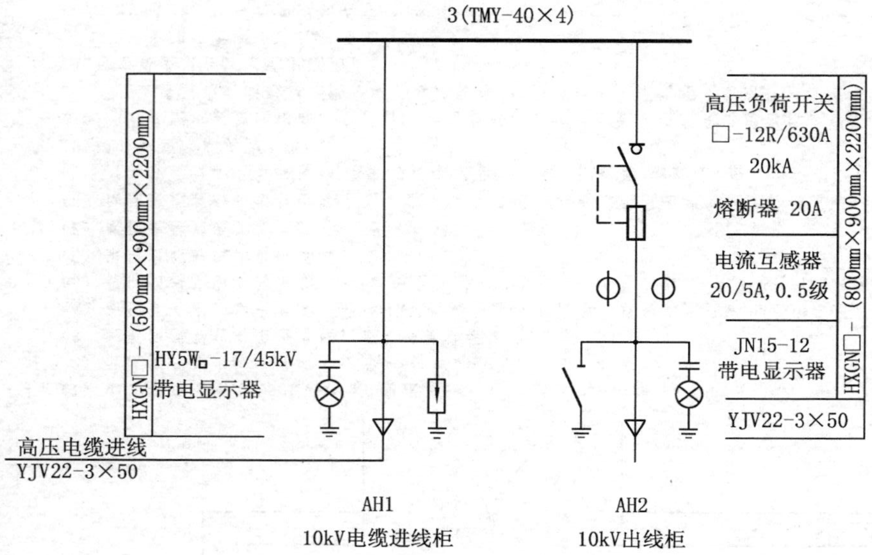

3(TMY-40×4)

HXGN□-(500mm×900mm×2200mm)
HY5W□-17/45kV
带电显示器
高压电缆进线
YJV22-3×50
AH1
10kV电缆进线柱

HXGN□-(800mm×900mm×2200mm)
高压负荷开关
□-12R/630A
20kA
熔断器 20A
电流互感器
20/5A, 0.5级
JN15-12
带电显示器
YJV22-3×50
AH2
10kV出线柜

概略图

注：(1) 高压进线侧装设熔断器，用于变压器保护。

(2) 过电压保护：为防止过电压，在户内高压负荷开关进线间隔装设氧化锌避雷器一组。氧化锌避雷器按 GB 11032《交流无间隙金属氧化物避雷器》中的规定进行选择。

(3) 接地：用于独立建筑物时，本类型配电间接地按有关技术规程的要求设计，接地装置由水平接地体与垂直接地体组成，接地网的截面和材料应考虑热稳定和腐蚀要求，水平接地体一般由－50mm×5mm 的热镀锌扁钢组成，垂直接地体一般由∟50mm×5mm×2500mm 的热镀锌角钢组成。接地网接地电阻应符合 DL/T 621《交流电气装置的接地》的规定，要求不大于 4Ω；如不能满足要求，则需要采取降阻措施。

(4) 采用电缆沟或穿管直埋敷设方式，并满足防火要求。高、低压电缆沟的尺寸应满足电缆的敷设数量及弯曲半径等要求。

主要设备及材料清册

序号	名　称	型号及规格	单位	数量	备　注
一	10kV 电缆搭火模块部分				
1	预应力锥形水泥杆	ϕ190mm×15m	根	1	单重：1604kg
2	高压单回倒挂横担	DGD11-2200mm	套	3	单重：24.27kg

续表

序号	名　称	型号及规格	单位	数量	备　注
3	高压熔断器	U_N=12kV；熔丝 I_N=50A	组	1	
4	氧化锌避雷器	HY5W□-17/45kV	组	1	
5	针式绝缘子	P-20M	套	9	含螺栓及套筒
6	10kV 电力电缆	YJV22-8.7/15kV-3×50	m	200	户内外电缆头各1套
7	电缆沟		m	95	
8	电缆埋管		m	95	
二	10kV 配电装置部分				
1	10kV 进线提升柜	HXGN 型（长×宽×高：500mm×900mm×2200mm）	面	1	注：采用墙壁上安装负荷开关（带熔断器）方案时，主要设备材料为：FN2-12/400A(熔丝20A)，1台；TMY-40×4
2	10kV 出线柜	HXGN 型（长×宽×高：800mm×900mm×2200mm）	面	1	
3	高压电缆	YJV22-8.7/15kV-3×50	m	7	不包括室外进线部分
4	热镀锌扁钢	－50mm×5mm	m	36	水平接地干线及引上线
5	热镀锌角钢	∟50mm×5mm×2500mm	根	6	垂直接地极
6	接地螺栓		副	3	
三	主变压器模块部分				
1	变压器	SC（B）10-200/10，10±2×2.5%/0.4kV，Dyn11，U_k=4%	台	1	带外壳（防护等级不低于 IP3X），配风机、温控系统装置
2	低压封闭母线	4（TMY-40×4）	m	5	
3	低压避雷器	YH1.5W-0.28/1.3kV	只	3	
四	0.4kV 配电装置模块				
1	0.4kV 开关柜	GGD2 型，800mm×600mm×2200mm	面	3	
五	其他				
1	低压计量装置	含计量表计、用电信息采集管理终端等	套	1	

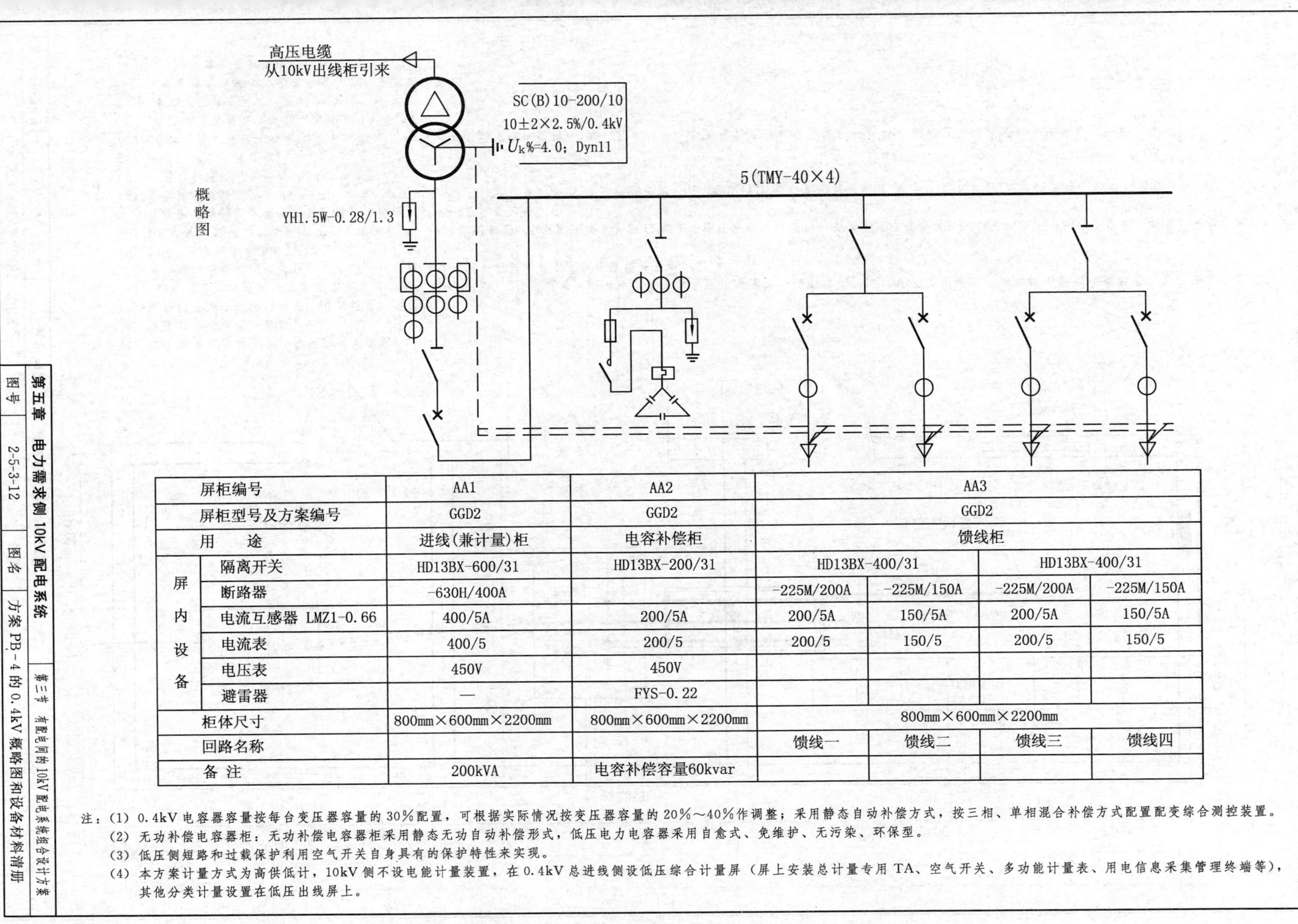

屏柜编号		AA1	AA2	AA3			
屏柜型号及方案编号		GGD2	GGD2	GGD2			
用途		进线(兼计量)柜	电容补偿柜	馈线柜			
屏内设备	隔离开关	HD13BX-600/31	HD13BX-200/31	HD13BX-400/31		HD13BX-400/31	
	断路器	-630H/400A		-225M/200A	-225M/150A	-225M/200A	-225M/150A
	电流互感器 LMZ1-0.66	400/5A	200/5A	200/5A	150/5A	200/5A	150/5A
	电流表	400/5	200/5	200/5	150/5	200/5	150/5
	电压表	450V	450V				
	避雷器	—	FYS-0.22				
柜体尺寸		800mm×600mm×2200mm	800mm×600mm×2200mm	800mm×600mm×2200mm			
回路名称				馈线一	馈线二	馈线三	馈线四
备注		200kVA	电容补偿容量60kvar				

注：(1) 0.4kV电容器容量按每台变压器容量的30%配置，可根据实际情况按变压器容量的20%～40%作调整；采用静态自动补偿方式，按三相、单相混合补偿方式配置配变综合测控装置。

(2) 无功补偿电容器柜：无功补偿电容器柜采用静态无功自动补偿形式，低压电力电容器采用自愈式、免维护、无污染、环保型。

(3) 低压侧短路和过载保护利用空气开关自身具有的保护特性来实现。

(4) 本方案计量方式为高供低计，10kV侧不设电能计量装置，在0.4kV总进线侧设低压综合计量屏（屏上安装总计量专用TA、空气开关、多功能计量表、用电信息采集管理终端等），其他分类计量设置在低压出线屏上。

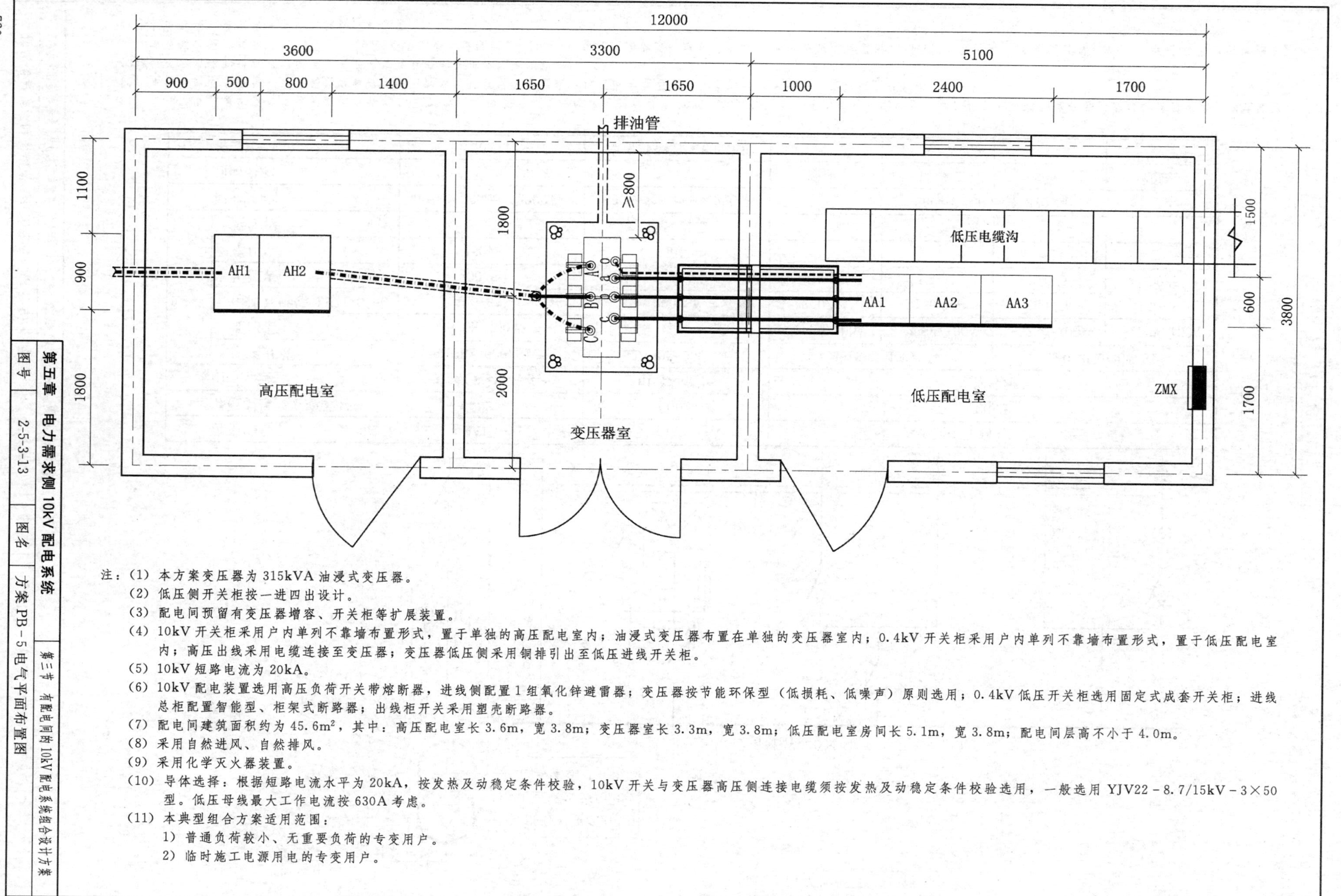

注：(1) 本方案变压器为 315kVA 油浸式变压器。

(2) 低压侧开关柜按一进四出设计。

(3) 配电间预留有变压器增容、开关柜等扩展装置。

(4) 10kV 开关柜采用户内单列不靠墙布置形式，置于单独的高压配电室内；油浸式变压器布置在单独的变压器室内；0.4kV 开关柜采用户内单列不靠墙布置形式，置于低压配电室内；高压出线采用电缆连接至变压器；变压器低压侧采用铜排引出至低压进线开关柜。

(5) 10kV 短路电流为 20kA。

(6) 10kV 配电装置选用高压负荷开关带熔断器，进线侧配置 1 组氧化锌避雷器；变压器按节能环保型（低损耗、低噪声）原则选用；0.4kV 低压开关柜选用固定式成套开关柜；进线总柜配置智能型、框架式断路器；出线柜开关采用塑壳断路器。

(7) 配电间建筑面积约为 45.6m²，其中：高压配电室长 3.6m，宽 3.8m；变压器室长 3.3m，宽 3.8m；低压配电室房间长 5.1m，宽 3.8m；配电间层高不小于 4.0m。

(8) 采用自然进风、自然排风。

(9) 采用化学灭火器装置。

(10) 导体选择：根据短路电流水平为 20kA，按发热及动稳定条件校验，10kV 开关与变压器高压侧连接电缆须按发热及动稳定条件校验选用，一般选用 YJV22－8.7/15kV－3×50 型。低压母线最大工作电流按 630A 考虑。

(11) 本典型组合方案适用范围：

1) 普通负荷较小、无重要负荷的专变用户。

2) 临时施工电源用电的专变用户。

图号	2-5-3-13	图名	方案 PB－5 电气平面布置图

概略图

注：（1）采用电缆沟或穿管直埋敷设方式，并满足防火要求。高、低压电缆沟的尺寸应满足电缆的敷设数量及弯曲半径等要求。

（2）高压侧变压出线柜装设限流熔断器，用于变压器保护。

（3）过电压保护。为防止过电压，在户内高压隔离开关进线侧装设氧化锌避雷器一组。氧化锌避雷器按 GB 11032《交流无间隙金属氧化物避雷器》中的规定进行选择。

（4）接地。用于独立建筑物时，本类型配电间接地按有关技术规程的要求设计，接地装置由水平接地体与垂直接地体组成，接地网的截面和材料应考虑热稳定和腐蚀要求，水平接地体一般由 —50mm×5mm 的热镀锌扁钢组成，垂直接地体一般由 ∟50mm×5mm×2500mm的热镀锌角钢组成。接地网接地电阻应符合 DL/T 621《交流电气装置的接地》的规定，要求不大于 4Ω；如不能满足要求，则需要采取降阻措施。

主要设备及材料清册

序号	名 称	型号及规格	单位	数量	备 注
一	10kV 电缆搭火模块部分				
1	预应力锥形水泥杆	ϕ190mm×15m	根	1	单重：1604kg
2	高压单回倒挂横担	DGD11-2200mm	套	3	单重：24.27kg
3	高压熔断器	U_N=12kV；熔丝 I_N=50A	组	1	

续表

序号	名 称	型号及规格	单位	数量	备 注
4	氧化锌避雷器	HY5W-17/45kV	组	1	
5	针式绝缘子	P-20M	套	9	含螺栓及套筒
6	10kV 电力电缆	YJV22-8.7/15-3×50	m	200	户内外电缆头各1套
7	电缆沟		m	95	
8	电缆埋管		m	95	
二	10kV 配电装置模块部分				
1	10kV 电缆进线柜	HXGN 型（长×宽×高：500mm×900mm×2200mm）	面	1	
2	10kV 出线柜	HXGN 型（长×宽×高：800mm×900mm×2200mm）	面	1	
3	高压电缆	YJV22-8.7/15-3×50	m	9	不包括室外进线部分
4	热镀锌扁钢	—50mm×5mm	m	40	水平接地干线及引上线
5	热镀锌角钢	∟50mm×5mm×2500mm	根	6	垂直接地极
6	接地螺栓		副	6	
三	变压器模块部分				
1	变压器	S11-(M)-315/10，10±2×2.5%/0.4kV，Dyn11，U_k=4%	台	1	变压器为不吊芯形式，采用 M 形
2	铜排	TMY-50×5	m	28	
3	低压避雷器	YH1.5W-0.28/1.3kV	只	3	
四	0.4kV 配电装置模块部分				
1	0.4kV 开关柜	GGD2 型（800mm×600mm×2200mm）	面	3	
2	低压穿墙板		块	1	
3	支持绝缘子	WX-01	个	6	
4	不锈钢护网	网孔不大于 20mm×20mm	块	2	
五	低压计量装置模块部分				
1	低压计量装置	含计量表计、用电信息采集管理终端等	套	1	

第五章 电力需求侧 10kV 配电系统		第三节 有配电间的 10kV 配电系统组合设计方案	
图号	2-5-3-14	图名	方案 PB-5 的 10kV 概略图和设备材料清册

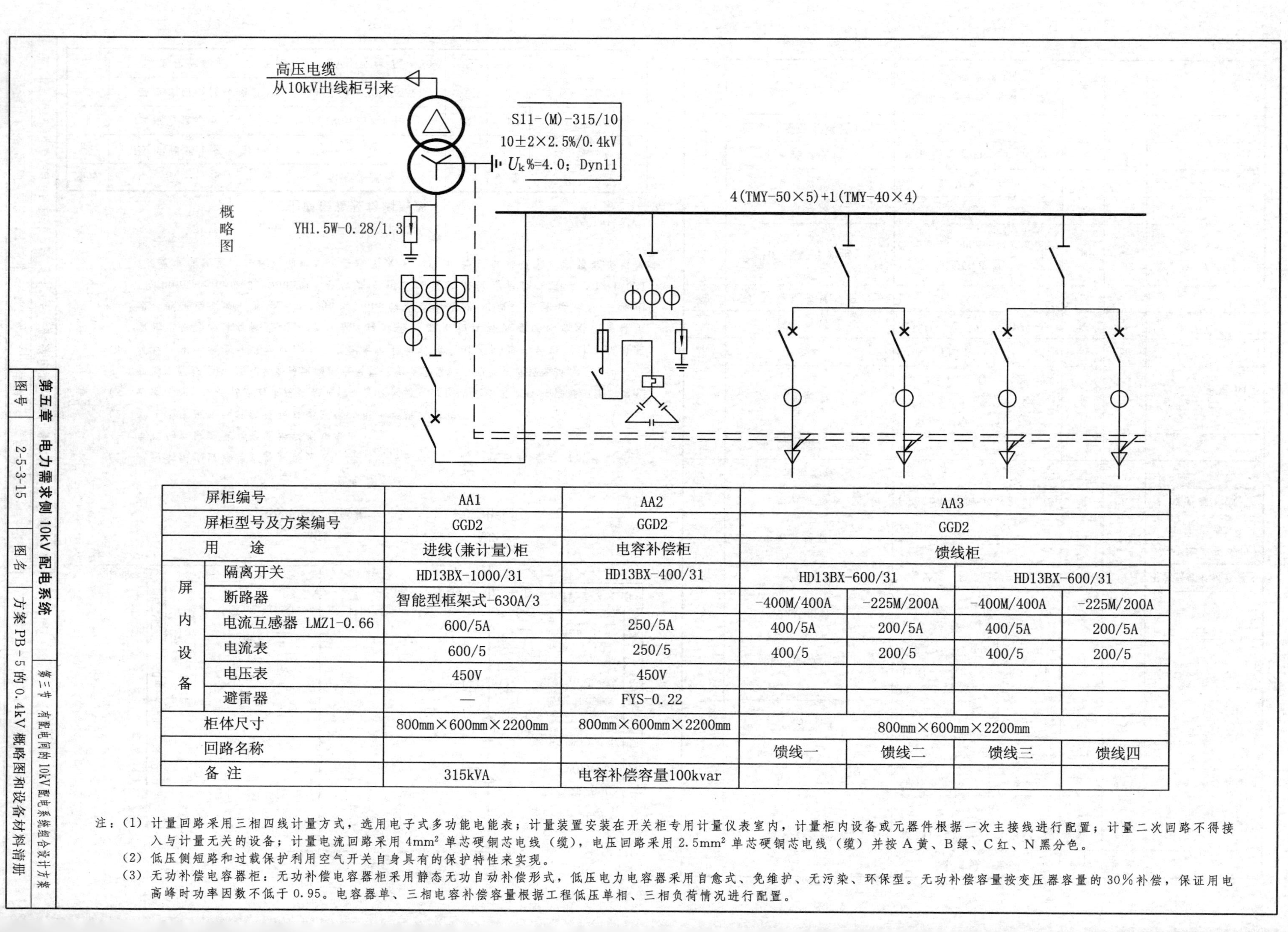

屏柜编号		AA1	AA2	AA3			
屏柜型号及方案编号		GGD2	GGD2	GGD2			
用　途		进线(兼计量)柜	电容补偿柜	馈线柜			
屏内设备	隔离开关	HD13BX-1000/31	HD13BX-400/31	HD13BX-600/31		HD13BX-600/31	
	断路器	智能型框架式-630A/3		-400M/400A	-225M/200A	-400M/400A	-225M/200A
	电流互感器 LMZ1-0.66	600/5A	250/5A	400/5A	200/5A	400/5A	200/5A
	电流表	600/5	250/5	400/5	200/5	400/5	200/5
	电压表	450V	450V				
	避雷器	—	FYS-0.22				
柜体尺寸		800mm×600mm×2200mm	800mm×600mm×2200mm	800mm×600mm×2200mm			
回路名称				馈线一	馈线二	馈线三	馈线四
备　注		315kVA	电容补偿容量100kvar				

注：(1) 计量回路采用三相四线计量方式，选用电子式多功能电能表；计量装置安装在开关柜专用计量仪表室内，计量柜内设备或元器件根据一次主接线进行配置；计量二次回路不得接入与计量无关的设备；计量电流回路采用 4mm² 单芯硬铜芯电线（缆），电压回路采用 2.5mm² 单芯硬铜芯电线（缆）并按 A 黄、B 绿、C 红、N 黑分色。

(2) 低压侧短路和过载保护利用空气开关自身具有的保护特性来实现。

(3) 无功补偿电容器柜：无功补偿电容器柜采用静态无功自动补偿形式，低压电力电容器采用自愈式、免维护、无污染、环保型。无功补偿容量按变压器容量的 30％补偿，保证用电高峰时功率因数不低于 0.95。电容器单、三相电容补偿容量根据工程低压单相、三相负荷情况进行配置。

第五章　电力需求侧 10kV 配电系统		第三节　有配电间的 10kV 配电系统组合设计方案	
图号	2-5-3-15	图名	方案 PB-5 的 0.4kV 概略图和设备材料清册

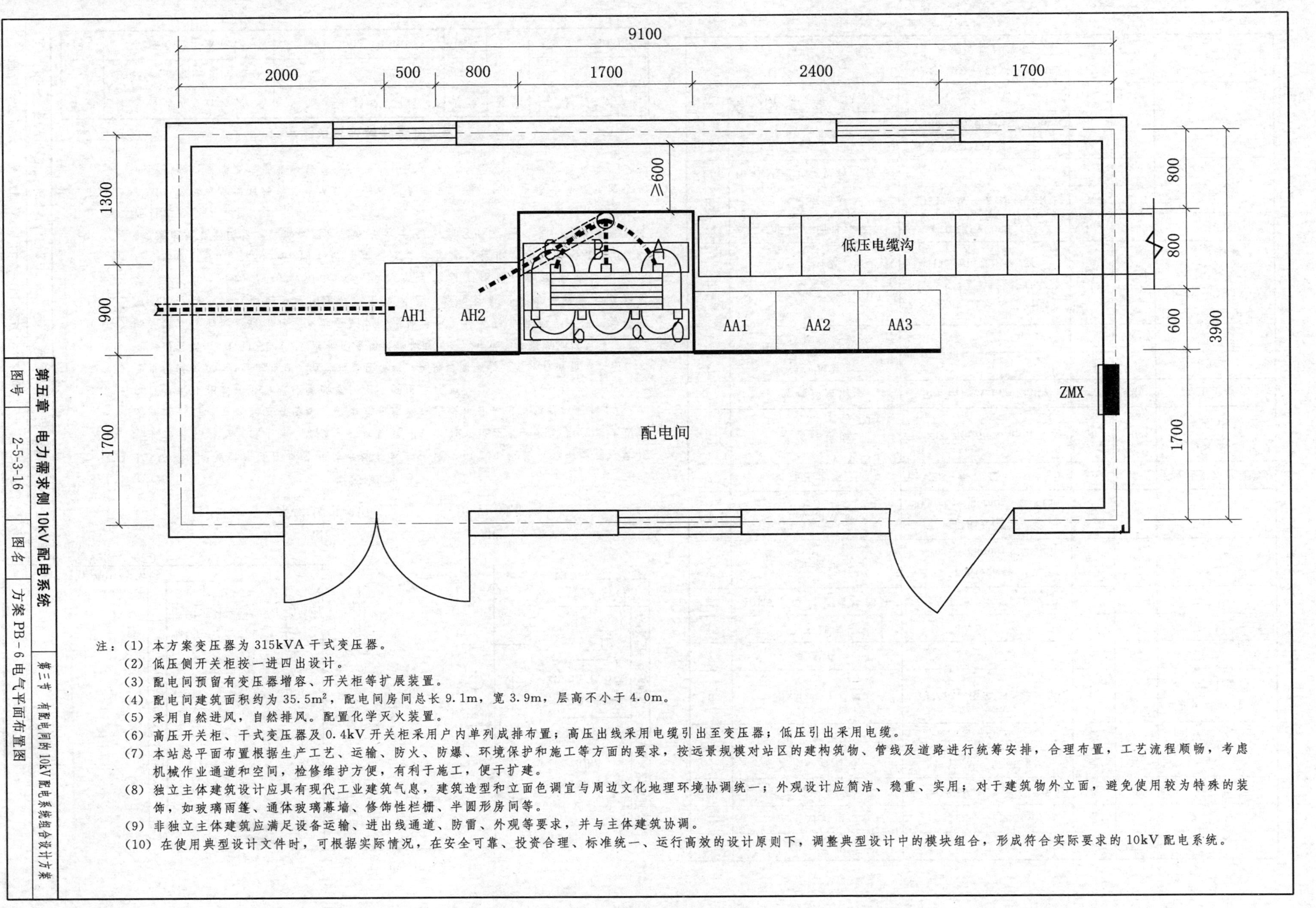

注：(1) 本方案变压器为315kVA干式变压器。
(2) 低压侧开关柜按一进四出设计。
(3) 配电间预留有变压器增容、开关柜等扩展装置。
(4) 配电间建筑面积约为35.5m²，配电间房间总长9.1m，宽3.9m，层高不小于4.0m。
(5) 采用自然进风，自然排风。配置化学灭火装置。
(6) 高压开关柜、干式变压器及0.4kV开关柜采用户内单列成排布置；高压出线采用电缆引出至变压器；低压引出采用电缆。
(7) 本站总平面布置根据生产工艺、运输、防火、防爆、环境保护和施工等方面的要求，按远景规模对站区的建构筑物、管线及道路进行统筹安排，合理布置，工艺流程顺畅，考虑机械作业通道和空间，检修维护方便，有利于施工，便于扩建。
(8) 独立主体建筑设计应具有现代工业建筑气息，建筑造型和立面色调宜与周边文化地理环境协调统一；外观设计应简洁、稳重、实用；对于建筑物外立面，避免使用较为特殊的装饰，如玻璃雨篷、通体玻璃幕墙、修饰性栏栅、半圆形房间等。
(9) 非独立主体建筑应满足设备运输、进出线通道、防雷、外观等要求，并与主体建筑协调。
(10) 在使用典型设计文件时，可根据实际情况，在安全可靠、投资合理、标准统一、运行高效的设计原则下，调整典型设计中的模块组合，形成符合实际要求的10kV配电系统。

第五章　电力需求侧10kV配电系统		第三节　有配电间的10kV配电系统组合设计方案	
图号	2-5-3-16	图名	方案PB-6电气平面布置图

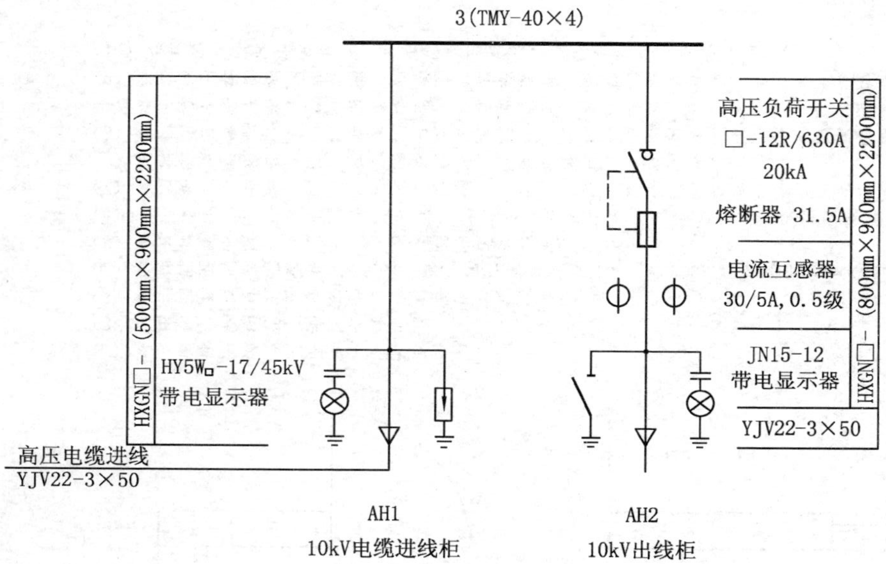

概略图

注：(1) 10kV 配电装置选用高压负荷开关带熔断器，进线侧配置 1 组氧化锌避雷器；变压器按节能环保型（低损耗、低噪声）原则选用；0.4kV 低压开关柜选用固定式成套开关柜；进线总柜配置智能型、框架式断路器；出线柜开关采用塑壳断路器。

(2) 高压侧变压出线柜装设限流熔断器，用于变压器保护。

(3) 过电压保护。为防止过电压，在户内高压负荷开关进线间隔装设氧化锌避雷器一组。氧化锌避雷器按 GB 11032《交流无间隙金属氧化物避雷器》中的规定进行选择。

(4) 接地。用于独立建筑物时，本类型配电间接地按有关技术规程的要求设计，接地装置由水平接地体与垂直接地体组成，接地网的截面和材料应考虑热稳定和腐蚀要求，水平接地体一般由 —50mm×5mm 的热镀锌扁钢组成，垂直接地体一般由 ∟ 50mm×5mm×2500mm 的热镀锌角钢组成。接地网接地电阻应符合 DL/T 621《交流电气装置的接地》的规定，要求不大于 4Ω；如不能满足要求，则需要采取降阻措施。

(5) 采用电缆沟或穿管直埋敷设方式，并满足防火要求。高、低压电缆沟的尺寸应满足电缆的敷设数量及弯曲半径等要求。

主要设备及材料清册

序号	名　称	型号及规格	单位	数量	备　注
一	10kV 电缆搭火模块部分				
1	预应力锥形水泥杆	ϕ190mm×15m	根	1	单重：1604kg

续表

序号	名　称	型号及规格	单位	数量	备　注
2	高压单回倒挂横担	DGD11-2200mm	套	3	单重：24.27kg
3	高压熔断器	U_N=12kV；熔丝 I_N=50A	组	1	
4	氧化锌避雷器	HY5W-17/45kV	组	1	
5	针式绝缘子	P-20M	套	9	含螺栓及套筒
6	10kV 电力电缆	YJV22-8.7/15-3×50	m	200	户内外电缆头各 1 套
7	电缆沟		m	95	
8	电缆埋管		m	95	
二	10kV 配电装置模块部分				
1	10kV 电缆进线柜	HXGN 型，500mm×900mm×2200mm	面	1	
2	10kV 出线柜	HXGN 型，800mm×900mm×2200mm	面	1	
3	高压电缆	YJV22-8.7/15kV-3×50	m	7	不包括室外进线部分
4	热镀锌扁钢	—50mm×5mm	m	36	水平接地干线及引上线
5	热镀锌角钢	∟ 50mm×5mm×2500mm	根	6	垂直接地极
6	接地螺栓		副	3	
三	主变压器模块部分				
1	变压器	SC（B）10-315/10，10±2×2.5%/0.4kV，Dyn11，U_k=4%	台	1	带外壳（防护等级不低于 IP3X），配风机、温控系统装置
2	低压封闭母线	4（TMY-50×5）	m	5	
3	低压避雷器	YH1.5W-0.28/1.3kV	只	3	
四	0.4kV 配电装置模块部分				
1	0.4kV 开关柜	GGD2 型，800mm×600mm×2200mm	面	3	
五	低压计量模块部分				
1	低压计量装置	含计量表计、用电信息采集管理终端等	套	1	

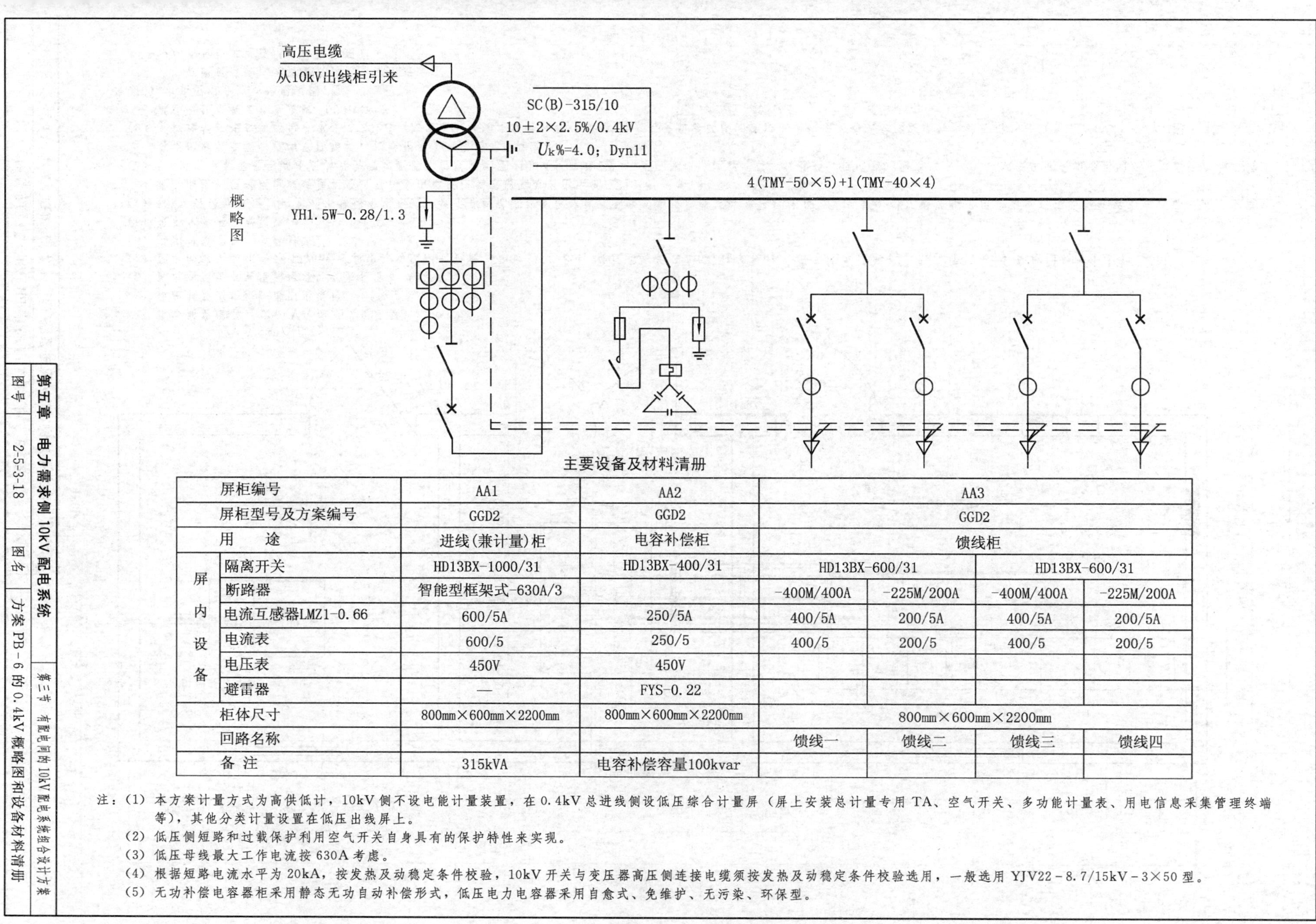

主要设备及材料清册

屏柜编号		AA1	AA2	AA3			
屏柜型号及方案编号		GGD2	GGD2	GGD2			
用　途		进线(兼计量)柜	电容补偿柜	馈线柜			
屏内设备	隔离开关	HD13BX-1000/31	HD13BX-400/31	HD13BX-600/31		HD13BX-600/31	
	断路器	智能型框架式-630A/3		-400M/400A	-225M/200A	-400M/400A	-225M/200A
	电流互感器LMZ1-0.66	600/5A	250/5A	400/5A	200/5A	400/5A	200/5A
	电流表	600/5	250/5	400/5	200/5	400/5	200/5
	电压表	450V	450V				
	避雷器	—	FYS-0.22				
柜体尺寸		800mm×600mm×2200mm	800mm×600mm×2200mm	800mm×600mm×2200mm			
回路名称				馈线一	馈线二	馈线三	馈线四
备　注		315kVA	电容补偿容量100kvar				

注：(1) 本方案计量方式为高供低计，10kV侧不设电能计量装置，在0.4kV总进线侧设低压综合计量屏（屏上安装总计量专用TA、空气开关、多功能计量表、用电信息采集管理终端等），其他分类计量设置在低压出线屏上。

(2) 低压侧短路和过载保护利用空气开关自身具有的保护特性来实现。

(3) 低压母线最大工作电流按630A考虑。

(4) 根据短路电流水平为20kA，按发热及动稳定条件校验，10kV开关与变压器高压侧连接电缆须按发热及动稳定条件校验选用，一般选用YJV22-8.7/15kV-3×50型。

(5) 无功补偿电容器柜采用静态无功自动补偿形式，低压电力电容器采用自愈式、免维护、无污染、环保型。

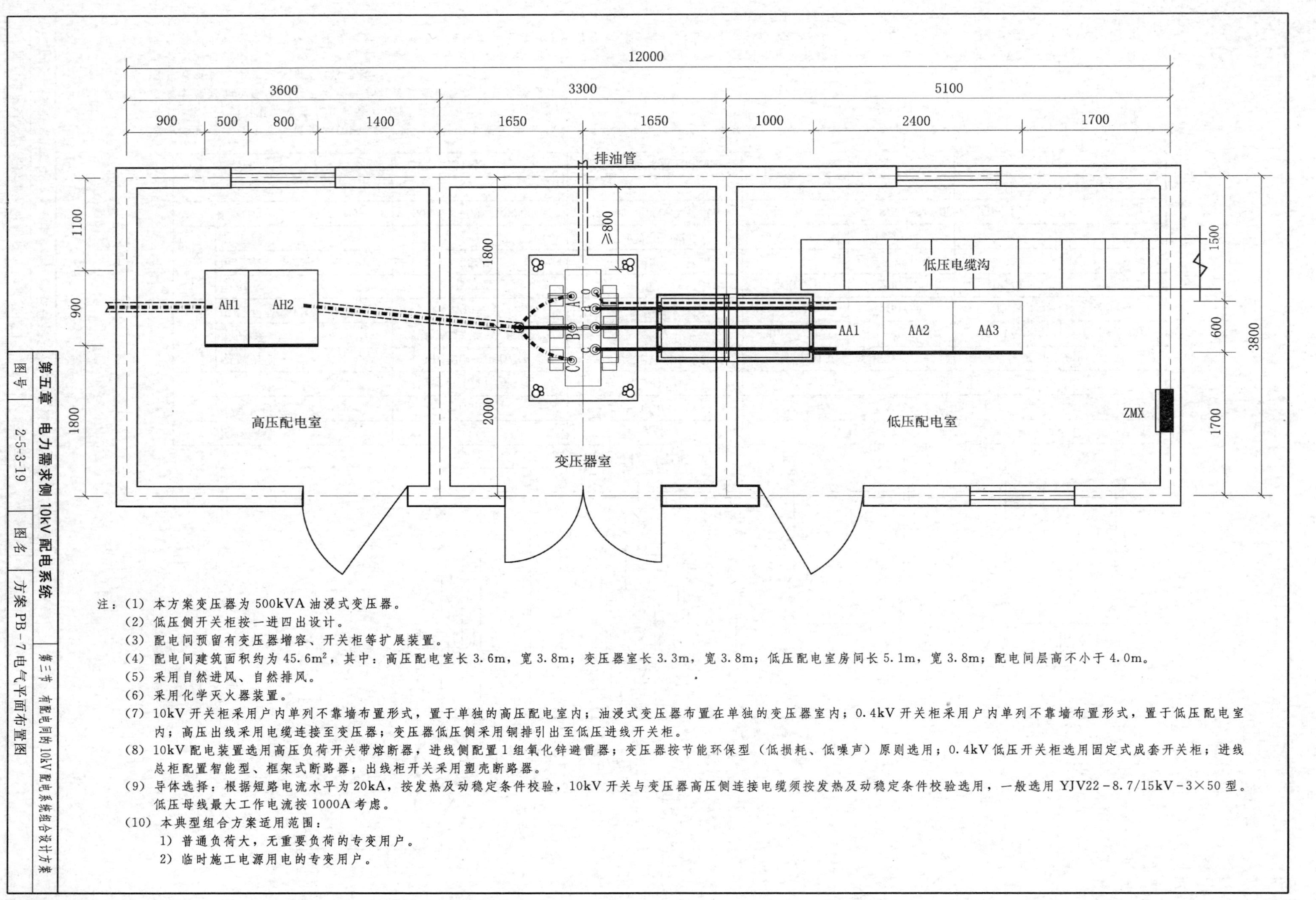

注：(1) 本方案变压器为500kVA油浸式变压器。

(2) 低压侧开关柜按一进四出设计。

(3) 配电间预留有变压器增容、开关柜等扩展装置。

(4) 配电间建筑面积约为45.6m²，其中：高压配电室长3.6m，宽3.8m；变压器室长3.3m，宽3.8m；低压配电室房间长5.1m，宽3.8m；配电间层高不小于4.0m。

(5) 采用自然进风、自然排风。

(6) 采用化学灭火器装置。

(7) 10kV开关柜采用户内单列不靠墙布置形式，置于单独的高压配电室内；油浸式变压器布置在单独的变压器室内；0.4kV开关柜采用户内单列不靠墙布置形式，置于低压配电室内；高压出线采用电缆连接至变压器；变压器低压侧采用铜排引出至低压进线开关柜。

(8) 10kV配电装置选用高压负荷开关带熔断器，进线侧配置1组氧化锌避雷器；变压器按节能环保型（低损耗、低噪声）原则选用；0.4kV低压开关柜选用固定式成套开关柜；进线总柜配置智能型、框架式断路器；出线柜开关采用塑壳断路器。

(9) 导体选择：根据短路电流水平为20kA，按发热及动稳定条件校验，10kV开关与变压器高压侧连接电缆须按发热及动稳定条件校验选用，一般选用YJV22-8.7/15kV-3×50型。低压母线最大工作电流按1000A考虑。

(10) 本典型组合方案适用范围：

1) 普通负荷大，无重要负荷的专变用户。

2) 临时施工电源用电的专变用户。

第五章　电力需求侧10kV配电系统		第三节　有配电间的10kV配电系统组合设计方案	
图号	2-5-3-19	图名	方案PB-7电气平面布置图

概略图

注：(1) 高压侧变压出线柜装设限流熔断器，用于变压器保护。
(2) 过电压保护。为防止过电压，在户内高压隔离开关柜进线侧装设氧化锌避雷器一组。氧化锌避雷器按 GB 11032《交流无间隙金属氧化物避雷器》中的规定进行选择。
(3) 接地。用于独立建筑物时，本类型配电间接地按有关技术规程的要求设计，接地装置由水平接地体与垂直接地体组成，接地网的截面和材料应考虑热稳定和腐蚀要求，水平接地体一般由 －50mm×5mm 的热镀锌扁钢组成，垂直接地体一般由 ∟50mm×5mm×2500mm的热镀锌角钢组成。接地网接地电阻应符合 DL/T 621《交流电气装置的接地》的规定，要求不大于 4Ω；如不能满足要求，则需要采取降阻措施。
(4) 采用电缆沟或穿管直埋敷设方式，并满足防火要求。高、低压电缆沟的尺寸应满足电缆的敷设数量及弯曲半径等要求。

主要设备及材料清册

序号	名　称	型号及规格	单位	数量	备　注
一	10kV 电缆搭火模块部分				
1	预应力锥形水泥杆	ϕ190mm×15m	根	1	单重：1604kg
2	高压单回倒挂横担	DGD11-2200mm	套	3	单重：24.27kg
3	高压熔断器	U_N=12kV；熔丝 I_N=100A	组	1	
4	氧化锌避雷器	HY5W-17/45kV	组	1	

续表

序号	名　称	型号及规格	单位	数量	备　注
5	针式绝缘子	P-20M	套	9	含螺栓及套筒
6	10kV 电力电缆	YJV22-8.7/15-3×50	m	200	户内外电缆头各1套
7	电缆沟		m	95	
8	电缆埋管		m	95	
二	10kV 配电装置模块部分				
1	10kV 进线提升柜	HXGN 型（长×宽×高：500mm×900mm×2200mm）	面	1	
2	10kV 出线柜	HXGN 型（长×宽×高：800mm×900mm×2200mm）	面	1	
3	高压电缆	YJV22-8.7/15-3×50	m	9	不包括室外进线部分
4	热镀锌扁钢	－50mm×5mm	m	40	水平接地干线及引上线
5	热镀锌角钢	∟50mm×5mm×2500mm	根	6	垂直接地极
6	接地螺栓		副	6	
三	主变压器模块部分				
1	变压器	S11-(M)-500/10，10±2×2.5%/0.4kV，Dyn11，U_k=4%	台	1	变压器为不吊芯形式，采用M形
2	铜排	TMY-63×6.3	m	28	
3	低压避雷器	YH1.5W-0.28/1.3kV	只	3	
四	0.4kV 配电装置模块部分				
1	0.4kV 开关柜	GGD2 型（800mm×600mm×2200mm）	面	3	
2	低压穿墙板		块	1	
3	支持绝缘子	WX-01	个	6	
4	不锈钢护网	网孔不大于 20mm×20mm	块	2	
五	低压计量装置模块部分				
1	低压计量装置	含计量表计、用电信息采集管理终端等	套	1	

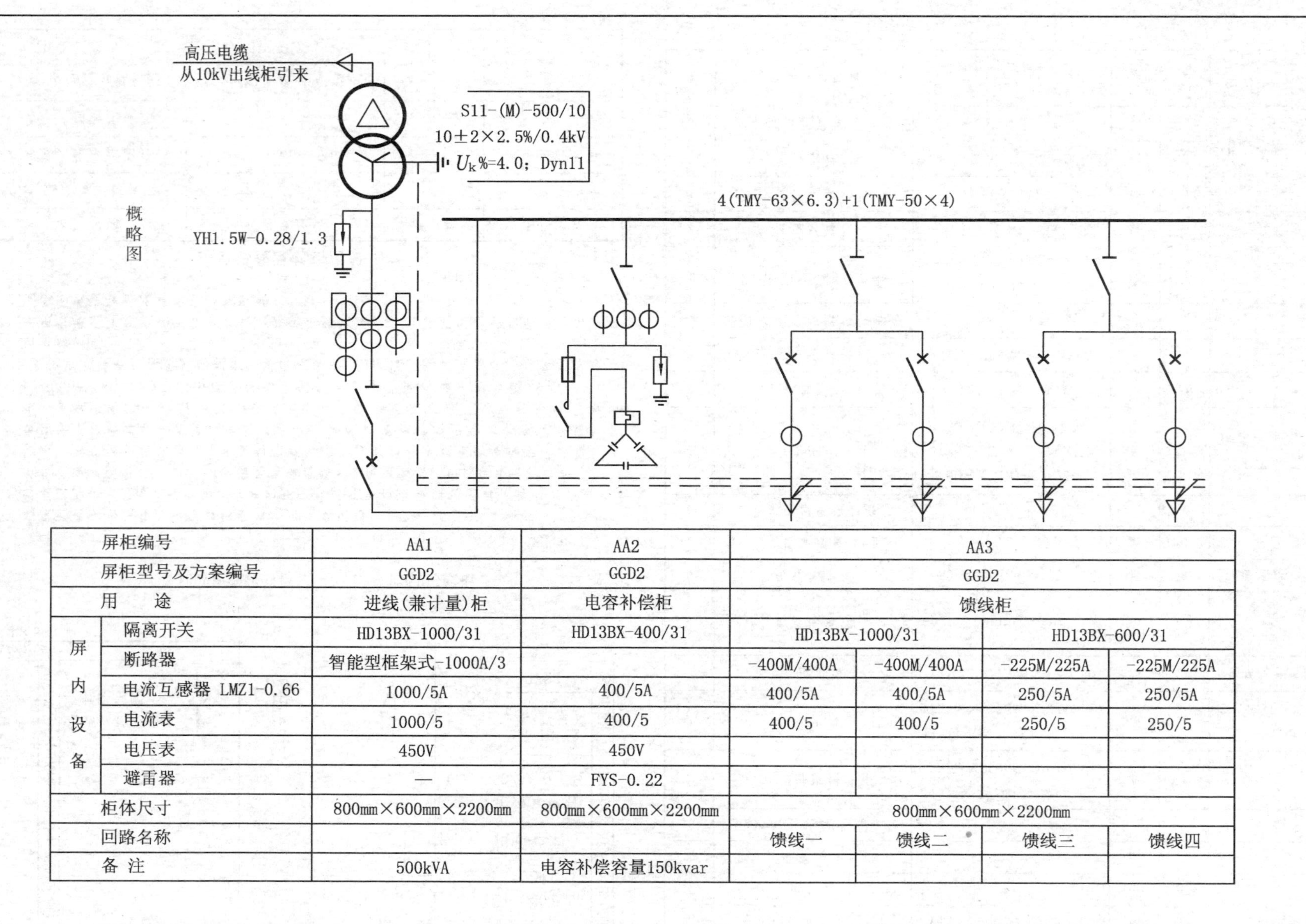

屏柜编号		AA1	AA2	AA3			
屏柜型号及方案编号		GGD2	GGD2	GGD2			
用　途		进线(兼计量)柜	电容补偿柜	馈线柜			
屏内设备	隔离开关	HD13BX-1000/31	HD13BX-400/31	HD13BX-1000/31		HD13BX-600/31	
	断路器	智能型框架式-1000A/3		-400M/400A	-400M/400A	-225M/225A	-225M/225A
	电流互感器 LMZ1-0.66	1000/5A	400/5A	400/5A	400/5A	250/5A	250/5A
	电流表	1000/5	400/5	400/5	400/5	250/5	250/5
	电压表	450V	450V				
	避雷器	—	FYS-0.22				
柜体尺寸		800mm×600mm×2200mm	800mm×600mm×2200mm	800mm×600mm×2200mm			
回路名称				馈线一	馈线二	馈线三	馈线四
备注		500kVA	电容补偿容量150kvar				

注：(1) 0.4kV电容器容量按变压器容量的30%配置，可根据实际情况按变压器容量的20%～40%作调整；采用静态自动补偿方式，按三相、单相混合补偿方式配置配变综合测控装置。
(2) 低压侧短路和过载保护利用空气开关自身具有的保护特性来实现。
(3) 本方案计量方式为高供低计，10kV侧不设电能计量装置，在0.4kV总进线侧设低压综合计量屏（屏上安装总计量专用TA、空气开关、多功能计量表、用电信息采集管理终端等），其他分类计量设置在低压出线屏上。

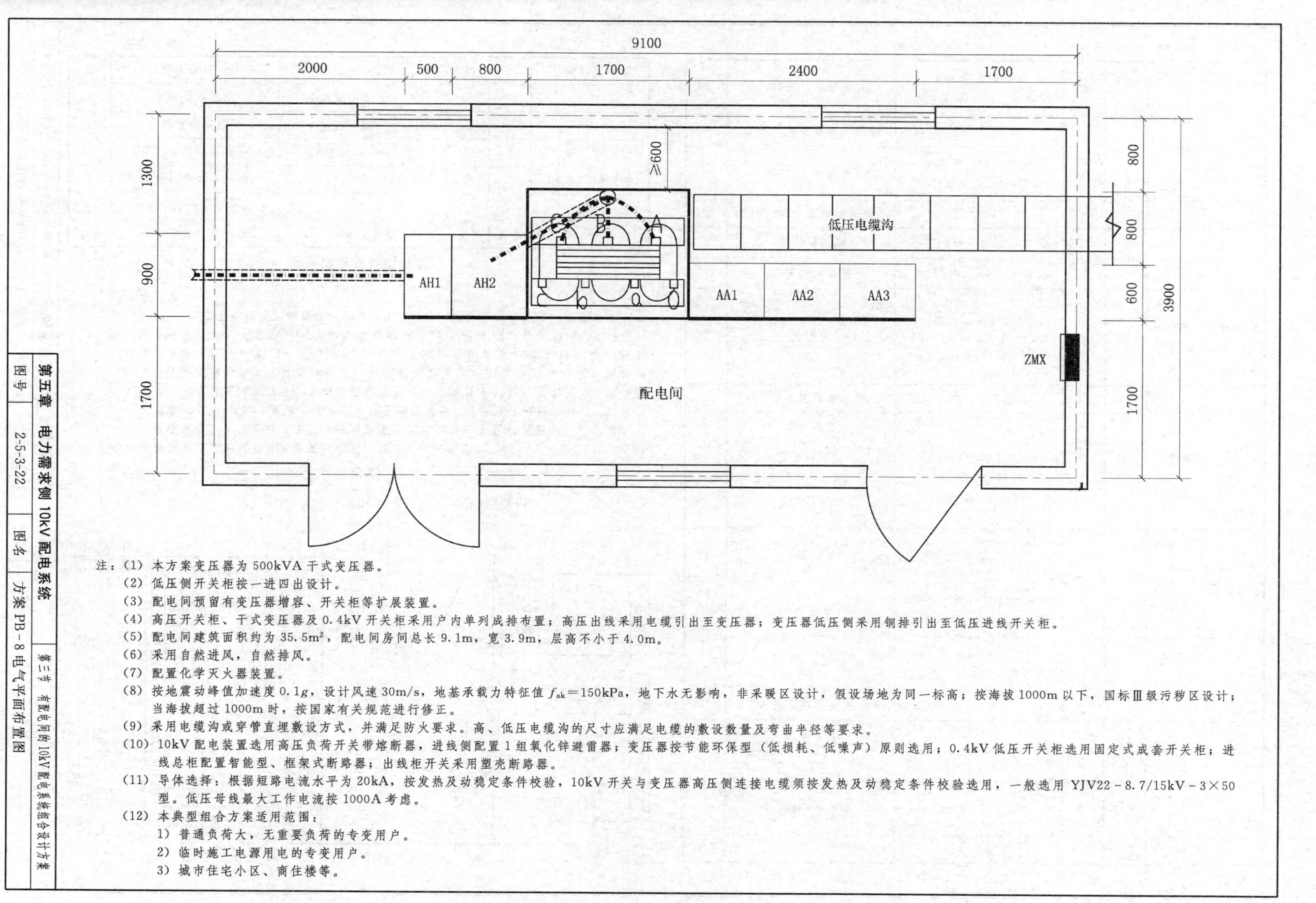

注：(1) 本方案变压器为500kVA干式变压器。

(2) 低压侧开关柜按一进四出设计。

(3) 配电间预留有变压器增容、开关柜等扩展装置。

(4) 高压开关柜、干式变压器及0.4kV开关柜采用户内单列成排布置；高压出线采用电缆引出至变压器；变压器低压侧采用铜排引出至低压进线开关柜。

(5) 配电间建筑面积约为35.5m^2，配电间房间总长9.1m，宽3.9m，层高不小于4.0m。

(6) 采用自然进风，自然排风。

(7) 配置化学灭火器装置。

(8) 按地震动峰值加速度0.1g，设计风速30m/s，地基承载力特征值f_{ak}=150kPa，地下水无影响，非采暖区设计，假设场地为同一标高；按海拔1000m以下，国标Ⅲ级污秽区设计；当海拔超过1000m时，按国家有关规范进行修正。

(9) 采用电缆沟或穿管直埋敷设方式，并满足防火要求。高、低压电缆沟的尺寸应满足电缆的敷设数量及弯曲半径等要求。

(10) 10kV配电装置选用高压负荷开关带熔断器，进线侧配置1组氧化锌避雷器；变压器按节能环保型（低损耗、低噪声）原则选用；0.4kV低压开关柜选用固定式成套开关柜；进线总柜配置智能型、框架式断路器；出线柜开关采用塑壳断路器。

(11) 导体选择：根据短路电流水平为20kA，按发热及动稳定条件校验，10kV开关与变压器高压侧连接电缆须按发热及动稳定条件校验选用，一般选用YJV22-8.7/15kV-3×50型。低压母线最大工作电流按1000A考虑。

(12) 本典型组合方案适用范围：

1) 普通负荷大，无重要负荷的专变用户。

2) 临时施工电源用电的专变用户。

3) 城市住宅小区、商住楼等。

图号 2-5-3-22 图名 方案PB-8电气平面布置图

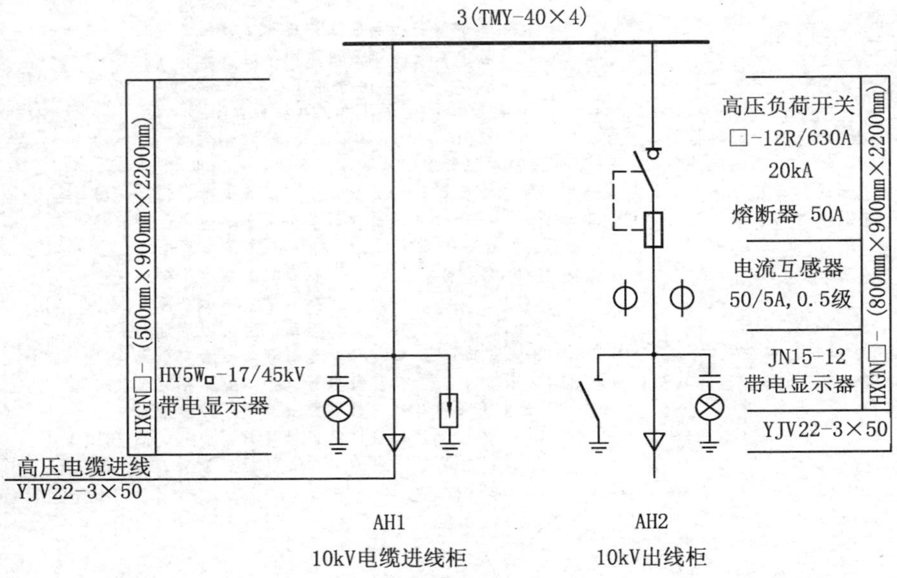

3(TMY-40×4)

高压负荷开关
□-12R/630A
20kA
熔断器 50A
电流互感器
50/5A, 0.5级
JN15-12
带电显示器
YJV22-3×50
HXGN□-(800mm×900mm×2200mm)

HXGN□-(500mm×900mm×2200mm)
HY5W□-17/45kV
带电显示器
高压电缆进线
YJV22-3×50

AH1
10kV电缆进线柜

AH2
10kV出线柜

概略图

注：(1) 高压侧变压器出线柜装设限流熔断器，用于变压器保护。

(2) 过电压保护。为防止过电压，在户内高压柜进线侧装设氧化锌避雷器一组。氧化锌避雷器按 GB 11032《交流无间隙金属氧化物避雷器》中的规定进行选择。

(3) 接地。用于独立建筑物时，本类型配电间接地按有关技术规程的要求设计，接地装置由水平接地体与垂直接地体组成，接地网的截面和材料应考虑热稳定和腐蚀要求，水平接地体一般由 —50mm×5mm 的热镀锌扁钢组成，垂直接地体一般由 ∟50mm×5mm×2500mm的热镀锌角钢组成。接地网接地电阻应符合 DL/T 621《交流电气装置的接地》的规定，要求不大于 4Ω；如不能满足要求，则需要采取降阻措施。

主要设备及材料清册

序号	名　称	型号及规格	单位	数量	备　注
一	10kV 电缆搭火模块部分				
1	预应力锥形水泥杆	ϕ190mm×15m	根	1	单重：1604kg
2	高压单回倒挂横担	DGD11—2200mm	套	3	单重：24.27kg
3	高压熔断器	U_N=12kV；熔丝 I_N=100A	组	1	
4	氧化锌避雷器	HY5W-17/45kV	组	1	
5	针式绝缘子	P-20M	套	9	含螺栓及套筒

续表

序号	名　称	型号及规格	单位	数量	备　注
6	10kV 电力电缆	YJV22-8.7/15—3×50	m	200	户内外电缆头各1套
7	电缆沟		m	95	
8	电缆埋管		m	95	
二	10kV 配电装置模块部分				
1	10kV 进线电缆柜	HXGN 型（长×宽×高：500mm×900mm×2200mm）	面	1	
2	10kV 出线柜	HXGN 型（长×宽×高：800mm×900mm×2200mm）	面	1	
3	高压电缆	YJV22-8.7/15kV-3×50	m	7	不包括室外进线部分
4	热镀锌扁钢	—50mm×5mm	m	36	水平接地干线及引上线
5	热镀锌角钢	∟50mm×5mm×2500mm	根	6	垂直接地极
6	接地螺栓		副	3	
三	主变压器模块部分				
1	变压器	SC（B）10-500/10，10±2×2.5%/0.4kV，Dyn11，U_k=4%	台	1	带外壳（防护等级不低于 IP3X），配风机、温控系统装置
2	低压封闭母线	4（TMY-63×6.3）	m	5	
3	低压避雷器	YH1.5W-0.28/1.3kV	只	3	
四	0.4kV 配电装置模块部分				
1	0.4kV 开关柜	GGD2 型，800mm×600mm×2200mm	面	3	
五	低压计量装置模块部分				
1	低压计量装置	含计量表计、用电信息采集管理终端等	套	1	

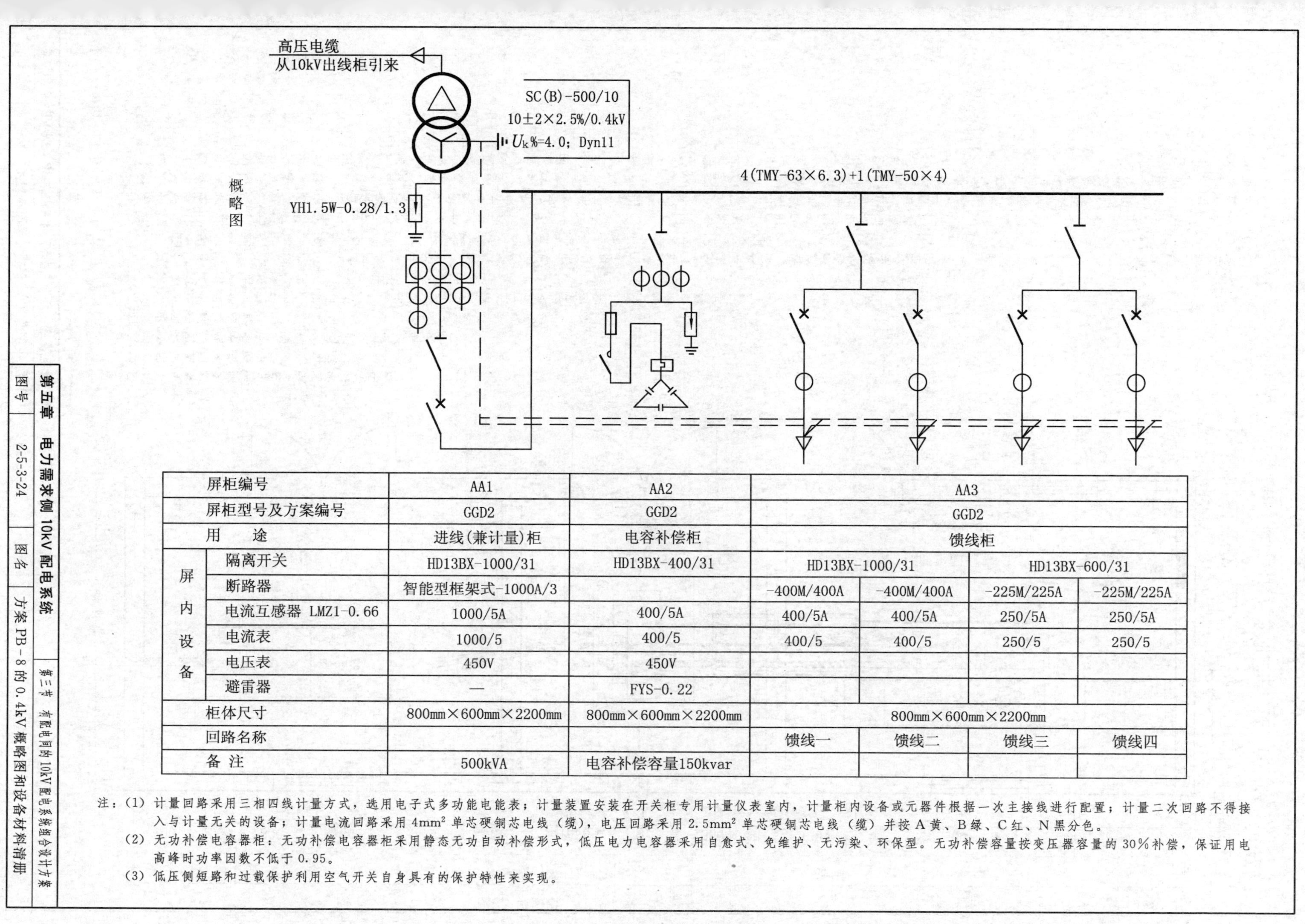

屏柜编号		AA1	AA2	AA3			
屏柜型号及方案编号		GGD2	GGD2	GGD2			
用　途		进线(兼计量)柜	电容补偿柜	馈线柜			
屏内设备	隔离开关	HD13BX-1000/31	HD13BX-400/31	HD13BX-1000/31		HD13BX-600/31	
	断路器	智能型框架式-1000A/3		-400M/400A	-400M/400A	-225M/225A	-225M/225A
	电流互感器 LMZ1-0.66	1000/5A	400/5A	400/5A	400/5A	250/5A	250/5A
	电流表	1000/5	400/5	400/5	400/5	250/5	250/5
	电压表	450V	450V				
	避雷器	—	FYS-0.22				
柜体尺寸		800mm×600mm×2200mm	800mm×600mm×2200mm	800mm×600mm×2200mm			
回路名称				馈线一	馈线二	馈线三	馈线四
备　注		500kVA	电容补偿容量150kvar				

注：(1) 计量回路采用三相四线计量方式，选用电子式多功能电能表；计量装置安装在开关柜专用计量仪表室内，计量柜内设备或元器件根据一次主接线进行配置；计量二次回路不得接入与计量无关的设备；计量电流回路采用4mm² 单芯硬铜芯电线（缆），电压回路采用2.5mm² 单芯硬铜芯电线（缆）并按A黄、B绿、C红、N黑分色。

(2) 无功补偿电容器柜：无功补偿电容器柜采用静态无功自动补偿形式，低压电力电容器采用自愈式、免维护、无污染、环保型。无功补偿容量按变压器容量的30%补偿，保证用电高峰时功率因数不低于0.95。

(3) 低压侧短路和过载保护利用空气开关自身具有的保护特性来实现。

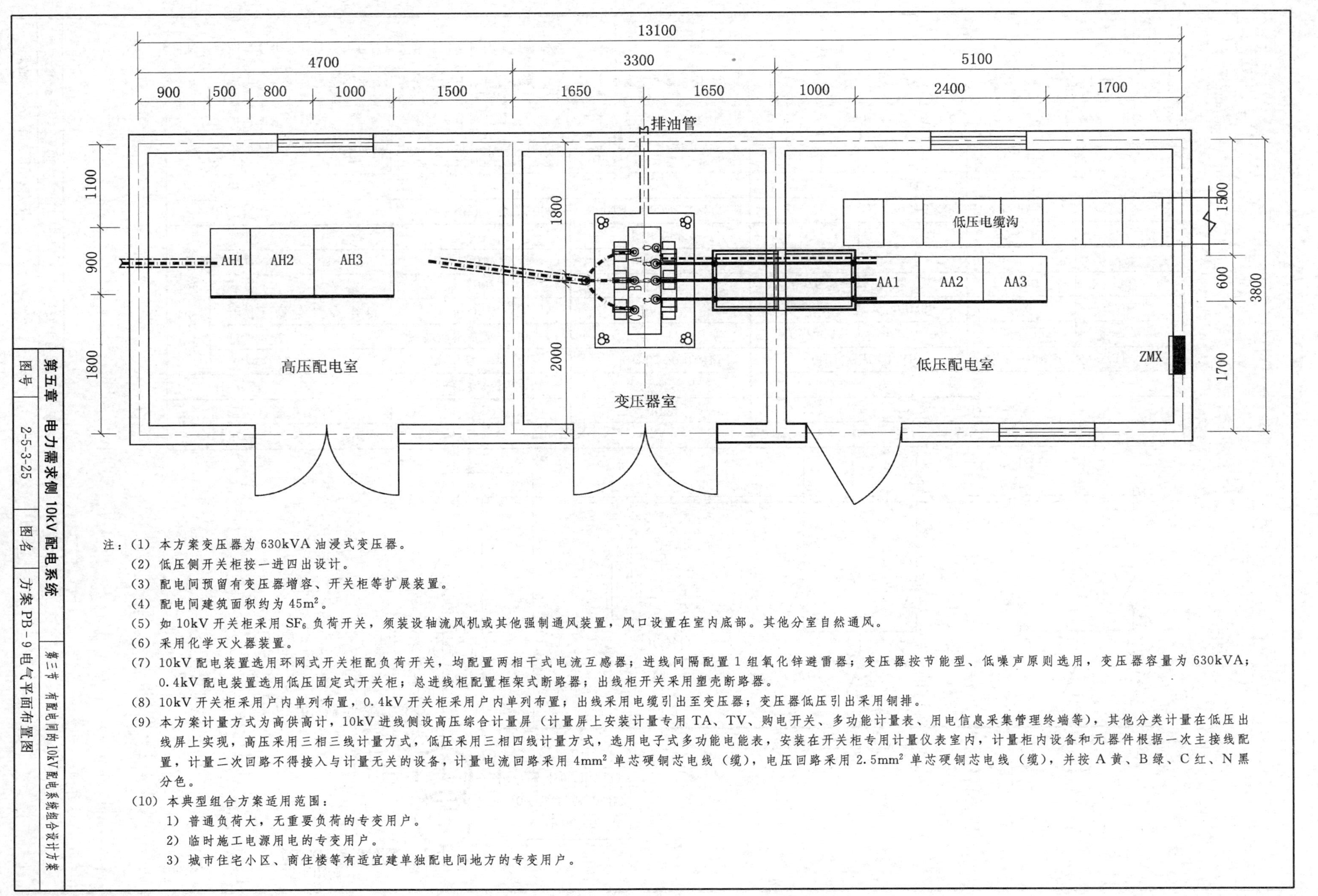

注：(1) 本方案变压器为630kVA油浸式变压器。

(2) 低压侧开关柜按一进四出设计。

(3) 配电间预留有变压器增容、开关柜等扩展装置。

(4) 配电间建筑面积约为45m²。

(5) 如10kV开关柜采用SF_6负荷开关，须装设轴流风机或其他强制通风装置，风口设置在室内底部。其他分室自然通风。

(6) 采用化学灭火器装置。

(7) 10kV配电装置选用环网式开关柜配负荷开关，均配置两相干式电流互感器；进线间隔配置1组氧化锌避雷器；变压器按节能型、低噪声原则选用，变压器容量为630kVA；0.4kV配电装置选用低压固定式开关柜；总进线柜配置框架式断路器；出线柜开关采用塑壳断路器。

(8) 10kV开关柜采用户内单列布置，0.4kV开关柜采用户内单列布置；出线采用电缆引出至变压器；变压器低压引出采用铜排。

(9) 本方案计量方式为高供高计，10kV进线侧设高压综合计量屏（计量屏上安装计量专用TA、TV、购电开关、多功能计量表、用电信息采集管理终端等），其他分类计量在低压出线屏上实现，高压采用三相三线计量方式，低压采用三相四线计量方式，选用电子式多功能电能表，安装在开关柜专用计量仪表室内，计量柜内设备和元器件根据一次主接线配置，计量二次回路不得接入与计量无关的设备，计量电流回路采用4mm²单芯硬铜芯电线（缆），电压回路采用2.5mm²单芯硬铜芯电线（缆），并按A黄、B绿、C红、N黑分色。

(10) 本典型组合方案适用范围：

1) 普通负荷大，无重要负荷的专变用户。

2) 临时施工电源用电的专变用户。

3) 城市住宅小区、商住楼等有适宜建单独配电间地方的专变用户。

图号	2-5-3-25	图名	方案PB-9电气平面布置图

10kV 母线 TMY-40×4				
高压系统概略图				
高压屏编号		AH1	AH2	AH3
高压屏型号及方案号		HXGN15-12	HXGN15-12	HXGN15-12
柜体尺寸		500mm×900mm×2200mm	800mm×900mm×2200mm	1000mm×900mm×2200mm
屏内设备	高压负荷开关		-12/630A，20kA	-12/630A，20kA
	电流互感器 LZZBJ9-12		50/5A，0.5级	40/5A，0.2S/0.2S
	电压互感器 JDZ-10			A，C 10/0.1kV，25VA B 10/0.22kV，400VA
	熔断器			RN2-10/1A RN2-10/3A
	避雷器 HY5W$_{O}$-17/45	3		
	接地开关 JN10-12			
	开关状态显示器	1	1	1
进出线型号		YJV22-3×50		YJV22-3×50
回路名称		10kV电缆进线柜	进线开关柜	综合计量兼出线柜
备注		630kVA		

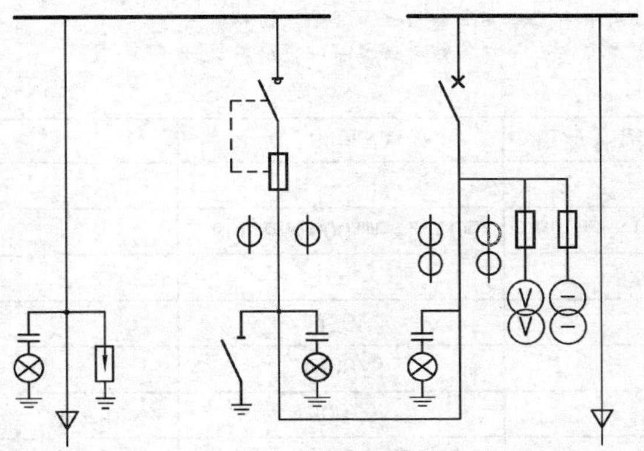

注：(1) 10kV 部分为固定柜、线路变压器组接线方式、一进一出、高压计量方式。
(2) 本方案用于一台油浸式变压器，容量为 630kVA。
(3) 高压侧变压出线柜装设限流熔断器，用于变压器保护。
(4) 为防止操作过电压，在开关柜进出线间隔各装设氧化锌避雷器一组。
(5) 接地装置由水平接地体与垂直接地体组成。水平接地体一般由－50mm×5mm 的热镀锌扁钢组成，垂直接地体一般由∟ 50mm×5mm×2500mm 的热镀锌角钢组成。接地网接地电阻应符合 DL/T 621《交流电气装置的接地》的规定。

主要设备及材料清册

序号	名　　称	型号及规格	单位	数量	备　　注
一	10kV 电缆接入模块部分	M-1-1-1			
1	预应力锥形水泥杆	ϕ190mm×15m	根	1	单重：1604kg
2	高压单回倒挂横担	DGD11-2200mm	套	3	单重：24.27kg

续表

序号	名　　称	型号及规格	单位	数量	备　　注
3	高压熔断器	U_N=12kV，I_N=100A	组	1	
4	氧化锌避雷器	HY5W-17/45kV	组	1	
5	针式绝缘子	P-20M	套	9	含螺栓及套筒
6	10kV 电力电缆	YJV22-8.7/15-3×50	m	200	户内外电缆头各1套
7	电缆沟		m	95	
8	电缆埋管		m	95	
二	10kV 配电装置模块部分	M-2-1-3			
1	10kV 电缆进线柜	HXGN 型（长×宽×高：500mm×900mm×2200mm）	面	1	
2	10kV 进线开关柜	HXGN 型（长×宽×高：800mm×900mm×2200mm）	面	1	配负荷开关加熔断器
3	10kV 综合计量兼出线柜	HXGN 型（长×宽×高：1000mm×900mm×2200mm）	面	1	
4	10kV 电力电缆	YJV22-8.7/15-3×50	m	20	
5	热镀锌角钢	∟ 50mm×5mm×2500mm	根	10	
6	热镀锌扁钢	－50mm×5mm	m	100	接地干线及引上线
7	接地螺栓		副	6	
8	模拟屏	2000mm×1000mm	块	1	
三	主变压器模块部分	M-3-1			
1	变压器	S11-(M)-630/10，10±2×2.5%/0.4kV，Dyn11，U_k=4.5%	台	1	
2	低压母排	TMY-80×8	m	28	
3	低压避雷器	YH1.5W-0.28/1.3kV	只	3	
四	0.4kV 配电装置模块部分	M-4-1-2			
1	低压进线柜	GGD2 型	面	1	
2	低压补偿柜	GGD2 型	面	1	
3	低压出线柜	GGD2 型	面	1	
4	低压穿墙板		块	1	
5	支持绝缘子	WX-01	个	6	
6	不锈钢护网	网孔不大于 20mm×20mm	块	2	
五	高压计量装置模块部分	M-6-2			
1	高压计量装置	含计量表计、用电信息采集管理终端等	套	1	

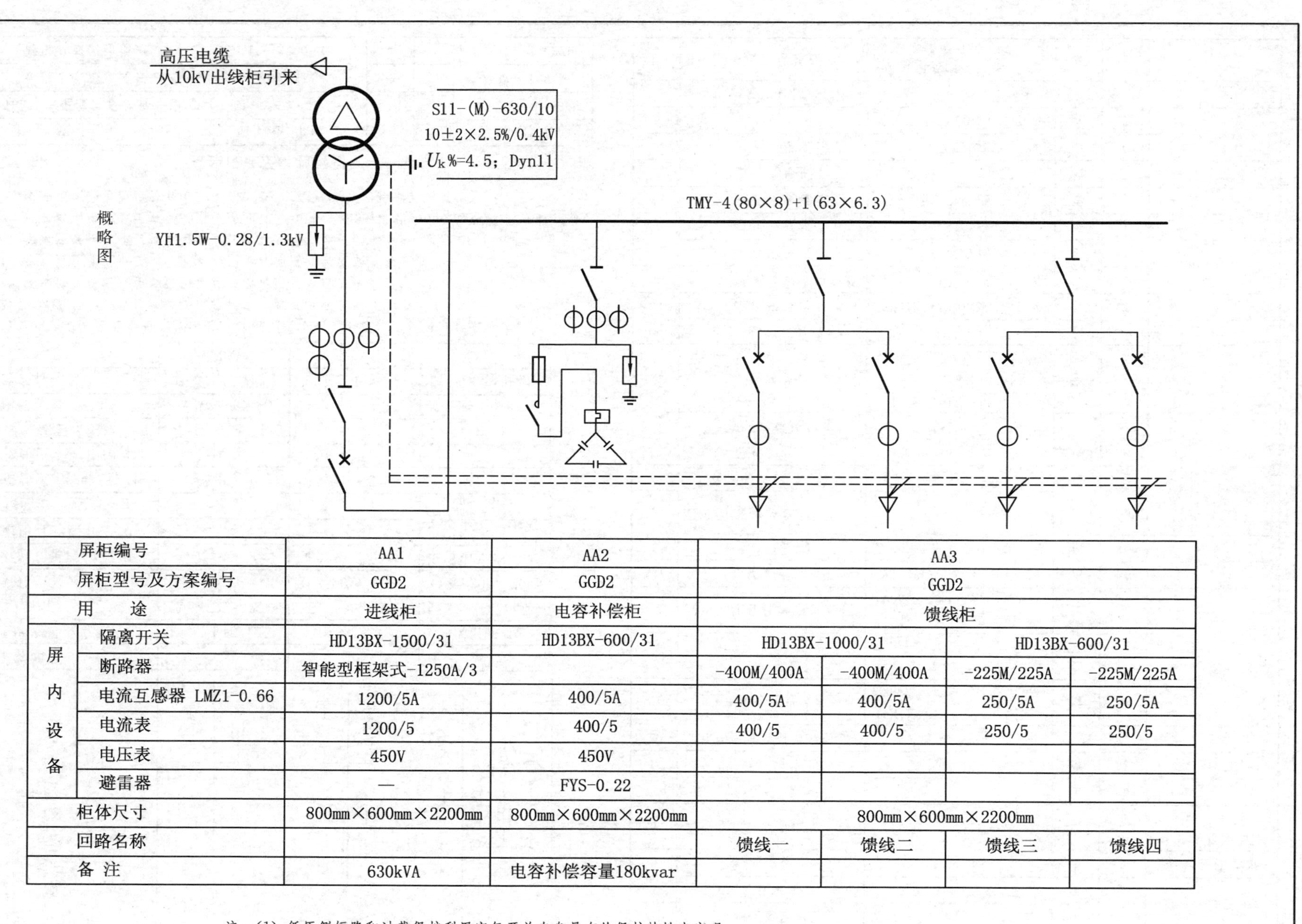

屏柜编号		AA1	AA2	AA3			
屏柜型号及方案编号		GGD2	GGD2	GGD2			
用途		进线柜	电容补偿柜	馈线柜			
屏内设备	隔离开关	HD13BX-1500/31	HD13BX-600/31	HD13BX-1000/31		HD13BX-600/31	
	断路器	智能型框架式-1250A/3		-400M/400A	-400M/400A	-225M/225A	-225M/225A
	电流互感器 LMZ1-0.66	1200/5A	400/5A	400/5A	400/5A	250/5A	250/5A
	电流表	1200/5	400/5	400/5	400/5	250/5	250/5
	电压表	450V	450V				
	避雷器	—	FYS-0.22				
柜体尺寸		800mm×600mm×2200mm	800mm×600mm×2200mm	800mm×600mm×2200mm			
回路名称				馈线一	馈线二	馈线三	馈线四
备注		630kVA	电容补偿容量180kvar				

注：(1) 低压侧短路和过载保护利用空气开关自身具有的保护特性来实现。
(2) 无功补偿电容器柜采用静态无功自动补偿形式，低压电力电容器采用自愈式、免维护、无污染、环保型。
(3) 无功补偿容量按变压器容量的30%补偿，保证用电高峰时功率因数不低于0.95。

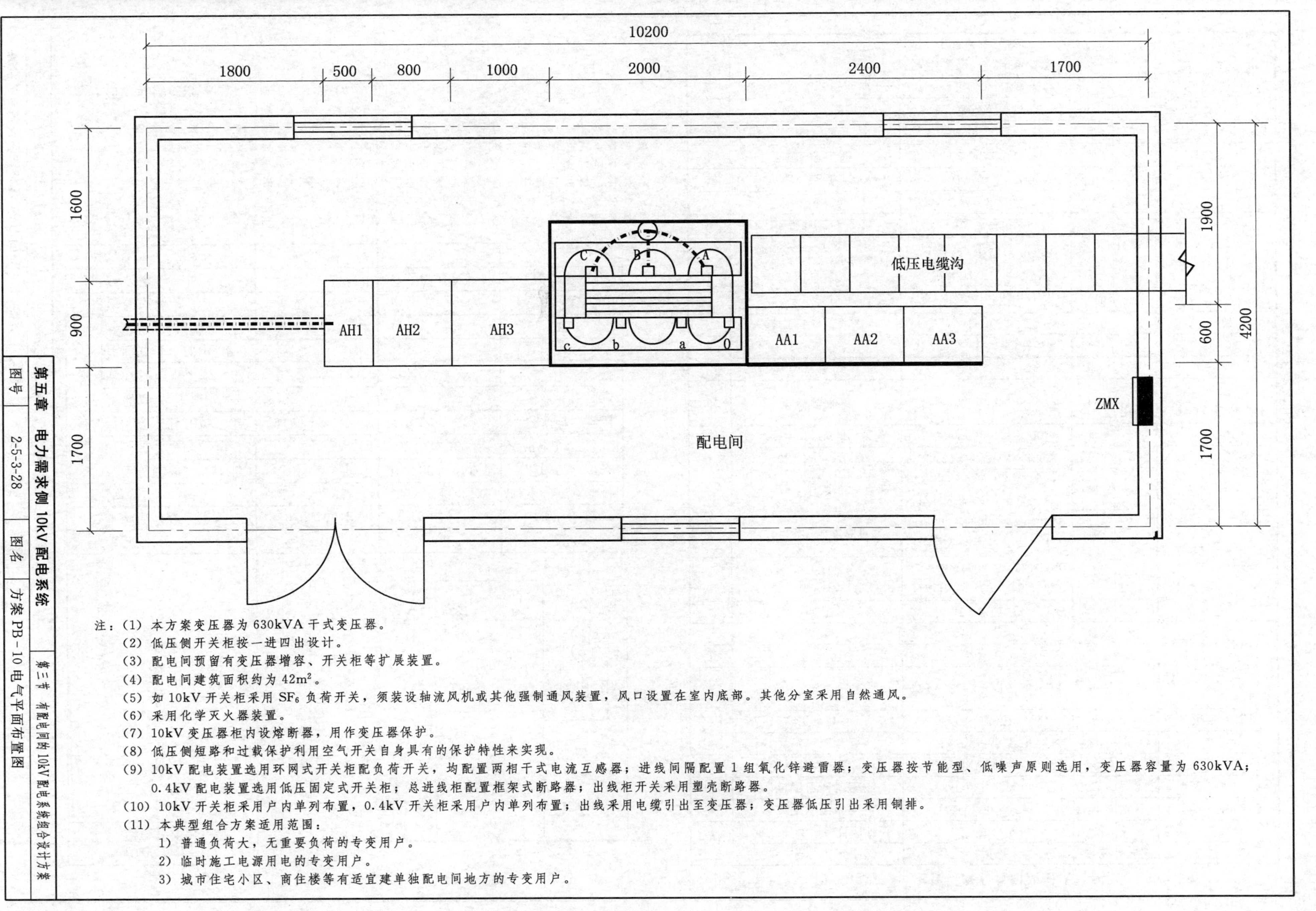

注：(1) 本方案变压器为630kVA干式变压器。
(2) 低压侧开关柜按一进四出设计。
(3) 配电间预留有变压器增容、开关柜等扩展装置。
(4) 配电间建筑面积约为42m^2。
(5) 如10kV开关柜采用SF_6负荷开关，须装设轴流风机或其他强制通风装置，风口设置在室内底部。其他分室采用自然通风。
(6) 采用化学灭火器装置。
(7) 10kV变压器柜内设熔断器，用作变压器保护。
(8) 低压侧短路和过载保护利用空气开关自身具有的保护特性来实现。
(9) 10kV配电装置选用环网式开关柜配负荷开关，均配置两相干式电流互感器；进线间隔配置1组氧化锌避雷器；变压器按节能型、低噪声原则选用，变压器容量为630kVA；0.4kV配电装置选用低压固定式开关柜；总进线柜配置框架式断路器；出线柜开关采用塑壳断路器。
(10) 10kV开关柜采用户内单列布置，0.4kV开关柜采用户内单列布置；出线采用电缆引出至变压器；变压器低压引出采用铜排。
(11) 本典型组合方案适用范围：
1) 普通负荷大，无重要负荷的专变用户。
2) 临时施工电源用电的专变用户。
3) 城市住宅小区、商住楼等有适宜建单独配电间地方的专变用户。

第五章　电力需求侧10kV配电系统		第三节　有配电间的10kV配电系统组合设计方案	
图号	2-5-3-28	图名	方案PB-10电气平面布置图

10kV 母线 TMY-40×4				
高压系统概略图		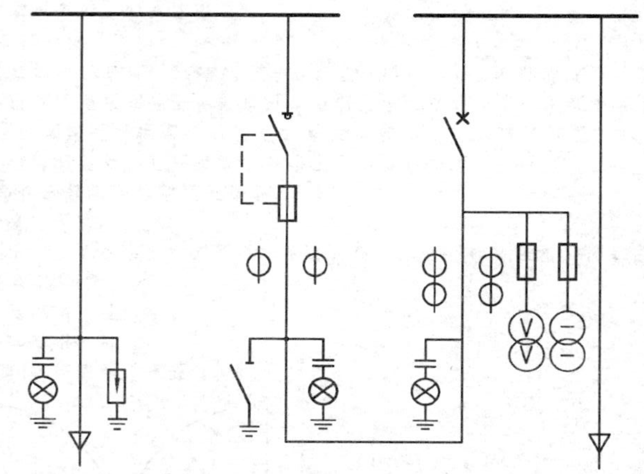		
高压屏编号		AH1	AH2	AH3
高压屏型号及方案号		HXGN15-12	HXGN15-12	HXGN15-12
柜体尺寸		500mm×900mm×2200mm	800mm×900mm×2200mm	1000mm×900mm×2200mm
屏内设备	高压负荷开关		-12/630A，20kA	-12/630A，20kA
	电流互感器 LZZBJ9-12		50/5A，0.5级	40/5A, 0.2S/0.2S
	电压互感器 JDZ-10			A, C 10/0.1kV, 25VA B 10/0.22kV, 400VA
	熔断器			RN2-10/1A RN2-10/3A
	避雷器 HY5W□-17/45kV	3		
	接地开关 JN10-12			
	开关状态显示器	1	1	1
进出线型号		YJV22-3×50		YJV22-3×50
回路名称		10kV电缆进线柜	进线开关柜	综合计量兼出线柜
备注		630kVA		

注：(1) 本方案计量方式为高供高计，10kV 进线侧设高压综合计量屏（计量屏上安装计量专用 TA、TV、购电开关、多功能计量表、用电信息采集管理终端等），其他分类计量在低压出线屏上实现，高压采用三相三线计量方式，低压采用三相四线计量方式，选用电子式多功能电能表，安装在开关柜专用计量仪表室内，计量柜内设备和元器件根据一次主接线配置，计量二次回路不得接入与计量无关的设备，计量电流回路采用 4mm² 单芯硬铜芯电线（缆），电压回路采用 2.5mm² 单芯硬铜芯电线（缆），并按 A 黄、B 绿、C 红、N 黑分色。

(2) 电能计量装置选用及配置应满足 DL/T 448《电能计量装置技术管理规程》规定。

主要设备及材料清册

序号	名称	型号及规格	单位	数量	备注
一	10kV 电缆接入模块部分	M-1-1-1			
1	预应力锥形水泥杆	ϕ190mm×15m	根	1	单重：1604kg
2	高压单回倒挂横担	DGD11-2200mm	套	3	单重：24.27kg
3	高压熔断器	U_N=12kV，I_N=100A	组	1	
4	氧化锌避雷器	HY5W-17/45kV	组	1	
5	针式绝缘子	P-20M	套	9	含螺栓及套筒
6	10kV 电力电缆	YJV22-8.7/15-3×50	m	200	户内外电缆头各1套
7	电缆沟		m	95	
8	电缆埋管		m	95	
二	10kV 配电装置模块部分	M-2-1-3			
1	10kV 电缆进线柜	HXGN 型（长×宽×高：500mm×900mm×2200mm）	面	1	
2	10kV 进线开关柜	HXGN 型（长×宽×高：800mm×900mm×2200mm）	面	1	配负荷开关加熔断器
3	10kV 综合计量兼出线柜	HXGN 型（长×宽×高：1000mm×900mm×2200mm）	面	1	
4	10kV 电力电缆	YJV22-8.7/15-3×50	m	20	
5	热镀锌角钢	∟50mm×5mm×2500mm	根	10	
6	热镀锌扁钢	—50mm×5mm	m	100	接地干线及引上线
7	接地螺栓		副	3	
8	模拟屏	2000mm×1000mm	块	1	
三	主变压器模块分	M-3-2			
1	变压器	SC（B）10-630/10，10±2×2.5%/0.4kV，Dyn11，U_k=4.0%	台	1	带外壳（防护等级不低于 IP3X），配风冷、温控系统装置
2	低压封闭母线	4（TMY-80×8）	m	5	
3	低压避雷器	YH1.5W-0.28/1.3kV	只	3	
四	0.4kV 配电装置模块部分	M-4-1-2			
1	低压进线柜	GGD2 型	面	1	
2	低压补偿柜	GGD2 型	面	1	
3	低压出线柜	GGD2 型	面	1	
五	高压计量装置模块部分	M-6-2			
1	高压计量装置	含计量表计、用电信息采集管理终端等	套	1	

第五章 电力需求侧 10kV 配电系统		第三节 有配电间的10kV配电系统组合设计方案	
图号	2-5-3-29	图名	方案 PB-10 的 10kV 概略图和设备材料清册

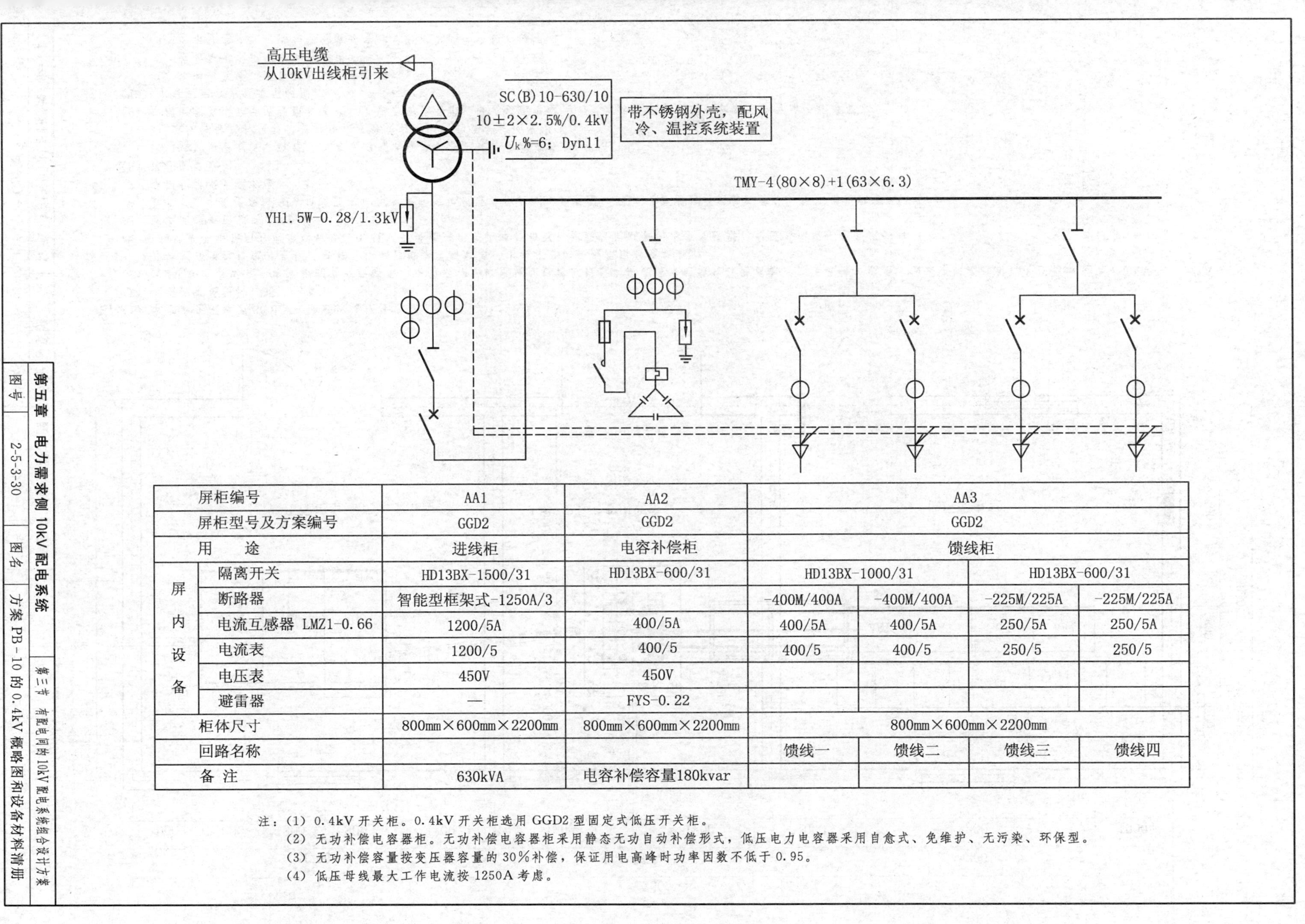

屏柜编号	AA1	AA2	AA3			
屏柜型号及方案编号	GGD2	GGD2	GGD2			
用　途	进线柜	电容补偿柜	馈线柜			
屏内设备 隔离开关	HD13BX-1500/31	HD13BX-600/31	HD13BX-1000/31		HD13BX-600/31	
屏内设备 断路器	智能型框架式-1250A/3		-400M/400A	-400M/400A	-225M/225A	-225M/225A
屏内设备 电流互感器 LMZ1-0.66	1200/5A	400/5A	400/5A	400/5A	250/5A	250/5A
屏内设备 电流表	1200/5	400/5	400/5	400/5	250/5	250/5
屏内设备 电压表	450V	450V				
屏内设备 避雷器	—	FYS-0.22				
柜体尺寸	800mm×600mm×2200mm	800mm×600mm×2200mm	800mm×600mm×2200mm			
回路名称			馈线一	馈线二	馈线三	馈线四
备　注	630kVA	电容补偿容量180kvar				

注：(1) 0.4kV开关柜。0.4kV开关柜选用GGD2型固定式低压开关柜。
(2) 无功补偿电容器柜。无功补偿电容器柜采用静态无功自动补偿形式，低压电力电容器采用自愈式、免维护、无污染、环保型。
(3) 无功补偿容量按变压器容量的30%补偿，保证用电高峰时功率因数不低于0.95。
(4) 低压母线最大工作电流按1250A考虑。

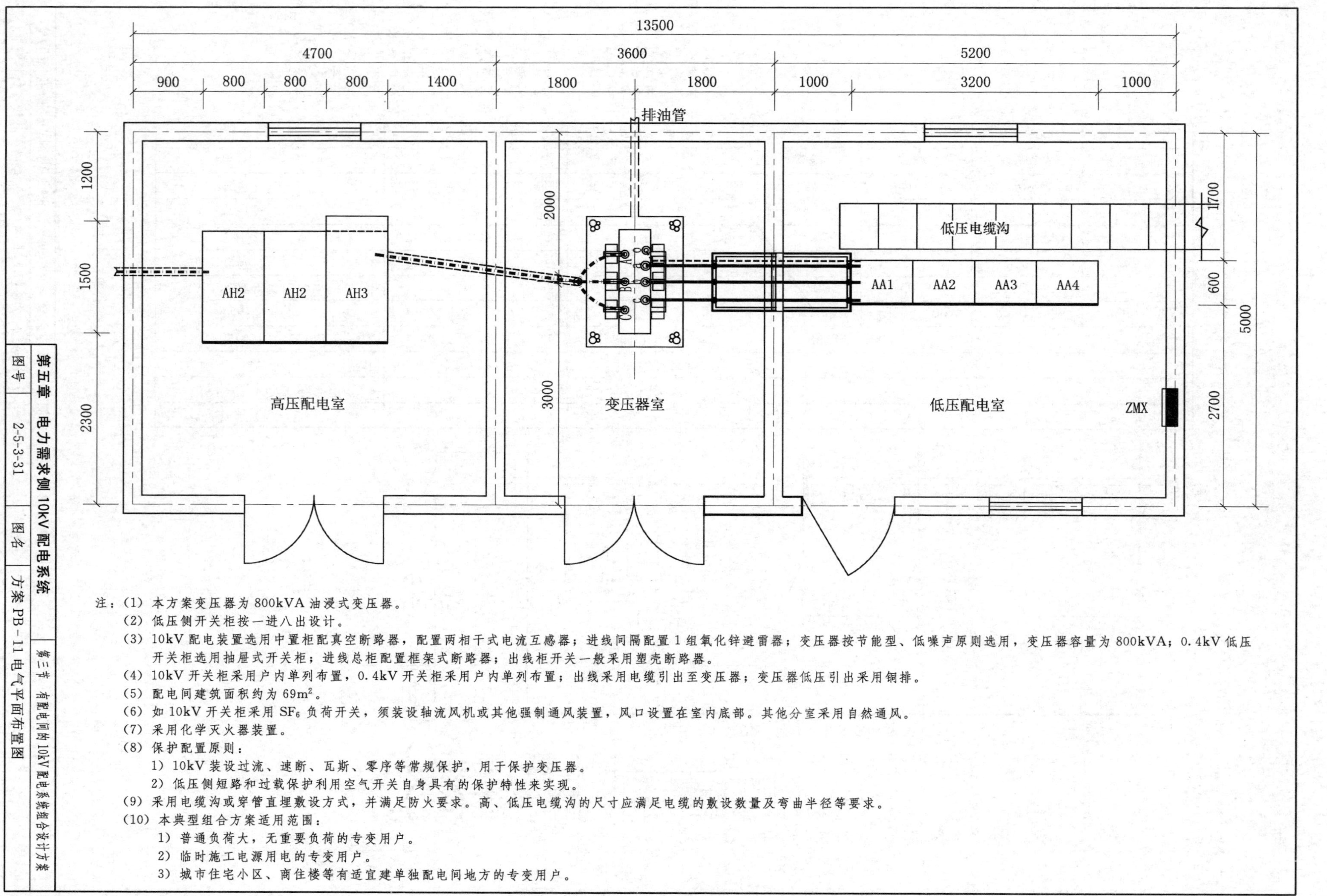

注：(1) 本方案变压器为800kVA油浸式变压器。

(2) 低压侧开关柜按一进八出设计。

(3) 10kV配电装置选用中置柜配真空断路器，配置两相干式电流互感器；进线间隔配置1组氧化锌避雷器；变压器按节能型、低噪声原则选用，变压器容量为800kVA；0.4kV低压开关柜选用抽屉式开关柜；进线总柜配置框架式断路器；出线柜开关一般采用塑壳断路器。

(4) 10kV开关柜采用户内单列布置，0.4kV开关柜采用户内单列布置；出线采用电缆引出至变压器；变压器低压引出采用铜排。

(5) 配电间建筑面积约为69m²。

(6) 如10kV开关柜采用SF_6负荷开关，须装设轴流风机或其他强制通风装置，风口设置在室内底部。其他分室采用自然通风。

(7) 采用化学灭火器装置。

(8) 保护配置原则：

1) 10kV装设过流、速断、瓦斯、零序等常规保护，用于保护变压器。

2) 低压侧短路和过载保护利用空气开关自身具有的保护特性来实现。

(9) 采用电缆沟或穿管直埋敷设方式，并满足防火要求。高、低压电缆沟的尺寸应满足电缆的敷设数量及弯曲半径等要求。

(10) 本典型组合方案适用范围：

1) 普通负荷大，无重要负荷的专变用户。

2) 临时施工电源用电的专变用户。

3) 城市住宅小区、商住楼等有适宜建单独配电间地方的专变用户。

第五章 电力需求侧10kV配电系统		第三节 有配电间的10kV配电系统组合设计方案	
图号	2-5-3-31	图名	方案PB-11电气平面布置图

10kV 母线
TMY-40×4

高压系统概略图

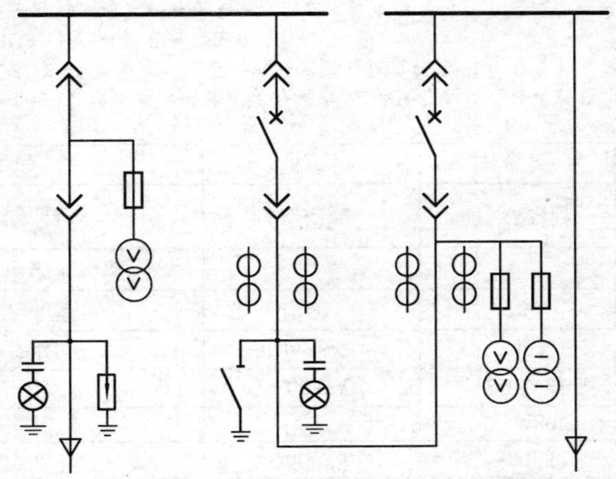

高压屏编号		AH1	AH2	AH3
高压屏型号及方案号		KYN28-12	KYN28-12	KYN28-12
柜体尺寸		800mm×1500mm×2300mm	800mm×1500mm×2300mm	800mm×1660mm×2300mm
屏内设备	高压真空断路器		-12/630A，20kA	-12/630A，20kA
	电流互感器 LZZBJ9-12		75/5A, 0.5/10P20	50/5A, 0.2S/0.2S
	电压互感器 JDZ-10	10/0.1kV，400VA		A, C 10/0.1kV, 25VA B 10/0.22kV, 400VA
	熔断器	RN2-10/1A		RN2-10/1A
	避雷器 HY5W□-17/45kV	3		
	接地开关 JN10-12		1	
	开关状态显示器	1	1	1
进出线型号		YJV22-3×70		YJV22-3×70
回路名称		10kV进线隔离兼TV柜	进线开关柜	综合计量兼出线柜
备注		800kVA		800kVA

注：(1) 10kV 部分为中置柜、线路变压器组接线方式、一进一出、高压计量方式。
(2) 本方案用于一台油浸式变压器，容量为 800kVA。
(3) 为防止过电压，在开关柜进出线间隔各装设氧化锌避雷器一组。氧化锌避雷器按 GB 11032《交流无间隙金属氧化物避雷器》中的规定进行选择。
(4) 用于独立建筑物时，本类型配电间接地按有关技术规程的要求设计，接地装置由水平接地体与垂直接地体组成。水平接地体一般由 —50mm×5mm 的热镀锌扁钢组成，垂直接地体一般由∟50mm×5mm×2500mm 的热镀锌角钢组成。接地网接地电阻应符合 DL/T 621《交流电气装置的接地》的规定。

主要设备及材料清册

序号	名称	型号及规格	单位	数量	备注
一	10kV 电缆接入模块部分	M-1-1-3			
1	预应力锥形水泥杆	φ190mm×15m	根	2	单重：1604kg
2	高压单回倒挂横担	DGD11-2200mm	套	6	单重：24.27kg
3	高压真空断路器	U_N=12kV，I_N=630A	组	1	
4	氧化锌避雷器	HY5W-17/45kV	组	1	
5	针式绝缘子	P-20M	套	18	含螺栓及套筒
6	10kV 电力电缆	YJV22-8.7/15-3×70	m	200	户内外电缆头各1套
7	电缆沟		m	95	
8	电缆埋管		m	95	
二	10kV 配电装置模块部分	M-2-1-4			
1	10kV 进线隔离兼 TV 柜	KYN28-12 型(长×宽×高：800mm×1500mm×2300mm)	面	1	
2	10kV 进线总开关柜	KYN28-12 型(长×宽×高：800mm×1500mm×2300mm)	面	1	配真空断路器
3	10kV 综合计量兼出线柜	KYN28-12 型(长×宽×高：800mm×1660mm×2300mm)	面	1	
4	10kV 电力电缆	YJV22-8.7/15-3×70	m	20	
5	热镀锌角钢	∟50mm×5mm×2500mm	根	10	
6	热镀锌扁钢	—50mm×5mm	m	100	接地干线及引上线
7	接地螺栓		副	6	
8	模拟屏	2000mm×1000mm	块	1	
三	主变压器模块部分	M-3-1			
1	变压器	S11-(M)-800/10，10±2×2.5%/0.4kV，Dyn11，U_k=4.5%	台	1	
2	低压母排	TMY-80×10	m	28	
3	低压避雷器	YH1.5W-0.28/1.3kV	只	3	
四	0.4kV 配电装置模块部分	M-4-1-3			
1	低压进线柜	GCS（K）型	面	1	
2	低压补偿柜	GCS（K）型	面	1	
3	低压出线柜	GCS（K）型	面	2	
4	低压穿墙板		块	1	
5	支持绝缘子	WX-01	个	6	
6	不锈钢护网	网孔不大于 20mm×20mm	块	2	
五	二次系统模块部分	M-5-1-1			
1	微机线路保护测控装置		套	1	
2	微机变压器保护测控装置		套	1	
3	微型直流电源装置	M-5-2-1	套	1	安装在 10kV 进线提升柜顶仪表室（DC 220V）
4	控制电缆	$KVVP_2$-	m	200	
5	中央信号箱		个	1	
六	高压计量装置模块部分				
1	高压计量装置	含计量表计、用电信息采集管理终端等	套	1	10kV 单电源，高供高计，采用购电制方式

第五章 电力需求侧 10kV 配电系统		第三节 有配电间的10kV配电系统组合设计方案	
图号	2-5-3-32	图名	方案 PB-11 的 10kV 概略图和设备材料清册

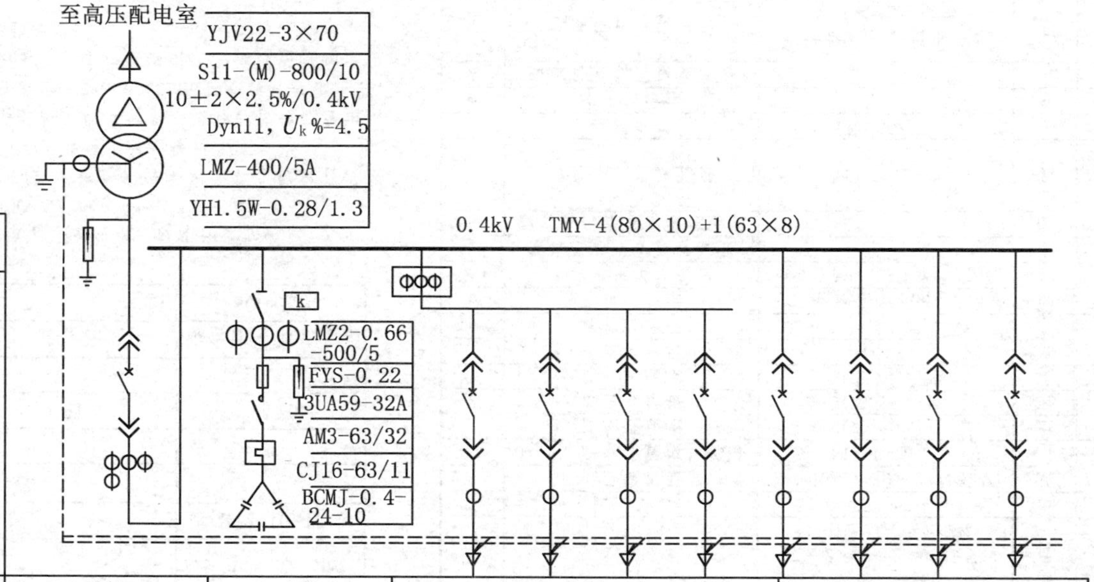

至高压配电室
YJV22-3×70
S11-(M)-800/10
10±2×2.5%/0.4kV
Dyn11，U_k%=4.5
LMZ-400/5A
YH1.5W-0.28/1.3

0.4kV　TMY-4(80×10)+1(63×8)

k
LMZ2-0.66-500/5
FYS-0.22
3UA59-32A
AM3-63/32
CJ16-63/11
BCMJ-0.4-24-10

低压母排												
低压系统概略图												
低压屏编号		AA1	AA2	AA3					AA4			
屏柜尺寸		1000mm×600mm×2200mm	1000mm×600mm×2200mm	800mm×600mm×2200mm					800mm×600mm×2200mm			
屏柜型号		GCS	GCS	GCS					GCS			
屏内设备	母线引下线规格TMY-	80×10	40×4	80×10	40×4	40×4	40×4	40×4	40×4	40×4	40×4	40×4
	开关型号规格	-1600/80kA	HD13BX-600A		630	400	400	100	630	630	630	630
	电流互感器	1500/5	500/5		500/5	300/5	300/5	100/5	500/5	500/5	500/5	500/5
	电流表	1500/5	500/5		500/5	300/5	300/5	100/5	500/5	500/5	500/5	500/5
	电压表		0～480V									
负荷情况	负　荷	800kVA	240kvar									
	计算电流	1155A	346A									
单元高度		1760	1760	480	480	320	320	160	480	480	480	480
引出电缆型号规格VV-												
回路名称		1号进线	1号电容补偿	计量	回路1	回路2	回路3	回路4	回路5	回路6	回路7	回路8
备注		进线柜	补偿柜	出线柜				出线柜				

注：(1) 根据短路电流水平为20kA，按发热及动稳定条件校验，10kV母线及进线间隔导体选 TMY－40×4 型。10kV 开关柜与变压器高压侧连接电缆须按发热及动稳定条件校验选用，一般选用 YJV22－8.7/15－3×70 型。低压母线最大工作电流按 1250A 考虑。
(2) 0.4kV 开关柜选用 GCS（K）型抽屉式低压开关柜。
(3) 无功补偿电容器柜采用静态无功自动补偿形式，低压电力电容器采用自愈式、免维护、无污染、环保型。
(4) 无功补偿容量按变压器容量的 30%补偿，保证用电高峰时功率因数不低于 0.95。

第五章　电力需求侧 10kV 配电系统		第三节　有配电间的10kV配电系统组合设计方案	
图号	2-5-3-33	图名	方案 PB－11 的 0.4kV 概略图和设备材料清册

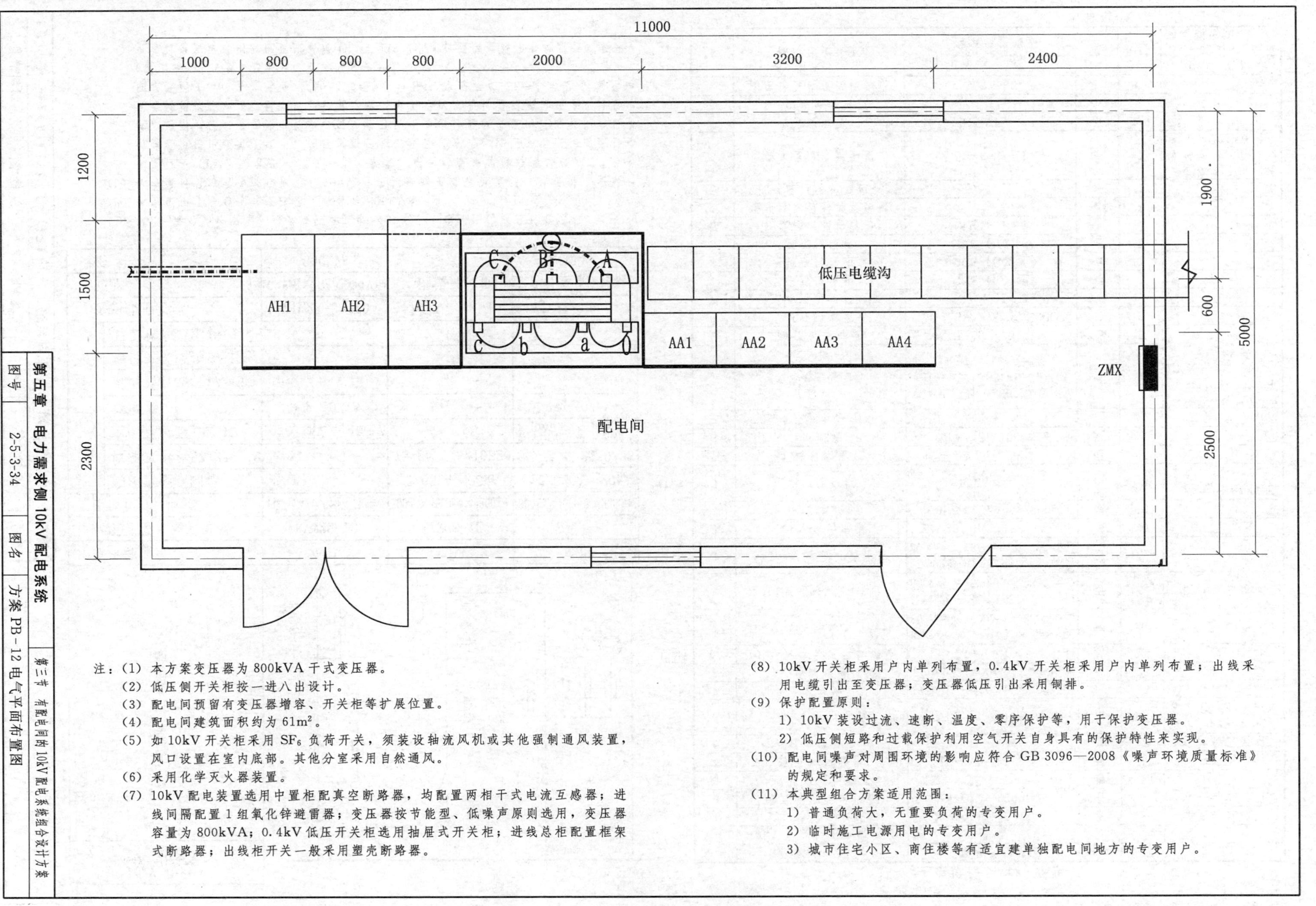

注：(1) 本方案变压器为 800kVA 干式变压器。

(2) 低压侧开关柜按一进八出设计。

(3) 配电间预留有变压器增容、开关柜等扩展位置。

(4) 配电间建筑面积约为 $61m^2$。

(5) 如 10kV 开关柜采用 SF_6 负荷开关，须装设轴流风机或其他强制通风装置，风口设置在室内底部。其他分室采用自然通风。

(6) 采用化学灭火器装置。

(7) 10kV 配电装置选用中置柜配真空断路器，均配置两相干式电流互感器；进线间隔配置 1 组氧化锌避雷器；变压器按节能型、低噪声原则选用，变压器容量为 800kVA；0.4kV 低压开关柜选用抽屉式开关柜；进线总柜配置框架式断路器；出线柜开关一般采用塑壳断路器。

(8) 10kV 开关柜采用户内单列布置，0.4kV 开关柜采用户内单列布置；出线采用电缆引出至变压器；变压器低压引出采用铜排。

(9) 保护配置原则：

1) 10kV 装设过流、速断、温度、零序保护等，用于保护变压器。

2) 低压侧短路和过载保护利用空气开关自身具有的保护特性来实现。

(10) 配电间噪声对周围环境的影响应符合 GB 3096—2008《噪声环境质量标准》的规定和要求。

(11) 本典型组合方案适用范围：

1) 普通负荷大，无重要负荷的专变用户。

2) 临时施工电源用电的专变用户。

3) 城市住宅小区、商住楼等有适宜建单独配电间地方的专变用户。

第五章　电力需求侧 10kV 配电系统		第三节　有配电间的 10kV 配电系统组合设计方案	
图号	2-5-3-34	图名	方案 PB－12 电气平面布置图

10kV 母线 TMY-40×4				
高压系统概略图				
高压屏编号		AH1	AH2	AH3
高压屏型号及方案号		KYN28-12	KYN28-12	KYN28-12
柜体尺寸		800mm×1500mm×2300mm	800mm×1500mm×2300mm	800mm×1660mm×2300mm
屏内设备	高压真空断路器		-12/630A，20kA	-12/630A，20kA
	电流互感器LZZBJ9-12		75/5A, 0.5/10P20	50/5A, 0.2S/0.2S
	电压互感器JDZ-10	10/0.1kV，400VA		A, C 10/0.1kV，25VA B 10/0.22kV，400VA
	熔断器	RN2-10/1A		RN2-10/1A
	避雷器HY5W□-17/45kV	3		
	接地开关 JN10-12		1	
	开关状态显示器	1	1	1
进出线型号		YJV22-3×70		YJV22-3×70
回路名称		10kV进线隔离兼TV柜	进线开关柜	综合计量兼出线柜
备 注		800kVA		800kVA

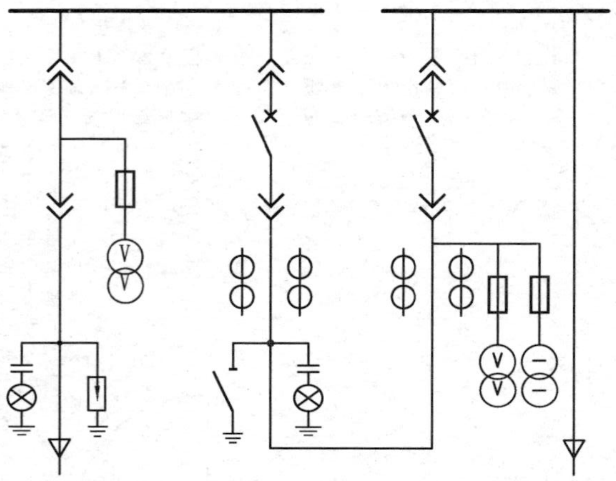

注：(1) 10kV 部分为中置柜、线路变压器组接线方式、一进一出、高压计量方式。

(2) 本方案用于一台干式变压器，容量为 800kVA。

(3) 本方案计量方式为高供高计，10kV 进线侧设高压综合计量屏（计量屏上安装计量专用 TA、TV、购电开关、多功能计量表、用电信息采集管理终端等），其他分类计量在低压出线屏上实现，高压采用三相三线计量方式，低压采用三相四线计量方式，选用电子式多功能电能表，安装在开关柜专用计量仪表室内，计量柜内设备和元器件根据一次主接线配置，计量二次回路不得接入与计量无关的设备，计量电流回路采用 $4mm^2$ 单芯硬铜芯电线（缆），电压回路采用 $2.5mm^2$ 单芯硬铜芯电线（缆），并按 A 黄、B 绿、C 红、N 黑分色。

(4) 电能计量装置选用及配置应满足 DL/T 448《电能计量装置技术管理规程》规定。

主要设备及材料清册

序号	名 称	型号及规格	单位	数量	备 注
一	10kV 电缆接入模块部分	M-1-1-3			
1	预应力锥形水泥杆	φ190mm×15m	根	2	单重：1604kg
2	高压单回倒挂横担	DGD11-2200mm	套	6	单重：24.27kg
3	高压真空断路器	U_N=12kV，I_N=630A	组	1	
4	氧化锌避雷器	HY5W-17/45kV	组	1	
5	针式绝缘子	P-20M	套	18	含螺栓及套筒
6	10kV 电力电缆	YJV22-8.7/15-3×70	m	200	户内外电缆头各 1 套
7	电缆沟	700mm×500mm×700mm	m	95	
8	电缆埋管	500mm×300mm×900mm	m	95	
二	10kV 配电装置模块部分	M-2-1-4			
1	10kV 进线隔离兼 TV 柜	KYN28-12 型(长×宽×高：800mm×1500mm×2300mm)	面	1	
2	10kV 进线总开关柜	KYN28-12 型(长×宽×高：800mm×1500mm×2300mm)	面	1	配真空断路器
3	10kV 综合计量柜	KYN28-12 型(长×宽×高：800mm×1660mm×2300mm)	面	1	
4	10kV 电力电缆	YJV22-8.7/15-3×70	m	20	
5	热镀锌角钢	∟ 50mm×5mm×2500mm	根	10	
6	热镀锌扁钢	-50mm×5mm	m	100	接地干线及引上线
7	接地螺栓		副	3	
8	模拟屏	2000mm×1000mm	块	1	
三	主变压器模块部分	M-3-2			
1	变压器	SC（B）-800/10，10±2×2.5%/0.4kV，Dyn11，U_k=6%	台	1	带外壳（防护等级不低于IP3X），配风冷、温控系统装置
2	低压封闭母线	4（TMY-80×10）	m	5	
3	低压避雷器	YH1.5W-0.28/1.3kV	只	3	
四	0.4kV 配电装置模块部分	M-4-1-3			
1	低压进线柜	GCS（K）型	面	1	
2	低压补偿柜	GCS（K）型	面	1	
3	低压出线柜	GCS（K）型	面	2	
五	二次系统模块部分	M-5-1-1			
1	微机线路保护测控装置		套	1	
2	微机变压器保护测控装置		套	1	
3	微型直流电源装置	M-5-2-1	套	1	安装在 10kV 进线提升柜顶仪表室（DC 220V）
4	控制电缆	$KVVP_2$-	m	200	
5	中央信号箱		个	1	
六	高压计量装置模块部分	M-6-2			
1	高压计量装置	含计量表计、用电信息采集管理终端等	套	1	10kV 单电源，高供高计，采用购电制方式

第五章 电力需求侧 10kV 配电系统		第三节 有配电间的10kV配电系统组合设计方案	
图号	2-5-3-35	图名	方案 PB-12 的 10kV 概略图和设备材料清册

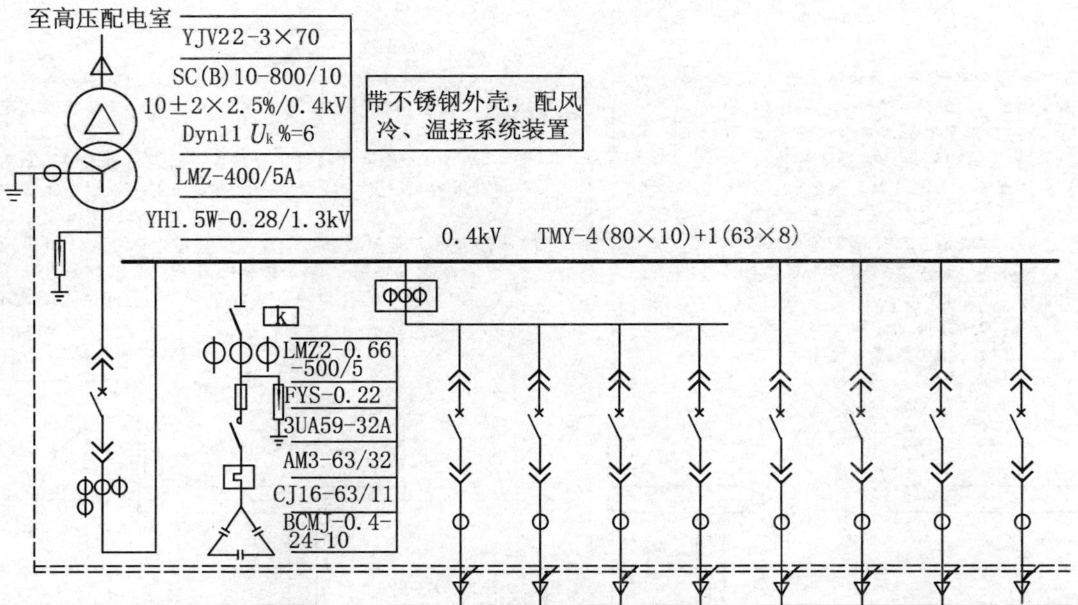

至高压配电室
YJV22-3×70
SC(B)10-800/10
10±2×2.5%/0.4kV
Dyn11 U_k%=6
LMZ-400/5A
YH1.5W-0.28/1.3kV

带不锈钢外壳，配风冷、温控系统装置

0.4kV TMY-4(80×10)+1(63×8)

LMZ2-0.66-500/5
FYS-0.22
3UA59-32A
AM3-63/32
CJ16-63/11
BCMJ-0.4-24-10

低压母排												
低压系统概略图												
低压屏编号		AA1	AA2	AA3					AA4			
屏柜尺寸		1000mm×600mm×2200mm	1000mm×600mm×2200mm	800mm×600mm×2200mm					800mm×600mm×2200mm			
屏柜型号		GCS	GCS	GCS					GCS			
屏内设备	母线引下线规格TMY-	80×10	40×4	80×10	40×4	40×4	40×4	40×4	40×4	40×4	40×4	40×4
	开关型号规格	-1600/80kA	HD13BX-600A		630	400	400	100	630	630	630	630
	电流互感器	1500/5	500/5		500/5	300/5	300/5	100/5	500/5	500/5	500/5	500/5
	电流表	1500/5	500/5		500/5	300/5	300/5	100/5	500/5	500/5	500/5	500/5
	电压表		0～480V									
负荷情况	负　荷	800kVA	240kvar									
	计算电流	1155A	346A									
单元高度		1760	1760	480	480	320	320	160	480	480	480	480
引出电缆型号规格VV-												
回路名称		1号进线	1号电容补偿	计量	回路1	回路2	回路3	回路4	回路5	回路6	回路7	回路8
备注		进线柜	补偿柜	出线柜				出线柜				

注：(1) 10kV 部分采用线路变压器组接线，0.4kV 部分采用单母线接线。

(2) 0.4kV 电容器容量按每台变压器容量的 30% 配置，可根据实际情况按变压器容量的 20%～40% 作调整；采用静态自动补偿方式，按三相、单相混合补偿方式配置配变综合测控装置。

(3) 0.4kV 开关柜选用 GCS（K）型抽屉式低压开关柜。

(4) 无功补偿电容器柜采用静态无功自动补偿形式，低压电力电容器采用自愈式、免维护、无污染、环保型。无功补偿容量按变压器容量的 30% 补偿，保证用电高峰时功率因数不低于 0.95。

(5) 根据短路电流水平为 20kA，按发热及动稳定条件校验，10kV 母线及进线间隔导体选 TMY-40×4 型。10kV 开关柜与变压器高压侧连接电缆须按发热及动稳定条件校验选用，一般选用 YJV22-8.7/15-3×70 型。低压母线最大工作电流按 1250A 考虑。

(6) 电气设备的绝缘配合，参照 DL/T 620—1997《交流电气装置的过电压保护和绝缘配合》确定的原则进行。

(7) 为防止过电压，在开关柜进出线间隔各装设氧化锌避雷器一组。氧化锌避雷器按 GB 11032—2010《交流无间隙金属氧化物避雷器》中的规定进行选择。

(8) 用于独立建筑物时，本类型配电间接地按有关技术规程的要求设计，接地装置由水平接地体与垂直接地体组成。水平接地体一般由 —50mm×5mm 的热镀锌扁钢组成，垂直接地体一般由∟50mm×5mm×2500mm 的热镀锌角钢组成。接地网接地电阻应符合 DL/T 621—1997《交流电气装置的接地》的规定。

第五章　电力需求侧 10kV 配电系统		第三节　有配电间的 10kV 配电系统组合设计方案	
图号	2-5-3-36	图名	方案 PB-12 的 0.4kV 概略图和设备材料清册

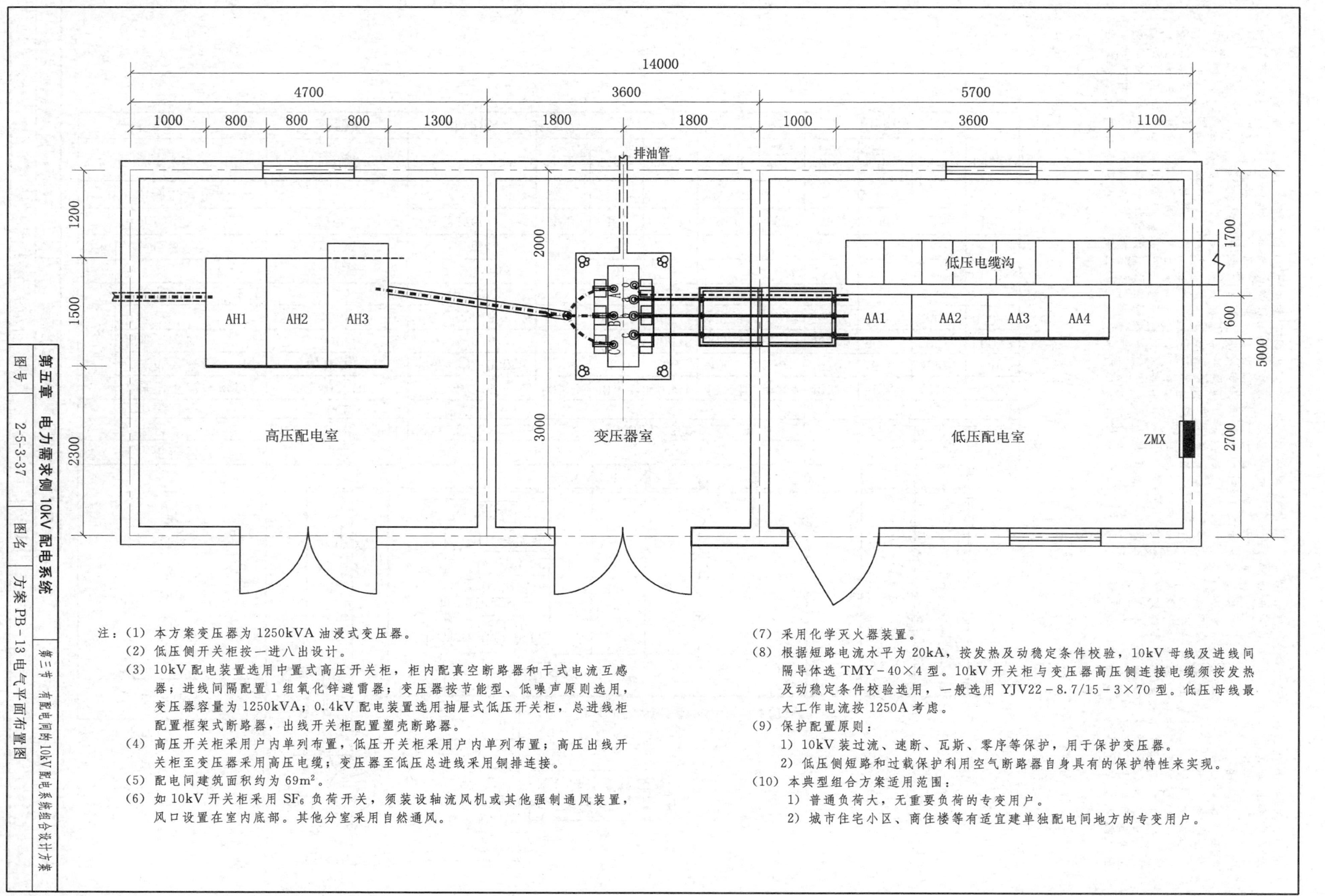

注：(1) 本方案变压器为1250kVA油浸式变压器。
(2) 低压侧开关柜按一进八出设计。
(3) 10kV配电装置选用中置式高压开关柜，柜内配真空断路器和干式电流互感器；进线间隔配置1组氧化锌避雷器；变压器按节能型、低噪声原则选用，变压器容量为1250kVA；0.4kV配电装置选用抽屉式低压开关柜，总进线柜配置框架式断路器，出线开关柜配置塑壳断路器。
(4) 高压开关柜采用户内单列布置，低压开关柜采用户内单列布置；高压出线开关柜至变压器采用高压电缆；变压器至低压总进线采用铜排连接。
(5) 配电间建筑面积约为69m²。
(6) 如10kV开关柜采用SF_6负荷开关，须装设轴流风机或其他强制通风装置，风口设置在室内底部。其他分室采用自然通风。
(7) 采用化学灭火器装置。
(8) 根据短路电流水平为20kA，按发热及动稳定条件校验，10kV母线及进线间隔导体选TMY－40×4型。10kV开关柜与变压器高压侧连接电缆须按发热及动稳定条件校验选用，一般选用YJV22－8.7/15－3×70型。低压母线最大工作电流按1250A考虑。
(9) 保护配置原则：
1) 10kV装过流、速断、瓦斯、零序等保护，用于保护变压器。
2) 低压侧短路和过载保护利用空气断路器自身具有的保护特性来实现。
(10) 本典型组合方案适用范围：
1) 普通负荷大，无重要负荷的专变用户。
2) 城市住宅小区、商住楼等有适宜建单独配电间地方的专变用户。

第五章　电力需求侧10kV配电系统		第三节　有配电间的10kV配电系统组合设计方案	
图号	2-5-3-37	图名	方案PB－13电气平面布置图

高压系统概略图

10kV 母线
TMY-40×4

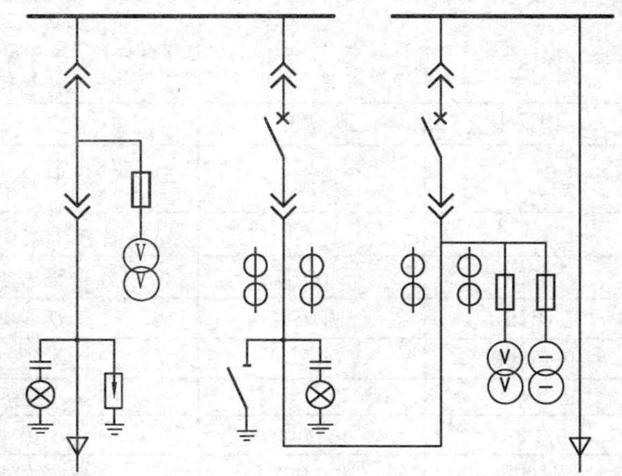

高压屏编号	AH1	AH2	AH3
高压屏型号及方案号	KYN28-12	KYN28-12	KYN28-12
柜体尺寸	800mm×1500mm×2300mm	800mm×1500mm×2300mm	800mm×1660mm×2300mm
屏内设备 高压真空断路器		-12/630A，20kA	-12/630A，20kA
屏内设备 电流互感器LZZBJ9-12		100/5A，0.5/10P20	75/5A，0.2S/0.2S
屏内设备 电压互感器JDZ-10	10/0.1kV，400VA		A，C 10/0.1kV，25VA B 10/0.22kV，400VA
屏内设备 熔断器	RN2-10/1A		RN2-10/1A
屏内设备 避雷器HY5W□-17/45kV	3		
屏内设备 接地开关 JN10-12		1	
屏内设备 开关状态显示器	1	1	1
进出线型号	YJV22-3×70		YJV22-3×70
回路名称	10kV进线隔离兼TV柜	进线开关柜	综合计量兼出线柜
备注	1250kVA		1250kVA

注：（1）10kV 部分为中置柜、线路变压器组接线方式、一进一出、高压计量方式。

（2）本方案用于一台油浸式变压器，容量为 1250kVA。

（3）本方案计量方式为高供高计，10kV 进线侧设高压综合计量屏（计量屏上安装计量专用 TA、TV、购电开关、多功能计量表、用电信息采集管理终端等）。

（4）为防止过电压，在开关柜进出线间隔各装设氧化锌避雷器一组。氧化锌避雷器按 GB 11032《交流无间隙金属氧化物避雷器》中的规定进行选择。

（5）用于独立建筑物时，本类型配电间接地按有关技术规程的要求设计，接地装置由水平接地体与垂直接地体组成。水平接地体一般由—50mm×5mm 的热镀锌扁钢组成，垂直接地体一般由∟50mm×5mm×2500mm 的热镀锌角钢组成。接地网接地电阻应符合 DL/T 621《交流电气装置的接地》的规定。

主要设备及材料清册

序号	名称	型号及规格	单位	数量	备注
一	10kV 电缆接入模块部分	M-1-1-3			
1	预应力锥形水泥杆	ϕ190mm×15m	根	2	单重：1604kg
2	高压单回倒挂横担	DGD11-2200mm	套	6	单重：24.27kg
3	高压真空断路器	U_N=12kV，I_N=630A	组	1	短路电流水平 20kA
4	氧化锌避雷器	HY5W-12.7/50	组	1	
5	针式绝缘子	P-20M	套	18	含螺栓及套筒
6	10kV 电力电缆	YJV22-8.7/15-3×70	m	200	户内外电缆头各1套
7	电缆沟	700mm×500mm×700mm	m	95	
8	电缆埋管	500mm×300mm×900mm	m	95	
二	10kV 配电装置模块部分	M-2-1-4			
1	10kV 进线隔离兼 TV 柜	KYN28-12 型(长×宽×高：800mm×1500mm×2300mm)	面	1	柜顶二次室配置微型直流电源
2	10kV 进线总开关柜	KYN28-12 型(长×宽×高：800mm×1500mm×2300mm)	面	1	配真空断路器
3	10kV 综合计量兼出线柜	KYN28-12 型(长×宽×高：800mm×1660mm×2300mm)	面	1	
4	10kV 电力电缆	YJV22-8.7/15-3×70	m	20	
5	热镀锌角钢	∟50mm×5mm×2500mm	根	10	
6	热镀锌扁钢	—50mm×5mm	m	100	接地干线及引上线
7	接地螺栓		副	6	
8	模拟屏	2000mm×1000mm	块	1	
三	主变压器模块部分	M-3-1			
1	变压器	S11-（M）-1250/10，10±2×2.5%/0.4kV，Dyn11，U_k=4.5%	台	1	
2	低压母排	4（TMY-125×10）	m	7	单母线
3	低压避雷器	YH1.5W-0.28/1.3kV	只	3	
四	0.4kV 配电装置模块部分	M-4-1-3			0.4kV 抽屉式开关柜
1	低压进线柜	GCS（K）型	面	1	
2	低压补偿柜	GCS（K）型	面	1	
3	低压出线柜	GCS（K）型	面	2	
4	低压穿墙板		块	1	
5	支持绝缘子	WX-01	个	6	
6	不锈钢护网	网孔不大于 20mm×20mm	块	2	
五	二次系统模块部分	M-5-1-1			
1	微机线路保护测控装置		套	1	
2	微机变压器保护测控装置		套	1	
3	微型直流电源装置	M-5-1-2	套	1	安装在 10kV 进线隔离兼 TV 柜顶（DC 220V）
4	控制电缆	$KVVP_2$-	m	200	
5	中央信号箱		个	1	
六	高压计量装置模块部分	M-6-2			
1	高压计量装置	含计量表计、用电信息采集管理终端等	套	1	10kV 单电源，高供高计，采用购电制方式

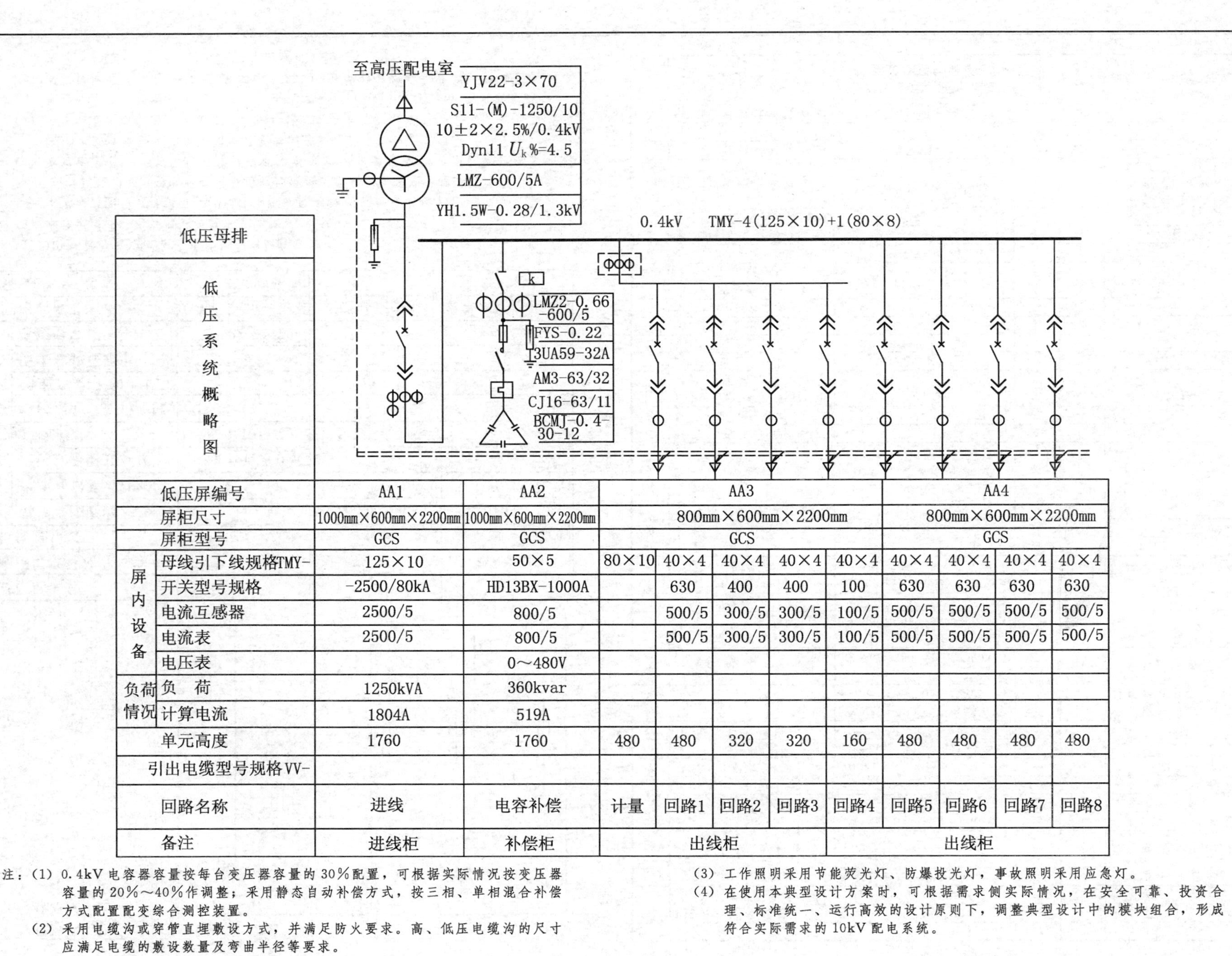

低压屏编号		AA1	AA2	AA3					AA4			
屏柜尺寸		1000mm×600mm×2200mm	1000mm×600mm×2200mm	800mm×600mm×2200mm					800mm×600mm×2200mm			
屏柜型号		GCS	GCS	GCS					GCS			
屏内设备	母线引下线规格TMY-	125×10	50×5	80×10	40×4	40×4	40×4	40×4	40×4	40×4	40×4	40×4
	开关型号规格	-2500/80kA	HD13BX-1000A		630	400	400	100	630	630	630	630
	电流互感器	2500/5	800/5		500/5	300/5	300/5	100/5	500/5	500/5	500/5	500/5
	电流表	2500/5	800/5		500/5	300/5	300/5	100/5	500/5	500/5	500/5	500/5
	电压表		0～480V									
负荷情况	负　荷	1250kVA	360kvar									
	计算电流	1804A	519A									
单元高度		1760	1760	480	480	320	320	160	480	480	480	480
引出电缆型号规格VV-												
回路名称		进线	电容补偿	计量	回路1	回路2	回路3	回路4	回路5	回路6	回路7	回路8
备注		进线柜	补偿柜	出线柜				出线柜				

注：(1) 0.4kV电容器容量按每台变压器容量的30%配置，可根据实际情况按变压器容量的20%～40%作调整；采用静态自动补偿方式，按三相、单相混合补偿方式配置配变综合测控装置。

(2) 采用电缆沟或穿管直埋敷设方式，并满足防火要求。高、低压电缆沟的尺寸应满足电缆的敷设数量及弯曲半径等要求。

(3) 工作照明采用节能荧光灯、防爆投光灯，事故照明采用应急灯。

(4) 在使用本典型设计方案时，可根据需求侧实际情况，在安全可靠、投资合理、标准统一、运行高效的设计原则下，调整典型设计中的模块组合，形成符合实际需求的10kV配电系统。

第五章　电力需求侧 10kV 配电系统		第三节　有配电间的10kV配电系统组合设计方案	
图号	2-5-3-39	图名	方案PB-13的0.4kV概略图和设备材料清册

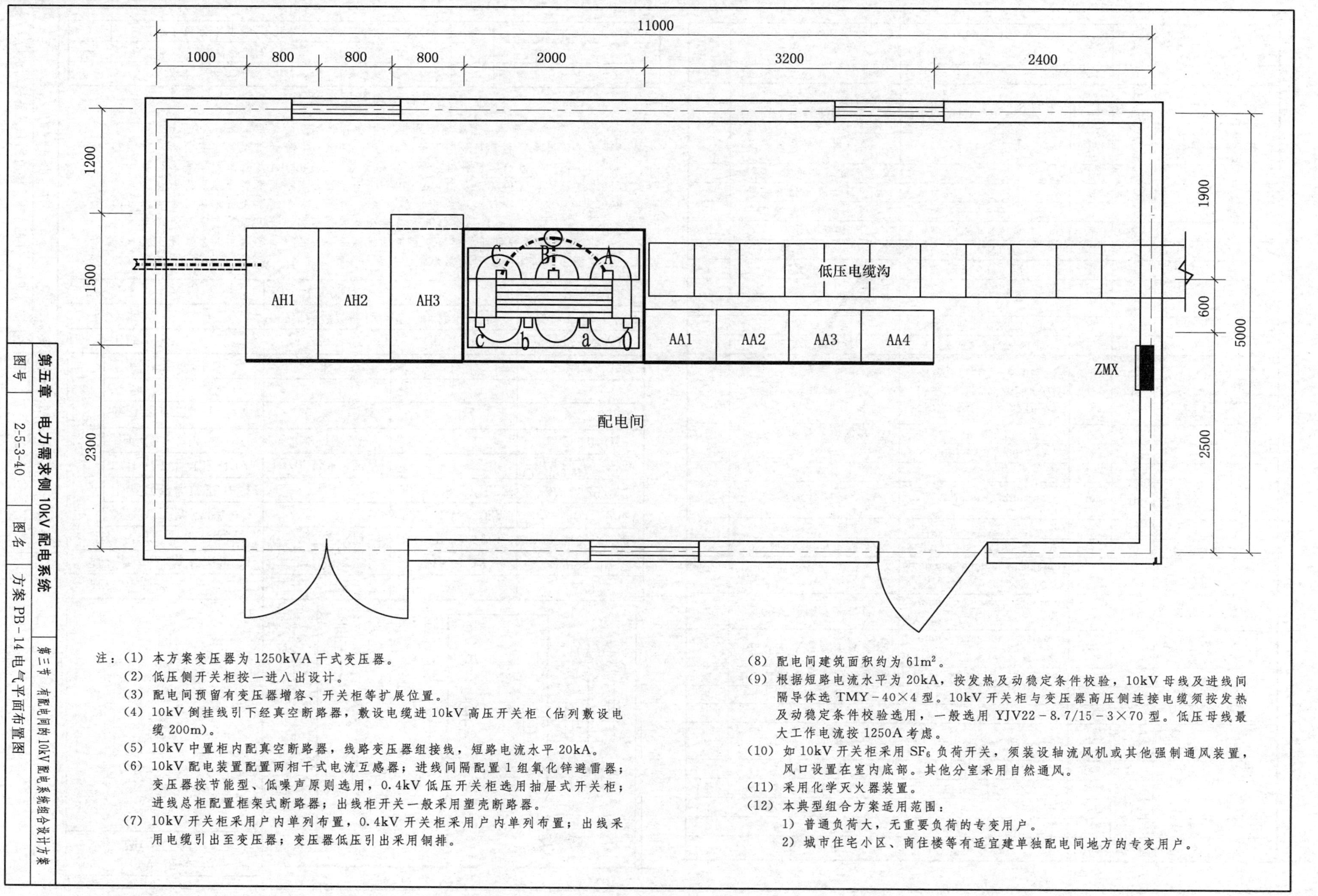

注：(1) 本方案变压器为1250kVA干式变压器。

(2) 低压侧开关柜按一进八出设计。

(3) 配电间预留有变压器增容、开关柜等扩展位置。

(4) 10kV 倒挂线引下经真空断路器，敷设电缆进 10kV 高压开关柜（估列敷设电缆 200m）。

(5) 10kV 中置柜内配真空断路器，线路变压器组接线，短路电流水平 20kA。

(6) 10kV 配电装置配置两相干式电流互感器；进线间隔配置 1 组氧化锌避雷器；变压器按节能型、低噪声原则选用，0.4kV 低压开关柜选用抽屉式开关柜；进线总柜配置框架式断路器；出线柜开关一般采用塑壳断路器。

(7) 10kV 开关柜采用户内单列布置，0.4kV 开关柜采用户内单列布置；出线采用电缆引出至变压器；变压器低压引出采用铜排。

(8) 配电间建筑面积约为 $61m^2$。

(9) 根据短路电流水平为 20kA，按发热及动稳定条件校验，10kV 母线及进线间隔导体选 TMY－40×4 型。10kV 开关柜与变压器高压侧连接电缆须按发热及动稳定条件校验选用，一般选用 YJV22－8.7/15－3×70 型。低压母线最大工作电流按 1250A 考虑。

(10) 如 10kV 开关柜采用 SF_6 负荷开关，须装设轴流风机或其他强制通风装置，风口设置在室内底部。其他分室采用自然通风。

(11) 采用化学灭火器装置。

(12) 本典型组合方案适用范围：

1) 普通负荷大，无重要负荷的专变用户。

2) 城市住宅小区、商住楼等有适宜建单独配电间地方的专变用户。

图号	2-5-3-40	图名	方案 PB－14 电气平面布置图

10kV 母线 TMY-40×4			
高压系统概略图	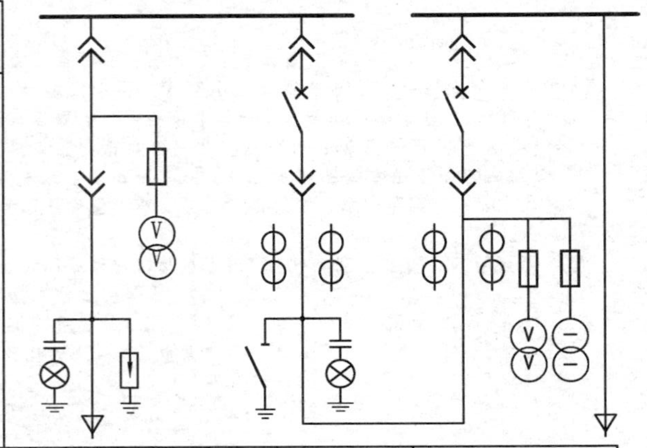		
高压屏编号	AH1	AH2	AH3
高压屏型号及方案号	KYN28-12	KYN28-12	KYN28-12
柜体尺寸	800mm×1500mm×2300mm	800mm×1500mm×2300mm	800mm×1660mm×2300mm
屏内设备 高压真空断路器		-12/630A，20kA	-12/630A，20kA
屏内设备 电流互感器LZZBJ9-12		100/5A, 0.5/10P20	75/5A, 0.2S/0.2S
屏内设备 电压互感器JDZ-10	10/0.1kV, 400VA		A, C 10/0.1kV, 25VA B 10/0.22kV, 400VA
屏内设备 熔断器	RN2-10/1A		RN2-10/1A
屏内设备 避雷器HY5W□-17/45kV	3		
屏内设备 接地开关 JN10-12		1	
屏内设备 开关状态显示器	1	1	1
进出线型号	YJV22-3×70		YJV22-3×70
回路名称	10kV进线隔离兼TV柜	进线开关柜	综合计量兼出线柜
备注	1250kVA		1250kVA

注：（1）10kV 装设过流、速断、瓦斯、温度、零序等常规保护，用于保护变压器。
（2）低压侧短路和过载保护利用空气断路器自身具有的保护特性来实现。
（3）为防止过电压，在开关柜进出线间隔各装设氧化锌避雷器一组。
（4）接地装置由水平接地体与垂直接地体组成。水平接地体一般由—50mm×5mm 的热镀锌扁钢组成，垂直接地体一般由∟ 50mm×5mm×2500mm 的热镀锌角钢组成。接地网接地电阻应符合 DL/T 621《交流电气装置的接地》的规定。
（5）本方案计量方式为高供高计，10kV 进线侧设高压综合计量屏（计量屏上安装计量专用 TA、TV、购电开关、多功能计量表、用电信息采集管理终端等）。

主要设备及材料清册

序号	名称	型号及规格	单位	数量	备注
一	10kV 电缆接入模块部分	M－1－1－3			
1	预应力锥形水泥杆	ϕ190mm×15m	根	2	单重：1604kg

续表

序号	名称	型号及规格	单位	数量	备注
2	高压单回倒挂横担	DGD11－2200mm	套	6	单重：24.27kg
3	高压真空断路器	U_N＝12kV，I_N＝630A	组	1	
4	氧化锌避雷器	HY5W－17/45kV	组	1	
5	针式绝缘子	P－20M	套	18	含螺栓及套筒
6	10kV 电力电缆	YJV22－8.7/15－3×70	m	200	户内外电缆头各1套
7	电缆沟		m	95	
8	电缆埋管		m	95	
二	10kV 配电装置模块部分	M－2－1－4			
1	10kV 进线隔离兼 TV 柜	KYN28－12 型（长×宽×高：800mm×1500mm×2300mm）	面	1	柜顶仪表室配置微型直流电源
2	10kV 进线总开关柜	KYN28－12 型（长×宽×高：800mm×1500mm×2300mm）	面	1	配真空断路器
3	10kV 综合计量兼出线柜	KYN28－12 型（长×宽×高：800mm×1660mm×2300mm）	面	1	
4	10kV 电力电缆	YJV22－8.7/15－3×70	m	20	
5	热镀锌角钢	∟ 50mm×5mm×2500mm	根	10	
6	热镀锌扁钢	—50mm×5mm	m	100	接地干线及引上线
7	接地螺栓		副	3	
8	模拟屏	2000mm×1000mm	块	1	
三	主变压器模块部分	M－3－2			
1	变压器	SC（B）－1250/10，10±2×2.5%/0.4kV，Dyn11，U_k＝6.0%	台	1	带外壳（防护等级不低于 IP3X），配风冷、温控系统装置
2	低压封闭母线	4（TMY－125×10）	m	5	
3	低压避雷器	YH1.5W－0.28/1.3kV	只	3	
四	0.4kV 配电装置模块部分	M－4－1－3			抽屉式低压开关柜
1	低压进线柜	GCS（K）型	面	1	
2	低压补偿柜	GCS（K）型	面	1	
3	低压出线柜	GCS（K）型	面	2	
五	二次系统模块部分	M－5－1－1			
1	微机线路保护测控装置		套	1	
2	微机变压器保护测控装置		套	1	
3	微型直流电源装置	M－5－2－1	套	1	安装在 10kV 进线隔离兼 TV 柜顶（DC 220V）
4	控制电缆	KVVP$_2$－	m	200	
5	中央信号箱		个	1	
六	高压计量装置模块部分				
1	高压计量装置	含计量表计、用电信息采集管理终端等	套	1	10kV 单电源，高供高计，采用购电制方式

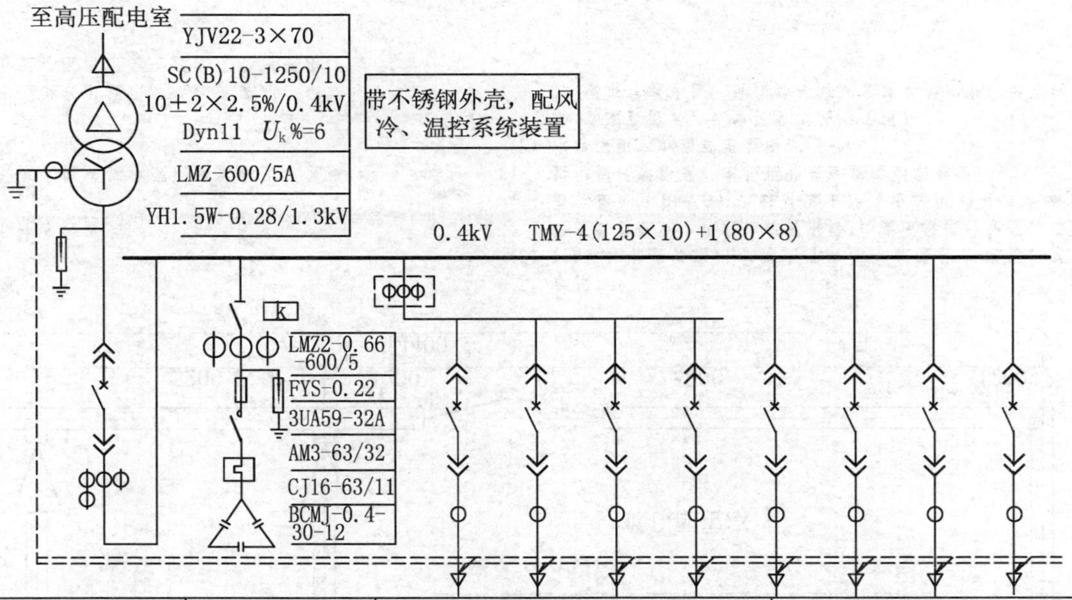

至高压配电室

YJV22-3×70

SC(B)10-1250/10

10±2×2.5%/0.4kV

Dyn11 U_k%=6

LMZ-600/5A

YH1.5W-0.28/1.3kV

带不锈钢外壳，配风冷、温控系统装置

0.4kV TMY-4(125×10)+1(80×8)

k

LMZ2-0.66-600/5

FYS-0.22

3UA59-32A

AM3-63/32

CJ16-63/11

BCMJ-0.4-30-12

低压母排											
低压系统概略图											
低压屏编号		AA1	AA2	AA3					AA4		
屏柜尺寸		1000mm×600mm×2200mm	1000mm×600mm×2200mm	800mm×600mm×2200mm					800mm×600mm×2200mm		
屏柜型号		GCS	GCS	GCS					GCS		
屏内设备	母线引下线规格TMY-	125×10	50×5	80×10	40×4	40×4	40×4	40×4	40×4	40×4	40×4	40×4
	开关型号规格	-2500/80kA	HD13BX-1000A		630	400	400	100	630	630	630	630
	电流互感器	2500/5A	800/5A		500/5	300/5	300/5	100/5	500/5	500/5	500/5	500/5
	电流表	2500/5A	800/5A		500/5	300/5	300/5	100/5	500/5	500/5	500/5	500/5
	电压表		0～480V									
负荷情况	负　荷	1250kVA	360kvar									
	计算电流	1804A	519A									
单元高度		1760mm	1760mm	480	480	320	320	160	480	480	480	480
引出电缆型号规格 VV-												
回路名称		进线	电容补偿	计量	回路1	回路2	回路3	回路4	回路5	回路6	回路7	回路8
备注		进线柜	补偿柜	出线柜				出线柜				

注：(1) 无功补偿电容器柜采用无功静态自动补偿形式，低压电力电容器采用自愈式、免维护、无污染、环保型。无功补偿容量按变压器容量的30%补偿，保证用电高峰时功率因数不低于0.95。

(2) 电缆敷设采用电缆沟或穿管直埋敷设方式，并满足防火要求。高、低压电缆沟的尺寸应满足电缆的敷设数量及弯曲半径等要求。

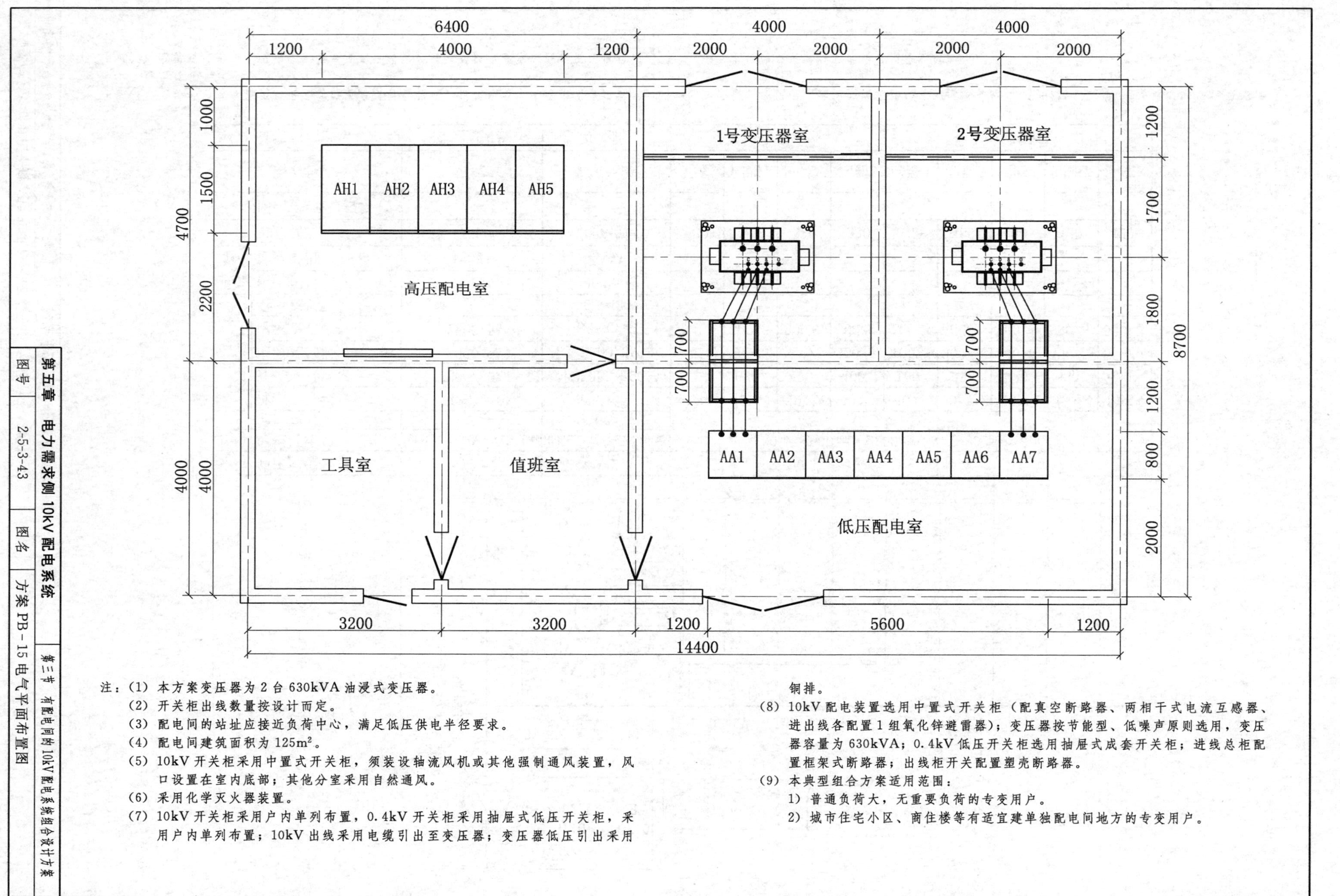

注：（1）本方案变压器为2台630kVA油浸式变压器。

（2）开关柜出线数量按设计而定。

（3）配电间的站址应接近负荷中心，满足低压供电半径要求。

（4）配电间建筑面积为125m²。

（5）10kV开关柜采用中置式开关柜，须装设轴流风机或其他强制通风装置，风口设置在室内底部；其他分室采用自然通风。

（6）采用化学灭火器装置。

（7）10kV开关柜采用户内单列布置，0.4kV开关柜采用抽屉式低压开关柜，采用户内单列布置；10kV出线采用电缆引出至变压器；变压器低压引出采用铜排。

（8）10kV配电装置选用中置式开关柜（配真空断路器、两相干式电流互感器、进出线各配置1组氧化锌避雷器）；变压器按节能型、低噪声原则选用，变压器容量为630kVA；0.4kV低压开关柜选用抽屉式成套开关柜；进线总柜配置框架式断路器；出线柜开关配置塑壳断路器。

（9）本典型组合方案适用范围：

1）普通负荷大，无重要负荷的专变用户。

2）城市住宅小区、商住楼等有适宜建单独配电间地方的专变用户。

10kV 母线 TMY-40×4						
高压系统概略图						
高压屏编号		AH1	AH2	AH3	AH4	AH5
高压屏型号及方案号		KYN28-12	KYN28-12	KYN28-12	KYN28-12	KYN28-12
柜体尺寸		800mm×1500mm×2300mm	800mm×1500mm×2300mm	800mm×1500mm×2300mm	800mm×1500mm×2300mm	800mm×1500mm×2300mm
屏内设备	真空断路器		-12/630A，20kA	-12/630A，20kA	-12/630A，20kA	-12/630A，20kA
	电流互感器 LZZBJ9-12		100/5A, 0.5/10P20	75/5A, 0.2S/0.2S	50/5A, 0.5/10P20	50/5A, 0.5/10P20
	电压互感器 JDZ-10	10/0.1kV, 400VA		A, C10/0.1kV, 25VA B 10/0.22kV, 400VA		
	熔断器	RN2-10/1A		RN2-10/1A RN2-10/3A		
	避雷器 HY5W□-17/45kV	3			3	3
	接地开关 JN10-12				1	1
	开关状态显示器	1	1	1	1	1
进出线型号		YJV22-3×70			YJV22-3×50	YJV22-3×50
回路名称		10kV进线隔离兼TV柜	进线总开关柜	综合计量柜	1号出线柜	2号出线柜
备注		1260kVA			630kVA	630kVA

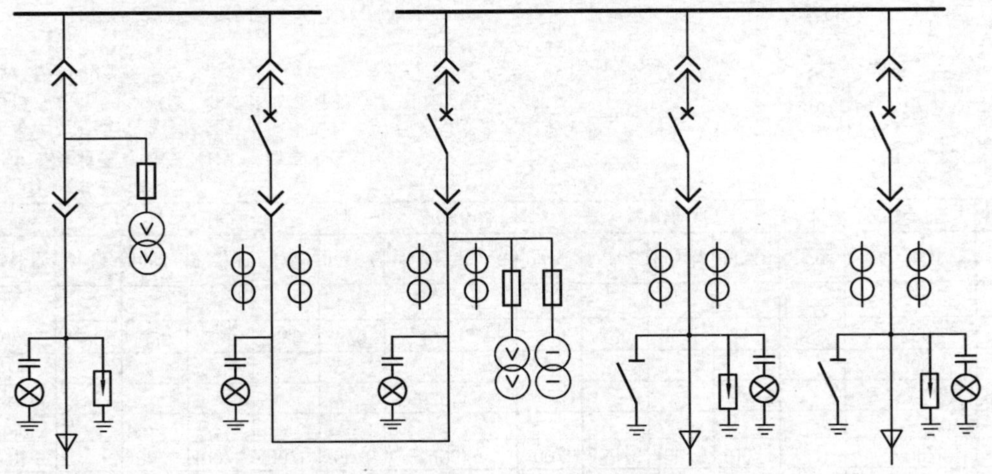

注：(1) 本方案为10kV中置柜单母接线，具体布置及接线按实际出线回路数确定。

(2) 保护配置原则如下：

1) 10kV进线装设过流、速断；变压器装设过流、速断、零序保护等。

2) 低压侧短路和过载保护利用空气断路器自身具有的保护特性来实现。

(3) 本方案计量方式为高供高计，10kV进线侧设高压综合计量屏（计量屏上安装计量专用TA、TV、购电开关、多功能计量表、用电信息采集管理终端等），其他分类计量在低压出线屏上实现，高压采用三相三线计量方式，低压采用三相四线计量方式，选用电子式多功能电能表，安装在开关柜专用计量仪表室内，计量柜内设备和元器件根据一次主接线配置，计量二次回路不得接入与计量无关的设备，计量电流回路采用4mm² 单芯硬铜芯电线（缆），电压回路采用2.5mm² 单芯硬铜芯电线（缆），并按A黄、B绿、C红、N黑分色。

(4) 电能计量装置选用及配置应满足DL/T 448《电能计量装置技术管理规程》规定。

第五章 电力需求侧 10kV 配电系统		第三节 有配电间的10kV配电系统组合设计方案	
图号	2-5-3-44	图名	方案PB-15的10kV概略图

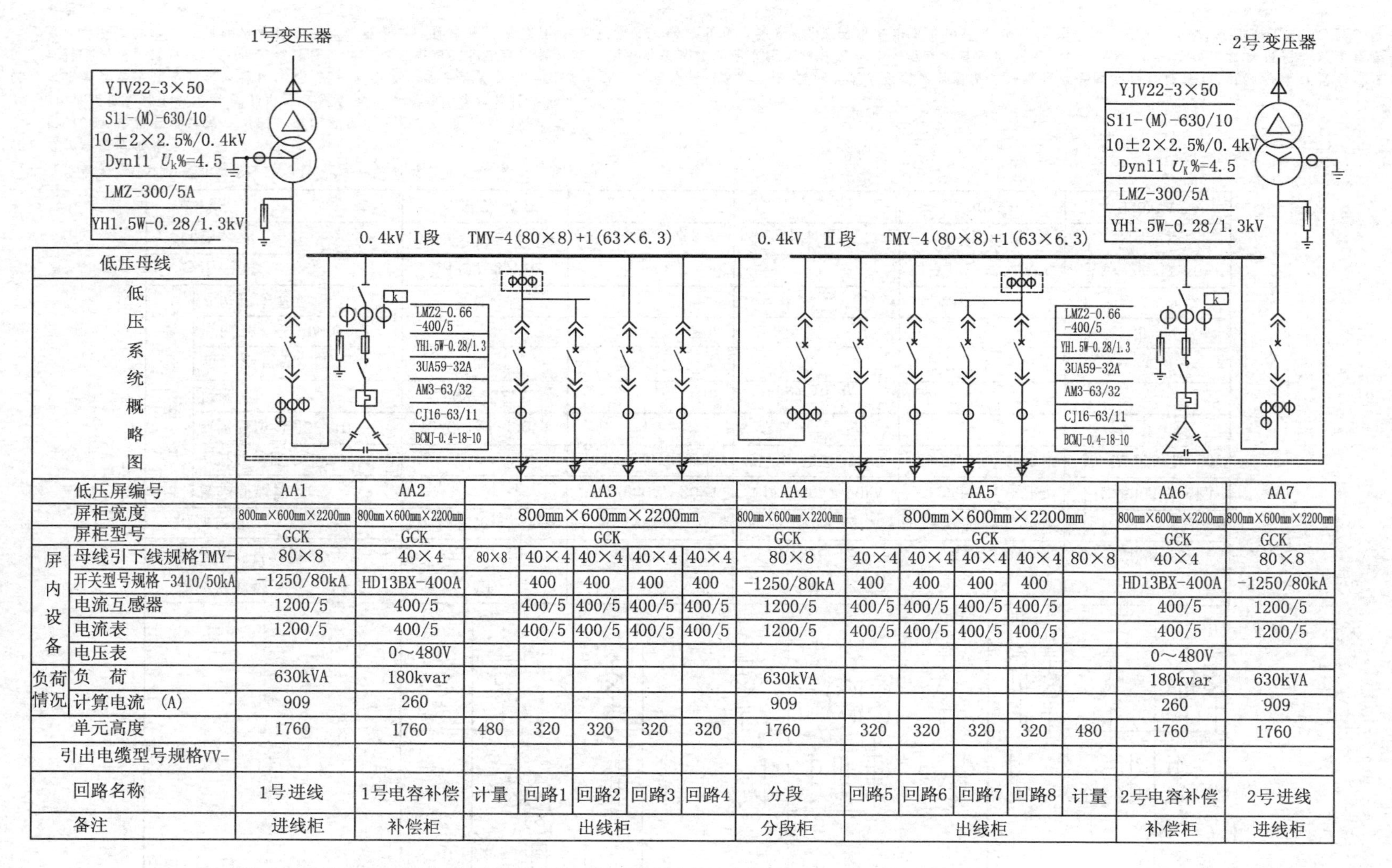

低压屏编号	AA1	AA2	AA3					AA4	AA5					AA6	AA7
屏柜宽度	800mm×600mm×2200mm	800mm×600mm×2200mm	800mm×600mm×2200mm					800mm×600mm×2200mm	800mm×600mm×2200mm					800mm×600mm×2200mm	800mm×600mm×2200mm
屏柜型号	GCK	GCK	GCK					GCK	GCK					GCK	GCK
屏内设备 母线引下线规格TMY-	80×8	40×4	80×8	40×4	40×4	40×4	40×4	80×8	40×4	40×4	40×4	40×4	80×8	40×4	80×8
屏内设备 开关型号规格-3410/50kA	-1250/80kA	HD13BX-400A		400	400	400	400	-1250/80kA	400	400	400	400		HD13BX-400A	-1250/80kA
屏内设备 电流互感器	1200/5	400/5		400/5	400/5	400/5	400/5	1200/5	400/5	400/5	400/5	400/5		400/5	1200/5
屏内设备 电流表	1200/5	400/5		400/5	400/5	400/5	400/5	1200/5	400/5	400/5	400/5	400/5		400/5	1200/5
屏内设备 电压表		0～480V												0～480V	
负荷情况 负 荷	630kVA	180kvar						630kVA						180kvar	630kVA
负荷情况 计算电流 (A)	909	260						909						260	909
单元高度	1760	1760	480	320	320	320	320	1760	320	320	320	320	480	1760	1760
引出电缆型号规格VV-															
回路名称	1号进线	1号电容补偿	计量	回路1	回路2	回路3	回路4	分段	回路5	回路6	回路7	回路8	计量	2号电容补偿	2号进线
备注	进线柜	补偿柜	出线柜					分段柜	出线柜					补偿柜	进线柜

注：(1) 0.4kV 开关柜。0.4kV 开关柜选用 GCS (K) 型抽屉式低压开关柜。

(2) 无功补偿电容器柜采用无功静态自动补偿形式，低压电力电容器采用自愈式、免维护、无污染、环保型。

(3) 无功补偿容量按变压器容量的 30%补偿，保证用电高峰时功率因数不低于 0.95。

(4) 低压母线最大工作电流按 1600A 考虑。

第五章 电力需求侧 10kV 配电系统		第三节 有配电间的10kV配电系统组合设计方案	
图号	2-5-3-45	图名	方案 PB－15 的 0.4kV 概略图

主要设备及材料清册

续表

序号	名称	型号及规格	单位	数量	备注
一	10kV 电缆接入模块部分	M-1-1-3			
1	预应力锥形水泥杆	ϕ190mm×15m	根	2	单重：1604kg
2	高压单回倒挂横担	DGD11-2200mm	套	6	单重：24.27kg
3	高压真空断路器	U_N=12kV，I_N=630A	组	1	
4	氧化锌避雷器	HY5W-17/45kV	组	1	
5	针式绝缘子	P-20M	套	18	含螺栓及套筒
6	10kV 电力电缆	YJV22-8.7/15-3×70	m	200	户内外电缆头各1套
7	电缆沟		m	95	
8	电缆埋管		m	95	
二	10kV 配电装置模块部分	M-2-2-1			短路电流水平 20kA
1	10kV 进线隔离兼 TV 柜	KYN28-12 型(长×宽×高：800mm×1500mm×2300mm)	面	1	
2	10kV 进线总开关柜	KYN28-12 型(长×宽×高：800mm×1500mm×2300mm)	面	1	配真空断路器
3	10kV 综合计量柜	KYN28-12 型(长×宽×高：800mm×1500mm×2300mm)	面	1	
4	10kV 出线柜	KYN28-12 型(长×宽×高：800mm×1500mm×2300mm)	面	2	配真空断路器
5	10kV 电力电缆	YJV22-8.7/15-3×50	m	35	
6	热镀锌角钢	∟50mm×5mm×2500mm	根	20	
7	热镀锌扁钢	—50mm×5mm	m	200	接地干线及引上线
8	接地螺栓		副	8	
9	模拟屏	2000mm×1000mm	块	1	
三	主变压器模块部分	M-3-1			
1	变压器	S11-(M)-630/10，10±2×2.5%/0.4kV，Dyn11，U_k=4.5%	台	2	
2	低压母排	TMY-80×8	m	56	
3	低压避雷器	YH1.5W-0.28/1.3kV	只	6	
四	0.4kV 配电装置模块部分	M-4-2-1			
1	低压进线柜	GCS（K）型	面	2	
2	低压补偿柜	GCS（K）型	面	2	
3	低压出线柜	GCS（K）型	面	2	
4	低压分段柜	GCS（K）型	面	1	
5	低压穿墙板		块	2	
6	支持绝缘子	WX-01	个	12	
7	不锈钢护网	网孔不大于 20mm×20mm	块	4	
五	二次系统模块部分	M-5-1-2			
1	微机线路保护测控装置		套	1	
2	微机变压器保护测控装置		套	2	
3	微型直流电源装置	M-5-2-1	套	1	安装在 10kV 进线隔离兼 TV 柜顶
4	控制电缆	$KVVP_2$—	m	300	
5	中央信号箱		个	1	
六	高压计量装置模块部分	M-6-2			
1	高压计量装置	含计量表计、用电信息采集管理终端等	套	1	10kV 单电源，高供高计，采用购电制方式

注：（1）根据短路电流水平为 20kA，按发热及动稳定条件校验，10kV 母线及进线间隔导体选 TMY-40×4 型。10kV 开关柜与变压器高压侧连接电缆须按发热及动稳定条件校验选用，一般选用 YJV22-8.7/15-3×50 型。

（2）为防止过电压，在开关柜进出线间隔各装设氧化锌避雷器一组。氧化锌避雷器按 GB 11032—2010《交流无间隙金属氧化物避雷器》中的规定进行选择。

（3）用于独立建筑物时，本类型配电系统接地按有关技术规程的要求设计，接地装置由水平接地体与垂直接地体组成。水平接地体由—50mm×5mm 的热镀锌扁钢组成，垂直接地体由∟50mm×5mm×2500mm 的热镀锌角钢组成。接地网接地电阻应符合 DL/T 621—1997《交流电气装置的接地》的规定，要求不大于 4Ω；如不能满足要求，则需要采取降阻措施。

第五章 电力需求侧 10kV 配电系统		第三节 有配电间的 10kV 配电系统组合设计方案	
图号	2-5-3-46	图名	方案 PB-15 设备材料清册

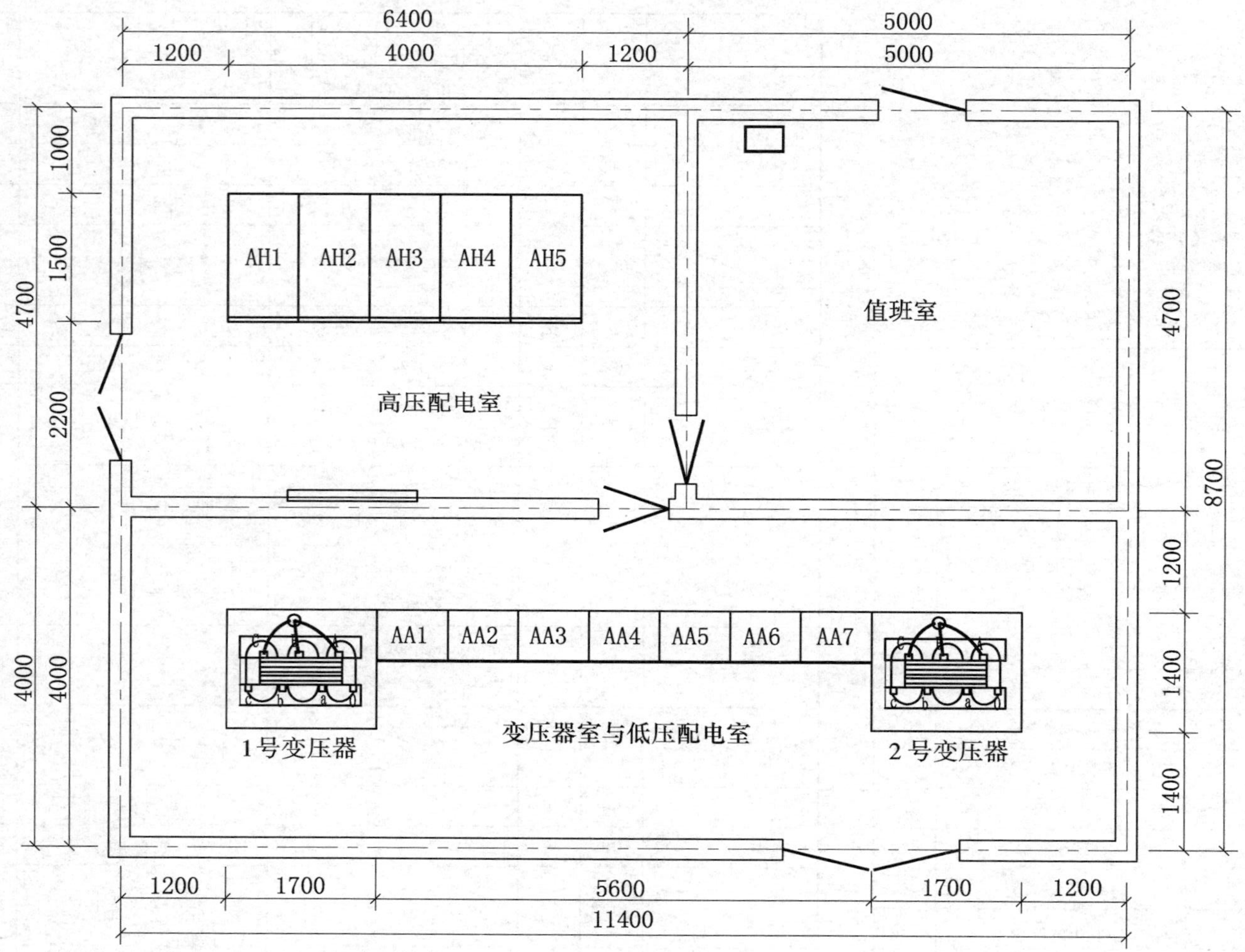

6400 1200 4000 1200 5000 5000 1000 1500 4700 2200 4000 4700 8700 1200 1400 1400 1200 1700 5600 1700 1200 11400

AH1 AH2 AH3 AH4 AH5

高压配电室

值班室

AA1 AA2 AA3 AA4 AA5 AA6 AA7

1号变压器

变压器室与低压配电室

2号变压器

注：(1) 干式变压器2台，容量为630kVA。

(2) 10kV进线1回，全部采用电缆进线。

(3) 10kV出线2回，采用电缆出线。

(4) 10kV采用单母线接线，0.4kV采用单母线分段接线。

(5) 0.4kV电容器容量按每台变压器容量的30%配置，可根据实际情况按变压器容量的20%～40%作调整；采用静态自动补偿方式，按三相、单相混合补偿方式配置配变综合测控装置。

(6) 10kV短路电流20kA。

(7) 10kV配电装置选用中置式开关柜（配真空断路器、两相干式电流互感器、进出线各配置1组氧化锌避雷器）；变压器按节能型、低噪声原则选用，变压器容量为630kVA；0.4kV低压开关柜选用抽屉式成套开关柜；进线总柜配置框架式断路器；出线柜开关配置塑壳断路器。

(8) 10kV开关柜采用户内单列布置，0.4kV开关柜采用户内单列布置；10kV出线采用电缆引出至变压器；变压器低压引出采用铜排。

(9) 配电间建筑面积为$100m^2$。

(10) 10kV开关柜采用中置式开关柜，须装设轴流风机或其他强制通风装置，风口设置在室内底部；其他分室采用自然通风。

(11) 采用化学灭火器装置。

(12) 按地震动峰值加速度0.1g，设计风速30m/s，地基承载力特征值$f_{ak}=150kPa$，地下水无影响，非采暖区设计，假设场地为同一标高；按海拔1000m以下，国标Ⅲ级污秽区设计；当海拔超过1000m时，按国家有关规范进行修正。

(13) 本方案计量方式为高供高计，10kV进线侧设高压综合计量屏（计量屏上安装计量专用TA、TV、购电开关、多功能计量表、用电信息采集管理终端等），其他分类计量在低压出线屏上实现，高压采用三相三线计量方式，低压采用三相四线计量方式，选用电子式多功能电能表，安装在开关柜专用计量仪表室内，计量柜内设备和元器件根据一次主接线配置，计量二次回路不得接入与计量无关的设备，计量电流回路采用$4mm^2$单芯硬铜芯电线（缆），电压回路采用$2.5mm^2$单芯硬铜芯电线（缆），并按A黄、B绿、C红、N黑分色。

电能计量装置选用及配置应满足DL/T 448—2000《电能计量装置技术管理规程》规定。

(14) 本典型组合方案适用范围：

1) 普通负荷大，无重要负荷的专变用户。

2) 城市住宅小区、商住楼等有适宜建单独配电间地方的专变用户。

第五章 电力需求侧10kV配电系统		第三节 有配电间的10kV配电系统组合设计方案	
图号	2-5-3-47	图名	方案PB-16电气平面布置图

图号 2-5-3-48　图名 方案 PB－16 的 10kV 概略图

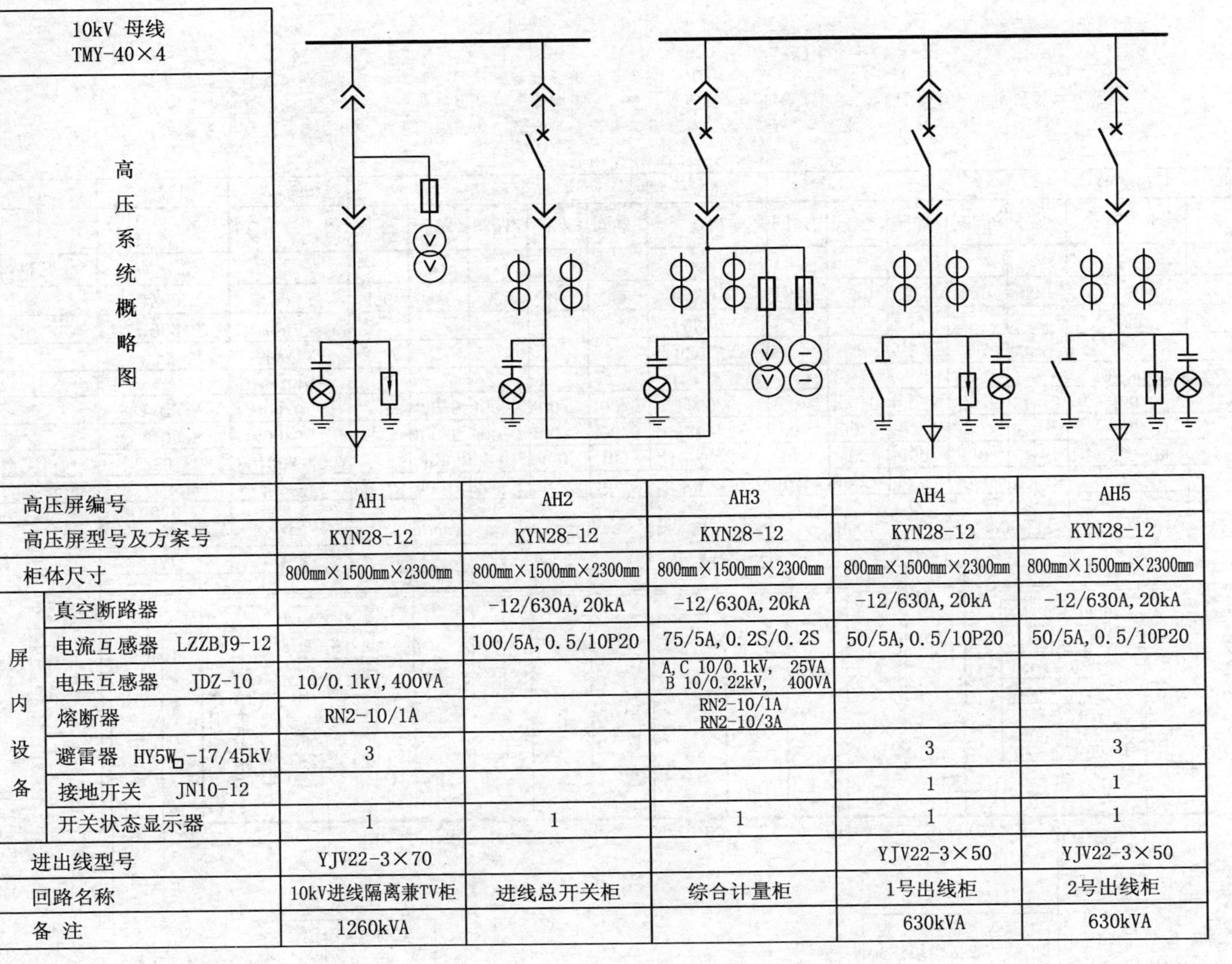

高压屏编号		AH1	AH2	AH3	AH4	AH5
高压屏型号及方案号		KYN28-12	KYN28-12	KYN28-12	KYN28-12	KYN28-12
柜体尺寸		800mm×1500mm×2300mm	800mm×1500mm×2300mm	800mm×1500mm×2300mm	800mm×1500mm×2300mm	800mm×1500mm×2300mm
屏内设备	真空断路器		-12/630A, 20kA	-12/630A, 20kA	-12/630A, 20kA	-12/630A, 20kA
	电流互感器　LZZBJ9-12		100/5A, 0.5/10P20	75/5A, 0.2S/0.2S	50/5A, 0.5/10P20	50/5A, 0.5/10P20
	电压互感器　JDZ-10	10/0.1kV, 400VA		A, C 10/0.1kV, 25VA B 10/0.22kV, 400VA		
	熔断器	RN2-10/1A		RN2-10/1A RN2-10/3A		
	避雷器　HY5W□-17/45kV	3			3	3
	接地开关　JN10-12				1	1
	开关状态显示器	1	1	1	1	1
进出线型号		YJV22-3×70			YJV22-3×50	YJV22-3×50
回路名称		10kV进线隔离兼TV柜	进线总开关柜	综合计量柜	1号出线柜	2号出线柜
备注		1260kVA			630kVA	630kVA

注：(1) 保护配置原则如下：

1) 10kV 进线装设过流、速断保护；变压器装设过流、速断、温度、零序保护等。

2) 低压侧短路和过载保护利用空气断路器自身具有的保护特性来实现。

(2) 为防止过电压，在开关柜进出线间隔各装设氧化锌避雷器一组。

(3) 接地网接地电阻应符合 DL/T 621《交流电气装置的接地》的规定，要求不大于 4Ω；如不能满足要求，则需要采取降阻措施。

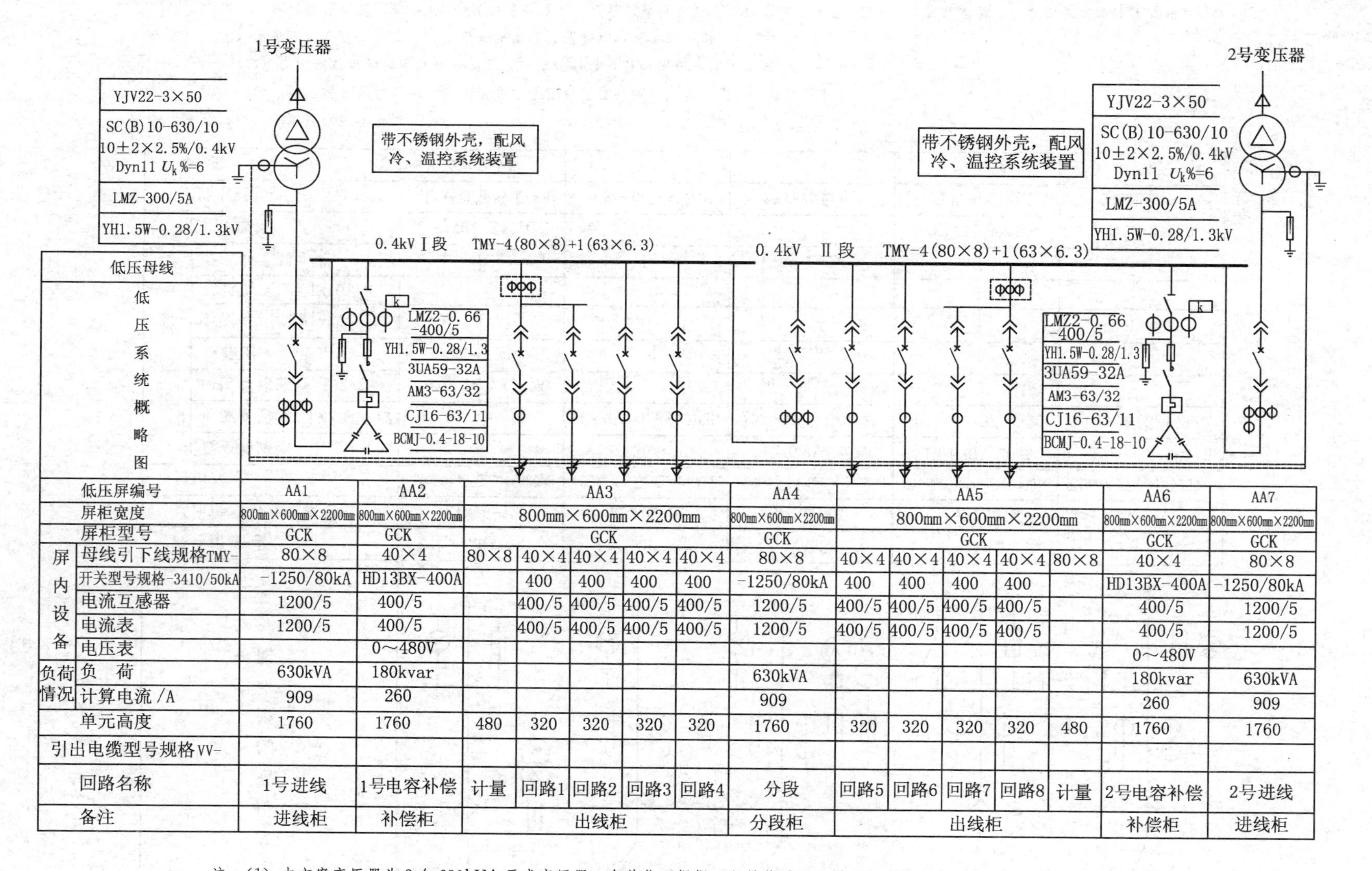

低压屏编号	AA1	AA2	AA3					AA4	AA5					AA6	AA7
屏柜宽度	800mm×600mm×2200mm	800mm×600mm×2200mm	800mm×600mm×2200mm					800mm×600mm×2200mm	800mm×600mm×2200mm					800mm×600mm×2200mm	800mm×600mm×2200mm
屏柜型号	GCK	GCK	GCK					GCK	GCK					GCK	GCK
屏内设备 母线引下线规格TMY-	80×8	40×4	80×8	40×4	40×4	40×4	40×4	80×8	40×4	40×4	40×4	40×4	80×8	40×4	80×8
屏内设备 开关型号规格-3410/50kA	-1250/80kA	HD13BX-400A		400	400	400	400	-1250/80kA	400	400	400	400		HD13BX-400A	-1250/80kA
屏内设备 电流互感器	1200/5	400/5		400/5	400/5	400/5	400/5	1200/5	400/5	400/5	400/5	400/5		400/5	1200/5
屏内设备 电流表	1200/5	400/5		400/5	400/5	400/5	400/5	1200/5	400/5	400/5	400/5	400/5		400/5	1200/5
屏内设备 电压表		0～480V												0～480V	
负荷情况 负　荷	630kVA	180kvar						630kVA						180kvar	630kVA
负荷情况 计算电流 /A	909	260						909						260	909
单元高度	1760	1760	480	320	320	320	320	1760	320	320	320	320	480	1760	1760
引出电缆型号规格VV-															
回路名称	1号进线	1号电容补偿	计量	回路1	回路2	回路3	回路4	分段	回路5	回路6	回路7	回路8	计量	2号电容补偿	2号进线
备注	进线柜	补偿柜	出线柜					分段柜	出线柜					补偿柜	进线柜

注：(1) 本方案变压器为2台630kVA干式变压器；各单位可根据工程具体需要，增加相应的出线回路。
(2) 自备电源的设计不列入本方案，用户如有自备电源接入，应与市电采取闭锁措施，严禁自备电源向主电网倒送电源。
(3) 工作照明采用节能荧光灯、防爆投光灯，事故照明采用应急灯。

第五章　电力需求侧10kV配电系统		第三节　有配电间的10kV配电系统组合设计方案	
图号	2-5-3-49	图名	方案PB-16的0.4kV概略图

主要设备及材料清册

序号	名　称	型号及规格	单位	数量	备　注
一	10kV 电缆接入模块部分	M-1-1-3			
1	预应力锥形水泥杆	ϕ190mm×15m	根	2	单重：1604kg
2	高压单回倒挂横担	DGD11-2200mm	套	6	单重：24.27kg
3	高压真空断路器	U_N=12kV，I_N=630A	组	1	
4	氧化锌避雷器	HY5W-17/45kV	组	1	
5	针式绝缘子	P-20M	套	18	含螺栓及套筒
6	10kV 电力电缆	YJV22-8.7/15-3×70	m	200	户内外电缆头各1套
7	电缆沟		m	95	
8	电缆埋管		m	95	
二	10kV 配电装置模块部分	M-2-2-1			
1	10kV 进线隔离兼 TV 柜	KYN28-12 型(长×宽×高：800mm×1500mm×2300mm)	面	1	
2	10kV 进线总开关柜	KYN28-12 型(长×宽×高：800mm×1500mm×2300mm)	面	1	
3	10kV 综合计量柜	KYN28-12 型(长×宽×高：800mm×1500mm×2300mm)	面	1	
4	10kV 出线柜	KYN28-12 型(长×宽×高：800mm×1500mm×2300mm)	面	2	
5	10kV 电力电缆	YJV22-8.7/15-3×50	m	35	
6	热镀锌角钢	∟50mm×5mm×2500mm	根	20	
7	热镀锌扁钢	—50mm×5mm	m	200	接地干线及引上线
8	接地螺栓		副	6	
9	模拟屏	2000mm×1000mm	块	1	
三	主变压器模块部分	M-3-2			
1	变压器	SC（B）10-630/10，10±2×2.5%/0.4kV，Dyn11，U_k=6%	台	2	带外壳（防护等级不低于IP3X），配风冷、温控系统装置

续表

序号	名　称	型号及规格	单位	数量	备　注
2	低压封闭母线	4（TMY-80×8）	m	10	
3	低压避雷器	YH1.5W-0.28/1.3kV	只	6	
四	0.4kV 配电装置模块部分	M-4-2-1			抽屉式低压开关柜
1	低压进线柜	GCS（K）型	面	2	
2	低压补偿柜	GCS（K）型	面	2	
3	低压出线柜	GCS（K）型	面	2	
4	低压分段柜	GCS（K）型	面	1	单母线分段接线
五	二次系统模块部分	M-5-1-2			
1	微机线路保护测控装置		套	1	
2	微机变压器保护测控装置		套	2	
3	微型直流电源装置	M-5-2-1	套	1	可安装在 10kV 进线隔离兼 TV 柜（DC 220V）
4	控制电缆	$KVVP_2$-	m	300	
5	中央信号箱		个	1	
六	高压计量装置模块部分	M-6-2			
1	高压计量装置	含计量表计、用电信息采集管理终端等	套	1	10kV 单电源，高供高计，采用购电制方式

注：(1) 无功补偿电容器柜采用无功静态自动补偿形式，低压电力电容器采用自愈式、免维护、无污染、环保型。

(2) 无功补偿容量按变压器容量的 30%补偿，保证用电高峰时功率因数不低于 0.95。

(3) 根据短路电流水平为 20kA，按发热及动稳定条件校验，10kV 母线及进线间隔导体选 TMY-40×4 型。10kV 开关柜与变压器高压侧连接电缆须按发热及动稳定条件校验选用，一般选用 YJV22-8.7/15-3×50 型。低压母线最大工作电流按 1600A 考虑。

(4) 在使用典型设计文件时，可根据实际情况，在安全可靠、投资合理、标准统一、运行高效的设计原则下，调整典型设计中的模块组合，形成符合实际要求的 10kV 配电系统。

第五章　电力需求侧 10kV 配电系统		第三节　有配电间的 10kV 配电系统组合设计方案	
图号	2-5-3-50	图名	方案 PB-16 设备材料清册

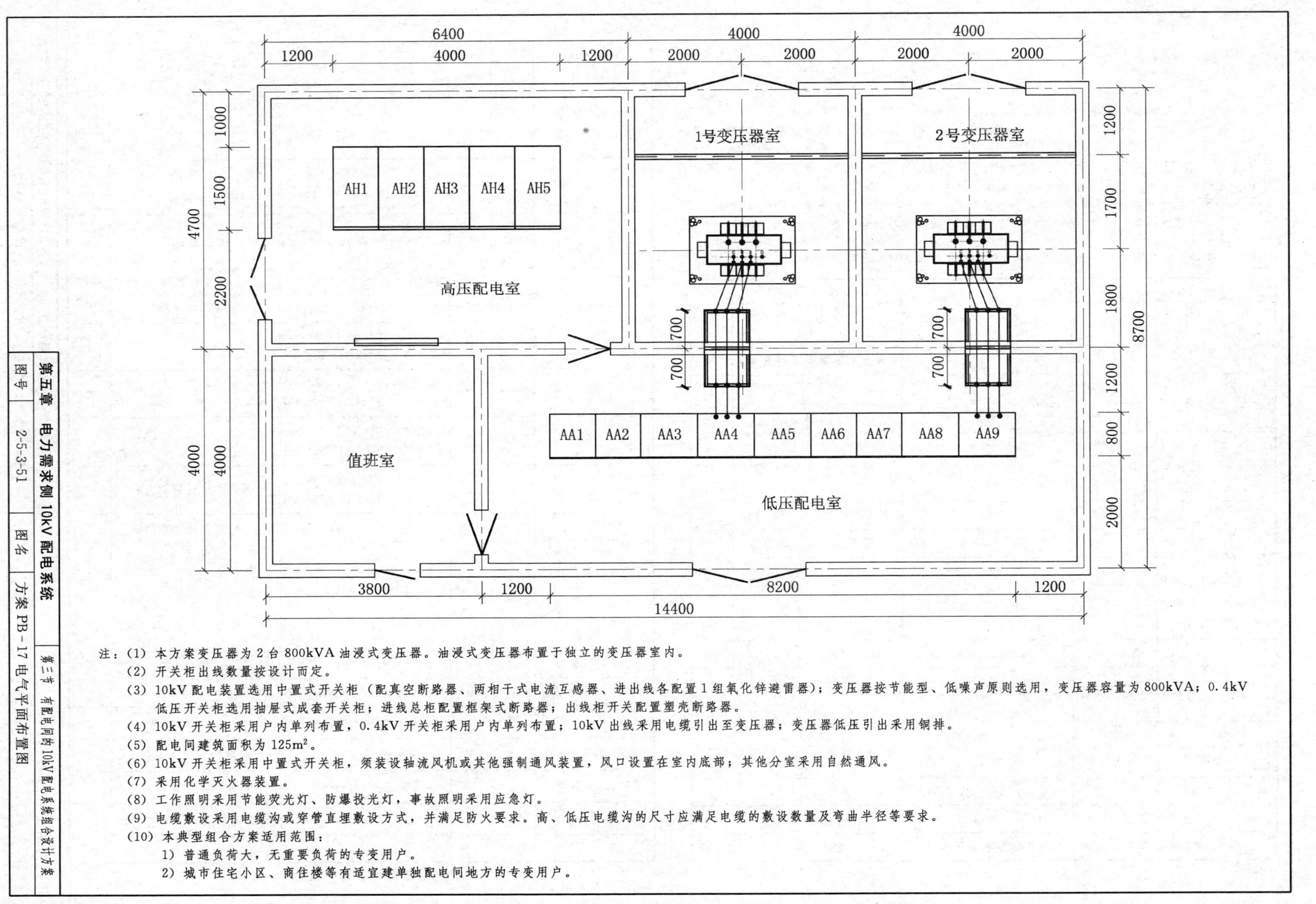

注：(1) 本方案变压器为 2 台 800kVA 油浸式变压器。油浸式变压器布置于独立的变压器室内。

(2) 开关柜出线数量按设计而定。

(3) 10kV 配电装置选用中置式开关柜（配真空断路器、两相干式电流互感器、进出线各配置 1 组氧化锌避雷器）；变压器按节能型、低噪声原则选用，变压器容量为 800kVA；0.4kV 低压开关柜选用抽屉式成套开关柜；进线总柜配置框架式断路器；出线柜开关配置塑壳断路器。

(4) 10kV 开关柜采用户内单列布置，0.4kV 开关柜采用户内单列布置；10kV 出线采用电缆引出至变压器；变压器低压引出采用铜排。

(5) 配电间建筑面积为 125m²。

(6) 10kV 开关柜采用中置式开关柜，须装设轴流风机或其他强制通风装置，风口设置在室内底部；其他分室采用自然通风。

(7) 采用化学灭火器装置。

(8) 工作照明采用节能荧光灯、防爆投光灯，事故照明采用应急灯。

(9) 电缆敷设采用电缆沟或穿管直埋敷设方式，并满足防火要求。高、低压电缆沟的尺寸应满足电缆的敷设数量及弯曲半径等要求。

(10) 本典型组合方案适用范围：

1) 普通负荷大，无重要负荷的专变用户。

2) 城市住宅小区、商住楼等有适宜建单独配电间地方的专变用户。

图号	2-5-3-51	图名	方案 PB-17 电气平面布置图

10kV 母线 TMY-40×4 高压系统概略图					
高压屏编号	AH1	AH2	AH3	AH4	AH5
高压屏型号及方案号	KYN28-12	KYN28-12	KYN28-12	KYN28-12	KYN28-12
柜体尺寸	800mm×1500mm×2300mm	800mm×1500mm×2300mm	800mm×1500mm×2300mm	800mm×1500mm×2300mm	800mm×1500mm×2300mm
屏内设备 真空断路器		-12/630A，20kA	-12/630A，20kA	-12/630A，20kA	-12/630A，20kA
屏内设备 电流互感器 LZZBJ9-12		150/5A, 0.5/10P20	100/5A, 0.2S/0.2S	75/5A, 0.5/10P20	75/5A, 0.5/10P20
屏内设备 电压互感器 JDZ-10	10/0.1kV，400VA		A,C 10/0.1kV，25VA B 10/0.22kV，400VA		
屏内设备 熔断器	RN2-10/1A		RN2-10/1A RN2-10/3A		
屏内设备 避雷器 HY5W□-17/45kV	3			3	3
屏内设备 接地开关 JN10-12				1	1
屏内设备 开关状态显示器	1	1	1	1	1
进出线型号	YJV22-3×95			YJV22-3×70	YJV22-3×70
回路名称	10kV进线隔离兼TV柜	进线总开关柜	综合计量柜	1号出线柜	2号出线柜
备注	1600kVA			800kVA	800kVA

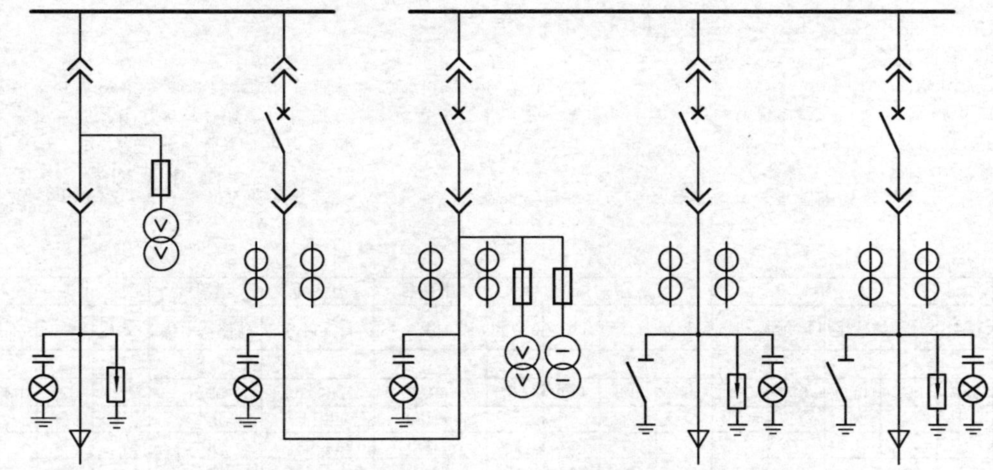

注：(1) 本方案为10kV中置柜单母接线，具体布置及接线按实际出线回路数确定。

(2) 根据短路电流水平为20kA，按发热及动稳定条件校验，10kV母线及进线间隔导体选TMY-40×4型。10kV开关柜与变压器高压侧连接电缆须按发热及动稳定条件校验选用，一般选用YJV22-8.7/15-3×70型。

(3) 为防止过电压，在开关柜进出线间隔各装设氧化锌避雷器一组。

(4) 接地装置由水平接地体与垂直接地体组成。水平接地体由—50mm×5mm的热镀锌扁钢组成，垂直接地体由∟50mm×5mm×2500mm的热镀锌角钢组成。接地电阻不大于4Ω。

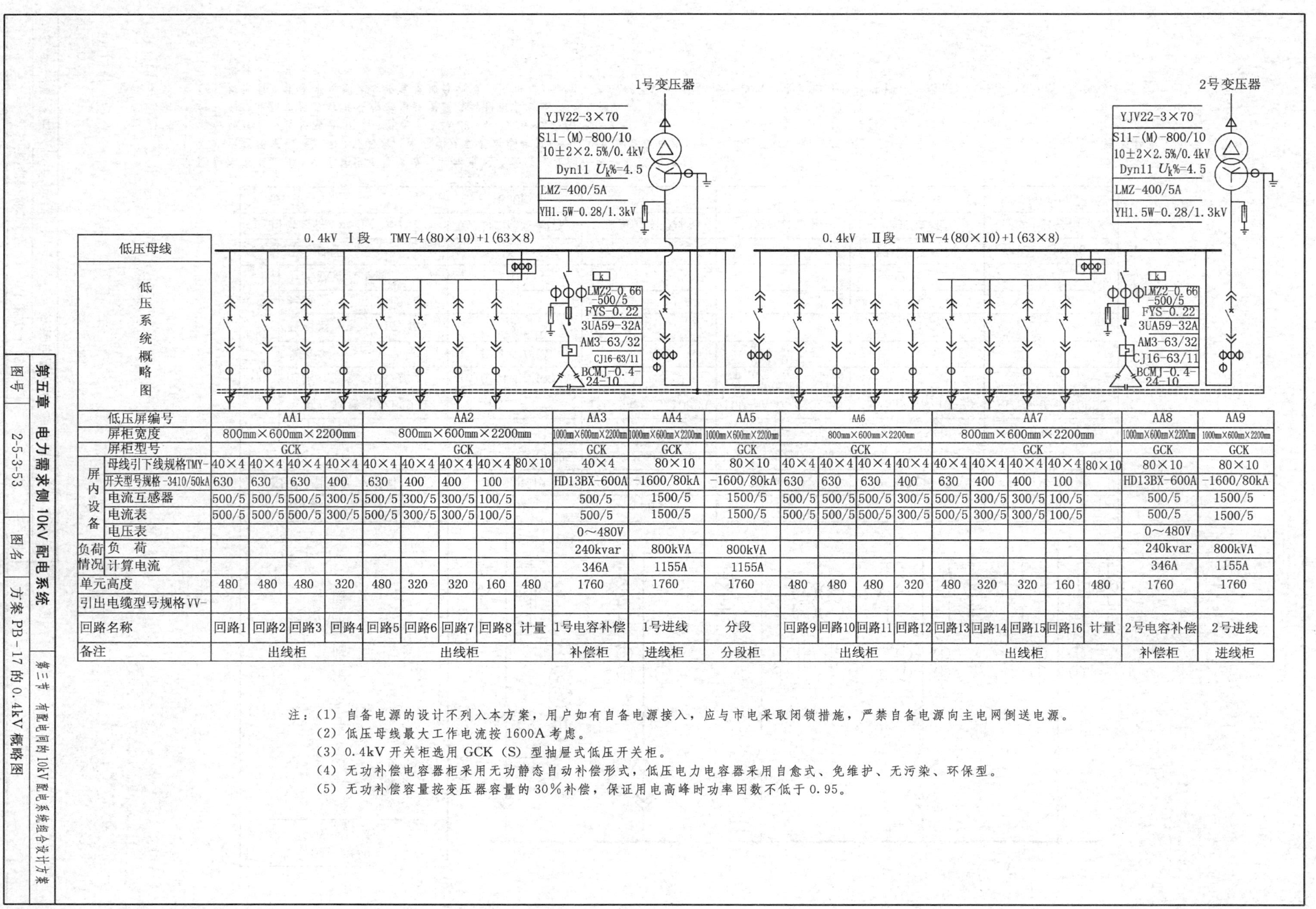

低压屏编号	AA1				AA2					AA3	AA4	AA5	AA6				AA7					AA8	AA9
屏柜宽度	800mm×600mm×2200mm				800mm×600mm×2200mm					1000mm×600mm×2200mm	1000mm×600mm×2200mm	1000mm×600mm×2200mm	800mm×600mm×2200mm				800mm×600mm×2200mm					1000mm×600mm×2200mm	1000mm×600mm×2200mm
屏柜型号	GCK				GCK					GCK	GCK	GCK	GCK				GCK					GCK	GCK
屏内设备 母线引下线规格TMY-	40×4	40×4	40×4	40×4	40×4	40×4	40×4	40×4	80×10	40×4	80×10	80×10	40×4	40×4	40×4	40×4	40×4	40×4	40×4	40×4	80×10	80×10	80×10
屏内设备 开关型号规格-3410/50kA	630	630	630	400	630	400	400	100		HD13BX-600A	-1600/80kA	-1600/80kA	630	630	630	400	630	400	400	100		HD13BX-600A	-1600/80kA
屏内设备 电流互感器	500/5	500/5	500/5	300/5	500/5	300/5	300/5	100/5		500/5	1500/5	1500/5	500/5	500/5	500/5	300/5	500/5	300/5	300/5	100/5		500/5	1500/5
屏内设备 电流表	500/5	500/5	500/5	300/5	500/5	300/5	300/5	100/5		500/5	1500/5	1500/5	500/5	500/5	500/5	300/5	500/5	300/5	300/5	100/5		500/5	1500/5
屏内设备 电压表										0～480V												0～480V	
负荷情况 负荷										240kvar	800kVA	800kVA										240kvar	800kVA
负荷情况 计算电流										346A	1155A	1155A										346A	1155A
单元高度	480	480	480	320	480	320	320	160	480	1760	1760	1760	480	480	480	320	480	320	320	160	480	1760	1760
引出电缆型号规格VV-																							
回路名称	回路1	回路2	回路3	回路4	回路5	回路6	回路7	回路8	计量	1号电容补偿	1号进线	分段	回路9	回路10	回路11	回路12	回路13	回路14	回路15	回路16	计量	2号电容补偿	2号进线
备注	出线柜				出线柜					补偿柜	进线柜	分段柜	出线柜				出线柜					补偿柜	进线柜

注：(1) 自备电源的设计不列入本方案，用户如有自备电源接入，应与市电采取闭锁措施，严禁自备电源向主电网倒送电源。

(2) 低压母线最大工作电流按1600A考虑。

(3) 0.4kV 开关柜选用 GCK (S) 型抽屉式低压开关柜。

(4) 无功补偿电容器柜采用无功静态自动补偿形式，低压电力电容器采用自愈式、免维护、无污染、环保型。

(5) 无功补偿容量按变压器容量的30%补偿，保证用电高峰时功率因数不低于0.95。

第五章　电力需求侧 10kV 配电系统		第三节　有配电间的10kV配电系统组合设计方案	
图号	2-5-3-53	图名	方案PB-17的0.4kV概略图

主要设备及材料清册

序号	名称	型号及规格	单位	数量	备注
一	10kV 电缆接入模块部分	M-1-1-3			
1	预应力锥形水泥杆	ϕ190mm×15m	根	2	单重：1604kg
2	高压单回倒挂横担	DGD11-2200mm	套	6	单重：24.27kg
3	高压真空断路器	U_N=12kV，I_N=630A	组	1	
4	氧化锌避雷器	HY5W-17/45kV	组	1	
5	针式绝缘子	P-20M	套	18	含螺栓及套筒
6	10kV 电力电缆	YJV22-8.7/15-3×95	m	200	户内外电缆头各1套
7	电缆沟		m	95	
8	电缆埋管		m	95	
二	10kV 配电装置模块部分	M-2-2-1			
1	10kV 进线隔离兼 TV 柜	KYN28-12 型(长×宽×高：800mm×1500mm×2300mm)	面	1	
2	10kV 进线总开关柜	KYN28-12 型(长×宽×高：800mm×1500mm×2300mm)	面	1	配真空断路器
3	10kV 综合计量柜	KYN28-12 型(长×宽×高：800mm×1500mm×2300mm)	面	1	
4	10kV 出线柜	KYN28-12 型(长×宽×高：800mm×1500mm×2300mm)	面	2	配真空断路器
5	10kV 电力电缆	YJV22-8.7/15-3×70	m	35	
6	热镀锌角钢	∟50mm×5mm×2500mm	根	20	
7	热镀锌扁钢	—50mm×5mm	m	200	接地干线及引上线
8	接地螺栓		副	10	
9	模拟屏	2000mm×1000mm	块	1	
三	主变压器模块部分	M-3-1			
1	变压器	S11-(M)-800/10，10±2×2.5%/0.4kV，Dyn11，U_k=4.5%	台	2	
2	低压母排	MY-80×10	m	56	
3	低压避雷器	YH1.5W-0.28/1.3kV	只	6	

续表

序号	名称	型号及规格	单位	数量	备注
四	0.4kV 配电装置模块部分	M-4-2-2			单母线分段接线抽屉式低压开关柜
1	低压进线柜	GCS（K）型	面	2	
2	低压补偿柜	GCS（K）型	面	2	
3	低压出线柜	GCS（K）型	面	4	
4	低压分段柜	GCS（K）型	面	1	
5	低压穿墙板		块	2	
6	支持绝缘子	WX-01	个	12	
7	不锈钢护网	网孔不大于 20mm×20mm	块	4	
五	二次系统模块部分	M-5-1-2			
1	微机线路保护测控装置		套	1	
2	微机变压器保护测控装置		套	2	
3	微型直流电源装置	M-5-2-1	套	1	可安装在 10kV 进线隔离兼 TV 柜(DC 220V)
4	控制电缆	$KVVP_2$-	m	300	
5	中央信号箱		个	1	
六	高压计量装置模块部分	M-6-2			
1	高压计量装置	含计量表计、用电信息采集管理终端等	套	1	高压单电源，高供高计，采用购电制方式

注：(1) 为加强配电网设备设施的标识管理，防止误操作、误入带电间隔，按要求设置标识标牌。

(2) 计量柜内设备和元器件根据一次主接线配置，计量二次回路不得接入与计量无关的设备，计量电流回路采用 4mm² 单芯硬铜芯电线（缆），电压回路采用 2.5mm² 单芯硬铜芯电线（缆），并按 A 黄、B 绿、C 红、N 黑分色。

(3) 电能计量装置选用及配置应满足 DL/T 448《电能计量装置技术管理规程》规定。

(4) 保护配置原则如下：

1) 10kV 进线装设过流、速断保护，变压器装设过流、速断、温度、零序保护等。

2) 低压侧短路和过载保护利用空气断路器自身具有的保护特性来实现。

(5) 本方案计量方式为高供高计，10kV 进线侧设高压综合计量屏（计量屏上安装计量专用 TA、TV、购电开关、多功能计量表、用电信息采集管理终端等），其他分类计量在低压出线屏上实现。高压采用三相三线计量方式，低压采用三相四线计量方式。选用电子式多功能电能表，安装在开关柜专用计量仪表室内。

第五章 电力需求侧 10kV 配电系统		第三节 有配电间的 10kV 配电系统组合设计方案	
图号	2-5-3-54	图名	方案 PB-17 设备材料清册

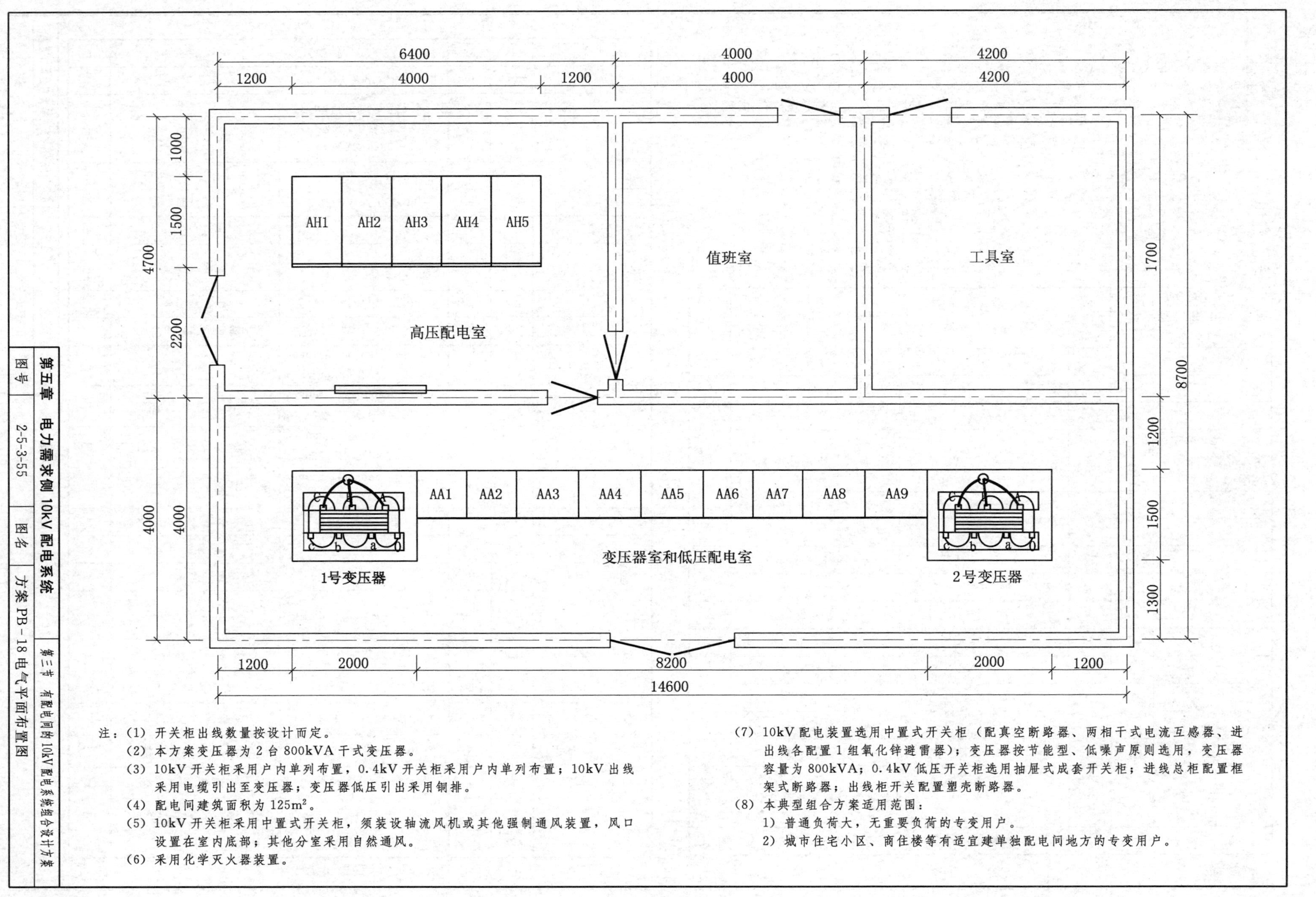

注：(1) 开关柜出线数量按设计而定。

(2) 本方案变压器为 2 台 800kVA 干式变压器。

(3) 10kV 开关柜采用户内单列布置，0.4kV 开关柜采用户内单列布置；10kV 出线采用电缆引出至变压器；变压器低压引出采用铜排。

(4) 配电间建筑面积为 125m²。

(5) 10kV 开关柜采用中置式开关柜，须装设轴流风机或其他强制通风装置，风口设置在室内底部；其他分室采用自然通风。

(6) 采用化学灭火器装置。

(7) 10kV 配电装置选用中置式开关柜（配真空断路器、两相干式电流互感器、进出线各配置 1 组氧化锌避雷器）；变压器按节能型、低噪声原则选用，变压器容量为 800kVA；0.4kV 低压开关柜选用抽屉式成套开关柜；进线总柜配置框架式断路器；出线柜开关配置塑壳断路器。

(8) 本典型组合方案适用范围：

1) 普通负荷大，无重要负荷的专变用户。

2) 城市住宅小区、商住楼等有适宜建单独配电间地方的专变用户。

第五章　电力需求侧 10kV 配电系统			第三节　有配电间的10kV配电系统组合设计方案
图号	2-5-3-55	图名	方案 PB－18 电气平面布置图

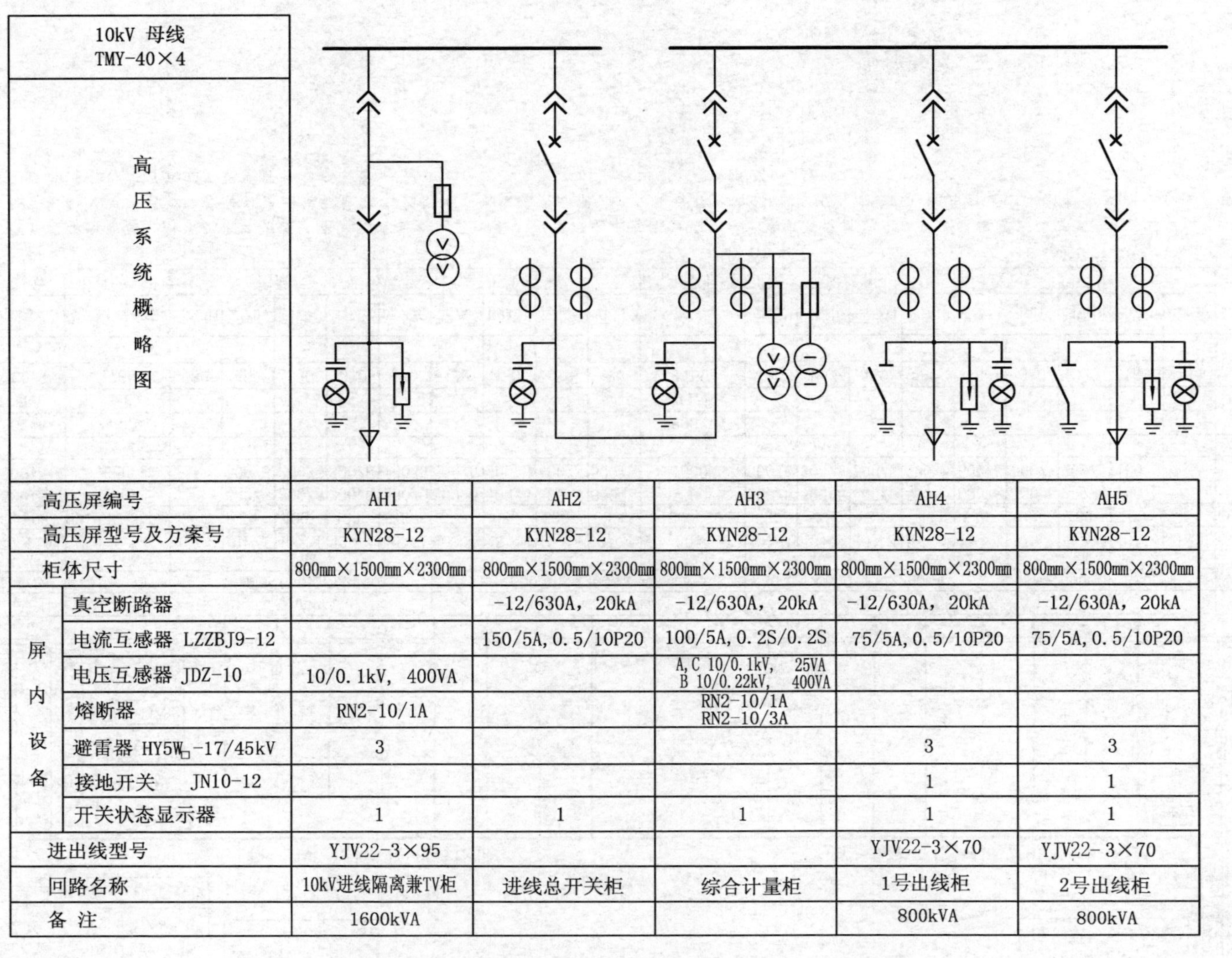

高压屏编号	AH1	AH2	AH3	AH4	AH5
高压屏型号及方案号	KYN28-12	KYN28-12	KYN28-12	KYN28-12	KYN28-12
柜体尺寸	800mm×1500mm×2300mm	800mm×1500mm×2300mm	800mm×1500mm×2300mm	800mm×1500mm×2300mm	800mm×1500mm×2300mm
屏内设备 真空断路器		-12/630A，20kA	-12/630A，20kA	-12/630A，20kA	-12/630A，20kA
屏内设备 电流互感器 LZZBJ9-12		150/5A, 0.5/10P20	100/5A, 0.2S/0.2S	75/5A, 0.5/10P20	75/5A, 0.5/10P20
屏内设备 电压互感器 JDZ-10	10/0.1kV，400VA		A, C 10/0.1kV，25VA B 10/0.22kV，400VA		
屏内设备 熔断器	RN2-10/1A		RN2-10/1A RN2-10/3A		
屏内设备 避雷器 HY5W□-17/45kV	3			3	3
屏内设备 接地开关 JN10-12				1	1
屏内设备 开关状态显示器	1	1	1	1	1
进出线型号	YJV22-3×95			YJV22-3×70	YJV22-3×70
回路名称	10kV进线隔离兼TV柜	进线总开关柜	综合计量柜	1号出线柜	2号出线柜
备注	1600kVA			800kVA	800kVA

注：(1) 本方案为 10kV 中置柜单母接线，具体布置及接线按实际出线回路数确定。
(2) 本方案变压器为 2 台 800kVA 干式变压器。
(3) 10kV 进线 1 回，全部采用电缆进线。
(4) 10kV 出线 2 回，采用电缆出线。
(5) 10kV 部分采用单母线接线，10kV 短路电流 20kV。
(6) 10kV 进线装设过流、速断保护；变压器装设过流、速断、温度、零序保护等。
(7) 本方案计量方式为高供高计。

第五章　电力需求侧 10kV 配电系统		第三节　有配电间的 10kV 配电系统组合设计方案	
图号	2-5-3-56	图名	方案 PB-18 的 10kV 概略图

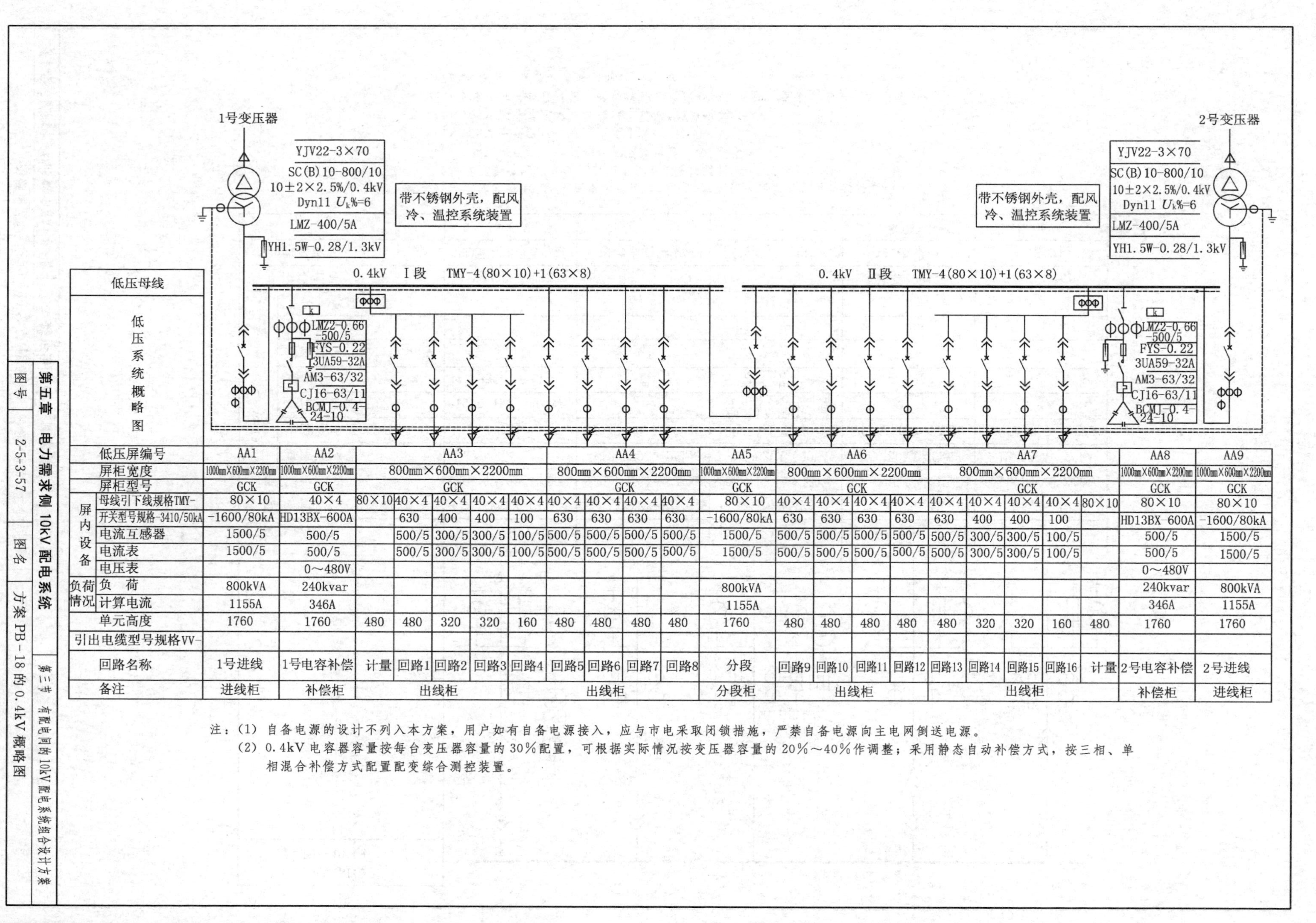

低压屏编号	AA1	AA2	AA3					AA4				AA5
屏柜宽度	1000mm×600mm×2200mm	1000mm×600mm×2200mm	800mm×600mm×2200mm					800mm×600mm×2200mm				1000mm×600mm×2200mm
屏柜型号	GCK	GCK	GCK					GCK				GCK
屏内设备 母线引下线规格TMY-	80×10	40×4	80×10	40×4	40×4	40×4	40×4	40×4	40×4	40×4	40×4	80×10
屏内设备 开关型号规格-3410/50kA	-1600/80kA	HD13BX-600A		630	400	400	100	630	630	630	630	-1600/80kA
屏内设备 电流互感器	1500/5	500/5		500/5	300/5	300/5	100/5	500/5	500/5	500/5	500/5	1500/5
屏内设备 电流表	1500/5	500/5		500/5	300/5	300/5	100/5	500/5	500/5	500/5	500/5	1500/5
屏内设备 电压表		0～480V										
负荷情况 负荷	800kVA	240kvar										800kVA
负荷情况 计算电流	1155A	346A										1155A
单元高度	1760	1760	480	480	320	320	160	480	480	480	480	1760
引出电缆型号规格VV-												
回路名称	1号进线	1号电容补偿	计量	回路1	回路2	回路3	回路4	回路5	回路6	回路7	回路8	分段
备注	进线柜	补偿柜	出线柜					出线柜				分段柜

低压屏编号	AA6				AA7					AA8	AA9
屏柜宽度	800mm×600mm×2200mm				800mm×600mm×2200mm					1000mm×600mm×2200mm	1000mm×600mm×2200mm
屏柜型号	GCK				GCK					GCK	GCK
屏内设备 母线引下线规格TMY-	40×4	40×4	40×4	40×4	40×4	40×4	40×4	40×4	80×10	80×10	80×10
屏内设备 开关型号规格-3410/50kA	630	630	630	630	630	400	400	100		HD13BX-600A	-1600/80kA
屏内设备 电流互感器	500/5	500/5	500/5	500/5	500/5	300/5	300/5	100/5		500/5	1500/5
屏内设备 电流表	500/5	500/5	500/5	500/5	500/5	300/5	300/5	100/5		500/5	1500/5
屏内设备 电压表										0～480V	
负荷情况 负荷										240kvar	800kVA
负荷情况 计算电流										346A	1155A
单元高度	480	480	480	480	480	320	320	160	480	1760	1760
引出电缆型号规格VV-											
回路名称	回路9	回路10	回路11	回路12	回路13	回路14	回路15	回路16	计量	2号电容补偿	2号进线
备注	出线柜				出线柜					补偿柜	进线柜

注：(1) 自备电源的设计不列入本方案，用户如有自备电源接入，应与市电采取闭锁措施，严禁自备电源向主电网倒送电源。

(2) 0.4kV电容器容量按每台变压器容量的30%配置，可根据实际情况按变压器容量的20%～40%作调整；采用静态自动补偿方式，按三相、单相混合补偿方式配置配变综合测控装置。

第五章　电力需求侧 10kV 配电系统		第三节　有配电间的10kV配电系统组合设计方案	
图号	2-5-3-57	图名	方案PB-18的0.4kV概略图

主要设备及材料清册

序号	名称	型号及规格	单位	数量	备注
一	10kV 电缆接入模块部分	M-1-1-3			
1	预应力锥形水泥杆	ϕ190mm×15m	根	2	单重：1604kg
2	高压单回倒挂横担	DGD11-2200mm	套	6	单重：24.27kg
3	高压真空断路器	U_N=12kV，I_N=630A	组	1	
4	氧化锌避雷器	HY5W-17/45kV	组	1	
5	针式绝缘子	P-20M	套	18	含螺栓及套筒
6	10kV 电力电缆	YJV22-8.7/15-3×95	m	200	户内外电缆头各1套
7	电缆沟		m	95	
8	电缆埋管		m	95	
二	10kV 配电装置模块部分	M-2-2-1			
1	10kV 进线隔离兼 TV 柜	KYN28-12 型(长×宽×高：800mm×1500mm×2300mm)	面	1	
2	10kV 进线总开关柜	KYN28-12 型(长×宽×高：800mm×1500mm×2300mm)	面	1	
3	10kV 综合计量柜	KYN28-12 型(长×宽×高：800mm×1500mm×2300mm)	面	1	
4	10kV 出线柜	KYN28-12 型(长×宽×高：800mm×1500mm×2300mm)	面	2	
5	10kV 电力电缆	YJV22-8.7/15-3×70	m	35	
6	热镀锌角钢	∟50mm×5mm×2500mm	根	20	
7	热镀锌扁钢	—50mm×5mm	m	200	接地干线及引上线
8	接地螺栓		副	6	
9	模拟屏	2000mm×1000mm	块	1	
三	主变压器模块部分	M-3-2			
1	变压器	SC（B）10-800/10，10±2×2.5%/0.4kV，Dyn11，U_k=6%	台	2	带外壳（防护等级不低于IP3X），配风冷、温控系统装置
2	低压封闭母线	4（TMY-80×10）	m	10	

续表

序号	名称	型号及规格	单位	数量	备注
3	低压避雷器	YH1.5W-0.28/1.3kV	只	6	
四	0.4kV 配电装置模块部分	M-4-2-2			单母线分段接线
1	低压进线柜	GCS（K）型	面	2	抽屉式低压开关柜
2	低压补偿柜	GCS（K）型	面	2	
3	低压出线柜	GCS（K）型	面	4	
4	低压分段柜	GCS（K）型	面	1	
五	二次系统模块部分	M-5-1-2			
1	微机线路保护测控装置		套	1	
2	微机变压器保护测控装置		套	2	
3	微型直流电源装置	M-5-2-1	套	1	可安装在 10kV 进线隔离兼 TV 柜（DC 220V）
4	控制电缆	$KVVP_2$-	m	300	
5	中央信号箱		个	1	
六	高压计量装置模块部分	M-6-2			
1	高压计量装置	含计量表计、用电信息采集管理终端等	套	1	高压单电源，高供高计，采用购电制方式

注：(1) 为加强配电网设备设施的标识管理，防止误操作、误入带电间隔，按要求设置标识标牌。工作照明采用节能荧光灯、防爆投光灯，事故照明采用应急灯。

(2) 根据短路电流水平为 20kA，按发热及动稳定条件校验，10kV 母线及进线间隔导体选 TMY-40×4 型。10kV 开关柜与变压器高压侧连接电缆须按发热及动稳定条件校验选用，一般选用 YJV22-8.7/15-3×70 型。低压母线最大工作电流按 1600A 考虑。

(3) 为防止过电压，在开关柜进出线间隔各装设氧化锌避雷器一组。氧化锌避雷器按 GB 11032《交流无间隙金属氧化物避雷器》中的规定进行选择。

(4) 用于独立建筑物时，本类型配电间接地按有关技术规程的要求设计，接地装置由水平接地体与垂直接地体组成。水平接地体由—50mm×5mm 的热镀锌扁钢组成，垂直接地体由∟50mm×5mm×2500mm 的热镀锌角钢组成。接地网接地电阻应符合 DL/T 621《交流电气装置的接地》的规定，要求不大于 4Ω；如不能满足要求，则需要采取降阻措施。

(5) 电缆敷设采用电缆沟或穿管直埋敷设方式，并满足防火要求。高、低压电缆沟的尺寸应满足电缆的敷设数量及弯曲半径等要求。

第五章　电力需求侧 10kV 配电系统		第三节　有配电间的 10kV 配电系统组合设计方案	
图号	2-5-3-58	图名	方案 PB-18 设备材料清册

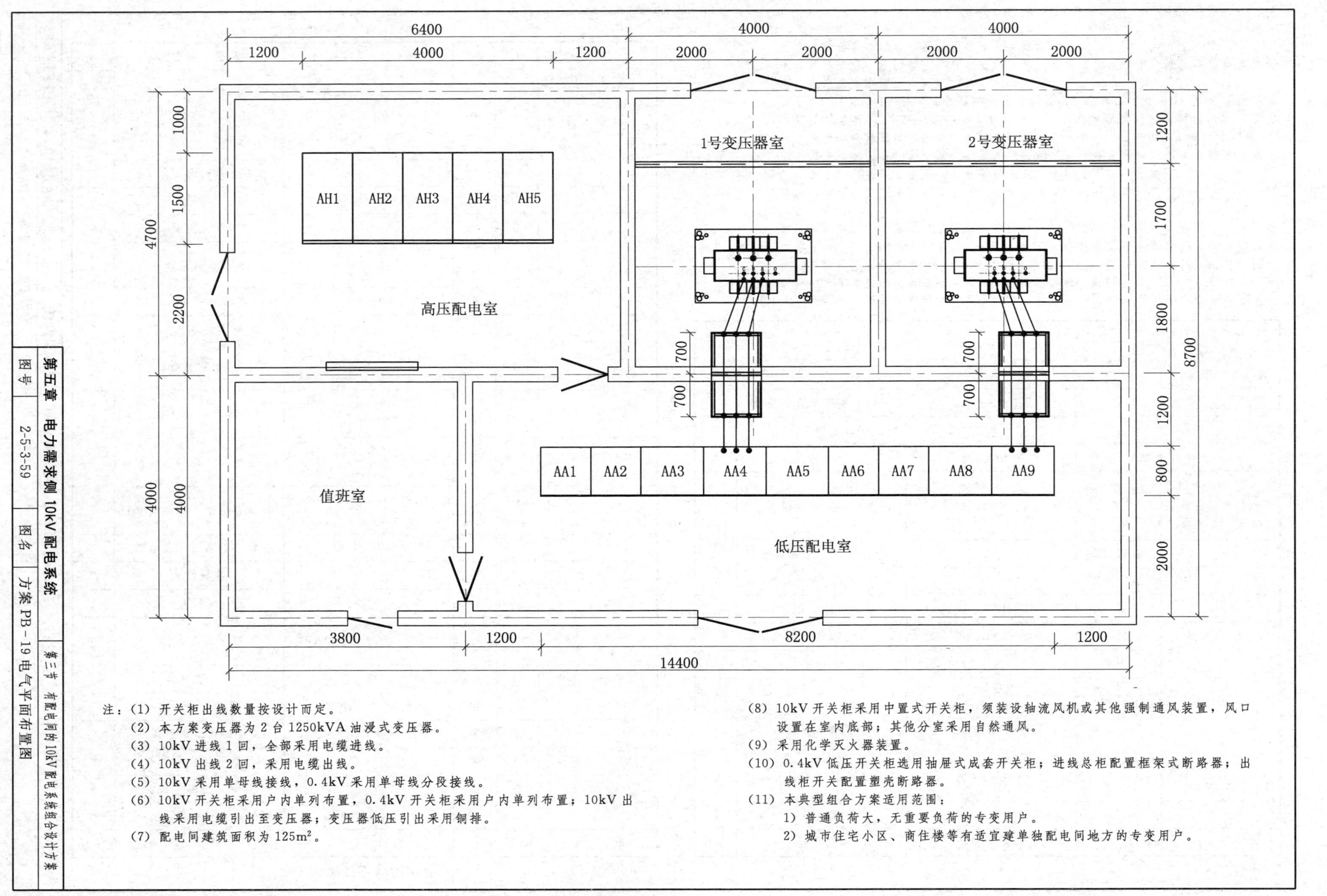

注：(1) 开关柜出线数量按设计而定。
(2) 本方案变压器为2台1250kVA油浸式变压器。
(3) 10kV进线1回，全部采用电缆进线。
(4) 10kV出线2回，采用电缆出线。
(5) 10kV采用单母线接线，0.4kV采用单母线分段接线。
(6) 10kV开关柜采用户内单列布置，0.4kV开关柜采用户内单列布置；10kV出线采用电缆引出至变压器；变压器低压引出采用铜排。
(7) 配电间建筑面积为125m^2。
(8) 10kV开关柜采用中置式开关柜，须装设轴流风机或其他强制通风装置，风口设置在室内底部；其他分室采用自然通风。
(9) 采用化学灭火器装置。
(10) 0.4kV低压开关柜选用抽屉式成套开关柜；进线总柜配置框架式断路器；出线柜开关配置塑壳断路器。
(11) 本典型组合方案适用范围：
1) 普通负荷大，无重要负荷的专变用户。
2) 城市住宅小区、商住楼等有适宜建单独配电间地方的专变用户。

第五章　电力需求侧10kV配电系统		第三节　有配电间的10kV配电系统组合设计方案	
图号	2-5-3-59	图名	方案PB－19电气平面布置图

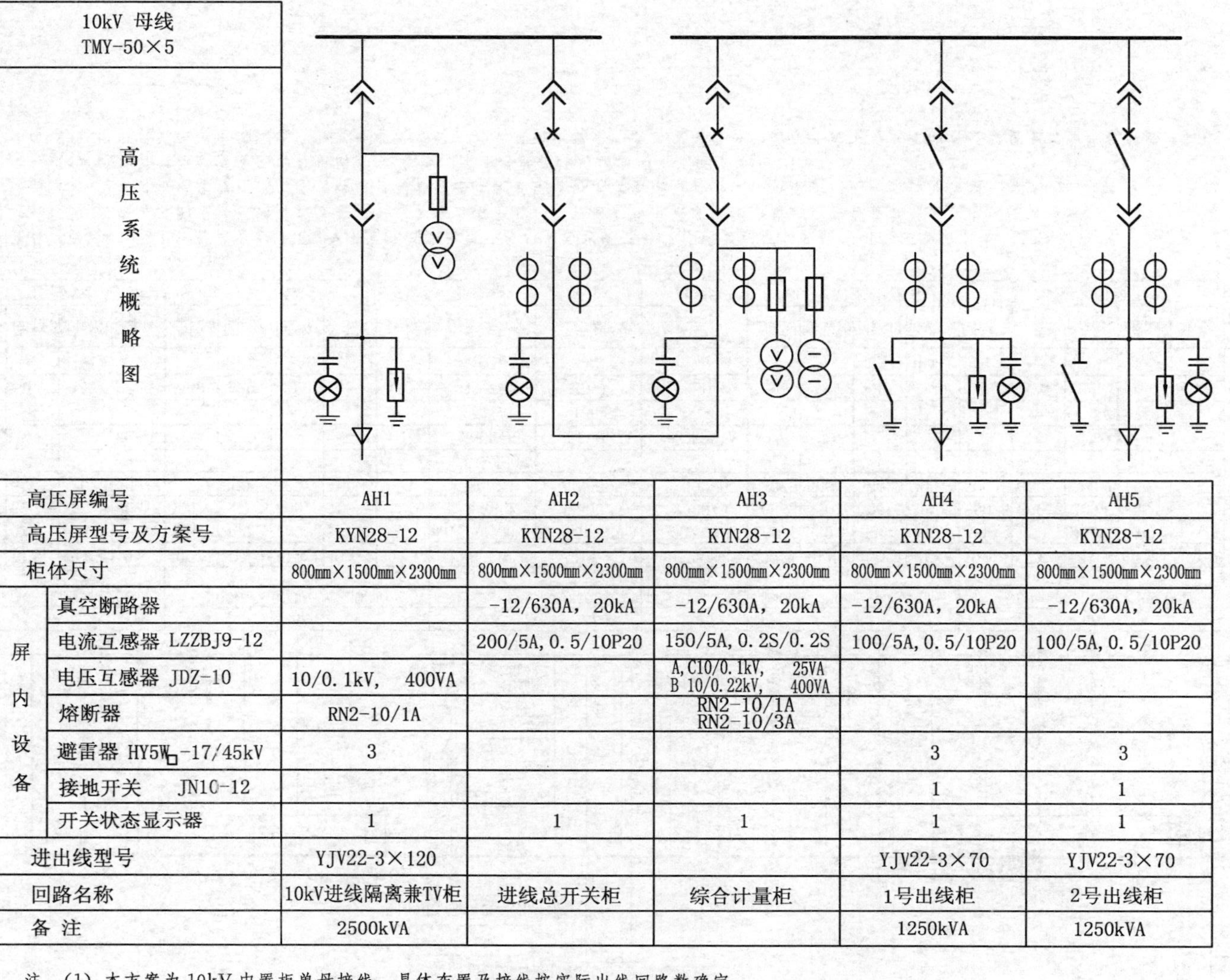

高压屏编号		AH1	AH2	AH3	AH4	AH5
高压屏型号及方案号		KYN28-12	KYN28-12	KYN28-12	KYN28-12	KYN28-12
柜体尺寸		800mm×1500mm×2300mm	800mm×1500mm×2300mm	800mm×1500mm×2300mm	800mm×1500mm×2300mm	800mm×1500mm×2300mm
屏内设备	真空断路器		-12/630A，20kA	-12/630A，20kA	-12/630A，20kA	-12/630A，20kA
	电流互感器 LZZBJ9-12		200/5A，0.5/10P20	150/5A，0.2S/0.2S	100/5A，0.5/10P20	100/5A，0.5/10P20
	电压互感器 JDZ-10	10/0.1kV，400VA		A，C10/0.1kV，25VA B 10/0.22kV，400VA		
	熔断器	RN2-10/1A		RN2-10/1A RN2-10/3A		
	避雷器 HY5W□-17/45kV	3			3	3
	接地开关 JN10-12				1	1
	开关状态显示器	1	1	1	1	1
进出线型号		YJV22-3×120			YJV22-3×70	YJV22-3×70
回路名称		10kV进线隔离兼TV柜	进线总开关柜	综合计量柜	1号出线柜	2号出线柜
备注		2500kVA			1250kVA	1250kVA

注：（1）本方案为10kV中置柜单母接线，具体布置及接线按实际出线回路数确定。
（2）10kV进线装设过流、速断保护；变压器装设过流、速断、温度、零序保护等。
（3）本方案计量方式为高供高计，10kV进线侧设高压综合计量屏。高压采用三相三线计量方式。
（4）为防止过电压，在开关柜进出线间隔各装设氧化锌避雷器一组。
（5）接地网接地电阻应符合DL/T 621《交流电气装置的接地》的规定，要求不大于4Ω；如不能满足要求，则需要采取降阻措施。

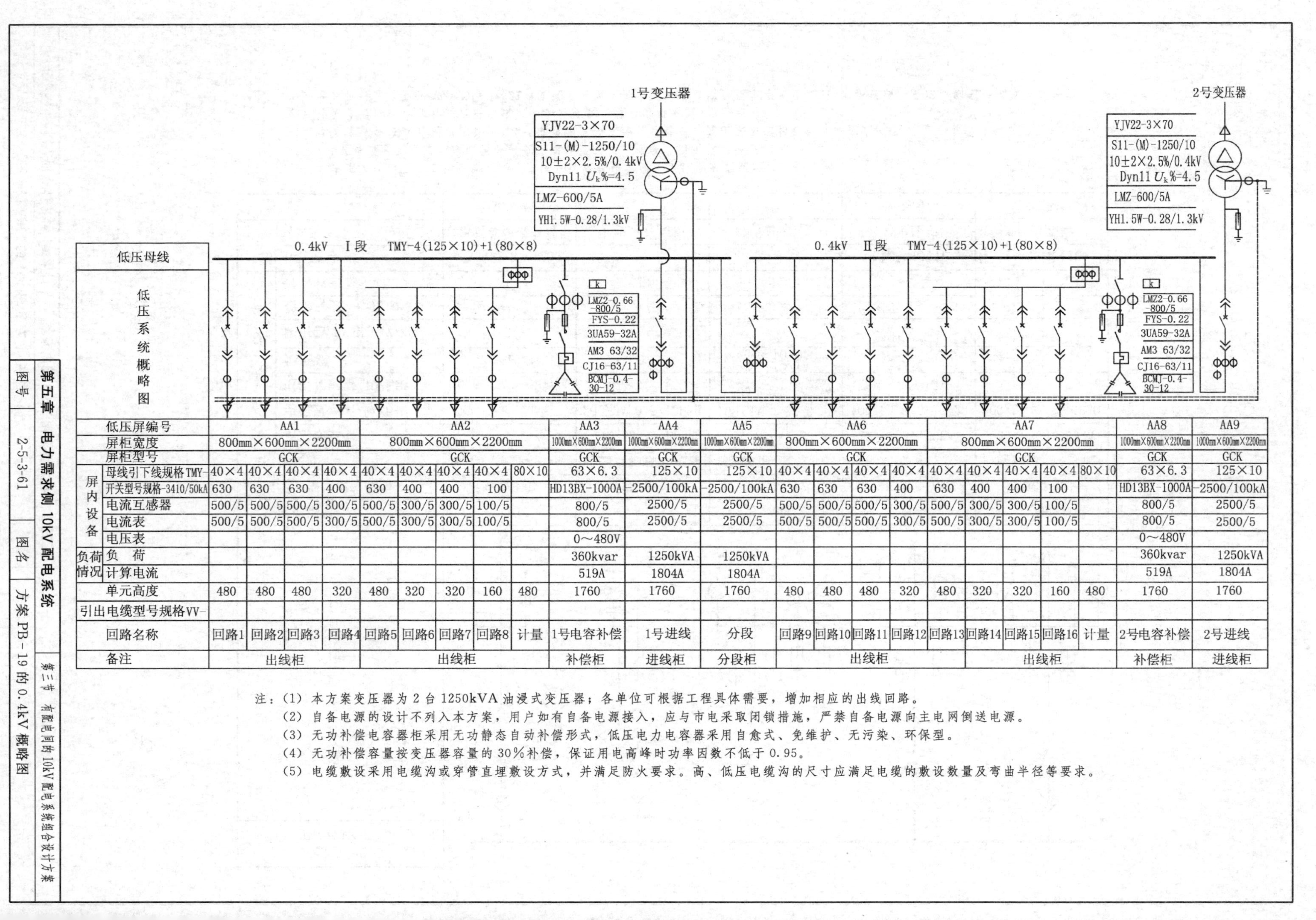

低压屏编号	AA1				AA2					AA3	AA4	AA5	AA6				AA7					AA8	AA9
屏柜宽度	800mm×600mm×2200mm				800mm×600mm×2200mm					1000mm×600mm×2200mm	1000mm×600mm×2200mm	1000mm×600mm×2200mm	800mm×600mm×2200mm				800mm×600mm×2200mm					1000mm×600mm×2200mm	1000mm×600mm×2200mm
屏柜型号	GCK				GCK					GCK	GCK	GCK	GCK				GCK					GCK	GCK
屏内设备 母线引下线规格TMY-	40×4	40×4	40×4	40×4	40×4	40×4	40×4	40×4	80×10	63×6.3	125×10	125×10	40×4	40×4	40×4	40×4	40×4	40×4	40×4	40×4	80×10	63×6.3	125×10
屏内设备 开关型号规格-3410/50kA	630	630	630	400	630	400	400	100		HD13BX-1000A	-2500/100kA	-2500/100kA	630	630	630	400	630	400	400	100		HD13BX-1000A	-2500/100kA
屏内设备 电流互感器	500/5	500/5	500/5	300/5	500/5	300/5	300/5	100/5		800/5	2500/5	2500/5	500/5	500/5	500/5	300/5	500/5	300/5	300/5	100/5		800/5	2500/5
屏内设备 电流表	500/5	500/5	500/5	300/5	500/5	300/5	300/5	100/5		800/5	2500/5	2500/5	500/5	500/5	500/5	300/5	500/5	300/5	300/5	100/5		800/5	2500/5
屏内设备 电压表										0～480V												0～480V	
负荷情况 负荷										360kvar	1250kVA	1250kVA										360kvar	1250kVA
负荷情况 计算电流										519A	1804A	1804A										519A	1804A
单元高度	480	480	480	320	480	320	320	160	480	1760	1760	1760	480	480	480	320	480	320	320	160	480	1760	1760
引出电缆型号规格VV-																							
回路名称	回路1	回路2	回路3	回路4	回路5	回路6	回路7	回路8	计量	1号电容补偿	1号进线	分段	回路9	回路10	回路11	回路12	回路13	回路14	回路15	回路16	计量	2号电容补偿	2号进线
备注	出线柜				出线柜					补偿柜	进线柜	分段柜	出线柜				出线柜					补偿柜	进线柜

注：(1) 本方案变压器为2台1250kVA油浸式变压器；各单位可根据工程具体需要，增加相应的出线回路。
(2) 自备电源的设计不列入本方案，用户如有自备电源接入，应与市电采取闭锁措施，严禁自备电源向主电网倒送电源。
(3) 无功补偿电容器柜采用无功静态自动补偿形式，低压电力电容器采用自愈式、免维护、无污染、环保型。
(4) 无功补偿容量按变压器容量的30%补偿，保证用电高峰时功率因数不低于0.95。
(5) 电缆敷设采用电缆沟或穿管直埋敷设方式，并满足防火要求。高、低压电缆沟的尺寸应满足电缆的敷设数量及弯曲半径等要求。

第五章 电力需求侧10kV配电系统		第三节 有配电间的10kV配电系统组合设计方案	
图号	2-5-3-61	图名	方案PB-19的0.4kV概略图

主要设备及材料清册

序号	名称	型号及规格	单位	数量	备注
一	10kV 电缆接入模块部分	M-1-1-3			
1	预应力锥形水泥杆	ϕ190mm×15m	根	2	单重：1604kg
2	高压单回倒挂横担	DGD11-2200mm	套	6	单重：24.27kg
3	高压真空断路器	U_N=12kV，I_N=630A	组	1	
4	氧化锌避雷器	HY5W-17/45kV	组	1	
5	针式绝缘子	P-20M	套	18	含螺栓及套筒
6	10kV 电力电缆	YJV22-8.7/15-3×120	m	200	户内外电缆头各1套
7	电缆沟		m	95	
8	电缆埋管		m	95	
二	10kV 配电装置模块部分	M-2-2-1			
1	10kV 进线隔离兼 TV 柜	KYN28-12 型(长×宽×高：800mm×1500mm×2300mm)	面	1	
2	10kV 进线总开关柜	KYN28-12 型(长×宽×高：800mm×1500mm×2300mm)	面	1	配真空断路器
3	10kV 综合计量柜	KYN28-12 型(长×宽×高：800mm×1500mm×2300mm)	面	1	
4	10kV 出线柜	KYN28-12 型(长×宽×高：800mm×1500mm×2300mm)	面	2	配真空断路器
5	10kV 电力电缆	YJV22-8.7/15-3×70	m	35	
6	热镀锌角钢	∟50mm×5mm×2500mm	根	20	
7	热镀锌扁钢	—50mm×5mm	m	200	接地干线及引上线
8	接地螺栓		副	10	
9	模拟屏	2000mm×1000mm	块	1	
三	主变压器模块部分	M-3-1			
1	变压器	S11-(M)-1250/10，10±2×2.5%/0.4kV，Dyn11，U_k=4.5%	台	2	

续表

序号	名称	型号及规格	单位	数量	备注
2	低压母排	TMY-125×10	m	56	
3	低压避雷器	YH1.5W-0.28/1.3kV	只	6	
四	0.4kV 配电装置模块部分	M-4-2-2			单母线分段接线
1	低压进线柜	GCS（K）型	面	2	抽屉式低压开关柜
2	低压补偿柜	GCS（K）型	面	2	
3	低压出线柜	GCS（K）型	面	4	
4	低压分段柜	GCS（K）型	面	1	
5	低压穿墙板		块	2	
6	支持绝缘子	WX-01	个	12	
7	不锈钢护网	网孔不大于 20mm×20mm	块	4	
五	二次系统模块部分	M-5-1-2			
1	微机线路保护测控装置		套	1	
2	微机变压器保护测控装置		套	2	
3	微型直流电源装置	M-5-2-1	套	1	安装在 10kV 进线隔离兼 TV 柜顶(DC 220V)
4	控制电缆	$KVVP_2$-	m	300	
5	中央信号箱		个	1	
六	高压计量装置模块部分	M-6-2			
1	高压计量装置	含计量表计、用电信息采集管理终端等	套	1	10kV 单电源，高供高计，采用购电制方式

注：(1) 为加强配电网设备设施的标识管理，防止误操作、误入带电间隔，按要求设置标识标牌。
(2) 根据短路电流水平为 20kA，按发热及动稳定条件校验，10kV 母线及进线间隔导体选 TMY-40×4 型。10kV 开关柜与变压器高压侧连接电缆须按发热及动稳定条件校验选用，一般选用 YJV22-8.7/15-3×70 型。低压母线最大工作电流按 1600A 考虑。
(3) 接地装置由水平接地体与垂直接地体组成。水平接地体由—50mm×5mm 的热镀锌扁钢组成，垂直接地体由∟50mm×5mm×2500mm 的热镀锌角钢组成。
(4) 工作照明采用节能荧光灯、防爆投光灯，事故照明采用应急灯。

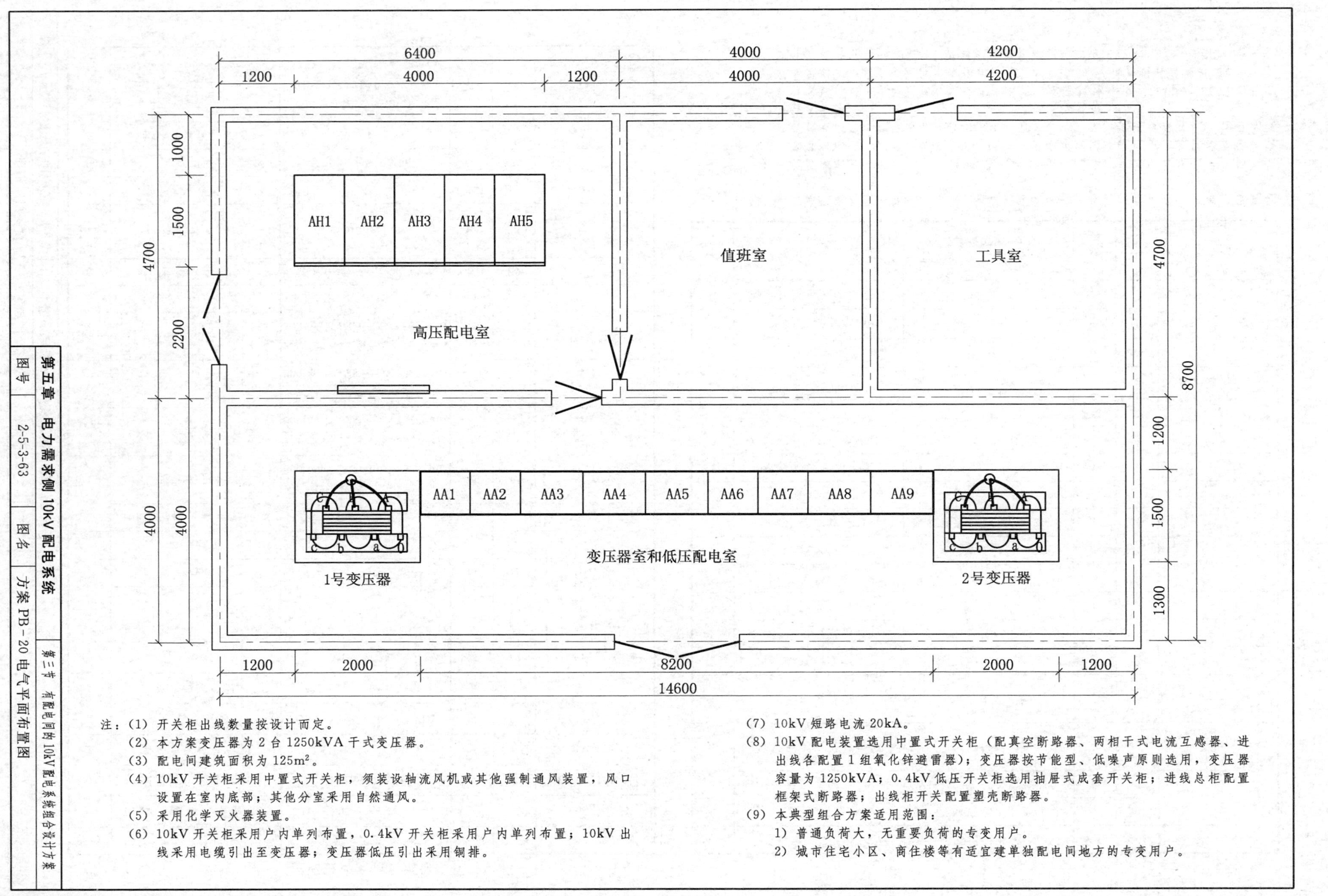

注：(1) 开关柜出线数量按设计而定。
(2) 本方案变压器为 2 台 1250kVA 干式变压器。
(3) 配电间建筑面积为 $125m^2$。
(4) 10kV 开关柜采用中置式开关柜，须装设轴流风机或其他强制通风装置，风口设置在室内底部；其他分室采用自然通风。
(5) 采用化学灭火器装置。
(6) 10kV 开关柜采用户内单列布置，0.4kV 开关柜采用户内单列布置；10kV 出线采用电缆引出至变压器；变压器低压引出采用铜排。
(7) 10kV 短路电流 20kA。
(8) 10kV 配电装置选用中置式开关柜（配真空断路器、两相干式电流互感器、进出线各配置 1 组氧化锌避雷器）；变压器按节能型、低噪声原则选用，变压器容量为 1250kVA；0.4kV 低压开关柜选用抽屉式成套开关柜；进线总柜配置框架式断路器；出线柜开关配置塑壳断路器。
(9) 本典型组合方案适用范围：
1）普通负荷大，无重要负荷的专变用户。
2）城市住宅小区、商住楼等有适宜建单独配电间地方的专变用户。

图号	2-5-3-63	图名	方案 PB－20 电气平面布置图

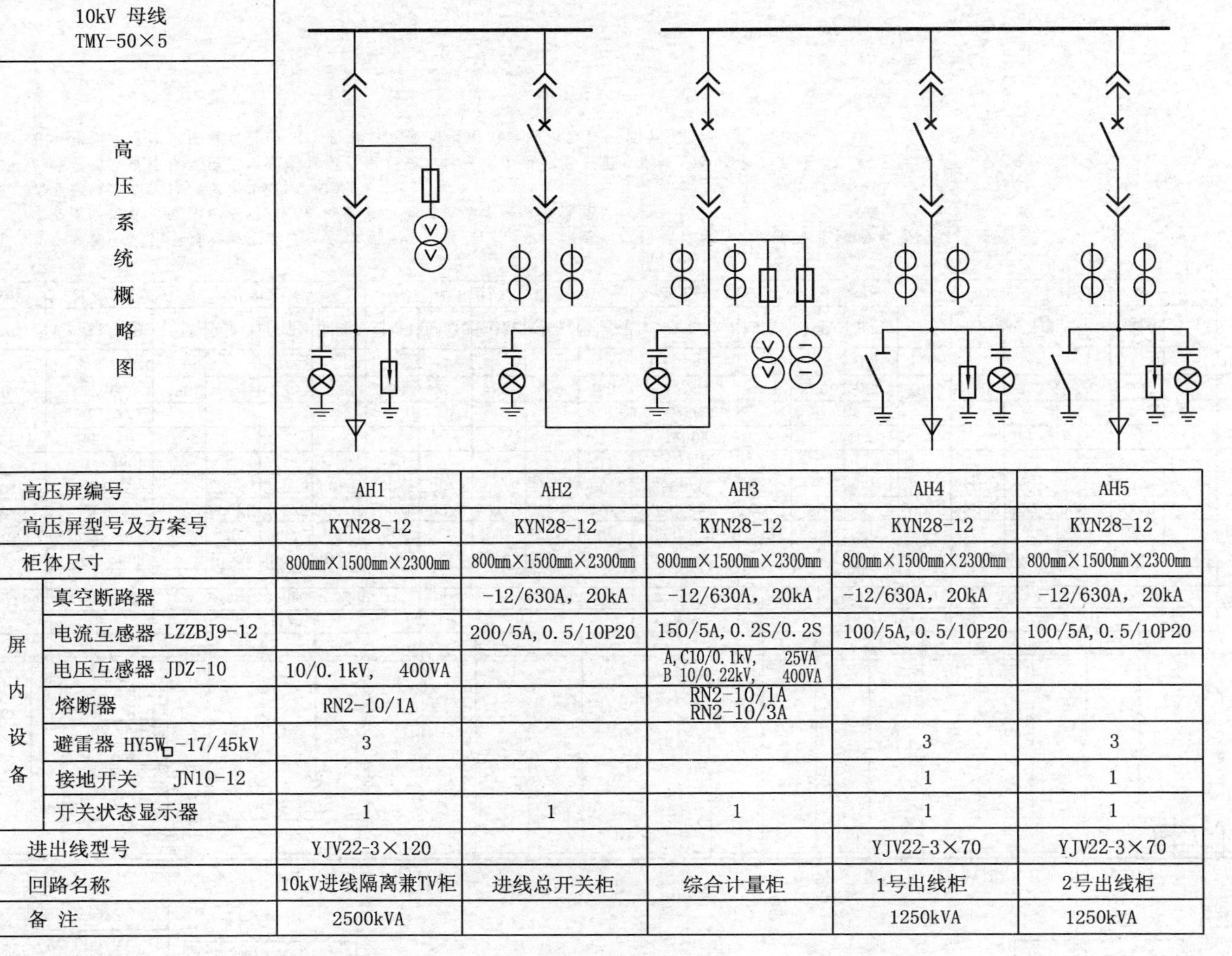

高压屏编号		AH1	AH2	AH3	AH4	AH5
高压屏型号及方案号		KYN28-12	KYN28-12	KYN28-12	KYN28-12	KYN28-12
柜体尺寸		800mm×1500mm×2300mm	800mm×1500mm×2300mm	800mm×1500mm×2300mm	800mm×1500mm×2300mm	800mm×1500mm×2300mm
屏内设备	真空断路器		-12/630A，20kA	-12/630A，20kA	-12/630A，20kA	-12/630A，20kA
	电流互感器 LZZBJ9-12		200/5A, 0.5/10P20	150/5A, 0.2S/0.2S	100/5A, 0.5/10P20	100/5A, 0.5/10P20
	电压互感器 JDZ-10	10/0.1kV，400VA		A,C10/0.1kV，25VA B 10/0.22kV，400VA		
	熔断器	RN2-10/1A		RN2-10/1A RN2-10/3A		
	避雷器 HY5W-17/45kV	3			3	3
	接地开关 JN10-12				1	1
	开关状态显示器	1	1	1	1	1
进出线型号		YJV22-3×120			YJV22-3×70	YJV22-3×70
回路名称		10kV进线隔离兼TV柜	进线总开关柜	综合计量柜	1号出线柜	2号出线柜
备注		2500kVA			1250kVA	1250kVA

注：(1) 本方案为10kV中置柜单母接线，具体布置及接线按实际出线回路数确定。

(2) 10kV进线装设过流、速断保护；变压器装设过流、速断、温度、零序保护等。

(3) 本方案计量方式为高供高计，10kV进线侧设高压综合计量屏（计量屏上安装计量专用TA、TV、购电开关、多功能计量表、用电信息采集管理终端等），其他分类计量在低压出线屏上实现，高压采用三相三线计量方式，低压采用三相四线计量方式，选用电子式多功能电能表，安装在开关柜专用计量仪表室内，计量柜内设备和元器件根据一次主接线配置，计量二次回路不得接入与计量无关的设备，计量电流回路采用4mm² 单芯硬铜芯电线（缆），电压回路采用2.5mm² 单芯硬铜芯电线（缆），并按A黄、B绿、C红、N黑分色。

(4) 电能计量装置选用及配置应满足DL/T 448《电能计量装置技术管理规程》规定。

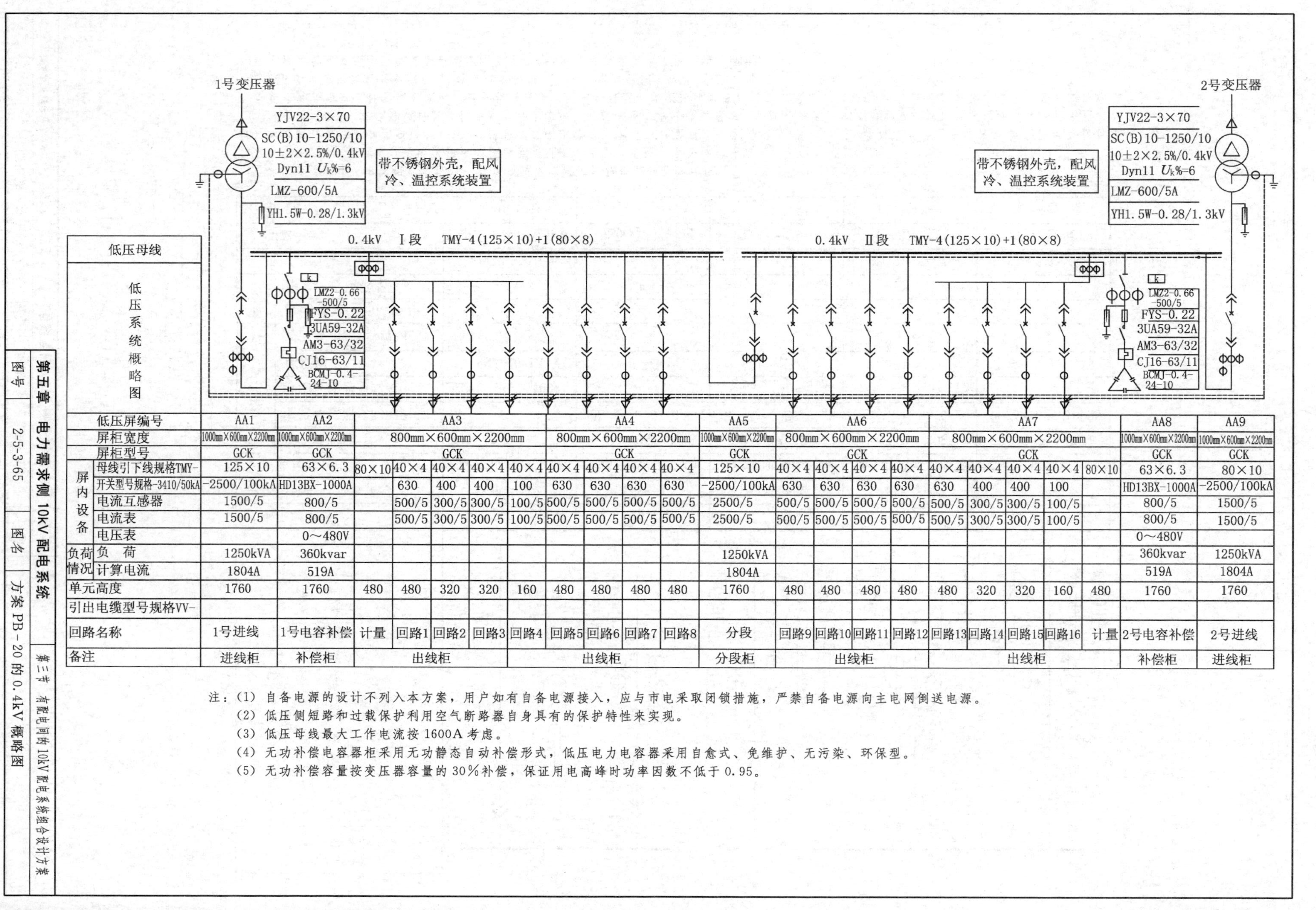

低压屏编号	AA1	AA2	AA3					AA4				AA5	AA6				AA7					AA8	AA9
屏柜宽度	1000mm×600mm×2200mm	1000mm×600mm×2200mm	800mm×600mm×2200mm					800mm×600mm×2200mm				1000mm×600mm×2200mm	800mm×600mm×2200mm				800mm×600mm×2200mm					1000mm×600mm×2200mm	1000mm×600mm×2200mm
屏柜型号	GCK	GCK	GCK					GCK				GCK	GCK				GCK					GCK	GCK
屏内设备 母线引下线规格TMY-	125×10	63×6.3	80×10	40×4	40×4	40×4	40×4	40×4	40×4	40×4	40×4	125×10	40×4	40×4	40×4	40×4	40×4	40×4	40×4	40×4	80×10	63×6.3	80×10
屏内设备 开关型号规格-3410/50kA	-2500/100kA	HD13BX-1000A		630	400	400	100	630	630	630	630	-2500/100kA	630	630	630	630	630	400	400	100		HD13BX-1000A	-2500/100kA
屏内设备 电流互感器	1500/5	800/5		500/5	300/5	300/5	100/5	500/5	500/5	500/5	500/5	2500/5	500/5	500/5	500/5	500/5	500/5	300/5	300/5	100/5		800/5	1500/5
屏内设备 电流表	1500/5	800/5		500/5	300/5	300/5	100/5	500/5	500/5	500/5	500/5	2500/5	500/5	500/5	500/5	500/5	500/5	300/5	300/5	100/5		800/5	1500/5
屏内设备 电压表		0～480V																				0～480V	
负荷情况 负荷	1250kVA	360kvar										1250kVA										360kvar	1250kVA
负荷情况 计算电流	1804A	519A										1804A										519A	1804A
单元高度	1760	1760	480	480	320	320	160	480	480	480	480	1760	480	480	480	480	480	320	320	160	480	1760	1760
引出电缆型号规格VV-																							
回路名称	1号进线	1号电容补偿	计量	回路1	回路2	回路3	回路4	回路5	回路6	回路7	回路8	分段	回路9	回路10	回路11	回路12	回路13	回路14	回路15	回路16	计量	2号电容补偿	2号进线
备注	进线柜	补偿柜	出线柜				出线柜					分段柜	出线柜				出线柜					补偿柜	进线柜

注：(1) 自备电源的设计不列入本方案，用户如有自备电源接入，应与市电采取闭锁措施，严禁自备电源向主电网倒送电源。

(2) 低压侧短路和过载保护利用空气断路器自身具有的保护特性来实现。

(3) 低压母线最大工作电流按1600A考虑。

(4) 无功补偿电容器柜采用无功静态自动补偿形式，低压电力电容器采用自愈式、免维护、无污染、环保型。

(5) 无功补偿容量按变压器容量的30%补偿，保证用电高峰时功率因数不低于0.95。

图号	2-5-3-65	图名	方案PB-20的0.4kV概略图

主要设备及材料清册

序号	名称	型号及规格	单位	数量	备注
一	10kV 电缆接入模块部分	M-1-1-3			
1	预应力锥形水泥杆	ϕ190mm×15m	根	2	单重：1604kg
2	高压单回倒挂横担	DGD11-2200mm	套	6	单重：24.27kg
3	高压真空断路器	U_N=12kV，I_N=630A	组	1	
4	氧化锌避雷器	HY5W-17/45kV	组	1	
5	针式绝缘子	P-20M	套	18	含螺栓及套筒
6	10kV 电力电缆	YJV22-8.7/15-3×120	m	200	户内外电缆头各1套
7	电缆沟		m	95	
8	电缆埋管		m	95	
二	10kV 配电装置模块部分	M-2-2-1			
1	10kV 进线隔离兼 TV 柜	KYN28-12 型(长×宽×高：800mm×1500mm×2300mm)	面	1	
2	10kV 进线总开关柜	KYN28-12 型(长×宽×高：800mm×1500mm×2300mm)	面	1	配真空断路器
3	10kV 综合计量柜	KYN28-12 型(长×宽×高：800mm×1500mm×2300mm)	面	1	
4	10kV 出线柜	KYN28-12 型(长×宽×高：800mm×1500mm×2300mm)	面	2	配真空断路器
5	10kV 电力电缆	YJV22-8.7/15-3×70	m	35	
6	热镀锌角钢	∟ 50mm×5mm×2500mm	根	20	
7	热镀锌扁钢	—50mm×5mm	m	200	接地干线及引上线
8	接地螺栓		副	6	
9	模拟屏	2000mm×1000mm	块	1	
三	主变压器模块部分	M-3-2			
1	变压器	SC（B）10-1250/10，10±2×2.5%/0.4kV，Dyn11，U_k=6%	台	2	带外壳（防护等级不低于IP3X），配风冷、温控系统装置

续表

序号	名称	型号及规格	单位	数量	备注
2	低压封闭母线	4（TMY-125×10）	m	14	
3	低压避雷器	YH1.5W-0.28/1.3kV	只	6	
四	0.4kV 配电装置模块部分	M-4-2-2			单母线分段接线
1	低压进线柜	GCS（K）型	面	2	抽屉式低压开关柜
2	低压补偿柜	GCS（K）型	面	2	
3	低压出线柜	GCS（K）型	面	4	
4	低压分段柜	GCS（K）型	面	1	
五	二次系统模块部分	M-5-1-2			
1	微机线路保护测控装置		套	1	
2	微机变压器保护测控装置		套	2	
3	微型直流电源装置	M-5-2-1	套	1	安装在进线隔离兼 TV 柜顶（DC 220V）
4	控制电缆	$KVVP_2$-	m	300	
5	中央信号箱		个	1	
六	高压计量装置模块部分	M-6-2			
1	高压计量装置	含计量表计、用电信息采集管理终端等	套	1	10kV 单电源，高供高计，采用购电制方式

注：（1）为加强配电网设备设施的标识管理，防止误操作、误入带电间隔，按要求设置标识标牌。

（2）用于独立建筑物时，本类型配电间接地按有关技术规程的要求设计，接地装置由水平接地体与垂直接地体组成，接地网的截面和材料应考虑热稳定和腐蚀要求，水平接地体一般由—50mm×5mm 的热镀锌扁钢组成，垂直接地体由∟ 50mm×5mm×2500mm 的热镀锌角钢组成。接地网接地电阻应符合 DL/T 621—1997《交流电气装置的接地》的规定，要求不大于 4Ω；如不能满足要求，则需要采取降阻措施。

（3）电缆敷设采用电缆沟或穿管直埋敷设方式，并满足防火要求。高、低压电缆沟的尺寸应满足电缆的敷设数量及弯曲半径等要求。

（4）工作照明采用节能荧光灯、防爆投光灯，事故照明采用应急灯。

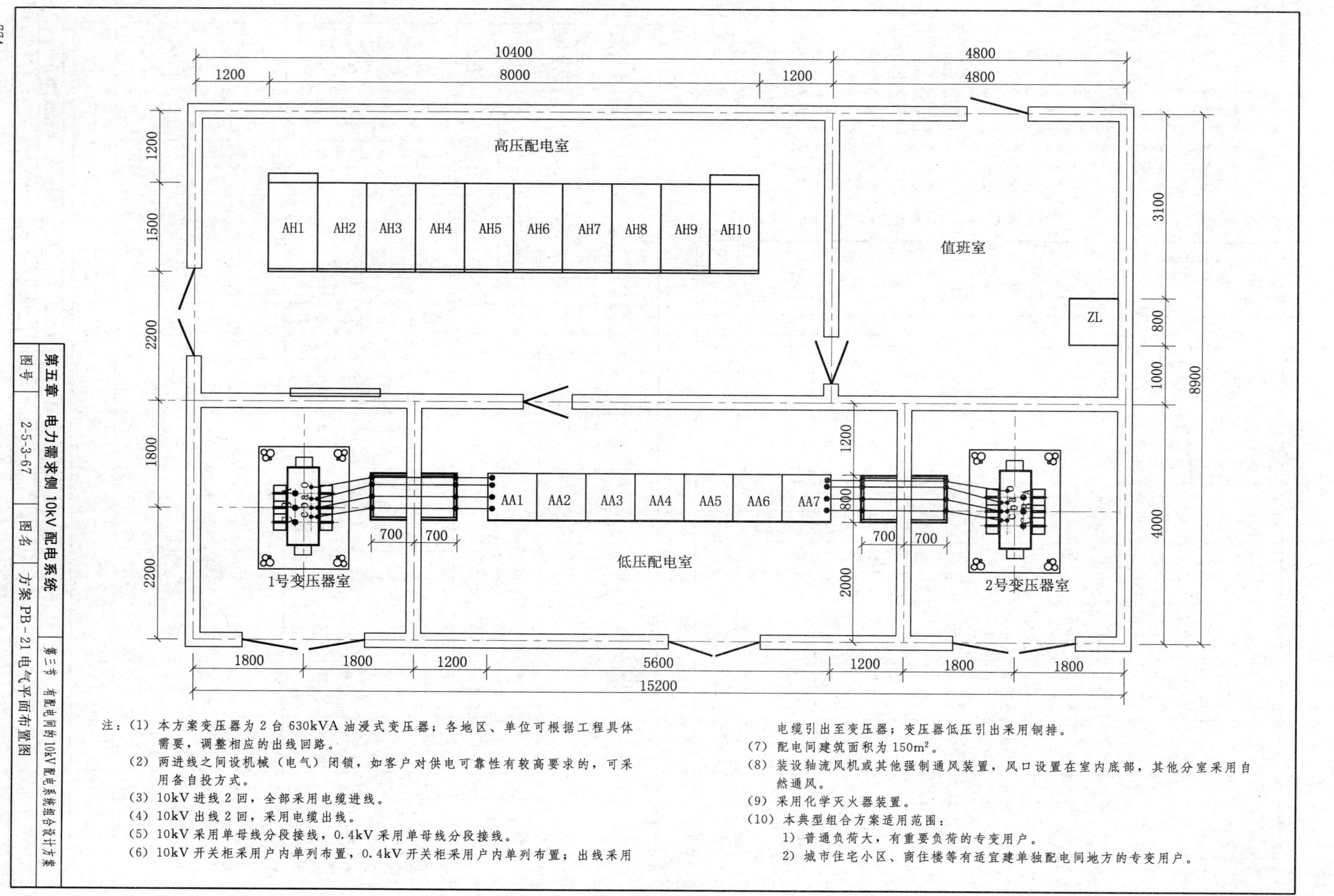

注：(1) 本方案变压器为2台630kVA油浸式变压器；各地区、单位可根据工程具体需要，调整相应的出线回路。

(2) 两进线之间设机械（电气）闭锁，如客户对供电可靠性有较高要求的，可采用备自投方式。

(3) 10kV进线2回，全部采用电缆进线。

(4) 10kV出线2回，采用电缆出线。

(5) 10kV采用单母线分段接线，0.4kV采用单母线分段接线。

(6) 10kV开关柜采用户内单列布置，0.4kV开关柜采用户内单列布置；出线采用电缆引出至变压器；变压器低压引出采用铜排。

(7) 配电间建筑面积为150m²。

(8) 装设轴流风机或其他强制通风装置，风口设置在室内底部，其他分室采用自然通风。

(9) 采用化学灭火器装置。

(10) 本典型组合方案适用范围：

1) 普通负荷大，有重要负荷的专变用户。

2) 城市住宅小区、商住楼等有适宜建单独配电间地方的专变用户。

图号	2-5-3-67	图名	方案PB-21电气平面布置图

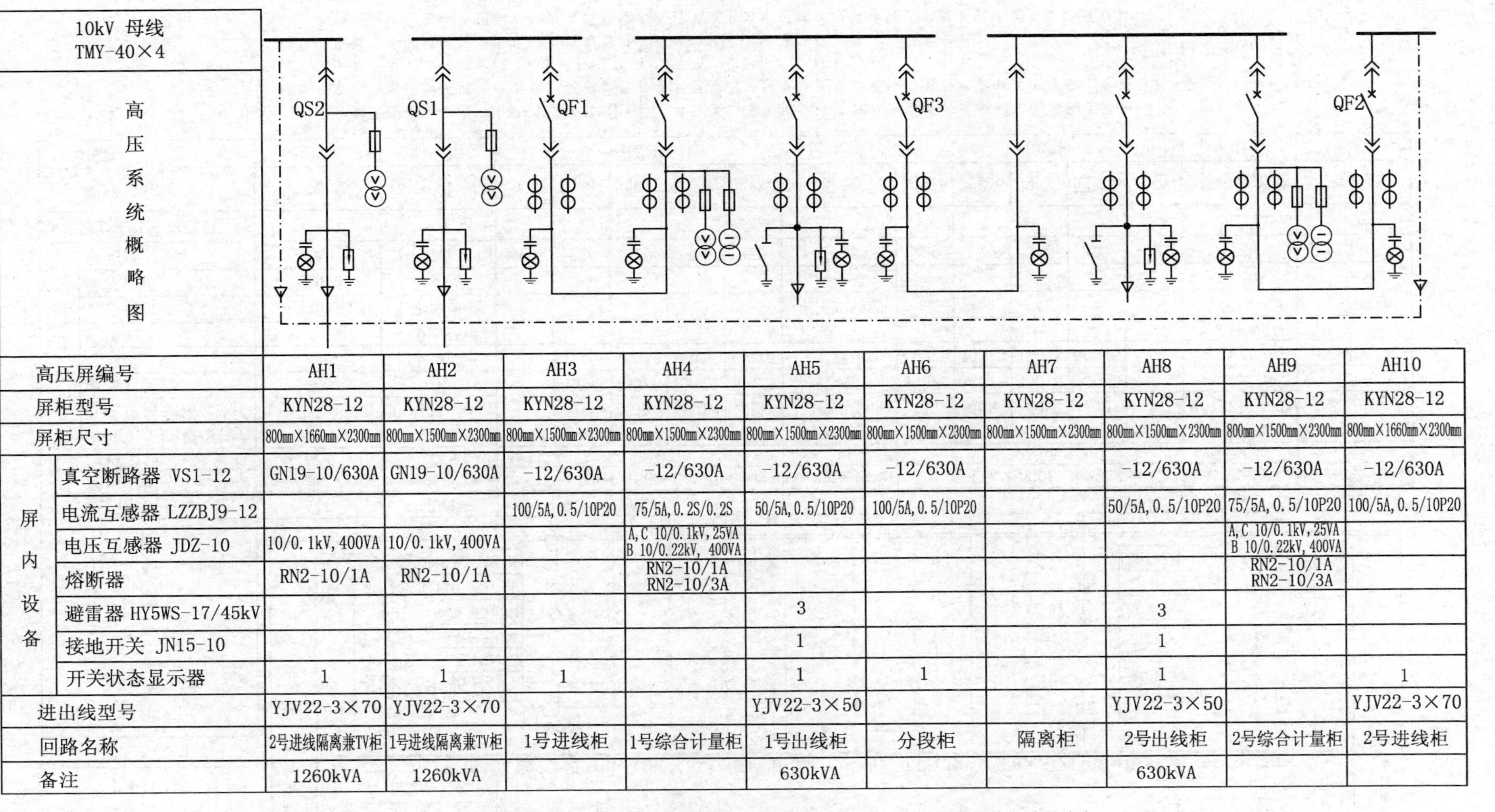

高压屏编号		AH1	AH2	AH3	AH4	AH5	AH6	AH7	AH8	AH9	AH10
屏柜型号		KYN28-12	KYN28-12	KYN28-12	KYN28-12	KYN28-12	KYN28-12	KYN28-12	KYN28-12	KYN28-12	KYN28-12
屏柜尺寸		800mm×1660mm×2300mm	800mm×1500mm×2300mm	800mm×1500mm×2300mm	800mm×1500mm×2300mm	800mm×1500mm×2300mm	800mm×1500mm×2300mm	800mm×1500mm×2300mm	800mm×1500mm×2300mm	800mm×1500mm×2300mm	800mm×1660mm×2300mm
屏内设备	真空断路器 VS1-12	GN19-10/630A	GN19-10/630A	-12/630A	-12/630A	-12/630A	-12/630A		-12/630A	-12/630A	-12/630A
	电流互感器 LZZBJ9-12			100/5A, 0.5/10P20	75/5A, 0.2S/0.2S	50/5A, 0.5/10P20	100/5A, 0.5/10P20		50/5A, 0.5/10P20	75/5A, 0.5/10P20	100/5A, 0.5/10P20
	电压互感器 JDZ-10	10/0.1kV, 400VA	10/0.1kV, 400VA		A, C 10/0.1kV, 25VA B 10/0.22kV, 400VA					A, C 10/0.1kV, 25VA B 10/0.22kV, 400VA	
	熔断器	RN2-10/1A	RN2-10/1A		RN2-10/1A RN2-10/3A					RN2-10/1A RN2-10/3A	
	避雷器 HY5WS-17/45kV					3			3		
	接地开关 JN15-10					1			1		
	开关状态显示器	1	1	1		1	1		1		1
进出线型号		YJV22-3×70	YJV22-3×70			YJV22-3×50			YJV22-3×50		YJV22-3×70
回路名称		2号进线隔离兼TV柜	1号进线隔离兼TV柜	1号进线柜	1号综合计量柜	1号出线柜	分段柜	隔离柜	2号出线柜	2号综合计量柜	2号进线柜
备注		1260kVA	1260kVA			630kVA			630kVA		

注：(1) 本方案变压器为2台630kVA油浸式变压器。具体布置及接线按实际出线回路数，可根据工程具体情况进行确定。

(2) 10kV部分为中置柜、单母线分段接线方式、二进二出、高压计量方式。

(3) 两进线隔离柜隔离手车QS1、QS2分别与真空断路器QF1、QF2进行电气闭锁，防止误拉合隔离手车。

(4) 为防止过电压，在开关柜进出线间隔各装设氧化锌避雷器一组。氧化锌避雷器按GB 11032《交流无间隙金属氧化物避雷器》中的规定进行选择。

(5) 10kV进线装设过流、速断保护；变压器装设过流、速断、温度、零序保护等。

第五章 电力需求侧10kV配电系统		第三节 有配电间的10kV配电系统组合设计方案	
图号	2-5-3-68	图名	方案PB-21的10kV概略图

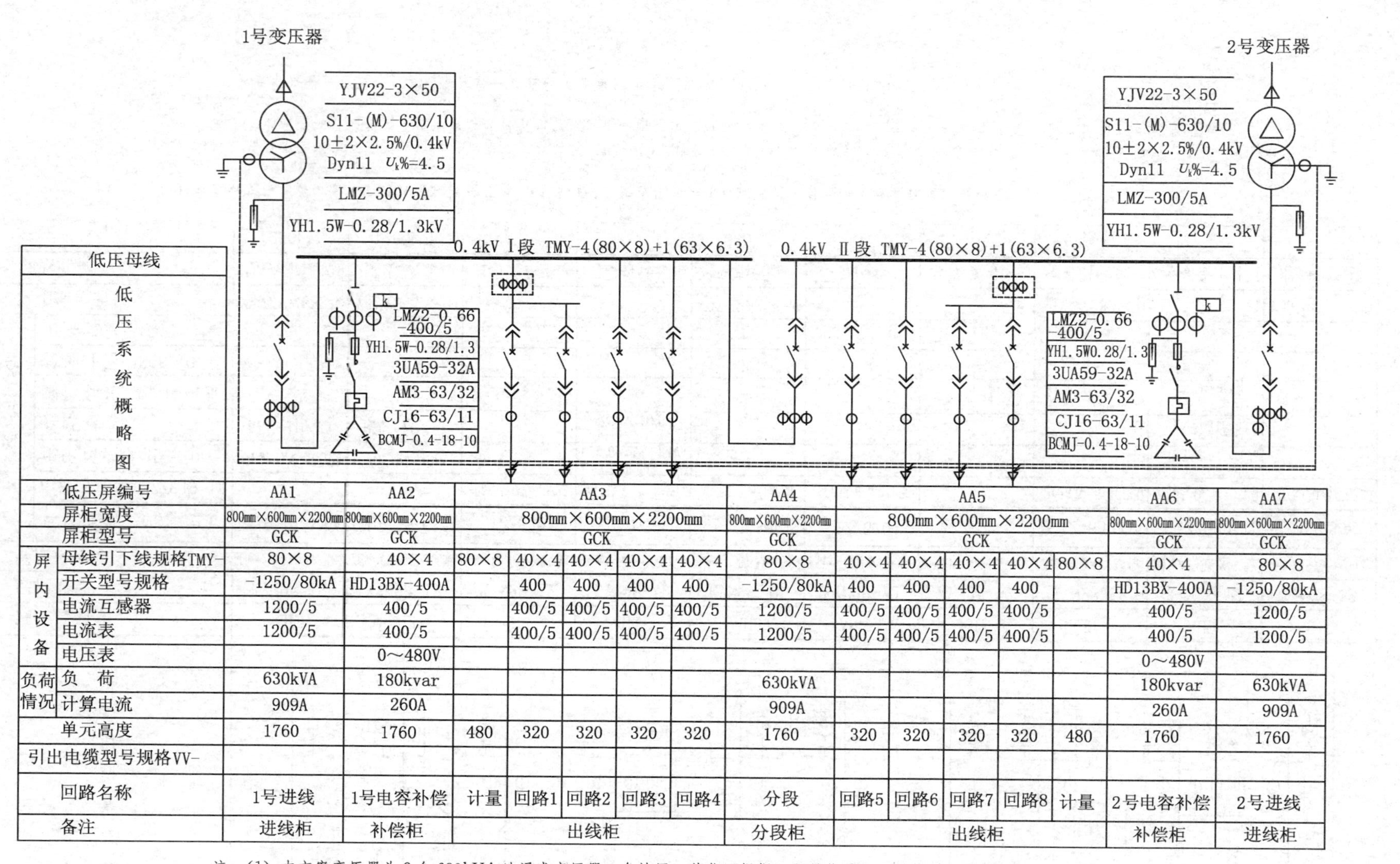

低压屏编号	AA1	AA2	AA3					AA4	AA5					AA6	AA7
屏柜宽度	800mm×600mm×2200mm	800mm×600mm×2200mm	800mm×600mm×2200mm					800mm×600mm×2200mm	800mm×600mm×2200mm					800mm×600mm×2200mm	800mm×600mm×2200mm
屏柜型号	GCK	GCK	GCK					GCK	GCK					GCK	GCK
屏内设备 母线引下线规格TMY-	80×8	40×4	80×8	40×4	40×4	40×4	40×4	80×8	40×4	40×4	40×4	40×4	80×8	40×4	80×8
屏内设备 开关型号规格	-1250/80kA	HD13BX-400A		400	400	400	400	-1250/80kA	400	400	400	400		HD13BX-400A	-1250/80kA
屏内设备 电流互感器	1200/5	400/5		400/5	400/5	400/5	400/5	1200/5	400/5	400/5	400/5	400/5		400/5	1200/5
屏内设备 电流表	1200/5	400/5		400/5	400/5	400/5	400/5	1200/5	400/5	400/5	400/5	400/5		400/5	1200/5
屏内设备 电压表		0～480V												0～480V	
负荷情况 负荷	630kVA	180kvar						630kVA						180kvar	630kVA
负荷情况 计算电流	909A	260A						909A						260A	909A
单元高度	1760	1760	480	320	320	320	320	1760	320	320	320	320	480	1760	1760
引出电缆型号规格VV-															
回路名称	1号进线	1号电容补偿	计量	回路1	回路2	回路3	回路4	分段	回路5	回路6	回路7	回路8	计量	2号电容补偿	2号进线
备注	进线柜	补偿柜	出线柜					分段柜	出线柜					补偿柜	进线柜

注：(1) 本方案变压器为2台630kVA油浸式变压器；各地区、单位可根据工程具体需要，调整相应的出线回路。

(2) 自备电源的设计不列入本工程，用户如有自备电源接入，应与市电采取闭锁措施，严禁自备电源向主电网倒送电源。

(3) 低压母线最大工作电流按1600A考虑。

(4) 低压侧短路和过载保护利用空气断路器自身具有的保护特性来实现。

(5) 无功补偿电容器柜采用无功静态自动补偿形式，低压电力电容器采用自愈式、免维护、无污染、环保型。

(6) 无功补偿容量按变压器容量的30%补偿，保证用电高峰时功率因数不低于0.95。

主要设备及材料清册

序号	名称	型号及规格	单位	数量	备注
一	10kV 电缆接入模块部分	M-1-1-3			
1	预应力锥形水泥杆	ϕ190mm×15m	根	4	单重：1604kg
2	高压单回倒挂横担	DGD11-2200mm	套	12	单重：24.27kg
3	高压真空断路器	U_N=12kV，I_N=630A	组	2	
4	氧化锌避雷器	HY5W-17/45kV	组	2	
5	针式绝缘子	P-20M	套	36	含螺栓及套筒
6	10kV 电力电缆	YJV22-8.7/15-3×70	m	400	户内外电缆头各2套
7	电缆沟		m	190	
8	电缆埋管		m	190	
二	10kV 配电装置模块部分	M-2-3-1			
1	10kV 进线隔离兼 TV 柜	KYN28-12 型[长×宽×高：800mm×1500（&1600）mm×2300mm]	面	2	
2	10kV 进线总开关柜	KYN28-12 型[长×宽×高：800mm×1500（&1600）mm×2300mm]	面	2	配真空断路器
3	10kV 综合计量柜	KYN28-12 型(长×宽×高：800mm×1500mm×2300mm)	面	2	
4	10kV 分段隔离柜	KYN28-12 型(长×宽×高：800mm×1500mm×2300mm)	面	1	
5	10kV 分段开关柜	KYN28-12 型(长×宽×高：800mm×1500mm×2300mm)	面	1	配真空断路器
6	10kV 出线柜	KYN28-12 型(长×宽×高：800mm×1500mm×2300mm)	面	2	配真空断路器
7	10kV 电力电缆	YJV22-8.7/15-3×70	m	15	配户内电缆头2套
8	10kV 电力电缆	YJV22-8.7/15-3×50	m	35	配户内电缆头4套
9	热镀锌角钢	∟50mm×5mm×2500mm	根	20	
10	热镀锌扁钢	—50mm×5mm	m	300	接地干线及引上线
11	接地螺栓		副	10	
12	模拟屏	2000mm×1000mm	块	1	
三	主变压器模块部分	M-3-1			

续表

序号	名称	型号及规格	单位	数量	备注
1	变压器	S11-（M）-630/10，10±2×2.5%/0.4kV，Dyn11，U_k=4.5%	台	2	
2	低压母排	TMY-80×8	m	56	
3	低压避雷器	YH1.5W-0.28/1.3kV	只	6	
四	0.4kV 配电装置模块部分	M-4-2-1			单母线分段接线
1	低压进线柜	GCS（K）型	面	2	抽屉式低压开关柜
2	低压补偿柜	GCS（K）型	面	2	
3	低压出线柜	GCS（K）型	面	2	
4	低压分段柜	GCS（K）型	面	1	
5	低压穿墙板		块	2	
6	支持绝缘子	WX-01	个	12	
7	不锈钢护网	网孔不大于 20mm×20mm	块	4	
五	二次系统模块部分	M-5-1-3			
1	微机线路保护测控装置		套	3	
2	微机变压器保护测控装置		套	2	
3	直流屏	DC 220V，38Ah	面	1	M-5-2-2
4	控制电缆	$KVVP_2$-	m	450	
5	低压电缆	VV22-3×35+1×16	m	40	
6	中央信号箱		个	1	
六	高压计量装置模块部分	M-6-3			
1	高压计量装置	含计量表计、用电信息采集管理终端等	套	2	高压双电源，高供高计，采用购电制方式

注：(1) 为加强配电网设备设施的标识管理，防止误操作、误入带电间隔，按要求设置标识标牌。

(2) 接地。用于独立建筑物时，本类型配电间接地按有关技术规程的要求设计，接地装置由水平接地体与垂直接地体组成，接地网的截面和材料应考虑热稳定和腐蚀要求，水平接地体一般由—50mm×5mm 的热镀锌扁钢组成，垂直接地体由∟50mm×5mm×2500mm 的热镀锌角钢组成。接地网接地电阻应符合 DL/T 621《交流电气装置的接地》的规定，要求不大于 4Ω；如不能满足要求，则需要采取降阻措施。

(3) 工作照明采用节能荧光灯、防爆投光灯，事故照明采用应急灯。

(4) 电缆敷设采用电缆沟或穿管直埋敷设方式，并满足防火要求。高、低压电缆沟的尺寸应满足电缆的敷设数量及弯曲半径等要求。

第五章 电力需求侧 10kV 配电系统		第三节 有配电间的10kV配电系统组合设计方案	
图号	2-5-3-70	图名	方案 PB-21 设备材料清册

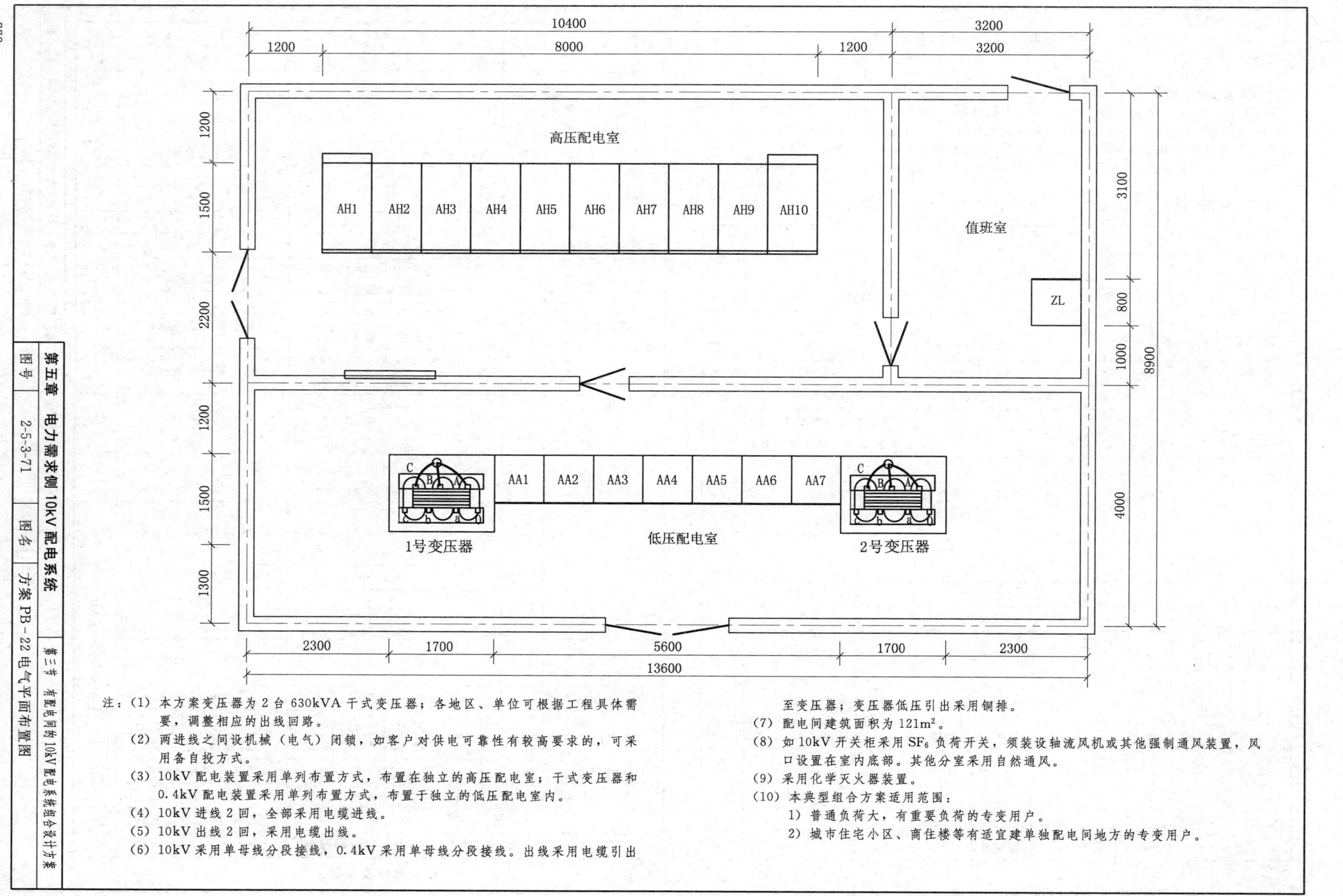

注：(1) 本方案变压器为2台630kVA干式变压器；各地区、单位可根据工程具体需要，调整相应的出线回路。

(2) 两进线之间设机械（电气）闭锁，如客户对供电可靠性有较高要求的，可采用备自投方式。

(3) 10kV配电装置采用单列布置方式，布置在独立的高压配电室；干式变压器和0.4kV配电装置采用单列布置方式，布置于独立的低压配电室内。

(4) 10kV进线2回，全部采用电缆进线。

(5) 10kV出线2回，采用电缆出线。

(6) 10kV采用单母线分段接线，0.4kV采用单母线分段接线。出线采用电缆引出至变压器；变压器低压引出采用铜排。

(7) 配电间建筑面积为121m²。

(8) 如10kV开关柜采用SF_6负荷开关，须装设轴流风机或其他强制通风装置，风口设置在室内底部。其他分室采用自然通风。

(9) 采用化学灭火器装置。

(10) 本典型组合方案适用范围：

1) 普通负荷大，有重要负荷的专变用户。

2) 城市住宅小区、商住楼等有适宜建单独配电间地方的专变用户。

第五章　电力需求侧10kV配电系统			第三节　有配电间的10kV配电系统组合设计方案
图号	2-5-3-71	图名	方案PB－22电气平面布置图

10kV 母线 TMY-40×4

高压系统概略图

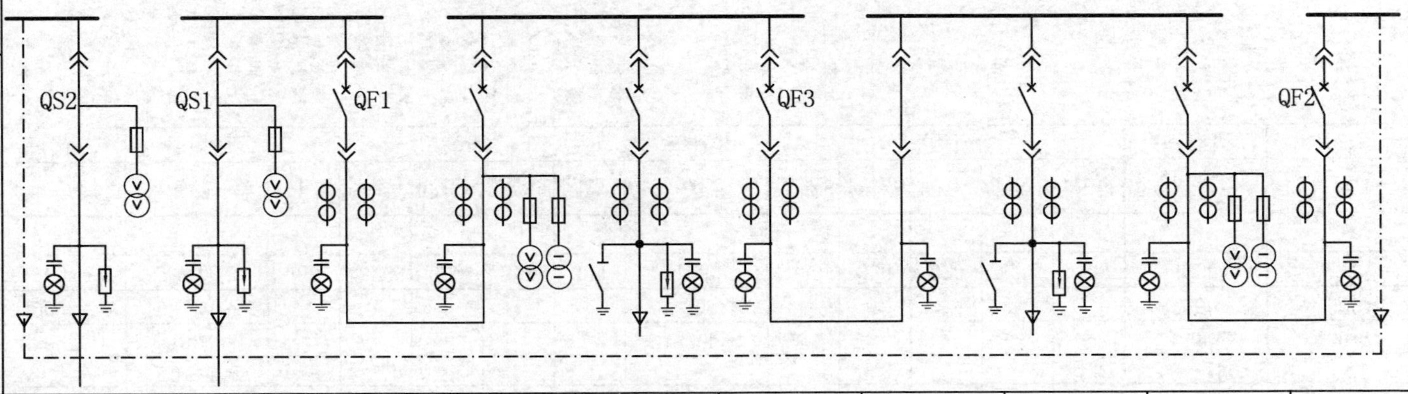

QS2　QS1　QF1　QF3　QF2

高压屏编号	AH1	AH2	AH3	AH4	AH5	AH6	AH7	AH8	AH9	AH10
屏柜型号	KYN28-12	KYN28-12	KYN28-12	KYN28-12	KYN28-12	KYN28-12	KYN28-12	KYN28-12	KYN28-12	KYN28-12
屏柜尺寸	800mm×1660mm×2300mm	800mm×1500mm×2300mm	800mm×1500mm×2300mm	800mm×1500mm×2300mm	800mm×1500mm×2300mm	800mm×1500mm×2300mm	800mm×1500mm×2300mm	800mm×1500mm×2300mm	800mm×1500mm×2300mm	800mm×1660mm×2300mm
屏内设备 真空断路器 VS1-12	GN19-10/630A	GN19-10/630A	-12/630A	-12/630A	-12/630A	-12/630A		-12/630A	-12/630A	-12/630A
屏内设备 电流互感器 LZZBJ9-12			100/5A, 0.5/10P20	75/5A, 0.2S/0.2S	50/5A, 0.5/10P20	100/5A, 0.5/10P20		50/5A, 0.5/10P20	75/5A, 0.5/10P20	100/5A, 0.5/10P20
屏内设备 电压互感器 JDZ-10	10/0.1kV, 400VA	10/0.1kV, 400VA		A, C 10/0.1kV, 25VA B 10/0.22kV, 400VA					A, C 10/0.1kV, 25VA B 10/0.22kV, 400VA	
屏内设备 熔断器	RN2-10/1A	RN2-10/1A		RN2-10/1A RN2-10/3A					RN2-10/1A RN2-10/3A	
屏内设备 避雷器 HY5WS-17/45kV					3			3		
屏内设备 接地开关 JN15-10					1			1		
屏内设备 开关状态显示器	1	1	1		1	1		1		1
进出线型号	YJV22-3×70	YJV22-3×70			YJV22-3×50			YJV22-3×50		YJV22-3×70
回路名称	2号进线隔离兼TV柜	1号进线隔离兼TV柜	1号进线柜	1号综合计量柜	1号出线柜	分段柜	隔离柜	2号出线柜	2号综合计量柜	2号进线柜
备注	1260kVA	1260kVA			630kVA			630kVA		

注：(1) 本方案变压器为 2 台 630kVA 干式变压器。具体布置及接线按实际出线回路数，可根据工程具体情况进行确定。

(2) 10kV 部分为中置柜、单母线分段接线方式、二进二出、高压计量方式。

(3) 两进线隔离柜隔离手车 QS1、QS2 分别与真空断路器 QF1、QF2 进行电气闭锁，防止误拉合隔离手车。

(4) 为防止过电压，在开关柜进出线间隔各装设氧化锌避雷器一组。氧化锌避雷器按 GB 11032—2010《交流无间隙金属氧化物避雷器》中的规定进行选择。

(5) 10kV 进线装设过流、速断保护；变压器装设过流、速断、温度、零序保护等。10kV 设备短路电流水平 20kA。

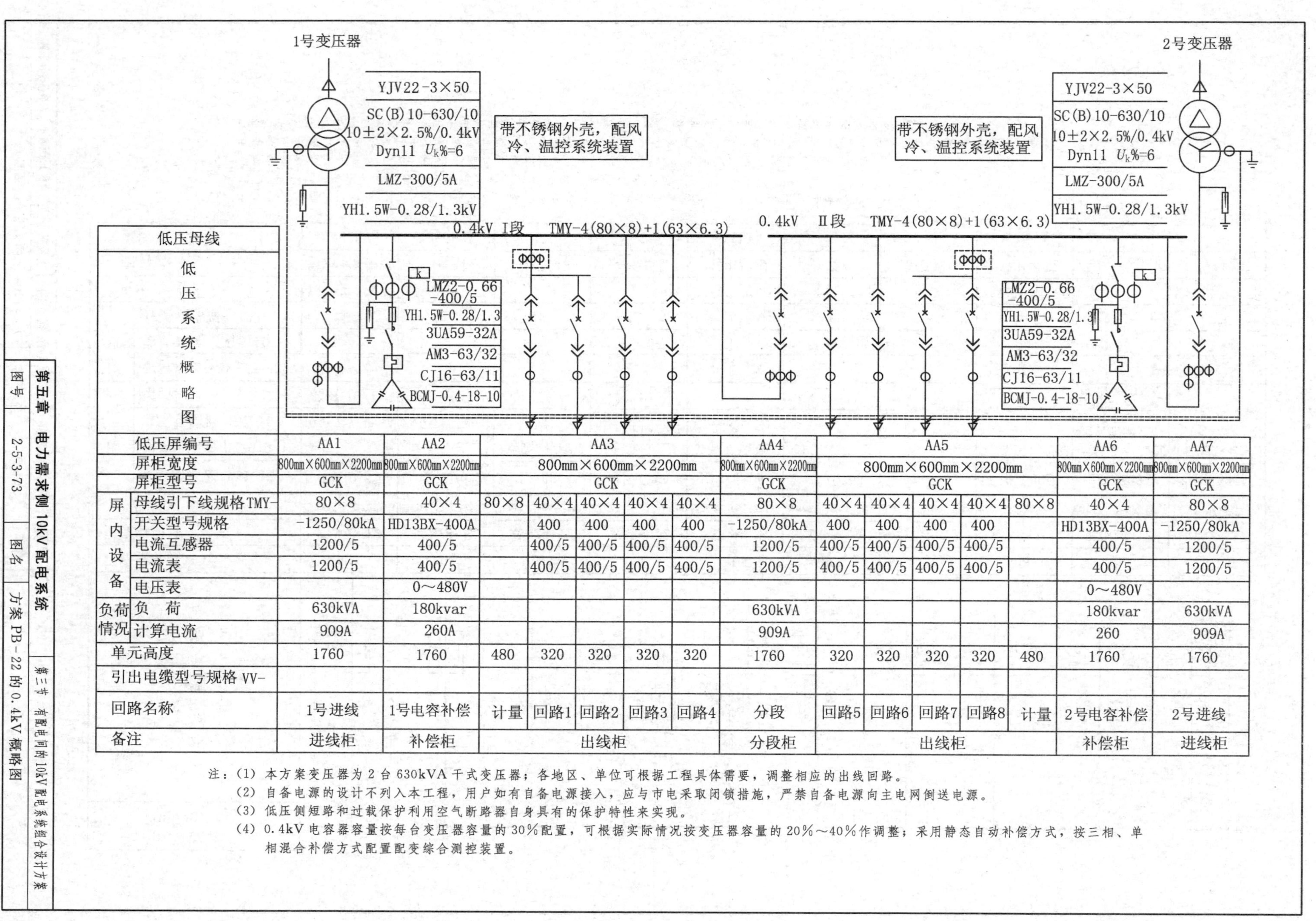

低压屏编号	AA1	AA2	AA3					AA4	AA5					AA6	AA7
屏柜宽度	800mm×600mm×2200mm	800mm×600mm×2200mm	800mm×600mm×2200mm					800mm×600mm×2200mm	800mm×600mm×2200mm					800mm×600mm×2200mm	800mm×600mm×2200mm
屏柜型号	GCK	GCK	GCK					GCK	GCK					GCK	GCK
屏内设备 母线引下线规格TMY-	80×8	40×4	80×8	40×4	40×4	40×4	40×4	80×8	40×4	40×4	40×4	40×4	80×8	40×4	80×8
屏内设备 开关型号规格	-1250/80kA	HD13BX-400A		400	400	400	400	-1250/80kA	400	400	400	400		HD13BX-400A	-1250/80kA
屏内设备 电流互感器	1200/5	400/5		400/5	400/5	400/5	400/5	1200/5	400/5	400/5	400/5	400/5		400/5	1200/5
屏内设备 电流表	1200/5	400/5		400/5	400/5	400/5	400/5	1200/5	400/5	400/5	400/5	400/5		400/5	1200/5
屏内设备 电压表		0～480V												0～480V	
负荷情况 负荷	630kVA	180kvar						630kVA						180kvar	630kVA
负荷情况 计算电流	909A	260A						909A						260	909A
单元高度	1760	1760	480	320	320	320	320	1760	320	320	320	320	480	1760	1760
引出电缆型号规格VV-															
回路名称	1号进线	1号电容补偿	计量	回路1	回路2	回路3	回路4	分段	回路5	回路6	回路7	回路8	计量	2号电容补偿	2号进线
备注	进线柜	补偿柜	出线柜					分段柜	出线柜					补偿柜	进线柜

注：(1) 本方案变压器为2台630kVA干式变压器；各地区、单位可根据工程具体需要，调整相应的出线回路。
(2) 自备电源的设计不列入本工程，用户如有自备电源接入，应与市电采取闭锁措施，严禁自备电源向主电网倒送电源。
(3) 低压侧短路和过载保护利用空气断路器自身具有的保护特性来实现。
(4) 0.4kV电容器容量按每台变压器容量的30%配置，可根据实际情况按变压器容量的20%～40%作调整；采用静态自动补偿方式，按三相、单相混合补偿方式配置配变综合测控装置。

第五章 电力需求侧10kV配电系统		第三节 有配电间的10kV配电系统组合设计方案	
图号	2-5-3-73	图名	方案PB-22的0.4kV概略图

主要设备及材料清册

序号	名称	型号及规格	单位	数量	备注
一	10kV 电缆接入模块部分	M-1-1-3			
1	预应力锥形水泥杆	ϕ190mm×15m	根	4	单重：1604kg
2	高压单回倒挂横担	DGD11-2200mm	套	12	单重：24.27kg
3	高压真空断路器	U_N=12kV，I_N=630A	组	2	
4	氧化锌避雷器	HY5W-17/45kV	组	2	
5	针式绝缘子	P-20M	套	36	含螺栓及套筒
6	10kV 电力电缆	YJV22-8.7/15-3×70	m	400	户内外电缆头各 2 套
7	电缆沟		m	190	
8	电缆埋管		m	190	
二	10kV 配电装置模块部分	M-2-3-1			
1	10kV 进线隔离兼 TV 柜	KYN28-12 型[长×宽×高：800mm×1500（&1660）mm×2300mm]	面	2	
2	10kV 进线总开关柜	KYN28-12 型[长×宽×高：800mm×1500（&1660）mm×2300mm]	面	2	配真空断路器
3	10kV 综合计量柜	KYN28-12 型(长×宽×高：800mm×1500mm×2300mm)	面	2	
4	10kV 分段隔离柜	KYN28-12 型(长×宽×高：800mm×1500mm×2300mm)	面	1	
5	10kV 分段开关柜	KYN28-12 型(长×宽×高：800mm×1500mm×2300mm)	面	1	配真空断路器
6	10kV 出线柜	KYN28-12 型(长×宽×高：800mm×1500mm×2300mm)	面	2	配真空断路器
7	10kV 电力电缆	YJV22-8.7/15-3×70	m	15	配户内电缆头 2 套
8	10kV 电力电缆	YJV22-8.7/15-3×50	m	35	配户内电缆头 4 套
9	热镀锌角钢	∟50mm×5mm×2500mm	根	20	
10	热镀锌扁钢	—50mm×5mm	m	300	接地干线及引上线
11	接地螺栓		副	6	
12	模拟屏	2000mm×1000mm	块	1	
三	主变压器模块部分	M-3-2			

续表

序号	名称	型号及规格	单位	数量	备注
1	变压器	SC（B）10-630/10，10±2×2.5%/0.4kV，Dyn11，U_k=6%	台	2	带外壳（防护等级不低于 IP3X），配风机、温控系统装置
2	低压封闭母线	4（TMY-80×8）	m	10	
3	低压避雷器	YH1.5W-0.28/1.3kV	只	6	
四	0.4kV 配电装置模块部分	M-4-2-1			单母线分段接线
1	低压进线柜	GCS（K）型	面	2	抽屉式低压开关柜
2	低压补偿柜	GCS（K）型	面	2	
3	低压出线柜	GCS（K）型	面	2	
4	低压分段柜	GCS（K）型	面	1	
五	二次系统模块部分	M-5-1-3			
1	微机线路保护测控装置		套	3	
2	微机变压器保护测控装置		套	2	
3	直流屏	DC 220V，38Ah	面	1	M-5-2-2
4	控制电缆	$KVVP_2$-	m	450	
5	低压电缆	VV22-3×35+1×16	m	40	
6	中央信号箱		个	1	
六	高压计量装置模块部分				
1	高压计量装置	含计量表计、用电信息采集管理终端等	套	2	高压双电源，高供高计，采用购电制方式

注：(1) 为加强配电网设备设施的标识管理，防止误操作、误入带电间隔，按要求设置标识标牌。

(2) 电缆敷设采用电缆沟或穿管直埋敷设方式，并满足防火要求。高、低压电缆沟的尺寸应满足电缆的敷设数量及弯曲半径等要求。

(3) 工作照明采用节能荧光灯、防爆投光灯，事故照明采用应急灯。

(4) 用于独立建筑物时，本类型配电间接地按有关技术规程的要求设计，接地装置由水平接地体与垂直接地体组成，接地网的截面和材料应考虑热稳定和腐蚀要求，水平接地体一般由—50mm×5mm 的热镀锌扁钢组成，垂直接地体由∟50mm×5mm×2500mm 的热镀锌角钢组成。接地网接地电阻应符合 DL/T 621《交流电气装置的接地》的规定。要求不大于 4Ω；如不能满足要求，则需要采取降阻措施。

(5) 计量电流回路采用 4mm² 单芯硬铜芯电线（缆），电压回路采用 2.5mm² 单芯硬铜芯电线（缆），并按 A 黄、B 绿、C 红、N 黑分色。

(6) 电能计量装置选用及配置应满足 DL/T 448《电能计量装置技术管理规程》规定。

第五章　电力需求侧 10kV 配电系统		第三节　有配电间的 10kV 配电系统组合设计方案	
图号	2-5-3-74	图名	方案 PB-22 设备材料清册

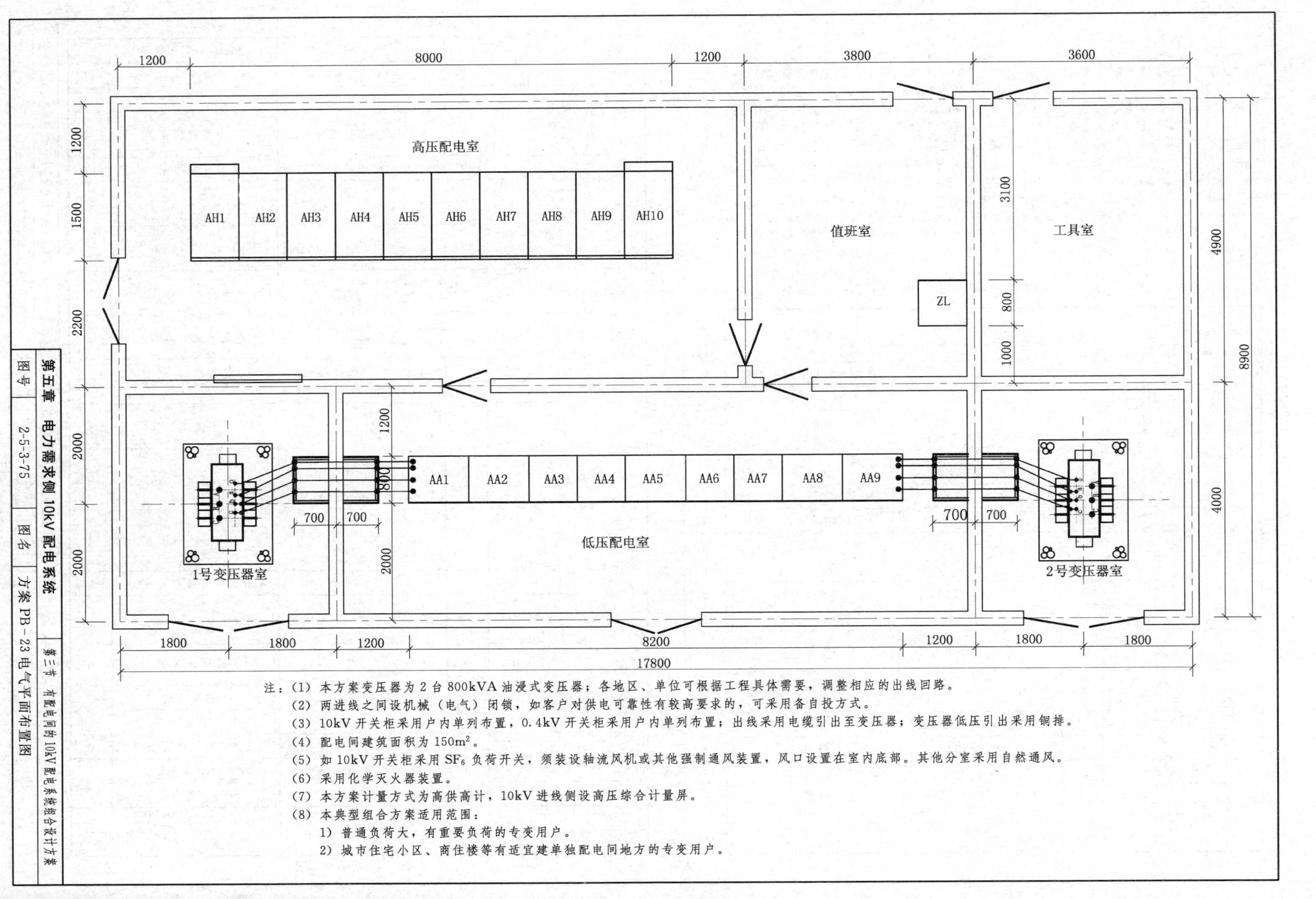

第五章 电力需求侧 10kV 配电系统		第三节 有配电间的10kV配电系统组合设计方案	
图号	2-5-3-75	图名	方案 PB-23 电气平面布置图

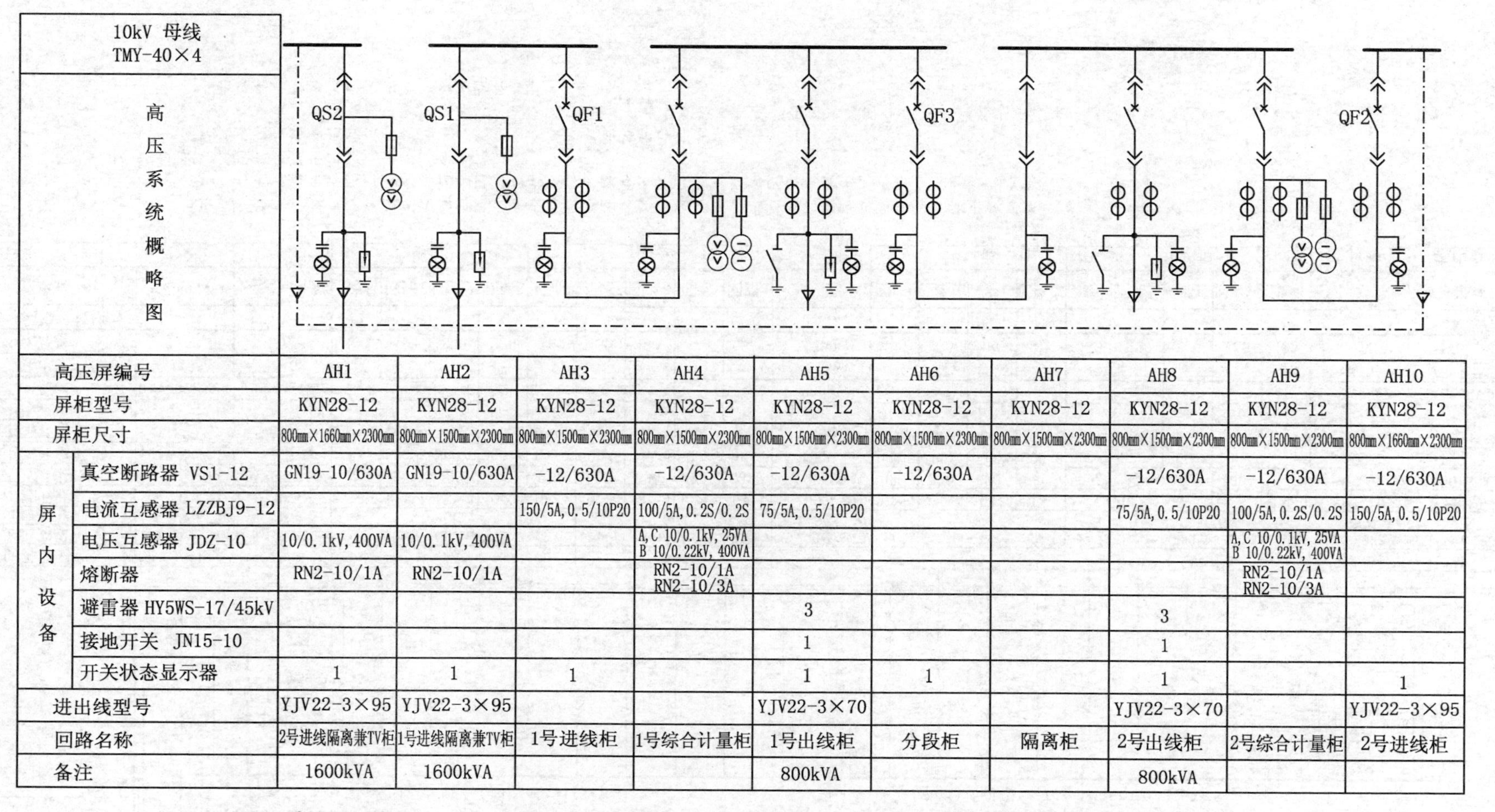

高压屏编号		AH1	AH2	AH3	AH4	AH5	AH6	AH7	AH8	AH9	AH10
屏柜型号		KYN28-12	KYN28-12	KYN28-12	KYN28-12	KYN28-12	KYN28-12	KYN28-12	KYN28-12	KYN28-12	KYN28-12
屏柜尺寸		800mm×1660mm×2300mm	800mm×1500mm×2300mm	800mm×1500mm×2300mm	800mm×1500mm×2300mm	800mm×1500mm×2300mm	800mm×1500mm×2300mm	800mm×1500mm×2300mm	800mm×1500mm×2300mm	800mm×1500mm×2300mm	800mm×1660mm×2300mm
屏内设备	真空断路器 VS1-12	GN19-10/630A	GN19-10/630A	-12/630A	-12/630A	-12/630A	-12/630A		-12/630A	-12/630A	-12/630A
	电流互感器 LZZBJ9-12			150/5A, 0.5/10P20	100/5A, 0.2S/0.2S	75/5A, 0.5/10P20			75/5A, 0.5/10P20	100/5A, 0.2S/0.2S	150/5A, 0.5/10P20
	电压互感器 JDZ-10	10/0.1kV, 400VA	10/0.1kV, 400VA		A, C 10/0.1kV, 25VA B 10/0.22kV, 400VA					A, C 10/0.1kV, 25VA B 10/0.22kV, 400VA	
	熔断器	RN2-10/1A	RN2-10/1A		RN2-10/1A RN2-10/3A					RN2-10/1A RN2-10/3A	
	避雷器 HY5WS-17/45kV					3			3		
	接地开关 JN15-10					1			1		
	开关状态显示器	1	1	1		1	1		1		1
进出线型号		YJV22-3×95	YJV22-3×95			YJV22-3×70			YJV22-3×70		YJV22-3×95
回路名称		2号进线隔离兼TV柜	1号进线隔离兼TV柜	1号进线柜	1号综合计量柜	1号出线柜	分段柜	隔离柜	2号出线柜	2号综合计量柜	2号进线柜
备注		1600kVA	1600kVA			800kVA			800kVA		

注：(1) 本方案变压器为2台800kVA油浸式变压器。具体布置及接线按实际出线回路数，可根据工程具体情况进行确定。

(2) 10kV部分为中置柜、单母线分段接线方式、二进二出、高压计量方式。

(3) 两进线隔离柜隔离手车QS1、QS2分别与真空断路器QF1、QF2进行电气闭锁，防止误拉合隔离手车。

(4) 10kV进线装设过流、速断保护；变压器装设过流、速断、温度、零序保护等。

(5) 为防止过电压，在开关柜进出线间隔各装设氧化锌避雷器一组。

第五章 电力需求侧10kV配电系统		第三节 有配电间的10kV配电系统组合设计方案	
图号	2-5-3-76	图名	方案PB-23的10kV概略图

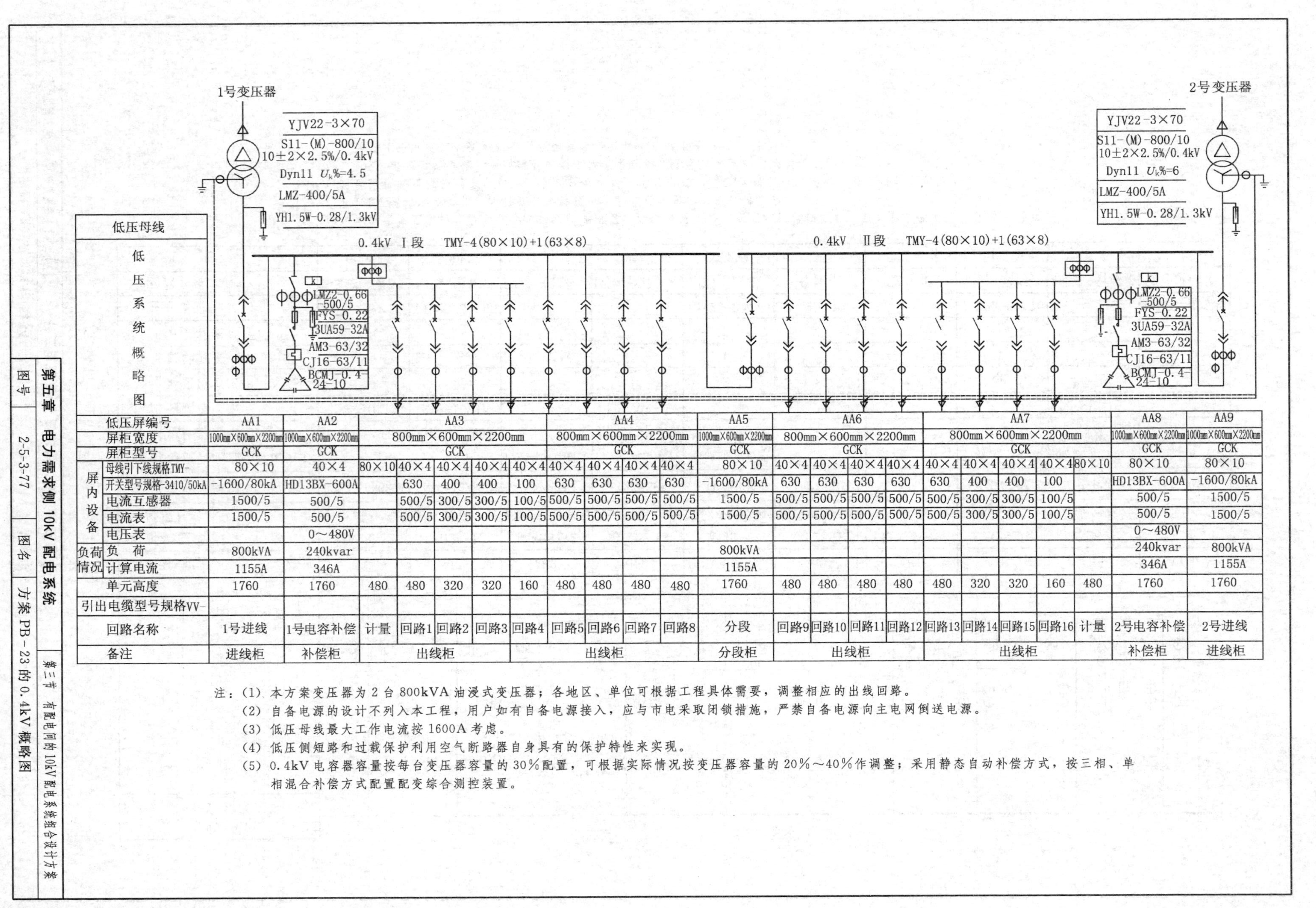

低压屏编号	AA1	AA2	AA3				AA4				
屏柜宽度	1000mm×600mm×2200mm	1000mm×600mm×2200mm	800mm×600mm×2200mm				800mm×600mm×2200mm				
屏柜型号	GCK	GCK	GCK				GCK				
屏内设备 母线引下线规格TMY-	80×10	40×4	80×10	40×4	40×4	40×4	40×4	40×4	40×4	40×4	40×4
屏内设备 开关型号规格-3410/50kA	-1600/80kA	HD13BX-600A		630	400	400	100	630	630	630	630
屏内设备 电流互感器	1500/5	500/5		500/5	300/5	300/5	100/5	500/5	500/5	500/5	500/5
屏内设备 电流表	1500/5	500/5		500/5	300/5	300/5	100/5	500/5	500/5	500/5	500/5
屏内设备 电压表		0～480V									
负荷情况 负荷	800kVA	240kvar									
负荷情况 计算电流	1155A	346A									
单元高度	1760	1760	480	480	320	320	160	480	480	480	480
引出电缆型号规格VV-											
回路名称	1号进线	1号电容补偿	计量	回路1	回路2	回路3	回路4	回路5	回路6	回路7	回路8
备注	进线柜	补偿柜	出线柜				出线柜				

低压屏编号	AA5	AA6				AA7					AA8	AA9
屏柜宽度	1000mm×600mm×2200mm	800mm×600mm×2200mm				800mm×600mm×2200mm					1000mm×600mm×2200mm	1000mm×600mm×2200mm
屏柜型号	GCK	GCK				GCK					GCK	GCK
屏内设备 母线引下线规格TMY-	80×10	40×4	40×4	40×4	40×4	40×4	40×4	40×4	40×4	80×10	80×10	80×10
屏内设备 开关型号规格-3410/50kA	-1600/80kA	630	630	630	630	630	400	400	100		HD13BX-600A	-1600/80kA
屏内设备 电流互感器	1500/5	500/5	500/5	500/5	500/5	500/5	300/5	300/5	100/5		500/5	1500/5
屏内设备 电流表	1500/5	500/5	500/5	500/5	500/5	500/5	300/5	300/5	100/5		500/5	1500/5
屏内设备 电压表											0～480V	
负荷情况 负荷	800kVA										240kvar	800kVA
负荷情况 计算电流	1155A										346A	1155A
单元高度	1760	480	480	480	480	480	320	320	160	480	1760	1760
引出电缆型号规格VV-												
回路名称	分段	回路9	回路10	回路11	回路12	回路13	回路14	回路15	回路16	计量	2号电容补偿	2号进线
备注	分段柜	出线柜				出线柜					补偿柜	进线柜

注：(1) 本方案变压器为2台800kVA油浸式变压器；各地区、单位可根据工程具体需要，调整相应的出线回路。

(2) 自备电源的设计不列入本工程，用户如有自备电源接入，应与市电采取闭锁措施，严禁自备电源向主电网倒送电源。

(3) 低压母线最大工作电流按1600A考虑。

(4) 低压侧短路和过载保护利用空气断路器自身具有的保护特性来实现。

(5) 0.4kV电容器容量按每台变压器容量的30%配置，可根据实际情况按变压器容量的20%～40%作调整；采用静态自动补偿方式，按三相、单相混合补偿方式配置配变综合测控装置。

主要设备及材料清册

序号	名称	型号及规格	单位	数量	备注
一	10kV 电缆接入模块部分	M-1-1-3			
1	预应力锥形水泥杆	φ190mm×15m	根	4	单重：1604kg
2	高压单回倒挂横担	DGD11-2200mm	套	12	单重：24.27kg
3	高压真空断路器	U_N=12kV，I_N=630A	组	2	
4	氧化锌避雷器	HY5W-17/45kV	组	2	
5	针式绝缘子	P-20M	套	36	含螺栓及套筒
6	10kV 电力电缆	YJV22-8.7/15-3×95	m	400	户内外电缆头各2套
7	电缆沟	700mm×500mm×700mm	m	190	
8	电缆埋管	500mm×300mm×900mm	m	190	
二	10kV 配电装置模块部分	M-2-3-1			单母线分段接线，短路电流水平 20kA
1	10kV 进线隔离兼 TV 柜	KYN28-12 型[长×宽×高：800mm×1500（&1660）mm×2300mm]	面	2	
2	10kV 进线总开关柜	KYN28-12 型[长×宽×高：800mm×1500（&1660）mm×2300mm]	面	2	配真空断路器
3	10kV 综合计量柜	KYN28-12 型(长×宽×高：800mm×1500mm×2300mm)	面	2	
4	10kV 分段隔离柜	KYN28-12 型(长×宽×高：800mm×1500mm×2300mm)	面	1	
5	10kV 分段开关柜	KYN28-12 型(长×宽×高：800mm×1500mm×2300mm)	面	1	配真空断路器
6	10kV 出线柜	KYN28-12 型(长×宽×高：800mm×1500mm×2300mm)	面	2	配真空断路器
7	10kV 电力电缆	YJV22-8.7/15-3×95	m	15	配户内电缆头2套
8	10kV 电力电缆	YJV22-8.7/15-3×70	m	35	配户内电缆头4套
9	热镀锌角钢	∟50mm×5mm×2500mm	根	20	
10	热镀锌扁钢	—50mm×5mm	m	300	接地干线及引上线
11	接地螺栓		副	10	

续表

序号	名称	型号及规格	单位	数量	备注
12	模拟屏	2000mm×1000mm	块	1	
三	主变压器模块部分	M-3-1			
1	变压器	S11-（M）-800/10，10±2×2.5%/0.4kV，Dyn11，U_k=4.5%	台	2	
2	低压母排	TMY-80×10	m	56	
3	低压避雷器	YH1.5W-0.28/1.3kV	只	6	
四	0.4kV 配电装置模块部分	M-4-2-2			单母线分段接线
1	低压进线柜	GCS（K）型	面	2	抽屉式低压开关柜
2	低压补偿柜	GCS（K）型	面	2	
3	低压出线柜	GCS（K）型	面	4	
4	低压分段柜	GCS（K）型	面	1	
5	低压穿墙板		块	2	
6	支持绝缘子	WX-01	个	12	
7	不锈钢护网	网孔不大于 20mm×20mm	块	4	
五	二次系统模块部分	M-5-1-3			
1	微机线路保护测控装置		套	3	
2	微机变压器保护测控装置		套	2	
3	直流屏	DC 220V，38Ah	面	1	M-5-2-2
4	控制电缆	$KVVP_2$-	m	450	
5	低压电缆	VV22-3×35+1×16	m	40	
6	中央信号箱		个	1	
六	高压计量装置模块部分	M-6-3			
1	高压计量装置	含计量表计、用电信息采集管理终端等	套	2	高压双电源，高供高计，采用购电制方式

注：(1) 为加强配电网设备设施的标识管理，防止误操作、误入带电间隔，按要求设置标识标牌。

(2) 采用电缆沟或穿管直埋敷设方式，应满足防火要求。高、低压电缆沟的尺寸应满足电缆的敷设数量及弯曲半径等要求。

(3) 接地。用于独立建筑物时，本类型配电间接地按有关技术规程的要求设计，接地装置由水平接地体与垂直接地体组成，接地网的截面和材料应考虑热稳定和腐蚀要求，水平接地体一般由—50mm×5mm 的热镀锌扁钢组成，垂直接地体由∟50mm×5mm×2500mm 的热镀锌角钢组成。接地网接地电阻应符合 DL/T 621《交流电气装置的接地》的规定。要求不大于 4Ω；如不能满足要求，则需要采取降阻措施。

第五章 电力需求侧 10kV 配电系统		第三节 有配电间的 10kV 配电系统组合设计方案	
图号	2-5-3-78	图名	方案 PB-23 设备材料清册

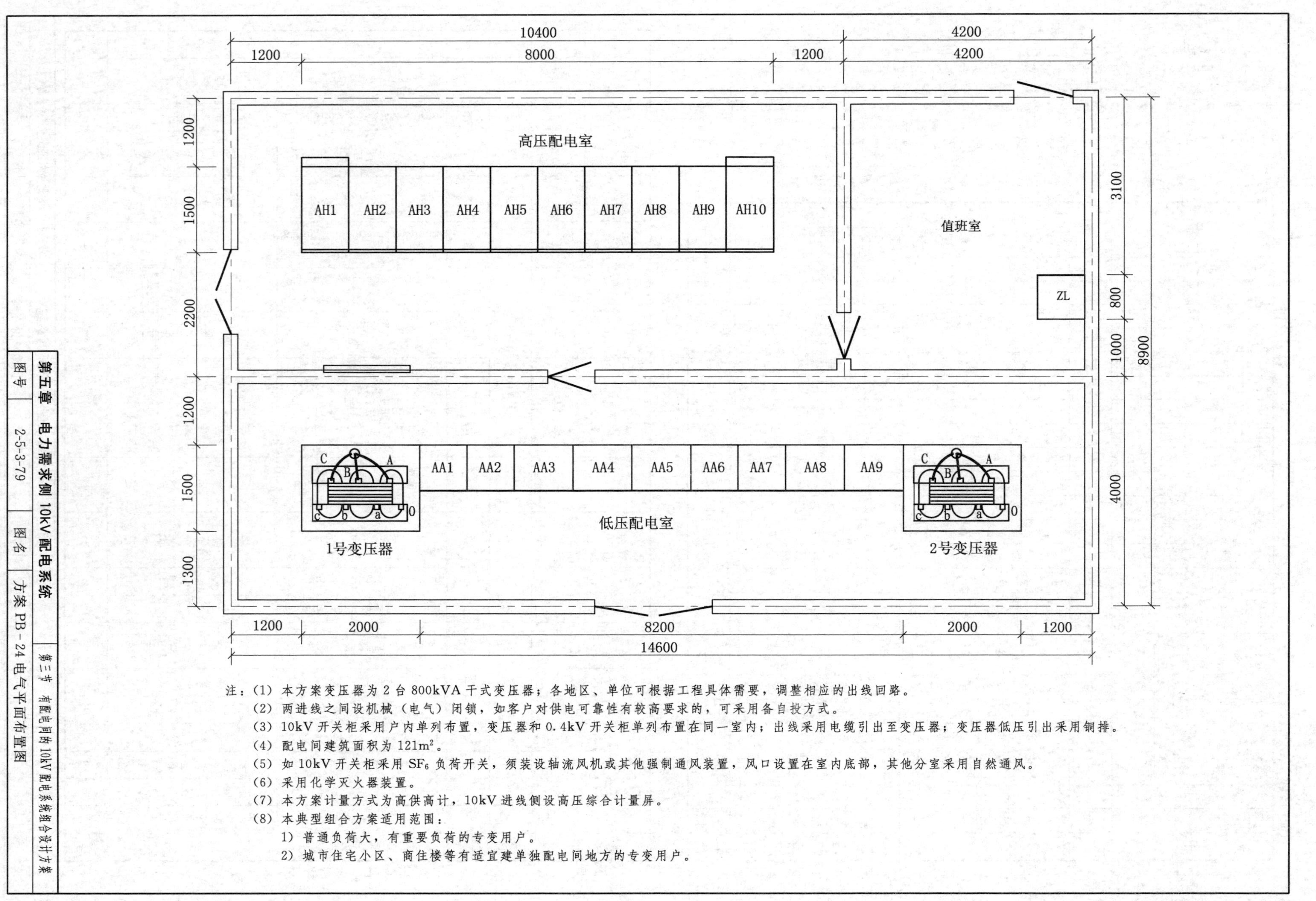

注：(1) 本方案变压器为2台800kVA干式变压器；各地区、单位可根据工程具体需要，调整相应的出线回路。
(2) 两进线之间设机械（电气）闭锁，如客户对供电可靠性有较高要求的，可采用备自投方式。
(3) 10kV开关柜采用户内单列布置，变压器和0.4kV开关柜单列布置在同一室内；出线采用电缆引出至变压器；变压器低压引出采用铜排。
(4) 配电间建筑面积为121m²。
(5) 如10kV开关柜采用SF_6负荷开关，须装设轴流风机或其他强制通风装置，风口设置在室内底部，其他分室采用自然通风。
(6) 采用化学灭火器装置。
(7) 本方案计量方式为高供高计，10kV进线侧设高压综合计量屏。
(8) 本典型组合方案适用范围：
1) 普通负荷大，有重要负荷的专变用户。
2) 城市住宅小区、商住楼等有适宜建单独配电间地方的专变用户。

第五章　电力需求侧10kV配电系统		第三节　有配电间的10kV配电系统组合设计方案	
图号	2-5-3-79	图名	方案PB-24电气平面布置图

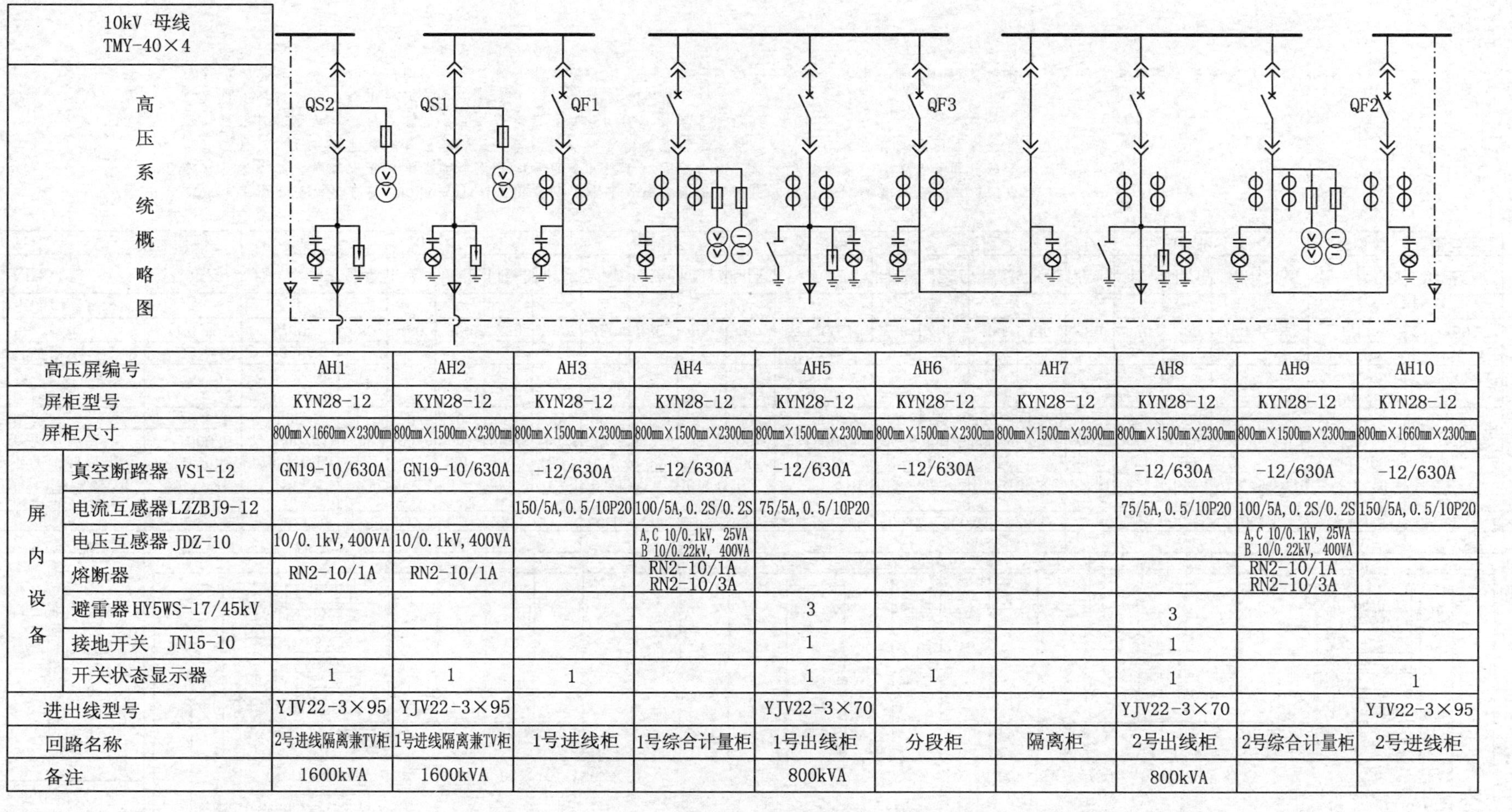

高压屏编号		AH1	AH2	AH3	AH4	AH5	AH6	AH7	AH8	AH9	AH10
屏柜型号		KYN28-12	KYN28-12	KYN28-12	KYN28-12	KYN28-12	KYN28-12	KYN28-12	KYN28-12	KYN28-12	KYN28-12
屏柜尺寸		800mm×1660mm×2300mm	800mm×1500mm×2300mm	800mm×1500mm×2300mm	800mm×1500mm×2300mm	800mm×1500mm×2300mm	800mm×1500mm×2300mm	800mm×1500mm×2300mm	800mm×1500mm×2300mm	800mm×1500mm×2300mm	800mm×1660mm×2300mm
屏内设备	真空断路器 VS1-12	GN19-10/630A	GN19-10/630A	-12/630A	-12/630A	-12/630A	-12/630A		-12/630A	-12/630A	-12/630A
	电流互感器 LZZBJ9-12			150/5A, 0.5/10P20	100/5A, 0.2S/0.2S	75/5A, 0.5/10P20			75/5A, 0.5/10P20	100/5A, 0.2S/0.2S	150/5A, 0.5/10P20
	电压互感器 JDZ-10	10/0.1kV, 400VA	10/0.1kV, 400VA		A, C 10/0.1kV, 25VA B 10/0.22kV, 400VA					A, C 10/0.1kV, 25VA B 10/0.22kV, 400VA	
	熔断器	RN2-10/1A	RN2-10/1A		RN2-10/1A RN2-10/3A					RN2-10/1A RN2-10/3A	
	避雷器 HY5WS-17/45kV					3			3		
	接地开关 JN15-10					1			1		
	开关状态显示器	1	1	1		1	1		1		1
进出线型号		YJV22-3×95	YJV22-3×95			YJV22-3×70			YJV22-3×70		YJV22-3×95
回路名称		2号进线隔离兼TV柜	1号进线隔离兼TV柜	1号进线柜	1号综合计量柜	1号出线柜	分段柜	隔离柜	2号出线柜	2号综合计量柜	2号进线柜
备注		1600kVA	1600kVA			800kVA			800kVA		

注：(1) 本方案变压器为2台800kVA干式变压器。具体布置及接线按实际出线回路数，可根据工程具体情况进行确定。

(2) 10kV部分为中置柜、单母线分段接线方式、二进二出、高压计量方式。

(3) 两进线隔离柜隔离手车QS1、QS2分别与真空断路器QF1、QF2进行电气闭锁，防止误拉合隔离手车。

(4) 10kV进线装设过流、速断保护；变压器装设过流、速断、温度、零序保护等。

(5) 为防止过电压，在开关柜进出线间隔各装设氧化锌避雷器一组。

(6) 高压综合计量屏上安装计量专用TA、TV、购电开关、多功能计量表、用电信息采集管理终端等。

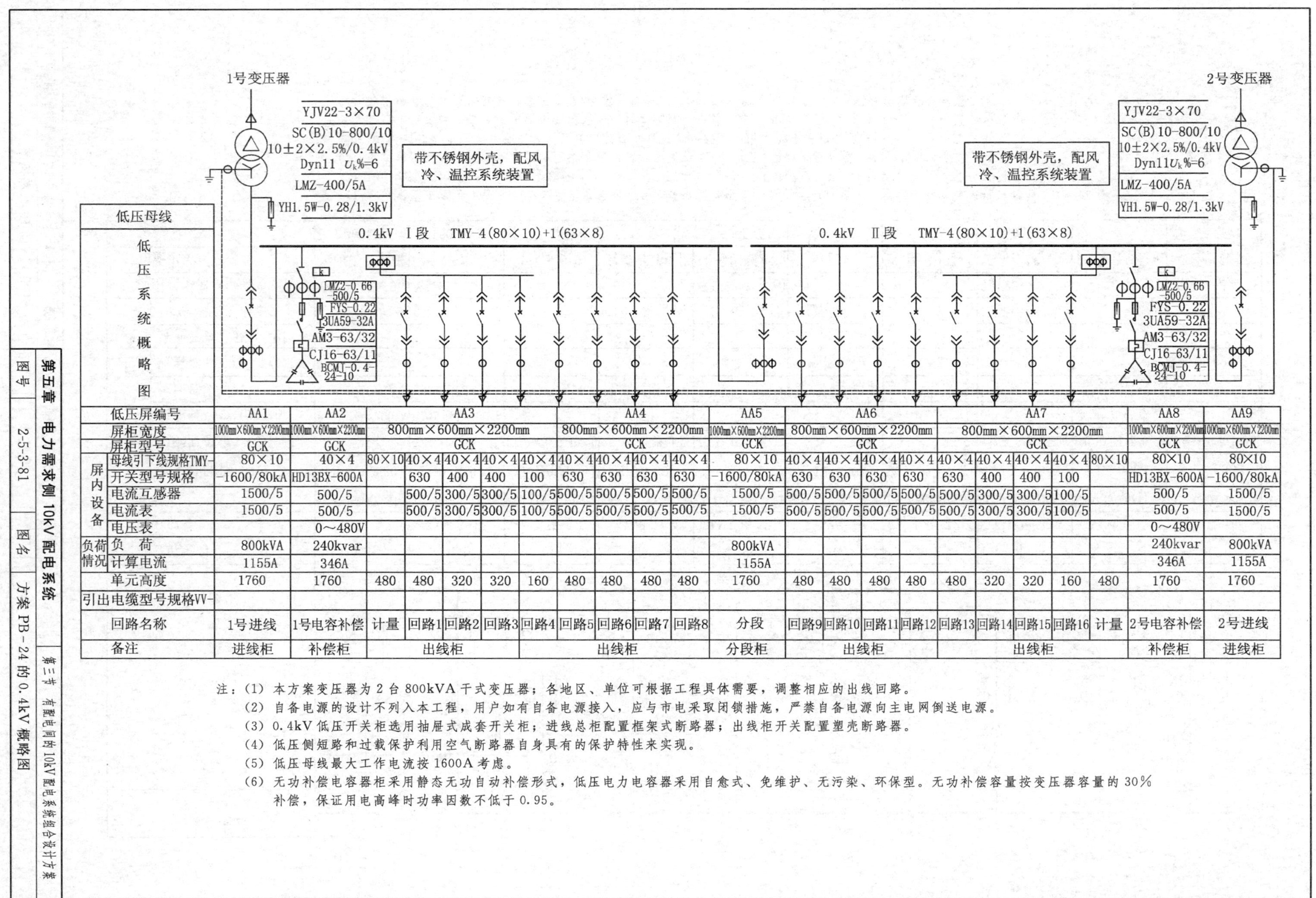

低压屏编号	AA1	AA2	AA3					AA4				AA5	AA6				AA7					AA8	AA9
屏柜宽度	1000mm×600mm×2200mm	1000mm×600mm×2200mm	800mm×600mm×2200mm					800mm×600mm×2200mm				1000mm×600mm×2200mm	800mm×600mm×2200mm				800mm×600mm×2200mm					1000mm×600mm×2200mm	1000mm×600mm×2200mm
屏柜型号	GCK	GCK	GCK					GCK				GCK	GCK				GCK					GCK	GCK
屏内设备 母线引下线规格TMY-	80×10	40×4	80×10	40×4	40×4	40×4	40×4	40×4	40×4	40×4	40×4	80×10	40×4	40×4	40×4	40×4	40×4	40×4	40×4	40×4	80×10	80×10	80×10
屏内设备 开关型号规格	-1600/80kA	HD13BX-600A		630	400	400	100	630	630	630	630	-1600/80kA	630	630	630	630	630	400	400	100		HD13BX-600A	-1600/80kA
屏内设备 电流互感器	1500/5	500/5		500/5	300/5	300/5	100/5	500/5	500/5	500/5	500/5	1500/5	500/5	500/5	500/5	500/5	500/5	300/5	300/5	100/5		500/5	1500/5
屏内设备 电流表	1500/5	500/5		500/5	300/5	300/5	100/5	500/5	500/5	500/5	500/5	1500/5	500/5	500/5	500/5	500/5	500/5	300/5	300/5	100/5		500/5	1500/5
屏内设备 电压表		0～480V																				0～480V	
负荷情况 负荷	800kVA	240kvar										800kVA										240kvar	800kVA
负荷情况 计算电流	1155A	346A										1155A										346A	1155A
单元高度	1760	1760	480	480	320	320	160	480	480	480	480	1760	480	480	480	480	480	320	320	160	480	1760	1760
引出电缆型号规格VV-																							
回路名称	1号进线	1号电容补偿	计量	回路1	回路2	回路3	回路4	回路5	回路6	回路7	回路8	分段	回路9	回路10	回路11	回路12	回路13	回路14	回路15	回路16	计量	2号电容补偿	2号进线
备注	进线柜	补偿柜	出线柜					出线柜				分段柜	出线柜				出线柜					补偿柜	进线柜

注：(1) 本方案变压器为2台800kVA干式变压器；各地区、单位可根据工程具体需要，调整相应的出线回路。

(2) 自备电源的设计不列入本工程，用户如有自备电源接入，应与市电采取闭锁措施，严禁自备电源向主电网倒送电源。

(3) 0.4kV低压开关柜选用抽屉式成套开关柜；进线总柜配置框架式断路器；出线柜开关配置塑壳断路器。

(4) 低压侧短路和过载保护利用空气断路器自身具有的保护特性来实现。

(5) 低压母线最大工作电流按1600A考虑。

(6) 无功补偿电容器柜采用静态无功自动补偿形式，低压电力电容器采用自愈式、免维护、无污染、环保型。无功补偿容量按变压器容量的30%补偿，保证用电高峰时功率因数不低于0.95。

第五章 电力需求侧10kV配电系统		第三节 有配电间的10kV配电系统组合设计方案	
图号	2-5-3-81	图名	方案PB-24的0.4kV概略图

主要设备及材料清册

序号	名称	型号及规格	单位	数量	备注
一	10kV 电缆接入模块部分	M-1-1-3			
1	预应力锥形水泥杆	ϕ190mm×15m	根	4	单重：1604kg
2	高压单回倒挂横担	DGD11-2200mm	套	12	单重：24.27kg
3	高压真空断路器	U_N=12kV，I_N=630A	组	2	
4	氧化锌避雷器	HY5W-17/45kV	组	2	
5	针式绝缘子	P-20M	套	36	含螺栓及套筒
6	10kV 电力电缆	YJV22-8.7/15-3×95	m	400	户内外电缆头各2套
7	电缆沟		m	190	
8	电缆埋管		m	190	
二	10kV 配电装置模块部分	M-2-3-1			单母线分段接线
1	10kV 进线隔离兼 TV 柜	KYN28-12 型[长×宽×高：800mm×1500（&1660）mm×2300mm]	面	2	
2	10kV 进线总开关柜	KYN28-12 型[长×宽×高：800mm×1500（&1660）mm×2300mm]	面	2	配真空断路器短路电流水平20kA
3	10kV 综合计量柜	KYN28-12 型(长×宽×高：800mm×1500mm×2300mm)	面	2	
4	10kV 分段隔离柜	KYN28-12 型(长×宽×高：800mm×1500mm×2300mm)	面	1	
5	10kV 分段开关柜	KYN28-12 型(长×宽×高：800mm×1500mm×2300mm)	面	1	配真空断路器
6	10kV 出线柜	KYN28-12 型(长×宽×高：800mm×1500mm×2300mm)	面	2	配真空断路器
7	10kV 电力电缆	YJV22-8.7/15-3×95	m	15	配户内电缆头2套
8	10kV 电力电缆	YJV22-8.7/15-3×70	m	35	配户内电缆头4套
9	热镀锌角钢	∟ 50mm×5mm×2500mm	根	20	
10	热镀锌扁钢	—50mm×5mm	m	300	接地干线及引上线
11	接地螺栓		副	6	

续表

序号	名称	型号及规格	单位	数量	备注
12	模拟屏	2000mm×1000mm	块	1	
三	主变压器模块部分	M-3-2			
1	变压器	SC（B）10-800/10，10±2×2.5%/0.4kV，Dyn11，U_k=6.0%	台	2	带外壳（防护等级不低于IP3X），配风冷、温控系统装置
2	低压封闭母线	4（TMY-80×10）	m	14	
3	低压避雷器	YH1.5W-0.28/1.3kV	只	6	
四	0.4kV 配电装置模块部分	M-4-2-2			单母线分段接线
1	低压进线柜	GCS（K）型	面	2	抽屉式低压开关柜
2	低压补偿柜	GCS（K）型	面	2	
3	低压出线柜	GCS（K）型	面	4	
4	低压分段柜	GCS（K）型	面	1	
五	二次系统模块部分	M-5-1-3			
1	微机线路保护测控装置		套	3	
2	微机变压器保护测控装置		套	2	
3	直流屏	DC 220V，38Ah	面	1	M-5-2-2
4	控制电缆	$KVVP_2$-	m	450	
5	低压电缆	VV22-3×35+1×16	m	40	
6	中央信号箱		个	1	
六	高压计量装置模块部分	M-6-3			
1	高压计量装置	含计量表计、用电信息采集管理终端等	套	2	高压双电源，高供高计，采用购电制方式

注：(1) 为加强配电网设备设施的标识管理，防止误操作、误入带电间隔，按要求设置标识标牌。
(2) 采用电缆沟或穿管直埋敷设电缆方式，应满足防火要求。高、低压电缆沟的尺寸应满足电缆的敷设数量及弯曲半径等要求。
(3) 工作照明采用节能荧光灯、防爆投光灯，事故照明采用应急灯。
(4) 用于独立建筑物时，本类型配电间接地按有关技术规程的要求设计，接地装置由水平接地体与垂直接地体组成，接地网的截面和材料应考虑热稳定和腐蚀要求，水平接地体一般由—50mm×5mm 的热镀锌扁钢组成，垂直接地体由∟ 50mm×5mm×2500mm 的热镀锌角钢组成。接地网接地电阻应符合 DL/T 621《交流电气装置的接地》的规定。要求不大于4Ω；如不能满足要求，则需要采取降阻措施。

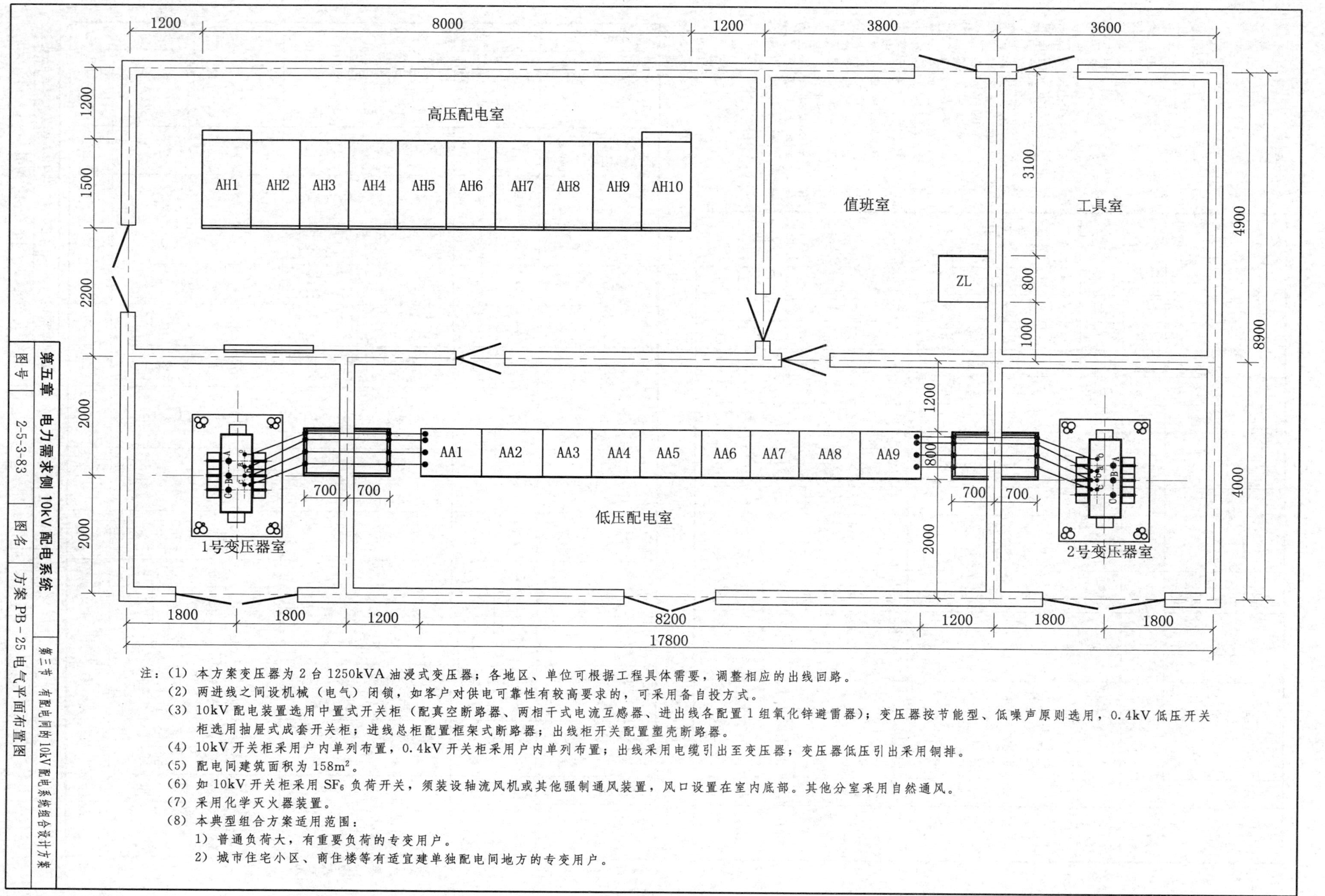

注：(1) 本方案变压器为2台1250kVA油浸式变压器；各地区、单位可根据工程具体需要，调整相应的出线回路。

(2) 两进线之间设机械（电气）闭锁，如客户对供电可靠性有较高要求的，可采用备自投方式。

(3) 10kV配电装置选用中置式开关柜（配真空断路器、两相干式电流互感器、进出线各配置1组氧化锌避雷器）；变压器按节能型、低噪声原则选用，0.4kV低压开关柜选用抽屉式成套开关柜；进线总柜配置框架式断路器；出线柜开关配置塑壳断路器。

(4) 10kV开关柜采用户内单列布置，0.4kV开关柜采用户内单列布置；出线采用电缆引出至变压器；变压器低压引出采用铜排。

(5) 配电间建筑面积为158m²。

(6) 如10kV开关柜采用SF_6负荷开关，须装设轴流风机或其他强制通风装置，风口设置在室内底部。其他分室采用自然通风。

(7) 采用化学灭火器装置。

(8) 本典型组合方案适用范围：

1) 普通负荷大，有重要负荷的专变用户。

2) 城市住宅小区、商住楼等有适宜建单独配电间地方的专变用户。

第五章　电力需求侧10kV配电系统		第三节　有配电间的10kV配电系统组合设计方案	
图号	2-5-3-83	图名	方案PB-25电气平面布置图

10kV 母线
TMY-50×5

高压系统概略图

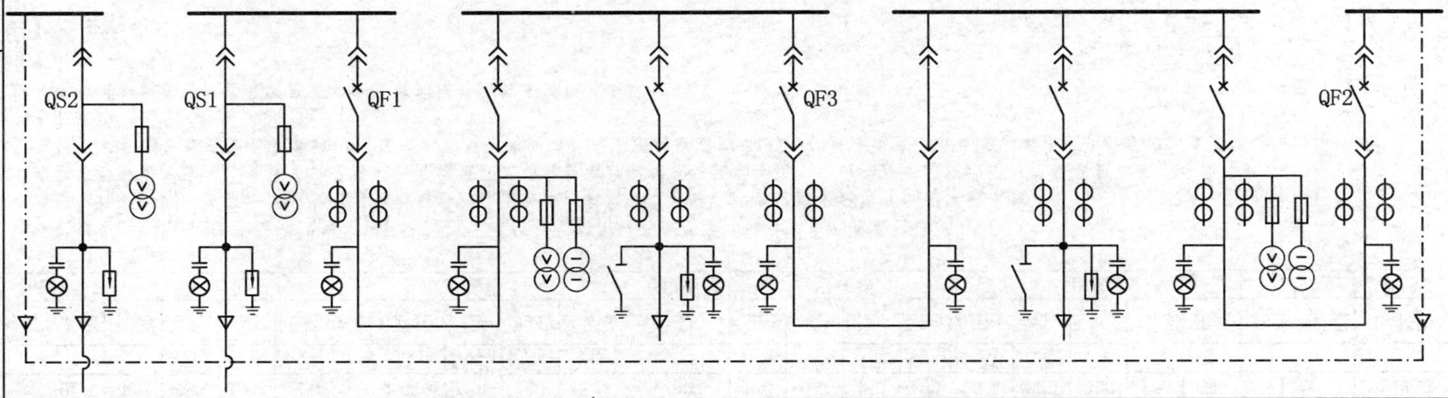

QS2 QS1 QF1 QF3 QF2

高压屏编号		AH1	AH2	AH3	AH4	AH5	AH6	AH7	AH8	AH9	AH10
屏柜型号		KYN28-12	KYN28-12	KYN28-12	KYN28-12	KYN28-12	KYN28-12	KYN28-12	KYN28-12	KYN28-12	KYN28-12
屏柜尺寸		800mm×1660mm×2300mm	800mm×1500mm×2300mm	800mm×1500mm×2300mm	800mm×1500mm×2300mm	800mm×1500mm×2300mm	800mm×1500mm×2300mm	800mm×1500mm×2300mm	800mm×1500mm×2300mm	800mm×1500mm×2300mm	800mm×1500mm×2300mm
屏内设备	真空断路器 VS1-12	GN19-10/630A	GN19-10/630A	-12/630A	-12/630A	-12/630A	-12/630A		-12/630A	-12/630A	-12/630A
	电流互感器 LZZBJ9-12			200/5A, 0.5/10P20	150/5A, 0.2S/0.2S	100/5A, 0.5/10P20	200/5A, 0.5/10P20		100/5A, 0.5/10P20	150/5A, 0.2S/0.2S	200/5A, 0.5/10P20
	电压互感器 JDZ-10	10/0.1kV, 400VA	10/0.1kV, 400VA		A,C 10/0.1kV, 25VA B 10/0.22kV, 400VA					A,C 10/0.1kV, 25VA B 10/0.22kV, 400VA	
	熔断器	RN2-10/1A	RN2-10/1A		RN2-10/1A RN2-10/3A					RN2-10/1A RN2-10/3A	
	避雷器 HY5WS-17/45kV					3			3		
	接地开关 JN15-10					1			1		
	开关状态显示器	1	1	1		1	1		1		1
进出线型号		YJV22-3×120	YJV22-3×120			YJV22-3×70			YJV22-3×70		YJV22-3×120
回路名称		2号进线隔离兼TV柜	1号进线隔离兼TV柜	1号进线柜	1号综合计量柜	1号出线柜	分段柜	隔离柜	2号出线柜	2号综合计量柜	2号进线柜
备注		2500kVA	2500kVA			1250kVA			1250kVA		

注：（1）本方案变压器为2台1250kVA油浸式变压器。具体布置及接线按实际出线回路数，可根据工程具体情况进行确定。
（2）10kV部分为中置柜、单母线分段接线方式、二进二出、高压计量方式。
（3）两进线隔离柜隔离手车QS1、QS2分别与真空断路器QF1、QF2进行电气闭锁，防止误拉合隔离手车。
（4）本方案计量方式为高供高计，10kV进线侧设高压综合计量屏（计量屏上安装计量专用TA、TV、购电开关、多功能计量表、用电信息采集管理终端等），其他分类计量在低压出线屏上实现，高压采用三相三线计量方式，低压采用三相四线计量方式，选用电子式多功能电能表，安装在开关柜专用计量仪表室内，计量柜内设备和元器件根据一次主接线配置，计量二次回路不得接入与计量无关的设备，计量电流回路采用4mm² 单芯硬铜芯电线（缆），电压回路采用2.5mm² 单芯硬铜芯电线（缆），并按A黄、B绿、C红、N黑分色。
（5）10kV进线装设过流、速断保护；变压器装设过流、速断、温度、零序保护等。
（6）为防止过电压，在开关柜进出线间隔各装设氧化锌避雷器一组。

图号	2-5-3-84	图名	方案PB-25的10kV概略图

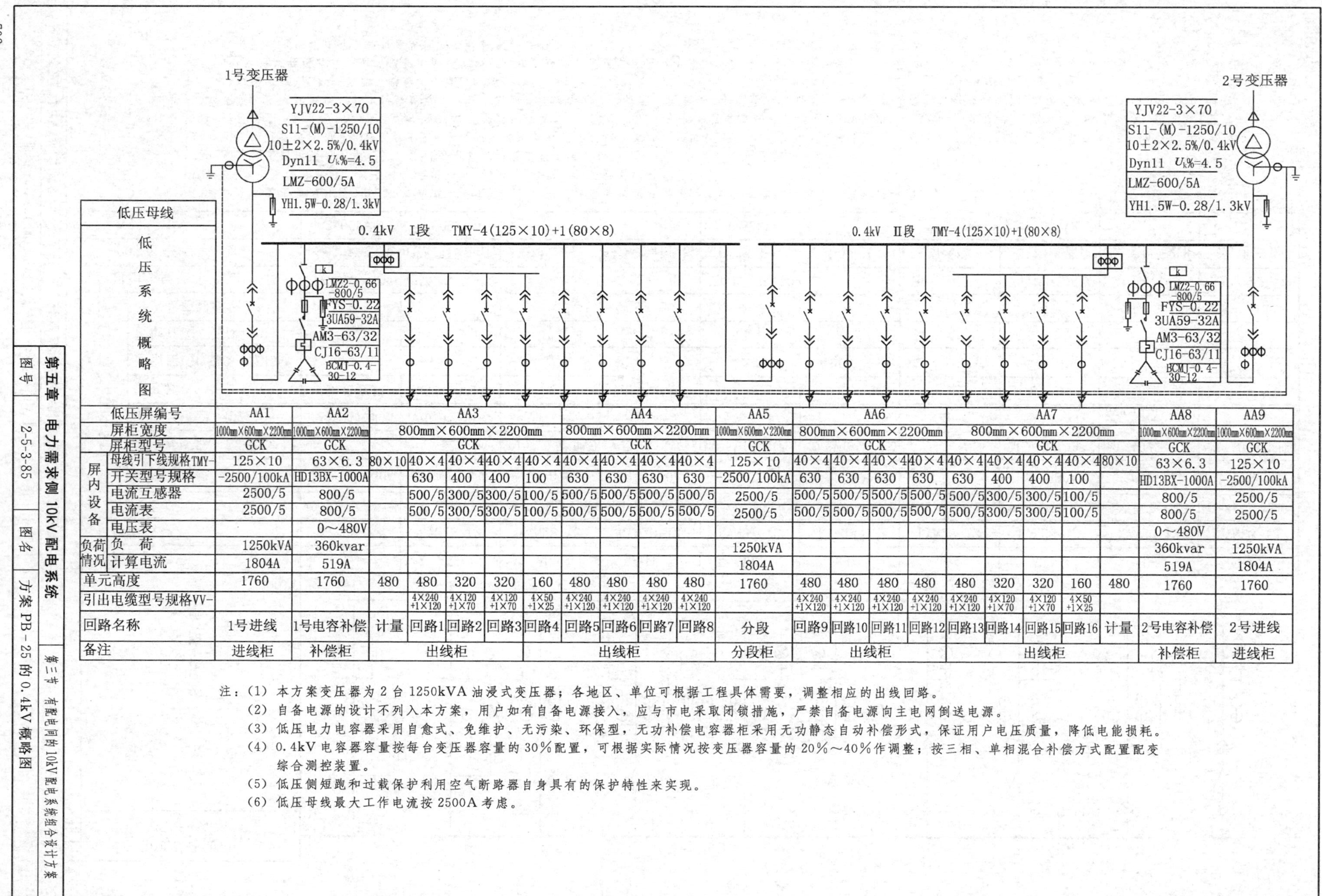

低压屏编号	AA1	AA2	AA3					AA4				AA5	AA6				AA7					AA8	AA9
屏柜宽度	1000mm×600mm×2200mm	1000mm×600mm×2200mm	800mm×600mm×2200mm					800mm×600mm×2200mm				1000mm×600mm×2200mm	800mm×600mm×2200mm				800mm×600mm×2200mm					1000mm×600mm×2200mm	1000mm×600mm×2200mm
屏柜型号	GCK	GCK	GCK					GCK				GCK	GCK				GCK					GCK	GCK
屏内设备 母线引下线规格TMY-	125×10	63×6.3	80×10	40×4	40×4	40×4	40×4	40×4	40×4	40×4	40×4	125×10	40×4	40×4	40×4	40×4	40×4	40×4	40×4	40×4	80×10	63×6.3	125×10
屏内设备 开关型号规格	-2500/100kA	HD13BX-1000A		630	400	400	100	630	630	630	630	-2500/100kA	630	630	630	630	630	400	400	100		HD13BX-1000A	-2500/100kA
屏内设备 电流互感器	2500/5	800/5		500/5	300/5	300/5	100/5	500/5	500/5	500/5	500/5	2500/5	500/5	500/5	500/5	500/5	500/5	300/5	300/5	100/5		800/5	2500/5
屏内设备 电流表	2500/5	800/5		500/5	300/5	300/5	100/5	500/5	500/5	500/5	500/5	2500/5	500/5	500/5	500/5	500/5	500/5	300/5	300/5	100/5		800/5	2500/5
屏内设备 电压表		0～480V																				0～480V	
负荷情况 负荷	1250kVA	360kvar										1250kVA										360kvar	1250kVA
负荷情况 计算电流	1804A	519A										1804A										519A	1804A
单元高度	1760	1760	480	480	320	320	160	480	480	480	480	1760	480	480	480	480	480	320	320	160	480	1760	1760
引出电缆型号规格VV-				4×240+1×120	4×120+1×70	4×120+1×70	4×50+1×25	4×240+1×120	4×240+1×120	4×240+1×120	4×240+1×120		4×240+1×120	4×240+1×120	4×240+1×120	4×240+1×120	4×240+1×120	4×120+1×70	4×120+1×70	4×50+1×25			
回路名称	1号进线	1号电容补偿	计量	回路1	回路2	回路3	回路4	回路5	回路6	回路7	回路8	分段	回路9	回路10	回路11	回路12	回路13	回路14	回路15	回路16	计量	2号电容补偿	2号进线
备注	进线柜	补偿柜	出线柜				出线柜					分段柜	出线柜				出线柜					补偿柜	进线柜

注：(1) 本方案变压器为2台1250kVA油浸式变压器；各地区、单位可根据工程具体需要，调整相应的出线回路。

(2) 自备电源的设计不列入本方案，用户如有自备电源接入，应与市电采取闭锁措施，严禁自备电源向主电网倒送电源。

(3) 低压电力电容器采用自愈式、免维护、无污染、环保型，无功补偿电容器柜采用无功静态自动补偿形式，保证用户电压质量，降低电能损耗。

(4) 0.4kV电容器容量按每台变压器容量的30%配置，可根据实际情况按变压器容量的20%～40%作调整；按三相、单相混合补偿方式配置配变综合测控装置。

(5) 低压侧短跑和过载保护利用空气断路器自身具有的保护特性来实现。

(6) 低压母线最大工作电流按2500A考虑。

第五章　电力需求侧 10kV 配电系统		第三节　有配电间的10kV配电系统组合设计方案	
图号	2-5-3-85	图名	方案PB-25的0.4kV概略图

主要设备及材料清册

序号	名称	型号及规格	单位	数量	备注
一	10kV电缆接入模块部分	M-1-1-3			
1	预应力锥形水泥杆	ϕ190mm×15m	根	4	单重：1604kg
2	高压单回倒挂横担	DGD11-2200mm	套	12	单重：24.27kg
3	高压真空断路器	U_N=12kV，I_N=630A	组	2	
4	氧化锌避雷器	HY5W-17/45kV	组	2	
5	针式绝缘子	P-20M	套	36	含螺栓及套筒
6	10kV电力电缆	YJV22-8.7/15-3×120	m	400	户内外电缆头各2套
7	电缆沟		m	190	
8	电缆埋管		m	190	
二	10kV配电装置模块部分	M-2-3-1			单母线分段接线
1	10kV进线隔离兼TV柜	KYN28-12型[长×宽×高：800mm×1500（&1600）mm×2300mm]	面	2	短路电流水平20kA
2	10kV进线总开关柜	KYN28-12型[长×宽×高：800mm×1500（&1600）mm×2300mm]	面	2	配真空断路器
3	10kV综合计量柜	KYN28-12型(长×宽×高：800mm×1500mm×2300mm)	面	2	
4	10kV分段隔离柜	KYN28-12型(长×宽×高：800mm×1500mm×2300mm)	面	1	
5	10kV分段开关柜	KYN28-12型(长×宽×高：800mm×1500mm×2300mm)	面	1	配真空断路器
6	10kV出线柜	KYN28-12型(长×宽×高：800mm×1500mm×2300mm)	面	2	配真空断路器
7	10kV电力电缆	YJV22-8.7/15-3×120	m	15	配户内电缆头2套
8	10kV电力电缆	YJV22-8.7/15-3×70	m	35	配户内电缆头4套
9	热镀锌角钢	∟50mm×5mm×2500mm	根	20	
10	热镀锌扁钢	—50mm×5mm	m	300	接地干线及引上线
11	接地螺栓		副	10	
12	模拟屏	2000mm×1000mm	块	1	

续表

序号	名称	型号及规格	单位	数量	备注
三	主变压器模块部分	M-3-1			
1	变压器	S11-（M）-1250/10，10±2×2.5%/0.4kV，Dyn11，U_k=4.5%	台	2	
2	低压母排	TMY-125×10	m	56	
3	低压避雷器	YH1.5W-0.28/1.3kV	只	6	
四	0.4kV配电装置模块部分	M-4-2-2			单母线分段接线
1	低压进线柜	GCS（K）型	面	2	抽屉式低压开关柜
2	低压补偿柜	GCS（K）型	面	2	
3	低压出线柜	GCS（K）型	面	4	
4	低压分段柜	GCS（K）型	面	1	
5	低压穿墙板		块	2	
6	支持绝缘子	WX-01	个	12	
7	不锈钢护网	网孔不大于20mm×20mm	块	4	
五	二次系统模块部分	M-5-1-3			
1	微机线路保护测控装置		套	3	
2	微机变压器保护测控装置		套	2	
3	直流屏	DC 220V，38Ah	面	1	M-5-2-2
4	控制电缆	$KVVP_2$-	m	450	
5	低压电缆	VV22-3×35+1×16	m	40	
6	中央信号箱		个	1	
六	高压计量装置模块部分	M-6-3			
1	高压计量装置	含计量表计、用电信息采集管理终端等	套	2	高压双电源，高供高计，采用购电制方式

注：(1) 为加强配电网设备设施的标识管理，防止误操作、误入带电间隔，按要求设置标识标牌。
(2) 工作照明采用节能荧光灯、防爆投光灯，事故照明采用应急灯。
(3) 电缆敷设采用电缆沟或穿管直埋敷设方式，并满足防火要求。高、低压电缆沟的尺寸应满足电缆的敷设数量及弯曲半径等要求。
(4) 接地。用于独立建筑物时，本类型配电间接地按有关技术规程的要求设计，接地装置由水平接地体与垂直接地体组成，接地网的截面和材料应考虑热稳定和腐蚀要求，水平接地体一般由—50mm×5mm的热镀锌扁钢组成，垂直接地体由∟50mm×5mm×2500mm的热镀锌角钢组成。接地网接地电阻应符合DL/T 621《交流电气装置的接地》的规定。要求不大于4Ω；如不能满足要求，则需要采取降阻措施。

图号 2-5-3-87 图名 方案 PB-26 电气平面布置图

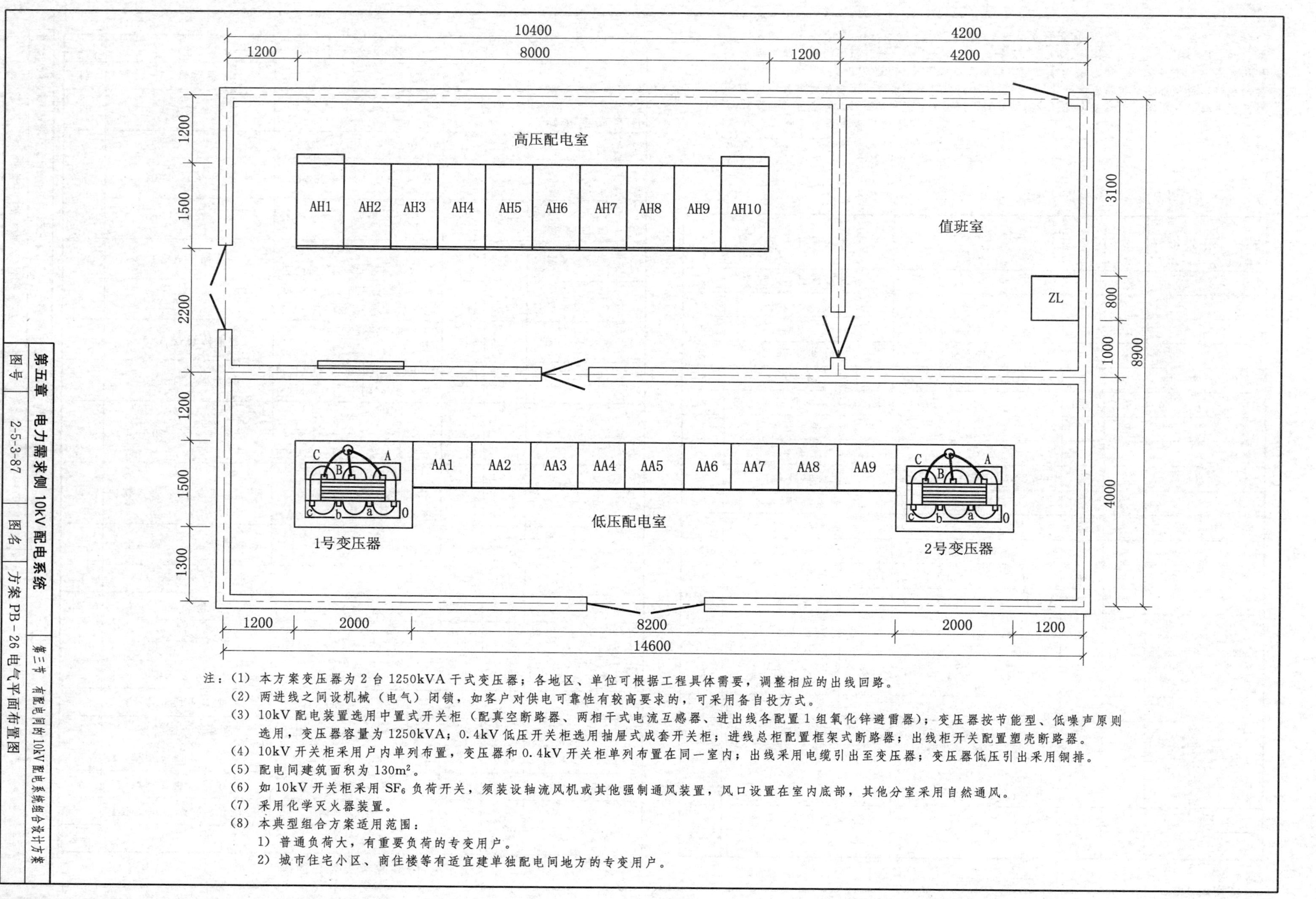

注：(1) 本方案变压器为 2 台 1250kVA 干式变压器；各地区、单位可根据工程具体需要，调整相应的出线回路。

(2) 两进线之间设机械（电气）闭锁，如客户对供电可靠性有较高要求的，可采用备自投方式。

(3) 10kV 配电装置选用中置式开关柜（配真空断路器、两相干式电流互感器、进出线各配置 1 组氧化锌避雷器）；变压器按节能型、低噪声原则选用，变压器容量为 1250kVA；0.4kV 低压开关柜选用抽屉式成套开关柜；进线总柜配置框架式断路器；出线柜开关配置塑壳断路器。

(4) 10kV 开关柜采用户内单列布置，变压器和 0.4kV 开关柜单列布置在同一室内；出线采用电缆引出至变压器；变压器低压引出采用铜排。

(5) 配电间建筑面积为 $130m^2$。

(6) 如 10kV 开关柜采用 SF_6 负荷开关，须装设轴流风机或其他强制通风装置，风口设置在室内底部，其他分室采用自然通风。

(7) 采用化学灭火器装置。

(8) 本典型组合方案适用范围：

1) 普通负荷大，有重要负荷的专变用户。

2) 城市住宅小区、商住楼等有适宜建单独配电间地方的专变用户。

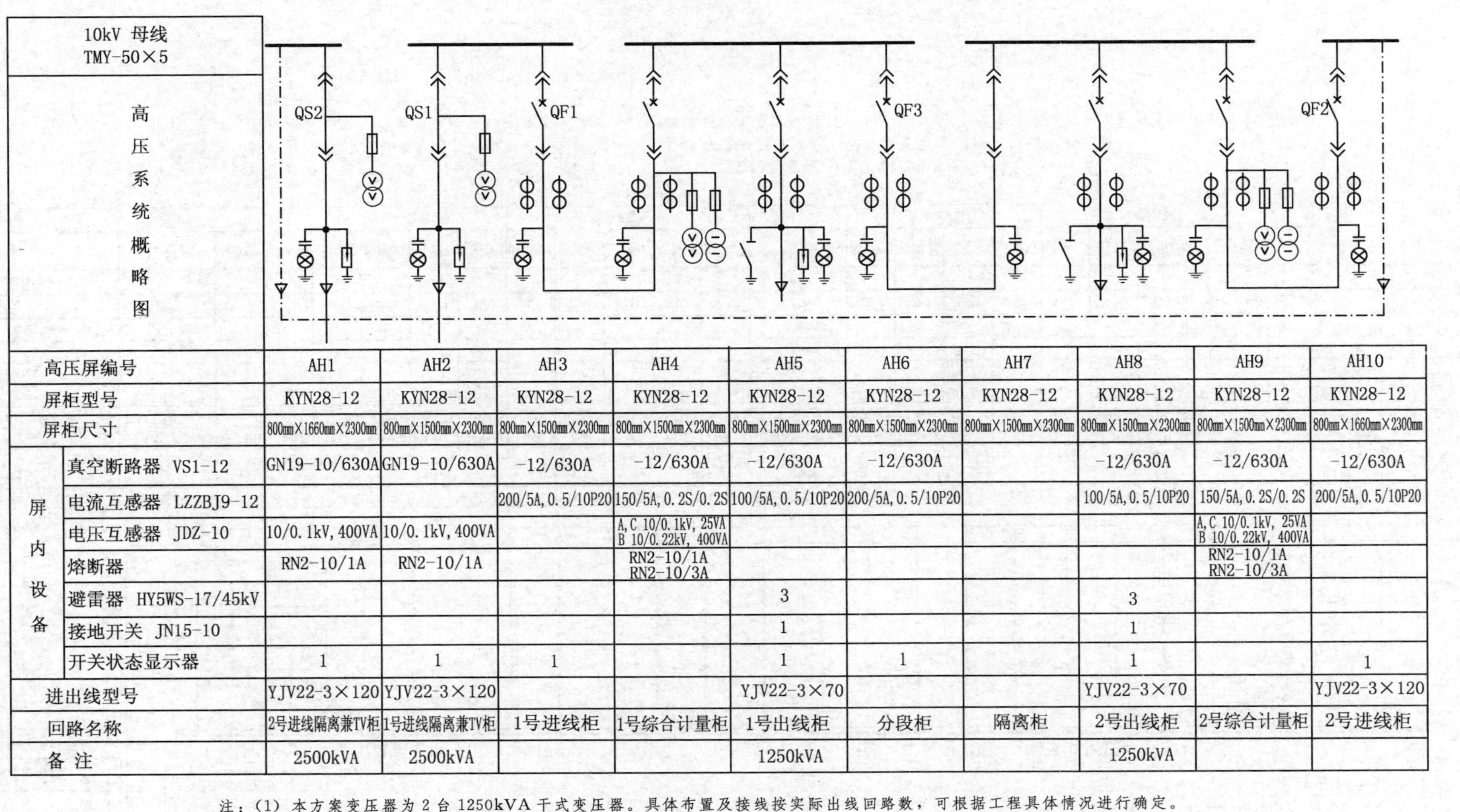

高压屏编号		AH1	AH2	AH3	AH4	AH5	AH6	AH7	AH8	AH9	AH10
屏柜型号		KYN28-12	KYN28-12	KYN28-12	KYN28-12	KYN28-12	KYN28-12	KYN28-12	KYN28-12	KYN28-12	KYN28-12
屏柜尺寸		800mm×1660mm×2300mm	800mm×1500mm×2300mm	800mm×1500mm×2300mm	800mm×1500mm×2300mm	800mm×1500mm×2300mm	800mm×1500mm×2300mm	800mm×1500mm×2300mm	800mm×1500mm×2300mm	800mm×1500mm×2300mm	800mm×1660mm×2300mm
屏内设备	真空断路器 VS1-12	GN19-10/630A	GN19-10/630A	-12/630A	-12/630A	-12/630A	-12/630A		-12/630A	-12/630A	-12/630A
	电流互感器 LZZBJ9-12			200/5A, 0.5/10P20	150/5A, 0.2S/0.2S	100/5A, 0.5/10P20	200/5A, 0.5/10P20		100/5A, 0.5/10P20	150/5A, 0.2S/0.2S	200/5A, 0.5/10P20
	电压互感器 JDZ-10	10/0.1kV, 400VA	10/0.1kV, 400VA		A, C 10/0.1kV, 25VA B 10/0.22kV, 400VA					A, C 10/0.1kV, 25VA B 10/0.22kV, 400VA	
	熔断器	RN2-10/1A	RN2-10/1A		RN2-10/1A RN2-10/3A					RN2-10/1A RN2-10/3A	
	避雷器 HY5WS-17/45kV					3			3		
	接地开关 JN15-10					1			1		
	开关状态显示器	1	1	1		1	1		1		1
进出线型号		YJV22-3×120	YJV22-3×120			YJV22-3×70			YJV22-3×70		YJV22-3×120
回路名称		2号进线隔离兼TV柜	1号进线隔离兼TV柜	1号进线柜	1号综合计量柜	1号出线柜	分段柜	隔离柜	2号出线柜	2号综合计量柜	2号进线柜
备注		2500kVA	2500kVA			1250kVA			1250kVA		

注：(1) 本方案变压器为 2 台 1250kVA 干式变压器。具体布置及接线按实际出线回路数，可根据工程具体情况进行确定。
(2) 10kV 部分为中置柜、单母线分段接线方式、二进二出、高压计量方式。
(3) 两进线隔离柜隔离手车 QS1、QS2 分别与真空断路器 QF1、QF2 进行电气闭锁，防止误拉合隔离手车。
(4) 10kV 进线装设过流、速断保护；变压器装设过流、速断、温度、零序保护等。
(5) 为防止过电压，在开关柜进出线间隔各装设氧化锌避雷器一组。
(6) 10kV 进线侧设高压综合计量屏，屏上安装计量专用 TA、TV、购电开关、多功能计量表、用电信息采集管理终端等，高压采用三相三线计量方式。

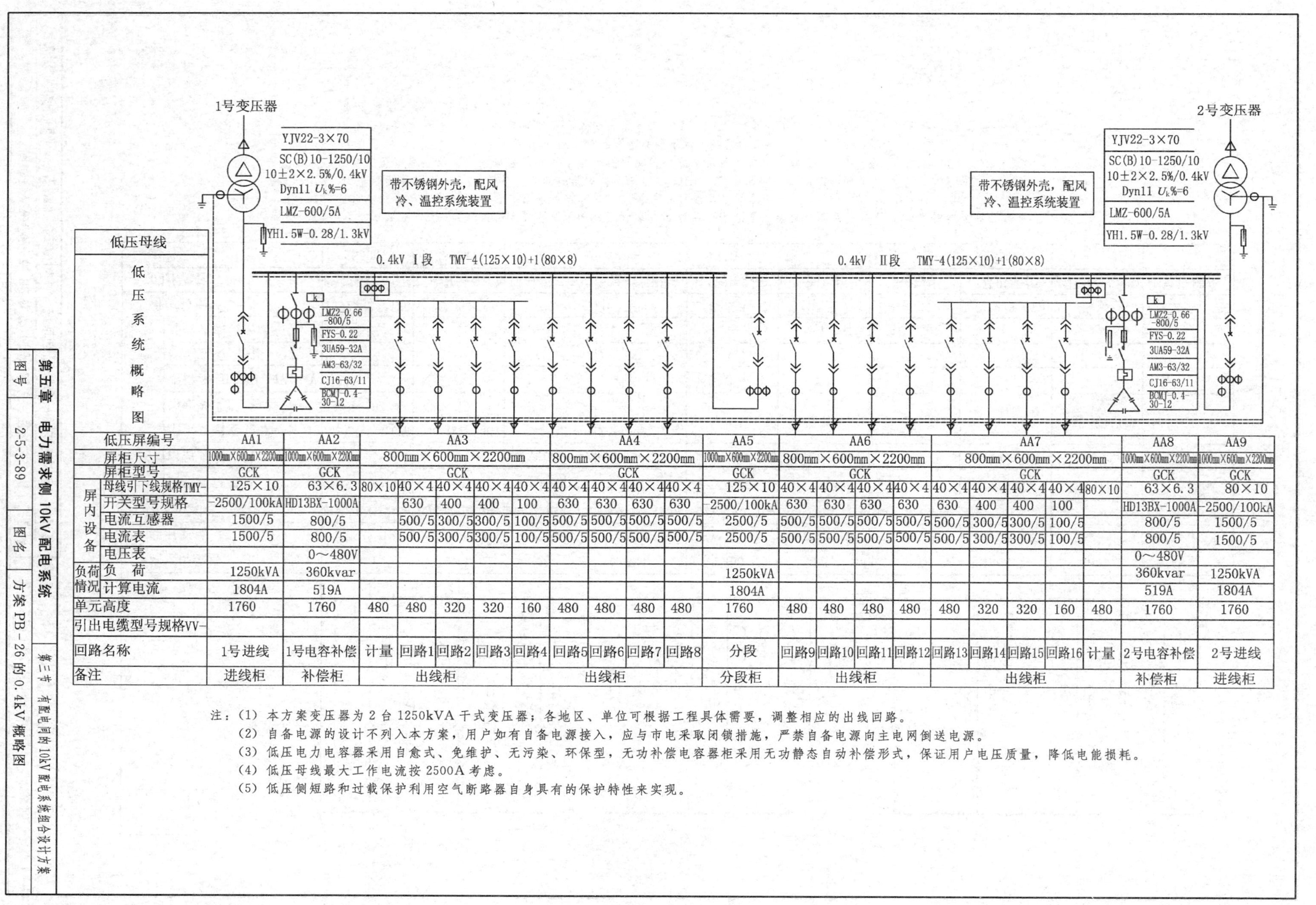

低压屏编号	AA1	AA2	AA3				
屏柜尺寸	1000mm×600mm×2200mm	1000mm×600mm×2200mm	800mm×600mm×2200mm				
屏柜型号	GCK	GCK	GCK				
屏内设备 母线引下线规格TMY-	125×10	63×6.3	80×10	40×4	40×4	40×4	40×4
屏内设备 开关型号规格	-2500/100kA	HD13BX-1000A		630	400	400	100
屏内设备 电流互感器	1500/5	800/5		500/5	300/5	300/5	100/5
屏内设备 电流表	1500/5	800/5		500/5	300/5	300/5	100/5
屏内设备 电压表		0～480V					
负荷情况 负荷	1250kVA	360kvar					
负荷情况 计算电流	1804A	519A					
单元高度	1760	1760	480	480	320	320	160
引出电缆型号规格VV-							
回路名称	1号进线	1号电容补偿	计量	回路1	回路2	回路3	回路4
备注	进线柜	补偿柜	出线柜				

低压屏编号	AA4				AA5
屏柜尺寸	800mm×600mm×2200mm				1000mm×600mm×2200mm
屏柜型号	GCK				GCK
屏内设备 母线引下线规格TMY-	40×4	40×4	40×4	40×4	125×10
屏内设备 开关型号规格	630	630	630	630	-2500/100kA
屏内设备 电流互感器	500/5	500/5	500/5	500/5	2500/5
屏内设备 电流表	500/5	500/5	500/5	500/5	2500/5
屏内设备 电压表					
负荷情况 负荷					1250kVA
负荷情况 计算电流					1804A
单元高度	480	480	480	480	1760
引出电缆型号规格VV-					
回路名称	回路5	回路6	回路7	回路8	分段
备注	出线柜				分段柜

低压屏编号	AA6				AA7					AA8	AA9
屏柜尺寸	800mm×600mm×2200mm				800mm×600mm×2200mm					1000mm×600mm×2200mm	1000mm×600mm×2200mm
屏柜型号	GCK				GCK					GCK	GCK
屏内设备 母线引下线规格TMY-	40×4	40×4	40×4	40×4	40×4	40×4	40×4	40×4	80×10	63×6.3	80×10
屏内设备 开关型号规格	630	630	630	630	630	400	400	100		HD13BX-1000A	-2500/100kA
屏内设备 电流互感器	500/5	500/5	500/5	500/5	500/5	300/5	300/5	100/5		800/5	1500/5
屏内设备 电流表	500/5	500/5	500/5	500/5	500/5	300/5	300/5	100/5		800/5	1500/5
屏内设备 电压表										0～480V	
负荷情况 负荷										360kvar	1250kVA
负荷情况 计算电流										519A	1804A
单元高度	480	480	480	480	480	320	320	160	480	1760	1760
引出电缆型号规格VV-											
回路名称	回路9	回路10	回路11	回路12	回路13	回路14	回路15	回路16	计量	2号电容补偿	2号进线
备注	出线柜				出线柜					补偿柜	进线柜

注：(1) 本方案变压器为2台1250kVA干式变压器；各地区、单位可根据工程具体需要，调整相应的出线回路。

(2) 自备电源的设计不列入本方案，用户如有自备电源接入，应与市电采取闭锁措施，严禁自备电源向主电网倒送电源。

(3) 低压电力电容器采用自愈式、免维护、无污染、环保型，无功补偿电容器柜采用无功静态自动补偿形式，保证用户电压质量，降低电能损耗。

(4) 低压母线最大工作电流按2500A考虑。

(5) 低压侧短路和过载保护利用空气断路器自身具有的保护特性来实现。

第五章 电力需求侧 10kV 配电系统		第三节 有配电间的10kV配电系统组合设计方案	
图号	2-5-3-89	图名	方案PB-26的0.4kV概略图

主要设备及材料清册

序号	名　称	型号及规格	单位	数量	备　注
一	10kV 电缆接入模块部分	M-1-1-3			
1	预应力锥形水泥杆	ϕ190mm×15m	根	4	单重：1604kg
2	高压单回倒挂横担	DGD11-2200mm	套	12	单重：24.27kg
3	高压真空断路器	$U_N=12kV$，$I_N=630A$	组	2	
4	氧化锌避雷器	HY5W-12.7/50kV	组	1	
5	针式绝缘子	P-20M	套	36	含螺栓及套筒
6	10kV 电力电缆	YJV22-8.7/15-3×120	m	400	户内外电缆头各2套
7	电缆沟		m	190	
8	电缆埋管		m	190	
二	10kV 配电装置模块部分	M-2-3-1			单母线分段接线
1	10kV 进线隔离兼 TV 柜	KYN28-12 型[长×宽×高：800mm×1500（&1600）mm×2300mm]	面	2	
2	10kV 进线总开关柜	KYN28-12 型[长×宽×高：800mm×1500（&1600）mm×2300mm]	面	2	配真空断路器
3	10kV 综合计量柜	KYN28-12 型(长×宽×高：800mm×1500mm×2300mm)	面	2	
4	10kV 分段隔离柜	KYN28-12 型(长×宽×高：800mm×1500mm×2300mm)	面	1	
5	10kV 分段开关柜	KYN28-12 型(长×宽×高：800mm×1500mm×2300mm)	面	1	配真空断路器
6	10kV 出线柜	KYN28-12 型(长×宽×高：800mm×1500mm×2300mm)	面	2	配真空断路器
7	10kV 电力电缆	YJV22-8.7/15-3×120	m	15	配户内电缆头2套
8	10kV 电力电缆	YJV22-8.7/15-3×70	m	35	配户内电缆头4套
9	热镀锌角钢	∟50mm×5mm×2500mm	根	20	
10	热镀锌扁钢	—50mm×5mm	m	300	接地干线及引上线
11	接地螺栓		副	6	

续表

序号	名　称	型号及规格	单位	数量	备　注
12	模拟屏	2000mm×1000mm	块	1	
三	主变压器模块部分	M-3-2			
1	变压器	SC（B）-1250/10，10±2×2.5%/0.4kV，Dyn11，$U_k=6\%$	台	2	低损耗低噪声
2	低压封闭母线	4（TMY-125×10）	m	10	
3	低压避雷器	YH1.5W-0.28/1.3kV	只	6	
四	0.4kV 配电装置模块部分	M-4-2-2			单母线分段接线
1	低压进线柜	GCS（K）型	面	2	抽屉式成套开关柜
2	低压补偿柜	GCS（K）型	面	2	
3	低压出线柜	GCS（K）型	面	4	
4	低压分段柜	GCS（K）型	面	1	
五	二次系统模块部分	M-5-1-3			
1	微机线路保护测控装置		套	3	
2	微机变压器保护测控装置		套	2	
3	直流屏	DC 220V，38Ah	面	1	M-5-2-2
4	控制电缆	$KVVP_2$-	m	450	
5	低压电缆	VV22-3×35+1×16	m	40	
6	中央信号箱		个	1	
六	高压计量装置模块部分	M-6-3			
1	高压计量装置	含计量表计、用电信息采集管理终端等	套	2	高压双电源，高供高计，采用购电制方式

注：(1) 为加强配电网设备设施的标识管理，防止误操作、误入带电间隔，按要求设置标识标牌。

(2) 工作照明采用节能荧光灯、防爆投光灯，事故照明采用应急灯。

(3) 电缆敷设采用电缆沟或穿管直埋敷设方式，并满足防火要求。高、低压电缆沟的尺寸应满足电缆的敷设数量及弯曲半径等要求。

(4) 接地。用于独立建筑物时，本类型配电间接地按有关技术规程的要求设计，接地装置由水平接地体与垂直接地体组成，接地网的截面和材料应考虑热稳定和腐蚀要求，水平接地体一般由—50mm×5mm 的热镀锌扁钢组成，垂直接地体由∟50mm×5mm×2500mm 的热镀锌角钢组成。接地网接地电阻应符合 DL/T 621《交流电气装置的接地》的规定。要求不大于4Ω；如不能满足要求，则需要采取降阻措施。

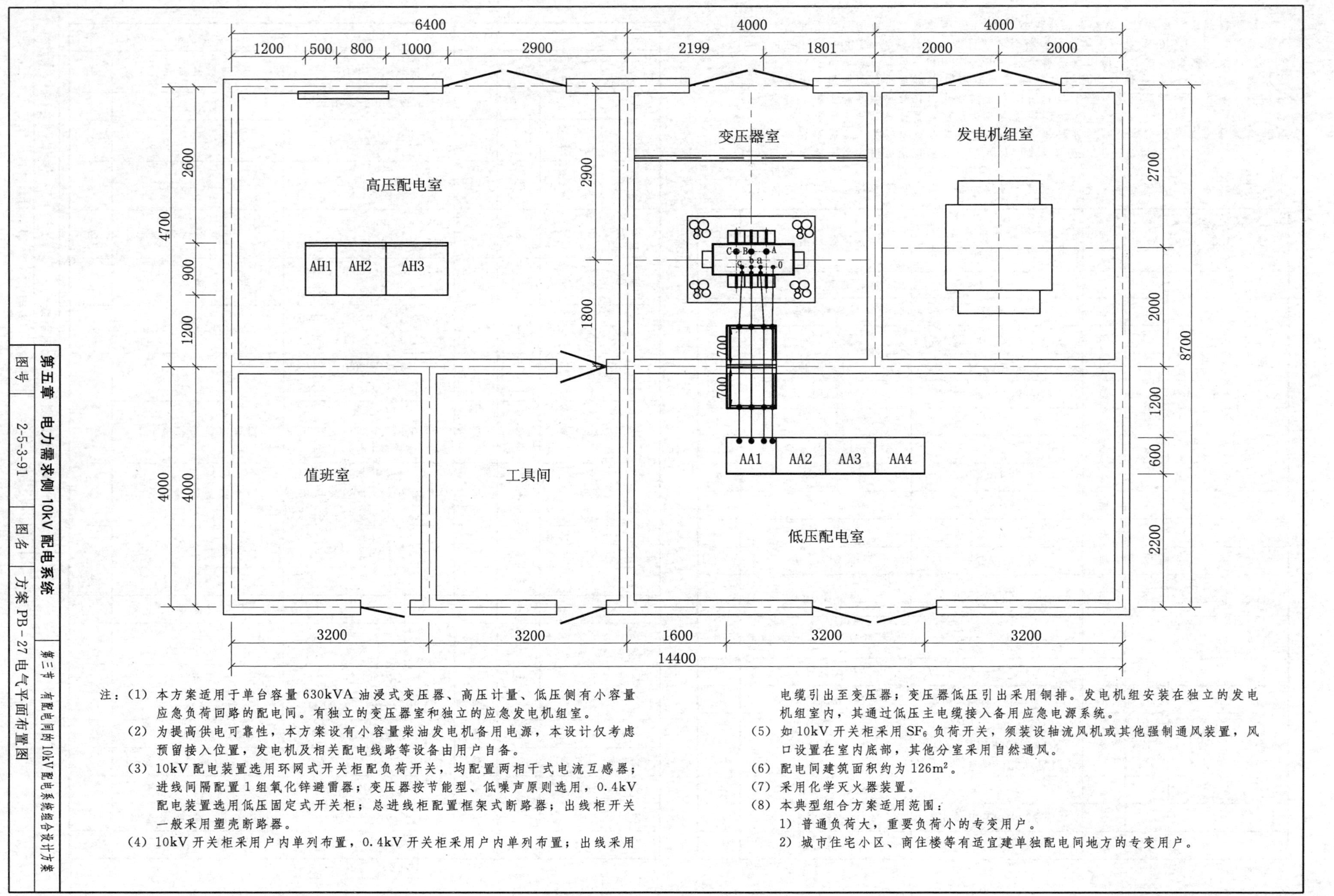

注：(1) 本方案适用于单台容量 630kVA 油浸式变压器、高压计量、低压侧有小容量应急负荷回路的配电间。有独立的变压器室和独立的应急发电机组室。

(2) 为提高供电可靠性，本方案设有小容量柴油发电机备用电源，本设计仅考虑预留接入位置，发电机及相关配电线路等设备由用户自备。

(3) 10kV 配电装置选用环网式开关柜配负荷开关，均配置两相干式电流互感器；进线间隔配置 1 组氧化锌避雷器；变压器按节能型、低噪声原则选用，0.4kV 配电装置选用低压固定式开关柜；总进线柜配置框架式断路器；出线柜开关一般采用塑壳断路器。

(4) 10kV 开关柜采用户内单列布置，0.4kV 开关柜采用户内单列布置；出线采用电缆引出至变压器；变压器低压引出采用铜排。发电机组安装在独立的发电机组室内，其通过低压主电缆接入备用应急电源系统。

(5) 如 10kV 开关柜采用 SF_6 负荷开关，须装设轴流风机或其他强制通风装置，风口设置在室内底部，其他分室采用自然通风。

(6) 配电间建筑面积约为 126m²。

(7) 采用化学灭火器装置。

(8) 本典型组合方案适用范围：

1) 普通负荷大，重要负荷小的专变用户。

2) 城市住宅小区、商住楼等有适宜建单独配电间地方的专变用户。

第五章　电力需求侧 10kV 配电系统		第三节　有配电间的 10kV 配电系统组合设计方案	
图号	2-5-3-91	图名	方案 PB－27 电气平面布置图

10kV 母线 TMY-40×4			
高压配电系统概略图	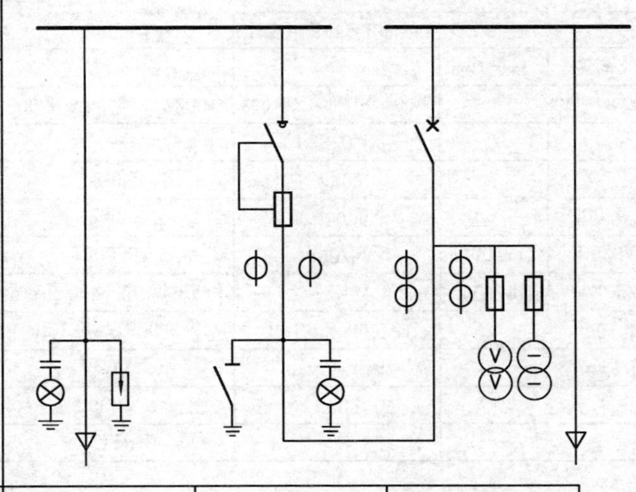		
高压屏编号	AH1	AH2	AH3
高压屏型号及方案号	HXGN15-12	HXGN15-12	HXGN15-12
柜体尺寸	500mm×900mm×2200mm	800mm×900mm×2200mm	1000mm×900mm×2200mm
屏内设备 高压负荷开关		-12/630A	-12/630A
屏内设备 电流互感器 LZZBJ9-12		50/5A, 0.5级	40/5A, 0.2S/0.2S
屏内设备 电压互感器 JDZ-10			A, C 10/0.1kV, 25VA B 10/0.22kV, 400VA
屏内设备 熔断器			RN2-10/1A RN2-10/3A
屏内设备 避雷器 HY5WZ-17/45kV	3		
屏内设备 接地开关 JN10-12			
屏内设备 开关状态显示器	1	1	1
进出线型号	YJV22-3×50		YJV22-3×50
回路名称	10kV电缆进线柜	进线开关柜	综合计量兼出线柜
备注	630kVA		630kVA

注：(1) 10kV 部分为固定柜、线路变压器组接线方式，一进一出。

(2) 本方案用于 1 台油浸式变压器，容量为 630kVA。

(3) 本方案计量方式为高供高计，10kV 进线侧设高压综合计量屏（计量屏上安装计量专用 TA、TV、购电开关、多功能计量表、用电信息采集管理终端等），其他分类计量在低压出线屏上实现，高压采用三相三线计量方式，低压采用三相四线计量方式，选用电子式多功能电能表，安装在开关柜专用计量仪表室内，计量柜内设备和元器件根据一次主接线配置，计量二次回路不得接入与计量无关的设备，计量电流回路采用 4mm² 单芯硬铜芯电线（缆），电压回路采用 2.5mm² 单芯硬铜芯电线（缆），并按 A 黄、B 绿、C 红、N 黑分色。

(4) 电能计量装置选用及配置应满足 DL/T 448《电能计量装置技术管理规程》规定。

(5) 电气设备的绝缘配合，参照 DL/T 620《交流电气装置的过电压保护和绝缘配合》确定的原则进行。

(6) 为防止过电压，在开关柜进出线间隔各装设氧化锌避雷器一组。

(7) 10kV 变压器柜内设熔断器，用作变压器保护。

(8) 根据短路电流水平为 20kA，按发热及动稳定条件校验，10kV 母线及进线间隔导体选 TMY－40×4 型。10kV 开关柜与变压器高压侧连接电缆须按发热及动稳定条件校验选用，一般选用 YJV22－8.7/15－3×50 型。

第五章　电力需求侧 10kV 配电系统		第三节　有配电间的 10kV 配电系统组合设计方案	
图号	2-5-3-92	图名	方案 PB－27 的 10kV 概略图

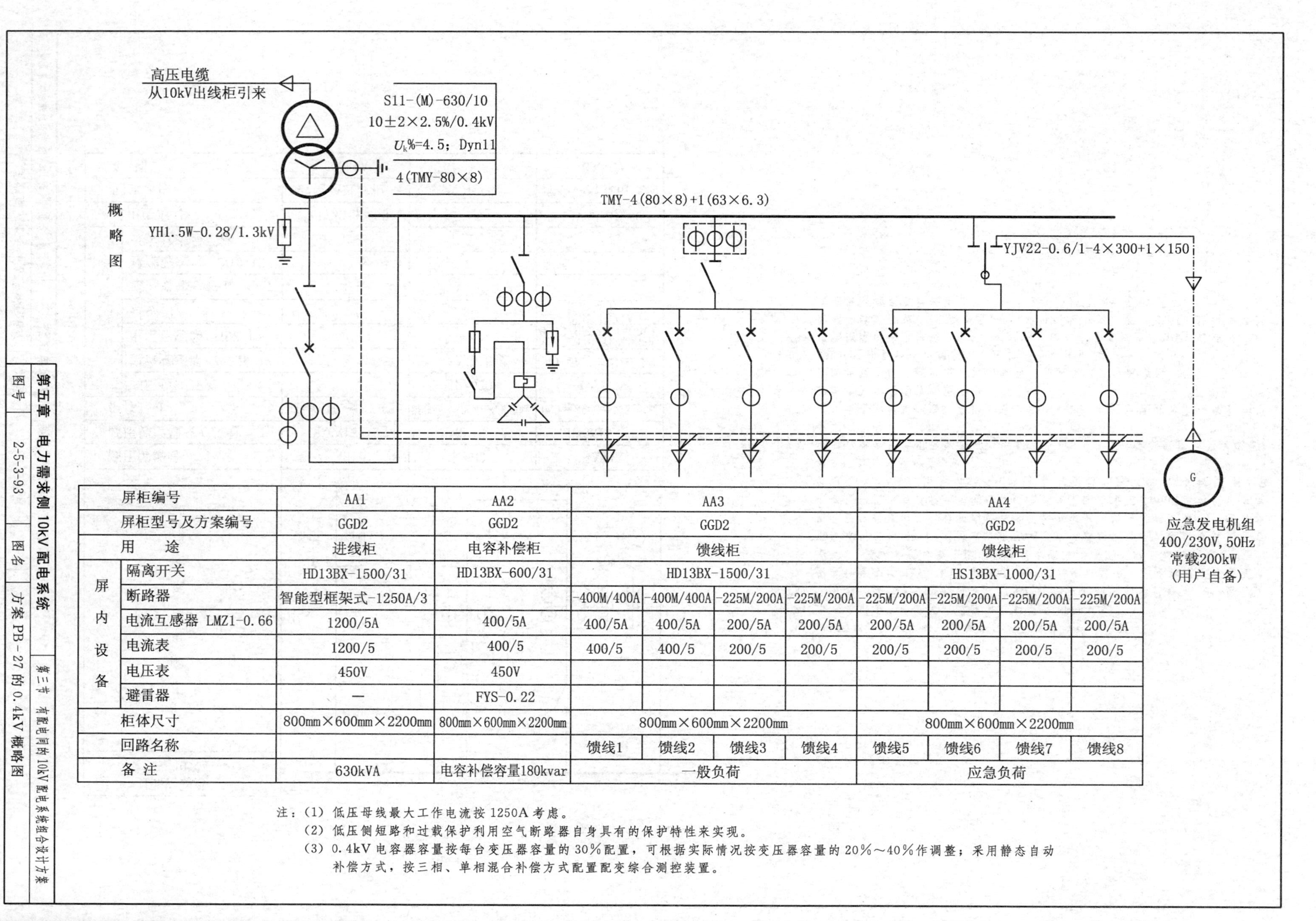

屏柜编号		AA1	AA2	AA3				AA4			
屏柜型号及方案编号		GGD2	GGD2	GGD2				GGD2			
用途		进线柜	电容补偿柜	馈线柜				馈线柜			
屏内设备	隔离开关	HD13BX-1500/31	HD13BX-600/31	HD13BX-1500/31				HS13BX-1000/31			
	断路器	智能型框架式-1250A/3		-400M/400A	-400M/400A	-225M/200A	-225M/200A	-225M/200A	-225M/200A	-225M/200A	-225M/200A
	电流互感器 LMZ1-0.66	1200/5A	400/5A	400/5A	400/5A	200/5A	200/5A	200/5A	200/5A	200/5A	200/5A
	电流表	1200/5	400/5	400/5	400/5	200/5	200/5	200/5	200/5	200/5	200/5
	电压表	450V	450V								
	避雷器	—	FYS-0.22								
柜体尺寸		800mm×600mm×2200mm	800mm×600mm×2200mm	800mm×600mm×2200mm				800mm×600mm×2200mm			
回路名称				馈线1	馈线2	馈线3	馈线4	馈线5	馈线6	馈线7	馈线8
备注		630kVA	电容补偿容量180kvar	一般负荷				应急负荷			

注：(1) 低压母线最大工作电流按1250A考虑。

(2) 低压侧短路和过载保护利用空气断路器自身具有的保护特性来实现。

(3) 0.4kV电容器容量按每台变压器容量的30%配置，可根据实际情况按变压器容量的20%～40%作调整；采用静态自动补偿方式，按三相、单相混合补偿方式配置配变综合测控装置。

图号 2-5-3-93　图名 方案PB-27的0.4kV概略图

主要设备及材料清册

序号	名称	型号及规格	单位	数量	备注
一	10kV 电缆接入模块部分	M-1-1-1			
1	预应力锥形水泥杆	φ190mm×15m	根	1	单重：1604kg
2	高压单回倒挂横担	DGD11-2200mm	套	3	单重：24.27kg
3	高压熔断器	U_N=12kV，I_N=100A	组	1	
4	氧化锌避雷器	HY5W-12.7/50kV	组	1	
5	针式绝缘子	P-20M	套	9	含螺栓及套筒
6	10kV 电力电缆	YJV22-8.7/15-3×50	m	200	户内外电缆头各1套
7	电缆沟		m	95	
8	电缆埋管		m	95	
二	10kV 配电装置模块部分	M-2-1-3			10kV 环网柜内配负荷开关熔断器组合，线路变压器组接线
1	10kV 电缆进线柜	HXGN 型(长×宽×高：500mm×900mm×2200mm)	面	1	
2	10kV 进线开关柜	HXGN 型(长×宽×高：800mm×900mm×2200mm)	面	1	配负荷开关加熔断器
3	10kV 综合计量兼出线柜	HXGN 型(长×宽×高：1000mm×900mm×2200mm)	面	1	
4	10kV 电力电缆	YJV22-8.7/15-3×50	m	20	
5	热镀锌角钢	∟50mm×5mm×2500mm	根	15	
6	热镀锌扁钢	—50mm×5mm	m	300	接地干线及引上线
7	接地螺栓		副	8	
8	模拟屏	2000mm×1000mm	块	1	
三	主变压器模块部分	M-3-1			
1	变压器	S11-(M)-630/10，10±2×2.5%/0.4kV，Dyn11，U_k=4.5%	台	1	
2	铜排	TMY-80×8	m	24	
3	低压避雷器	YH1.5W-0.28/1.3kV	只	3	

续表

序号	名称	型号及规格	单位	数量	备注
四	0.4kV 配电装置模块部分	M-4-3			单母线接线（应急发电机组电源接入系统回路）
1	低压进线柜	GGD2 型	面	1	固定式低压成套开关柜
2	低压补偿柜	GGD2 型	面	1	
3	低压出线柜	GGD2 型	面	2	
4	低压穿墙板		块	1	
5	支持绝缘子	WX-01	个	6	
6	不锈钢护网	网孔不大于 20mm×20mm	块	2	
五	高压计量装置模块部分	M-6-6			
1	高压计量装置	含计量表计、用电信息采集管理终端等	套	1	10kV 高压单电源，高供高计，采用购电制方式

注：(1) 不包括用户自备发电机组部分设备。

(2) 氧化锌避雷器按 GB 11032《交流无间隙金属氧化物避雷器》中的规定进行选择。

(3) 接地。用于独立建筑物时，本类型配电间接地按有关技术规程的要求设计，接地装置由水平接地体与垂直接地体组成。水平接地体由—50mm×5mm 的热镀锌扁钢组成，垂直接地体由∟50mm×5mm×2500mm 的热镀锌角钢组成。接地网接地电阻应符合 DL/T 621《交流电气装置的接地》的规定。

(4) 为加强配电网设备设施的标识管理，防止误操作、误入带电间隔，按要求设置标识标牌。

(5) 站址场地应满足以下要求：

1) 站址应接近负荷中心，满足低压供电半径要求。

2) 站址宜按正方向布置，采用建筑坐标系。

3) 土建按远景规模设计。

4) 假定场地为同一标高。

(6) 建筑物的设计要求：

1) 独立主体建筑：主体建筑设计要具有现代工业建筑气息，建筑造型和立面色调要与周边文化地理环境协调统一；外观设计应简洁、稳重、实用；对于建筑物外立面，避免使用较为特殊的装饰，如玻璃雨篷、通体玻璃幕墙、修饰性栏栅、半圆形房间等。

2) 非独立主体建筑：应满足设备运输、进出线通道、防雷、外观等要求，并与主体建筑协调。

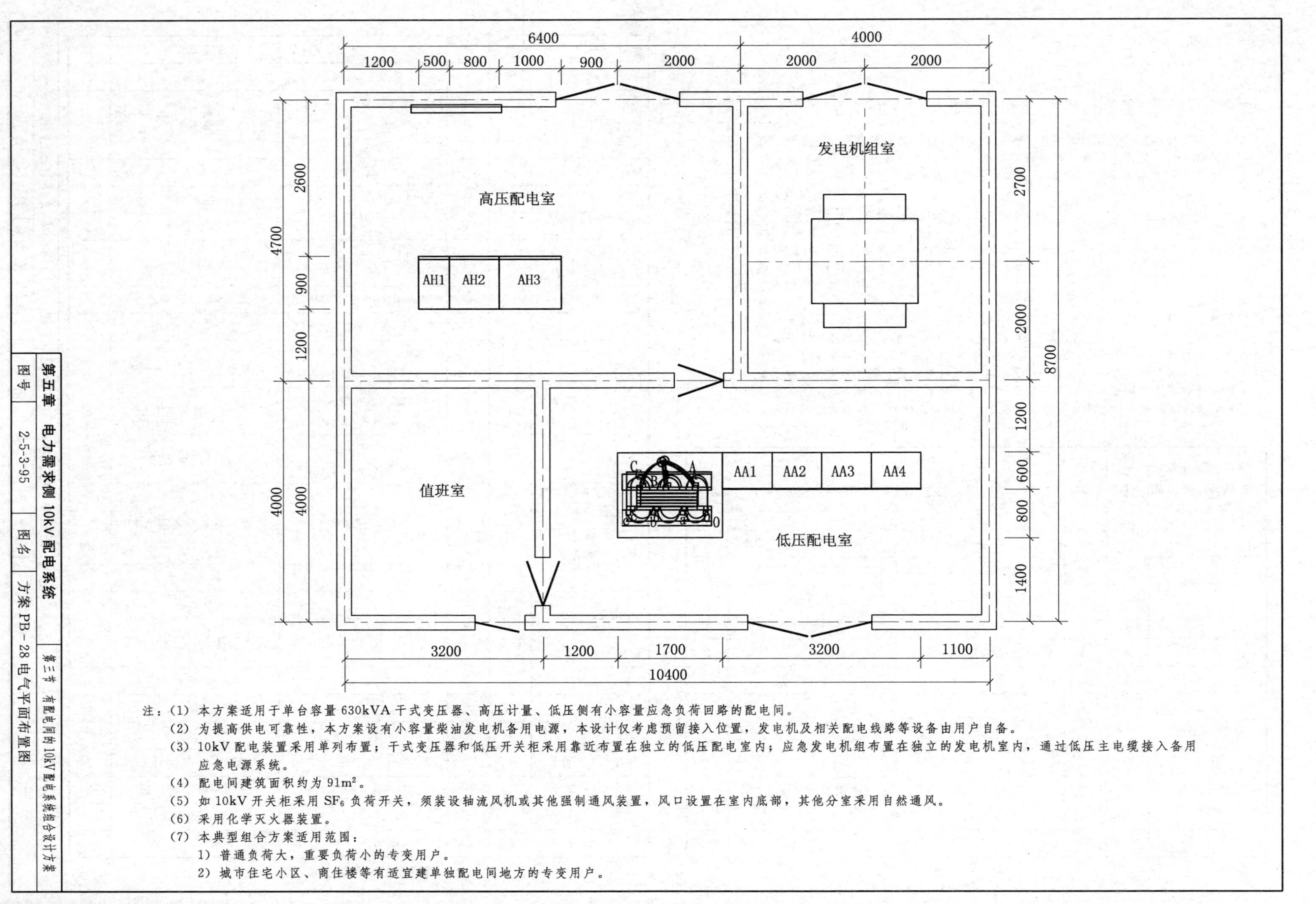

注：（1）本方案适用于单台容量630kVA干式变压器、高压计量、低压侧有小容量应急负荷回路的配电间。

（2）为提高供电可靠性，本方案设有小容量柴油发电机备用电源，本设计仅考虑预留接入位置，发电机及相关配电线路等设备由用户自备。

（3）10kV配电装置采用单列布置；干式变压器和低压开关柜采用靠近布置在独立的低压配电室内；应急发电机组布置在独立的发电机室内，通过低压主电缆接入备用应急电源系统。

（4）配电间建筑面积约为91m²。

（5）如10kV开关柜采用SF_6负荷开关，须装设轴流风机或其他强制通风装置，风口设置在室内底部，其他分室采用自然通风。

（6）采用化学灭火器装置。

（7）本典型组合方案适用范围：

1）普通负荷大，重要负荷小的专变用户。

2）城市住宅小区、商住楼等有适宜建单独配电间地方的专变用户。

第五章　电力需求侧10kV配电系统			第三节　有配电间的10kV配电系统组合设计方案
图号	2-5-3-95	图名	方案PB－28电气平面布置图

10kV 母线 TMY-40×4			
高压配电概略图	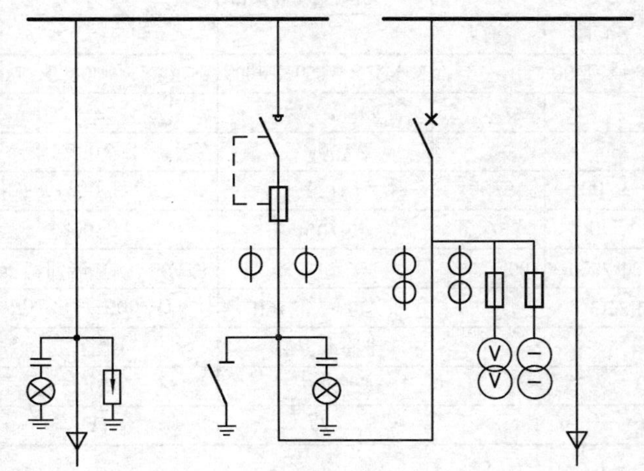		
高压屏编号	AH1	AH2	AH3
高压屏型号及方案号	HXGN15-12	HXGN15-12	HXGN15-12
柜体尺寸	500mm×900mm×2200mm	800mm×900mm×2200mm	1000mm×900mm×2200mm
屏内设备：高压负荷开关		-12/630A	-12/630A
屏内设备：电流互感器 LZZBJ9-12		50/5A, 0.5级	40/5A, 0.2S/0.2S
屏内设备：电压互感器 JDZ-10			A, C10/0.1kV 25VA B 10/0.22kV 400VA
屏内设备：熔断器			RN2-10/1A RN2-10/3A
屏内设备：避雷器 HY5WZ-17/45kV	3		
屏内设备：接地开关 JN10-12			
屏内设备：开关状态显示器	1	1	1
进出线型号	YJV22-3×50		YJV22-3×50
回路名称	10kV电缆进线柜	进线开关柜	综合计量兼出线柜
备 注	630kVA		630kVA

注：(1) 10kV 部分为固定柜、线路变压器组接线方式，一进一出。

(2) 本方案计量方式为高供高计，10kV 进线侧设高压综合计量屏（计量屏上安装计量专用 TA、TV、购电开关、多功能计量表、用电信息采集管理终端等），其他分类计量在低压出线屏上实现，高压采用三相三线计量方式，低压采用三相四线计量方式，选用电子式多功能电能表，安装在开关柜专用计量仪表室内，计量柜内设备和元器件根据一次主接线配置，计量二次回路不得接入与计量无关的设备，计量电流回路采用 $4mm^2$ 单芯硬铜芯电线（缆），电压回路采用 $2.5mm^2$ 单芯硬铜芯电线（缆），并按 A 黄、B 绿、C 红、N 黑分色。

(3) 电能计量装置选用及配置应满足 DL/T 448《电能计量装置技术管理规程》规定。

(4) 根据短路电流水平为 20kA，按发热及动稳定条件校验，10kV 母线及进线间隔导体选 TMY-40×4 型。10kV 开关柜与变压器高压侧连接电缆须按发热及动稳定条件校验选用，一般选用 YJV22-8.7/15-3×50 型产品。

(5) 电气设备的绝缘配合，参照 DL/T 620《交流电气装置的过电压保护和绝缘配合》确定的原则进行。

(6) 为防止过电压，在开关柜进出线间隔各装设氧化锌避雷器一组。氧化锌避雷器按 GB 11032《交流无间隙金属氧化物避雷器》中的规定进行选择。

(7) 10kV 变压器柜内设熔断器，用作变压器保护。

(8) 在使用典型设计文件时，可根据实际情况，在安全可靠、投资合理、标准统一、运行高效的设计原则下，调整典型设计中的模块组合，形成符合实际要求的 10kV 配电系统。

第五章　电力需求侧 10kV 配电系统		第三节　有配电间的 10kV 配电系统组合设计方案	
图号	2-5-3-96	图名	方案 PB-28 的 10kV 概略图

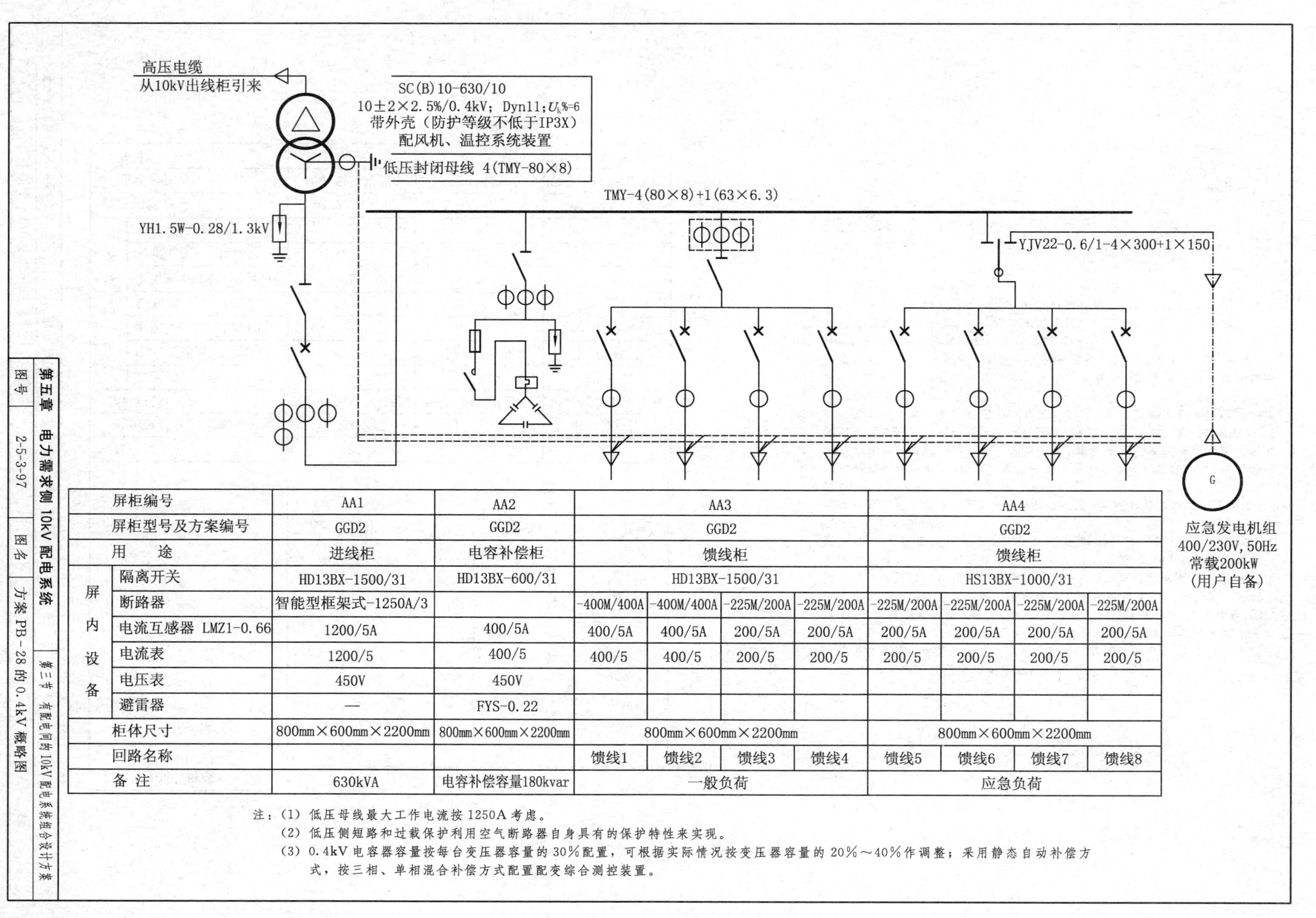

屏柜编号	AA1	AA2	AA3				AA4			
屏柜型号及方案编号	GGD2	GGD2	GGD2				GGD2			
用　途	进线柜	电容补偿柜	馈线柜				馈线柜			
屏内设备 隔离开关	HD13BX-1500/31	HD13BX-600/31	HD13BX-1500/31				HS13BX-1000/31			
屏内设备 断路器	智能型框架式-1250A/3		-400M/400A	-400M/400A	-225M/200A	-225M/200A	-225M/200A	-225M/200A	-225M/200A	-225M/200A
屏内设备 电流互感器 LMZ1-0.66	1200/5A	400/5A	400/5A	400/5A	200/5A	200/5A	200/5A	200/5A	200/5A	200/5A
屏内设备 电流表	1200/5	400/5	400/5	400/5	200/5	200/5	200/5	200/5	200/5	200/5
屏内设备 电压表	450V	450V								
屏内设备 避雷器	—	FYS-0.22								
柜体尺寸	800mm×600mm×2200mm	800mm×600mm×2200mm	800mm×600mm×2200mm				800mm×600mm×2200mm			
回路名称			馈线1	馈线2	馈线3	馈线4	馈线5	馈线6	馈线7	馈线8
备　注	630kVA	电容补偿容量180kvar	一般负荷				应急负荷			

注：（1）低压母线最大工作电流按1250A考虑。
（2）低压侧短路和过载保护利用空气断路器自身具有的保护特性来实现。
（3）0.4kV电容器容量按每台变压器容量的30%配置，可根据实际情况按变压器容量的20%～40%作调整；采用静态自动补偿方式，按三相、单相混合补偿方式配置配变综合测控装置。

图号　2-5-3-97　　图名　方案PB-28的0.4kV概略图

主要设备及材料清册

序号	名称	型号及规格	单位	数量	备注
一	10kV 电缆接入模块部分	M-1-1-1			
1	预应力锥形水泥杆	ϕ190mm×15m	根	1	单重：1604kg
2	高压单回倒挂横担	DGD11-2200mm	套	3	单重：24.27kg
3	高压熔断器	U_N=12kV，I_N=100A	组	1	
4	氧化锌避雷器	HY5W-17/45kV	组	1	
5	针式绝缘子	P-20M	套	9	含螺栓及套筒
6	10kV 电力电缆	YJV22-8.7/15-3×50	m	200	户内外电缆头各1套
7	电缆沟		m	95	
8	电缆埋管		m	95	
二	10kV 配电装置模块部分	M-2-1-3			线路变压器组接线
1	10kV 电缆进线柜	HXGN 型(长×宽×高：500mm×900mm×2200mm)	面	1	
2	10kV 进线开关柜	HXGN 型(长×宽×高：800mm×900mm×2200mm)	面	1	配负荷开关加熔断器
3	10kV 综合计量兼出线柜	HXGN 型(长×宽×高：1000mm×900mm×2200mm)	面	1	
4	10kV 电力电缆	YJV22-8.7/15-3×50	m	20	
5	热镀锌角钢	∟50mm×5mm×2500mm	根	15	
6	热镀锌扁钢	—50mm×5mm	m	300	接地干线及引上线
7	接地螺栓		副	6	
8	模拟屏	2000mm×1000mm	块	1	
三	主变压器模块部分	M-3-2			
1	变压器	SC（B）10-630/10，10±2×2.5%/0.4kV，Dyn11，U_k=6%	台	1	带外壳（防护等级不低于IP3X），配风冷、温控系统装置
2	低压封闭母线	4（TMY-80×8）	m	5	
3	低压避雷器	YH1.5W-0.28/1.3kV	只	3	

续表

序号	名称	型号及规格	单位	数量	备注
四	0.4kV 配电装置模块部分	M-4-3			单母线接线（应急发电机组电源接入系统回路）
1	低压进线柜	GGD2 型	面	1	
2	低压补偿柜	GGD2 型	面	1	
3	低压出线柜	GGD2 型	面	2	固定式低压成套开关柜
五	高压计量装置模块部分	M-6-2			
1	高压计量装置	含计量表计、用电信息采集管理终端等	套	1	10kV 高压单电源，高供高计，采用购电制方式

注：(1) 工作照明采用节能荧光灯、防爆投光灯，事故照明采用应急灯。

(2) 低压电力电容器采用自愈式、免维护、无污染、环保型，无功补偿电容器柜采用无功静态自动补偿形式，保证用户电压质量，降低电能损耗。

(3) 为加强配电网设备设施的标识管理，防止误操作、误入带电间隔，按要求设置标识标牌。

(4) 本站总平面布置根据生产工艺、运输、防火、防爆、环境保护和施工等方面的要求，按远景规模对站区的建构筑物、管线及道路进行统筹安排，合理布置，工艺流程顺畅，考虑机械作业通道和空间，检修维护方便，有利于施工，便于扩建。同时要考虑有效的防水、排水、通风、防小动物与隔声等措施。

(5) 结构、排水、消防、通风、环境保护及其他：

1）结构。建筑物的抗震设防类别按 GB 50011《建筑抗震设计规范》及 GB 50260《电力设施抗震设计规范》设计。

2）排水。宜采用自流式有组织排水，设置集水井汇集雨水，经地下设置的排水暗管，有组织地将水排至附近市政雨水管网中。

3）消防。采用化学灭火方式。

4）通风。采用自然进风，自然排风。设备间应设事故排风装置。装有 SF_6 设备的配电装置室应装设强力通风装置，风口设置在室内底部。

5）环保。配电间噪声对周围环境的影响应符合 GB 3096《声环境质量标准》的规定和要求。

(6) 接地。用于独立建筑物时，本类型配电间接地按有关技术规程的要求设计，接地装置由水平接地体与垂直接地体组成。水平接地体由—50mm×5mm 的热镀锌扁钢组成，垂直接地体由∟50mm×5mm×2500mm 的热镀锌角钢组成。接地网接地电阻应符合 DL/T 621《交流电气装置的接地》的规定。

(7) 采用电缆沟或穿管直埋敷设电缆方式，应满足防火要求。高、低压电缆沟的尺寸应满足电缆的敷设数量及弯曲半径等要求。

第五章　电力需求侧 10kV 配电系统		第三节　有配电间的 10kV 配电系统组合设计方案	
图号	2-5-3-98	图名	方案 PB-28 设备材料清册

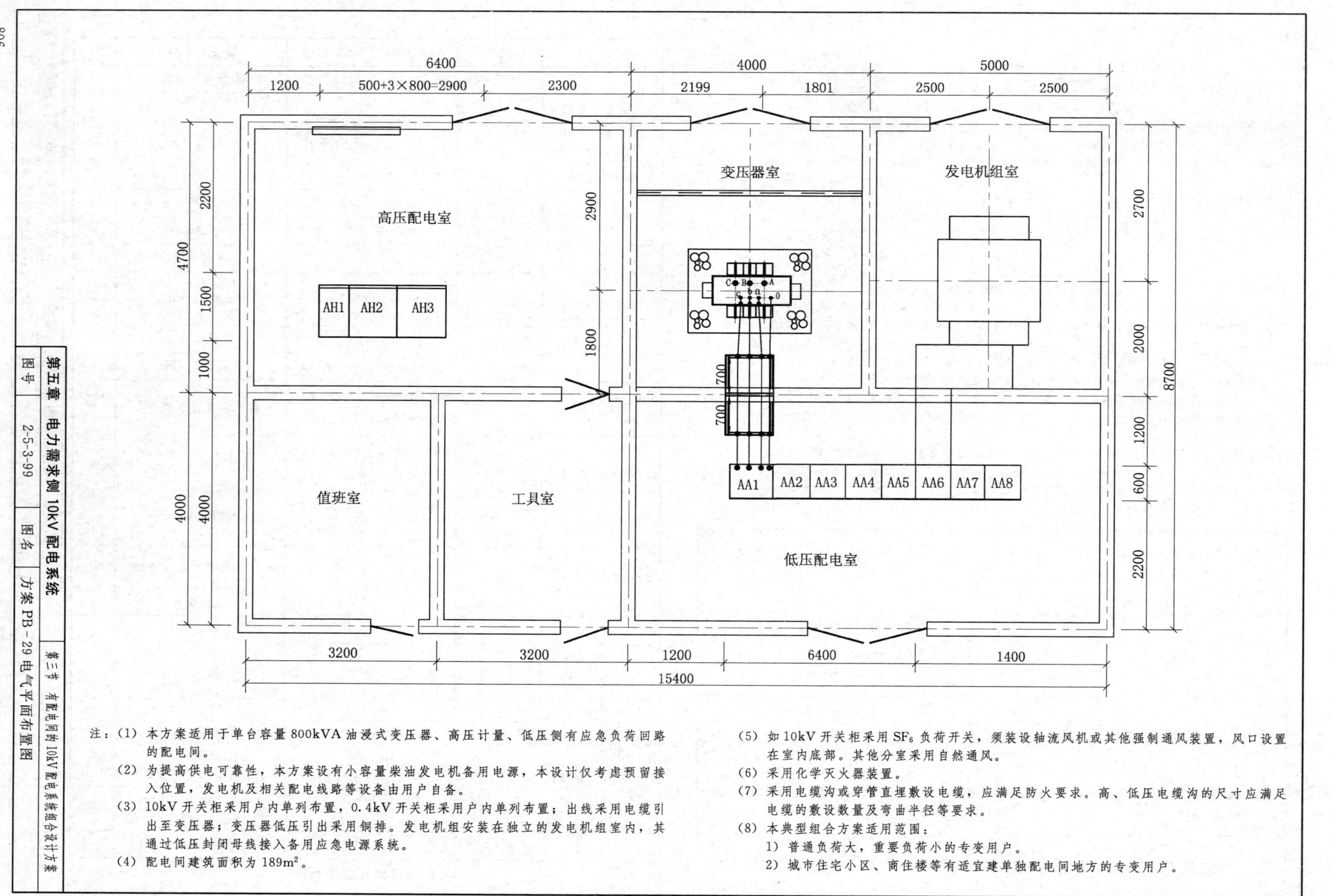

注：（1）本方案适用于单台容量 800kVA 油浸式变压器、高压计量、低压侧有应急负荷回路的配电间。

（2）为提高供电可靠性，本方案设有小容量柴油发电机备用电源，本设计仅考虑预留接入位置，发电机及相关配电线路等设备由用户自备。

（3）10kV 开关柜采用户内单列布置，0.4kV 开关柜采用户内单列布置；出线采用电缆引出至变压器；变压器低压引出采用铜排。发电机组安装在独立的发电机组室内，其通过低压封闭母线接入备用应急电源系统。

（4）配电间建筑面积为 189m²。

（5）如 10kV 开关柜采用 SF_6 负荷开关，须装设轴流风机或其他强制通风装置，风口设置在室内底部。其他分室采用自然通风。

（6）采用化学灭火器装置。

（7）采用电缆沟或穿管直埋敷设电缆，应满足防火要求。高、低压电缆沟的尺寸应满足电缆的敷设数量及弯曲半径等要求。

（8）本典型组合方案适用范围：

1）普通负荷大，重要负荷小的专变用户。

2）城市住宅小区、商住楼等有适宜建单独配电间地方的专变用户。

10kV 母线 TMY-40×4			
高压配置概略图 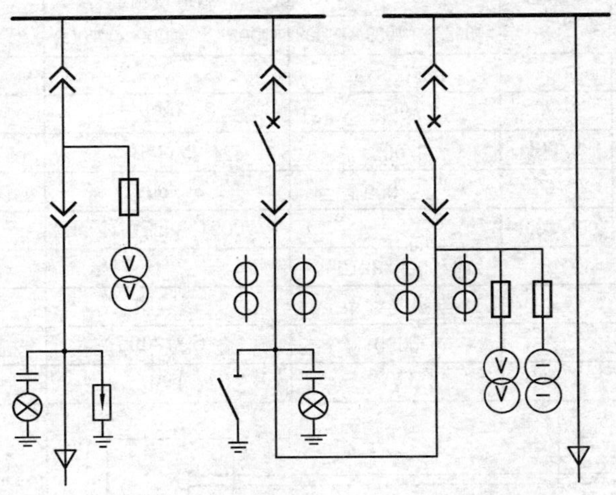			
高压屏编号	AH1	AH2	AH3
高压屏型号及方案号	KYN28-12	KYN28-12	KYN28-12
柜体尺寸	800mm×1500mm×2300mm	800mm×1500mm×2300mm	800mm×1660mm×2300mm
屏内设备 高压真空断路器		-12/630A	-12/630A
屏内设备 电流互感器 LZZBJ9-12		75/5A, 0.5/10P20	50/5A, 0.2S/0.2S
屏内设备 电压互感器 JDZ-10	10/0.1kV, 400VA		A, C 10/0.1kV, 25VA B 10/0.22kV, 400VA
屏内设备 熔断器	RN2-10/1A		RN2-10/1A RN2-10/3A
屏内设备 避雷器 HY5WZ-17/45kV	3		
屏内设备 接地开关 JN10-12		1	
屏内设备 开关状态显示器	1	1	1
进出线型号	YJV22-3×70		YJV22-3×70
回路名称	10kV进线隔离兼TV柜	进线开关柜	综合计量兼出线柜
备 注	800kVA		800kVA

注：(1) 10kV 部分为中置柜、线路变压器组接线方式，一进一出。

(2) 本方案计量方式为高供高计，10kV 进线侧设高压综合计量屏（计量屏上安装计量专用 TA、TV、购电开关、多功能计量表、用电信息采集管理终端等），其他分类计量在低压出线屏上实现，高压采用三相三线计量方式，低压采用三相四线计量方式，选用电子式多功能电能表，安装在开关柜专用计量仪表室内，计量柜内设备和元器件根据一次主接线配置，计量二次回路不得接入与计量无关的设备，计量电流回路采用 $4mm^2$ 单芯硬铜芯电线（缆），电压回路采用 $2.5mm^2$ 单芯硬铜芯电线（缆），并按 A 黄、B 绿、C 红、N 黑分色。

(3) 10kV 进线装设过流、速断保护；变压器装设过流、速断、瓦斯、零序保护等。

(4) 为防止过电压，在开关柜进出线间隔各装设氧化锌避雷器一组。氧化锌避雷器按 GB 11032《交流无间隙金属氧化物避雷器》中的规定进行选择。

(5) 接地。用于独立建筑物时，本类型配电间接地按有关技术规程的要求设计，接地装置由水平接地体与垂直接地体组成。水平接地体由一50mm×5mm 的热镀锌扁钢组成，垂直接地体由∟ 50mm×5mm×2500mm 的热镀锌角钢组成。接地网接地电阻应符合 DL/T 621《交流电气装置的接地》的规定。

(6) 根据短路电流水平为 20kA，按发热及动稳定条件校验，10kV 母线及进线间隔导体选 TMY－40×4 型。10kV 开关柜与变压器高压侧连接电缆须按发热及动稳定条件校验选用，一般选用 YJV22－8.7/15－3×70 型。

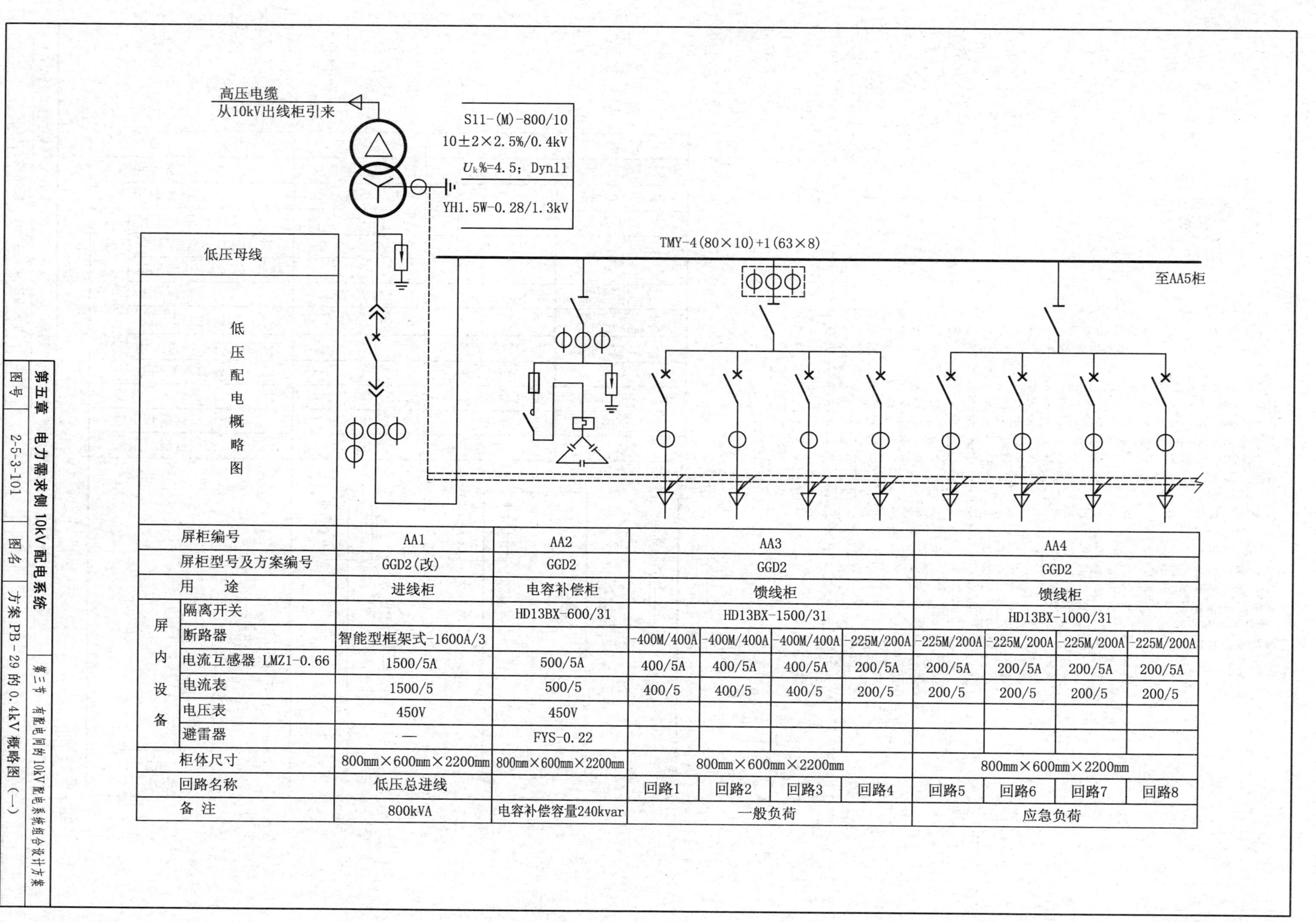

屏柜编号	AA1	AA2	AA3				AA4			
屏柜型号及方案编号	GGD2(改)	GGD2	GGD2				GGD2			
用途	进线柜	电容补偿柜	馈线柜				馈线柜			
屏内设备 隔离开关		HD13BX-600/31	HD13BX-1500/31				HD13BX-1000/31			
屏内设备 断路器	智能型框架式-1600A/3		-400M/400A	-400M/400A	-400M/400A	-225M/200A	-225M/200A	-225M/200A	-225M/200A	-225M/200A
屏内设备 电流互感器 LMZ1-0.66	1500/5A	500/5A	400/5A	400/5A	400/5A	200/5A	200/5A	200/5A	200/5A	200/5A
屏内设备 电流表	1500/5	500/5	400/5	400/5	400/5	200/5	200/5	200/5	200/5	200/5
屏内设备 电压表	450V	450V								
屏内设备 避雷器	—	FYS-0.22								
柜体尺寸	800mm×600mm×2200mm	800mm×600mm×2200mm	800mm×600mm×2200mm				800mm×600mm×2200mm			
回路名称	低压总进线		回路1	回路2	回路3	回路4	回路5	回路6	回路7	回路8
备注	800kVA	电容补偿容量240kvar	一般负荷				应急负荷			

第五章　电力需求侧10kV配电系统		第三节　有配电间的10kV配电系统组合设计方案	
图号	2-5-3-101	图名	方案PB-29的0.4kV概略图（一）

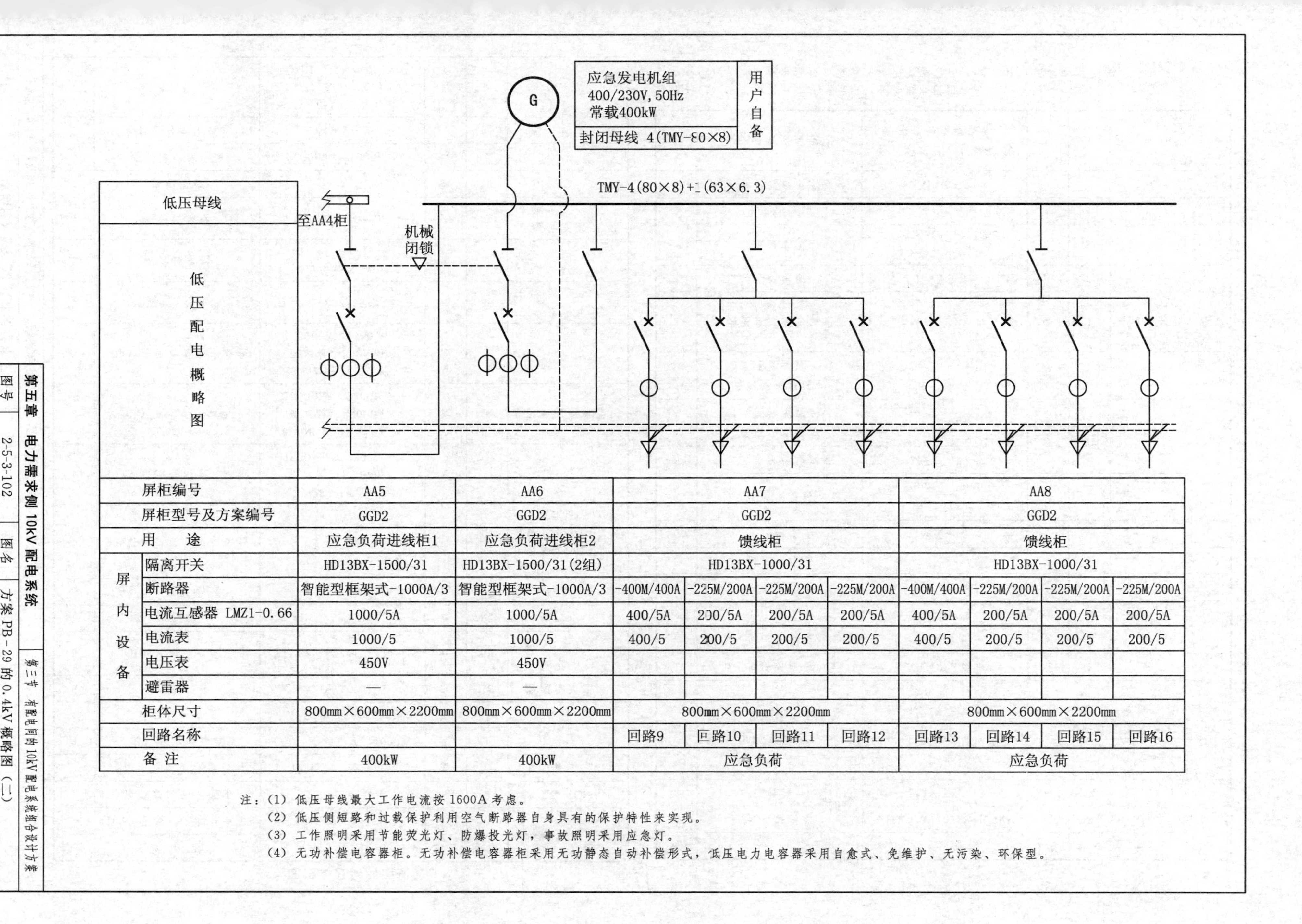

屏柜编号	AA5	AA6	AA7				AA8			
屏柜型号及方案编号	GGD2	GGD2	GGD2				GGD2			
用途	应急负荷进线柜1	应急负荷进线柜2	馈线柜				馈线柜			
屏内设备 隔离开关	HD13BX-1500/31	HD13BX-1500/31(2组)	HD13BX-1000/31				HD13BX-1000/31			
屏内设备 断路器	智能型框架式-1000A/3	智能型框架式-1000A/3	-400M/400A	-225M/200A	-225M/200A	-225M/200A	-400M/400A	-225M/200A	-225M/200A	-225M/200A
屏内设备 电流互感器 LMZ1-0.66	1000/5A	1000/5A	400/5A	200/5A	200/5A	200/5A	400/5A	200/5A	200/5A	200/5A
屏内设备 电流表	1000/5	1000/5	400/5	200/5	200/5	200/5	400/5	200/5	200/5	200/5
屏内设备 电压表	450V	450V								
屏内设备 避雷器	—	—								
柜体尺寸	800mm×600mm×2200mm	800mm×600mm×2200mm	800mm×600mm×2200mm				800mm×600mm×2200mm			
回路名称			回路9	回路10	回路11	回路12	回路13	回路14	回路15	回路16
备注	400kW	400kW	应急负荷				应急负荷			

注：(1) 低压母线最大工作电流按1600A考虑。
(2) 低压侧短路和过载保护利用空气断路器自身具有的保护特性来实现。
(3) 工作照明采用节能荧光灯、防爆投光灯，事故照明采用应急灯。
(4) 无功补偿电容器柜。无功补偿电容器柜采用无功静态自动补偿形式，低压电力电容器采用自愈式、免维护、无污染、环保型。

第五章 电力需求侧 10kV 配电系统		第三节 有配电间的10kV配电系统组合设计方案	
图号	2-5-3-102	图名	方案PB-29的0.4kV概略图（二）

主要设备及材料清册

序号	名　称	型号及规格	单位	数量	备　注
一	10kV 电缆接入模块部分	M-1-1-3			
1	预应力锥形水泥杆	ϕ190mm×15m	根	2	单重：1604kg
2	高压单回倒挂横担	DGD11-2200mm	套	6	单重：24.27kg
3	高压真空断路器	U_N=12kV，I_N=630A	组	1	
4	氧化锌避雷器	HY5W-17/45kV	组	1	
5	针式绝缘子	P-20M	套	18	含螺栓及套筒
6	10kV 电力电缆	YJV22-8.7/15-3×70	m	200	户内外电缆头各1套
7	电缆沟		m	95	
8	电缆埋管		m	95	
二	10kV 配电装置模块部分	M-2-1-4			10kV 中置式开关柜配真空断路器，线路变压器组接线，短路电流 20kA
1	10kV 进线隔离兼 TV 柜	KYN28-12 型(长×宽×高：800mm×1500mm×2300mm)	面	1	
2	10kV 进线总开关柜	KYN28-12 型(长×宽×高：800mm×1500mm×2300mm)	面	1	配真空断路器
3	10kV 综合计量兼出线柜	KYN28-12 型(长×宽×高：800mm×1660mm×2300mm)	面	1	
4	10kV 电力电缆	YJV22-8.7/15-3×70	m	35	配户内电缆头4套
5	热镀锌角钢	└50mm×5mm×2500mm	根	20	
6	热镀锌扁钢	—50mm×5mm	m	300	接地干线及引上线
7	接地螺栓		副	10	
8	模拟屏	2000mm×1000mm	块	1	
三	主变压器模块部分	M-3-1			
1	变压器	S11-(M)-800/10，10±2×2.5%/0.4kV，Dyn11，U_k=4.5%	台	1	

续表

序号	名　称	型号及规格	单位	数量	备　注
2	低压避雷器	YH1.5W-0.28/1.3kV	只	6	
3	铜排	TMY-80×8	m	24	
四	0.4kV 配电装置模块部分	M-4-3			0.4kV 低压固定开关柜，单母线分段接线
		M-4-4-2			0.4kV 低压固定开关柜，单母线接线（应急发电机组电源接入系统回路）
1	低压进线柜	GGD2（改）	面	1	
2	低压补偿柜	GGD2 型	面	1	
3	低压出线柜	GGD2 型	面	4	
4	低压联络柜	GGD2 型	面	2	
5	低压穿墙板		块	1	
6	支持绝缘子	WX-01	个	6	
7	不锈钢护网	网孔不大于 20mm×20mm	块	2	
五	二次系统模块部分	M-5-1-1			
1	微机线路保护测控装置		套	1	
2	微机变压器保护测控装置		套	1	
3	微型直流电源装置	M-5-2-1	套	1	安装在 10kV 进线隔离兼 TV 柜顶(DC 220V)
4	控制电缆	$KVVP_2$—	m	300	
5	低压电缆	VV22—0.6/1—3×35+1×16	m	40	
6	中央信号箱		个	1	
六	高压计量装置模块部分	M-6-2			
1	高压计量装置	含计量表计、用电信息采集管理终端等	套	1	10kV 高压单电源，高供高计，采用购电制方式

注：(1) 设备材料表中不包括用户自备发电机组部分。
(2) 为加强配电网设备设施的标识管理，防止误操作、误入带电间隔，按要求设置标识标牌。

第五章　电力需求侧 10kV 配电系统		第三节　有配电间的 10kV 配电系统组合设计方案	
图号	2-5-3-103	图名	方案 PB-29 设备材料清册

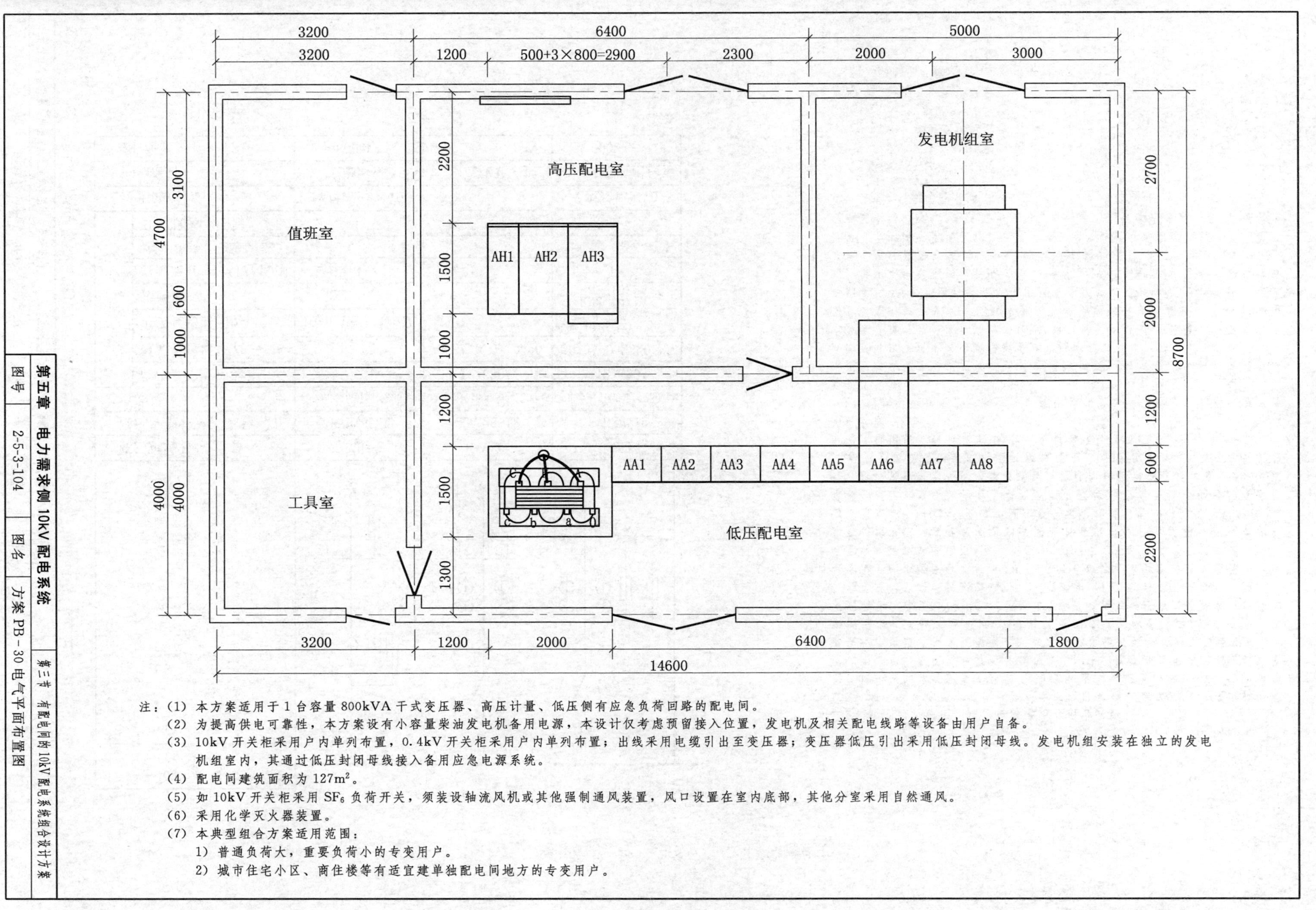

注：(1) 本方案适用于1台容量800kVA干式变压器、高压计量、低压侧有应急负荷回路的配电间。

(2) 为提高供电可靠性，本方案设有小容量柴油发电机备用电源，本设计仅考虑预留接入位置，发电机及相关配电线路等设备由用户自备。

(3) 10kV开关柜采用户内单列布置，0.4kV开关柜采用户内单列布置；出线采用电缆引出至变压器；变压器低压引出采用低压封闭母线。发电机组安装在独立的发电机组室内，其通过低压封闭母线接入备用应急电源系统。

(4) 配电间建筑面积为127m²。

(5) 如10kV开关柜采用SF_6负荷开关，须装设轴流风机或其他强制通风装置，风口设置在室内底部，其他分室采用自然通风。

(6) 采用化学灭火器装置。

(7) 本典型组合方案适用范围：

1) 普通负荷大，重要负荷小的专变用户。

2) 城市住宅小区、商住楼等有适宜建单独配电间地方的专变用户。

10kV 母线 TMY-40×4			
高压配置概略图			
高压屏编号	AH1	AH2	AH3
高压屏型号及方案号	KYN28-12	KYN28-12	KYN28-12
柜体尺寸	800mm×1500mm×2300mm	800mm×1500mm×2300mm	800mm×1660mm×2300mm
屏内设备 高压真空断路器		-12/630A	-12/630A
屏内设备 电流互感器 LZZBJ9-12		75/5A, 0.5/10P20	50/5A, 0.2S/0.2S
屏内设备 电压互感器 JDZ-10	10/0.1kV, 400VA		A、C 10/0.1kV, 25VA B 10/0.22kV, 400VA
屏内设备 熔断器	RN2-10/1A		RN2-10/1A RN2-10/3A
屏内设备 避雷器 HY5WZ-17/45kV	3		
屏内设备 接地开关 JN10-12		1	
屏内设备 开关状态显示器	1	1	1
进出线型号	YJV22-3×70		YJV22-3×70
回路名称	10kV进线隔离兼TV柜	进线开关柜	综合计量兼出线柜
备注	800kVA		800kVA

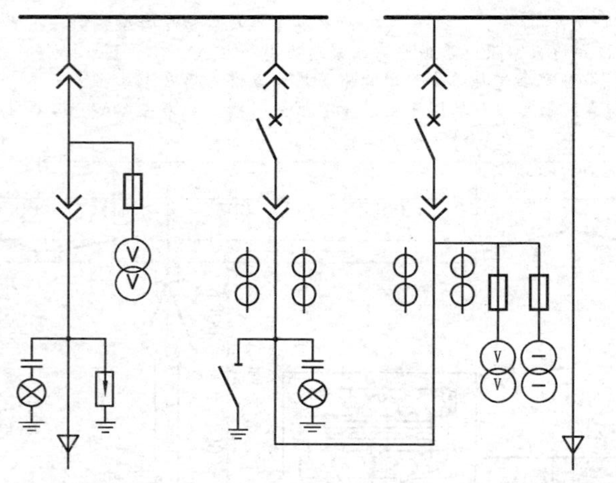

注：(1) 10kV 部分为中置柜、线路变压器组接线方式，一进一出。

(2) 10kV 配电装置选用中置式开关柜配真空断路器，配置两相干式电流互感器；进出线间隔各配置 1 组氧化锌避雷器；变压器按节能型、低噪声原则选用，单台变压器容量为 800kVA；0.4kV 低压开关柜选用固定式成套开关柜；进线总柜配置框架式断路器；出线柜开关一般采用塑壳断路器。

(3) 根据短路电流水平为 20kA，按发热及动稳定条件校验，10kV 母线及进线间隔导体选 TMY-40×4 型。10kV 开关柜与变压器高压侧连接电缆须按发热及动稳定条件校验选用，一般选用 YJV22-8.7/15-3×70 型。

(4) 电气设备的绝缘配合，参照 DL/T 620《交流电气装置的过电压保护和绝缘配合》确定的原则进行。

(5) 为防止过电压，在开关柜进出线间隔各装设氧化锌避雷器一组。氧化锌避雷器按 GB 11032《交流无间隙金属氧化物避雷器》中的规定进行选择。

(6) 接地。用于独立建筑物时，本类型配电间接地按有关技术规程的要求设计，接地装置由水平接地体与垂直接地体组成。水平接地体由－50mm×5mm 的热镀锌扁钢组成，垂直接地体由∟50mm×5mm×2500mm 的热镀锌角钢组成。接地网接地电阻应符合 DL/T 621《交流电气装置的接地》的规定。

(7) 10kV 进线装设过流、速断保护；变压器装设过流、速断、瓦斯、零序等保护。

(8) 采用电缆沟或穿管直埋敷设方式，电缆应满足防火要求。高、低压电缆沟的尺寸应满足电缆的敷设数量及弯曲半径等要求。

(9) 本方案计量方式为高供高计，10kV 进线侧设高压综合计量屏（计量屏上安装计量专用 TA、TV、购电开关、多功能计量表、用电信息采集管理终端等），其他分类计量在低压出线屏上实现，高压采用三相三线计量方式，低压采用三相四线计量方式，选用电子式多功能电能表，安装在开关柜专用计量仪表室内，计量柜内设备和元器件根据一次主接线配置，计量二次回路不得接入与计量无关的设备，计量电流回路采用 $4mm^2$ 单芯硬铜芯电线（缆），电压回路采用 $2.5mm^2$ 单芯硬铜芯电线（缆），并按 A 黄、B 绿、C 红、N 黑分色。

图号 2-5-3-105 图名 方案 PB-30 的 10kV 概略图

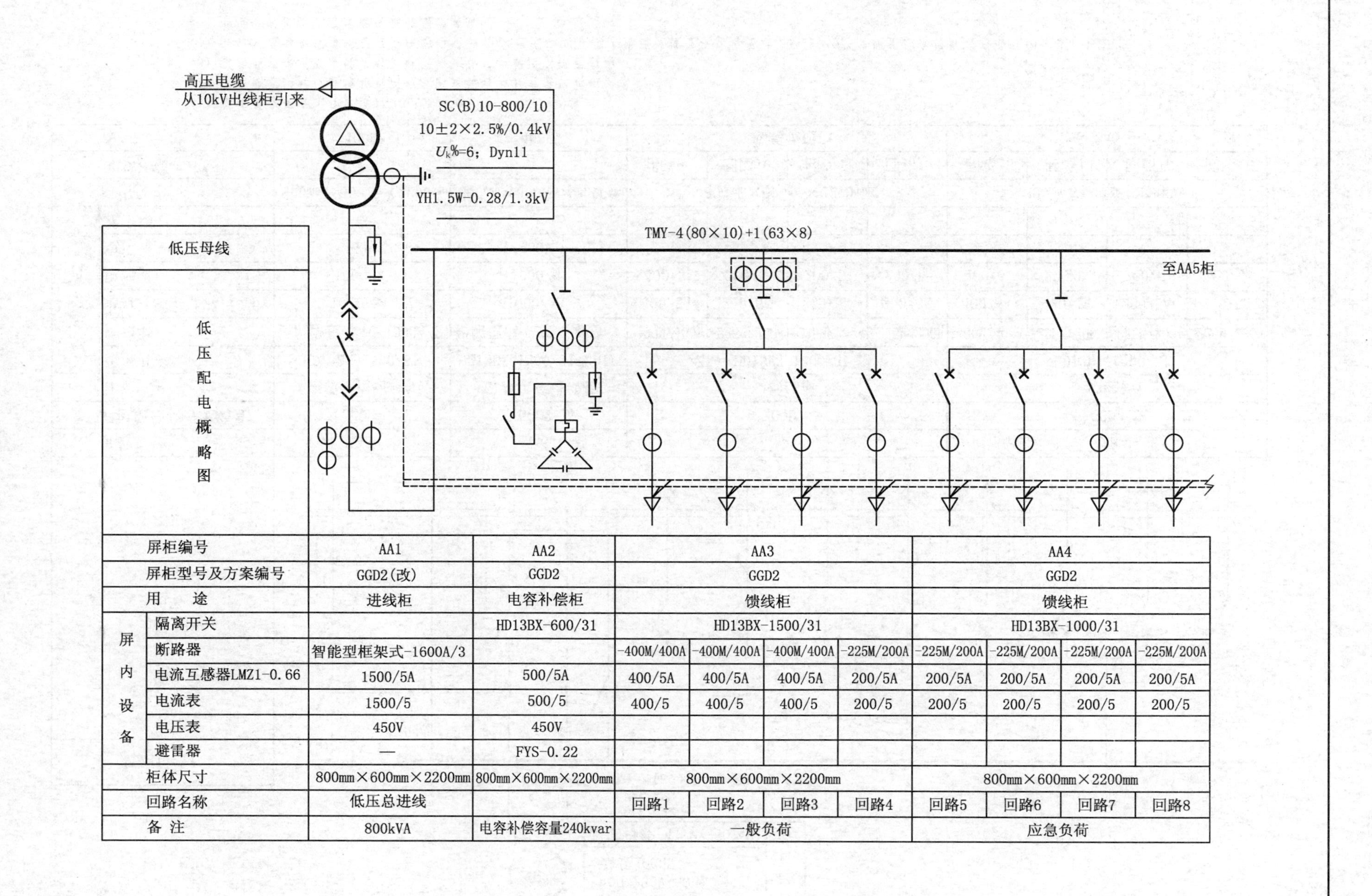

屏柜编号	AA1	AA2	AA3				AA4			
屏柜型号及方案编号	GGD2(改)	GGD2	GGD2				GGD2			
用途	进线柜	电容补偿柜	馈线柜				馈线柜			
屏内设备 隔离开关		HD13BX-600/31	HD13BX-1500/31				HD13BX-1000/31			
屏内设备 断路器	智能型框架式-1600A/3		-400M/400A	-400M/400A	-400M/400A	-225M/200A	-225M/200A	-225M/200A	-225M/200A	-225M/200A
屏内设备 电流互感器LMZ1-0.66	1500/5A	500/5A	400/5A	400/5A	400/5A	200/5A	200/5A	200/5A	200/5A	200/5A
屏内设备 电流表	1500/5	500/5	400/5	400/5	400/5	200/5	200/5	200/5	200/5	200/5
屏内设备 电压表	450V	450V								
屏内设备 避雷器	—	FYS-0.22								
柜体尺寸	800mm×600mm×2200mm	800mm×600mm×2200mm	800mm×600mm×2200mm				800mm×600mm×2200mm			
回路名称	低压总进线		回路1	回路2	回路3	回路4	回路5	回路6	回路7	回路8
备注	800kVA	电容补偿容量240kvar	一般负荷				应急负荷			

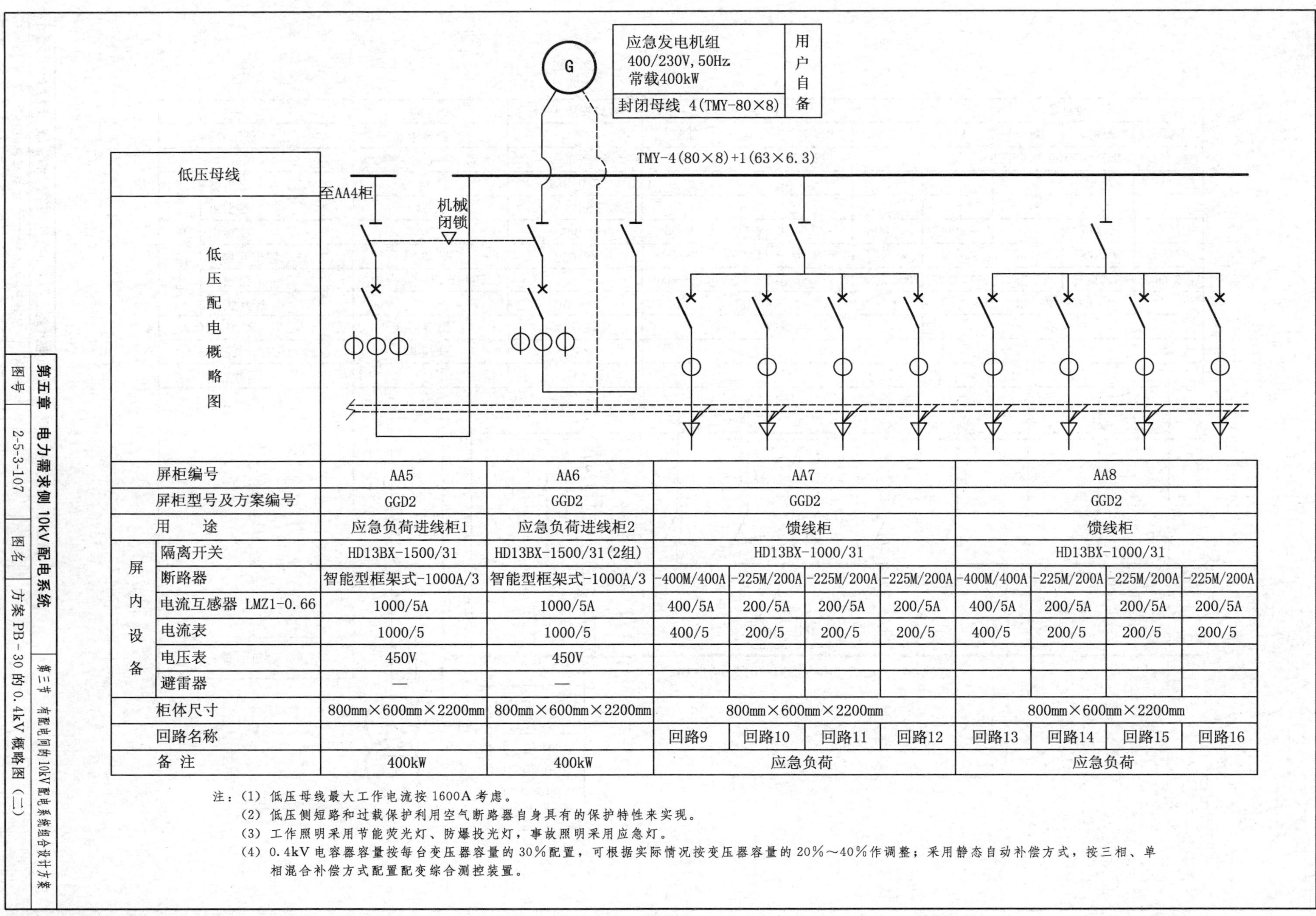

	AA5	AA6	AA7				AA8			
屏柜编号	AA5	AA6	AA7				AA8			
屏柜型号及方案编号	GGD2	GGD2	GGD2				GGD2			
用　途	应急负荷进线柜1	应急负荷进线柜2	馈线柜				馈线柜			
屏内设备 隔离开关	HD13BX-1500/31	HD13BX-1500/31(2组)	HD13BX-1000/31				HD13BX-1000/31			
屏内设备 断路器	智能型框架式-1000A/3	智能型框架式-1000A/3	-400M/400A	-225M/200A	-225M/200A	-225M/200A	-400M/400A	-225M/200A	-225M/200A	-225M/200A
屏内设备 电流互感器 LMZ1-0.66	1000/5A	1000/5A	400/5A	200/5A	200/5A	200/5A	400/5A	200/5A	200/5A	200/5A
屏内设备 电流表	1000/5	1000/5	400/5	200/5	200/5	200/5	400/5	200/5	200/5	200/5
屏内设备 电压表	450V	450V								
屏内设备 避雷器	—	—								
柜体尺寸	800mm×600mm×2200mm	800mm×600mm×2200mm	800mm×600mm×2200mm				800mm×600mm×2200mm			
回路名称			回路9	回路10	回路11	回路12	回路13	回路14	回路15	回路16
备 注	400kW	400kW	应急负荷				应急负荷			

注：(1) 低压母线最大工作电流按1600A考虑。

(2) 低压侧短路和过载保护利用空气断路器自身具有的保护特性来实现。

(3) 工作照明采用节能荧光灯、防爆投光灯，事故照明采用应急灯。

(4) 0.4kV电容器容量按每台变压器容量的30%配置，可根据实际情况按变压器容量的20%～40%作调整；采用静态自动补偿方式，按三相、单相混合补偿方式配置配变综合测控装置。

图号　2-5-3-107　　图名　方案PB-30的0.4kV概略图（二）

主要设备及材料清册

序号	名称	型号及规格	单位	数量	备注
一	10kV电缆接入模块部分	M-1-1-3			
1	预应力锥形水泥杆	ϕ190mm×15m	根	2	单重：1604kg
2	高压单回倒挂横担	DGD11-2200mm	套	6	单重：24.27kg
3	高压真空断路器	$U_N=12kV$，$I_N=630A$	组	1	
4	氧化锌避雷器	HY5W-17/45kV	组	1	
5	针式绝缘子	P-20M	套	18	含螺栓及套筒
6	10kV电力电缆	YJV22-8.7/15-3×70	m	200	户内外电缆头各1套
7	电缆沟		m	95	
8	电缆埋管		m	95	
二	10kV配电装置模块部分	M-2-1-4			线路变压器组接线，短路电流20kA
1	10kV进线隔离兼TV柜	KYN28-12型（长×宽×高：800mm×1500mm×2300mm）	面	1	
2	10kV进线总开关柜	KYN28-12型（长×宽×高：800mm×1500mm×2300mm）	面	1	配真空断路器
3	10kV综合计量兼出线柜	KYN28-12型（长×宽×高：800mm×1660mm×2300mm）	面	1	
4	10kV电力电缆	YJV22-8.7/15-3×70	m	35	配户内电缆头4套
5	热镀锌角钢	∟50mm×5mm×2500mm	根	20	
6	热镀锌扁钢	—50mm×5mm	m	300	接地干线及引上线
7	接地螺栓		副	8	
8	模拟屏	2000mm×1000mm	块	1	
三	主变压器模块部分	M-3-2			
1	变压器	SC（B）10-800/10，10±2×2.5%/0.4kV，Dyn11，$U_k=6\%$	台	1	带外壳（防护等级不低于IP3X），配风冷、温控系统装置
2	低压避雷器	YH1.5W-0.28/1.3kV	只	6	
3	低压封闭母线	4（TMY-80×8）	m	5	
四	0.4kV配电装置模块部分	M-4-3			0.4kV低压固定开关柜，单母线分段接线
		M-4-4-2			0.4kV低压固定开关柜，单母线接线（应急发电机组电源接入系统回路）
1	低压进线柜	GGD2（改）	面	1	
2	低压补偿柜	GGD2型	面	1	
3	低压出线柜	GGD2型	面	4	
4	低压联络柜	GGD2型	面	2	
五	二次系统模块部分	M-5-1-1			
1	微机线路保护测控装置		套	1	
2	微机变压器保护测控装置		套	1	
3	微型直流电源装置	M-5-2-1	套	1	安装在10kV进线隔离兼TV柜顶（DC 220V）
4	控制电缆	$KVVP_2$-	m	300	
5	低压电缆	VV22-0.6/1-3×35+1×16	m	40	
6	中央信号箱		个	1	
六	高压计量装置模块部分	M-6-2			
1	高压计量装置	含计量表计、用电信息采集管理终端等	套	1	高压单电源，高供高计，采用购电制方式

注：(1) 设备材料表中不包括用户自备发电机组部分。
(2) 为加强配电网设备设施的标识管理，防止误操作、误入带电间隔，按要求设置标识标牌。
(3) 低压电力电容器采用自愈式、免维护、无污染、环保型，无功补偿电容器柜采用无功静态自动补偿形式，保证用户电压质量，降低电能损耗。

第五章　电力需求侧10kV配电系统		第三节　有配电间的10kV配电系统组合设计方案	
图号	2-5-3-108	图名	方案PB-30设备材料清册

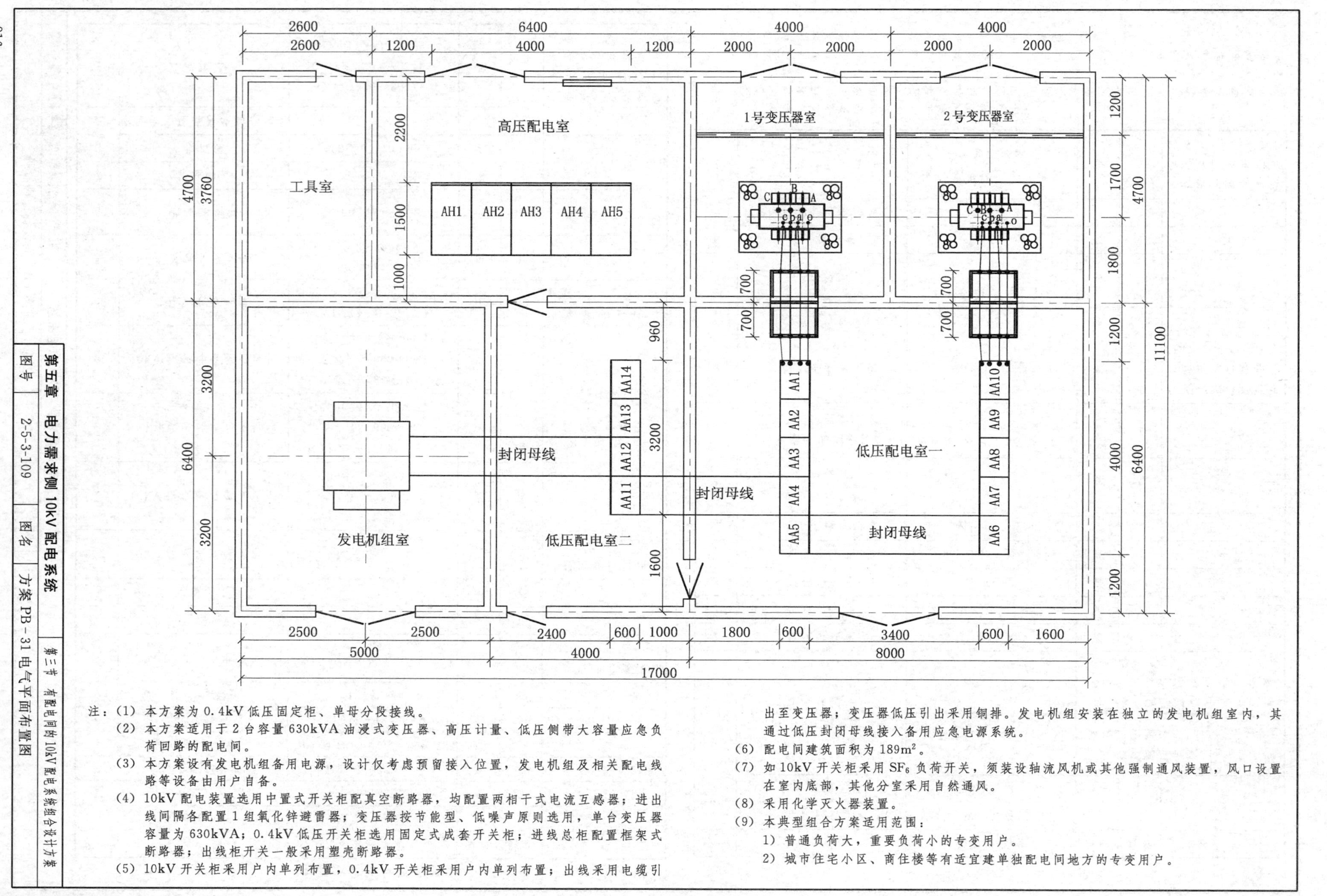

注：(1) 本方案为0.4kV低压固定柜、单母分段接线。
(2) 本方案适用于2台容量630kVA油浸式变压器、高压计量、低压侧带大容量应急负荷回路的配电间。
(3) 本方案设有发电机组备用电源，设计仅考虑预留接入位置，发电机组及相关配电线路等设备由用户自备。
(4) 10kV配电装置选用中置式开关柜配真空断路器，均配置两相干式电流互感器；进出线间隔各配置1组氧化锌避雷器；变压器按节能型、低噪声原则选用，单台变压器容量为630kVA；0.4kV低压开关柜选用固定式成套开关柜；进线总柜配置框架式断路器；出线柜开关一般采用塑壳断路器。
(5) 10kV开关柜采用户内单列布置，0.4kV开关柜采用户内单列布置；出线采用电缆引出至变压器；变压器低压引出采用铜排。发电机组安装在独立的发电机组室内，其通过低压封闭母线接入备用应急电源系统。
(6) 配电间建筑面积为189m²。
(7) 如10kV开关柜采用SF_6负荷开关，须装设轴流风机或其他强制通风装置，风口设置在室内底部，其他分室采用自然通风。
(8) 采用化学灭火器装置。
(9) 本典型组合方案适用范围：
1) 普通负荷大，重要负荷小的专变用户。
2) 城市住宅小区、商住楼等有适宜建单独配电间地方的专变用户。

第五章　电力需求侧10kV配电系统		第三节　有配电间的10kV配电系统组合设计方案	
图号	2-5-3-109	图名	方案PB－31电气平面布置图

10kV 母线 TMY-40×4 高压配电系统概略图						
高压屏编号		AH1	AH2	AH3	AH4	AH5
高压屏型号及方案号		KYN28-12	KYN28-12	KYN28-12	KYN28-12	KYN28-12
柜体尺寸		800mm×1500mm×2300mm	800mm×1500mm×2300mm	800mm×1500mm×2300mm	800mm×1500mm×2300mm	800mm×1500mm×2300mm
屏内设备	真空断路器 VS1-		-12/630A	-12/630A	-12/630A	-12/630A
	电流互感器 LZZBJ9-12		100/5A, 0.5/10P20	75/5A, 0.2S/0.2S	50/5A, 0.5/10P20	50/5A, 0.5/10P20
	电压互感器 JDZ-10	10/0.1kV, 400VA		A, C 10/0.1kV, 25VA B 10/0.22kV, 400VA		
	熔断器	RN2-10/1A		RN2-10 / 1A RN2-10 / 3A		
	避雷器 HY5WZ-17/45kV	3			3	3
	接地开关　JN10-12				1	1
	开关状态显示器	1	1	1	1	1
进出线型号		YJV22-3×70			YJV22-3×50	YJV22-3×50
回路名称		10kV进线隔离兼TV柜	进线总开关柜	综合计量柜	1号出线柜	2号出线柜
备注		1260kVA			630kVA	630kVA

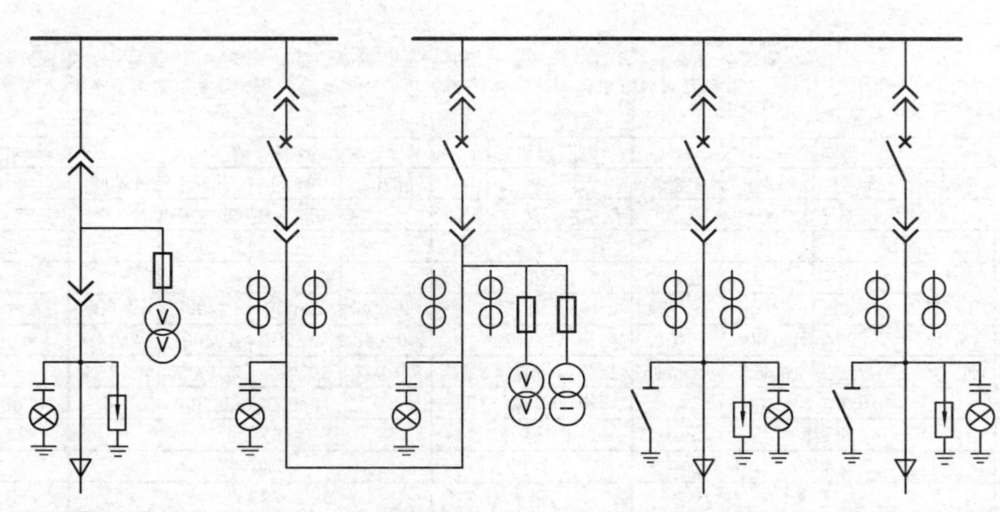

注：(1) 本方案为 10kV 中置柜单母接线，具体布置及接线按实际出线回路数确定。

(2) 本方案计量方式为高供高计，10kV 进线侧设高压综合计量屏，计量屏上安装计量专用 TA、TV、购电开关、多功能计量表、用电信息采集管理终端等。

(3) 根据短路电流水平为 20kA，按发热及动稳定条件校验，10kV 母线及进线间隔导体选 TMY－40×4 型。10kV 开关柜与变压器高压侧连接电缆须按发热及动稳定条件校验选用，一般选用 YJV22－8.7/15－3×50 型。

(4) 10kV 进线装设过流、速断保护；变压器装设过流、速断、瓦斯、零序保护等。

(5) 为防止过电压，在开关柜进出线间隔各装设氧化锌避雷器一组。

图号	2-5-3-110	图名	方案 PB－31 的 10kV 概略图

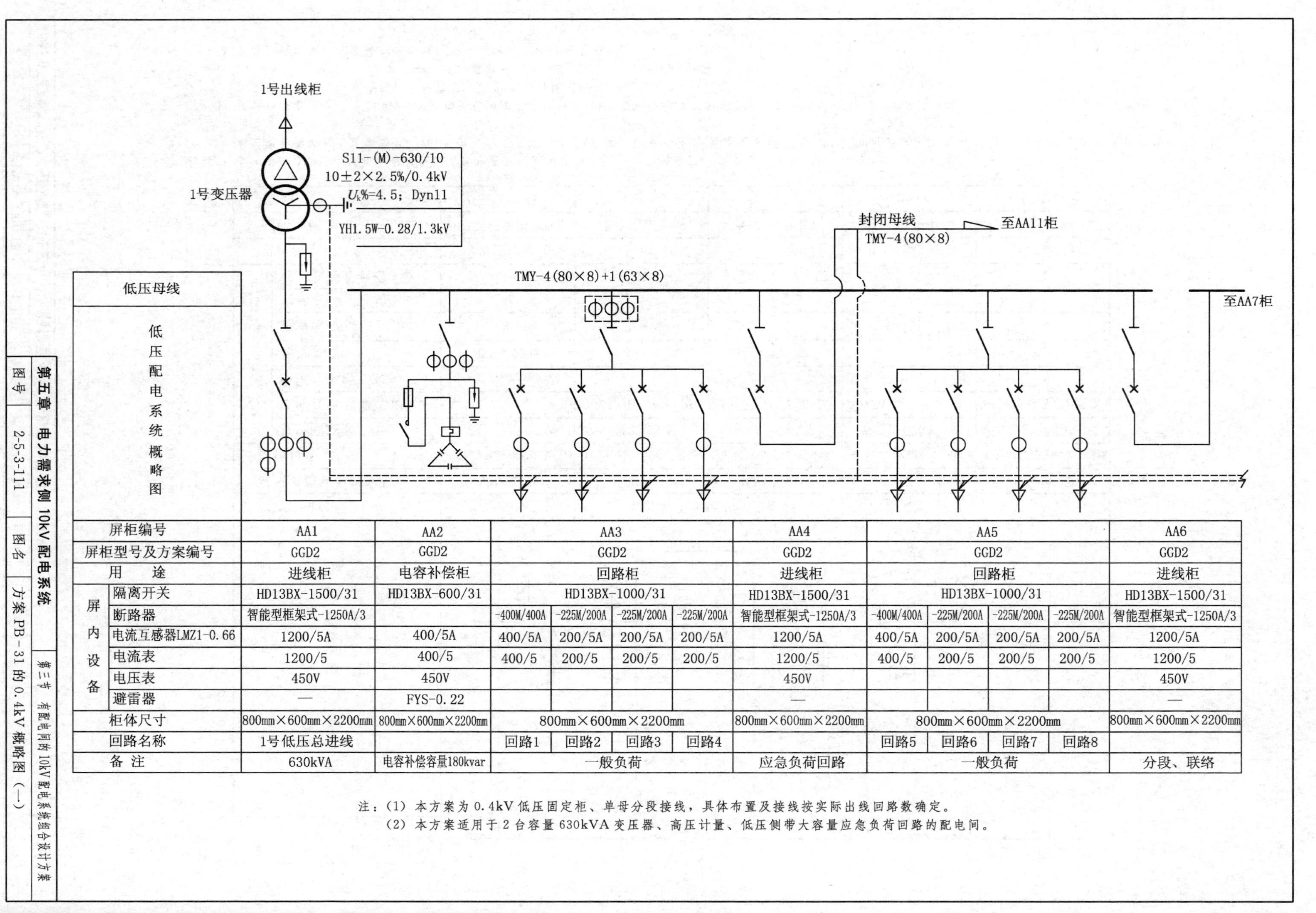

屏柜编号	AA1	AA2	AA3				AA4	AA5				AA6
屏柜型号及方案编号	GGD2	GGD2	GGD2				GGD2	GGD2				GGD2
用途	进线柜	电容补偿柜	回路柜				进线柜	回路柜				进线柜
屏内设备 隔离开关	HD13BX-1500/31	HD13BX-600/31	HD13BX-1000/31				HD13BX-1500/31	HD13BX-1000/31				HD13BX-1500/31
屏内设备 断路器	智能型框架式-1250A/3		-400M/400A	-225M/200A	-225M/200A	-225M/200A	智能型框架式-1250A/3	-400M/400A	-225M/200A	-225M/200A	-225M/200A	智能型框架式-1250A/3
屏内设备 电流互感器LMZ1-0.66	1200/5A	400/5A	400/5A	200/5A	200/5A	200/5A	1200/5A	400/5A	200/5A	200/5A	200/5A	1200/5A
屏内设备 电流表	1200/5	400/5	400/5	200/5	200/5	200/5	1200/5	400/5	200/5	200/5	200/5	1200/5
屏内设备 电压表	450V	450V					450V					450V
屏内设备 避雷器	—	FYS-0.22					—					—
柜体尺寸	800mm×600mm×2200mm	800mm×600mm×2200mm	800mm×600mm×2200mm				800mm×600mm×2200mm	800mm×600mm×2200mm				800mm×600mm×2200mm
回路名称	1号低压总进线		回路1	回路2	回路3	回路4		回路5	回路6	回路7	回路8	
备注	630kVA	电容补偿容量180kvar	一般负荷				应急负荷回路	一般负荷				分段、联络

注：(1) 本方案为0.4kV低压固定柜、单母分段接线，具体布置及接线按实际出线回路数确定。
(2) 本方案适用于2台容量630kVA变压器、高压计量、低压侧带大容量应急负荷回路的配电间。

第五章 电力需求侧10kV配电系统			第三节 有配电间的10kV配电系统组合设计方案
图号	2-5-3-111	图名	方案PB-31的0.4kV概略图（一）

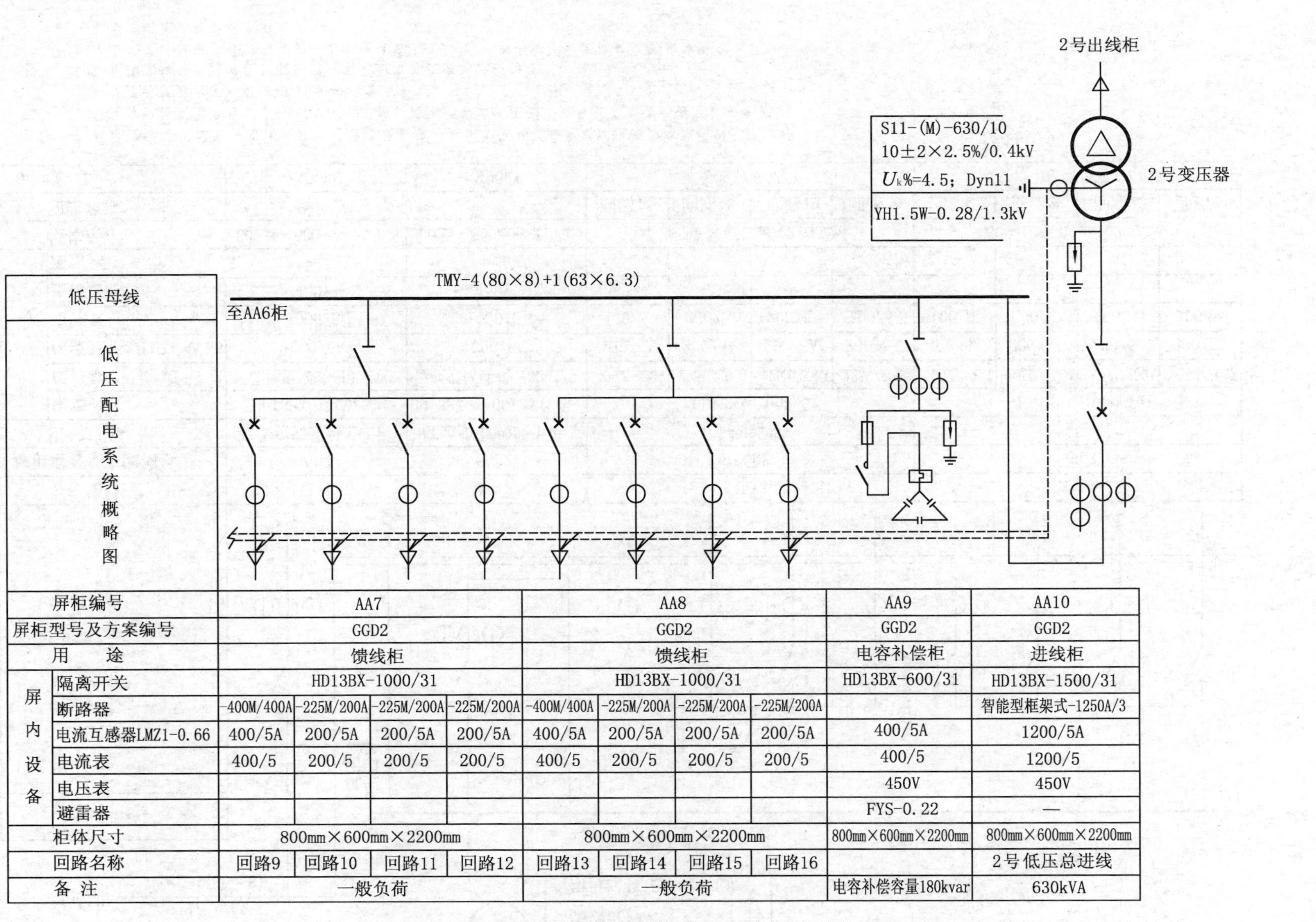

屏柜编号	AA7				AA8				AA9	AA10
屏柜型号及方案编号	GGD2				GGD2				GGD2	GGD2
用途	馈线柜				馈线柜				电容补偿柜	进线柜
屏内设备 隔离开关	HD13BX-1000/31				HD13BX-1000/31				HD13BX-600/31	HD13BX-1500/31
断路器	-400M/400A	-225M/200A	-225M/200A	-225M/200A	-400M/400A	-225M/200A	-225M/200A	-225M/200A		智能型框架式-1250A/3
电流互感器LMZ1-0.66	400/5A	200/5A	200/5A	200/5A	400/5A	200/5A	200/5A	200/5A	400/5A	1200/5A
电流表	400/5	200/5	200/5	200/5	400/5	200/5	200/5	200/5	400/5	1200/5
电压表									450V	450V
避雷器									FYS-0.22	—
柜体尺寸	800mm×600mm×2200mm				800mm×600mm×2200mm				800mm×600mm×2200mm	800mm×600mm×2200mm
回路名称	回路9	回路10	回路11	回路12	回路13	回路14	回路15	回路16		2号低压总进线
备注	一般负荷				一般负荷				电容补偿容量180kvar	630kVA

注：(1) 本方案为0.4kV低压固定柜、单母分段接线，具体布置及接线按实际出线回路数确定。
(2) 本方案适用于2台容量630kVA变压器、高压计量、低压侧带大容量应急负荷回路的配电间。

图号	2-5-3-112	图名	方案PB-31的0.4kV概略图（二）

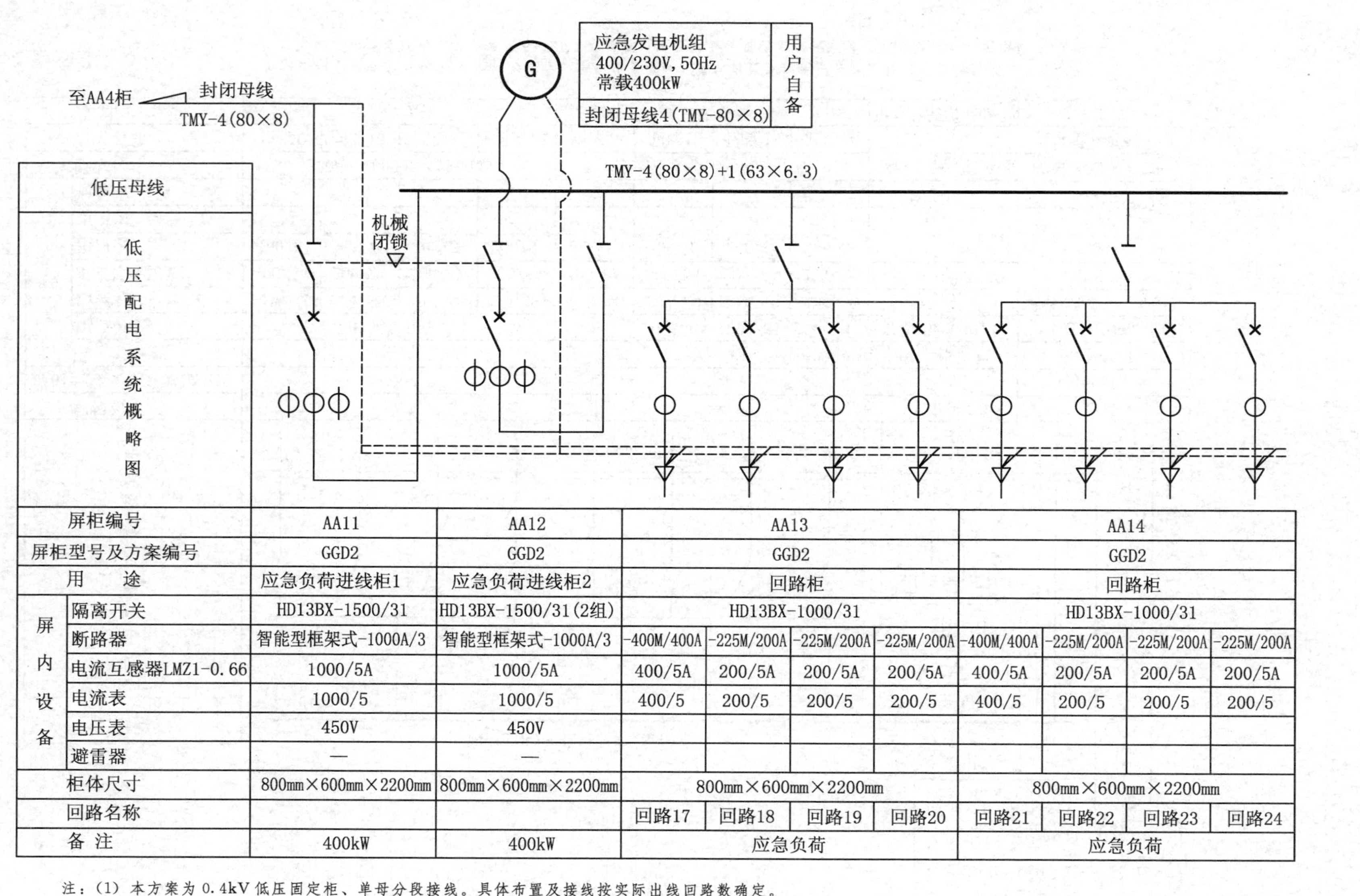

屏柜编号	AA11	AA12	AA13				AA14			
屏柜型号及方案编号	GGD2	GGD2	GGD2				GGD2			
用　途	应急负荷进线柜1	应急负荷进线柜2	回路柜				回路柜			
屏内设备 隔离开关	HD13BX-1500/31	HD13BX-1500/31(2组)	HD13BX-1000/31				HD13BX-1000/31			
屏内设备 断路器	智能型框架式-1000A/3	智能型框架式-1000A/3	-400M/400A	-225M/200A	-225M/200A	-225M/200A	-400M/400A	-225M/200A	-225M/200A	-225M/200A
屏内设备 电流互感器LMZ1-0.66	1000/5A	1000/5A	400/5A	200/5A	200/5A	200/5A	400/5A	200/5A	200/5A	200/5A
屏内设备 电流表	1000/5	1000/5	400/5	200/5	200/5	200/5	400/5	200/5	200/5	200/5
屏内设备 电压表	450V	450V								
屏内设备 避雷器	—	—								
柜体尺寸	800mm×600mm×2200mm	800mm×600mm×2200mm	800mm×600mm×2200mm				800mm×600mm×2200mm			
回路名称			回路17	回路18	回路19	回路20	回路21	回路22	回路23	回路24
备　注	400kW	400kW	应急负荷				应急负荷			

注：(1) 本方案为0.4kV低压固定柜、单母分段接线。具体布置及接线按实际出线回路数确定。

(2) 本方案适用于2台容量630kVA变压器、高压计量、低压侧带大容量应急负荷回路的配电间。

(3) 低压母线最大工作电流按1600A考虑。

(4) 低压侧短路和过载保护利用空气断路器自身具有的保护特性来实现。

(5) 0.4kV电容器容量按每台变压器容量的30%配置，可根据实际情况按变压器容量的20%～40%作调整；采用静态自动补偿方式，按三相、单相混合补偿方式配置配变综合测控装置。

第五章　电力需求侧 10kV 配电系统		第三节　有配电间的10kV配电系统组合设计方案	
图号	2-5-3-113	图名	方案PB-31的0.4kV概略图（三）

主要设备及材料清册

序号	名称	型号及规格	单位	数量	备注
一	10kV 电缆接入模块部分	M-1-1-3			
1	预应力锥形水泥杆	ϕ190mm×15m	根	2	单重：1604kg
2	高压单回倒挂横担	DGD11-2200mm	套	6	单重：24.27kg
3	高压真空断路器	U_N=12kV，I_N=630A	组	1	
4	氧化锌避雷器	HY5W-17/45kV	组	1	
5	针式绝缘子	P-20M	套	18	含螺栓及套筒
6	10kV 电力电缆	YJV22-8.7/15-3×70	m	200	户内外电缆头各1套
7	电缆沟		m	95	
8	电缆埋管		m	95	
二	10kV 配电装置模块部分	M-2-2-1			单母线接线，短路电流水平 20kA
1	10kV 进线隔离兼 TV 柜	KYN28-12 型(长×宽×高：800mm×1500mm×2300mm)	面	1	
2	10kV 进线总开关柜	KYN28-12 型(长×宽×高：800mm×1500mm×2300mm)	面	1	配真空断路器
3	10kV 综合计量柜	KYN28-12 型(长×宽×高：800mm×1500mm×2300mm)	面	1	
4	10kV 出线柜	KYN28-12 型(长×宽×高：800mm×1500mm×2300mm)	面	2	配真空断路器
5	10kV 电力电缆	YJV22-8.7/15-3×50	m	35	配户内电缆头4套
6	热镀锌角钢	∟50mm×5mm×2500mm	根	20	
7	热镀锌扁钢	—50mm×5mm	m	300	接地干线及引上线
8	接地螺栓		副	12	
9	模拟屏	2000mm×1000mm	块	1	
三	主变压器模块部分	M-3-1			
1	变压器	S11-(M)-630/10，10±2×2.5%/0.4kV，Dyn11，U_k=4.5%	台	2	
2	低压避雷器	YH1.5W-0.28/1.3kV	只	6	
3	低压母排	TMY-80×8	m	48	

续表

序号	名称	型号及规格	单位	数量	备注
四	0.4kV 配电装置模块部分	M-4-4-1			0.4kV 开关柜，单母线分段接线（含1回应急负荷出线回路）
		M-4-4-2			0.4kV 开关柜，单母线接线（应急发电机组电源接入系统回路）
1	低压进线柜	GGD2 型	面	2	
2	低压补偿柜	GGD2 型	面	2	
3	低压出线柜	GGD2 型	面	6	
4	低压联络柜	GGD2 型	面	3	
5	低压分段柜	GGD2 型	面	1	
6	低压穿墙板		块	2	
7	支持绝缘子	WX-01	个	12	
8	不锈钢护网	网孔不大于 20mm×20mm	块	4	
9	铜排	TMY-80×8	m	56	
五	二次系统模块部分	M-5-1-2			
1	微机线路保护测控装置		套	1	
2	微机变压器保护测控装置		套	2	
3	微型直流电源装置	M-5-2-1	套	1	安装在10kV进线隔离兼TV柜顶(DC 220V)
4	控制电缆	$KVVP_2$-	m	300	
5	低压电缆	VV22-3×35+1×16	m	40	
6	中央信号箱		个	1	
六	高压计量装置模块部分	M-6-2			
1	高压计量装置	含计量表计、用电信息采集管理终端等	套	1	高压单电源，高供高计，采用购电制方式

注：(1) 设备材料表中不包括用户自备发电机组部分。
(2) 为加强配电网设备设施的标识管理，防止误操作、误入带电间隔，按要求设置标识标牌。
(3) 接地。用于独立建筑物时，本类型配电间接地按有关技术规程的要求设计，接地装置由水平接地体与垂直接地体组成。水平接地体由—50mm×5mm 的热镀锌扁钢组成，垂直接地体由∟50mm×5mm×2500mm 的热镀锌角钢组成。接地网接地电阻应符合 DL/T 621《交流电气装置的接地》的规定。
(4) 工作照明采用节能荧光灯、防爆投光灯，事故照明采用应急灯。
(5) 电缆敷设采用电缆沟或穿管直埋敷设方式，应满足防火要求。高、低压电缆沟的尺寸应满足电缆的敷设数量及弯曲半径等要求。

第五章 电力需求侧 10kV 配电系统		第三节 有配电间的10kV配电系统组合设计方案	
图号	2-5-3-114	图名	方案 PB-31 设备材料清册

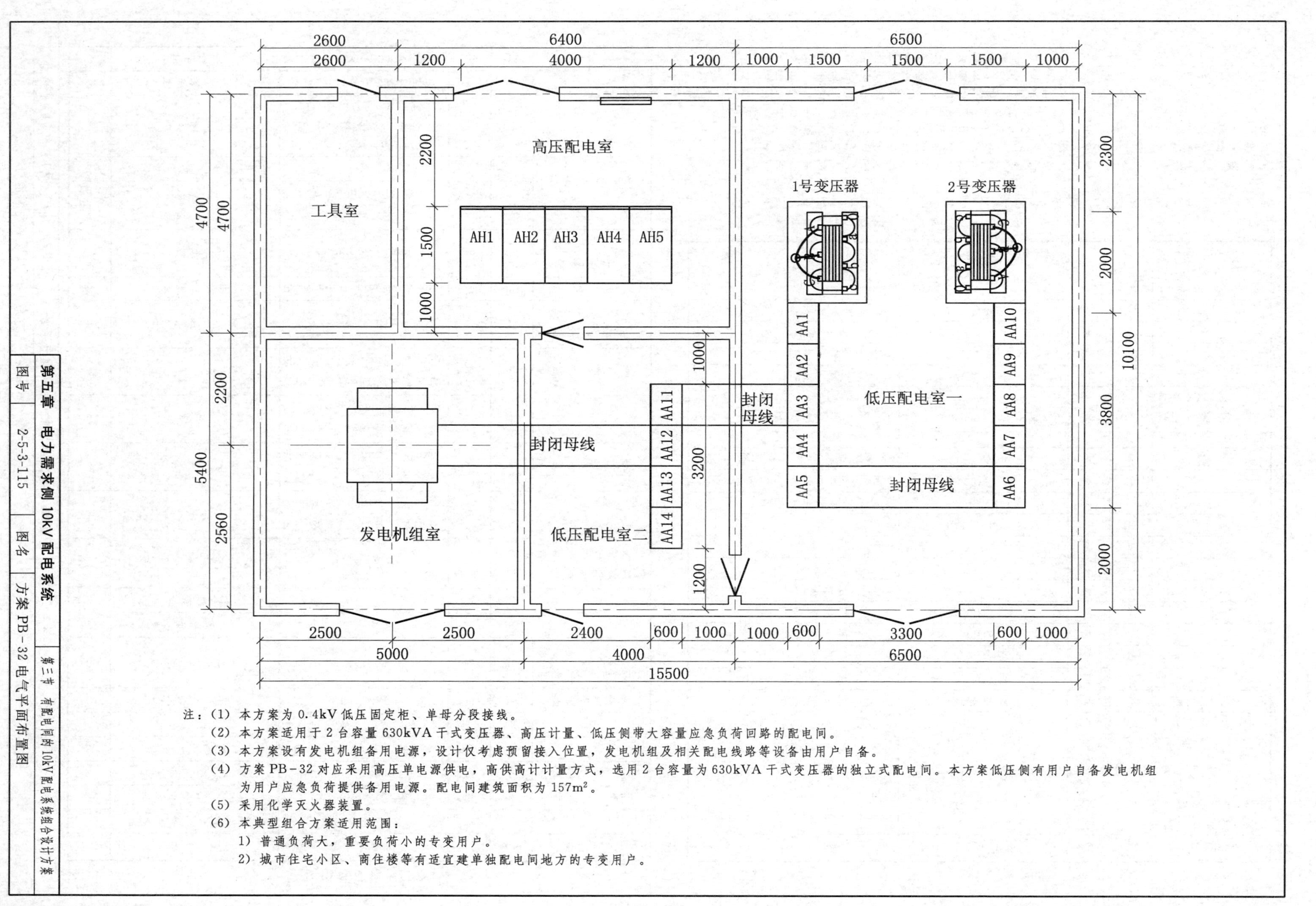

注：(1) 本方案为 0.4kV 低压固定柜、单母分段接线。

(2) 本方案适用于 2 台容量 630kVA 干式变压器、高压计量、低压侧带大容量应急负荷回路的配电间。

(3) 本方案设有发电机组备用电源，设计仅考虑预留接入位置，发电机组及相关配电线路等设备由用户自备。

(4) 方案 PB-32 对应采用高压单电源供电，高供高计计量方式，选用 2 台容量为 630kVA 干式变压器的独立式配电间。本方案低压侧有用户自备发电机组为用户应急负荷提供备用电源。配电间建筑面积为 157m²。

(5) 采用化学灭火器装置。

(6) 本典型组合方案适用范围：

1) 普通负荷大，重要负荷小的专变用户。

2) 城市住宅小区、商住楼等有适宜建单独配电间地方的专变用户。

第五章　电力需求侧 10kV 配电系统			第三节　有配电间的 10kV 配电系统组合设计方案
图号	2-5-3-115	图名	方案 PB-32 电气平面布置图

10kV 母线 TMY-40×4

高压配电系统概略图

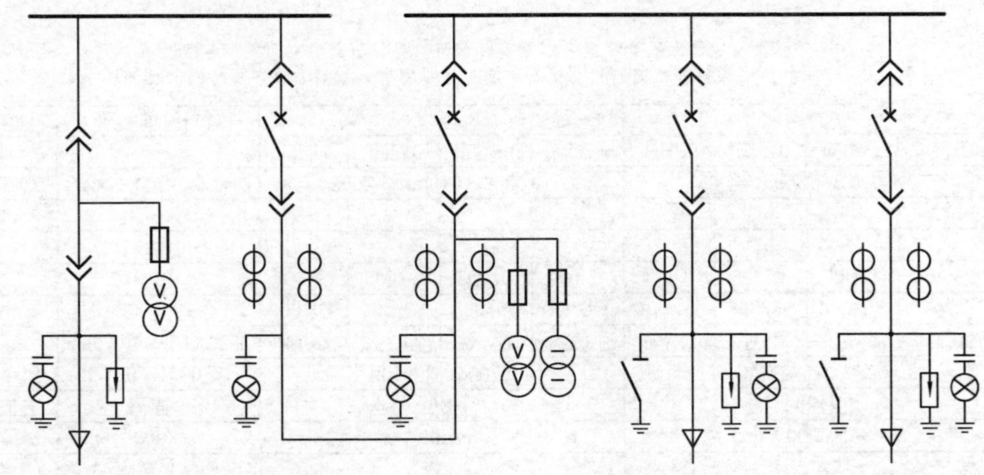

高压屏编号		AH1	AH2	AH3	AH4	AH5
高压屏型号及方案号		KYN28-12	KYN28-12	KYN28-12	KYN28-12	KYN28-12
柜体尺寸		800mm×1500mm×2300mm	800mm×1500mm×2300mm	800mm×1500mm×2300mm	800mm×1500mm×2300mm	800mm×1500mm×2300mm
屏内设备	真空断路器 VS1-		-12/630A	-12/630A	-12/630A	-12/630A
	电流互感器 LZZBJ9-12		100/5A, 0.5/10P20	75/5 0.2S/0.2S	50/5A, 0.5/10P20	50/5A, 0.5/10P20
	电压互感器 JDZ-10	10/0.1kV 400VA		A, C 10/0.1kV, 25VA B 10/0.22kV, 400VA		
	熔断器	RN2-10/1A		RN2-10 / 1A RN2-10 / 3A		
	避雷器 HY5WZ-17/45kV	3			3	3
	接地开关 JN10-12				1	1
	开关状态显示器	1	1	1	1	1
进出线型号		YJV22-3×70			YJV22-3×50	YJV22-3×50
回路名称		10kV进线隔离兼TV柜	进线总开关柜	综合计量柜	1号出线柜	2号出线柜
备注		1260kVA			630kVA	630kVA

注：(1) 本方案为 10kV 中置柜单母接线，具体布置及接线按实际出线回路数确定。

(2) 本方案变压器为 2 台 630kVA 干式变压器。

(3) 如 10kV 开关柜采用 SF_6 负荷开关，须装设轴流风机或其他强制通风装置，风口设置在室内底部，其他分室采用自然通风。

(4) 根据短路电流水平为 20kA，按发热及动稳定条件校验，10kV 母线及进线间隔导体选 TMY－40×4 型。10kV 开关柜与变压器高压侧连接电缆须按发热及动稳定条件校验选用，一般选用 YJV22－8.7/15－3×50 型。

(5) 10kV 进线装设过流、速断保护；变压器装设过流、速断、瓦斯、零序保护等。

(6) 本方案计量方式为高供高计，10kV 进线侧设高压综合计量屏，计量屏上安装计量专用 TA、TV、购电开关、多功能计量表、用电信息采集管理终端等。

图号	2-5-3-116	图名	方案 PB－32 的 10kV 概略图

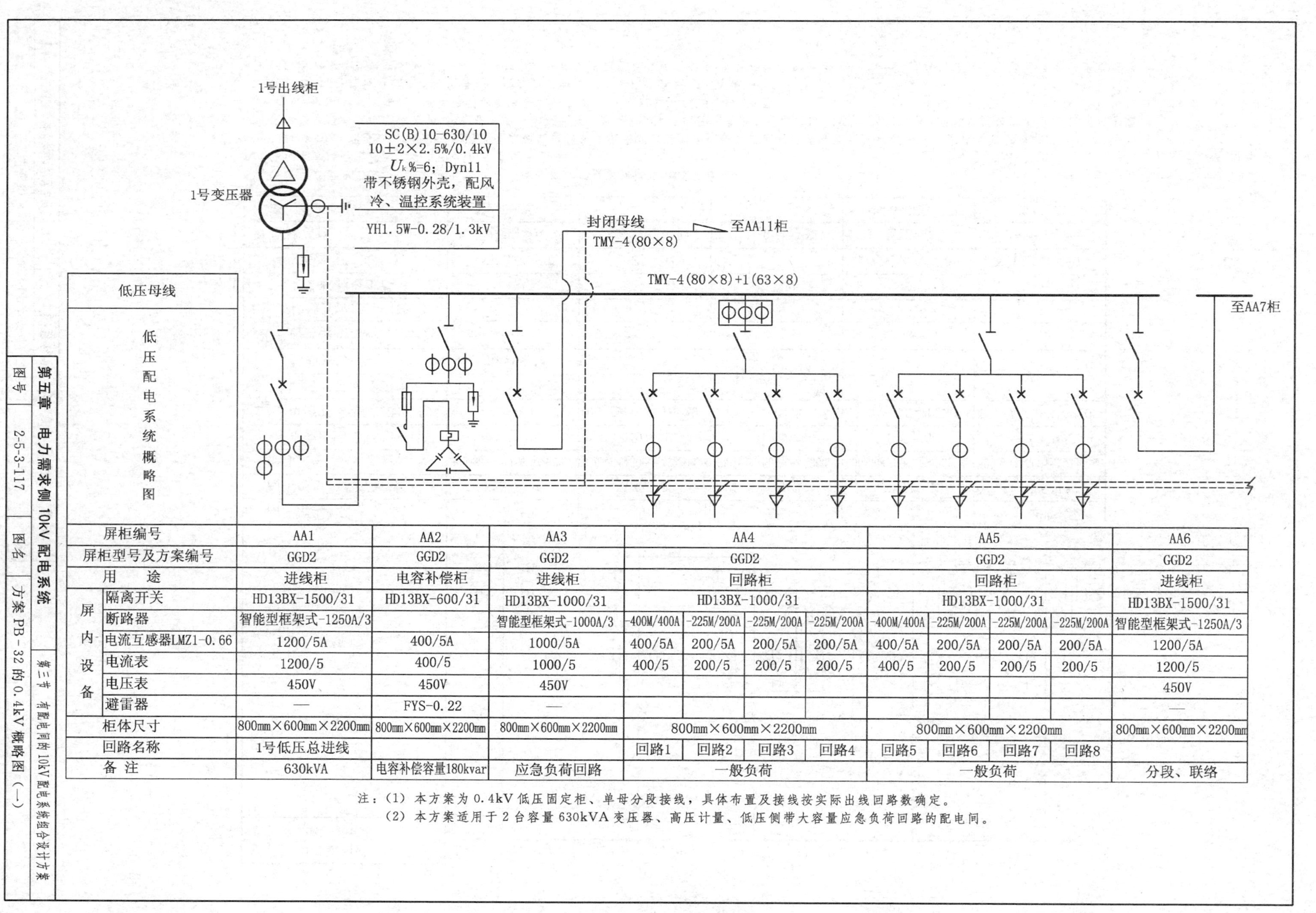

屏柜编号	AA1	AA2	AA3	AA4				AA5				AA6
屏柜型号及方案编号	GGD2	GGD2	GGD2	GGD2				GGD2				GGD2
用途	进线柜	电容补偿柜	进线柜	回路柜				回路柜				进线柜
屏内设备 隔离开关	HD13BX-1500/31	HD13BX-600/31	HD13BX-1000/31	HD13BX-1000/31				HD13BX-1000/31				HD13BX-1500/31
屏内设备 断路器	智能型框架式-1250A/3		智能型框架式-1000A/3	-400M/400A	-225M/200A	-225M/200A	-225M/200A	-400M/400A	-225M/200A	-225M/200A	-225M/200A	智能型框架式-1250A/3
屏内设备 电流互感器LMZ1-0.66	1200/5A	400/5A	1000/5A	400/5A	200/5A	200/5A	200/5A	400/5A	200/5A	200/5A	200/5A	1200/5A
屏内设备 电流表	1200/5	400/5	1000/5	400/5	200/5	200/5	200/5	400/5	200/5	200/5	200/5	1200/5
屏内设备 电压表	450V	450V	450V									450V
屏内设备 避雷器	—	FYS-0.22	—									—
柜体尺寸	800mm×600mm×2200mm	800mm×600mm×2200mm	800mm×600mm×2200mm	800mm×600mm×2200mm				800mm×600mm×2200mm				800mm×600mm×2200mm
回路名称	1号低压总进线			回路1	回路2	回路3	回路4	回路5	回路6	回路7	回路8	
备注	630kVA	电容补偿容量180kvar	应急负荷回路	一般负荷				一般负荷				分段、联络

注：(1) 本方案为0.4kV低压固定柜、单母分段接线，具体布置及接线按实际出线回路数确定。
(2) 本方案适用于2台容量630kVA变压器、高压计量、低压侧带大容量应急负荷回路的配电间。

第五章 电力需求侧10kV配电系统		第三节 有配电间的10kV配电系统组合设计方案	
图号	2-5-3-117	图名	方案PB-32的0.4kV概略图（一）

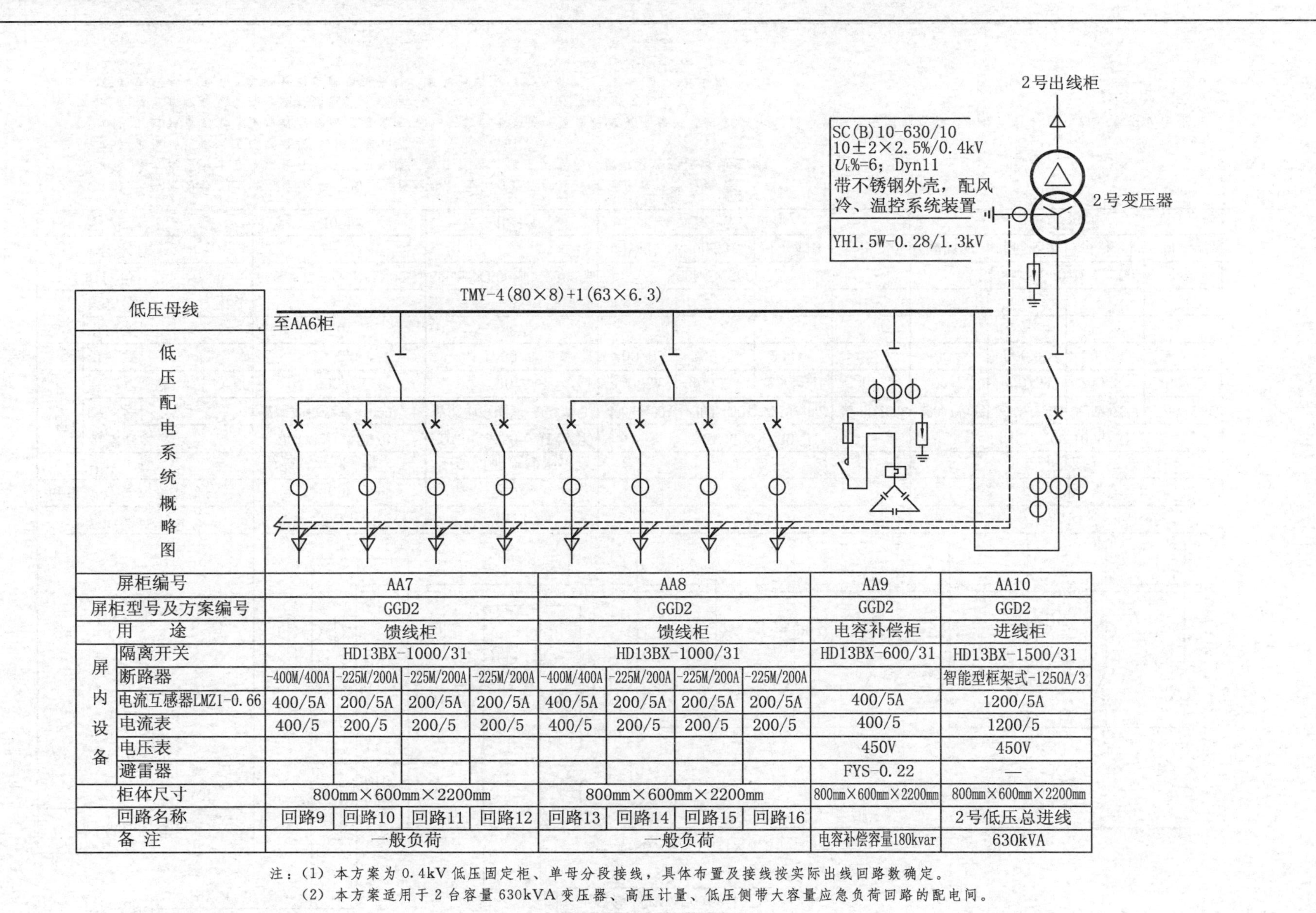

屏柜编号	AA7				AA8				AA9	AA10
屏柜型号及方案编号	GGD2				GGD2				GGD2	GGD2
用途	馈线柜				馈线柜				电容补偿柜	进线柜
屏内设备 隔离开关	HD13BX-1000/31				HD13BX-1000/31				HD13BX-600/31	HD13BX-1500/31
屏内设备 断路器	-400M/400A	-225M/200A	-225M/200A	-225M/200A	-400M/400A	-225M/200A	-225M/200A	-225M/200A		智能型框架式-1250A/3
屏内设备 电流互感器LMZ1-0.66	400/5A	200/5A	200/5A	200/5A	400/5A	200/5A	200/5A	200/5A	400/5A	1200/5A
屏内设备 电流表	400/5	200/5	200/5	200/5	400/5	200/5	200/5	200/5	400/5	1200/5
屏内设备 电压表									450V	450V
屏内设备 避雷器									FYS-0.22	—
柜体尺寸	800mm×600mm×2200mm				800mm×600mm×2200mm				800mm×600mm×2200mm	800mm×600mm×2200mm
回路名称	回路9	回路10	回路11	回路12	回路13	回路14	回路15	回路16		2号低压总进线
备注	一般负荷				一般负荷				电容补偿容量180kvar	630kVA

注：(1) 本方案为0.4kV低压固定柜、单母分段接线，具体布置及接线按实际出线回路数确定。
(2) 本方案适用于2台容量630kVA变压器、高压计量、低压侧带大容量应急负荷回路的配电间。

图号 2-5-3-118 图名 方案PB-32的0.4kV概略图（二）

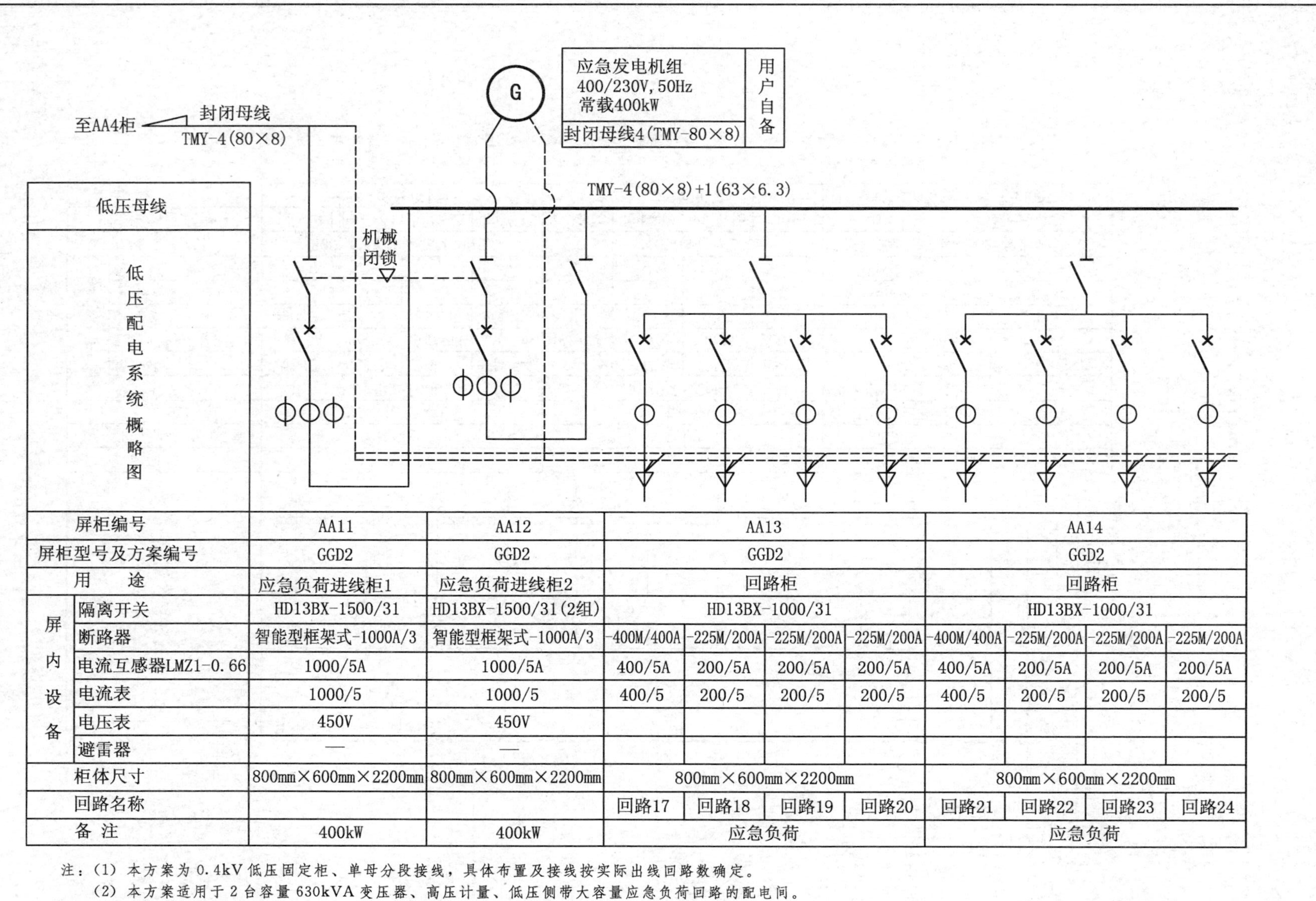

屏柜编号		AA11	AA12	AA13				AA14			
屏柜型号及方案编号		GGD2	GGD2	GGD2				GGD2			
用途		应急负荷进线柜1	应急负荷进线柜2	回路柜				回路柜			
屏内设备	隔离开关	HD13BX-1500/31	HD13BX-1500/31(2组)	HD13BX-1000/31				HD13BX-1000/31			
	断路器	智能型框架式-1000A/3	智能型框架式-1000A/3	-400M/400A	-225M/200A	-225M/200A	-225M/200A	-400M/400A	-225M/200A	-225M/200A	-225M/200A
	电流互感器LMZ1-0.66	1000/5A	1000/5A	400/5A	200/5A	200/5A	200/5A	400/5A	200/5A	200/5A	200/5A
	电流表	1000/5	1000/5	400/5	200/5	200/5	200/5	400/5	200/5	200/5	200/5
	电压表	450V	450V								
	避雷器	—	—								
柜体尺寸		800mm×600mm×2200mm	800mm×600mm×2200mm	800mm×600mm×2200mm				800mm×600mm×2200mm			
回路名称				回路17	回路18	回路19	回路20	回路21	回路22	回路23	回路24
备注		400kW	400kW	应急负荷				应急负荷			

注：(1) 本方案为0.4kV低压固定柜、单母分段接线，具体布置及接线按实际出线回路数确定。

(2) 本方案适用于2台容量630kVA变压器、高压计量、低压侧带大容量应急负荷回路的配电间。

(3) 低压母线最大工作电流按1600A考虑。

(4) 0.4kV电容器容量按每台变压器容量的30%配置，可根据实际情况按变压器容量的20%～40%作调整；采用静态自动补偿方式，按三相、单相混合补偿方式配置配变综合测控装置。

(5) 工作照明采用节能荧光灯、防爆投光灯，事故照明采用应急灯。

第五章 电力需求侧10kV配电系统		第三节 有配电间的10kV配电系统组合设计方案	
图号	2-5-3-119	图名	方案PB-32的0.4kV概略图（三）

主要设备及材料清册

序号	名称	型号及规格	单位	数量	备注
一	10kV电缆接入模块部分	M-1-1-3			
1	预应力锥形水泥杆	ϕ190mm×15m	根	2	单重：1604kg
2	高压单回倒挂横担	DGD11-2200mm	套	6	单重：24.27kg
3	高压真空断路器	U_N=12kV，I_N=630A	组	1	
4	氧化锌避雷器	HY5W-17/45kV	组	1	
5	针式绝缘子	P-20M	套	18	含螺栓及套筒
6	10kV电力电缆	YJV22-8.7/15-3×70	m	200	户内外电缆头各1套
7	电缆沟		m	95	
8	电缆埋管		m	95	
二	10kV配电装置模块部分	M-2-2-1			
1	10kV进线隔离兼TV柜	KYN28-12型(长×宽×高：800mm×1500mm×2300mm)	面	1	
2	10kV进线总开关柜	KYN28-12型(长×宽×高：800mm×1500mm×2300mm)	面	1	配真空断路器
3	10kV综合计量柜	KYN28-12型(长×宽×高：800mm×1500mm×2300mm)	面	1	
4	10kV出线柜	KYN28-12型(长×宽×高：800mm×1500mm×2300mm)	面	2	配真空断路器
5	10kV电力电缆	YJV22-8.7/15-3×50	m	35	配户内电缆头4套
6	热镀锌角钢	∟50mm×5mm×2500mm	根	20	
7	热镀锌扁钢	—50mm×5mm	m	300	接地干线及引上线
8	接地螺栓		副	10	
9	模拟屏	2000mm×1000mm	块	1	
三	主变压器模块部分	M-3-2			
1	变压器	SC（B）10-630/10，10±2×2.5%/0.4kV，Dyn11，U_k=6%	台	2	带外壳（防护等级不低于IP3X），配风冷、温控系统装置
2	低压避雷器	YH1.5W-0.28/1.3kV	只	6	

续表

序号	名称	型号及规格	单位	数量	备注
四	0.4kV配电装置模块部分	M-4-4-1			0.4kV低压固定开关柜，单母线分段接线（含1回应急负荷出线回路）
		M-4-4-2			0.4kV低压固定开关柜，单母线不分段接线（应急发电机组电源接入系统回路）
1	低压进线柜	GGD2型	面	2	
2	低压补偿柜	GGD2型	面	2	
3	低压出线柜	GGD2型	面	6	
4	低压联络柜	GGD2型	面	3	
5	低压分段柜	GGD2型	面	1	
6	低压封闭母线	4（TMY-80×8）	m	20	
五	二次系统模块部分	M-5-1-2			
1	微机线路保护测控装置		套	1	
2	微机变压器保护测控装置		套	2	
3	微型直流电源装置	M-5-2-1	套	1	安装在10kV进线提升柜顶仪表室（DC 220V）
4	控制电缆	$KVVP_2$-	m	300	
5	低压电缆	VV22-3×35+1×16	m	40	
6	中央信号箱		个	1	
六	高压计量装置模块部分	M-6-2			高压单电源，高供高计，采用购电制方式
1	高压计量装置	含计量表计、用电信息采集管理终端等	套	1	

注：(1) 设备材料表中不包括用户自备发电机组部分。
(2) 为加强配电网设备设施的标识管理，防止误操作、误入带电间隔，按要求设置标识标牌。
(3) 电缆敷设采用电缆沟或穿管直埋敷设方式，应满足防火要求。高、低压电缆沟的尺寸应满足电缆的敷设数量及弯曲半径等要求。
(4) 为防止过电压，在开关柜进出线间隔各装设氧化锌避雷器一组。氧化锌避雷器按GB 11032《交流无间隙金属氧化物避雷器》中的规定进行选择。
(5) 接地。用于独立建筑物时，本类型配电间接地按有关技术规程的要求设计，接地装置由水平接地体与垂直接地体组成。水平接地体由—50mm×5mm的热镀锌扁钢组成，垂直接地体由∟50mm×5mm×2500mm的热镀锌角钢组成。接地网接地电阻应符合DL/T 621《交流电气装置的接地》的规定。
(6) 无功补偿电容器柜采用静态无功自动补偿形式，低压电力电容器采用自愈式、免维护、无污染、环保型。

第五章 电力需求侧10kV配电系统		第三节 有配电间的10kV配电系统组合设计方案	
图号	2-5-3-120	图名	方案PB-32设备材料清册

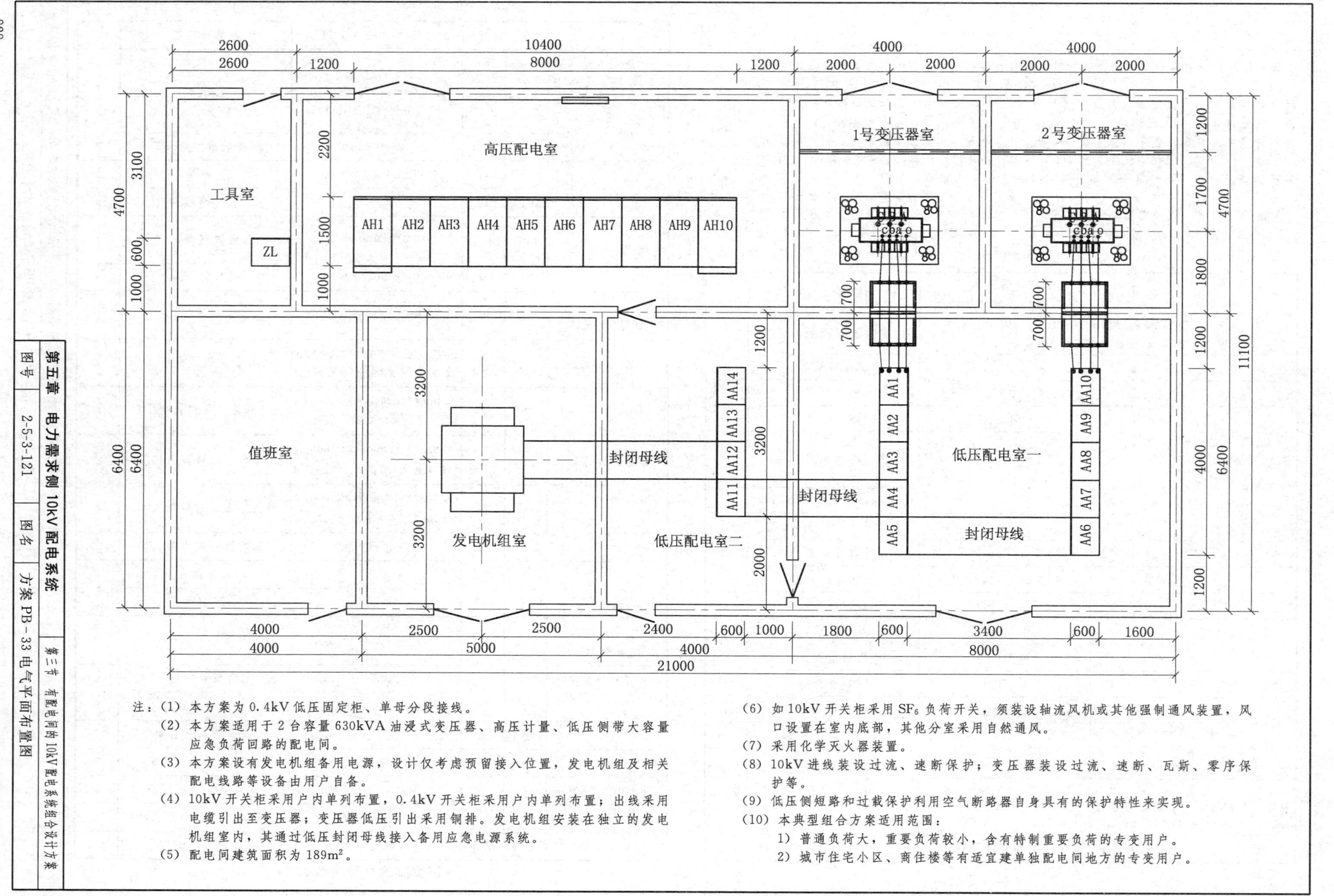

注：(1) 本方案为0.4kV低压固定柜、单母分段接线。

(2) 本方案适用于2台容量630kVA油浸式变压器、高压计量、低压侧带大容量应急负荷回路的配电间。

(3) 本方案设有发电机组备用电源，设计仅考虑预留接入位置，发电机组及相关配电线路等设备由用户自备。

(4) 10kV开关柜采用户内单列布置，0.4kV开关柜采用户内单列布置；出线采用电缆引出至变压器；变压器低压引出采用铜排。发电机组安装在独立的发电机组室内，其通过低压封闭母线接入备用应急电源系统。

(5) 配电间建筑面积为189m²。

(6) 如10kV开关柜采用SF_6负荷开关，须装设轴流风机或其他强制通风装置，风口设置在室内底部，其他分室采用自然通风。

(7) 采用化学灭火器装置。

(8) 10kV进线装设过流、速断保护；变压器装设过流、速断、瓦斯、零序保护等。

(9) 低压侧短路和过载保护利用空气断路器自身具有的保护特性来实现。

(10) 本典型组合方案适用范围：

1) 普通负荷大，重要负荷较小，含有特制重要负荷的专变用户。

2) 城市住宅小区、商住楼等有适宜建单独配电间地方的专变用户。

第五章　电力需求侧10kV配电系统		第三节　有配电间的10kV配电系统组合设计方案	
图号	2-5-3-121	图名	方案PB-33电气平面布置图

10kV 母线 TMY-40×4										
高压配置概略图	QS2	QS1	QF1			QF3				QF2
高压屏编号	AH1	AH2	AH3	AH4	AH5	AH6	AH7	AH8	AH9	AH10
屏柜型号	KYN28-12	KYN28-12	KYN28-12	KYN28-12	KYN28-12	KYN28-12	KYN28-12	KYN28-12	KYN28-12	KYN28-12
屏柜尺寸	800mm×1600mm×2300mm	800mm×1500mm×2300mm	800mm×1500mm×2300mm	800mm×1500mm×2300mm	800mm×1500mm×2300mm	800mm×1500mm×2300mm	800mm×1500mm×2300mm	800mm×1500mm×2300mm	800mm×1500mm×2300mm	800mm×1600mm×2300mm
屏内设备 真空断路器 VS1-	GN19-10/630A	GN19-10/630A	-12/630A	-12/630A	-12/630A	-12/630A		-12/630A	-12/630A	-12/630A
屏内设备 电流互感器 LZZBJ9-12			100/5A, 0.5/10P20	75/5A, 0.2S/0.2S	50/5A, 0.5/10P20	100/5A, 0.5/10P20		50/5A, 0.5/10P20	75/5A, 0.2S/0.2S	100/5A, 0.5/10P20
屏内设备 电压互感器 JDZ-10	10/0.1kV, 400VA	10/0.1kV, 400VA		A, C 10/0.1kV, 25VA B 10/0.22kV, 400VA					A, C 10/0.1kV, 25VA B 10/0.22kV, 400VA	
屏内设备 熔断器	RN2-10/1A	RN2-10/1A		RN2-10 / 1A RN2-10 / 3A					RN2-10 / 1A RN2-10 / 3A	
屏内设备 避雷器 HY5WS-17/45kV					3			3		
屏内设备 接地开关 JN15-10					1			1		
屏内设备 开关状态显示器	1	1	1		1	1		1		1
进出线型号	YJV22-3×70	YJV22-3×70			YJV22-3×50			YJV22-3×50		YJV22-3×70
回路名称	2号进线隔离兼TV柜	1号进线隔离兼TV柜	1号进线柜	1号综合计量柜	1号出线柜	分段柜	隔离柜	2号出线柜	2号综合计量柜	2号进线柜
备注	1260kVA	1260kVA			630kVA			630kVA		

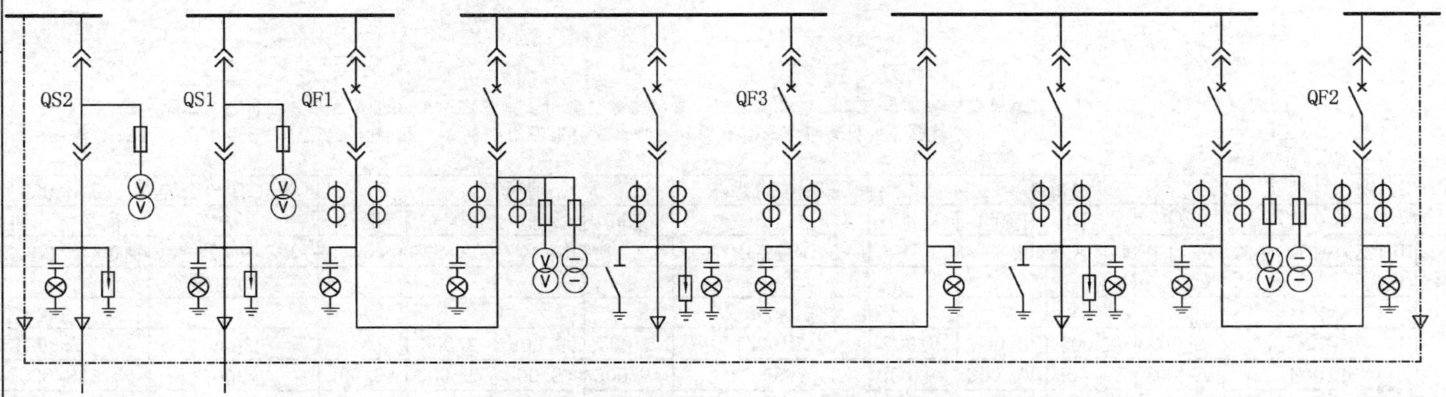

注：(1) 本方案变压器为2台630kVA油浸式变压器。具体布置及接线按实际出线回路数，可根据工程具体情况进行确定。

(2) 10kV部分为中置柜、单母线分段接线方式、二进二出、高压计量方式。

(3) 两进线隔离柜隔离手车QS1、QS2分别与真空断路器QF1、QF2进行电气闭锁，防止误拉合隔离手车。

(4) 本方案计量方式为高供高计，10kV进线侧设高压综合计量屏，计量屏上安装计量专用TA、TV、购电开关、多功能计量表、用电信息采集管理终端等，其他分类计量在低压出线屏上实现，高压采用三相三线计量方式，低压采用三相四线计量方式，选用电子式多功能电能表，安装在开关柜专用计量仪表室内，计量柜内设备和元器件根据一次主接线配置，计量二次回路不得接入与计量无关的设备，计量电流回路采用 $4mm^2$ 单芯硬铜芯电线（缆），电压回路采用 $2.5mm^2$ 单芯硬铜芯电线（缆），并按A黄、B绿、C红、N黑分色。

(5) 电能计量装置选用及配置应满足DL/T 448《电能计量装置技术管理规程》规定。

(6) 接地网接地电阻应符合DL/T 621《交流电气装置的接地》的规定。

第五章 电力需求侧10kV配电系统		第三节 有配电间的10kV配电系统组合设计方案	
图号	2-5-3-122	图名	方案PB-33的10kV概略图

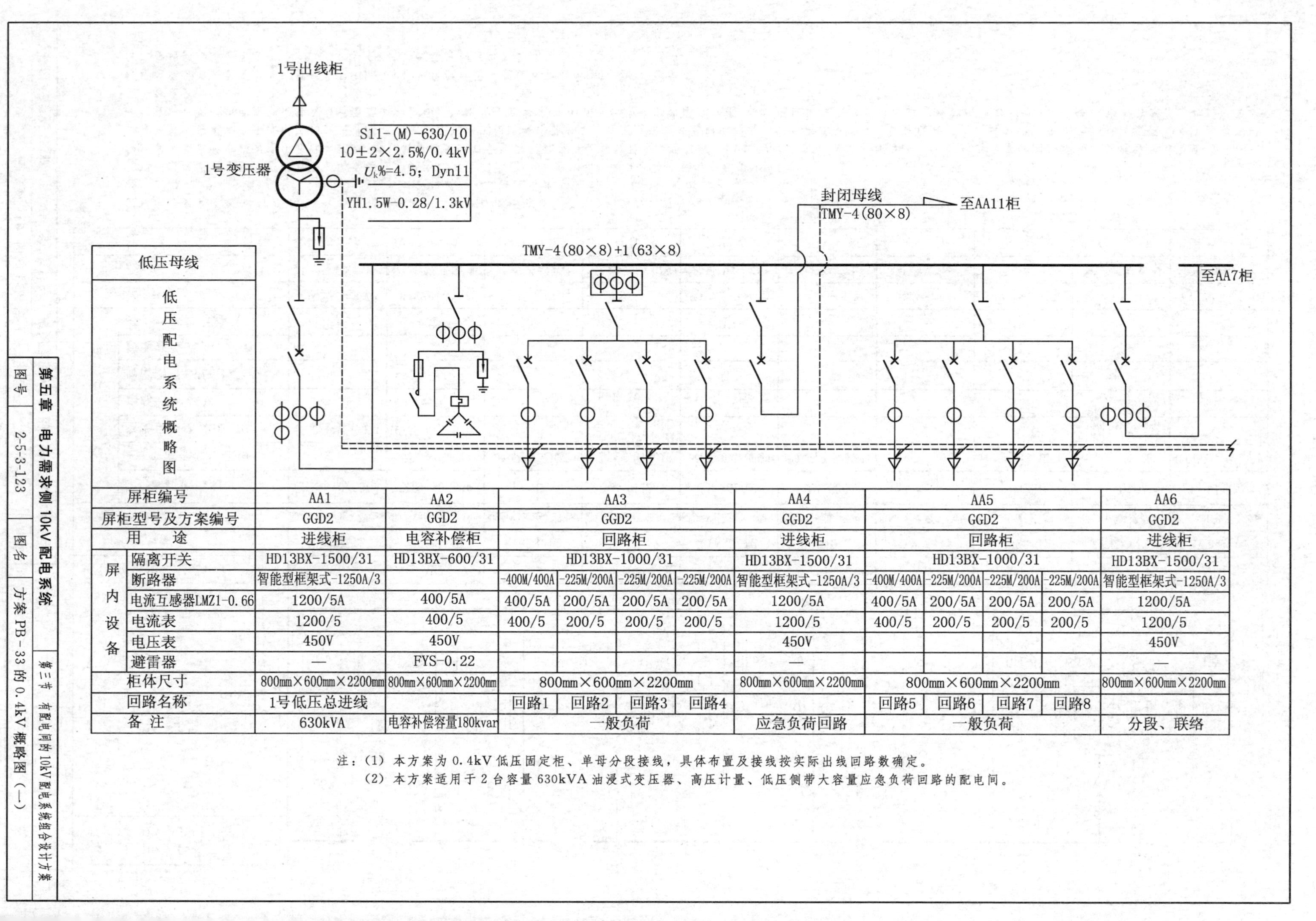

项目	AA1	AA2	AA3				AA4	AA5				AA6
屏柜型号及方案编号	GGD2	GGD2	GGD2				GGD2	GGD2				GGD2
用途	进线柜	电容补偿柜	回路柜				进线柜	回路柜				进线柜
屏内设备 隔离开关	HD13BX-1500/31	HD13BX-600/31	HD13BX-1000/31				HD13BX-1500/31	HD13BX-1000/31				HD13BX-1500/31
屏内设备 断路器	智能型框架式-1250A/3		-400M/400A	-225M/200A	-225M/200A	-225M/200A	智能型框架式-1250A/3	-400M/400A	-225M/200A	-225M/200A	-225M/200A	智能型框架式-1250A/3
屏内设备 电流互感器LMZ1-0.66	1200/5A	400/5A	400/5A	200/5A	200/5A	200/5A	1200/5A	400/5A	200/5A	200/5A	200/5A	1200/5A
屏内设备 电流表	1200/5	400/5	400/5	200/5	200/5	200/5	1200/5	400/5	200/5	200/5	200/5	1200/5
屏内设备 电压表	450V	450V					450V					450V
屏内设备 避雷器	—	FYS-0.22					—					—
柜体尺寸	800mm×600mm×2200mm	800mm×600mm×2200mm	800mm×600mm×2200mm				800mm×600mm×2200mm	800mm×600mm×2200mm				800mm×600mm×2200mm
回路名称	1号低压总进线		回路1	回路2	回路3	回路4		回路5	回路6	回路7	回路8	
备注	630kVA	电容补偿容量180kvar	一般负荷				应急负荷回路	一般负荷				分段、联络

注：（1）本方案为0.4kV低压固定柜、单母分段接线，具体布置及接线按实际出线回路数确定。
（2）本方案适用于2台容量630kVA油浸式变压器、高压计量、低压侧带大容量应急负荷回路的配电间。

第五章　电力需求侧10kV配电系统		第三节　有配电间的10kV配电系统组合设计方案	
图号	2-5-3-123	图名	方案PB-33的0.4kV概略图（一）

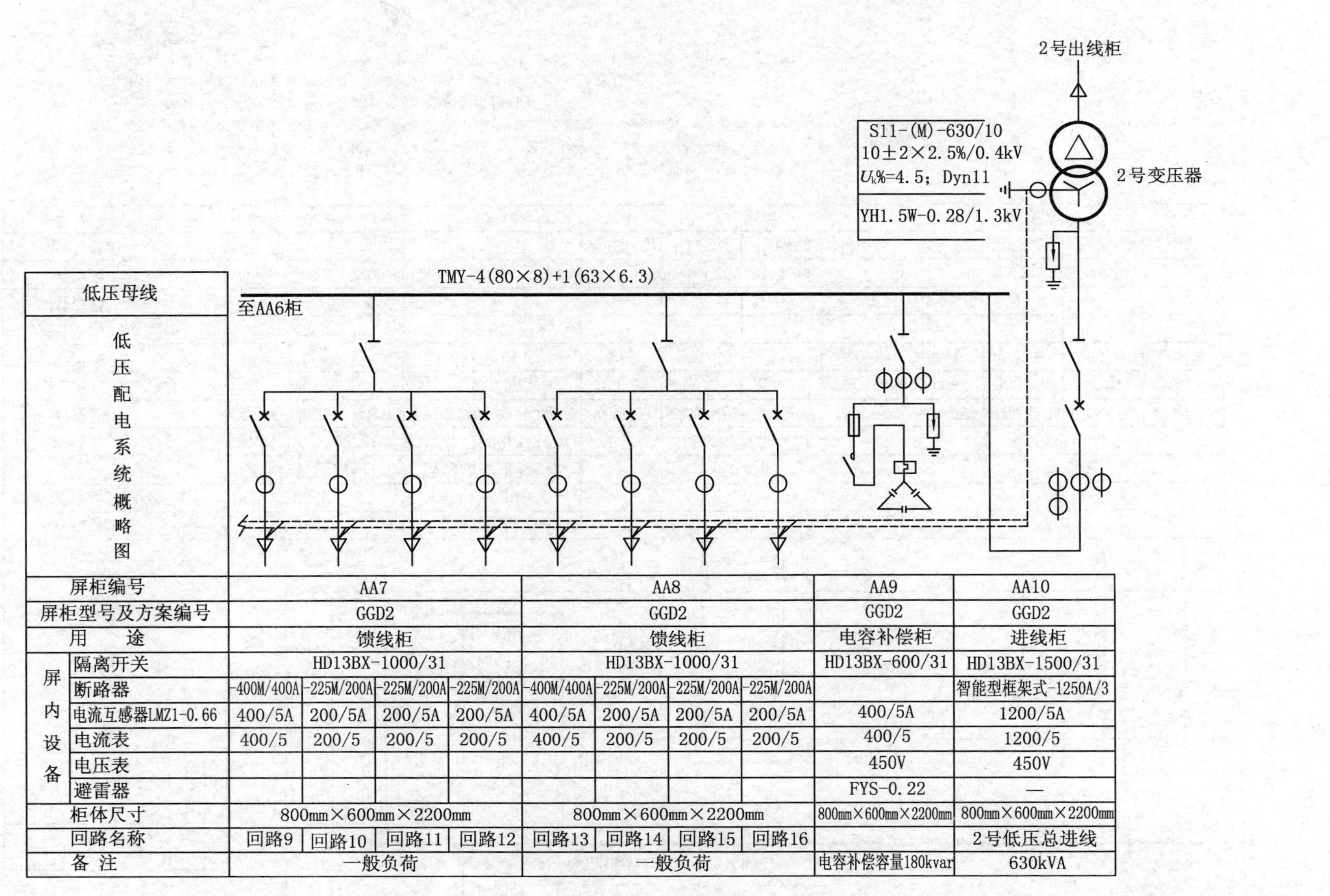

屏柜编号	AA7				AA8				AA9	AA10
屏柜型号及方案编号	GGD2				GGD2				GGD2	GGD2
用途	馈线柜				馈线柜				电容补偿柜	进线柜
屏内设备 隔离开关	HD13BX-1000/31				HD13BX-1000/31				HD13BX-600/31	HD13BX-1500/31
断路器	-400M/400A	-225M/200A	-225M/200A	-225M/200A	-400M/400A	-225M/200A	-225M/200A	-225M/200A		智能型框架式-1250A/3
电流互感器LMZ1-0.66	400/5A	200/5A	200/5A	200/5A	400/5A	200/5A	200/5A	200/5A	400/5A	1200/5A
电流表	400/5	200/5	200/5	200/5	400/5	200/5	200/5	200/5	400/5	1200/5
电压表									450V	450V
避雷器									FYS-0.22	—
柜体尺寸	800mm×600mm×2200mm				800mm×600mm×2200mm				800mm×600mm×2200mm	800mm×600mm×2200mm
回路名称	回路9	回路10	回路11	回路12	回路13	回路14	回路15	回路16		2号低压总进线
备注	一般负荷				一般负荷				电容补偿容量180kvar	630kVA

注：(1) 本方案为0.4kV低压固定柜、单母分段接线，具体布置及接线按实际出线回路数确定。
(2) 本方案适用于2台容量630kVA油浸式变压器、高压计量、低压侧带大容量应急负荷回路的配电间。

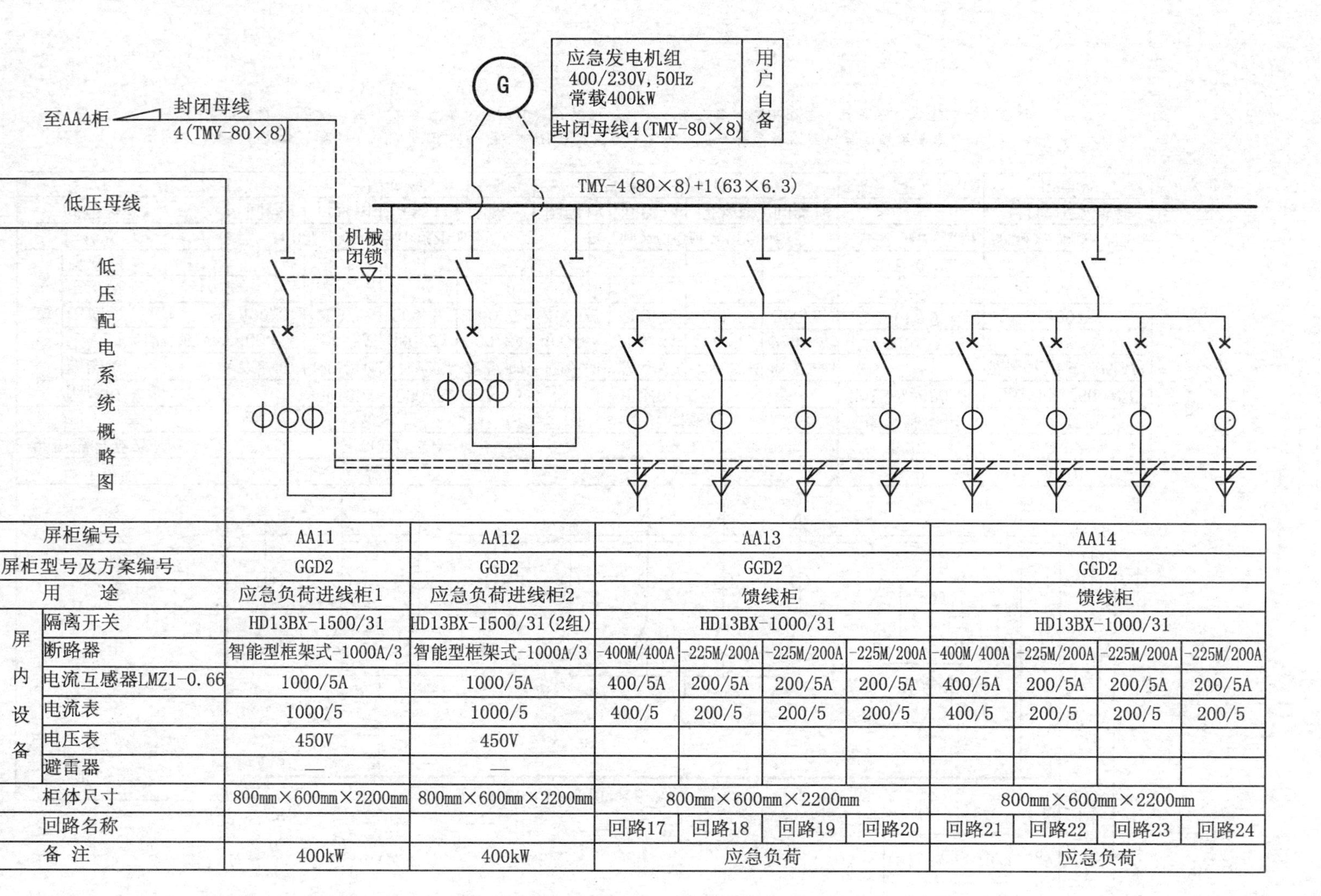

屏柜编号		AA11	AA12	AA13				AA14			
屏柜型号及方案编号		GGD2	GGD2	GGD2				GGD2			
用途		应急负荷进线柜1	应急负荷进线柜2	馈线柜				馈线柜			
屏内设备	隔离开关	HD13BX-1500/31	HD13BX-1500/31(2组)	HD13BX-1000/31				HD13BX-1000/31			
	断路器	智能型框架式-1000A/3	智能型框架式-1000A/3	-400M/400A	-225M/200A	-225M/200A	-225M/200A	-400M/400A	-225M/200A	-225M/200A	-225M/200A
	电流互感器LMZ1-0.66	1000/5A	1000/5A	400/5A	200/5A	200/5A	200/5A	400/5A	200/5A	200/5A	200/5A
	电流表	1000/5	1000/5	400/5	200/5	200/5	200/5	400/5	200/5	200/5	200/5
	电压表	450V	450V								
	避雷器	—	—								
柜体尺寸		800mm×600mm×2200mm	800mm×600mm×2200mm	800mm×600mm×2200mm				800mm×600mm×2200mm			
回路名称				回路17	回路18	回路19	回路20	回路21	回路22	回路23	回路24
备注		400kW	400kW	应急负荷				应急负荷			

注：(1) 本方案为 0.4kV 低压固定柜、单母分段接线，具体布置及接线按实际出线回路数确定。

(2) 本方案适用于 2 台容量 630kVA 油浸式变压器、高压计量、低压侧带大容量应急负荷回路的配电间。

(3) 0.4kV 电容器容量按每台变压器容量的 30% 配置，可根据实际情况按变压器容量的 20%～40% 作调整；采用静态自动补偿方式，按三相、单相混合补偿方式配置配变综合测控装置。

(4) 工作照明采用节能荧光灯、防爆投光灯，事故照明采用应急灯。

(5) 电缆敷设采用电缆沟或穿管直埋敷设方式，并应满足防火要求。高、低压电缆沟的尺寸应满足电缆的敷设数量及弯曲半径等要求。

主要设备及材料清册

序号	名　称	型号及规格	单位	数量	备　注
一	10kV 电缆接入模块部分	M-1-1-3			
1	预应力锥形水泥杆	φ190mm×15m	根	4	单重：1604kg
2	高压单回倒挂横担	DGD11-2200mm	套	12	单重：24.27kg
3	高压真空断路器	U_N=12kV，I_N=630A	组	2	
4	氧化锌避雷器	HY5W-17/45kV	组	2	
5	针式绝缘子	P-20M	套	36	含螺栓及套筒
6	10kV 电力电缆	YJV22-8.7/15-3×70	m	400	户内外电缆头各1套
7	电缆沟		m	190	
8	电缆埋管		m	190	
二	10kV 配电装置模块部分	M-2-3-1			
1	10kV 进线隔离兼 TV 柜	KYN28-12 型[长×宽×高：800mm×1500（&1600）mm×2300mm]	面	2	
2	10kV 进线总开关柜	KYN28-12 型[长×宽×高：800mm×1500（&1600）mm×2300mm]	面	2	配真空断路器
3	10kV 综合计量柜	KYN28-12 型[长×宽×高：800mm×1500（&1600）mm×2300mm]	面	2	
4	10kV 分段隔离柜	KYN28-12 型(长×宽×高：800mm×1500mm×2300mm)	面	1	
5	10kV 分段开关柜	KYN28-12 型(长×宽×高：800mm×1500mm×2300mm)	面	1	配真空断路器
6	10kV 出线柜	KYN28-12 型(长×宽×高：800mm×1500mm×2300mm)	面	2	配真空断路器
7	10kV 电力电缆	YJV22-8.7/15-3×70	m	15	配户内电缆头2套
8	10kV 电力电缆	YJV22-8.7/15-3×50	m	35	配户内电缆头4套
9	热镀锌角钢	∟50mm×5mm×2500mm	根	20	
10	热镀锌扁钢	—50mm×5mm	m	400	接地干线及引上线
11	接地螺栓		副	14	
12	模拟屏	2000mm×1000mm	块	1	
三	主变压器模块部分	M-3-1			
1	变压器	S11-（M）-630/10，10±2×2.5%/0.4kV，Dyn11，U_k=4.5%	台	2	
2	低压避雷器	YH1.5W-0.28/1.3kV	只	6	
3	低压母排	TMY-80×8	m	48	

续表

序号	名　称	型号及规格	单位	数量	备　注
四	0.4kV 配电装置模块部分	M-4-4-1			0.4kV 低压固定开关柜，单母线分段接线（含1回应急负荷出线回路）
		M-4-4-2			0.4kV 低压固定开关柜，单母线分段接线（应急发电机组电源接入系统回路）
1	低压进线柜	GGD2 型	面	2	
2	低压补偿柜	GGD2 型	面	2	
3	低压出线柜	GGD2 型	面	6	
4	低压联络柜	GGD2 型	面	3	
5	低压分段柜	GGD2 型	面	1	
6	低压穿墙板		块	2	
7	支持绝缘子	WX-01	个	12	
8	不锈钢护网	网孔不大于 20mm×20mm	块	4	
9	低压封闭母线	4（TMY-80×8）	m	14	
五	二次系统模块部分	M-5-1-3			
1	微机线路保护测控装置		套	3	
2	微机变压器保护测控装置		套	2	
3	直流屏	DC 220V，38Ah	面	1	M-5-2-2
4	控制电缆	$KVVP_2$-	m	450	
5	低压电缆	VV22-3×35+1×16	m	40	
6	中央信号箱		个	1	
六	高压计量装置模块部分	M-6-3			10kV 高压双电源，高供高计，采用购电制方式
1	高压计量装置	含计量表计、用电信息采集管理终端等	套	2	

注：(1) 设备材料表中不包括用户自备发电机组部分。

(2) 为加强配电网设备设施的标识管理，防止误操作、误入带电间隔，按要求设置标识标牌。

(3) 10kV 配电装置选用中置式开关柜配真空断路器，均配置两相干式电流互感器；进线间隔各配置1组氧化锌避雷器；变压器按节能型、低噪声原则选用，单台变压器容量为 630kVA；0.4kV 低压开关柜选用固定式成套开关柜；进线总柜配置框架式断路器；出线柜开关一般采用塑壳断路器。

(4) 无功补偿电容器柜采用无功静态自动补偿形式，低压电力电容器采用自愈式、免维护、无污染、环保型。无功补偿容量按变压器容量的 30%补偿，保证用电高峰时功率因数达到 0.95 以上。

(5) 根据短路电流水平为 20kA，按发热及动稳定条件校验，10kV 母线及进线间隔导体选 TMY-40×4 型。10kV 开关柜与变压器高压侧连接电缆须按发热及动稳定条件校验选用，一般选用 YJV22-8.7/15-3×50 型。低压母线最大工作电流按 1600A 考虑。

(6) 氧化锌避雷器按 GB 11032《交流无间隙金属氧化物避雷器》中的规定进行选择。

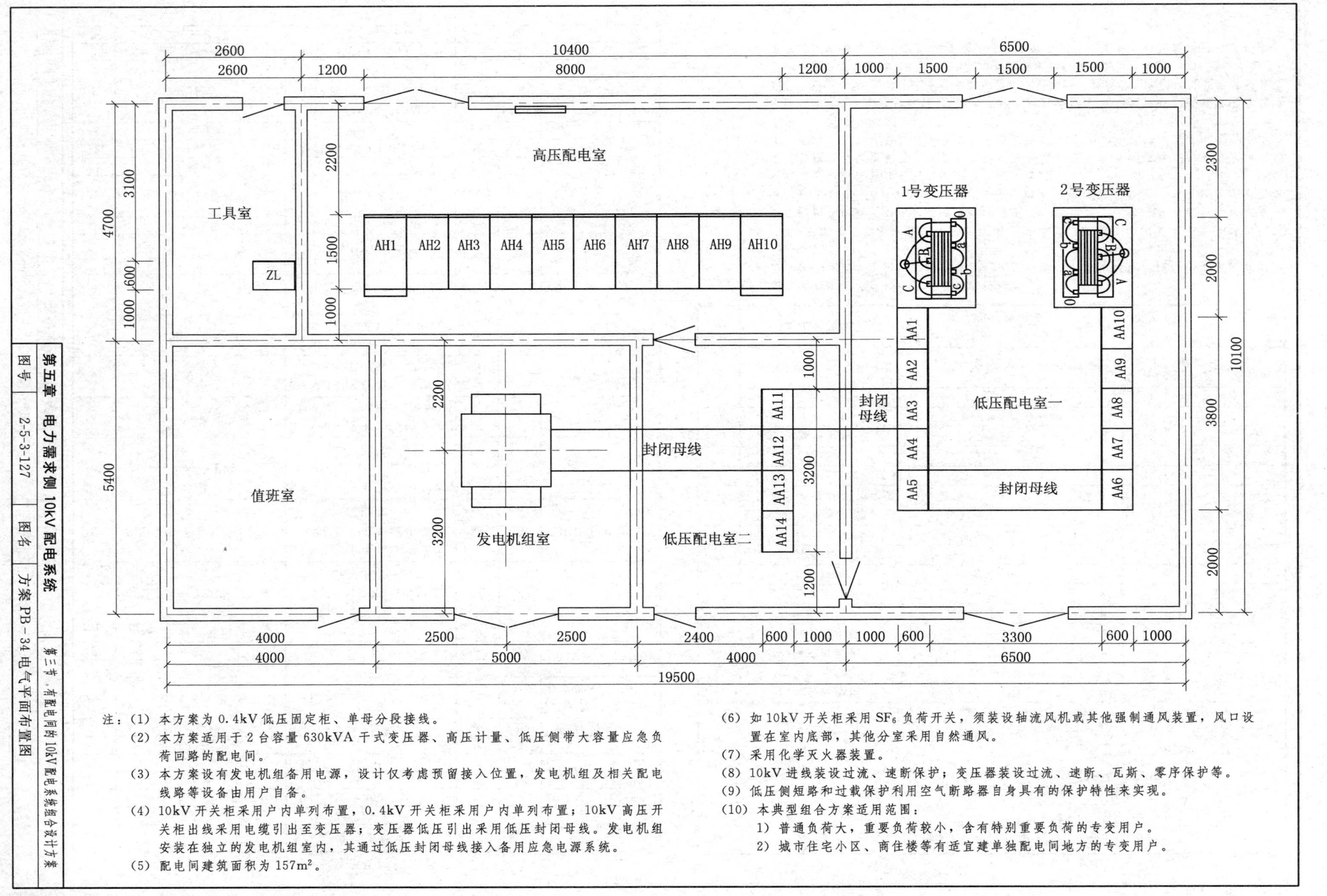

注：(1) 本方案为 0.4kV 低压固定柜、单母分段接线。

(2) 本方案适用于 2 台容量 630kVA 干式变压器、高压计量、低压侧带大容量应急负荷回路的配电间。

(3) 本方案设有发电机组备用电源，设计仅考虑预留接入位置，发电机组及相关配电线路等设备由用户自备。

(4) 10kV 开关柜采用户内单列布置，0.4kV 开关柜采用户内单列布置；10kV 高压开关柜出线采用电缆引出至变压器；变压器低压引出采用低压封闭母线。发电机组安装在独立的发电机组室内，其通过低压封闭母线接入备用应急电源系统。

(5) 配电间建筑面积为 157m²。

(6) 如 10kV 开关柜采用 SF_6 负荷开关，须装设轴流风机或其他强制通风装置，风口设置在室内底部，其他分室采用自然通风。

(7) 采用化学灭火器装置。

(8) 10kV 进线装设过流、速断保护；变压器装设过流、速断、瓦斯、零序保护等。

(9) 低压侧短路和过载保护利用空气断路器自身具有的保护特性来实现。

(10) 本典型组合方案适用范围：

1) 普通负荷大，重要负荷较小，含有特别重要负荷的专变用户。

2) 城市住宅小区、商住楼等有适宜建单独配电间地方的专变用户。

第五章　电力需求侧 10kV 配电系统			第三节　有配电间的10kV配电系统组合设计方案
图号	2-5-3-127	图名	方案 PB－34 电气平面布置图

10kV 母线
TMY-40×4

高压配置概略图

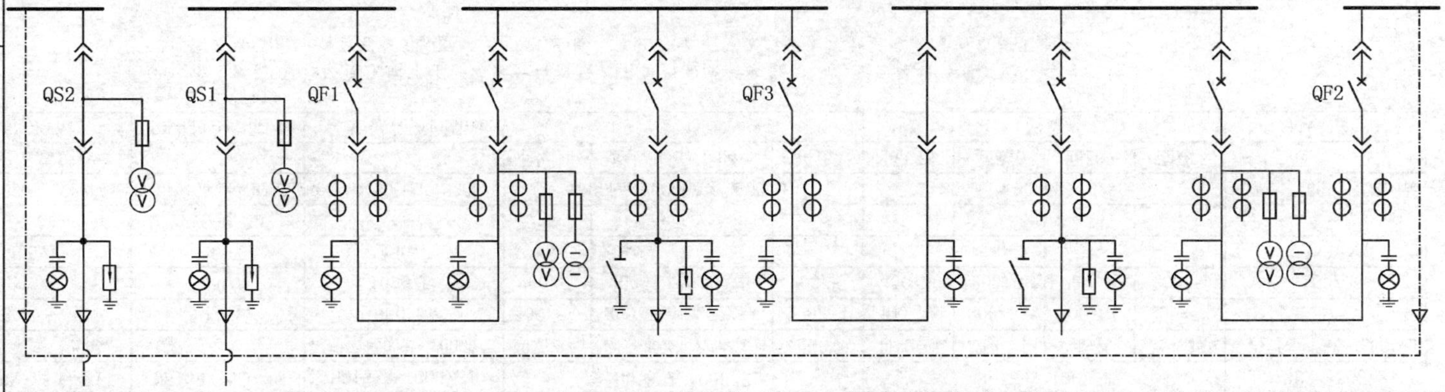

QS2 QS1 QF1 QF3 QF2

高压屏编号		AH1	AH2	AH3	AH4	AH5	AH6	AH7	AH8	AH9	AH10
屏柜型号		KYN28-12	KYN28-12	KYN28-12	KYN28-12	KYN28-12	KYN28-12	KYN28-12	KYN28-12	KYN28-12	KYN28-12
屏柜尺寸		800mm×1660mm×2300mm	800mm×1500mm×2300mm	800mm×1500mm×2300mm	800mm×1500mm×2300mm	800mm×1500mm×2300mm	800mm×1500mm×2300mm	800mm×1500mm×2300mm	800mm×1500mm×2300mm	800mm×1500mm×2300mm	800mm×1660mm×2300mm
屏内设备	真空断路器 VS1-	GN19-10/630A	GN19-10/630A	-12/630A	-12/630A	-12/630A	-12/630A		-12/630A	-12/630A	-12/630A
	电流互感器 LZZBJ9-12			100/5A, 0.5/10P20	75/5A, 0.2S/0.2S	50/5A, 0.5/10P20	100/5A, 0.5/10P20		50/5A, 0.5/10P20	75/5A, 0.2S/0.2S	100/5A, 0.5/10P20
	电压互感器 JDZ-10	10/0.1kV, 400VA	10/0.1kV, 400VA		A, C 10/0.1kV, 25VA B 10/0.22kV, 400VA					A, C 10/0.1kV, 25VA B 10/0.22kV, 400VA	
	熔断器	RN2-10/1A	RN2-10/1A		RN2-10 / 1A RN2-10 / 3A					RN2-10 / 1A RN2-10 / 3A	
	避雷器 HY5WS-17/45kV					3			3		
	接地开关 JN15-10					1			1		
	开关状态显示器	1	1	1		1	1		1		1
进出线型号		YJV22-3×70	YJV22-3×70			YJV22-3×50			YJV22-3×50		YJV22-3×70
回路名称		2号进线隔离兼TV柜	1号进线隔离兼TV柜	1号进线柜	1号综合计量柜	1号出线柜	分段柜	隔离柜	2号出线柜	2号综合计量柜	2号进线柜
备注		1260kVA	1260kVA			630kVA			630kVA		

注：(1) 本方案变压器为 2 台 630kVA 干式变压器。具体布置及接线按实际出线回路数，可根据工程具体情况进行确定。

(2) 10kV 部分为中置柜、单母线分段接线方式，二进二出，高压计量方式。

(3) 两进线隔离柜隔离手车 QS1、QS2 分别与真空断路器 QF1、QF2 进行电气闭锁，防止误拉合隔离手车。

(4) 本方案计量方式为高供高计，10kV 进线侧设高压综合计量屏（计量屏上安装计量专用 TA、TV、购电开关、多功能计量表、用电信息采集管理终端等），其他分类计量在低压出线屏上实现，高压采用三相三线计量方式，低压采用三相四线计量方式，选用电子式多功能电能表，安装在开关柜专用计量仪表室内，计量柜内设备和元器件根据一次主接线配置，计量二次回路不得接入与计量无关的设备，计量电流回路采用 4mm² 单芯硬铜芯电线（缆），电压回路采用 2.5mm² 单芯硬铜芯电线（缆），并按 A 黄、B 绿、C 红、N 黑分色。

(5) 接地网接地电阻应符合 DL/T 621《交流电气装置的接地》的规定。

第五章 电力需求侧 10kV 配电系统		第三节 有配电间的10kV配电系统组合设计方案	
图号	2-5-3-128	图名	方案 PB-34 的 10kV 概略图

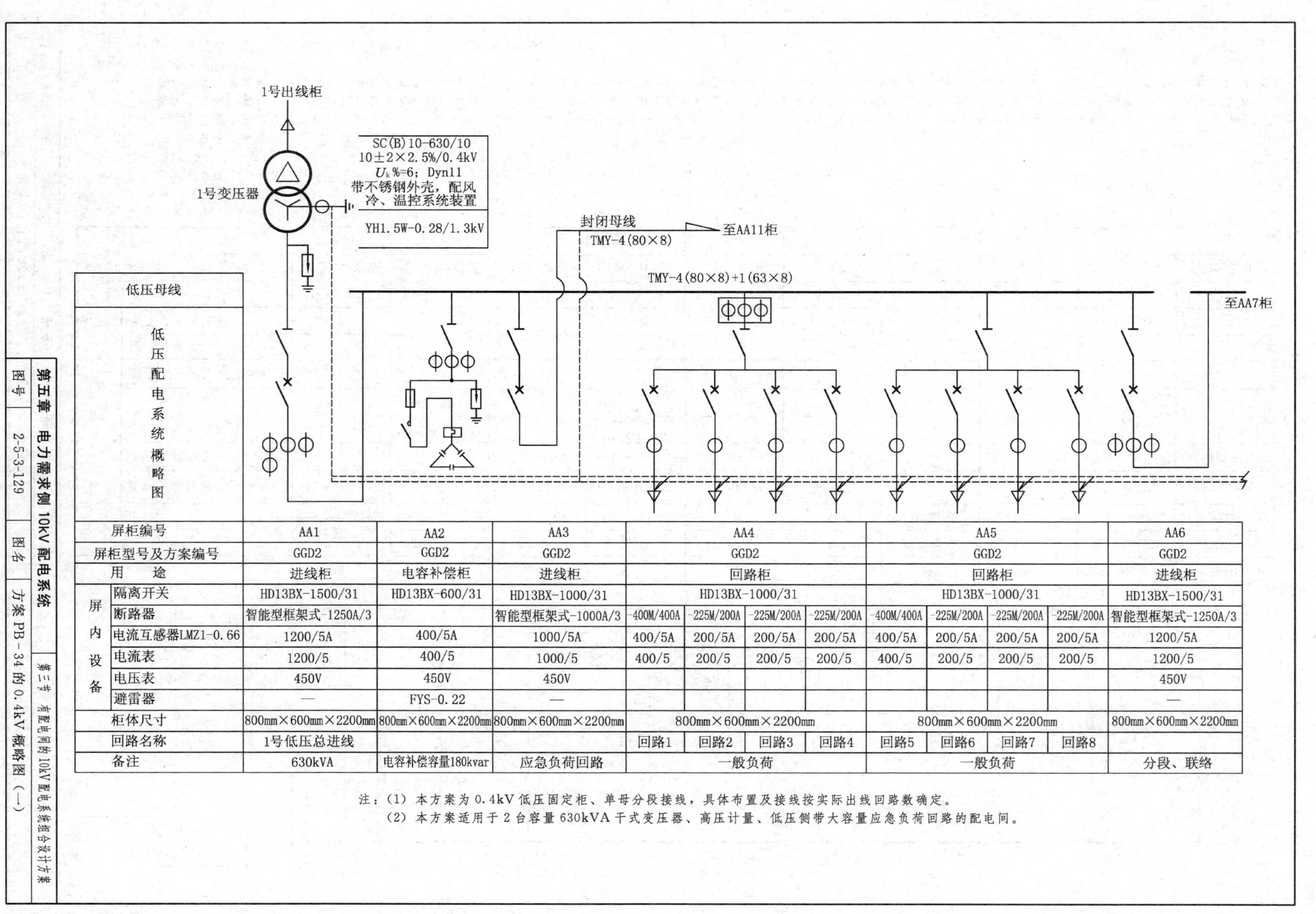

屏柜编号	AA1	AA2	AA3	AA4				AA5				AA6
屏柜型号及方案编号	GGD2	GGD2	GGD2	GGD2				GGD2				GGD2
用途	进线柜	电容补偿柜	进线柜	回路柜				回路柜				进线柜
屏内设备 隔离开关	HD13BX-1500/31	HD13BX-600/31	HD13BX-1000/31	HD13BX-1000/31				HD13BX-1000/31				HD13BX-1500/31
屏内设备 断路器	智能型框架式-1250A/3		智能型框架式-1000A/3	-400M/400A	-225M/200A	-225M/200A	-225M/200A	-400M/400A	-225M/200A	-225M/200A	-225M/200A	智能型框架式-1250A/3
屏内设备 电流互感器LMZ1-0.66	1200/5A	400/5A	1000/5A	400/5A	200/5A	200/5A	200/5A	400/5A	200/5A	200/5A	200/5A	1200/5A
屏内设备 电流表	1200/5	400/5	1000/5	400/5	200/5	200/5	200/5	400/5	200/5	200/5	200/5	1200/5
屏内设备 电压表	450V	450V	450V									450V
屏内设备 避雷器	—	FYS-0.22	—									—
柜体尺寸	800mm×600mm×2200mm	800mm×600mm×2200mm	800mm×600mm×2200mm	800mm×600mm×2200mm				800mm×600mm×2200mm				800mm×600mm×2200mm
回路名称	1号低压总进线			回路1	回路2	回路3	回路4	回路5	回路6	回路7	回路8	
备注	630kVA	电容补偿容量180kvar	应急负荷回路	一般负荷				一般负荷				分段、联络

注：(1) 本方案为0.4kV低压固定柜、单母分段接线，具体布置及接线按实际出线回路数确定。
(2) 本方案适用于2台容量630kVA干式变压器、高压计量、低压侧带大容量应急负荷回路的配电间。

第五章　电力需求侧10kV配电系统		第三节　有配电间的10kV配电系统组合设计方案	
图号	2-5-3-129	图名	方案PB－34的0.4kV概略图（一）

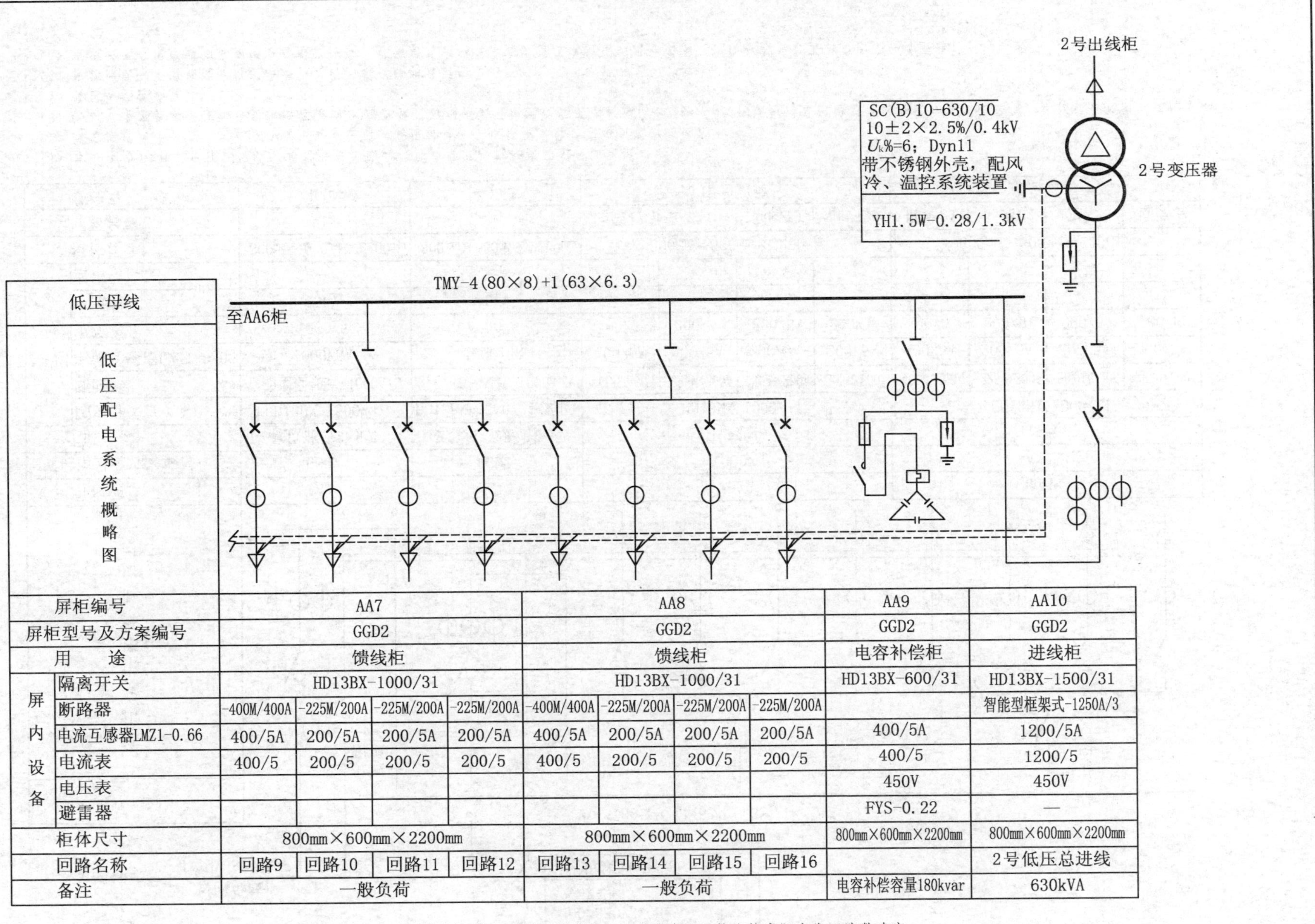

屏柜编号	AA7				AA8				AA9	AA10
屏柜型号及方案编号	GGD2				GGD2				GGD2	GGD2
用途	馈线柜				馈线柜				电容补偿柜	进线柜
屏内设备 隔离开关	HD13BX-1000/31				HD13BX-1000/31				HD13BX-600/31	HD13BX-1500/31
屏内设备 断路器	-400M/400A	-225M/200A	-225M/200A	-225M/200A	-400M/400A	-225M/200A	-225M/200A	-225M/200A		智能型框架式-1250A/3
屏内设备 电流互感器LMZ1-0.66	400/5A	200/5A	200/5A	200/5A	400/5A	200/5A	200/5A	200/5A	400/5A	1200/5A
屏内设备 电流表	400/5	200/5	200/5	200/5	400/5	200/5	200/5	200/5	400/5	1200/5
屏内设备 电压表									450V	450V
屏内设备 避雷器									FYS-0.22	—
柜体尺寸	800mm×600mm×2200mm				800mm×600mm×2200mm				800mm×600mm×2200mm	800mm×600mm×2200mm
回路名称	回路9	回路10	回路11	回路12	回路13	回路14	回路15	回路16		2号低压总进线
备注	一般负荷				一般负荷				电容补偿容量180kvar	630kVA

注：(1) 本方案为0.4kV低压固定柜、单母分段接线，具体布置及接线按实际出线回路数确定。

(2) 本方案适用于2台容量630kVA干式变压器、高压计量、低压侧带大容量应急负荷回路的配电间。

第五章 电力需求侧10kV配电系统		第三节 有配电间的10kV配电系统组合设计方案	
图号	2-5-3-130	图名	方案PB-34的0.4kV概略图（二）

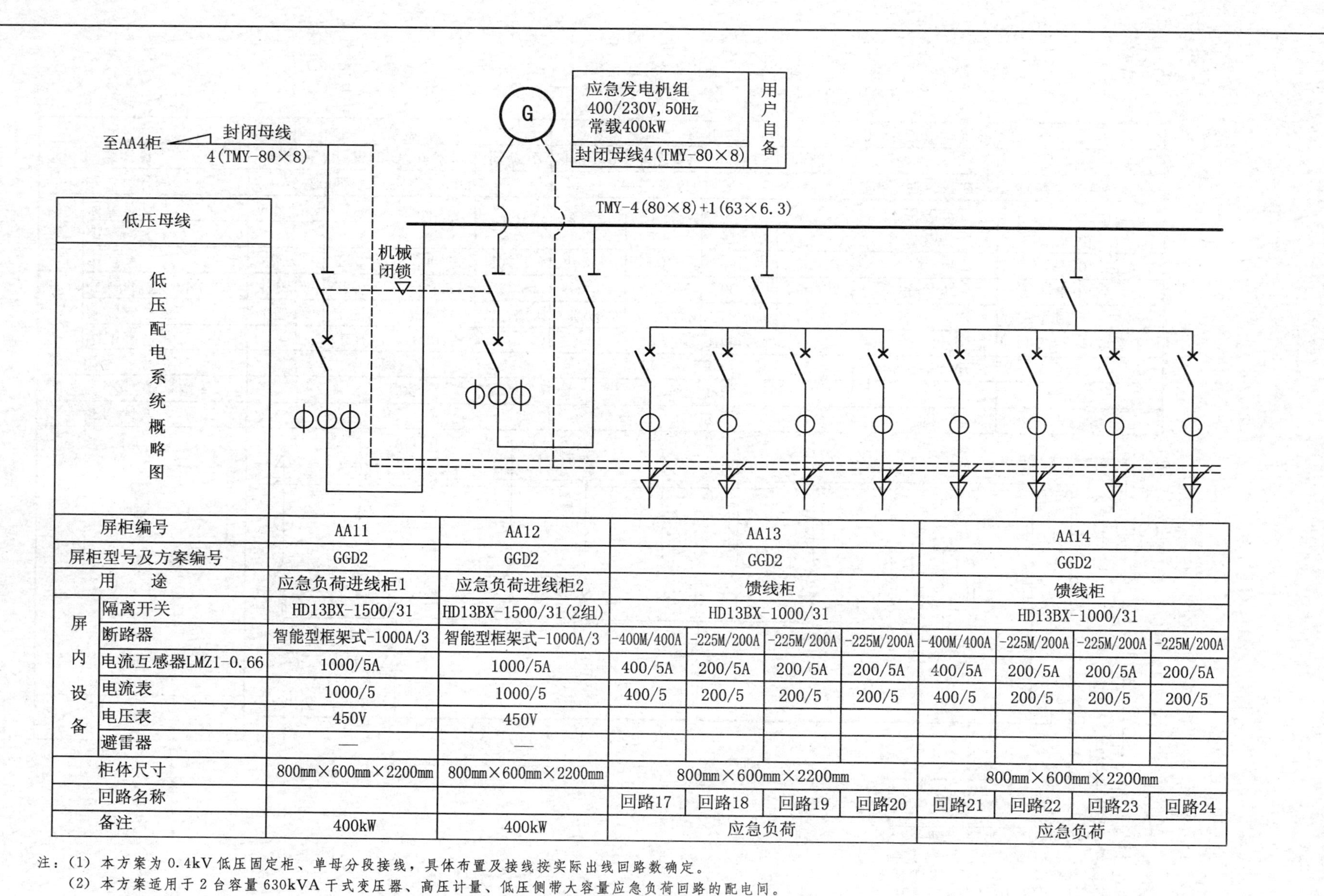

屏柜编号	AA11	AA12	AA13				AA14			
屏柜型号及方案编号	GGD2	GGD2	GGD2				GGD2			
用途	应急负荷进线柜1	应急负荷进线柜2	馈线柜				馈线柜			
屏内设备 隔离开关	HD13BX-1500/31	HD13BX-1500/31(2组)	HD13BX-1000/31				HD13BX-1000/31			
断路器	智能型框架式-1000A/3	智能型框架式-1000A/3	-400M/400A	-225M/200A	-225M/200A	-225M/200A	-400M/400A	-225M/200A	-225M/200A	-225M/200A
电流互感器LMZ1-0.66	1000/5A	1000/5A	400/5A	200/5A	200/5A	200/5A	400/5A	200/5A	200/5A	200/5A
电流表	1000/5	1000/5	400/5	200/5	200/5	200/5	400/5	200/5	200/5	200/5
电压表	450V	450V								
避雷器	—	—								
柜体尺寸	800mm×600mm×2200mm	800mm×600mm×2200mm	800mm×600mm×2200mm				800mm×600mm×2200mm			
回路名称			回路17	回路18	回路19	回路20	回路21	回路22	回路23	回路24
备注	400kW	400kW	应急负荷				应急负荷			

注：(1) 本方案为0.4kV低压固定柜、单母分段接线，具体布置及接线按实际出线回路数确定。

(2) 本方案适用于2台容量630kVA干式变压器、高压计量、低压侧带大容量应急负荷回路的配电间。

(3) 0.4kV电容器容量按每台变压器容量的30%配置，可根据实际情况按变压器容量的20%～40%作调整；采用静态自动补偿方式，按三相、单相混合补偿方式配置配变综合测控装置。

(4) 工作照明采用节能荧光灯、防爆投光灯，事故照明采用应急灯。

(5) 电缆敷设采用电缆沟或穿管直埋敷设方式，并满足防火要求。高、低压电缆沟的尺寸应满足电缆的敷设数量及弯曲半径等要求。

主要设备及材料清册

序号	名称	型号及规格	单位	数量	备注
一	10kV 电缆接入模块部分	M-1-1-3			
1	预应力锥型水泥杆	ϕ190mm×15m	根	4	单重：1604kg
2	高压单回倒挂横担	DGD11-2200mm	套	12	单重：24.27kg
3	高压真空断路器	U_N=12kV，I_N=630A	组	2	
4	氧化锌避雷器	HY5W-17/45kV	组	2	
5	针式绝缘子	P-20M	套	36	含螺栓及套筒
6	10kV 电力电缆	YJV22-8.7/15-3×70	m	400	户内外电缆头各2套
7	电缆沟		m	190	
8	电缆埋管		m	190	
二	10kV 配电装置模块部分	M-2-3-1			
1	10kV 进线隔离兼 TV 柜	KYN28-12 型[长×宽×高：800mm×1500（&1600）mm×2300mm]	面	2	
2	10kV 进线总开关柜	KYN28-12 型[长×宽×高：800mm×1500（&1600）mm×2300mm]	面	2	配真空断路器
3	10kV 综合计量柜	KYN28-12 型(长×宽×高：800mm×1500mm×2300mm)	面	2	
4	10kV 分段隔离柜	KYN28-12 型(长×宽×高：800mm×1500mm×2300mm)	面	1	
5	10kV 分段开关柜	KYN28-12 型(长×宽×高：800mm×1500mm×2300mm)	面	1	配真空断路器
6	10kV 出线柜	KYN28-12 型(长×宽×高：800mm×1500mm×2300mm)	面	2	配真空断路器
7	10kV 电力电缆	YJV22-8.7/15-3×70	m	15	配户内电缆头2套
8	10kV 电力电缆	YJV22-8.7/15-3×50	m	35	配户内电缆头4套
9	热镀锌角钢	∟50mm×5mm×2500mm	根	20	
10	热镀锌扁钢	—50mm×5mm	m	300	接地干线及引上线
11	接地螺栓		副	10	
12	模拟屏	2000mm×1000mm	块	1	
三	主变压器模块部分	M-3-2			
1	变压器	SC（B）10-630/10，10±2×2.5%/0.4kV，Dyn11，U_k=6%	台	2	带外壳（防护等级不低于 IP3X），配风冷、温控系统装置
2	低压避雷器	YH1.5W-0.28/1.3kV	只	6	

续表

序号	名称	型号及规格	单位	数量	备注
四	0.4kV 配电装置模块部分	M-4-4-1	0.4kV 低压固定开关柜，单母线分段接线（含 1 回应急负荷出线回路）		
		M-4-4-2	0.4kV 低压固定开关柜，单母线分段接线（应急发电机组电源接入系统回路）		
1	低压进线柜	GGD2 型	面	2	
2	低压补偿柜	GGD2 型	面	2	
3	低压出线柜	GGD2 型	面	6	
4	低压联络柜	GGD2 型	面	3	
5	低压分段柜	GGD2 型	面	1	
6	低压封闭母线	4（TMY-80×8）	m	20	
五	二次系统模块部分	M-5-1-3			
1	微机线路保护测控装置		套	3	
2	微机变压器保护测控装置		套	2	
3	直流屏	DC 220V，38Ah	面	1	M-5-2-2
4	控制电缆	$KVVP_2$-	m	450	
5	低压电缆	VV22-3×35+1×16	m	40	
6	中央信号箱		个	1	
六	高压计量装置模块部分	M-6-3	10kV 高压双电源，高供高计，采用购电制方式		
1	高压计量装置	含计量表计、用电信息采集管理终端等	套	2	

注：(1) 设备材料表中不包括用户自备发电机组部分。

(2) 为加强配电网设备设施的标识管理，防止误操作、误入带电间隔，按要求设置标识标牌。

(3) 电能计量装置选用及配置应满足 DL/T 448《电能计量装置技术管理规程》规定。

(4) 10kV 配电装置选用中置式开关柜配真空断路器，配置两相干式电流互感器；进出线间隔各配置 1 组氧化锌避雷器；变压器按节能型、低噪声原则选用，单台变压器容量为 630kVA；0.4kV 低压开关柜选用固定式成套开关柜；进线总柜配置框架式断路器；出线柜开关一般采用塑壳断路器。

(5) 根据短路电流水平为 20kA，按发热及动稳定条件校验，10kV 母线及进线间隔导体选 TMY-40×4 型。10kV 开关柜与变压器高压侧连接电缆须按发热及动稳定条件校验选用，一般选用 YJV22-8.7/15-3×50 型。低压母线最大工作电流按 1600A 考虑。

(6) 氧化锌避雷器按 GB 11032《交流无间隙金属氧化物避雷器》中的规定进行选择。

(7) 在使用典型设计文件时，可根据实际情况，在安全可靠、投资合理、标准统一、运行高效的设计原则下，调整典型设计中的模块组合，形成符合实际要求的 10kV 配电系统。

第五章 电力需求侧 10kV 配电系统		第三节 有配电间的10kV配电系统组合设计方案	
图号	2-5-3-132	图名	方案 PB-34 设备材料清册

一、抽屉式低压成套开关柜结构特点

(1) 主骨架采用2.0mm敷铝锌板或冷轧镀锌板弯制成的"C"型材组装而成，其上有间隔模数为25mm的安装孔。柜门侧板、顶板、后门、封板等外露部件采用环氧粉喷涂。柜体排列正面见图1。

图1　柜体排列正面

(2) 装置各功能室严格分隔，计有功能单元室(抽屉室)、母线室、电缆室。电缆室进出线可满足上进上出、上进下出、下进上出、下进下出方式。功能单元之间及柜内小室之间均可分隔，内部分隔可将电弧破坏性降低到最小程度。

(3) 装置中将同一功能组的零部件组装后，可构成一个简便的机械和电气功能组件，以抽屉形式组装。包括动力组件和控制组件。抽屉典型结构见图2。

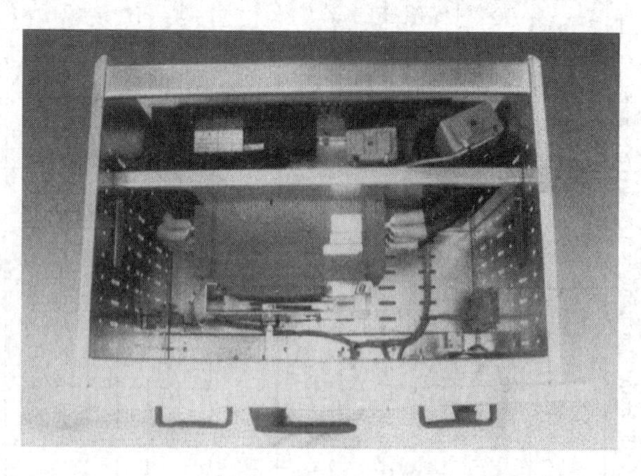

图2　抽屉典型结构

(4) 采用ESLOK锁紧螺栓，系统的电气连接和机械安装均为免维修型。

(5) 抽屉的电气和机械连锁。抽屉单元有可靠的机械连锁装置，通过操作手柄控制，具有明显的合闸、试验、抽出和隔离挡位。为加强安全防范，操作手柄定位后可加上挂锁，最多可加三把锁。手柄挡位见图3。

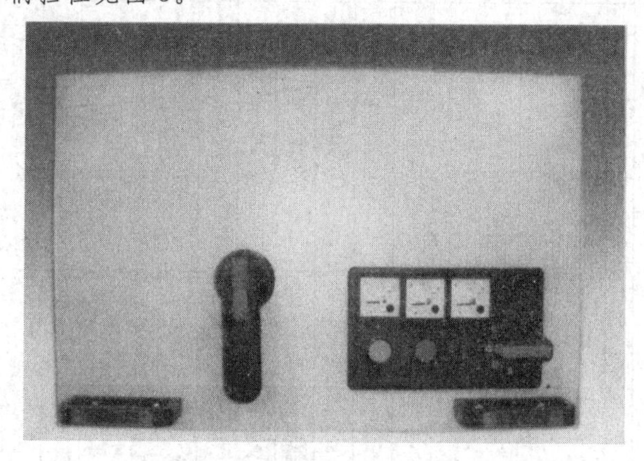

图3　手柄挡位

(6) 抽屉类型有五种标准尺寸，都是以8E (200mm) 高度为基准：

1) 8E/4：在8E高度空间组装4个抽屉单元。

2) 8E/2：在8E高度空间组装2个抽屉单元。

3) 8E：在8E高度空间组装1个抽屉单元。

4) 16E：在16E (400mm) 高度空间组装1个抽屉单元。

5) 24E：在24E (600mm) 高度空间组装1个抽屉单元。

五种抽屉单元可在一个柜体中作单一安装，也可作混合组装，一柜体中作单一组装最多容纳抽屉单元数见表1。

表1　　最多容纳抽屉单元数

抽屉型式	8E/4	8E/2	8E	16E	24E
最多容纳单元数/个	36	18	9	4	3

二、抽屉式低压成套开关柜的安装

（1）产品的外形尺寸见图4和表2，主母线连接时，如表面因运输、保管等原因有不平整时应加平整后再连接坚固。

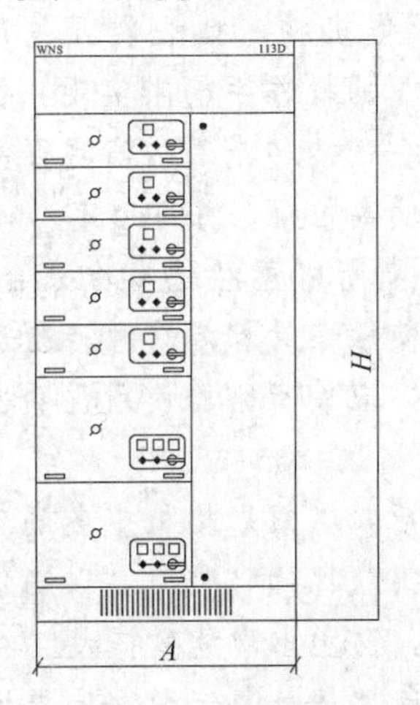

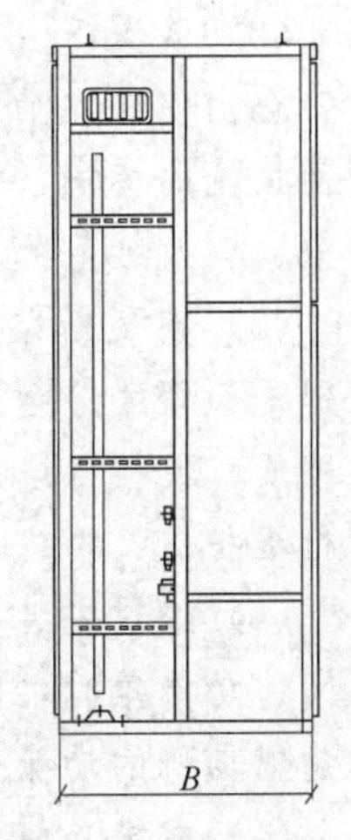

图4　产品外形图

表2　　　　外形尺寸

高（H）/mm	宽（A）/mm	深（B）/mm
2200	600	600
2200	800	800
2200	1000	1000

（2）装置推荐为离墙安装式，也可以靠墙安装。安装基础平面要求平整，基础槽钢的水平误差为1/1000，总长偏差3mm。安装示意图见图5。

（3）所有导线部分的固定方式推荐使用8.8级螺栓和张紧垫圈固定。

三、产品安装后投运前的检查和试验

（1）检查柜面漆或其他涂装（如喷塑）有无损坏，柜内是否干燥清洁。

（2）电器元件的操作机构是否灵活，不应有卡涩或操作力过大现象。

（3）主要电器的主触头的通断是否可靠准确。

（4）抽屉或抽出式机构应灵活、轻便、无卡阻或碰撞现象。

（5）抽屉或抽出式机构的动、静触头的中心线应一致，触头接触应紧密，主、辅触头的插入深度应符合要求，机械联锁或电气联锁装置应正确动作，闭锁应可靠。

（6）相同尺寸的抽屉应能方便地互换，无卡阻和碰撞现象。

（7）仪表的刻度整定，互感器的变比及极性应正确无误。

（8）熔断器的熔芯规格应符合工程设计要求。

（9）继电保护的整定应正确，动作可靠。

（10）用500V绝缘电阻表测量绝缘电阻值不得低于1MΩ。

（11）各母线连接应良好，绝缘支撑件、安装件及其他附件安装应牢固可靠。

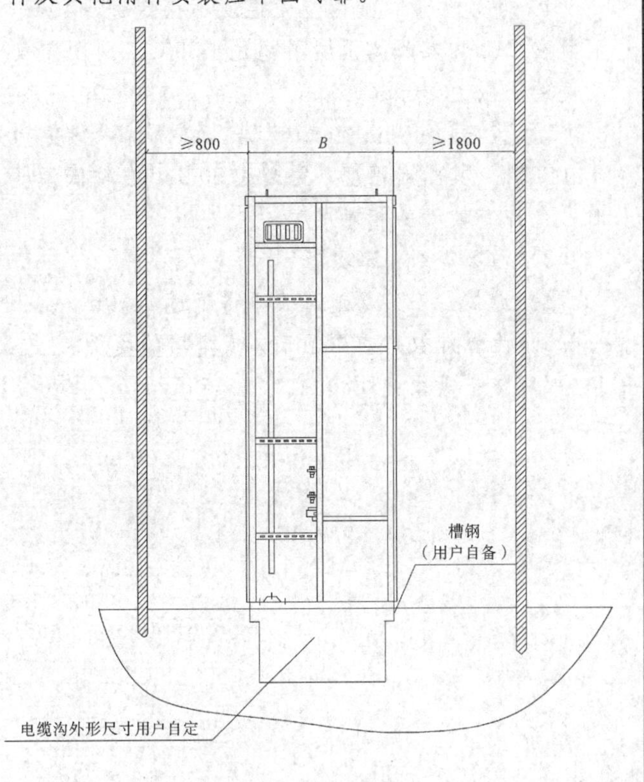

图5　安装示意图

四、抽屉式低压成套开关柜的参数和使用条件

（1）电气参数与防护等级见表3。

表3　电气参数与防护等级

额定频率	50（60）Hz
额定绝缘电压	AC：660V
额定工作电压	AC：380V/660V
主母线额定工作电流	≤4000A
配电母线额定工作电流	630～2500A
额定短时耐受电流	65kA（1s）
额定峰值耐受电流	143kA

（2）使用条件：

1）环境温度：周围空气温度不得超过+40℃，而且在24h内其平均温度不超过+35℃。周围空气温度的下限为−5℃。

2）大气条件：空气清洁，在最高温度为+40℃时，其相对湿度不得超过50%，在较低温度时，允许有较大的相对湿度。

3）污染等级：3级。

4）海拔：安装场地海拔不得超过2000m。

5）无爆炸及严重腐蚀气体或尘埃的场所。

6）防护等级：IP30。

五、使用注意事项

（1）装置必须由考核合格的专业人员进行操作、检查和维修。

（2）装置采用专用操作机构，抽屉内开关的分、合由安装在抽屉面板上的操作手柄来实现，按照面板上的标志，在近300°的旋转范围内实现开关的分、合及抽屉的试验、隔离位置，并可锁定。

（3）空气断路器、塑壳断路器经过多次分合，特别是经短路分合后，会使触头局部烧伤和产生碳类物质，使接触电阻增大，应按断路器使用说明书进行维护。

（4）经过安装和维修后，必须严格检查各隔室之间、功能单元之间的隔离状况确已恢复，以确保本装置良好的功能分隔性，防止出现故障扩大。

（5）在投入使用前，断路器的整定值一定要调到合适数值，此数值应由设计单位或供电部门提供。

六、订货须知

（1）主电路方案单线系统图。

（2）原理图或原理接线图。

（3）每柜所装电器设备的详细规格及数量，并填写订货规范书。

（4）开关柜的排列及组合图。

智能低压无功自动补偿装置是一种集配电变压器（箱式变压器）电气参数测量、记录、无功自动补偿、通信和RTU（三遥）功能于一体的多功能综合装置。它适用于城市电网、农村电网、工矿企业、生活小区、学校、乡镇企业和油田等需要无功补偿的低电压用户，可安装在户外柱上变压器侧，无人值守的配电室和箱式变电站等地方。该装置具备通信功能，既可以实现当地自动控制，也可以通过有线或无线联网实现区域优化控制。该装置安装方便，操作简单，性能优良，可靠性高，是配电网自动化的基本设备。

一、使用条件

(1) 海拔：≤2000m。

(2) 环境温度：－25～＋55℃。

(3) 相对湿度：温度为＋20℃时，相对湿度为90%（户内）；温度为＋25℃时，相对湿度短时可达100%（户外）。

(4) 安装场所：周围介质无爆炸及易燃危险，无足以损坏绝缘及腐蚀金属的气体，无导电尘埃。

(5) 安装场地：无剧烈振动及颠簸，安装倾斜度不大于5°。

(6) 电压波动范围不超过额定工作电压的±10%。

(7) 装置不适用于过大谐波的场所，如电压波动和谐波作用的结果，超过电容器额定电流的1.3倍。

二、型号规格和外形尺寸

型号规格和参数见表1。

表1　型号规格和参数

型号规格	额定电压/V	额定容量/kvar	输入电流/A
SVS (ZDW) -□-0.4-90-P	400	90	130
SVS (ZDW) -□-0.4-150-P	400	150	216
SVS (ZDW) -□-0.4-300-P	400	300	432
SVS (ZDW) -□-0.4-370-P	400	370	533
SVS (ZDW) -□-0.4-450-P	400	450	649
SVS (ZDW) -□-0.4-540-P	400	540	779

屏式装置外形尺寸见图1和表2。

表2　外形尺寸　单位：mm

H（高）	2200								
A（宽）	600			800			1000		
B（深）	600	800	1000	600	800	1000	600	800	1000

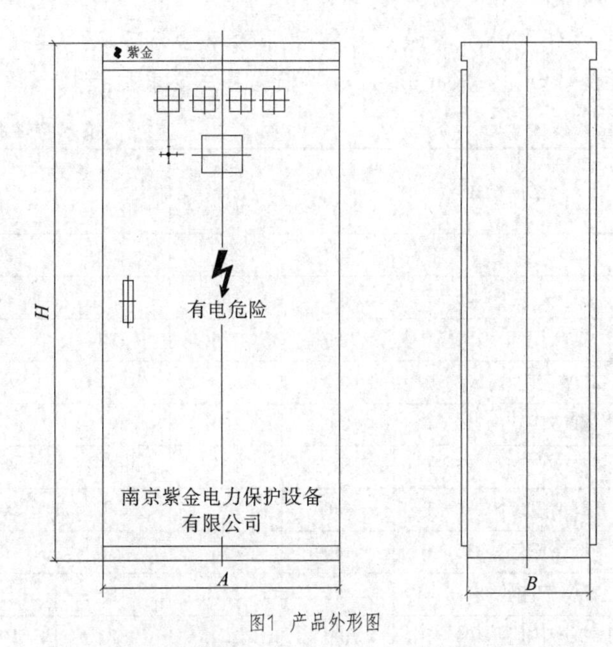

图1　产品外形图

三、产品特性

(1) 测量参数。测量变压器低压侧三相电压、三相电流、有功功率、无功功率、功率因数、频率、有功电量、无功电量。

(2) 无功补偿：

1) 根据电压和无功功率控制电容器自动投切，一般装有2～16组电容器（可选），单组容量为5～40kvar（可选），无投切振荡，不产生无功倒送。

2) 可选择提供的多种控制方案，如Y、△、Y＋△、2Y＋△。

3) 电容容量分配支持：1∶1∶1∶1、1∶2∶2∶2、1∶2∶3∶3、1∶2∶4∶4等编码方式，可组成多种不同方式投切运行，使无功补偿更趋于合理。

(3) 通信接口。根据用户要求，装置具有标准RS-232和RS-485接口功能，可通过通信接口与计算机相连，进行装置的测试，在线参数设置和装置内部所有记录数据的读取，以及远程通信。

(4) 智能复合开关。由可控硅和接触器组合投切，具有实现过零投切的功能，无电能损耗，涌流小，对电容和电网无冲击。

四、技术特性和规格参数（表3）

(1) 输入电压：～380±10%V。

(2) 额定频率：50Hz。

(3) 补偿容量：目前产品的单台容量为（单位：kvar）：30～930kvar（根据用户要求配置）。

(4) 补偿方式：①共补式；②分补式；③分补和共补结合式。

(5) 控制电容器组数：2～16组（根据用户要求亦可增加组数）。

(6) 测量精度：电压电流为0.5%；有功功率、无功功率、功率因数为1%；有功电量、无功电量为2%。

(7) 外壳防护等级（户内屏式）：IP40。

表3　技术特性和规格参数

型号规格	额定电压/V	额定容量/kvar	输入电流/A	外形尺寸/mm			数量	互感器配置	备注
				宽	深	高			
ZDW□□－90－P	400	90	130	800	1000	2200	1	3	落地屏式
ZDW□□－105－P	400	105	152	800	1000	2200	1	3	落地屏式
ZDW□□－126－P	400	126	182	800	1000	2200	1	3	落地屏式
ZDW□□－157.5－P	400	157.5	227	800	1000	2200	1	3	落地屏式
ZDW□□－210－P	400	210	303	800	1000	2200	1	3	落地屏式
ZDW□□－225－P	400	225	325	800	1000	2200	1	3	落地屏式
ZDW□□－270－P	400	270	390	1000	1000	2200	1	3	落地屏式
ZDW□□－315－P	400	315	455	1000	1000	2200	1	3	落地屏式
ZDW□□－337.5－P	400	337.5	487	800	1000	2200	2	3	落地屏式
ZDW□□－400－P	400	400	577	1000	1000	2200	2	3	落地屏式
ZDW□□－450－P	400	450	649	1000	1000	2200	2	3	落地屏式
ZDW□□－540－P	400	540	779	1000	1000	2200	2	3	落地屏式
ZDW□□－600－P	400	600	866	1000	1000	2200	2	3	落地屏式
ZDW□□－660－P	400	660	952	1000	1000	2200	3	3	落地屏式
ZDW□□－800－P	400	800	1154	1000	1000	2200	3	3	落地屏式
ZDW□□－900－P	400	900	1299	1000	1000	2200	3	3	落地屏式

五、无功自动补偿装置的容量选用

补偿装置的容量以kvar（千乏）计，补偿量由补偿前后的阻抗角的正切之差乘以总用电量决定，即补偿容量

$$Q_C = P(\tan\phi_1 - \tan\phi_2)$$

$$= P\left(\sqrt{\frac{1}{\cos^2\phi_1} - 1} - \sqrt{\frac{1}{\cos^2\phi_2} - 1}\right)(\text{kvar})$$

式中　P——电源向负荷供给的有功功率，kW；

ϕ_1——并联电容之前负荷的阻抗角；

$\cos\phi_1$——补偿前的功率因数；

ϕ_2——并联电容之后负荷的阻抗角；

$\cos\phi_2$——需要提高到的功率因数。

注：图2-5-3-133～图2-5-3-137资料由南京紫金电力保护设备有限公司提供。

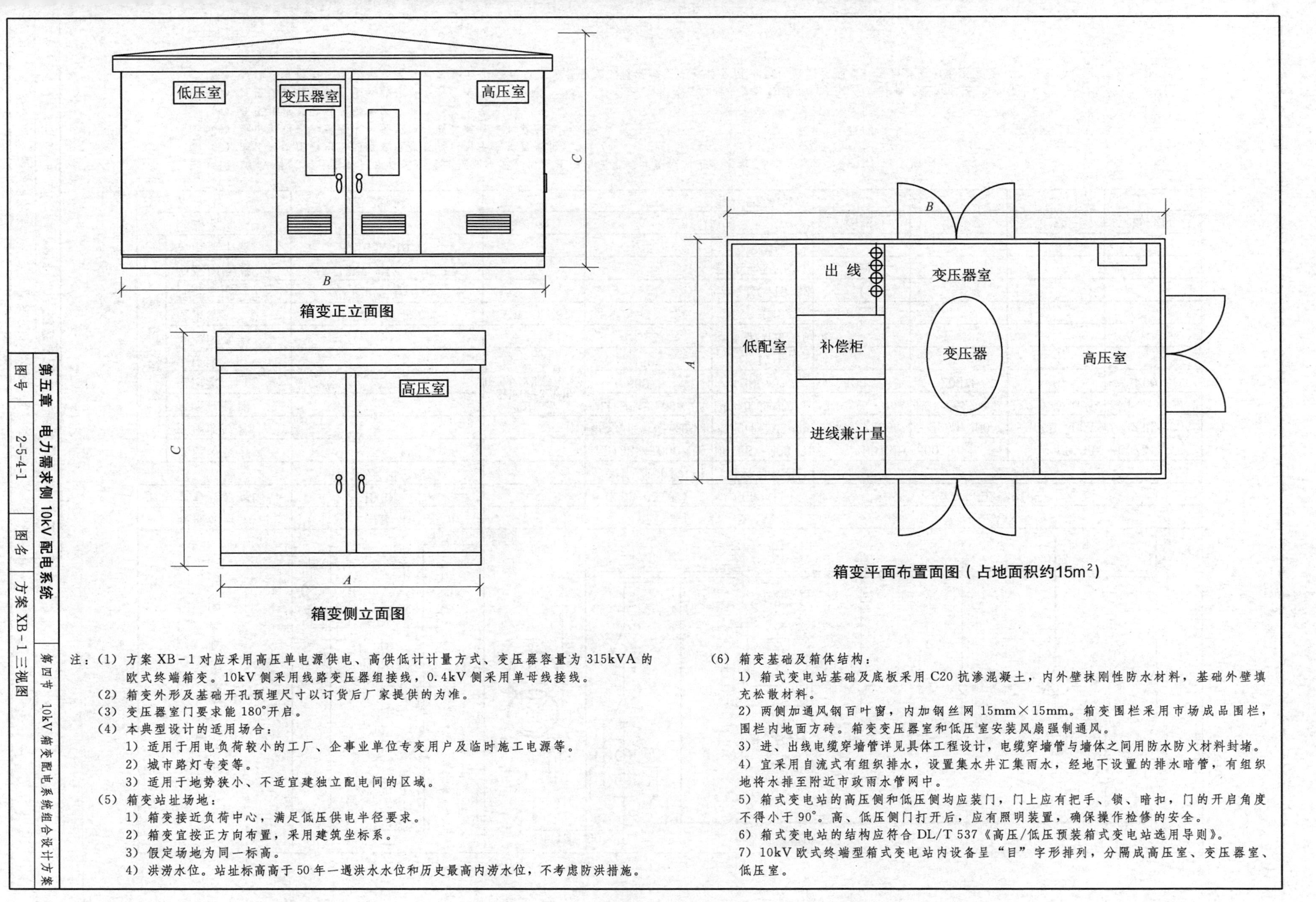

注：(1) 方案 XB-1 对应采用高压单电源供电、高供低计计量方式、变压器容量为 315kVA 的欧式终端箱变。10kV 侧采用线路变压器组接线，0.4kV 侧采用单母线接线。

(2) 箱变外形及基础开孔预埋尺寸以订货后厂家提供的为准。

(3) 变压器室门要求能 180°开启。

(4) 本典型设计的适用场合：

1) 适用于用电负荷较小的工厂、企事业单位专变用户及临时施工电源等。

2) 城市路灯专变等。

3) 适用于地势狭小、不适宜建独立配电间的区域。

(5) 箱变站址场地：

1) 箱变接近负荷中心，满足低压供电半径要求。

2) 箱变宜按正方向布置，采用建筑坐标系。

3) 假定场地为同一标高。

4) 洪涝水位。站址标高高于 50 年一遇洪水水位和历史最高内涝水位，不考虑防洪措施。

(6) 箱变基础及箱体结构：

1) 箱式变电站基础及底板采用 C20 抗渗混凝土，内外壁抹刚性防水材料，基础外壁填充松散材料。

2) 两侧加通风钢百叶窗，内加钢丝网 15mm×15mm。箱变围栏采用市场成品围栏，围栏内地面方砖。箱变变压器室和低压室安装风扇强制通风。

3) 进、出线电缆穿墙管详见具体工程设计，电缆穿墙管与墙体之间用防水防火材料封堵。

4) 宜采用自流式有组织排水，设置集水井汇集雨水，经地下设置的排水暗管，有组织地将水排至附近市政雨水管网中。

5) 箱式变电站的高压侧和低压侧均应装门，门上应有把手、锁、暗扣，门的开启角度不得小于 90°。高、低压侧门打开后，应有照明装置，确保操作检修的安全。

6) 箱式变电站的结构应符合 DL/T 537《高压/低压预装箱式变电站选用导则》。

7) 10kV 欧式终端型箱式变电站内设备呈“目”字形排列，分隔成高压室、变压器室、低压室。

第五章　电力需求侧 10kV 配电系统		第四节　10kV 箱变配电系统组合设计方案	
图号	2-5-4-1	图名	方案 XB-1 三视图

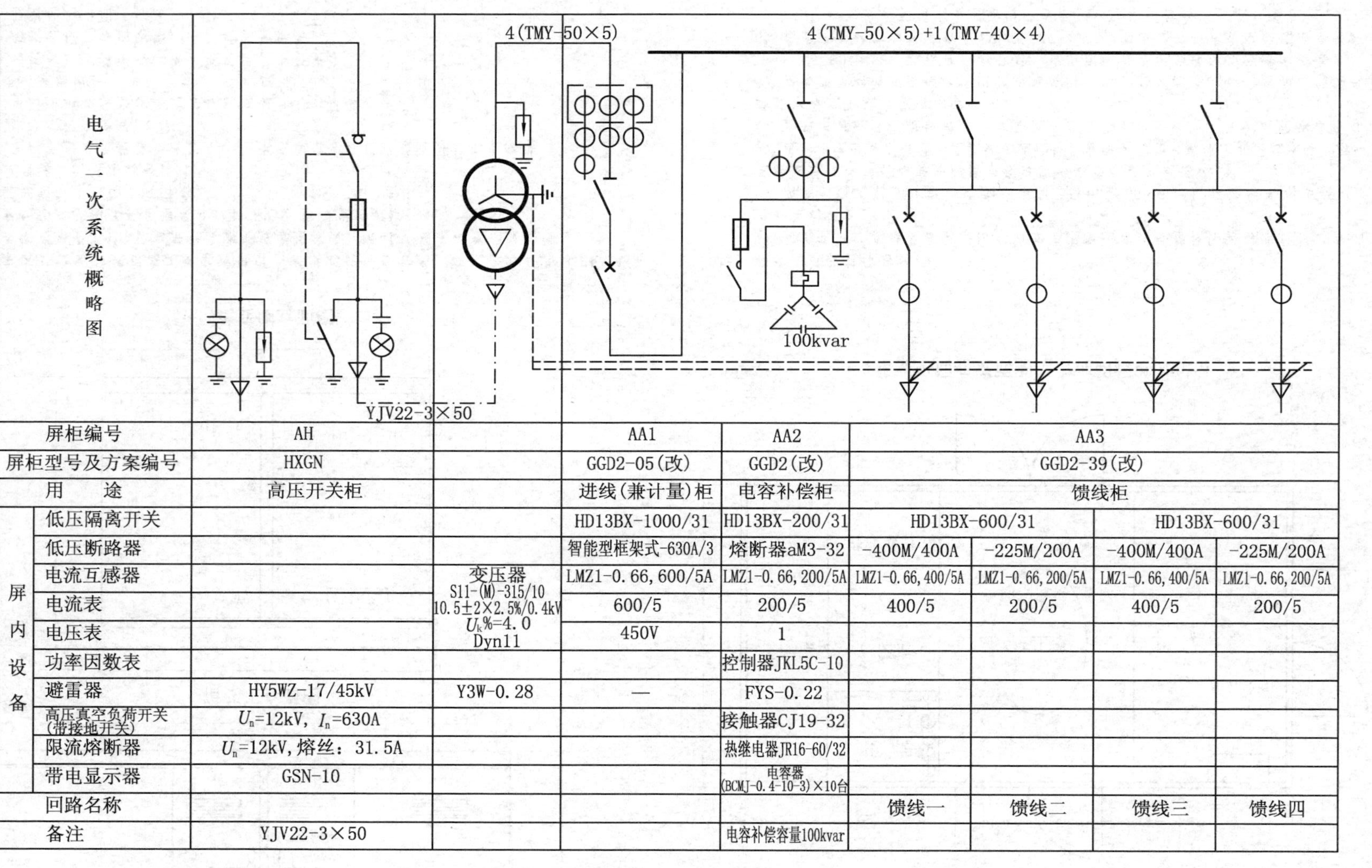

屏柜编号		AH		AA1	AA2	AA3			
屏柜型号及方案编号		HXGN		GGD2-05(改)	GGD2(改)	GGD2-39(改)			
用途		高压开关柜		进线(兼计量)柜	电容补偿柜	馈线柜			
屏内设备	低压隔离开关		变压器 S11-(M)-315/10 10.5±2×2.5%/0.4kV U_k%=4.0 Dyn11	HD13BX-1000/31	HD13BX-200/31	HD13BX-600/31		HD13BX-600/31	
	低压断路器			智能型框架式-630A/3	熔断器aM3-32	-400M/400A	-225M/200A	-400M/400A	-225M/200A
	电流互感器			LMZ1-0.66,600/5A	LMZ1-0.66,200/5A	LMZ1-0.66,400/5A	LMZ1-0.66,200/5A	LMZ1-0.66,400/5A	LMZ1-0.66,200/5A
	电流表			600/5	200/5	400/5	200/5	400/5	200/5
	电压表			450V	1				
	功率因数表				控制器JKL5C-10				
	避雷器	HY5WZ-17/45kV	Y3W-0.28	—	FYS-0.22				
	高压真空负荷开关(带接地开关)	U_n=12kV, I_n=630A			接触器CJ19-32				
	限流熔断器	U_n=12kV,熔丝:31.5A			热继电器JR16-60/32				
	带电显示器	GSN-10			电容器(BCMJ-0.4-10-3)×10台				
回路名称						馈线一	馈线二	馈线三	馈线四
备注		YJV22-3×50			电容补偿容量100kvar				

注:(1) 10kV开关柜选用环网柜,变压器选用油浸式,低压柜采用固定式开关柜的组合方案。

(2) 高压侧变压器出线回路装设熔断器,用于变压器保护。

(3) 低压侧短路和过载保护利用空气断路器自身具有的保护特性来实现。

(4) 高压柜应有"五防"功能,配带电显示装置

(5) 低压综合计量屏上安装总计量专用TA、空气开关、多功能计量表、用电信息采集管理终端等,其他分类计量设置在低压出线屏上。

(6) 0.4kV电容器容量按每台变压器容量的30%配置,可根据实际情况按变压器容量的20%~40%作调整;采用静态自动补偿方式,按三相、单相混合补偿方式配置配变综合测控装置。

第五章 电力需求侧10kV配电系统		第四节 10kV箱变配电系统组合设计方案	
图号	2-5-4-2	图名	方案XB-1一次系统概略图

主要设备及材料清册

序号	设备名称	型号及规格	单位	数量	备注
一	10kV 电缆搭火模块部分	M-1-1-1			10kV 倒挂线引下经熔断器，敷设电缆进 10kV 高压开关柜（估列敷设电缆 200m）
1	预应力锥形水泥杆	ϕ190mm×15m	根	1	单重：1604kg
2	高压单回倒挂横担	DGD11-2200mm	套	3	单重：24.27kg
3	高压熔断器	U_N=12kV；熔丝 I_N=100A	组	1	
4	氧化锌避雷器	HY5W-17/45kV	组	1	
5	针式绝缘子	P-20M	套	9	含螺栓及套筒
6	10kV 电力电缆	YJV22-8.7/15-3×70	m	200	户内外电缆头各1套
7	电缆沟	700mm×500mm×700mm	m	95	
8	电缆埋管	500mm×300mm×900mm	m	95	
二	10kV 配电装置模块部分	M-2-1-2			高压负荷开关带熔断器，线路变压器组接线；短路电流水平 20kA
1	10kV 高压开关柜	HXGN 型	面	1	
2	10kV 电力电缆	YJV22-8.7/15-3×70	m	10	
3	基础槽钢	[10	m	16	热镀锌
4	接地扁钢	—50mm×5mm	m	50	热镀锌
5	接地角钢	∟ 50mm×5mm×2500mm	根	4	热镀锌
6	箱体		个	1	
三	主变压器模块部分	M-3-1			
1	变压器	S11-（M）-315/10，10.5±2×2.5%/0.4 kV，Dyn11，U_k%=4	台	1	
2	铜排	4（TMY-50×5）	m	7	
3	低压避雷器	YH1.5W-0.28/1.3kV	只	3	

续表

序号	设备名称	型号及规格	单位	数量	备注
四	0.4kV 配电装置模块部分	M-4-1-1			单母线接线
1	低压总进线开关柜	GGD2 型	面	1	低压成套开关柜
2	低压电容补偿柜	GGD2 型	面	1	
3	低压出线柜	GGD2 型	面	1	
五	低压计量装置模块部分	M-6-4			
1	低压计量装置	含计量表计、用电信息采集管理终端等	套	1	高供低计，采用购电制方式

注：（1）为加强配电网设备设施的标识管理，防止误操作、误入带电间隔，按要求设置标识标牌。箱式变电站站用电、照明系统电源来自配变自身低压侧 220V 交流电源。

（2）10kV 配电装置选用负荷开关带熔断器，负荷开关采用手动操作，不另设操作电源。

（3）计量回路采用三相四线计量方式，选用电子式多功能电能表；计量装置安装在开关柜专用计量仪表室内，计量柜或互感器柜的设置根据一次主接线进行选择；计量二次回路不得接入与计量无关的设备；计量电流回路采用 4mm² 单芯硬铜芯电线（缆），电压回路采用 2.5mm² 单芯硬铜芯电线（缆）并按 A 黄、B 绿、C 红、N 黑分色。

（4）接地：设水平接地和垂直接地的复合接地网，接地网的截面和材料应考虑热稳定和腐蚀要求，水平接地体一般由—50mm×5mm 的热镀锌扁钢组成，垂直接地体一般由∟ 50mm×5mm×2500mm 的热镀锌角钢组成。接地电阻、跨步电压和接触电势应满足有关规程要求。箱变的接地网环绕箱变布置，接地网接地电阻应符合 DL/T 621《交流电气装置的接地》的规定，要求接地电阻不大于 4Ω，设备外壳、电缆外皮、变压器中性点等全部接地。

（5）10kV 箱式变电站过电压保护采用进出线负荷开关间隔安装氧化锌避雷器的方式。氧化锌避雷器的选择按照 GB 11032《交流无间隙金属氧化物避雷器》及DL/T 804《交流无间隙金属氧化物氧化锌避雷器的使用导则》中的规定进行选择。

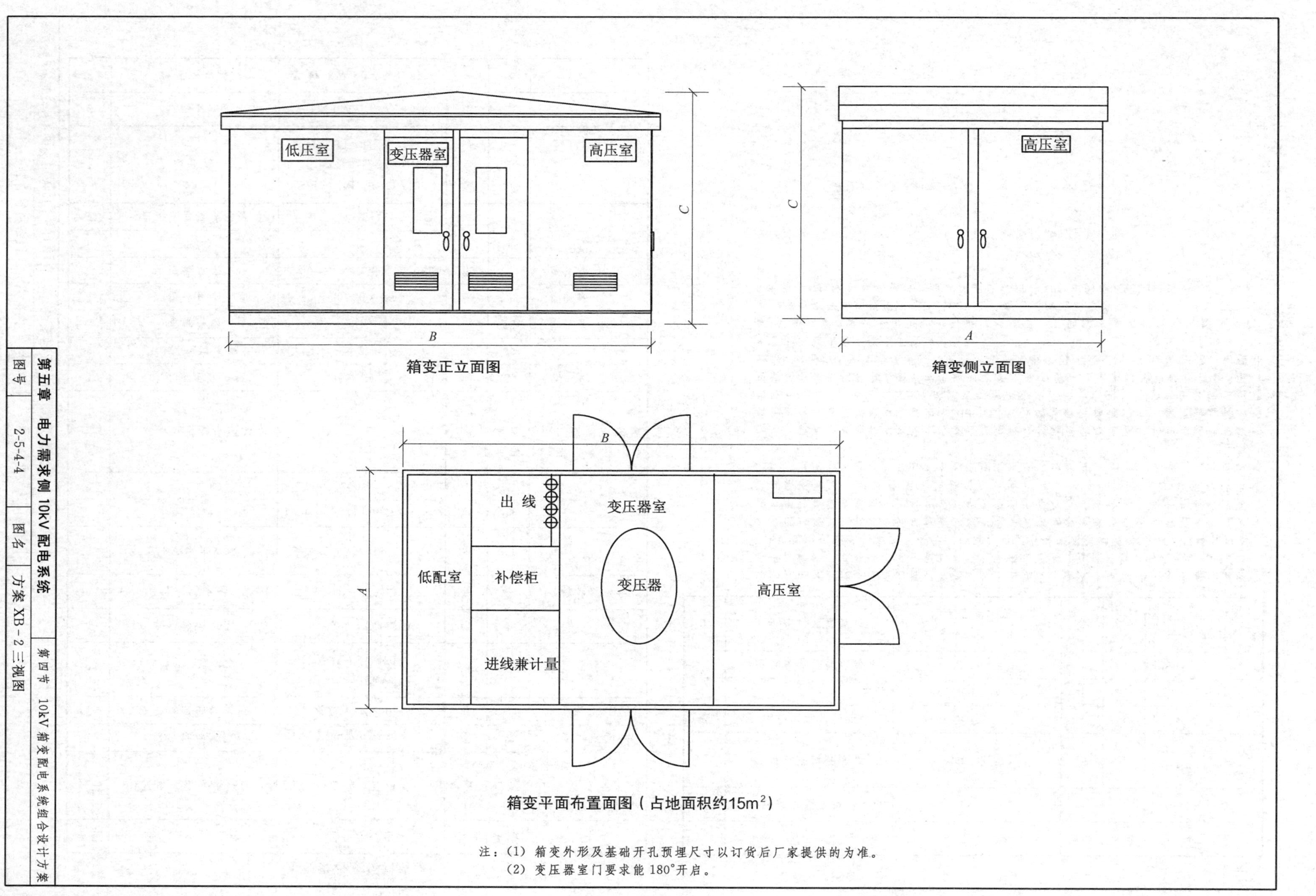

第五章　电力需求侧 10kV 配电系统				第四节　10kV 箱变配电系统组合设计方案
图号	2-5-4-4	图名	方案 XB－2 三视图	

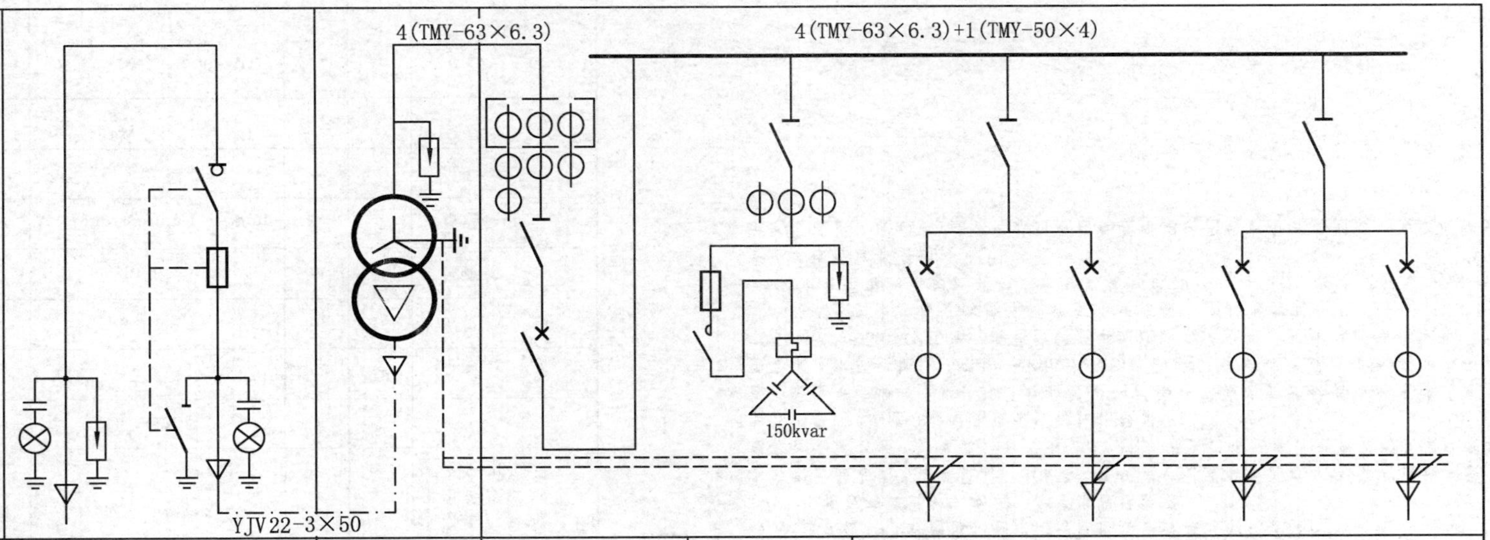

电气一次系统概略图

屏柜编号		AH		AA1	AA2	AA3			
屏柜型号及方案编号		HXGN		GGD2-05(改)	GGD2(改)	GGD2-39(改)			
用途		高压开关柜		进线(兼计量)柜	电容补偿柜	馈线柜			
屏内设备	低压隔离开关			HD13BX-1000/31	HD13BX-400/31	HD13BX-1000/31		HD13BX-600/31	
	低压断路器			智能型框架式-1000A/3	熔断器aM3-32	-400M/400A	-400M/400A	-225M/225A	-225M/225A
	电流互感器		变压器 S11-(M)-500/10 10.5±2×2.5%/0.4kV U_k%=4.0 Dyn11	LMZ1-0.66,1000/5A	LMZ1-0.66,300/5A	LMZ1-0.66,400/5A	LMZ1-0.66,400/5A	LMZ1-0.66,250/5A	LMZ1-0.66,250/5A
	电流表			1000/5	300/5	400/5	400/5	250/5	250/5
	电压表			450V	1				
	功率因数表				控制器JKL5C-10				
	避雷器	HY5WZ-17/45kV	Y3W-0.28	—	FYS-0.22				
	高压真空负荷开关(带接地开关)	U_n=12kV，I_n=630A			接触器CJ19-32				
	限流熔断器	U_n=12kV,熔丝：50A			热继电器JR16-60/32				
	带电显示器	GSN-10			电容器(BCMJ-0.4-15-3)×10台				
回路名称						馈线一	馈线二	馈线三	馈线四
备注		YJV22-3×50			电容补偿容量150kvar				

主要设备及材料清册

序号	设备名称	型号及规格	单位	数量	备注
一	10kV 电缆搭火模块部分	M－1－1－1			
1	预应力锥形水泥杆	ϕ190mm×15m	根	1	单重：1604kg
2	高压单回倒挂横担	DGD11－2200mm	套	3	单重：24.27kg
3	高压熔断器	U_N=12kV；熔丝 I_N=100A	组	1	
4	氧化锌避雷器	HY5W－17/45kV	组	1	
5	针式绝缘子	P－20M	套	9	含螺栓及套筒
6	10kV 电力电缆	YJV22－8.7/15－3×70	m	200	户内外电缆头各1套
7	电缆沟	700mm×500mm×700mm	m	95	
8	电缆埋管	500mm×300mm×900mm	m	95	
二	10kV 配电装置模块部分	M－2－1－2			高压负荷开关带熔断器，线路变压器组接线；短路电流水平 20kA
1	10kV 高压开关柜	HXGN 型	面	1	
2	10kV 电力电缆	YJV22－8.7/15－3×70	m	10	
3	基础槽钢	[10	m	16	热镀锌
4	接地扁钢	—50mm×5mm	m	50	热镀锌
5	接地角钢	∟50mm×5mm×2500mm	根	4	热镀锌
6	箱体		个	1	
三	主变压器模块部分	M－3－1			
1	变压器	S11－(M)－500/10，10.5±2×2.5%/0.4 kV，Dyn11，U_k%=4	台	1	
2	铜排	4（TMY－63×6.3）	m	7	

续表

序号	设备名称	型号及规格	单位	数量	备注
3	低压避雷器	YH1.5W－0.28/1.3kV	只	3	
四	0.4kV 配电装置模块部分	M－4－1－1			单母线接线
1	低压总进线开关柜	GGD2 型	面	1	
2	低压电容补偿柜	GGD2 型	面	1	
3	低压出线柜	GGD2 型	面	1	
五	低压计量装置模块部分	M－6－4			高供低计，采用购电制方式
1	低压计量装置	含计量表计、用电信息采集管理终端等	套	1	

注：(1) 为加强配电网设备设施的标识管理，防止误操作、误入带电间隔，按要求设置标识标牌。

(2) 保护配置原则如下：

1) 高压侧变压器出线回路装设熔断器，用于变压器保护。

2) 低压侧短路和过载保护利用空气断路器自身具有的保护特性来实现。

3) 高压柜应有"五防"功能，配带电显示装置。

(3) 本方案计量方式为高供低计，10kV 侧不设电能计量装置，在 0.4kV 总进线侧设低压综合计量屏（屏上安装总计量专用 TA、空气开关、多功能计量表、用电信息采集管理终端等），其他分类计量设置在低压出线屏上。

(4) 接地是水平接地和垂直接地的复合接地网，接地网的截面和材料应考虑热稳定和腐蚀要求，水平接地体一般由—50mm×5mm 的热镀锌扁钢组成，垂直接地体一般由∟50mm×5mm×2500mm的热镀锌角钢组成。接地电阻、跨步电压和接触电势应满足有关规程要求。箱变的接地网环绕箱变布置，接地网接地电阻应符合 DL/T 621《交流电气装置的接地》的规定，要求接地电阻不大于 4Ω，设备外壳、电缆外皮、变压器中性点等全部接地。

(5) 过电压保护。10kV 箱式变电站过电压保护采用进出线负荷开关间隔安装氧化锌避雷器的方式。

第五章　电力需求侧 10kV 配电系统		第四节　10kV 箱变配电系统组合设计方案	
图号	2-5-4-6	图名	方案 XB－2 设备材料清册

一、特点

(1) 方案 XB-2 对应采用高压单电源供电、高供低计计量方式、变压器容量为 500kVA 的欧式终端箱变。

(2) 方案 XB-2 中，采用 10kV 采用线路变压器组接线，0.4kV 采用单母线接线。10kV 开关柜选用环网柜，变压器选用油浸式，低压柜采用固定式开关柜的组合方案。

二、本典型设计的适用场合

(1) 适用于用电负荷较小的工厂、企事业单位专变用户及临时施工电源等。

(2) 城市路灯专变等。

(3) 适用于地势狭小、不适宜建独立配电间的区域。

三、典型组合设计节能分析

(1) 10kV 配电装置选用负荷开关带熔断器，负荷开关采用手动操作，不另设操作电源。

(2) 变压器采用 S11-(M) 节能环保型油浸式变压器，降低损耗、噪声。

(3) 低压电力电容器采用自愈式、免维护、无污染、环保型，无功补偿电容器柜采用静态无功自动补偿形式，保证用户电压质量，降低电能损耗。

(4) 箱变占地少，施工、运行、维护方便。

四、箱变站址场地

(1) 箱变接近负荷中心，满足低压供电半径要求。

(2) 箱变宜按正方向布置，采用建筑坐标系。

(3) 假定场地为同一标高。

(4) 洪涝水位：站址标高高于 50 年一遇洪水水位和历史最高内涝水位，不考虑防洪措施。

五、箱变外观及基础

(1) 箱体外观：箱体造型和立面色调要与周边文地理环境协调统一；外观设计应简洁、稳重、实用。

(2) 箱式变电站基础及底板采用 C20 抗渗混凝土，内外壁抹刚性防水材料，基础外壁填充松散材料。

(3) 两侧加通风钢百叶窗，内加钢丝网 15mm×15mm。箱变围栏采用市场成品围栏，围栏内地面方砖。

(4) 进、出线电缆穿墙管详见具体工程设计，电缆穿墙管与墙体之间用防水防火材料封堵。

六、排水、通风及环保

(1) 排水。宜采用自流式有组织排水，设置集水井汇集雨水，经地下设置的排水暗管，有组织地将水排至附近市政雨水管网中。

(2) 通风。箱变变压器室和低压室安装风扇强制通风。

(3) 环保。箱体材料选用非金属环保材料，使噪声对周围环境的影响应符合 GB 3096《声环境质量标准》的规定和要求。

七、总电气平面布置和站用电

(1) 10kV 欧式终端型箱式变电站内设备呈“目”字形排列，分隔成高压室、变压器室、低压室。

(2) 箱式变电站站用电、照明系统电源来自配变自身低压侧 220V 交流电源。

八、箱变结构

箱式变电站的结构应符合 DL/T 537《高压/低压预装箱式变电站选用导则》。

箱式变电站的高压侧和低压侧均应装门，门上应有把手、锁、暗扣，门的开启角度不得小于 90°。高、低压侧门打开后，应有照明装置，确保操作检修的安全。

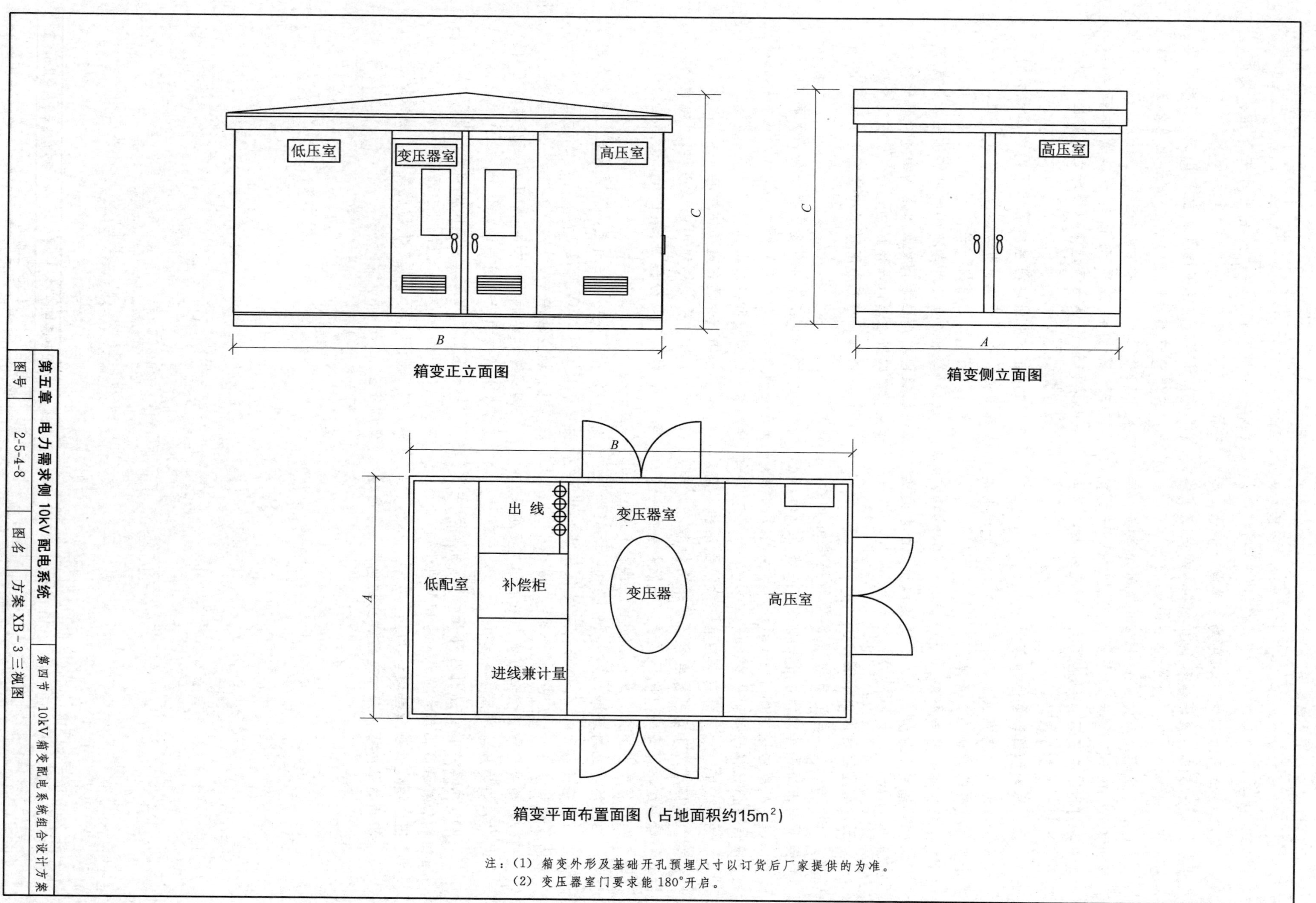

第五章　电力需求侧10kV配电系统				第四节　10kV箱变配电系统组合设计方案
图号	2-5-4-8	图名	方案XB-3三视图	

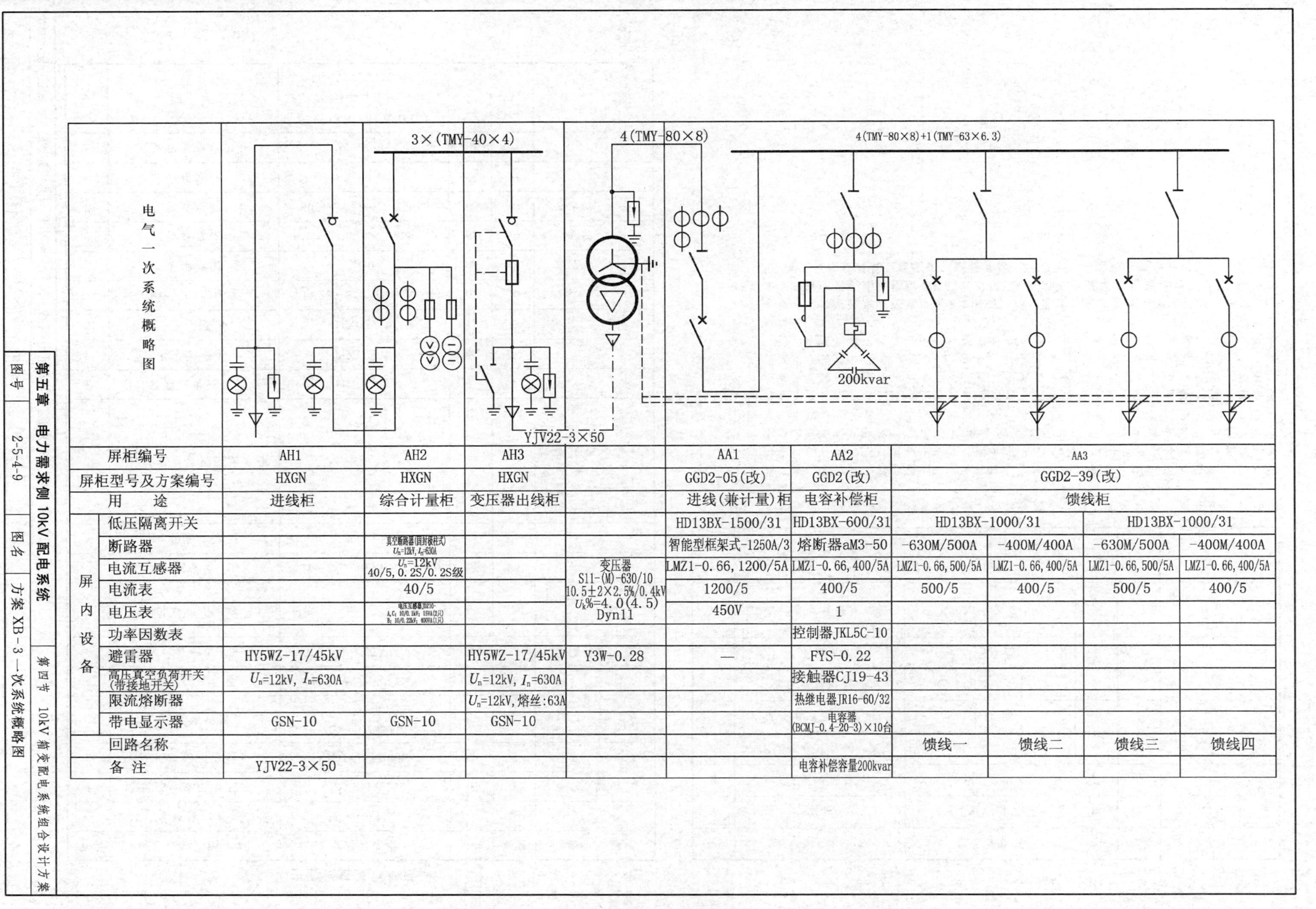

屏柜编号		AH1	AH2	AH3		AA1	AA2	AA3			
屏柜型号及方案编号		HXGN	HXGN	HXGN		GGD2-05(改)	GGD2(改)	GGD2-39(改)			
用途		进线柜	综合计量柜	变压器出线柜		进线(兼计量)柜	电容补偿柜	馈线柜			
屏内设备	低压隔离开关					HD13BX-1500/31	HD13BX-600/31	HD13BX-1000/31		HD13BX-1000/31	
	断路器		真空断路器(固封极柱式) U_n=12kV, I_n=630A		变压器 S11-(M)-630/10 10.5±2×2.5%/0.4kV U_k%=4.0(4.5) Dyn11	智能型框架式-1250A/3	熔断器aM3-50	-630M/500A	-400M/400A	-630M/500A	-400M/400A
	电流互感器		U_n=12kV 40/5, 0.2S/0.2S级			LMZ1-0.66, 1200/5A	LMZ1-0.66, 400/5A	LMZ1-0.66, 500/5A	LMZ1-0.66, 400/5A	LMZ1-0.66, 500/5A	LMZ1-0.66, 400/5A
	电流表		40/5			1200/5	400/5	500/5	400/5	500/5	400/5
	电压表		电压互感器JDZ10- A, C: 10/0.1kV; 15VA(2只) B: 10/0.22kV; 400VA(1只)			450V	1				
	功率因数表						控制器JKL5C-10				
	避雷器	HY5WZ-17/45kV		HY5WZ-17/45kV	Y3W-0.28	—	FYS-0.22				
	高压真空负荷开关(带接地开关)	U_n=12kV, I_n=630A		U_n=12kV, I_n=630A			接触器CJ19-43				
	限流熔断器			U_n=12kV, 熔丝:63A			热继电器JR16-60/32				
	带电显示器	GSN-10	GSN-10	GSN-10			电容器(BCMJ-0.4-20-3)×10台				
回路名称								馈线一	馈线二	馈线三	馈线四
备注		YJV22-3×50					电容补偿容量200kvar				

第五章　电力需求侧 10kV 配电系统		第四节　10kV 箱变配电系统组合设计方案	
图号	2-5-4-9	图名	方案 XB-3 一次系统概略图

主要设备及材料清册

序号	设备名称	型号及规格	单位	数量	备注
一	10kV电缆接入模块部分	M-1-1-2			
1	预应力锥形水泥杆	ϕ190mm×15m	根	1	单重：1604kg
2	高压单回倒挂横担	DGD11-2200mm	套	3	单重：24.27kg
3	高压熔断器	U_N=12kV，I_N=100A	组	1	
4	氧化锌避雷器	HY5W-17/45kV	组	1	
5	针式绝缘子	P-20M	套	9	含螺栓及套筒
6	10kV电力电缆	YJV22-8.7/15-3×70	m	200	户内外电缆头各1套
7	电缆沟	700mm×500mm×700mm	m	95	
8	电缆埋管	500mm×300mm×900mm	m	95	
二	10kV配电装置模块部分	M-2-1-3			高压侧设负荷开关，变压器带熔断器保护，线路变压器组接线；短路电流水平20kA
1	10kV高压进线开关柜	HXGN型	面	1	
2	综合计量柜	HXGN型	面	1	
3	出线开关柜	HXGN型	面	1	
4	10kV电力电缆	YJV22-8.7/15-3×70	m	10	
5	基础槽钢	[10	m	16	热镀锌
6	接地扁钢	—50mm×5mm	m	50	热镀锌
7	接地角钢	∟50mm×5mm×2500mm	根	4	热镀锌
8	箱体		个	1	
三	主变压器模块部分	M-3-1			
1	变压器	S11-（M）-500/10，10.5±2×2.5%/0.4 kV，Dyn11，U_k%=4	台	1	

续表

序号	设备名称	型号及规格	单位	数量	备注
2	铜排	4（TMY-80×8）	m	7	
3	低压避雷器	YH1.5W-0.28/1.3kV	只	3	
四	0.4kV配电装置模块部分	M-4-1-1			单母线接线
1	低压总进线开关柜	GGD2型	面	1	
2	低压电容补偿柜	GGD2型	面	1	
3	低压出线柜	GGD2型	面	1	
五	高压计量装置模块部分	M-6-2			高供高计，采用购电制方式
1	高压计量装置	含计量表计、用电信息采集管理终端等	套	1	

注：(1) 为加强配电网设备设施的标识管理，防止误操作、误入带电间隔，按要求设置标识标牌。

(2) 本方案计量方式为高供高计，10kV侧设专用电能计量柜，0.4kV侧不设低压计量装置。高压侧专用计量柜上安装计量专用TA、TV、真空开关、多功能计量表、用电信息采集管理终端等。0.4kV侧可根据工程实际情况选择相应低压计量装置模块，实现分类计量。

(3) 计量回路采用三相三线计量方式，选用电子式多功能电能表；计量装置安装在开关柜专用计量仪表室内，计量柜或互感器柜的设置根据一次主接线进行选择；计量二次回路不得接入与计量无关的设备；计量电流回路采用4mm^{2}单芯硬铜芯电线（缆），电压回路采用2.5mm^{2}单芯硬铜芯电线（缆）并按A黄、B绿、C红、N黑分色。

(4) 电能计量装置选用及配置应满足DL/T 448《电能计量装置技术管理规程》规定。

(5) 氧化锌避雷器的选择按照GB 11032《交流无间隙金属氧化物避雷器》及DL/T 804《交流无间隙金属氧化物氧化锌避雷器的使用导则》中的规定进行选择。

一、特点

(1) 方案XB-3对应采用高压单电源供电、高供高计计量方式、变压器容量为630kVA的欧式终端箱变。

(2) 方案XB-3中，采用10kV采用线路变压器组接线，0.4kV采用单母线接线。10kV开关柜选用环网柜，变压器选用油浸式，低压柜采用固定式开关柜的组合方案。

二、本典型设计的适用场合

(1) 适用于用电负荷较小的工厂、企事业单位专变用户及临时施工电源等。

(2) 城市路灯专变等。

(3) 适用于地势狭小、不适宜建独立配电间的区域。

三、技术条件

10kV欧式终端型箱式变电站典型设计方案XB-3技术条件见下表。

10kV欧式终端型箱式变电站典型设计方案XB-3技术条件

序号	项目名称	内容
1	变压器	变压器选用节能环保型全封闭三相双绕组无载调压油浸式变压器，容量为1×630kVA
2	10kV进线回路数	10kV进线1回，采用电缆进线，10kV进线侧设专用计量柜
3	0.4kV出线回路数	0.4kV出线4回，采用电缆出线
4	电气主接线	10kV采用线路变压器组接线，0.4kV采用单母线接线
5	无功补偿	0.4kV电容器容量按每台变压器容量的30%配置，可根据实际情况按变压器容量的20%～40%作调整；采用静态自动补偿方式，按三相、单相混合补偿方式配置配变综合测控装置
6	短路电流	10kV短路电流20kA
7	主要设备选型	10kV配电装置选用负荷开关带熔断器，进线间隔配置1组氧化锌避雷器；变压器按节能型、低噪声原则选用；0.4kV低压开关柜选用固定式成套开关柜；进线总柜配置智能型、框架式断路器；出线柜开关采用塑壳断路器

四、绝缘配合及过电压保护

电气设备的绝缘配合，参照DL/T 620《交流电气装置的过电压保护和绝缘配合》确定的原则进行。

(1) 防雷：由于10kV箱式变电站一般都设在市区负荷密集区，周围有较高的建筑，可不单独考虑防雷设施。若设在较为空旷的区域，则要根据现场的实际情况考虑增加防雷设施。氧化锌避雷器按GB 11032《交流无间隙金属氧化物避雷器》中的规定进行选择。

(2) 接地：设水平接地和垂直接地的复合接地网，接地网的截面和材料应考虑热稳定和腐蚀要求，水平接地体一般由—50mm×5mm的热镀锌扁钢组成，垂直接地体一般由∟50mm×5mm×2500mm的热镀锌角钢组成。接地电阻、跨步电压和接触电势应满足有关规程要求。箱变的接地网环绕箱变布置，接地网接地电阻应符合DL/T 621《交流电气装置的接地》的规定，要求接地电阻不大于4Ω，设备外壳、电缆外皮、变压器中性点等全部接地。

(3) 过电压保护：10kV箱式变电站过电压保护采用进出线负荷开关间隔安装氧化锌避雷器的方式。氧化锌避雷器的选择按照GB 1032《交流无间隙金属氧化物避雷器》及DL/T 804《交流电力系统金属氧化物氧化锌避雷器使用导则》中的规定进行选择。电气装置过电压保护应满足DL/T 620《交流电气装置的过电压保护和绝缘配合》要求。

五、总电气平面布置

10kV欧式终端型箱式变电站内设备呈“目”字形排列，分隔成高压室、变压器室、低压室。

六、站用电及照明

箱式变电站站用电、照明系统电源来自配变自身低压侧220V交流电源。

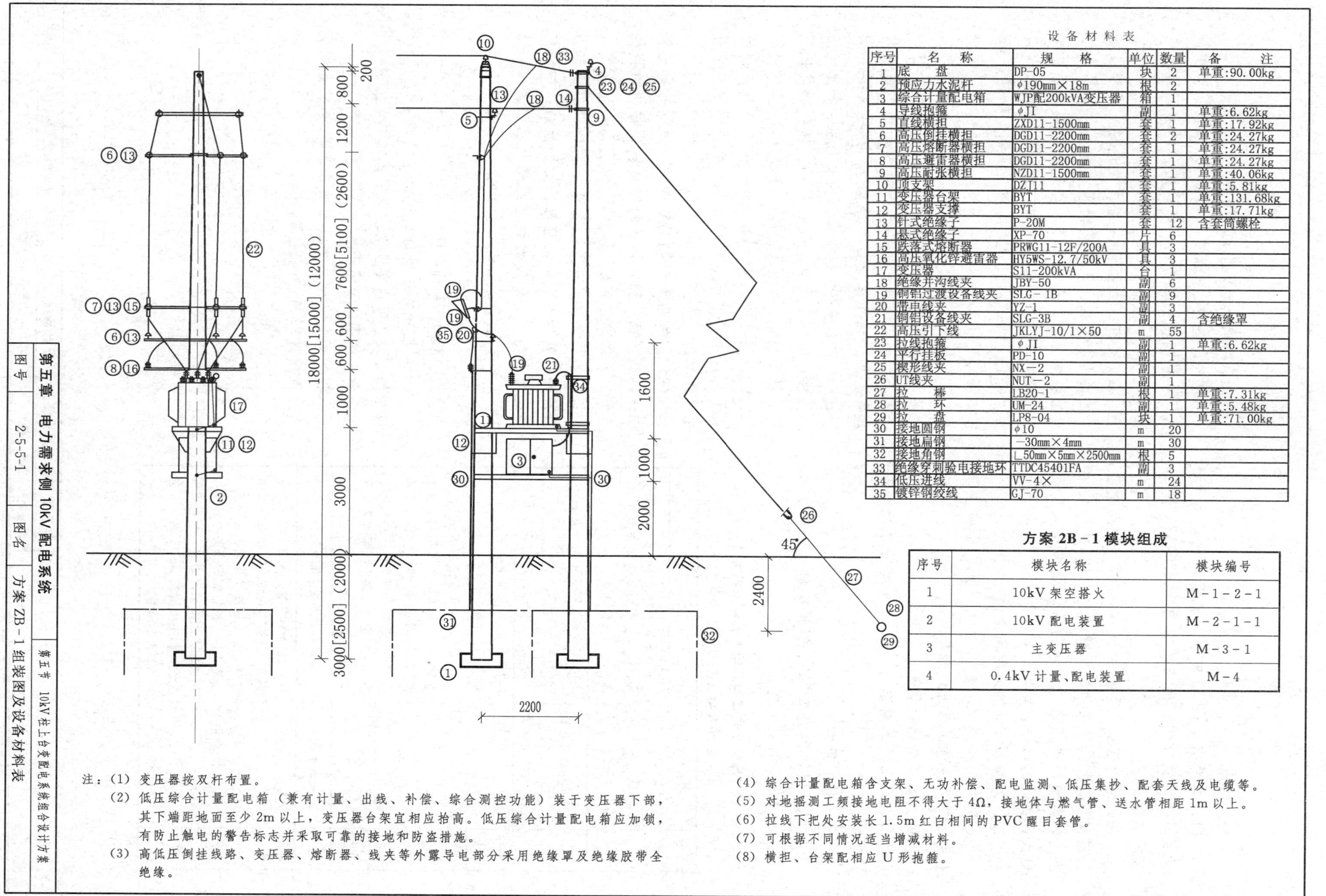

设备材料表

序号	名　称	规　格	单位	数量	备　注
1	底　盘	DP-05	块	2	单重:90.00kg
2	预应力水泥杆	φ190mm×18m	根	2	
3	综合计量配电箱	WJP配200kVA变压器	箱	1	
4	导线抱箍	φJI	副	1	单重:6.62kg
5	直线横担	ZXD11-1500mm	套	1	单重:17.92kg
6	高压倒挂横担	DGD11-2200mm	套	2	单重:24.27kg
7	高压熔断器横担	DGD11-2200mm	套	1	单重:24.27kg
8	高压避雷器横担	DGD11-2200mm	套	1	单重:24.27kg
9	高压耐张横担	NZD11-1500mm	套	1	单重:40.06kg
10	顶支架	DZJ11	套	1	单重:5.81kg
11	变压器台架	BYT	套	1	单重:131.68kg
12	变压器支撑	BYT	套	1	单重:17.71kg
13	针式绝缘子	P-20M	套	12	含套筒螺栓
14	悬式绝缘子	XP-70	片	6	
15	跌落式熔断器	PRWG11-12F/200A	具	3	
16	高压氧化锌避雷器	HY5WS-12.7/50kV	具	3	
17	变压器	S11-200kVA	台	1	
18	绝缘并沟线夹	JBY-50	副	6	
19	铜铝过渡设备线夹	SLG-1B	副	9	
20	带电线夹	YZ-1	副	3	
21	铜铝设备线夹	SLG-3B	副	4	含绝缘罩
22	高压引下线	JKLYJ-10/1×50	m	55	
23	拉线抱箍	φJI	副	1	单重:6.62kg
24	平行挂板	PD-10	副	1	
25	楔形线夹	NX－2	副	1	
26	UT线夹	NUT－2	副	1	
27	拉　棒	LB20-1	根	1	单重:7.31kg
28	拉　环	UM-24	副	1	单重:5.48kg
29	拉　盘	LP8-04	块	1	单重:71.00kg
30	接地圆钢	φ10	m	20	
31	接地扁钢	－30mm×4mm	m	30	
32	接地角钢	∟50mm×5mm×2500mm	根	5	
33	绝缘穿刺验电接地环	TTDC45401FA	副	3	
34	低压进线	VV-4×	m	24	
35	镀锌钢绞线	GJ-70	m	18	

方案 2B－1 模块组成

序号	模块名称	模块编号
1	10kV 架空搭火	M－1－2－1
2	10kV 配电装置	M－2－1－1
3	主变压器	M－3－1
4	0.4kV 计量、配电装置	M－4

注：(1) 变压器按双杆布置。

(2) 低压综合计量配电箱（兼有计量、出线、补偿、综合测控功能）装于变压器下部，其下端距地面至少 2m 以上，变压器台架宜相应抬高。低压综合计量配电箱应加锁，有防止触电的警告标志并采取可靠的接地和防盗措施。

(3) 高低压倒挂线路、变压器、熔断器、线夹等外露导电部分采用绝缘罩及绝缘胶带全绝缘。

(4) 综合计量配电箱含支架、无功补偿、配电监测、低压集抄、配套天线及电缆等。

(5) 对地摇测工频接地电阻不得大于 4Ω，接地体与燃气管、送水管相距 1m 以上。

(6) 拉线下把处安装长 1.5m 红白相间的 PVC 醒目套管。

(7) 可根据不同情况适当增减材料。

(8) 横担、台架配相应 U 形抱箍。

第五章　电力需求侧 10kV 配电系统		第五节　10kV 柱上台变配电系统组合设计方案	
图号	2-5-5-1	图名	方案 ZB－1 组装图及设备材料表

变压器容量	额定电流	总开关电流	TA变比	出线开关电流
200kVA	289A	-400H/400A	300/5	-400M/350A

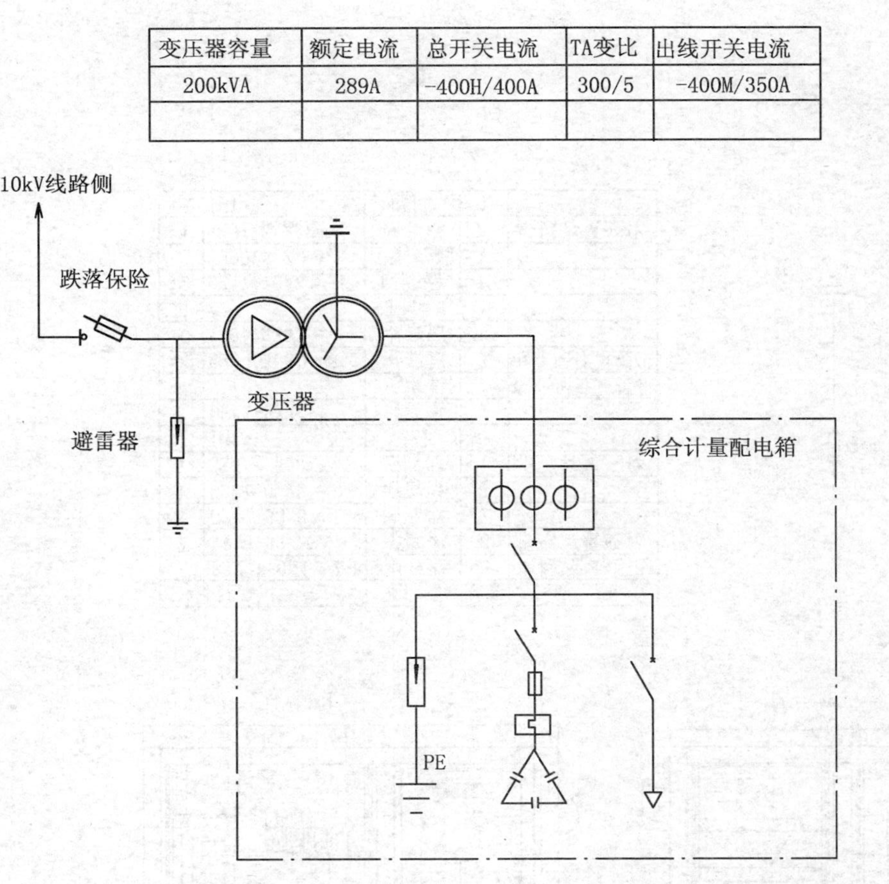

城网型综合配电箱部分说明

（1）变压器出线设低压总开关，所有仪表监测装置及无功补偿均集中安装。

（2）变压器容量400kVA，考虑一回出线。

（3）无功补偿容量按配变容量的30%选取。

（4）箱内预留计量TA、购电开关和用电信息采集管理终端装置的安装位置。

10kV 配电系统典型设计方案 ZB－1 技术条件

序号	项目名称	内　容
1	变压器	变压器选用节能环保型三相双绕组无载调压油浸式变压器，容量为 1×200kVA
2	10kV 进线回路数	10kV 进线 1 回，采用架空进线
3	电气主接线	10kV 采用线路变压器组接线，0.4kV 采用单母线接线
4	无功补偿	0.4kV 电容器容量按每台变压器容量的 30%配置，可根据实际情况按变压器容量的 20%～40%作调整；采用静态自动补偿方式，按三相、单相混合补偿方式配置配变综合测控装置
5	短路电流	10kV 短路电流为 20kA
6	主要设备选型	10kV 配电装置选用高压熔断器，进线侧配置 1 组氧化锌避雷器；变压器按节能环保型（低损耗、低噪声）原则选用；综合计量配电箱内含无功补偿、计量 TA、购电开关和用电信息采集管理终端等
7	布置方式	10kV 熔断器采用户外杆上安装，变压器安装在户外杆上变压器台架上；0.4kV 空气开关采用户外箱内布置，变压器低压侧引出采用单芯电缆至综合计量配电箱，架空出线

绝缘配合及过电压保护说明

（1）电气设备的绝缘配合，参照 DL/T 620《交流电气装置的过电压保护和绝缘配合》确定的原则进行。

（2）雷电过电压保护：为防止雷电过电压，在户外高压熔断器进线侧装设氧化锌避雷器一组。氧化锌避雷器按 GB 11032《交流无间隙金属氧化物避雷器》中的规定进行选择。

（3）接地。配电变压器均装设避雷器，并应尽量靠近变压器，其接地引下线应与变压器二次侧中性点及变压器的金属外壳相连接。在多雷区，宜在变压器二次侧装设避雷器。

1）接地体的埋深不应小于 0.6m，且不应接近煤气管道及输水管道。接地装置的接地电阻不应大于 4Ω，该台区低压网络的每个重复接地的电阻不应大于 30Ω。

2）中性点直接接地的低压绝缘线的零线，应在电源点接地。

3）接地体宜采用垂直敷设，锈蚀严重地区的接地体宜加大扁钢厚度，城区宜为横向 5m 两根。

4）杆上的接地体可采用－30mm×4mm 扁钢敷设，接地线与杆上需接地的部件必须接触良好。

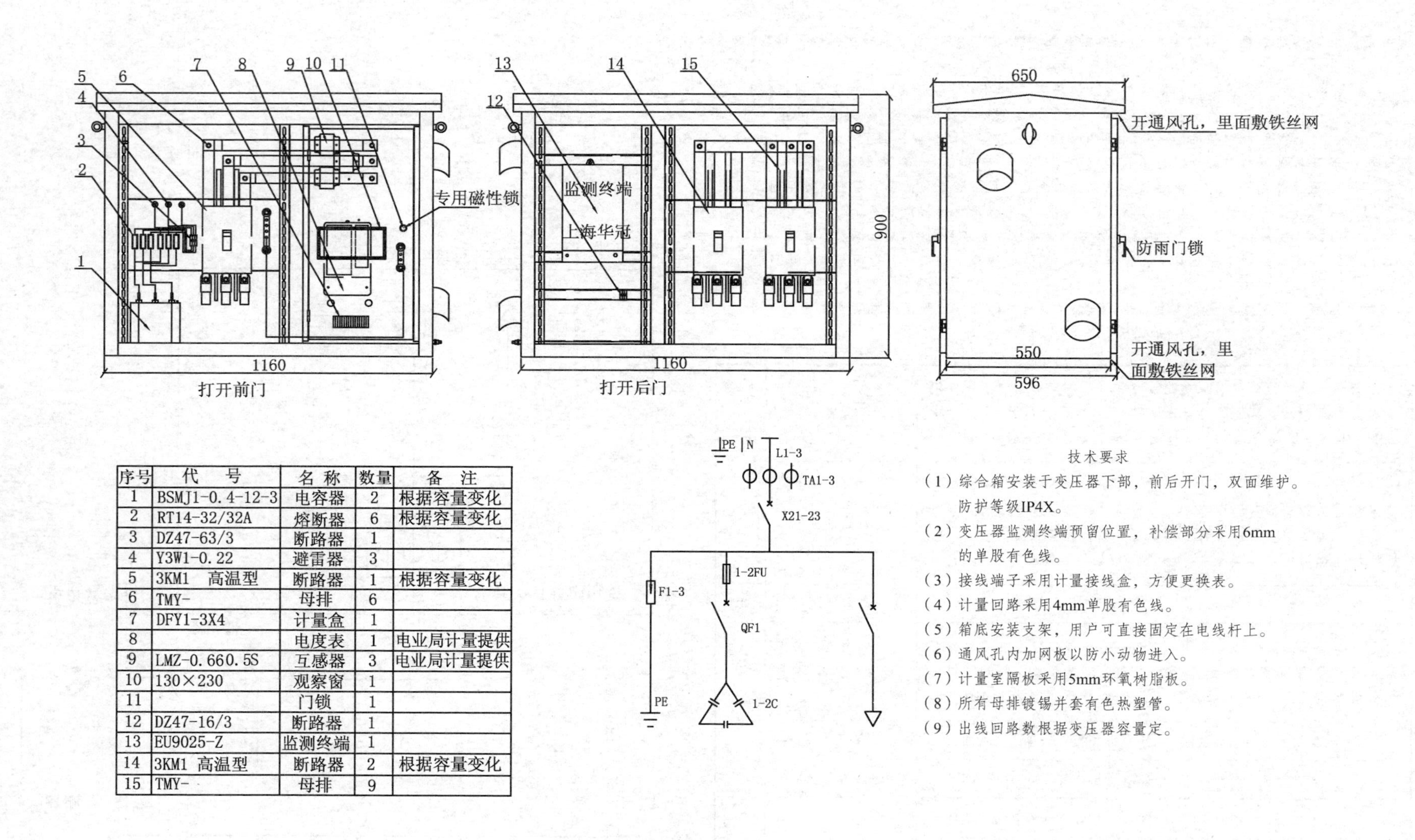

序号	代　号	名 称	数量	备　注
1	BSMJ1-0.4-12-3	电容器	2	根据容量变化
2	RT14-32/32A	熔断器	6	根据容量变化
3	DZ47-63/3	断路器	1	
4	Y3W1-0.22	避雷器	3	
5	3KM1　高温型	断路器	1	根据容量变化
6	TMY-	母排	6	
7	DFY1-3X4	计量盒	1	
8		电度表	1	电业局计量提供
9	LMZ-0.660.5S	互感器	3	电业局计量提供
10	130×230	观察窗	1	
11		门锁	1	
12	DZ47-16/3	断路器	1	
13	EU9025-Z	监测终端	1	
14	3KM1　高温型	断路器	2	根据容量变化
15	TMY-	母排	9	

技术要求

（1）综合箱安装于变压器下部，前后开门，双面维护。防护等级IP4X。

（2）变压器监测终端预留位置，补偿部分采用6mm的单股有色线。

（3）接线端子采用计量接线盒，方便更换表。

（4）计量回路采用4mm单股有色线。

（5）箱底安装支架，用户可直接固定在电线杆上。

（6）通风孔内加网板以防小动物进入。

（7）计量室隔板采用5mm环氧树脂板。

（8）所有母排镀锡并套有色热塑管。

（9）出线回路数根据变压器容量定。

第五章　电力需求侧 10kV 配电系统		第五节　10kV 柱上台变配电系统组合设计方案	
图号	2-5-5-3	图名	方案 ZB－1 综合计量配电箱

主要设备及材料清册

序号	名　　称	型号及规格	单位	数量	备　　注
1	底　　盘	DP-05	块	2	单重：90.00kg
2	预应力水泥杆	ϕ190mm×18m	根	2	
3	综合计量配电箱	WJP 配 200kVA 变压器	箱	1	含计量专用 TA、购电开关、多功能计量表、用电信息采集管理终端等
4	导线抱箍	ϕJI	副	1	单重：6.62kg
5	直线横担	ZXD11-1500mm	套	1	单重：17.92kg
6	高压倒挂横担	DGD11-2200mm	套	2	单重：24.27kg
7	高压熔断器横担	DGD11-2200mm	套	1	单重：24.27kg
8	高压避雷器横担	DGD11-2200mm	套	1	单重：24.27kg
9	高压耐张横担	NZD11-1500mm	套	1	单重：40.06kg
10	顶支架	DZJ11	套	1	单重：5.81kg
11	变压器台架	BYT	套	1	单重：131.68kg
12	变压器支撑	BYT	套	1	单重：17.71kg
13	针式绝缘子	P-20M	套	9	含套筒螺栓
14	悬式绝缘子串	XP-70	串	3	含 Z-7、Q-7、W-7、2×XP-70、NLL-2 金具
15	跌落式熔断器	PRWG11-12F/20A	具	3	
16	高压氧化锌避雷器	HY5WS-12.7/50	具	3	
17	变压器	S11-(M)-200/10	台	1	
18	绝缘并沟线夹	JBY-50	副	6	
19	铜铝过渡设备线夹	SLG-1B	副	9	含绝缘罩
20	带电线夹	YZ-1	副	3	
21	铜铝设备线夹	SLG-3B	副	8	含绝缘罩
22	高压引下线	JKLYJ-10/1×50	m	55	
23	拉线抱箍	ϕJI	副	1	单重：6.62kg
24	平行挂板	PD-10	副	1	
25	楔形线夹	NX-2	副	1	
26	UT 线夹	NUT-2	副	1	

续表

序号	名　　称	型号及规格	单位	数量	备　　注
27	拉　　棒	LB20-1	根	1	单重：7.31kg
28	拉　　环	UM-24	副	1	单重：5.48kg
29	拉　　盘	LP8-04	块	1	单重：71.00kg
30	接地圆钢	ϕ10	m	20	
31	接地扁钢	-30mm×4mm	m	30	
32	接地角钢	∟50mm×5mm×2500mm	根	5	
33	绝缘穿刺验电接地环	TTDC45401FA	副	3	
34	低压进线	JKLYJ-1/1×185	m	24	用于变压器与综合配电计量箱之间连接
35	镀锌钢绞线	GJ-70	m	18	

注：(1) 为加强配电网设备设施的标识管理，防止误操作、误入带电间隔，本典型设计要求应在现场设置标识标牌。

(2) 10kV 设备短路电流水平：20kA。

(3) 主要电气设备选择：

1) 10kV 配电装置。选用户外高压熔断器，进线侧配置一组氧化锌避雷器。

设　备　名　称	型式及主要参数	备　　注
户内高压熔断器	熔断器：$U_N=12kV$，$I_N=200A$	
	熔丝：20A	
氧化锌避雷器	HY5WS-12.7/50	

2) 变压器。变压器采用节能环保型（低损耗、低噪声）油浸式变压器。型号：S11-(M)-200/10；容量：200kVA；接线组别：Dyn11；电压额定变比：10±2×2.5%/0.4 kV；阻抗电压：$U_k=4\%$。

3) 0.4kV 电气设备。选择带自动空气断路器的低压综合计量配电箱。

4) 空气断路器要求有瞬时脱扣、短延时脱扣、长延时脱扣三段保护，宜采用分励脱扣器，不宜设置失压保护。

5) 低压综合计量配电箱内配置多功能电子表。

6) 无功补偿装置采用按无功需量自动补偿投切形式。补偿容量按变压器容量10%～40%配置。农村等负荷较轻地区可适当减少无功补偿的配置，但须保证用电高峰时功率因数不低于0.95。

(4) 导体选择。根据短路电流水平为 20kA，按发热及动稳定条件校验，低压母线最大工作电流按 400A 考虑，低压架空导线型号选用截面 JKLYJ-1×120mm²。

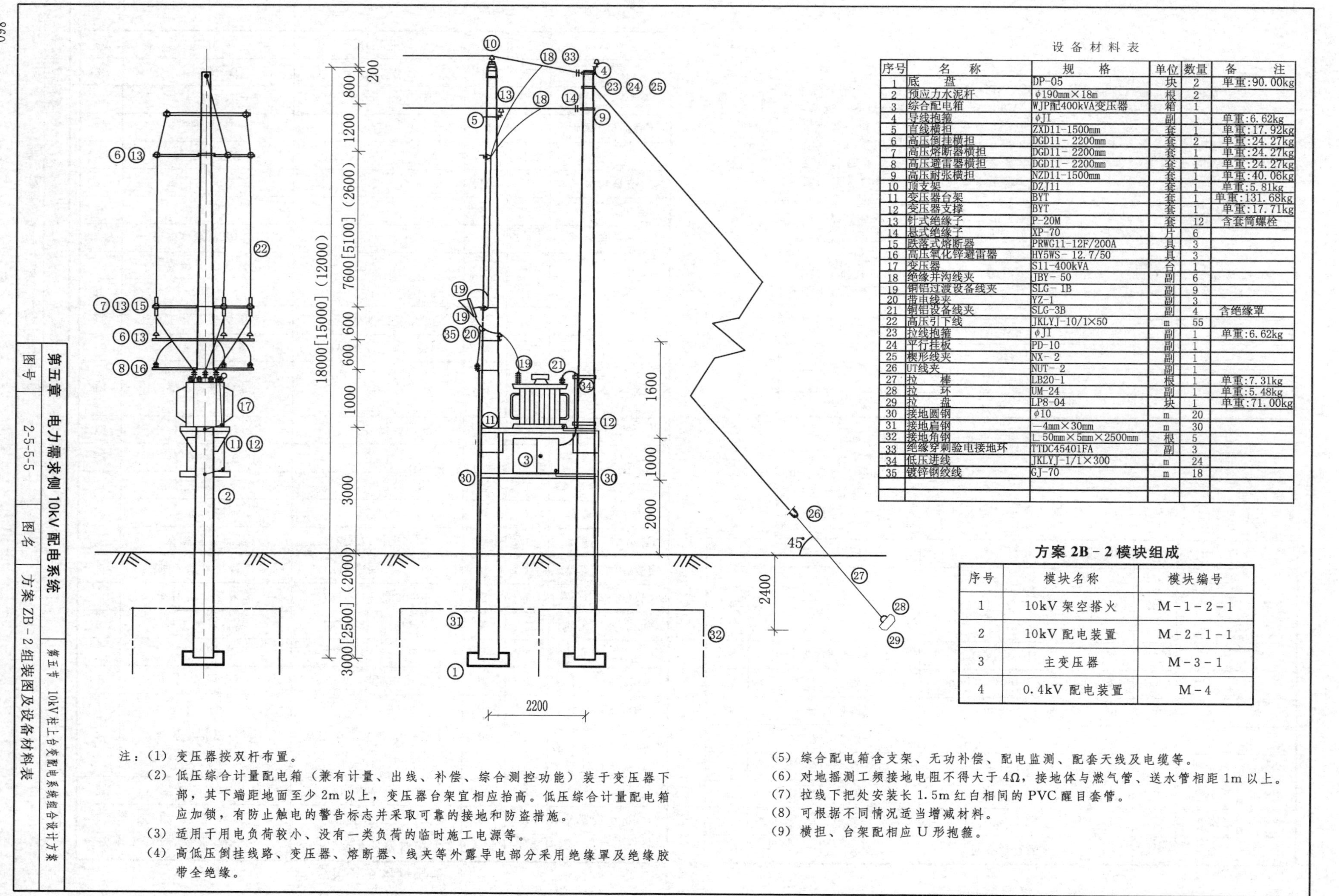

设备材料表

序号	名　称	规　格	单位	数量	备　注
1	底　盘	DP-05	块	2	单重:90.00kg
2	预应力水泥杆	φ190mm×18m	根	2	
3	综合配电箱	WJP配400kVA变压器	箱	1	
4	导线抱箍	φJI	副	1	单重:6.62kg
5	直线横担	ZXD11-1500mm	套	1	单重:17.92kg
6	高压倒挂横担	DGD11－2200mm	套	2	单重:24.27kg
7	高压熔断器横担	DGD11－2200mm	套	1	单重:24.27kg
8	高压避雷器横担	DGD11－2200mm	套	1	单重:24.27kg
9	高压耐张横担	NZD11-1500mm	套	1	单重:40.06kg
10	顶支架	DZJ11	套	1	单重:5.81kg
11	变压器台架	BYT	套	1	单重:131.68kg
12	变压器支撑	BYT	套	1	单重:17.71kg
13	针式绝缘子	P-20M	套	12	含套筒螺栓
14	悬式绝缘子	XP-70	片	6	
15	跌落式熔断器	PRWG11-12F/200A	具	3	
16	高压氧化锌避雷器	HY5WS－12.7/50	具	3	
17	变压器	S11-400kVA	台	1	
18	绝缘并沟线夹	JBY－50	副	6	
19	铜铝过渡设备线夹	SLG－1B	副	9	
20	带电线夹	YZ-1	副	3	
21	铜铝设备线夹	SLG-3B	副	4	含绝缘罩
22	高压引下线	JKLYJ-10/1×50	m	55	
23	拉线抱箍	φJI	副	1	单重:6.62kg
24	平行挂板	PD-10	副	1	
25	楔形线夹	NX－2	副	1	
26	UT线夹	NUT－2	副	1	
27	拉　棒	LB20-1	根	1	单重:7.31kg
28	拉　环	UM-24	副	1	单重:5.48kg
29	拉　盘	LP8-04	块	1	单重:71.00kg
30	接地圆钢	φ10	m	20	
31	接地扁钢	—4mm×30mm	m	30	
32	接地角钢	∟50mm×5mm×2500mm	根	5	
33	绝缘穿刺验电接地环	TTDC45401FA	副	3	
34	低压进线	JKLYJ-1/1×300	m	24	
35	镀锌钢绞线	GJ-70	m	18	

方案 2B－2 模块组成

序号	模块名称	模块编号
1	10kV 架空搭火	M－1－2－1
2	10kV 配电装置	M－2－1－1
3	主变压器	M－3－1
4	0.4kV 配电装置	M－4

注：(1) 变压器按双杆布置。

(2) 低压综合计量配电箱（兼有计量、出线、补偿、综合测控功能）装于变压器下部，其下端距地面至少 2m 以上，变压器台架宜相应抬高。低压综合计量配电箱应加锁，有防止触电的警告标志并采取可靠的接地和防盗措施。

(3) 适用于用电负荷较小、没有一类负荷的临时施工电源等。

(4) 高低压倒挂线路、变压器、熔断器、线夹等外露导电部分采用绝缘罩及绝缘胶带全绝缘。

(5) 综合配电箱含支架、无功补偿、配电监测、配套天线及电缆等。

(6) 对地摇测工频接地电阻不得大于 4Ω，接地体与燃气管、送水管相距 1m 以上。

(7) 拉线下把处安装长 1.5m 红白相间的 PVC 醒目套管。

(8) 可根据不同情况适当增减材料。

(9) 横担、台架配相应 U 形抱箍。

第五章　电力需求侧 10kV 配电系统		第五节　10kV柱上台变配电系统组合设计方案	
图号	2-5-5-5	图名	方案 ZB－2 组装图及设备材料表

变压器容量	额定电流	总开关电流	TA变比	出线开关电流
400kVA	577A	-800H/800A	600/5	-630M/400A

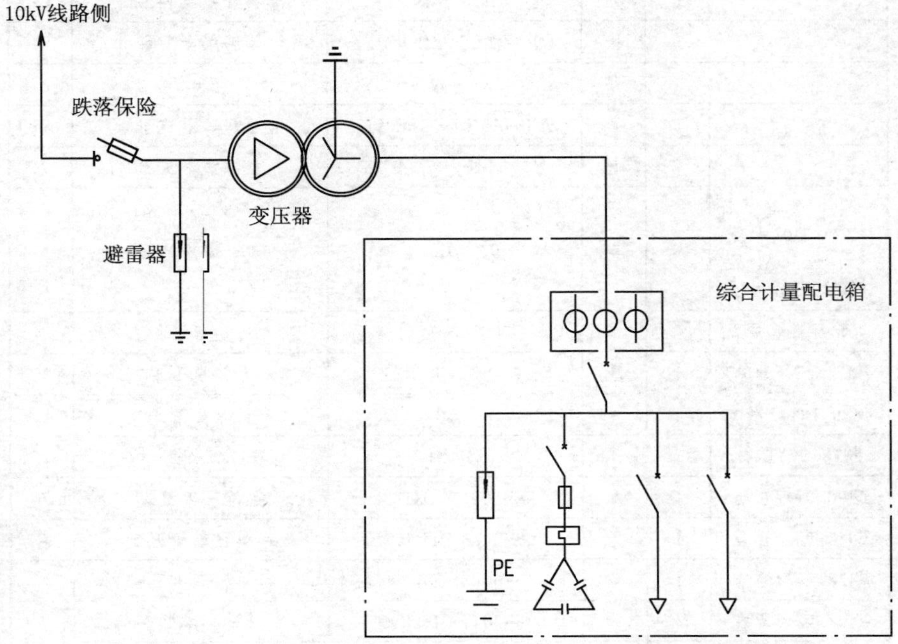

10kV线路侧

跌落保险

变压器

避雷器

综合计量配电箱

PE

城网型综合配电箱部分说明

（1）变压器出线设低压总开关，所有仪表监测装置及无功补偿均集中安装。

（2）变压器容量400kVA，考虑一回出线。

（3）无功补偿容量按配变容量的30%选取。

（4）箱内预留计量TA、购电开关和用电信息采集管理终端装置的安装位置。

10kV配电系统典型设计方案ZB－2技术条件

序号	项目名称	内　容
1	变压器	变压器选用节能环保型三相双绕组无载调压油浸式变压器，容量为1×400kVA
2	10kV进线回路数	最终规模10kV进线1回，采用架空进线
3	电气主接线	10kV采用线路变压器组接线，0.4kV采用单母线接线
4	无功补偿	0.4kV电容器容量按每台变压器容量的30%配置，可根据实际情况按变压器容量的20%～40%作调整；采用静态自动补偿方式，按三相、单相混合补偿方式配置配变综合测控装置
5	短路电流	10kV短路电流为20kA
6	主要设备选型	10kV配电装置选用高压熔断器，进线侧配置1组氧化锌避雷器；变压器按节能环保型（低损耗、低噪声）原则选用；低压综合计量配电箱内含无功补偿、出线开关、计量TA、购电开关和用电信息采集管理终端等
7	布置方式	10kV熔断器采用户外杆上安装，变压器安装在户外杆上变压器台架上；0.4kV空气开关采用户外综合箱内布置，变压器低压侧引出采用单芯电缆至综合计量配电箱，架空出线

绝缘配合及过电压保护说明

(1) 电气设备的绝缘配合，参照DL/T 620《交流电气装置的过电压保护和绝缘配合》确定的原则进行。

(2) 雷电过电压保护：为防止雷电过电压，在户内高压负荷开关进线侧装设氧化锌避雷器一组。氧化锌避雷器：按GB 11032《交流无间隙金属氧化物避雷器》中的规定进行选择。

(3) 接地。配电变压器均装设避雷器，并应尽量靠近变压器，其接地引下线应与变压器二次侧中性点及变压器的金属外壳相连接。在多雷区，宜在变压器二次侧装设避雷器。

1）接地体的埋深不应小于0.6m，且不应接近煤气管道及输水管道。接地装置的接地电阻不应大于4Ω，该台区低压网络的每个重复接地的电阻不应大于30Ω。

2）中性点直接接地的低压绝缘线的零线，应在电源点接地。

第五章　电力需求侧10kV配电系统		第五节　10kV柱上台变配电系统组合设计方案	
图号	2-5-5-6	图名	方案ZB－2一次系统概略图和技术条件

主要设备及材料清册

序号	名　　称	型号及规格	单位	数量	备　　注
1	底　　盘	DP-05	块	2	单重：90.00kg
2	预应力水泥杆	ϕ190mm×18m	根	2	
3	综合配电箱	WJP配400kVA变压器	箱	1	含计量专用TA、TV、购电开关、多功能计量表、用电信息采集管理终端等
4	导线抱箍	ϕJI	副	1	单重：6.62kg
5	直线横担	ZXD11-1500mm	套	1	单重：17.92kg
6	高压倒挂横担	DGD11-2200mm	套	2	单重：24.27kg
7	高压熔断器横担	DGD11-2200mm	套	1	单重：24.27kg
8	高压避雷器横担	DGD11-2200mm	套	1	单重：24.27kg
9	高压耐张横担	NZD11-1500mm	套	1	单重：40.06kg
10	顶支架	DZJ11	套	1	单重：5.81kg
11	变压器台架	BYT	套	1	单重：131.68kg
12	变压器支撑	BYT	套	1	单重：17.71kg
13	针式绝缘子	P-20M	套	9	含套筒螺栓
14	悬式绝缘子串	XP-70	串	3	含Z-7、Q-7、W-7、2×XP-70、NLL-2金具
15	跌落式熔断器	PRWG11-12F/40A	具	3	
16	高压氧化锌避雷器	HY5WS-12.7/50kV	具	3	
17	变压器	S11-（M）-400/10	台	1	
18	绝缘并沟线夹	JBY-50	副	6	
19	铜铝过渡设备线夹	SLG-1B	副	9	
20	带电线夹	YZ-1	副	3	
21	铜铝设备线夹	SLG-3B	副	8	含绝缘罩
22	高压引下线	JKLYJ-10/1×50	m	55	
23	拉线抱箍	ϕJI	副	1	单重：6.62kg

续表

序号	名　　称	型号及规格	单位	数量	备　　注
24	平行挂板	PD-10	副	1	
25	楔形线夹	NX-2	副	1	
26	UT线夹	NUT-2	副	1	
27	拉　　棒	LB20-1	根	1	单重：7.31kg
28	拉　　环	UM-24	副	1	单重：5.48kg
29	拉　　盘	LP8-04	块	1	单重：71.00kg
30	接地圆钢	ϕ10	m	20	
31	接地扁钢	-30mm×4mm	m	30	
32	接地角钢	∟50mm×5mm×2500mm	根	5	
33	绝缘穿刺验电接地环	TTDC45401FA	副	3	
34	低压进线	JKLYJ-1/1×300	m	24	
35	镀锌钢绞线	GJ-70	m	18	

注：（1）10kV设备短路电流水平：20kA。

（2）主要电气设备选择，见下表。

设　备　名　称	型式及主要参数
户内高压熔断器	熔断器：U_N=12kV，I_N=200A
	熔丝：20A
氧化锌避雷器	HY5WS-12.7/50

（3）0.4kV电气设备。选择带自动空气开关的低压综合计量配电箱。空气断路器要求有瞬时脱扣、短延时脱扣、长延时脱扣三段保护，宜采用分励脱扣器，不宜设置失压保护。

（4）无功补偿采用按无功需量自动补偿投切形式。补偿容量按变压器容量10%～40%配置。农村等负荷较轻地区可适当减少无功补偿的配置，但须保证用电高峰时功率因数不低于0.95。

（5）导体选择。根据短路电流水平为20kA，按发热及动稳定条件校验，低压母线最大工作电流按800A考虑，低压出双回架空线路，导线型号选用截面JKLYJ-1×120mm^2。

一、有机复合外套无间隙氧化锌避雷器

有机复合外套无间隙氧化物避雷器采用通流能力较强的氧化锌非线性电阻片叠加组装，密封于外套腔内，无任何放电间隙。在正常持续运行电压状态下，避雷器不动作，呈高阻状态。当大气过电压或操作过电压的幅值超过一定范围时，避雷器导通。由于氧化锌电阻片优良的非线性伏安特性，导通后其两端的残压被抑制在被保护设备的绝缘安全值以下，从而使电气设备受到保护。

有机复合外套是我国硅橡胶复合绝缘子技术在避雷器外套上的应用。由于采用硅橡胶外套，从根本上消除了瓷外套避雷器可能存在的外瓷套爆裂现象，并提高了防潮、耐污、抗老化、散热等性能，同时体积小、重量轻，免于维修。因此，该产品聚集了有机外套和氧化锌电阻片的全部优点，是新型的过电压保护电器。

二、带脱离装置的复合外套无间隙氧化锌避雷器

脱离装置是避雷器损坏时，使避雷器引线与系统断开以排除系统持续故障，并给出事故避雷器的可见标志的一种装置，通常接在避雷器的底部。当避雷器在系统雷击或操作过电压下泄放能量，外界电动力、机械力及环境温度变化等综合作用时，脱离器不会动作，即避雷器正常时，脱离装置不影响其工作。当避雷器自动运行的稳定性受到损坏，或避雷器已经损坏时，脱离器迅速工作，将避雷器接地线断开，避雷器电位悬空，退出运行，不影响系统正常运行。

优点：工作可靠性高、体积小、密封性好、为故障避雷器提供了明显标记，便于迅速发现故障点并及时维修。且其支架采用优质的环氧玻璃钢材料，具有良好的机械强度和绝缘性能，安装方便。

带脱离装置避雷器专用绝缘支架已获国家专利，专利号为：ZL200620126577.8。

三、架空绝缘线路保护用避雷器（过电压保护器）

雷击架空绝缘导线引起的直击雷电过电压或感应过电压极易导致绝缘子闪络或击穿，工频电弧集中在绝缘层的击穿点造成导线熔化断线。YH5CX型架空绝缘线路保护用有间隙避雷器（过电压保护器），可以在雷击架空绝缘电缆后，将雷电流引向保护器，并切断工频续流，避免绝缘子闪络或击穿，保护架空绝缘导线，避免发生断线事故，确保架空绝缘线路的安全运行。

优点：一是安装方便，不需要更换绝缘子、不需要更改原有线路设计，经济投入合理，保护效果较好，维护管理简便；二是它的灭弧原理是通过氧化锌限流元件快速切断工频续流、有效限制雷电过电压，不需要断路器跳闸来灭弧，不会造成供电中断或影响供电质量；三是即使因雷电过电压击穿导线的绝缘层，由于击穿点为肉眼无法分辨的微孔，不会造成导线进水；四是因不锈钢引流环串联间隙的隔离作用，即使限流元件电阻片劣化，也不至于影响线路的正常运行；五是不需破开导线绝缘层，无需解决导线密封防水问题，不会影响绝缘导线的机械拉伸性能和使用寿命。

架空绝缘线路保护用有间隙避雷器间隙环结构已申请国家专利，申请号为：200820036066.6。

四、带电检修复合外套氧化锌避雷器

带电检修避雷器由避雷器和绝缘支架两部分组成，绝缘支架上带有上、下静触头，其避雷器上带有动触头，用勾棒操作将避雷器的动触头嵌入到绝缘支架的静触头座中，通过支架的接线端子将避雷器接入电网，投入运行。由于避雷器可以在不停电的情况下进行更换和调试，使得安装和维修十分方便，减少了电力部门的不必要停电。

五、10kV 架空线路保护用限流角型避雷器（角型过电压保护器）

1. 型号说明

Y H 5 C X - 17 / 46.4 J

- 附加特征：J表示角型
- 标称放电电流下的残压：kV
- 额定电压：kV
- 安装场所：X表示架空线路保护用
- 结构特性：C表示有串联间隙
- 标称放电电流值：5kA
- 绝缘外套材料：H表示复合硅橡胶外套
- 产品型式代号：Y表示氧化锌避雷器

2. 性能参数

型　号	避雷器额定电压/kV，有效值	工频耐受电压/kV，不小于	直流 1mA 参考电压/kV，不小于	2ms 方波通流容量/A，不小于	4/10μs 大电流冲击通流容量/kA	雷电冲击放电电压/kV，不大于	串联间隙距离/mm
YH5CX-17/46.4J	17	26	25	150	65	100	38
YH5CX-17/50J	17	26	25	150	65	100	38

3. 使用条件

（1）环境温度：-40℃～+45℃。

（2）海拔：2000m 以下。

（3）风速不超过 34m/s。

（4）地震烈度 7 度及以下地区。

（5）可达到Ⅳ级耐污秽。

（6）对于线路雷电活动强烈、土壤电阻率高、杆塔接地电阻较大以及降低接地电阻有困难的线段更为合适。

4. 产品特点

（1）安装方便，不需要更改原有线路及原接地系统，保护效果好。

（2）线路正常运行时，避雷器不承受工频工作电压，延缓避雷器电阻片劣化，延长了避雷器的使用寿命。

（3）间隙距离固定，不受风摆影响，对安装工艺带来便利。

（4）雷电过电压时，避雷器及时动作，避免线路断线和断路器跳闸，保证了供电质量。

5. 典型的配电型和电站型避雷器电气特性

产品型号	系统额定电压有效值/kV	避雷器额定电压有效值/kV	避雷器持续运行电压有效值/kV	陡坡冲击电流下的残压峰值/kV，不大于	雷电冲击电流下的残压峰值/kV，不大于	操作冲击电流下的残压峰值/kV，不大于	4/10μs大电流冲击耐受电流/kA	直流1mA参考电压/kV，不小于	2ms方波通流容量/A，不小于
YH5WS-5/15	3	5	4.0	17.3	15.0	12.8	65	7.5	150 (75)
YH5WS-10/30	6	10	8.0	34.6	30.0	25.6	65	15.0	150 (75)
YH5WS-17/50	10	17	13.6	57.5	48 (50)	42.5	65	26 (25)	150 (75)
YH5WS-17/50L	10	17	13.6	57.5	48 (50)	42.5	65	26 (25)	150 (75)
YH5WS-17/50Q	10	17	13.6	57.5	48 (50)	42.5	65	26 (25)	150 (75)
YH5WS-17/46.4Q	10	17	13.6	57.5	46.4	42.5	65	26 (25)	150 (75)
YH5WS-17/50D	10	17	13.6	57.5	48 (50)	42.5	65	26 (25)	150 (75)
YH5WZ-5/13.5	3	5	4.0	15.5	13.5	11.5	65	7.2	200 (150)
YH5WZ-10/27	6	10	8.0	31.0	27.0	23.0	65	14.4	200 (150)
YH5WZ-17/45	10	17	13.6	51.8	43 (45)	38.3	65	25 (24)	200 (150)
YH5WZ-17/45L	10	17	13.6	51.8	43 (45)	38.3	65	25 (24)	200 (150)
YH5WZ-17/45Q	10	17	13.6	51.8	43 (45)	38.3	65	25 (24)	200 (150)

6. 架空绝缘线路保护用避雷器（过电压保护器）电气特性

产品型号	系统额定电压有效值/kV	避雷器额定电压有效值/kV	工频耐受电压/kV，不小于	1.2/50μs雷电冲击50%放电电压/kV，不大于	雷电冲击电流下的残压峰值/kV，不大于	4/10μs大电流冲击耐受电流/kA	直流1mA参考电压/kV，不小于	2ms方波通流容量/A，不小于	串联间隙距离/mm
YH5CX1-17/50	10	17	26	120	48 (50)	65	26 (25)	150	50±5
YH5CX2-17/50	10	17	26	120	48 (50)	65	26 (25)	150	50±5
YH5CX3-17/50	10	17	26	120	48 (50)	65	26 (25)	150	50±5
YH5CX4-17/50	10	17	26	120	48 (50)	65	26 (25)	150	50±5

注： 产品型号中1、2、3、4分别对应根据不同的10kV瓷绝缘子设计的产品，其中1—PS15/5，2—PS15/3N，3—横担式，4—P20。

7. 补偿电容器用避雷器电气特性

产品型号	系统额定电压有效值/kV	避雷器额定电压有效值/kV	避雷器持续运行电压有效值/kV	雷电冲击电流下的残压峰值/kV，不大于	操作冲击电流下的残压峰值/kV，不大于	4/10μs大电流冲击耐受电流/kA	直流1mA参考电压/kV，不小于	2ms方波通流容量/A，不小于
YH5WR-10/27	6	10	8.0	27.0	21.0	65	14.4	600 (400)
YH5WR-17/46	10	17	13.6	46.0	35.0	65	24.0	600 (400)

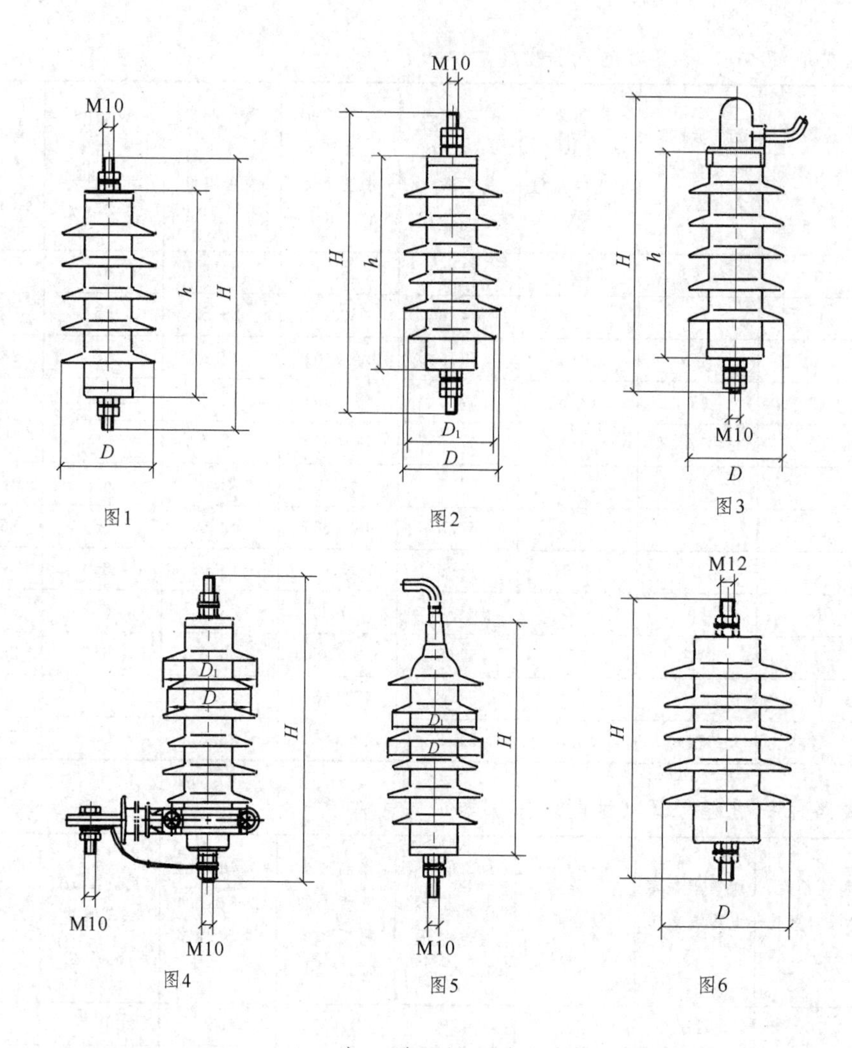

外 形 尺 寸

避雷器型号	图	D/mm	D_1/mm	H/mm	h/mm	伞数	重量/kg	安装孔
YH5WS1-17/50	图1、图2	ϕ90 (92)	(ϕ82)	258 (282)	192 (200)	5 (6)	1.3 (1.4)	ϕ11
YH5WZ2-17/45Q	图3	ϕ90	—	275	192	5	1.7	ϕ11
YH5WS3-17/50L	图4	ϕ92	ϕ82	286	—	6	1.8	13×26
YH5WZ1-17/45L	图4	ϕ90	—	275	—	5	2	13×26
YH5WS4-17/50Q (46.4Q)	图5	ϕ92	ϕ82	218	—	6	1.42	ϕ11
YH5WR1-17/46	图6	ϕ120	—	266	—	5	2.58	ϕ13
YH5WZ1-17/45	图6	ϕ90	—	260	—	5	1.7	ϕ13

第五章 电力需求侧10kV配电系统		第五节 10kV柱上台变配电系统组合设计方案	
图号	2-5-5-11	图名	10kV柱上台变过电压保护电器选择（四）

HPRW型户外交流高压跌落式熔断器是户外高压保护电器，适用于交流10kV输配电线路及配电变压器的过载和短路保护。

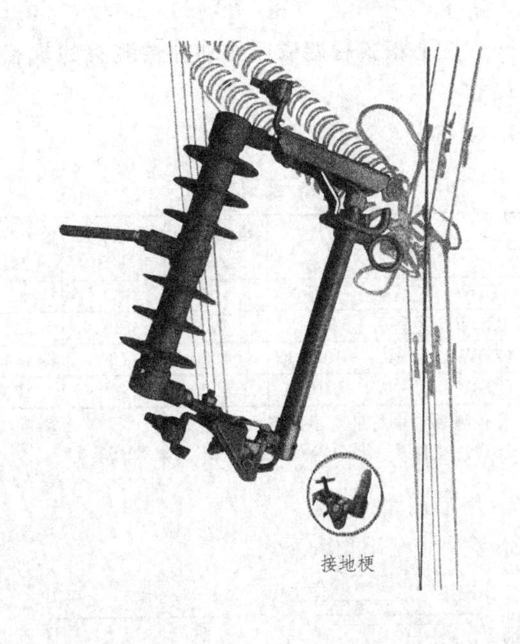

一、型号说明

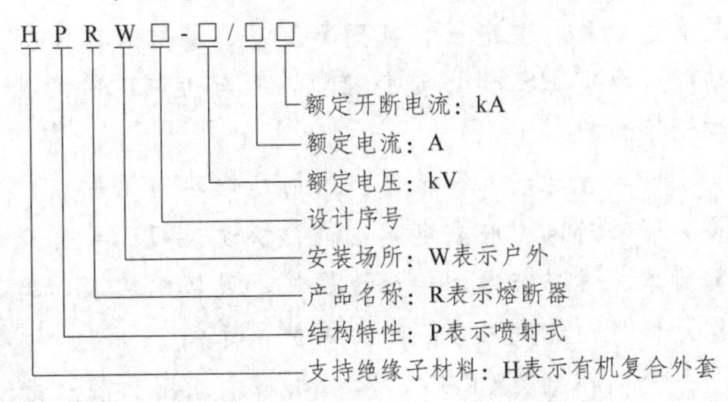

二、技术参数

按《交流高压熔断器 喷射式熔断器》（GB 15166.3）制造，符合IEC60282和DL/T 640规定，其主要技术指标见下表：

型 号	额定电压/kV	最高工作电压/kV	额定电流/A	额定开断电流/kA	1min工频干耐受电压/kV（有效值）		雷电冲击耐受电压/kV（峰值）	特征	外形尺寸/cm
					断口	相对地			
HPRW1-12/100（200）	10	12	100（200）	6.3	48	42	75	耐污型	45×37×10
HPRW2-12/100（200）	10	12	100（200）	10	48	42	75	耐污型	45×37×10
HPRW3-12/100（200）	10	12	100（200）	12.5	48	42	75	耐污型	45×37×10

三、结构原理

跌落式熔断器由绝缘支架和熔丝管两部分组成，静触头安装在绝缘支架两端，动触头安装在熔丝管两端，熔丝管由内层的消弧管和外层的酚醛纸管或环氧玻璃布管组成。跌落式熔断器在正常运行时，熔丝管借助熔丝张紧后形成闭合装置。当系统发生故障时，故障电流使熔丝迅速熔断，并形成电弧，消弧管受电弧灼热，分解出大量的气体，使管内形成很高压力，并沿管道形成纵吹，电弧被迅速拉长而熄灭，熔丝熔断后，下部动触头失去张力而下翻，锁紧机械，释放熔丝管，熔丝管跌落，形成明显的开断位置。

四、使用条件

（1）环境温度：-40℃～+45℃。

（2）海拔：2000m以下。

（3）风速不超过34m/s。

（4）安装场所：无爆炸危险、Ⅳ污秽、化学腐蚀条件和剧烈震动或冲击的场所。

五、产品特点

（1）采用防潮熔管，单端向下排气，避免喷射气体干扰变压器或柱上开关正常工作。

（2）用硅橡胶绝缘底座代替瓷绝缘底座，具备重量轻、耐腐蚀、抗老化、防积水。

（3）绝缘子还能防轴向转动、安装方便、维护工作量小等。

六、安装注意事项

（1）安装前必须将产品各个部分检查一遍，各螺钉是否拧紧，转动部分是否灵活。

（2）本产品选用纽扣式熔丝，安装时应在熔管上端用释压帽将熔丝纽扣压紧，引线穿过灭弧管绕过弹簧支架，并使弹簧处在紧张状态，而后用螺母将熔丝引线压紧。

（3）熔断器安装时，使灭弧管与铅垂线成15°～30°夹角。

（4）灭弧管可多次使用，100A熔管内径大于ϕ15mm和200A熔管内径大于ϕ17mm时应更换新管。

一、柱上箱式智能低压无功补偿装置的规格和外形尺寸

1. 规格及参数见下表。

规 格 及 参 数

型号规格	额定电压/V	额定容量/kvar	输入电流/A
SVS（ZDW）-□-0.4-60-X	400	60	87
SVS（ZDW）-□-0.4-80-X	400	80	115
SVS（ZDW）-□-0.4-100-X	400	100	144
SVS（ZDW）-□-0.4-120-X	400	120	173

注： 其他型号可根据用户不同需求特殊设计，“□”内参照型号说明。柜体尺寸根据补偿容量及LC回路数量确定。

2. 外形尺寸

外形尺寸见下图和下表。

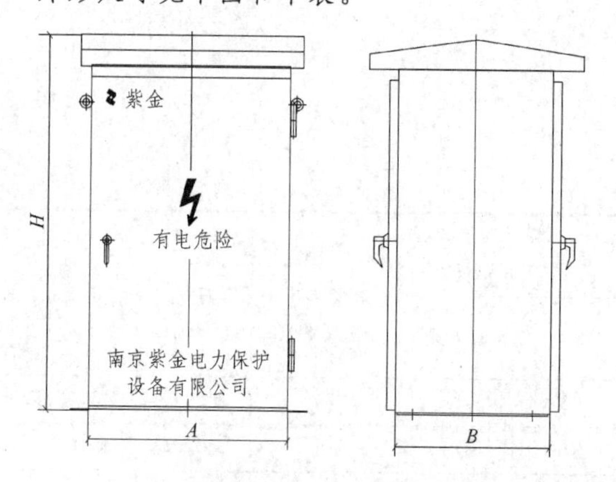

箱式装置外形尺寸系列　　单位：mm

H（高）	1000～1600		
A（宽）	600	800	1000
B（深）	400～600		

二、柱上箱式智能低压无功补偿装置安装示意图

柱上箱式智能低压无功补偿装置安装示意图见下图。

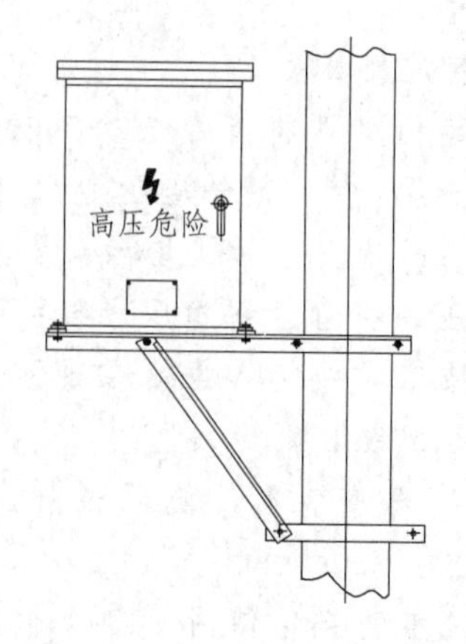

三、装置特性

(1) 控制器。以基波无功功率计算投切电容器容量，可避免多种形式的投切震荡，功率因数测量精度高；有12种电容器容量编码方式供用户选择；具有过电压、欠电压、畸变率超标、温度超标保护功能；具有RS-485通信接口，可与上位机通信或控制下位机。

(2) 无功动补调节器。采用可控硅的无触点开关，能够对电力并联电容器进行快速投切；具有安装简单、维护方便、响应速度快、投切无涌流、工作无噪声、稳定可靠、缺相保护等特点。

(3) LC滤波回路。采用铁芯干式电抗器，具有电抗气隙稳定、体积小、重量轻、噪声低等优点；电抗器容量取电容器容量的6%，与电容器相串联后，能有效地吸收电网谐波，改善系统的电压波形，提高系统的功率因数。

四、技术参数

额定工作电压：380V。

额定频率：50Hz。

电源电压：220V或380V。

补偿方式：①全分补式；②全共补式；③分补加共补结合式。

无功补偿电容量：目前单台产品容量为60～540kvar。

控制电容器组数：2～18组。

额定无功电流：87～779A（最小电流按60kvar三角形联接计得）。

动态响应时间：<20ms。

外壳防护等级：户外IP33。

注：图2-5-5-8～图2-5-5-13资料由南京学金电力保护设备有限公司提供。

本说明以半分式 12m-12m 变压器台架为例，对建设要求及工艺进行说明，对其他安装形式的台架，除根开距离、JP 柜横担、变压器横担、熔断器横担高度固定不变外，其他如引线横担高度、PVC 管支架安装位置、支架安装高度、设备线夹、低压进（出）线形式，以及保护、工作接地等，可根据具体情况适当调整。

按照农网工程建设标准化的要求，为村内供电的 10kV 高压主干线路应实现绝缘化，为村内供电的综合台区应安装在村内负荷中心，通过增加变压器布点调整负荷分布，缩短低压供电半径，低压供电半径应小于 500m。台区安装位置应避开车辆碰撞和易燃、易爆及严重污染场所，应悬挂警示牌、设备运行编号牌。

一、施工前准备工作

（1）根据 10kV 变压器台架标准化施工图中材料表进行工程施工物资领用及审核。

（2）对横担、绝缘子、连接引线、接地环等设备材料提前进行组装。

1）对连接引线进行分类截取，10kV 主干线路至熔断器上接线端引线共 3 根每根为 440cm，熔断器下接线端至变压器高压侧引线共 3 根每根为 410cm，避雷器上引线共 3 根每根为 62cm，避雷器间相互连接接地引线共 2 根每根为 50cm，避雷器至接地极引出扁铁间接地引线 1 根 410cm，变压器接地线 1 根为 250cm，JP 柜接地线 1 根为 150cm，变压器中性点接地线 1 根为 360cm，各连接引线截取后，根据用途压接好接线端子，要保证接线端子压接质量。

2）绝缘子全部采用 P-20T 型针式绝缘子，根据需要对台区所用横担、绝缘子、避雷器、接地环等提前进行组装，降低高空作业安全风险，节省施工时间，提高工作效率。

二、变台电杆组立

1. 挖坑

用经纬仪找准地面基准，测量两杆坑的水平度，测量杆坑的深度 2.2m。

2. 底盘安装

首先沿线路方向在两杆坑坑边中心处做 3 个方向桩，并用细线连接，在细线上标注距离为 2.5m 的 2 个黑色标记，在底盘中心用粉笔画一白点，将底盘放在坑内，调整底盘放置位置使线坠、细线黑色标记、白点在一条直线上，确定两杆之间距离为 2.5m。

3. 立杆

在底盘上以白点为圆心、电杆底部为半径画圆，组立电杆时使电杆底部与所画圆圈重合，保证电杆位置的准确度，吊车组立电杆时，当电杆底部与底盘所画圆圈重合，电杆基本正直后，对电杆进行回填土，每 50cm 一层进行夯实，夯实两层后，用吊车对电杆倾斜度进行调整至正直。

4. 安装卡盘

卡盘上平面距离地面 50cm，用半圆抱箍将卡盘与电杆固定，深度允许偏差为±50mm。

5. 电杆校正

利用经纬仪在以电杆为原点的 90°角两条直线上，分别进行观察测量，对电杆进行微调，保证电杆中心点与中心桩之间的横向位移不应大于 50mm。根开为 2.5m，偏移不应超过±30mm。

6. 填土夯实

电杆校正后，进行回填土并夯实，每 50cm 进行夯实一次，松软土质的基坑回填土时，采用增加夯实次数的加固措施。回填土后的电杆基坑应设置防沉土层，培土高度超出地面 30cm。

一、变压器台架横担安装

1. 引线横担

引线横担采用63×6×3000角钢，横担中心水平面距12m杆杆顶约190cm，横担校平后使用U形抱箍进行固定。水平倾斜不大于横担长度的1/100。

2. 高压熔断器横担

熔断器横担采用63×6×3000角钢，横担中心对地距离6.8m，偏差－20～＋20mm，横担校平后使用螺丝进行固定并安装熔断器连板，熔断器连板采用－80×8×450扁钢。水平倾斜不大于横担长度的1/100。

3. 避雷器横担

避雷器横担采用63×6×3000角钢，横担中心水平面距地面5.5m，横担校平后使用U形抱箍进行固定。水平倾斜不大于横担长度的1/100。

4. 变压器托担

变压器托担采用[12×3000槽钢，托担中心水平面距地面3.0m，偏差0～＋100mm，安装时搭在托担抱箍上，托担校平后使用螺丝固定。水平倾斜不大于托担长度的1/100。

5. JP柜托担

JP柜托担采用[8×3000槽钢，托担中心水平面距地面1.9m，－20～0mm，安装时搭在托担抱箍上，托担校平后用螺丝固定。水平倾斜不大于托担长度的1/100。

二、变台引线及设备安装

1. 10kV线路干线至高压熔断器上接线端引线

首线将引线压好接线端子后与熔断器上接线端连接固定，然后使用绝缘绑线将引线分别在引线横担绝缘子和熔断器横担上装绝缘子上进行固定，最后引线使用T形线夹或在线路导线上缠绕一圈后使用双并沟线夹进行连接。引线连接应顺直无碎弯，工艺美观，熔断器上口至熔断器上装绝缘子的引线应有一定弧度，并保证三相弧度一致。

2. 熔断器下接线端至变压器高压侧接线柱引线

熔断器选用型号为HRW12-12/200熔断器。

熔断器下接线端应使用铜铝接线端子与引线连接，然后在熔断器横担侧装绝缘子上将引线绑扎回头，绑好后侧装绝缘子中心位置至熔断器下接线端引线长度约为90cm。熔断器引线在避雷横担绝缘子上用绑线固定后引至变压器高压侧，使用设备线夹进行固定，并加装绝缘护罩。

高压熔断器与变压器低压出线柱头安装在同侧，此面作为变台的正面。

3. 接地环

接地环距熔断器横担侧支瓶中心35cm处安装。

4. 避雷器引线

避雷器选用型号为HY5WS-17/50避雷器。

避雷器各相间距离应不小于0.5m，下侧采用JKLYJ-50绝缘线连接在一起，再与接地体相连接。在高压引线上距接地环约70cm处安装穿刺线夹，然后使用长度约为62cm的引线与避雷器连接，避雷器侧使用铜铝接线端子连接，连接好后加装绝缘护罩。

5. 配电变压器

变压器选用型号为S11及以上配电变压器，变压器放在安装好的变压器托担上，使用变压器固定横担对变压器进行固定。

变压器低压出线柱头与高压熔断器安装在同侧，此面作为变台的正面。

6. JP柜安装

JP柜须选用通过国家3C认证的产品，主进断路器应具有30kA短路分断能力，能够根据变压器容量或实际负荷调整过载保护值，具备自动重合功能，抗干扰能力强，漏电动作电流为50～500mA可调，还应具备断相保护功能。负荷开关、主进断路器等主要电器元件应选用著名优质品牌产品。柜体材质须选用不小于1.5mm的304不锈钢板（国标0Cr18Ni9/SUS304），要求喷塑（灰）。

JP柜采用托担形式安装，放在安装好的JP柜托担上，使用JP柜固定横担对JP柜进行固定。

一、变压器低压侧引线安装

变压器低压侧引线采用BV布电线，采用穿PVC-C型电缆保护管（以下简称PVC管）形式安装，使用2套固定横担和PVC管抱箍进行固定。PVC管转弯处采用45°弯头，变压器低压接线柱处加装一个45°弯头并留有滴水弯。变压器低压侧引线进入JP柜内用铜接线端子进行固定。

二、低压出线安装

低压出线分为低压电缆入地和低压上返高低压同杆架设两种形式。

低压电缆入地安装时，利用JP柜下方出线孔，低压出线管采用ϕ100的钢管。

低压上返高低压同杆架设安装时，利用JP柜侧方出线孔，低压出线管采用ϕ100的PVC管。安装在变压器托担、避雷器横担、高压熔断器横担、高压引线横担预留的PVC管抱箍固定孔上，在转弯处采用45°弯头，出线口处加装一个45°弯头并留有滴水弯，低压出线与低压线路采用JBL-1双并沟线夹进行连接。

三、配电变压器低压侧引线选择

变压器容量/kVA	引线型号	变压器容量/kVA	引线型号
50	BV-35	200	BV-95
100	BV-50	250	BV-150
160	BV-70	315	BV-185
400	BV-240		

四、变压器台架各部分引线参考长度

熔断器下口	距	侧支瓶中心	90cm
侧支瓶中心	距	接地环	35cm
接地环	距	避雷器穿刺线夹	70cm
避雷器穿刺线夹	距	变压器高压侧	215cm
熔断器下口	距	接地环	125cm
	距	避雷器	195cm
	距	变压器高压侧	410cm
避雷器引线	长		62cm

五、接地体安装

1. 接地体安装要求

接地体采用∠50×5×2500的角钢，在电杆外侧挖60cm深的沟，将接地体打入地下，两接地体之间距离为5m，用－40×4×5000扁钢连接，地平面以下连接处全部采用焊接，并做好防腐处理。

2. 接线方式

(1) 综合配变全部采用TT接地方式，从正面看（高压熔断器与变压器低压出线柱头侧）避雷器单独沿变台左侧电杆内侧接地，变压器外壳、中性点、JP柜外壳沿变台右侧电杆内侧接地。

(2) 避雷器下端应采用绝缘线将三相连接在一起，接地引线沿避雷器横担和电杆内侧敷设。变压器外壳接地引线沿变压器托担敷设，变压器中性线沿变压器散热片外侧垂直向下顺变压器托担敷设。JP柜接地引线沿JP柜托担敷设。接地引下线在适当位置处宜采用钢包带固定。

(3) 接地扁钢采用－40×4×2400扁钢，扁钢露出地面约1.8m，用黄（10cm）绿（10cm）相间的相色漆（带）进行喷刷（粘贴），接地引下线采用JKLYJ—50绝缘线，与接地扁钢连接采用DTL—50接线端子。

3. 接地电阻

接地装置施工完毕后须进行接地电阻的测量，变压器容量在100kVA以下的，其接地电阻应不大于10Ω；100kVA及以上的，接地电阻不应大于4Ω。

六、试验调试

台架设备安装完成后要对部分设备进行试验，变压器要进行空载试验、负载试验、交流耐压试验、绝缘电阻、变比试验、短路电压和直流电阻试验。

避雷器要进行绝缘电阻、泄露值试验。

熔断器要进行绝缘试验。

一、标志牌安装

(1) 警告标志牌、运行标志牌、防撞警示线依据《国家电网公司安全设施标准 第2部分：电力线路》(Q/GDW 434.2) 要求进行制图，制图参数见下面具体规定。

(2) 变压器台架应安装在“禁止攀登，高压危险”警告标志牌，尺寸统一为300mm×240mm。安装在变压器托担上，位于变压器正面左侧。警示牌上沿与变压器槽钢上沿对齐，并用钢包带固定在槽钢上。

(3) 变压器台架应安装变压器运行标志牌，尺寸统一为320mm×260mm，白底，红色黑体字。安装在变压器托担上，位于变压器正面右侧。运行标志牌上沿与变压器槽钢上沿对齐，并用钢包带固定在槽钢上。

(4) 变压器台架应安装电杆杆号标志牌，尺寸统一为320mm×260mm，白底，红色黑体字。杆号杆志牌下沿与变压器槽钢上沿对齐，并用钢包带固定在电杆上。

(5) 变压器台架电杆下部应涂刷（粘贴）黄（20cm）黑（20cm）相间、带荧光防撞警示线，警示线顶部一格书写“高压危险，禁止攀登”（字体为红色黑体），警示线在电杆埋深标识上沿（或距离地面50cm处）向上围满一周涂刷（粘贴），其高度不小于1.2m。

二、安装工艺要求

(1) 安装工艺要求做到“横平竖直”，即横担安装要做到横平，全部引下线安装要竖直，凡是带有弧度的引线三相要保持一致。

(2) 螺栓穿向应与U形螺丝穿向保持一致，并遵循以下原则，垂直方向由下向上，水平方向由内向外，面向受电侧由左向右。JP柜、变压器、避雷器、熔断器、高压引线横担紧固螺栓，抱箍紧固螺栓，接地体与电缆接线端子紧固螺栓须按“两平（平垫）一弹（弹垫）双螺母”配备，其他可按“一平（平垫）一弹（弹垫）一螺母”配备。

(3) 螺栓紧好后，螺杆丝扣露出的长度，单螺母不应少于2个螺距，双螺母可与螺母相平。同一水平面上丝扣露出的长度应基本一致。

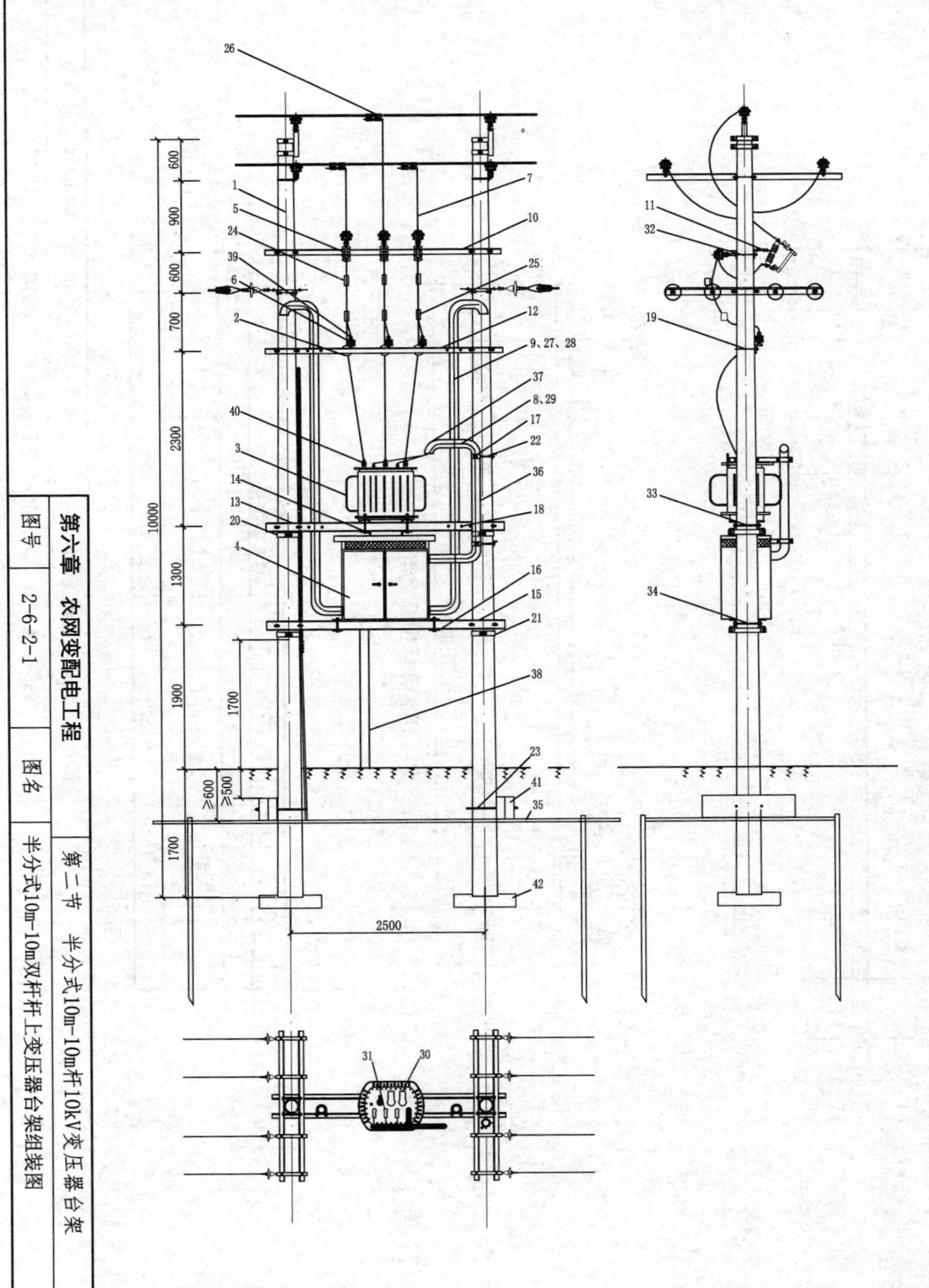

10m-10m（半分式）材料表

材料分类	序号	材料名称	规格型号	单位	数量	备注
电杆	1	混凝土杆	ϕ190×10×G	根	2	
绝缘子	2	绝缘子	P-20T	只	9	可选FPQ2-10T/20
设备	3	电力变压器	S13及以上	台	1	根据负荷大小选择
	4	低压综合配电箱		面	1	根据变压器容量选择，带补偿
	5	高压熔断器	HRW12-12/200A	只	3	
	6	氧化锌避雷器	HY5WS-17/50	只	3	
线材	7	绝缘导线	JKLYJ-10-50	m	38	含接地引线
	8	布电线	BV/BVR-50/240	m	22	可选用低压电缆
	9	布电线	BLV-50/185	m	48	可选用低压电缆
铁附件	10	熔断器横担	∟63×6×3000	根	2	
	11	熔断器连板	—80×8×500	副	3	
	12	避雷器横担	∟63×6×3000	根	1	
	13	变压器横担	[140×58×6×3000	根	2	
	14	变压器固定横担	∟63×6×650	根	2	
	15	低压综合配电箱横担	[80×43×5×3000	副	2	
	16	低压综合配电箱固定横担	—100×8×600	块	2	
	17	低压进线电缆固定支架	∟50×5×600	副	2	
	18	低压出线电缆抱箍	—40×4，D120	副	4	
	19	U形抱箍	U16-230	副	2	用于避雷器横担
	20	变压器横担抱箍	—100×8，D260	副	2	
	21	低压综合配电箱横担抱箍	—100×8，D280	副	2	
	22	U形抱箍	U16-260	副	2	用于低压进线电缆固定支架横担
	23	卡盘U形抱箍	U20-310	副	2	可选
金具	24	接地线夹	JDL-50-240	副	3	
	25	绝缘穿刺线夹	JJC/10-3/1	副	3	
	26	异型并沟线夹	JBL-50/240	副	6	可选TL-11/21
	27	电缆接线端子	DTL-50	只	21	
	28	电缆接线端子	DTL-50/185	只	8	
	29	电缆接线端子	DT-35/240	只	4	
	30	设备线夹	SLG-1B	副	3	
	31	变压器线夹	M12/M20	副	4	根据变压器容量选择
标准件	32	螺栓	M16×280	件	4	用于熔断器横担
	33	螺栓	M20×320	件	4	用于变压器横担
	34	螺栓	M16×340	件	4	用于低压综合配电箱横担
接地	35	接地体		套	1	根据不同地质任选其一
其他	36	UPVC管	ϕ110	m	12	
	37	UPVC管弯头	ϕ110，45°	个	17	
	38	镀锌钢管	ϕ110	m	2.5	
	39	避雷器绝缘护罩		只	3	
	40	变压器绝缘护罩		只	7	三高四低
	41	卡盘	KP12	块	2	可选
	42	底盘	DP8	块	2	可选

第六章　农网变配电工程		第二节　半分式10m-10m杆10kV变压器台架
图号	2-6-2-1	图名	半分式10m-10m双杆杆上变压器台架组装图

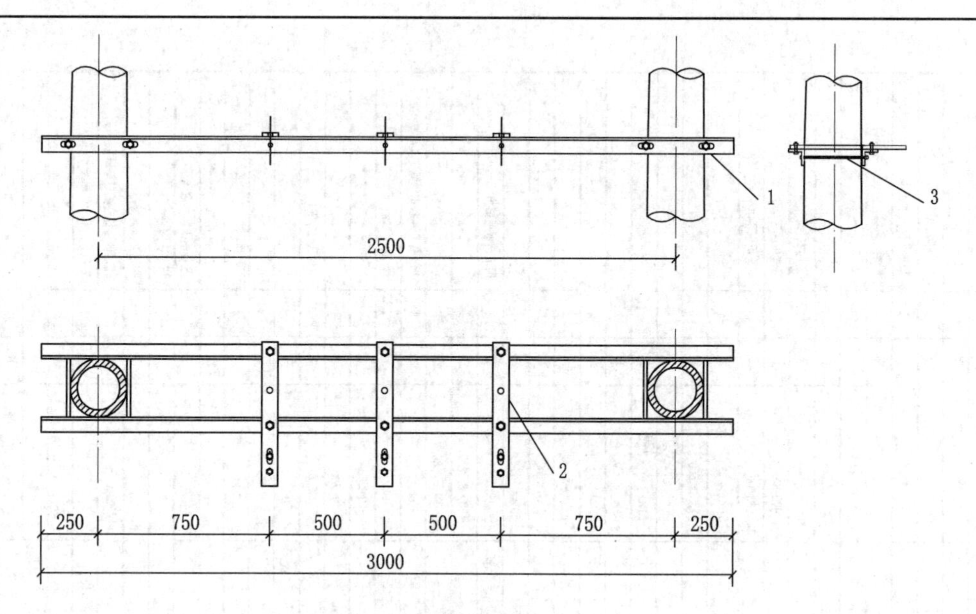

溶断器横担杆上组装图

材料表

序号	名 称	规 格	单位	数量	重量/kg	备 注
1	熔断器横担	∟63×6×3000	根	2	34.32	
2	熔断器连板	—80×8×500	副	3	8.61	
3	螺 栓	M16×280	件	4	2.40	二平一弹、双螺母

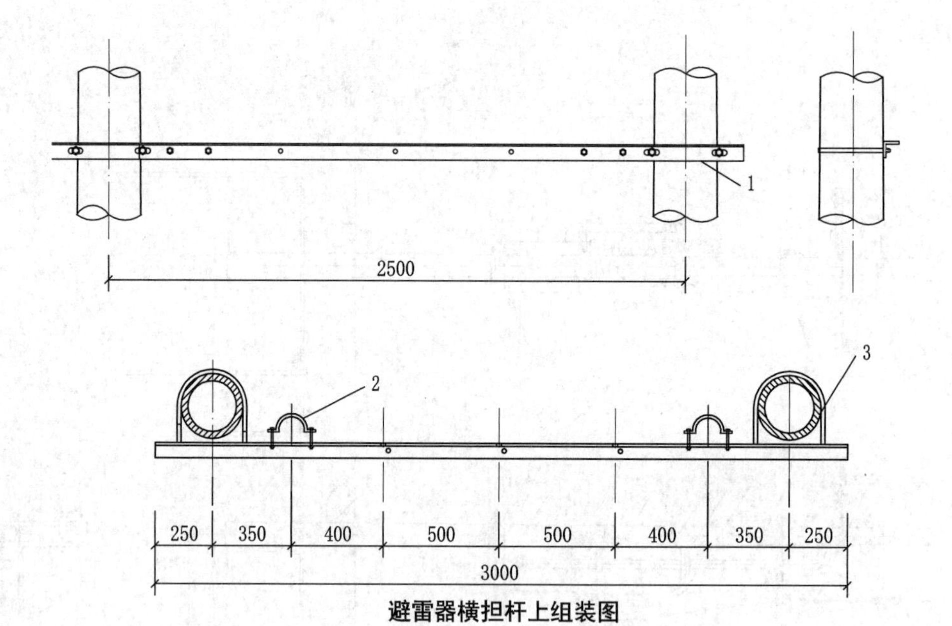

避雷器横担杆上组装图

材料表

序号	名 称	规 格	单位	数量	重量/kg	备 注
1	避雷器横担	∟63×6×3000	根	1	17.16	
2	低压出线电缆抱箍	—40×4,D120	副	2	1.38	
3	U形抱箍	U16-230	副	2	2.66	

第六章 农网变配电工程		第二节 半分式10m-10m杆10kV变压器台架	
图号	2-6-2-2	图名	熔断器横担、避雷器横担杆上组装图

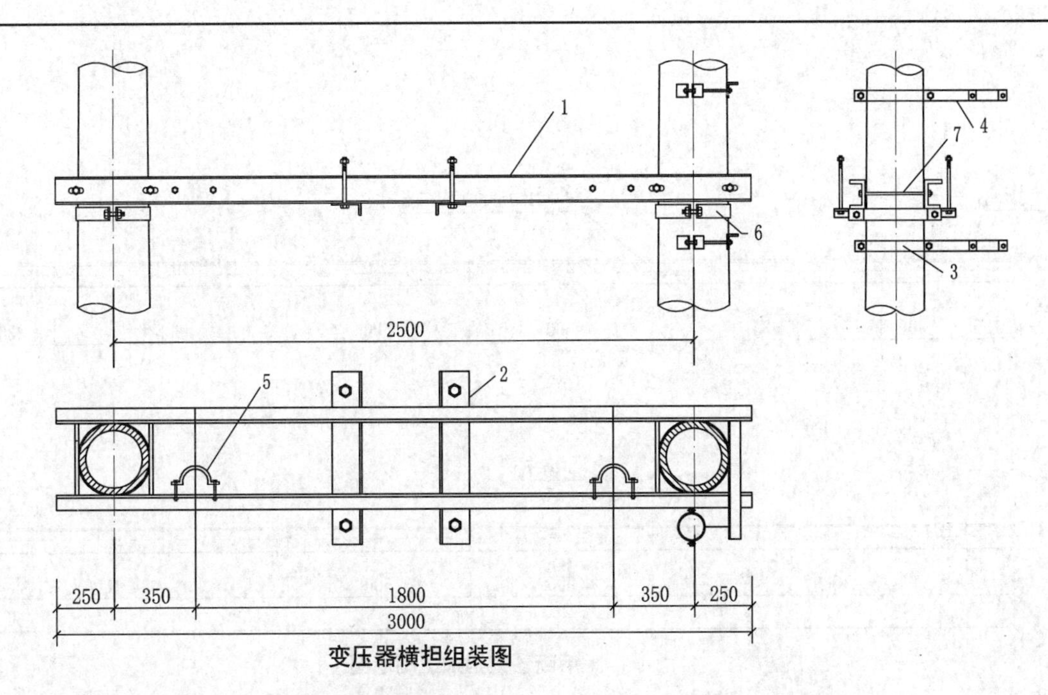

变压器横担组装图

材料表

序号	名 称	规 格	单位	数量	重量/kg	备 注
1	变压器横担	[140×58×6×3000	根	2	87.22	
2	变压器固定横担	∟63×6×650	根	2	7.44	
3	U形抱箍	U16-260	副	2	3.16	
4	低压进线电缆固定支架	∟50×5×600	副	2	7.36	
5	低压出线电缆抱箍	—40×4,D120	副	2	1.38	
6	变压器横担抱箍	—100×8,D260	副	2	21.82	
7	螺 栓	M20×320	件	4	4.92	二平一弹、双螺母

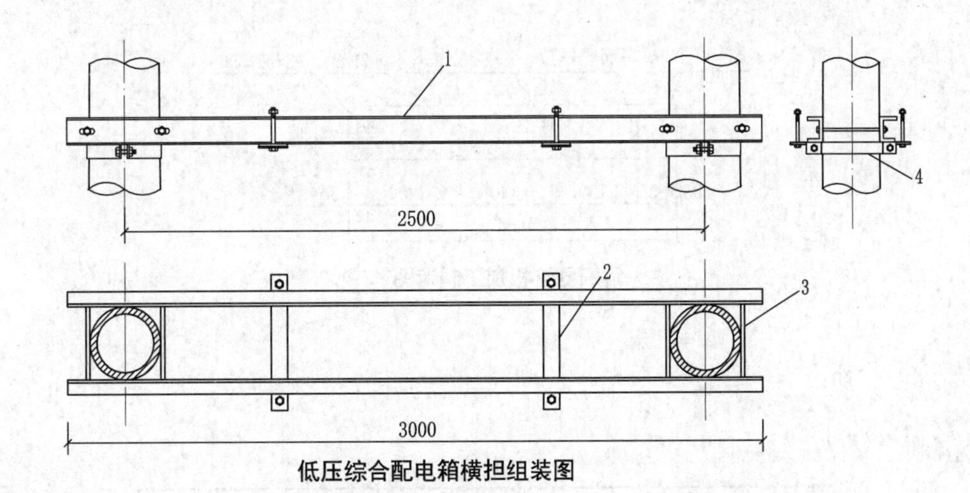

低压综合配电箱横担组装图

材料表

序号	名 称	规 格	单位	数量	重量/kg	备 注
1	低压综合配电箱横担	[80×43×5×3000	根	2	48.28	
2	低压综合配电箱固定横担	—100×8×600	根	2	7.54	
3	螺 栓	M16×340	件	4	2.76	二平一弹、双螺母
4	低压综合配电箱横担抱箍	—100×8,D280	副	2	21.82	

第六章 农网变配电工程		第二节 半分式10m-10m杆10kV变压器台架	
图号	2-6-2-3	图名	变压器横担、低压综合配电箱横担组装图

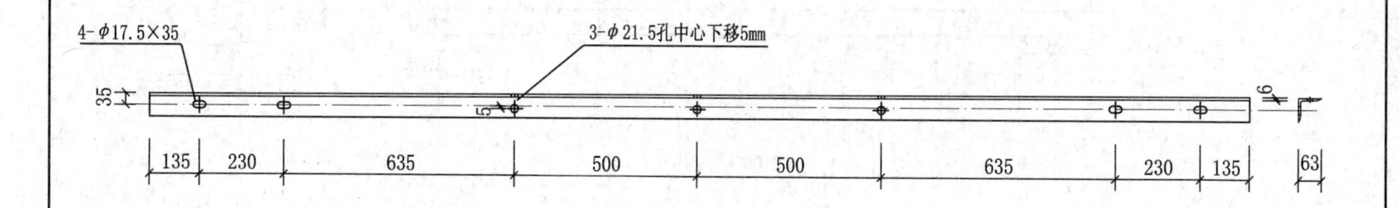

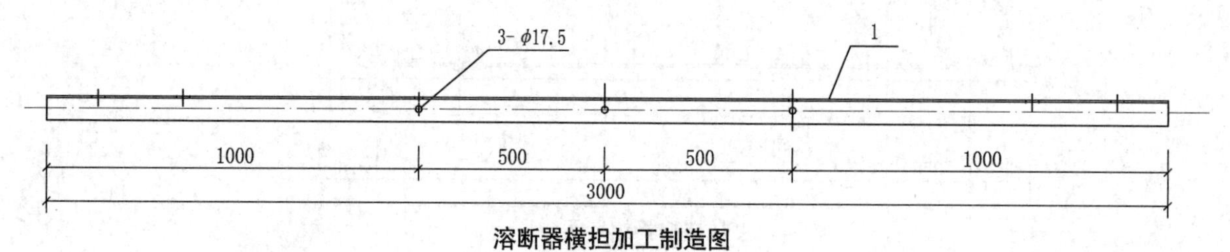

溶断器横担加工制造图

材料表

序号	名 称	规 格	单位	数量	重量/kg	备 注
1	角 钢	∟63×6×3000	根	1	17.16	

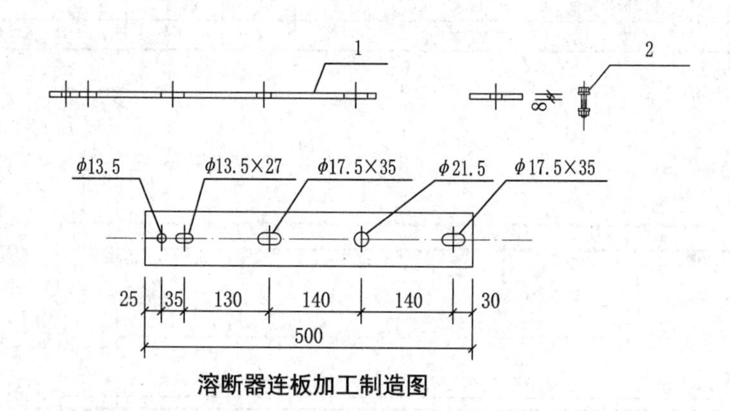

溶断器连板加工制造图

材料表

序号	名 称	规 格	单位	数量	重量/kg	备 注
1	扁 钢	—80×8×500	块	1	2.51	
2	螺 栓	M16×50	件	2	0.36	二平一弹、单螺母

注：(1) 产品制造和检验应符合DL/T 646要求，焊接牢固，无虚焊。

(2) 尺寸精确，材料Q235须热镀锌，且符合GB 2694要求。

第六章　农网变配电工程		第二节　半分式10m-10m杆10kV变压器台架	
图号	2-6-2-4	图名	熔断器横担和熔断器连板加工制造图

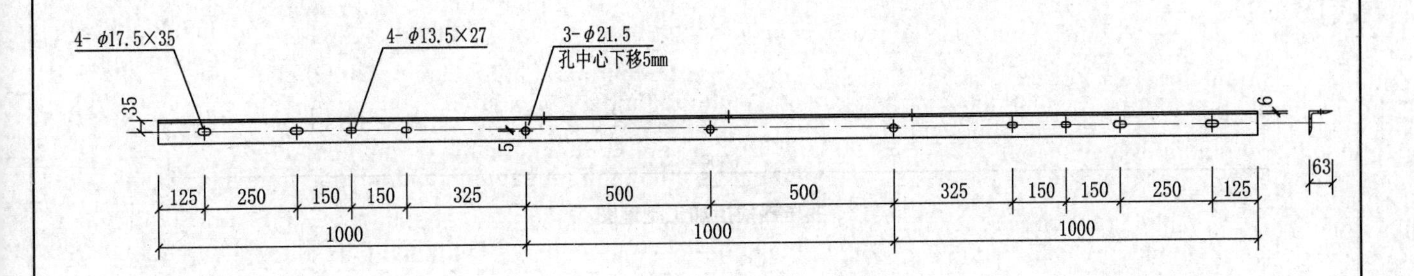

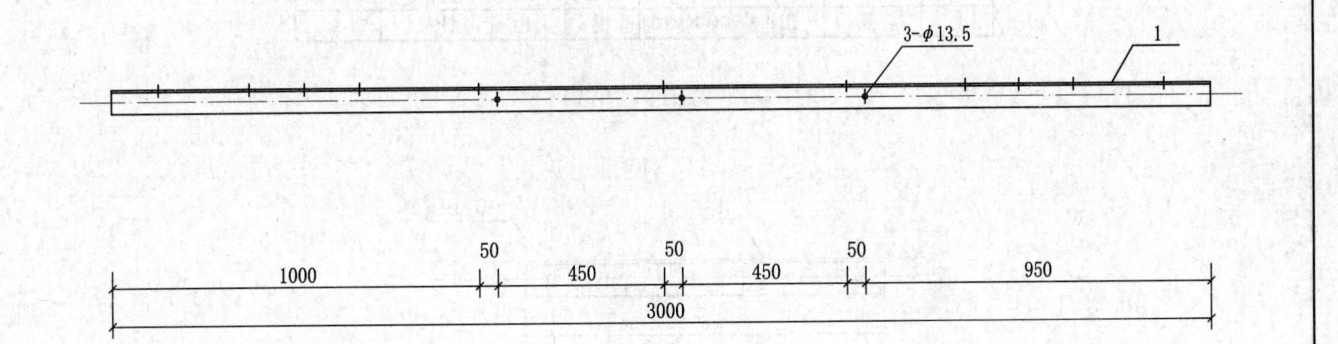

材料表

序号	名 称	规 格	单位	数量	重量/kg	备 注
1	角 钢	∟63×6×3000	根	1	17.16	

注：(1) 产品制造和检验应符合DL/T 646要求，焊接牢固，无虚焊。
(2) 尺寸精确，材料Q235须热镀锌，且符合GB 2694要求。

第六章 农网变配电工程		第二节 半分式10m-10m杆10kV变压器台架	
图号	2-6-2-5	图名	避雷器横担加工制造图

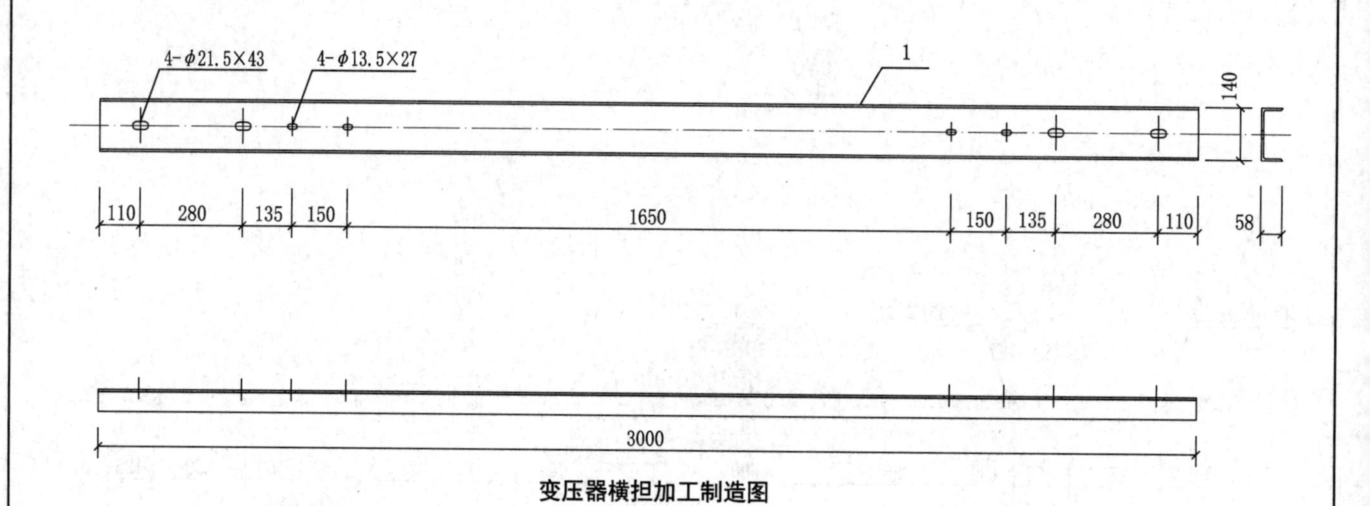

变压器横担加工制造图

材料表

序号	名 称	规 格	单位	数量	重量/kg	备 注
1	槽 钢	[140×58×6×3000	根	1	43.61	

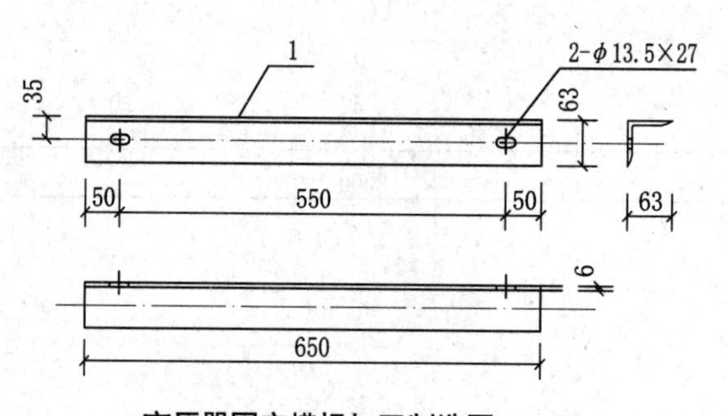

变压器固定横担加工制造图

材料表

序号	名 称	规 格	单位	数量	重量/kg	备 注
1	角 钢	∟63×6×650	根	1	3.72	

第六章 农网变配电工程		第二节 半分式10m-10m杆10kV变压器台架	
图号	2-6-2-6	图名	变压器横担和变压器固定横担加工制造图

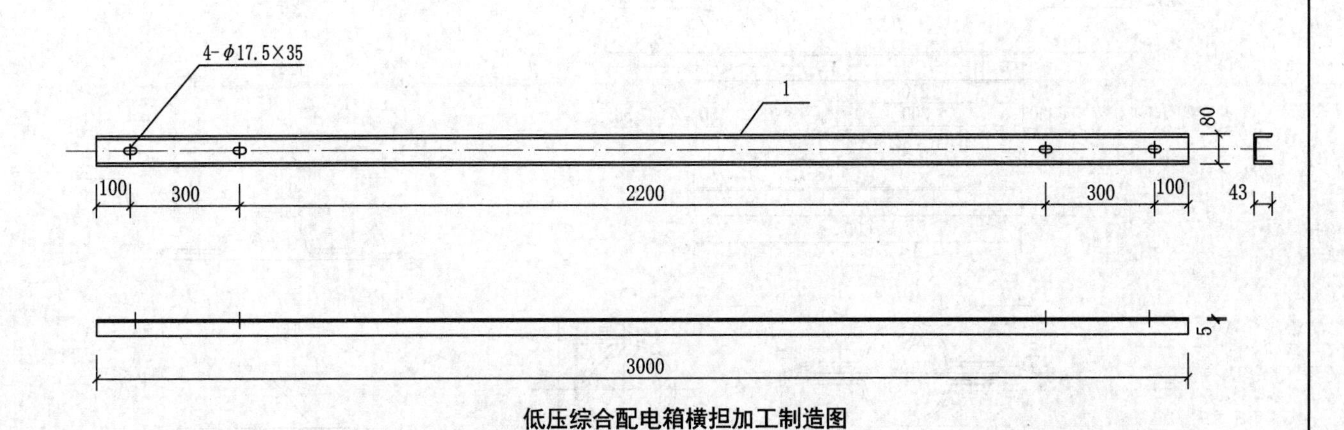

低压综合配电箱横担加工制造图

材料表

序号	名 称	规 格	单位	数量	重量/kg	备 注
1	槽 钢	[80×43×5×3000	根	1	24.14	

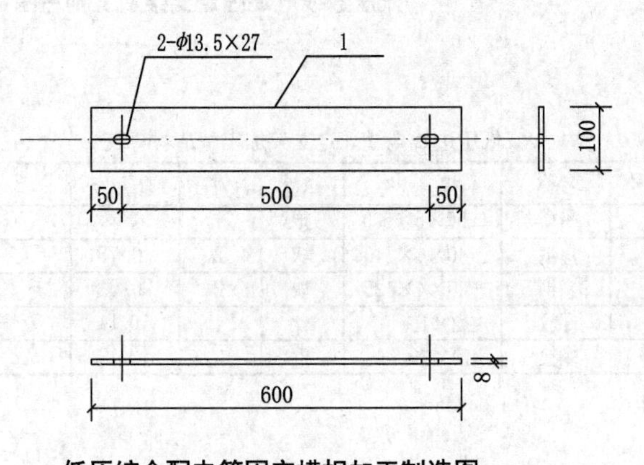

低压综合配电箱固定横担加工制造图

材料表

序号	名 称	规 格	单位	数量	重量/kg	备 注
1	扁 钢	—100×8×600	块	1	3.77	

注：(1) 产品制造和检验应符合DL/T 646要求，焊接牢固，无虚焊。
(2) 尺寸精确，材料Q235须热镀锌，且符合GB 2694要求。

第六章 农网变配电工程		第二节 半分式10m-10m杆10kV变压器台架	
图号	2-6-2-7	图名	低压综合配电箱横担及固定横担加工制造图

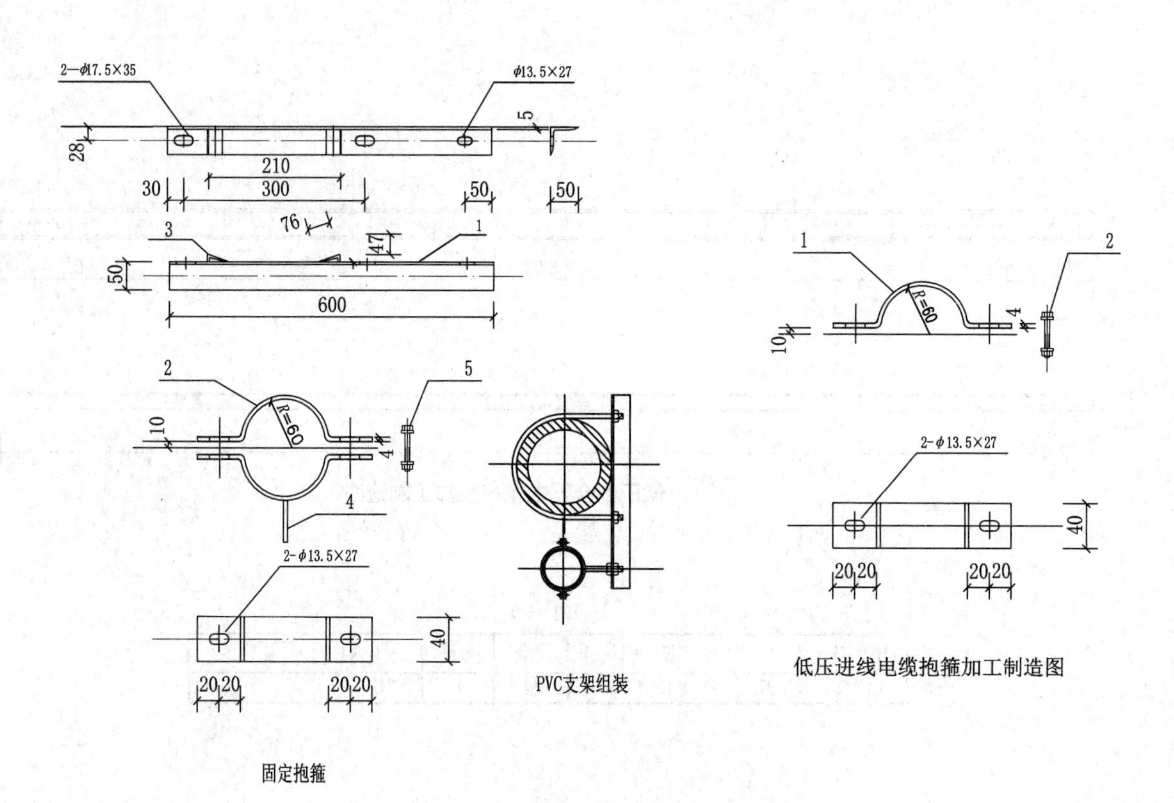

低压进线电缆固定支架加工制造图

低压进线电缆固定支架加工制造材料表

序号	名称	规　格	单位	数量	重量/kg	备　注
1	角钢	∟50×5×600	根	1	2.26	
2	扁钢	—40×4×310	块	2	0.78	
3	扁钢	—40×4×125	块	2	0.32	
4	螺栓	M12×100	件	1	0.14	二平一弹、单螺母
5	螺栓	M12×50	件	2	0.18	

低压进线电缆抱箍加工制造材料表

序号	名称	规　格	单位	数量	重量/kg	备 注
1	扁钢	−40×4×310	块	1	0.39	
2	螺栓	M12×120	件	2	0.30	二平一弹、单螺母

注:(1)产品制造和检验应符合DLT 646要求,焊接牢固,无虚焊。
(2)尺寸精确,材料Q235须热镀锌,且符合GB 2694要求。

第六章　农网变配电工程		第二节　半分式10m-10m杆10kV变压器台架	
图号	2-6-2-8	图名	低压进线电缆固定支架和低压出线电缆抱箍加工制造图

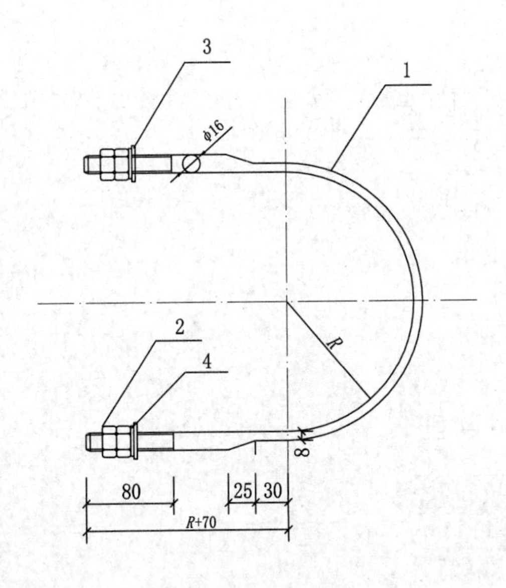

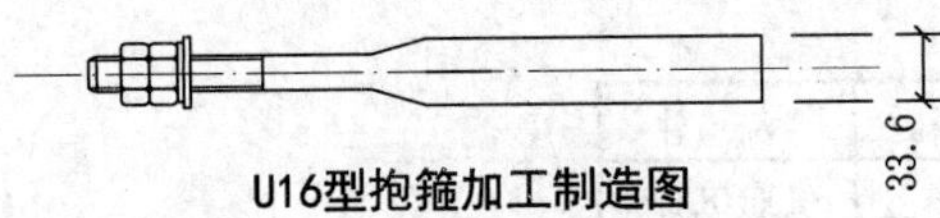
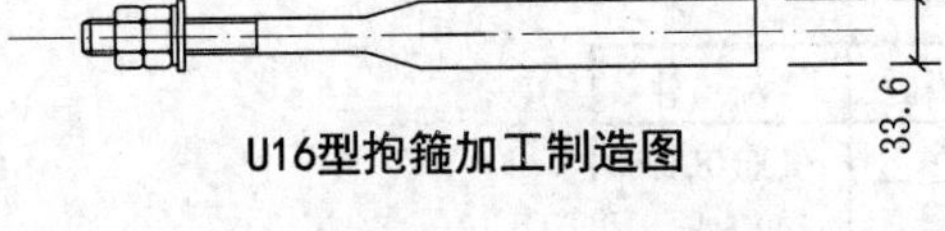

U16型抱箍加工制造图

选型表

型　号	R/mm	L/mm	单位	数量	总重量/kg
U16-230	115	744	副	1	1.33
U16-260	130	820	副	1	1.45

材料表

序号	名称	规　格	单位	数量	重量/kg	备注
1	圆钢	$\phi16\times L$	根	1	1.17	U16-230 1.33kg
2	螺母	AM16	个	4	0.12	
3	平垫	$\phi16$	个	2	0.03	
4	弹垫	$\phi16$	个	2	0.01	

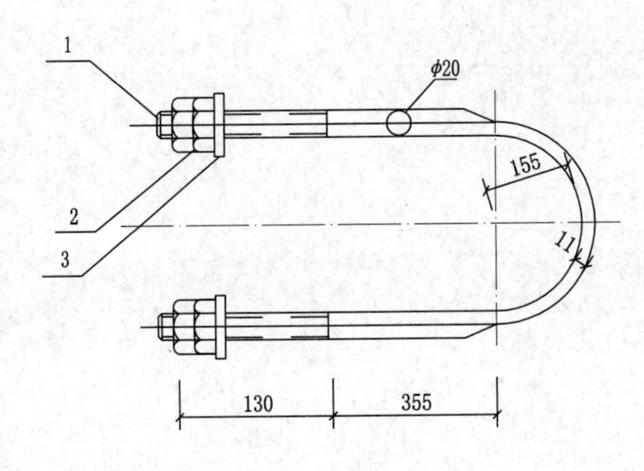

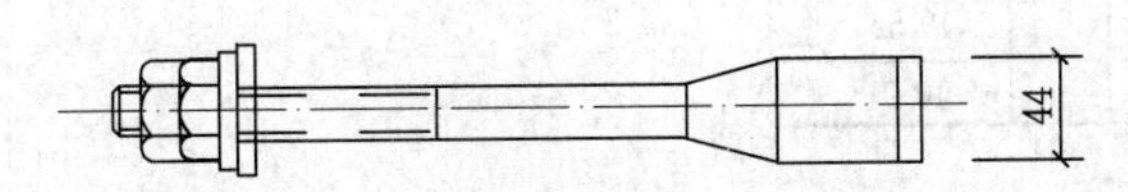

U20型抱箍加工制造图

材料表

序号	名称	规格	单位	数量	质量/kg	备注
1	扁钢	$-100\times8\times L$	块	2	6.92	-100×8, D260 10.52kg
2	扁钢	$-70\times8\times140$	块	4	2.48	
3	螺栓	M20×100	件	2	1.12	

注：(1) 产品制造和检验应符合DLT 646要求，焊接牢固，无虚焊。
(2) 尺寸精确，材料Q235须热镀锌，且符合GB 2694要求。
(3) 螺栓按二平一弹、双螺母配置。

第六章　农网变配电工程		第二节　半分式10m-10m杆10kV变压器台架	
图号	2-6-2-9	图名	U16型与U20型抱箍加工制造图

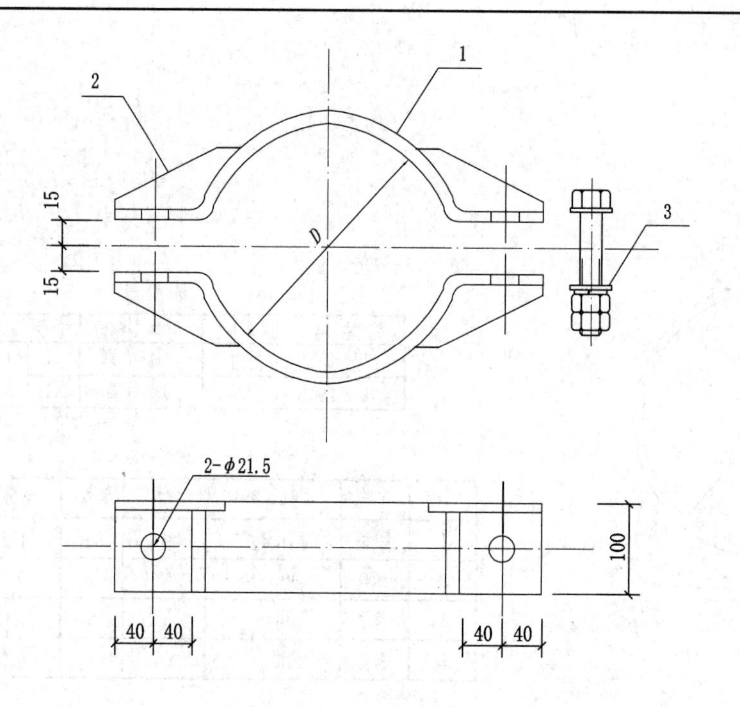

材料表

序号	名　　称	规　　格	单位	数量	重量/kg	备　　注
1	扁钢	−100×8×L	块	2	6.92	−100×8,D260 10.52kg
2	扁钢	−70×8×140	块	4	2.48	
3	螺栓	M20×100	件	2	1.12	

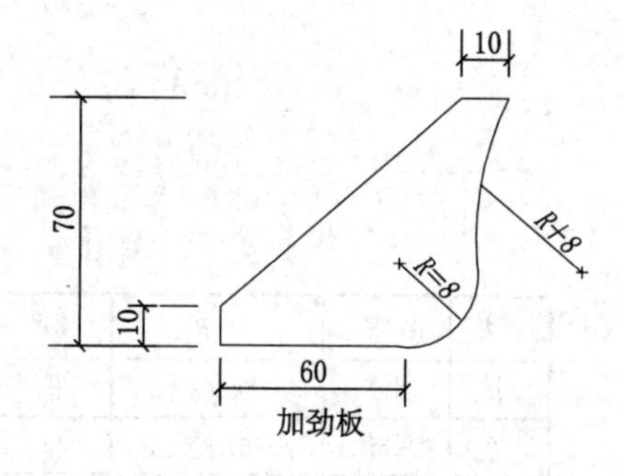

加劲板

选型表

抱箍型号	D/mm	L/mm	单位	数量	总重量/kg
−100×8 D260	260	550	副	1	10.52
−100×8 D280	280	582	副	1	10.91

注：(1) 产品制造和检验应符合DL／T 646要求，焊接牢固，无虚焊。
(2) 尺寸精确，材料Q235须热镀锌，且符合GB 2694要求。
(3) 螺栓按二平一弹、双螺母配置。

第六章　农网变配电工程		第二节　半分式10m−10m杆10kV变压器台架	
图号	2-6-2-10	图名	变压器及低压综合配电箱横担抱箍加工制造图

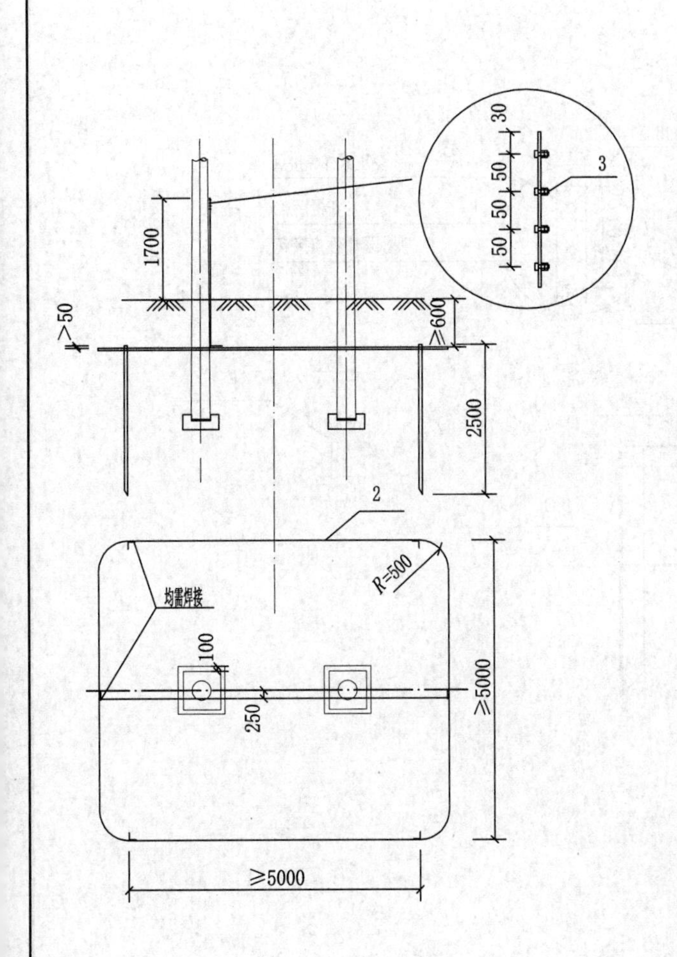

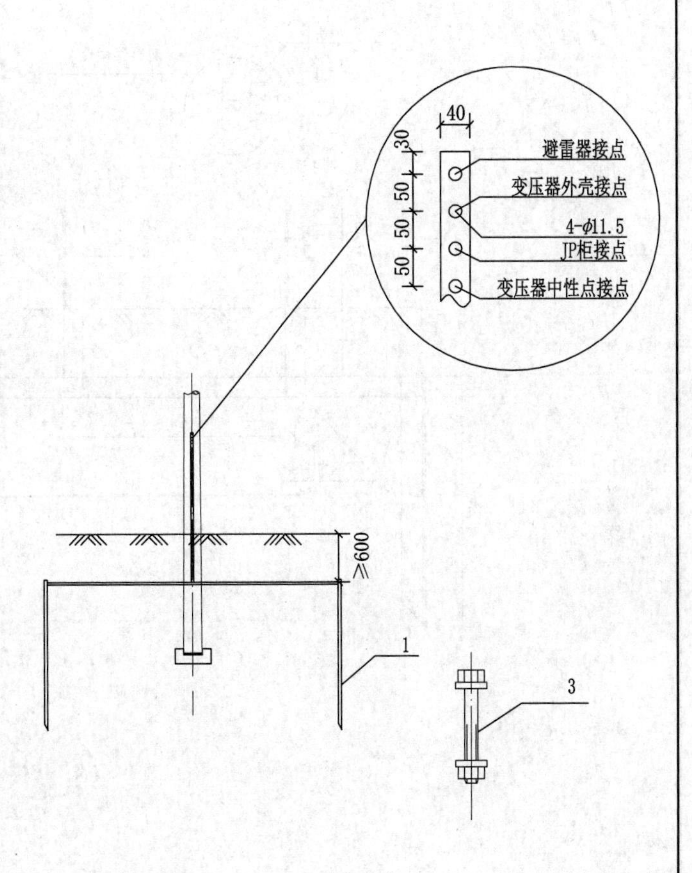

材料表

序号	名称	规格	单位	数量	重量/kg	备注
1	角钢	∟50×5×2500	根	4	37.7	接地极角钢
2	扁钢	—40×4	m	45	56.7	接地扁钢及引上线
3	螺栓	M10×50(扣40)	件	4	0.24	

注：(1) 接地体及接地引下线均做热镀锌处理。

(2) 接地装置的连接均采用焊接，焊接长度应满足规程要求。

(3) 接地引上线露出地面长度为1.7m，沿电杆内侧敷设。

(4) 在雷雨季干燥时，要求接地电阻值实测不大于下列数值：变压器容量100kVA及以下者为10Ω，100kVA以上者为4Ω，否则应增加接地极以达到以上要求。

(5) 此接地体材料及工作量根据地域差别，接地极长度和数量、接地扁钢长度，接地引上线长度在满足接地电阻条件下可做调整。

第六章　农网变配电工程		第二节　半分式10m-10m杆10kV变压器台架	
图号	2-6-2-11	图名	10kV变压器台架、接地装置加工制造图（一）

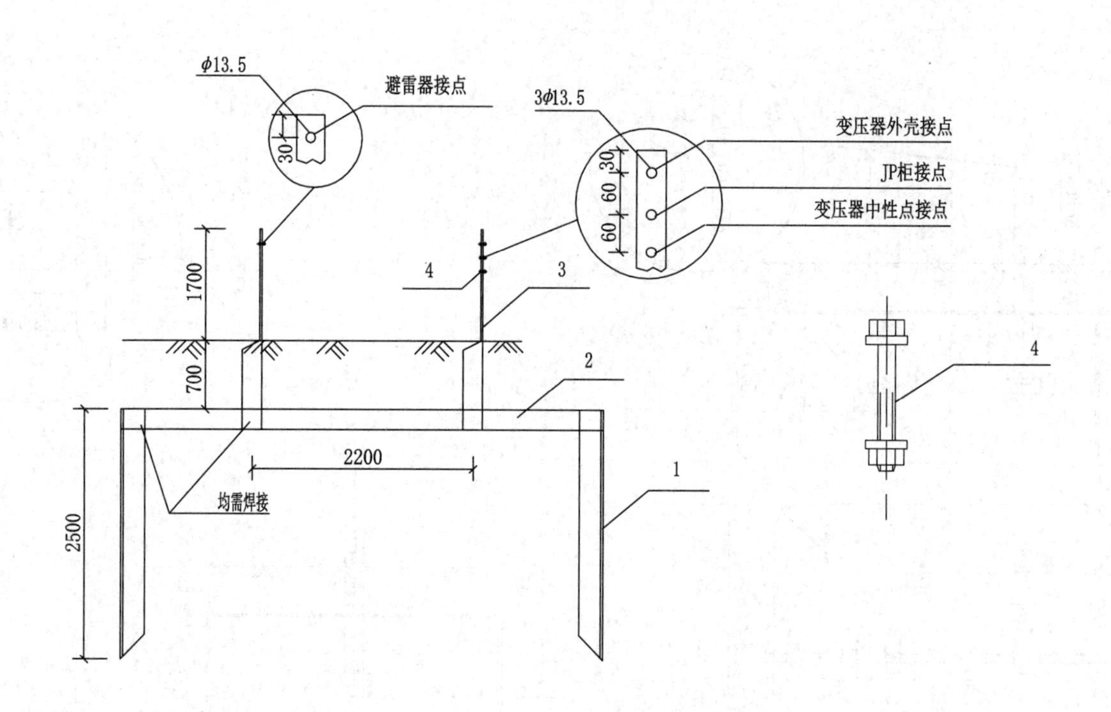

材 料 表

序号	名 称	规 格	单位	数量	重量/kg	备 注
1	角 钢	∟50×5×2500	根	2	18.85	接地极角钢
2	扁 钢	−40×4	m	5	6.28	接地扁钢
3	扁 钢	−40×4	m	5.2	6.53	接地引上线
4	螺 栓	M10×50(扣40)	件	4	0.24	

注：(1) 接地体及接地引下线均做热镀锌处理。

(2) 接地装置的连接均采用焊接，焊接长度应满足规程要求。

(3) 接地引上线露出地面长度为1.7m，沿电杆内侧敷设。

(4) 在雷雨季干燥时，要求接地电阻值实测不大于下列数值：变压器容量100kVA及以下者为10Ω，100kVA以上者为4Ω，否则应增加接地极以达到以上要求。

(5) 此接地体材料及工作量根据地域差别，接地极长度和数量、接地扁钢长度，接地引上线长度在满足接地电阻条件下可做调整。

第六章　农网变配电工程		第二节　半分式10m-10m杆10kV变压器台架	
图号	2-6-2-12	图名	10kV变压器台架、接地装置加工制造图（二）

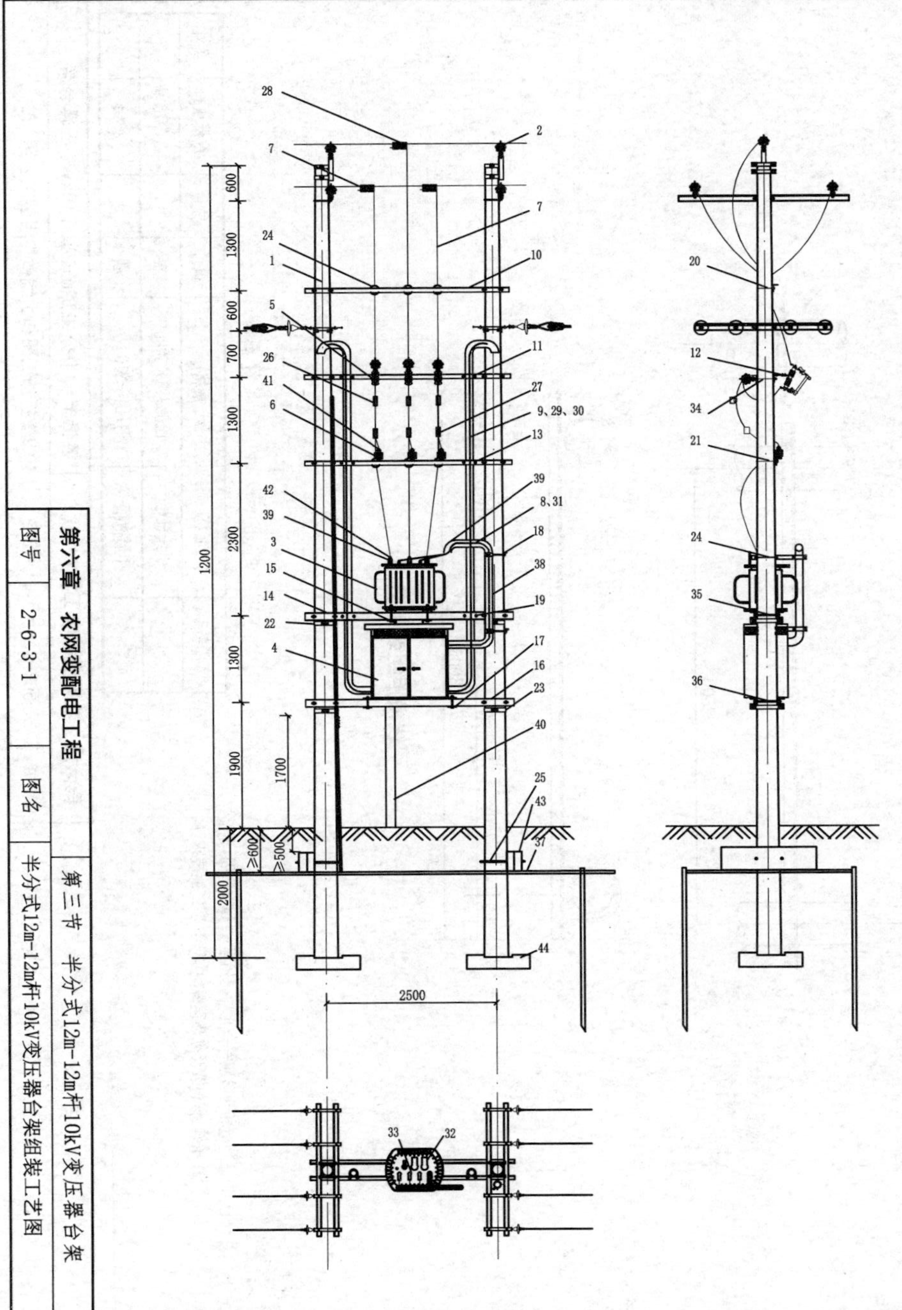

12m-12m（半分式）材料表

材料分类	序号	材料名称	规格型号	单位	数量	备注
电杆	1	混凝土杆	φ190×12×G	根	2	
绝缘子	2	绝缘子	P-20T	只	12	可选FPQ2-10T/20
	3	电力变压器	S13及以上	台	1	根据负荷大小选择
设备	4	低压综合配电箱		面	1	根据变压器容量选择，带补偿
	5	高压熔断器	HRW12-12/200A	只	3	
	6	氧化锌避雷器	HY5WS-17/50	只	3	
线材	7	绝缘导线	JKLYJ-10-50	m	42	含接地引线
	8	布电线	BV/BVR-50/240	m	22	可选用低压电缆
	9	布电线	BLV-50/185	m	56	可选用低压电缆
铁附件	10	引线横担	∟63×6×3000	根	1	
	11	熔断器横担	∟63×6×3000	根	2	
	12	熔断器连板	—80×6×500	副	3	
	13	避雷器横担	∟63×6×3000	根	1	
	14	变压器横担	[140×58×8×3000	根	2	
	15	变压器固定横担	∟63×6×650	块	2	
	16	低压综合配电箱横担	[80×43×5×3000	根	2	
	17	低压综合配电箱固定横担	—100×8×600	块	2	
	18	低压进线电缆固定支架	∟50×5×600	副	2	
	19	低压出线电缆抱箍	—40×4，D120	副	6	
	20	U形抱箍	U16-210	副	2	用于引线横担
	21	U形抱箍	U16-250	副	2	用于避雷器横担
	22	变压器横担抱箍	—100×8，D280	副	2	
	23	低压综合配电箱横担抱箍	—100×8，D300	副	2	
	24	U形抱箍	U16-290	副	2	用于低压进线电缆固定支架横担
	25	卡盘U形抱箍	U20-340	副	2	可选
金具	26	接地线夹	JDL-50-240	副	3	
	27	绝缘穿刺线夹	JJC/10-3/1	副	3	
	28	异型并沟线夹	JBL-50/240	副	6	可选TL-11/21
	29	电缆接线端子	DTL-50	只	21	
	30	电缆接线端子	DTL-50/185	只	8	
	31	电缆接线端子	DT-35/240	只	4	
	32	设备线夹	SLG-1B	副	3	
	33	变压器线夹	M12/M20	副	4	根据变压器容量选择
标准件	34	螺栓	M16×280	件	4	用于熔断器横担
	35	螺栓	M20×350	件	4	用于变压器横担
	36	螺栓	M16×350	件	4	用于低压综合配电箱横担
接地	37	接地体		套	1	根据不同地质任选其一
其他	38	UPVC管	φ110	m	15	
	39	UPVC管弯头	φ110，45°	个	17	
	40	镀锌钢管	φ110	m	2.5	
	41	避雷器绝缘护罩		只	3	
	42	变压器绝缘护罩		只	7	三高四低
	43	卡盘	KP12	块	2	可选
	44	底盘	DP8	块	2	可选

第六章　农网变配电工程		第三节　半分式12m-12m杆10kV变压器台架
图号	2-6-3-1	图名　半分式12m-12m杆10kV变压器台架组装工艺图

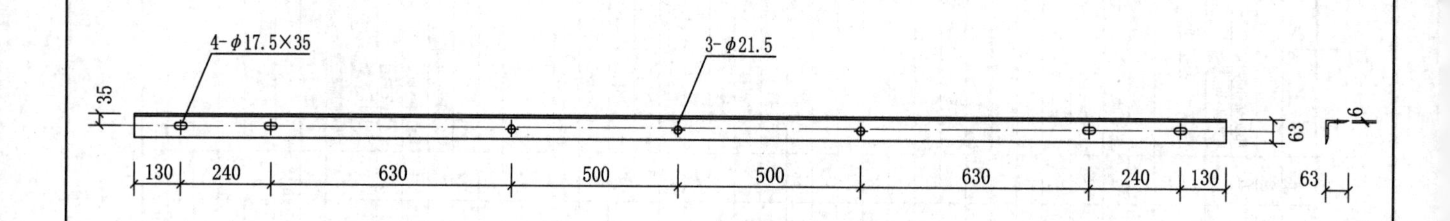

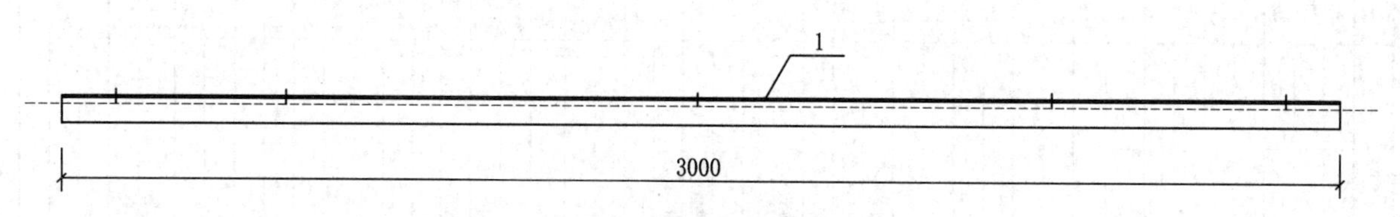

引线横担加工图

材料表

序号	名 称	规 格	单位	数量	重量/kg	备注
1	角 钢	∟63×6×3000	根	1	17.16	

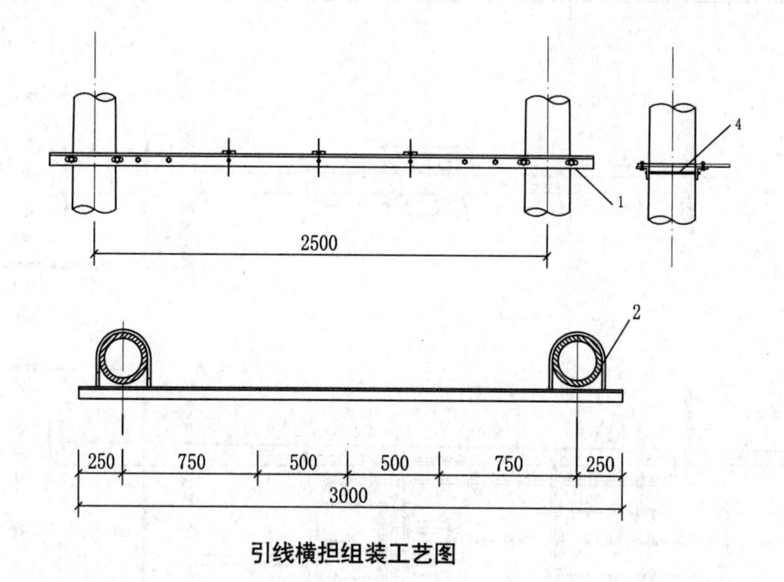

引线横担组装工艺图

注:(1) 产品制造和检验应符合DL/T 646要求,焊接牢固,无虚焊。
(2) 尺寸精确,材料Q235须热镀锌,且符合GB 2694要求。

材料表

序号	名称	规格	单位	数量	重量/kg	备注
1	引线横担	∟63×6×3000	根	1	17.16	
2	U形抱箍	U16-210	副	2	2.48	

第六章 农网变配电工程		第三节 半分式12m-12m杆10kV变压器台架
图号	2-6-3-2	图名 引线横担加工图和引线横担组装工艺图

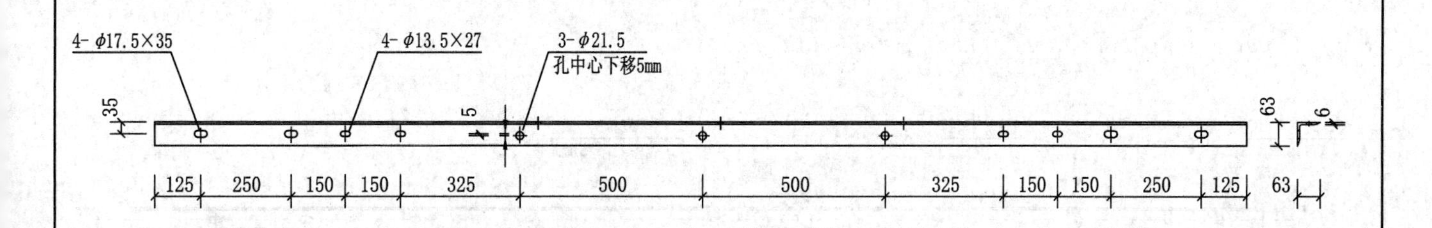

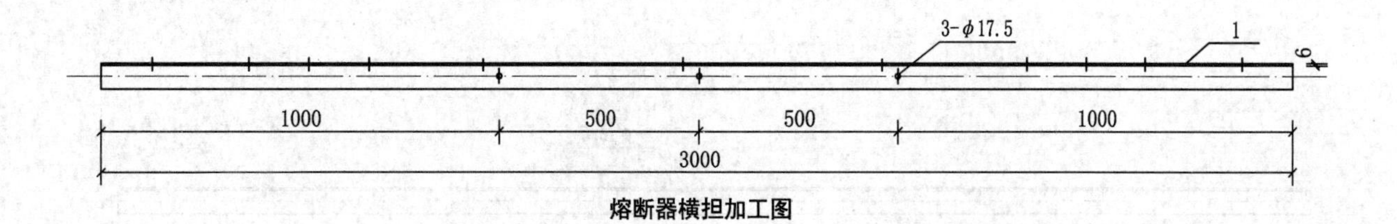

熔断器横担加工图

材料表

序号	名称	规格	单位	数量	重量/kg
1	角　钢	∟63×6×3000	根	1	17.16

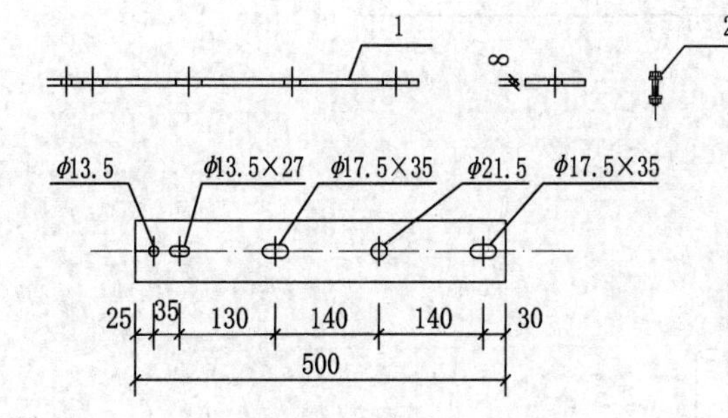

连板加工图

材料表

序号	名　称	规　格	单位	数量	重量/kg	备　注
1	扁　钢	—80×8×500	块	1	2.51	
2	螺　栓	M16×50	件	2	0.36	二平一弹、单螺母

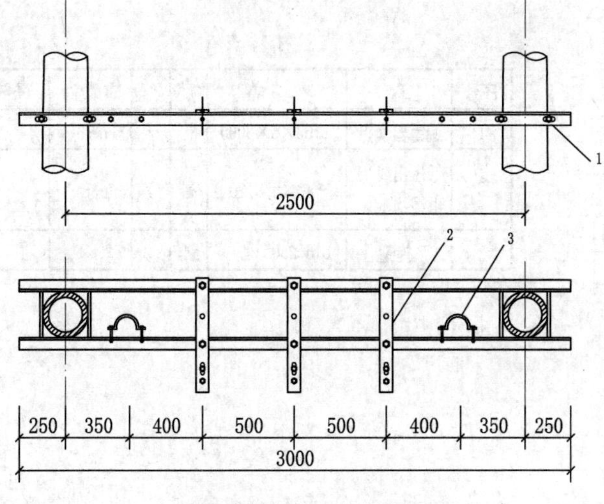

熔断器横担组装工艺图

材料表

序号	名称	规格	单位	数量	重量/kg	备注
1	熔断器横担	∟63×6×3000	根	2	34.32	
2	熔断器连板	—80×8×500	副	3	8.61	
3	低压出线电缆抱箍	—40×4,D120	副	2	1.38	
4	螺　　栓	M16×280	件	4	2.40	二平一弹、双螺母

注:(1) 产品制造和检验应符合DL/T 646要求,焊接牢固,无虚焊。
(2) 尺寸精确,材料Q235须热镀锌,且符合GB 2694要求。

第六章　农网变配电工程			第三节　半分式12m-12m杆10kV变压器台架
图号	2-6-3-3	图名	熔断器横担、连板加工图和熔断器横担组装工艺图

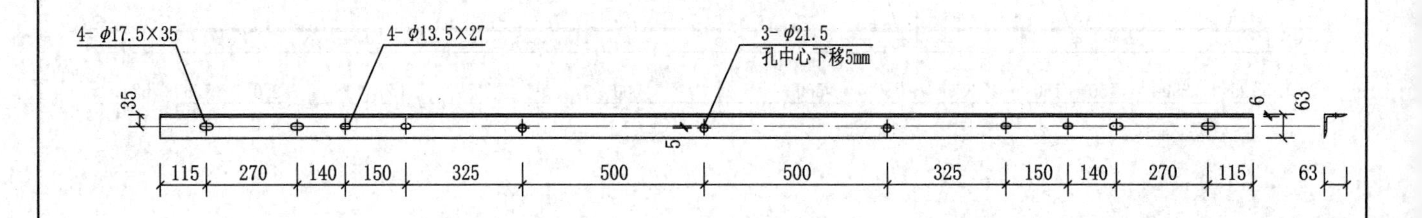

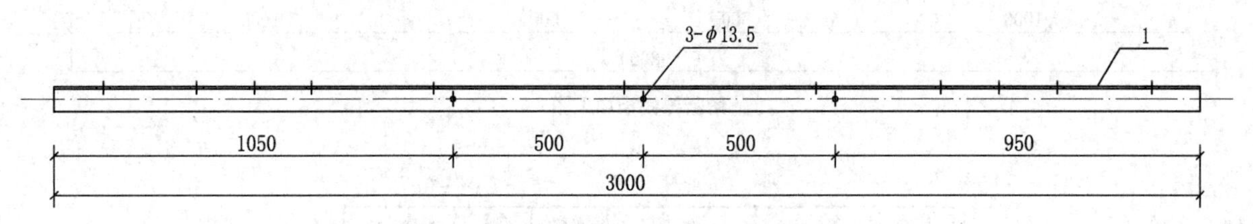

避雷器横担加工图

材料表

序号	名 称	规 格	单位	数量	重量/kg	备 注
1	角 钢	∟63×6×3000	根	1	17.16	

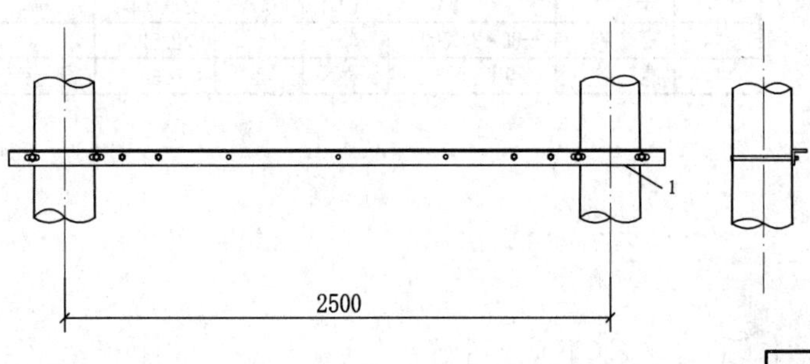

2 3

250 350 400 500 500 400 350 250

3000

避雷器横担组装工艺图

材料表

序号	名称	规 格	单位	数量	重量/kg	备注
1	避雷器横担	∟63×6×3000	根	1	17.16	
2	低压出线电缆抱箍	−40×4, D120	副	2	1.38	
3	U形抱箍	U16-250	副	2	2.82	

注：(1) 产品制造和检验应符合DL/T 646要求，焊接牢固，无虚焊。
(2) 尺寸精确，材料Q235须热镀锌，且符合GB 2694要求。

第六章 农网变配电工程		第三节 半分式12m-12m杆10kV变压器台架	
图号	2-6-3-4	图名	避雷器横担加工图和避雷器横担组装工艺图

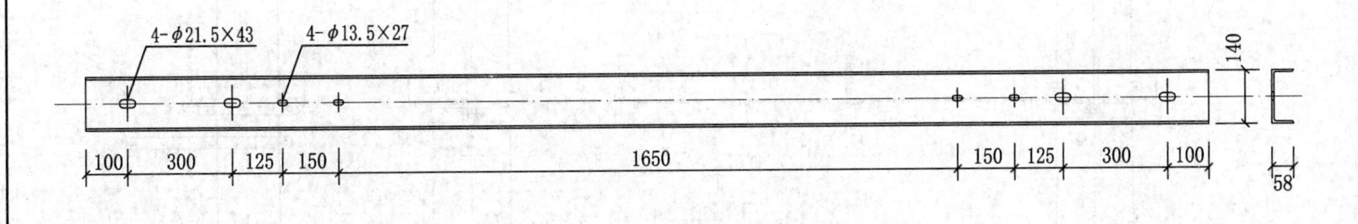

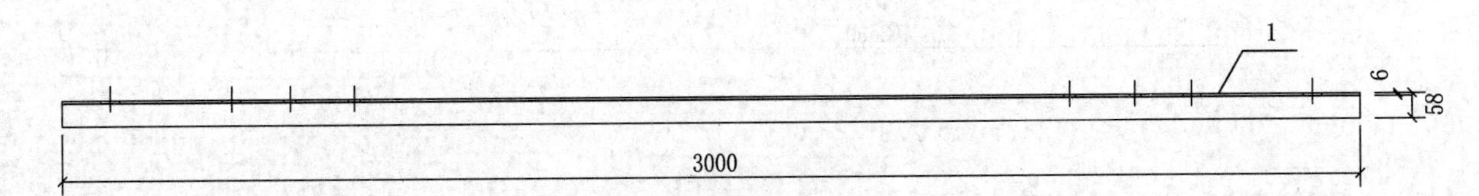

变压器台架横担加工图

材 料 表

序号	名 称	规 格	单位	数量	重量/kg	备注
1	槽 钢	[140×58×6×3000	根	1	43.61	

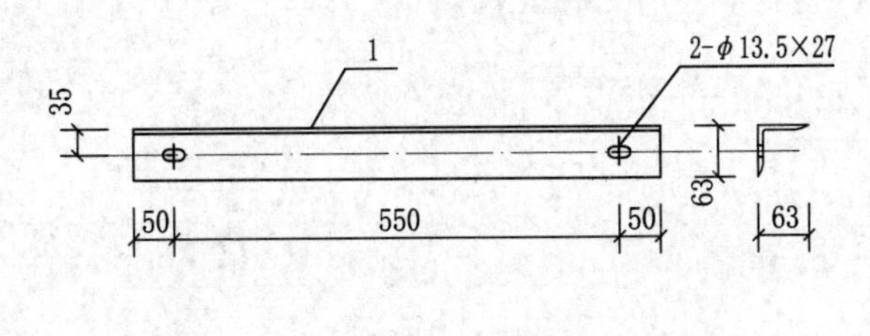

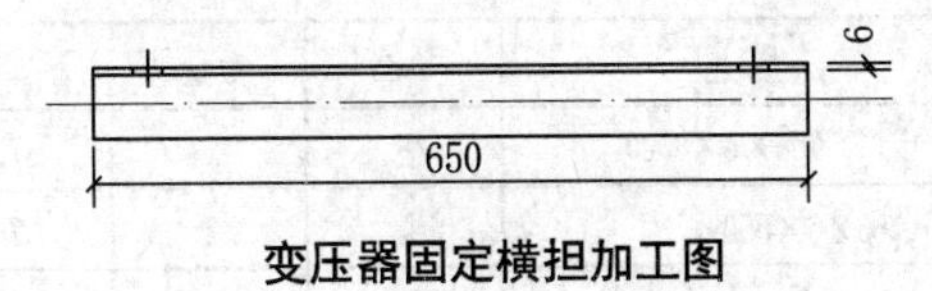

变压器固定横担加工图

材 料 表

序号	名 称	规 格	单位	数量	重量/kg	备注
1	角 钢	∟63×6×650	根	1	3.72	

注：(1) 产品制造和检验应符合DL/T 646要求,焊接牢固,无虚焊。
(2) 尺寸精确,材料Q235须热镀锌,且符合GB 2694要求。

第六章　农网变配电工程		第三节　半分式12m-12m杆10kV变压器台架	
图号	2-6-3-5	图名	变压器台架横担加工图和变压器固定横担加工图

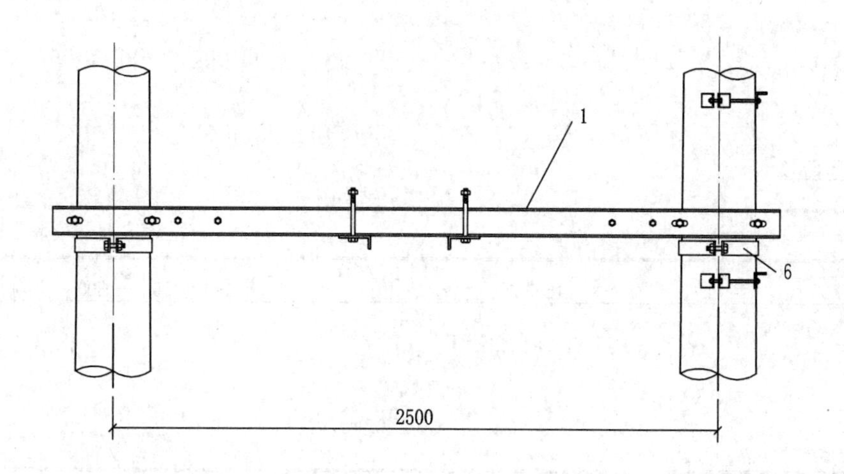

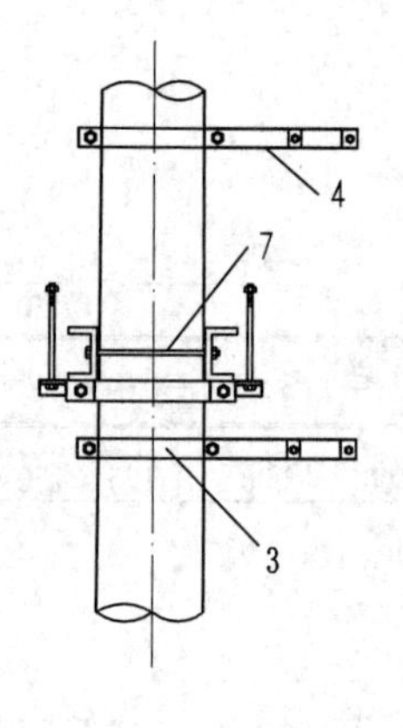

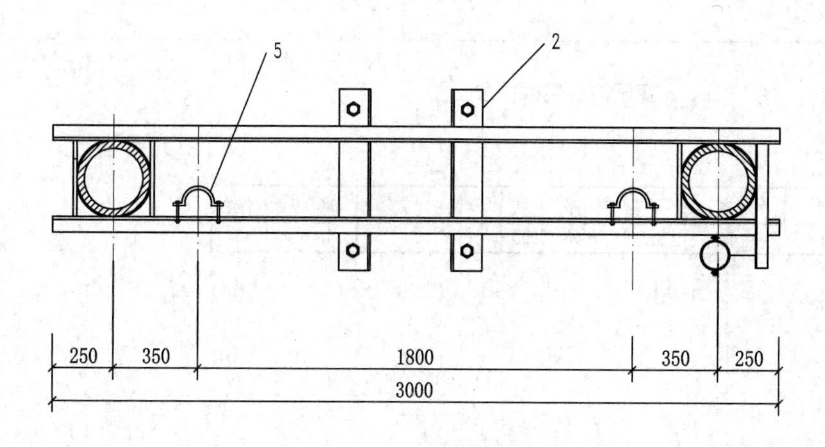

材料表

序号	名称	规格	单位	数量	重量/kg	备注
1	变压器横担	[140×58×6×3000	根	2	87.22	
2	变压器固定横担	∟63×6×650	根	2	7.44	
3	U形抱箍	U16-290	副	2	3.16	
4	低压进线电缆固定支架	∟50×5×600	副	2	7.36	
5	低压出线电缆抱箍	−40×4,D120	块	2	1.38	
6	变压器横担抱箍	−100×8，D280	副	2	21.82	
7	螺　栓	M20×350	件	4	4.92	二平一弹、双螺母

第六章　农网变配电工程		第三节　半分式12m-12m杆10kV变压器台架	
图号	2-6-3-6	图名	变压器台架横担组装工艺图

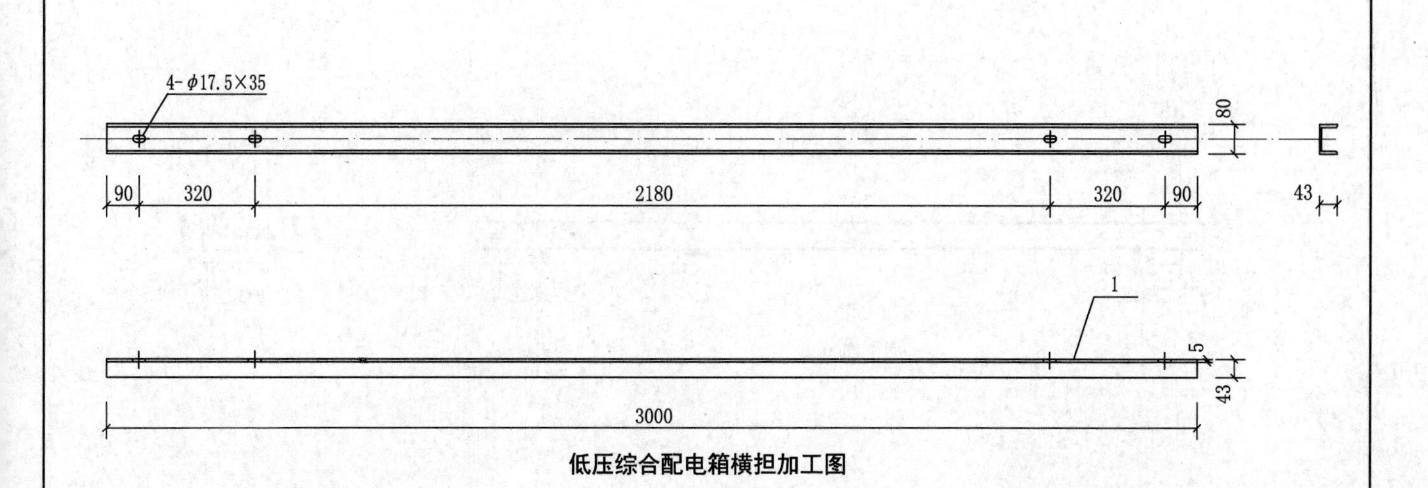

低压综合配电箱横担加工图

材料表

序号	名 称	规 格	单位	数量	重量/kg	备 注
1	槽 钢	[80×43×5×3000	根	1	24.14	

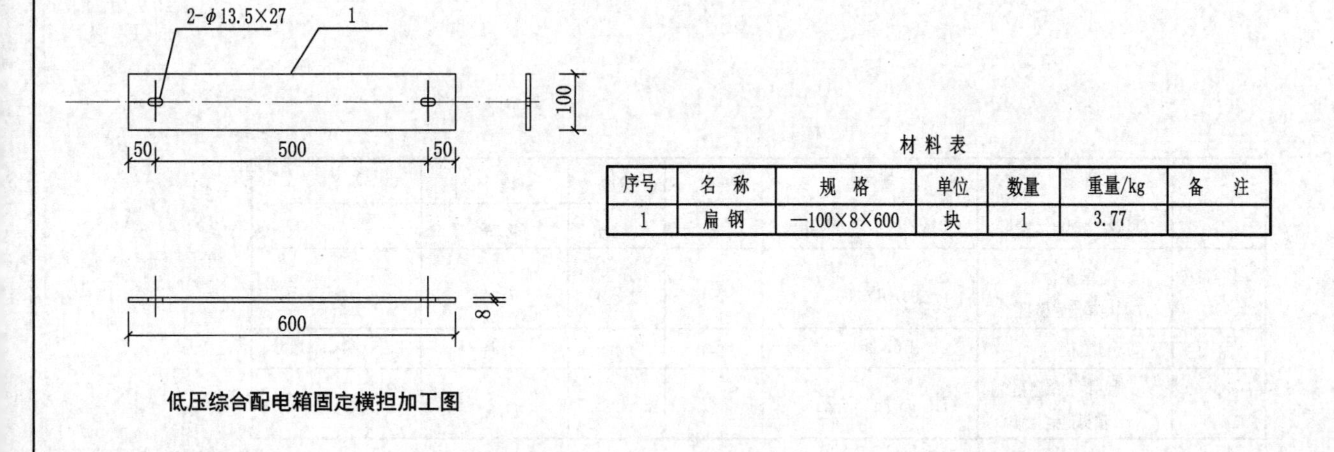

材料表

序号	名 称	规 格	单位	数量	重量/kg	备 注
1	扁 钢	—100×8×600	块	1	3.77	

低压综合配电箱固定横担加工图

注:(1) 产品制造和检验应符合DL/T 646要求,焊接牢固,无虚焊。
(2) 尺寸精确,材料Q235须热镀锌,且符合GB 2694要求。

第六章 农网变配电工程		第三节 半分式12m-12m杆10kV变压器台架	
图号	2-6-3-7	图名	低压综合配电箱横担加工图和固定横担加工图

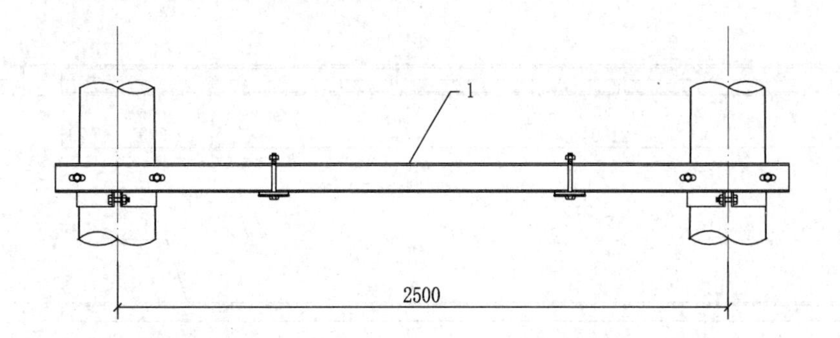

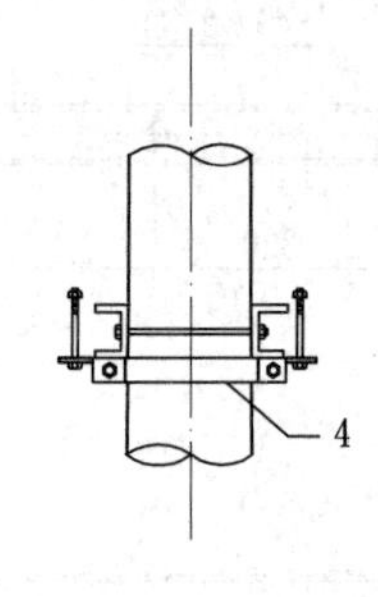

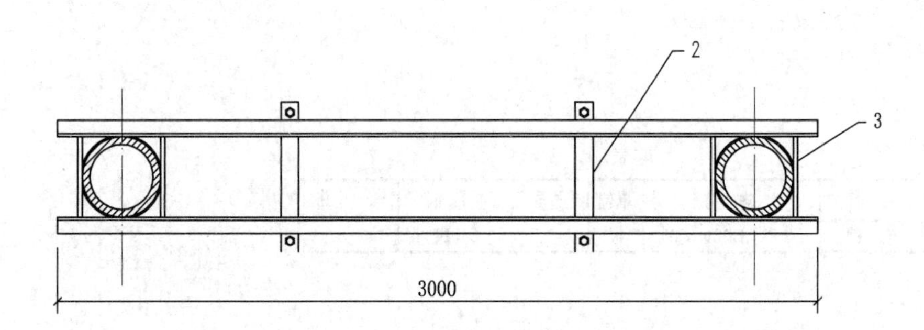

材料表

序号	名称	规格	单位	数量	重量/kg	备注
1	低压综合配电箱横担	[80×43×5×3000	根	2	48.28	
2	低压综合配电箱固定横担	—100×8×600	根	2	7.54	
3	螺栓	M16×350	件	4	2.84	二平一弹、双螺母
4	低压综合配电箱横担抱箍	—100×8，D300	副	2	22.62	

第六章　农网变配电工程		第三节　半分式12m-12m杆10kV变压器台架	
图号	2-6-3-8	图名	低压综合配电箱横担组装工艺图

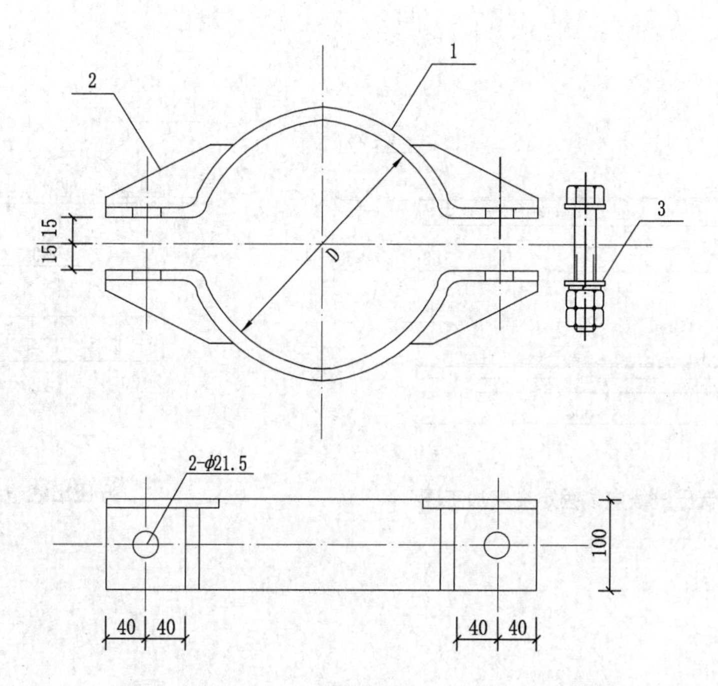

材料表

序号	名称	规格	单位	数量	重量/kg	备注
1	扁钢	—100×8×*L*	块	2	7.31	—100×8,D280 10.91kg
2	扁钢	—70×8×140	块	4	2.48	
3	螺栓	M20×100	件	2	1.12	

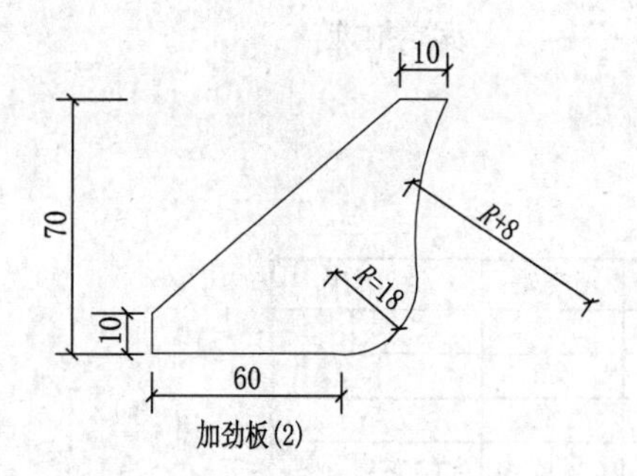

加劲板(2)

注:(1) 产品制造和检验应符合DL/T 646要求,焊接牢固,无虚焊。
(2) 尺寸精确,材料Q235须热镀锌,且符合GB 2694要求。
(3) 螺栓按二平一弹、双螺母配置。

选型表

抱箍型号	*D*/mm	*L*/mm	单位	数量	总重量/kg
—100×8,D280	280	582	副	1	10.91
—100×8,D300	300	614	副	1	11.32

第六章　农网变配电工程		第三节　半分式12m-12m杆10kV变压器台架	
图号	2-6-3-9	图名	变压器及低压综合配电箱横担抱箍加工图

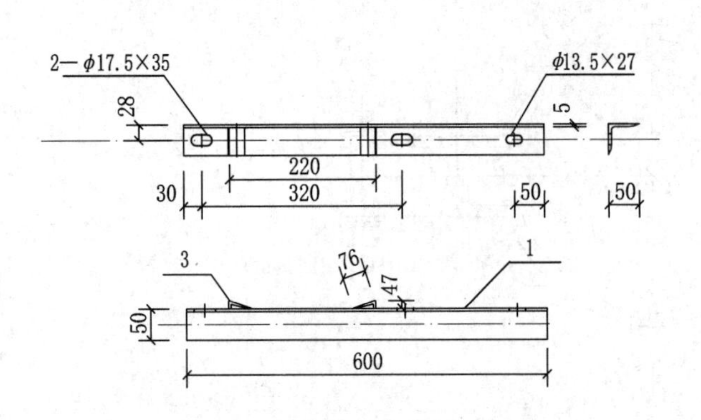

低压进线电缆固定支架加工图

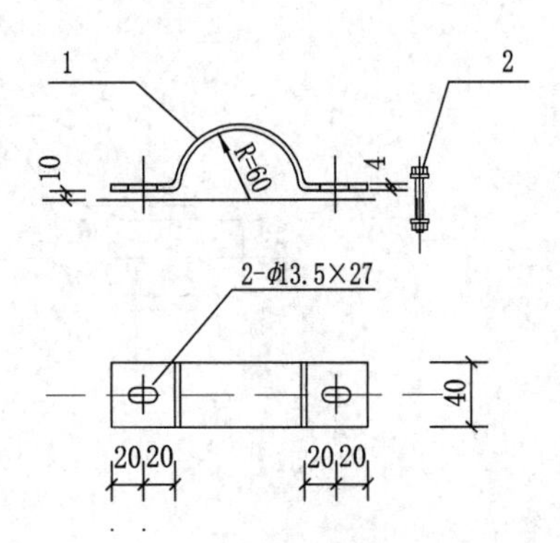

低压出线电缆抱箍加工图

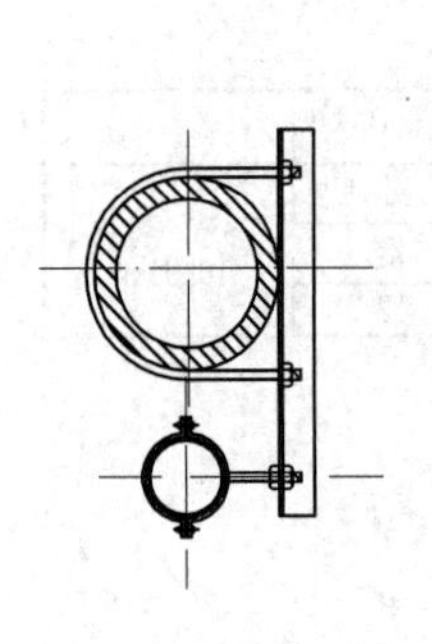

PVC支架组装

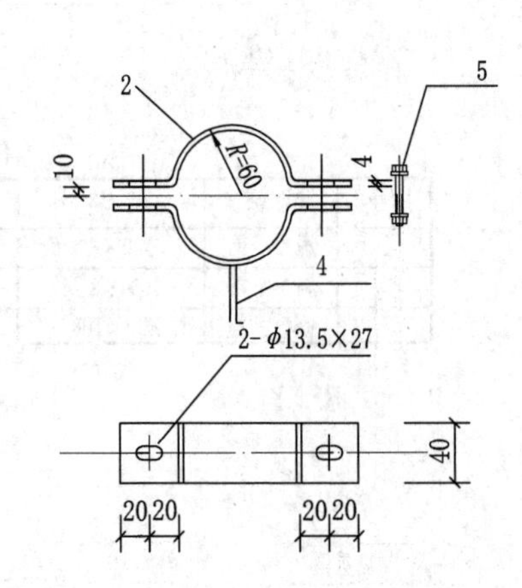

固定抱箍

低压进线电缆固定支架加工材料表

序号	名 称	规 格	单位	数量	重量/kg	备 注
1	角 钢	∟50×5×600	根	1	2.26	
2	扁 钢	—40×4×310	块	2	0.78	
3	扁 钢	—40×4×125	块	2	0.32	
4	螺 栓	M12×100	件	1	0.14	二平一弹、单螺母
5	螺 栓	M12×50	件	2	0.18	

低压出线电缆抱箍加工材料表

序号	名 称	规 格	单位	数量	重量/kg	备 注
1	扁 钢	—40×4×310	块	1	0.39	
2	螺 栓	M12×120	件	2	0.30	二平一弹、单螺母

注:(1) 产品制造和检验应符合DL/T 646要求,焊接牢固,无虚焊。
(2) 尺寸精确,材料Q235须热镀锌,且符合GB 2694要求。

第六章 农网变配电工程		第三节 半分式12m-12m杆10kV变压器台架	
图号	2-6-3-10	图名	低压进线电缆固定支架加工图和低压出线电缆抱箍加工图

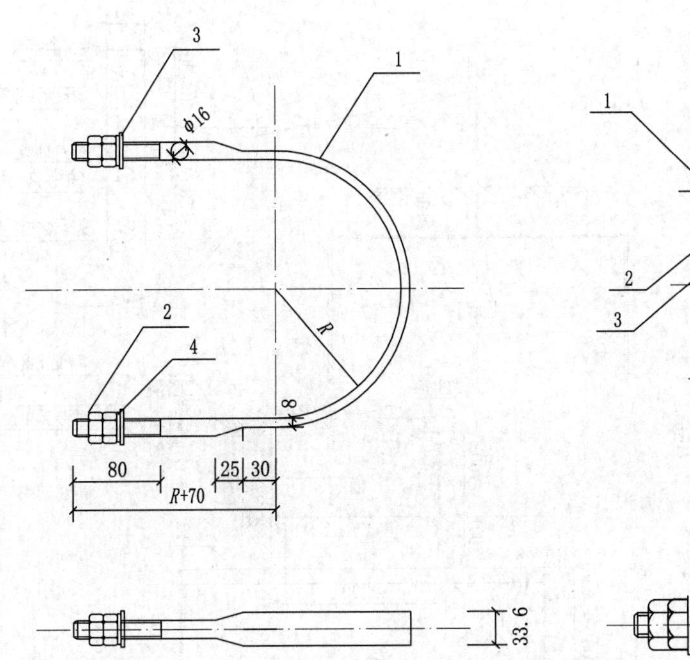

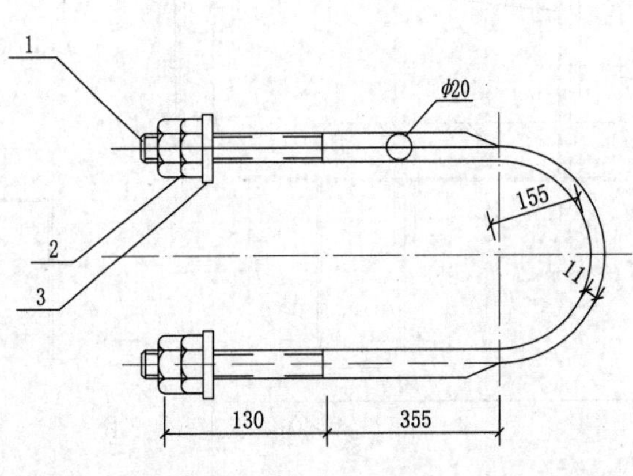

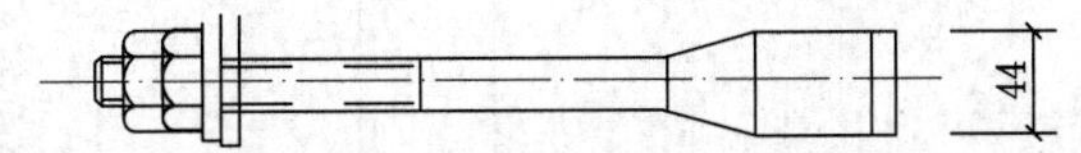

材料表

序号	名称	规　格	单位	数量	重量/kg	备注
1	圆钢	$\phi16\times L$	根	1	1.08	U16-210 1.24kg
2	螺母	AM16	个	4	0.12	
3	平垫	ϕ16	个	2	0.03	
4	弹垫	ϕ16	个	2	0.01	

材料表

序号	名　称	规　格	单位	数量	质量/kg	备　注
1	圆　钢	$\phi20\times1508$	根	1	3.72	U20-340 4.23kg
2	螺　母	AM20	个	4	0.32	
3	方　垫	$-5\times50^2, \phi21.5$	个	2	0.19	

选型表

型　号	R/mm	L/mm	单位	数量	总重量/kg
U16-210	110	693	副	1	1.24
U16-250	125	794	副	1	1.41
U16-290	145	898	副	1	1.58

注：(1) 产品制造和检验应符合DL/T 646要求，焊接牢固，无虚焊。

(2) 尺寸精确，材料Q235须热镀锌，且符合GB 2694要求。

第六章　农网变配电工程		第三节　半分式12m-12m杆10kV变压器台架	
图号	2-6-3-11	图名	U16型和U20型抱箍加工图

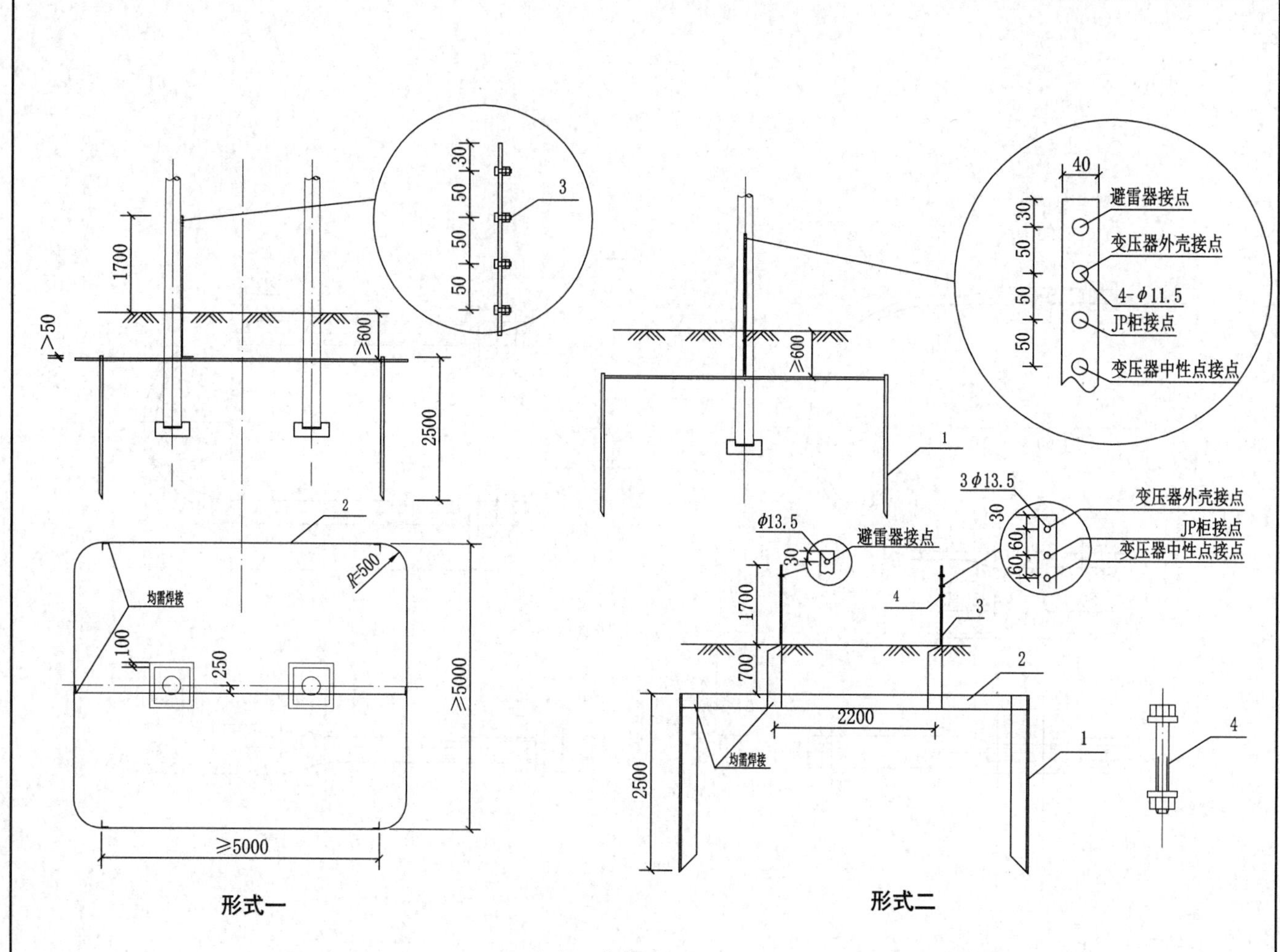

形式一材料表

序号	名称	规格	单位	数量	重量/kg	备注
1	角钢	∟50×5×2500	根	4	37.7	接地极角钢
2	扁钢	—40×4	m	45	56.7	接地扁钢及引上线
3	螺栓	M10×50(扣40)	件	4	0.24	

形式二材料表

序号	名称	规格	单位	数量	重量/kg	备注
1	角钢	∟50×5×2500	根	2	18.85	接地极角钢
2	扁钢	—40×4	m	5	6.28	接地扁钢
3	扁钢	—40×4	m	5.2	6.53	接地引上线
4	螺栓	M10×50(扣40)	件	4	0.24	

注：(1)接地体及接地引下线均做热镀锌处理。

(2)接地装置的连接均采用焊接，焊接长度应满足规程要求。

(3)接地引上线露出地面长度为1.7m，沿电杆内侧敷设。

(4)在雷雨季干燥时，要求接地电阻值实测不大于下列数值：变压器容量100kVA及以下者为10Ω，100kVA以上者为4Ω，否则应增加接地极以达到以上要求。

(5)此接地体材料及工作量根据地域差别，接地极长度和数量、接地扁钢长度，接地引上线长度在满足接地电阻条件下可做调整。

第六章　农网变配电工程		第三节　半分式12m-12m杆10kV变压器台架	
图号	2-6-3-12	图名	变压器台架接地装置加工组装工艺图

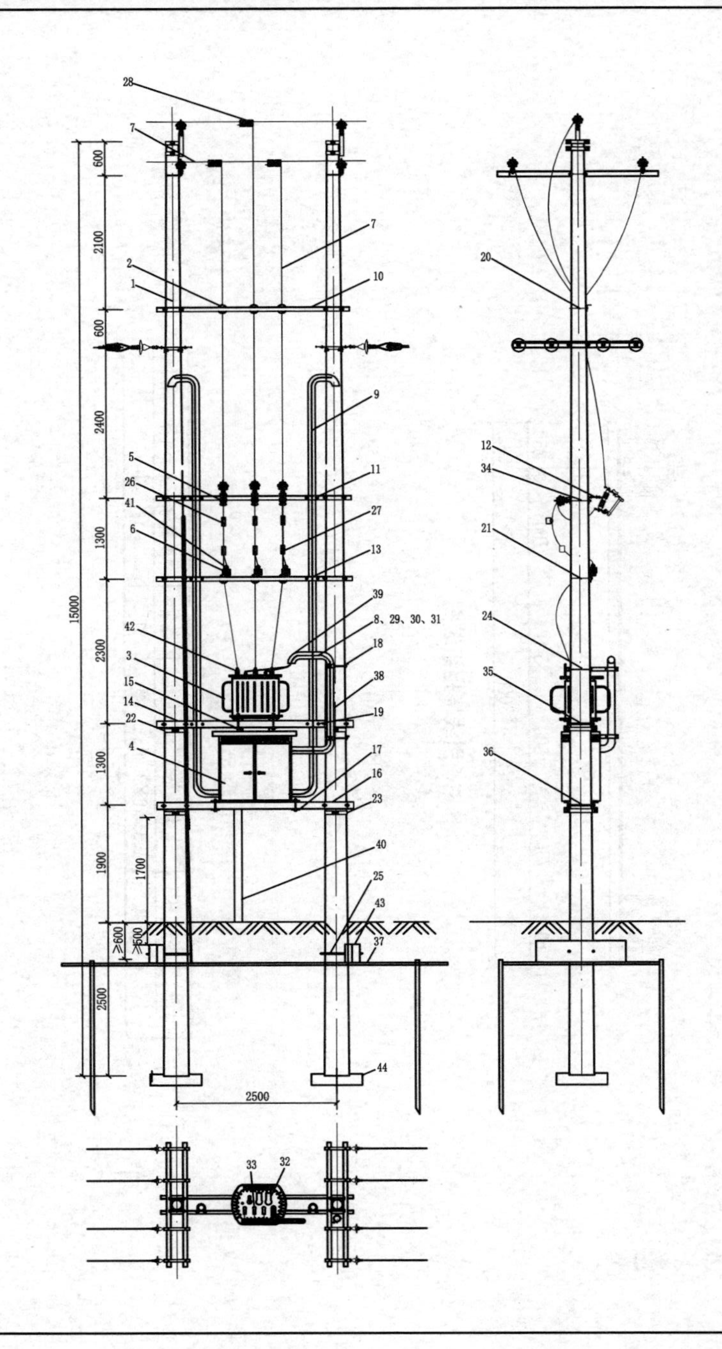

15m-15m（半分式）材料表

材料分类	序号	材料名称	规格型号	单位	数量	备 注
电杆	1	混凝土杆	ϕ190×15×G	根	2	
绝缘子	2	绝缘子	P-20T	只	12	可选FPQ2-10T/20
	3	电力变压器	S13及以上	台	1	根据负荷大小选择
设备	4	低压综合配电箱		面	1	根据变压器容量选择，带补偿
	5	高压熔断器	HRW12-12/200A	只	3	
	6	氧化锌避雷器	HY5WS-17/50	只	3	
线材	7	绝缘导线	JKLYJ-10-50	m	50	含接地引线
	8	布电线	BV/BVR-50/240	m	22	可选用低压电缆
	9	布电线	BLV-50/185	m	72	可选用低压电缆
铁附件	10	引线横担	└63×6×3000	根	1	
	11	熔断器横担	└63×6×3000	根	2	
	12	熔断器连板	—80×8×550	副	3	
	13	避雷器横担	└63×6×3000	根	1	
	14	变压器横担	[140×58×6×3000	根	2	
	15	变压器固定横担	└63×6×650	块	2	
	16	低压综合配电箱横担	[80×43×5×3000	根	2	
	17	低压综合配电箱固定横担	—100×8×600	块	2	
	18	低压进线电缆固定支架	└50×5×600	副	2	
	19	低压出线电缆抱箍	—40×4，D120	副	6	
	20	U形抱箍	U16-230	副	2	用于引线横担
	21	U形抱箍	U16-300	副	2	用于避雷器横担
	22	变压器横担抱箍	—100×8，D320	副	2	
	23	低压综合配电箱横担抱箍	—100×8，D340	副	2	
	24	U形抱箍	U16-320	副	2	用于低压进线电缆固定支架横担
	25	卡盘U形抱箍	U20-370	副	2	可选
金具	26	接地线夹	JDL-50-240	副	3	
	27	绝缘穿刺线夹	JJC/10-3/1	副	3	
	28	异型并沟线夹	JBL-50/240	副	6	可选TL-11/21
	29	电缆接线端子	DTL-50	只	21	
	30	电缆接线端子	DT-35/240	只	4	
	31	电缆接线端子	DTL-50/185	只	8	
	32	设备线夹	SLG-1B	副	3	
	33	变压器线夹	M12/M20	副	4	根据变压器容量选择
标准件	34	螺栓	M16×320	件	4	用于熔断器横担
	35	螺栓	M20×380	件	4	用于变压器横担
	36	螺栓	M16×390	件	4	用于低压综合配电箱横担
接地	37	接地体		套	1	根据不同地质任选其一
其他	38	UPVC管	ϕ110	m	18	
	39	UPVC管弯头	ϕ110，45°	个	17	
	40	镀锌钢管	ϕ110	m	2.5	
	41	避雷器绝缘护罩		只	3	
	42	变压器绝缘护罩		只	7	三高四低
	43	卡盘	KP12	块	2	可选
	44	底盘	DP8	块	2	可选

第六章　农网变配电工程		第四节　半分式15m-15m杆10kV变压器台架	
图号	2-6-4-1	图名	半分式15m-15m杆10kV变压器台架组装工艺图

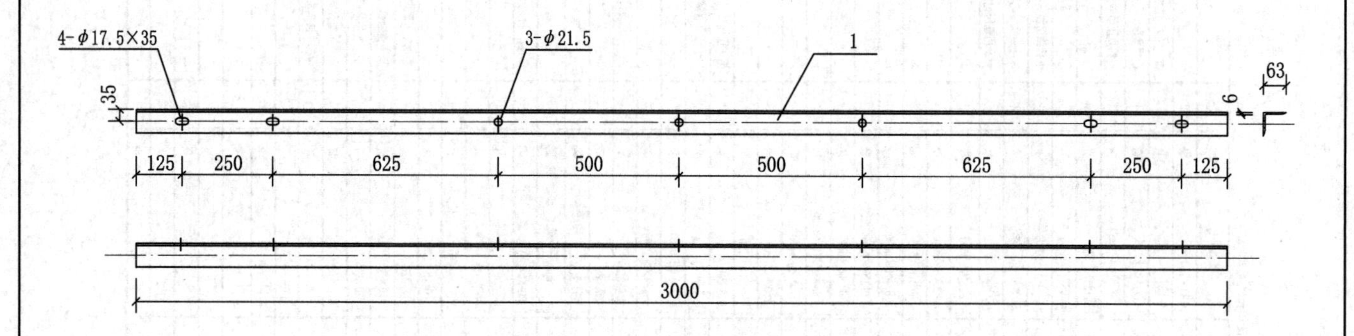

引线横担加工图

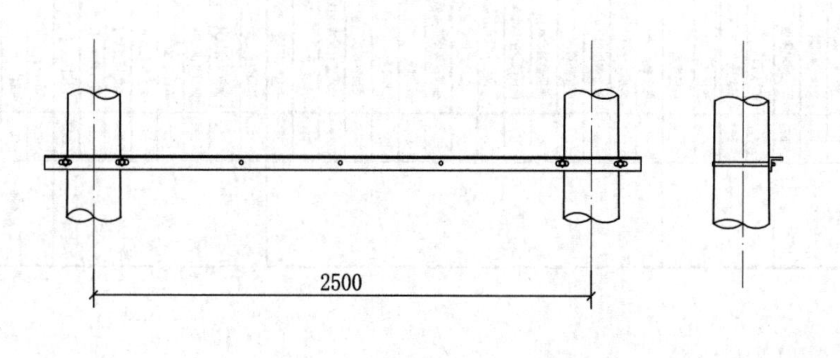

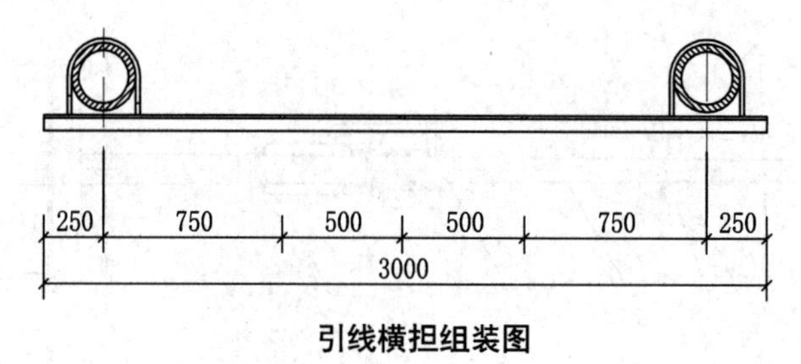

引线横担组装图

材料表

序号	名 称	规 格	单位	数量	重量/kg	备 注
1	角钢	∟63×6×3000	根	1	17.16	

第六章 农网变配电工程		第四节 半分式15m-15m杆10kV变压器台架	
图号	2-6-4-2	图名	引线横担加工图和引线横担组装图

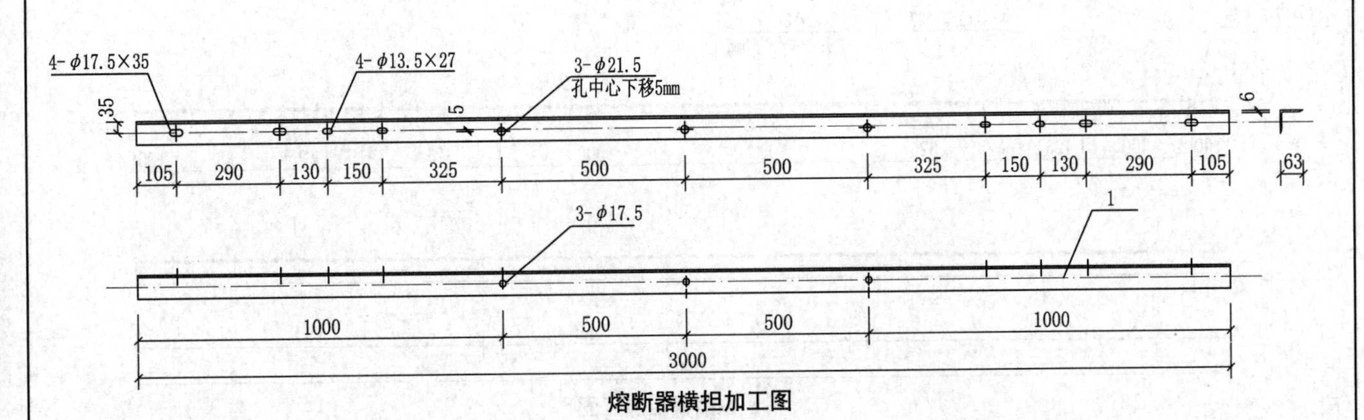

熔断器横担加工图

材料表

序号	名 称	规 格	单位	数量	重量/kg	备 注
1	角 钢	∟63×6×3000	根	1	17.16	

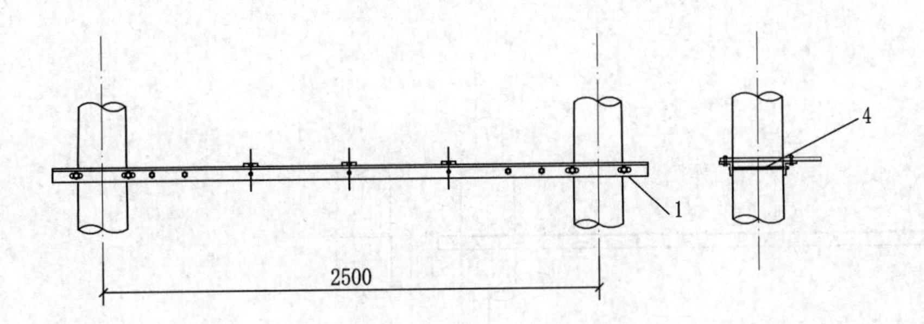

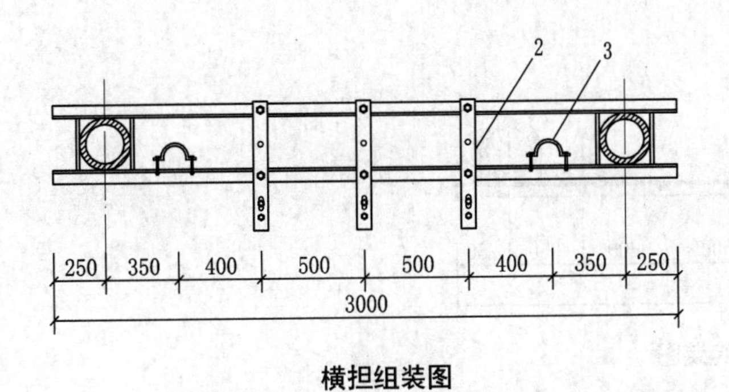

横担组装图

1
2
8
φ13.5
φ13.5×27
φ17.5×35
φ21.5
φ17.5×35
25
35
130
165
165
30
550

熔断器连板加工图

材料表

序号	名 称	规 格	单位	数量	重量/kg	备 注
1	熔断器横担	∟63×6×3000	根	2	34.32	
2	熔断器连板	—80×8×550	根	3	9.36	
3	低压出线电缆抱箍	—40×4,D120	副	2	1.38	
4	螺栓	M16×320	件	4	2.64	二平一弹、双螺母

材料表

序号	名 称	规 格	单位	数量	重量/kg	备 注
1	扁钢	—80×8×550	块	1	2.76	
2	螺栓	M16×50	件	2	0.36	二平一弹、单螺母

注：(1) 产品制造和检验应符合DL/T 646要求，焊接牢固，无虚焊。
(2) 尺寸精确，材料Q235须热镀锌，且符合GB 2694要求。

第六章　农网变配电工程		第四节　半分式15m-15m杆10kV变压器台架	
图号	2-6-4-3	图名	熔断器横担加工图、连板加工图和横担组装图

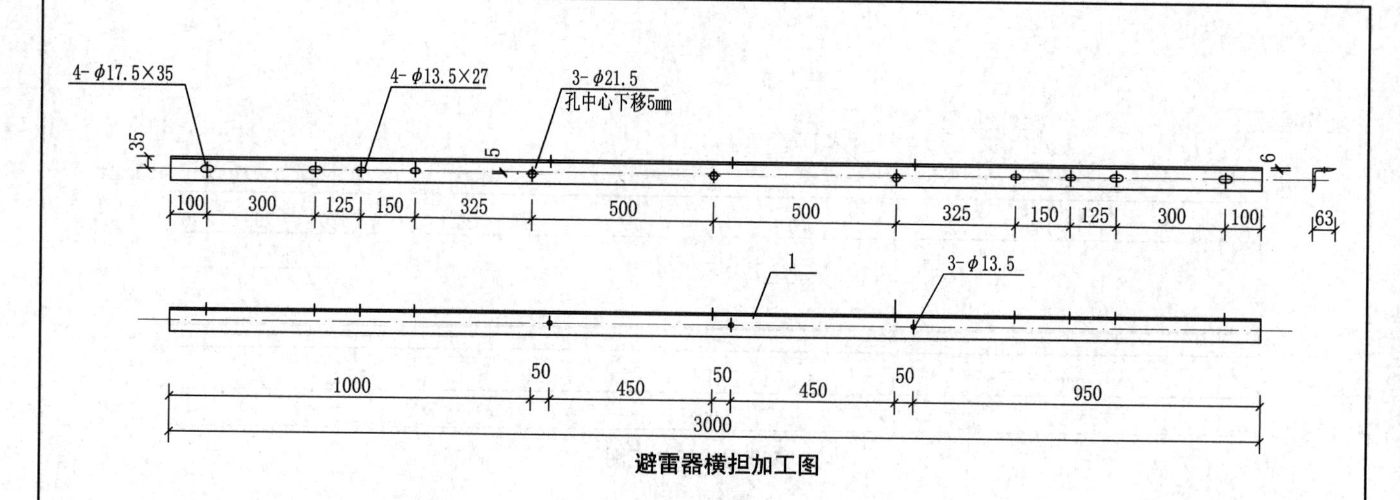

避雷器横担加工图

材料表

序号	名称	规格	单位	数量	重量/kg	备注
1	角钢	∟63×6×3000	根	1	17.16	

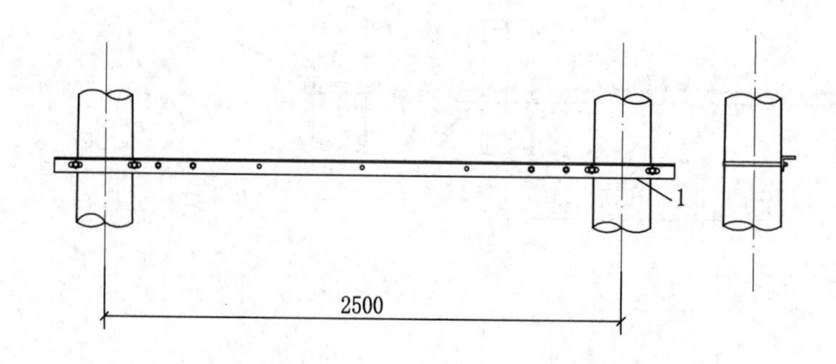

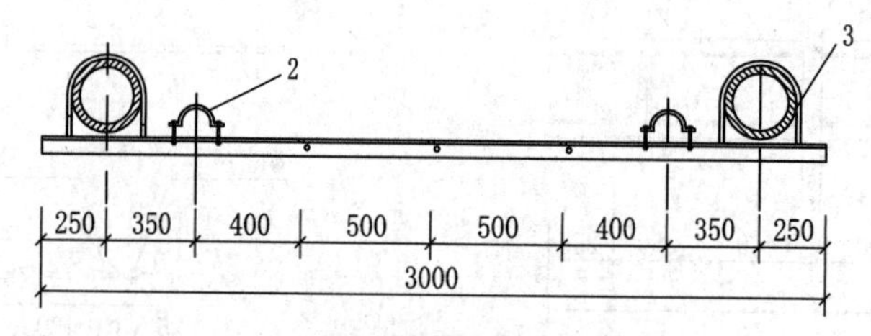

避雷器横担组装图

材料表

序号	名称	规格	单位	数量	重量/kg	备注
1	避雷器横担	∟63×6×3000	根	1	17.16	
2	低压出线电缆抱箍	—40×4,D120	副	2	1.38	
3	U形抱箍	U16-300	副	2	3.24	

注：(1) 产品制造和检验应符合DL/T 646要求，焊接牢固，无虚焊。
(2) 尺寸精确，材料Q235须热镀锌，且符合GB 2694要求。

第六章　农网变配电工程		第四节　半分式15m-15m杆10kV变压器台架	
图号	2-6-4-4	图名	避雷器横担加工图和避雷器横担组装图

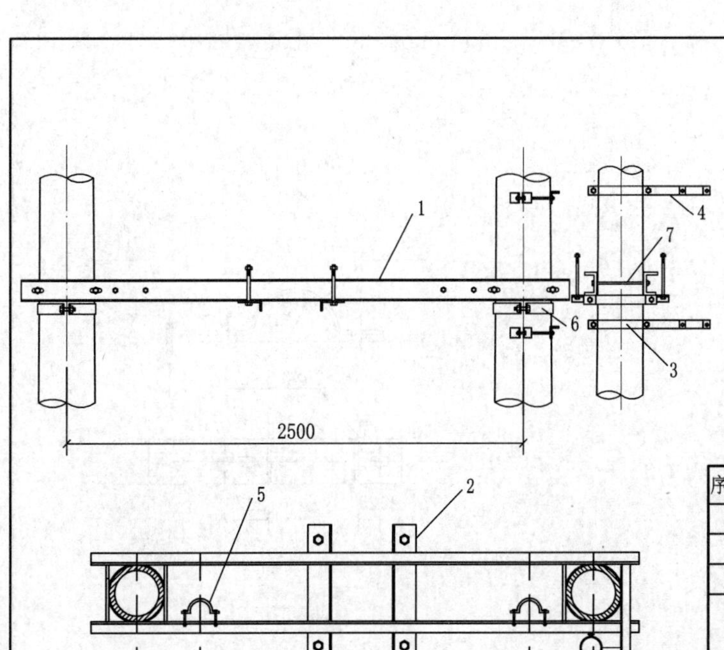

变压器横担组装图

材料表

序号	名 称	规 格	单位	数量	重量/kg	备 注
1	变压器横担	[140×58×6×3000	根	2	87.22	
2	变压器固定横担	∟63×6×650	根	2	7.46	
3	U形抱箍	U16-320	副	2	3.38	
4	低压进线电缆固定支架	∟50×5×600	副	2	7.36	
5	低压出线电缆抱箍	—40×4,D120	块	2	1.38	
6	变压器横担抱箍	—100×8,D320	副	2	23.40	
7	螺 栓	M20×380	件	4	4.52	二平一弹、双螺母

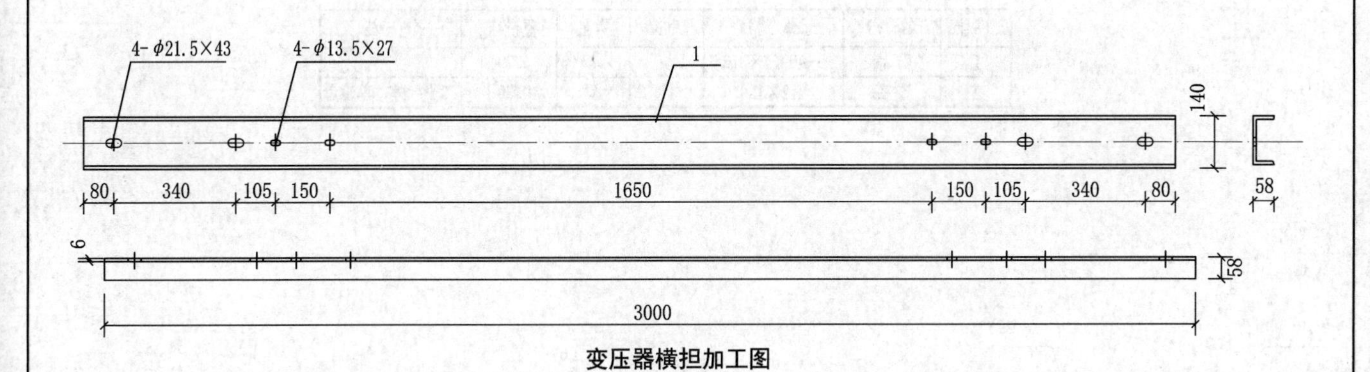

变压器横担加工图

材料表

序号	名 称	规 格	单位	数量	重量/kg	备 注
1	槽钢	[140×58×6×3000	根	1	43.61	

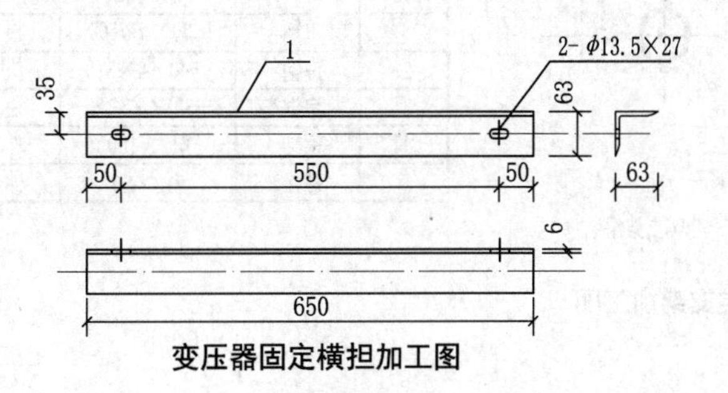

变压器固定横担加工图

材料表

序号	名 称	规 格	单位	数量	重量/kg	备 注
1	角 钢	∟63×6×650	根	1	3.72	

第六章 农网变配电工程		第四节 半分式15m-15m杆10kV变压器台架	
图号	2-6-4-5	图名	变压器横担加工图、变压器固定横担加工图和变压器横担组装图

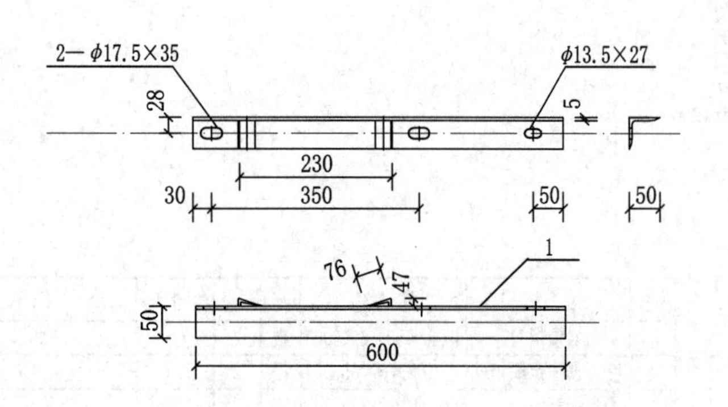

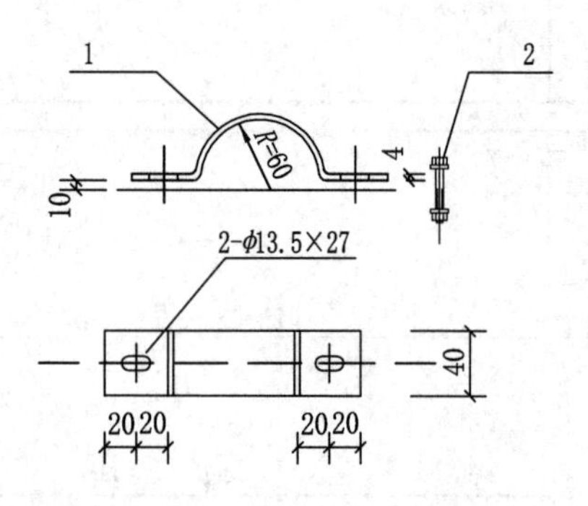

低压出线电缆抱箍加工图

材料表

序号	名 称	规 格	单位	数量	重量/kg	备 注
1	扁钢	—40×4×310	块	1	0.39	
2	螺栓	M12×120	件	2	0.30	二平一弹、单螺母

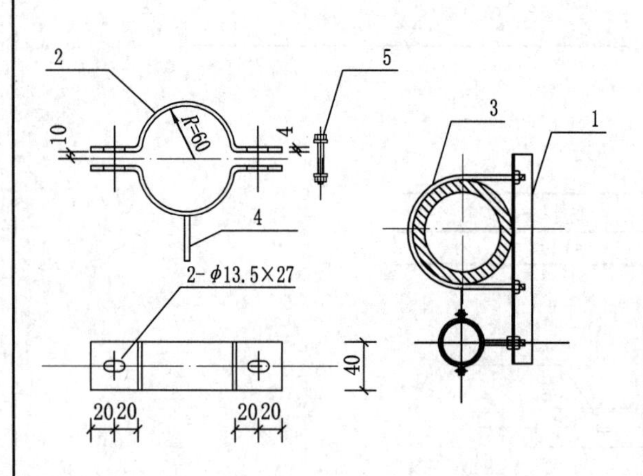

固定抱箍　　PVC支架组装

材料表

序号	名 称	规 格	单位	数量	重量/kg	备 注
1	角钢	∟50×5×600	根	1	2.26	
2	扁钢	—40×4×310	块	2	0.78	
3	扁钢	—40×4×125	块	2	0.32	
4	螺栓	M12×100	件	1	0.14	二平一弹、单螺母
5	螺栓	M12×50	件	2	0.18	

低压进线电缆固定支架加工图

注:(1) 产品制造和检验应符合DL/T 646要求,焊接牢固,无虚焊。
(2) 尺寸精确,材料Q235须热镀锌,且符合GB 2694要求。

第六章 农网变配电工程		第四节 半分式15m-15m杆10kV变压器台架	
图号	2-6-4-6	图名	低压出线电缆抱箍和低压进线电缆固定支架加工图

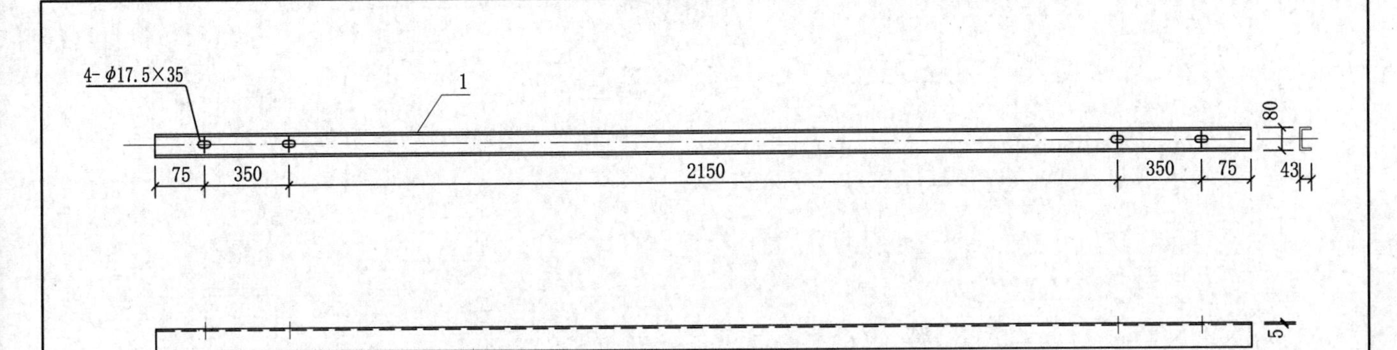

注:(1)产品制造和检验应符合DL/T 646要求,焊接牢固,无虚焊。

(2)尺寸精确,材料Q235须热镀锌,且符合GB 2694要求。

材 料 表

序号	名称	规格	单位	数量	重量/kg
1	槽钢	[80×43×5×3000	根	1	24.14

低压综合配电箱横担加工图

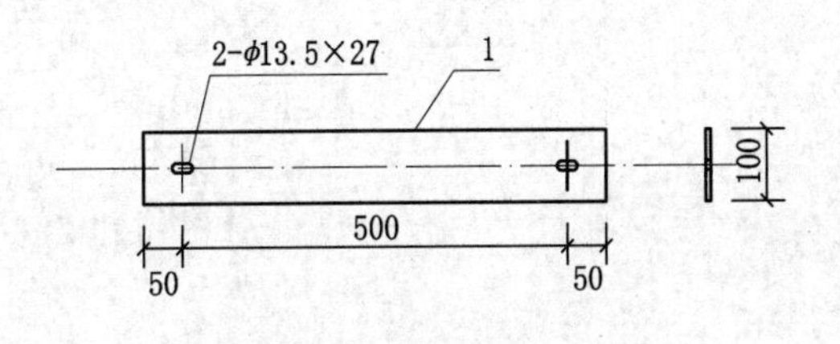

材 料 表

序号	名称	规格	单位	数量	重量/kg
1	扁钢	—100×8×600	块	1	3.77

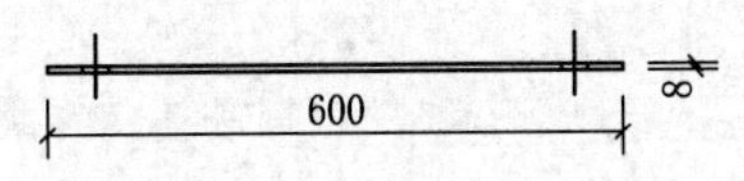

低压综合配电箱固定横担加工图

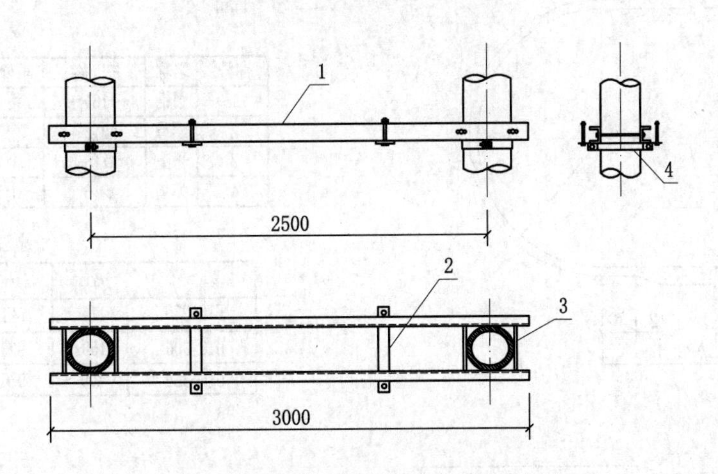

低压综合配电箱横担组装图

材 料 表

序号	名 称	规 格	单位	数量	重量/kg	备注
1	低压综合配电箱横担	[80×43×5×3000	根	2	48.28	
2	低压综合配电箱固定横担	—10×8×600	根	2	7.54	
3	螺栓	M16×390	件	4	3.16	二平一弹、双螺母
4	低压综合配电箱横担抱箍	—100×8 D340	副	2	24.10	

第六章 农网变配电工程		第四节 半分式15m-15m杆10kV变压器台架	
图号	2-6-4-7	图名	低压综合配电箱横担、固定横担加工图和组装图

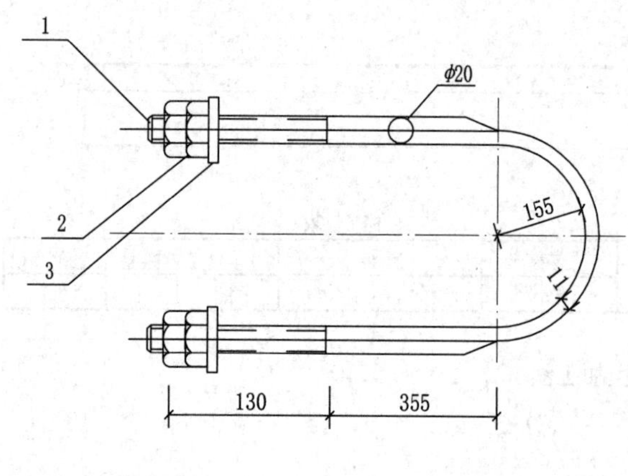

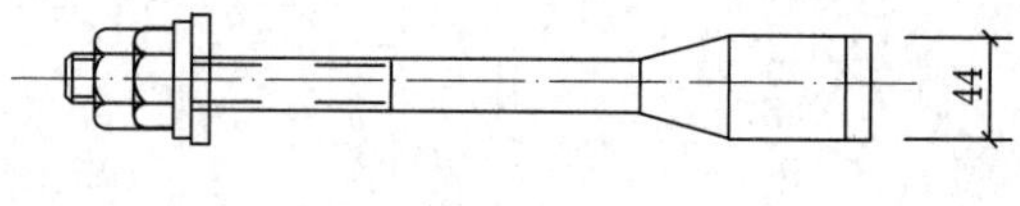

材料表

序号	名 称	规 格	单位	数量	质量/kg	备 注
1	圆 钢	ϕ20×1611	根	1	3.97	U20-370 4.48kg
2	螺 母	AM20	个	4	0.32	
3	方 垫	—5×50²、ϕ21.5	个	2	0.19	

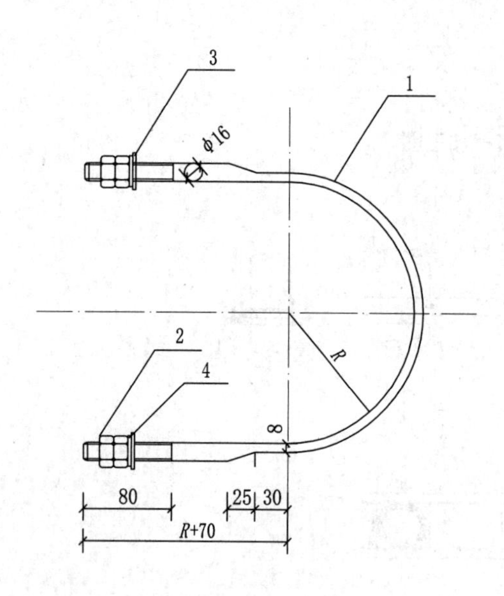

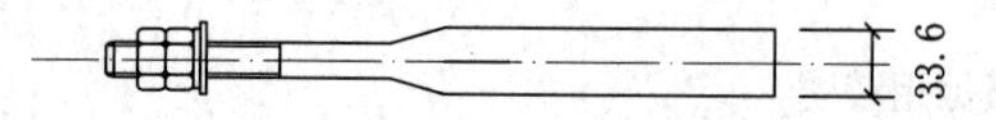

材料表

序号	名称	规 格	单位	数量	重量/kg	备注
1	圆钢	ϕ16×L	根	1	1.17	U16-230 1.33kg
2	螺母	AM16	个	4	0.12	
3	平垫	ϕ16	个	2	0.03	
4	弹垫	ϕ16	个	2	0.01	

选型表

型 号	R/mm	L/mm	单位	数量	总重量/kg
U16-230	115	744	副	1	1.33
U16-300	150	923	副	1	1.62
U16-320	160	975	副	1	1.70

注：(1) 产品制造和检验应符合DL/T 646要求，焊接牢固，无虚焊。
(2) 尺寸精确，材料Q235须热镀锌，且符合GB 2694要求。

第六章 农网变配电工程		第四节 半分式15m-15m杆10kV变压器台架	
图号	2-6-4-8	图名	U16型和U20型抱箍加工图

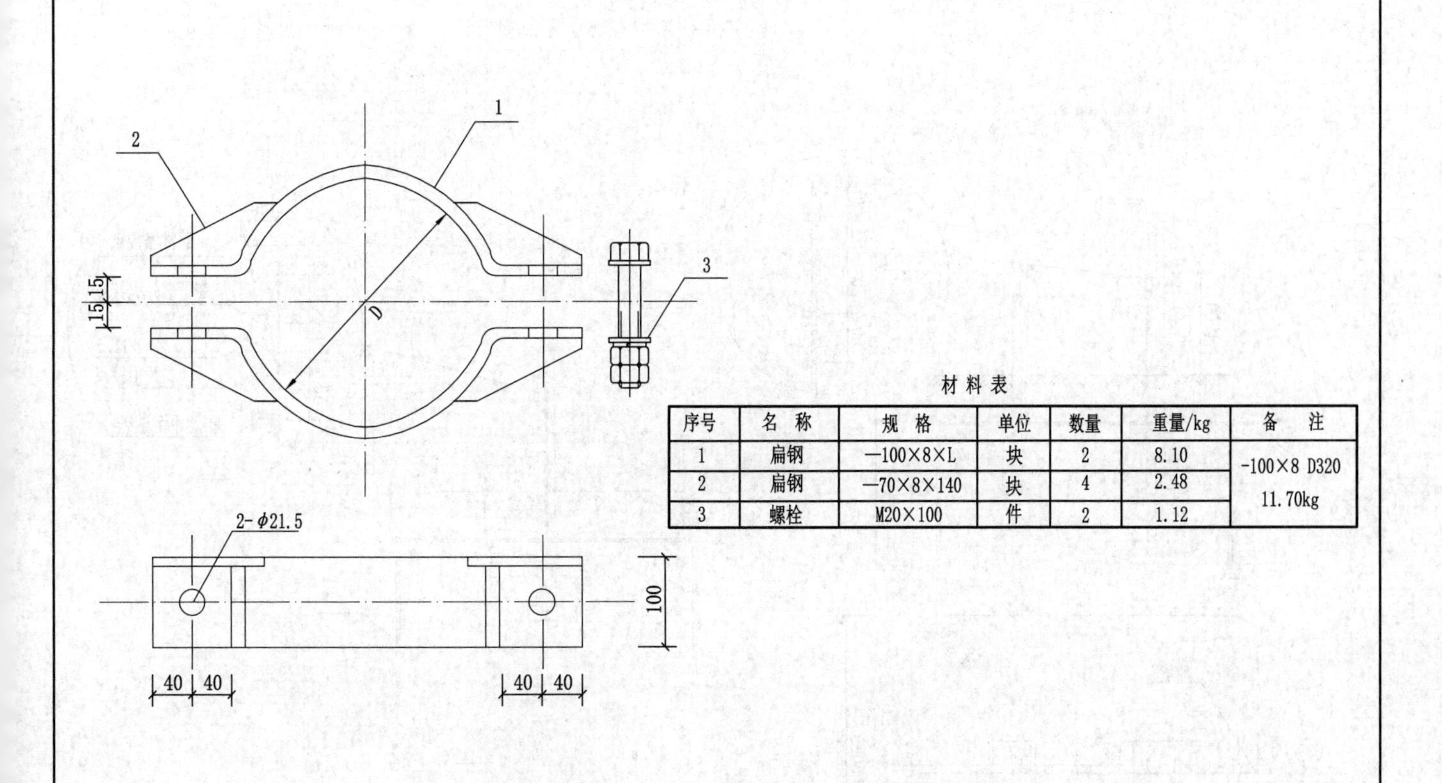

材料表

序号	名称	规格	单位	数量	重量/kg	备注
1	扁钢	—100×8×L	块	2	8.10	-100×8 D320 11.70kg
2	扁钢	—70×8×140	块	4	2.48	
3	螺栓	M20×100	件	2	1.12	

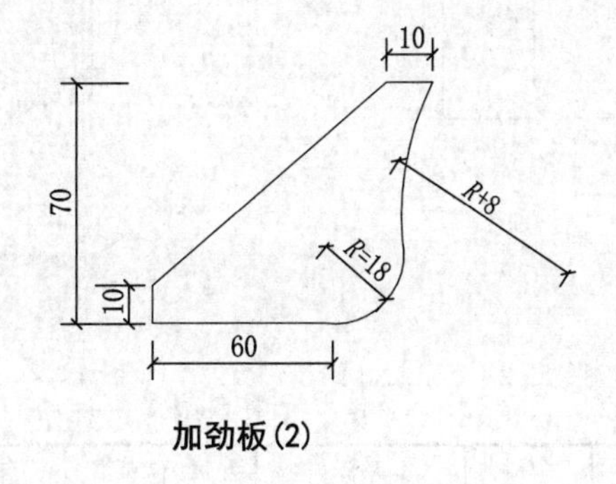

加劲板(2)

选型表

抱箍型号	D/mm	L/mm	单位	数量	总重量/kg
—100×8，D320	320	645	副	1	11.70
—100×8，D340	340	676	副	1	12.10

注：(1) 产品制造和检验应符合DL/T 646要求，焊接牢固，无虚焊。
(2) 尺寸精确，材料Q235须热镀锌，且符合GB 2694要求。
(3) 螺栓按二平一弹双螺母配置。

第六章　农网变配电工程		第四节　半分式15m-15m杆10kV变压器台架	
图号	2-6-4-9	图名	变压器及低压综合配电箱横担抱箍加工图

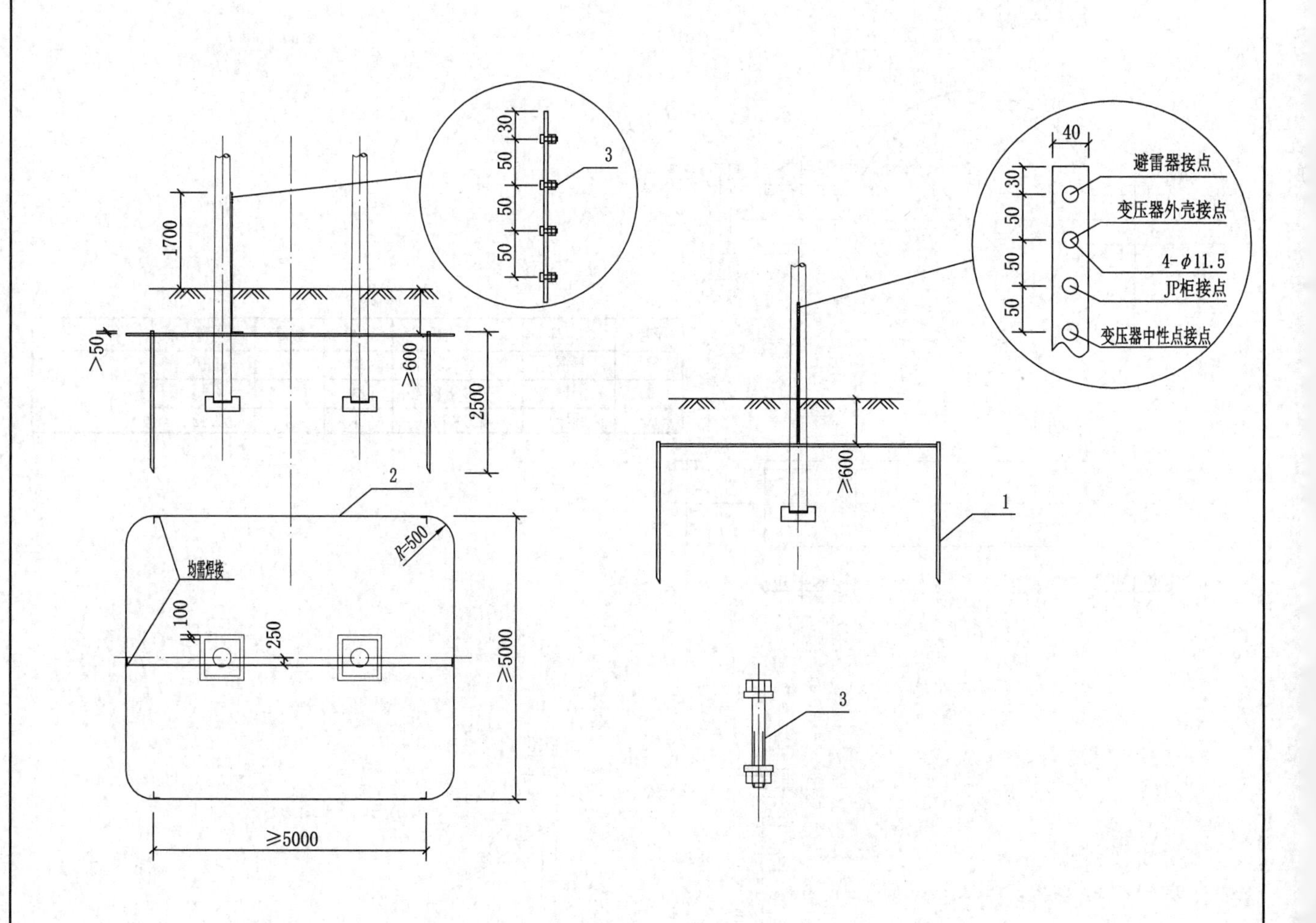

材料表

序号	名称	规格	单位	数量	重量/kg	备注
1	角钢	∟50×5×2500	根	4	37.7	接地极角钢
2	扁钢	—40×4	m	45	56.7	接地扁钢及引上线
3	螺栓	M10×50(扣40)	件	4	0.24	

注：(1) 接地体及接地引下线均做热镀锌处理。

(2) 接地装置的连接均采用焊接，焊接长度应满足规程要求。

(3) 接地引上线露出地面长度为1.7m，沿电杆内侧敷设。

(4) 在雷雨季干燥时，要求接地电阻实测值不大于下列数值：变压器容量100kVA及以下者为10Ω，100kVA以上者为4Ω，否则应增加接地极以达到以上要求。

(5) 此接地体材料及工作量根据地域差别，接地极长度和数量、接地扁铁长度，接地引上线长度在满足接地电阻条件下可做调整。

第六章　农网变配电工程			第四节　半分式15m-15m杆10kV变压器台架
图号	2-6-4-10	图名	变压器台架接地装置加工图和组装工艺图（一）

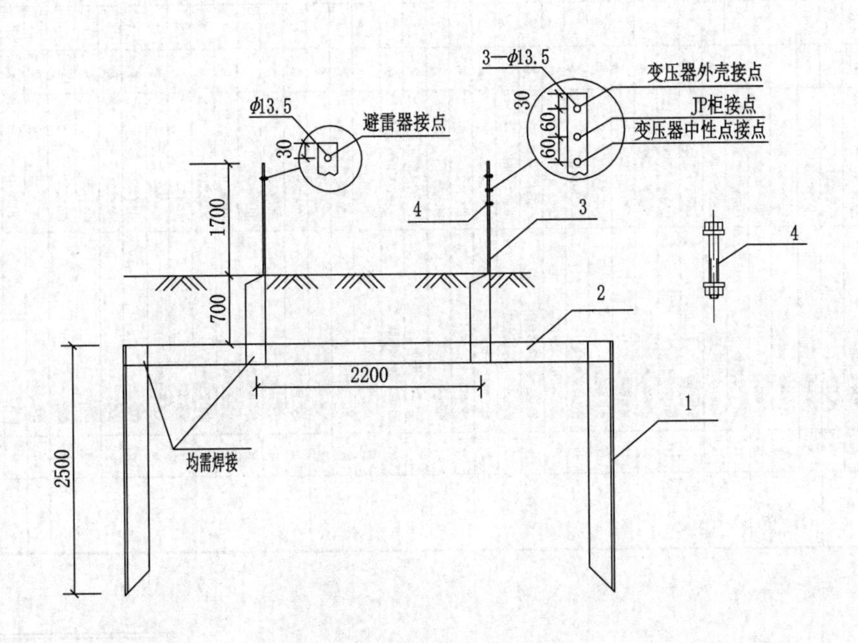

材 料 表

序号	名称	规格	单位	数量	重量/kg	备注
1	角钢	∟50×5×2500	根	2	18.85	接地极角钢
2	扁钢	—40×4	m	5	6.28	接地扁钢
3	扁钢	—40×4	m	5.2	6.53	接地引上线
4	螺栓	M10×50(扣40)	件	4	0.24	

注：(1) 接地体及接地引下线均做热镀锌处理。
(2) 接地装置的连接均采用焊接，焊接长度应满足规程要求。
(3) 接地引上线露出地面长度为1.7m，沿电杆内侧敷设。
(4) 在雷雨季干燥时，要求接地电阻实测值不大于下列数值：变压器容量100kVA及以下者为10Ω，100kVA以上者为4Ω，否则应增加接地极以达到以上要求。
(5) 此接地体材料及工作量根据地域差别，接地极长度和数量、接地扁钢长度，接地引上线长度在满足接地电阻条件下可做调整。

第六章　农网变配电工程		第四节　半分式15m-15m杆10kV变压器台架	
图号	2-6-4-11	图名	变压器台架接地装置加工图和组装工艺图（二）

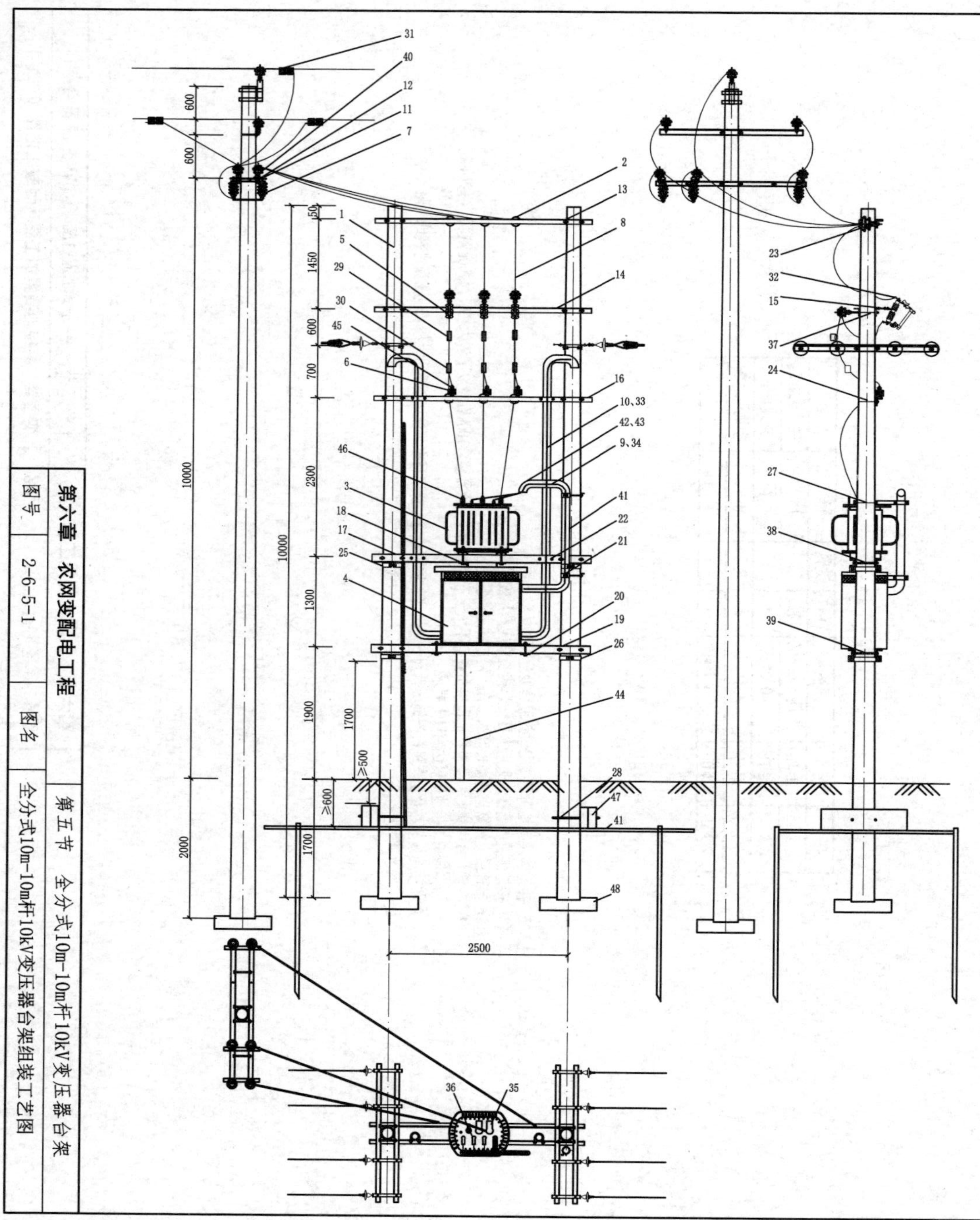

10m-10m（全分式）材料表

材料分类	序号	材料名称	规格型号	单位	数量	备注
电杆	1	混凝土杆	ϕ190×10×G	根	2	
绝缘子	2	绝缘子	P-20T	只	18	可选FPQ2-10T/20
设备	3	电力变压器	S13及以上	台	1	根据负荷大小选择
	4	低压综合配电箱		面	1	根据变压器容量选择，带补偿
	5	高压熔断器	HRW12-12/200A	只	3	
	6	氧化锌避雷器	HY5WS-17/50	只	3	
	7	隔离开关	HGW9-630A	台	3	
线材	8	绝缘导线	JKLYJ-10-50	m	40	含接地引线
	9	布电线	BV/BVR-50/240	m	22	可选用低压电缆
	10	布电线	BLV-50/185	m	48	可选用低压电缆
铁附件	11	隔离开关横担	∟63×6×2100	根	2	
	12	隔离开关固定横担	∟50×5×500	根	3	
	13	引线横担	∟63×6×3000	根	1	
	14	熔断器横担	∟63×6×3000	根	2	
	15	熔断器连板	—80×8×500	副	3	
	16	避雷器横担	∟63×6×3000	根	1	
	17	变压器横担	[140×58×6×3000	根	2	
	18	变压器固定横担	∟63×6×650	根	2	
	19	低压综合配电箱横担	[80×43×5×3000	根	2	
	20	低压综合配电箱固定横担	—100×8×600	副	2	
	21	低压进线电缆固定支架	∟50×5×600	副	2	
	22	低压出线电缆抱箍	-40×4,D120	副	4	
	23	U形抱箍	U16-190	副	2	用于引线横担
	24	U形抱箍	U16-230	副	2	用于避雷器横担
	25	变压器横担抱箍	—100×8,D260	副	2	
	26	低压综合配电箱横担抱箍	—100×8,D280	副	2	
	27	U形抱箍	U16-260	副	2	用于固定支架横担
	28	卡盘U形抱箍	U20-310	副	2	可选
金具	29	接地线夹	JDL-50-240	副	3	
	30	绝缘穿刺线夹	JJC/10-3/1	副	3	
	31	异型并沟线夹	JBL-50/240	副	6	可选TL-11/21
	32	电缆接线端子	DTL-50	只	21	
	33	电缆接线端子	DTL-50/185	只	8	
	34	电缆接线端子	DT-35/240	只	4	
	35	设备线夹	SLG-1B	副	3	
	36	变压器线夹	M12/M20	副	4	根据变压器容量选择
标准件	37	螺栓	M16×280	件	4	用于隔离开关横担
	38	螺栓	M20×320	件	4	用于变压器横担
	39	螺栓	M16×340	件	4	用于低压综合配电箱横担
	40	螺栓	M16×280	件	4	用于熔断器横担
接地	41	接地体		套	1	根据不同地质任选其一
其他	42	UPVC管	ϕ110	m	12	
	43	UPVC管弯头	ϕ110，45°	个	17	
	44	镀锌钢管	ϕ110	m	2.5	
	45	避雷器绝缘护罩		只	3	
	46	变压器绝缘护罩		只	7	三高四低
	47	卡盘	KP12	块	2	可选
	48	底盘	DP8	块	2	可选

第六章　农网变配电工程		第五节　全分式10m-10m杆10kV变压器台架
图号	2-6-5-1	图名　全分式10m-10m杆10kV变压器台架组装工艺图

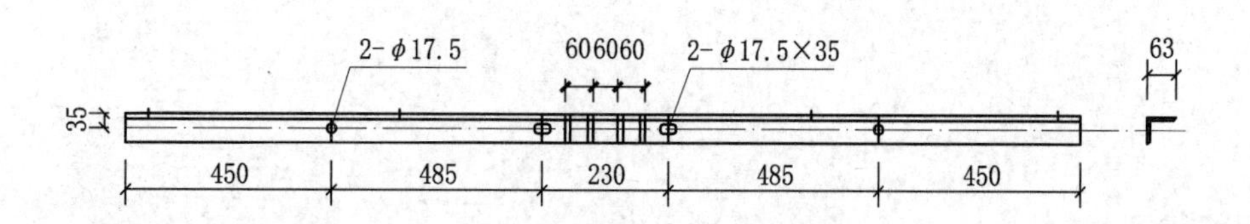

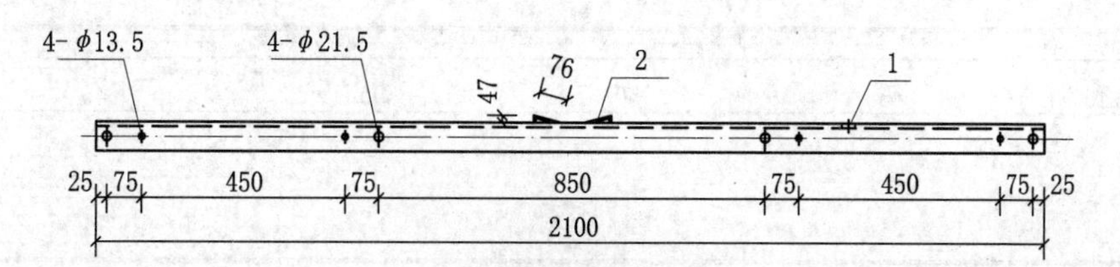

隔离开关横担加工图

材料表

序号	名称	规格	单位	数量	重量/kg	备注
1	角钢	∟63×6×2100	根	1	12.01	
2	固定M铁	-60×5×125	块	2	0.62	

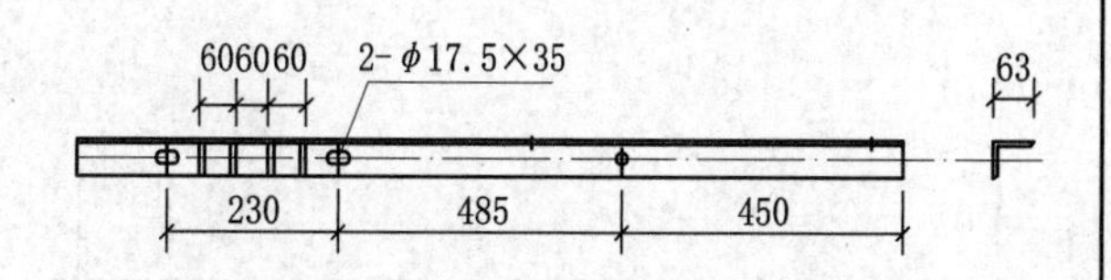

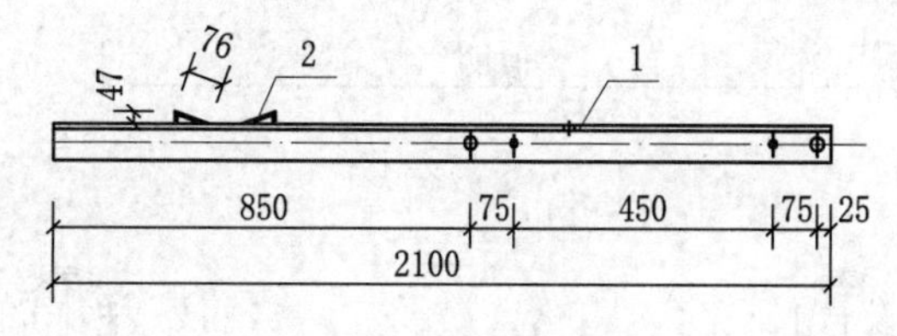

隔离开关固定横担加工图

材料表

序号	名称	规格	单位	数量	重量/kg
1	角钢	∟50×5×500	根	1	1.89
2	螺栓	M12×40	件	2	0.20

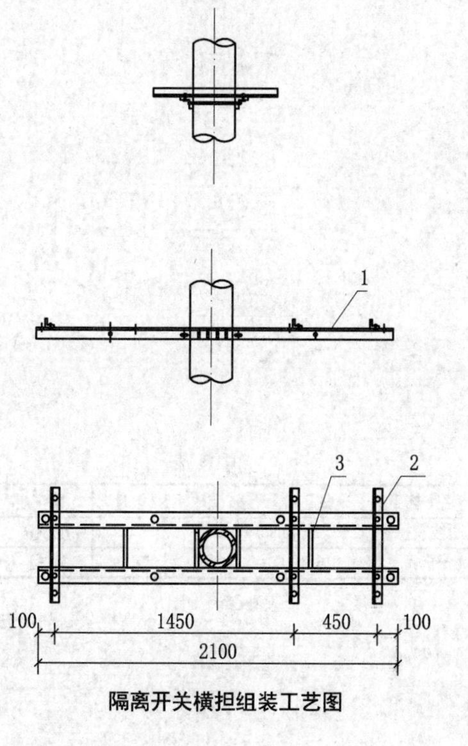

隔离开关横担组装工艺图

材料表

序号	名称	规格	单位	数量	重量/kg	备注
1	隔离开关横担	∟63×6×2100	根	2	25.26	
2	隔离开关固定横担	∟50×5×500	副	3	6.27	
3	螺栓	M16×280	件	4	2.40	二平一弹、双螺母

注：(1) 产品制造和检验应符合DL/T 646要求，焊接牢固，无虚焊。

(2) 尺寸精确，材料Q235须热镀锌，且符合GB 2694要求。

第六章　农网变配电工程		第五节　全分式10m-10m杆10kV变压器台架	
图号	2-6-5-2	图名	隔离开关横担、固定横担加工图和隔离开关横担组装图

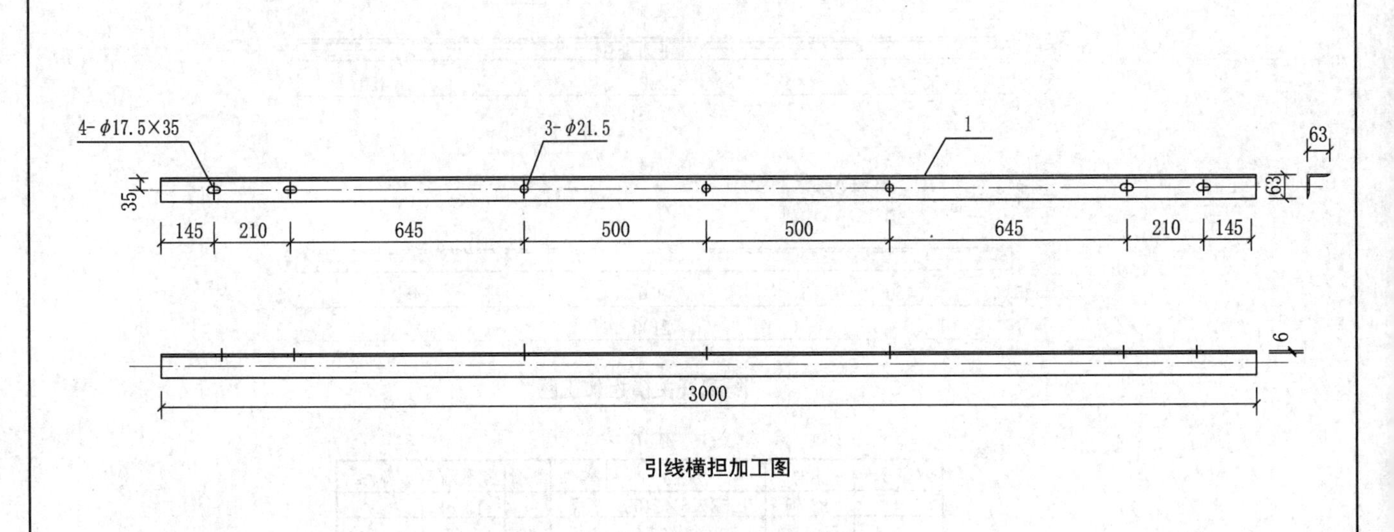

引线横担加工图

材料表

序号	名 称	规 格	单位	数量	重量/kg	备 注
1	角 钢	∟63×6×3000	根	1	17.16	

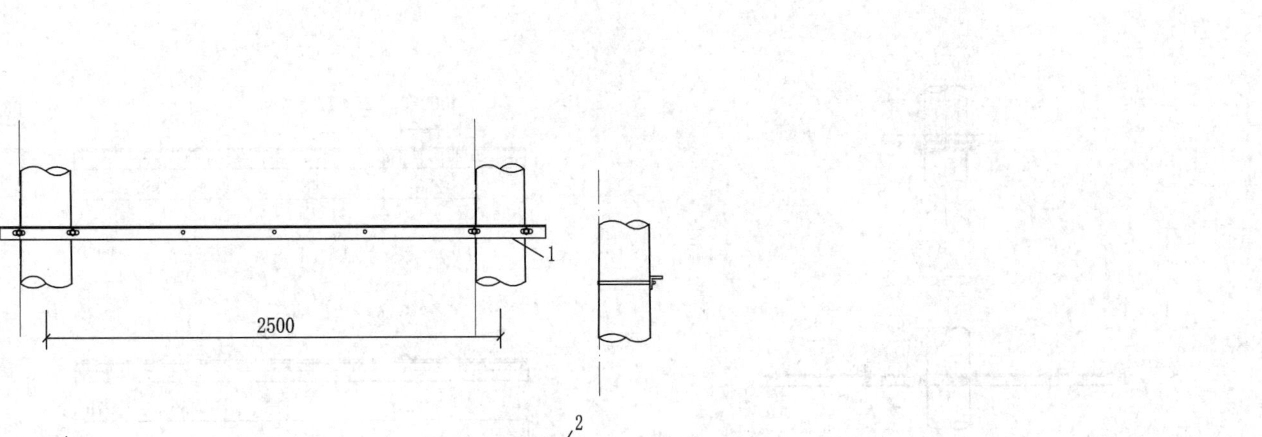

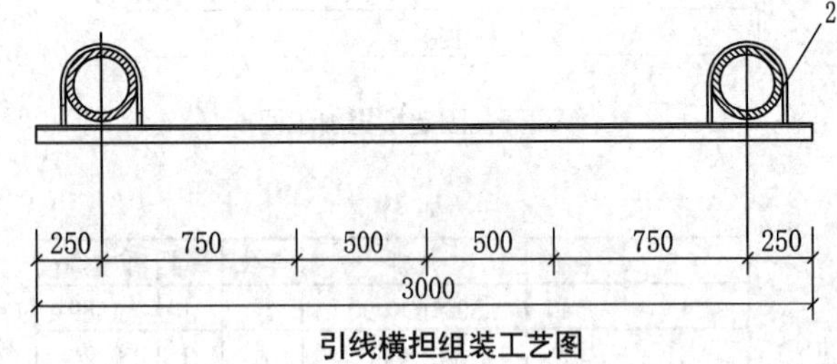

引线横担组装工艺图

材料表

序号	名 称	规 格	单位	数量	重量/kg	备 注
1	引线横担	∟63×6×3000	根	1	17.16	
2	U形抱箍	U16-190	副	2	2.34	

注:(1) 产品制造和检验应符合DL/T 646要求,焊接牢固,无虚焊。
(2) 尺寸精确,材料Q235须热镀锌,且符合GB 2694要求。

第六章 农网变配电工程		第五节 全分式10m-10m杆10kV变压器台架	
图号	2-6-5-3	图名	引线横担加工图和引线横担组装图

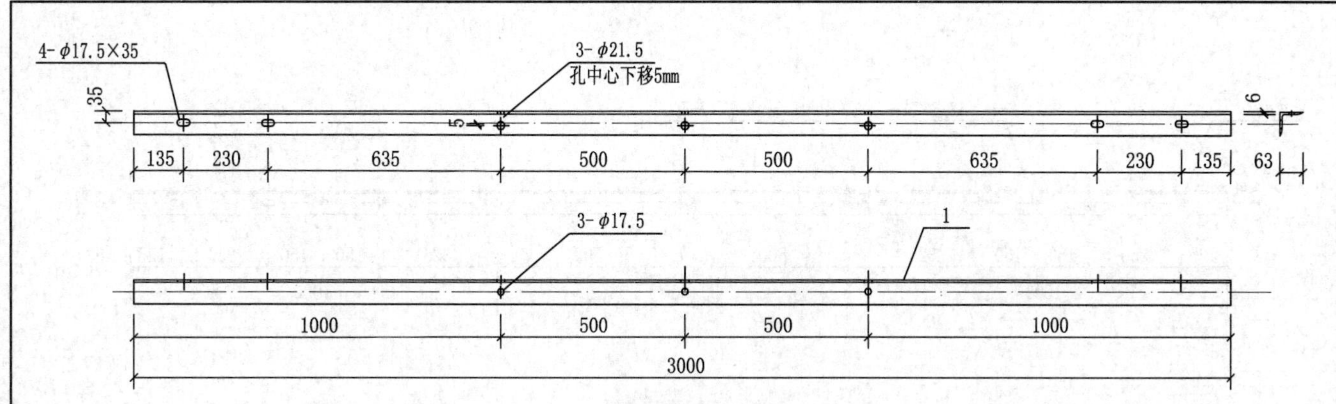

熔断器横担加工图

材料表

序号	名 称	规 格	单位	数量	重量/kg	备注
1	角钢	∟63×6×3000	根	1	17.16	

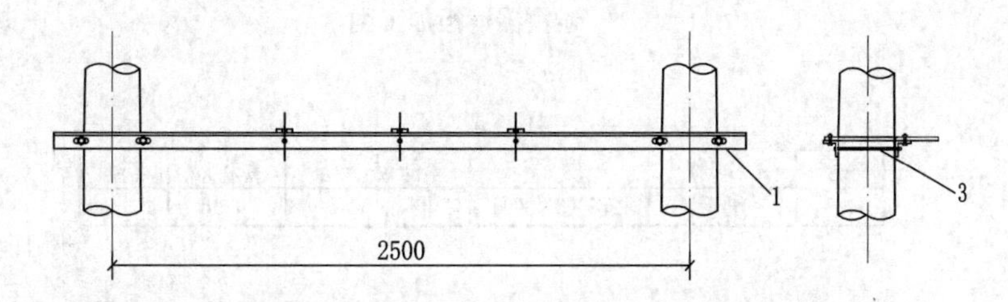

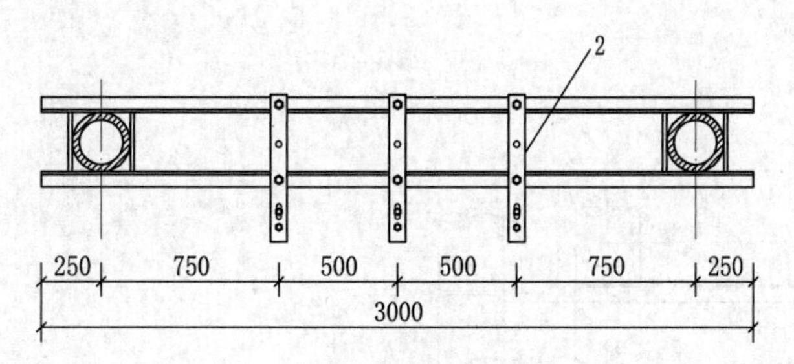

熔断器横担组装工艺图

材料表

序号	名 称	规 格	单位	数量	重量/kg	备 注
1	熔断器横担	∟63×6×3000	根	2	34.32	
2	熔断器连板	—80×8×500	副	3	8.61	
3	螺栓	M16×280	件	4	2.40	二平一弹、双螺母

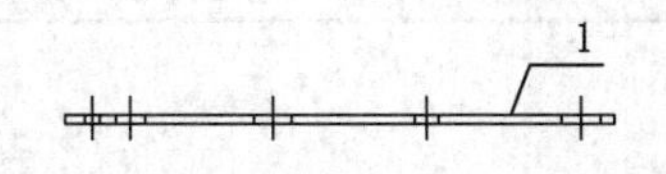

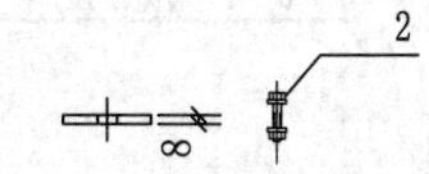

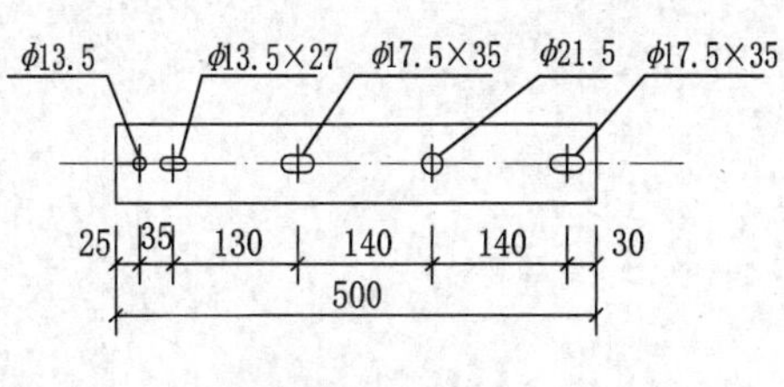

熔断器连板加工图

材料表

序号	名 称	规 格	单位	数量	重量/kg	备 注
1	扁钢	—80×8×500	块	1	2.51	
2	螺栓	M16×50	件	2	0.36	二平一弹、单螺母

注:(1) 产品制造和检验应符合DL/T 646要求,焊接牢固,无虚焊。
(2) 尺寸精确,材料Q235须热镀锌,且符合GB 2694要求。

第六章 农网变配电工程			第五节 全分式10m-10m杆10kV变压器台架
图号	2-6-5-4	图名	熔断器横担、连板加工图和熔断器横担组装图

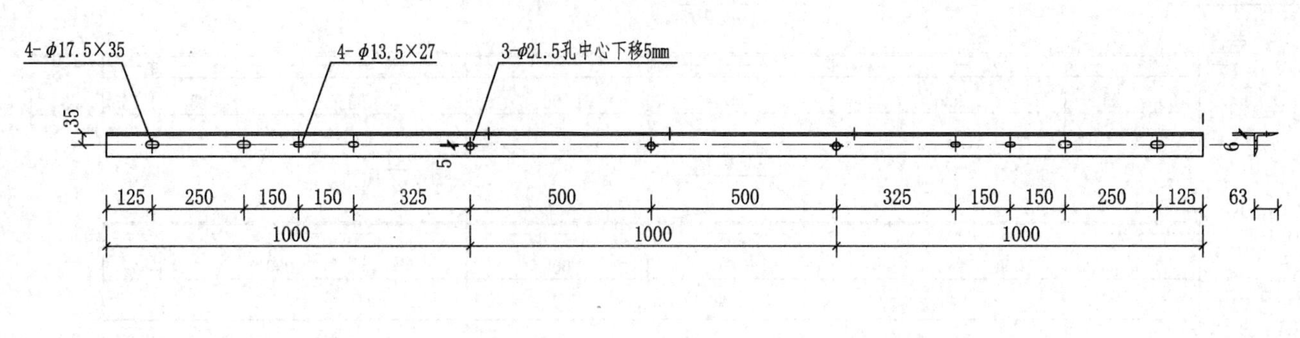

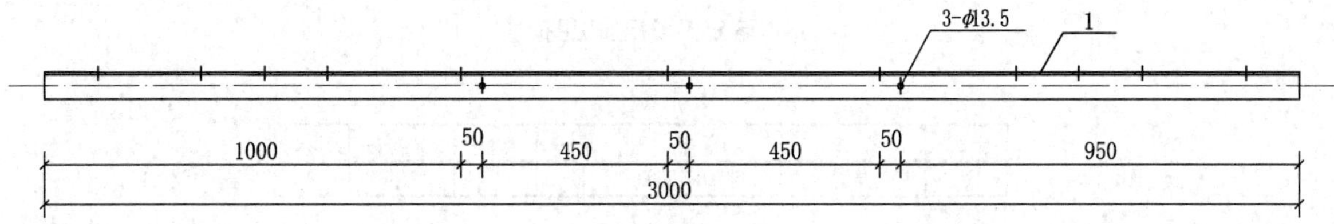

避雷器横担加工图

材料表

序号	名 称	规 格	单位	数量	重量/kg	备注
1	角钢	∟63×6×3000	根	1	17.16	

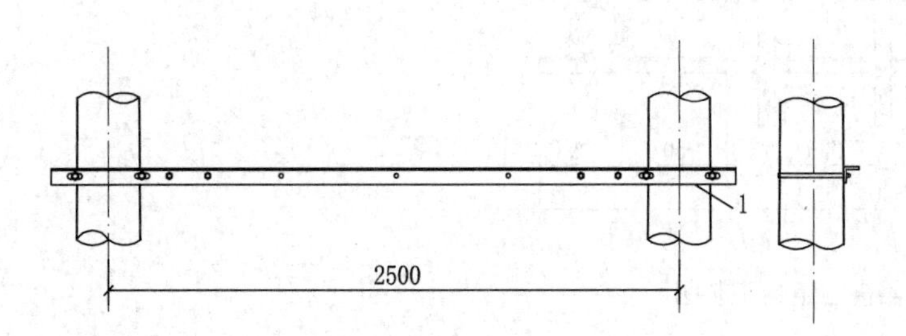

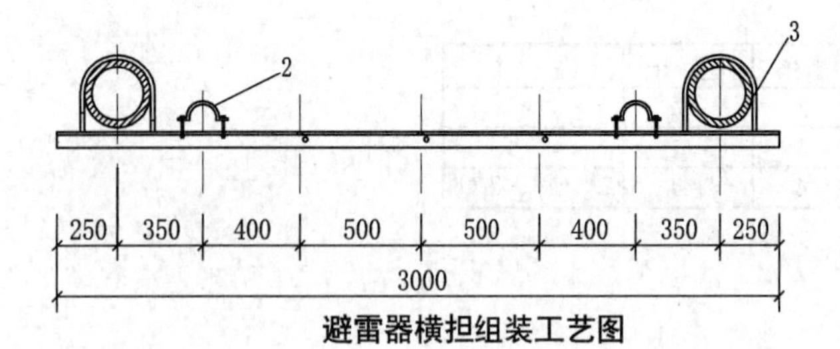

避雷器横担组装工艺图

材料表

序号	名 称	规 格	单位	数量	重量/kg	备注
1	避雷器横担	∟63×6×3000	根	1	17.16	
2	低压出线电缆抱箍	—40×4, D120	副	2	1.38	
3	U形抱箍	U16-230	副	2	2.66	

注:(1) 产品制造和检验应符合DL/T 646要求,焊接牢固,无虚焊。
(2) 尺寸精确,材料Q235须热镀锌,且符合GB 2694要求。

第六章 农网变配电工程		第五节 全分式10m-10m杆10kV变压器台架	
图号	2-6-5-5	图名	避雷器横担加工图和避雷器横担组装工艺图

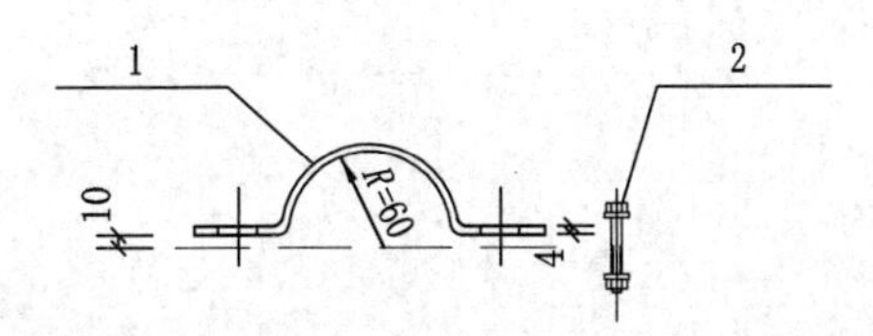

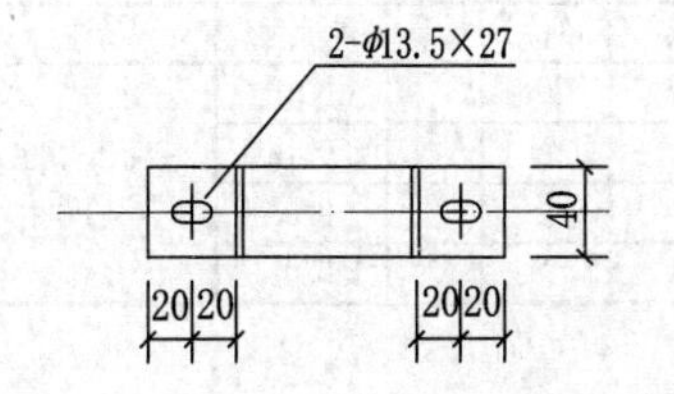

材料表

序号	名 称	规 格	单位	数量	重量/kg	备 注
1	扁钢	—40×4×310	块	1	0.39	
2	螺栓	M12×120	件	2	0.30	二平一弹、单螺母

低压出线电缆抱箍加工图

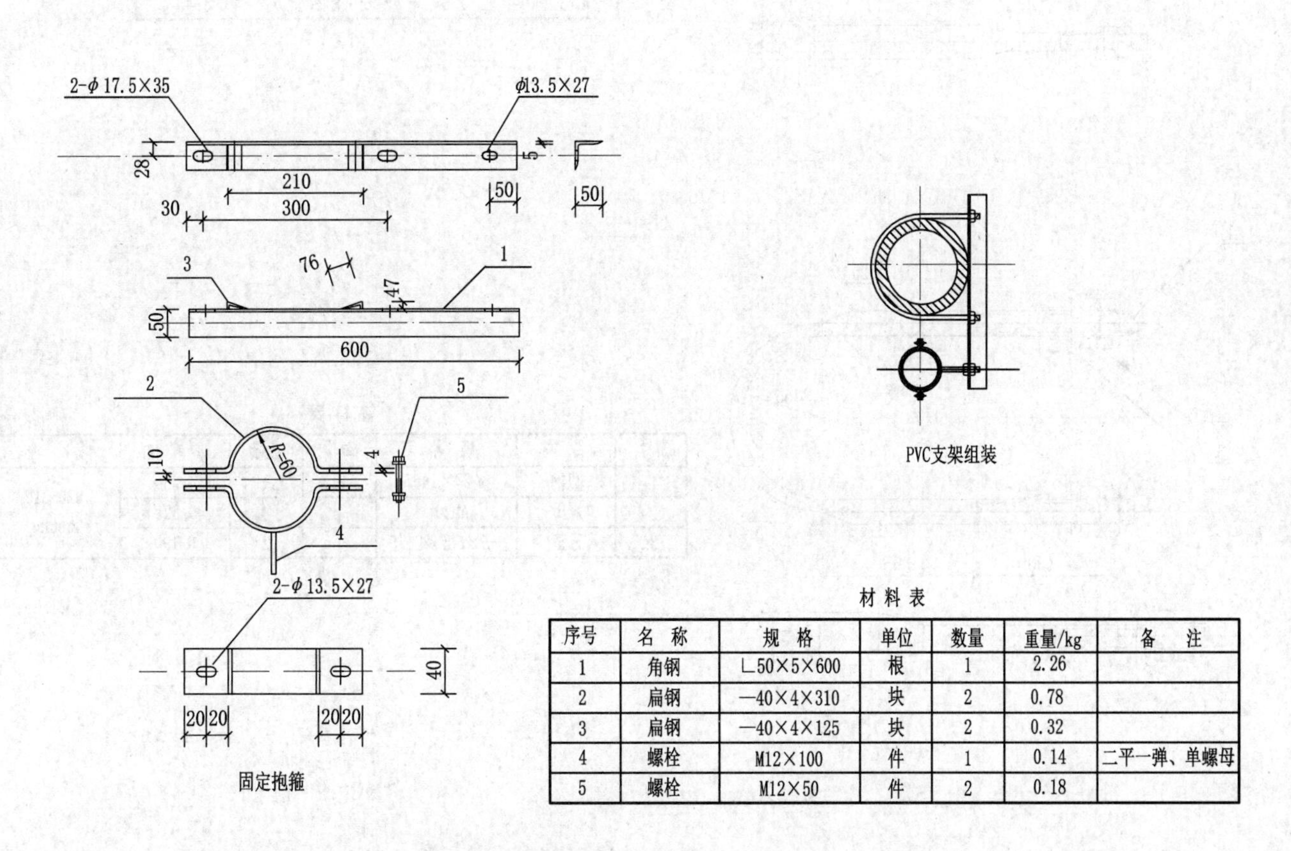

固定抱箍

PVC支架组装

材料表

序号	名 称	规 格	单位	数量	重量/kg	备 注
1	角钢	∟50×5×600	根	1	2.26	
2	扁钢	—40×4×310	块	2	0.78	
3	扁钢	—40×4×125	块	2	0.32	
4	螺栓	M12×100	件	1	0.14	二平一弹、单螺母
5	螺栓	M12×50	件	2	0.18	

低压进线电缆固定支架加工图

注:(1) 产品制造和检验应符合DL/T 646要求,焊接牢固,无虚焊。
(2) 尺寸精确,材料Q235须热镀锌,且符合GB 2694要求。

第六章　农网变配电工程		第五节　全分式10m-10m杆10kV变压器台架	
图号	2-6-5-6	图名	低压出线电缆抱箍和低压进线电缆固定支架加工图

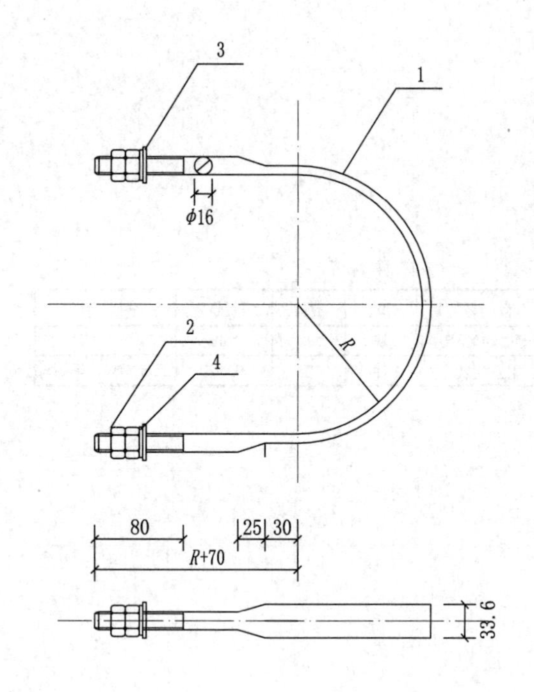

材料表

序号	名称	规格	单位	数量	重量/kg	备注
1	圆钢	ϕ16×L	根	1	1.01	U16-190 1.17kg
2	螺母	AM16	个	4	0.12	
3	平垫	ϕ16	个	2	0.03	
4	弹垫	ϕ16	个	2	0.01	

选型表

型号	R/mm	L/mm	单位	数量	总重量/kg
U16-190	95	640	副	1	1.17
U16-230	115	744	副	1	1.33
U16-260	130	820	副	1	1.45

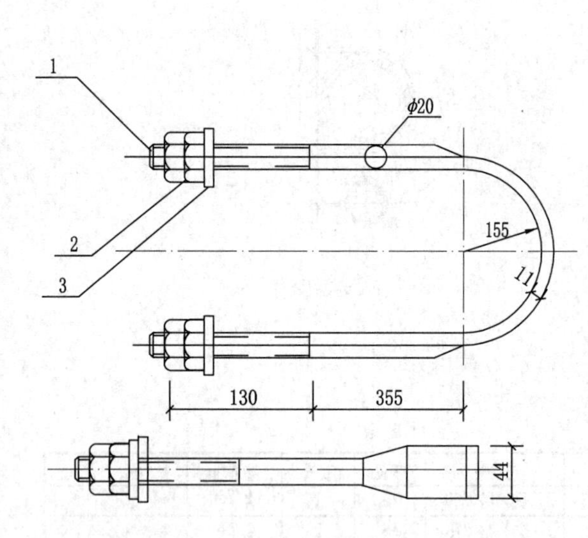

材料表

序号	名称	规格	单位	数量	质量/kg	备注
1	圆钢	ϕ20×1457	根	1	4.35	U20-310 4.86kg
2	螺母	AM20	个	4	0.32	
3	方垫	-5×50^2 ϕ21.5	个	2	0.19	

注:(1) 产品制造和检验应符合DL/T 646要求,焊接牢固,无虚焊。
(2) 尺寸精确,材料Q235须热镀锌,且符合GB 2694要求。

第六章　农网变配电工程		第五节　全分式10m-10m杆10kV变压器台架	
图号	2-6-5-7	图名	U16型和U20型抱箍加工制造图

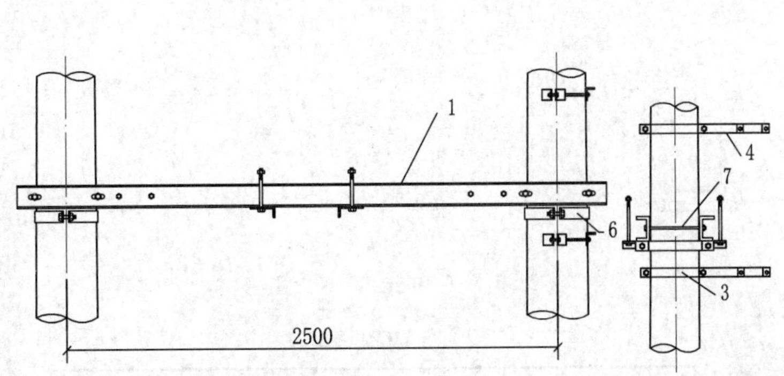

材料表

序号	名称	规格	单位	数量	重量/kg	备注
1	变压器横担	[140×58×6×3000	根	2	87.22	
2	变压器固定横担	∟63×6×650	根	2	7.44	
3	U形抱箍	U16-260	副	2	2.90	
4	低压进线电缆固定支架	∟50×5×600	副	2	7.36	
5	低压出线电缆抱箍	—40×4,D120	副	2	1.38	
6	变压器横担抱箍	—100×8,D260	副	2	21.04	
7	螺栓	M20×320	件	4	4.52	二平一弹、双螺母

5
2
250 350 1800 350 250
3000

变压器横担组装工艺图

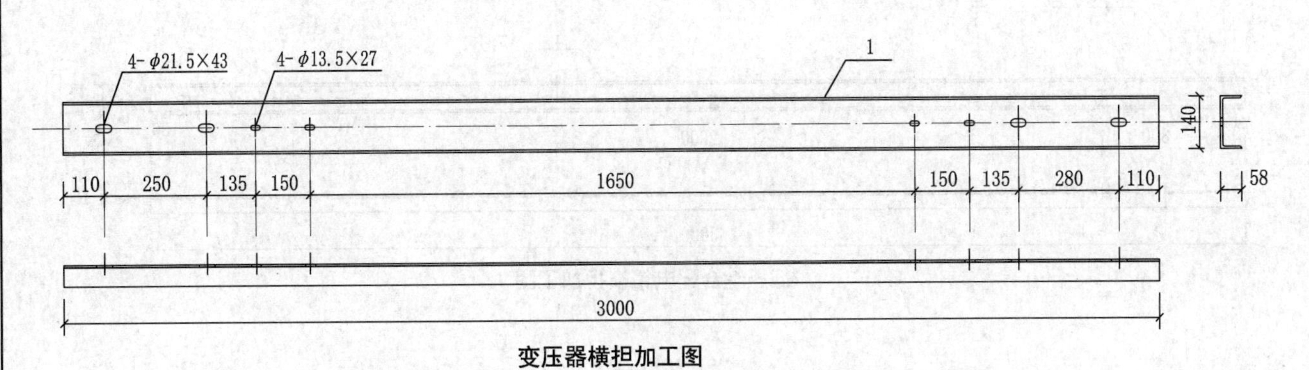

变压器横担加工图

材料表

序号	名称	规格	单位	数量	重量/kg	备注
1	槽钢	[140×58×6×3000	根	1	43.61	

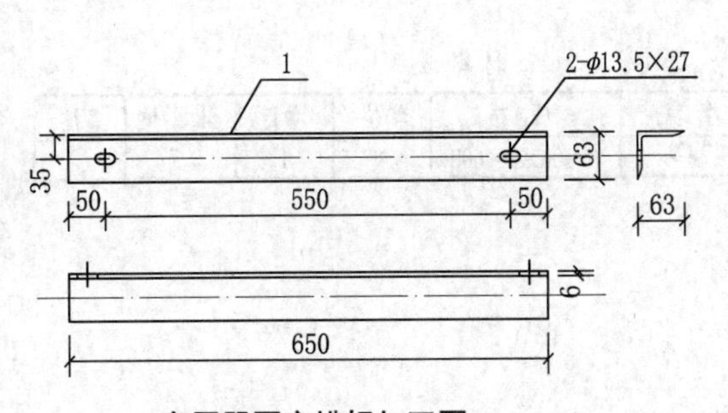

材料表

序号	名称	规格	单位	数量	重量/kg	备注
1	角钢	∟63×6×650	根	1	3.72	

变压器固定横担加工图

注:(1) 产品制造和检验应符合DL/T 646要求,焊接牢固,无虚焊。
(2) 尺寸精确,材料Q235须热镀锌,且符合GB 2694要求。

第六章　农网变配电工程		第五节　全分式10m-10m杆10kV变压器台架	
图号	2-6-5-8	图名	变压器横担、固定横担加工图和变压器横担组装工艺图

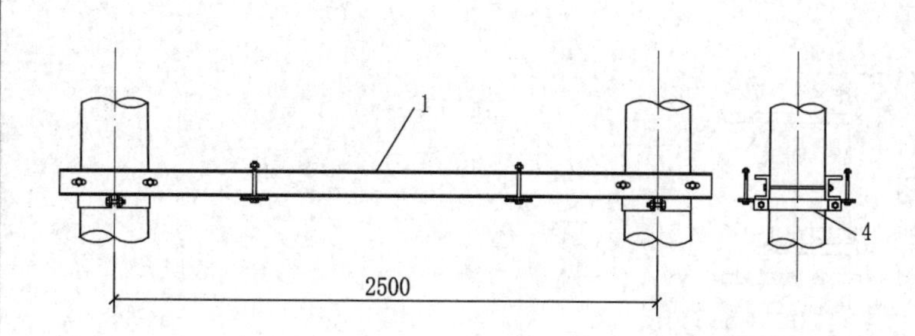

材料表

序号	名 称	规 格	单位	数量	重量/kg	备 注
1	低压综合配电箱横担	[80×43×5×3000	根	2	48.28	
2	低压综合配电箱固定横担	—100×8×600	根	2	7.54	
3	螺栓	M16×340	件	4	2.76	二平一弹、双螺母
4	低压综合配电箱横担抱箍	—100×8,D280	副	2	21.82	

2

3

3000

低压综合配电箱组装工艺图

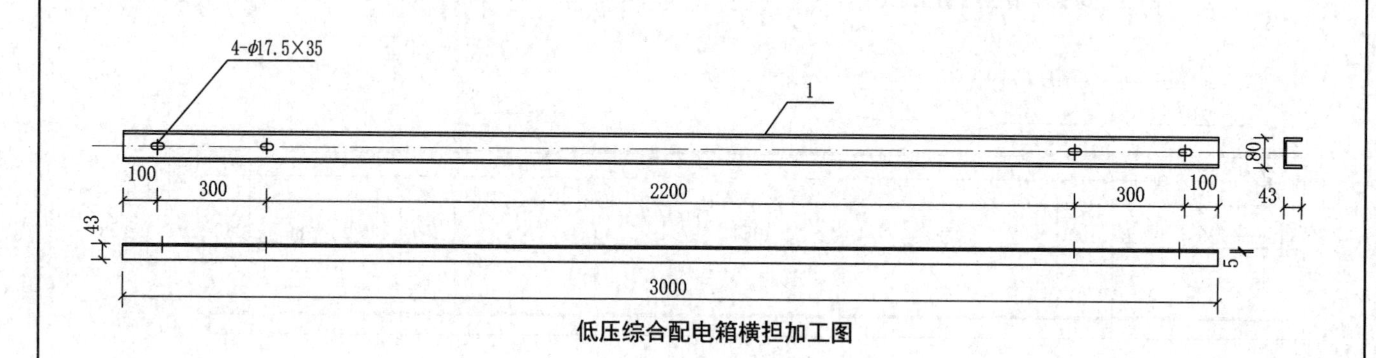

低压综合配电箱横担加工图

材料表

序号	名 称	规 格	单位	数量	重量/kg	备注
1	槽钢	[80×43×5×3000	根	1	24.14	

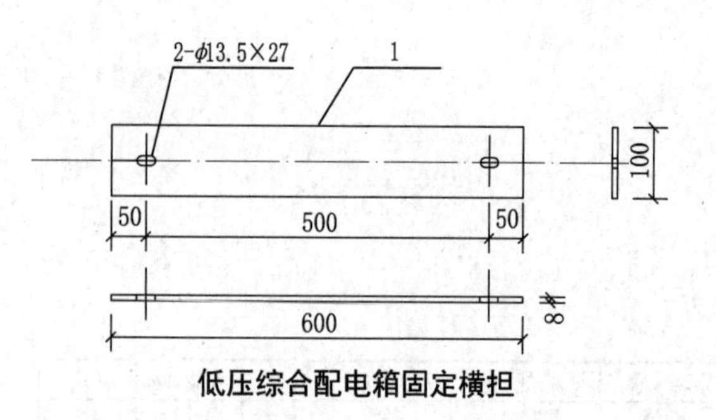

低压综合配电箱固定横担

材料表

序号	名 称	规 格	单位	数量	重量/kg	备注
1	扁钢	—100×8×600	块	1	3.77	

注:(1) 产品制造和检验应符合DL/T 646要求,焊接牢固,无虚焊。
(2) 尺寸精确,材料Q235须热镀锌,且符合GB 2694要求。

第六章 农网变配电工程		第五节 全分式10m-10m杆10kV变压器台架	
图号	2-6-5-9	图名	低压综合配电箱横担、固定横担和综合配电箱组装工艺图

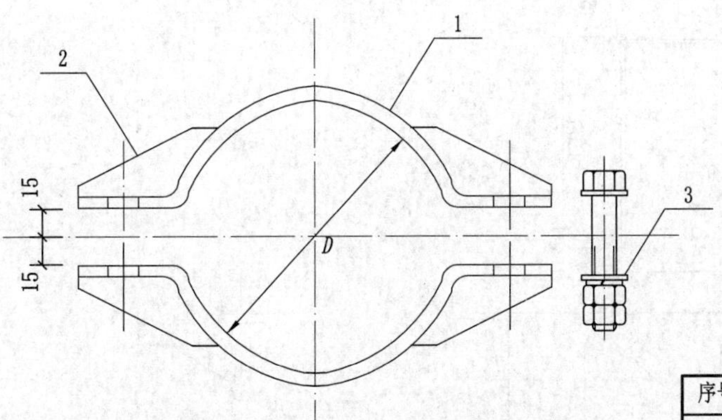

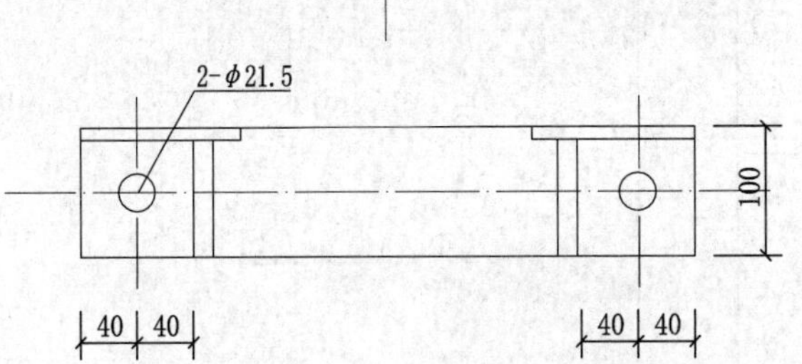

材料表

序号	名 称	规 格	单位	数量	重量/kg	备 注
1	扁钢	—100×8×*L*	块	2	6.92	-100×8，D260 10.52kg
2	扁钢	—70×8×140	块	4	2.48	
3	螺栓	M20×100	件	2	1.12	

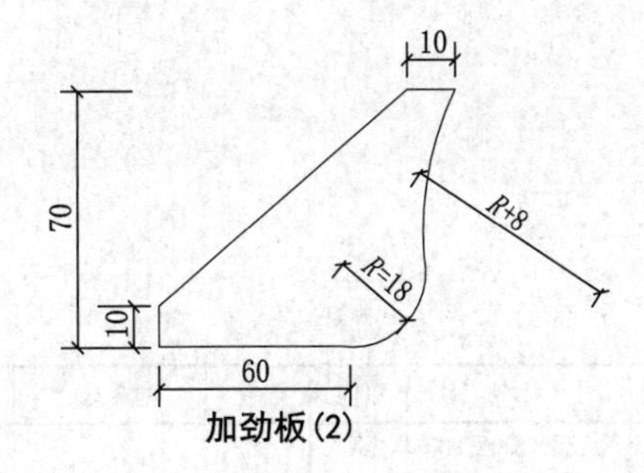

加劲板(2)

选型表

序号	抱箍型号	*D*/mm	*L*/mm	单位	数量	总重量/kg
1	—100×8,D260	260	550	副	1	10.52
2	—100×8,D280	280	582	副	1	10.91

注:(1) 产品制造和检验应符合DL/T 646要求,焊接牢固,无虚焊。
(2) 尺寸精确,材料Q235须热镀锌,且符合GB 2694要求。
(3) 螺栓按二平一弹、双螺母配置。

第六章　农网变配电工程		第五节　全分式10m-10m杆10kV变压器台架
图号	2-6-5-10	图名　变压器及低压综合配电箱横担抱箍加工图

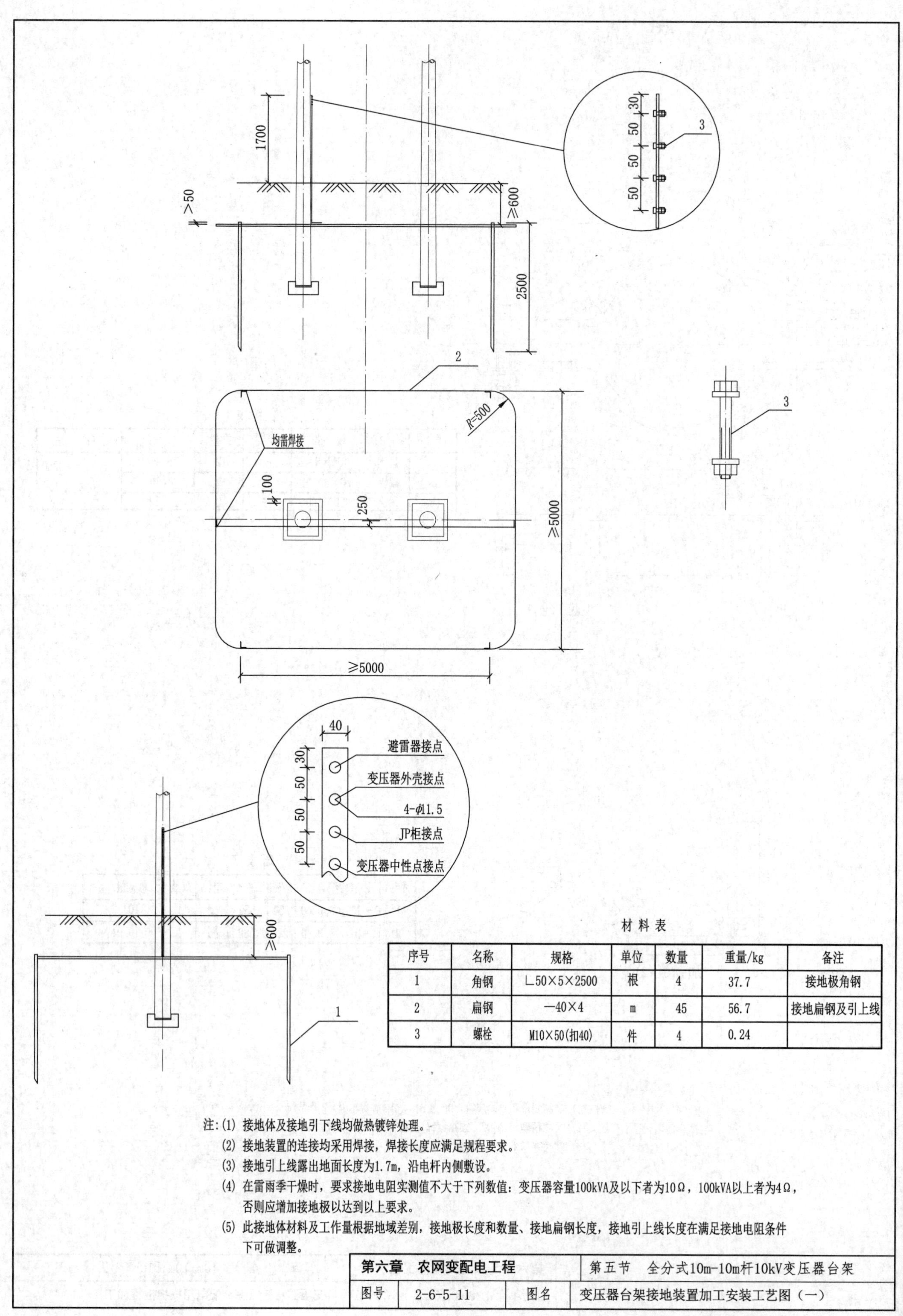

材料表

序号	名称	规格	单位	数量	重量/kg	备注
1	角钢	∟50×5×2500	根	4	37.7	接地极角钢
2	扁钢	—40×4	m	45	56.7	接地扁钢及引上线
3	螺栓	M10×50(扣40)	件	4	0.24	

注：(1) 接地体及接地引下线均做热镀锌处理。

(2) 接地装置的连接均采用焊接，焊接长度应满足规程要求。

(3) 接地引上线露出地面长度为1.7m，沿电杆内侧敷设。

(4) 在雷雨季干燥时，要求接地电阻实测值不大于下列数值：变压器容量100kVA及以下者为10Ω，100kVA以上者为4Ω，否则应增加接地极以达到以上要求。

(5) 此接地体材料及工作量根据地域差别，接地极长度和数量、接地扁钢长度，接地引上线长度在满足接地电阻条件下可做调整。

第六章　农网变配电工程		第五节　全分式10m-10m杆10kV变压器台架	
图号	2-6-5-11	图名	变压器台架接地装置加工安装工艺图（一）

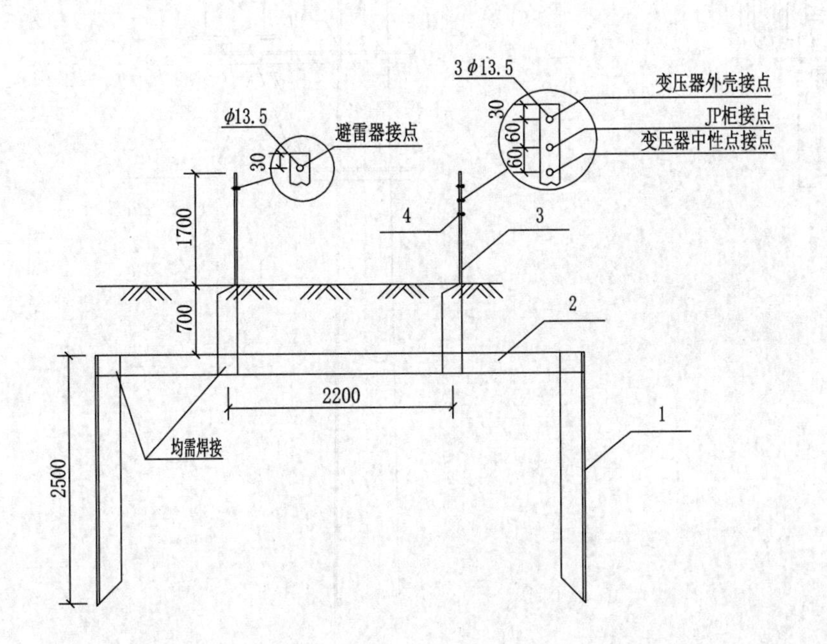

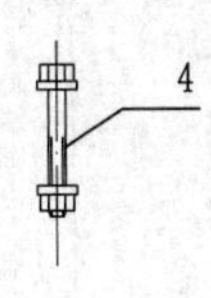

材料表

序号	名称	规格	单位	数量	重量/kg	备注
1	角钢	∟50×5×2500	根	2	18.85	接地极角钢
2	扁钢	—40×4	m	5	6.28	接地扁钢
3	扁钢	—40×4	m	5.2	6.53	接地引上线
4	螺栓	M10×50(扣40)	件	4	0.24	

注:(1) 接地体及接地引下线均做热镀锌处理。

(2) 接地装置的连接均采用焊接，焊接长度应满足规程要求。

(3) 接地引上线露出地面长度为1.7m，沿电杆内侧敷设。

(4) 在雷雨季干燥时，要求接地电阻实测值不大于下列数值：变压器容量100kVA及以下者为10Ω，100kVA以上者为4Ω，否则应增加接地极以达到以上要求。

(5) 此接地体材料及工作量根据地域差别，接地极长度和数量、接地扁钢长度，接地引上线长度在满足接地电阻条件下可做调整。

第六章　农网变配电工程		第五节　全分式10m-10m杆10kV变压器台架	
图号	2-6-5-12	图名	变压器台架接地装置加工安装工艺图（二）

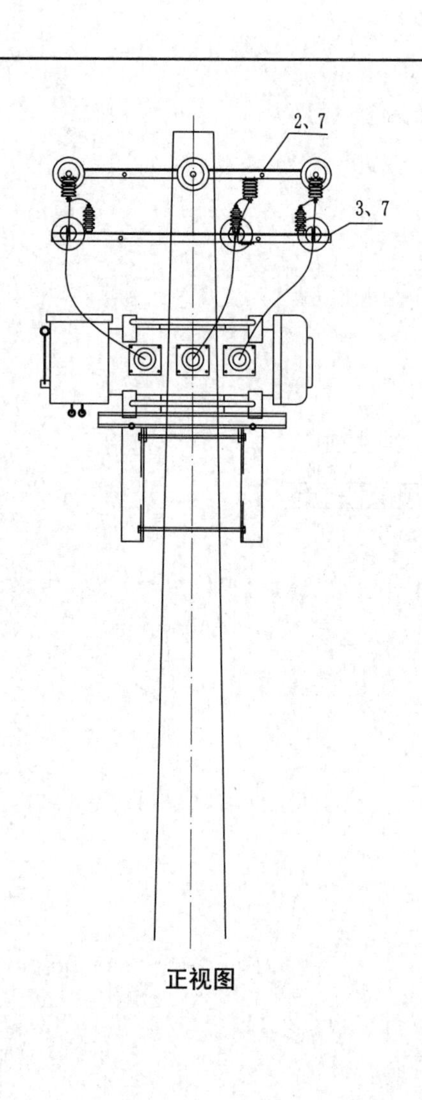

正视图

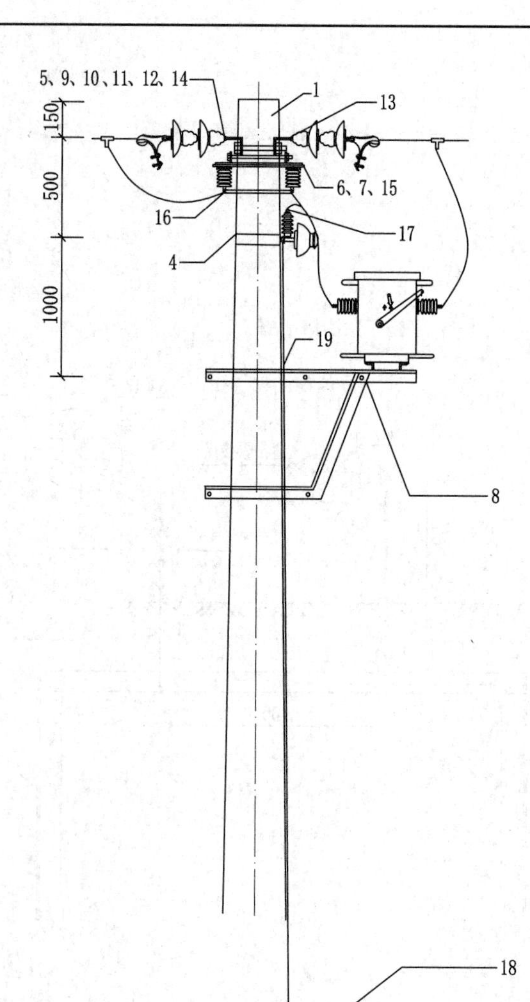

侧视图

材料表

材料分类	编号	材料名称	规格型号	单位	数量	备 注
电杆	1	水泥杆	Z-190-12I Z-190-15I	基	1	
非标金具	2	横担	∟75×8×1900 ∟75×8×2100	条	2	见加工图
	3	横担	∟63×6×1900 ∟63×6×2100	根	1	见加工图
	4	U形抱箍	Φ16×190	副	1	见加工图
	5	过河连板		块	4	见加工图
	6	刀闸横担	∟50×5×400	根	3	见加工图
	7	横担抱铁	Φ190	个	3	见加工图
	8	断路器支架		套	1	见加工图
标准金具	9	球头环	Q-7	个	6	
	10	单联弯头	W1-7B或WS-7	个	6	
	11	直角挂板	Z-7	个	6	
	12	耐张线夹	NLD-2或JNX-2-70	个	6	
标准件	13	螺栓	M16×230(250)	条	8	含一母双垫
	14	螺栓	M16×50	条	8	含一母双垫
	15	螺栓	M16×130	条	6	含一母双垫
其他	16	隔离开关	BGW9-15/630-1250	支	3	
	17	避雷器	HY5WS-17/50	支	3	
	18	接地体	∟50×5×2500	个	1	
	19	绝缘线	JKLYJ-50	m	18	15m杆20m

注：此材料表适用于LGJ-70、JKLGJY-70及以下导线。

第六章 农网变配电工程		第六节 杆上断路器、电容器等安装工艺	
图号	2-6-6-1	图名	单杆10kV线路分段断路器组装工艺图(70)

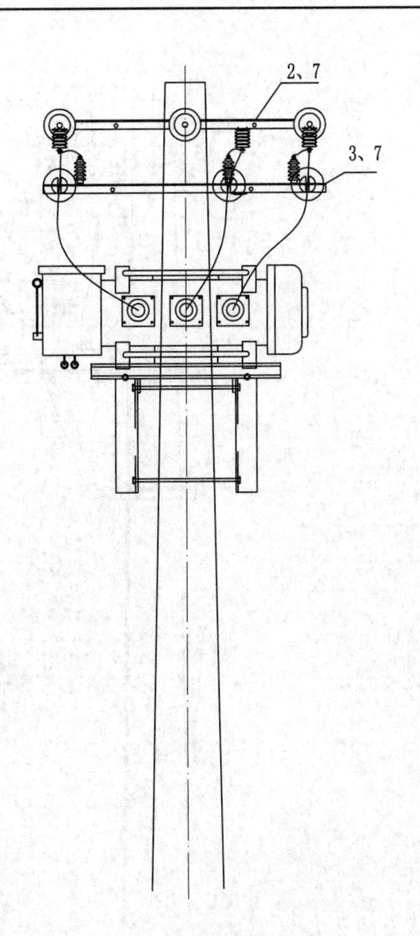

正视图

5、9、10、11、12、14
1
13
150
500
1000
6、7、15
16
17
4
19
8
18

侧视图

材料表

材料分类	编号	材料名称	规格型号	单位	数量	备注
电杆	1	水泥杆	Z-190-12I Z-190-15I	基	1	
非标金具	2	横担	∟80×8×1900 ∟80×8×2100	条	2	见加工图
	3	横担	∟75×8×1900 ∟75×8×2100	根	1	见加工图
	4	U形抱箍	ϕ18×190	副	1	见加工图
	5	过河连板		块	4	见加工图
	6	刀闸横担	∟50×5×400	根	3	见加工图
	7	横担抱铁	ϕ190	个	3	见加工图
	8	断路器支架		套	1	见加工图
标准金具	9	球头环	Q-7	个	6	
	10	单联弯头	W1-7B或WS-7	个	6	
	11	直角挂板	Z-7	个	6	
	12	耐张线夹	NLD-3或JNX-2-120	个	6	
标准件	13	螺栓	M16×250	条	8	含一母双垫
	14	螺栓	M16×50	条	8	含一母双垫
	15	螺栓	M16×130	条	6	含一母双垫
其他	16	隔离开关	HGW9-15/630-1250	支	3	
	17	避雷器	HY5WS-17/50	支	3	
	18	接地体	∟50×5×2500	个	1	
	19	绝缘线	JKLYJ-50	m	18	15m杆20m

注：此材料表适用于LGJ-120、JKLGJY-120及以下导线。

第六章　农网变配电工程		第六节　杆上断路器、电容器等安装工艺	
图号	2-6-6-2	图名	单杆10kV线路分段断路器组装工艺图(120)

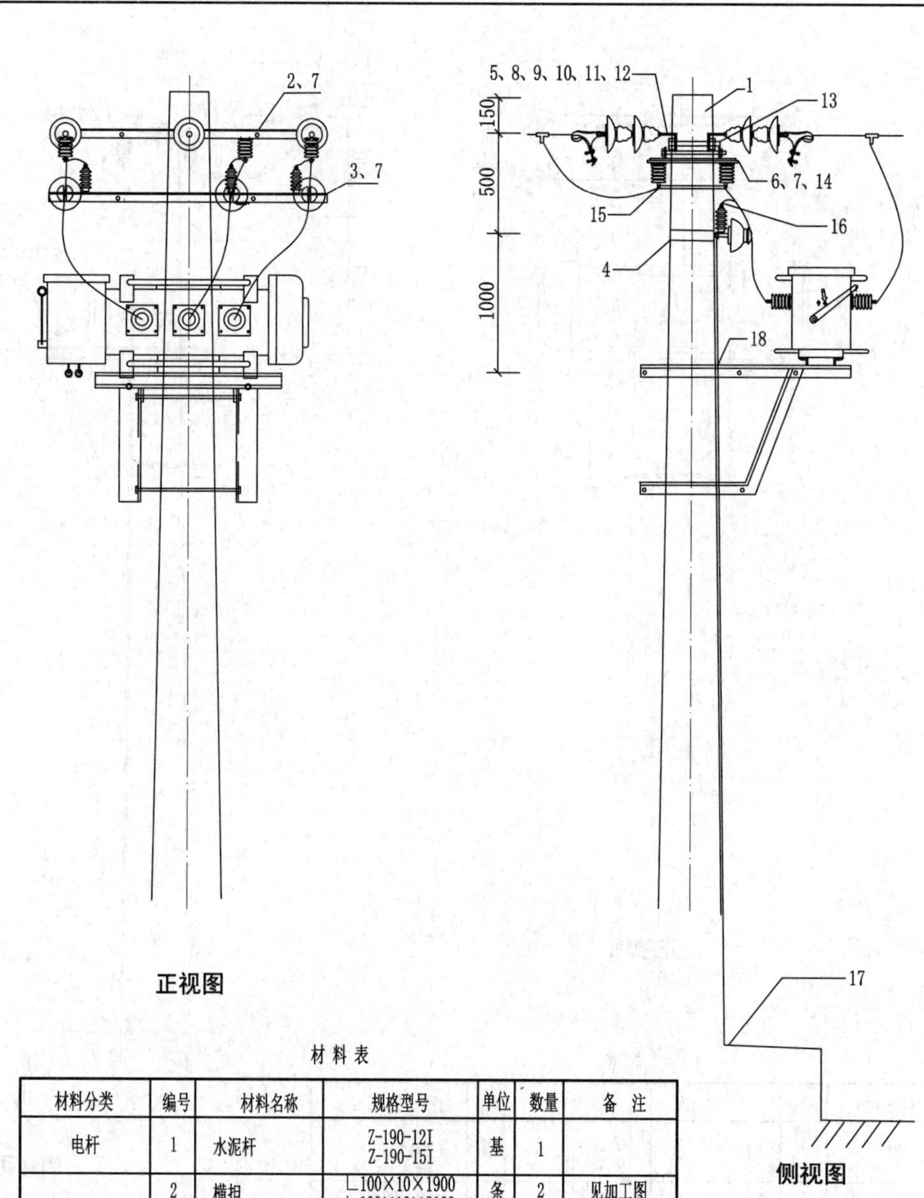

材料表

材料分类	编号	材料名称	规格型号	单位	数量	备 注
电杆	1	水泥杆	Z-190-12I Z-190-15I	基	1	
非标金具	2	横担	∟100×10×1900 ∟100×10×2100	条	2	见加工图
	3	横担	∟75×8×1900 ∟75×8×2100	根	1	见加工图
	4	U形抱箍	φ20×190	副	1	见加工图
	5	过河连板		块	2	见加工图
	6	刀闸横担	∟50×5×400	根	3	见加工图
	7	横担抱铁	φ190	个	3	见加工图
标准金具	8	球头环	Q-10	个	6	
	9	单联弯头	W1-10B或WS-10	个	6	
	10	直角挂板	Z-10	个	6	
	11	耐张线夹	NLD-4或JNX-2-240	个	6	
标准件	12	螺栓	M20×250	条	8	含一母双垫
	13	螺栓	M16×50	条	8	含一母双垫
	14	螺栓	M16×130	条	6	含一母双垫
其他	15	隔离开关	HGW9-15/630-1250	支	3	
	16	避雷器	HY5WS-17/50	支	3	
	17	接地体	∟50×5×2500	个	1	
	18	绝缘线	JKLYJ-50	m	18	15m杆20m

注：此材料表适用于LGJ-240、JKLGJY-240及以下导线。

第六章　农网变配电工程		第六节　杆上断路器、电容器等安装工艺	
图号	2-6-6-3	图名	单杆10kV线路分段断路器组装工艺图(240)

材料表

材料分类	编号	材料名称	规格型号	单位	数量	备注
电杆	1	水泥杆	Z-190-12I Z-190-15I	基	2	
非标金具	2	横担	∟75×8×1900	条	4	根据导线型号选择横担型号
	3	横担	∟63×6×1900	根	2	见加工图
	4	U形抱箍	ϕ16×190(210)	副	2	见加工图
	5	拉线抱箍	ϕ190	套	2	见加工图
	6	过河连板		块	4	见加工图
	7	刀闸横担	∟50×5×400	根	6	见加工图
	8	横担抱铁	ϕ190	个	4	见加工图
	9	横担抱铁	ϕ190(210)	个	6	见加工图
	10	断路器托担	[100×5×3000	根	2	见加工图
绝缘子	11	针式绝缘子	P-20T或FPQ2-10T/20	套	6	
	12	悬式绝缘子	XP-10或FXBW4-10-100	片/支	12/6	
标准金具	13	球头环	Q-7	个	6	
	14	单联弯头	W1-7B或WS-7	个	6	
	15	直角挂板	Z-7	个	6	
	16	耐张线夹	NLD-2或JNX-2-70	个	6	
	17	双联板	PD-12	块	2	
	18	楔形线夹	NX-2	个	1	
	19	UT线夹	UT-2	个	1	
线材	20	钢绞线	GJ-50	kg	1	
标准件	21	螺栓	M16×230(250)	条	8	含一母双垫
	22	螺栓	M16×50	条	4	含一母双垫
	23	螺栓	M16×75	条	4	含一母双垫
	24	螺栓	M16×130	条	12	含一母双垫
	25	螺栓	M16×280	条	4	含一母双垫
其他	26	隔离开关	HGW9-15/630-1250	支	6	
	27	避雷器	HY5WS-17/50	支	6	
	28	接地体	∟50×5×2500	个	1	
	29	绝缘线	JKLYJ-50	m	18	15m杆20m

注：此材料表适用于LGJ-70、JKLGJY-70及以下导线。

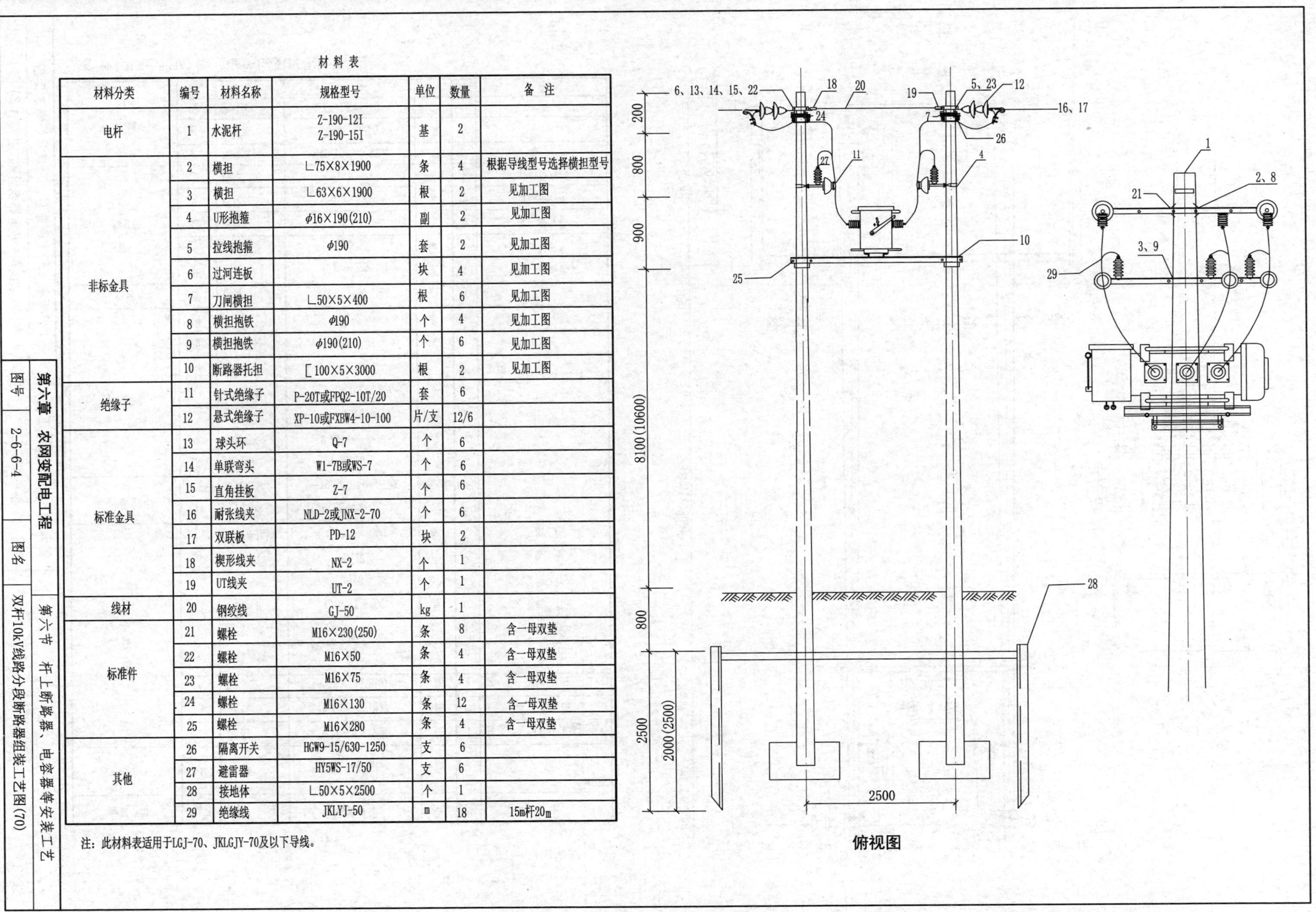

俯视图

第六章　农网变配电工程		第六节　杆上断路器、电容器等安装工艺	
图号	2-6-6-4	图名	双杆10kV线路分段断路器组装工艺图(70)

材料表

材料分类	编号	材料名称	规格型号	单位	数量	备注
电杆	1	水泥杆	Z-190-12I Z-190-15I	基	2	
非标金具	2	横担	∟80×8×1900	条	4	根据导线型号选择横担型号
	3	横担	∟63×6×1900	根	2	见加工图
	4	U形抱箍	ϕ16×190(210)	副	2	见加工图
	5	拉线抱箍	ϕ190	套	2	见加工图
	6	过河连板		块	4	见加工图
	7	刀闸横担	∟50×5×400	根	6	见加工图
	8	横担抱铁	ϕ190	个	4	见加工图
	9	横担抱铁	ϕ210	个	6	见加工图
	10	断路器托担	[100×5×3000	根	2	见加工图
绝缘子	11	针式绝缘子	P-20T或FPQ2-10T/20	套	6	
	12	悬式绝缘子	XP-10或FXBW4-10-100	片/支	12/6	
标准金具	13	球头环	Q-10	个	6	
	14	单联弯头	W1-10B或WS-10	个	6	
	15	直角挂板	Z-10	个	6	
	16	耐张线夹	NLD-3或JNX-2-120	个	6	
	17	双联板	PD-12	块	2	
	18	楔形线夹	NX-2	个	1	
	19	UT线夹	UT-2	个	1	
线材	20	钢绞线	GJ-50	kg	1	
标准件	21	螺栓	M18×250	条	8	含一母双垫
	22	螺栓	M16×50	条	4	含一母双垫
	23	螺栓	M16×75	条	4	含一母双垫
	24	螺栓	M16×130	条	12	含一母双垫
	25	螺栓	M16×280	条	4	含一母双垫
其他	26	隔离开关	HGW9-15/630-1250	支	6	
	27	避雷器	HY5WS-17/50	支	6	
	28	接地体	∟50×5×2500	个	1	
	29	绝缘线	JKLYJ-50	m	18	15m杆20m

注：此材料表适用于LGJ-120、JKLGJY-120及以下导线。

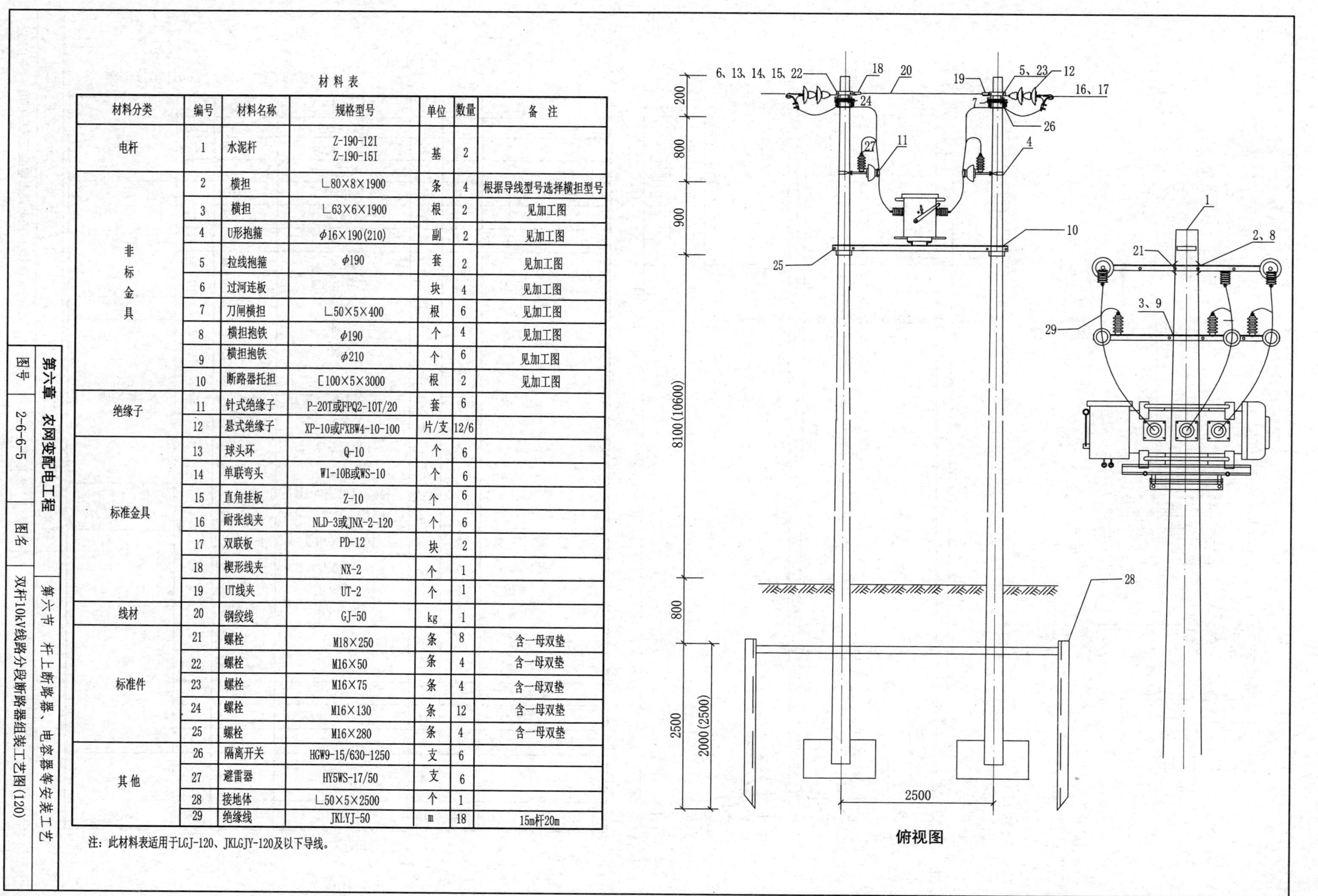

第六章　农网变配电工程		第六节　杆上断路器、电容器等安装工艺	
图号	2-6-6-5	图名	双杆10kV线路分段断路器组装工艺图(120)

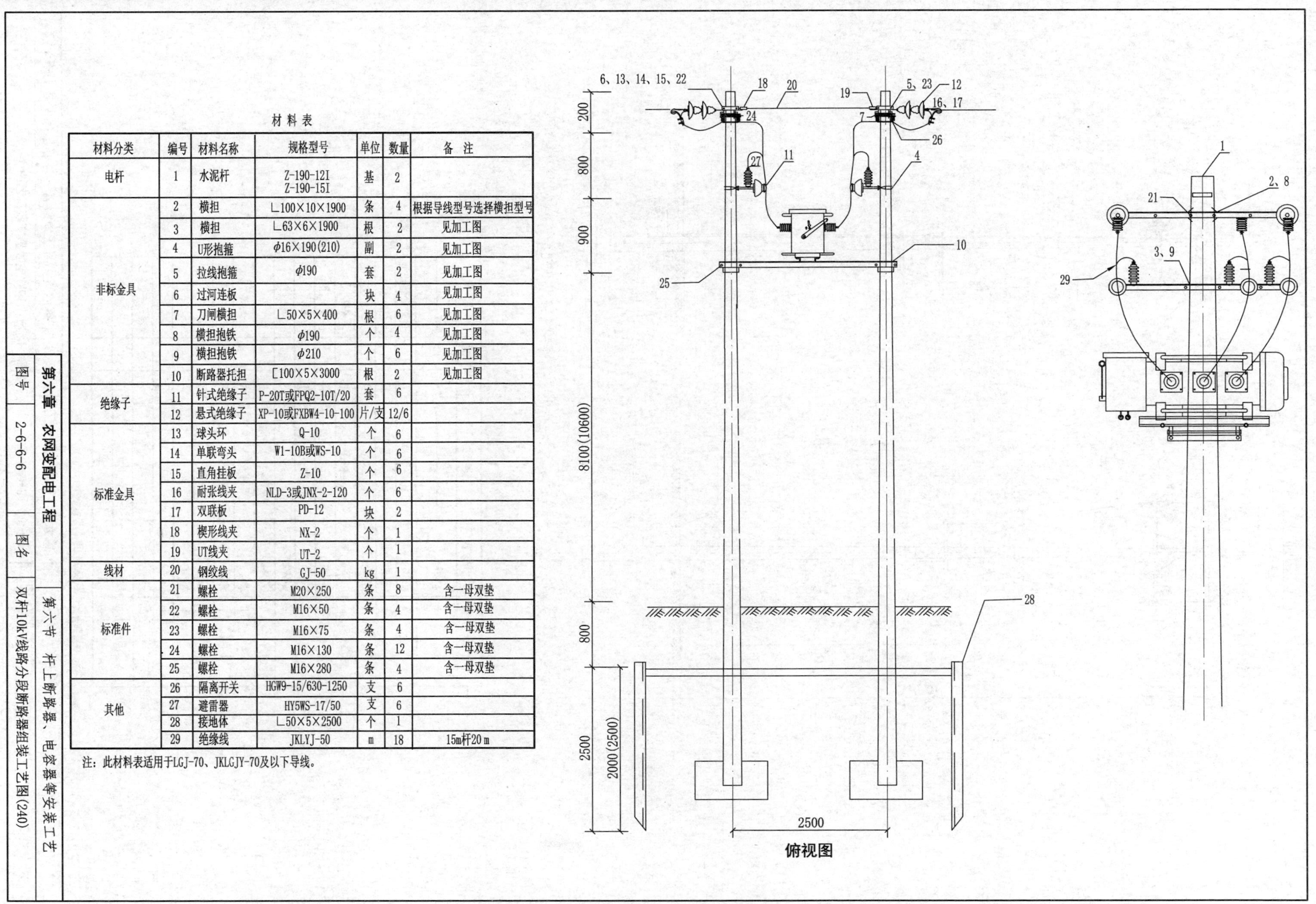

材料表

材料分类	编号	材料名称	规格型号	单位	数量	备 注
电杆	1	水泥杆	Z-190-12I Z-190-15I	基	2	
非标金具	2	横担	∟100×10×1900	条	4	根据导线型号选择横担型号
	3	横担	∟63×6×1900	根	2	见加工图
	4	U形抱箍	φ16×190(210)	副	2	见加工图
	5	拉线抱箍	φ190	套	2	见加工图
	6	过河连板		块	4	见加工图
	7	刀闸横担	∟50×5×400	根	6	见加工图
	8	横担抱铁	φ190	个	4	见加工图
	9	横担抱铁	φ210	个	6	见加工图
	10	断路器托担	[100×5×3000	根	2	见加工图
绝缘子	11	针式绝缘子	P-20T或FPQ2-10T/20	套	6	
	12	悬式绝缘子	XP-10或FXBW4-10-100	片/支	12/6	
标准金具	13	球头环	Q-10	个	6	
	14	单联弯头	W1-10B或WS-10	个	6	
	15	直角挂板	Z-10	个	6	
	16	耐张线夹	NLD-3或JNX-2-120	个	6	
	17	双联板	PD-12	块	2	
	18	楔形线夹	NX-2	个	1	
	19	UT线夹	UT-2	个	1	
线材	20	钢绞线	GJ-50	kg	1	
标准件	21	螺栓	M20×250	条	8	含一母双垫
	22	螺栓	M16×50	条	4	含一母双垫
	23	螺栓	M16×75	条	4	含一母双垫
	24	螺栓	M16×130	条	12	含一母双垫
	25	螺栓	M16×280	条	4	含一母双垫
其他	26	隔离开关	HGW9-15/630-1250	支	6	
	27	避雷器	HY5WS-17/50	支	6	
	28	接地体	∟50×5×2500	个	1	
	29	绝缘线	JKLYJ-50	m	18	15m杆20m

注：此材料表适用于LGJ-70、JKLGJY-70及以下导线。

第六章　农网变配电工程		第六节　杆上断路器、电容器等安装工艺	
图号	2-6-6-6	图名	双杆10kV线路分段断路器组装工艺图(240)

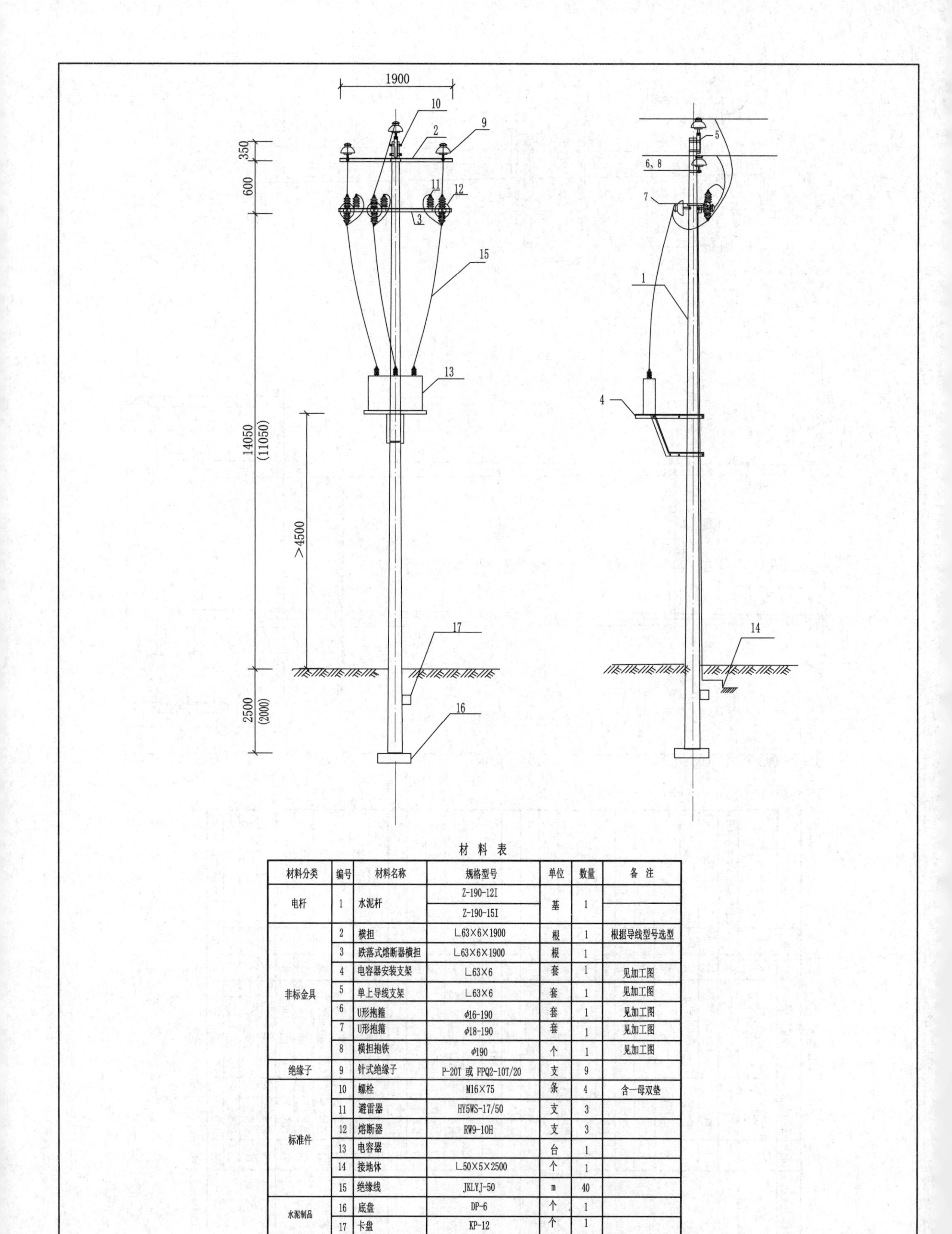

材 料 表

材料分类	编号	材料名称	规格型号	单位	数量	备 注
电杆	1	水泥杆	Z-190-12I	基	1	
			Z-190-15I			
非标金具	2	横担	∟63×6×1900	根	1	根据导线型号选型
	3	跌落式熔断器横担	∟63×6×1900	根	1	
	4	电容器安装支架	∟63×6	套	1	见加工图
	5	单上导线支架	∟63×6	套	1	见加工图
	6	U形抱箍	φ16-190	套	1	见加工图
	7	U形抱箍	φ18-190	套	1	见加工图
	8	横担抱铁	φ190	个	1	见加工图
绝缘子	9	针式绝缘子	P-20T 或 FPQ2-10T/20	支	9	
标准件	10	螺栓	M16×75	条	4	含一母双垫
	11	避雷器	HY5WS-17/50	支	3	
	12	熔断器	RW9-10H	支	3	
	13	电容器		台	1	
	14	接地体	∟50×5×2500	个	1	
	15	绝缘线	JKLYJ-50	m	40	
水泥制品	16	底盘	DP-6	个	1	
	17	卡盘	KP-12	个	1	

注：电容器台数及容量根据实际情况确定。

第六章　农网变配电工程		第六节　杆上断路器、电容器等安装工艺	
图号	2-6-6-7	图名	杆上10kV电容器安装工艺图（一）

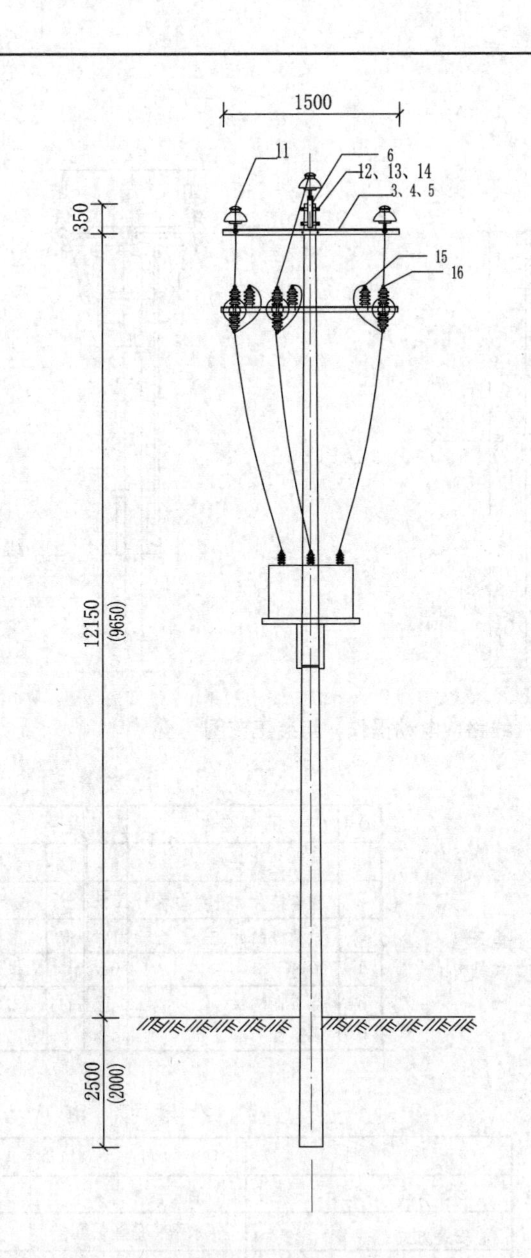

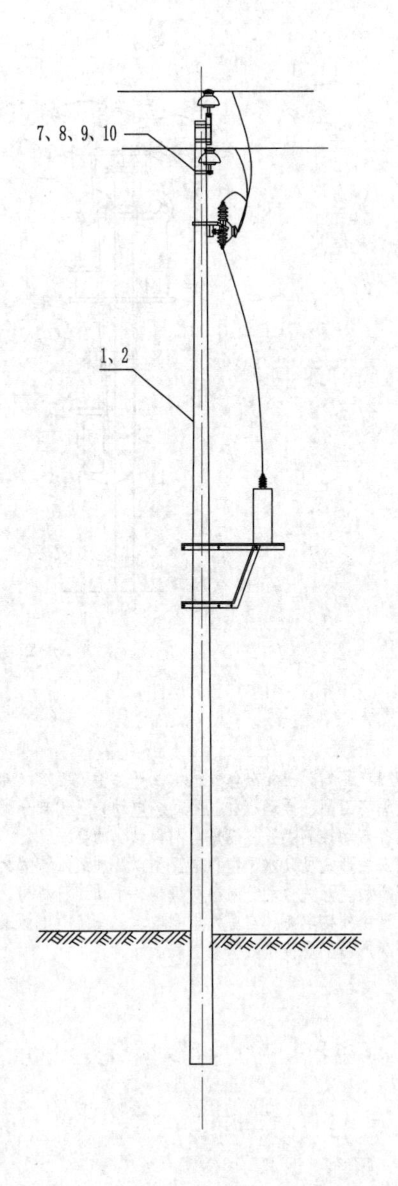

材料表

材料分类	编号	材料名称	规格型号	单位	数量	备 注
电杆	1	水泥杆	Z-190-12I	基	1	
	2	水泥杆	Z-190-15I	基	1	
非标金具	3	横担	∟63×6×1500	条	1	根据导线型号选型
	4	横担	∟75×8×1500	条	1	
	5	横担	∟80×8×1500	条	1	
	6	单上导线支架	∟63×6	套	1	
	7	U形抱箍	ϕ16-150	套	1	
	8	U形抱箍	ϕ16-190	套	1	
	9	U形抱箍	ϕ18-190	套	1	
	10	横担抱铁	ϕ150	个	1	
绝缘子	11	针式绝缘子	P-20T 或 FPQ2-10T/20	支	6	
标准件	12	螺栓	M16×75	条	4	
	13	(弹簧垫)	M16	个	3	
	14	(平圆垫)	M16	个	8	
	15	避雷器	HY5WS-17/50	支	3	
	16	熔断器	RW9-10H	支	3	

注：(1) 材料表未列入铝包带。
(2) 此材料表适用于LGJ-70、JKLGJY-70及以下导线。
(3) () 材料为计价材料。

第六章　农网变配电工程		第六节　杆上断路器电、容器等安装工艺	
图号	2-6-6-8	图名	杆上10kV电容器安装工艺图（二）

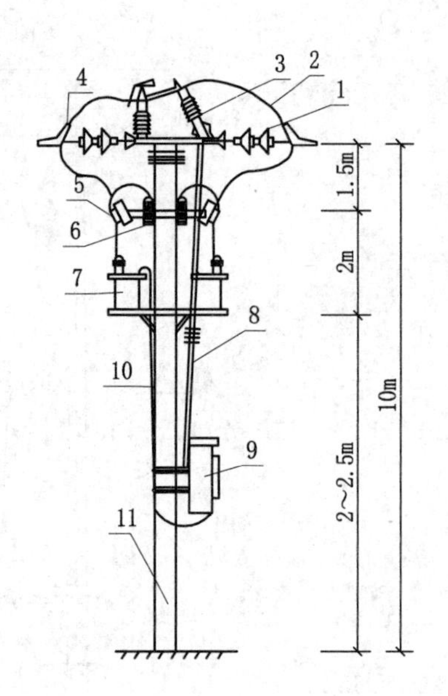

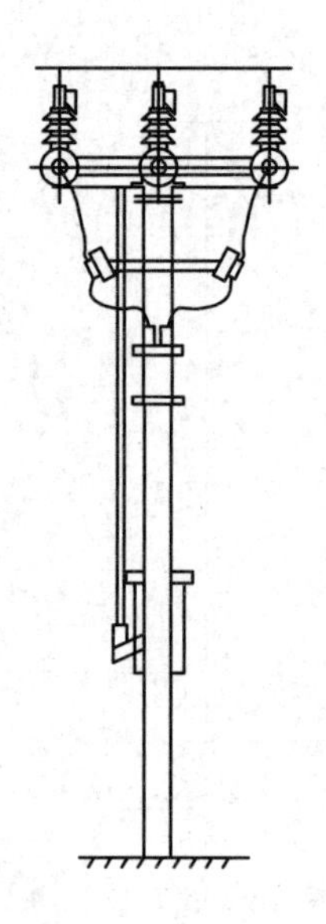

水平安装（线路TV电动操作）组装工艺图

材料表

编号	材料名称	数量	编号	材料名称	数量
1	耐张绝缘子串	6串	7	单相油浸TV	2个
2	铜连接片（开关自备）	3根	8	操动杆（开关自备）	1根
3	负荷分断开关	1台	9	电动操作箱	1台
4	羊角	6个	10	电缆线	6m
5	跌落保险丝	4个	11	水泥电杆	1根
6	避雷器	4个			

FLA、FZW产品均为三相分体式结构，开关由灭弧室（油灭弧室、真空灭弧室）、隔离刀闸、操动机构（手动、电动）三大部分组成，并可根据用户需要配备自动控制装置，满足电网自动化的要求。

开关按安装形式可分水平型和垂直型以及加装限流熔断器组合电器型（熔断器熔断后，开关自动分闸操动机构有手动连杆机构、电动操动机构，其电动能源可由外接电源、自备太阳能电源、线路PT电源来提供。

FLA、FZW产品主要技术数据见下表。

技术数据

项目	FLA	FZW
灭弧方式	油灭弧	真空灭弧
安装方式	水平、垂直、组合	水平、垂直、组合
操作方式	手动、电动	手动、电动
电动电源	外接、自备太阳能、线路PT	外接、自备太阳能、线路PT
额定电压/kV	12	12
额定开断负荷电流/A	400 630	400 630
工频耐压（1min 50Hz）相间/断口/kV	42/48	42/48
冲击耐击（1.2/5μs波）相间/断口/kV	75/85	75/85
额定开断变压器空载电流/A	32	32
额定开断电缆充电电流/A	11	11
额定开断对地电流/A	32	32
热稳定电流2s/kA	20	20
动稳电流（峰值）/kA	50	50
关合电流（峰值）/kA	16	16
额定开断负荷电流次数/次	30	100

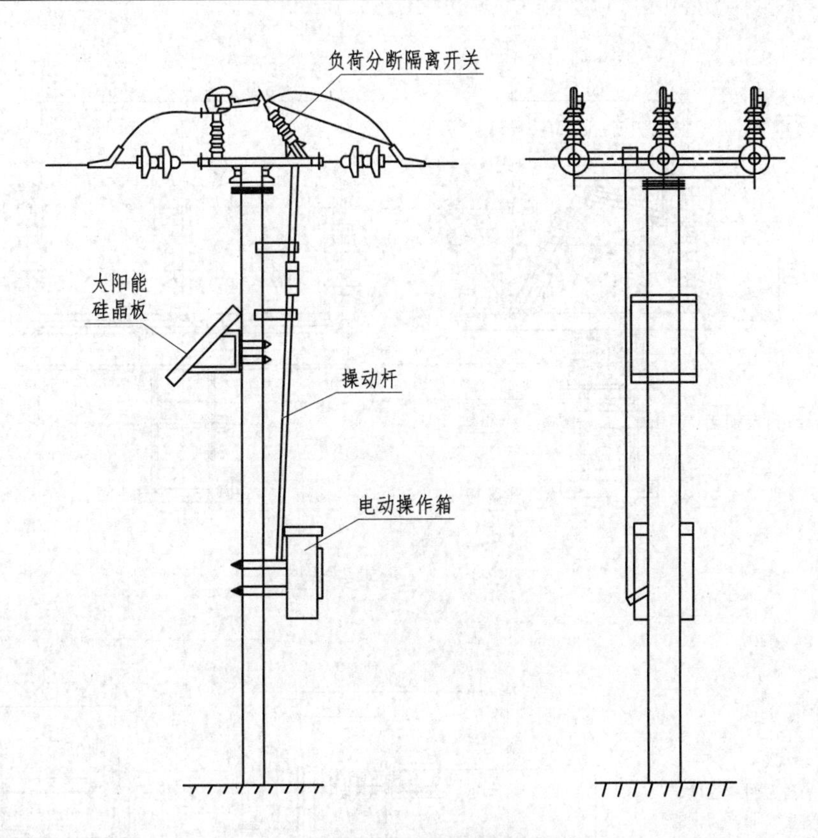

水平安装（太阳能电动操作）

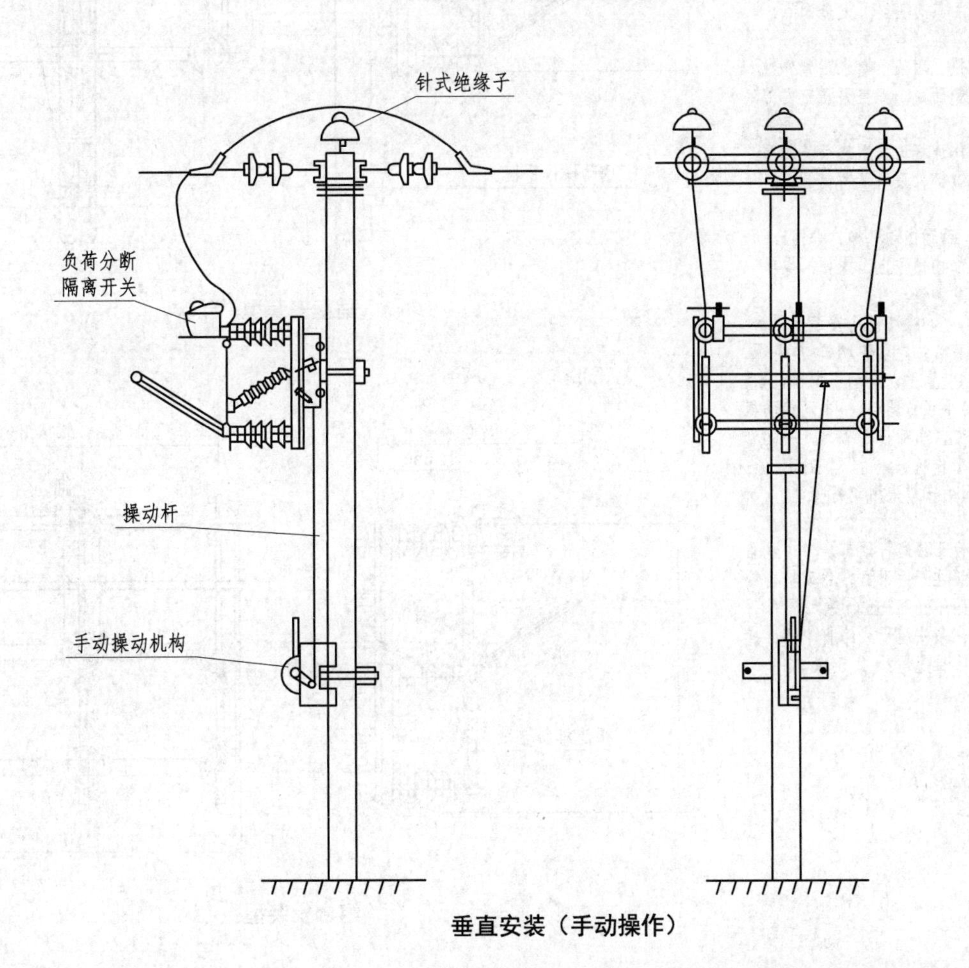

垂直安装（手动操作）

第六章　农网变配电工程		第六节　杆上断路器、电容器等安装工艺	
图号	2-6-6-10	图名	FLA型杆上户外负荷分断隔离开关安装工艺图（二）

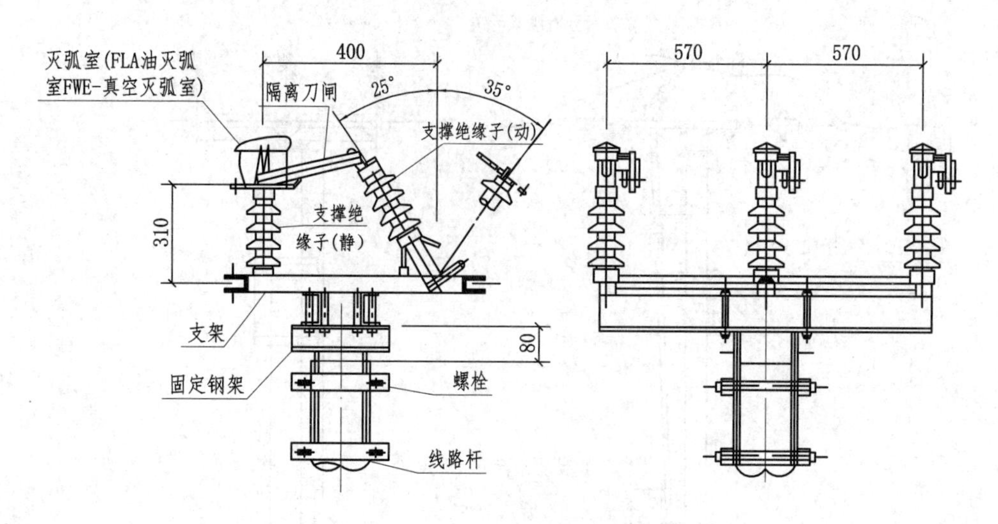

水平安装型

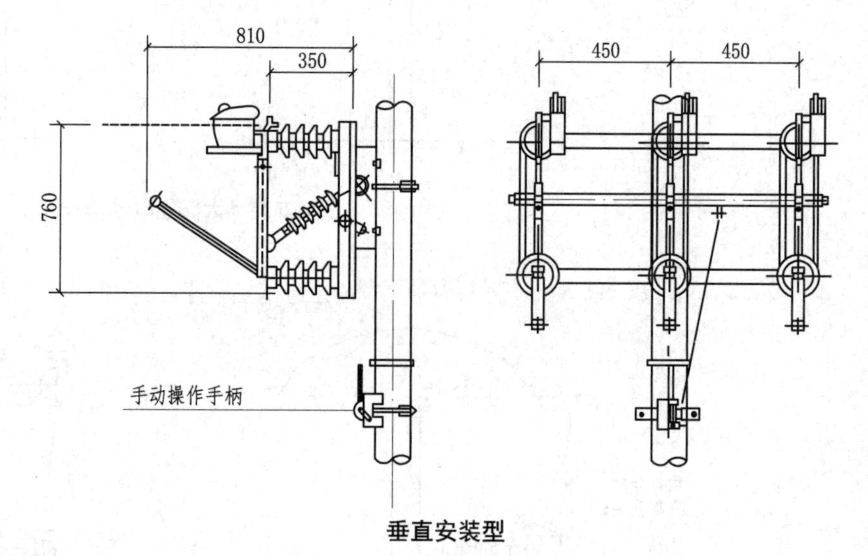

垂直安装型

注:(1) 开关工作原理独特新颖:隔离刀闸承担输送电流、隔离电源之用。灭弧室在隔离刀闸带动下,分断负荷电流关合短路电流,工作程序清晰。开关分断后具有明显可见分断点,负荷分断,电源隔离性能非常可靠。

(2) 开关灭弧室采用耐弧、耐油、增水耐紫外线高强度绝缘材料压制而成,真空灭弧室内部采用固体绝缘技术。

(3) 该开关金属柜架操作连杆均采用热喷锌防腐措施,连接轴及关键部件采用不锈钢制造。

(4) 操动机构:

1)手动机构(HOM)。手动操动机构,分闸合闸到位后插销定位加挂锁防止误操作,操作拐臂起始角度可任意调整。

2)电动机构(ESM)。电动操动机构安装在不锈钢操作箱内,箱内装有:电动传动机构 电源供给装置 自动控制装置手动操动手柄 输出拐臂(起始角度和扭转半径可调节)。电动传动机构具有机械自锁装置,负荷分断隔离开关的外力不会影响机构的工作状态。

(5) FLA负荷分断隔离开关一般采用单杆安装, 十分简便、可靠。

1)水平安装:开关设于线路杆顶部,二个线路PT或太阳能晶板安装在开关下方,手动机构或电动机构操作箱在距地2～2.5m处安装。

2)垂直安装:开关一般安装于线路杆中部,操动机构及控制器在下部距地2～2.5m处。

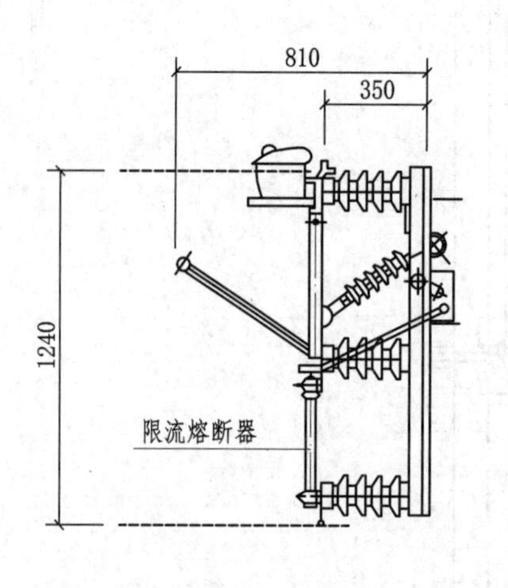

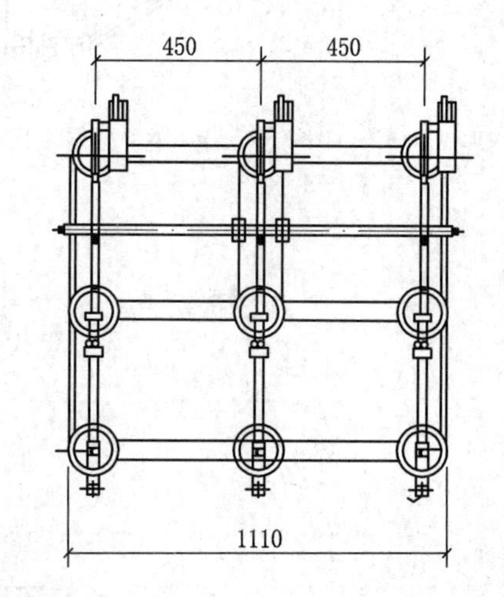

组合安装型

第六章 农网变配电工程		第六节 杆上断路器、电容器等安装工艺	
图号	2-6-6-11	图名	FLA型杆上户外负荷分断隔离开关三种安装型式

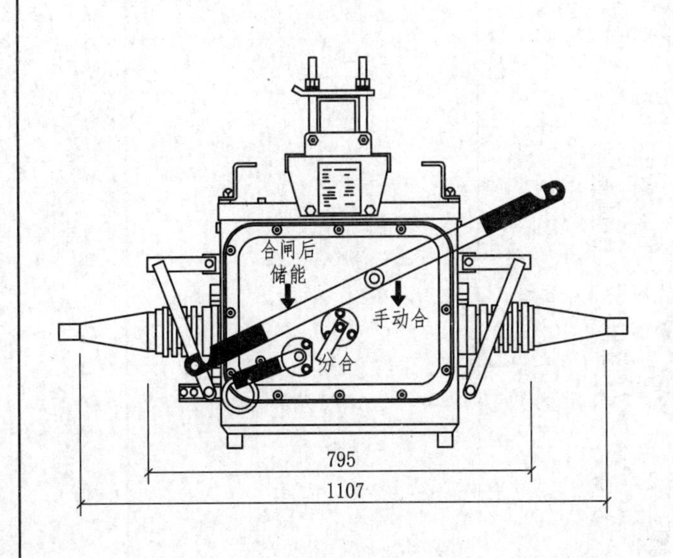

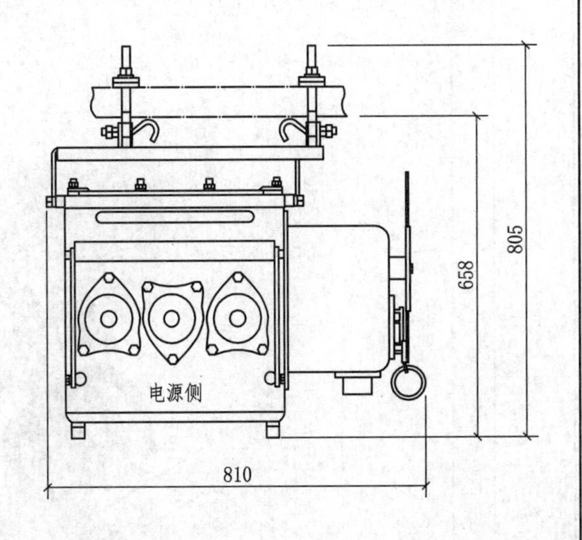

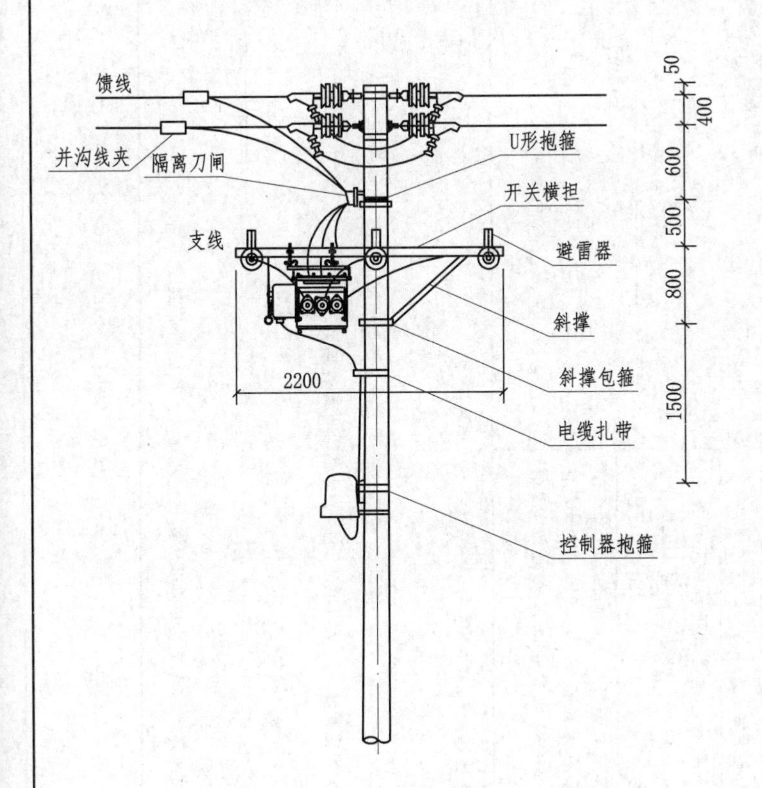

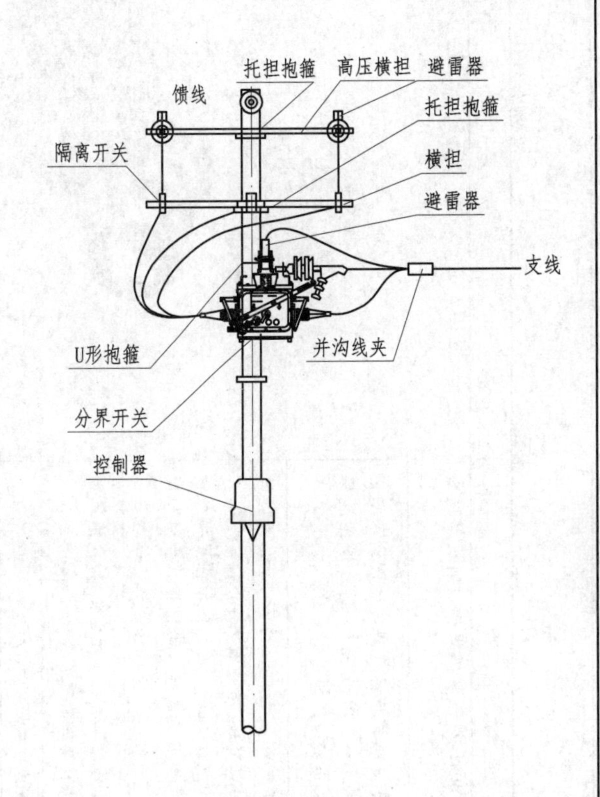

注：(1) 分界开关本体质量：210kg。

(2) 控制器质量：12kg。

(3) 控制电缆长度：7m。

(4) 控制电缆连接方式：航空接插件连接。

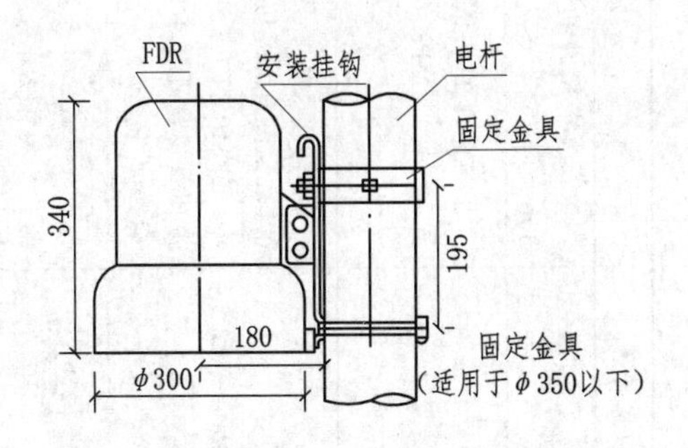

第六章　农网变配电工程		第六节　杆上断路器、电容器等安装工艺	
图号	2-6-6-12	图名	用户分界负荷开关的外形尺寸和安装工艺图

组成部件	功能和说明
负荷开关箱体	负荷开关箱体由304L型不锈钢焊接，钢板厚度为3mm
泄压装置	当箱体内压力由于非正常情况升高超过设计水平达到0.1～0.2MPa（1.0～2.0kgf/cm²）时，泄压装置动作，使箱内气体压力释放，防止箱体永久损坏
低压闭锁装置	负荷开关箱体内的SF_6气体压力正常为20℃时0.035MPa（0.35kgf/cm²）。当内部气压下降到0.01～0.02MPa（0.1～0.2kgf/cm²）时，闭锁装置将把开关闭锁不能进行手动和电动操作（闭锁在“合闸”或“分闸”位置）
负荷开关主触头	负荷开关主触头采用耐弧材料（铜钨合金），确保负荷开关具有长寿命及较高的故障关合能力
灭弧方式	负荷开关采用压气或吹弧开关
充气阀	充气阀设置在开关的背面
操动机构	负荷开关采用弹簧机构，适用于手动和电动操作。手动可由拉杆操作，电动可从控制盘或由FT26将信号引至控制中心操作
电动机构	负荷开关能够配置电动机构，电动机构完全密封在SF_6气体箱中，电动机为直流24V，80W。控制器配备大容量蓄电池，蓄电池正常由外部或内部PT浮充电

SF_6柱上负荷开关结构图

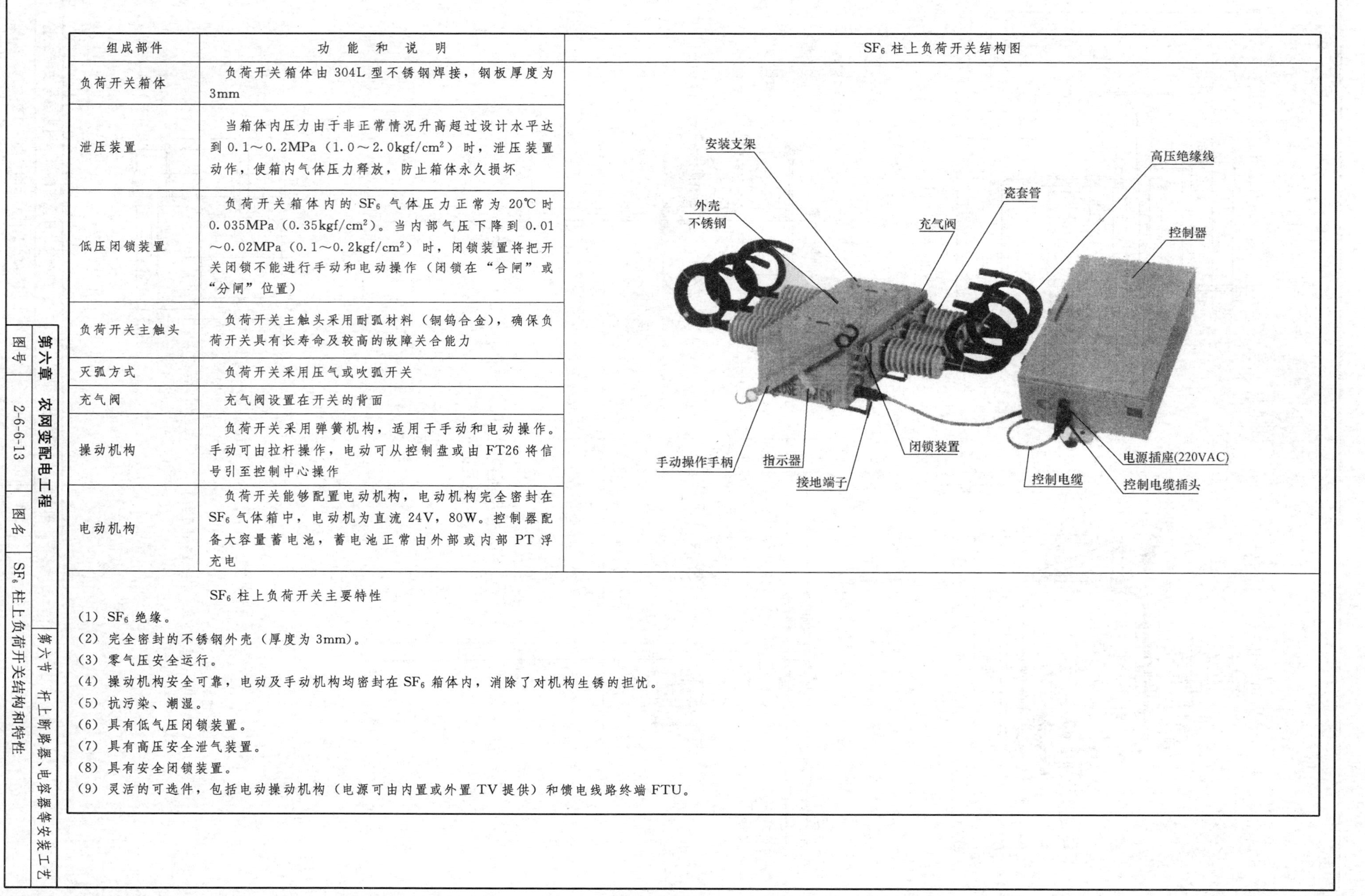

SF_6柱上负荷开关主要特性

(1) SF_6绝缘。
(2) 完全密封的不锈钢外壳（厚度为3mm）。
(3) 零气压安全运行。
(4) 操动机构安全可靠，电动及手动机构均密封在SF_6箱体内，消除了对机构生锈的担忧。
(5) 抗污染、潮湿。
(6) 具有低气压闭锁装置。
(7) 具有高压安全泄气装置。
(8) 具有安全闭锁装置。
(9) 灵活的可选件，包括电动操动机构（电源可由内置或外置TV提供）和馈电线路终端FTU。

第六章 农网变配电工程		第六节 杆上断路器、电容器等安装工艺	
图号	2-6-6-13	图名	SF_6柱上负荷开关结构和特性

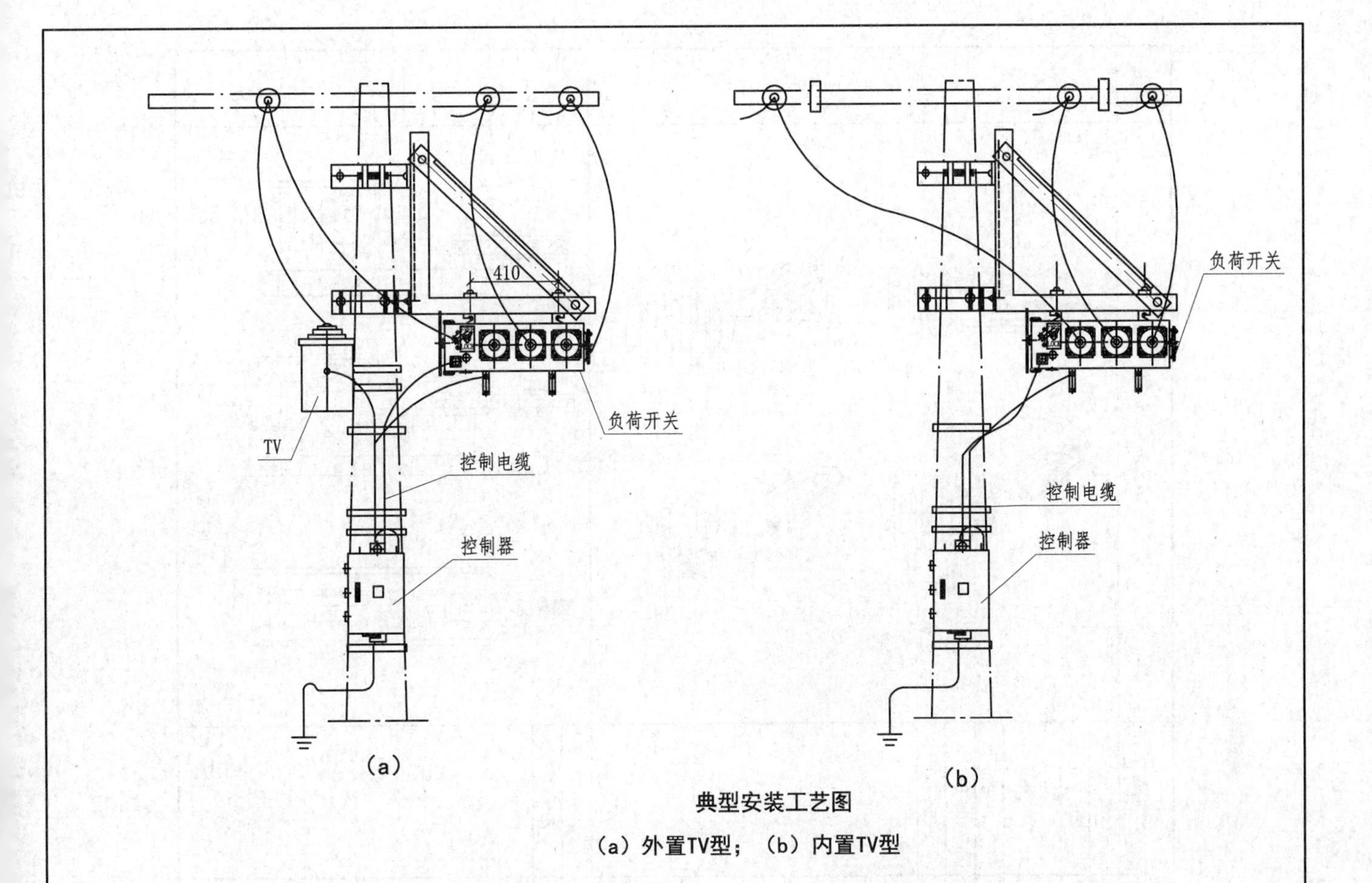

典型安装工艺图

(a) 外置TV型；(b) 内置TV型

SF_6柱上负荷开关技术数据

参数	数据
额定电压/kV	12
额定电流/A	630
额定频率/Hz	50
短时耐受电流(3s)/kV	20
峰值耐受电流/kA	62.5
额定负荷开断电流/A	630
开断电缆充电电流/A	25
开断感性电流/A	21
额定负荷开断次数	400
短路关合电流/kA	62.5
短路关合电流(62.5kA)次数	3
机械寿命/次	>5000
1min工频耐压(50Hz)/kV	42
雷击冲击耐压(BIL)/kV	110
电动操作电压	AC220V/DC24V
环境温度/℃	-40～85
质量(手动/电动)/kg	140/190

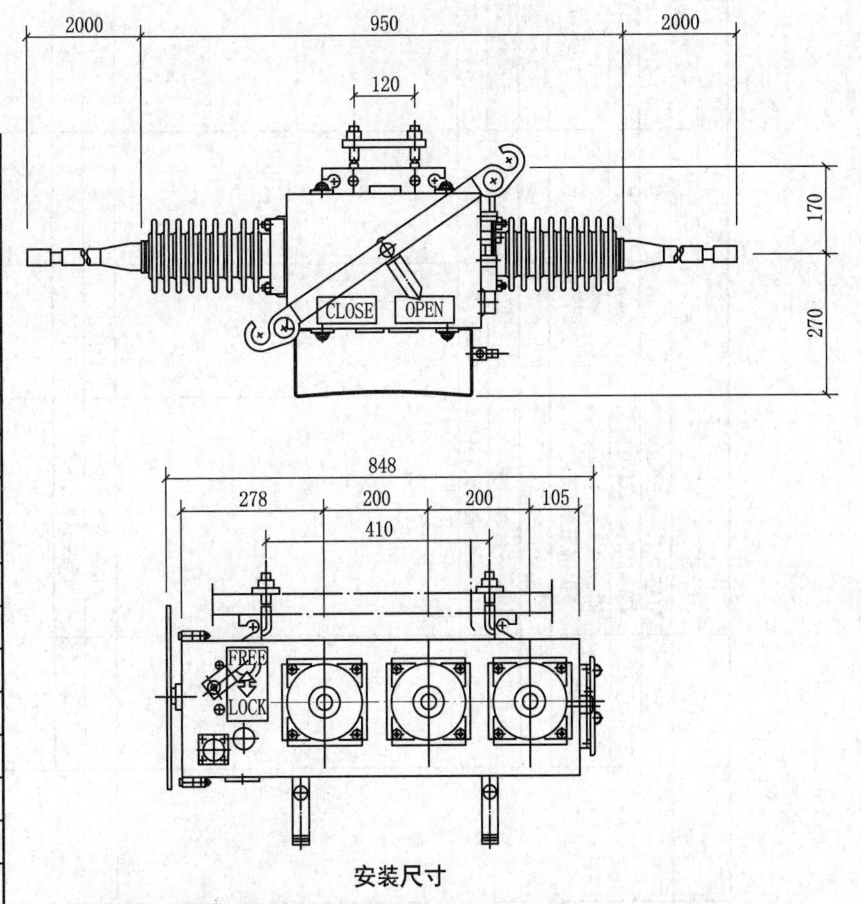

安装尺寸

第六章 农网变配电工程		第六节 杆上断路器、电容器等安装工艺	
图号	2-6-6-14	图名	SF_6柱上负荷开关外形尺寸和安装工艺图

类别	护罩	配用金具					护罩外形及安装方法	备注
		名称	型号	接线方式	导线数×规格/mm	适用变压器容量/kVA		
高压进线	G10-01	M16及以下油变压器线夹	FT10-G01B	斜	$1\times16^2\sim120^2$	20～500		硅橡胶
	G10-03	M22及以下油变压器线夹	FT10-G05B	斜	$1\times16^2\sim240^2$	20～500		
	G10-02	0°设备线夹，1、2号单0°孔油变压器线夹	FT10-G04A	横	$1\times16^2\sim70^2$	20～500		
	G10-06	油变压器线夹30°	FT10-G06B	斜	$2\times16^2\sim240^2$	10～630		
	G10-07	M16及以下油变压器线夹	FT10-G07B	斜	$1\times16^2\sim120^2$	10～630		
	G10-20	M22及以下双槽油变压器线夹	FT10-G20B	斜	$2\times16^2\sim240^2$	10～630		
低压出线	G1-12	M16油变压器线夹0°	FT1-G12A	横	$1\times35^2\sim240^2$	20～400	G1-12	硅橡胶
	G1-22	M22油变压器线夹0°	FT1-G22A	横	$1\times35^2\sim150^2$	20～400	G1-22	非热缩

第六章　农网变配电工程		第六节　杆上断路器、电容器等安装工艺	
图号	2-6-6-15	图名	油浸变压器线夹安全护罩

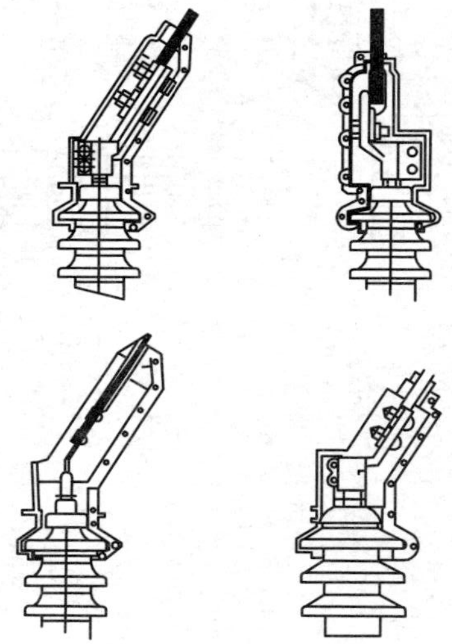

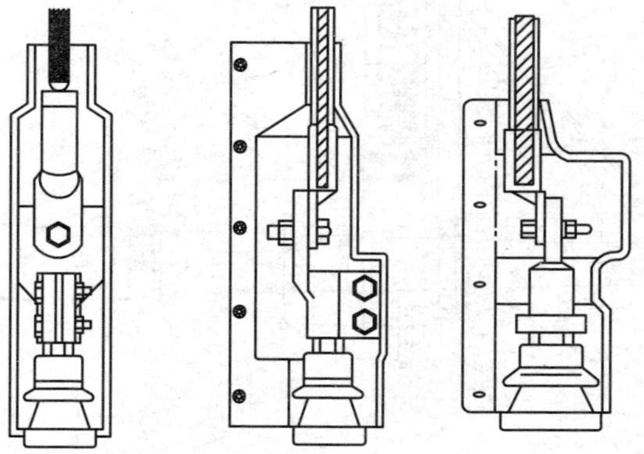

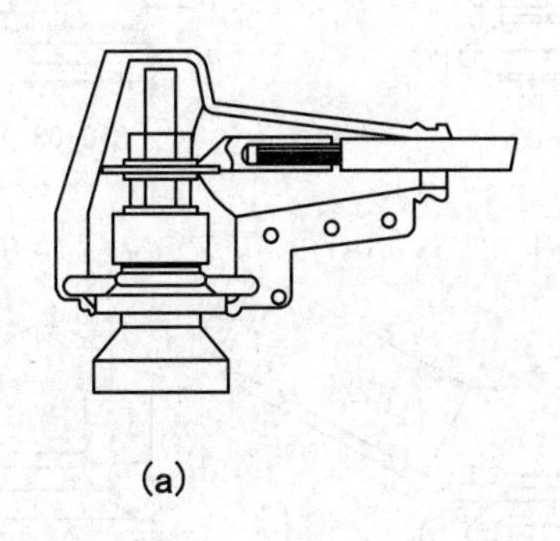

(a)

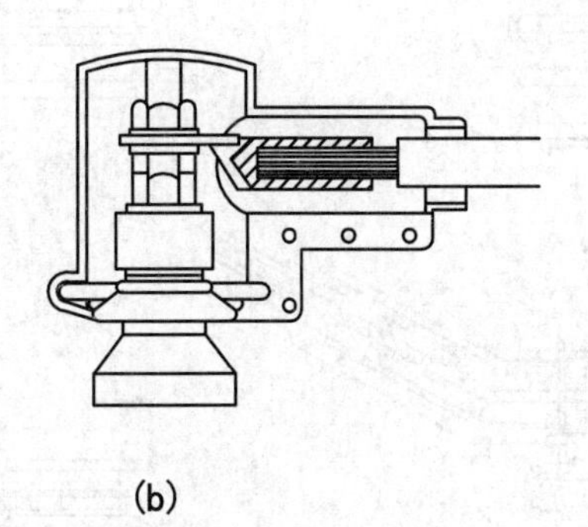

(b)

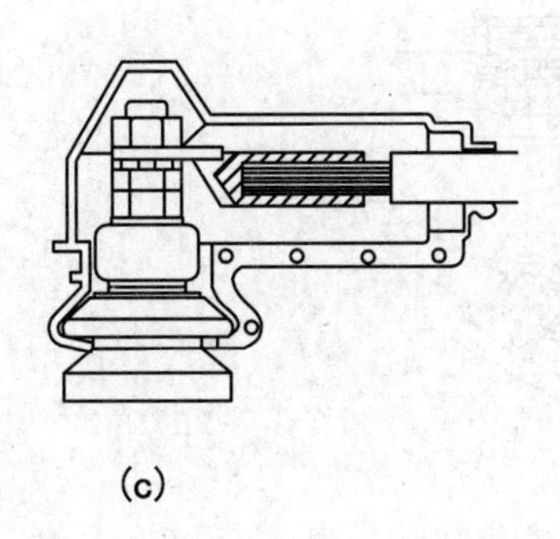

(c)

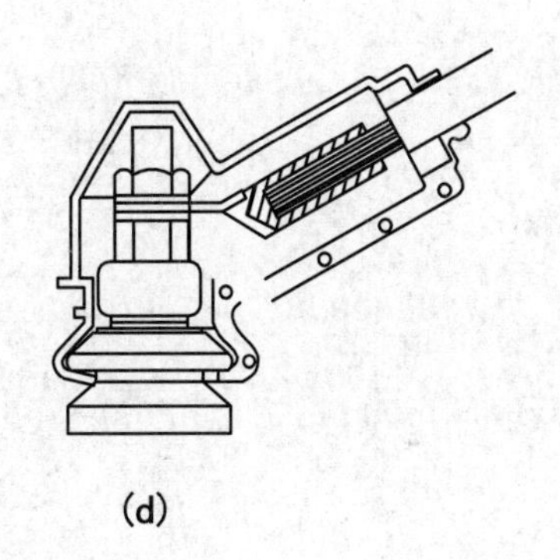

(d)

接线端子安全护罩外形

(a)D1-01；(b)D1-02；(c)D1-11；(d)D1-12

接线端子技术数据

类别	护罩	名称	配用金具				备注
			型号	接线方式	导线数×规格/mm	适用变压器容量/kVA	
低压出线	D1-01	接线端子	FT1-D01A	横	$1\times35^2\sim95^2$	20～500	硅橡胶
	D1-02		FT1-D02A	横	$1\times35^2\sim150^2$	20～500	
	D1-11		FT1-D03A	横	$1\sim2\times120^2\sim240^2$	20～500	
	D1-12	30°接线端子	FT1-D04B	横	$1\sim2\times120^2\sim240^2$	20～500	

第六章　农网变配电工程		第六节　杆上断路器、电容器等安装工艺	
图号	2-6-6-16	图名	低压出线接线端子安全护罩

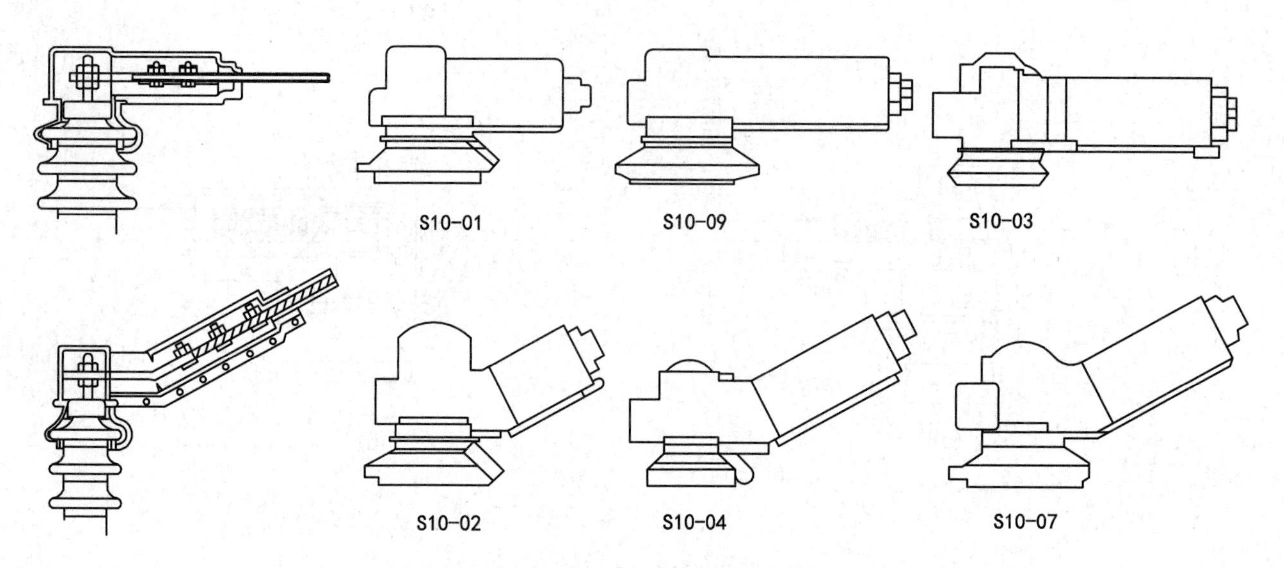

高压进线设备线夹安全护罩外形图

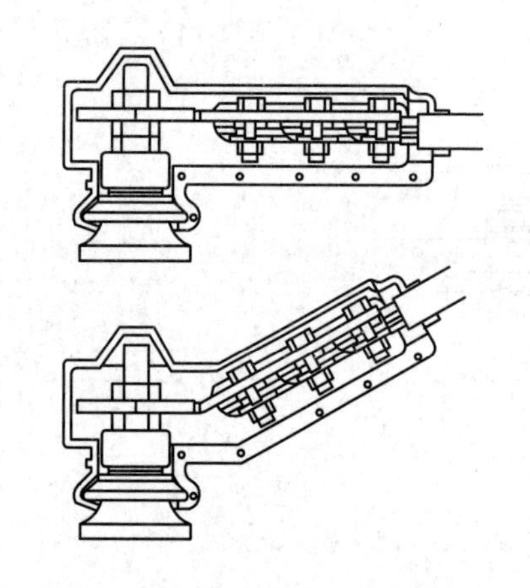

低压出线设备线夹安全护罩外形图

设备线夹安全护罩技术数据

类别	护罩	名称	配用金具				备注
			型号	接线方式	导线数×规格/mm	适用变压器容量/kVA	
高压进线	S10-01	1、2号设备线夹0°	FT10-S01A	横	$1\times2^2\sim70^2$	20～500	硅橡胶
	S10-02	1、2号设备线夹30°	FT10-S02B	斜	$1\times2^2\sim70^2$	20～500	
	S10-03	3、4号设备线夹0°	FT10-S03A	横	$1\times2^2\sim150^2$	20～500	
	S10-04	3、4号设备线夹30°	FT10-S04B	斜	$1\times2^2\sim150^2$	20～500	
	S10-07	3、4号设备线夹30°	FT10-S07B	斜	$1\times2^2\sim240^2$	20～500	
	S10-09	3、4号设备线夹0°	FT10-S09A	横	$1\times95^2\sim240^2$	100～800	
低压出线	S1-01	1、2号设备线夹0°	FT1-S05A	横	$1\times35^2\sim95^2$	20～500	
	S1-02	1、2号设备线夹30°	FT1-S06B	斜	$1\times35^2\sim95^2$	20～500	
	S1-11	3、4号设备线夹0°	FT1-S03A	横	$1\times120^2\sim240^2$	20～500	
	S1-12	3、4号设备线夹30°	FT1-S04B	斜	$1\times120^2\sim240^2$	20～500	

第六章　农网变配电工程		第六节　杆上断路器、电容器等安装工艺	
图号	2-6-6-17	图名	设备线夹安全护罩

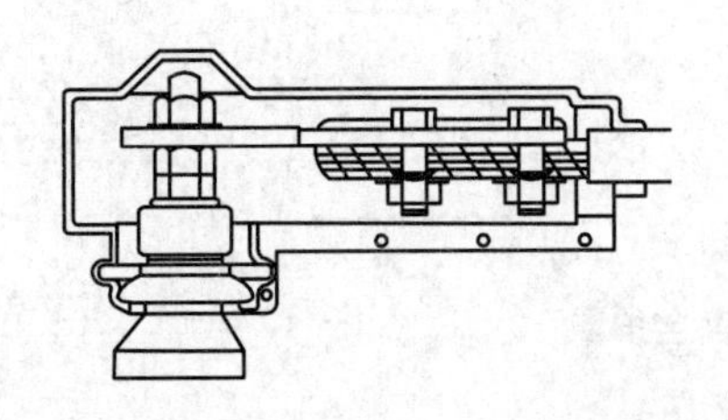
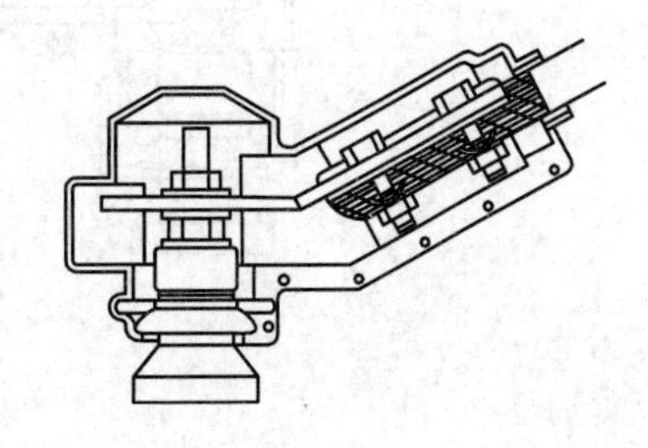

设备线夹安全护罩

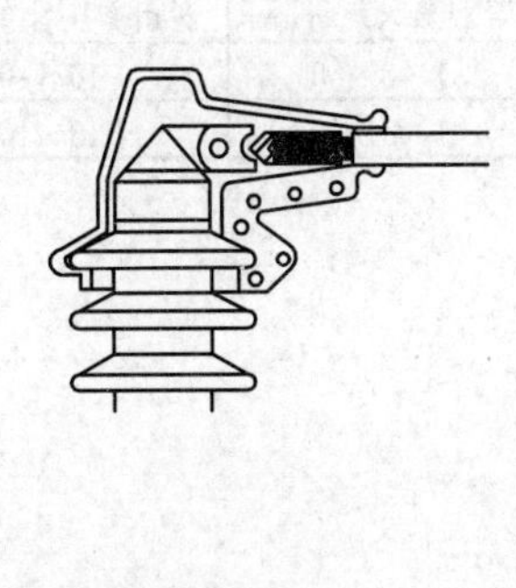
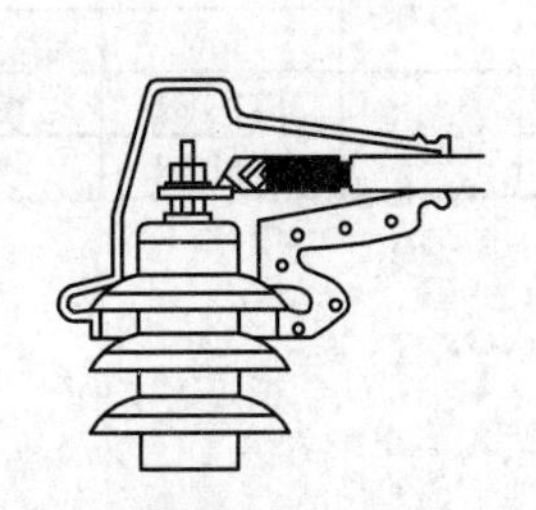
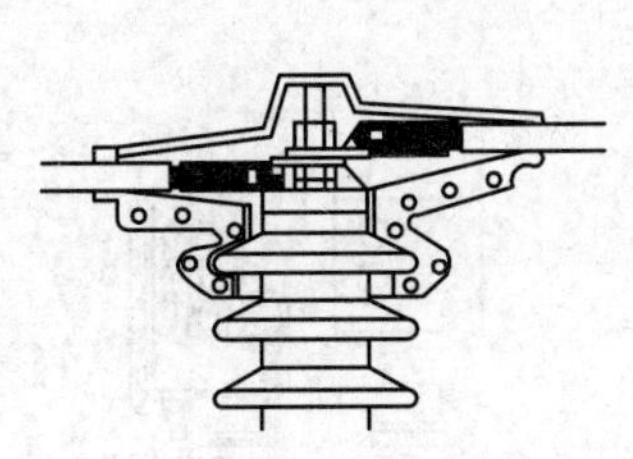
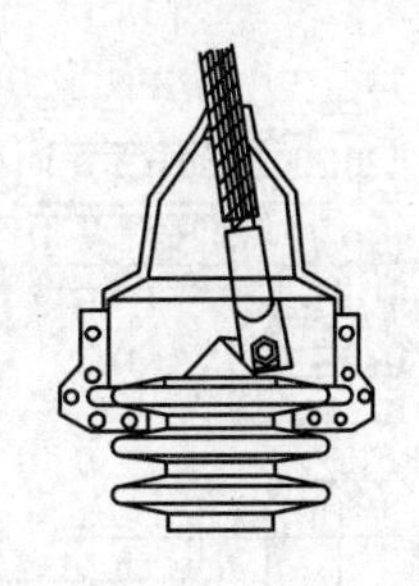

氧化锌避雷器护罩

技术数据

类别	护罩	名称	配用金具				备注
			型号	接线方式	导线数×规格/mm	适用变压器容量/kVA	
低压出线	S1-21	1、2号设备线夹0°	FT1-S21A	横	$1\sim2\times16^2\sim150^2$	10～100	硅橡胶
	S1-22	1、2号设备线夹30°	FT1-S22B	斜	$1\sim2\times16^2\sim150^2$	10～100	

第六章 农网变配电工程		第六节 杆上断路器、电容器等安装工艺	
图号	2-6-6-18	图名	设备线夹安全护罩和氧化锌避雷器护罩

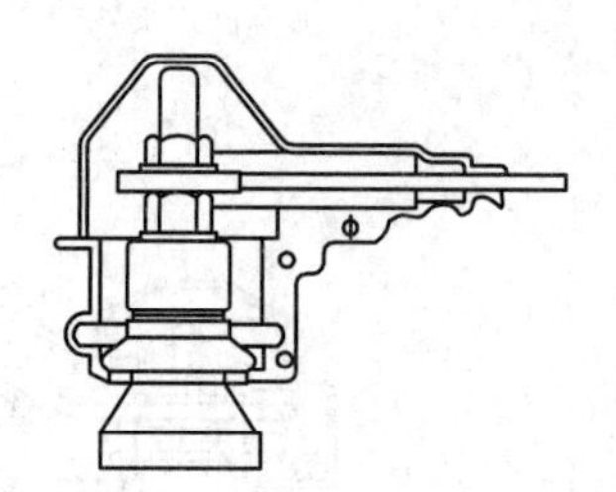
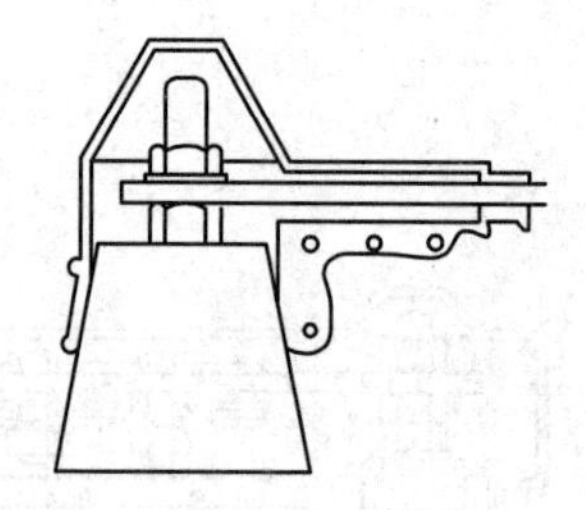

母排安全护罩

技术数据

类别	护罩	名称	配用金具				备注
			型号	接线方式	导线数×规格/mm	适用变压器容量/kVA	
低压出线	M1-01	60母排	FT1-M01	横	1×6×60	10～100	硅橡胶
	M1-02		FT1-M02	横	1×6×60	10～100	

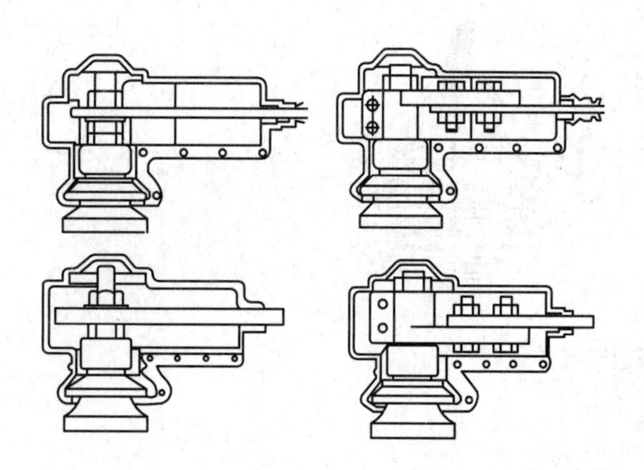
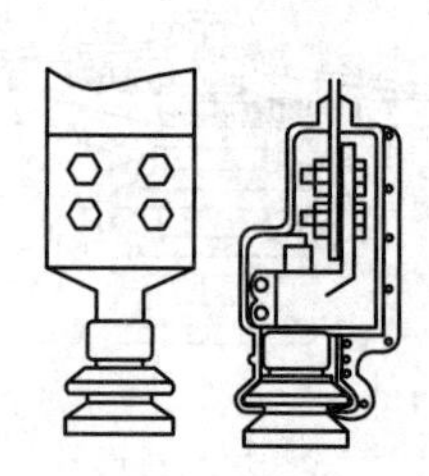
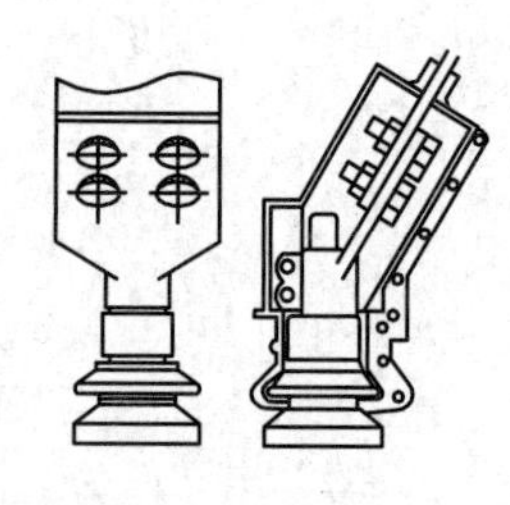

油变母排安全护罩

技术数据

类别	护罩	名称	配用金具				备注
			型号	接线方式	导线数×规格/mm	适用变压器容量/kVA	
低压出线	GM1-01A	M22油变60母排Bus-bar	FT1-GM01	横	1×10×60	10～630	硅橡胶
	GM1-02A	M22油变100母排Bus-bar	FT1-GM02A	横	1×10×100	10～630	
	GM1-02C	M22油变100母排Bus-bar	FT1-GM02C	竖	1×10×100	10～630	
	GM1-02B	M22油变100母排Bus-bar	FT1-GM02B	斜	1×10×100	10～630	

第六章　农网变配电工程		第六节　杆上断路器、电容器等安装工艺	
图号	2-6-6-19	图名	母排安全护罩和油变母排安全护罩

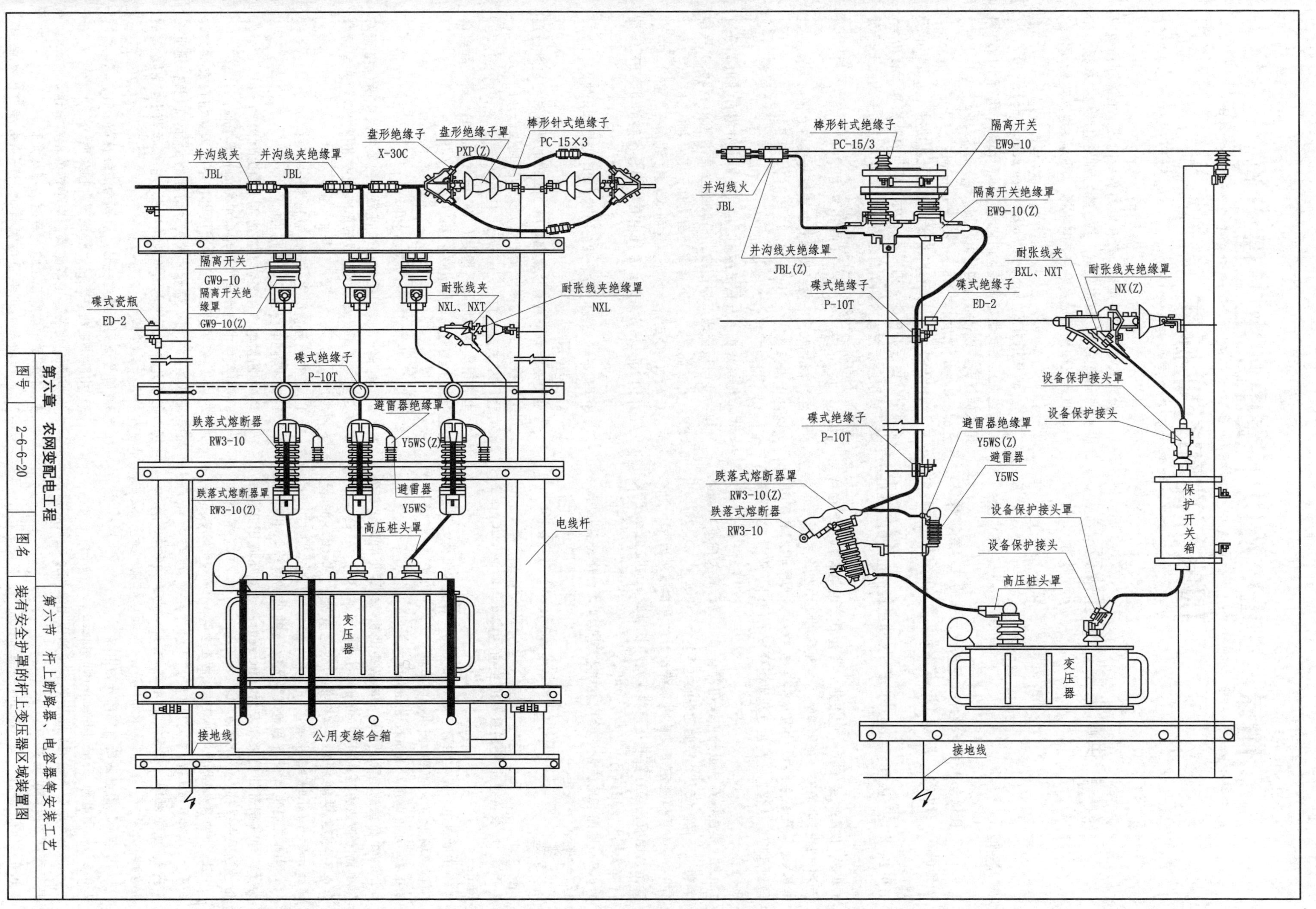

第六章　农网变配电工程		第六节　杆上断路器、电容器等安装工艺	
图号	2-6-6-20	图名	装有安全护罩的杆上变压器区域装置图

附录　10kV及以下变电配电工程相关国家标准和行业标准

1　供配电系统设计规范

(GB 50052—2009)

1　总则

1.0.1　为使供配电系统设计贯彻执行国家的技术经济政策，做到保障人身安全、供电可靠、技术先进和经济合理，制定本规范。

1.0.2　本规范适用于新建、扩建和改建工程的用户端供配电系统的设计。

1.0.3　供配电系统设计应按照负荷性质、用电容量、工程特点和地区供电条件，统筹兼顾，合理确定设计方案。

1.0.4　供配电系统设计应根据工程特点、规模和发展规划，做到远近期结合，在满足近期使用要求的同时，兼顾未来发展的需要。

1.0.5　供配电系统设计应采用符合国家现行有关标准的高效节能、环保、安全、性能先进的电气产品。

1.0.6　本规范规定了供配电系统设计的基本技术要求。当本规范与国家法律、行政法规的规定相抵触时，应按国家法律、行政法规的规定执行。

1.0.7　供配电系统设计除应遵守本规范外，尚应符合国家现行有关标准的规定。

2　术语

2.0.1　一级负荷中特别重要的负荷　vital load in first grade load

中断供电将发生中毒、爆炸和火灾等情况的负荷，以及特别重要场所的不允许中断供电的负荷。

2.0.2　双重电源　duplicate supply

一个负荷的电源是由两个电路提供的，这两个电路就安全供电而言被认为是互相独立的。

2.0.3　应急供电系统（安全设施供电系统）　electric supply systems for safety services

用来维持电气设备和电气装置运行的供电系统，主要是：为了人体和家畜的健康和安全，和/或为避免对环境或其他设备造成损失以符合国家规范要求。

注：供电系统包括电源和连接到电气设备端子的电气回路。在某些场合，它也可以包括设备。

2.0.4　应急电源（安全设施电源）　electric source for safety services

用作应急供电系统组成部分的电源。

2.0.5　备用电源　stand-by electric source

当正常电源断电时，由于非安全原因用来维持电气装置或其某些部分所需的电源。

2.0.6　分布式电源　distributed generation

分布式电源主要是指布置在电力负荷附近，能源利用效率高并与环境兼容，可提供电、热（冷）的发电装置，如微型燃气轮机、太阳能光伏发电、燃料电池、风力发电和生物质能发电等。

2.0.7　逆调压方式　inverse voltage regulation mode

逆调压方式就是负荷大时电网电压向高调，负荷小时电网电压向低调，以补偿电网的电压损失。

2.0.8　基本无功功率　basic reactive power

当用电设备投入运行时所需的最小无功功率。如该用电设备有空载运行的可能，则基本无功功率即为其空载无功功率。如其最小运行方式为轻负荷运行，则基本无功功率为在此轻负荷情况下的无功功率。

2.0.9　隔离电器　isolator

在执行工作、维修、故障测定或更换设备之前，为人提供安全的电器设备。

2.0.10　TN系统　TN system

电力系统有一点直接接地，电气装置的外露可导电部分通过保护线与该接地点相连接。根据中性导体（N）和保护导体（PE）的配置方式，TN系统可分为如下三类：

1　TN-C系统，整个系统的N、PE线是合一的。

2　TN-C-S系统，系统中有一部分线路的N、PE线是合一的。

3　TN-S系统，整个系统的N、PE线是分开的。

2.0.11　TT系统　TT system

电力系统有一点直接接地，电气装置的外露可导电部分通过保护线接至与电力系统接地点无关的接地极。

2.0.12　IT系统　IT system

电力系统与大地间不直接连接，电气装置的外露可导电部分通过保护接地线与接地极连接。

3　负荷分级及供电要求

3.0.1　电力负荷应根据对供电可靠性的要求及中断供电在对人身安全、经济损失上所造成的影响程度进行分级，并应符合下列规定：

1　符合下列情况之一时，应视为一级负荷。

1）中断供电将造成人身伤害时。

2）中断供电将在经济上造成重大损失时。

3）中断供电将影响重要用电单位的正常工作。

2　在一级负荷中，当中断供电将造成人员伤亡或重大设备损坏或发生中毒、爆炸和火灾等情况的负荷，以及特别重要场所的不允许中断供电的负荷，应视为一级负荷中特别重要的负荷。

3　符合下列情况之一时，应视为二级负荷。

1）中断供电将在经济上造成较大损失时。

2）中断供电将影响较重要用电单位的正常工作。

4　不属于一级和二级负荷者应为三级负荷。

3.0.2　一级负荷应由双重电源供电，当一电源发生故障时，另一电源不应同时受到损坏。

3.0.3 一级负荷中特别重要的负荷供电，应符合下列要求：

1 除应由双重电源供电外，尚应增设应急电源，并严禁将其他负荷接入应急供电系统。

2 设备的供电电源的切换时间，应满足设备允许中断供电的要求。

3.0.4 下列电源可作为应急电源：

1 独立于正常电源的发电机组。

2 供电网络中独立于正常电源的专用的馈电线路。

3 蓄电池。

4 干电池。

3.0.5 应急电源应根据允许中断供电的时间选择，并应符合下列规定：

1 允许中断供电时间为15s以上的供电，可选用快速自启动的发电机组。

2 自投装置的动作时间能满足允许中断供电时间的，可选用带有自动投入装置的独立于正常电源之外的专用馈电线路。

3 允许中断供电时间为毫秒级的供电，可选用蓄电池静止型不间断供电装置或柴油机不间断供电装置。

3.0.6 应急电源的供电时间，应按生产技术上要求的允许停车过程时间确定。

3.0.7 二级负荷的供电系统，宜由两回线路供电。在负荷较小或地区供电条件困难时，二级负荷可由一回6kV及以上专用的架空线路供电。

3.0.8 各级负荷的备用电源设置可根据用电需要确定。

3.0.9 备用电源的负荷严禁接入应急供电系统。

4 电源及供电系统

4.0.1 符合下列条件之一时，用户宜设置自备电源：

1 需要设置自备电源作为一级负荷中的特别重要负荷的应急电源时或第二电源不能满足一级负荷的条件时。

2 设置自备电源比从电力系统取得第二电源经济合理时。

3 有常年稳定余热、压差、废弃物可供发电，技术可靠、经济合理时。

4 所在地区偏僻，远离电力系统，设置自备电源经济合理时。

5 有设置分布式电源的条件，能源利用效率高、经济合理时。

4.0.2 应急电源与正常电源之间，应采取防止并列运行的措施。当有特殊要求，应急电源向正常电源转换需短暂并列运行时，应采取安全运行的措施。

4.0.3 供配电系统的设计，除一级负荷中的特别重要负荷外，不应按一个电源系统检修或故障的同时另一电源又发生故障进行设计。

4.0.4 需要两回电源线路的用户，宜采用同级电压供电。但根据各级负荷的不同需要及地区供电条件，也可采用不同电压供电。

4.0.5 同时供电的两回及以上供配电线路中，当有一回路中断供电时，其余线路应能满足全部一级负荷及二级负荷。

4.0.6 供配电系统应简单可靠，同一电压等级的配电级数高压不宜多于两级；低压不宜多于三级。

4.0.7 高压配电系统宜采用放射式。根据变压器的容量、分布及地理环境等情况，也可采用树干式或环式。

4.0.8 根据负荷的容量和分布，配变电所应靠近负荷中心。当配电电压为35kV时，亦可采用直降至低压配电电压。

4.0.9 在用户内部邻近的变电所之间，宜设置低压联络线。

4.0.10 小负荷的用户，宜接入地区低压电网。

5 电压选择和电能质量

5.0.1 用户的供电电压应根据用电容量、用电设备特性、供电距离、供电线路的回路数、当地公共电网现状及其发展规划等因素，经技术经济比较确定。

5.0.2 供电电压大于等于35kV时，用户的一级配电电压宜采用10kV；当6kV用电设备的总容量较大，选用6kV经济合理时，宜采用6kV；低压配电电压宜采用220V/380V，工矿企业亦可采用660V；当安全需要时，应采用小于50V电压。

5.0.3 供电电压大于等于35kV，当能减少配变电级数、简化结线及技术经济合理时，配电电压宜采用35kV或相应等级电压。

5.0.4 正常运行情况下，用电设备端子处电压偏差允许值宜符合下列要求：

1 电动机为±5%额定电压。

2 照明：在一般工作场所为±5%额定电压；对于远离变电所的小面积一般工作场所，难以满足上述要求时，可为+5%，−10%额定电压；应急照明、道路照明和警卫照明等为+5%，−10%额定电压。

3 其他用电设备当无特殊规定时为±5%额定电压。

5.0.5 计算电压偏差时，应计入采取下列措施后的调压效果：

1 自动或手动调整并联补偿电容器、并联电抗器的接入容量。

2 自动或手动调整同步电动机的励磁电流。

3 改变供配电系统运行方式。

5.0.6 符合在下列情况之一的变电所中的变压器，应采用有载调压变压器：

1 大于35kV电压的变电所中的降压变压器，直接向35kV、10kV、6kV电网送电时。

2 35kV降压变电所的主变压器，在电压偏差不能满足要求时。

5.0.7 10kV、6kV配电变压器不宜采用有载调压变压器；但在当地10kV、6kV电源电压偏差不能满足要求，且用户有对电压要求严格的设备，单独设置调压装置技术经济不合理时，亦可采用10kV、6kV有载调压变压器。

5.0.8 电压偏差应符合用电设备端电压的要求，大于等于35kV电网的有载调压宜实行逆调压方式。逆调压的范围为额定电压的0～+5%。

5.0.9 供配电系统的设计为减小电压偏差，应符合下列要求：

1 应正确选择变压器的变压比和电压分接头。

2 应降低系统阻抗。

3 应采取补偿无功功率措施。

4 宜使三相负荷平衡。

5.0.10 配电系统中的波动负荷产生的电压变动和闪变在电网公共连接点的限值，应符合现行国家标准《电能质量　电压波动和闪变》GB 12326的规定。

5.0.11 对波动负荷的供电，除电动机启动时允许的电压下降情况外，当需要降低波动负荷引起的电网电压波动和电压闪变时，宜采取下列措施：

1 采用专线供电。

2　与其他负荷共用配电线路时，降低配电线路阻抗。

3　较大功率的波动负荷或波动负荷群与对电压波动、闪变敏感的负荷，分别由不同的变压器供电。

4　对于大功率电弧炉的炉用变压器，由短路容量较大的电网供电。

5　采用动态无功补偿装置或动态电压调节装置。

5.0.12　配电系统中的谐波电压和在公共连接点注入的谐波电流允许限值，宜符合现行国家标准《电能质量　公用电网谐波》GB/T 14549 的规定。

5.0.13　控制各类非线性用电设备所产生的谐波引起的电网电压正弦波形畸变率，宜采取下列措施：

1　各类大功率非线性用电设备变压器，由短路容量较大的电网供电。

2　对大功率静止整流器，采用增加整流变压器二次侧的相数和整流器的整流脉冲数，或采用多台相数相同的整流装置，并使整流变压器的二次侧有适当的相角差，或按谐波次数装设分流滤波器。

3　选用 D，yn11 接线组别的三相配电变压器。

5.0.14　供配电系统中在公共连接点的三相电压不平衡度允许限值，宜符合现行国家标准《电能质量　三相电压允许不平衡度》GB/T 15543 的规定。

5.0.15　设计低压配电系统时，宜采取下列措施，降低三相低压配电系统的不对称度：

1　220V 或 380V 单相用电设备接入 220V/380V 三相系统时，宜使三相平衡。

2　由地区公共低压电网供电的 220V 负荷，线路电流小于等于 60A 时，可采用 220V 单相供电；大于 60A 时，宜采用 220V/380V 三相四线制供电。

6　无功补偿

6.0.1　供配电系统设计中应正确选择电动机、变压器的容量，并应降低线路感抗。当工艺条件允许时，宜采用同步电动机或选用带空载切除的间歇工作制设备。

6.0.2　当采用提高自然功率因数措施后，仍达不到电网合理运行要求时，应采用并联电力电容器作为无功补偿装置。

6.0.3　用户端的功率因数值，应符合国家现行标准的有关规定。

6.0.4　采用并联电力电容器作为无功补偿装置时，宜就地平衡补偿，并符合下列要求：

1　低压部分的无功功率，应由低压电容器补偿。

2　高压部分的无功功率，宜由高压电容器补偿。

3　容量较大，负荷平稳且经常使用的用电设备的无功功率，宜单独就地补偿。

4　补偿基本无功功率的电容器组，应在配变电所内集中补偿。

5　在环境正常的建筑物内，低压电容器宜分散设置。

6.0.5　无功补偿容量，宜按无功功率曲线或按以下公式确定：

$$Q_C = P(\tan\Phi_1 - \tan\Phi_2) \quad (6.0.5)$$

式中：Q_C——无功补偿容量（kvar）；

P——用电设备的计算有功功率（kW）；

$\tan\Phi_1$——补偿前用电设备自然功率因数的正切值；

$\tan\Phi_2$——补偿后用电设备功率因数的正切值，取 $\cos\Phi_2$ 不小于 0.9 值。

6.0.6　基本无功补偿容量，应符合以下表达式的要求：

$$Q_{Cmin} < P_{min}\tan\Phi_{1min} \quad (6.0.6)$$

式中：Q_{Cmin}——基本无功补偿容量（kvar）；

P_{min}——用电设备最小负荷时的有功功率（kW）；

$\tan\Phi_{1min}$——用电设备在最小负荷下，补偿前功率因数的正切值。

6.0.7　无功补偿装置的投切方式，具有下列情况之一时，宜采用手动投切的无功补偿装置：

1　补偿低压基本无功功率的电容器组。

2　常年稳定的无功功率。

3　经常投入运行的变压器或每天投切次数少于三次的高压电动机及高压电容器组。

6.0.8　无功补偿装置的投切方式，具有下列情况之一时，宜装设无功自动补偿装置：

1　避免过补偿，装设无功自动补偿装置在经济上合理时。

2　避免在轻载时电压过高，造成某些用电设备损坏，而装设无功自动补偿装置在经济上合理时。

3　只有装设无功自动补偿装置才能满足在各种运行负荷的情况下的电压偏差允许值时。

6.0.9　当采用高、低压自动补偿装置效果相同时，宜采用低压自动补偿装置。

6.0.10　无功自动补偿的调节方式，宜根据下列要求确定：

1　以节能为主进行补偿时，宜采用无功功率参数调节；当三相负荷平衡时，亦可采用功率因数参数调节。

2　提供维持电网电压水平所必要的无功功率及以减少电压偏差为主进行补偿时，应按电压参数调节，但已采用变压器自动调压者除外。

3　无功功率随时间稳定变化时，宜按时间参数调节。

6.0.11　电容器分组时，应满足下列要求：

1　分组电容器投切时，不应产生谐振。

2　应适当减少分组组数和加大分组容量。

3　应与配套设备的技术参数相适应。

4　应符合满足电压偏差的允许范围。

6.0.12　接在电动机控制设备侧电容器的额定电流，不应超过电动机励磁电流的 0.9 倍；过电流保护装置的整定值，应按电动机-电容器组的电流确定。

6.0.13　高压电容器组宜根据预期的涌流采取相应的限流措施。低压电容器组宜加大投切容量且采用专用投切器件。在受谐波量较大的用电设备影响的线路上装设电容器组时，宜串联电抗器。

7　低压配电

7.0.1　带电导体系统的型式，宜采用单相二线制、两相三线制、三相三线制和三相四线制。

低压配电系统接地型式，可采用 TN 系统、TT 系统和 IT 系统。

7.0.2　在正常环境的建筑物内，当大部分用电设备为中小容量，且无特殊要求时，宜采用树干式配电。

7.0.3　当用电设备为大容量或负荷性质重要，或在有特殊要求的建筑物内，宜采用放射式配电。

7.0.4　当部分用电设备距供电点较远，而彼此相距很近、容量很小的次要用电设备，可采用链式配电，但每一回路环链设备不宜超过 5 台，其总容量不宜超过 10kW。容量较小用电设备的插座，采用链式配电时，每一条环链回路的设备数量可适当增加。

7.0.5　在多层建筑物内，由总配电箱至楼层配电箱宜采用树干式配电或分区树干式配电。对于容量较大的集中负荷或重要用电设备，应从配电室以放射式配电；楼层配电箱至用户配电箱应采用放射式配电。

在高层建筑物内，向楼层各配电点供电时，宜采用分区树干式配电；由楼层配电间或竖井内配电箱至用户配电箱的配电，应采取放射式配电；对部分容量较大的集中负荷或重要用电设备，应从变电所低压配电室以放射式配电。

7.0.6 平行的生产流水线或互为备用的生产机组，应根据生产要求，宜由不同的回路配电；同一生产流水线的各用电设备，宜由同一回路配电。

7.0.7 在低压电网中，宜选用 D，yn11 接线组别的三相变压器作为配电变压器。

7.0.8 在系统接地形式为 TN 及 TT 的低压电网中，当选用 Y，yn0 接线组别的三相变压器时，其由单相不平衡负荷引起的中性线电流不得超过低压绕组额定电流的 25%，且其一相的电流在满载时不得超过额定电流值。

7.0.9 当采用 220V/380V 的 TN 及 TT 系统接地形式的低压电网时，照明和电力设备宜由同一台变压器供电，必要时亦可单独设置照明变压器供电。

7.0.10 由建筑物外引入的配电线路，应在室内分界点便于操作维护的地方装设隔离电器。

本规范用词说明

1 为便于在执行本规范条文时区别对待，对要求严格程度不同的用词说明如下：

1）表示很严格，非这样做不可的：

正面词采用“必须”，反面词采用“严禁”；

2）表示严格，在正常情况下均应这样做的：

正面词采用“应”，反面词采用“不应”或“不得”；

3）表示允许稍有选择，在条件许可时首先应这样做的：

正面词采用“宜”，反面词采用“不宜”；

4）表示有选择，在一定条件下可以这样做的，采用“可”。

2 条文中指明应按其他有关标准执行的写法为：“应符合……的规定”或“应按……执行”。

引用标准名录

《电能质量 电压波动和闪变》GB 12326

《电能质量 公用电网谐波》GB/T 14549

《电能质量 三相电压允许不平衡度》GB/T 15543

2 低压配电设计规范

(GB 50054—2011)

1 总则

1.0.1 为使低压配电设计中，做到保障人身和财产安全、节约能源、技术先进、功能完善、经济合理、配电可靠和安装运行方便，制定本规范。

1.0.2 本规范适用于新建、改建和扩建工程中交流、工频 1000V 及以下的低压配电设计。

1.0.3 低压配电设计除应符合本规范外，尚应符合国家现行有关标准的规定。

2 术语

2.0.1 预期接触电压 prospective touch voltage

人或动物尚未接触到可导电部分时，可能同时触及的可导电部分之间的电压。

2.0.2 约定接触电压限值 conventional prospective touch voltage limit

在规定的外界影响条件下，允许无限定时间持续存在的预期接触电压的最大值。

2.0.3 直接接触 direct contact

人或动物与带电部分的电接触。

2.0.4 间接接触 indirect contact

人或动物与故障状况下带电的外露可导电部分的电接触。

2.0.5 直接接触防护 protection against direct contact

无故障条件下的电击防护。

2.0.6 间接接触防护 protection against indirect contact

单一故障条件下的电击防护。

2.0.7 附加防护 additional protection

直接接触防护和间接接触防护之外的保护措施。

2.0.8 伸臂范围 arm's reach

从人通常站立或活动的表面上的任一点延伸到人不借助任何手段，向任何方向能用手达到的最大范围。

2.0.9 外护物 enclosure

能提供与预期应用相适应的防护类型和防护等级的外罩。

2.0.10 保护遮栏 protective barrier

为防止从通常可能接近方向直接接触而设置的防护物。

2.0.11 保护阻挡物 protective obstacle

为防止无意的直接接触而设置的防护物。

2.0.12 电气分隔 electrical separation

将危险带电部分与所有其他电气回路和电气部件绝缘以及与地绝缘，并防止一切接触的保护措施。

2.0.13 保护分隔 protective separation

用双重绝缘、加强绝缘或基本绝缘和电气保护屏蔽的方法将一电路与其他电路分隔。

2.0.14 特低电压 extra-low voltage

相间电压或相对地电压不超过交流方均根值 50V 的电压。

2.0.15 SELV 系统 SELV system

在正常条件下不接地，且电压不能超过特低电压的电气系统。

2.0.16 PELV 系统 PELV system

在正常条件下接地，且电压不能超过特低电压的电气系统。

2.0.17 FELV 系统 FELV system

非安全目的而为运行需要的电压不超过特低电压的电气系统。

2.0.18 等电位联结 equipotential bonding

多个可导电部分间为达到等电位进行的联结。

2.0.19 保护等电位联结 protective-equipotential-bonding

为了安全目的进行的等电位联结。

2.0.20 功能等电位联结 functional-equipotential-bonding

为保证正常运行进行的等电位联结。

2.0.21 总等电位联结 main equipotential bonding

在保护等电位联结中，将总保护导体、总接地导体或总接地端子、建筑物内的金属管道和可利用的建筑物金属结构等可导电部分连接到一起。

2.0.22 辅助等电位联结 supplementary equipotential bonding

在导电部分间用导线直接连通，使其电位相等或接近，而实施的保护等电位联结。

2.0.23 局部等电位联结 local equipotential bonding

在一局部范围内将各导电部分连通，而实施的保护等电位联结。

2.0.24 接地故障 earth fault

带电导体和大地之间意外出现导电通路。

2.0.25 导管 conduit

用于绝缘导线或电缆可以从中穿入或更换的圆形断面的部件。

2.0.26 电缆槽盒 cable trunking

用于将绝缘导线、电缆、软电线完全包围起来且带有可移动盖子的底座组成的封闭外壳。

2.0.27 电缆托盘 cable tray

带有连续底盘和侧边，没有盖子的电缆支撑物。

2.0.28 电缆梯架 cable ladder

带有牢固地固定在纵向主支撑组件上的一系列横向支撑构件的电缆支撑物。

2.0.29 电缆支架 cable brackets

仅有一端固定的、间隔安置的水平电缆支撑物。

2.0.30 移动设备 mobile equipment

运行时可移动或在与电源相连接时易于由一处移到另一处的电气设备。

2.0.31 手持设备 hand - held equipment

正常使用时握在手中的电气设备。

2.0.32 开关电器 switching device

用于接通或分断电路中电流的电器。

2.0.33 开关 switch

在电路正常的工作条件或过载工作条件下能接通、承载和分断电流，也能在短路等规定的非正常条件下承载电流一定时间的一种机械开关电器。

2.0.34 隔离开关 switch - disconnector

在断开位置上能满足对隔离器的隔离要求的开关。

2.0.35 隔离电器 device for isolation

具有隔离功能的电器。

2.0.36 断路器 circuit - breaker

能接通、承载和分断正常电路条件下的电流，也能在短路等规定的非正常条件下接通、承载电流一定时间和分断电流的一种机械开关电器。

2.0.37 矿物绝缘电缆 mineral insulated cables

在同一金属护套内，由经压缩的矿物粉绝缘的一根或数根导体组成的电缆。

3 电器和导体的选择

3.1 电器的选择

3.1.1 低压配电设计所选用的电器，应符合国家现行的有关产品标准，并应符合下列规定：

1 电器应适应所在场所及其环境条件；

2 电器的额定频率应与所在回路的频率相适应；

3 电器的额定电压应与所在回路标称电压相适应；

4 电器的额定电流不应小于所在回路的计算电流；

5 电器应满足短路条件下的动稳定与热稳定的要求；

6 用于断开短路电流的电器应满足短路条件下的接通能力和分断能力。

3.1.2 验算电器在短路条件下的接通能力和分断能力应采用接通或分断时安装处预期短路电流，当短路点附近所接电动机额定电流之和超过短路电流的1%时，应计入电动机反馈电流的影响。

3.1.3 当维护、测试和检修设备需断开电源时，应设置隔离电器。隔离电器宜采用同时断开电源所有极的隔离电器或彼此靠近的单极隔离电器。当隔离电器误操作会造成严重事故时，应采取防止误操作的措施。

3.1.4 在TN-C系统中不应将保护接地中性导体隔离，严禁将保护接地中性导体接入开关电器。

3.1.5 隔离电器应符合下列规定：

1 断开触头之间的隔离距离，应可见或能明显标示“闭合”和“断开”状态；

2 隔离电器应能防止意外的闭合；

3 应有防止意外断开隔离电器的锁定措施。

3.1.6 隔离电器应采用下列电器：

1 单极或多极隔离器、隔离开关或隔离插头；

2 插头与插座；

3 连接片；

4 不需要拆除导线的特殊端子；

5 熔断器；

6 具有隔离功能的开关和断路器。

3.1.7 半导体开关电器，严禁作为隔离电器。

3.1.8 独立控制电气装置的电路的每一部分，均应装设功能性开关电器。

3.1.9 功能性开关电器可采用下列电器：

1 开关；

2 半导体开关电器；

3 断路器；

4 接触器；

5 继电器；

6 16A及以下的插头和插座。

3.1.10 隔离器、熔断器和连接片，严禁作为功能性开关电器。

3.1.11 剩余电流动作保护电器的选择，应符合下列规定：

1 除在TN-S系统中，当中性导体为可靠的地电位时可不断开外，应能断开所保护回路的所有带电导体；

2 剩余电流动作保护电器的额定剩余不动作电流，应大于在负荷正常运行时预期出现的对地泄漏电流；

3 剩余电流动作保护电器的类型，应根据接地故障的类型按现行国家标准《剩余电流动作保护电器的一般要求》GB/Z 6829的有关规定确定。

3.1.12 采用剩余电流动作保护电器作为间接接触防护电器的回路时，必须装设保护导体。

3.1.13 在TT系统中，除电气装置的电源进线端与保护电器之间的电气装置符合现行国家标准《电击防护 装置和设备的通用部分》GB/T 17045规定的Ⅱ类设备的要求或绝缘水平Ⅱ类设备相同外，当仅用一台剩余电流动作保护电器保护电气装置时，应将保护电器布置在电气装置的电源进线端。

3.1.14 在IT系统中，当采用剩余电流动作保护电器保护电气装置，且在第一次故障不断开电路时，其额定剩余不动作电流值不应小于第一次对地故障时流经故障回路的电流。

3.1.15 在符合下列情况时，应选用具有断开中性极的开关电器：

1 有中性导体的IT系统与TT系统或TN系统之间的电源转换开关电器；

2 TT系统中，当负荷侧有中性导体时选用隔离电器；

3 IT系统中，当有中性导体时选用开关电器。

3.1.16 在电路中需防止电流流经不期望的路径时，可选用具有断开中性极的开关电器。

3.1.17 在IT系统中安装的绝缘监测电器，应能连续监测电气装置的绝缘。绝缘监测电器应只有使用钥匙或工具才能改变其整定值，其测试电压和绝缘电阻整定值应符合下列规定：

1 SELV和PELV回路的测试电压应为250V，绝缘电阻整定值应低于0.5MΩ；

2 SELV和PELV回路以外且不高于500V回路的测试电压应为500V，绝缘电阻整定值应低于0.5MΩ；

3 高于500V回路的测试电压应为1000V，绝缘电阻整定值应低于1.0MΩ。

3.2 导体的选择

3.2.1 导体的类型应按敷设方式及环境条件选择。绝缘导体除满足上述条件外，尚应符合工作电压的要求。

3.2.2 选择导体截面，应符合下列规定：

1 按敷设方式及环境条件确定的导体载流量，不应小于计算电流；

2 导体应满足线路保护的要求；

3 导体应满足动稳定与热稳定的要求；

4 线路电压损失应满足用电设备正常工作及启动时端电压的要求；

5 导体最小截面应满足机械强度的要求。固定敷设的导体最小截面，应根据敷设方式、绝缘子支持点间距和导体材料按表3.2.2的规定确定。

表3.2.2 固定敷设的导体最小截面

敷设方式	绝缘子支持点间距（m）	导体最小截面（mm^2）	
		铜导体	铝导体
裸导体敷设在绝缘子上	—	10	16
绝缘导体敷设在绝缘子上	≤2	1.5	10
	＞2，且≤6	2.5	10
	＞6，且≤16	4	10
	＞16，且≤25	6	10
绝缘导体穿导管敷设或在槽盒中敷设	—	1.5	10

6 用于负荷长期稳定的电缆，经技术经济比较确认合理时，可按经济电流密度选择导体截面，且应符合现行国家标准《电力工程电缆设计规范》GB 50217的有关规定。

3.2.3 导体的负荷电流在正常持续运行中产生的温度，不应使绝缘的温度超过表3.2.3的规定。

表3.2.3 各类绝缘最高运行温度（℃）

绝缘类型	导体的绝缘	护套
聚氯乙烯	70	—
交联聚乙烯和乙丙橡胶	90	—
聚氯乙烯护套矿物绝缘电缆或可触及的裸护套矿物绝缘电缆	—	70
不允许触及和不与可燃物相接触的裸护套矿物绝缘电缆	—	105

3.2.4 绝缘导体和无铠装电缆的载流量以及载流量的校正系数，应按现行国家标准《建筑物电气装置 第5部分：电气设备的选择和安装 第523节：布线系统载流量》GB/T 16895.15的有关规定确定。铠装电缆的载流量以及载流量的校正系数，应按现行国家标准《电力工程电缆设计规范》GB 50217的有关规定确定。

3.2.5 绝缘导体或电缆敷设处的环境温度应按表3.2.5的规定确定。

表3.2.5 绝缘导体或电缆敷设处的环境温度

电缆敷设场所	有无机械通风	选取的环境温度
土中直埋	—	埋深处的最热月平均地温
水下	—	最热月的日最高水温平均值
户外空气中、电缆沟	—	最热月的日最高温度平均值
有热源设备的厂房	有	通风设计温度
	无	最热月的日最高温度平均值另加5℃
一般性厂房及其他建筑物内	有	通风设计温度
	无	最热月的日最高温度平均值
户内电缆沟	无	最热月的日最高温度平均值另加5℃*
隧道、电气竖井		
隧道、电气竖井	有	通风设计温度

注：* 数量较多的电缆工作温度大于70℃的电缆敷设于未装机械通风的隧道、电气竖井时，应计入对环境温升的影响，不能直接采取仅加5℃。

3.2.6 当电缆沿敷设路径中各场所的散热条件不相同时，电缆的散热条件应按最不利的场所确定。

3.2.7 符合下列情况之一的线路，中性导体的截面应与相导体的截面相同：

1 单相两线制线路；

2 铜相导体截面小于等于16mm^2或铝相导体截面小于等于25mm^2的三相四线制线路。

3.2.8 符合下列条件的线路，中性导体截面可小于相导体截面：

1 铜相导体截面大于16mm^2或铝相导体截面大于25mm^2；

2 铜中性导体截面大于等于16mm^2或铝中性导体截面大于等于25mm^2；

3 在正常工作时，包括谐波电流在内的中性导体预期最大电流小于等于中性导体的允许载流量；

4 中性导体已进行了过电流保护。

3.2.9 在三相四线制线路中存在谐波电流时，计算中性导体的电流应计入谐波电流的效应。当中性导体电流大于相导体电流时，电缆相导体截面应按中性导体电流选择。当三相平衡系统中存在谐波电流，4芯或5芯电缆内中性导体与相导体材料相同和截面相等时，电缆载流量的降低系数应按表3.2.9的规定确定。

表3.2.9　电缆载流量的降低系数

相电流中三次谐波分量（%）	降低系数	
	按相电流选择截面	按中性导体电流选择截面
0～15	1.0	—
>15，且≤33	0.86	—
>33，且≤45	—	0.86
>45	—	1.0

3.2.10 在配电线路中固定敷设的铜保护接地中性导体的截面积不应小于$10mm^2$，铝保护接地中性导体的截面积不应小于$16mm^2$。

3.2.11 保护接地中性导体应按预期出现的最高电压进行绝缘。

3.2.12 当从电气系统的某一点起，由保护接地中性导体改变为单独的中性导体和保护导体时，应符合下列规定：

1　保护导体和中性导体应分别设置单独的端子或母线；

2　保护接地中性导体应首先接到为保护导体设置的端子或母线上；

3　中性导体不应连接到电气系统的任何其他的接地部分。

3.2.13 装置外可导电部分严禁作为保护接地中性导体的一部分。

3.2.14 保护导体截面积的选择，应符合下列规定：

1　应能满足电气系统间接接触防护自动切断电源的条件，且能承受预期的故障电流或短路电流；

2　保护导体的截面积应符合式（3.2.14）的要求，或按表3.2.14的规定确定：

$$S \geqslant \frac{I}{k}\sqrt{t} \quad (3.2.14)$$

式中：S——保护导体的截面积（mm^2）；

I——通过保护电器的预期故障电流或短路电流［交流方均根值（A）］；

t——保护电器自动切断电流的动作时间（s）；

k——系数，按本规范公式（A.0.1）计算或按表A.0.2～表A.0.6确定。

表3.2.14　保护导体的最小截面积（mm^2）

相导体截面积	保护导体的最小截面积	
	保护导体与相导体使用相同材料	保护导体与相导体使用不同材料
≤16	S	$\frac{S \times k_1}{k_2}$
>16，且≤35	16	$\frac{16 \times k_1}{k_2}$
>35	$\frac{S}{2}$	$\frac{S \times k_1}{2 \times k_2}$

注：1　S—相导体截面积；

2　k_1—相导体的系数，应按本规范表A.0.7的规定确定；

3　k_2—保护导体的系数，应按本规范表A.0.2～表A.0.6的规定确定。

3　电缆外的保护导体或不与相导体共处于同一外护物内的保护导体，其截面积应符合下列规定：

1）有机械损伤防护时，铜导体不应小于$2.5mm^2$，铝导体不应小于$16mm^2$；

2）无机械损伤防护时，铜导体不应小于$4mm^2$，铝导体不应小于$16mm^2$。

4　当两个或更多个回路共用一个保护导体时，其截面积应符合下列规定：

1）应根据回路中最严重的预期故障电流或短路电流和动作时间确定截面积，并应符合公式（3.2.14）的要求；

2）对应于回路中的最大相导体截面积时，应按表3.2.14的规定确定。

5　永久性连接的用电设备的保护导体预期电流超过10mA时，保护导体的截面积应按下列条件之一确定：

1）铜导体不应小于$10mm^2$或铝导体不应小于$16mm^2$；

2）当保护导体小于本款第1项规定时，应为用电设备敷设第二根保护导体，其截面积不应小于第一根保护导体的截面积。第二根保护导体应一直敷设到截面积大于等于$10mm^2$的铜保护导体或$16mm^2$的铝保护导体处，并应为用电设备的第二根保护导体设置单独的接线端子；

3）当铜保护导体与铜相导体在一根多芯电缆中时，电缆中所有铜导体截面积的总和不应小于$10mm^2$；

4）当保护导体安装在金属导管内并与金属导管并接时，应采用截面积大于等于$2.5mm^2$的铜导体。

3.2.15 总等电位联结用保护联结导体的截面积，不应小于配电线路的最大保护导体截面积的1/2，保护联结导体截面积的最小值和最大值应符合表3.2.15的规定。

表3.2.15　保护联结导体截面积的最小值和最大值（mm^2）

导体材料	最小值	最大值
铜	6	25
铝	16	按载流量与$25mm^2$铜导体的载流量相同确定
钢	50	

3.2.16 辅助等电位联结用保护联结导体截面积的选择，应符合下列规定：

1　联结两个外露可导电部分的保护联结导体，其电导不应小于接到外露可导电部分的较小的保护导体的电导；

2　联结外露可导电部分和装置外可导电部分的保护联结导体，其电导不应小于相应保护导体截面积1/2的导体所具有的电导；

3　单独敷设的保护联结导体，其截面积应符合本规范第3.2.14条第3款的规定。

3.2.17 局部等电位联结用保护联结导体截面积的选择，应符合下列规定：

1　保护联结导体的电导不应小于局部场所内最大保护导体截面积1/2的导体所具有的电导；

2　保护联结导体采用铜导体时，其截面积最大值为$25mm^2$。保护联结导体为其他金属导体时，其截面积最大值应按其与$25mm^2$铜导体的载流量相同确定；

3　单独敷设的保护联结导体，其截面积应符合本规范第3.2.14条第3款的规定。

4 配电设备的布置

4.1 一般规定

4.1.1 配电室的位置应靠近用电负荷中心，设置在尘埃少、腐蚀介质少、周围环境干燥和无剧烈振动的场所，并宜留有发展余地。

4.1.2 配电设备的布置应遵循安全、可靠、适用和经济等原则，并应便于安装、操作、搬运、检修、试验和监测。

4.1.3 配电室内除本室需用的管道外，不应有其他的管道通过。室内水、汽管道上不应设置阀门和中间接头；水、汽管道与散热器的连接应采用焊接，并应做等电位联结。配电屏上、下方及电缆沟内不应敷设水、汽管道。

4.2 配电设备布置中的安全措施

4.2.1 落地式配电箱的底部应抬高，高出地面的高度室内不应低于50mm，室外不应低于200mm；其底座周围应采取封闭措施，并应能防止鼠、蛇类等小动物进入箱内。

4.2.2 同一配电室内相邻的两段母线，当任一段母线有一级负荷时，相邻的两段母线之间应采取防火措施。

4.2.3 高压及低压配电设备设在同一室内，且两者有一侧柜顶有裸露的母线时，两者之间的净距不应小于2m。

4.2.4 成排布置的配电屏，其长度超过6m时，屏后的通道应设2个出口，并宜布置在通道的两端；当两出口之间的距离超过15m时，其间尚应增加出口。

4.2.5 当防护等级不低于现行国家标准《外壳防护等级（IP代码）》GB 4208规定的IP2X级时，成排布置的配电屏通道最小宽度应符合表4.2.5的规定。

表4.2.5　成排布置的配电屏通道最小宽度（m）

配电屏种类		单排布置			双排面对面布置			双排背对背布置			多排同向布置			屏侧通道
		屏前	屏后		屏前	屏后		屏前	屏后		屏前	前、后排屏距墙		
			维护	操作		维护	操作		维护	操作		前排屏前	后排屏后	
固定式	不受限制时	1.5	1.0	1.2	2.0	1.0	1.2	1.5	1.5	2.0	2.0	1.5	1.0	1.0
	受限制时	1.3	0.8	1.2	1.8	0.8	1.2	1.3	1.3	2.0	1.8	1.3	0.8	0.8
抽屉式	不受限制时	1.8	1.0	1.2	2.3	1.0	1.2	1.8	1.0	2.0	2.3	1.8	1.0	1.0
	受限制时	1.6	0.8	1.2	2.1	0.8	1.2	1.6	0.8	2.0	2.1	1.6	0.8	0.8

注：1　受限制时是指受到建筑平面的限制、通道内有柱等局部突出物的限制；
2　屏后操作通道是指需在屏后操作运行中的开关设备的通道；
3　背靠背布置时屏前通道宽度可按本表中双排背对背布置的屏前尺寸确定；
4　控制屏、控制柜、落地式动力配电箱前后的通道最小宽度可按本表确定；
5　挂墙式配电箱的箱前操作通道宽度，不宜小于1m。

4.2.6 配电室通道上方裸带电体距地面的高度不应低于2.5m；当低于2.5m时，应设置不低于现行国家标准《外壳防护等级（IP代码）》GB 4208规定的IP××B级或IP2×级的遮栏或外护物，遮栏或外护物底部距地面的高度不应低于2.2m。

4.3 对建筑物的要求

4.3.1 配电室屋顶承重构件的耐火等级不应低于二级，其他部分不应低于三级。当配电室与其他场所毗邻时，门的耐火等级应按两者中耐火等级高的确定。

4.3.2 配电室长度超过7m时，应设2个出口，并宜布置在配电室两端。当配电室双层布置时，楼上配电室的出口应至少设一个通向该层走廊或室外的安全出口。配电室的门均应向外开启，但通向高压配电室的门应为双向开启门。

4.3.3 配电室的顶棚、墙面及地面的建筑装修，应使用不易积灰和不易起灰的材料；顶棚不应抹灰。

4.3.4 配电室内的电缆沟，应采取防水和排水措施。配电室的地面宜高出本层地面50mm或设置防水门槛。

4.3.5 当严寒地区冬季室温影响设备正常工作时，配电室应采暖。夏热地区的配电室，还应根据地区气候情况采取隔热、通风或空调等降温措施。有人值班的配电室，宜采用自然采光。在值班人员休息间内宜设给水、排水设施。附近无厕所时宜设厕所。

4.3.6 位于地下室和楼层内的配电室，应设设备运输通道，并应设有通风和照明设施。

4.3.7 配电室的门、窗关闭应密合；与室外相通的洞、通风孔应设防止鼠、蛇类等小动物进入的网罩，其防护等级不宜低于现行国家标准《外壳防护等级（IP代码）》GB 4208规定的IP3X级。直接与室外露天相通的通风孔尚应采取防止雨、雪飘入的措施。

4.3.8 配电室不宜设在建筑物地下室最底层。设在地下室最底层时，应采取防止水进入配电室内的措施。

5 电气装置的电击防护

5.1 直接接触防护措施

（Ⅰ）将带电部分绝缘

5.1.1 带电部分应全部用绝缘层覆盖，其绝缘层应能长期承受在运行中遇到的机械、化学、电气及热的各种不利影响。

（Ⅱ）采用遮栏或外护物

5.1.2 标称电压超过交流方均根值25V容易被触及的裸带电体，应设置遮栏或外护物。其防护等级不应低于现行国家标准《外壳防护等级（IP代码）》GB 4208规定的IP××B级或IP2×级。为更换灯头、插座或熔断器之类部件，或为实现设备的正常功能所需的开孔，在采取了下列两项措施后可除外：

1　设置防止人、畜意外触及带电部分的防护设施；

2　在可能触及带电部分的开孔处，设置“禁止触及”的标志。

5.1.3 可触及的遮栏或外护物的顶面，其防护等级不应低于现行国家标准《外壳防护等级（IP代码）》GB 4208规定的IP××D级或IP4×级。

5.1.4 遮栏或外护物应稳定、耐久、可靠地固定。

5.1.5 需要移动的遮栏以及需要打开或拆下部件的外护物，

应采用下列防护措施之一：

1 只有使用钥匙或其他工具才能移动、打开、拆下遮栏或外护物；

2 将遮栏或外护物所保护的带电部分的电源切断后，只有在重新放回或重新关闭遮栏或外护物后才能恢复供电；

3 设置防护等级不低于现行国家标准《外壳防护等级（IP代码）》GB 4208规定的IP××B级或IP2×级的中间遮栏，并应能防止触及带电部分且只有使用钥匙或工具才能移开。

5.1.6 按本规范第5.1.2条设置的遮栏或外护物与裸带电体之间的净距，应符合下列规定：

1 采用网状遮栏或外护物时，不应小于100mm；

2 采用板状遮栏或外护物时，不应小于50mm。

（Ⅲ）采 用 阻 挡 物

5.1.7 当裸带电体采用遮栏或外护物防护有困难时，在电气专用房间或区域宜采用栏杆或网状屏障等阻挡物进行防护。阻挡物应能防止人体无意识地接近裸带电体和在操作设备过程中人体无意识地触及裸带电体。

5.1.8 阻挡物应适当固定，但可以不用钥匙或工具将其移开。

5.1.9 采用防护等级低于现行国家标准《外壳防护等级（IP代码）》GB 4208规定的IP××B级或IP2×级的阻挡物时，阻挡物与裸带电体的水平净距不应小于1.25m，阻挡物的高度不应小于1.4m。

（Ⅳ）置于伸臂范围之外

5.1.10 在电气专用房间或区域，不采用防护等级等于高于现行国家标准《外壳防护等级（IP代码）》GB 4208规定的IP××B级或IP2×级的遮栏、外护物或阻挡物时，应将人可能无意识同时触及的不同电位的可导电部分置于伸臂范围之外。

5.1.11 伸臂范围（图5.1.11）应符合下列规定：

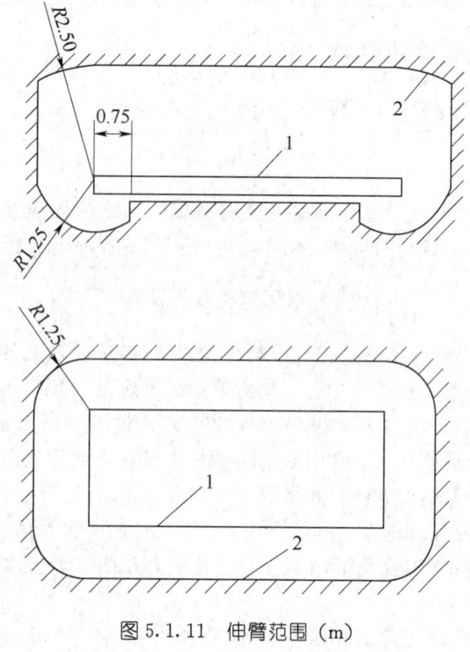

图5.1.11 伸臂范围（m）

1—平台；2—手臂可达到的界限

1 裸带电体布置在有人活动的区域上方时，其与平台或地面的垂直净距不应小于2.5m；

2 裸带电体布置在有人活动的平台侧面时，其与平台边缘的水平净距不应小于1.25m；

3 裸带电体布置在有人活动的平台下方时，其与平台下方的垂直净距不应小于1.25m，且与平台边缘的水平净距不应小于0.75m；

4 裸带电体在水平方向的阻挡物、遮栏或外护物，其防护等级低于现行国家标准《外壳防护等级（IP代码）》GB 4208规定的IP××B级或IP2×级时，伸臂范围应从阻挡物、遮栏或外护物算起；

5 在有人活动区域上方的裸带电体的阻挡物、遮栏或外护物，其防护等级低于现行国家标准《外壳防护等级（IP代码）》GB 4208规定的IP××B级或IP2×级时，伸臂范围2.5m应从人所在地面算起；

6 人手持大的或长的导电物体时，伸臂范围应计及该物体的尺寸。

（Ⅴ）用剩余电流动作保护器的附加防护

5.1.12 额定剩余动作电流不超过30mA的剩余电流动作保护器，可作为其他直接接触防护措施失效或使用者疏忽时的附加防护，但不能单独作为直接接触防护措施。

5.2 间接接触防护的自动切断电源防护措施

（Ⅰ）一 般 规 定

5.2.1 对于未按现行国家标准《建筑物电气装置 第4-41部分：安全防护 电击防护》GB 16895.21的规定采用下列间接接触防护措施者，应采用本节所规定的防护措施：

1 采用Ⅱ类设备；

2 采取电气分隔措施；

3 采用特低电压供电；

4 将电气设备安装在非导电场所内；

5 设置不接地的等电位联结。

5.2.2 在使用Ⅰ类设备、预期接触电压限值为50V的场所，当回路或设备中发生带电导体与外露可导电部分或保护导体之间的故障时，间接接触防护电器应能在预期接触电压超过50V且持续时间足以引起对人体有害的病理生理效应前自动切断该回路或设备的电源。

5.2.3 电气装置的外露可导电部分，应与保护导体相连接。

5.2.4 建筑物内的总等电位联结，应符合下列规定：

1 每个建筑物中的下列可导电部分，应做总等电位联结：

1）总保护导体（保护导体、保护接地中性导体）；

2）电气装置总接地导体或总接地端子排；

3）建筑物内的水管、燃气管、采暖和空调管道等各种金属干管；

4）可接用的建筑物金属结构部分。

2 来自外部的本条第1款规定的可导电部分，应在建筑物内距离引入点最近的地方做总等电位联结。

3 总等电位联结导体，应符合本规范第3.2.15条～第3.2.17条的有关规定。

4 通信电缆的金属外护层在做等电位联结时，应征得相关部门的同意。

5.2.5 当电气装置或电气装置某一部分发生接地故障后间接接触的保护电器不能满足自动切断电源的要求时，尚应在局部范围内将本规范第5.2.4条第1款所列可导电部分再做一次局部等电位联结；亦可将伸臂范围内能同时触及的两个可导电部分之间做辅助等电位联结。局部等电位联结或辅助等电位联结的有效性，应符合下式的要求：

$$R \leqslant \frac{50}{I_a} \quad (5.2.5)$$

式中：R——可同时触及的外露可导电部分和装置外可导电部分之间，故障电流产生的电压降引起接触电压的一段线路的电阻（Ω）；

I_a——保证间接接触保护电器在规定时间内切断故障回路的动作电流（A）。

5.2.6 配电线路间接接触防护的上下级保护电器的动作特性之间应有选择性。

（Ⅱ）TN 系 统

5.2.7 TN系统中电气装置的所有外露可导电部分，应通过保护导体与电源系统的接地点连接。

5.2.8 TN系统中配电线路的间接接触防护电器的动作特性，应符合下式的要求：

$$Z_s I_a \leqslant U_0 \quad (5.2.8)$$

式中：Z_s——接地故障回路的阻抗（Ω）；

U_0——相导体对地标称电压（V）。

5.2.9 TN系统中配电线路的间接接触防护电器切断故障回路的时间，应符合下列规定：

1 配电线路或仅供给固定式电气设备用电的末端线路，不宜大于5s；

2 供给手持式电气设备和移动式电气设备用电的末端线路或插座回路，TN系统的最长切断时间不应大于表5.2.9的规定。

表5.2.9 TN系统的最长切断时间

相导体对地标称电压（V）	切断时间（s）
220	0.4
380	0.2
＞380	0.1

5.2.10 在TN系统中，当配电箱或配电回路同时直接或间接给固定式、手持式和移动式电气设备供电时，应采取下列措施之一：

1 应使配电箱至总等电位联结点之间的一段保护导体的阻抗符合下式的要求：

$$Z_L \leqslant \frac{50}{U_0} Z_s \quad (5.2.10)$$

式中：Z_L——配电箱至总等电位联结点之间的一段保护导体的阻抗（Ω）。

2 应将配电箱内保护导体母排与该局部范围内的装置外可导电部分做局部等电位联结或按本规范第5.2.5条的有关要求做辅助等电位联结。

5.2.11 当TN系统相导体与无等电位联结作用的地之间发生接地故障时，为使保护导体和与之连接的外露可导电部分的对地电压不超过50V，其接地电阻的比值应符合下式的要求：

$$\frac{R_B}{R_E} \leqslant \frac{50}{U_0 - 50} \quad (5.2.11)$$

式中：R_B——所有与系统接地极并联的接地电阻（Ω）；

R_E——相导体与大地之间的接地电阻（Ω）。

5.2.12 当不符合本规范公式（5.2.11）的要求时，应补充其他有效的间接接触防护措施，或采用局部TT系统。

5.2.13 TN系统中，配电线路采用过电流保护电器兼作间接接触防护电器时，其动作特性应符合本规范第5.2.8条的规定；当不符合规定时，应采用剩余电流动作保护电器。

（Ⅲ）TT 系 统

5.2.14 TT系统中，配电线路内由同一间接接触防护电器保护的外露可导电部分，应用保护导体连接至共用或各自的接地极上。当有多级保护时，各级应有各自的或共同的接地极。

5.2.15 TT系统配电线路间接接触防护电器的动作特性，应符合下式的要求：

$$R_A I_a \leqslant 50V \quad (5.2.15)$$

式中：R_A——外露可导电部分的接地电阻和保护导体电阻之和（Ω）。

5.2.16 TT系统中，间接接触防护的保护电器切断故障回路的动作电流：当采用熔断器时，应为保证熔断器在5s内切断故障回路的电流；当采用断路器时，应为保证断路器瞬时切断故障回路的电流；当采用剩余电流保护器时，应为额定剩余动作电流。

5.2.17 TT系统中，配电线路间接接触防护电器的动作特性不符合本规范第5.2.15条的规定时，应按本规范第5.2.5条的规定做局部等电位联结或辅助等电位联结。

5.2.18 TT系统中，配电线路的间接接触防护的保护电器应采用剩余电流动作保护电器或过电流保护电器。

（Ⅳ）IT 系 统

5.2.19 在IT系统的配电线路中，当发生第一次接地故障时，应发出报警信号，且故障电流应符合下式的要求：

$$R_A I_d \leqslant 50V \quad (5.2.19)$$

式中：I_d——相导体和外露可导电部分间第一次接地故障的故障电流（A），此值应计及泄漏电流和电气装置全部接地阻抗值的影响。

5.2.20 IT系统应设置绝缘监测器。当发生第一次接地故障或绝缘电阻低于规定的整定值时，应由绝缘监测器发出音响和灯光信号，且灯光信号应持续到故障消除。

5.2.21 IT系统的外露可导电部分可采用共同的接地极接地，亦可个别或成组地采用单独的接地极接地，并应符合下列规定：

1 当外露可导电部分为共同接地，发生第二次接地故障时，故障回路的切断应符合本规范规定的TN系统自动切断电源的要求；

2 当外露可导电部分单独或成组地接地，发生第二次接地故障时，故障回路的切断应符合本规范规定的TT系统自动切断电源的要求。

5.2.22 IT系统不宜配出中性导体。

5.2.23 在IT系统的配电线路中，当发生第二次接地故障时，故障回路的最长切断时间不应大于表5.2.23的规定。

表5.2.23 IT系统第二次故障时最长切断时间

相对地标称电压/相间标称电压（V）	切断时间（s）	
	没有中性导体配出	有中性导体配出
220/380	0.4	0.8
380/660	0.2	0.4
580/1000	0.1	0.2

5.2.24 IT系统的配电线路符合本规范第5.2.21条第1款规

定时，应由过电流保护电器或剩余电流保护器切断故障回路，并应符合下列规定：

1　当IT系统不配出中性导体时，保护电器动作特性应符合下式的要求：

$$Z_c I_e \leqslant \frac{\sqrt{3}}{2} U_0 \quad (5.2.24-1)$$

2　当IT系统配出中性导体时，保护电器动作特性应符合下式的要求：

$$Z_d I_e \leqslant \frac{1}{2} U_0 \quad (5.2.24-2)$$

式中：Z_c——包括相导体和保护导体的故障回路的阻抗（Ω）；

Z_d——包括相导体、中性导体和保护导体的故障回路的阻抗（Ω）；

I_e——保证保护电器在表5.2.23规定的时间或其他回路允许的5s内切断故障回路的电流（A）。

5.3　SELV系统和PELV系统及FELV系统

（Ⅰ）SELV系统和PELV系统

5.3.1　直接接触防护的措施和间接接触防护的措施，除本规范第5.1节和第5.2节规定的防护措施外，亦可采用SELV系统和PELV系统作为防护措施。

5.3.2　SELV系统和PELV系统的标称电压不应超过交流方均根值50V。当系统由自耦变压器、分压器或半导体器件等设备从高于50V电压系统供电时，应对输入回路采取保护措施。特殊装置或场所的电压限值，应符合现行国家标准《建筑物电气装置》GB 16895系列标准中的有关标准的规定。

5.3.3　SELV系统和PELV系统的电源，应符合下列要求之一：

1　由符合现行国家标准《隔离变压器和安全隔离变压器　技术要求》GB 13028的安全隔离变压器供电；

2　具备与本条第1款规定的安全隔离变压器有同等安全程度的电源；

3　电化学电源或与高于交流方均根值50V电压的回路无关的其他电源；

4　符合相应标准，而且即使内部发生故障也保证能使出线端子的电压不超过交流方均根值50V的电子器件构成的电源。当发生直接接触和间接接触时，电子器件能保证出线端子的电压立即降低到等于小于交流方均根值50V时，出线端子的电压可高于交流方均根值50V的电压。

5.3.4　SELV系统和PELV系统的安全隔离变压器或电动发电机等移动式安全电源，应达到Ⅱ类设备或与Ⅱ类设备等效绝缘的防护要求。

5.3.5　SELV系统和PELV系统回路的带电部分相互之间及与其他回路之间，应进行电气分隔，且不应低于安全隔离变压器的输入和输出回路之间的隔离要求。

5.3.6　每个SELV系统和PELV系统的回路导体，应与其他回路导体分开布置。当不能分开布置时，应采取下列措施之一：

1　SELV系统和PELV系统的回路导体应做基本绝缘，并应将其封闭在非金属护套内；

2　不同电压的回路导体，应用接地的金属屏蔽或接地的金属护套隔开；

3　不同电压的回路可包含在一个多芯电缆或导体组内，但SELV系统和PELV系统的回路导体应单独或集中地按其中最高电压绝缘。

5.3.7　SELV系统的回路带电部分严禁与地、其他回路的带电部分或保护导体相连接，并应符合下列要求：

1　设备的外露可导电部分不应与下列部分连接：

1）地；

2）其他回路的保护导体或外露可导电部分；

3）装置外可导电部分。

2　电气设备因功能的要求与装置外可导电部分连接时，应采取能保证这种连接的电压不会高于交流方均根值50V的措施。

3　SELV系统回路的外露可导电部分有可能接触其他回路的外露可导电部分时，其电击防护除依靠SELV系统保护外，尚应依靠可能被接触的其他回路的外露可导电部分所采取的保护措施。

5.3.8　SELV系统，当标称电压超过交流方均根值25V时，直接接触防护应采取下列措施之一：

1　设置防护等级不低于现行国家标准《外壳防护等级（IP代码）》GB 4208规定的IP××B级或IP2×级的遮栏或外护物；

2　采用能承受交流方均根值500V、时间为1min的电压耐受试验的绝缘。

5.3.9　当SELV系统的标称电压不超过交流方均根值25V时，除国家现行有关标准另有规定外，可不设直接接触防护。

5.3.10　PELV系统的直接接触防护，应采用本规范第5.3.8条规定的措施。当建筑物内外已设置总等电位联结，PELV系统的接地配置和外露可导电部分已用保护导体连接到总接地端子上，且符合下列条件时，可不采取直接接触防护措施：

1　设备在干燥场所使用，预计人体不会大面积触及带电部分并且标称电压不超过交流方均根值25V；

2　在其他情况下，标称电压不超过交流方均根值6V。

5.3.11　SELV系统的插头和插座，应符合下列规定：

1　插头应不能插入其他电压系统的插座；

2　其他电压系统的插头应不能插入插座；

3　插座应无保护导体的插孔。

5.3.12　PELV系统的插头和插座，应符合本规范第5.3.11条的第1款和第2款的要求。

（Ⅱ）FELV　系　统

5.3.13　当不必要采用SELV系统或PELV系统保护或因功能上的原因使用了标称电压小于等于交流方均根值50V的电压，但本规范第5.3.1条～第5.3.12条的规定不能完全满足其要求时，可采用FELV系统。

5.3.14　FELV系统的直接接触防护，应采取下列措施之一：

1　应装设符合本规范第5.1节（Ⅱ）要求的遮栏或外护物；

2　应采用与一次回路所要求的最低试验电压相当的绝缘。

5.3.15　当属于FELV系统的一部分的设备的绝缘不能耐受一次回路所要求的试验电压时，设备可接近的非导电部分的绝缘应加强，且应使其能耐受交流方均根值为1500V、时间为1min的试验电压。

5.3.16　FELV系统的间接接触防护，应采取下列措施之一：

1　当一次回路采用自动切断电源的防护措施时，应将FELV系统中的设备外露可导电部分与一次回路的保护导体连接，此时不排除FELV系统中的带电导体与该一次回路保护导体的连接；

2 当一次回路采用电气分隔防护时，应将 FELV 系统中的设备外露可导电部分与一次回路的不接地等电位联结导体连接。

5.3.17 FELV 系统的插头和插座，应符合本规范第 5.3.11 条第 1 款、第 2 款的规定。

6 配电线路的保护

6.1 一般规定

6.1.1 配电线路应装设短路保护和过负荷保护。

6.1.2 配电线路装设的上下级保护电器，其动作特性应具有选择性，且各级之间应能协调配合。非重要负荷的保护电器，可采用部分选择性或无选择性切断。

6.1.3 用电设备末端配电线路的保护，除应符合本规范的规定外，尚应符合现行国家标准《通用用电设备配电设计规范》GB 50055 的有关规定。

6.1.4 除当回路相导体的保护装置能保护中性导体的短路，而且正常工作时通过中性导体的最大电流小于其载流量外，尚应采取当中性导体出现过电流时能自动切断相导体的措施。

6.2 短路保护

6.2.1 配电线路的短路保护电器，应在短路电流对导体和连接处产生的热作用和机械作用造成危害之前切断电源。

6.2.2 短路保护电器，应能分断其安装处的预期短路电流。预期短路电流，应通过计算或测量确定。当短路保护电器的分断能力小于其安装处预期短路电流时，在该段线路的上一级应装设具有所需分断能力的短路保护电器；其上下两级的短路保护电器的动作特性应配合，使该段线路及其短路保护电器能承受通过的短路能量。

6.2.3 绝缘导体的热稳定，应按其截面积校验，且应符合下列规定：

1 当短路持续时间小于等于 5s 时，绝缘导体的截面积应符合本规范公式（3.2.14）的要求，其相导体的系数可按本规范表 A.0.7 的规定确定；

2 短路持续时间小于 0.1s 时，校验绝缘导体截面积应计入短路电流非周期分量的影响；大于 5s 时，校验绝缘导体截面积应计入散热的影响。

6.2.4 当短路保护电器为断路器时，被保护线路末端的短路电流不应小于断路器瞬时或短延时过电流脱扣器整定电流的 1.3 倍。

6.2.5 短路保护电器应装设在回路首端和回路导体载流量减小的地方。当不能设置在回路导体载流量减小的地方时，应采用下列措施：

1 短路保护电器至回路导体载流量减小处的这一段线路长度，不应超过 3m；

2 应采取将该段线路的短路危险减至最小的措施；

3 该段线路不应靠近可燃物。

6.2.6 导体载流量减小处回路的短路保护，当离短路点最近的绝缘导体的热稳定和上一级短路保护电器符合本规范第 6.2.3 条、第 6.2.4 条的规定时，该段回路可不装设短路保护电器，但应敷设在不燃或难燃材料的管、槽内。

6.2.7 下列连接线或回路，当在布线时采取了防止机械损伤等保护措施，且布线不靠近可燃物时，可不装设短路保护电器：

1 发电机、变压器、整流器、蓄电池与配电控制屏之间的连接线；

2 断电比短路导致的线路烧毁更危险的旋转电机励磁回路、起重电磁铁的供电回路、电流互感器的二次回路等；

3 测量回路。

6.2.8 并联导体组成的回路，任一导体在最不利的位置处发生短路故障时，短路保护电器应能立即可靠切断该段故障线路，其短路保护电器的装设，应符合下列规定：

1 当符合下列条件时，可采用一个短路保护电器：

1）布线时所有并联导体采用了防止机械损伤等保护措施；

2）导体不靠近可燃物。

2 两根导体并联的线路，当不能满足本条第 1 款条件时，在每根并联导体的供电端应装设短路保护电器。

3 超过两根导体的并联线路，当不能满足本条第 1 款条件时，在每根并联导体的供电端和负荷端均应装设短路保护电器。

6.3 过负荷保护

6.3.1 配电线路的过负荷保护，应在过负荷电流引起的导体温升对导体的绝缘、接头、端子或导体周围的物质造成损害之前切断电源。

6.3.2 过负荷保护电器宜采用反时限特性的保护电器，其分断能力可低于保护电器安装处的短路电流值。但应能承受通过的短路能量。

6.3.3 过负荷保护电器的动作特性，应符合下列公式的要求：

$$I_B \leqslant I_n \leqslant I_Z \tag{6.3.3-1}$$

$$I_2 \leqslant 1.45 I_Z \tag{6.3.3-2}$$

式中：I_B——回路计算电流（A）；

I_n——熔断器熔体额定电流或断路器额定电流或整定电流（A）；

I_Z——导体允许持续载流量（A）；

I_2——保证保护电器可靠动作的电流（A）。当保护电器为断路器时，I_2 为约定时间内的约定动作电流；当为熔断器时，I_2 为约定时间内的约定熔断电流。

6.3.4 过负荷保护电器，应装设在回路首端或导体载流量减小处。当过负荷保护电器与回路导体载流量减小处之间的这一段线路没有引出分支线路或插座回路，且符合下列条件之一时，过负荷保护电器可在该段回路任意处装设：

1 过负荷保护电器与回路导体载流量减小处的距离不超过 3m，该段线路采取了防止机械损伤等保护措施，且不靠近可燃物；

2 该段线路的短路保护符合本规范第 6.2 节的规定。

6.3.5 除火灾危险、爆炸危险场所及其他有规定的特殊装置和场所外，符合下列条件之一的配电线路，可不装设过负荷保护电器：

1 回路中载流量减小的导体，当其过负荷时，上一级过负荷保护电器能有效保护该段导体；

2 不可能过负荷的线路，且该段线路的短路保护符合本规范第 6.2 节的规定，并没有分支线路或出线插座；

3 用于通信、控制、信号及类似装置的线路；

4 即使过负荷也不会发生危险的直埋电缆或架空线路。

6.3.6 过负荷断电将引起严重后果的线路，其过负荷保护不应切断线路，可作用于信号。

6.3.7 多根并联导体组成的回路采用一个过负荷保护电器时，其线路的允许持续载流量，可按每根并联导体的允许持续载流量之和计，且应符合下列规定：

1　导体的型号、截面、长度和敷设方式均相同；

2　线路全长内无分支线路引出；

3　线路的布置使各并联导体的负载电流基本相等。

6.4　配电线路电气火灾防护

6.4.1　当建筑物配电系统符合下列情况时，宜设置剩余电流监测或保护电器，其应动作于信号或切断电源：

1　配电线路绝缘损坏时，可能出现接地故障；

2　接地故障产生的接地电弧，可能引起火灾危险。

6.4.2　剩余电流监测或保护电器的安装位置，应能使其全面监视有起火危险的配电线路的绝缘情况。

6.4.3　为减少接地故障引起的电气火灾危险而装设的剩余电流监测或保护电器，其动作电流不应大于300mA；当动作于切断电源时，应断开回路的所有带电导体。

7　配电线路的敷设

7.1　一般规定

7.1.1　配电线路的敷设，应符合下列条件：

1　与场所环境的特征相适应；

2　与建筑物和构筑物的特征相适应；

3　能承受短路可能出现的机电应力；

4　能承受安装期间或运行中布线可能遭受的其他应力和导线的自重。

7.1.2　配电线路的敷设环境，应符合下列规定：

1　应避免由外部热源产生的热效应带来的损害；

2　应防止在使用过程中因水的侵入或因进入固体物带来的损害；

3　应防止外部的机械性损害；

4　在有大量灰尘的场所，应避免由于灰尘聚集在布线上对散热带来的影响；

5　应避免由于强烈日光辐射带来的损害；

6　应避免腐蚀或污染物存在的场所对布线系统带来的损害；

7　应避免有植物和（或）霉菌衍生存在的场所对布线系统带来的损害；

8　应避免有动物的情况对布线系统带来的损害。

7.1.3　除下列回路的线路可穿在同一根导管内外，其他回路的线路不应穿于同一根导管内。

1　同一设备或同一流水作业线设备的电力回路和无防干扰要求的控制回路；

2　穿在同一管内绝缘导线总数不超过8根，且为同一照明灯具的几个回路或同类照明的几个回路。

7.1.4　在同一个槽盒里有几个回路时，其所有的绝缘导线应采用与最高标称电压回路绝缘相同的绝缘。

7.1.5　电缆敷设的防火封堵，应符合下列规定：

1　布线系统通过地板、墙壁、屋顶、天花板、隔墙等建筑构件时，其孔隙应按等同建筑构件耐火等级的规定封堵；

2　电缆敷设采用的导管和槽盒材料，应符合现行国家标准《电气安装用电缆槽管系统　第1部分：通用要求》GB/T 19215.1、《电气安装用电缆槽管系统　第2部分：特殊要求　第1节：用于安装在墙上或天花板上的电缆槽管系统》GB/T 19215.2和《电气安装用导管系统　第1部分：通用要求》GB/T 20041.1规定的耐燃试验要求，当导管和槽盒内部截面积等于大于710mm²时，应从内部封堵；

3　电缆防火封堵的材料，应按耐火等级要求，采用防火胶泥、耐火隔板、填料阻火包或防火帽；

4　电缆防火封堵的结构，应满足按等效工程条件下标准试验的耐火极限。

7.2　绝缘导线布线

（Ⅰ）直　敷　布　线

7.2.1　正常环境的屋内场所除建筑物顶棚及地沟内外，可采用直敷布线，并应符合下列规定：

1　直敷布线应采用护套绝缘导线，其截面积不宜大于6mm²；

2　护套绝缘导线至地面的最小距离应符合表7.2.1的规定；

3　当导线垂直敷设时，距地面低于1.8m段的导线，应用导管保护；

表7.2.1　护套绝缘导线至地面的最小距离（m）

布线方式		最小距离
水平敷设	屋内	2.5
	屋外	2.7
垂直敷设	屋内	1.8
	屋外	2.7

4　导线与接地导体及不发热的管道紧贴交叉时，应用绝缘管保护；敷设在易受机械损伤的场所应用钢管保护；

5　不应将导线直接埋入墙壁、顶棚的抹灰层内。

（Ⅱ）瓷夹、塑料线夹、鼓形绝缘子、针式绝缘子布线

7.2.2　正常环境的屋内场所和挑檐下的屋外场所，可采用瓷夹或塑料线夹布线。

7.2.3　采用瓷夹、塑料线夹、鼓形绝缘子和针式绝缘子在屋内、屋外布线时，其导线至地面的距离，应符合本规范表7.2.1的规定。

7.2.4　采用鼓形绝缘子和针式绝缘子在屋内、屋外布线时，其导线最小间距，应符合表7.2.4的规定。

表7.2.4　屋内、屋外布线的导线最小间距

支持点间距（m）	导线最小间距（mm）	
	屋内布线	屋外布线
≤1.5	50	100
＞1.5，且≤3	75	100
＞3，且≤6	100	150
＞6，且≤10	150	200

7.2.5　导线明敷在屋内高温辐射或对导线有腐蚀的场所时，导线之间及导线至建筑物表面的最小净距应符合表7.2.5的规定。

表7.2.5　导线之间及导线至建筑物表面的最小净距

固定点间距（m）	最小净距（mm）
≤1.5	75
＞1.5，且≤3	100
＞3，且≤6	150
＞6	200

7.2.6 屋外布线的导线至建筑物的最小间距，应符合表7.2.6的规定。

表7.2.6　导线至建筑物的最小间距（mm）

布线方式		最小间距
水平敷设时的垂直间距	在阳台、平台上和跨越建筑物顶	2500
	在窗户上	200
	在窗户下	800
垂直敷设时至阳台、窗户的水平间距		600
导线至墙壁和构架的间距（挑檐下除外）		35

（Ⅲ）金属导管和金属槽盒布线

7.2.7 对金属导管、金属槽盒有严重腐蚀的场所，不宜采用金属导管、金属槽盒布线。

7.2.8 在建筑物闷顶内有可燃物时，应采用金属导管、金属槽盒布线。

7.2.9 同一回路的所有相线和中性线，应敷设在同一金属槽盒内或穿于同一根金属导管内。

7.2.10 暗敷于干燥场所的金属导管布线，金属导管的管壁厚度不应小于1.5mm；明敷于潮湿场所或直接埋于素土内的金属导管布线，金属导管应符合现行国家标准《电气安装用导管系统　第1部分：通用要求》GB/T 20041.1或《低压流体输送用焊接钢管》GB/T 3091的有关规定；当金属导管有机械外压力时，金属导管应符合现行国家标准《电气安装用导管系统　第1部分：通用要求》GB/T 20041.1中耐压分类为中型、重型及超重型的金属导管的规定。

7.2.11 金属导管和金属槽盒敷设时，应符合下列规定：

1 与热水管、蒸汽管同侧敷设时，应敷设在热水管、蒸汽管下方。当有困难时，亦可敷设在热水管、蒸汽管上方，其净距应符合下列要求：

1）敷设在热水管下方时，不宜小于0.2m；在上方时，不宜小于0.3m；

2）敷设在蒸汽管下方时，不宜小于0.5m；在上方时，不宜小于1.0m；

3）对有保温措施的热水管、蒸汽管，其净距不宜小于0.2m。

2 当不能符合本条第1款要求时，应采取隔热措施。

3 与其他管道的平行净距不应小于0.1m。

4 当与水管同侧敷设时，宜将金属导管与金属槽盒敷设在水管的上方。

5 管线互相交叉时的净距，不宜小于其平行的净距。

7.2.12 暗敷于地下的金属导管不应穿过设备基础；金属导管及金属槽盒在穿过建筑物伸缩缝、沉降缝时，应采取防止伸缩或沉降的补偿措施。

7.2.13 采用金属导管布线，除非重要负荷、线路长度小于15m、金属导管的壁厚大于等于2mm，并采取了可靠的防水、防腐蚀措施后，可在屋外直接埋地敷设外，不宜在屋外直接埋地敷设。

7.2.14 同一路径无防干扰要求的线路，可敷设于同一金属导管或金属槽盒内。金属导管或金属槽盒内导线的总截面积不宜超过其截面积的40%，且金属槽盒内载流导线不宜超过30根。

7.2.15 控制、信号等非电力回路导线敷设于同一金属导管或金属槽盒内时，导线的总截面积不宜超过其截面的50%。

7.2.16 除专用接线盒内外，导线在金属槽盒内不应有接头。有专用接线盒的金属槽盒宜布置在易于检查的场所。导线和分支接头的总截面积不应超过该点槽盒内截面积的75%。

7.2.17 金属槽盒垂直或倾斜敷设时，应采取防止导线在线槽内移动的措施。

7.2.18 金属槽盒敷设的吊架或支架，宜在下列部位设置：

1 直线段宜为2m～3m或槽盒接头处；

2 槽盒首端、终端及进出接线盒0.5m处；

3 槽盒转角处。

7.2.19 金属槽盒的连接处，不得设在穿楼板或墙壁等孔处。

7.2.20 由金属槽盒引出的线路，可采用金属导管、塑料导管、可弯曲金属导管、金属软导管或电缆等布线方式。导线在引出部分应有防止损伤的措施。

（Ⅳ）可弯曲金属导管布线

7.2.21 敷设在正常环境屋内场所的建筑物顶棚内或暗敷于墙体、混凝土地面、楼板垫层或现浇钢筋混凝土楼板内时，可采用基本型可弯曲金属导管布线。明敷于潮湿场所或直埋地下素土内时，应采用防水型可弯曲金属导管。

7.2.22 可弯曲金属导管布线，管内导线的总截面积不宜超过管内截面积的40%。

7.2.23 可弯曲金属导管布线，其与热水管、蒸汽管或其他管路同侧敷设时，应符合本规范第7.2.11条的规定。

7.2.24 暗敷于现浇钢筋混凝土楼板内的可弯曲金属导管，其表面混凝土覆盖层不应小于15mm。

7.2.25 在可弯曲金属导管有可能受重物压力或明显机械冲击处，应采取保护措施。

7.2.26 可弯曲金属导管布线，导管的金属外壳等非带电金属部分应可靠接地，且不应利用导管金属外壳作接地线。

7.2.27 暗敷于地下的可弯曲金属导管的管路不应穿过设备基础。

（Ⅴ）地面内暗装金属槽盒布线

7.2.28 正常环境下大空间且隔断变化多、用电设备移动性大或敷有多功能线路的屋内场所，宜采用地面内暗装金属槽盒布线，且应暗敷于现浇混凝土地面、楼板或楼板垫层内。

7.2.29 采用地面内暗装金属槽盒布线时，应将同一回路的所有导线敷设在同一槽盒内。

7.2.30 采用地面内暗装金属槽盒布线时，应将电力线路、非电力线路分槽或增加隔板敷设，两种线路交叉处应设置有屏蔽分线板的分线盒。

7.2.31 由配电箱、电话分线箱及接线端子箱等设备引至地面内暗装金属槽盒的线路，宜采用金属管布线方式引入分线盒，或以终端连接器直接引入槽盒。

7.2.32 地面内暗装金属槽盒出线口和分线盒不应突出地面，且应做好防水密封处理。

（Ⅵ）塑料导管和塑料槽盒布线

7.2.33 有酸碱腐蚀介质的场所宜采用塑料导管和塑料槽盒布线，但在高温和易受机械损伤的场所不宜采用明敷。

7.2.34 布线用塑料导管，应符合现行国家标准《电气安装用电缆导管系统　第1部分：通用要求》GB/T 20041.1中非火焰蔓延型塑料导管；布线用塑料槽盒，应符合现行国家标准《电气安装用电缆槽管系统　第1部分：通用要求》GB/T

19215.1中非火焰蔓延型的有关规定。塑料导管暗敷或埋地敷设时，应选用中等机械应力以上的导管，并应采取防止机械损伤的措施。

7.2.35 塑料导管和塑料槽盒不宜与热水管、蒸汽管同侧敷设。

7.2.36 塑料导管和塑料槽盒布线，应符合本规范第7.2.14条、第7.2.15条和第7.2.16条的有关规定。

7.3 钢索布线

7.3.1 钢索布线在对钢索有腐蚀的场所，应采取防腐蚀措施。

7.3.2 钢索上绝缘导线至地面的距离，应符合本规范第7.2.1条第2款的规定。

7.3.3 钢索布线应符合下列规定：

1 屋内的钢索布线，采用绝缘导线明敷时，应采用瓷夹、塑料夹、鼓形绝缘子或针式绝缘子固定；采用护套绝缘导线、电缆、金属导管及金属槽盒或塑料导管及塑料槽盒布线时，可将其直接固定于钢索上；

2 屋外的钢索布线，采用绝缘导线明敷时，应采用鼓形绝缘子、针式或蝶式绝缘子固定；采用电缆、金属导管及金属槽盒布线时，可将其直接同定于钢索上。

7.3.4 钢索布线所采用的钢索的截面积，应根据跨距、荷重和机械强度等因素确定，且不宜小于10mm²。钢索固定件应镀锌或涂防腐漆。钢索除两端拉紧外，跨距大的应在中间增加支持点，其间距不宜大于12m。

7.3.5 在钢索上吊装金属导管或塑料导管布线时，应符合下列规定：

1 支持点之间及支持点与灯头盒之间的最大间距，应符合表7.3.5的规定；

表7.3.5 支持点之间及支持点与灯头盒之间的最大间距（mm）

布线类别	支持点之间	支持点与灯头盒之间
金属导管	1500	200
塑料导管	1000	150

2 吊装接线盒和管道的扁钢卡子宽度，不应小于20mm；吊装接线盒的卡子，不应少于2个。

7.3.6 钢索上吊装护套绝缘导线布线时，应符合下列规定：

1 采用铝卡子直敷在钢索上时，其支持点间距不应大于500mm；卡子距接线盒的间距不应大于100mm；

2 采用橡胶和塑料护套绝缘导线时，接线盒应采用塑料制品。

7.3.7 钢索上采用瓷瓶吊装绝缘导线布线时，应符合下列规定：

1 支持点间距不应大于1.5m；

2 线间距离，屋内不应小于50mm；屋外不应小于100mm；

3 扁钢吊架终端应加拉线，其直径不应小于3mm。

7.4 裸导体布线

7.4.1 除配电室外，无遮护的裸导体至地面的距离。不应小于3.5m；采用防护等级不低于现行国家标准《外壳防护等级(IP代码)》GB 4208规定的IP2X级的网孔遮栏时，不应小于2.5m。网状遮栏与裸导体的间距，不应小于100mm；板状遮栏与裸导体的间距，不应小于50mm。

7.4.2 裸导体与需经常维护的管道同侧敷设时，裸导体应敷设在管道的上方。

7.4.3 裸导体与需经常维护的管道以及与生产设备最凸出部位的净距不应小于1.8m；当其净距小于等于1.8m时，应加遮栏。

7.4.4 裸导体的线间及裸导体至建筑物表面的最小净距应符合本规范表7.2.5的规定。硬导体固定点的间距，应符合在通过最大短路电流时的动稳定要求。

7.4.5 桥式起重机上方的裸导体至起重机平台铺板的净距不应小于2.5m；当其净距小于等于2.5m时，在裸导体下方应装设遮栏。除滑触线本身的辅助导线外，裸导体不宜与起重机滑触线敷设在同一支架上。

7.5 封闭式母线布线

7.5.1 干燥和无腐蚀性气体的屋内场所，可采用封闭式母线布线。

7.5.2 封闭式母线敷设时，应符合下列规定：

1 水平敷设时，除电气专用房间外，与地面的距离不应小于2.2m；垂直敷设时，距地面1.8m以下部分应采取防止母线机械损伤措施。母线终端无引出线和引入线时，端头应封闭。

2 水平敷设时，宜按荷载曲线选取最佳跨距进行支撑，且支撑点间距宜为2m～3m。

3 垂直敷设时，在通过楼板处应采用专用附件支撑。进线盒及末端悬空时，应采用支架固定。

4 直线敷设长度超过制造厂给定的数值时，宜设置伸缩节。在封闭式母线水平跨越建筑物的伸缩缝或沉降缝处，应采取防止伸缩或沉降的措施。

5 母线的插接分支点，应设在安全及安装维护方便的地方。

6 母线的连接点不应在穿过楼板或墙壁处。

7 母线在穿过防火墙及防火楼板时，应采取防火隔离措施。

7.5.3 封闭式母线外壳及支架应可靠接地，全长应不少于2处与接地干线相连。

7.6 电缆布线

（Ⅰ）一 般 规 定

7.6.1 电缆路径的选择，应符合下列规定：

1 应使电缆不易受到机械、振动、化学、地下电流、水锈蚀、热影响、蜂蚁和鼠害等损伤；

2 应便于维护；

3 应避开场地规划中的施工用地或建设用地；

4 应使电缆路径较短。

7.6.2 露天敷设的有塑料或橡胶外护层的电缆，应避免日光长时间的直晒；当无法避免时，应加装遮阳罩或采用耐日照的电缆。

7.6.3 电缆在屋内、电缆沟、电缆隧道和电气竖井内明敷时，不应采用易延燃的外保护层。

7.6.4 电缆不应在有易燃、易爆及可燃的气体管道或液体管道的隧道或沟道内敷设。当受条件限制需要在这类隧道或沟道内敷设电缆时，应采取防爆、防火的措施。

7.6.5 电力电缆不宜在有热力管道的隧道或沟道内敷设。当需要敷设时，应采取隔热措施。

7.6.6 支承电缆的构架，采用钢制材料时，应采取热镀锌或其他防腐措施；在有较严重腐蚀的环境中，应采取相适应的防腐措施。

7.6.7 电缆宜在进户处、接头、电缆头处或地沟及隧道中留有一定长度的余量。

(Ⅱ)电缆在屋内敷设

7.6.8 无铠装的电缆在屋内明敷，除明敷在电气专用房间外，水平敷设时，与地面的距离不应小于2.5m；垂直敷设时，与地面的距离不应小于1.8m；当不能满足上述要求时，应采取防止电缆机械损伤的措施。

7.6.9 屋内相同电压的电缆并列明敷时，除敷设在托盘、梯架和槽盒内外，电缆之间的净距不应小于35mm，且不应小于电缆外径。1kV及以下电力电缆及控制电缆与1kV以上电力电缆并列明敷时，其净距不应小于150mm。

7.6.10 在屋内架空明敷的电缆与热力管道的净距，平行时不应小于1m；交叉时不应小于0.5m；当净距不能满足要求时，应采取隔热措施。电缆与非热力管道的净距，不应小于0.15m；当净距不能满足要求时，应在与管道接近的电缆段上，以及由该段两端向外延伸大于等于0.5m以内的电缆段上，采取防止电缆受机械损伤的措施。在有腐蚀性介质的房屋内明敷的电缆，宜采用塑料护套电缆。

7.6.11 钢索上电缆布线吊装时，电力电缆固定点间的间距不应大于0.75m；控制电缆固定点间的间距不应大于0.6m。

7.6.12 电缆在屋内埋地穿管敷设，或通过墙、楼板穿管时，其穿管的内径不应小于电缆外径的1.5倍。

7.6.13 除技术夹层外，电缆托盘和梯架距地面的高度不宜低于2.5m。

7.6.14 电缆在托盘和梯架内敷设时，电缆总截面积与托盘和梯架横断面面积之比，电力电缆不应大于40%，控制电缆不应大于50%。

7.6.15 电缆托盘和梯架水平敷设时，宜按荷载曲线选取最佳跨距进行支撑，且支撑点间距宜为1.5m～3m。垂直敷设时，其固定点间距不宜大于2m。

7.6.16 电缆托盘和梯架多层敷设时，其层间距离应符合下列规定：

1 控制电缆间不应小于0.20m；

2 电力电缆间不应小于0.30m；

3 非电力电缆与电力电缆间不应小于0.50m；当有屏蔽盖板时，可为0.30m；

4 托盘和梯架上部距顶棚或其他障碍物不应小于0.30m。

7.6.17 几组电缆托盘和梯架在同一高度平行敷设时，各相邻电缆托盘和梯架间应有满足维护、检修的距离。

7.6.18 下列电缆，不宜敷设在同一层托盘和梯架上：

1 1kV以上与1kV及以下的电缆；

2 同一路径向一级负荷供电的双路电源电缆；

3 应急照明与其他照明的电缆；

4 电力电缆与非电力电缆。

7.6.19 本规范第7.6.18条规定的电缆，当受条件限制需安装在同一层托盘和梯架上时，应采用金属隔板隔开。

7.6.20 电缆托盘和梯架不宜敷设在热力管道的上方及腐蚀性液体管道的下方；腐蚀性气体的管道，当气体比重大于空气时，电缆托盘和梯架宜敷设在其上方；当气体比重小于空气时，宜敷设在其下方。电缆托盘和梯架与管道的最小净距，应符合表7.6.20的规定。

表7.6.20 电缆托盘和梯架与各种管道的最小净距(m)

管道类别		平行净距	交叉净距
有腐蚀性液体、气体的管道		0.5	0.5
热力管道	有保温层	0.5	0.3
	无保温层	1.0	0.5
其他工艺管道		0.4	0.3

7.6.21 电缆托盘和梯架在穿过防火墙及防火楼板时，应采取防火封堵。

7.6.22 金属电缆托盘、梯架及支架应可靠接地，全长不应少于2处与接地干线相连。

(Ⅲ)电缆在电缆隧道或电缆沟内敷设

7.6.23 电缆在电缆隧道或电缆沟内敷设时，其通道宽度和支架层间垂直的最小净距，应符合表7.6.23的规定。

表7.6.23 通道宽度和电缆支架层间垂直的最小净距(m)

<table>
<tr><th colspan="2" rowspan="2">项目</th><th colspan="2">通道宽度</th><th colspan="2">支架层间垂直最小净距</th></tr>
<tr><th>两侧设支架</th><th>一侧设支架</th><th>电力线路</th><th>控制线路</th></tr>
<tr><td colspan="2">电缆隧道</td><td>1.00</td><td>0.90</td><td>0.20</td><td>0.12</td></tr>
<tr><td rowspan="2">电缆沟</td><td>沟深≤0.60</td><td>0.30</td><td>0.30</td><td>0.15</td><td>0.12</td></tr>
<tr><td>沟深>0.60</td><td>0.50</td><td>0.45</td><td>0.15</td><td>0.12</td></tr>
</table>

7.6.24 电缆隧道和电缆沟应采取防水措施，其底部排水沟的坡度不应小于0.5%，并应设集水坑，积水可经集水坑用泵排出。当有条件时，积水可直接排入下水道。

7.6.25 在多层支架上敷设电缆时，电力电缆应敷设在控制电缆的上层；当两侧均有支架时，1kV及以下的电力电缆和控制电缆宜与1kV以上的电力电缆分别敷设于不同侧支架上。

7.6.26 电缆支架的长度，在电缆沟内不宜大于350mm；在电缆隧道内不宜大于500mm。

7.6.27 电缆在电缆隧道或电缆沟内敷设时，支架间或固定点间的最大间距应符合表7.6.27的规定。

表7.6.27 电缆支架间或固定点间的最大间距(m)

敷设方式		水平敷设	垂直敷设
塑料护套、钢带铠装	电力电缆	1.0	1.5
	控制电缆	0.8	1.0
钢丝铠装		3.0	6.0

7.6.28 电缆沟在进入建筑物处应设防火墙。电缆隧道进入建筑物处以及在进入变电所处，应设带门的防火墙。防火门应装锁。电缆的穿墙处保护管两端应采用难燃材料封堵。

7.6.29 电缆沟或电缆隧道，不应设在可能流入熔化金属液体或损害电缆外护层和护套的地段。

7.6.30 电缆沟盖板宜采用钢筋混凝土盖板或钢盖板。钢筋混凝土盖板的重量不宜超过50kg，钢盖板的重量不宜超过30kg。

7.6.31 电缆隧道内的净高不应低于1.9m。局部或与管道交叉处净高不宜小于1.4m。隧道内应采取通风措施，有条件时宜采用自然通风。

7.6.32 当电缆隧道长度大于7m时，电缆隧道两端应设出口；两个出口间的距离超过75m时，尚应增加出口。人孔井可作为出口，人孔井直径不应小于 0.7m。

7.6.33 电缆隧道内应设照明，其电压不应超过 36V；当照明电压超过 36V 时，应采取安全措施。

7.6.34 与电缆隧道无关的管线不得穿过电缆隧道。电缆隧道和其他地下管线交叉时，应避免隧道局部下降。

（Ⅳ）电缆埋地敷设

7.6.35 电缆直接埋地敷设时，沿同一路径敷设的电缆数量不宜超过 6 根。

7.6.36 电缆在屋外直接埋地敷设的深度不应小于 700mm；当直埋在农田时，不应小于 1m。在电缆上下方应均匀铺设砂层，其厚度宜为 100mm；在砂层应覆盖混凝土保护板等保护层，保护层宽度应超出电缆两侧各 50mm。

7.6.37 在寒冷地区，屋外直接埋地敷设的电缆应埋设于冻土层以下。当受条件限制不能深埋时，应采取防止电缆受到损伤的措施。

7.6.38 电缆通过下列地段应穿管保护，穿管内径不应小于电缆外径的 1.5 倍：

1 电缆通过建筑物和构筑物的基础、散水坡、楼板和穿过墙体等处；

2 电缆通过铁路、道路处和可能受到机械损伤的地段；

3 电缆引出地面 2m 至地下 200mm 处的部分；

4 电缆可能受到机械损伤的地方。

7.6.39 埋地敷设的电缆间及其与建筑物、构筑物等的最小净距，应符合现行国家标准《电力工程电缆设计规范》GB 50217 的有关规定。

7.6.40 电缆与建筑物平行敷设时，电缆应埋设在建筑物的散水坡外。电缆引入建筑物时，其保护管应超出建筑物散水坡 100mm。

7.6.41 电缆与热力管沟交叉，当采用电缆穿隔热水泥管保护时，其长度应伸出热力管沟两侧各 2m；采用隔热保护层时，其长度应超过热力管沟两侧各 1m。

7.6.42 电缆与道路、铁路交叉时，应穿管保护，保护管应伸出路基 1m。

7.6.43 埋地敷设电缆的接头盒下面应垫混凝土基础板，其长度宜超出接头保护盒两端 0.6m～0.7m。

（Ⅴ）电缆在多孔导管内敷设

7.6.44 电缆在多孔导管内的敷设，应采用塑料护套电缆或裸铠装电缆。

7.6.45 多孔导管可采用混凝土管或塑料管。

7.6.46 多孔导管应一次留足备用管孔数；当无法预计发展情况时，可留 1 个～2 个备用孔。

7.6.47 当地面上均匀荷载超过 $10t/m^2$ 或通过铁路及遇有类似情况时，应采取防止多孔导管受到机械损伤的措施。

7.6.48 多孔导管孔的内径不应小于电缆外径的 1.5 倍，且穿电力电缆的管孔内径不应小于 90mm；穿控制电缆的管孔内径不应小于 75mm。

7.6.49 多孔导管的敷设，应符合下列规定：

1 多孔导管敷设时，应有倾向人孔井侧大于等于 0.2% 的排水坡度，并在人孔井内设集水坑，以便集中排水；

2 多孔导管顶部距地面不应小于 0.7m，在人行道下面时不应小于 0.5m；

3 多孔导管沟底部应垫平夯实，并应铺设厚度大于等于 60mm 的混凝土垫层。

7.6.50 采用多孔导管敷设，在转角、分支或变更敷设方式改为直埋或电缆沟敷设时，应设电缆人孔井。在直线段上设置的电缆人孔井，其间距不宜大于 100m。

7.6.51 电缆人孔井的净空高度不应小于 1.8m，其上部人孔的直径不应小于 0.7m。

（Ⅵ）矿物绝缘电缆敷设

7.6.52 屋内高温或耐火需要的场所，宜采用矿物绝缘电缆。

7.6.53 矿物绝缘电缆敷设时，其允许最小弯曲半径应符合表 7.6.53 的规定。

表 7.6.53 矿物绝缘电缆允许最小弯曲半径（mm）

电缆外径	最小弯曲半径
＜7	$2D$
≥7，且＜12	$3D$
≥12，且＜15	$4D$
≥15	$6D$

注：D 为电缆外径。

7.6.54 矿物绝缘电缆在下列场合敷设时，应将电缆敷设成“S”或“Ω”形。矿物绝缘电缆弯曲半径不应小于电缆外径的 6 倍。

1 在温度变化大的场合；

2 振动设备的布线；

3 建筑物的沉降缝和伸缩缝之间。

7.6.55 矿物绝缘电缆敷设时，除在转弯处、中间联结器两侧外，应设置固定点固定，固定点的最大间距应符合表 7.6.55 的规定。

表 7.6.55 矿物绝缘电缆固定点间的最大间距（mm）

电缆外径	固定点间的最大间距	
	水平敷设	垂直敷设
＜9	600	800
≥9，且＜15	900	1200
≥15	1500	2000

注：当矿物绝缘电缆倾斜敷设时，电缆与垂直方向小于等于 30°时，应按垂直敷设间距固定；大于 30°时，应按水平敷设间距固定。

7.6.56 敷设的矿物绝缘电缆可能遭受到机械损伤的部位，应采取保护措施。

7.6.57 当矿物绝缘电缆敷设在对铜护套有腐蚀作用的环境或部分埋地、穿管敷设时，应采用有聚氯乙烯护套的电缆。

（Ⅶ）预分支电缆敷设

7.6.58 预分支电缆敷设时，宜将分支电缆紧紧地绑扎在主干电缆上，待主干电缆安装固定后，再将分支电缆的绑扎解开。敷设安装时，不应过分强拉分支电缆。

7.6.59 预制分支电力电缆的主干电缆采用单芯电缆时，应防止涡流效应和电磁干扰，不应使用导磁金属夹具。

7.7 电气竖井布线

7.7.1 多层和高层建筑物内垂直配电干线的敷设，宜采用电气竖井布线。

7.7.2 电气竖井垂直布线时，其固定及垂直干线与分支干线的连接方式，应能防止顶部最大垂直变位和层间垂直变位对干线的影响，以及导线及金属保护管、罩等自重所带来的载重（荷重）影响。

7.7.3 电气竖井内垂直布线采用大容量单芯电缆、大容量母线作干线时，应符合下列要求：

1 载流量要留有裕度；

2 分支容易、安全可靠；

3 安装及维修方便和造价经济。

7.7.4 电气竖井的位置和数量，应根据用电负荷性质、供电半径、建筑物的沉降缝设置和防火分区等因素确定，并应符合下列规定：

1 应靠近用电负荷中心；

2 应避免邻近烟囱、热力管道及其他散热量大或潮湿的设施；

3 不应和电梯、管道间共用同一电气竖井。

7.7.5 电气竖井的井壁应采用耐火极限不低于1h的非燃烧体。电气竖井在每层楼应设维护检修门并应开向公共走廊，检修门的耐火极限不应低于丙级。楼层间应采用防火密封隔离。电缆和绝缘线在楼层间穿钢管时，两端管口空隙应做密封隔离。

7.7.6 同一电气竖井内的高压、低压和应急电源的电气线路，其间距不应小于300mm或采取隔离措施。高压线路应设有明显标志。当电力线路和非电力线路在同一电气竖井内敷设时，应分别在电气竖井的两侧敷设或采取防止干扰的措施；对回路线数及种类较多的电力线路和非电力线路，应分别设置在不同电气竖井内。

7.7.7 管路垂直敷设，当导线截面积小于等于$50mm^2$、长度大于30m或导线截面积大于$50mm^2$、长度大于20m时，应装设导线固定盒，且在盒内用线夹将导线固定。

7.7.8 电气竖井的尺寸，除应满足布线间隔及端子箱、配电箱布置的要求外，在箱体前宜有大于等于0.8m的操作、维护距离。

7.7.9 电气竖井内不应设有与其无关的管道。

附录A 系数 *k* 值

A.0.1 由导体、绝缘和其他部分的材料以及初始和最终温度决定的系数，其值应按下式计算：

$$k=\sqrt{\frac{Q_c(\beta+20℃)}{\rho_{20}}I_n\left(1+\frac{\theta_f-\theta_i}{\beta+\theta_i}\right)} \qquad (A.0.1)$$

式中：k——系数；

Q_c——导体材料在20℃时的体积热容量，按表A.0.1的规定确定[J/(℃·mm^3)]；

β——导体在0℃时电阻率温度系数的倒数，按表A.0.1的规定确定（℃）；

ρ_{20}——导体材料在20℃时的电阻率，按表A.0.1的规定确定（Ω·mm）；

θ_i——导体初始温度（℃）；

θ_f——导体最终温度（℃）。

表A.0.1 不同材料的参数值

材料	β（℃）	Q_c [J/（℃·mm^3）]	ρ_{20}（Ω·mm）
铜	234.5	3.45×10^{-3}	17.241×10^{-6}
铝	228	2.5×10^{-3}	28.264×10^{-6}
铅	230	1.45×10^{-3}	214×10^{-6}
钢	202	3.8×10^{-3}	138×10^{-6}

A.0.2 非电缆芯线且不与其他电缆成束敷设的绝缘保护导体的初始、最终温度和系数，其值应按表A.0.2的规定确定。

表A.0.2 非电缆芯线且不与其他电缆成束敷设的绝缘保护导体的初始、最终温度和系数

导体绝缘	温度（℃）		导体材料的系数		
	初始	最终	铜	铝	钢
70℃聚氯乙烯	30	160（140）	143（133）	95（88）	52（49）
90℃聚氯乙烯	30	160（140）	143（133）	95（88）	52（49）
90℃热固性材料	30	250	176	116	64
60℃橡胶	30	200	159	105	58
85℃橡胶	30	220	166	110	60
硅橡胶	30	350	201	133	73

注：括号内数值适用于截面积大于$300mm^2$的聚氯乙烯绝缘导体。

A.0.3 与电缆护层接触但不与其他电缆成束敷设的裸保护导体的初始、最终温度和系数，其值应按表A.0.3的规定确定。

表A.0.3 与电缆护层接触但不与其他电缆成束敷设的裸保护导体的初始、最终温度和系数

电缆护层	温度（℃）		导体材料的系数		
	初始	最终	铜	铝	钢
聚氯乙烯	30	200	159	105	58
聚乙烯	30	150	138	91	50
氯磺化聚乙烯	30	220	166	110	60

A.0.4 电缆芯线或与其他电缆或绝缘导体成束敷设的保护导体的初始、最终温度和系数，其值应按表A.0.4的规定确定。

表A.0.4 电缆芯线或与其他电缆或绝缘导体成束敷设的保护导体的初始、最终温度和系数

导体绝缘	温度（℃）		导体材料的系数		
	初始	最终	铜	铝	钢
70℃聚氯乙烯	70	160（140）	115（103）	76（68）	42（37）
90℃聚氯乙烯	90	160（140）	100（86）	66（57）	36（31）
90℃热固性材料	90	250	143	94	52
60℃橡胶	60	200	141	93	51
85℃橡胶	85	220	134	89	48
硅橡胶	180	350	132	87	47

注：括号内数值适用于截面积大于$300mm^2$的聚氯乙烯绝缘导体。

A.0.5 用电缆的金属护层作保护导体的初始、最终温度和系数，其值应按表A.0.5的规定确定。

表A.0.5 用电缆的金属护层作保护导体的初始、最终温度和系数

电缆绝缘	温度（℃）		导体材料的系数			
	初始	最终	铜	铝	铅	钢
70℃聚氯乙烯	60	200	141	93	26	51
90℃聚氯乙烯	80	200	128	85	23	46
90℃热固性材料	80	200	128	85	23	46
60℃橡胶	55	200	144	95	26	52

续表

电缆绝缘	温度（℃）		导体材料的系数			
	初始	最终	铜	铝	铅	钢
85℃橡胶	75	220	140	93	26	51
硅橡胶	70	200	135	—	—	—
裸露的矿物护套	105	250	135	—	—	—

注：电缆的金属护层，如铠装、金属护套、同心导体等。

A.0.6 裸导体温度不损伤相邻材料时的初始、最终温度和系数，其值应按表A.0.6的规定确定。

表A.0.6 裸导体温度不损伤相邻材料时的初始、最终温度和系数

裸导体所在的环境	温度（℃）				导体材料的系数		
	初始温度	最终温度			铜	铝	钢
		铜	铝	钢			
可见的和狭窄的区域内	30	500	300	500	228	125	82
正常环境	30	200	200	200	159	105	58
有火灾危险	30	150	150	150	138	91	50

A.0.7 相导体的初始、最终温度和系数，其值应按表A.0.7的规定确定。

表A.0.7 相导体的初始、最终温度和系数

导体绝缘		温度（℃）		相导体的系数		
		初始温度	最终温度	铜	铝	铜导体的锡焊接头
聚氯乙烯		70	160 (140)	115 (103)	76 (68)	115
交联聚乙烯和乙丙橡胶		90	250	143	94	—
工作温度60℃的橡胶		60	200	141	93	—
矿物质	聚氯乙烯护套	70	160	115	—	—
	裸护套	105	250	135	—	—

注：括号内数值适用于截面积大于300mm² 的聚氯乙烯绝缘导体。

本规范用词说明

1 为便于在执行本规范条文时区别对待，对要求严格程度不同的用词说明如下：

1）表示很严格，非这样做不可的：

正面词采用“必须”，反面词采用“严禁”；

2）表示严格，在正常情况下均应这样做的：

正面词采用“应”，反面词采用“不应”或“不得”；

3）表示允许稍有选择，在条件许可时首先应这样做的：

正面词采用“宜”，反面词采用“不宜”；

4）表示有选择，在一定条件下可以这样做的，采用“可”。

2 条文中指明应按其他有关标准执行的写法为：“应符合……的规定”或“应按……执行”。

引用标准名录

《电力工程电缆设计规范》GB 50217

《通用用电设备配电设计规范》GB 50055

《低压流体输送用焊接钢管》GB/T 3091

《外壳防护等级（IP代码）》GB 4208

《剩余电流动作保护电器的一般要求》GB/Z 6829

《隔离变压器和安全隔离变压器　技术要求》GB 13028

《建筑物电气装置　第5部分：电气设备的选择和安装　第523节：布线系统　载流量》GB/T 16895.15

《建筑物电气装置　第4-41部分：安全防护　电击防护》GB 16895.21

《电击防护　装置和设备的通用部分》GB/T 17045

《电气安装用电缆槽管系统　第1部分：通用要求》GB/T 19215.1

《电气安装用电缆槽管系统　第2部分：特殊要求　第1节：用于安装在墙上或天花板上的电缆槽管系统》GB/T 19215.2

《电气安装用导管系统　第1部分：通用要求》GB/T 20041.1

3 住宅建筑电气设计规范

(JGJ 242—2011)

1 总则

1.0.1 为统一住宅建筑电气设计，全面贯彻执行国家的节能环保政策，做到安全可靠、经济合理、技术先进、整体美观、维护管理方便，制定本规范。

1.0.2 本规范适用于城镇新建、改建和扩建的住宅建筑的电气设计，不适用于住宅建筑附设的防空地下室工程的电气设计。

1.0.3 住宅建筑电气设计应与工程特点、规模和发展规划相适应，并应采用经实践证明行之有效的新技术、新设备、新材料。

1.0.4 住宅建筑电气设备应采用符合国家现行有关标准的高效节能、环保、安全、性能先进的电气产品，严禁使用已被国家淘汰的产品。

1.0.5 住宅建筑电气设计除应符合本规范外，尚应符合国家现行有关标准的规定。

2 术语

2.0.1 住宅单元　residential building unit

由多套住宅组成的建筑部分，该部分内的住户可通过共用楼梯和安全出口进行疏散。

2.0.2 套（户）型　dwelling unit

按不同使用面积、居住空间和厨卫组成的成套住宅单位。

2.0.3 家居配电箱　house electrical distributor

住宅套（户）内供电电源进线及终端配电的设备箱。

2.0.4 家居配线箱　(HD) house tele-distributor

住宅套（户）内数据、语音、图像等信息传输线缆的接入及匹配的设备箱。

2.0.5 家居控制器　(HC) house controller

住宅套（户）内各种数据采集、控制、管理及通信的控制器。

2.0.6 家居管理系统　(HMS) house management system

将住宅建筑（小区）各个智能化子系统的信息集成在一个网络与软件平台上进行统一的分析和处理，并保存于住宅建筑（小区）管理中心数据库，实现信息资源共享的综合系统。

3 供配电系统

3.1 一般规定

3.1.1 供配电系统应按住宅建筑的负荷性质、用电容量、发展规划以及当地供电条件合理设计。

3.1.2 应急电源与正常电源之间必须采取防止并列运行的措施。

3.1.3 住宅建筑的高压供电系统宜采用环网方式，并应满足当地供电部门的规定。

3.1.4 供配电系统设计应符合国家现行标准《供配电系统设计规范》GB 50052和《民用建筑电气设计规范》JGJ 16的有关规定。

3.2 负荷分级

3.2.1 住宅建筑中主要用电负荷的分级应符合表3.2.1的规定，其他未列入表3.2.1中的住宅建筑用电负荷的等级宜为三级。

表3.2.1 住宅建筑主要用电负荷的分级

建筑规模	主要用电负荷名称	负荷等级
建筑高度为100m或35层及以上的住宅建筑	消防用电负荷、应急照明、航空障碍照明、走道照明、值班照明、安防系统、电子信息设备机房、客梯、排污泵、生活水泵	一级
建筑高度为50m～100m且19层～34层的一类高层住宅建筑	消防用电负荷、应急照明、航空障碍照明、走道照明、值班照明、安防系统、客梯、排污泵、生活水泵	
10层～18层的二类高层住宅建筑	消防用电负荷、应急照明、走道照明、值班照明、安防系统、客梯、排污泵、生活水泵	二级

3.2.2 严寒和寒冷地区住宅建筑采用集中供暖系统时，热交换系统的用电负荷等级不宜低于二级。

3.2.3 建筑高度为100m或35层及以上住宅建筑的消防用电负荷、应急照明、航空障碍照明、生活水泵宜设自备电源供电。

3.3 电能计量

3.3.1 每套住宅的用电负荷和电能表的选择不宜低于表3.3.1的规定：

表3.3.1 每套住宅用电负荷和电能表的选择

套型	建筑面积 S（m^2）	用电负荷（kW）	电能表（单相）（A）
A	$S\leqslant60$	3	5（20）
B	$60<S\leqslant90$	4	10（40）
C	$90<S\leqslant150$	6	10（40）

3.3.2 当每套住宅建筑面积大于150m^2时，超出的建筑面积可按40W/m^2～50W/m^2计算用电负荷。

3.3.3 每套住宅用电负荷不超过12kW时，应采用单相电源进户，每套住宅应至少配置一块单相电能表。

3.3.4 每套住宅用电负荷超过12kW时，宜采用三相电源进户，电能表应能按相序计量。

3.3.5 当住宅套内有三相用电设备时，三相用电设备应配置三相电能表计量；套内单相用电设备应按本规范第3.3.3条和第3.3.4条的规定进行电能计量。

3.3.6 电能表的安装位置除应符合下列规定外，还应符合当地供电部门的规定：

1 电能表宜安装在住宅套外；

2 对于低层住宅和多层住宅，电能表宜按住宅单元集中安装；

3 对于中高层住宅和高层住宅，电能表宜按楼层集中安装；

4 电能表箱安装在公共场所时，暗装箱底距地宜为1.5m，明装箱底距地宜为1.8m；安装在电气竖井内的电能表箱宜明装，箱的上沿距地不宜高于2.0m。

3.4 负荷计算

3.4.1 对于住宅建筑的负荷计算，方案设计阶段可采用单位指标法和单位面积负荷密度法；初步设计及施工图设计阶段，宜采用单位指标法与需要系数法相结合的算法。

3.4.2 当单相负荷的总计算容量小于计算范围内三相对称负荷总计算容量的15%时，应全部按三相对称负荷计算；当大于等于15%时，应将单相负荷换算为等效三相负荷，再与三相负荷相加。

3.4.3 住宅建筑用电负荷采用需要系数法计算时，需要系数应根据当地气候条件、采暖方式、电炊具使用等因素进行确定。

4 配变电所

4.1 一般规定

4.1.1 住宅建筑配变电所应根据其特点、用电容量、所址环境、供电条件和节约电能等因素合理确定设计方案，并应考虑发展的可能性。

4.1.2 住宅建筑配变电所设计应符合国家现行标准《10kV及以下变电所设计规范》GB 50053、《民用建筑电气设计规范》JGJ 16和当地供电部门的有关规定。

4.2 所址选择

4.2.1 单栋住宅建筑用电设备总容量为250kW以下时，宜多栋住宅建筑集中设置配变电所；单栋住宅建筑用电设备总容量在250kW及以上时，宜每栋住宅建筑设置配变电所。

4.2.2 当配变电所设在住宅建筑内时，配变电所不应设在住户的正上方、正下方、贴邻和住宅建筑疏散出口的两侧，不宜设在住宅建筑地下的最底层。

4.2.3 当配变电所设在住宅建筑外时，配变电所的外侧与住宅建筑的外墙间距，应满足防火、防噪声、防电磁辐射的要求，配变电所宜避开住户主要窗户的水平视线。

4.3 变压器选择

4.3.1 住宅建筑应选用节能型变压器。变压器的结线宜采用D，yn11，变压器的负载率不宜大于85%。

4.3.2 设置在住宅建筑内的变压器，应选择干式、气体绝缘或非可燃性液体绝缘的变压器。

4.3.3 当变压器低压侧电压为0.4kV时，配变电所中单台变压器容量不宜大于1600kVA，预装式变电站中单台变压器容量不宜大于800kVA。

5 自备电源

5.0.1 建筑高度为100m或35层及以上的住宅建筑宜设柴油发电机组。

5.0.2 设置柴油发电机组时，应满足噪声、排放标准等环保要求。

5.0.3 应急电源装置（EPS）可作为住宅建筑应急照明系统的

备用电源，应急照明连续供电时间应满足国家现行有关防火标准的要求。

6 低压配电

6.1 一般规定

6.1.1 住宅建筑低压配电系统的设计应根据住宅建筑的类别、规模、供电负荷等级、电价计量分类、物业管理及可发展性等因素综合确定。

6.1.2 住宅建筑低压配电设计应符合国家现行标准《低压配电设计规范》GB 50054、《民用建筑电气设计规范》JGJ 16 的有关规定。

6.2 低压配电系统

6.2.1 住宅建筑单相用电设备由三相电源供配电时，应考虑三相负荷平衡。

6.2.2 住宅建筑每个单元或楼层宜设一个带隔离功能的开关电器，且该开关电器可独立设置，也可设置在电能表箱里。

6.2.3 采用三相电源供电的住宅，套内每层或每间房的单相用电设备、电源插座宜采用同相电源供电。

6.2.4 每栋住宅建筑的照明、电力、消防及其他防灾用电负荷，应分别配电。

6.2.5 住宅建筑电源进线电缆宜地下敷设，进线处应设置电源进线箱，箱内应设置总保护开关电器。电源进线箱宜设在室内，当电源进线箱设在室外时，箱体防护等级不宜低于 IP54。

6.2.6 6 层及以下的住宅单元宜采用三相电源供配电，当住宅单元数为 3 及 3 的整数倍时，住宅单元可采用单相电源供配电。

6.2.7 7 层及以上的住宅单元应采用三相电源供配电，当同层住户数小于 9 时，同层住户可采用单相电源供配电。

6.3 低压配电线路的保护

6.3.1 当住宅建筑设有防电气火灾剩余电流动作报警装置时，报警声光信号除应在配电柜上设置外，还宜将报警声光信号送至有人值守的值班室。

6.3.2 每套住宅应设置自恢复式过、欠电压保护电器。

6.4 导体及线缆选择

6.4.1 住宅建筑套内的电源线应选用铜材质导体。

6.4.2 敷设在电气竖井内的封闭母线、预制分支电缆、电缆及电源线等供电干线，可选用铜、铝或合金材质的导体。

6.4.3 高层住宅建筑中明敷的线缆应选用低烟、低毒的阻燃类线缆。

6.4.4 建筑高度为 100m 或 35 层及以上的住宅建筑，用于消防设施的供电干线应采用矿物绝缘电缆；建筑高度为 50m～100m 且 19 层～34 层的一类高层住宅建筑，用于消防设施的供电干线应采用阻燃耐火线缆，宜采用矿物绝缘电缆；10 层～18 层的二类高层住宅建筑，用于消防设施的供电干线应采用阻燃耐火类线缆。

6.4.5 19 层及以上的一类高层住宅建筑，公共疏散通道的应急照明应采用低烟无卤阻燃的线缆。10 层～18 层的二类高层住宅建筑，公共疏散通道的应急照明宜采用低烟无卤阻燃的线缆。

6.4.6 建筑面积小于或等于 $60m^2$ 且为一居室的住户，进户线不应小于 $6mm^2$，照明回路支线不应小于 $1.5mm^2$，插座回路支线不应小于 $2.5mm^2$。建筑面积大于 $60m^2$ 的住户，进户线不应小于 $10mm^2$，照明和插座回路支线不应小于 $2.5mm^2$。

6.4.7 中性导体和保护导体截面的选择应符合表 6.4.7 的规定。

表 6.4.7 中性导体和保护导体截面的选择（mm^2）

相导体的截面 S	相应中性导体的截面 S_N（N）	相应保护导体的最小截面 S_{PE}（PE）
$S \leqslant 16$	$S_N = S$	$S_{PE} = S$
$16 < S \leqslant 35$	$S_N = S$	$S_{PE} = 16$
$S > 35$	$S_N = S$	$S_{PE} = S/2$

7 配电线路布线系统

7.1 一般规定

7.1.1 电源布线系统宜考虑电磁兼容性和对其他弱电系统的影响。

7.1.2 住宅建筑电源布线系统的设计应符合国家现行有关标准的规定。住宅建筑配电线路的直敷布线、金属线槽布线、矿物绝缘电缆布线、电缆桥架布线、封闭式母线布线的设计应符合现行行业标准《民用建筑电气设计规范》JGJ 16 的规定。

7.2 导管布线

7.2.1 住宅建筑套内配电线路布线可采用金属导管或塑料导管。暗敷的金属导管管壁厚度不应小于 1.5mm，暗敷的塑料导管管壁厚度不应小于 2.0mm。

7.2.2 潮湿地区的住宅建筑及住宅建筑内的潮湿场所，配电线路布线宜采用管壁厚度不小于 2.0mm 的塑料导管或金属导管。明敷的金属导管应做防腐、防潮处理。

7.2.3 敷设在钢筋混凝土现浇楼板内的线缆保护导管最大外径不应大于楼板厚度的 1/3，敷设在垫层的线缆保护导管最大外径不应大于垫层厚度的 1/2。线缆保护导管暗敷时，外护层厚度不应小于 15mm；消防设备线缆保护导管暗敷时，外护层厚度不应小于 30mm。

7.2.4 当电源线缆导管与采暖热水管同层敷设时，电源线缆导管宜敷设在采暖热水管的下面，并不应与采暖热水管平行敷设。电源线缆与采暖热水管相交处不应有接头。

7.2.5 与卫生间无关的线缆导管不得进入和穿过卫生间。卫生间的线缆导管不应敷设在 0 区、1 区内，并不宜敷设在 2 区内。

7.2.6 净高小于 2.5m 且经常有人停留的地下室，应采用导管或线槽布线。

7.3 电缆布线

7.3.1 无铠装的电缆在住宅建筑内明敷时，水平敷设至地面的距离不宜小于 2.5m；垂直敷设至地面的距离不宜小于 1.8m。除明敷在电气专用房间外，当不能满足要求时，应采取防止机械损伤的措施。

7.3.2 220V/380V 电力电缆及控制电缆与 1kV 以上的电力电缆在住宅建筑内平行明敷设时，其净距不应小于 150mm。

7.4 电气竖井布线

7.4.1 电气竖井宜用于住宅建筑供电电源垂直干线等的敷设，并可采取电缆直敷、导管、线槽、电缆桥架及封闭式母线等明敷设布线方式。当穿管管径不大于电气竖井壁厚的 1/3 时，线缆可穿导管暗敷设于电气竖井壁内。

7.4.2 当电能表箱设于电气竖井内时，电气竖井内电源线缆宜采用导管、金属线槽等封闭式布线方式。

7.4.3 电气竖井的井壁应为耐火极限不低于 1h 的不燃烧体。电气竖井应在每层设维护检修门，并宜加门锁或门控装置。维护检修门的耐火等级不应低于丙级，并应向公共通道开启。

7.4.4 电气竖井的面积应根据设备的数量、进出线的数量、设备安装、检修等因素确定。高层住宅建筑利用通道作为检修面积时，电气竖井的净宽度不宜小于0.8m。

7.4.5 电气竖井内竖向穿越楼板和水平穿过井壁的洞口应根据主干线缆所需的最大路由进行预留。楼板处的洞口应采用不低于楼板耐火极限的不燃烧体或防火材料作封堵，井壁的洞口应采用防火材料封堵。

7.4.6 电气竖井内应急电源和非应急电源的电气线路之间应保持不小于0.3m的距离或采取隔离措施。

7.4.7 强电和弱电线缆宜分别设置竖井。当受条件限制需合用时，强电和弱电线缆应分别布置在竖井两侧或采取隔离措施。

7.4.8 电气竖井内应设电气照明及至少一个单相三孔电源插座，电源插座距地宜为0.5m～1.0m。

7.4.9 电气竖井内应敷设接地干线和接地端子。

7.5 室外布线

7.5.1 当沿同一路径敷设的室外电缆小于或等于6根时，宜采用铠装电缆直接埋地敷设。在寒冷地区，电缆宜埋设于冻土层以下。

7.5.2 当沿同一路径敷设的室外电缆为7根～12根时，宜采用电缆排管敷设方式。

7.5.3 当沿同一路径敷设的室外电缆数量为13根～18根时，宜采用电缆沟敷设方式。

7.5.4 电缆与住宅建筑平行敷设时，电缆应埋设在住宅建筑的散水坡外。电缆进出住宅建筑时，应避开人行出入口处，所穿保护管应在住宅建筑散水坡外，且距离不应小于200mm，管口应实施阻水堵塞，并宜在距住宅建筑外墙3m～5m处设电缆井。

7.5.5 各类地下管线之间的最小水平和交叉净距，应分别符合表7.5.5-1和表7.5.5-2的规定。

表7.5.5-1 各类地下管线之间最小水平净距（m）

管线名称	给水管			排水管	燃气管		热力管	电力电缆	弱电管道
	D_1	D_2	D_3		P_1	P_2			
电力电缆	0.5			0.5	1.0	1.5	2.0	0.25	0.5
弱电管道	0.5	1.0	1.5	1.0	1.0	2.0	1.0	0.5	0.5

注：1 D为给水管直径，$D_1 \leqslant 300$mm，300mm$<D_2 \leqslant 500$mm，$D_3>500$mm。

2 P为燃气压力，$P_1 \leqslant 300$kPa，300kPa$<P_2 \leqslant 800$kPa。

表7.5.5-2 各类地下管线之间最小交叉净距（m）

管线名称	给水管	排水管	燃气管	热力管	电力电缆	弱电管道
电力电缆	0.50	0.50	0.50	0.50	0.50	0.50
弱电管道	0.15	0.15	0.30	0.25	0.50	0.25

8 常用设备电气装置

8.1 一般规定

8.1.1 住宅建筑应采用高效率、低能耗、性能先进、耐用可靠的电气装置，并应优先选择采用绿色环保材料制造的电气装置。

8.1.2 每套住宅内同一面墙上的暗装电源插座和各类信息插座宜统一安装高度。

8.1.3 住宅建筑常用设备电气装置的设计应符合现行行业标准《民用建筑电气设计规范》JGJ 16的有关规定。

8.2 电梯

8.2.1 住宅建筑电梯的负荷分级应符合本规范第3.2节的规定。

8.2.2 高层住宅建筑的消防电梯应由专用回路供电，高层住宅建筑的客梯宜由专用回路供电。

8.2.3 电梯机房内应至少设置一组单相两孔、三孔电源插座，并宜设置检修电源。

8.2.4 当电梯机房的自然通风不能满足电梯正常工作时，应采取机械通风或空调的方式。

8.2.5 电梯井道照明宜由电梯机房照明配电箱供电。

8.2.6 电梯井道照明供电电压宜为36V。当采用AC 220V时，应装设剩余电流动作保护器，光源应加防护罩。

8.2.7 电梯底坑应设置一个防护等级不低于IP54的单相三孔电源插座，电源插座的电源可就近引接，电源插座的底边距底坑宜为1.5m。

8.3 电动门

8.3.1 电动门应由就近配电箱（柜）引专用回路供电，供电回路应装设短路、过负荷和剩余电流动作保护器，并应在电动门就地装设隔离电器和手动控制开关或按钮。

8.3.2 电动门的所有金属构件及附属电气设备的外露可导电部分，均应可靠接地。

8.3.3 对于设有火灾自动报警系统的住宅建筑，疏散通道上安装的电动门，应能在发生火灾时自动开启。

8.4 家居配电箱

8.4.1 每套住宅应设置不少于一个家居配电箱，家居配电箱宜暗装在套内走廊、门厅或起居室等便于维修维护处，箱底距地高度不应低于1.6m。

8.4.2 家居配电箱的供电回路应按下列规定配置：

1 每套住宅应设置不少于一个照明回路；

2 装有空调的住宅应设置不少于一个空调插座回路；

3 厨房应设置不少于一个电源插座回路；

4 装有电热水器等设备的卫生间，应设置不少于一个电源插座回路；

5 除厨房、卫生间外，其他功能房应设置至少一个电源插座回路。每一回路插座数量不宜超过10个（组）。

8.4.3 家居配电箱应装设同时断开相线和中性线的电源进线开关电器，供电回路应装设短路和过负荷保护电器，连接手持式及移动式家用电器的电源插座回路应装设剩余电流动作保护器。

8.4.4 柜式空调的电源插座回路应装设剩余电流动作保护器，分体式空调的电源插座回路宜装设剩余电流动作保护器。

8.5 其他

8.5.1 每套住宅电源插座的数量应根据套内面积和家用电器设置，且应符合表8.5.1的规定：

表8.5.1 电源插座的设置要求及数量

序号	名　称	设置要求	数量
1	起居室（厅）、兼起居的卧室	单相两孔、三孔电源插座	≥3

续表

序号	名　　称	设置要求	数量
2	卧室、书房	单相两孔、三孔电源插座	≥2
3	厨房	IP54 型单相两孔、三孔电源插座	≥2
4	卫生间	IP54 型单相两孔、三孔电源插座	≥1
5	洗衣机、冰箱、排油烟机、排风机、空调器、电热水器	单相三孔电源插座	≥1

注：表中序号 1～4 设置的电源插座数量不包括序号 5 专用设备所需设置的电源插座数量。

8.5.2 起居室（厅）、兼起居的卧室、卧室、书房、厨房和卫生间的单相两孔、三孔电源插座宜选用 10A 的电源插座。对于洗衣机、冰箱、排油烟机、排风机、空调器、电热水器等单台单相家用电器，应根据其额定功率选用单相三孔 10A 或 16A 的电源插座。

8.5.3 洗衣机、分体式空调、电热水器及厨房的电源插座宜选用带开关控制的电源插座，未封闭阳台及洗衣机应选用防护等级为 IP54 型电源插座。

8.5.4 新建住宅建筑的套内电源插座应暗装，起居室（厅）、卧室、书房的电源插座宜分别设置在不同的墙面上。分体式空调、排油烟机、排风机、电热水器电源插座底边距地不宜低于 1.8m；厨房电炊具、洗衣机电源插座底边距地宜为 1.0m～1.3m；柜式空调、冰箱及一般电源插座底边距地宜为 0.3m～0.5m。

8.5.5 住宅建筑所有电源插座底边距地 1.8m 及以下时，应选用带安全门的产品。

8.5.6 对于装有淋浴或浴盆的卫生间，电热水器电源插座底边距地不宜低于 2.3m，排风机及其他电源插座宜安装在 3 区。

9 电气照明

9.1 一般规定

9.1.1 住宅建筑的照明应选用节能光源、节能附件，灯具应选用绿色环保材料。

9.1.2 住宅建筑电气照明的设计应符合国家现行标准《建筑照明设计标准》GB 50034、《民用建筑电气设计规范》JGJ 16 的有关规定。

9.2 公共照明

9.2.1 当住宅建筑设置航空障碍标志灯时，其电源应按该住宅建筑中最高负荷等级要求供电。

9.2.2 应急照明的回路上不应设置电源插座。

9.2.3 住宅建筑的门厅、前室、公共走道、楼梯间等应设人工照明及节能控制。当应急照明采用节能自熄开关控制时，在应急情况下，设有火灾自动报警系统的应急照明应自动点亮；无火灾自动报警系统的应急照明可集中点亮。

9.2.4 住宅建筑的门厅应设置便于残疾人使用的照明开关，开关处宜有标识。

9.3 应急照明

9.3.1 高层住宅建筑的楼梯间、电梯间及其前室和长度超过 20m 的内走道，应设置应急照明；中高层住宅建筑的楼梯间、电梯间及其前室和长度超过 20m 的内走道，宜设置应急照明。应急照明应由消防专用回路供电。

9.3.2 19 层及以上的住宅建筑，应沿疏散走道设置灯光疏散指示标志，并应在安全出口和疏散门的正上方设置灯光“安全出口”标志；10 层～18 层的二类高层住宅建筑，宜沿疏散走道设置灯光疏散指示标志，并宜在安全出口和疏散门的正上方设置灯光“安全出口”标志。建筑高度为 100m 或 35 层及以上住宅建筑的疏散标志灯应由蓄电池组作为备用电源；建筑高度 50m～100m 且 19 层～34 层的一类高层住宅建筑的疏散标志灯宜由蓄电池组作为备用电源。

9.3.3 高层住宅建筑楼梯间应急照明可采用不同回路跨楼层竖向供电，每个回路的光源数不宜超过 20 个。

9.4 套内照明

9.4.1 灯具的选择应根据具体房间的功能而定，并宜采用直接照明和开启式灯具。

9.4.2 起居室（厅）、餐厅等公共活动场所的照明应在屋顶至少预留一个电源出线口。

9.4.3 卧室、书房、卫生间、厨房的照明宜在屋顶预留一个电源出线口，灯位宜居中。

9.4.4 卫生间等潮湿场所，宜采用防潮易清洁的灯具；卫生间的灯具位置不应安装在 0 区、1 区内及上方。装有淋浴或浴盆卫生间的照明回路，宜装设剩余电流动作保护器，灯具、浴霸开关宜设于卫生间门外。

9.4.5 起居室、通道和卫生间照明开关，宜选用夜间有光显示的面板。

9.5 照明节能

9.5.1 直管形荧光灯应采用节能型镇流器，当使用电感式镇流器时，其能耗应符合现行国家标准《管形荧光灯镇流器能效限定值及节能评价值》GB 17896 的规定。

9.5.2 有自然光的门厅、公共走道、楼梯间等的照明，宜采用光控开关。

9.5.3 住宅建筑公共照明宜采用定时开关、声光控制等节电开关和照明智能控制系统。

10 防雷与接地

10.1 防雷

10.1.1 建筑高度为 100m 或 35 层及以上的住宅建筑和年预计雷击次数大于 0.25 的住宅建筑，应按第二类防雷建筑物采取相应的防雷措施。

10.1.2 建筑高度为 50m～100m 或 19 层～34 层的住宅建筑和年预计雷击次数大于或等于 0.05 且小于或等于 0.25 的住宅建筑，应按不低于第三类防雷建筑物采取相应的防雷措施。

10.1.3 固定在第二、三类防雷住宅建筑上的节日彩灯、航空障碍标志灯及其他用电设备，应安装在接闪器的保护范围内，且外露金属导体应与防雷接地装置连成电气通路。

10.1.4 住宅建筑屋顶设置的室外照明及用电设备的配电箱，宜安装在室内。

10.2 等电位联结

10.2.1 住宅建筑应做总等电位联结，装有淋浴或浴盆的卫生间应做局部等电位联结。

10.2.2 局部等电位联结应包括卫生间内金属给水排水管、金属浴盆、金属洗脸盆、金属采暖管、金属散热器、卫生间电源插座的 PE 线以及建筑物钢筋网。

10.2.3 等电位联结线的截面应符合表 10.2.3 的规定。

表 10.2.3 等电位联结线截面要求

<table>
<tr><th>类别</th><th>总等电位联结线截面</th><th colspan="2">局部等电位联结线截面</th></tr>
<tr><td rowspan="3">最小值</td><td rowspan="2">$6mm^2$①</td><td>有机械保护时</td><td>$2.5mm^2$①</td></tr>
<tr><td>无机械保护时</td><td>$4mm^2$①</td></tr>
<tr><td>$50mm^2$③</td><td colspan="2">$16mm^2$③</td></tr>
<tr><td>一般值</td><td colspan="3">不小于最大 PE 线截面的 1/2</td></tr>
<tr><td rowspan="2">最大值</td><td colspan="3">$25mm^2$②</td></tr>
<tr><td colspan="3">$100mm^2$③</td></tr>
</table>

① 为铜材质，可选用裸铜线、绝缘铜芯线。

② 为铜材质，可选用铜导体、裸铜线、绝缘铜芯线。

③ 为钢材质，可选用热镀锌扁钢或热镀锌圆钢。

10.3 接地

10.3.1 住宅建筑各电气系统的接地宜采用共用接地网。接地网的接地电阻值应满足其中电气系统最小值的要求。

10.3.2 住宅建筑套内下列电气装置的外露可导电部分均应可靠接地：

1 固定家用电器、手持式及移动式家用电器的金属外壳；

2 家居配电箱、家居配线箱、家居控制器的金属外壳；

3 线缆的金属保护导管、接线盒及终端盒；

4 Ⅰ类照明灯具的金属外壳。

10.3.3 接地干线可选用镀锌扁钢或铜导体，接地干线可兼作等电位联结干线。

10.3.4 高层建筑电气竖井内的接地干线，每隔 3 层应与相近楼板钢筋做等电位联结。

11 信息设施系统

11.1 一般规定

11.1.1 住宅建筑应根据入住用户通信、信息业务的整体规划、需求及当地资源，设置公用通信网、因特网或自用通信网、局域网。

11.1.2 住宅建筑应根据管理模式，至少预留两个通信、信息网络业务经营商通信、网络设施所需的安装空间。

11.1.3 住宅建筑的电视插座、电话插座、信息插座的设置数量除应符合本规范外，尚应满足当地主管部门的规定。

11.1.4 住宅建筑信息设施系统设计应符合国家现行标准《智能建筑设计标准》GB/T 50314、《民用建筑电气设计规范》JGJ 16 的规定。

11.2 有线电视系统

11.2.1 住宅建筑应设置有线电视系统，且有线电视系统宜采用当地有线电视业务经营商提供的运营方式。

11.2.2 每套住宅的有线电视系统进户线不应少于 1 根，进户线宜在家居配线箱内做分配交接。

11.2.3 住宅套内宜采用双向传输的电视插座。电视插座应暗装，且电视插座底边距地高度宜为 0.3m～1.0m。

11.2.4 每套住宅的电视插座装设数量不应少于 1 个。起居室、主卧室应装设电视插座，次卧室宜装设电视插座。

11.2.5 住宅建筑有线电视系统的同轴电缆宜穿金属导管敷设。

11.3 电话系统

11.3.1 住宅建筑应设置电话系统，电话系统宜采用当地通信业务经营商提供的运营方式。

11.3.2 住宅建筑的电话系统宜使用综合布线系统，每套住宅的电话系统进户线不应少于 1 根，进户线宜在家居配线箱内做交接。

11.3.3 住宅套内宜采用 RJ45 电话插座。电话插座应暗装，且电话插座底边距地高度宜为 0.3m～0.5m，卫生间的电话插座底边距地高度宜为 1.0m～1.3m。

11.3.4 电话插座缆线宜采用由家居配线箱放射方式敷设。

11.3.5 每套住宅的电话插座装设数量不应少于 2 个。起居室、主卧室、书房应装设电话插座，次卧室、卫生间宜装设电话插座。

11.4 信息网络系统

11.4.1 住宅建筑应设置信息网络系统，信息网络系统宜采用当地信息网络业务经营商提供的运营方式。

11.4.2 住宅建筑的信息网络系统应使用综合布线系统，每套住宅的信息网络进户线不应少于 1 根，进户线宜在家居配线箱内做交接。

11.4.3 每套住宅内应采用 RJ45 信息插座或光纤信息插座。信息插座应暗装，信息插座底边距地高度宜为 0.3m～0.5m。

11.4.4 每套住宅的信息插座装设数量不应少于 1 个。书房、起居室、主卧室均可装设信息插座。

11.4.5 住宅建筑综合布线系统的设备间、电信间可合用，也可分别设置。

11.5 公共广播系统

11.5.1 住宅建筑的公共广播系统可根据使用要求，分为背景音乐广播系统和火灾应急广播系统。

11.5.2 背景音乐广播系统的分路，应根据住宅建筑类别、播音控制、广播线路路由等因素确定。

11.5.3 当背景音乐广播系统和火灾应急广播系统合并为一套系统时，广播系统分路宜按建筑防火分区设置，且当火灾发生时，应强制投入火灾应急广播。

11.5.4 室外背景音乐广播线路的敷设可采用铠装电缆直接埋地、地下排管等敷设方式。

11.6 信息导引及发布系统

11.6.1 智能化的住宅建筑宜设置信息导引及发布系统。

11.6.2 信息导引及发布系统应能对住宅建筑内的居民或来访者提供告知、信息发布及查询等功能。

11.6.3 信息显示屏可根据观看的范围、安装的空间位置及安装方式等条件，合理选定显示屏的类型及尺寸。各类显示屏应具有多种输入接口方式。信息显示屏宜采用单向传输方式。

11.6.4 供查询用的信息导引及发布系统显示屏，应采用双向传输方式。

11.7 家居配线箱

11.7.1 每套住宅应设置家居配线箱。

11.7.2 家居配线箱宜暗装在套内走廊、门厅或起居室等的便于维修维护处，箱底距地高度宜为 0.5m。

11.7.3 距家居配线箱水平 0.15m～0.20m 处应预留 AC 220V 电源接线盒，接线盒面板底边宜与家居配线箱面板底边平行，接线盒与家居配线箱之间应预埋金属导管。

11.8 家居控制器

11.8.1 智能化的住宅建筑可选配家居控制器。

11.8.2 家居控制器宜将家居报警、家用电器监控、能耗计量、访客对讲等集中管理。

11.8.3 家居控制器的使用功能宜根据居民需求、投资、管理等因素确定。

11.8.4 固定式家居控制器宜暗装在起居室便于维修维护处，

箱底距地高度宜为1.3m～1.5m。

11.8.5 家居报警宜包括火灾自动报警和入侵报警，设计要求可按本规范第14.2、14.3节的有关规定执行。

11.8.6 当采用家居控制器对家用电器进行监控时，两者之间的通信协议应兼容。

11.8.7 访客对讲的设计要求可按本规范第14.3节的有关规定执行。

12 信息化应用系统

12.1 物业运营管理系统

12.1.1 智能化的住宅建筑应设置物业运营管理系统。

12.1.2 物业运营管理系统宜具有对住宅建筑内入住人员管理、住户房产维修管理、住户各项费用的查询及收取、住宅建筑公共设施管理、住宅建筑工程图纸管理等功能。

12.2 信息服务系统

12.2.1 智能化的住宅建筑宜设置信息服务系统。

12.2.2 信息服务系统宜包括紧急求助、家政服务、电子商务、远程教育、远程医疗、保健、娱乐等，并应建立数据资源库，向住宅建筑内居民提供信息检索、查询、发布和导引等服务。

12.3 智能卡应用系统

12.3.1 智能化的住宅建筑宜设置智能卡应用系统。

12.3.2 智能卡应用系统宜具有出入口控制、停车场管理、电梯控制、消费管理等功能，并宜增加与银行信用卡融合的功能。对于住宅建筑管理人员，宜增加电子巡查、考勤管理等功能。

12.3.3 智能卡应用系统应配置与使用功能相匹配的系列软件。

12.4 信息网络安全管理系统

12.4.1 智能化的住宅建筑宜设置信息网络安全管理系统。

12.4.2 信息网络安全管理系统应能保障信息网络正常运行和信息安全。

12.5 家居管理系统

12.5.1 智能化的住宅建筑宜设置家居管理系统。

12.5.2 家居管理系统应根据实际投资状况、管理需求和住宅建筑的规模，对智能化系统进行不同程度的集成和管理。

12.5.3 家居管理系统宜综合火灾自动报警、安全技术防范、家庭信息管理、能耗计量及数据远传、物业收费、停车场管理、公共设施管理、信息发布等系统。

12.5.4 家居管理系统应能接收公安部门、消防部门、社区发布的社会公共信息，并应能向公安、消防等主管部门传送报警信息。

13 建筑设备管理系统

13.1 一般规定

13.1.1 智能化的住宅建筑宜设置建筑设备管理系统。住宅建筑建筑设备管理系统宜包括建筑设备监控系统、能耗计量及数据远传系统、物业运营管理系统等。

13.1.2 住宅建筑建筑设备管理系统的设计应符合现行行业标准《民用建筑电气设计规范》JGJ 16的有关规定。

13.2 建筑设备监控系统

13.2.1 智能化住宅建筑的建筑设备监控系统宜具备下列功能：

1 监测与控制住宅小区给水与排水系统；

2 监测与控制住宅小区公共照明系统；

3 监测各住宅建筑内电梯系统；

4 监测与控制住宅建筑内设有集中式采暖通风及空气调节系统；

5 监测住宅小区供配电系统。

13.2.2 建筑设备监控系统应对智能化住宅建筑中的蓄水池（含消防蓄水池）、污水池水位进行检测和报警。

13.2.3 建筑设备监控系统宜对智能化住宅建筑中的饮用水蓄水池过滤设备、消毒设备的故障进行报警。

13.2.4 直接数字控制器（DDC）的电源宜由住宅建筑设备监控中心集中供电。

13.2.5 住宅小区建筑设备监控系统的设计，应根据小区的规模及功能需求合理设置监控点。

13.3 能耗计量及数据远传系统

13.3.1 能耗计量及数据远传系统可采用有线网络或无线网络传输。

13.3.2 有线网络进户线可在家居配线箱内做交接。

13.3.3 距能耗计量表具0.3m～0.5m处，应预留接线盒，且接线盒正面不应有遮挡物。

13.3.4 能耗计量及数据远传系统有源设备的电源宜就近引接。

14 公共安全系统

14.1 一般规定

14.1.1 公共安全系统宜包括住宅建筑的火灾自动报警系统、安全技术防范系统和应急联动系统。

14.1.2 住宅建筑公共安全系统的设计应符合国家现行标准《智能建筑设计标准》GB/T 50314、《民用建筑电气设计规范》JGJ 16等的有关规定。

14.2 火灾自动报警系统

14.2.1 住宅建筑火灾自动报警系统的设计、保护对象的分级及火灾探测器设置部位等，应符合现行国家标准《火灾自动报警系统设计规范》GB 50116的规定。

14.2.2 当10层～18层住宅建筑的消防电梯兼作客梯且两类电梯共用前室时，可由一组消防双电源供电。末端双电源自动切换配电箱应设置在消防电梯机房内，由双电源自动切换配电箱至相应设备时，应采用放射式供电，火灾时应切断客梯电源。

14.2.3 建筑高度为100m或35层及以上的住宅建筑，应设消防控制室、应急广播系统及声光警报装置。其他需设火灾自动报警系统的住宅建筑设置应急广播困难时，应在每层消防电梯的前室、疏散通道设置声光警报装置。

14.3 安全技术防范系统

14.3.1 住宅建筑的安全技术防范系统宜包括周界安全防范系统、公共区域安全防范系统、家庭安全防范系统及监控中心。

14.3.2 住宅建筑安全技术防范系统的配置标准应符合表14.3.2的规定。

表14.3.2 住宅建筑安全技术防范系统配置标准

序号	系统名称	安防设施	配置标准
1	周界安全防范系统	电子周界防护系统	宜设置
2	公共区域安全防范系统	电子巡查系统	应设置
		视频安防监控系统	可选项
		停车库（场）管理系统	

续表

<table>
<tr><th>序号</th><th>系统名称</th><th>安防设施</th><th>配置标准</th></tr>
<tr><td rowspan="3">3</td><td rowspan="3">家庭安全防范系统</td><td>访客对讲系统</td><td rowspan="2">应设置</td></tr>
<tr><td>紧急求助报警装置</td></tr>
<tr><td>入侵报警系统</td><td>可选项</td></tr>
<tr><td rowspan="2">4</td><td rowspan="2">监控中心</td><td>安全管理系统</td><td>各子系统宜联动设置</td></tr>
<tr><td>可靠通信工具</td><td>应设置</td></tr>
</table>

14.3.3 周界安全防范系统的设计应符合下列规定：

1 电子周界防护系统应与周界的形状和出入口设置相协调，不应留盲区；

2 电子周界防护系统应预留与住宅建筑安全管理系统的联网接口。

14.3.4 公共区域安全防范系统的设计应符合下列规定：

1 电子巡查系统应符合下列规定：

1）离线式电子巡查系统的信息识读器底边距地宜为1.3m～1.5m，安装方式应具备防破坏措施，或选用防破坏型产品；

2）在线式电子巡查系统的管线宜采用暗敷。

2 视频安防监控系统应符合下列规定：

1）住宅建筑的主要出入口、主要通道、电梯轿厢、地下停车库、周界及重要部位宜安装摄像机；

2）室外摄像机的选型及安装应采取防水、防晒、防雷等措施；

3）应预留与住宅建筑安全管理系统的联网接口。

3 停车库（场）管理系统应符合下列规定：

1）应重点对住宅建筑出入口、停车库（场）出入口及其车辆通行车道实施控制、监视、停车管理及车辆防盗等综合管理；

2）住宅建筑出入口、停车库（场）出入口控制系统宜与电子周界防护系统、视频安防监控系统联网。

14.3.5 家庭安全防范系统的设计应符合下列规定：

1 访客对讲系统应符合下列规定：

1）主机宜安装在单元入口处防护门上或墙体内，室内分机宜安装在起居室（厅）内，主机和室内分机底边距地宜为1.3m～1.5m；

2）访客对讲系统应与监控中心主机联网。

2 紧急求助报警装置应符合下列规定：

1）每户应至少安装一处紧急求助报警装置；

2）紧急求助信号应能报至监控中心；

3）紧急求助信号的响应时间应满足国家现行有关标准的要求。

3 入侵报警系统应符合下列规定：

1）可在住户套内、户门、阳台及外窗等处，选择性地安装入侵报警探测装置；

2）入侵报警系统应预留与小区安全管理系统的联网接口。

14.3.6 监控中心的设计应符合下列规定：

1 监控中心应具有自身的安全防范设施；

2 周界安全防范系统、公共区域安全防范系统、家庭安全防范系统等主机宜安装在监控中心；

3 监控中心应配置可靠的有线或无线通信工具，并应留有与接警中心联网的接口；

4 监控中心可与住宅建筑管理中心合用，使用面积应根据系统的规模由工程设计人员确定，并不应小于20m²。

14.4 应急联动系统

14.4.1 建筑高度为100m或35层及以上的住宅建筑、居住人口超过5000人的住宅建筑宜设应急联动系统。应急联动系统宜以火灾自动报警系统、安全技术防范系统为基础。

14.4.2 住宅建筑应急联动系统宜满足现行国家标准《智能建筑设计标准》GB/T 50314的相关规定。

15 机房工程

15.1 一般规定

15.1.1 住宅建筑的机房工程宜包括控制室、弱电间、电信间等，并宜按现行国家标准《电子信息系统机房设计规范》GB 50174中的C级进行设计。

15.1.2 住宅建筑电子信息系统机房的设计应符合国家现行标准《电子信息系统机房设计规范》GB 50174、《民用建筑电气设计规范》JGJ 16的有关规定。

15.2 控制室

15.2.1 控制室应包括住宅建筑内的消防控制室、安全防范监控中心、建筑设备管理控制室等。

15.2.2 住宅建筑的控制室宜采用合建方式。

15.2.3 控制室的供电应满足各系统正常运行最高负荷等级的需求。

15.3 弱电间及弱电竖井

15.3.1 弱电间应根据弱电设备的数量、系统出线的数量、设备安装与维修等因素，确定其所需的使用面积。

15.3.2 多层住宅建筑弱电系统设备宜集中设置在一层或地下一层弱电间（电信间）内，弱电竖井在利用通道作为检修面积时，弱电竖井的净宽度不宜小于0.35m。

15.3.3 7层及以上的住宅建筑弱电系统设备的安装位置应由设计人员确定。弱电竖井在利用通道作为检修面积时，弱电竖井的净宽度不宜小于0.6m。

15.3.4 弱电间及弱电竖井应根据弱电系统进出缆线所需的最大通道，预留竖向穿越楼板、水平穿过墙壁的洞口。

15.4 电信间

15.4.1 住宅建筑电信间的使用面积不宜小于5m²。

15.4.2 住宅建筑的弱电间、电信间宜合用，使用面积不应小于电信间的面积要求。

本规范用词说明

1 为便于在执行本规范条文时区别对待，对要求严格程度不同的用词说明如下：

1）表示很严格，非这样做不可的：

正面词采用“必须”，反面词采用“严禁”；

2）表示严格，在正常情况下均应这样做的：

正面词采用“应”，反面词采用“不应”或“不得”；

3）表示允许稍有选择，在条件许可时首先应这样做的：

正面词采用“宜”，反面词采用“不宜”；

4）表示有选择，在一定条件下可以这样做的，采用“可”。

2 条文中指明应按其他有关标准执行的写法为“应符合……的规定”或“应按……执行”。

引用标准名录

1《建筑照明设计标准》GB 50034

2《供配电系统设计规范》GB 50052

3《10kV及以下变电所设计规范》GB 50053

4《低压配电设计规范》GB 50054

5《火灾自动报警系统设计规范》GB 50116

6《电子信息系统机房设计规范》GB 50174

7《智能建筑设计标准》GB/T 50314

8《管形荧光灯镇流器能效限定值及节能评价值》GB 17896

9《民用建筑电气设计规范》JGJ 16

4 电气装置安装工程 电缆线路施工及验收规范

(GB 50168—2018)

1 总则

1.0.1 为确保电缆线路工程建设质量，统一施工及验收标准，规范施工过程的质量控制要求和验收条件，制定本标准。

1.0.2 本标准适用于额定电压为500kV及以下电缆线路及其附属设施施工及验收。

1.0.3 矿山、船舶、海底、冶金、化工等有特殊要求的电缆线路的安装工程尚应符合相关专业标准的有关规定。

1.0.4 电缆线路施工及验收，除应符合本标准外，尚应符合国家现行有关标准的规定。

2 术语

2.0.1 电缆线路 cable line

由电缆、附件、附属设备及附属设施所组成的整个系统。

2.0.2 金属套 metallic sheath

均匀连续密封的金属管状包覆层。

2.0.3 铠装层 armour

由金属带或金属丝组成的包覆层。通常用来保护电缆不受外界的机械力作用。

2.0.4 电缆终端 cable termination

安装在电缆末端，以使电缆与其他电气设备或架空输电线相连接，并维持绝缘直至连接点的装置。

2.0.5 电缆接头 cable joint

连接电缆与电缆的导体、绝缘、屏蔽层和保护层，以使电缆线路连续的装置。

2.0.6 软接头 flexible joint

在工厂可控条件下将未铠装的电缆进行连接所制作的中间接头，连同电缆一起进行连续的铠装。

2.0.7 电缆分接（分支）箱 cable dividing box

完成配电系统中电缆线路的汇集和分接功能，但一般不具备控制测量等二次辅助配置的专用电气连接设备。

2.0.8 电缆线路在线监控系统 cable tunncl and cable Iine on-line monitoring system

对电缆运行状态及电缆隧道等线路设施进行监测、分析、辅助诊断、报警与远程控制的系统。监控系统由观场设备、传感器、信号采集单元、监控主机、监控子站、远程监控中心六部分组成。

2.0.9 电缆导管 cable ducts

电缆本体敷设于其内部受到保护和在电缆发生故障后便于将电缆拉出更换用的管子。有单管和排管等结构形式，也称为电缆管。

2.0.10 电缆支架 cable bearer

用于支持和固定电缆，通常由整体浇注、型材经焊接或紧固件联接拼装而成的装置。

2.0.11 电缆桥架 cable tray

由托盘（托槽）或梯架的直线段、非直线段、附件及支吊架等组合构成，用以支撑电缆具有连续的刚性结构系统。

2.0.12 电缆构筑物 cable buildings

专供敷设电缆或安置附件的电缆沟、浅槽、隧道、夹层、竖（斜）井和工作井等构筑物。

2.0.13 电缆附件 cable accessories

电缆终端、接头及充油电缆压力箱统称为电缆附件。

2.0.14 电缆附属设备 cable auxiliary equipments

交叉互联箱、接地箱、护层保护器、监控系统等电缆线路组成部分的统称。

2.0.15 电缆附属设施 cable auxiliary facilities

电缆导管、支架、桥架和构筑物等电缆线路组成部分的统称。

3 基本规定

3.0.1 电缆、附件及附属设备均应符合产品技术文件的要求，并应有产品标识及合格证件。

3.0.2 电缆线路的施工，应制定安全技术措施。施工安全技术措施，应符合本标准及产品技术文件的规定。

3.0.3 紧固件的机械强度、耐腐蚀、阻燃等性能应符合相关标准规定。当采用钢制紧固件时，除地脚螺栓外，应采用热镀锌或等同热镀锌性能的制品。

3.0.4 对有抗干扰要求的电缆线路，应按设计要求采取抗干扰措施。

4 电缆及附件的运输与保管

4.0.1 电缆及附件的运输、保管，应符合产品技术文件的要求，应避免强烈的振动、倾倒、受潮、腐蚀，应确保不损坏箱体外表面以及箱内部件。

4.0.2 在运输装卸过程中，应避免电缆及电缆盘受到损伤。电缆盘不应平放运输、平放贮存。

4.0.3 运输或滚动电缆盘前，应保证电缆盘牢固，电缆应绕紧。充油电缆至压力油箱间的油管应固定，不得损伤。压力油箱应牢固，压力值应符合产品技术要求。滚动时应顺着电缆盘上的箭头指示或电缆的缠紧方向。

4.0.4 电缆及其附件到达现场后，应按下列规定进行检查：

1 产品的技术文件应齐全；

2 电缆额定电压、型号规格、长度和包装应符合订货要求；

3 电缆外观应完好无损，电缆封端应严密，当外观检查有怀疑时，应进行受潮判断或试验；

4 附件部件应齐全，材质质量应符合产品技术要求；

5 充油电缆的压力油箱、油管、阀门和压力表应完好无损。

4.0.5 电缆及其有关材料贮存应符合下列规定：

1 电缆应集中分类存放，并应标明额定电压、型号规格、长度；电缆盘之间应有通道；地基应坚实，当受条件限制时，盘下应加垫；存放处应保持通风、干燥，不得积水；

2 电缆终端瓷套在贮存时，应有防止受机械损伤的措施；

3 电缆附件绝缘材料的防潮包装应密封良好，并应根据材料性能和保管要求贮存和保管，保管期限应符合产品技术文件要求。

4 防火隔板、涂料、包带、堵料等防火材料贮存和保管，应符合产品技术文件要求。

5 电缆桥架应分类保管，不得变形。

4.0.6 保管期间电缆盘及包装应完好，标志应齐全，封端应严密。当有缺陷时，应及时处理。充油电缆应定期检查油压，并做记录，油压不得低于下限值。

5 电缆线路附属设施的施工

5.1 电缆导管的加工与敷设

5.1.1 电缆管不应有穿孔、裂缝和显著的凹凸不平，内壁应光滑；金属电缆管不应有严重锈蚀；塑料电缆管的性能应满足设计要求。

5.1.2 电缆管的加工应符合下列规定：

1 管口应无毛刺和尖锐棱角；

2 电缆管弯制后，不应有裂缝和明显的凹瘪，弯扁程度不宜大于管子外径的10%；电缆管的弯曲半径不应小于穿入电缆最小允许弯曲半径；

3 无防腐措施的金属电缆管应在外表涂防腐漆，镀锌管锌层剥落处也应涂防腐漆。

5.1.3 电缆管的内径与穿入电缆外径之比不得小于1.5。

5.1.4 每根电缆管的弯头不应超过三个，直角弯不应超过两个。

5.1.5 电缆管明敷时应符合下列规定：

1 电缆管走向宜与地面平行或垂直，并排敷设的电缆管应排列整齐。

2 电缆管应安装牢固，不应受到损伤；电缆管支点间的距离应符合设计要求，当设计无要求时，金属管支点间距不宜大于3m，非金属管支点间距不宜大于2m；

3 当塑料管的直线长度超过30m时，宜加装伸缩节；伸缩节应避开塑料管的固定点。

5.1.6 敷设混凝土类电缆管时，其地基应坚实、平整，不应有沉陷。敷设低碱玻璃钢管等抗压不抗拉的电缆管材时，宜在其下部设置钢筋混凝土垫层。电缆管直埋敷设应符合下列规定：

1 电缆管的埋设深度不宜小于0.5m；在排水沟下方通过时，距排水沟底不宜小于0.3m；

2 电缆管宜有不小于0.2%的排水坡度。

5.1.7 电缆管的连接应符合下列规定：

1 相连接两电缆管的材质、规格宜一致；

2 金属电缆管不应直接对焊，应采用螺纹接头连接或套管密封焊接方式；连接时应两管口对准、连接牢固、密封良好；螺纹接头或套管的长度不应小于电缆管外径的2.2倍。采用金属软管及合金接头作电缆保护接续管时，其两端应固定牢靠、密封良好；

3 硬质塑料管在套接或插接时，其插入深度宜为管子内径的1.1倍～1.8倍。在插接面上应涂以胶合剂粘牢密封；采用套接时套管两端应采取密封措施；

4 水泥管连接宜采用管箍或套接方式，管孔应对准，接缝应严密，管箍应有防水垫密封圈，防止地下水和泥浆渗入；

5 电缆管与桥架连接时，宜由桥架的侧壁引出，连接部位宜采用管接头固定。

5.1.8 引至设备的电缆管管口位置，应便于与设备连接且不妨碍设备拆装和进出。并列敷设的电缆管管口应排列整齐。

5.1.9 利用电缆保护钢管做接地线时，应先安装好接地线，再敷设电缆；有螺纹连接的电缆管，管接头处，应焊接跳线，跳线截面应不小于30mm²。

5.1.10 镅制保护管应可靠接地；钢管与金属软管、金属软管与设备间宜使用金属管接头连接，并保证可靠电气连接。

5.2 电缆支架的配制与安装

5.2.1 电缆支架的加工应符合下列规定：

1 钢材应平直，应无明显扭曲；下料偏差应在5mm以内，切口应无卷边、毛刺，靠通道侧应有钝化处理。

2 支架焊接应牢固，应无明显变形；各横撑间的垂直净距与设计偏差不应大于5mm。

3 金属电缆支架应进行防腐处理。位于湿热、盐雾以及有化学腐蚀地区时，应根据设计要求做特殊的防腐处理。

5.2.2 电缆支架的层间允许最小距离应符合设计要求，当设计无要求时，可符合表5.2.2的规定，且层间净距不应小于2倍电缆外径加10mm，35kV及以上高压电缆不应小于2倍电缆外径加50mm。

表5.2.2 电缆支架的层间允许最小距离值

电缆电压级和类型、敷设特征		普通支架、吊架（mm）	桥架（mm）
控制电缆明敷		120	200
电力电缆明敷	6kV以下	150	250
	6kV～10kV交联聚乙烯	200	300
	20kV～35kV单芯	250	300
	20kV～35kV三芯 66kV～220kV，每层1根及以上	300	350
	330kV，500kV	350	400
电缆敷设于槽盒中		h+80	h+100

注：h表示槽盒外壳高度。

5.2.3 电缆支架应安装牢固。托架、支吊架固定方式应符合设计要求，并应符合下列规定：

1 水平安装的电缆支架，各支架的同层横档应在同一水平面上，偏差不应大于5mm；

2 电缆沟内或建筑物上安装的电缆支架，应有与电缆沟或建筑物相同的坡度；

3 托架、支吊架沿桥架走向偏差不应大于10mm；

4 电缆支架最上层及最下层至沟顶、楼板或沟底、地面的距离，当设计无要求时，不宜小于表5.2.3的规定。

表5.2.3 电缆支架最上层及最下层至沟顶、楼板或沟底、地面的距离

电缆敷设场所及其特征		垂直净距（mm）
电缆沟		50
隧道		100
电缆夹层	非通道处	200
	至少在一侧不小于800mm宽通道处	1400
公共廊道中电缆支架无围栏防护		1500
厂房内		2000
厂房外	无车辆通过	2500
	有车辆通过	4500

5.2.4 组装后的钢结构竖井，其垂直偏差不应大于其长度的0.2%，支架横撑的水平误差不应大于其宽度的0.2%；竖井对角线的偏差不应大于其对角线长度的0.5%。钢结构竖井全长应具有良好的电气导通性，全长不少于两点与接地网可靠连接，全长大于30m时，应每隔20m～30m增设明显接地点。

5.2.5 电缆桥架的规格、支吊跨距、防腐类型应符合设计要求。

5.2.6 电缆桥架在每个支吊架上的固定应牢固，连接板的螺栓应紧固，螺母应位于电缆桥架的外侧。电缆托盘应有可供电缆绑扎的固定点，铝合金梯架在钢制支吊架上固定时，应有防电化腐蚀的措施。

5.2.7 两相邻电缆桥架的接口应紧密、无错位。

5.2.8 当直线段钢制电缆桥架超过30m、铝合金或玻璃钢制电缆桥架超过15m时，应有伸缩装置，其连接宜采用伸缩连接板；电缆桥架跨越建筑物伸缩缝处应设置伸缩装置。

5.2.9 电缆桥架转弯处的转弯半径，不应小于该桥架上的电缆最小允许弯曲半径的最大者。

5.2.10 金属电缆支架、桥架及竖井全长均必须有可靠的接地。

5.3 电缆线路防护设施与构筑物

5.3.1 与电缆线路安装有关的建筑工程施工应符合下列规定：

1 建（构）筑物施工质量，应符合现行国家标准《建筑工程施工质量验收统一标准》GB/T 50300的有关规定；

2 电缆线路安装前，建筑工程应具备下列条件：

1）预埋件应符合设计要求，安置应牢固；

2）电缆沟、隧道、竖井及人孔等处的地坪及抹面工作应结束，人孔爬梯的安装应完成；

3）电缆层、电缆沟、隧道等处的施工临时设施、模板及建筑废料等应清理干净，施工用道路应畅通，盖板应齐全；

4）电缆沟排水应畅通，电缆室的门窗应安装完毕；电缆线路相关构筑物的防水性能应满足设计要求；

3 电缆线路安装完毕后投入运行前，建筑工程应完成修饰工作。

5.3.2 电缆工作井尺寸应满足电缆最小弯曲半径的要求。电缆井内应设有集水坑，上盖箅子。

5.3.3 城市电缆线路通道的标识应按设计要求设置。当设计无要求时，应在电缆通道直线段每隔15m～50m处、转弯处、T形口、十字口和进入建（构）筑物等处设置明显的标志或标桩。

6 电缆敷设

6.1 一般规定

6.1.1 电缆敷设前应按下列规定进行检查：

1 电缆沟、电缆隧道、电缆导管、电缆井、交叉跨越管道及直埋电缆沟深度、宽度、弯曲半径等应符合设计要求，电缆通道应畅通，排水应良好，金属部分的防腐层应完整，隧道内照明、通风应符合设计要求。

2 电缆额定电压、型号规格应符合设计要求；

3 电缆外观应无损伤，当对电缆的外观和密封状态有怀疑时，应进行受潮判断；埋地电缆与水下电缆应试验并合格，外护套有导电层的电缆，应进行外护套绝缘电阻试验并合格；

4 充油电缆的油压不宜低于0.15MPa；供油阀门应在开启位置，动作应灵活；压力表指示应无异常；所有管接头应无渗漏油；油样应试验合格；

5 电缆放线架应放置平稳，钢轴的强度和长度应与电缆盘重量和宽度相适应，敷设电缆的机具应检查并调试正常，电缆盘应有可靠的制动措施；

6 敷设前应按设计和实际路径计算每根电缆的长度，合理安排每盘电缆，减少电缆接头；中间接头位置应避免设置在倾斜处、转弯处、交叉路口、建筑物门口、与其他管线交叉处或通道狭窄处；

7 在带电区域内敷设电缆，应有可靠的安全措施；

8 采用机械敷设电缆时，牵引机和导向机构应调试完好，并应有防止机械力损伤电缆的措施。

6.1.2 电缆敷设时，不应损坏电缆沟、隧道、电缆井和人井的防水层。

6.1.3 三相四线制系统中应采用四芯电力电缆，不应采用三芯电缆另加一根单芯电缆或以导线、电缆金属护套作中性线。

6.1.4 并联使用的电力电缆其额定电压、型号规格和长度应相同。

6.1.5 电力电缆在终端头与接头附近宜留有备用长度。

6.1.6 电缆各支点间的距离应符合设计要求。当设计无要求时，不应大于表6.1.6的规定。

表6.1.6 电缆各支点间的距离

<table>
<tr><th colspan="2" rowspan="2">电 缆 种 类</th><th colspan="2">敷设方式</th></tr>
<tr><th>水平(mm)</th><th>垂直(mm)</th></tr>
<tr><td rowspan="3">电力电缆</td><td>全塑型</td><td>400</td><td>1000</td></tr>
<tr><td>除全塑型外的中低压电缆</td><td>800</td><td>1500</td></tr>
<tr><td>35kV及以上高压电缆</td><td>1500</td><td>3000</td></tr>
<tr><td colspan="2">控制电缆</td><td>800</td><td>1000</td></tr>
</table>

注：全塑型电力电缆水平敷设沿支架能把电缆固定时，支点间的距离允许为800mm。

6.1.7 电缆最小弯曲半径应符合表6.1.7的规定。

表6.1.7 电缆最小弯曲半径

<table>
<tr><th colspan="2">电 缆 型 式</th><th>多芯</th><th>单芯</th></tr>
<tr><td rowspan="3">控制电缆</td><td>非铠装型、屏蔽型软电缆</td><td>6D</td><td rowspan="3">—</td></tr>
<tr><td>铠装型、铜屏蔽型</td><td>12D</td></tr>
<tr><td>其他</td><td>10D</td></tr>
<tr><td rowspan="3">橡皮绝缘电力电缆</td><td>无铅包、钢铠护套</td><td colspan="2">10D</td></tr>
<tr><td>裸铅包护套</td><td colspan="2">15D</td></tr>
<tr><td>钢铠护套</td><td colspan="2">20D</td></tr>
<tr><td rowspan="2">塑料绝缘电力电缆</td><td>无铠装</td><td>15D</td><td>20D</td></tr>
<tr><td>有铠装</td><td>12D</td><td>15D</td></tr>
<tr><td colspan="2">自容式充油（铅包）电缆</td><td>—</td><td>20D</td></tr>
<tr><td colspan="2">0.6/1kV铝合金导体电力电缆</td><td colspan="2">7D</td></tr>
</table>

注：1 表中D为电缆外径；

2 本表中“0.6/1kV铝合金导体电力电缆”弯曲半经值适用于无铠装或联锁铠装形式电缆。

6.1.8 电缆敷设时，电缆应从盘的上端引出，不应使电缆在支架上及地面摩擦拖拉。电缆上不得有铠装压扁、电缆绞拧、护层折裂等未消除的机械损伤。

6.1.9 用机械敷设电缆时的最大牵引强度宜符合表6.1.9的

规定，充油电缆总拉力不应超过27kN。

表6.1.9　电缆最大牵引强度

牵引方式	牵引头（N/mm²）		钢丝网套（N/mm²）		
受力部位	铜芯	铝芯	铅套	铝套	塑料护套
允许牵引强度	70	40	10	40	7

6.1.10　机械敷设电缆的速度不宜超过15m/min，110kV及以上电缆或在较复杂路径上敷设时，其速度应适当放慢。

6.1.11　机械敷设大截面电缆时，应在施工措施中确定敷设方法、线盘架设位置、电缆牵引方向；校核牵引力和侧压力，配备充足的敷设人员、机具和通信设备。侧压力和牵引力的常用计算公式见附录A。

6.1.12　机械敷设电缆时，应在牵引头或钢丝网套与牵引钢缆之间装设防捻器。

6.1.13　110kV及以上电缆敷设时，转弯处的侧压力应符合产品技术文件的要求，无要求时不应大于3kN/m。

6.1.14　塑料绝缘电缆应有可靠的防潮封端；充油电缆在切断后尚应符合下列规定：

1　在任何情况下，充油电缆的任一段应有压力油箱保持油压；

2　连接油管路时，应排除管内空气，并采用喷油连接；

3　充油电缆的切断处应高于邻近两侧的电缆；

4　切断电缆时不得有金属屑及污物进入电缆。

6.1.15　电缆敷设前24h内的平均温度以及敷设现场的温度不应低于表6.1.15的规定。当温度低于表6.1.15规定时，应采取有效措施。

表6.1.15　电缆允许敷设最低温度

电缆类型	电缆结构	允许敷设最低温度（℃）
充油电缆	—	−10
橡皮绝缘电力电缆	橡皮或聚氯乙烯护套	−15
	铅护套钢带铠装	−7
塑料绝缘电力电缆	—	0
控制电缆	耐寒护套	−20
	橡皮绝缘聚氯乙烯护套	−15
	聚氯乙烯绝缘聚氯乙烯护套	−10

6.1.16　电力电缆接头布置应符合下列规定：

1　并列敷设的电缆，其接头位置宜相互错开；

2　电缆明敷接头，应用托板托置固定；电缆共通道敷设存在接头时，接头宜采用防火隔板或防爆盒进行隔离；

3　直埋电缆接头应有防止机械损伤的保护结构或外设保护盒，位于冻土层内的保护盒，盒内宜注入沥青。

6.1.17　电缆敷设时应排列整齐，不宜交叉，并应及时装设标识牌。

6.1.18　标识牌装设应符合下列规定：

1　生产厂房及变电站内应在电缆终端头、电缆接头处装设电缆标识牌；

2　电网电缆线路应在下列部位装设电缆标识牌：

1）电缆终端及电缆接头处；

2）电缆管两端人孔及工作井处；

3）电缆隧道内转弯处、T形口、十字口、电缆分支处、直线段每隔50m～100m处；

3　标识牌上应注明线路编号，且宜写明电缆型号、规格、起讫地点；并联使用的电缆应有顺序号，单芯电缆应有相序或极性标识；标识牌的字迹应清晰不易脱落；

4　标识牌规格宜统一，标识牌应防腐，挂装应牢固。

6.1.19　电缆固定应符合下列规定：

1　下列部位的电缆应固定牢固：

1）垂直敷设或超过30°倾斜敷设的电缆在每个支架上应固定牢固；

2）水平敷设的电缆，在电缆首末两端及转弯、电缆接头的两端处应固定牢固；当对电缆间距有要求时，每隔5m～10m处应固定牢固。

2　单芯电缆的固定应符合设计要求。

3　交流系统的单芯电缆或三芯电缆分相后，固定夹具不得构成闭合磁路，宜采用非铁磁性材料。

6.1.20　沿电气化铁路或有电气化铁路通过的桥梁上明敷电缆的金属护层或电缆金属管道，应沿其全长与金属支架或桥梁的金属构件绝缘。

6.1.21　电缆进入电缆沟、隧道、竖井、建筑物、盘（柜）以及穿入管子时，出入口应封闭，管口应密封。

6.1.22　装有避雷针的照明灯塔，电缆敷设时尚应符合现行国家标准《电气装置安装工程　接地装置施工及验收规范》GB 50169的有关规定。

6.2　直埋电缆敷设

6.2.1　电缆线路路径上有可能使电缆受到机械性损伤、化学作用、地下电流、振动、热影响、腐蚀物质、虫鼠等危害的地段，应采取保护措施。

6.2.2　电缆埋置深度应符合下列规定：

1　电缆表面距地面的距离不应小于0.7m，穿越农田或在车行道下敷设时不应小于1m，在引入建筑物、与地下建筑物交叉及绕过地下建筑物处可浅埋，但应采取保护措施；

2　电缆应埋设于冻土层以下，当受条件限制时，应采取防止电缆受到损伤的措施。

6.2.3　直埋敷设的电缆，不得平行敷设于管道的正上方或正下方；高电压等级的电缆宜敷设在低电压等级电缆的下面。

6.2.4　电缆之间，电缆与其他管道、道路、建筑物等之间平行和交叉时的最小净距，应符合设计要求。当设计无要求时，应符合下列规定：

1　未采取隔离或防护措施时，应符合表6.2.4的规定。

表6.2.4　电缆之间，电缆与管道、道路、建筑物之间平行和交叉时的最小净距

项　目		平行（m）	交叉（m）
电力电缆间及其与控制电缆间	10kV及以下	0.10	0.50
	10kV以上	0.25	0.50
不同部门使用的电缆间		0.50	0.50
热管道（管沟）及热力设备		2.00	0.50
油管道（管沟）		1.00	0.50
可燃气体及易燃液体管道（管沟）		1.00	0.50
其他管道（管沟）		0.50	0.50

续表

项　　目		平行（m）	交叉（m）
铁路路轨		3.00	1.00
电气化铁路路轨	非直流电气化铁路路轨	3.00	1.00
	直流电气化铁路路轨	10.00	1.00
电缆与公路边		1.00	—
城市街道路面		1.00	—
电缆与1kV以下架空线电杆		1.00	—
电缆与1kV以上架空线杆塔基础		4.00	—
建筑物基础（边线）		0.60	—
排水沟		1.00	0.50

2　当采取隔离或防护措施时，可按下列规定执行：

1）电力电缆间及其与控制电缆间或不同部门使用的电缆间，当电缆穿管或用隔板隔开时，平行净距可为0.1m；

2）电力电缆间及其与控制电缆间或不同部门使用的电缆间，在交叉点前后1m范围内，当电缆穿入管中或用隔板隔开时，其交叉净距可为0.25m；

3）电缆与热管道（沟）、油管道（沟）、可燃气体及易燃液体管道（沟）、热力设备或其他管道（沟）之间，虽净距能满足要求，但检修管路可能伤及电缆时，在交叉点前后1m范围内，尚应采取保护措施；当交叉净距离不能满足要求时，应将电缆穿入管中，其净距可为0.25m；

4）电缆与热管道（管沟）及热力设备平行、交叉时，应采取隔热措施，使电缆周围土壤的温升不超过10℃；

5）当直流电缆与电气化铁路路轨平行、交叉其净距不能满足要求时，应采取防电化腐蚀措施；

6）直埋电缆穿越城市街道、公路、铁路，或穿过有载重车辆通过的大门，进入建筑物的墙角处，进入隧道、人井，或从地下引出到地面时，应将电缆敷设在满足强度要求的管道内，并将管口封堵好；

7）当电缆穿管敷设时，与公路、街道路面、杆塔基础、建筑物基础、排水沟等的平行最小间距可按表6.2.3中的数据减半。

6.2.5　电缆与铁路、公路、城市街道、厂区道路交叉时，应敷设于坚固的保护管或隧道内。电缆管的两端宜伸出道路路基两边0.5m以上，伸出排水沟0.5m，在城市街道应伸出车道路面。

6.2.6　直埋电缆上下部应铺不小于100mm厚的软土砂层，并应加盖保护板，其覆盖宽度应超过电缆两侧各50mm，保护板可采用混凝土盖板或砖块。软土或砂子中不应有右块或其他硬质杂物。

6.2.7　直埋电缆在直线段每隔50m～100m处、电缆接头处、转弯处、进入建筑物等处，应设置明显的方位标志或标桩。

6.2.8　直埋电缆回填前，应经隐蔽工程验收合格，回填料应分层夯实。

6.3　电缆导管内电缆敷设

6.3.1　在易受机械损伤的地方和在受力较大处直埋电缆管时，应采用足够强度的管材。在下列地点，电缆应有足够机械强度的保护管或加装保护罩：

1　电缆进入建筑物、隧道，穿过楼板及墙壁处；

2　从沟道引至杆塔、设备、墙外表面或屋内行人容易接近处，距地面高度2m以下的部分；

3　有载重设备移经电缆上面的区段；

4　其他可能受到机械损伤的地方。

6.3.2　管道内部应无积水，且应无杂物堵塞。穿电缆时，不得损伤护层，可采用无腐蚀性的润滑剂（粉）。

6.3.3　电缆导管在敷设电缆前，应进行疏通，清除杂物。电缆敷设到位后应做好电缆固定和管口封堵，并应做好管口与电缆接触部分的保护措施。

6.3.4　电缆穿管的位置及穿入管中电缆的数量应符合设计要求，交流单芯电缆不得单独穿入钢管内。

6.3.5　在10%以上的斜坡排管中，应在标高较高一端的工作井内设置防止电缆因热伸缩和重力作用而滑落的构件。

6.3.6　工作井中电缆管口应按设计要求做好防水措施。

6.4　电缆构筑物中电缆敷设

6.4.1　电缆排列应符合下列规定：

1　电力电缆和控制电缆不宜配置在同一层支架上。

2　高低压电力电缆，强电、弱电控制电缆应按顺序分层配置，宜由上而下配置；但在含有35kV以上高压电缆引入盘柜时，可由下而上配置。

3　同一重要回路的工作与备用电缆实行耐火分隔时，应配置在不同侧或不同层的支架上。

6.4.2　并列敷设的电缆净距应符合设计要求。

6.4.3　电缆在支架上的敷设应符合下列规定：

1　控制电缆在普通支架上，不宜超过两层；桥架上不宜超过三层。

2　交流三芯电力电缆，在普通支吊架上不宜超过一层；桥架上不宜超过两层。

3　交流单芯电力电缆，应布置在同侧支架上，并应限位、固定。当按紧贴品字形（三叶形）排列时，除固定位置外，其余应每隔一定的距离用电缆夹具、绑带扎牢，以免松散。

6.4.4　电缆与热力管道、热力设备之间的净距，平行时不应小于1m，交叉时不应小于0.5m，当受条件限制时，应采取隔热保护措施。电缆通道应避开锅炉的观察孔和制粉系统的防爆门；当受条件限制时，应采取穿管或封闭槽盒等隔热防火措施。电缆不得平行敷设于热力设备和热力管道的上部。

6.4.5　电缆敷设完毕后，应及时清除杂物、盖好盖板。当盖板上方需回填土时，宜将盖板缝隙密封。

6.5　桥梁上电缆敷设

6.5.1　利用桥梁敷设电缆，其载荷应在桥梁允许承载值之内，且不应影响桥梁结构稳定性。

6.5.2　桥梁上电缆的敷设方式应符合设计要求。当设计无要求时，敷设方式应根据桥梁结构和特点确定，并应符合下列规定：

1　应具有防止电缆着火危害桥梁的可靠措施；

2　应有防止外力损伤电缆的措施。在人员不易接触处可裸露敷设，但宜采取避免太阳直接照射的措施或采用满足耐候性要求的电缆。

6.5.3　在桥梁上敷设电缆，应采取防止振动、伸缩变形影响电缆安全运行的措施。

6.6　水下电缆敷设

6.6.1　水下电缆不应有接头。当整根电缆超过制造能力时，可采用软接头连接。

6.6.2　水下电缆敷设路径应符合设计要求，且应符合下列规定：

1　电缆宜敷设在河床稳定、流速较缓、岸边不易被冲刷、水底无岩礁和沉船等障碍物的水域；

2　电缆不宜敷设在码头、渡口和水工构筑物附近；不宜敷设在疏浚挖泥区、规划筑港地带和拖网渔船活动区。无其他路径可供选择时，应采取可靠的保护措施。

6.6.3　相邻水下电缆的间距应符合设计要求。当设计无要求时，应符合下列规定：

1　主航道内，电缆间距不宜小于最高水位水深的2倍。引至岸边间距可适当缩小；

2　在非通航的流速未超过1m/s的小河中，同回路单芯电缆间距不得小于0.5m，不同回路电缆间距不得小于5m；

3　除上述情况外，应按流速、电缆埋深和埋设控制偏差等因素确定。

6.6.4　水下电缆的敷设方法、敷设船只选择和施工组织设计，应按电缆敷设长度、外径、重量、水深、流速和河床地形等因素确定。

6.6.5　水下电缆敷设时应采取助浮措施，不得使电缆在水底直接拖拉。如电缆装盘敷设时，电缆盘可根据水域条件，放置于路径一端的登陆点处，另一端布置牵引设备；电缆装盘置于船上敷设或电缆散装敷设时，敷缆方法应根据敷设船类型、尺度和动力装备、水域条件确定，可选择自航、牵引、移锚或拖航等。

6.6.6　敷设船只应满足电缆施工路径自然条件和施工方法要求，且应符合下列规定：

1　船舱的容积、甲板面积、船舶稳定性等应满足电缆长度、重量、弯曲半径、盘绕半径、退扭高度和作业场所的要求。

2　敷（埋）设机具、通信、导航定位等设施配置和船舶动力应满足电缆施工需要。

6.6.7　水下电缆敷设始端宜选择在登陆作业相对困难的一侧。

6.6.8　水下电缆敷设应在小潮汛、憩流期间或枯水期进行，并应视线清晰、风力小于五级。

6.6.9　敷设船上退扭架应保持适当的退扭高度。当电缆通过储缆仓、退扭架、溜槽、计米器、张力测定器、布缆机、入水槽等设施时，应采取措施减少电缆阻力。敷缆时，应监测电缆所受张力或入水角度满足产品技术文件要求。

6.6.10　水下电缆敷设时，两侧陆上应按设计要求设立导标。敷设时应同步定位测量，并应及时纠正航线偏差、校核敷设长度。

6.6.11　水下电缆末端登陆时，应将余缆全部浮托在水面上，余缆入水时应保持适当张力。水下电缆引至陆上时应装设锚定装置，陆上区段应采用穿管、槽盒、沟井等措施保护，其保护范围下端应置于最低水位1m以下，上端应高于最高洪水位。

6.6.12　水下电缆不得悬浮于水中。在通航水道等防范外力损伤的水域，电缆应埋置于水底，并应稳固覆盖保护；浅水区埋深不宜小于0.5m，深水区埋深不宜小于2m。电缆线路穿过小河、小溪时，可采取穿管敷设。

6.6.13　水下电缆两侧应按航标规范设置警告标志。

6.7　电缆架空敷设

6.7.1　电缆悬吊点或固定的间距，应符合本标准表6.1.6的规定。

6.7.2　电缆与公路、铁路、架空线路交叉跨越时，最小允许距离应符合表6.7.2的规定。

表6.7.2　电缆与铁路、公路、架空线路交叉跨越时最小允许距离

交叉设施	最小允许距离(m)	备　注
铁路	3/6	至承力索或接触线/至轨顶
公路	6	—
电车路	3/9	至承力索或接触线/至路面
弱电流线路	1	—
电力线路	1/2/3/4/5	电压(kV)1以下/6～10/35～110/154～220/330
河道	6/1	五年一遇洪水位/至最高航行水位的最高船桅顶
索道	1.5	—

6.7.3　电缆的金属护套、铠装及悬吊线均应有良好的接地，杆塔和配套金具均应根据电缆的结构和性能进行配套设计，且应满足规程及强度要求。

6.7.4　对于较短且不便直埋的电缆可采用架空敷设，架空敷设的电缆截面不宜过大，架空敷设的电缆允许载流量应根据环境条件进行修正。

6.7.5　支撑电缆的钢绞线应满足荷载要求，并应全线良好接地，在转角处应打拉线或顶杆。

6.7.6　架空敷设的电缆不宜设置电缆接头。

7　电缆附件安装

7.1　一般规定

7.1.1　电缆终端与接头制作，应由经过培训的熟练工人进行。

7.1.2　电缆终端与接头制作前，应核对电缆相序或极性。

7.1.3　制作电缆终端和接头前，应按设计文件和产品技术文件要求做好检查，并符合下列规定：

1　电缆绝缘状况应良好，无受潮；电缆内不得进水；充油电缆施工前应对电缆本体、压力箱、电缆油桶及纸卷桶逐个取油样，做电气性能试验，并应符合标准。

2　附件规格应与电缆一致，型号符合设计要求。零部件应齐全无损伤，绝缘材料不得受潮；附件材料应在有效贮存期内。壳体结构附件应预先组装、清洁内壁、密封检查，结构尺寸应符合产品技术文件要求。

3　施工用机具齐全、清洁，便于操作；消耗材料齐备，塑料绝缘表面的清洁材料应符合产品技术文件的要求。

7.1.4　在室内、隧道内或林区等有防火要求的场所以及充油电缆施工现场进行电缆终端与接头制作，应备有足够消防器材。

7.1.5　电缆终端与接头制作时，施工现场温度、湿度与清洁度，应符合产品技术文件要求。在室外制作6kV及以上电缆终端与接头时，其空气相对湿度宜为70%及以下；当湿度大时，应进行空气湿度调节，降低环境湿度。110kV及以上高压电缆终端与接头施工时，应有防尘、防潮措施，温度宜为10℃～30℃。制作电力电缆终端与接头，不得直接在雾、雨或五级以上大风环境中施工。

7.1.6　电缆终端及接头制作时，应遵守制作工艺规程及产品技术文件要求。

7.1.7　附加绝缘材料除电气性能应满足要求外，尚应与电缆本体绝缘具有相容性。两种材料的硬度、膨胀系数、抗张强度和断裂伸长率等物理性能指标应接近。橡塑绝缘电缆附加绝缘应采用弹性大、粘接性能好的材料。

7.1.8 电缆线芯连接金具，应采用符合标准的连接管和接线端子，其内径应与电缆线芯匹配，间隙不应过大；截面宜为线芯截面的1.2倍～1.5倍。采取压接时，压接钳和模具应符合规格要求。

7.1.9 三芯电力电缆在电缆中间接头处，其电缆铠装、金属屏蔽层应各自有良好的电气连接并相互绝缘；在电缆终端头处，电缆铠装、金属屏蔽层应用接地线分别引出，并应接地良好。交流系统单芯电力电缆金属层接地方式和回流线的选择应符合设计要求。

7.1.10 35kV及以下电力电缆接地线应采用铜绞线或镀锡铜编织线，其截面积不应小于表7.1.10的规定。66kV及以上电力电缆的接地线材质、截面面积应符合设计要求。

表7.1.10　　电缆终端接地线截面

电缆截面（mm²）	接地线截面（mm²）
16及以下	接地线截面可与芯线截面相同
16～120	16
150及以上	25

7.1.11 电缆终端与电气装置的连接，应符合国家标准《电气装置安装工程　母线装置施工及验收规范》GB 50149的有关规定及产品技术文件要求。

7.1.12 控制电缆不应有中间接头。

7.2 安装要求

7.2.1 制作电缆终端与接头，从剥切电缆开始应连续操作直至完成，应缩短绝缘暴露时间。剥切电缆时不应损伤线芯和保留的绝缘层、半导电屏蔽层，外护套层、金属屏蔽层、铠装层、半导电屏蔽层和绝缘层剥切尺寸应符合产品技术文件要求。附加绝缘的包绕、装配、热缩等应保持清洁。

7.2.2 66kV及以上交联电缆终端和接头制作前应按产品技术文件要求对电缆进行加热矫直。

7.2.3 电缆终端的制作安装应按产品技术文件要求做好导体连接、应力处理部件的安装，并应做好密封防潮、机械保护等措施。电缆终端安装应确保外绝缘相间和对地距离满足现行国家标准《电气装置安装工程　母线装置施工及验收规范》GB 50149的有关规定。

7.2.4 交联电缆终端和接头制作时，电缆绝缘处理后的绝缘厚度及偏心度应符合产品技术文件要求，绝缘表面应光滑、清洁，防止灰尘和其他污染物黏附。绝缘处理后的工艺过盈配合应符合产品技术文件要求，绝缘屏蔽断口应平滑过渡。

7.2.5 交联电缆终端和接头制作时，预制件安装定位尺寸应符合产品技术文件要求，在安装过程中内表面应无异物、损伤、受潮；橡胶预制件采用机械现场扩张时，扩张持续时间和温度应符合产品技术文件要求。

7.2.6 电缆导体连接时，应除去导体和连接管内壁油污及氧化层。压接模具与金具应配合恰当，压缩比应符合产品技术文件要求。压接后应将端子或连接管上的凸痕修理光滑，不得残留毛刺。

7.2.7 三芯电缆接头及单芯电缆直通接头两侧电缆的金属屏蔽层、金属护套，铠装层应分别连接良好，不得中断，跨接线的截面应符合产品技术文件要求，且不应小于本标准表7.1.10接地线截面的规定。直埋电缆接头的金属外壳及电缆的金属护层应做防腐、防水处理。

7.2.8 电力电缆金属护层接地线未随电缆芯线穿过互感器时，接地线应直接接地；随电缆芯线穿过互感器时，接地线应穿回互感器后接地。

7.2.9 单芯电力电缆的交叉互联箱、接地箱、护层保护器等安装应符合设计要求；箱体应安装牢固、密封良好，标识应正确、清晰。

7.2.10 单芯电力电缆金属护层采取交叉互联方式时，应逐相进行导通测试，确保连接方式正确；护层保护器在安装前应检测合格。

7.2.11 铝护套或铅护套电缆铅封时应清除表面氧化物及污物；搪铅时间不宜过长，铅封应密实无气孔。充油电缆的铅封应分两次进行，第一次封堵油，第二次成形和加强，高位差铅封应用环氧树脂加固。塑料电缆可采用自粘带、粘胶带、胶粘剂、环氧泥、热收缩套管等密封方式；塑料护套表面应打毛，粘接表面应用溶剂除去油污，粘接应良好。电缆终端、接头及充油电缆供油管路均不应有渗漏。

7.2.12 充油电缆线路有接头时，应先制作接头；两端有位差时，应先制作低位终端头。

7.2.13 充油电缆终端和接头包绕附加绝缘时，不得完全关闭压力箱。制作中和真空处理时，从电缆中渗出的油应及时排出，不得积存在瓷套或壳体内。

7.2.14 充油电缆供油系统的安装应符合下列规定：

1 供油系统的金属油管与电缆终端间应有绝缘接头，其绝缘强度不低于电缆外护层；

2 当每相设置多台压力箱时，应并联连接；

3 每相电缆线路应装设油压监视或报警装置；

4 仪表应安装牢固，室外仪表应有防雨措施，施工结束后应进行整定；

5 调整压力油箱的油压，任何情况下不应超过电缆允许的压力范围。

7.2.15 电缆终端上应有明显的相位（极性）标识，且应与系统的相位（极性）一致。

7.2.16 控制电缆终端可采用热缩型，也可以采用塑料带、自粘带包扎。

7.3 电缆线路在线监控系统

7.3.1 电缆线路在线监控系统的安装应符合设计及产品技术文件要求。

7.3.2 在线监控系统设备型号、规格、数量、技术指标、系统特性、装置特性应符合设计要求，出厂资料应齐全。

7.3.3 在线监控系统的安装不得影响电缆运行、维护、检修工作。监控设备的安装应整齐、牢固，标识清晰，并应有相应的防护措施。

7.3.4 在线监控系统安装完毕后，应对监控系统的安装质量进行全面检查，验收合格后方可运行。

8 电缆线路防火阻燃设施施工

8.0.1 对爆炸和火灾危险环境、电缆密集场所或可能着火蔓延而酿成严重事故的电缆线路，防火阻燃措施必须符合设计要求。

8.0.2 应在下列孔洞处采用防火封堵材料密实封堵：

1 在电缆贯穿墙壁、楼板的孔洞处；

2 在电缆进入盘、柜、箱、盒的孔洞处；

3 在电缆进出电缆竖井的出入口处；

4　在电缆桥架穿过墙壁、楼板的孔洞处；

5　在电缆导管进入电缆桥架、电缆竖井、电缆沟和电缆隧道的端口处。

8.0.3　防火墙施工应符合下列规定：

1　防火墙设置应符合设计要求；

2　电缆沟内的防火墙底部应留有排水孔洞，防火墙上部的盖板表面宜做明显且不易褪色的标记；

3　防火墙上的防火门应严密，防火墙两侧长度不小于2m内的电缆应涂刷防火涂料或缠绕防火包带。

8.0.4　电缆线路防火阻燃应符合下列规定：

1　耐火或阻燃型电缆应符合设计要求；

2　报警和灭火装置设置应符合设计要求；

3　已投入运行的电缆孔洞、防火墙，临时拆除后应及时恢复封堵；

4　防火重点部位的出入口，防火门或防火卷帘设置应符合设计要求；

5　电力电缆中间接头宜采用电缆用阻燃包带或电缆中间接头保护盒封堵，接头两侧及相邻电缆长度不小于2m内的电缆应涂刷防火涂料或缠绕防火包带；

6　防火封堵部位应便于增补或更换电缆，紧贴电缆部位宜采用柔性防火材料。

8.0.5　防火阻燃材料应具备下列质量证明文件：

1　具有资质的第三方检测机构出具的检验报告；

2　出厂质量检验报告；

3　产品合格证。

8.0.6　防火阻燃材料施工措施应按设计要求和材料使用工艺确定，材料质量与外观应符合下列规定：

1　有机堵料不应氧化、冒油，软硬应适度，应具备一定的柔韧性；

2　无机堵料应无结块、杂质；

3　防火隔板应平整、厚薄均匀；

4　防火包遇水或受潮后不应结块；

5　防火涂料应无结块、能搅拌均匀；

6　阻火网网孔尺寸应均匀，经纬线粗细应均匀，附着防火复合膨胀料厚度应一致。网弯曲时不应变形、脱落，并应易于曲面固定。

8.0.7　缠绕防火包带或涂刷防火涂料施工应符合产品技术文件要求。

8.0.8　电缆孔洞封堵应严实可靠，不应有明显的裂缝和可见的孔隙，堵体表面平整，孔洞较大者应加耐火衬板后再进行封堵。有机防火堵料封堵不应有透光、漏风、龟裂、脱落、硬化现象；无机防火堵料封堵不应有粉化、开裂等缺陷。防火包的堆砌应密实牢固，外观应整齐，不应透光。

8.0.9　电缆线路防火阻燃设施应保证必要的强度，封堵部位应能长期使用，不应发生破损、散落、坍塌等现象。

9　工程交接验收

9.0.1　工程验收时应进行下列检查：

1　电缆及附件额定电压、型号规格应符合设计要求；

2　电缆排列应整齐，无机械损伤，标识牌应装设齐全、正确、清晰；

3　电缆的固定、弯曲半径、相关间距和单芯电力电缆的金属护层的接线等应符合设计要求和本标准的规定，相位、极性排列应与设备连接相位、极性一致，并符合设计要求；

4　电缆终端、电缆接头及充油电缆的供油系统应固定牢靠，电缆接线端子与所接设备端子应接触良好，接地箱和交叉互联箱的连接点应接触良好可靠，充有绝缘介质的电缆终端、电缆接头及充油电缆的供油系统不应有渗漏现象，充油电缆的油压及表计整定值应符合设计和产品技术文件的要求；

5　电缆线路接地点应与接地网接触良好，接地电阻值应符合设计要求；

6　电缆终端的相色或极性标识应正确，电缆支架等的金属部件防腐层应完好。电缆管口封堵应严密；

7　电缆沟内应无杂物、积水，盖板应齐全；隧道内应无杂物，消防、监控、暖通、照明、通风、给排水等设施应符合设计要求；

8　电缆通道路径的标志或标桩，应与实际路径相符，并应清晰、牢固；

9　水下电缆线路陆地段，禁锚区内的标志和夜间照明装置应符合设计要求；

10　防火措施应符合设计要求，且施工质量应合格。

9.0.2　隐蔽工程应进行中间验收，并应做好记录和签证。

9.0.3　电缆线路施工完成后应按《电气装置安装工程电气设备交接试验标准》GB 50150的有关规定进行电气交接试验。

9.0.4　工程验收时，应提交下列资料和技术文件：

1　电缆线路路径的协议文件。

2　变更设计的证明文件和竣工图资料。

3　直埋电缆线路的敷设位置图比例宜为1：500，地下管线密集的地段可为1：100，在管线稀少、地形简单的地段可为1：1000；平行敷设的电缆线路，宜合用一张图纸。图上应标明各线路的相对位置，并有标明地下管线的剖面图及其相对最小距离，提交相关管线资料，明确安全距离。

4　制造厂提供的产品说明书、试验记录、合格证件及安装图纸等技术文件。

5　电缆线路的原始记录应包括下列内容：

1）电缆的型号、规格及其实际敷设总长度及分段长度，电缆终端和接头的型式及安装日期；

2）电缆终端和接头中填充的绝缘材料名称、型号。

6　电缆线路的施工记录应包括下列内容：

1）隐蔽工程隐蔽前检查记录或签证；

2）电缆敷设记录；

3）66kV及以上电缆终端和接头安装关键工艺工序记录；

4）质量检验及验收记录。

7　试验记录。

8　在线监控系统的出厂试验报告、现场调试报告和现场验收报告。

附录A　侧压力和牵引力的常用计算公式

A.0.1　侧压力应按下式计算：

$$P=T/R \qquad (A.0.1)$$

式中　P——侧压力（N/m）；

T——牵引力（N）；

R——弯曲半径（m）。

A.0.2　水平直线牵引力应按下式计算：

$$T=9.8\mu WL \qquad (A.0.2)$$

A.0.3　倾斜直线牵引力应按下列公式计算：

$$T_1=9.8WL(\mu\cos\theta_1+\sin\theta_1) \qquad (A.0.3-1)$$

$$T_2 = 9.8WL(\mu\cos\theta_2 + \sin\theta_1) \quad (A.0.3-2)$$

A.0.4 水平弯曲牵引力应按下式计算：

$$T_2 = T_1 e^{\mu\theta} \quad (A.0.4)$$

A.0.5 垂直弯曲牵引力应按下列公式计算：

1 凸曲面：

$$T_2 = 9.8WR[(1-\mu^2)\sin\theta + 2\mu(e^{\mu\theta} - \cos\theta)]/(1+\tilde{\omega}^2) + t_1 e^{\mu\theta} \quad (A.0.5-1)$$

$$T_2 = 9.8WR[2\mu\sin\theta + (1-\mu^2)(e^{\mu\theta} - \cos\theta)]/(1+\tilde{\omega}^2) + t_1 e^{\mu\theta} \quad (A.0.5-2)$$

2 凹曲面：

$$T_2 = T_1 e^{\mu\theta} - 9.8WR[(1-\mu^2)\sin\theta + 2\mu(e^{\mu\theta} - \cos\theta)]/(1+\mu^2) \quad (A.0.5-3)$$

$$T_2 = T_1 e^{\mu\theta} - 9.8WR[2\sin\theta + (1+\mu^2)/\mu(e^{\mu\theta} - \cos\theta)]/(1+\mu^2) \quad (A.0.5-4)$$

式中 μ——摩擦系数，按表 A.0.5 取值；

W——电缆每米重量（kg/m）；

L——电缆长度（m）；

θ_1——电缆作直线倾斜牵引时的倾斜角（rad）；

θ——弯曲部分的圆心角（rad）；

T_1——弯曲前牵引力（N）；

T_2——弯曲后牵引力（N）；

R——电缆弯曲时的半径（m）。

表 A.0.5　各种牵引件下的摩擦系数

牵引件	摩擦系数	牵引件	摩擦系数
钢管内	0.17～0.19	混凝土管，有水	0.2～0.4
塑料管内	0.4	滚轮上牵引	0.1～0.2
混凝土管，无润滑剂	0.5～0.7	砂中牵引	1.5～3.5
混凝土管，有润滑	0.3～0.4	—	—

注：混凝土管包括石棉水泥管。

本标准用词说明

1　为便于在执行本标准条文时区别对待，对要求严格程度不同的用词说明如下：

1）表示很严格，非这样做不可的：

正面词采用“必须”，反面词采用“严禁”；

2）表示严格，在正常情况下均应这样做的：

正面词采用“应”，反面词采用“不应”或“不得”；

3）表示允许稍有选择，在条件许可时首先应这样做的：

正面词采用“宜”，反面词采用“不宜”；

4）表示有选择，在一定条件下可以这样做的，采用“可”。

2　条文中指明应按其他有关标准执行的写法为：“应符合……的规定”或“应按……执行”。

引用标准名录

《电气装置安装工程　母线装置施工及验收规范》GB 50149

《电气装置安装工程　电气设备交接试验标准》GB 50150

《电气装置安装工程　接地装置施工及验收规范》GB 50169

《建筑工程施工质量验收统一标准》GB/T 50300

5　架空绝缘配电线路设计技术规程

(DL/T 601—1996)

1　范围

本规程规定了架空绝缘配电线路、变压器台、开关设备和接户线设计的技术规则。

本规程适用于新建和改建的额定电压为6～10kV（中压）和额定电压为1kV及以下（低压）架空绝缘配电线路工程设计。

2　引用标准

下列标准包含的条文，通过在本标准中的引用而构成为本标准的条文。在标准出版时，所示版本均为有效。所有标准都会被修订，使用本标准的各方应探讨、使用下列标准最新版本的可能性。

GB 1000—88　高压线路针式瓷绝缘子

GB 1001—86　盘形悬式瓷绝缘子　技术条件

GB 12527—90　额定电压1kV及以下架空绝缘电缆

GB 14049—92　额定电压10kV、35kV架空绝缘电缆

DL/T 464.1～5—92　额定电压1kV及以下架空绝缘电线金具和绝缘部件

SDJ 3—87　架空送电线路设计技术规程

SDJ 206—87　架空配电线路设计技术规程

3　总则

3.1　架空绝缘配电线路的设计应与城市的总体规划相协调。

如无地区配网规划，导体截面宜按20a用电负荷发展规划确定。

3.2　下列地区在无条件采用电缆线路供电时应采用架空绝缘配电线路：

a）架空线与建筑物的距离不能满足SDJ 206要求的地区；

b）高层建筑群地区；

c）人口密集，繁华街道区；

d）绿化地区及林带；

e）污秽严重地区。

3.3　低压配电系统宜采用架空绝缘配电线路。

4　气象条件

4.1　架空绝缘配电线路设计所采用的气象条件，应根据当地的气象资料（采用10a一遇的数值）和附近已有线路的运行经验确定。如当地的气象资料与附录A典型气象区接近，宜采用典型气象区所列的数值。

4.2　架空绝缘配电线路的最大设计风速值，应采用离地面10m高处、10a一遇10min平均最大值。如无可靠资料，在空旷平坦地区不应小于25m/s。在山区宜采用附近平坦地区风速的1.1倍，且不应小于25m/s。

4.3　电杆、绝缘导线的风荷载按下式计算：

$$W = 9.807CF\frac{v^2}{16} \quad (1)$$

式中：W——电杆或绝缘导线的风荷载，N；

C——风载体型系数，采用下列数值：

圆形截面的钢筋混凝土杆，0.6；

矩形截面的钢筋混凝土杆，1.4；

绝缘导线外径小于17mm，1.2；

绝缘导线外径不小于17mm，1.1；

绝缘导线复冰（不论直径大小），1.2；

F——电杆杆身侧面的投影面积或单根绝缘导线外径、集束线外切圆直径与水平档距的乘积，m^2；

v——设计风速，m/s。

应按风向与线路走向相垂直的情况计算风荷载（转角杆按线路夹角等分线方向）。

4.4 绝缘配电线路设计冰厚，应根据附近已有线路的运行经验确定。如无资料，除第1气象区外，见附录A。

5 导线

5.1 架空绝缘配电线路所采用的导线应符合GB 12527、GB 14049的规定。

供计算用的导线性能参数见附录B。

5.2 绝缘导线及悬挂绝缘导线的钢绞线的设计安全系数均不应小于3。

5.3 绝缘导线截面的确定应符合下列要求。

5.3.1 应结合地区配电网发展规划选定导线截面，无配电网规划城镇地区的绝缘导线设计最小截面见表1。

表1 无配电网规划城镇地区绝缘导线设计最小截面 mm^2

导线种类	中压配电线路		低压配电线路	
	主干线	分支线	主干线	分支线
铝或铝合金芯绝缘线	150	50	95	35
铜芯绝缘线	120	25	70	16

5.3.2 采用允许电压降校验时：

a）中压绝缘配电线路，自供电的变电所二次侧出口至线路末端变压器或末端受电变电所一次侧入口的允许电压降为供电变电所二次侧额定电压（6kV、10kV）的5%；

b）低压绝缘配电线路，自配电变压器二次侧出口至线路末端（不包括接户线）的允许电压降为额定低压配电电压（220V、380V）的4%。

5.4 校验导线的载流量时，PE、PVC绝缘的导线的允许温度采用+70℃，XLPE绝缘的导线的允许温度采用+90℃。绝缘导线载流量的参考数据见附录C。

5.5 三相四线制低压绝缘配电线路的最小零线截面见表2。单相制的零线截面，应与相线截面相同。

表2 三相四线制低压绝缘配电线路的最小零线截面 mm^2

导线种类	相线截面	最小零线截面
铝或铝合金芯绝缘线	50及以下	与相线截面相同
	70	50
	95及以上	不小于相线截面的50%
铜芯绝缘线	35及以下	与相线截面相同
	50	35
	70及以上	不小于相线截面的50%

5.6 悬挂绝缘线的钢绞线的自重荷载应包括绝缘线、钢绞线、绝缘支架质量及200kg施工荷重。钢绞线的最小截面不应小于$50mm^2$。

5.7 绝缘导线的连接，应符合下列要求。

5.7.1 不同金属、不同规格、不同绞向的导线及无承力线的集束线严禁在档距内连接。

5.7.2 在一个档距内，每根导线不应超过一个承力接头。

5.7.3 接头距导线的固定点，不应小于500mm。

5.8 绝缘导线的弧垂应根据计算确定。导线架设后塑性伸长率对弧垂的影响，宜采用减少弧垂法补偿，弧垂减少的百分数为：

——铝或铝合金芯绝缘线，20%；

——铜芯绝缘线，7%～8%。

6 绝缘子、金具及绝缘部件

6.1 绝缘配电线路绝缘子应符合GB 1000和GB 1001的规定。

6.2 低压绝缘配电线路采用的金具及绝缘部件，应符合DL/T 464.1～5的规定。

6.3 中压绝缘配电线路紧凑型架设所使用的绝缘支架、绝缘拉棒应符合下列要求：

6.3.1 表面泄漏距离不小于370mm，Ⅳ级污秽区可适当加大泄漏距离。

6.3.2 交流耐压42kV，1min。

6.3.3 绝缘支架的安全系数不应小于5，绝缘拉棒的破坏拉力不小于导线计算拉断力的90%。且绝缘支架及绝缘拉棒的破坏应力均应满足最大短路电动力的要求。

6.4 不同电压等级、不同敷设方式的绝缘配电线路的绝缘子、金具及绝缘部件的使用应符合下列要求。

6.4.1 单根敷设的中压绝缘配电线路：

a）直线杆宜采用针式绝缘子或棒式绝缘子；

b）耐张杆宜采用一个悬式绝缘子和一个蝶式绝缘子或两个悬式绝缘子组成的绝缘子串及耐张线夹。

6.4.2 紧凑型敷设的中压绝缘配电线路：

a）直线杆应采用悬挂线夹；

b）耐张杆承力钢绞线采用耐张线夹，绝缘导线采用绝缘拉棒及耐张线夹；

c）档距中应采用绝缘支架。

6.4.3 单根敷设的低压绝缘配电线路：

a）直线杆应采用低压针式绝缘子、低压蝶式绝缘子或低压悬挂线夹；

b）耐张杆应采用低压蝶式绝缘子、一个悬式绝缘子或低压耐张线夹。

6.4.4 集束敷设、带承力线的低压绝缘配电线路：

a）直线杆应采用低压悬挂线夹；

b）耐张杆应采用低压耐张线夹。

6.4.5 集束敷设、不带承力线的低压绝缘配电线路：

a）直线杆应采用低压集束线悬挂线夹；

b）耐张杆应采用低压集束线耐张线夹。

6.5 绝缘配电线路的电瓷外绝缘应根据运行经验和所处地段外绝缘污秽等级选取，如无运行经验，应按附录D所规定的数值进行设计。

6.6 绝缘子机械强度的使用安全系数，不应小于下列数值：

——棒式绝缘子，2.5；

——针式绝缘子，2.5；

——悬式绝缘子，2.0；

——蝶式绝缘子，2.5。

绝缘子机械强度的安全系数 K 应按下式计算：

$$K = T/T_{max} \quad (2)$$

式中：T——针式绝缘子的受弯破坏荷载，N；悬式绝缘子的1h机电试验的试验荷载，N；蝶式绝缘子的破坏荷载，N；

T_{max}——绝缘子最大使用荷载，N。

6.7 绝缘子的组装方式应防止瓷裙积水。

6.8 金具的使用安全系数不应小于2.5。

7 导线排列

7.1 分相架设的中压绝缘线三角排列、水平排列、垂直排列均可，中压绝缘线路可单回架设，宜可以多回路同杆架设。

集束型低压架空绝缘电线宜采用专用金具固定在电杆或墙壁上；分相敷设的低压绝缘线宜采用水平排列或垂直排列。

7.2 城市中、低压架空绝缘线路在同一地区同杆架设，应是同一区段电源。

7.3 分相架设的低压绝缘线排列应统一，零线宜靠电杆或建筑物，并应有标志，同一回路的零线不宜高于相线。

7.4 低压架空绝缘线台区中的路灯线也应是架空绝缘电线，低压路灯绝缘线在电杆上不应高于其他相线或零线。

7.5 沿建筑物架设的低压绝缘线，支持点间的距离不宜大于6m。

7.6 中、低压架空绝缘线路的档距不宜大于50m，中压耐张段的长度不宜大于1km。

7.7 中压架空绝缘配电线路的线间距离应不小于0.4m，采用绝缘支架紧凑型架设不应小于0.25m。

7.8 同杆架设的中、低压绝缘线路，横担之间的最小垂直距离和导线支承点间的最小水平距离见表3。

表3 同杆架设的中低压绝缘线路横担之间的最小垂直距离和导线支承点间的最小水平距离 m

类 别	垂直距离	水平距离
中压与中压	0.5	0.5
中压与低压	1.0	—
低压与低压	0.3	0.3

7.9 中压架空绝缘电线与35kV及以上线路同杆架设时，两线路导线间的最小垂直距离见表4。

表4 中压架空绝缘电线与35kV及以上线路同杆架设时的最小垂直距离 m

电压等级	垂直距离
35kV	2.0
60～110kV	3.0

7.10 中压架空绝缘线路的过引线、引下线与邻相的过引线、引下线及低压线路的净空距离不应小于0.2m。

中压架空绝缘电线与电杆、拉线或构架间的净空距离不应小于0.2m。

7.11 低压架空绝缘导线与电杆、拉线或构架的净空距离不应小于0.05m。

8 电杆、拉线和基础

8.1 架空绝缘配电线路的杆塔分为直线杆型、耐张杆型和混合杆型三类。直线杆型包括直线杆、直线转角杆；耐张杆型包括耐张杆、转角杆和终端杆；混合杆型包括T接杆、十字杆、电缆杆等。

直线转角杆的转向不宜大于15°。

8.2 绝缘线路一般采用水泥杆，条件不允许时亦可采用铁塔和钢管塔。

8.3 各种电杆，应按下列荷载条件进行计算：

a）最大风速、无冰、未断线；

b）覆冰、相应风速、未断线；

c）最低气温、无冰、无风、未断线（适用于转角杆和终端杆）。

8.4 耐张杆和T接杆应考虑断线情况，采用下列荷载进行计算：

a）在同一档内断两相导线，无风、无冰（适用于分相架设单回或多回线路）；

b）在同一档内断一根承力索，无风、无冰（适用于用承力索架设单回或多回线路），断线情况下，所有导线张力均取导线最大使用张力的70%，所有承力索张力均取承力索最大使用张力的80%。

8.5 配电线路的钢筋混凝土杆，应尽量采用定型产品，电杆构造的要求应符合有关国家标准的规定。

8.6 钢筋混凝土杆的强度计算，应采用安全系数计算方法。普通钢筋混凝土杆的强度设计安全系数不应小于1.7；预应力混凝土杆的强度设计安全系数不应小于1.8。

混凝土及钢材的设计强度应符合SDJ 3的规定。

8.7 需要接地的普通钢筋混凝土杆，应设置接地螺母。接地螺母与主筋应有可靠的电气连接。

采用预应力混凝土杆时，其主筋不应兼作接地引下线。

8.8 转角杆的横担，应根据受力情况确定。一般情况下，15°以下转角杆，可采用单横担；15°～45°转角杆，宜采用双横担；45°以上转角杆，宜采用十字横担。

转角杆宜可不用横担，导线垂直单列式。

8.9 配电线路的金属横担及金属附件应热镀锌。

横担应进行强度计算，选用应规格化，铁横担的最小规格见附录E。

8.10 拉线应采用镀锌钢绞线，其强度设计安全系数应不小于2，最小规格不小于35mm²。

8.11 拉线应根据电杆的受力情况装设。拉线与电杆的夹角宜采用45°，如受地形限制，可适当减少，但不应小于30°。

跨越道路的拉线，对路面中心的垂直距离不应小于6m，对路面的垂直距离不应小于4.5m，拉桩杆的倾斜角宜采用10°～20°。

8.12 跨越电车行车线的水平拉线，对路面中心的垂直距离，不应小于9m。

8.13 钢筋混凝土电杆的拉线从导线之间穿过时，必须装设拉线绝缘子或采取其他绝缘措施，拉线绝缘子距地面不应小于2.5m。

8.14 拉线棒的直径应根据计算确定，但其直径不应小于16mm。

拉线棒应热镀锌。严重腐蚀地区，拉线棒直径应适当加大2～4mm或采取其他有效的防腐措施。

8.15 电杆基础应结合当地的运行经验、材料来源、地质情况等条件进行设计。

8.16 电杆的埋设深度，应进行倾覆稳定验算，单回路的配电线路，电杆最小埋设深度见表5。

表5　电杆的最小埋设深度　m

杆高	8.0	9.0	10.0	11.0	12.0	13.0	15.0	18.0
埋深	1.5	1.6	1.7	1.8	1.9	2.0	2.3	2.6～3.0

遇有土松软、流沙、地下水位较高等情况时，应做特殊处理。

8.17　电杆基础的上拔及倾覆稳定安全系数不应小于下列数值：

a）直线杆，1.5；

b）耐张杆，1.8；

c）转角杆、终端杆，2.0。

8.18　钢筋混凝土基础的强度设计安全系数不应小于1.7，预制基础的混凝土标号不宜低于200号。

8.19　绝缘配电线路采用铁塔或非定型产品混凝土杆时，可按SDJ 3执行。

9　变压器台和开关设备

9.1　配电变压器台应设在负荷中心或重要负荷附近，且便于更换和检修设备的地方，其配电变压器容量应考虑负荷的发展、运行的经济性等。

9.2　下列电杆不宜装配配电变压器台：

a）转角杆、分支杆；

b）设有中压接户线或中压电缆的电杆；

c）设有线路开关设备的电杆；

d）交叉路口的电杆；

e）低压接户线较多的电杆。

9.3　柱上式变压器台宜安装315kVA及以下变压器。315kVA以上的变压器宜采用室内布置或与其他高低压元件组成箱式变电站布置。

9.4　柱上配电变压器台的底部距地面高度不应低于2.5m。安装变压器后，配电变压器台的平面坡度不大于1/100。

9.5　柱上配电变压器的一、二次进出线均应采用架空绝缘线，其截面应按变压器额定容量选择，但一次侧引线铜芯不应小于$16mm^2$，铝芯不应小于$25mm^2$。

变压器的一、二次侧应分别装设熔断器，一次侧熔断器的底部对地面的垂直高度应不低于4.5m；二次侧熔断器的底部对地面的垂直高度应不低于3.5m。各相熔断器间的水平距离：一次侧不应小于0.5m，二次侧不应小于0.2m。

9.6　熔断器、避雷器、变压器的接线柱与绝缘导线的连接部位，宜进行绝缘密封。

9.7　熔断器应选用国家定型产品，并应与负荷电流、运行电压及安装点的短路容量相配合。

9.8　配电变压器的熔丝选择宜按下列要求进行：

——容量在100kVA及以下者，一次侧熔丝额定电流按变压器容量额定电流的2～3倍选择。

——容量在100kVA以上者，一次侧熔丝额定电流按变压器容量额定电流的1.5～2倍选择。

——变压器二次侧熔丝（片）按二次侧额定电流选择。

9.9　中压绝缘配电线路在下列地区宜装设开关设备：

a）较长的主干线或分支线；

b）环形供电网络；

c）管区分界处。

设备与绝缘导线的连接部位应装设专用绝缘罩。

9.10　在配电线路上装设电容器时，应按有关行业标准的规定执行。

10　防雷和接地

10.1　中压绝缘线路，在居民区的钢筋混凝土电杆宜接地，铁杆应接地，接地电阻均不应超过30Ω。

10.2　带承力线的架空绝缘配电线路其承力线应接地，其接地电阻不应大于30Ω。

10.3　柱上开关应装设防雷装置，经常开路运行的柱上开关两侧，均应装设防雷装置，其接地装置的接地电阻不应大于10Ω。开关金属外壳应接地，接地电阻不大于10Ω。

10.4　配电变压器应装设防雷装置，该防雷装置应尽量靠近变压器，其接地线应与变压器二次侧中性点及变压器的金属外壳相连接。

10.5　多雷区，宜在变压器二次侧装设避雷器。

10.6　为防止雷电波沿低压绝缘线路侵入建筑物，接户线上绝缘子铁脚宜接地，其接地电阻不大于30Ω。

10.7　中性点直接接地的低压绝缘线的零线，应在电源点接地。在干线和分支线的终端处，应将零线重复接地。

三相四线供电的低压绝缘线在引入用户处，应将零线重复接地。

10.8　中、低压绝缘配电线路在联络开关两侧，分支杆、耐张杆接头处及有可能反送电的分支线点的导线上应设置停电工作接地点。线路正常工作时停电工作接地点应装设绝缘罩。

10.9　容量为100kVA以上的变压器，其接地装置的接地电阻不应大于4Ω，该台区的低压网络的每个重复接地的电阻不应大于10Ω。

容量为100kVA及以下的变压器，其接地装置的接地电阻不应大于10Ω，该台区的低压网络的每个重复接地的电阻不应大于30Ω。

10.10　接地体的埋设深度不应小于0.6m，接地体不应与地下燃气管、送水管接触。

10.11　接地体宜采用垂直敷设或水平敷设，接地体和接地线的最小规格见表6。锈蚀严重地区的接地体宜加大2～4mm的圆钢直径或扁钢厚度。

表6　接地体和接地线的最小规格

名　　称		地上	地下
圆钢直径mm		8	8
扁　钢	截面mm^2	48	48
	厚mm	4	4
角钢厚mm		—	4
钢管壁厚mm		—	3.5
镀锌钢绞线或铜线截面mm^2		25	—

11　接户线

11.1　本章适用于架空绝缘线配电线路与用户建筑物外第一支持点之间架空绝缘线的设计。

11.2　中压接户线的档距不宜大于30m。档距超过30m时，应按中压架空绝缘配电线路设计。

低压接户线的档距不宜大于25m。档距超过25m时，应按低压架空绝缘配电线路设计。

11.3 绝缘接户线导线的截面不宜小于下列数值。

11.3.1 中压：

a）铜芯线，25mm²；

b）铝及铝合金芯线，35mm²。

11.3.2 低压：

a）铜芯线，10mm²；

b）铝及铝合金芯线，16mm²。

11.4 中压绝缘接户线的线间距离应按7.7规定。

分相架设的低压绝缘接户线的最小线间距离见表7。

表7 分相架设的低压绝缘接户线的最小线间距离 m

架设方式		档距	线间距离
自电杆上引下		25及以下	0.15
沿墙敷设	水平排列	4及以下	0.10
	垂直排列	6及以下	0.15

11.5 绝缘接户线受电端的对地面距离，不应小于下列数值：

a）中压，4m；

b）低压，2.5m。

11.6 跨越街道的低压绝缘接户线，至路面中心的垂直距离，不应小于下列数值：

a）通车街道，6m；

b）通车困难的街道、人行道，3.5m；

c）胡同（里、弄、巷），3m。

11.7 中压绝缘接户线至地面的最小距离应按12.2规定。

11.8 低压绝缘接户线与建筑物有关部分的距离，不应小于下列数值：

a）与接户线下方窗户的垂直距离，0.3m；

b）与接户线上方阳台或窗户的垂直距离，0.8m；

c）与阳台或窗户的水平距离，0.75m；

d）与墙壁、构架的距离，0.05m。

11.9 低压绝缘接户线与弱电线路的交叉距离，不应小于下列数值：

a）低压接户线在弱电线路的上方，0.6m；

b）低压接户线在弱电线路的下方，0.3m。

如不能满足上述要求，应采取隔离措施。

11.10 中压接户线与弱电线路的交叉应按12.7规定。

11.11 中压接户线与道路、管道的交叉或接近，应按12.9规定。

11.12 中、低压接户线不应从中压引下线间穿过，且严禁跨越铁路。

11.13 自电杆上引下的低压接户线，应使用悬挂线夹或低压蝶式绝缘子。

11.14 不同金属、不同规格、不同绞向的接户线，严禁在档距内连接。

跨越通车街道的接户线，不应有接头。

11.15 接户线与主干、分支绝缘线如为铜铝连接，应有可靠的铜铝过渡措施。

12 对地距离及交叉跨越

12.1 绝缘导线对地面、建筑物、树木、铁路、道路、河流、管道、索道及各种架空线路的距离，应根据最高气温情况或最大垂直比载求得的最大弧垂和最大风速情况求得的最大风偏计算。

计算上述距离，不应考虑由于电流、太阳辐射以及覆冰不均匀等引起的弧垂增大，但应计及导线架线后塑性伸长的影响和设计施工的误差。

12.2 绝缘导线与地面或水面的最小距离见表8。

表8 导线与地面或水面的最小距离 m

线路经过地区	线路电压	
	中压	低压
居民区	6.5	6.0
非居民区	5.5	5.0
不能通航也不能浮运的河、湖（至冬季水面）	5.0	5.0
不能通航也不能浮运的河、湖（至50a一遇洪水位）	3.0	3.0

12.3 绝缘配电线路应尽量不跨越建筑物，如需跨越，导线与建筑物的垂直距离在最大计算弧垂情况下，不应小于下列数据：

a）中压，2.5m；

b）低压，2.0m。

线路边线与永久建筑物之间的距离在最大风偏的情况下，不应小于下列数值：

a）中压，0.75m（人不宜接近时可为0.4m）；

b）低压，0.2m。

12.4 中压绝缘配电线路通过林区应砍伐出通道。通道净宽度为线路两侧向外各3m。

在下列情况下，如不妨碍架线施工，可不砍伐通道。

12.4.1 树木年自然生长高度不超过2m；

12.4.2 导线与树木（考虑自然生长高度）之间的垂直距离，不小于3m。

配电线路通过公园、绿化区和防护林带，导线与树木的净空距离在最大风偏情况下不应小于1m。

配电线路的导线与街道行道树之间的最小距离见表9。

校验导线与树木之间垂直距离，应考虑树木在修剪周期内生长的高度。

表9 导线与街道行道树之间的最小距离 m

最大弧垂情况下的垂直距离		最大风偏情况下的水平距离	
中压	低压	中压	低压
0.8	0.2	1.0	0.5

12.5 绝缘配电线路与特殊管道交叉，应避开管道的检查井或检查孔，同时，交叉处管道上所有部件应接地。

12.6 绝缘配电线路与甲类火灾危险性的生产厂房、甲类物品库房、易燃、易爆材料堆场以及可燃或易燃、易爆液（气）体贮罐的防火间距，不应小于杆塔高度的1.5倍。

12.7 绝缘配电线路与弱电线路交叉，应符合下列要求。

12.7.1 交叉角应符合表10规定。

12.7.2 绝缘配电线路一般架设在弱电线路上方。绝缘配电线路的电杆，应尽量接近交叉点。

12.8 绝缘线与绝缘线之间交叉跨越的最小距离见表11。

12.9 绝缘配电线路与铁路、道路、通航河流、管道、索道、人行天桥及各种架空线路交叉或接近的基本要求见表12。

表 10　绝缘配电线路与弱电线路的交叉角

弱电线路等级	交叉角
一　级	≥45°
二　级	≥30°
三　级	不限制

表 11　绝缘线与绝缘线之间交叉跨越最小距离　m

线路电压	中压	低压
中压	1.0	1.0
低压	1.0	0.5

表 12　绝缘配电线路与铁路、道路、通航河流、管道、索道、人行天桥及各种架空线路交叉或接近的基本要求

项　目		铁　路			城市道路	电车道	通航河流		弱 电 线 路	
		标准轨道	窄轨	电气化线路		有轨及无轨	主要	次要	一、二级	三级
导线在跨越档内的接头		不应接头	—	—	—	不应接头	不应接头	—	不应接头	—
导线支持方式		双固定		—	—	双固定	双固定	单固定	双固定	单固定
最小垂直距离 m	项目 线路电压	至轨顶		接触线或承力索	至路面	至承力索或接触线 / 至路面	至 5a 一遇洪水位 / 至最高航行水位的最高船桅顶		至被跨越线	
	中压	7.5	6.0	平原地区配电线路入地	7.0	$\frac{3.0}{9.0}$	$\frac{6.0}{1.5}$		2.0	
	低压	7.5	6.0	平原地区配电线路入地	6.0	$\frac{3.0}{9.0}$	$\frac{6.0}{1.0}$		1.0	
最小水平距离 m	项目 线路电压	电杆外缘至轨道中心			电杆中心至线路边缘	杆中心至路面边缘 / 杆外缘至轨道中心	与拉纤小路平行的线路，边导线至斜坡上缘		在路径受限制地区，两线路边导线间	
	中压	交叉：5.0 平行：杆高加 3.0		平行：杆高加 3.0	0.5	$\frac{0.5}{3.0}$	最高电杆高度		2.0	
	低压					$\frac{0.5}{3.0}$			1.0	
备　注				山区入地困难时，应协商并签订协议			开阔地区的最小水平距离不得小于电杆高度		1）两平行线路在开阔地区的水平距离不应小于电杆高度 2）弱电线路分级见附录 E	

项　目		电 力 线 路					特殊管道	索　道	人行天桥
		1kV 及以下	6～10kV	35～110kV	154～220kV	330kV			
导线在跨越档内的接头		交叉不应接头	交叉不应接头	—	—	—	不应接头		—
导线支持方式		单固定	双固定	—	—	—	双固定		—
最小垂直距离 m	项目 线路电压	至导线					电力线在上面 / 电力线在下面	电力线在上面 / 电力线在下面至电力线上的保护设施	— / —
	中压	2	2	3	4	5	$\frac{3.0}{—}$	$\frac{2.0}{2.0}$	4.0
	低压	1	2	3	4	5	$\frac{1.5}{1.5}$		3.0
最小水平距离 m	项目 线路电压	在路径受限制地区，两线路边导线间					在路径受限制地区，至管、索道任何部分		导线边线至人行天桥边缘
	中压	2.5	2.5	5.0	7.0	9.0	2.0		1.0
	低压						1.5		1.0
备　注		两平行线路在开阔地区的水平距离不应小于电杆高度					1）在开阔地区，与管、索道的水平距离，不应小于电杆高度 2）特殊管道指架设在地面上的输送易燃、易爆物的管道		

附录A
典型气象区

典型气象区见表A1。

表A1　典型气象区

气象区		Ⅰ	Ⅱ	Ⅲ	Ⅳ	Ⅴ	Ⅵ	Ⅶ
大气温度℃	最高	+40						
	最低	−5	−10	−5	−20	−20	−40	−20
	导线覆冰	—	−5					
	最大风	+10	+10	−5	−5	−5	−5	−5
风速m/s	最大风	30	25	25	25	25	25	25
	导线覆冰	10						
	最高、最低气温	0						
覆冰厚度mm		—	5	5	5	10	10	15
冰的比重		0.9						

附录B
导线的性能参数

B1　铝线的性能参数见表B1。

表B1　铝线的性能参数

单线根数	最终弹性系数 N/mm²	线膨胀系数 1/℃	单线根数	最终弹性系数 N/mm²	线膨胀系数 1/℃
7	59000	23.0×10^{-6}	37	56000	23.0×10^{-6}
19	56000	23.0×10^{-6}	61	54000	23.0×10^{-6}

注　1. 弹性系数值的精确度为±3000N/mm²；
　　2. 弹性系数适用于导线受力在15%～50%导线计算拉断力时。

B2　铝合金线的性能参数见表B2。

表B2　铝合金线的性能参数

导线种类	最终弹性系数 N/mm²	线膨胀系数 1/℃
铝合金线	54900～65700	23.0×10^{-6}

注　1. 铝合金线根据其所含合金成分不同而最终弹性系数有差别，故可在此范围内选择。
　　2. 弹性系数适用于导线受力在15%～50%导线计算拉断力时。

B3　铜线的性能参数见表B3。

表B3　铜线的性能参数

导线种类	最终弹性系数 N/mm²	线膨胀系数 1/℃
硬铜线	127000	17×10^{-6}
软铜线	98000	17×10^{-6}

注　1. 弹性系数值的精确度为±3000N/mm²；
　　2. 弹性系数适用于导线受力在15%～50%导线计算拉断力时。

附录C
架空绝缘电线长期允许载流量及其校正系数

C1　低压单根架空绝缘电线在空气温度为30℃时的长期允许载流量见表C1。

表C1　低压单根架空绝缘电线在空气温度为30℃时的长期允许载流量

导体标称截面 mm²	铜导体		铝导体		铝合金导体	
	PVC A	PE A	PVC A	PE A	PVC A	PE A
16	102	104	79	81	73	75
25	138	142	107	111	99	102
35	170	175	132	136	122	125
50	209	216	162	168	149	154
70	266	275	207	214	191	198
95	332	344	257	267	238	247
120	384	400	299	311	276	287
150	442	459	342	356	320	329
185	515	536	399	416	369	384
240	615	641	476	497	440	459

C2　低压集束架空绝缘电线的长期允许载流量为同截面同材料单根架空绝缘电线长期允许载流量的0.7倍。

C3　10kV、XLPE绝缘架空绝缘电线（绝缘厚度3.4mm）在空气温度为30℃时的长期允许载流量见表C2。

表C2　10kV、XLPE绝缘架空绝缘电线（绝缘厚度3.4mm）在空气温度为30℃时的长期允许载流量

导体标称截面 mm²	铜导体 A	铝导体 A	铝合金导体 A
25	174	134	124
35	211	164	153
50	255	198	183
70	320	249	225
95	393	304	282
120	454	352	326
150	520	403	374
185	600	465	432
240	712	553	513
300	824	639	608

C4　10kV、XLPE绝缘薄绝缘架空绝缘电线（绝缘厚度2.5mm）在空气温度为30℃时的长期允许载流量参照绝缘厚度3.4mm，10kV、XLPE绝缘架空绝缘电线长期允许载流量。

C5　10kV集束架空绝缘电线的长期允许载流量为同截面同材料单根架空绝缘电线长期允许载流量的0.7倍。

C6　当空气温度不是30℃时，应将表C1、表C2中架空绝缘电线的长期允许载流量乘以校正系数 K，其值由下式确定：

$$K=\sqrt{\frac{t_1-t_0}{t_1-30}}$$

式中：t_0——实际空气温度，℃；

t_1——电线长期允许工作温度，PE、PVC 绝缘为 70℃，XLPE 绝缘为 90℃。

按上式计算得到的不同空气温度时的校正系数见表 C3。

表 C3　架空绝缘电线长期允许载流量的温度校正系数

t_0	−40	−35	−30	−25	−20	−15	−10	−5	0
K_1	1.66	1.62	1.58	1.54	1.50	1.46	1.41	1.37	1.32
K_2	1.47	1.44	1.41	1.38	1.35	1.32	1.29	1.26	1.22

续表

t_0	+5	+10	+15	+20	+30	+35	+40	+50
K_1	1.27	1.22	1.17	1.12	1.00	0.94	0.87	0.71
K_2	1.19	1.15	1.12	1.08	1.00	0.96	0.91	0.82

注　1. t_0—实际空气温度，℃；
2. K_1—PE、PVC 绝缘的架空绝缘电线载流量的温度校正系数；
3. K_2—XLPE 绝缘的架空绝缘电线载流量的温度校正系数。

附录 D
架空线路污秽分级标准

架空线路污秽分级标准见表 D1。

表 D1　架空线路污秽分级标准

污秽等级	污秽条件		泄漏比距 cm/kV	
	污秽特征	盐密 mg/cm²	中性点直接接地	中性点非直接接地
0	大气清洁地区及离海岸 50km 以上地区	0～0.03（强电解质） 0～0.06（强电解质）	1.6	1.9
1	大气轻度污染地区，或大气中等污染地区； 盐碱地区，炉烟污秽地区，离海岸 10～50km 的地区，在污闪季节中干燥少雾（含毛毛雨）或雨量较多时	0.03～0.10	1.6～2.0	1.9～2.4
2	大气中等污秽地区：盐碱地区，盐烟污秽地区，离海岸 3～10km 的地区，在污闪季节潮湿多雾（含毛毛雨）但雨量较少时	0.05～0.10	2.0～2.5	2.4～3.0
3	大气严重污染地区：大气污秽而又有重雾的地区，离海岸 1～3km 的地区及盐场附近重盐碱地区	0.10～0.25	2.5～3.2	3.0～3.8
4	大气特别严重污染地区，严重盐雾侵袭地区，离海岸 1km 以内的地区	≥0.25	3.2～3.8	3.8～4.5

附录 E
铁横担的最小规格

铁横担的最小规格见表 E1。

表 E1　铁横担的最小规格　mm

线路电压	高压	低压
铁横担	∠63×5	∠50×5

附录 F
弱电线路等级

一级——首都与各省（市）、自治区人民政府所在地及其相互间联系的主要线路；首都至各重要工矿城市、海港的线路以及由首都通达国外的国际线路；由邮电部指定的其他国际线路和国防线路。

铁道部与各铁路局及铁路局之间联系用的线路，以及铁路信号自动闭塞装置专用线路。

二级——各省（市）、自治区人民政府所在地与各地（市）县及其相互间的通信线路，相邻两省（自治区）各地（市）、县相互间的通信线路，一般市内电话线路。

铁道局与各站、段及站段相互间的线路，以及铁路信号闭塞装置的线路。

三级——县至区、乡、乡人民政府的县内线路和两对以下的城郊线路；铁路的地区线路及有线广播线路。

架空绝缘配电线路施工及验收规程

(DL/T 602—1996)

1　范围

本标准规定了架空绝缘配电线路器材检验、施工技术要求、工程验收规则。

本规程适用于新建和改建的额定电压 6～10kV（中压）和额定电压 1kV 及以下（低压）架空绝缘配电线路的施工及验收。

2　引用标准

略。

3　器材检验

3.1　一般要求

3.1.1　器材应符合现行国家标准，无国家标准时，应符合现行行业标准，无正式标准的新型器材，须经有关部门鉴定合格后方可采用。

3.1.2　器材须有出厂试验报告、产品合格证。

3.1.3　器材须进行下列检查，且符合：

a）外观检查无损坏或变形；

b）型号、规格正确；

c）技术文件齐全。

3.1.4 发现器材有下列情况之一者，应重做试验：

a）超过规定保管期限；

b）损伤或变形；

c）对产品质量有怀疑。

3.2 架空绝缘线（或称架空绝缘电缆）

3.2.1 中压架空绝缘线必须符合 GB 14049 的规定。

3.2.2 低压架空绝缘线必须符合 GB 12527 的规定。

3.2.3 安装导线前，应先进行外观检查，且符合下列要求：

a）导体紧压，无腐蚀；

b）绝缘线端部应有密封措施；

c）绝缘层紧密挤包，表面平整圆滑，色泽均匀，无尖角、颗粒，无烧焦痕迹。

3.3 金具及绝缘部件

3.3.1 低压金具及绝缘部件应符合 DL/T 464.1～5 的规定。

3.3.2 安装金具前，应进行外观检查，且符合下列要求：

a）表面光洁，无裂纹、毛刺、飞边、砂眼、气泡等缺陷；

b）线夹转动灵活，与导线接触的表面光洁，螺杆与螺母配合紧密适当；

c）镀锌良好，无剥落、锈蚀。

3.3.3 绝缘管、绝缘包带应表面平整，色泽均匀。

3.3.4 绝缘支架，绝缘护罩应色泽均匀，平整光滑，无裂纹，无毛刺，锐边关合紧密。

3.4 绝缘子

3.4.1 绝缘子应符合 GB 772 的规定。

3.4.2 安装绝缘子前应进行外观检查，且符合下列要求：

a）瓷绝缘子与铁绝缘子结合紧密；

b）铁绝缘子镀锌良好，螺杆与螺母配合紧密；

c）瓷绝缘子轴光滑，无裂纹、缺釉、斑点、烧痕和气泡等缺陷。

3.5 钢筋混凝土电杆

3.5.1 普通钢筋混凝土电杆应符合 GB 396 的规定，预应力钢筋混凝土电杆应符合 GB 4623 的规定。

3.5.2 安装钢筋混凝土电杆前应进行外观检查，且符合下列要求：

a）表面光洁平整，壁厚均匀，无偏心、露筋、跑浆、蜂窝等现象；

b）预应力混凝土电杆及构件不得有纵向、横向裂缝；

c）普通钢筋混凝土电杆及细长预制构件不得有纵向裂缝，横向裂缝宽度不应超过 0.1mm，长度不超过 1/3 周长；

d）杆身弯曲不超过 2/1000。

3.6 混凝土预制构件

混凝土预制构件表面不应有蜂窝、露筋和裂缝等缺陷，强度应满足设计要求。

3.7 拉线

3.7.1 拉线应符合 GB 1200 的规定。

3.7.2 安装拉线前应进行外观检查，且符合下列规定：

a）镀锌良好，无锈蚀；

b）无松股、交叉、折叠、断股及破损等缺陷。

3.8 电气设备

3.8.1 电气设备必须符合相应的产品标准规定及产品使用要求。

3.8.2 安装电气设备前应进行外观检查，且符合下列要求：

a）外表整齐，内外清洁无杂物；

b）操作机构灵活无卡位；

c）通、断动作应快速、准确、可靠；

d）辅助触点通断准确、可靠；

e）仪表与互感器变比及接线、极性正确；

f）紧固螺母拧紧，元件安装正确、牢固可靠；

g）母线、电路连接紧固良好，并且套有绝缘管；

h）保护元件整定正确；

i）随机元件及附件齐全。

4 电杆基坑

4.1 基坑施工前的定位应符合下列规定：

a）直线杆：顺线路方向位移不应超过设计档距的 5%，垂直线路方向不应超过 50mm；

b）转角杆：位移不应超过 50mm。

4.2 基坑底使用底盘时，坑底表面应保持水平，底盘安装尺寸误差应符合下列规定：

a）双杆两底盘中心的根开误差不应超过 30mm；

b）双杆的两杆坑深度差不应超过 20mm。

4.3 在设计未作规定时电杆埋设深度应符合表1。

表 1　电杆埋设深度表　　m

杆长	8.0	9.0	10.0	11.0	12.0	13.0	15.0	18.0
埋深	1.5	1.6	1.7	1.8	1.9	2.0	2.3	2.6～3.0

遇有土松软、流沙、地下水位较高等情况时，应做特殊处理。

4.4 变压器台的电杆在设计未作规定时，其埋设深度不应小于 2.0m。

4.5 电杆基础采用卡盘时，应符合下列规定：

a）卡盘上口距地面不应小于 0.5m；

b）直线杆：卡盘应与线路平行并应在线路电杆左、右侧交替埋设；

c）承力杆：卡盘埋设在承力侧。

4.6 电杆组立后，回填土时应将土块打碎，每回填 500mm 应夯实一次。

4.7 回填土后的电杆坑应有防沉土台，其埋设高度应超出地面 300mm。沥青路面或砌有水泥花砖的路面不留防沉土台。

4.8 采用抱杆立杆，电杆坑留有滑坡时，滑坡长度不应小于坑深，滑坡回填土时必须夯实，并留有防沉土台。

4.9 现场浇筑基础

杆塔和拉线基础中的钢筋混凝土工程施工及验收，除应遵守本标准的规定外，并应符合我国有关国家标准的规定。

4.10 基础钢筋焊接应符合我国有关国家标准的规定。

4.11 不同品种的水泥可在同一基础中使用，但不应在同一个基础腿中混合使用。出现此类情况时，应分别制作试块并作记录。

4.12 当等高腿转角、终端塔设计要求采取预偏措施时，其基础的四个基腿顶面应按预偏值，抹成斜平面，并应共在一个整斜平面内。

4.13 浇筑混凝土的模板宜采用钢模板，其表面应平整且接缝严密。支模时应符合基础设计尺寸的规定。混凝土浇筑前模板表面应涂脱模剂，拆除后应立即将表面残留的水泥、砂浆等清除干净。当不用模板进行混凝土浇筑时，应采取防止泥土等杂物混入混凝土中的措施。

4.14 浇筑基础中的地脚螺栓及预埋件应安装牢固。安装前应除去浮锈，并应将螺纹部分加以保护。

4.15 主角钢插入式基础的主角钢应连同铁塔最下段结构组装找正，并应加以临时固定，在浇筑中应随时检查其位置。

4.16 基础施工中，混凝土的配合比设计应根据砂、石、水泥等原材料及现场施工条件，按有关国家标准的规定，通过计算和试配确定，并应有适当的强度储备。储备强度值应按施工单位的混凝土强度标准差的历史水平确定。

4.17 现场浇筑混凝土采用人工搅拌时，应先将水泥、黄砂、石子搅拌数次后，再加水搅拌均匀。浇筑混凝土时，每隔300mm厚度捣固一次，以保证浇筑质量。

4.18 混凝土浇筑质量检查应符合下列规定：

a）塌落度每班日检查1～2次；

b）混凝土的强度检查，每项工程试块取1～2组，当原材料变化、配比变更时应另外制作。

4.19 现场浇筑基础混凝土的养护应符合下列规定。

4.19.1 浇筑后应在12h内开始浇水养护，当天气炎热、干燥有风时，应在3h内进行浇水养护，养护时应在基础模板外加遮盖物，浇水次数应能保持混凝土表面始终湿润。

4.19.2 混凝土浇水养护日期，对普通硅酸盐和矿渣硅酸盐水泥拌制的混凝土不得少于5d，当使用其他品种水泥时，其养护日期应符合有关国家标准的规定。

4.19.3 基础拆模经表面检查合格后应立即回填土，并应对基础外露部分加遮盖物，按规定期限继续浇水养护，养护时应使遮盖物及基础周围的土始终保持湿润。

4.19.4 采用养护剂养护时，应在拆模并经表面检查合格后立即涂刷，涂刷后不再浇水。

4.19.5 日平均气温低于5℃时不得浇水养护。

4.20 基础拆模时，应保证混凝土表面及棱角不损坏，且强度不应低于2.5MPa。

4.21 浇筑铁塔基础腿尺寸的允许偏差应符合下列规定：

a）保护层厚度：−5mm；

b）立柱及各底座断面尺寸：−1%；

c）同组地脚螺栓中心对立柱中心偏移：10mm。

4.22 浇筑拉线基础的允许偏差应符合下列规定：

a）基础尺寸偏差：断面尺寸，−1%；拉环中心与设计位置的偏移：20mm；

b）基础位置偏差：拉环中心在拉线方向前、后、左、右与设计位置的偏差：1%L，L为拉环中心至杆塔拉线固定点的水平距离。

4.23 整基铁塔基础在回填夯实后尺寸允许偏差见表2。

4.24 对混凝土表面缺陷的修整应符合有关国家标准的规定。

表2　整基基础尺寸施工允许偏差　　mm

项目		地脚螺栓式		主角钢插入式		高塔基础
		直线	转角	直线	转角	
整基基础中心与中心桩间的位移	横线路方向	30	30	30	30	30
	顺线路方向		30		30	
基础根开及对角线尺寸		±2‰		±1‰		±0.7‰
基础顶面或主角钢操平印记间相对高差		5		5		5

注 1. 转角塔基础的横线路方向是指内角平分线方向；顺线路方向是指转角平分线方向。
2. 基础根开及对角线是指同组地脚螺栓中心之间或塔腿主角钢准线间的水平距离。
3. 相对高差是指抹面后的相对高差。转角塔及终端塔有预偏时，基础顶面相对高差不受5mm的限制。
4. 高低腿基础顶面标高差是指与设计标高之比。

4.25 现场浇筑基础混凝土的冬季施工应符合有关国家标准的规定。

5 杆塔组装

5.1 混凝土电杆及预制构件在装卸运输中严禁互相碰撞、急剧坠落和不正确的支吊，以防止产生裂缝或使原有裂缝扩大。

5.2 运至桩位的杆段及预制构件，放置于地平面检查，当端头的混凝土局部碰损时应进行补修。

5.3 电杆起立前顶端应封堵良好。设计无要求时，下端可不封堵。

5.4 钢圈连接的钢筋混凝土电杆，焊接时应符合下列规定：

a）应由经过焊接专业培训并经考试合格的焊工操作，焊完后的电杆经自检合格后，在规定位打上焊工的代号钢印。

b）钢圈焊口上的油脂、铁锈、泥垢等物应清除干净。

c）应按钢圈对齐找正，中间留2～5mm的焊口缝隙。如钢圈有偏心，其错口不应大于2mm。

d）焊口符合要求后，先点焊3～4处，然后对称交叉施焊。点焊所用焊条应与正式焊接用的焊条相同。

e）钢圈厚度大于6mm时，应采用V型坡口多层焊接，焊接中应特别注意焊缝接头和收口的质量。多层焊缝的接头应错开，收口时应将熔池填满。焊缝中严禁堵塞焊条或其他金属。

f）焊缝应有一定的加强面，其最小高度和宽度见表3。

表3　焊缝加强面的最小高度和宽度　　mm

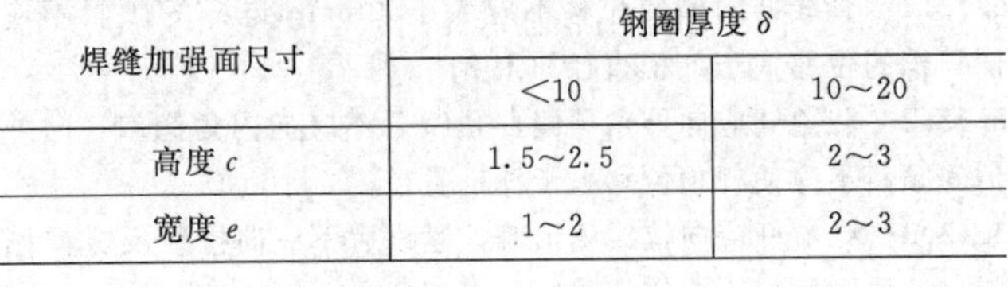

焊缝加强面尺寸	钢圈厚度 δ	
	<10	10～20
高度 c	1.5～2.5	2～3
宽度 e	1～2	2～3

示意图

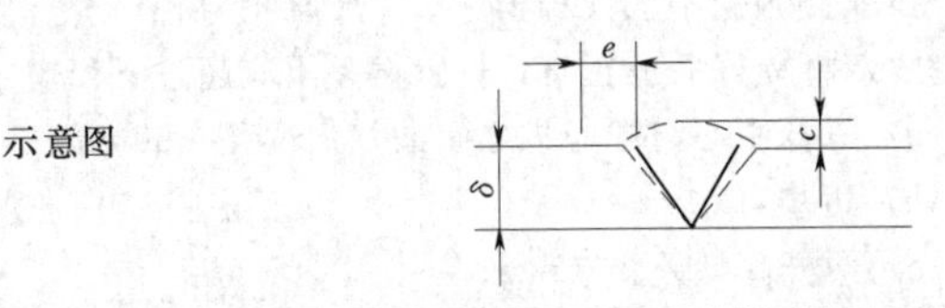

g）焊缝表面应以平滑的细鳞形与基本金属平缓连接，无折皱、间断、漏焊及未焊满的陷槽，并不应有裂纹。基本金属的咬边深度不应大于0.5mm，当钢材厚度超过10mm时，不应

大于1.0mm，仅允许有个别表面气孔。

h）雨、雪、大风时应采取妥善措施后，方可施焊。施焊中杆内不应有穿堂风。当气温低于－20°C，应采取预热措施，预热温度为100～120°C，焊后应使温度缓慢下降。

i）焊完后的电杆其分段弯曲度及整杆弯曲度不得超过对应长度的2/1000，超过时，应割断重新焊接。

5.5 当采用气焊时，还应符合下列规定：

a）钢圈的宽度，一般不应小于140mm；

b）尽量减少加热时间，并采取必要降温措施。焊接后，钢圈与水泥粘接处附近的水泥产生宽度大于0.05mm纵向裂缝，应用环氧树脂补修膏涂刷；

c）电石产生的乙炔气体，应经过滤；

d）氧气纯度应在98.5%以上。

5.6 电杆的钢圈焊接头应按设计要求进行防腐处理。设计无规定时，可将钢圈表面铁锈和焊缝的焊渣与氧化层除净，先涂刷一层红樟丹，干燥后再涂刷一层防锈漆处理。

5.7 铁塔基础符合下列规定时方可组立铁塔。

5.7.1 经中间检查验收合格。

5.7.2 混凝土的强度符合下列规定：

a）分解组塔时为设计强度的70%；

b）整体立塔时为设计强度的100%，遇特殊情况，当立塔操作采取有效防止影响混凝土强度的措施时，可在混凝土强度不低于设计强度70%时整体立塔。

5.8 自立式转角塔、终端塔应组立在倾斜平面的基础上，向受力反方向产生预倾斜，倾斜值应视塔的刚度及受力大小由设计确定。架线挠曲后，塔顶端仍不应超过铅垂线而偏向受力侧。当架线后塔的挠曲超过设计规定时，应会同设计单位处理。

5.9 拉线转角杆、终端杆、导线不对称布置的拉线直线单杆，在架线后拉线点处不应向受力侧挠倾。向反受力侧（轻载侧）的偏斜不应超过拉线点高的3%。

5.10 塔材的弯曲度应符合GB 2694的规定。对运至桩位的个别角钢当弯曲度超过长度的2‰时，可采用冷矫正，但不得出现裂纹。

5.11 铁塔组立后，各相邻节点间主材弯曲不得超过1/750。

5.12 铁塔组立后，塔脚板应与基础面接触良好，有空隙时应垫铁片，并应灌筑水泥砂浆。直线型塔经检查合格后可随即浇筑保护帽。耐张型塔应在架线后浇筑保护帽。保护帽的混凝土应与塔脚板上部铁板接合严密，且不得有裂缝。

5.13 电杆立好后，应符合下列规定：

5.13.1 直线杆的横向位移不应大于50mm；电杆的倾斜不应使杆梢的位移大于杆梢直径的1/2；

5.13.2 转角杆应向外角预偏，紧线后不应向内角倾斜，向外角的倾斜不应使杆梢位移大于杆梢直径；

5.13.3 终端杆应向拉线侧预偏，紧线后不应向拉线反方向倾斜，拉线侧倾斜不应使杆梢位移大于杆梢直径。

5.14 双杆立好后应正直，位置偏差不应超过下列规定数值：

a）双杆中心与中心桩之间的横向位移：50mm；

b）迈步：30mm；

c）两杆高低差：20mm；

d）根开：±30mm。

5.15 线路横担的安装：直线杆单横担应装于受电侧；90°转角杆及终端杆当采用单横担时，应装于拉线侧。

5.16 杆塔部件组装有困难时应查明原因，严禁强行组装。个别螺孔需扩孔时，应采用冷扩，扩孔部分不应超过3mm。

5.17 横担安装应平整，安装偏差不应超过下列规定数值：

a）横担端部上下歪斜：20mm；

b）横担端部左右扭斜：20mm。

5.18 带叉梁的双杆组立后，杆身和叉梁均不应有鼓肚现象。叉梁铁板、抱箍与主杆的连接牢固、局部间隙不应大于50mm。

5.19 导线为水平排列时，上层横担距杆顶距离不宜小于200mm。

5.20 以螺栓连接的构件应符合下列规定：

a）螺杆应与构件面垂直，螺头平面与构件间不应有空隙；

b）螺栓紧好后，螺杆丝扣露出的长度：单螺母不应小于2扣，双螺母可平扣；

c）必须加垫圈者，每端垫圈不应超过2个。

5.21 螺栓的穿入方向应符合下列规定。

5.21.1 立体结构：

a）水平方向者由内向外；

b）垂直方向者由下向上。

5.21.2 平面结构：

a）顺线路方向者，双面构件由内向外，单面构件由送电侧向受电侧或按统一方向；

b）横线路方向者，两侧由内向外，中间由左向右（面向受电侧）或统一方向；

c）垂直方向者，由下而上。

5.22 绝缘子安装应符合下列规定。

5.22.1 安装牢固，连接可靠。

5.22.2 安装时应清除表面灰垢、泥沙等附着物及不应有的涂料。

5.22.3 悬式绝缘子安装，尚应遵守下列规定：

a）安装后防止积水；

b）开口销应开口至60°～90°，开口后的销子不应有折断、裂痕等现象，不应用线材或其他材料代替开口销子；

c）金具上所使用的闭口销的直径必须与孔径配合，且弹力适度；

d）与电杆、导线金属连接处，不应有卡压现象。

5.23 同杆架设的多回路线路，横担间的最小垂直距离见表4。

表4 同杆架设多回路线路横担间的最小垂直距离 m

架设方式	直线杆	分支或转角杆
中压与中压	0.5	0.2/0.3
中压与低压	1.0	—
低压与低压	0.3	0.2（不包括集束线）

中压绝缘线路与35kV线路同杆架设时，两线路导线之间垂直距离不应小于2.0m。

5.24 工程移交时，杆塔上应有下列固定标志：

a）杆塔号及线路名称或代号；

b）耐张型杆塔、分支杆的相位标志；

c）在多回路杆塔上应注明每回路的布置及线路名称。

6 拉线安装

6.1 拉线安装应符合下列规定：

6.1.1 拉线与电杆的夹角不宜小于45°，当受地形限制时，不应小于30°；

6.1.2 终端杆的拉线及耐张杆承力拉线应与线路方向对正，

分角拉线应与线路分角线方向对正，防风拉线应与线路方向垂直；

6.1.3 拉线穿过公路时，对路面中心的距离不应小于6m，且对路面的最小距离不应小于4.5m。

6.2 采用UT型线夹及楔形线夹固定的拉线安装时：

a）安装前丝扣上应涂润滑剂；

b）线夹舌板与拉线接触应紧密，受力后无滑动现象，线夹凸肚应在尾线侧，安装时不应损伤线股；

c）拉线弯曲部分不应明显松脱，拉线断头处与拉线应有可靠固定。拉线处露出的尾线长度不宜超过0.4m；

d）同一组拉线使用双线夹时，其尾线端的方向应统一；

e）UT型线夹的螺杆应露扣，并应有不小于1/2螺杆丝扣长度可供调紧。调整后，UT型线夹的双螺母应并紧。

6.3 拉桩杆的安装应符合设计要求。设计无要求，应满足以下几点：

a）采用坠线的，不应小于杆长的1/6；

b）无坠线的，应按其受力情况确定，且不应小于1.5m；

c）拉桩杆应向受力反方向倾斜10°～20°；

d）拉桩坠线与拉桩杆夹角不应小于30°；

e）拉桩坠线上端固定点的位置距拉桩杆顶应为0.25m。

6.4 当一基电杆上装设多条拉线时，拉线不应有过松、过紧、受力不均匀等现象。

6.5 埋设拉线盘的拉线坑应有滑坡（马道），回填土应有防沉土台，拉线棒与拉线盘的连接应使用双螺母。

6.6 采用顶杆（撑杆）安装时，应符合下列规定：

a）符合设计要求；

b）顶杆底部埋深不小于0.5m；

c）与主杆连接紧密、牢固。

7 导线架设

7.1 放线

7.1.1 架设绝缘线宜在干燥天气进行，气温应符合绝缘线制造厂的规定。

7.1.2 放紧线过程中，应将绝缘线放在塑料滑轮或套有橡胶护套的铝滑轮内。滑轮直径不应小于绝缘线外径的12倍，槽深不小于绝缘线外径的1.25倍，槽底部半径不小于0.75倍绝缘线外径，轮槽槽倾角为15°。

7.1.3 放线时，绝缘线不得在地面、杆塔、横担、瓷瓶或其他物体上拖拉，以防损伤绝缘层。

7.1.4 宜采用网套牵引绝缘线。

7.2 绝缘线损伤的处理

7.2.1 线芯损伤的处理：

7.2.1.1 线芯截面损伤不超过导电部分截面的17%时，可敷线修补，敷线长度应超过损伤部分，每端缠绕长度超过损伤部分不小于100mm。

7.2.1.2 线芯截面损伤在导电部分截面的6%以内，损伤深度在单股线直径的1/3之内，应用同金属的单股线在损伤部分缠绕，缠绕长度应超出损伤部分两端各30mm。

7.2.1.3 线芯损伤有下列情况之一时，应锯断重接：

a）在同一截面内，损伤面积超过线芯导电部分截面的17%；

b）钢芯断一股。

7.2.2 绝缘层的损伤处理：

7.2.2.1 绝缘层损伤深度在绝缘层厚度的10%及以上时应进行绝缘修补。可用绝缘自粘带缠绕，每圈绝缘粘带间搭压带宽的1/2，补修后绝缘自粘带的厚度应大于绝缘层损伤深度，且不少于两层。也可用绝缘护罩将绝缘层损伤部位罩好，并将开口部位用绝缘自粘带缠绕封住。

7.2.2.2 一个档距内，单根绝缘线绝缘层的损伤修补不宜超过三处。

7.3 绝缘线的连接和绝缘处理

7.3.1 绝缘线连接的一般要求。

7.3.1.1 绝缘线的连接不允许缠绕，应采用专用的线夹、接续管连接。

7.3.1.2 不同金属、不同规格、不同绞向的绝缘线，无承力线的集束线严禁在档内做承力连接。

7.3.1.3 在一个档距内，分相架设的绝缘线每根只允许有一个承力接头，接头距导线固定点的距离不应小于0.5m，低压集束绝缘线非承力接头应相互错开，各接头端距不小于0.2m。

7.3.1.4 铜芯绝缘线与铝芯或铝合金芯绝缘线连接时，应采取铜铝过渡连接。

7.3.1.5 剥离绝缘层、半导体层应使用专用切削工具，不得损伤导线，切口处绝缘层与线芯宜有45°倒角。

7.3.1.6 绝缘线连接后必须进行绝缘处理。绝缘线的全部端头、接头都要进行绝缘护封，不得有导线、接头裸露，防止进水。

7.3.1.7 中压绝缘线接头必须进行屏蔽处理。

7.3.2 绝缘线接头应符合下列规定：

a）线夹、接续管的型号与导线规格相匹配；

b）压缩连接接头的电阻不应大于等长导线的电阻的1.2倍，机械连接接头的电阻不应大于等长导线的电阻的2.5倍，档距内压缩接头的机械强度不应小于导体计算拉断力的90%；

c）导线接头应紧密、牢靠、造型美观，不应有重叠、弯曲、裂纹及凹凸现象。

7.3.3 承力接头的连接和绝缘处理。

7.3.3.1 承力接头的连接采用钳压法、液压法施工，在接头处安装辐射交联热收缩管护套或预扩张冷缩绝缘套管（统称绝缘护套），其绝缘处理示意图见附录A。

7.3.3.2 绝缘护套管径一般应为被处理部位接续管的1.5～2.0倍。中压绝缘线使用内外两层绝缘护套进行绝缘处理，低压绝缘线使用一层绝缘护套进行绝缘处理。各部长度见附录A。

7.3.3.3 有导体屏蔽层的绝缘线的承力接头，应在接续管外面先缠绕一层半导体自粘带和绝缘线的半导体层连接后再进行绝缘处理。每圈半导体自粘带间搭压带宽的1/2。

7.3.3.4 截面为240mm^{2}及以上铝线芯绝缘线承力接头宜采用液压法施工。

7.3.3.5 钳压法施工。

a）将钳压管的喇叭口锯掉并处理平滑。

b）剥去接头处的绝缘层、半导体层，剥离长度比钳压接续管长60～80mm。线芯端头用绑线扎紧，锯齐导线。

c）将接续管、线芯清洗并涂导电膏。

d）按附录B规定的压口数和压接顺序压接，压接后按钳压标准矫直钳压接续管。

e）将需进行绝缘处理的部位清洗干净，在钳压管两端口至绝缘层倒角间用绝缘自粘带缠绕成均匀弧形，然后进行绝缘处理。

7.3.3.6 液压法施工。

a）剥去接头处的绝缘层、半导体层，线芯端头用绑线扎紧，锯齐导线，线芯切割平面与线芯轴线垂直。

b）铝绞线接头处的绝缘层、半导体层的剥离长度，每根绝缘线比铝接续管的1/2长20～30mm。

c）钢芯铝绞线接头处的绝缘层、半导体层的剥离长度，当钢芯对接时，其一根绝缘线比铝接续管的1/2长20～30mm，另一根绝缘线比钢接续管的1/2和铝接续管的长度之和长40～60mm；当钢芯搭接时，其一根绝缘线比钢接续管和铝接续管长度之和的1/2长20～30mm，另一根绝缘线比钢接续管和铝接续管的长度之和长40～60mm。

d）将接续管、线芯清洗并涂导电膏。

e）按附录C规定的各种接续管的液压部位及操作顺序压接。

f）各种接续管压后压痕应为六角形，六角形对边尺寸为接续管外径的0.866倍，最大允许误差 S 为（$0.866\times0.993D+0.2$）mm，其中 D 为接续管外径，三个对边只允许有一个达到最大值，接续管不应有肉眼看出的扭曲及弯曲现象，校直后不应出现裂缝，应锉掉飞边 、毛刺。

g）将需要进行绝缘处理的部位清洗干净后进行绝缘处理。

7.3.3.7 辐射交联热收缩管护套的安装。

a）加热工具使用丙烷喷枪，火焰呈黄色，避免蓝色火焰。一般不用汽油喷灯，若使用时，应注意远离材料，严格控制温度。

b）将内层热缩护套推入指定位置，保持火焰慢慢接近，从热缩护套中间或一端开始，使火焰螺旋移动，保证热缩护套沿圆周方向充分均匀收缩。

c）收缩完毕的热缩护套应光滑无皱折，并能清晰地看到其内部结构轮廓。

d）在指定位置浇好热熔胶，推入外层热缩护套后继续用火焰使之均匀收缩。

e）热缩部位冷却至环境温度之前，不准施加任何机械应力。

7.3.3.8 预扩张冷缩绝缘套管的安装：

将内外两层冷缩管先后推入指定位置，逆时针旋转退出分瓣开合式芯棒，冷缩绝缘套管松端开始收缩。采用冷缩绝缘套管时，其端口应用绝缘材料密封。

7.3.4 非承力接头的连接和绝缘处理。

7.3.4.1 非承力接头包括跳线、T接时的接续线夹（含穿刺型接续线夹）和导线与设备连接的接线端子。

7.3.4.2 接头的裸露部分须进行绝缘处理，安装专用绝缘护罩。

7.3.4.3 绝缘罩不得磨损、划伤，安装位置不得颠倒，有引出线的要一律向下，需紧固的部位应牢固严密，两端口需绑扎的必须用绝缘自粘带绑扎两层以上。

7.4 紧线

7.4.1 紧线时，绝缘线不宜过牵引。

7.4.2 紧线时，应使用网套或面接触的卡线器，并在绝缘线上缠绕塑料或橡皮包带，防止卡伤绝缘层。

7.4.3 绝缘线的安装弛度按设计给定值确定，可用弛度板或其他器件进行观测。绝缘线紧好后，同档内各相导线的弛度应力求一致，施工误差不超过±50mm。

7.4.4 绝缘线紧好后，线上不应有任何杂物。

7.5 绝缘线的固定

7.5.1 采用绝缘子（常规型）架设方式时绝缘线的固定。

7.5.1.1 中压绝缘线直线杆采用针式绝缘子或棒式绝缘子，耐张杆采用两片悬式绝缘子和耐张线夹或一片悬式绝缘子和一个中压蝶式绝缘子。

7.5.1.2 低压绝缘线垂直排列时，直线杆采用低压蝶式绝缘子；水平排列时，直线杆采用低压针式绝缘子；沿墙敷设时，可用预埋件或膨胀螺栓及低压蝶式绝缘子，预埋件或膨胀螺栓的间距以6m为宜。低压绝缘线耐张杆或沿墙敷设的终端采用有绝缘衬垫的耐张线夹，不需剥离绝缘层，也可采用一片悬式绝缘子与耐张线夹或低压蝶式绝缘子。

7.5.1.3 针式或棒式绝缘子的绑扎，直线杆采用顶槽绑扎法；直线角度杆采用边槽绑扎法，绑扎在线路外角侧的边槽上。蝶式绝缘子采用边槽绑扎法。使用直径不小于2.5mm的单股塑料铜线绑扎。

7.5.1.4 绝缘线与绝缘子接触部分应用绝缘自粘带缠绕，缠绕长度应超出绑扎部位或与绝缘子接触部位两侧各30mm。

7.5.1.5 没有绝缘衬垫的耐张线夹内的绝缘线宜剥去绝缘层，其长度和线夹等长，误差不大于5mm。将裸露的铝线芯缠绕铝包带，耐张线夹和悬式绝缘子的球头应安装专用绝缘护罩罩好。

7.5.2 中压绝缘线采用绝缘支架架设时绝缘线的固定。

7.5.2.1 按设计要求设置绝缘支架，绝缘线固定处缠绕绝缘自粘带。带承力钢绞线时，绝缘支架固定在钢绞线上。终端杆用耐张线夹和绝缘拉棒固定绝缘线，耐张线夹应装设绝缘护罩。

7.5.2.2 240mm^{2}及以下绝缘线采用钢绞线的截面不得小于50mm^2。钢绞线两端用耐张线夹和拉线包箍固定在耐张杆上，直线杆用悬挂线夹吊装。

7.5.3 集束绝缘线的固定。

7.5.3.1 中压集束绝缘线直线杆采用悬式绝缘子和悬挂线夹，耐张杆采用耐张线夹。

7.5.3.2 低压集束绝缘线直线杆采用有绝缘衬垫的悬挂线夹，耐张杆采用有绝缘衬垫的耐张线夹。

7.5.4 中压绝缘线路每相过引线、引下线与邻相的过引线、引下线及低压绝缘线之间的净空距离不应小于200mm；中压绝缘线与拉线、电杆或构架间的净空距离不应小于200mm。

7.5.5 低压绝缘线每相过引线、引下线与邻相的过引线、引下线之间的净空距离不应小于100mm；低压绝缘线与拉线、电杆或构架间的净空距离不应小于50mm。

7.5.6 停电工作接地点的设置。

7.5.6.1 中低压绝缘线路及线路上变压器台的一、二次侧应设置停电工作接地点。

7.5.6.2 停电工作接地点处宜安装专用停电接地金具，用以悬挂接地线。

8 电器设备的安装

8.1 杆上变压器的变压器台的安装应符合下列规定。

8.1.1 安装牢固，水平倾斜不应大于台架根开的1/100。

8.1.2 一、二次引线应排列整齐、绑扎牢固。

8.1.3 变压器安装后，套管表面应光洁，不应有裂纹、破损等现象；油枕油位正常，外壳干净。

8.1.4 变压器外壳应可靠接地；接地电阻应符合规定。

8.2 跌落式熔断器的安装应符合下列规定。

8.2.1　各部分零件完整、安装牢固。

8.2.2　转轴光滑灵活、铸件不应有裂纹、砂眼。

8.2.3　绝缘子良好，熔丝管不应有吸潮膨胀或弯曲现象。

8.2.4　熔断器安装牢固、排列整齐、高低一致，熔管轴线与地面的垂线夹角为15°～30°。

8.2.5　动作灵活可靠，接触紧密。

8.2.6　上下引线应压紧，与线路导线的连接应紧密可靠。

8.3　低压刀开关、隔离开关、熔断器的安装应符合下列规定。

8.3.1　安装牢固、接触紧密。开关机构灵活、正确，熔断器不应有弯曲、压偏、伤痕等现象。

8.3.2　二次侧有断路设备时，熔断器应安装于断路设备与低压针式绝缘子之间。

8.3.3　二次侧无断路设备时，熔断器应安装于低压针式绝缘子外侧。

8.3.4　不应以线材代替熔断器。

8.4　杆上避雷器的安装应符合下列规定。

8.4.1　绝缘子良好，瓷套与固定抱箍之间应加垫层。

8.4.2　安装牢固，排列整齐，高低一致。

8.4.3　引下线应短而直，连接紧密，采用铜芯绝缘线，其截面应不小于：

a）上引线：$16mm^2$；

b）下引线：$25mm^2$。

8.4.4　与电气部分连接，不应使避雷器产生外加应力。

8.4.5　引下线应可靠接地、接地电阻值应符合规定。

8.5　杆上中压开关的安装应符合下列规定。

8.5.1　安装牢固可靠，水平倾斜不大于托架长度的1/100。

8.5.2　引线的连接处应留有防水弯。

8.5.3　绝缘子良好、外壳干净，不应有渗漏现象。

8.5.4　分合动作正确可靠，指示清晰。

8.5.5　外壳应可靠接地。

8.6　杆上隔离开关安装应符合下列规定。

8.6.1　绝缘子良好、安装牢固。

8.6.2　操作机构动作灵活。

8.6.3　合闸时应接触紧密，分闸时应有足够的空气间隙，且静触头带电。

8.6.4　与引线的连接应紧密可靠。

8.7　杆上电容器的安装应符合下列规定。

8.7.1　安装牢固可靠。

8.7.2　接线正确，接触紧密。

8.8　箱式变电所的施工应符合下列规定。

8.8.1　箱式变电所基础应符合设计规定，平整、坚实、不积水，留有一定通道。

8.8.2　箱式变电所应有足够的操作距离及平台，周围留有巡视走廊。

8.8.3　电缆沟布置合理。

8.8.4　外壳应可靠接地。

9　对地距离及交叉跨越

9.1　对地距离

9.1.1　绝缘线在最大弧垂时，对地面及跨越物的最小垂直距离见表5。

9.1.2　绝缘配电线路应尽量不跨越建筑物，如需跨越，导线与建筑物的垂直距离在最大计算弧垂情况下，不应小于下列数据：

a）中压：2.5m；

b）低压：2.0m。

表5　绝缘线在最大弧垂时，对地面及跨越物的最小垂直距离　m

线路经过地区	线路电压	
	中压	低压
繁华市区	6.5	6.0
一般城区	5.5	5.0
交通困难地区	4.5	4.0
至铁路轨顶	7.5	7.5
城市道路	7.0	6.0
至电车行车线	3.0	3.0
至河流最高水位（通航）	6.0	6.0
至河流最高水位（不通航）	3.0	3.0
与索道距离	2.0	1.5
人行过街桥	4.0	3.0

线路边线与永久建筑物之间的距离在最大风偏的情况下，不应小于下列数值：

a）中压：0.75m（人不能接近时可为0.4m）；

b）低压：0.2m。

9.1.3　中压配电线路通过林区应砍伐出通道。通道净宽度为线路边导线向外各3m。

在下列情况下，如不妨碍架线施工，可不砍伐通道。

9.1.3.1　树木自然生长高度不超过2m；

9.1.3.2　导线与树木（考虑自然生长高度）之间的垂直距离，不小于3m。

配电线路通过公园、绿化区和防护林带，导线与树木的净空距离在风偏情况下不应小于1m。

配电线路的导线与街道行道树之间的最小距离见表6。

表6　导线与街道行道树之间的最小距离　m

最大弧垂情况下的垂直距离		最大风偏情况下的水平距离	
中　压	低　压	中　压	低　压
0.8	0.2	1.0	0.5

校验导线与树木之间垂直距离，应考虑树木在修剪周期内生长的高度。

9.2　交叉跨越距离

9.2.1　绝缘线对民用天线的距离在最大风偏时应不小于1m。

9.2.2　绝缘线与弱电线路的交叉应符合下列规定：

——强电在上，弱电在下；

——与一级弱电线路交叉时交叉角不小于45°，与二级弱电线路交叉时交叉角不小于30°。

9.2.3　绝缘线与弱电线路的最小距离见表7。

9.2.4　绝缘线与绝缘线之间交叉跨越的最小距离见表8。

表 7　　绝缘线与弱电线路的最小距离　　m

类　别	中压	低压
垂直距离	2.0	1.0
水平距离	2.0	1.0

表 8　　绝缘线与绝缘线之间交叉跨越最小距离　　m

线路电压	中压	低压
中压	1.0	1.0
低压	1.0	0.5

9.2.5 绝缘线与架空裸线间交叉跨越距离应符合裸线交叉跨越距离规定。

10 接户线

10.1 接户线指架空绝缘线配电线路与用户建筑物外第一支持点之间的一段线路。

10.1.1 低压接户线档距不宜超过25m，中压接户线档距不宜大于30m。

10.1.2 绝缘接户线导线的截面不应小于下列数值。

10.1.2.1 中压：

a）铜芯线，$25mm^2$；

b）铝及铝合金芯线，$35mm^2$。

10.1.2.2 低压：

a）铜芯线，$10mm^2$；

b）铝及铝合金芯线，$16mm^2$。

10.1.3 接户线不应从1～10kV引下线间穿过，接户线不应跨越铁路。

10.1.4 不同规格不同金属的接户线不应在档距内连接，跨越通车道的接户线不应有接头。

10.1.5 两个电源引入的接户线不宜同杆架设。

10.1.6 接户线与导线如为铜铝连接必须采用铜铝过渡措施。

10.1.7 接户线与主杆绝缘线连接应进行绝缘密封。

10.1.8 接户线零线在进户处应有重复接地，接地可靠，接地电阻符合要求。

10.2 接户线对地及交叉跨越距离。

10.2.1 分相架设的低压绝缘接户线的线间最小距离见表9。

表 9　分相架设的低压绝缘接户线的线间最小距离　　m

架设方式		档　距	线间距离
自电杆上引下		25 及以下	0.15
沿墙敷设	水平排列	4 及以下	0.10
	垂直排列	6 及以下	0.15

10.2.2 绝缘接户线受电端的对地面距离，不应小于下列数值：

a）中压，4m；

b）低压，2.5m。

10.2.3 跨越街道的低压绝缘接户线，至路面中心的垂直距离，不应小于下列数值：

a）通车街道，6m；

b）通车困难的街道、人行道，3.5m；

c）胡同（里、弄、巷），3m。

10.2.4 中压绝缘接户线至地面的垂直距离按9.1。

10.2.5 分相架设的低压绝缘接户线与建筑物有关部分的距离，不应小于下列数值：

a）与接户线下方窗户的垂直距离，0.3m；

b）与接户线上方阳台或窗户的垂直距离，0.8m；

c）与阳台或窗户的水平距离，0.75m；

d）与墙壁、构架的距离，0.05m。

10.2.6 低压绝缘接户线与弱电线路的交叉距离，不应小于下列数值：

a）低压接户线在弱电线路的上方，0.6m；

b）低压接户线在弱电线路的下方，0.3m。

如不能满足上述要求，应采取隔离措施。

10.3 接户线的固定要求。

10.3.1 在杆上应固定在绝缘子或线夹上，固定时接户线不得本身缠绕，应用单股塑料铜线绑扎。

10.3.2 在用户墙上使用挂线钩、悬挂线夹、耐张线夹和绝缘子固定。

10.3.3 挂线钩应固定牢固，可采用穿透墙的螺栓固定，内端应有垫铁，混凝土结构的墙壁可使用膨胀螺栓，禁止用木塞固定。

11 工程交接验收

11.1 工程验收时应提交下列资料。

11.1.1 施工中的有关协议及文件。

11.1.2 设计变更通知单及在原图上修改的变更设计部分的实际施工图、竣工图。

11.1.3 施工记录图。

11.1.4 安装技术记录。

11.1.5 接地记录，记录中应有接地电阻值、测试时间、测验人姓名。

11.1.6 导线弧垂施工记录，记录中应明确施工线段、弧垂、观测人姓名、观测日期、气候条件。

11.1.7 交叉跨越记录，记录中应明确跨越物设施、跨越距离、工作质量负责人。

11.1.8 施工中所使用器材的试验合格证明。

11.1.9 交接试验记录。

11.2 工程验收时应进行下列检查。

11.2.1 绝缘线型号、规格应符合设计要求。

11.2.2 电杆组合的各项误差应符合规定。

11.2.3 电器设备外观完整无缺损，线路设备标志齐全。

11.2.4 拉线的制作和安装应符合规定。

11.2.5 绝缘线的弧垂、相间距离、对地距离及交叉跨越距离符合规定。

11.2.6 绝缘线上无异物。

11.2.7 配套的金具、卡具应符合规定。

11.3 交接试验。

11.3.1 测量绝缘电阻。

11.3.1.1 中压架空绝缘配电线路使用2500V绝缘电阻表测量，电阻值不低于1000MΩ。

11.3.1.2 低压架空绝缘配电线路使用500V绝缘电阻表测量，电阻值不低于0.5MΩ。

11.3.1.3 测量线路绝缘电阻时，应将断路器或负荷开关、隔离开关断开。

11.3.2 相位正确。

11.3.3 冲击合闸试验。

在额定电压下对空载线路冲击合闸3次，合闸过程中线路绝缘不应有损坏。

附录A
承力接头连接绝缘处理示意图

A1 承力接头钳压连接绝缘处理见图A1。

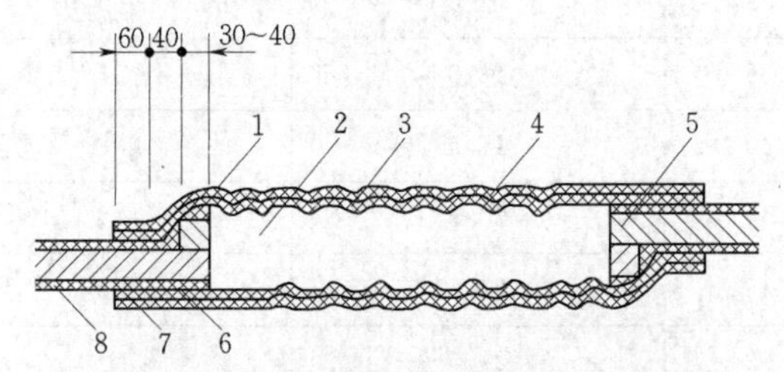

图A1 承力接头钳压连接绝缘处理示意图

1—绝缘粘带；2—钳压管；3—内层绝缘护套；4—外层绝缘护套；5—导线；6—绝缘层倒角；7—热熔胶；8—绝缘层

A2 承力接头铝绞线液压连接绝缘处理见图A2。

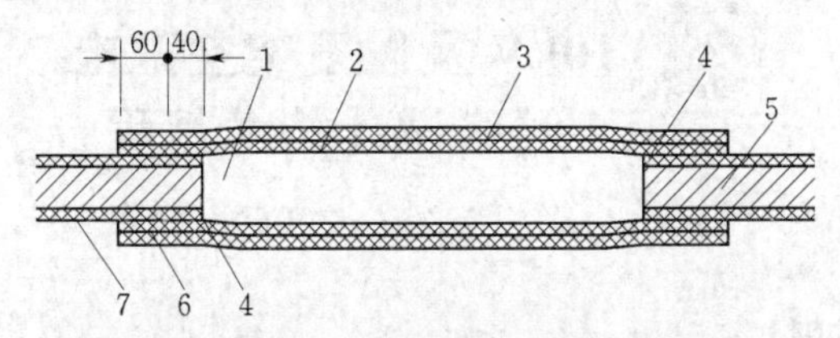

图A2 承力接头铝绞线液压连接绝缘处理示意图

1—液压管；2—内层绝缘护套；3—外层绝缘护套；4—绝缘层倒角，绝缘粘带；5—导线；6—热熔胶；7—绝缘层

A3 承力接头钢芯铝绞线液压连接绝缘处理见图A3。

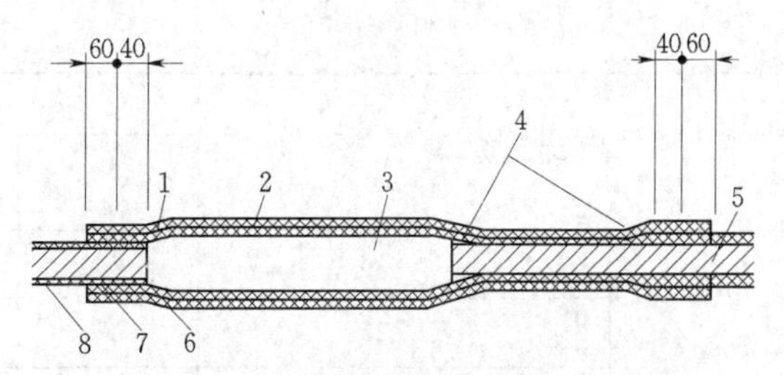

图A3 承力接头钢芯铝绞线液压连接绝缘处理示意图

1—内层绝缘护套；2—外层绝缘护套；3—液压管；4—绝缘粘带；5—导线；6—绝缘层倒角，绝缘粘带；7—热熔胶；8—绝缘层

附录B
导线钳压示意图及压口尺寸

B1 导线钳压口尺寸和压口数见表B1。

B2 导线钳压方法见图B1。

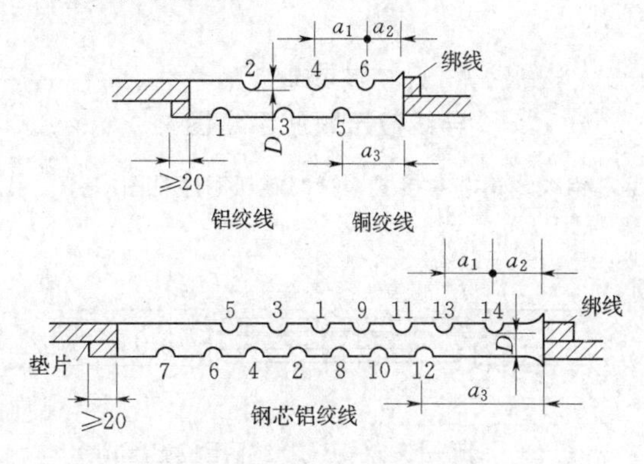

图B1 导线钳压示意图

注：压接线上数字1、2、3、…表示压接顺序

表B1 导线钳压口尺寸和压口数

导线型号		钳压部位尺寸			压口尺寸 D mm	压口数
		a_1 mm	a_2 mm	a_3 mm		
钢芯铝绞线	LGJ—16	28	14	28	12.5	12
	LGJ—25	32	15	31	14.5	14
	LGJ—35	34	42.5	93.5	17.5	14
	LGJ—50	38	48.5	105.5	20.5	16
	LGJ—70	46	54.5	123.5	25.5	16
	LGJ—95	54	61.5	142.5	29.5	20
	LGJ—120	62	67.5	160.5	33.5	24
	LGJ—150	64	70	166	36.5	24
	LGJ—185	66	74.5	173.5	39.5	26
铝绞线	LJ—16	28	20	34	10.5	6
	LJ—25	32	20	35	12.5	6
	LJ—35	36	25	43	14.0	6
	LJ—50	40	25	45	16.5	8
	LJ—70	44	28	50	19.5	8
	LJ—95	48	32	56	23.0	10
	LJ—120	52	33	59	26.0	10
	LJ—150	56	34	62	30.0	10
	LJ—185	60	35	65	33.5	10

导线型号		钳压部位尺寸			压口尺寸 D mm	压口数
		a_1 mm	a_2 mm	a_3 mm		
铜绞线	TJ—16	28	14	28	10.5	6
	TJ—25	32	16	32	12.0	6
	TJ—35	36	18	36	14.5	6
	TJ—50	40	20	40	17.5	8
	TJ—70	44	22	44	20.5	8
	TJ—95	48	24	48	24.0	10
	TJ—120	52	26	52	27.5	10
	TJ—150	56	28	56	31.5	10

注 压接后尺寸的允许误差铜钳压管为±0.5mm，铝钳压管为±1.0mm。

附录C
导线液压顺序示意图

C1 钢芯铝绞线钢芯对接式钢管的施压顺序见图C1。

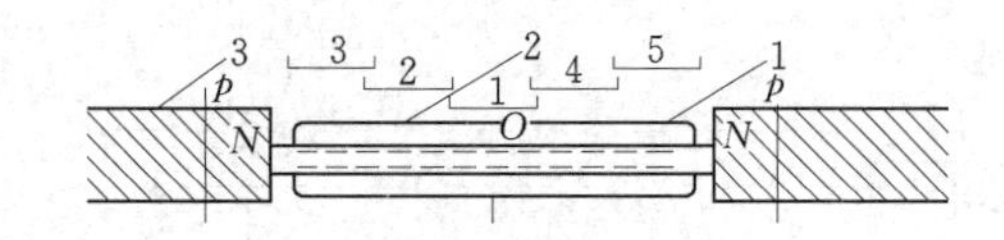

图C1 钢芯铝绞线钢芯对接式钢管的施压顺序
1—钢芯；2—钢管；3—铝线

C2 钢芯铝绞线钢芯对接式铝管的施压顺序见图C2。

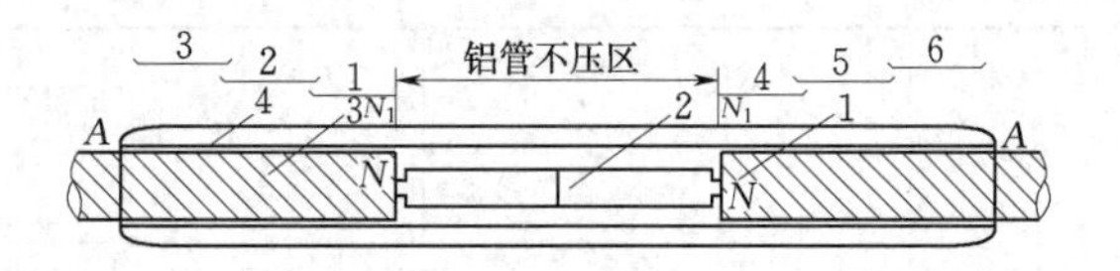

图C2 钢芯铝绞线钢芯对接式铝管的施压顺序
1—钢芯；2—已压钢管；3—铝线；4—铝管

C3 钢芯铝绞线钢芯搭接式钢管的施压顺序见图C3。

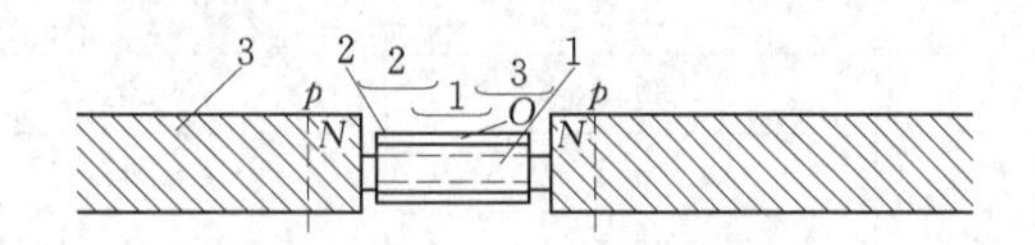

图C3 钢芯铝绞线钢芯搭接式钢管的施压顺序
1—钢芯；2—钢管；3—铝线

C4 钢芯铝绞线钢芯搭接式铝管的施压顺序见图C4。

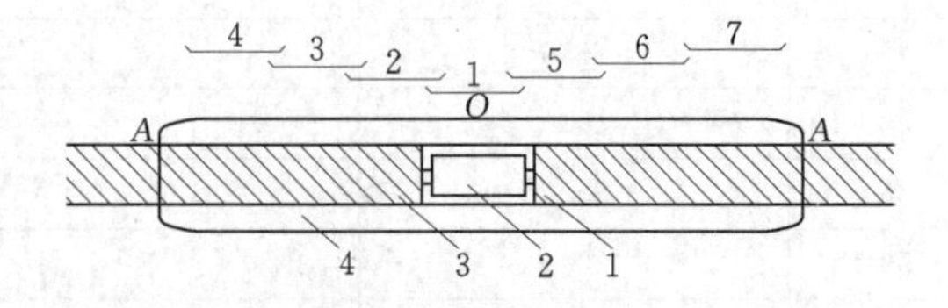

图C4 钢芯铝绞线钢芯搭接式铝管的施压顺序
1—钢芯；2—已压钢管；3—铝线；4—铝管

10kV及以下架空配电线路设计技术规程

(DL/T 5220—2005)

1 范围

1.0.1 本标准规定了10kV及以下交流架空配电线路（以下简称配电线路）的设计原则。

1.0.2 本标准适用于10kV及以下交流架空配电线路的设计。

2 规范性引用文件

下列文件中的条款通过本标准的引用而成为本标准的条款。凡是注日期的引用文件，其随后所有的修改单（不包括勘误的内容）或修订版均不适用于本标准，然而，鼓励根据本标准达成协议的各方研究是否可使用这些文件的最新版本。凡是不注日期的引用文件，其最新版本适用于本标准。

GB/T 1179 圆线同心绞架空导线

GB 12527 额定电压1kV及以下架空绝缘电缆

GB 14049 额定电压10kV、35kV架空绝缘电缆

GB/T 16434 高压架空线路和发电厂、变电所环境污区分级及外绝缘选择标准

GB 50060 3～110kV高压配电装置设计规范

GB 50061 66kV及以下架空电力线路设计规范

DL/T 765.1 架空配电线路金具技术条件

DL/T 5092 110kV～500kV架空送电线路设计技术规程

DL/T 5130 架空送电线路钢管杆设计技术规定

JTJ 001 公路工程技术标准

3 术语和符号

3.1 术语

3.1.1 平均运行张力 everyday tension

导线在年平均气温计算情况下的弧垂最低点张力。

3.1.2 钢筋混凝土杆 reinforced concrete pole

普通钢筋混凝土杆、部分预应力混凝土杆及预应力钢筋混

凝土杆的统称。

3.1.3 居民区 residential area

城镇、工业企业地区、港口、码头、车站等人口密集区。

3.1.4 非居民区 nomresidential area

上述居民区以外的地区。虽然时常有人、有车辆或农业机械到达，但未建房屋或房屋稀少。

3.1.5 交通困难地区 difficult transport area

车辆、农业机械不能到达的地区。

3.1.6 大档距 Iarge distance

配电线路由于档距已超出正常范围，引起杆塔结构型式、导线型号均需特殊设计，且该档距中发生故障时，修复特别困难的耐张段（如线路跨越通航大河流、湖泊、山谷等）。

3.2 符号

W_X——导线风荷载标准值，kN；

W_0——基准风压标准值，kN/m^2；

μ_s——风荷载体型系数；

μ_z——风压高度变化系数；

β——风振系数；

a——风荷载档距系数；

L_W——水平档距，m。

4 总则

4.0.1 配电线路的设计必须贯彻国家的建设方针和技术经济政策，做到安全可靠、经济适用。

4.0.2 配电线路设计必须从实际出发，结合地区特点，积极慎重地采用新材料、新工艺、新技术、新设备。

4.0.3 主干配电线路的导线布置和杆塔结构等设计，应考虑便于带电作业。

4.0.4 配电线路大档距的设计，应符合 DL/T 5092 的规定。

4.0.5 配电线路的设计，除应按本标准规定执行外，还应符合现行国家标准和有关电力行业标准的规定。

5 路径

5.0.1 配电线路路径的选择，应认真进行调查研究，综合考虑运行、施工、交通条件和路径长度等因素，统筹兼顾，全面安排，做到经济合理、安全适用。

5.0.2 配电线路的路径，应与城镇总体规划相结合，与各种管线和其他市政设施协调，线路杆塔位置应与城镇环境美化相适应。

5.0.3 配电线路路径和杆位的选择应避开低洼地、易冲刷地带和影响线路安全运行的其他地段。

5.0.4 乡镇地区配电线路路径应与道路、河道、灌渠相协调，不占或少占农田。

5.0.5 配电线路应避开储存易燃、易爆物的仓库区域。配电线路与有火灾危险性的生产厂房和库房、易燃易爆材料场以及可燃或易燃、易爆液（气）体储罐的防火间距不应小于杆塔高度的 1.5 倍。

6 气象条件

6.0.1 配电线路设计所采用的气象条件，应根据当地的气象资料和附近已有线路的运行经验确定。如当地气象资料与附录 A 典型气象区接近，宜采用典型气象区所列数值。

6.0.2 配电线路的最大设计风速值，应采用离地面 10m 高处，10 年一遇 10min 平均最大值。如无可靠资料，在空旷平坦地区不应小于 25m/s，在山区宜采用附近平坦地区风速的 1.1 倍且不应小于 25m/s。

6.0.3 配电线路通过市区或森林等地区，如两侧屏蔽物的平均高度大于杆塔高度的 2/3，其最大设计风速宜比当地最大设计风速减少 20%。

6.0.4 配电线路邻近城市高层建筑周围，其迎风地段风速值应较其他地段适当增加，如无可靠资料时，一般应按附近平地风速增加 20%。

6.0.5 配电线路设计采用的年平均气温应按下列方法确定：

(1) 当地区的年平均气温在 3℃～17℃之间时，年平均气温应取与此数较邻近的 5 的倍数值。

(2) 当地区的年平均气温小于 3℃或大于 17℃时，应将年平均气温减少3℃～5℃后，取与此数邻近的 5 的倍数值。

6.0.6 配电线路设计采用导线的覆冰厚度，应根据附近已有线路运行经验确定，导线覆冰厚度宜取 5mm 的倍数。

7 导线

7.0.1 配电线路应采用多股绞合导线，其技术性能应符合 GB/T 1179、GB 14049、GB 12527 等规定。

7.0.2 钢芯铝绞线及其他复合导线，应按最大使用张力或平均运行张力进行计算。

7.0.3 风向与线路垂直情况导线风荷载的标准值应按下式计算：

$$W_X = \alpha\mu_s d L_W W_0 \tag{7.0.3}$$

式中：W_X——导线风荷载的标准值，kN；

α——风荷载档距系数，按本标准第 10.0.7 条的规定采用；

μ_s——风荷载体型系数，当 $d<17mm$，取 1.2；当 $d\geqslant 17mm$，取 1.1；覆冰时，取 1.2；

d——导线覆冰后的计算外径，m；

L_W——水平档距，m；

W_0——基准风压标准值，kN/m^2。

7.0.4 城镇配电线路，遇下列情况应采用架空绝缘导线：

1 线路走廊狭窄的地段。

2 高层建筑邻近地段。

3 繁华街道或人口密集地区。

4 游览区和绿化区。

5 空气严重污秽地段。

6 建筑施工现场。

7.0.5 导线的设计安全系数，不应小于表 7.0.5 所列数值。

表 7.0.5 导线设计的最小安全系数

绝缘导线种类	一般地区	重要地区
铝绞线、钢芯铝绞线、铝合金线	2.5	3.0
铜绞线	2.0	2.5

7.0.6 配电线路导线截面的确定应符合下列规定：

1 结合地区配电网发展规划和对导线截面确定，每个地区的导线规格宜采用 3 种～4 种。无配电网规划地区不宜小于表 7.0.6 所列数值。

表 7.0.6　导线截面　mm^2

导线种类	1kV～10kV 配电线路			1kV 以下配电线路		
	主干线	分干线	分支线	主干线	分干线	分支线
铝绞线及铝合金线	120（125）	70（63）	50（40）	95（100）	70（63）	50（40）
钢芯铝绞线	120（125）	70（63）	50（40）	95（100）	70（63）	50（40）
铜绞线	—	—	16	50	35	16
绝缘铝绞线	150	95	50	95	70	50
绝缘铜绞线	—	—	—	70	50	35

注：（ ）为圆线同心绞线（见 GB/T 1179）。

2　采用允许电压降校核时：

1）1kV～10kV 配电线路，自供电的变电所二次侧出口至线路末端变压器或末端受电变电所一次侧入口的允许电压降为供电变电所二次侧额定电压的 5%。

2）1kV 以下配电线路，自配电变压器二次侧出口至线路末端（不包括接户线）的允许电压降为额定电压的 4%。

7.0.7　校验导线载流量时，裸导线与聚乙烯、聚氯乙烯绝缘导线的允许温度采用＋70℃，交联聚乙烯绝缘导线的允许温度采用＋90℃。

7.0.8　1kV 以下三相四线制的零线截面，应与相线截面相同。

7.0.9　导线的连接，应符合下列规定：

1　不同金属、不同规格、不同绞向的导线，严禁在档距内连接。

2　在一个档距内，每根导线不应超过一个连接头。

3　档距内接头距导线的固定点的距离，不应小于 0.5m。

4　钢芯铝绞线，铝绞线在档距内的连接，宜采用钳压方法。

5　铜绞线在档距内的连接，宜采用插接或钳压方法。

6　铜绞线与铝绞线的跳线连接，宜采用铜铝过渡线夹、铜铝过渡线。

7　铜绞线、铝绞线的跳线连接，宜采用线夹、钳压连接方法。

7.0.10　导线连接点的电阻，不应大于等长导线的电阻。档距内连接点的机械强度，不应小于导线计算拉断力的 95%。

7.0.11　导线的弧垂应根据计算确定。导线架设后塑性伸长对弧垂的影响，宜采用减小弧垂法补偿，弧垂减小的百分数为：

1　铝绞线、铝芯绝缘线为 20%。

2　钢芯铝绞线为 12%。

3　铜绞线、铜芯绝缘线为 7%～8%。

7.0.12　配电线路的铝绞线、钢芯铝绞线，在与绝缘子或金具接触处，应缠绕铝包带。

8　绝缘子、金具

8.0.1　配电线路绝缘子的性能，应符合现行国家标准各类杆型所采用的绝缘子，且应符合下列规定：

1　1kV～10kV 配电线路：

1）直线杆采用针式绝缘子或瓷横担。

2）耐张杆宜采用两个悬式绝缘子组成的绝缘子串或一个悬式绝缘子和一个蝴蝶式绝缘子组成的绝缘子串。

3）结合地区运行经验采用有机复合绝缘子。

2　1kV 以下配电线路：

1）直线杆宜采用低压针式绝缘子。

2）耐张杆应采用一个悬式绝缘子或蝴蝶式绝缘子。

8.0.2　在空气污秽地区，配电线路的电瓷外绝缘应根据地区运行经验和所处地段外绝缘污秽等级，增加绝缘的泄漏距离或采取其他防污措施。如无运行经验，应符合附录 B 所规定的数值。

8.0.3　绝缘子和金具的机械强度应按式（8.0.3）验算：

$$KF < F_u \tag{8.0.3}$$

式中：K——机械强度安全系数，可按表 8.0.4 采用；

F——设计荷载，kN；

F_u——悬式绝缘子的机电破坏荷载或针式绝缘子、瓷横担绝缘子的受弯破坏荷载或蝶式绝缘子、金具的破坏荷载，kN。

8.0.4　绝缘子和金具的安装设计宜采用安全系数设计法。绝缘子及金具的机械强度安全系数，应符合表 8.0.4 的规定。

表 8.0.4　绝缘子及金具的机械强度安全系数

类　型	安　全　系　数	
	运行工况	断线工况
悬式绝缘子	2.7	1.8
针式绝缘子	2.5	1.5
蝴蝶式绝缘子	2.5	1.5
瓷横担绝缘子	3	2
有机复合绝缘子	3	2
金具	2.5	1.5

8.0.5　配电线路采用钢制金具应热镀锌，且应符合 DL/T 765.1 的技术规定。

9　导线排列

9.0.1　1kV～10kV 配电线路的导线应采用三角排列、水平排列、垂直排列。1kV 以下配电线路的导线宜采用水平排列。城镇的 1kV～10kV 配电线路和 1kV 以下配电线路宜同杆架设，且应是同一电源并应有明显的标志。

9.0.2　同一地区 1kV 以下配电线路的导线在电杆上的排列应统一。零线应靠近电杆或靠近建筑物侧。同一回路的零线，不应高于相线。

9.0.3　1kV 以下路灯线在电杆上的位置，不应高于其他相线和零线。

9.0.4　配电线路的档距，宜采用表 9.0.4 所列数值。耐张段的长度不应大于 1km。

表 9.0.4　　　配电线路的档距　　　m

地段＼电压	1kV～10kV	1kV 以下
城镇	40～50	40～50
空旷	60～100	40～60

注：1kV 以下线路当采用集束型绝缘导线时，档距不宜大于 30m。

9.0.5　沿建（构）筑物架设的 1kV 以下配电线路应采用绝缘线，导线支持点之间的距离不宜大于 15m。

9.0.6　配电线路导线的线间距离，应结合地区运行经验确定。如无可靠资料，导线的线间距离不应小于表 9.0.6 所列数值。

9.0.7　同电压等级同杆架设的双回线路或 1kV～10kV、1kV 以下同杆架设的线路、横担间的垂直距离不应小于表 9.0.7 所列数值。

表 9.0.6　　　配电线路导线最小线间距离　　　m

线路电压＼档距	40 及以下	50	60	70	80	90	100
1kV～10kV	0.6（0.4）	0.65（0.5）	0.7	0.75	0.85	0.9	1.0
1kV 以下	0.3（0.3）	0.4（0.4）	0.45	—	—	—	—

注：（　）内为绝缘导线数值。1kV 以下配电线路靠近电杆两侧导线间水平距离不应小于 0.5m。

表 9.0.7　　同杆架设线路横担之间的最小垂直距离　　m

电压类型＼杆型	直线杆	分支和转角杆
10kV 与 10kV	0.80	0.45/0.60（注）
10kV 与 1kV 以下	1.20	1.00
1kV 以下与 1kV 以下	0.60	0.30

注：转角或分支线如为单回线，则分支线横担距主干线横担为 0.6m；如为双回线，则分支线横担距上排主干线横担为 0.45m，距下排主干线横担为 0.6m。

9.0.8　同电压等线同杆架设的双回绝缘线路或 1kV～10kV、1kV 以下同杆架设的绝缘线路、横担间的垂直距离不应小于表 9.0.8 所列数值。

表 9.0.8　　同杆架设绝缘线路横担之间的最小垂直距离　　m

电压类型＼杆型	直线杆	分支和转角杆
10kV 与 10kV	0.5	0.5
10kV 与 1kV 以下	1.0	—
1kV 以下与 1kV 以下	0.3	0.3

9.0.9　1kV～10kV 配电线路与 35kV 线路同杆架设时，两线路导线间的垂直距离不应小于 2.0m。1kV～10kV 配电线路与 66kV 线路同杆架设时，两线路导线间的垂直距离不宜小于 3.5m，当 1kV～10kV 配电线路采用绝缘导线时，垂直距离不应小于 3.0m。

9.0.10　1kV～10kV 配电线路架设在同一横担上的导线，其截面差不宜大于三级。

9.0.11　配电线路每相的过引线、引下线与邻相的过引线、引下线或导线之间的净空距离，不应小于下列数值：

1　1kV～10kV 为 0.3m。

2　1kV 以下为 0.15m。

3　1kV～10kV 引下线与 1kV 以下的配电线路导线间距离不应小于 0.2m。

9.0.12　配电线路的导线与拉线、电杆或构架间的净空距离，不应小于下列数值：

1　1kV～10kV 为 0.2m。

2　1kV 以下为 0.1m。

10　电杆、拉线和基础

10.0.1　杆塔结构构件及其连接的承载力（强度和稳定）计算，应采用荷载设计值；变形、抗裂、裂缝、地基和基础稳定计算，均应采用荷载标准值。

10.0.2　杆塔结构构件的承载力的设计采用的极限状态设计表达式和杆塔结构式的变形、裂缝、抗裂计算采用的正常使用极限状态设计表达式，应按GB 50061的规定设计。

型钢、混凝土、钢筋的强度设计值和标准值，应按 GB 50061 的规定设计。

10.0.3　各型电杆应按下列荷载条件进行计算：

1　最大风速、无冰、未断线。

2　覆冰、相应风速、未断线。

3　最低气温、无冰、无风、未断线（适用于转角杆和终端杆）。

10.0.4　各杆塔均应按以下 3 种风向计算杆身、导线的风荷载：

1　风向与线路方向相垂直（转角杆应按转角等分线方向）。

2　风向与线路方向的夹角成 60°或 45°。

3　风向与线路方向相同。

10.0.5　风向与线路方向在各种角度情况下，杆塔、导线的风荷载，其垂直线路方向分量和顺线路方向分量，应符合 GB 50061 的规定。

10.0.6　杆塔的风振系数 β，当杆塔高度为 30m 以下时取 1.0。

10.0.7　风荷载档距系数 α，应按下列规定取值：

1　风速 20m/s 以下，$\alpha=1.0$。

2　风速（20～29）m/s，$\alpha=0.85$。

3　风速（30～34）m/s，$\alpha=0.75$。

4　风速 35m/s 及以上，$\alpha=0.7$。

10.0.8　配电线路的钢筋混凝土电杆，应采用定型产品。电杆构造的要求应符合现行国家标准。

10.0.9　配电线路采用的横担应按受力情况进行强度计算，选用应规格化。采用钢材横担时，其规格不应小于：∠63mm×∠63mm×6mm。钢材的横担及附件应热镀锌。

10.0.10　拉线应根据电杆的受力情况装设。拉线与电杆的夹角宜采用 45°。当受地形限制可适当减小，且不应小于 30°。

10.0.11　跨越道路的水平拉线，对路边缘的垂直距离，不应小于 6m。拉线柱的倾斜角宜采用 10°～20°。跨越电车行车线的水平拉线，对路面的垂直距离，不应小于 9m。

10.0.12 拉线应采用镀锌钢绞线，其截面应按受力情况计算确定，且不应小于 25mm²。

10.0.13 空旷地区配电线路连续直线杆超过 10 基时，宜装设防风拉线。

10.0.14 钢筋混凝土电杆，当设置拉线绝缘子时，在断拉线情况下拉线绝缘子距地面处不应小于 2.5m，地面范围的拉线应设置保护套。

10.0.15 拉线棒的直径应根据计算确定，且不应小于 16mm。拉线棒应热镀锌。腐蚀地区拉线棒直径应适当加大 2mm～4mm 或采取其他有效的防腐措施。

10.0.16 电杆基础应结合当地的运行经验、材料来源、地质情况等条件进行设计。

10.0.17 电杆埋设深度应计算确定。单回路的配电线路电杆埋设深度宜采用表 10.0.17 所列数值。

表 10.0.17　单回路电杆埋设深度　m

杆高	8.0	9.0	10.0	12.0	13.0	15.0
埋深	1.5	1.6	1.7	1.9	2.0	2.3

10.0.18 多回路的配电线路验算电杆基础底面压应力、抗拔稳定、倾覆稳定时，应符合 GB 50061 的规定。

10.0.19 现浇基础的混凝土强度不宜低于 C15 级，预制基础的混凝土强度等级不宜低于 C20 级。

10.0.20 采用岩石制做的底盘、卡盘、拉线盘应选择结构完整、质地坚硬的石料（如花岗岩等），且应进行试验和鉴定。

10.0.21 配电线路采用钢管杆时，应结合当地实际情况选定。钢管杆的基础型式、基础的倾覆稳定应符合 DL/T 5130 的规定。

11　变压器台和开关设备

11.0.1 配电变压器台的设置，其位置应在负荷中心或附近便于更换和检修设备的地段。

11.0.2 下列类型的电杆不宜装设变压器台：

1　转角、分支电杆。

2　设有接户线或电缆头的电杆。

3　设有线路开关设备的电杆。

4　交叉路口的电杆。

5　低压接户线较多的电杆。

6　人员易于触及或人员密集地段的电杆。

7　有严重污秽地段的电杆。

11.0.3 400kVA 及以下的变压器，宜采用柱上式变压器台。400kVA 以上的变压器，宜采用室内装置。当采用箱式变压器或落地式变台时，应综合考虑使用性质、周围环境等条件。

11.0.4 柱上式变压器台底部距地面高度，不应小于 2.5m。其带电部分，应综合考虑周围环境等条件。

落地式变压器台应装设固定围栏，围栏与带电部分间的安全净距，应符合 GB 50060 的规定。

11.0.5 变压器台的引下线、引上线和母线应采用多股铜芯绝缘线，其截面应按变压器额定电流选择，且不应小于 16mm²。变压器的一、二次侧应装设相适应的电气设备。一次侧熔断器装设的对地垂直距离不应小于 4.5m，二次侧熔断器或断路器装设的对地垂直距离不应小于 3.5m。各相熔断器水平距离：一次侧不应小于 0.5m，二次侧不应小于 0.3m。

11.0.6 配电变压器应选用节能系列变压器，其性能应符合现行国家标准。

11.0.7 一、二次侧熔断器或隔离开关、低压断路器，应优先选用少维护的符合国家标准的定型产品，并应与负荷电流、导线最大允许电流、运行电压等相配合。

11.0.8 配电变压器熔丝的选择宜按下列要求进行：

1　容量在 100kVA 及以下者，高压侧熔丝按变压器额定电流的 2～3 倍选择。

2　容量在 100kVA 及以上者，高压侧熔丝按变压器额定电流的 1.5～2 倍选择。

3　变压器低压侧熔丝（片）或断路器长延时整定值按变压器额定电流选择。

4　繁华地段，居民密集区域宜设置单相接地保护。

11.0.9 1kV～10kV 配电线路较长的主干线或分支线应装设分段或分支开关设备。环形供电网络应装设联络开关设备。1kV～10kV 配电线路在线路的管区分界处宜装设开关设备。

12　防雷和接地

12.0.1 无避雷线的 1kV～10kV 配电线路，在居民区的钢筋混凝土电杆宜接地，金属管杆应接地，接地电阻均不宜超过 30Ω。

中性点直接接地的 1kV 以下配电线路和 10kV 及以下共杆的电力线路，其钢筋混凝土电杆的铁横担或金属杆，应与零线连接，钢筋混凝土电杆的钢筋宜与零线连接。

中性点非直接接地的 1kV 以下配电线路，其钢筋混凝土电杆宜接地，金属杆应接地，接地电阻不宜大于 50Ω。

沥青路面上的或有运行经验地区的钢筋混凝土电杆和金属杆，可不另设人工接地装置，钢筋混凝土电杆的钢筋、铁横担和金属杆也可不与零线连接。

12.0.2 有避雷线的配电线路，其接地装置在雷雨季节干燥时间的工频接地电阻不宜大于表 12.0.2 所列的数值。

表 12.0.2　电杆的接地电阻

土壤电阻率（Ω·m）	工频接地电阻（Ω）	土壤电阻率（Ω·m）	工频接地电阻（Ω）
100 及以下	10	1000 以上至 2000	25
100 以上至 500	15	2000 以上	30[a]
500 以上至 1000	20	—	—

a　如土壤电阻率较高，接地电阻很难降到 30Ω，可采用 6～8 根总长不超过 500m 的放射型接地体或连续伸长接地体，其接地电阻不限制。

12.0.3 柱上断路器应设防雷装置。经常开路运行而又带电的柱上断路器或隔离开关的两侧，均应设防雷装置，其接地线与柱上断路器等金属外壳应连接并接地，且接地电阻不应大于 10Ω。

12.0.4 配电变压器的防雷装置应结合地区运行经验确定。防雷装置位置，应尽量靠近变压器，其接地线应与变压器二次侧中性点以及金属外壳相连并接地。

12.0.5 多雷区，为防止雷电波或低压侧雷电波击穿配电变压器高压侧的绝缘，宜在低压侧装设避雷器或击穿熔断器。如低压侧中性点不接地，应在低压侧中性点装设击穿熔断器。

12.0.6 1kV～10kV配电线路，当采用绝缘导线时宜有防雷措施，防雷措施应根据当地雷电活动情况和实际运行经验确定。

12.0.7 为防止雷电波沿1kV以下配电线路侵入建筑物，接户线上的绝缘子铁脚宜接地，其接地电阻不宜大于30Ω。

年平均雷暴日数不超过30日/年的地区和1kV以下配电线被建筑物屏蔽的地区以及接户线与1kV以下干线接地点的距离不大于50m的地方，绝缘子铁脚可不接地。

如1kV以下配电线路的钢筋混凝土电杆的自然接地电阻不大于30Ω，可不另设接地装置。

12.0.8 中性点直接接地的1kV以下配电线路中的零线，应在电源点接地。在干线和分干线终端处，应重复接地。

1kV以下配电线路在引入大型建筑物外，如距接地点超过50m，应将零线重复接地。

12.0.9 总容量为100kVA以上的变压器，其接地装置的接地电阻不应大于4Ω，每个重复接地装置的接地电阻不应大于10Ω。

总容量为100kVA及以下的变压器，其接地装置的接地电阻不应大于10Ω，每个重复接地装置的接地电阻不应大于30Ω，且重复接地不应少于3处。

12.0.10 悬挂架空绝缘导线的悬挂线两端应接地，其接地电阻不应大于30Ω。

12.0.11 1kV～10kV绝缘导线的配电线路在干线与分支线处、干线分段线路处宜装有接地线挂环及故障显示器。

12.0.12 配电线路通过耕地时，接地体应埋设在耕作深度以下，且不宜小于0.6m。

12.0.13 接地体宜采用垂直敷设的角钢、圆钢、钢管或水平敷设的圆钢、扁钢。接地体和埋入土壤内接地线的规程，不应小于表12.0.13所列数值。

表12.0.13 接地体和埋入土壤内接地线的最小规格

名称		地上	地下
圆钢直径（mm）		8	10
扁钢	截面（mm^2）	48	48
	厚（mm）	4	4
角钢厚（mm）		—	4
钢管壁厚（mm）		—	3.5
镀锌钢绞线（mm^2）		25	50

注： 电器装置设置的接地端子的引下线，当采用镀锌钢绞线，截面不应小于25m^2，腐蚀地区上述截面应适当加大，并采取防腐措施。

13 对地距离及交叉跨越

13.0.1 导线对地面、建筑物、树木、铁路、道路、河流、管道、索道及各种架空线路的距离，应根据最高气温情况或覆冰情况求得的最大弧垂和最大风速情况或覆冰情况求得的最大风偏计算。

计算上述距离，不应考虑由于电流、太阳辐射以及覆冰不均匀等引起的弧垂增大，但应计及导线架线后塑性伸长的影响和设计施工的误差。

13.0.2 导线与地面或水面的距离，不应小于表13.0.2数值。

表13.0.2 导线与地面或水面的最小距离 m

线路经过地区	线路电压	
	1kV～10kV	1kV以下
居民区	6.5	6
非居民区	5.5	5
不能通航也不能浮运的河、湖（至冬季冰面）	5	5
不能通航也不能浮运的河、湖（至50年一遇洪水位）	3	3
交通困难地区	4.5（3）	4（3）

注： 括号内为绝缘线数值。

13.0.3 导线与山坡、峭壁、岩石地段之间的净空距离，在最大计算风偏情况下，不应小于表13.0.3所列数值。

表13.0.3 导线与山坡、峭壁、岩石之间的最小距离 m

线路经过地区	线路电压	
	1kV～10kV	1kV以下
步行可以到达的山坡	4.5	3.0
步行不能到达的山坡、峭壁和岩石	1.5	1.0

13.0.4 1kV～10kV配电线路不应跨越屋顶为易燃材料做成的建筑物，对耐火屋顶的建筑物，应尽量不跨越，如需跨越，导线与建筑物的垂直距离在最大计算弧垂情况下，裸导线不应小于3m，绝缘导线不应小于2.5m。

1kV以下配电线路跨越建筑物，导线与建筑物的垂直距离在最大计算弧垂情况下，裸导线不应小于2.5m，绝缘导线不应小于2m。

线路边线与永久建筑物之间的距离在最大风偏情况下，不应小于下列数值：

1kV～10kV：裸导线1.5m，绝缘导线0.75m。（相邻建筑物无门窗或实墙）

1kV以下：裸导线1m，绝缘导线0.2m。（相邻建筑物无门窗或实墙）

在无风情况下，导线与不在规划范围内城市建筑物之间的水平距离，不应小于上述数值的一半。

注1：导线与城市多层建筑物或规划建筑线间的距离，指水平距离。

注2：导线与不在规划范围内的城市建筑物间的距离，指净空距离。

13.0.5 1kV～10kV配电线路通过林区应砍伐出通道。通道净宽度为导线边线向外侧水平延伸5m，绝缘线为3m，当采用绝缘导线时不应小于1m。

在下列情况下，如不妨碍架线施工，可不砍伐通道：

1 树木自然生长高度不超过2m。

2 导线与树木（考虑自然生长高度）之间的垂直距离，不小于3m。

配电线路通过公园、绿化区和防护林带，导线与树木的净空距离在最大风偏情况下不应小于3m。

配电线路通过果林、经济作物以及城市灌木林，不应砍伐通道，但导线至树梢的距离不应小于1.5m。

配电线路的导线与街道行道树之间的距离，不应小于表 13.0.5 所列数值。

表 13.0.5　导线与街道行道树之间的最小距离　m

最大弧垂情况的垂直距离		最大风偏情况的水平距离	
1kV～10kV	1kV 以下	1kV～10kV	1kV 以下
1.5（0.8）	1.0（0.2）	2.0（1.0）	1.0（0.5）

注：括号内为绝缘导线数值。

校验导线与树木之间的垂直距离，应考虑树木在修剪周期内生长的高度。

13.0.6　1kV～10kV 线路与特殊管道交叉时，应避开管道的检查井或检查孔，同时，交叉处管道上所有金属部件应接地。

13.0.7　配电线路与甲类厂房、库房，易燃材料堆场，甲、乙类液体贮罐，液化石油气贮罐，可燃、助燃气体贮罐最近水平距离，不应小于杆塔高度的 1.5 倍，丙类液体贮罐不应小于 1.2 倍。

13.0.8　配电线路与弱电线路交叉，应符合下列要求：

1　交叉角应符合表 13.0.8 的要求。

表 13.0.8　配电线路与弱电线路的交叉角

弱电线路等级	一级	二级	三级
交叉角	≥45°	≥30°	不限制

2　配电线路一般架在弱电线路上方。配电线路的电杆，应尽量接近交叉点，但不宜小于 7m（城区的线路，不受 7m 的限制）。

13.0.9　配电线路与铁路、道路、河流、管道、索道、人行天桥及各种架空线路交叉或接近，应符合表 13.0.9 的要求。

表 13.0.9　架空配电线路与铁路、道路、河流、管道、索道及各种架空线路交叉或接近的基本要求

<table>
<tr><td colspan="2" rowspan="2">项　目</td><td colspan="3">铁　路</td><td colspan="2">公　路</td><td>电车道</td><td colspan="4">河　流</td><td colspan="2">弱电线路</td><td colspan="6">电力线路 kV</td><td rowspan="2">特殊管道</td><td rowspan="2">一般管道、索道</td><td rowspan="2">人行天桥</td></tr>
<tr><td>标准轨距</td><td>窄轨</td><td>电气化线路</td><td>高速公路，一级公路</td><td>二、三、四级公路</td><td>有轨及无轨</td><td colspan="2">通航</td><td colspan="2">不通航</td><td>一、二级</td><td>三级</td><td>1 以下</td><td>1～10</td><td>35～110</td><td>154～220</td><td>330</td><td>500</td></tr>
<tr><td colspan="2">导线最小截面</td><td colspan="21">铝线及铝合金线 $50mm^2$，铜线为 $16mm^2$</td></tr>
<tr><td colspan="2">导线在跨越档内的接头</td><td>不应接头</td><td>—</td><td>—</td><td>不应接头</td><td>—</td><td>不应接头</td><td colspan="2">不应接头</td><td colspan="2">—</td><td>不应接头</td><td>—</td><td>交叉不应接头</td><td>交叉不应接头</td><td>—</td><td>—</td><td>—</td><td>—</td><td colspan="2">不应接头</td><td>—</td></tr>
<tr><td colspan="2">导线支持方式</td><td colspan="2">双固定</td><td>—</td><td>双固定</td><td>单固定</td><td>双固定</td><td colspan="2">双固定</td><td colspan="2">单固定</td><td>双固定</td><td>单固定</td><td>单固定</td><td>双固定</td><td>—</td><td>—</td><td>—</td><td>—</td><td colspan="2">双固定</td><td>—</td></tr>
<tr><td rowspan="4">最小垂直距离(m)</td><td rowspan="2">项目
线路电压</td><td colspan="2" rowspan="2">至轨顶</td><td rowspan="2">接触线或承力索</td><td colspan="2" rowspan="2">至路面</td><td>至承力索或接触线</td><td rowspan="2">至常年高水位</td><td rowspan="2">至最高航行水位的最高船桅顶</td><td rowspan="2">至最高洪水位</td><td rowspan="2">冬季至冰面</td><td colspan="2" rowspan="2">至被跨越线</td><td colspan="6" rowspan="2">至　导　线</td><td colspan="2">电力线在下面</td><td>—</td></tr>
<tr><td>至路面</td><td>电力线在下面</td><td>电力线在下面至电力线上的保护设施</td><td>—</td></tr>
<tr><td>1kV～10kV</td><td>7.5</td><td>6.0</td><td>平原地区配电线路入地</td><td colspan="2">7.0</td><td>3.0/9.0</td><td>6</td><td>1.5</td><td>3.0</td><td>5.0</td><td colspan="2">2.0</td><td>2</td><td>2</td><td>3</td><td>4</td><td>5</td><td>8.5</td><td>3.0</td><td>2.0/2.0</td><td>5(4)</td></tr>
<tr><td>1kV 以下</td><td>7.5</td><td>6.0</td><td>平原地区配电线路入地</td><td colspan="2">6.0</td><td>3.0/9.0</td><td>6</td><td>1.0</td><td>3.0</td><td>5.0</td><td colspan="2">1.0</td><td>1</td><td>2</td><td>3</td><td>4</td><td>5</td><td>8.5</td><td colspan="2">1.5/1.5</td><td>4(3)</td></tr>
<tr><td rowspan="4">最小水平距离(m)</td><td rowspan="2">项目
线路电压</td><td colspan="3" rowspan="2">电杆外缘至轨道中心</td><td colspan="2" rowspan="2">电杆中心至路面边缘</td><td>电杆中心至路面边缘</td><td colspan="4" rowspan="2">与拉纤小路平等的线路，边导线至斜坡上缘</td><td colspan="2" rowspan="2">在路径受限制地区，两线路边导线间</td><td colspan="6" rowspan="2">在路径受限制地区，两线路边导线间</td><td colspan="2" rowspan="2">在路径受限制地区，至管道、索道任何部分</td><td rowspan="2">导线边线至人行天桥边缘</td></tr>
<tr><td>电杆外缘至轨道中心</td></tr>
<tr><td>1kV～10kV</td><td colspan="2" rowspan="2">交叉：5.0
平行：杆高＋3.0</td><td rowspan="2">平行杆高＋3.0</td><td colspan="2" rowspan="2">0.5</td><td>0.5/3.0</td><td colspan="4" rowspan="2">最高电杆高度</td><td colspan="2">2.0</td><td rowspan="2">2.5</td><td rowspan="2">2.5</td><td rowspan="2">5.0</td><td rowspan="2">7.0</td><td rowspan="2">9.0</td><td rowspan="2">13.0</td><td colspan="2">2.0</td><td>4.0</td></tr>
<tr><td>1kV 以下</td><td>0.5/3.0</td><td colspan="2">1.0</td><td colspan="2">1.5</td><td>2.0</td></tr>
<tr><td colspan="2">备　注</td><td colspan="2"></td><td>山区入地困难时，应协商，并签订协议</td><td colspan="2">公路分级见附录 D，城市道路的分级，参照公路的规定</td><td></td><td colspan="4">最高洪水位时，有抗洪抢险船只航行的河流，垂直距离应协商确定</td><td colspan="2">①两平行线路在开阔地区的水平距离不应小于电杆高度；②弱电线路分级见附录 C</td><td colspan="6">两平行线路开阔地区的水平距离不应小于电杆高度</td><td colspan="2">①特殊管道指架设在地面上的输送易燃、易爆物的管道；②交叉点不应选在管道检查井（孔）处，与管道、索道平行、交叉时，管道、索道应接地</td><td></td></tr>
</table>

注 1：1kV 以下配电线路与二、三级弱电线路，与公路交叉时，导线支持方式不限制；
注 2：架空配电线路与弱电线路交叉时，交叉档弱电线路的木质电杆应有防雷措施；
注 3：1kV～10kV 电力接户线与工业企业内自用的同电压等级的架空线路交叉时，接户线宜架设在上方；
注 4：不能通航河流指不能通航也不能浮运的河流；
注 5：对路径受限制地区的最小水平距离的要求，应计及架空电力线路导线的最大风偏；
注 6：公路等级应符合 JTJ001 的规定；
注 7：（ ）内数值为绝缘导线线路。

14 接户线

14.0.1 接户线是指10kV及以下配电线路与用户建筑物外第一支持点之间的架空导线。

14.0.2 1kV～10kV接户线的档距不宜大于40m。档距超过40m时，应按1kV～10kV配电线路设计。1kV以下接户线的档距不宜大于25m，超过25m时宜设接户杆。

14.0.3 接户线应选用绝缘导线，1kV～10kV接户线其截面不应小于下列数值：

铜芯绝缘导线为25mm^2；

铝芯绝缘导线为35mm^2。

1kV以下接户线的导线截面应根据允许载流量选择，且不应小于下列数值：

铜芯绝缘导线为10mm^2；

铝芯绝缘导线为16mm^2。

14.0.4 1kV～10kV接户线，线间距离不应小于0.40m。1kV以下接户线的线间距离，不应小于表14.0.4所列数值。1kV以下接户线的零线和相线交叉处，应保持一定的距离或采取加强绝缘措施。

表14.0.4 1kV以下接户线的最小线间距离 m

架设方式	档距	线间距离
自电杆上引下	25及以下	0.15
	25以上	0.20
沿墙敷设水平排列或垂直排列	6及以下	0.10
	6以上	0.15

14.0.5 接户线受电端的对地面垂直距离，不应小于下列数值：

1kV～10kV为4m；

1kV以下为2.5m。

14.0.6 跨越街道的1kV以下接户线，至路面中心的垂直距离，不应小于下列数值：

有汽车通过的街道为6m；

汽车通过困难的街道、人行道为3.5m；

胡同（里、弄、巷）为3m；

沿墙敷设对地面垂直距离为2.5m。

14.0.7 1kV以下接户线与建筑物有关部分的距离，不应小于下列数值：

与接户线下方窗户的垂直距离为0.3m；

与接户线上方阳台或窗户的垂直距离为0.8m；

与窗户或阳台的水平距离为0.75m；

与墙壁、构架的距离为0.05m。

14.0.8 1kV以下接户线与弱电线路的交叉距离，不应小于下列数值：

在弱电线路的上方为0.6m；

在弱电线路的下方为0.3m。

如不能满足上述要求，应采取隔离措施。

14.0.9 1kV～10kV接户线与各种管线的交叉，应符合表13.0.8和表13.0.9的规定。

14.0.10 1kV以下接户线不应从高压引下线间穿过，严禁跨越铁路。

14.0.11 不同金属、不同规格的接户线，不应在档距内连接。跨越有汽车通过的街道的接户线，不应有接头。

14.0.12 接户线与线路导线若为铜铝连接，应有可靠的过渡措施。

14.0.13 各栋门之前的接户线若采用沿墙敷设时，应有保护措施。

附录A
（规范性附录）
典型气象区

表A.1 典型气象区

气象区		Ⅰ	Ⅱ	Ⅲ	Ⅳ	Ⅴ	Ⅵ	Ⅶ	Ⅷ	Ⅸ
大气温度（℃）	最高	+40								
	最低	−5	−10	−10	−20	−10	−20	−40	−20	−20
	覆冰	−5								
	最大风	+10	+10	−5	−5	+10	−5	−5	−5	−5
	安装	0	0	−5	−10	−5	−10	−15	−10	−10
	雷电过电压	+15								
	操作过电压、年平均气温	+20	+15	+15	+10	+15	+10	−5	+10	+10
风速（m/s）	最大风	35	30	25	25	30	25	30	30	30
	覆冰	10[a]							15	
	安装	10								
	雷电过电压	15	10							
	操作过电压	0.5×最大风速（不低于15m/s）								
覆冰厚度（mm）		0	5	5	5	10	10	10	15	20
冰的密度（g/cm^3）		0.9								

a 一般情况下覆冰同时风速10m/s，当有可靠资料表明需加大风速时可取15m/s。

附录 B
（规范性附录）
架空配电线路污秽分级标准

表 B.1　　架空配电线路污秽分级标准

污秽等级	污湿特征	盐密（mg/cm²）	线路爬电比距（cm/kV）	
			中性点非直接接地	中性点直接接地
0	大气清洁地区及离海岸盐场 50km 以上无明显污染地区	≤0.03	1.9	1.6
Ⅰ	大气轻度污染地区，工业区和人口低密集区，离海岸盐场 10km～50km 地区。在污闪季节中干燥少雾（含毛毛雨）或雨量较多时	>0.03～0.06	1.9～2.4	1.6～2.0
Ⅱ	大气中等污染地区，轻盐碱和炉烟污秽地区，离海岸盐场 3km～10km 地区。在污闪季节中潮湿多雾（含毛毛雨）但雨量较少时	>0.06～0.10	2.4～3.0	2.0～2.5
Ⅲ	大气污染严重地区，重雾和重盐碱地区，近海岸盐场 1km～3km 地区，工业与人口密度较大地区，离化学污源和炉烟污秽 300m～1500m 的较严重地区	>0.10～0.25	3.0～3.8	2.5～3.2
Ⅳ	大气特别严重污染地区，离海岸盐场 1km 以内，离化学污源和炉烟污秽 300km 以内的地区	>0.25～0.35	3.8～4.5	3.2～3.8

注：本表是根据 GB/T 16434 而订。

附录 C
（规范性附录）
弱电线路等级

C.1　一级线路

首都与各省（直辖市）、自治区所在地及其相互间联系的主要线路；首都至各重要工矿城市、海港的线路以及由首都通达国外的国际线路；由邮电部门指定的其他国际线路和国防线路；铁道部与各铁路局及各铁路局之间联系用的线路，以及铁路信号自动闭塞装置专用线路。

C.2　二级线路

各省（直辖市）、自治区所在地与各地（市）、县及其相互间的通信线路；相邻两省（自治区）各地（市）、县相互间的通信线路；一般市内电话线路；铁路局与各站、段及站段相互间的线路，以及铁路信号闭塞装置的线路。

C.3　三级线路

县至区、乡的县内线路和两对以下的城郊线路；铁路的地区线路及有线广播线路。

附录 D
（规范性附录）
公路等级

D.1　高速公路为专供汽车分向、分车道行驶并全部控制出入的干线公路

四车道高速公路一般能适应按各种汽车折合成小客车的远景设计年限年平均昼夜交通量为 25000～55000 辆。

六车道高速公路一般能适应按各种汽车折合成小客车的远景设计年限年平均昼夜交通量为 45000～80000 辆。

八车道高速公路一般能适应按各种汽车折合成小客车的远景设计年限年平均昼夜交通量为 60000～100000 辆。

D.2　一级公路为供汽车分向、分车道行驶的公路

一般能适应按各种汽车折合成小客车的远景设计年限年平均昼夜交通量为 15000～30000 辆。为连接重要政治、经济中心，通往重点工矿区、港口、机场，专供汽车分道行驶并部分控制出入的公路。

D.3　二级公路

一般能适应按各种车辆折合成中型载重汽车的远景设计年限年平均昼夜交通量为 3000～15000 辆，为连接重要政治、经济中心，通往重点工矿、港口、机场等的公路。

D.4　三级公路

一般能适应按各种车辆折合成中型载重汽车的远景设计年限年平均昼夜交通量为 1000～4000 辆，为沟通县以上城市的公路。

D.5　四级公路

一般能适应按各种车辆折合成中型载重汽车的远景设计年限年平均昼夜交通量为：双车道 1500 辆以上；单车道 200 辆以下，为沟通县、乡（镇）、村等的公路。

8 建筑电气工程施工质量验收规范

(GB 50303—2015)

1　总则

1.0.1　为加强建筑工程质量管理，统一建筑电气工程施工质量验收，保证工程质量，制定本规范。

1.0.2　本规范适用于电压等级为 35kV 及以下建筑电气安装工程的施工质量验收。

1.0.3　建筑电气工程施工质量验收除应符合本规范外，尚应符合国家现行有关标准的规定。

2　术语和代号

2.1　术语

2.1.1　布线系统　wiring system

由一根或几根绝缘导线、电缆或母线及其固定部分、机械

保护部分构成的组合。

2.1.2 用电设备 current-using equipment

用于将电能转换成其他形式能量的电气设备。

2.1.3 电气设备 electrical equipment

用于发电、变电、输电、配电或利用电能的设备。

2.1.4 电气装置 electrical installation

由相关电气设备组成的，具有为实现特定目的所需的相互协调的特性的组合。

2.1.5 建筑电气工程 building electrical engineering

为实现一个或几个具体目的且特性相配合的，由电气装置、布线系统和用电设备电气部分构成的组合。

2.1.6 特低电压 extra-low voltage

相间电压或相对地电压不超过交流方均根值50V的电压。

2.1.7 SELV系统 SELV system

在正常条件下不接地，且电压不超过特低电压的电气系统。

2.1.8 PELV系统 PELV system

在正常条件下接地，且电压不超过特低电压的电气系统。

2.1.9 FELV系统 FELV system

非安全目的而为运行需要的电压不超过特低电压的电气系统。

2.1.10 母线槽 busway

由母线构成并通过型式试验的成套设备，这些母线经绝缘材料支撑或隔开固定走线槽或类似的壳体中。

2.1.11 电缆梯架 cable ladder

带有牢固地固定在纵向主支撑组件上的一系列横向支撑构件的电缆支撑物。

2.1.12 电缆托盘 cable tray

带有连续底盘和侧边，但没有盖子的电缆支撑物。

2.1.13 槽盒 trunking

用于围护绝缘导线和电缆，带有底座和可移动盖子的封闭壳体。

2.1.14 电缆支架 cable bearer

用于支持和固定电缆的支撑物，由型钢制作而成，但不包括梯架、托盘或槽盒。

2.1.15 导管 conduit

布线系统中用于布设绝缘导线、电缆的，横截面通常为圆形的管件。

2.1.16 可弯曲金属导管 pliable metal conduit

徒手施以适当的力即可弯曲的金属导管。

2.1.17 柔性导管 flexible conduit

无须用力即可任意弯曲、频繁弯曲的导管。

2.1.18 保护导体 protective conductor

由保护联结导体、保护接地导体和接地导体组成，起安全保护作用的导体。

2.1.19 接地导体 earth conductor

在布线系统、电气装置或用电设备的给定点与接地极或接地网之间，提供导电通路或部分导电通路的导体。

2.1.20 总接地端子 main earthing terminal, main earthing busbar

电气装置接地配置的一部分，并能用于与多个接地用导体实现电气连接的端子或总母线。又称总接地母线。

2.1.21 接地干线 earthing busbar

与总接地母线（端子）、接地极或接地网直接连接的保护导体。

2.1.22 保护接地导体（PE） protective earthing conductor

用于保护接地的导体。

2.1.23 保护联结导体 protective bonding conductor

用于保护等电位联结的导体。

2.1.24 中性导体（N） neutral conductor

与中性点连接并用于配电的导体。

2.1.25 外露可导电部分 exposed-conductive-part

用电设备上能触及的可导电部分。

2.1.26 外界可导电部分 extraneous-conductive-part

非电气装置的组成部分，且易于引入电位的可导电部分。

2.1.27 景观照明 landscape lighting

除体育场场地、建筑工地和道路照明等功能性照明以外，所有室外公共活动空间或景物的夜间景观的照明。

2.1.28 剩余电流动作保护器（RCD） residual current device

在正常运行条件下能接通、承载和分断电流，并且当剩余电流达到规定值时能使触头断开的机械开关电器或组合电器。

2.1.29 额定剩余动作电流（$I_{\Delta n}$） rated residual operating current

剩余电流动作保护器额定的剩余动作电流值。

2.1.30 联锁式铠装 interlocked armour

采用金属带按联锁式结构制作的，为电缆线芯提供机械防护的包覆层。

2.1.31 接闪器 air-termination system

由接闪杆、接闪带、接闪线、接闪网及金属屋面、金属构件等组成的，用于拦截雷电闪击的装置。

2.1.32 导线连接器 wire connection device

由一个或多个端子及绝缘体、附件等组成的，能连接两根或多根导线的器件。

2.2 代号

SPD——电涌保护器；

IMD——绝缘监测器；

UPS——不间断电源装置；

EPS——应急电源装置。

3 基本规定

3.1 一般规定

3.1.1 建筑电气工程施工现场的质量管理除应符合现行国家标准《建筑工程施工质量验收统一标准》GB 50300的有关规定外，尚应符合下列规定：

1 安装电工、焊工、起重吊装工和电力系统调试等人员应持证上岗；

2 安装和调试用各类计量器具应检定合格，且使用时应在检定有效期内。

3.1.2 电气设备、器具和材料的额定电压区段划分应符合表3.1.2的规定。

表3.1.2 额定电压区段划分

额定电压区段	交　流	直　流
特低压	50V及以下	120V及以下
低压	50V～1.0kV（含1.0kV）	120V～1.5kV（含1.5kV）
高压	1.0kV以上	1.5kV以上

3.1.3 电气设备上的计量仪表、与电气保护有关的仪表应检定合格，且当投入运行时，应在检定有效期内。

3.1.4 建筑电气动力工程的空载试运行和建筑电气照明工程

负荷试运行前，应根据电气设备及相关建筑设备的种类、特性和技术参数等编制试运行方案或作业指导书，并应经施工单位审核同意、经监理单位确认后执行。

3.1.5 高压的电气设备、布线系统以及继电保护系统必须交接试验合格。

3.1.6 低压和特低压的电气设备和布线系统的检测或交接试验应符合本规范的规定。

3.1.7 电气设备的外露可导电部分应单独与保护导体相连接，不得串联连接，连接导体的材质、截面积应符合设计要求。

3.1.8 除采取下列任一间接接触防护措施外，电气设备或布线系统应与保护导体可靠连接：

1 采用Ⅱ类设备；

2 已采取电气隔离措施；

3 采用特低电压供电；

4 将电气设备安装在非导电场所内；

5 设置不接地的等电位联结。

3.2 主要设备、材料、成品和半成品进场验收

3.2.1 主要设备、材料、成品和半成品应进场验收合格，并应做好验收记录和验收资料归档。当设计有技术参数要求时，应核对其技术参数，并应符合设计要求。

3.2.2 实行生产许可证或强制性认证（CCC认证）的产品，应有许可证编号或CCC认证标志，并应抽查生产许可证或CCC认证证书的认证范围、有效性及真实性。

3.2.3 新型电气设备、器具和材料进场验收时应提供安装、使用、维修和试验要求等技术文件。

3.2.4 进口电气设备、器具和材料进场验收时应提供质量合格证明文件，性能检测报告以及安装、使用、维修、试验要求和说明等技术文件；对有商检规定要求的进口电气设备，尚应提供商检证明。

3.2.5 当主要设备、材料、成品和半成品的进场验收需进行现场抽样检测或因有异议送有资质试验室抽样检测时，应符合下列规定：

1 现场抽样检测：对于母线槽、导管、绝缘导线、电缆等，同厂家、同批次、同型号、同规格的，每批至少应抽取1个样本；对于灯具、插座、开关等电器设备，同厂家、同材质、同类型的，应各抽检3%，自带蓄电池的灯具应按5%抽检，且均不应少于1个（套）。

2 因有异议送有资质的试验室而抽样检测：对于母线槽、绝缘导线、电缆、梯架、托盘、槽盒、导管、型钢、镀锌制品等，同厂家、同批次、不同种规格的，应抽检10%，且不应少于2个规格；对于灯具、插座、开关等电器设备，同厂家、同材质、同类型的，数量500个（套）及以下时应抽检2个（套），但应各不少于1个（套），500个（套）以上时应抽检3个（套）。

3 对于由同一施工单位施工的同一建设项目的多个单位工程，当使用同一生产厂家、同材质、同批次、同类型的主要设备、材料、成品和半成品时，其抽检比例宜合并计算。

4 当抽样检测结果出现不合格，可加倍抽样检测，仍不合格时，则该批设备、材料、成品或半成品应判定为不合格品，不得使用。

5 应有检测报告。

3.2.6 变压器、箱式变电所、高压电器及电瓷制品的进场验收应包括下列内容：

1 查验合格证和随带技术文件：变压器应有出厂试验记录；

2 外观检查：设备应有铭牌，表面涂层应完整，附件应齐全，绝缘件应无缺损、裂纹，充油部分不应渗漏，充气高压设备气压指示应正常。

3.2.7 高压成套配电柜、蓄电池柜、UPS柜、EPS柜、低压成套配电柜（箱）、控制柜（台、箱）的进场验收应符合下列规定：

1 查验合格证和随带技术文件：高压和低压成套配电柜、蓄电池柜、UPS柜、EPS柜等成套柜应有出厂试验报告；

2 核对产品型号、产品技术参数：应符合设计要求；

3 外观检查：设备应有铭牌，表面涂层应完整、无明显碰撞凹陷，设备内元器件应完好无损、接线无脱落脱焊，绝缘导线的材质、规格应符合设计要求，蓄电池柜内电池壳体应无碎裂、漏液，充油、充气设备应无泄漏。

3.2.8 柴油发电机组的进场验收应包括下列内容：

1 核对主机、附件、专用工具、备品备件和随机技术文件：合格证和出厂试运行记录应齐全、完整，发电机及其控制柜应有出厂试验记录；

2 外观检查：设备应有铭牌，涂层应完整，机身应无缺件。

3.2.9 电动机、电加热器、电动执行机构和低压开关设备等的进场验收应包括下列内容：

1 查验合格证和随机技术文件：内容应填写齐全、完整；

2 外观检查：设备应有铭牌，涂层应完整，设备器件或附件应齐全、完好、无缺损。

3.2.10 照明灯具及附件的进场验收应符合下列规定：

1 查验合格证：合格证内容应填写齐全、完整，灯具材质应符合设计要求和产品标准要求；新型气体放电灯应随带技术文件；太阳能灯具的内部短路保护、过载保护、反向放电保护、极性反接保护等功能性试验资料应齐全，并应符合设计要求。

2 外观检查：

1）灯具涂层应完整、无损伤，附件应齐全，Ⅰ类灯具的外露可导电部分应具有专用的PE端子；

2）固定灯具带电部件及提供防触电保护的部位应为绝缘材料，且应耐燃烧和防引燃；

3）消防应急灯具应获得消防产品型式试验合格评定，且具有认证标志；

4）疏散指示标志灯具的保护罩应完整、无裂纹；

5）游泳池和类似场所灯具（水下灯及防水灯具）的防护等级应符合设计要求，当对其密闭和绝缘性能有异议时，应按批抽样送有资质的试验室检测；

6）内部接线应为铜芯绝缘导线，其截面积应与灯具功率相匹配，且不应小于0.5mm^2。

3 自带蓄电池的供电时间检测：对于自带蓄电池的应急灯具，应现场检测蓄电池最少持续供电时间，且应符合设计要求。

4 绝缘性能检测：对灯具的绝缘性能进行现场抽样检测，灯具的绝缘电阻值不应小于2MΩ，灯具内绝缘导线的绝缘层厚度不应小于0.6mm。

3.2.11 开关、插座、接线盒和风扇及附件的进场验收应包括下列内容：

1 查验合格证：合格证内容填写应齐全、完整。

2 外观检查：开关、插座的面板及接线盒盒体应完整、无碎裂、零件齐全，风扇应无损坏、涂层完整，调速器等附件应适配。

3 电气和机械性能检测：对开关、插座的电气和机械性能应进行现场抽样检测，并应符合下列规定：

1）不同极性带电部件间的电气间隙不应小于3mm，爬电距离不应小于3mm；

2）绝缘电阻值不应小于5MΩ；

3）用自攻锁紧螺钉或自切螺钉安装的，螺钉与软塑固定件旋合长度不应小于8mm，绝缘材料固定件在经受10次拧紧退出试验后，应无松动或掉渣，螺钉及螺纹应无损坏现象；

4）对于金属间相旋合的螺钉螺母，拧紧后完全退出，反复5次后，应仍然能正常使用。

4 对开关、插座、接线盒及面板等绝缘材料的耐非正常热、耐燃和耐漏电起痕性能有异议时，应按批抽样送有资质的试验室检测。

3.2.12 绝缘导线、电缆的进场验收应符合下列规定：

1 查验合格证：合格证内容填写应齐全、完整。

2 外观检查：包装完好，电缆端头应密封良好，标识应齐全。抽检的绝缘导线或电缆绝缘层应完整无损，厚度均匀。电缆无压扁、扭曲，铠装不应松卷。绝缘导线、电缆外护层应有明显标识和制造厂标。

3 检测绝缘性能：电线、电缆的绝缘性能应符合产品技术标准或产品技术文件规定。

4 检查标称截面积和电阻值：绝缘导线、电缆的标称截面积应符合设计要求，其导体电阻值应符合现行国家标准《电缆的导体》GB/T 3956的有关规定。当对绝缘导线和电缆的导电性能、绝缘性能、绝缘厚度、机械性能和阻燃耐火性能有异议时，应按批抽样送有资质的试验室检测。检测项目和内容应符合国家现行有关产品标准的规定。

3.2.13 导管的进场验收应符合下列规定：

1 查验合格证：钢导管应有产品质量证明书，塑料导管应有合格证及相应检测报告。

2 外观检查：钢导管应无压扁，内壁应光滑；非镀锌钢导管不应有锈蚀，油漆应完整；镀锌钢导管镀层覆盖应完整、表面无锈斑；塑料导管及配件不应碎裂、表面应有阻燃标记和制造厂标。

3 应按批抽样检测导管的管径、壁厚及均匀度，并应符合国家现行有关产品标准的规定。

4 对机械连接的钢导管及其配件的电气连续性有异议时，应按现行国家标准《电气安装用导管系统》GB 20041的有关规定进行检验。

5 对塑料导管及配件的阻燃性能有异议时，应按批抽样送有资质的试验室检测。

3.2.14 型钢和电焊条的进场验收应符合下列规定：

1 查验合格证和材质证明书：有异议时，应按批抽样送有资质的试验室检测；

2 外观检查：型钢表面应无严重锈蚀、过度扭曲和弯折变形；电焊条包装应完整，拆包检查焊条尾部应无锈斑。

3.2.15 金属镀锌制品的进场验收应符合下列规定：

1 查验产品质量证明书：应按设计要求查验其符合性；

2 外观检查：镀锌层应覆盖完整、表面无锈斑，金具配件应齐全，无砂眼；

3 埋入土壤中的热浸镀锌钢材应检测其镀锌层厚度不应小于63μm；

4 对镀锌质量有异议时，应按批抽样送有资质的试验室检测。

3.2.16 梯架、托盘和槽盒的进场验收应符合下列规定：

1 查验合格证及出厂检验报告：内容填写应齐全、完整；

2 外观检查：配件应齐全，表面应光滑、不变形；钢制梯架、托盘和槽盒涂层应完整、无锈蚀；塑料槽盒应无破损、色泽均匀，对阻燃性能有异议时，应按批抽样送有资质的试验室检测；铝合金梯架、托盘和槽盒涂层应完整，不应有扭曲变形、压扁或表面划伤等现象。

3.2.17 母线槽的进场验收应符合下列规定：

1 查验合格证和随带安装技术文件，并应符合下列规定：

1）CCC型式试验报告中的技术参数应符合设计要求，导体规格及相应温升值应与CCC型式试验报告中的导体规格一致，当对导体的载流能力有异议时，应送有资质的试验室做极限温升试验，额定电流的温升应符合国家现行有关产品标准的规定；

2）耐火母线槽除应通过CCC认证外，还应提供由国家认可的检测机构出具的型式检验报告，其耐火时间应符合设计要求；

3）保护接地导体（PE）应与外壳有可靠的连接，其截面积应符合产品技术文件规定；当外壳兼作保护接地导体（PE）时，CCC型式试验报告和产品结构应符合国家现行有关产品标准的规定。

2 外观检查：防潮密封应良好，各段编号应标志清晰，附件应齐全、无缺损，外壳应无明显变形，母线螺栓搭接面应平整、镀层覆盖应完整、无起皮和麻面；插接母线槽上的静触头应无缺损、表面光滑、镀层完整；对有防护等级要求的母线槽尚应检查产品及附件的防护等级与设计的符合性，其标识应完整。

3.2.18 电缆头部件、导线连接器及接线端子的进场验收应符合下列规定：

1 查验合格证及相关技术文件，并应符合下列规定：

1）铝及铝合金电缆附件应具有与电缆导体匹配的检测报告；

2）矿物绝缘电缆的中间连接附件的耐火等级不应低于电缆本体的耐火等级；

3）导线连接器和接线端子的额定电压、连接容量及防护等级应满足设计要求。

2 外观检查：部件应齐全，包装标识和产品标志应清晰，表面应无裂纹和气孔，随带的袋装涂料或填料不应泄漏；铝及铝合金电缆用接线端子和接头附件的压接圆筒内表面应有抗氧化剂；矿物绝缘电缆专用终端接线端子规格应与电缆相适配；导线连接器的产品标识应清晰明了、经久耐用。

3.2.19 金属灯柱的进场验收应符合下列规定：

1 查验合格证：合格证应齐全、完整；

2 外观检查：涂层应完整，根部接线盒盒盖紧固件和内置熔断器、开关等器件应齐全，盒盖密封垫片应完整。金属灯柱内应设有专用接地螺栓，地脚螺孔位置应与提供的附图尺寸一致，允许偏差应为±2mm。

3.2.20 使用的降阻剂材料应符合设计及国家现行有关标准的规定，并应提供经国家相应检测机构检验检测合格的证明。

3.3 工序交接确认

3.3.1 变压器、箱式变电所的安装应符合下列规定：

1 变压器、箱式变电所安装前，室内顶棚、墙体的装饰面应完成施工，无渗漏水，地面的找平层应完成施工，基础应验收合格，埋入基础的导管和变压器进线、出线预留孔及相关预埋件等经检查应合格；

2 变压器、箱式变电所通电前，变压器及系统接地的交接试验应合格。

3.3.2 成套配电柜、控制柜（台、箱）和配电箱（盘）的安装应符合下列规定：

1 成套配电柜（台）、控制柜安装前，室内顶棚、墙体的装饰工程应完成施工，无渗漏水，室内地面的找平层应完成施工，基础型钢和柜、台、箱下的电缆沟等经检查应合格，落地式柜、台、箱的基础及埋入基础的导管应验收合格；

2 墙上明装的配电箱（盘）安装前，室内顶棚、墙体、装饰面应完成施工，暗装的控制（配电）箱的预留孔和动力、照明配线的线盒及导管等经检查应合格；

3 电源线连接前，应确认电涌保护器（SPD）型号、性能参数符合设计要求，接地线与PE排连接可靠；

4 试运行前，柜、台、箱、盘内PE排应完成连接，柜、台、箱、盘内的元件规格、型号应符合设计要求，接线应正确且交接试验合格。

3.3.3 电动机、电加热器及电动执行机构接线前，应与机械设备完成连接，且经手动操作检验符合工艺要求，绝缘电阻应测试合格。

3.3.4 柴油发电机组的安装应符合下列规定：

1 机组安装前，基础应验收合格。

2 机组安放后，采取地脚螺栓固定的机组应初平，螺栓孔灌浆、精平、紧固地脚螺栓、二次灌浆等安装合格；安放式的机组底部应垫平、垫实。

3 空载试运行前，油、气、水冷、风冷、烟气排放等系统和隔振防噪声设施应完成安装，消防器材应配置齐全、到位且符合设计要求，发电机应进行静态试验，随机配电盘、柜接线经检查应合格，柴油发电机组接地经检查应符合设计要求。

4 负荷试运行前，空载试运行和试验调整应合格。

5 投入备用状态前，应在规定时间内，连续无故障负荷试运行合格。

3.3.5 UPS或EPS接至馈电线路前，应按产品技术要求进行试验调整，并应经检查确认。

3.3.6 电气动力设备试验和试运行应符合下列规定：

1 电气动力设备试验前，其外露可导电部分应与保护导体完成连接，并经检查应合格；

2 通电前，动力成套配电（控制）柜、台、箱的交流工频耐压试验和保护装置的动作试验应合格；

3 空载试运行前，控制回路模拟动作试验应合格，盘车或手动操作检查电气部分与机械部分的转动或动作应协调一致。

3.3.7 母线槽安装应符合下列规定：

1 变压器和高低压成套配电柜上的母线槽安装前，变压器、高低压成套配电柜、穿墙套管等应安装就位，并应经检查合格；

2 母线槽支架的设置应在结构封顶、室内底层地面完成施工或确定地面标高、清理场地、复核层间距离后进行；

3 母线槽安装前，与母线槽安装位置有关的管道、空调及建筑装修工程应完成施工；

4 母线槽组对前，每段母线的绝缘电阻应经测试合格，且绝缘电阻值不应小于20MΩ；

5 通电前，母线槽的金属外壳应与外部保护导体完成连接，且母线绝缘电阻测试和交流工频耐压试验应合格。

3.3.8 梯架、托盘和槽盒安装应符合下列规定：

1 支架安装前，应先测量定位；

2 梯架、托盘和槽盒安装前，应完成支架安装，且顶棚和墙面的喷浆、油漆或壁纸等应基本完成。

3.3.9 导管敷设应符合下列规定：

1 配管前，除埋入混凝土中的非镀锌钢导管的外壁外，应确认其他场所的非镀锌钢导管内、外壁均已做防腐处理；

2 埋设导管前，应检查确认室外直埋导管的路径、沟槽深度、宽度及垫层处理等符合设计要求；

3 现浇混凝土板内的配管，应在底层钢筋绑扎完成，上层钢筋未绑扎前进行，且配管完成后应经检查确认后，再绑扎上层钢筋和浇捣混凝土；

4 墙体内配管前，现浇混凝土墙体内的钢筋绑扎及门、窗等位置的放线应已完成；

5 接线盒和导管在隐蔽前，经检查应合格；

6 穿梁、板、柱等部位的明配导管敷设前，应检查其套管、埋件、支架等设置符合要求；

7 吊顶内配管前，吊顶上的灯位及电气器具位置应先进行放样，并应与土建及各专业施工协调配合。

3.3.10 电缆敷设应符合下列规定：

1 支架安装前，应先清除电缆沟、电气竖井内的施工临时设施、模板及建筑废料等，并应对支架进行测量定位；

2 电缆敷设前，电缆支架、电缆导管、梯架、托盘和槽盒应完成安装，并已与保护导体完成连接，且经检查应合格；

3 电缆敷设前，绝缘测试应合格；

4 通电前，电缆交接试验应合格，检查并确认线路去向、相位和防火隔堵措施等应符合设计要求。

3.3.11 绝缘导线、电缆穿导管及槽盒内敷线应符合下列规定：

1 焊接施工作业应已完成，检查导管、槽盒安装质量应合格；

2 导管或槽盒与柜、台、箱应已完成连接，导管内积水及杂物应已清理干净；

3 绝缘导线、电缆的绝缘电阻应经测试合格；

4 通电前，绝缘导线、电缆交接试验应合格，检查并确认接线去向和相位等应符合设计要求。

3.3.12 塑料护套线直敷布线应符合下列规定：

1 弹线定位前，应完成墙面、顶面装饰工程施工；

2 布线前，应确认穿梁、墙、楼板等建筑结构上的套管已安装到位，且塑料护套线经绝缘电阻测试合格。

3.3.13 钢索配线的钢索吊装及线路敷设前，除地面外的装修工程应已结束，钢索配线所需的预埋件及预留孔应已预埋、预留完成。

3.3.14 电缆头制作和接线应符合下列规定：

1 电缆头制作前，电缆绝缘电阻测试应合格，检查并确认电缆头的连接位置、连接长度应满足要求；

2 控制电缆接线前，应确认绝缘电阻测试合格，校线正确；

3 电力电缆或绝缘导线接线前，电缆交接试验或绝缘电阻测试应合格，相位核对应正确。

3.3.15 照明灯具安装应符合下列规定：

1 灯具安装前，应确认安装灯具的预埋螺栓及吊杆、吊顶上安装嵌入式灯具用的专用支架等已完成，对需做承载试验的预埋件或吊杆经试验应合格；

2 影响灯具安装的模板、脚手架应已拆除，顶棚和墙面喷浆、油漆或壁纸等及地面清理工作应已完成；

3 灯具接线前，导线的绝缘电阻测试应合格；

4 高空安装的灯具，应先在地面进行通断电试验合格。

3.3.16 照明开关、插座、风扇安装前，应检查吊扇的吊钩已预埋完成、导线绝缘电阻测试应合格，顶棚和墙面的喷浆、油漆或壁纸等已完工。

3.3.17 照明系统的测试和通电试运行应符合下列规定：

1 导线绝缘电阻测试应在导线接续前完成；

2 照明箱（盘）、灯具、开关、插座的绝缘电阻测试应在器具就位前或接线前完成；

3 通电试验前，电气器具及线路绝缘电阻应测试合格，当照明回路装有剩余电流动作保护器时，剩余电流动作保护器应检测合格；

4 备用照明电源或应急照明电源做空载自动投切试验前，应卸除负荷，有载自动投切试验应在空载自动投切试验合格后进行；

5 照明全负荷试验前，应确认上述工作应已完成。

3.3.18 接地装置安装应符合下列规定：

1 对于利用建筑物基础接地的接地体，应先完成底板钢筋敷设，然后按设计要求进行接地装置施工，经检查确认后，再支模或浇捣混凝土。

2 对于人工接地的接地体，应按设计要求利用基础沟槽或开挖沟槽，然后经检查确认，再埋入或打入接地极和敷设地下接地干线。

3 降低接地电阻的施工应符合下列规定：

1）采用接地模块降低接地电阻的施工，应先按设计位置开挖模块坑，并将地下接地干线引到模块上，经检查确认，再相互焊接；

2）采用添加降阻剂降低接地电阻的施工，应先按设计要求开挖沟槽或钻孔垂直埋管，再将沟槽清理干净，检查接地体埋入位置后，再灌注降阻剂；

3）采用换土降低接地电阻的施工，应先按设计要求开挖沟槽，并将沟槽清理干净，再在沟槽底部铺设经确认合格的低电阻率土壤，经检查铺设厚度达到设计要求后，再安装接地装置；接地装置连接完好，并完成防腐处理后，再覆盖上一层低电阻率土壤。

4 隐蔽装置前，应先检查验收合格后，再覆土回填。

3.3.19 防雷引下线安装应符合下列规定：

1 当利用建筑物柱内主筋作引下线时，应在柱内主筋绑扎或连接后，按设计要求进行施工，经检查确认，再支模；

2 对于直接从基础接地体或人工接地体暗敷埋入粉刷层内的引下线，应先检查确认不外露后，再贴面砖或刷涂料等；

3 对于直接从基础接地体或人工接地体引出明敷的引下线，应先埋设或安装支架，并经检查确认后，再敷设引下线。

3.3.20 接闪器安装前，应先完成接地装置和引下线的施工，接闪器安装后应及时与引下线连接。

3.3.21 防雷接地系统测试前，接地装置应完成施工且测试合格；防雷接闪器应完成安装，整个防雷接地系统应连成回路。

3.3.22 等电位联结应符合下列规定：

1 对于总等电位联结，应先检查确认总等电位联结端子的接地导体位置，再安装总等电位联结端子板，然后按设计要求作总等电位联结；

2 对于局部等电位联结，应先检查确认连接端子位置及连接端子板的截面积，再安装局部等电位联结端子板，然后按设计要求作局部等电位联结；

3 对特殊要求的建筑金属屏蔽网箱，应先完成网箱施工，经检查确认后，再与PE连接。

3.4 分部（子分部）工程划分及验收

3.4.1 建筑电气分部工程的质量验收，应按检验批、分项工程、子分部工程逐级进行验收，各子分部工程、分项工程和检验批的划分应符合本规范附录A的规定。

3.4.2 建筑电气分部工程检验批的划分应符合下列规定：

1 变配电室安装工程中分项工程的检验批，主变配电室应作为1个检验批；对于有数个分变配电室，且不属于子单位工程的子分部工程，应分别作为1个检验批，其验收记录应汇入所有变配电室有关分项工程的验收记录中；当各分变配电室属于各子单位工程的子分部工程时，所属分项工程应分别作为1个检验批，其验收记录应作为分项工程验收记录，且应经子分部工程验收记录汇总后纳入分部工程验收记录中。

2 供电干线安装工程中分项工程的检验批，应按供电区段和电气竖井的编号划分。

3 对于电气动力和电气照明安装工程中分项工程的检验批，其界区的划分应与建筑土建工程一致。

4 自备电源和不间断电源安装工程中分项工程，应分别作为1个检验批。

5 对于防雷及接地装置安装工程中分项工程的检验批，人工接地装置和利用建筑物基础钢筋的接地体应分别作为1个检验批，且大型基础可按区块划分成若干个检验批；对于防雷引下线安装工程，6层以下的建筑应作为1个检验批，高层建筑中依均压环设置间隔的层数应作为1个检验批；接闪器安装同一屋面，应作为1个检验批；建筑物的总等电位联结应作为1个检验批，每个局部等电位联结应作为1个检验批，电子系统设备机房应作为1个检验批。

6 对于室外电气安装工程中分项工程的检验批，应按庭院大小、投运时间先后、功能区块等进行划分。

3.4.3 当验收建筑电气工程时，应核查下列各项质量控制资料，且资料内容应真实、齐全、完整：

1 设计文件和图纸会审记录及设计变更与工程洽商记录；

2 主要设备、器具、材料的合格证和进场验收记录；

3 隐蔽工程检查记录；

4 电气设备交接试验检验记录；

5 电动机检查（抽芯）记录；

6 接地电阻测试记录；

7 绝缘电阻测试记录；

8 接地故障回路阻抗测试记录；

9 剩余电流动作保护器测试记录；

10 电气设备空载试运行和负荷试运行记录；

11 EPS应急持续供电时间记录；

12 灯具固定装置及悬吊装置的载荷强度试验记录；

13 建筑照明通电试运行记录；

14 接闪线和接闪带固定支架的垂直拉力测试记录；

15 接地（等电位）联结导通性测试记录；

16 工序交接合格等施工安装记录。

3.4.4 建筑电气分部（子分部）工程和所含分项工程的质量验收记录应无遗漏缺项、填写正确。

3.4.5 技术资料应齐全，且应符合工序要求、有可追溯性；责任单位和责任人均应确认且签章齐全。

3.4.6 检验批验收时应按本规范主控项目和一般项目中规定的检查数量和抽查比例进行检查，施工单位过程检查时应进行全数检查。

3.4.7 单位工程质量验收时，建筑电气分部（子分部）工程实物质量应抽检下列部位和设施，且抽检结果应符合本规范的规定：

1 变配电室，技术层、设备层的动力工程，电气竖井，建筑顶部的防雷工程，电气系统接地，重要的或大面积活动场所的照明工程，以及5%自然间的建筑电气动力、照明工程；

2 室外电气工程的变配电室，以及灯具总数的5%。

3.4.8 变配电室通电后可抽测下列项目，抽测结果应符合本规范的规定和设计要求：

1 各类电源自动切换或通断装置；

2 馈电线路的绝缘电阻；

3 接地故障回路阻抗；

4 开关插座的接线正确性；

5 剩余电流动作保护器的动作电流和时间；

6 接地装置的接地电阻；

7 照度。

4 变压器、箱式变电所安装

4.1 主控项目

4.1.1 变压器安装应位置正确，附件齐全，油浸变压器油位正常，无渗油现象。

检查数量：全数检查。

检查方法：观察检查。

4.1.2 变压器中性点的接地连接方式及接地电阻值应符合设计要求。

检查数量：全数检查。

检查方法：观察检查并用接地电阻测试仪测试。

4.1.3 变压器箱体、干式变压器的支架、基础型钢及外壳应分别单独与保护导体可靠连接，紧固件及防松零件齐全。

检查数量：紧固件及防松零件抽查5%，其余全数检查。

检查方法：观察检查。

4.1.4 变压器及高压电气设备应按本规范第3.1.5条的规定完成交接试验且合格。

检查数量：全数检查。

检查方法：试验时观察检查或查阅交接试验记录。

4.1.5 箱式变电所及其落地式配电箱的基础应高于室外地坪，周围排水通畅。用地脚螺栓固定的螺帽应齐全，拧紧牢固；自由安放的应垫平放正。对于金属箱式变电所及落地式配电箱，箱体应与保护导体可靠连接，且有标识。

检查数量：全数检查。

检查方法：观察检查和手感检查。

4.1.6 箱式变电所的交接试验应符合下列规定：

1 由高压成套开关柜、低压成套开关柜和变压器三个独立单元组合成的箱式变电所高压电气设备部分，应按本规范第3.1.5条的规定完成交接试验且合格；

2 对于高压开关、熔断器等与变压器组合在同一个密闭油箱内的箱式变电所，交接试验应按产品提供的技术文件要求执行；

3 低压成套配电柜和馈电线路的每路配电开关及保护装置的相间和相对地间的绝缘电阻值不应小于0.5MΩ；当国家现行产品标准未做规定时，电气装置的交流工频耐压试验电压应为1000V，试验持续时间应为1min，当绝缘电阻值大于10MΩ时，宜采用2500V兆欧表摇测。

检查数量：全数检查。

检查方法：用绝缘电阻测试仪测试、试验并查阅交接试验记录。

4.1.7 配电间隔和静止补偿装置栅栏门应采用裸编织铜线与保护导体可靠连接，其截面积不应小于$4mm^2$。

检查数量：全数检查。

检查方法：观察检查。

4.2 一般项目

4.2.1 有载调压开关的传动部分润滑应良好，动作应灵活，点动给定位置与开关实际位置应一致，自动调节应符合产品的技术文件要求。

检查数量：全数检查。

检查方法：观察检查或操作检查。

4.2.2 绝缘件应无裂纹、缺损和瓷件瓷釉损坏等缺陷，外表应清洁，测温仪表指示应准确。

检查数量：各种规格各抽查10%，且不得少于1件。

检查方法：观察检查。

4.2.3 装有滚轮的变压器就位后，应将滚轮用能拆卸的制动部件固定。

检查数量：全数检查。

检查方法：观察检查。

4.2.4 变压器应按产品技术文件要求进行器身检查，当满足下列条件之一时，可不检查器身。

1 制造厂规定不检查器身；

2 就地生产仅作短途运输的变压器，且在运输过程中有效监督，无紧急制动、剧烈振动、冲撞或严重颠簸等异常情况。

检查数量：全数检查。

检查方法：核对产品技术文件、查阅运输过程资料。

4.2.5 箱式变电所内、外涂层应完整、无损伤，对于有通风口的，其风口防护网应完好。

检查数量：全数检查。

检查方法：观察检查。

4.2.6 箱式变电所的高压和低压配电柜内部接线应完整、低压输出回路标记应清晰，回路名称应准确。

检查数量：按回路数量抽查10%，且不得少于1个回路。

检查方法：观察检查。

4.2.7 对于油浸变压器顶盖，沿气体继电器的气流方向应有1.0%～1.5%的升高坡度。除与母线槽采用软连接外，变压器的套管中心线应与母线槽中心线在同一轴线上。

检查数量：全数检查。

检查方法：观察检查并采用水平仪测试。

4.2.8 对有防护等级要求的变压器，在其高压或低压及其他用途的绝缘盖板上开孔时，应符合变压器的防护等级要求。

检查数量：全数检查。

检查方法：观察检查。

5 成套配电柜、控制柜（台、箱）和配电箱（盘）安装

5.1 主控项目

5.1.1 柜、台、箱的金属框架及基础型钢应与保护导体可靠连接；对于装有电器的可开启门，门和金属框架的接地端子间应选用截面积不小于$4mm^2$的黄绿色绝缘铜芯软导线连接，并应有标识。

检查数量：全数检查。

检查方法：观察检查。

5.1.2 柜、台、箱、盘等配电装置应有可靠的防电击保护；装置内保护接地导体（PE）排应有裸露的连接外部保护接地导体的端子，并应可靠连接。当设计未做要求时，连接导体最小截面积应符合现行国家标准《低压配电设计规范》GB 50054的规定。

检查数量：全数检查。

检查方法：观察检查并采用力矩扳手检查。

5.1.3 手车、抽屉式成套配电柜推拉应灵活，无卡阻碰撞现象。动触头与静触头的中心线应一致，且触头接触应紧密，投入时，接地触头应先于主触头接触；退出时，接地触头应后于主触头脱开。

检查数量：全数检查。

检查方法：观察检查。

5.1.4 高压成套配电柜应按本规范第3.1.5条的规定进行交

接试验，并应合格，且应符合下列规定：

1　继电保护元器件、逻辑元件、变送器和控制用计算机等单体校验应合格，整组试验动作应正确，整定参数应符合设计要求；

2　新型高压电气设备和继电保护装置投入使用前，应按产品技术文件要求进行交接试验。

检查数量：全数检查。

检查方法：模拟试验检查或查阅交接试验记录。

5.1.5　低压成套配电柜交接试验应符合本规范第4.1.6条第3款的规定。

检查数量：全数检查。

检查方法：用绝缘电阻测试仪测试、试验时观察检查或查阅交接试验记录。

5.1.6　对于低压成套配电柜、箱及控制柜（台、箱）间线路的线间和线对地间绝缘电阻值，馈电线路不应小于0.5MΩ，二次回路不应小于1MΩ；二次回路的耐压试验电压应为1000V，当回路绝缘电阻值大于10MΩ时，应采用2500V兆欧表代替，试验持续时间应为1min或符合产品技术文件要求。

检查数量：按每个检验批的配线回路数量抽查20%，且不得少于1个回路。

检查方法：用绝缘电阻测试仪测试或试验、测试时观察检查或查阅绝缘电阻测试记录。

5.1.7　直流柜试验时，应将屏内电子器件从线路上退出，主回路线间和线对地间绝缘电阻值不应小于0.5MΩ，直流屏所附蓄电池组的充、放电应符合产品技术文件要求；整流器的控制调整和输出特性试验应符合产品技术文件要求。

检查数量：全数检查。

检查方法：用绝缘电阻测试仪测试，调整试验时观察检查或查阅试验记录。

5.1.8　低压成套配电柜和配电箱（盘）内末端用电回路中，所设过电流保护电器兼作故障防护时，应在回路末端测量接地故障回路阻抗，且回路阻抗应满足下式要求：

$$Z_s(m) \leqslant \frac{2}{3} \times \frac{U_0}{I_a} \tag{5.1.8}$$

式中：$Z_s(m)$——实测接地故障回路阻抗（Ω）；

U_0——相导体对接地的中性导体的电压（V）；

I_a——保护电器在规定时间内切断故障回路的动作电流（A）。

检查数量：按末级配电箱（盘、柜）总数量抽查20%，每个被抽查的末级配电箱至少应抽查1个回路，且不应少于1个末级配电箱。

检查方法：仪表测试并查阅试验记录。

5.1.9　配电箱（盘）内的剩余电流动作保护器（RCD）应在施加额定剩余动作电流（$I_{\Delta n}$）的情况下测试动作时间，且测试值应符合设计要求。

检查数量：每个配电箱（盘）不少于1个。

检查方法：仪表测试并查阅试验记录。

5.1.10　柜、箱、盘内电涌保护器（SPD）安装应符合下列规定：

1　SPD的型号规格及安装布置应符合设计要求；

2　SPD的接线形式应符合设计要求，接地导线的位置不宜靠近出线位置；

3　SPD的连接导线应平直、足够短，且不宜大于0.5m。

检查数量：按每个检验批电涌保护器（SPD）的数量抽查20%，且不得少于1个。

检查方法：观察检查。

5.1.11　IT系统绝缘监测器（IMD）的报警功能应符合设计要求。

检查数量：全数检查。

检查方法：仪表测试。

5.1.12　照明配电箱（盘）安装应符合下列规定：

1　箱（盘）内配线应整齐、无绞接现象；导线连接应紧密、不伤线芯、不断股；垫圈下螺丝两侧压的导线截面积应相同，同一电器器件端子上的导线连接不应多于2根，防松垫圈等零件应齐全；

2　箱（盘）内开关动作应灵活可靠；

3　箱（盘）内宜分别设置中性导体（N）和保护接地导体（PE）汇流排，汇流排上同一端子不应连接不同回路的N或PE。

检查数量：按照明配电箱（盘）数量抽查10%，且不得少于1台。

检查方法：观察检查及操作检查，螺丝刀拧紧检查。

5.1.13　送至建筑智能化工程变送器的电量信号精度等级应符合设计要求，状态信号应正确；接收建筑智能化工程的指令应使建筑电气工程的断路器动作符合指令要求，且手动、自动切换功能均应正常。

检查数量：全数检查。

检查方法：模拟试验时观察检查或查阅检查记录。

5.2　一般项目

5.2.1　基础型钢安装允许偏差应符合表5.2.1的规定。

检查数量：按总数抽查20%，且不得少于1台。

检查方法：水平仪或拉线尺量检查。

表5.2.1　基础型钢安装允许偏差

项　目	允许偏差（mm）	
	每米	全长
不直度	1.0	5.0
水平度	1.0	5.0
不平行度	—	5.0

5.2.2　柜、台、箱、盘的布置及安全间距应符合设计要求。

检查数量：全数检查。

检查方法：尺量检查。

5.2.3　柜、台、箱相互间或与基础型钢间应用镀锌螺栓连接，且防松零件应齐全；当设计有防火要求时，柜、台、箱的进出口应做防火封堵，并应封堵严密。

检查数量：按柜、台、箱总数抽查10%，且各不得少于1台。

检查方法：观察检查。

5.2.4　室外安装的落地式配电（控制）柜、箱的基础应高于地坪，周围排水应通畅，其底座周围应采取封闭措施。

检查数量：全数检查。

检查方法：观察检查。

5.2.5　柜、台、箱、盘应安装牢固，且不应设置在水管的正下方。柜、台、箱、盘安装垂直度允许偏差不应大于1.5‰，相互间接缝不应大于2mm，成列盘面偏差不应大于5mm。

检查数量：按总数抽查10%，且不得少于1台。

检查方法：线坠尺量检查、塞尺检查、拉线尺量检查。

5.2.6 柜、台、箱、盘内检查试验应符合下列规定：

1 控制开关及保护装置的规格、型号应符合设计要求；

2 闭锁装置动作应准确、可靠；

3 主开关的辅助开关切换动作应与主开关动作一致；

4 柜、台、箱、盘上的标识器件应标明被控设备编号及名称或操作位置，接线端子应有编号，且清晰、工整、不易脱色；

5 回路中的电子元件不应参加交流工频耐压试验，50V及以下回路可不做交流工频耐压试验。

检查数量：按柜、台、箱、盘总数抽查10%，且不得少于1台。

检查方法：观察检查并按设计图核对规格型号。

5.2.7 低压电器组合应符合下列规定：

1 发热元件应安装在散热良好的位置；

2 熔断器的熔体规格、断路器的整定值应符合设计要求；

3 切换压板应接触良好，相邻压板间应有安全距离，切换时不应触及相邻的压板；

4 信号回路的信号灯、按钮、光字牌、电铃、电笛、事故电钟等动作和信号显示应准确；

5 金属外壳需做电击防护时，应与保护导体可靠连接；

6 端子排应安装牢固，端子应有序号，强电、弱电端子应隔离布置，端子规格应与导线截面积大小适配。

检查数量：按低压电器组合完成后的总数抽查10%，且不得少于1台。

检查方法：观察检查并按设计图核对电器技术参数。

5.2.8 柜、台、箱、盘间配线应符合下列规定：

1 二次回路接线应符合设计要求，除电子元件回路或类似回路外，回路的绝缘导线额定电压不应低于450/750V；对于铜芯绝缘导线或电缆的导体截面积，电流回路不应小于$2.5mm^2$，其他回路不应小于$1.5mm^2$。

2 二次回路连线应成束绑扎，不同电压等级、交流、直流线路及计算机控制线路应分别绑扎，且应有标识；固定后不应妨碍手车开关或抽出式部件的拉出或推入。

3 线缆的弯曲半径不应小于线缆允许弯曲半径。

4 导线连接不应损伤线芯。

检查数量：按柜、台、箱、盘总数抽查10%，且不得少于1台。

检查方法：观察检查。

5.2.9 柜、台、箱、盘面板上的电器连接导线应符合下列规定：

1 连接导线应采用多芯铜芯绝缘软导线，敷设长度应留有适当裕量；

2 线束宜有外套塑料管等加强绝缘保护层；

3 与电器连接时，端部应绞紧、不松散、不断股，其端部可采用不开口的终端端子或搪锡；

4 可转动部位的两端应采用卡子固定。

检查数量：按柜、台、箱、盘总数抽查10%，且不得少于1台。

检查方法：观察检查。

5.2.10 照明配电箱（盘）安装应符合下列规定：

1 箱体开孔应与导管管径适配，暗装配电箱箱盖应紧贴墙面，箱（盘）涂层应完整；

2 箱（盘）内回路编号应齐全，标识应正确；

3 箱（盘）应采用不燃材料制作；

4 箱（盘）应安装牢固、位置正确、部件齐全，安装高度应符合设计要求，垂直度允许偏差不应大于1.5‰。

检查数量：按照明配电箱（盘）总数抽查10%，且不得少于1台。

检查方法：观察检查并用线坠尺量检查。

6 电动机、电加热器及电动执行机构检查接线

6.1 主控项目

6.1.1 电动机、电加热器及电动执行机构的外露可导电部分必须与保护导体可靠连接。

检查数量：电动机、电加热器全数检查，电动执行机构按总数抽查10%，且不得少于1台。

检查方法：观察检查并用工具拧紧检查。

6.1.2 低压电动机、电加热器及电动执行机构的绝缘电阻值不应小于0.5MΩ。

检查数量：按设备各抽查50%，且各不得少于1台。

检查方法：用绝缘电阻测试仪测试并查阅绝缘电阻测试记录。

6.1.3 高压及100kW以上电动机的交接试验应符合现行国家标准《电气装置安装工程 电气设备交接试验标准》GB 50150的规定。

检查数量：全数检查。

检查方法：用仪表测量并查阅相关试验或测量记录。

6.2 一般项目

6.2.1 电气设备安装应牢固，螺栓及防松零件齐全，不松动。防水防潮电气设备的接线入口及接线盒盖等应做密封处理。

检查数量：按设备总数抽查10%，且不得少于1台。

检查方法：观察检查并用工具拧紧检查。

6.2.2 除电动机随机技术文件不允许在施工现场抽芯检查外，有下列情况之一的电动机应抽芯检查：

1 出厂时间已超过制造厂保证期限；

2 外观检查、电气试验、手动盘转和试运转有异常情况。

检查数量：按设备总数抽查20%，且不得少于1台。

检查方法：观察检查并查阅设备进场验收记录。

6.2.3 电动机抽芯检查应符合下列规定：

1 电动机内部应清洁、无杂物；

2 线圈绝缘层应完好、无伤痕，端部绑线不应松动，槽楔应固定、无断裂、无凸出和松动，引线应焊接饱满，内部应清洁、通风孔道无堵塞；

3 轴承应无锈斑，注油（脂）的型号、规格和数量应正确，转子平衡块应紧固、平衡螺丝锁紧，风扇叶片应无裂纹；

4 电动机的机座和端盖的止口部位应无砂眼和裂纹；

5 连接用紧固件的防松零件应齐全完整；

6 其他指标应符合产品技术文件的要求。

检查数量：全数检查。

检查方法：查阅抽芯检查记录并核对产品技术文件要求。

6.2.4 电动机电源线与出线端子接触应良好、清洁，高压电动机电源线紧固时不应损伤电动机引出线套管。

检查数量：全数检查。

检查方法：观察检查。

6.2.5 在设备接线盒内裸露的不同相间和相对地间电气间隙应符合产品技术文件要求，或采取绝缘防护措施。

检查数量：按设备总数抽查20%，各不得少于1台，且应覆盖不同的电压等级。

检查方法：观察检查、尺量检查并查阅电动机检查记录。

7 柴油发电机组安装

7.1 主控项目

7.1.1 发电机的试验应符合本规范附录B的规定。

检查数量：全数检查。

检查方法：试验时观察检查并查阅发电机交接试验记录。

7.1.2 对于发电机组至配电柜馈电线路的相间、相对地间的绝缘电阻值，低压馈电线路不应小于0.5MΩ，高压馈电线路不应小于1MΩ/kV；绝缘电缆馈电线路直流耐压试验应符合现行国家标准《电气装置安装工程 电气设备交接试验标准》GB 50150的规定。

检查数量：全数检查。

检查方法：用绝缘电阻测试仪测试检查，试验时观察检查并查阅测试、试验记录。

7.1.3 柴油发电机馈电线路连接后，两端的相序应与原供电系统的相序一致。

检查数量：全数检查。

检查方法：核相时观察检查并查阅核相记录。

7.1.4 当柴油发电机并列运行时，应保证其电压、频率和相位一致。

检查数量：全数检查。

检查方法：观察检查并查阅运行记录。

7.1.5 发电机的中性点接地连接方式及接地电阻值应符合设计要求，接地螺栓防松零件齐全，且有标识。

检查数量：全数检查。

检查方法：观察检查并用接地电阻测试仪测试。

7.1.6 发电机本体和机械部分的外露可导电部分应分别与保护导体可靠连接，并应有标识。

检查数量：全数检查。

检查方法：观察检查。

7.1.7 燃油系统的设备及管道的防静电接地应符合设计要求。

检查数量：全数检查。

检查方法：观察检查。

7.2 一般项目

7.2.1 发电机组随机的配电柜、控制柜接线应正确，紧固件紧固状态良好，无遗漏脱落。开关、保护装置的型号、规格正确，验证出厂试验的锁定标记应无位移，有位移的应重新试验标定。

检查数量：全数检查。

检查方法：观察检查。

7.2.2 受电侧配电柜的开关设备、自动或手动切换装置和保护装置等的试验应合格，并应按设计的自备电源使用分配预案进行负荷试验，机组应连续运行无故障。

检查数量：全数检查。

检查方法：试验时观察检查并查阅电器设备试验记录和发电机负荷试运行记录。

8 UPS及EPS安装

8.1 主控项目

8.1.1 UPS及EPS的整流、逆变、静态开关、储能电池或蓄电池组的规格、型号应符合设计要求。内部接线应正确、可靠不松动，紧固件应齐全。

检查数量：全数检查。

检查方法：核对设计图并观察检查。

8.1.2 UPS及EPS的极性应正确，输入、输出各级保护系统的动作和输出的电压稳定性、波形畸变系数及频率、相位、静态开关的动作等各项技术性能指标试验调整应符合产品技术文件要求，当以现场的最终试验替代出厂试验时，应根据产品技术文件进行试验调整，且应符合设计文件要求。

检查数量：全数检查。

检查方法：试验调整时观察检查并查阅设计文件和产品技术文件及试验调整记录。

8.1.3 EPS应按设计或产品技术文件的要求进行下列检查：

1 核对初装容量，并应符合设计要求；

2 核对输入回路断路器的过载和短路电流整定值，并应符合设计要求；

3 核对各输出回路的负荷量，且不应超过EPS的额定最大输出功率；

4 核对蓄电池备用时间及应急电源装置的允许过载能力，并应符合设计要求；

5 当对电池性能、极性及电源转换时间有异议时，应由制造商负责现场测试，并应符合设计要求；

6 控制回路的动作试验，并应配合消防联动试验合格。

检查数量：全数检查。

检查方法：按设计或产品技术文件核对相关技术参数，查阅相关试验记录。

8.1.4 UPS及EPS的绝缘电阻值应符合下列规定：

1 UPS的输入端、输出端对地间绝缘电阻值不应小于2MΩ；

2 UPS及EPS连线及出线的线间、线对地间绝缘电阻值不应小于0.5MΩ。

检查数量：第1款全数检查；第2款按回路数各抽查20%，且各不得少于1个回路。

检查方法：用绝缘电阻测试仪测试并查阅绝缘电阻测试记录。

8.1.5 UPS输出端的系统接地连接方式应符合设计要求。

检查数量：全数检查。

检查方法：按设计图核对检查。

8.2 一般项目

8.2.1 安放UPS的机架或金属底座的组装应横平竖直、紧固件齐全，水平度、垂直度允许偏差不应大于1.5‰。

检查数量：按设备总数抽查20%，且各不得少于1台。

检查方法：观察检查并用拉线尺量检查、线坠尺量检查。

8.2.2 引入或引出UPS及EPS的主回路绝缘导线、电缆和控制绝缘导线、电缆应分别穿钢导管保护，当在电缆支架上或在梯架、托盘和线槽内平行敷设时，其分隔间距应符合设计要求；绝缘导线、电缆的屏蔽护套接地应连接可靠、紧固件齐全，与接地干线应就近连接。

检查数量：按装置的主回路总数抽查10%，且不得少于1个回路。

检查方法：观察检查并用尺量检查，查阅相关隐蔽工程检查记录。

8.2.3 UPS及EPS的外露可导电部分应与保护导体可靠连接，并应有标识。

检查数量：按设备总数抽查20%，且不得少于1台。

检查方法：观察检查。

8.2.4 UPS正常运行时产生的A声级噪声应符合产品技术文

件要求。

检查数量：全数检查。

检查方法：用A声级计测量检查。

9 电气设备试验和试运行

9.1 主控项目

9.1.1 试运行前，相关电气设备和线路应按本规范的规定试验合格。

检查数量：全数检查。

检查方法：试验时观察检查并查阅相关试验、测试记录。

9.1.2 现场单独安装的低压电器交接试验项目应符合本规范附录C的规定。

检查数量：全数检查。

检查方法：试验时观察检查并查阅交接试验检验记录。

9.1.3 电动机应试通电，并应检查转向和机械转动情况，电动机试运行应符合下列规定：

1 空载试运行时间宜为2h，机身和轴承的温升、电压和电流等应符合建筑设备或工艺装置的空载状态运行要求，并应记录电流、电压、温度、运行时间等有关数据；

2 空载状态下可启动次数及间隔时间应符合产品技术文件的要求；无要求时，连续启动2次的时间间隔不应小于5min，并应在电动机冷却至常温下进行再次启动。

检查数量：按设备总数抽查10%，且不得少于1台。

检查方法：轴承温度采用测温仪测量，其他参数可在试验时观察检查并查阅电动机空载试运行记录。

9.2 一般项目

9.2.1 电气动力设备的运行电压、电流应正常，各种仪表指示应正常。

检查数量：全数检查。

检查方法：观察检查。

9.2.2 电动执行机构的动作方向及指示应与工艺装置的设计要求保持一致。

检查数量：按设备总数抽查10%，且不得少于1台。

检查方法：观察检查。

10 母线槽安装

10.1 主控项目

10.1.1 母线槽的金属外壳等外露可导电部分应与保护导体可靠连接，并应符合下列规定：

1 每段母线槽的金属外壳间应连接可靠，且母线槽全长与保护导体可靠连接不应少于2处；

2 分支母线槽的金属外壳末端应与保护导体可靠连接；

3 连接导体的材质、截面积应符合设计要求。

检查数量：全数检查。

检查方法：观察检查并用尺量检查。

10.1.2 当设计将母线槽的金属外壳作为保护接地导体（PE）时，其外壳导体应具有连续性且应符合现行国家标准《低压成套开关设备和控制设备　第1部分：总则》GB 7251.1的规定。

检查数量：全数检查。

检查方法：观察检查并查验材料合格证明文件、CCC型式试验报告和材料进场验收记录。

10.1.3 当母线与母线、母线与电器或设备接线端子采用螺栓搭接连接时，应符合下列规定：

1 母线的各类搭接连接的钻孔直径和搭接长度应符合本规范附录D的规定，连接螺栓的力矩值应符合本规范附录E的规定；当一个连接处需要多个螺栓连接时，每个螺栓的拧紧力矩值应一致。

2 母线接触面应保持清洁，宜涂抗氧化剂，螺栓孔周边应无毛刺。

3 连接螺栓两侧应有平垫圈，相邻垫圈间应有大于3mm的间隙，螺母侧应装有弹簧垫圈或锁紧螺母。

4 螺栓受力应均匀，不应使电器或设备的接线端子受额外应力。

检查数量：按每检验批的母线连接端数量抽查20%，且不得少于2个连接端。

检查方法：观察检查并用尺量检查和用力矩测试仪测试紧固度。

10.1.4 母线槽安装应符合下列规定：

1 母线槽不宜安装在水管正下方；

2 母线应与外壳同心，允许偏差应为±5mm；

3 当母线槽段与段连接时，两相邻段母线及外壳宜对准，相序应正确，连接后不应使母线及外壳受额外应力；

4 母线的连接方法应符合产品技术文件要求；

5 母线槽连接用部件的防护等级应与母线槽本体的防护等级一致。

检查数量：第1款全数检查，其余按每检验批的母线连接端数量抽查20%，且不得少于2个连接端。

检查方法：观察检查并用尺量检查，查阅母线槽安装记录。

10.1.5 母线槽通电运行前应进行检验或试验，并应符合下列规定：

1 高压母线交流工频耐压试验应按本规范第3.1.5条的规定交接试验合格；

2 低压母线绝缘电阻值不应小于0.5MΩ；

3 检查分接单元插入时，接地触头应先于相线触头接触，且触头连接紧密，退出时，接地触头应后于相线触头脱开；

4 检查母线槽与配电柜、电气设备的接线相序应一致。

检查数量：全数检查。

检查方法：用绝缘电阻测试仪测试，试验时观察检查并查阅交接试验记录、绝缘电阻测试记录。

10.2 一般项目

10.2.1 母线槽支架安装应符合下列规定：

1 除设计要求外，承力建筑钢结构构件上不得熔焊连接母线槽支架，且不得热加工开孔。

2 与预埋铁件采用焊接固定时，焊缝应饱满；采用膨胀螺栓固定时，选用的螺栓应适配，连接应牢固。

3 支架应安装牢固、无明显扭曲，采用金属吊架固定时应有防晃支架，配电母线槽的圆钢吊架直径不得小于8mm；照明母线槽的圆钢吊架直径不得小于6mm。

4 金属支架应进行防腐，位于室外及潮湿场所的应按设计要求做处理。

检查数量：第1款全数检查，第2款～第4款按每个检验批的支架总数抽查10%，且各不得少于1处并应覆盖支架的不同固定形式。

检查方法：观察检查并用尺量或卡尺检查。

10.2.2 对于母线与母线、母线与电器或设备接线端子搭接，搭接面的处理应符合下列规定：

1 铜与铜：当处于室外、高温且潮湿的室内时，搭接面应搪锡或镀银；干燥的室内，可不搪锡、不镀银。

2 铝与铝：可直接搭接。

3 钢与钢：搭接面应搪锡或镀锌。

4 铜与铝：在干燥的室内，铜导体搭接面应搪锡；在潮湿场所，铜导体搭接面应搪锡或镀银，且应采用铜铝过渡连接。

5 钢与铜或铝：钢搭接面应镀锌或搪锡。

检查数量：按每个检验批的母线搭接端子总数抽查10%，且各不得少于1处，并应覆盖不同材质的不同连接方式。

检查方法：观察检查。

10.2.3 当母线采用螺栓搭接时，连接处距绝缘子的支持夹板边缘不应小于50mm。

检查数量：连接头总数量抽查20%，且不得少于1处。

检查方法：观察检查并用尺量检查。

10.2.4 当设计无要求时，母线的相序排列及涂色应符合下列规定：

1 对于上、下布置的交流母线，由上至下或由下至上排列应分别为L1、L2、L3；直流母线应正极在上、负极在下。

2 对于水平布置的交流母线，由柜后向柜前或由柜前向柜后排列应分别为L1、L2、L3；直流母线应正极在后、负极在前。

3 对于面对引下线的交流母线，由左至右排列应分别为L1、L2、L3；直流母线应正极在左、负极在右。

4 对于母线的涂色，交流母线L1、L2、L3应分别为黄色、绿色和红色，中性导体应为淡蓝色；直流母线应正极为赭色、负极为蓝色；保护接地导体PE应为黄-绿双色组合色，保护中性导体(PEN)应为全长黄-绿双色、终端用淡蓝色或全长淡蓝色、终端用黄-绿双色；在连接处或支持件边缘两侧10mm以内不应涂色。

检查数量：按直流和交流的不同布置形式回路各抽查20%，且各不得少于1个回路。

检查方法：观察检查。

10.2.5 母线槽安装应符合下列规定：

1 水平或垂直敷设的母线槽固定点应每段设置一个，且每层不得少于一个支架，其间距应符合产品技术文件的要求，距拐弯0.4m～0.6m处应设置支架，固定点位置不应设置在母线槽的连接处或分接单元处。

2 母线槽段与段的连接口不应设置在穿越楼板或墙体处，垂直穿越楼板处应设置与建（构）筑物固定的专用部件支座，其孔洞四周应设置高度为50mm及以上的防水台，并应采取防火封堵措施。

3 母线槽跨越建筑物变形缝处时，应设置补偿装置；母线槽直线敷设长度超过80m，每50m～60m宜设置伸缩节。

4 母线槽直线段安装应平直，水平度与垂直度偏差不宜大于1.5‰，全长最大偏差不宜大于20mm；照明用母线槽水平偏差全长不应大于5mm，垂直偏差不应大于10mm。

5 外壳与底座间、外壳各连接部位及母线的连接螺栓应按产品技术文件要求选择正确、连接紧固。

6 母线槽上无插接部件的接插口及母线端部应采用专用的封板封堵完好。

7 母线槽与各类管道平行或交叉的净距应符合本规范附录F的规定。

检查数量：第3款、第6款、第7款全数检查，其余按每个检验批的母线槽数量抽查20%，且各不得少于1处，并应覆盖不同的敷设形式。

检查方法：观察检查并用水平仪、线坠尺量检查。

11 梯架、托盘和槽盒安装

11.1 主控项目

11.1.1 金属梯架、托盘或槽盒本体之间的连接应牢固可靠，与保护导体的连接应符合下列规定：

1 梯架、托盘和槽盒全长不大于30m时，不应少于2处与保护导体可靠连接；全长大于30m时，每隔20m～30m应增加一个连接点，起始端和终点端均应可靠接地。

2 非镀锌梯架、托盘和槽盒本体之间连接板的两端应跨接保护联结导体，保护联结导体的截面积应符合设计要求。

3 镀锌梯架、托盘和槽盒本体之间不跨接保护联结导体时，连接板每端不应少于2个有防松螺帽或防松垫圈的连接固定螺栓。

检查数量：第1款全数检查，第2款和第3款按每个检验批的梯架或托盘或槽盒的连接点数量各抽查10%，且各不得少于2个点。

检查方法：观察检查并用尺量检查。

11.1.2 电缆梯架、托盘和槽盒转弯、分支处宜采用专用连接配件，其弯曲半径不应小于梯架、托盘和槽盒内电缆最小允许弯曲半径，电缆最小允许弯曲半径应符合表11.1.2的规定。

表11.1.2 电缆最小允许弯曲半径

电缆形式		电缆外径(mm)	多芯电缆	单芯电缆
塑料绝缘电缆	无铠装	—	15D	20D
	有铠装		12D	15D
橡皮绝缘电缆			10D	
控制电缆	非铠装型、屏蔽型软电缆		6D	—
	铠装型、铜屏蔽型		12D	
	其他		10D	
铝合金导体电力电缆		—	7D	
氧化镁绝缘刚性矿物绝缘电缆		<7	2D	
		$\geqslant 7$,且<12	3D	
		$\geqslant 12$,且<15	4D	
		$\geqslant 15$	6D	
其他矿物绝缘电缆		—	15D	

注：D为电缆外径。

检查数量：按每个检验批的梯架、托盘或槽盒的弯头数量各抽查10%，且各不得少于1个弯头。

检查方法：观察检查并用尺量检查。

11.2 一般项目

11.2.1 当直线段钢制或塑料梯架、托盘和槽盒长度超过30m，铝合金或玻璃钢制梯架、托盘和槽盒长度超过15m时，应设置伸缩节；当梯架、托盘和槽盒跨越建筑物变形缝处时，应设置补偿装置。

检查数量：全数检查。

检查方法：观察检查并用尺量检查。

11.2.2 梯架、托盘和槽盒与支架间及与连接板的固定螺栓应紧固无遗漏，螺母应位于梯架、托盘和槽盒外侧；当铝合金梯架、托盘和槽盒与钢支架固定时，应有相互间绝缘的防电化腐蚀措施。

检查数量：按每个检验批的梯架或托盘或槽盒的固定点数

量各抽查10%，且各不得少于2个点。

检查方法：观察检查。

11.2.3 当设计无要求时，梯架、托盘、槽盒及支架安装应符合下列规定：

1 电缆梯架、托盘和槽盒宜敷设在易燃易爆气体管道和热力管道的下方，与各类管道的最小净距应符合本规范附录F的规定。

2 配线槽盒与水管同侧上下敷设时，宜安装在水管的上方；与热水管、蒸气管平行上下敷设时，应敷设在热水管、蒸气管的下方，当有困难时，可敷设在热水管、蒸气管的上方；相互间的最小距离宜符合本规范附录G的规定。

3 敷设在电气竖井内穿楼板处和穿越不同防火区的梯架、托盘和槽盒，应有防火隔堵措施。

4 敷设在电气竖井内的电缆梯架或托盘，其固定支架不应安装在固定电缆的横担上，且每隔3层～5层应设置承重支架。

5 对于敷设在室外的梯架、托盘和槽盒，当进入室内或配电箱（柜）时应有防雨水措施，槽盒底部应有泄水孔。

6 承力建筑钢结构构件上不得熔焊支架，且不得热加工开孔。

7 水平安装的支架间距宜为1.5m～3.0m，垂直安装的支架间距不应大于2m。

8 采用金属吊架固定时，圆钢直径不得小于8mm，并应有防晃支架，在分支处或端部0.3m～0.5m处应有固定支架。

检查数量：第1款～第5款全数检查，其余按每个检验批的支架总数抽查10%，且各不得少于1处并应覆盖支架的安装形式。

检查方法：观察检查并用尺量和卡尺检查。

11.2.4 支吊架设置应符合设计或产品技术文件要求，支吊架安装应牢固、无明显扭曲；与预埋件焊接固定时，焊缝应饱满；膨胀螺栓固定时，螺栓应选用适配、防松零件齐全、连接紧固。

检查数量：按每个检验批的支架总数抽查10%，且各不得少于1处，并应覆盖支架的安装形式。

检查方法：观察检查。

11.2.5 金属支架应进行防腐，位于室外及潮湿场所的应按设计要求做处理。

检查数量：按每个检验批的金属支架总数抽查10%，且不得少于1处。

检查方法：观察检查。

12 导管敷设

12.1 主控项目

12.1.1 金属导管应与保护导体可靠连接，并应符合下列规定：

1 镀锌钢导管、可弯曲金属导管和金属柔性导管不得熔焊连接；

2 当非镀锌钢导管采用螺纹连接时，连接处的两端应熔焊焊接保护联结导体；

3 镀锌钢导管、可弯曲金属导管和金属柔性导管连接处的两端宜采用专用接地卡固定保护联结导体；

4 机械连接的金属导管，管与管、管与盒（箱）体的连接配件应选用配套部件，其连接应符合产品技术文件要求，当连接处的接触电阻值符合现行国家标准《电气安装用导管系统 第1部分：通用要求》GB/T 20041.1的相关要求时，连接处可不设置保护联结导体，但导管不应作为保护导体的接续导体；

5 金属导管与金属梯架、托盘连接时，镀锌材质的连接端宜用专用接地卡固定保护联结导体，非镀锌材质的连接处应熔焊焊接保护联结导体；

6 以专用接地卡固定的保护联结导体应为铜芯软导线，截面积不应小于4mm^2；以熔焊焊接的保护联结导体宜为圆钢，直径不应小于6mm，其搭接长度应为圆钢直径的6倍。

检查数量：按每个检验批的导管连接头总数抽查10%，且各不得少于1处，并应能覆盖不同的检查内容。

检查方法：施工时观察检查并查阅隐蔽工程检查记录。

12.1.2 钢导管不得采用对口熔焊连接；镀锌钢导管或壁厚小于或等于2mm的钢导管，不得采用套管熔焊连接。

检查数量：按每个检验批的钢导管连接头总数抽查20%，并应能覆盖不同的连接方式，且各不得少于1处。

检查方法：施工时观察检查。

12.1.3 当塑料导管在砌体上剔槽埋设时，应采用强度等级不小于M10的水泥砂浆抹面保护，保护层厚度不应小于15mm。

检查数量：按每个检验批的配管回路数量抽查20%，且不得少于1个回路。

检查方法：观察检查并用尺量检查，查阅隐蔽工程检查记录。

12.1.4 导管穿越密闭或防护密闭隔墙时，应设置预埋套管，预埋套管的制作和安装应符合设计要求，套管两端伸出墙面的长度宜为30mm～50mm，导管穿越密闭穿墙套管的两侧应设置过线盒，并应做好封堵。

检查数量：按套管数量抽查20%，且不得少于1个。

检查方法：观察检查，查阅隐蔽工程检查记录。

12.2 一般项目

12.2.1 导管的弯曲半径应符合下列规定：

1 明配导管的弯曲半径不宜小于管外径的6倍，当两个接线盒间只有一个弯曲时，其弯曲半径不宜小于管外径的4倍；

2 埋设于混凝土内的导管的弯曲半径不宜小于管外径的6倍，当直埋于地下时，其弯曲半径不宜小于管外径的10倍；

3 电缆导管的弯曲半径不应小于电缆最小允许弯曲半径，电缆最小允许弯曲半径应符合本规范表11.1.2的规定。

检查数量：按每个检验批的导管弯头总数抽查10%，且各不得少于1个弯头，并应覆盖不同规格和不同敷设方式的导管。

检查方法：观察检查并用尺量检查，查阅隐蔽工程检查记录。

12.2.2 导管支架安装应符合下列规定：

1 除设计要求外，承力建筑钢结构构件上不得熔焊导管支架，且不得热加工开孔；

2 当导管采用金属吊架固定时，圆钢直径不得小于8mm，并应设置防晃支架，在距离盒（箱）、分支处或端部0.3m～0.5m处应设置固定支架；

3 金属支架应进行防腐，位于室外及潮湿场所的应按设计要求做处理；

4 导管支架应安装牢固、无明显扭曲。

检查数量：第1款全数检查，第2款～第4款按每个检验批的支吊架总数抽查10%，且各不得少于1处。

检查方法：观察检查并用尺量检查。

12.2.3 除设计要求外，对于暗配的导管，导管表面埋设深度与建筑物、构筑物表面的距离不应小于15mm。

检查数量：按每个检验批的配管回路数量抽查10%，且不得少于1个回路。

检查方法：观察检查并用尺量检查。

12.2.4 进入配电（控制）柜、台、箱内的导管管口，当箱底无封板时，管口应高出柜、台、箱、盘的基础面50mm～80mm。

检查数量：按每个检验批的落地式柜、台、箱、盘总数抽查10%，且不得少于1台。

检查方法：观察检查并用尺量检查，查阅隐蔽工程检查记录。

12.2.5 室外导管敷设应符合下列规定：

1 对于埋地敷设的钢导管，埋设深度应符合设计要求，钢导管的壁厚应大于2mm；

2 导管的管口不应敞口垂直向上，导管管口应在盒、箱内或导管端部设置防水弯；

3 由箱式变电所或落地式配电箱引向建筑物的导管，建筑物一侧的导管管口应设在建筑物内；

4 导管的管口在穿入绝缘导线、电缆后应做密封处理。

检查数量：按每个检验批各种敷设形式的总数抽查20%，且各不得少于1处。

检查方法：观察检查并用尺量检查，查阅隐蔽工程检查记录。

12.2.6 明配的电气导管应符合下列规定：

1 导管应排列整齐、固定点间距均匀、安装牢固；

2 在距终端、弯头中点或柜、台、箱、盘等边缘150mm～500mm范围内应设有固定管卡，中间直线段固定管卡间的最大距离应符合表12.2.6的规定；

3 明配管采用的接线或过渡盒（箱）应选用明装盒（箱）。

检查数量：按每个检验批的导管固定点或盒（箱）的总数各抽查20%，且各不得少于1处。

检查方法：观察检查并用尺量检查。

表12.2.6 管卡间的最大距离

敷设方式	导管种类	导管直径（mm）			
		15～20	25～32	40～50	65以上
		管卡间最大距离（m）			
支架或沿墙明敷	壁厚＞2mm刚性钢导管	1.5	2.0	2.5	3.5
	壁厚≤2mm刚性钢导管	1.0	1.5	2.0	—
	刚性塑料导管	1.0	1.5	2.0	2.0

12.2.7 塑料导管敷设应符合下列规定：

1 管口应平整光滑，管与管、管与盒（箱）等器件采用插入法连接时，连接处结合面应涂专用胶合剂，接口应牢固密封；

2 直埋于地下或楼板内的刚性塑料导管，在穿出地面或楼板易受机械损伤的一段应采取保护措施；

3 当设计无要求时，埋设在墙内或混凝土内的塑料导管应采用中型及以上的导管；

4 沿建筑物、构筑物表面和在支架上敷设的刚性塑料导管，应按设计要求装设温度补偿装置。

检查数量：第2款、第4款全数检查，其余按每个检验批的接头或导管数量各抽查10%，且各不得少于1处。

检查方法：观察检查和手感检查，查阅隐蔽工程检查记录，核查材料合格证明文件和材料进场验收记录。

12.2.8 可弯曲金属导管及柔性导管敷设应符合下列规定：

1 刚性导管经柔性导管与电气设备、器具连接时，柔性导管的长度在动力工程中不宜大于0.8m，在照明工程中不宜大于1.2m。

2 可弯曲金属导管或柔性导管与刚性导管或电气设备、器具间的连接应采用专用接头；防液型可弯曲金属导管或柔性导管的连接处应密封良好，防液覆盖层应完整无损。

3 当可弯曲金属导管有可能受重物压力或明显机械撞击时，应采取保护措施。

4 明配的金属、非金属柔性导管固定点间距应均匀，不应大于1m，管卡与设备、器具、弯头中点、管端等边缘的距离应小于0.3m。

5 可弯曲金属导管和金属柔性导管不应做保护导体的接续导体。

检查数量：第1款、第2款、第5款按每个检验批的导管连接点或导管总数抽查10%，且各不得少于1处；第3款全数检查；第4款按每个检验批的导管固定点总数抽查10%，且各不得少于1处并应能覆盖不同的导管和不同的固定部位。

检查方法：观察检查并用尺量检查，查阅隐蔽工程检查记录。

12.2.9 导管敷设应符合下列规定：

1 导管穿越外墙时应设置防水套管，且应做好防水处理；

2 钢导管或刚性塑料导管跨越建筑物变形缝处应设置补偿装置；

3 除埋设于混凝土内的钢导管内壁应防腐处理，外壁可不防腐处理外，其余场所敷设的钢导管内、外壁均应做防腐处理；

4 导管与热水管、蒸气管平行敷设时，宜敷设在热水管、蒸气管的下面，当有困难时，可敷设在其上面；相互间的最小距离宜符合本规范附录G的规定。

检查数量：第1款、第2款全数检查，第3款、第4款按每个检验批的导管总数抽查10%，且各不得少于1根（处），并应覆盖不同的敷设场所及不同规格的导管。

检查方法：观察检查并查阅隐蔽工程检查记录。

13 电缆敷设

13.1 主控项目

13.1.1 金属电缆支架必须与保护导体可靠连接。

检查数量：明敷的全数检查，暗敷的按每个检验批抽查20%，且不得少于2处。

检查方法：观察检查并查阅隐蔽工程检查记录。

13.1.2 电缆敷设不得存在绞拧、铠装压扁、护层断裂和表面严重划伤等缺陷。

检查数量：全数检查。

检查方法：观察检查。

13.1.3 当电缆敷设存在可能受到机械外力损伤、振动、浸水及腐蚀性或污染物质等损害时，应采取防护措施。

检查数量：全数检查。

检查方法：观察检查。

13.1.4 除设计要求外，并联使用的电力电缆的型号、规格、长度应相同。

检查数量：全数检查。

检查方法：核对设计图观察检查。

13.1.5 交流单芯电缆或分相后的每相电缆不得单根独穿于钢导管内，固定用的夹具和支架不应形成闭合磁路。

检查数量：全数检查。

检查方法：核对设计图观察检查。

13.1.6 当电缆穿过零序电流互感器时，电缆金属护层和接地线应对地绝缘。对穿过零序电流互感器后制作的电缆头，其电缆接地线应回穿互感器后接地；对尚未穿过零序电流互感器的电缆接地线应在零序电流互感器前直接接地。

检查数量：按电缆穿过零序电流互感器的总数抽查5%，且不得少于1处。

检查方法：观察检查。

13.1.7 电缆的敷设和排列布置应符合设计要求，矿物绝缘电缆敷设在温度变化大的场所、振动场所或穿越建筑物变形缝时应采取"S"或"Ω"弯。

检查数量：全数检查。

检查方法：观察检查。

13.2 一般项目

13.2.1 电缆支架安装应符合下列规定：

1 除设计要求外，承力建筑钢结构构件上不得熔焊支架，且不得热加工开孔。

2 当设计无要求时，电缆支架层间最小距离不应小于表13.2.1-1的规定，层间净距不应小于2倍电缆外径加10mm，35kV电缆不应小于2倍电缆外径加50mm。

表13.2.1-1 电缆支架层间最小距离（mm）

电缆种类		支架上敷设	梯架、托盘内敷设
控制电缆明敷		120	200
电力电缆明敷	10kV及以下电力电缆（除6kV～10kV交联聚乙烯绝缘电力电缆）	150	250
	6kV～10kV交联聚乙烯绝缘电力电缆	200	300
	35kV单芯电力电缆	250	300
	35kV三芯电力电缆	300	350
电缆敷设在槽盒内		$h+100$	

注：h为槽盒高度。

3 最上层电缆支架距构筑物顶板或梁底的最小净距应满足电缆引接至上方配电柜、台、箱、盘时电缆弯曲半径的要求，且不宜小于表13.2.1-1所列数再加80mm～150mm；距其他设备的最小净距不应小于300mm，当无法满足要求时应设置防护板。

4 当设计无要求时，最下层电缆支架距沟底、地面的最小距离不应小于表13.2.1-2的规定。

表13.2.1-2 最下层电缆支架距沟底、地面的最小净距（mm）

电缆敷设场所及其特征		垂直净距
电缆沟		50
隧道		100
电缆夹层	非通道处	200
	至少在一侧不小于800mm宽通道处	1400
公共廊道中电缆支架无围栏防护		1500
室内机房或活动区间		2000
室外	无车辆通过	2500
	有车辆通过	4500
屋面		200

5 当支架与预埋件焊接固定时，焊缝应饱满；当采用膨胀螺栓固定时，螺栓应适配、连接紧固、防松零件齐全，支架安装应牢固、无明显扭曲。

6 金属支架应进行防腐，位于室外及潮湿场所的应按设计要求做处理。

检查数量：第1款全数检查，第2款～第6款按每个检验批的支架总数抽查10%，且各不得少于1处。

检查方法：观察检查，并用尺量检查。

13.2.2 电缆敷设应符合下列规定：

1 电缆的敷设排列应顺直、整齐，并宜少交叉；

2 电缆转弯处的最小弯曲半径应符合表11.1.2的规定；

3 在电缆沟或电气竖井内垂直敷设或大于45°倾斜敷设的电缆应在每个支架上固定；

4 在梯架、托盘或槽盒内大于45°倾斜敷设的电缆应每隔2m固定，水平敷设的电缆，首尾两端、转弯两侧及每隔5m～10m处应设固定点；

5 当设计无要求时，电缆支持点间距不应大于表13.2.2的规定；

表13.2.2 电缆支持点间距（mm）

电缆种类		电缆外径	敷设方式	
			水平	垂直
电力电缆	全塑型	—	400	1000
	除全塑型外的中低压电缆		800	1500
	35kV高压电缆		1500	2000
	铝合金带联锁铠装的铝合金电缆		1800	1800
控制电缆			800	1000
矿物绝缘电缆		<9	600	800
		≥9，且<15	900	1200
		≥15，且<20	1500	2000
		≥20	2000	2500

6 当设计无要求时，电缆与管道的最小净距应符合本规范附录F的规定；

7 无挤塑外护层电缆金属护套与金属支（吊）架直接接触的部位应采取防电化腐蚀的措施；

8 电缆出入电缆沟，电气竖井，建筑物，配电（控制）柜、台、箱处以及管子管口处等部位应采取防火或密封措施；

9 电缆出入电缆梯架、托盘、槽盒及配电（控制）柜、台、箱、盘处应做固定；

10 当电缆通过墙、楼板或室外敷设穿导管保护时，导管的内径不应小于电缆外径的1.5倍。

检查数量：按每检验批电缆线路抽查20%，且不得少于1条电缆线路并应能覆盖上述不同的检查内容。

检查方法：观察检查并用尺量检查，查阅电缆敷设记录。

13.2.3 直埋电缆的上、下应有细沙或软土，回填土应无石块、砖头等尖锐硬物。

检查数量：全数检查。

检查方法：施工中观察检查并查阅隐蔽工程检查记录。

13.2.4 电缆的首端、末端和分支处应设标志牌，直埋电缆应设标示桩。

检查数量：按每检验批的电缆线路抽查20%，且不得少于1条电缆线路。

检查方法：观察检查。

14 导管内穿线和槽盒内敷线

14.1 主控项目

14.1.1 同一交流回路的绝缘导线不应敷设于不同的金属槽盒内或穿于不同金属导管内。

检查数量：按每个检验批的配线总回路数抽查 20%，且不得少于 1 个回路。

检查方法：观察检查。

14.1.2 除设计要求以外，不同回路、不同电压等级和交流与直流线路的绝缘导线不应穿于同一导管内。

检查数量：按每个检验批的配线总回路数抽查 20%，且不得少于 1 个回路。

检查方法：观察检查。

14.1.3 绝缘导线接头应设置在专用接线盒（箱）或器具内，不得设置在导管和槽盒内，盒（箱）的设置位置应便于检修。

检查数量：按每个检验批的配线回路总数抽查 10%，且不得少于 1 个回路。

检查方法：观察检查并用尺量检查。

14.2 一般项目

14.2.1 除塑料护套线外，绝缘导线应采取导管或槽盒保护，不可外露明敷。

检查数量：按每个检验批的绝缘导线配线回路数抽查 10%，且不得少于 1 个回路。

检查方法：观察检查。

14.2.2 绝缘导线穿管前，应清除管内杂物和积水，绝缘导线穿入导管的管口在穿线前应装设护线口。

检查数量：按每个检验批的绝缘导线穿管数抽查 10%，且不得少于 1 根导管。

检查方法：施工中观察检查。

14.2.3 与槽盒连接的接线盒（箱）应选用明装盒（箱）；配线工程完成后，盒（箱）盖板应齐全、完好。

检查数量：全数检查。

检查方法：观察检查。

14.2.4 当采用多相供电时，同一建（构）筑物的绝缘导线绝缘层颜色应一致。

检查数量：按每个检验批的绝缘导线配线总回路数抽查 10%，且不得少于 1 个回路。

检查方法：观察检查。

14.2.5 槽盒内敷线应符合下列规定：

1 同一槽盒内不宜同时敷设绝缘导线和电缆。

2 同一路径无防干扰要求的线路，可敷设于同一槽盒内；槽盒内的绝缘导线总截面积（包括外护套）不应超过槽盒内截面积的 40%，且载流导体不宜超过 30 根。

3 当控制和信号等非电力线路敷设于同一槽盒内时，绝缘导线的总截面积不应超过槽盒内截面积的 50%。

4 分支接头处绝缘导线的总截面面积（包括外护层）不应大于该点盒（箱）内截面面积的 75%。

5 绝缘导线在槽盒内应留有一定余量，并应按回路分段绑扎，绑扎点间距不应大于 1.5m；当垂直或大于 45°倾斜敷设时，应将绝缘导线分段固定在槽盒内的专用部件上，每段至少应有一个固定点；当直线段长度大于 3.2m 时，其固定点间距不应大于 1.6m；槽盒内导线排列应整齐、有序。

6 敷线完成后，槽盒盖板应复位，盖板应齐全、平整、牢固。

检查数量：按每个检验批的槽盒总长度抽查 10%，且不得少于 1m。

检查方法：观察检查并用尺量检查。

15 塑料护套线直敷布线

15.1 主控项目

15.1.1 塑料护套线严禁直接敷设在建筑物顶棚内、墙体内、抹灰层内、保温层内或装饰面内。

检查数量：全数检查。

检查方法：施工中观察检查。

15.1.2 塑料护套线与保护导体或不发热管道等紧贴和交叉处及穿梁、墙、楼板处等易受机械损伤的部位，应采取保护措施。

检查数量：全数检查。

检查方法：观察检查。

15.1.3 塑料护套线在室内沿建筑物表面水平敷设高度距地面不应小于 2.5m，垂直敷设时距地面高度 1.8m 以下的部分应采取保护措施。

检查数量：全数检查。

检查方法：观察检查并用尺量检查。

15.2 一般项目

15.2.1 当塑料护套线侧弯或平弯时，其弯曲处护套和导线绝缘层均应完整无损伤，侧弯和平弯弯曲半径应分别不小于护套线宽度和厚度的 3 倍。

检查数量：按侧弯及平弯的总数量抽查 20%，且各不得少于 1 处。

检查方法：尺量检查、观察检查。

15.2.2 塑料护套线进入盒（箱）或与设备、器具连接，其护套层应进入盒（箱）或设备、器具内，护套层与盒（箱）入口处应密封。

检查数量：全数检查。

检查方法：观察检查。

15.2.3 塑料护套线的固定应符合下列规定：

1 固定应顺直、不松弛、不扭绞；

2 护套线应采用线卡固定，固定点间距应均匀、不松动，固定点间距宜为 150mm～200mm；

3 在终端、转弯和进入盒（箱）、设备或器具等处，均应装设线卡固定，线卡距终端、转弯中点、盒（箱）、设备或器具边缘的距离宜为 50mm～100mm；

4 塑料护套线的接头应设在明装盒（箱）或器具内，多尘场所应采用 IP5X 等级的密闭式盒（箱），潮湿场所应采用 IPX5 等级的密闭式盒（箱），盒（箱）的配件应齐全，固定应可靠。

检查数量：按每检验批的配线回路数量抽查 20%，且不得少于 1 处。

检查方法：观察检查。

15.2.4 多根塑料护套线平行敷设的间距应一致，分支和弯头处应整齐，弯头应一致。

检查数量：按多根塑料护套线平行敷设的数量抽查 20%，且不得少于 1 处。

检查方法：观察检查。

16 钢索配线

16.1 主控项目

16.1.1 钢索配线应采用镀锌钢索，不应采用含油芯的钢索。

钢索的钢丝直径应小于 0.5mm，钢索不应有扭曲和断股等缺陷。

检查数量：全数检查。

检查方法：尺量检查、观察检查，查验材料证明文件及材料进场验收记录。

16.1.2 钢索与终端拉环套接应采用心形环，固定钢索的线卡不应少于 2 个，钢索端头应用镀锌铁线绑扎紧密，且应与保护导体可靠连接。

检查数量：全数检查。

检查方法：施工中观察检查并查阅隐蔽工程检查记录。

16.1.3 钢索终端拉环埋件应牢固可靠，并应能承受在钢索全部负荷下的拉力，在挂索前应对拉环做过载试验，过载试验的拉力应为设计承载拉力的 3.5 倍。

检查数量：全数检查。

检查方法：试验时观察检查并查阅过载试验记录。

16.1.4 当钢索长度小于或等于 50m 时，应在钢索一端装设索具螺旋扣紧固；当钢索长度大于 50m 时，应在钢索两端装设索具螺旋扣紧固。

检查数量：全数检查。

检查方法：观察检查。

16.2 一般项目

16.2.1 钢索中间吊架间距不应大于 12m，吊架与钢索连接处的吊钩深度不应小于 20mm，并应有防止钢索跳出的锁定零件。

检查数量：按钢索总数抽查 50%，且不得少于 1 道钢索。

检查方法：观察检查并用尺量检查。

16.2.2 绝缘导线和灯具在钢索上安装后，钢索应承受全部负载，且钢索表面应整洁、无锈蚀。

检查数量：全数检查。

检查方法：观察检查。

16.2.3 钢索配线的支持件之间及支持件与灯头盒之间最大距离应符合表 16.2.3 的规定。

检查数量：按支持件和灯头盒的总数抽查 20%，且不得少于 1 处。

检查方法：观察检查。

表 16.2.3 钢索配线的支持件之间及支持件与灯头盒之间最大距离（mm）

配线类别	支持件之间最大距离	支持件与灯头盒之间最大距离
钢管	1500	200
塑料导管	1000	150
塑料护套线	200	100

17 电缆头制作、导线连接和线路绝缘测试

17.1 主控项目

17.1.1 电力电缆通电前应按现行国家标准《电气装置安装工程 电气设备交接试验标准》GB 50150 的规定进行耐压试验，并应合格。

检查数量：全数检查。

检查方法：试验时观察检查并查阅交接试验记录。

17.1.2 低压或特低电压配电线路线间和线对地间的绝缘电阻测试电压及绝缘电阻值不应小于表 17.1.2 的规定，矿物绝缘电缆线间和线对地间的绝缘电阻应符合国家现行有关产品标准的规定。

表 17.1.2 低压或特低电压配电线路绝缘电阻测试电压及绝缘电阻最小值

标称回路电压（V）	直流测试电压（V）	绝缘电阻（MΩ）
SELV 和 PELV	250	0.5
500V 及以下，包括 FELV	500	0.5
500V 以上	1000	1.0

检查数量：按每检验批的线路数量抽查 20%，且不得少于 1 条线路，并应覆盖不同型号的电缆或电线。

检查方法：用绝缘电阻测试仪测试并查阅绝缘电阻测试记录。

17.1.3 电力电缆的铜屏蔽层和铠装护套及矿物绝缘电缆的金属护套和金属配件应采用铜绞线或镀锡铜编织线与保护导体做连接，其连接导体的截面积不应小于表 17.1.3 的规定。当铜屏蔽层和铠装护套及矿物绝缘电缆的金属护套和金属配件作保护导体时，其连接导体的截面积应符合设计要求。

表 17.1.3 电缆终端保护联结导体的截面（mm^2）

电缆相导体截面积	保护联结导体截面积
≤16	与电缆导体截面相同
>16，且≤120	16
≥150	25

检查数量：按每检验批的电缆线路数量抽查 20%，且不得少于 1 条电缆线路并应覆盖不同型号的电缆。

检查方法：观察检查。

17.1.4 电缆端子与设备或器具连接应符合本规范第 10.1.3 条和第 10.2.2 条的规定。

检查数量：按每检验批的电缆线路数量抽查 20%，且不得少于 1 条电缆线路。

检查方法：观察检查并用力矩测试仪测试紧固度。

17.2 一般项目

17.2.1 电缆头应可靠固定，不应使电器元器件或设备端子承受额外应力。

检查数量：按每检验批的电缆线路数量抽查 20%，且不得少于 1 条电缆线路。

检查方法：观察检查。

17.2.2 导线与设备或器具的连接应符合下列规定：

1 截面积在 $10mm^2$ 及以下的单股铜芯线和单股铝/铝合金芯线可直接与设备或器具的端子连接。

2 截面积在 $2.5mm^2$ 及以下的多芯铜芯线应接续端子或拧紧搪锡后再与设备或器具的端子连接。

3 截面积大于 $2.5mm^2$ 的多芯铜芯线，除设备自带插接式端子外，应接续端子后与设备或器具的端子连接；多芯铜芯线与插接式端子连接前，端部应拧紧搪锡。

4 多芯铝芯线应接续端子后与设备、器具的端子连接，多芯铝芯线接续端子前应去除氧化层并涂抗氧化剂，连接完成后应清洁干净。

5 每个设备或器具的端子接线不多于 2 根导线或 2 个导线端子。

检查数量：按每检验批的配线回路数量抽查 5%，且不得少于 1 条配线回路，并应覆盖不同型号和规格的导线。

检查方法：观察检查。

17.2.3 截面积 6mm² 及以下铜芯导线间的连接应采用导线连接器或缠绕搪锡连接，并应符合下列规定：

1 导线连接器应符合现行国家标准《家用和类似用途低压电路用的连接器件》GB 13140 的相关规定，并应符合下列规定：

1）导线连接器应与导线截面相匹配；

2）单芯导线与多芯软导线连接时，多芯软导线宜搪锡处理；

3）与导线连接后不应明露线芯；

4）采用机械压紧方式制作导线接头时，应使用确保压接力的专用工具；

5）多尘场所的导线连接应选用 IP5X 及以上的防护等级连接器；潮湿场所的导线连接应选用 IPX5 及以上的防护等级连接器。

2 导线采用缠绕搪锡连接时，连接头缠绕搪锡后应采取可靠绝缘措施。

检查数量：按每检验批的线间连接总数抽查 5%，且各不得少于 1 个型号及规格的导线，并应覆盖其连接方式。

检查方法：观察检查。

17.2.4 铝/铝合金电缆头及端子压接应符合下列规定：

1 铝/铝合金电缆的联锁铠装不应作为保护接地导体（PE）使用，联锁铠装应与保护接地导体（PE）连接；

2 线芯压接面应去除氧化层并涂抗氧化剂，压接完成后应清洁表面；

3 线芯压接工具及模具应与附件相匹配。

检查数量：按每个检验批电缆头数量抽查 20%，且不得少于 1 个。

检查方法：观察检查。

17.2.5 当采用螺纹型接线端子与导线连接时，其拧紧力矩值应符合产品技术文件的要求，当无要求时，应符合本规范附录 H 的规定。

检查数量：按每检验批的螺纹型接线端子的数量抽查 10%，且不得少于 1 个端子，并应覆盖不同的导线。

检查方法：核对产品技术文件，观察检查并用力矩测试仪测试紧固度。

17.2.6 绝缘导线、电缆的线芯连接金具（连接管和端子），其规格应与线芯的规格适配，且不得采用开口端子，其性能应符合国家现行有关产品标准的规定。

检查数量：按每检验批的线芯连接数量抽查 10%，且不得少于 2 个连接点。

检查方法：观察检查，并查验材料合格证明文件和材料进场验收记录。

17.2.7 当接线端子规格与电气器具规格不配套时，不应采取降容的转接措施。

检查数量：按每个检验批的不同接线端子规格的总数量抽查 20%，且各不得少于 1 个。

检查方法：观察检查。

18 普通灯具安装

18.1 主控项目

18.1.1 灯具固定应符合下列规定：

1 灯具固定应牢固可靠，在砌体和混凝土结构上严禁使用木楔、尼龙塞或塑料塞固定；

2 质量大于 10kg 的灯具，固定装置及悬吊装置应按灯具重量的 5 倍恒定均布载荷做强度试验，且持续时间不得少于 15min。

检查数量：第 1 款按每检验批的灯具数量抽查 5%，且不得少于 1 套；第 2 款全数检查。

检查方法：施工或强度试验时观察检查，查阅灯具固定装置及悬吊装置的载荷强度试验记录。

18.1.2 悬吊式灯具安装应符合下列规定：

1 带升降器的软线吊灯在吊线展开后，灯具下沿应高于工作台面 0.3m；

2 质量大于 0.5kg 的软线吊灯，灯具的电源线不应受力；

3 质量大于 3kg 的悬吊灯具，固定在螺栓或预埋吊钩上，螺栓或预埋吊钩的直径不应小于灯具挂销直径，且不应小于 6mm；

4 当采用钢管作灯具吊杆时，其内径不应小于 10mm，壁厚不应小于 1.5mm；

5 灯具与固定装置及灯具连接件之间采用螺纹连接的，螺纹啮合扣数不应少于 5 扣。

检查数量：按每检验批的不同灯具型号各抽查 5%，且各不得少于 1 套。

检查方法：观察检查并用尺量检查。

18.1.3 吸顶或墙面上安装的灯具，其固定用的螺栓或螺钉不应少于 2 个，灯具应紧贴饰面。

检查数量：按每检验批的不同安装形式各抽查 5%，且各不得少于 1 套。

检查方法：观察检查。

18.1.4 由接线盒引至嵌入式灯具或槽灯的绝缘导线应符合下列规定：

1 绝缘导线应采用柔性导管保护，不得裸露，且不应在灯槽内明敷；

2 柔性导管与灯具壳体应采用专用接头连接。

检查数量：按每检验批的灯具数量抽查 5%，且不得少于 1 套。

检查方法：观察检查。

18.1.5 普通灯具的Ⅰ类灯具外露可导电部分必须采用铜芯软导线与保护导体可靠连接，连接处应设置接地标识，铜芯软导线的截面积应与进入灯具的电源线截面积相同。

检查数量：按每检验批的灯具数量抽查 5%，且不得少于 1 套。

检查方法：尺量检查、工具拧紧和测量检查。

18.1.6 除采用安全电压以外，当设计无要求时，敞开式灯具的灯头对地面距离应大于 2.5m。

检查数量：按每检验批的灯具数量抽查 10%，且各不得少于 1 套。

检查方法：观察检查并用尺量检查。

18.1.7 埋地灯安装应符合下列规定：

1 埋地灯的防护等级应符合设计要求；

2 埋地灯的接线盒应采用防护等级为 IPX7 的防水接线盒，盒内绝缘导线接头应做防水绝缘处理。

检查数量：按灯具总数抽查 5%，且不得少于 1 套。

检查方法：观察检查，查阅产品进场验收记录及产品质量合格证明文件。

18.1.8 庭院灯、建筑物附属路灯安装应符合下列规定：

1 灯具与基础固定应可靠，地脚螺栓备帽应齐全；灯具接线盒应采用防护等级不小于 IPX5 的防水接线盒，盒盖防水密封垫应齐全、完整。

2 灯具的电器保护装置应齐全，规格应与灯具适配。

3 灯杆的检修门应采取防水措施，且闭锁防盗装置完好。

检查数量：按灯具型号各抽查 5%，且各不得少于 1 套。

检查方法：观察检查、工具拧紧及用手感检查，查阅产品进场验收记录及产品质量合格证明文件。

18.1.9 安装在公共场所的大型灯具的玻璃罩，应采取防止玻璃罩向下溅落的措施。

检查数量：全数检查。

检查方法：观察检查。

18.1.10 LED灯具安装应符合下列规定：

1 灯具安装应牢固可靠，饰面不应使用胶类粘贴。

2 灯具安装位置应有较好的散热条件，且不宜安装在潮湿场所。

3 灯具用的金属防水接头密封圈应齐全、完好。

4 灯具的驱动电源、电子控制装置室外安装时，应置于金属箱（盒）内；金属箱（盒）的IP防护等级和散热应符合设计要求，驱动电源的极性标记应清晰、完整；

5 室外灯具配线管路应按明配管敷设，且应具备防雨功能，IP防护等级应符合设计要求。

检查数量：按灯具型号各抽查5%，且各不得少于1套。

检查方法：观察检查，查阅产品进场验收记录及产品质量合格证明文件。

18.2 一般项目

18.2.1 引向单个灯具的绝缘导线截面积应与灯具功率相匹配，绝缘铜芯导线的线芯截面积不应小于$1mm^2$。

检查数量：按每检验批的灯具数量抽查5%，且不得少于1套。

检查方法：观察检查。

18.2.2 灯具的外形、灯头及其接线应符合下列规定：

1 灯具及其配件应齐全，不应有机械损伤、变形、涂层剥落和灯罩破裂等缺陷；

2 软线吊灯的软线两端应做保护扣，两端线芯应搪锡；当装升降器时，应采用安全灯头；

3 除敞开式灯具外，其他各类容量在100W及以上的灯具，引入线应采用瓷管、矿棉等不燃材料作隔热保护；

4 连接灯具的软线应盘扣、搪锡压线，当采用螺口灯头时，相线应接于螺口灯头中间的端子上；

5 灯座的绝缘外壳不应破损和漏电；带有开关的灯座，开关手柄应无裸露的金属部分。

检查数量：按每检验批的灯具型号各抽查5%，且各不得少于1套。

检查方法：观察检查。

18.2.3 灯具表面及其附件的高温部位靠近可燃物时，应采取隔热、散热等防火保护措施。

检查数量：按每检验批的灯具总数量抽查20%，且各不得少于1套。

检查方法：观察检查。

18.2.4 高低压配电设备、裸母线及电梯曳引机的正上方不应安装灯具。

检查数量：全数检查。

检查方法：观察检查。

18.2.5 投光灯的底座及支架应牢固，枢轴应沿需要的光轴方向拧紧固定。

检查数量：按灯具总数抽查10%，且不得少于1套。

检查方法：观察检查和手感检查。

18.2.6 聚光灯和类似灯具出光口面与被照物体的最短距离应符合产品技术文件要求。

检查数量：按灯具型号各抽查10%，且各不得少于1套。

检查方法：尺量检查，并核对产品技术文件。

18.2.7 导轨灯的灯具功率和载荷应与导轨额定载流量和最大允许载荷相适配。

检查数量：按灯具总数抽查10%，且不得少于1台。

检查方法：观察检查并核对产品技术文件。

18.2.8 露天安装的灯具应有泄水孔，且泄水孔应设置在灯具腔体的底部。灯具及其附件、紧固件、底座和与其相连的导管、接线盒等应有防腐蚀和防水措施。

检查数量：按灯具数量抽查10%，且不得少于1套。

检查方法：观察检查。

18.2.9 安装于槽盒底部的荧光灯具应紧贴槽盒底部，并应固定牢固。

检查数量：按每检验批的灯具数量抽查10%，且不得少于1套。

检查方法：观察检查和手感检查。

18.2.10 庭院灯、建筑物附属路灯安装应符合下列规定：

1 灯具的自动通、断电源控制装置应动作准确；

2 灯具应固定可靠、灯位正确，紧固件应齐全、拧紧。

检查数量：按灯具型号各抽查10%，且各不得少于1套。

检查方法：模拟试验、观察检查和手感检查。

19 专用灯具安装

19.1 主控项目

19.1.1 专用灯具的Ⅰ类灯具外露可导电部分必须用铜芯软导线与保护导体可靠连接，连接处应设置接地标识，铜芯软导线的截面积应与进入灯具的电源线截面积相同。

检查数量：按每检验批的灯具数量抽查5%，且不得少于1套。

检查方法：尺量检查、工具拧紧和测量检查。

19.1.2 手术台无影灯安装应符合下列规定：

1 固定灯座的螺栓数量不应少于灯具法兰底座上的固定孔数，且螺栓直径应与底座孔径相适配；螺栓应采用双螺母锁固。

2 无影灯的固定装置除应按本规范第18.1.1条第2款进行均布载荷试验外，尚应符合产品技术文件的要求。

检查数量：全数检查。

检查方法：施工或强度试验时观察检查，查阅灯具固定装置的载荷强度试验记录。

19.1.3 应急灯具安装应符合下列规定：

1 消防应急照明回路的设置除应符合设计要求外，尚应符合防火分区设置的要求，穿越不同防火分区时应采取防火隔堵措施；

2 对于应急灯具、运行中温度大于60℃的灯具，当靠近可燃物时，应采取隔热、散热等防火措施；

3 EPS供电的应急灯具安装完毕后，应检验EPS供电运行的最少持续供电时间，并应符合设计要求；

4 安全出口指示标志灯设置应符合设计要求；

5 疏散指示标志灯安装高度及设置部位应符合设计要求；

6 疏散指示标志灯的设置不应影响正常通行，且不应在其周围设置容易混同疏散标志灯的其他标志牌等；

7 疏散指示标志灯工作应正常，并应符合设计要求；

8 消防应急照明线路在非燃烧体内穿钢导管暗敷时，暗敷钢导管保护层厚度不应小于30mm。

检查数量：第2款全数检查；第1款、第3款～第7款按每检验批的灯具型号各抽查10%，且均不得少于1套；第8款按检验批数量抽查10%，且不得少于1个检验批。

检查方法：第1款、第2款、第4款～第7款观察检查，第3款试验检验并核对设计文件，第8款尺量检查、查阅隐蔽工程检查记录。

19.1.4 霓虹灯安装应符合下列规定：

1 霓虹灯管应完好、无破裂；

2 灯管应采用专用的绝缘支架固定，且牢固可靠；灯管固定后，与建（构）筑物表面的距离不宜小于20mm；

3 霓虹灯专用变压器应为双绕组式，所供灯管长度不应大于允许负载长度，露天安装的应采取防雨措施；

4 霓虹灯专用变压器的二次侧和灯管间的连接线应采用额定电压大于15kV的高压绝缘导线，导线连接应牢固，防护措施应完好；高压绝缘导线与附着物表面的距离不应小于20mm。

检查数量：全数检查。

检查方法：观察检查并用尺量和手感检查。

19.1.5 高压钠灯、金属卤化物灯安装应符合下列规定：

1 光源及附件应与镇流器、触发器和限流器配套使用，触发器与灯具本体的距离应符合产品技术文件的要求；

2 电源线应经接线柱连接，不应使电源线靠近灯具表面。

检查数量：按灯具型号各抽查10%，且均不得少于1套。

检查方法：观察检查并用尺量检查，核对产品技术文件。

19.1.6 景观照明灯具安装应符合下列规定：

1 在人行道等人员来往密集场所安装的落地式灯具，当无围栏防护时，灯具距地面高度应大于2.5m；

2 金属构架及金属保护管应分别与保护导体采用焊接或螺栓连接，连接处应设置接地标识。

检查数量：全数检查。

检查方法：观察检查并用尺量检查，查阅隐蔽工程检查记录。

19.1.7 航空障碍标志灯安装应符合下列规定：

1 灯具安装应牢固可靠，且应有维修和更换光源的措施；

2 当灯具在烟囱顶上装设时，应安装在低于烟囱口1.5m～3m的部位且应呈正三角形水平排列；

3 对于安装在屋面接闪器保护范围以外的灯具，当需设置接闪器时，其接闪器应与屋面接闪器可靠连接。

检查数量：全数检查。

检查方法：观察检查，查阅隐蔽工程检查记录。

19.1.8 太阳能灯具安装应符合下列规定：

1 太阳能灯具与基础固定应可靠，地脚螺栓有防松措施，灯具接线盒盖的防水密封垫应齐全、完整；

2 灯具表面应平整光洁、色泽均匀，不应有明显的裂纹、划痕、缺损、锈蚀及变形等缺陷。

检查数量：按灯具数量抽查10%，且不得少于1套。

检查方法：观察检查和手感检查。

19.1.9 洁净场所灯具嵌入安装时，灯具与顶棚之间的间隙应用密封胶条和衬垫密封，密封胶条和衬垫应平整，不得扭曲、折叠。

检查数量：按灯具数量抽查10%，且不得少于1套。

检查方法：观察检查。

19.1.10 游泳池和类似场所灯具（水下灯及防水灯具）安装应符合下列规定：

1 当引入灯具的电源采用导管保护时，应采用塑料导管；

2 固定在水池构筑物上的所有金属部件应与保护联结导体可靠连接，并应设置标识。

检查数量：全数检查。

检查方法：观察检查和手感检查，查阅隐蔽工程检查记录和等电位联结导通性测试记录。

19.2 一般项目

19.2.1 手术台无影灯安装应符合下列规定：

1 底座应紧贴顶板、四周无缝隙；

2 表面应保持整洁、无污染，灯具镀、涂层应完整无划伤。

检查数量：全数检查。

检查方法：观察检查。

19.2.2 当应急电源或镇流器与灯具分离安装时，应固定可靠，应急电源或镇流器与灯具本体之间的连接绝缘导线应用金属柔性导管保护，导线不得外露。

检查数量：按每检验批的灯具数量抽查10%，且不得少于1套。

检查方法：观察检查和手感检查。

19.2.3 霓虹灯安装应符合下列规定：

1 明装的霓虹灯变压器安装高度低于3.5m时应采取防护措施；室外安装距离晒台、窗口、架空线等不应小于1m，并应有防雨措施。

2 霓虹灯变压器应固定可靠，安装位置宜方便检修，且应隐蔽在不易被非检修人触及的场所。

3 当橱窗内装有霓虹灯时，橱窗门与霓虹灯变压器一次侧开关应有联锁装置，开门时不得接通霓虹灯变压器的电源。

4 霓虹灯变压器二次侧的绝缘导线应采用高绝缘材料的支持物固定，对于支持点的距离，水平线段不应大于0.5m，垂直线段不应大于0.75m。

5 霓虹灯管附着基面及其托架应采用金属或不燃材料制作，并应固定可靠，室外安装应耐风压。

检查数量：按灯具安装部位各抽查10%，且各不得少于1套。

检查方法：观察检查并用尺量和手感检查。

19.2.4 高压钠灯、金属卤化物灯安装应符合下列规定：

1 灯具的额定电压、支架形式和安装方式应符合设计要求；

2 光源的安装朝向应符合产品技术文件的要求。

检查数量：按灯具型号各抽查10%，且各不得少于1套。

检查方法：观察检查并查验产品技术文件、核对设计文件。

19.2.5 建筑物景观照明灯具构架应固定可靠、地脚螺栓拧紧、备帽齐全；灯具的螺栓应紧固、无遗漏。灯具外露的绝缘导线或电缆应有金属柔性导管保护。

检查数量：按灯具数量抽查10%，且不得少于1套。

检查方法：观察检查和手感检查。

19.2.6 航空障碍标志灯安装位置应符合设计要求，灯具的自动通、断电源控制装置应动作准确。

检查数量：全数检查。

检查方法：模拟试验和观察检查。

19.2.7 太阳能灯具的电池板朝向和仰角调整应符合地区纬度，迎光面上应无遮挡物，电池板上方应无直射光源。电池组件与支架连接应牢固可靠，组件的输出线不应裸露，并应用扎带绑扎固定。

检查数量：按灯具总数抽查10%，且不得少于1套。

检查方法：观察检查。

20 开关、插座、风扇安装

20.1 主控项目

20.1.1 当交流、直流或不同电压等级的插座安装在同一场所时，应有明显的区别，插座不得互换；配套的插头应按交流、直流或不同电压等级区别使用。

检查数量：按每检验批的插座数量抽查20%，且不得少于1个。

检查方法：观察检查并用插头进行试插检查。

20.1.2 不间断电源插座及应急电源插座应设置标识。

检查数量：按插座总数抽查10%，且不得少于1套。

检查方法：观察检查。

20.1.3 插座接线应符合下列规定：

1 对于单相两孔插座，面对插座的右孔或上孔应与相线连接，左孔或下孔应与中性导体（N）连接；对于单相三孔插座，面对插座的右孔应与相线连接，左孔应与中性导体（N）连接。

2 单相三孔、三相四孔及三相五孔插座的保护接地导体（PE）应接在上孔；插座的保护接地导体端子不得与中性导体端子连接：同一场所的三相插座，其接线的相序应一致。

3 保护接地导体（PE）在插座之间不得串联连接。

4 相线与中性导体（N）不应利用插座本体的接线端子转接供电。

检查数量：按每检验批的插座型号各抽查5%，且均不得少于1套。

检查方法：观察检查并用专用测试工具检查。

20.1.4 照明开关安装应符合下列规定：

1 同一建（构）筑物的开关宜采用同一系列的产品，单控开关的通断位置应一致，且应操作灵活、接触可靠；

2 相线应经开关控制；

3 紫外线杀菌灯的开关应有明显标识，并应与普通照明开关的位置分开。

检查数量：第3款全数检查，第1款和第2款按每检验批的开关数量抽查5%，且按规格型号各不得少于1套。

检查方法：观察检查、用电笔测试检查和手动开启开关检查。

20.1.5 温控器接线应正确，显示屏指示应正常，安装标高应符合设计要求。

检查数量：按每检验批的数量抽查10%，且不得少于1套。

检查方法：观察检查。

20.1.6 吊扇安装应符合下列规定：

1 吊扇挂钩安装应牢固，吊扇挂钩的直径不应小于吊扇挂销直径，且不应小于8mm；挂钩销钉应有防振橡胶垫；挂销的防松零件应齐全、可靠。

2 吊扇扇叶距地高度不应小于2.5m。

3 吊扇组装不应改变扇叶角度，扇叶的固定螺栓防松零件应齐全。

4 吊杆间、吊杆与电机间螺纹连接，其啮合长度不应小于20mm，且防松零件应齐全紧固。

5 吊扇应接线正确，运转时扇叶应无明显颤动和异常声响。

6 吊扇开关安装标高应符合设计要求。

检查数量：按吊扇数量抽查5%，且不得少于1套。

检查方法：听觉检查、观察检查、尺量检查和卡尺检查。

20.1.7 壁扇安装应符合下列规定：

1 壁扇底座应采用膨胀螺栓或焊接固定，固定应牢固可靠；膨胀螺栓的数量不应少于3个，且直径不应小于8mm。

2 防护罩应扣紧、固定可靠，当运转时扇叶和防护罩应无明显颤动和异常声响。

检查数量：按壁扇数量抽查5%，且不得少于1套。

检查方法：听觉检查、观察检查和手感检查。

20.2 一般项目

20.2.1 暗装的插座盒或开关盒应与饰面平齐，盒内干净整洁，无锈蚀，绝缘导线不得裸露在装饰层内；面板应紧贴饰面、四周无缝隙、安装牢固，表面光滑、无碎裂、划伤，装饰帽（板）齐全。

检查数量：按每检验批的盒子数量抽查10%，且不得少于1个。

检查方法：观察检查和手感检查。

20.2.2 插座安装应符合下列规定：

1 插座安装高度应符合设计要求，同一室内相同规格并列安装的插座高度宜一致；

2 地面插座应紧贴饰面，盖板应固定牢固、密封良好。

检查数量：按每个检验批的插座总数抽查10%，且按型号各不得少于1个。

检查方法：观察检查并用尺量和手感检查。

20.2.3 照明开关安装应符合下列规定：

1 照明开关安装高度应符合设计要求；

2 开关安装位置应便于操作，开关边缘距门框边缘的距离宜为0.15m～0.20m；

3 相同型号并列安装高度宜一致，并列安装的拉线开关的相邻间距不宜小于20mm。

检查数量：按每检验批的开关数量抽查10%，且不得少于1个。

检查方法：观察检查并用尺量检查。

20.2.4 温控器安装高度应符合设计要求；同一室内并列安装的温控器高度宜一致，且控制有序不错位。

检查数量：按每检验批数量抽查10%，且不得少于1个。

检查方法：观察检查并用尺量检查。

20.2.5 吊扇安装应符合下列规定：

1 吊扇涂层应完整、表面无划痕、无污染，吊杆上、下扣碗安装应牢固到位；

2 同一室内并列安装的吊扇开关高度宜一致，并应控制有序、不错位。

检查数量：按吊扇数量抽查10%，且不得少于1套。

检查方法：观察检查，用尺量和手感检查。

20.2.6 壁扇安装应符合下列规定：

1 壁扇安装高度应符合设计要求；

2 涂层应完整、表面无划痕、无污染，防护罩应无变形。

检查数量：按壁扇数量抽查10%，且不得少于1套。

检查方法：观察检查并用尺量检查。

20.2.7 换气扇安装应紧贴饰面、固定可靠。无专人管理场所的换气扇宜设置定时开关。

检查数量：按换气扇数量抽查10%，且不得少于1套。

检查方法：观察检查和手感检查。

21 建筑物照明通电试运行

21.1 主控项目

21.1.1 灯具回路控制应符合设计要求，且应与照明控制柜、箱（盘）及回路的标识一致；开关宜与灯具控制顺序相对应，风扇的转向及调速开关应正常。

检查数量：按每检验批的末级照明配电箱数量抽查20%，且不得少于1台配电箱及相应回路。

检查方法：核对技术文件，观察检查并操作检查。

21.1.2 公共建筑照明系统通电连续试运行时间应为24h，住宅照明系统通电连续试运行时间应为8h。所有照明灯具均应同时开启，且应每2h按回路记录运行参数，连续试运行时间内应无故障。

检查数量：按每检验批的末级照明配电箱总数抽查5%，且不得少于1台配电箱及相应回路。

检查方法：试验运行时观察检查或查阅建筑照明通电试运行记录。

21.1.3 对设计有照度测试要求的场所，试运行时应检测照度，并应符合设计要求。

检查数量：全数检查。

检查方法：用照度测试仪测试，并查阅照度测试记录。

22 接地装置安装

22.1 主控项目

22.1.1 接地装置在地面以上的部分，应按设计要求设置测试点，测试点不应被外墙饰面遮蔽，且应有明显标识。

检查数量：全数检查。

检查方法：观察检查。

22.1.2 接地装置的接地电阻值应符合设计要求。

检查数量：全数检查。

检查方法：用接地电阻测试仪测试，并查阅接地电阻测试记录。

22.1.3 接地装置的材料规格、型号应符合设计要求。

检查数量：全数检查。

检查方法：观察检查或查阅材料进场验收记录。

22.1.4 当接地电阻达不到设计要求需采取措施降低接地电阻时，应符合下列规定：

1 采用降阻剂时，降阻剂应为同一品牌的产品，调制降阻剂的水应无污染和杂物；降阻剂应均匀灌注于垂直接地体周围。

2 采取换土或将人工接地体外延至土壤电阻率较低处时，应掌握有关的地质结构资料和地下土壤电阻率的分布，并应做好记录。

3 采用接地模块时，接地模块的顶面埋深不应小于0.6m，接地模块间距不应小于模块长度的3倍～5倍。接地模块埋设基坑宜为模块外形尺寸的1.2倍～1.4倍，且应详细记录开挖深度内的地层情况；接地模块应垂直或水平就位，并应保持与原土层接触良好。

检查数量：全数检查。

检查方法：施工中观察检查，并查阅隐蔽工程检查记录及相关记录。

22.2 一般项目

22.2.1 当设计无要求时，接地装置顶面埋设深度不应小于0.6m，且应在冻土层以下。圆钢、角钢、钢管、铜棒、铜管等接地极应垂直埋入地下，间距不应小于5m；人工接地体与建筑物的外墙或基础之间的水平距离不宜小于1m。

检查数量：全数检查。

检查方法：施工中观察检查并用尺量检查，查阅隐蔽工程检查记录。

22.2.2 接地装置的焊接应采用搭接焊，除埋设在混凝土中的焊接接头外，应采取防腐措施，焊接搭接长度应符合下列规定：

1 扁钢与扁钢搭接不应小于扁钢宽度的2倍，且应至少三面施焊；

2 圆钢与圆钢搭接不应小于圆钢直径的6倍，且应双面施焊；

3 圆钢与扁钢搭接不应小于圆钢直径的6倍，且应双面施焊；

4 扁钢与钢管，扁钢与角钢焊接，应紧贴角钢外侧两面，或紧贴3/4钢管表面，上下两侧施焊。

检查数量：按不同搭接类别各抽查10%，且均不得少于1处。

检查方法：施工中观察检查并用尺量检查，查阅相关隐蔽工程检查记录。

22.2.3 当接地极为铜材和钢材组成，且铜与铜或铜与钢材连接采用热剂焊时，接头应无贯穿性的气孔且表面平滑。

检查数量：按焊接接头总数量抽查10%，且不得少于1个。

检查方法：观察检查并查阅施工记录。

22.2.4 采取降阻措施的接地装置应符合下列规定：

1 接地装置应被降阻剂或低电阻率土壤所包覆；

2 接地模块应集中引线，并应采用干线将接地模块并联焊接成一个环路，干线的材质应与接地模块焊接点的材质相同，钢制的采用热浸镀锌材料的引出线不应少于2处。

检查数量：全数检查。

检查方法：观察检查，并查阅隐蔽工程检查记录。

23 变配电室及电气竖井内接地干线敷设

23.1 主控项目

23.1.1 接地干线应与接地装置可靠连接。

检查数量：全数检查。

检查方法：观察检查。

23.1.2 接地干线的材料型号、规格应符合设计要求。

检查数量：全数检查。

检查方法：观察检查，查阅材料进场验收记录和隐蔽工程检查记录。

23.2 一般项目

23.2.1 接地干线的连接应符合下列规定：

1 接地干线搭接焊应符合本规范第22.2.2条的规定；

2 采用螺栓搭接的连接应符合本规范第10.2.2条的规定，搭接的钻孔直径和搭接长度应符合本规范附录D的规定，连接螺栓的力矩值应符合本规范附录E的规定；

3 铜与铜或铜与钢采用热剂焊（放热焊接）时，应符合本规范第22.2.3的规定。

检查数量：按不同连接方式的总数量各抽查5%，且均不得少于2处。

检查方法：观察检查并用力矩扳手拧紧测试，查阅相关施工记录。

23.2.2 明敷的室内接地干线支持件应固定可靠，支持件间距应均匀，扁形导体支持件固定间距宜为500mm；圆形导体支持件固定间距宜为1000mm；弯曲部分宜为0.3m～0.5m。

检查数量：按不同部位各抽查10%，且均不得少于1处。

检查方法：观察检查并用尺量和手感检查。

23.2.3 接地干线在穿越墙壁、楼板和地坪处应加套钢管或其他坚固的保护套管，钢套管应与接地干线做电气连通，接地干线敷设完成后保护套管管口应封堵。

检查数量：按不同部位各抽查10%，且均不得少于1处。

检查方法：观察检查。

23.2.4 接地干线跨越建筑物变形缝时，应采取补偿措施。

检查数量：全数检查。

检查方法：观察检查。

23.2.5 对于接地干线的焊接接头，除埋入混凝土内的接头外，其余均应做防腐处理，且无遗漏。

检查数量：按焊接接头总数抽查10%，且不得少于2处。

检查方法：施工中观察检查，并查阅施工记录。

23.2.6 室内明敷接地干线安装应符合下列规定：

1 敷设位置应便于检查，不应妨碍设备的拆卸、检修和运行巡视，安装高度应符合设计要求；

2 当沿建筑物墙壁水平敷设时，与建筑物墙壁间的间隙宜为10mm～20mm；

3 接地干线全长度或区间段及每个连接部位附近的表面，应涂以15mm～100mm宽度相等的黄色和绿色相间的条纹标识；

4 变压器室、高压配电室、发电机房的接地干线上应设置不少于2个供临时接地用的接线柱或接地螺栓。

检查数量：按不同场所各抽查1处。

检查方法：观察检查，并用尺量检查。

24 防雷引下线及接闪器安装

24.1 主控项目

24.1.1 防雷引下线的布置、安装数量和连接方式应符合设计要求。

检查数量：明敷的引下线全数检查，利用建筑结构内钢筋敷设的引下线或抹灰层内的引下线按总数量各抽查5%，且均不得少于2处。

检查方法：明敷的观察检查，暗敷的施工中观察检查并查阅隐蔽工程检查记录。

24.1.2 接闪器的布置、规格及数量应符合设计要求。

检查数量：全数检查。

检查方法：观察检查并用尺量检查，核对设计文件。

24.1.3 接闪器与防雷引下线必须采用焊接或卡接器连接，防雷引下线与接地装置必须采用焊接或螺栓连接。

检查数量：全数检查。

检查方法：观察检查，并采用专用工具拧紧检查。

24.1.4 当利用建筑物金属屋面或屋顶上旗杆、栏杆、装饰物、铁塔、女儿墙上的盖板等永久性金属物做接闪器时，其材质及截面应符合设计要求，建筑物金属屋面板间的连接、永久性金属物各部件之间的连接应可靠、持久。

检查数量：全数检查。

检查方法：观察检查，核查材质产品质量证明文件和材料进场验收记录，并核对设计文件。

24.2 一般项目

24.2.1 暗敷在建筑物抹灰层内的引下线应有卡钉分段固定；明敷的引下线应平直、无急弯，并应设置专用支架固定，引下线焊接处应刷油漆防腐且无遗漏。

检查数量：抽查引下线总数的10%，且不得少于2处。

检查方法：明敷的观察检查，暗敷的施工中观察检查并查阅隐蔽工程检查记录。

24.2.2 设计要求接地的幕墙金属框架和建筑物的金属门窗，应就近与防雷引下线连接可靠，连接处不同金属间应采取防电化学腐蚀措施。

检查数量：按接地点总数抽查10%，且不得少于1处。

检查方法：施工中观察检查并查阅隐蔽工程检查记录。

24.2.3 接闪杆、接闪线或接闪带安装位置应正确，安装方式应符合设计要求，焊接固定的焊缝应饱满无遗漏，螺栓固定的应防松零件齐全，焊接连接处应防腐完好。

检查数量：全数检查。

检查方法：观察检查。

24.2.4 防雷引下线、接闪线、接闪网和接闪带的焊接连接搭接长度及要求应符合本规范第22.2.2条的规定。

检查数量：全数检查。

检查方法：观察检查并用尺量检查，查阅隐蔽工程检查记录。

24.2.5 接闪线和接闪带安装应符合下列规定：

1 安装应平正顺直、无急弯，其固定支架应间距均匀、固定牢固；

2 当设计无要求时，固定支架高度不宜小于150mm，间距应符合表24.2.5的规定；

3 每个固定支架应能承受49N的垂直拉力。

检查数量：第1款、第2款全数检查，第3款按支持件总数抽查30%，且不得少于3个。

检查方法：观察检查并用尺量、用测力计测量支架的垂直受力值。

表24.2.5 明敷引下线及接闪导体固定支架的间距（mm）

布置方式	扁形导体固定支架间距	圆形导体固定支架间距
安装于水平面上的水平导体	500	1000
安装于垂直面上的水平导体		
安装于高于20m以上垂直面上的垂直导体		
安装于地面至20m以下垂直面上的垂直导体	1000	1000

24.2.6 接闪带或接闪网在过建筑物变形缝处的跨接应有补偿措施。

检查数量：全数检查。

检查方法：观察检查。

25 建筑物等电位联结

25.1 主控项目

25.1.1 建筑物等电位联结的范围、形式、方法、部位及联结导体的材料和截面积应符合设计要求。

检查数量：全数检查。

检查方法：施工中核对设计文件观察检查并查阅隐蔽工程检查记录，核查产品质量证明文件、材料进场验收记录。

25.1.2 需做等电位联结的外露可导电部分或外界可导电部分的连接应可靠。采用焊接时，应符合本规范第22.2.2条的规定；采用螺栓连接时，应符合本规范第23.2.1条第2款的规定，其螺栓、垫圈、螺母等应为热镀锌制品，且应连接牢固。

检查数量：按总数抽查10%，且不得少于1处。

检查方法：观察检查。

25.2 一般项目

25.2.1 需做等电位联结的卫生间内金属部件或零件的外界可导电部分，应设置专用接线螺栓与等电位联结导体连接，并应设置标识；连接处螺帽应紧固、防松零件应齐全。

检查数量：按连接点总数抽查10%，且不得少于1处。

检查方法：观察检查和手感检查。

25.2.2 当等电位联结导体在地下暗敷时，其导体间的连接不得采用螺栓压接。

检查数量：全数检查。

检查方法：施工中观察检查并查阅隐蔽工程检查记录。

附录A 各子分部工程所含的分项工程和检验批

表A 各子分部工程所含的分项工程和检验批

分项工程 \ 子分部工程		01	02	03	04	05	06	07
		室外电气安装工程	变配电室安装工程	供电干线安装工程	电气动力安装工程	电气照明安装工程	自备电源安装工程	防雷及接地装置安装工程
序号	名称							
04	变压器、箱式变电所安装	●	●					
05	成套配电柜、控制柜（台、箱）和配电箱（盘）安装	●	●		●	●	●	
06	电动机、电加热器及电动执行机构检查接线				●			
07	柴油发电机组安装						●	
08	UPS及EPS安装						●	
09	电气设备试验和试运行			●	●			
10	母线槽安装		●	●			●	
11	梯架、托盘和槽盒安装	●	●	●	●	●		
12	导管敷设	●		●	●	●	●	
13	电缆敷设	●	●	●	●	●	●	
14	管内穿线和槽盒内敷线	●		●	●	●	●	
15	塑料护套线直敷布线					●		
16	钢索配线					●		
17	电缆头制作、导线连接和线路绝缘测试	●	●	●	●	●	●	
18	普通灯具安装	●				●		
19	专用灯具安装	●				●		
20	开关、插座、风扇安装				●	●		
21	建筑物照明通电试运行	●				●		
22	接地装置安装	●	●				●	●
23	接地干线敷设		●	●				
24	防雷引下线及接闪器安装							●
25	建筑物等电位联结							●

注：1 本表有●符号者为该子分部工程所含的分项工程；

2 每个分项工程至少含1个及以上检验批。

附录B 发电机交接试验

表B 发电机交接试验

序号	部位 \ 内容		试验内容	试验结果
1	静态试验	定子电路	测量定子绕组的绝缘电阻和吸收比	400V发电机绝缘电阻值大于0.5MΩ，其他高压发电机绝缘电阻不低于其额定电压1MΩ/kV。 沥青浸胶及烘卷云母绝缘吸收比大于1.3。 环氧粉云母绝缘吸收比大于1.6
2			在常温下，绕组表面温度与空气温度差在±3℃范围内测最各相直流电阻	各相直流电阻值相互间差值不大于最小值的2%，与出厂值在同温度下比差值不大于2%
3			1kV以上发电机定子绕组直流耐压试验和泄漏电流测量	试验电压为电机额定电压的3倍。试验电压按每级50%的额定电压分阶段升高，每阶段停留1min，并记录泄漏电流；在规定的试验电压下，泄漏电流应符合下列规定： 1. 各相泄漏电流的差别不应大于最小值的100%，当最大泄漏电流在20μA以下，各相间的差值可不考虑。 2. 泄漏电流不应随时间延长而增大。 3. 泄漏电流不应随电压不成比例显著增长
			交流工频耐压试验1min	试验电压为$1.6U_n+800V$，无闪络击穿现象，U_n为发电机额定电压

续表

序号	部位		试验内容	试验结果
4	静态试验	转子电路	用1000V兆欧表测量转子绝缘电阻	绝缘电阻值大于0.5MΩ
5			在常温下，绕组表面温度与空气温度差在±3℃范围内测量绕组直流电阻	数值与出厂值在同温度下比差值不大于2%
6			交流工频耐压试验1min	用2500V摇表测量绝缘电阻替代
7		励磁电路	退出励磁电路电子器件后，测量励磁电路的线路设备的绝缘电阻	绝缘电阻值大于0.5MΩ
8			退出励磁电路电子器件后，进行交流工频耐压试验1min	试验电压1000V，无击穿闪络现象
9		其他	有绝缘轴承的用1000V兆欧表测量轴承绝缘电阻	绝缘电阻值大于0.5MΩ
10			测量检温计（埋入式）绝缘电阻，校验检温计精度	用250V兆欧表检测不短路，精度符合出厂规定
11			测量灭磁电阻，自同步电阻器的直流电阻	与铭牌相比较，其差值为±10%
12	运转试验		发电机空载特性试验	按设备说明书比对，符合要求
13			测量相序和残压	相序与出线标识相符
14			测量空载和负荷后轴电压	按设备说明书比对，符合要求
15			测量启停试验	按设计要求检查，符合要求
16			1kV以上发电机转子绕组膛外、膛内阻抗测量（转子如抽出）	应无明显差别
17			1kV以上发电机灭磁时间常数测量	按设备说明书比对，符合要求
18			1kV以上发电机短路特性试验	按设备说明书比对，符合要求

附录C 低压电器交接试验

表C 低压电器交接试验

序号	试验内容	试验标准或条件
1	绝缘电阻	用500V兆欧表摇测≥1MΩ，潮湿场所≥0.5MΩ
2	低压电器动作情况	除产品另有规定外，电压、液压或气压在额定值的85%～110%范围内能可靠动作
3	脱扣器的整定值	整定值误差不得超过产品技术条件的规定
4	电阻器和变阻器的直流电阻差值	符合产品技术条件规定

附录D 母线螺栓搭接尺寸

表D 母线螺栓搭接尺寸

搭接形式	类别	序号	连接尺寸（mm）			钻孔要求		螺栓规格
			b_1	b_2	a	ϕ（mm）	个数	
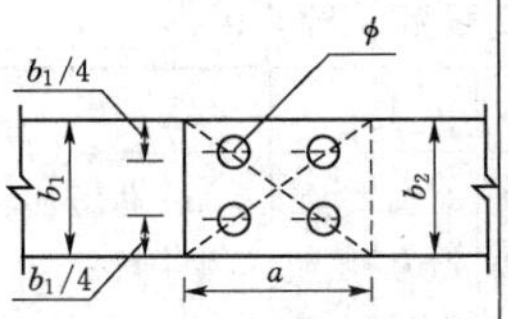	直线连接	1	125	125	b_1或b_2	21	4	M20
		2	100	100	b_1或b_2	17	4	M16
		3	80	80	b_1或b_2	13	4	M12
		4	63	63	b_1或b_2	11	4	M10
		5	50	50	b_1或b_2	9	4	M8
		6	45	45	b_1或b_2	9	4	M8
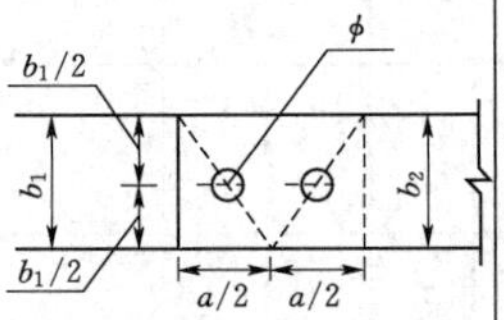	直线连接	7	40	40	80	13	2	M12
		8	31.5	31.5	63	11	2	M10
		9	25	25	50	9	2	M8
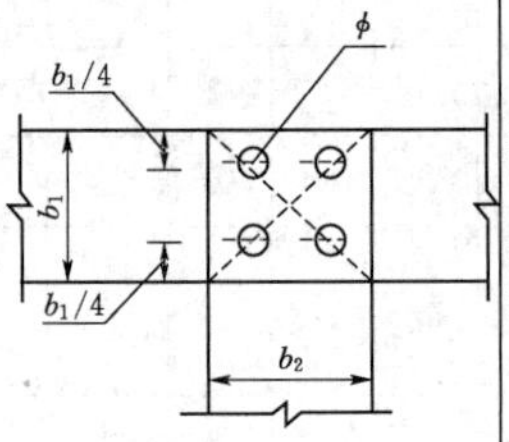	垂直连接	10	125	125	—	21	4	M20
		11	125	100～80	—	17	4	M16
		12	125	63	—	13	4	M12
		13	100	100～80	—	17	4	M16
		14	80	80～63	—	13	4	M12
		15	63	63～50	—	11	4	M10
		16	50	50	—	9	4	M8
		17	45	45	—	9	4	M8
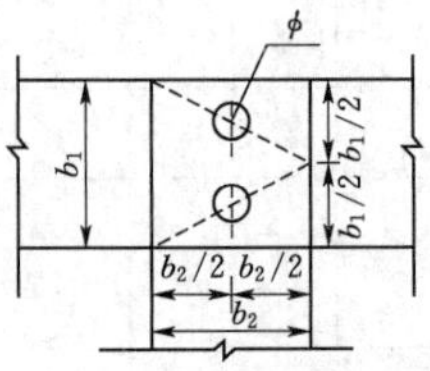	垂直连接	18	125	50～40	—	17	2	M16
		19	100	63～40	—	17	2	M16
		20	80	63～40	—	15	2	M14
		21	63	50～40	—	13	2	M12
		22	50	45～40	—	11	2	M10
		23	63	31.5～25	—	11	2	M10
		24	50	31.5～25	—	9	2	M8

续表

搭接形式	类别	序号	连接尺寸（mm）			钻孔要求		螺栓规格
			b_1	b_2	a	ϕ（mm）	个数	
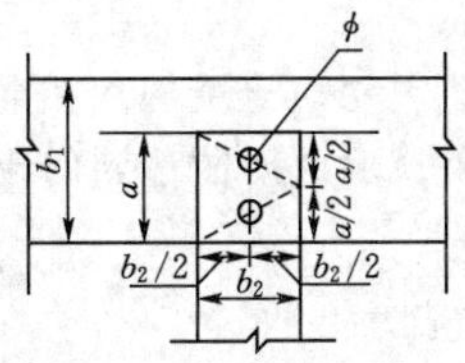	垂直连接	25	125	31.5～25	60	11	2	M10
		26	100	31.5～25	50	9	2	M8
		27	80	31.5～25	50	9	2	M8
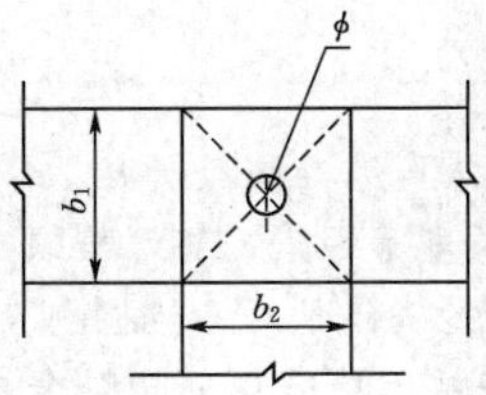	垂直连接	28	40	40～31.5	—	13	1	M12
		29	40	25	—	11	1	M10
		30	31.5	31.5～25	—	11	1	M10
		31	25	22	—	9	1	M8

附录E　母线搭接螺栓的拧紧力矩

表E　　母线搭接螺栓的拧紧力矩

序号	螺栓规格	力矩值（N·m）
1	M8	8.8～10.8
2	M10	17.7～22.6
3	M12	31.4～39.2
4	M14	51.0～60.8
5	M16	78.5～98.1
6	M18	98.0～127.4
7	M20	156.9～196.2
8	M24	274.6～343.2

附录F　母线槽及电缆梯架、托盘和槽盒与管道的最小净距

表F　　母线槽及电缆梯架、托盘和槽盒与管道的最小净距（mm）

管道类别		平行净距	交叉净距
一般工艺管道		400	300
可燃或易燃易爆气体管道		500	500
热力管道	有保温层	500	300
	无保温层	1000	500

附录G　导管或配线槽盒与热水管、蒸汽管间的最小距离

表G　　导管或配线槽盒与热水管、蒸汽管间的最小距离（mm）

导管或配线槽盒的敷设位置	管道种类	
	热水	蒸汽
在热水、蒸汽管道上面平行敷设	300	1000
在热水、蒸汽管道下面或水平平行敷设	200	500
与热水、蒸汽管道交叉敷设	不小于其平行的净距	

注：1　对有保温措施的热水管、蒸汽管，其最小距离不宜小于200mm；

2　导管或配线槽盒与不含可燃及易燃易爆气体的其他管道的距离，平行或交叉敷设不应小于100mm；

3　导管或配线槽盒与可燃及易燃易爆气体不宜平行敷设，交叉敷设处不应小于100mm；

4　达不到规定距离时应采取可靠有效的隔离保护措施。

附录H　螺纹型接线端子的拧紧力矩

表H　　螺纹型接线端子的拧紧力矩

螺纹直径（mm）		拧紧力矩（N·m）		
标准值	直径范围	Ⅰ	Ⅱ	Ⅲ
2.5	$\phi \leqslant 2.8$	0.2	0.4	0.4
3.0	$2.8 < \phi \leqslant 3.0$	0.25	0.5	0.5
—	$3.0 < \phi \leqslant 3.2$	0.3	0.6	0.6
3.5	$3.2 < \phi \leqslant 3.6$	0.4	0.8	0.8
4	$3.6 < \phi \leqslant 4.1$	0.7	1.2	1.2
4.5	$4.1 < \phi \leqslant 4.7$	0.8	1.8	1.8
5	$4.7 < \phi \leqslant 5.3$	0.8	2.0	2.0
6	$5.3 < \phi \leqslant 6.0$	1.2	2.5	3.0
8	$6.0 < \phi \leqslant 8.0$	2.5	3.5	6.0
10	$8.0 < \phi \leqslant 10.0$	—	4.0	10.0
12	$10 < \phi \leqslant 12$	—	—	14.0
14	$12 < \phi \leqslant 15$	—	—	19.0
16	$15 < \phi \leqslant 20$	—	—	25.0
20	$20 < \phi \leqslant 24$	—	—	36.0
24	$\phi > 24$	—	—	50.0

注：第Ⅰ列：适用于拧紧时不突出孔外的无头螺钉和不能用刀口宽度大于螺钉顶部直径的螺丝刀拧紧的其他螺钉；

第Ⅱ列：适用于可用螺丝刀拧紧的螺钉和螺母；

第Ⅲ列：适用于不可用螺丝刀拧紧的螺钉和螺母。

本规范用词说明

1　为便于在执行本规范条文时区别对待，对要求严格程度不同的用词说明如下：

1）表示很严格，非这样做不可的：

正面词采用“必须”，反面词采用“严禁”；

2）表示严格，在正常情况下均应这样做的：

正面词采用“应”，反面词采用“不应”或“不得”；

3）表示允许稍有选择，在条件许可时首先应这样做的：

正面词采用“宜”，反面词采用“不宜”；

4）表示有选择，在一定条件下可以这样做的，采用“可”。

2 条文中指明应按其他有关标准执行的写法为：“应符合……的规定”或“应按……执行”。

引用标准名录

《低压配电设计规范》GB 50054

《电气装置安装工程　电气设备交接试验标准》GB 50150

《建筑工程施工质量验收统一标准》GB 50300

《电缆的导体》GB/T 3956

《低压成套开关设备和控制设备　第1部分：总则》GB 7251.1

《家用和类似用途低压电路用的连接器件》GB 13140

《电气安装用导管系统　第1部分：通用要求》GB/T 20041.1

66kV及以下架空电力线路设计规范

(GB 50061—2010)

1　总则

1.0.1 为使66kV及以下架空电力线路的设计做到供电安全可靠、技术先进、经济合理，便于施工和检修维护，有利于环境保护和资源的综合利用，制定本规范。

1.0.2 本规范适用于66kV及以下交流架空电力线路（以下简称架空电力线路）的设计。

1.0.3 架空电力线路设计应认真贯彻国家的技术经济政策，符合发展规划要求，积极地采用成熟可靠的新技术、新材料、新设备、新工艺。

1.0.4 架空电力线路的杆塔结构设计应采用以概率理论为基础的极限状态设计法。

1.0.5 本规范规定了66kV及以下架空电力线路设计的基本技术要求，当本规范与国家法律、行政法规的规定相抵触时，应按国家法律、行政法规的规定执行。

1.0.6 架空电力线路设计除应符合本规范外，尚应符合国家现行有关标准的规定。

2　术语

2.0.1 电力线路　power line

应用于电力系统两点之间输电的导线、绝缘材料和各种附件组成的设施。

2.0.2 架空电力线路　overhead power line

用绝缘子和杆塔将导线架设于地面上的电力线路。

2.0.3 输电线路　transmission line

作为输电系统一部分的线路。

2.0.4 导线　conductor

通过电流的单股线或不相互绝缘的多股线组成的绞线。

2.0.5 地线　overhead ground wire

在某些杆塔上或所有的杆塔上接地的导线，通常悬挂在线路导线的上方，对导线构成一保护角，防止导线受雷击。

2.0.6 档距　span

两相邻杆塔导线悬挂点间的水平距离。

2.0.7 弧垂　sag

一档架空线内，导线与导线悬挂点所连直线间的最大垂直距离。

2.0.8 爬电距离　creepage distance

在正常情况下，沿着加有运行电压的绝缘子瓷或玻璃绝缘件表面的两部件间的最短距离或最短距离的总和。

2.0.9 机械破坏荷载　mechanical failing load

在规定的试验条件下（绝缘子串元件应独立经受施加在金属附件之间的拉伸荷载），绝缘子串元件试验时所能达到的最大荷载。

2.0.10 杆塔　pole and tower of an overhead line

通过绝缘子悬挂导线的装置。

2.0.11 基础　foundation

埋设在地下的一种结构，与杆塔底部连接，稳定承受所作用的荷载。

3　路径

3.0.1 架空电力线路路径的选择，应认真进行调查研究，综合考虑运行、施工、交通条件和路径长度等因素，统筹兼顾，全面安排，并应进行多方案比较，做到经济合理、安全适用。

3.0.2 市区架空电力线路的路径应与城市总体规划相结合，路径走廊位置应与各种管线和其他市政设施统一安排。

3.0.3 架空电力线路路径的选择应符合下列要求：

1 应减少与其他设施交叉；当与其他架空线路交叉时，其交叉点不宜选在被跨越线路的杆塔顶上。

2 架空弱电线路等级划分应符合本规范附录A的规定。

3 架空电力线路跨越架空弱电线路的交叉角，应符合表3.0.3的要求。

表3.0.3　架空电力线路跨越架空弱电线路的交叉角

弱电线路等级	一级	二级	三级
交叉角	≥40°	≥25°	不限制

4 3kV及以上至66kV及以下架空电力线路，不应跨越储存易燃、易爆危险品的仓库区域。架空电力线路与甲类生产厂房和库房、易燃易爆材料堆场以及可燃或易燃、易爆液（气）体储罐的防火间距，应符合国家有关法律法规和现行国家标准《建筑设计防火规范》GB 50016的有关规定。

5 甲类厂房、库房，易燃材料堆垛，甲、乙类液体储罐，液化石油气储罐，可燃、助燃气体储罐与架空电力线路的最近水平距离不应小于电杆（塔）高度的1.5倍；丙类液体储罐与电力架空线的最近水平距离不应小于电杆（塔）高度1.2倍。35kV以上的架空电力线路与储量超过200m³的液化石油气单罐的最近水平距离不应小于40m。

6 架空电力线路应避开洼地、冲刷地带、不良地质地区、原始森林区以及影响线路安全运行的其他地区。

3.0.4 架空电力线路不宜通过林区，当确需经过林区时应结合林区道路和林区具体条件选择线路路径，并应尽量减少树木砍伐。10kV及以下架空电力线路的通道宽度，不宜小于线路两侧向外各延伸2.5m。35kV和66kV架空电力线路宜采用跨越设计，特殊地段宜结合电气安全距离等条件严格控制树木砍伐。

3.0.5 架空电力线路通过果林、经济作物林以及城市绿化灌木林时，不宜砍伐通道。

3.0.6 耐张段的长度宜符合下列规定：

1 35kV和66kV架空电力线路耐张段的长度不宜大于5km；

2　10kV 及以下架空电力线路耐张段的长度不宜大于 2km。

3.0.7　35kV 和 66kV 架空电力线路不宜通过国家批准的自然保护区的核心区和缓冲区内。

4　气象条件

4.0.1　架空电力线路设计的气温应根据当地 15 年～30 年气象记录中的统计值确定。最高气温宜采用＋40℃。在最高气温工况、最低气温工况和年平均气温工况下，应按无风、无冰计算。

4.0.2　架空电力线路设计采用的年平均气温应按下列方法确定：

1　当地区的年平均气温在 3℃～17℃之间时，年平均气温应取与此数邻近的 5 的倍数值；

2　当地区的年平均气温小于 3℃或大于 17℃时，应将年平均气温减少 3℃～5℃后，取与此数邻近的 5 的倍数值。

4.0.3　架空电力线路设计采用的导线或地线的覆冰厚度，在调查的基础上可取 5、10、15、20mm，冰的密度应按 0.9g/cm³ 计；覆冰时的气温应采用－5℃，风速宜采用 10m/s。

4.0.4　安装工况的风速应采用 10m/s，且无冰。气温应按下列规定采用：

1　最低气温为－40℃的地区，应采用－15℃；

2　最低气温为－20℃的地区，应采用－10℃；

3　最低气温为－10℃的地区，宜采用－5℃；

4　最低气温为－5℃的地区，宜采用 0℃。

4.0.5　雷电过电压工况的气温可采用 15℃，风速对于最大设计风速 35m/s 及以上地区可采用 15m/s，最大设计风速小于 35m/s 的地区可采用 10m/s。

4.0.6　检验导线与地线之间的距离时，应按无风、无冰考虑。

4.0.7　内部过电压工况的气温可采用年平均气温，风速可采用最大设计风速的 50%，并不宜低于 15m/s，且无冰。

4.0.8　在最大风速工况下应按无冰计算，气温应按下列规定采用：

1　最低气温为－10℃及以下的地区，应采用－5℃；

2　最低气温为－5℃及以上的地区，宜采用＋10℃。

4.0.9　带电作业工况的风速可采用 10m/s，气温可采用 15℃，且无冰。

4.0.10　长期荷载工况的风速应采用 5m/s，气温应采用年平均气温，且无冰。

4.0.11　最大设计风速应采用当地空旷平坦地面上离地 10m 高，统计所得的 30 年一遇 10min 平均最大风速；当无可靠资料时，最大设计风速不应低于 23.5m/s，并应符合下列规定：

1　山区架空电力线路的最大设计风速，应根据当地气象资料确定；当无可靠资料时，最大设计风速可按附近平地风速增加 10%，且不应低于 25m/s。

2　架空电力线路位于河岸、湖岸、山峰以及山谷口等容易产生强风的地带时，其最大基本风速应较附近一般地区适当增大；对易覆冰、风口、高差大的地段，宜缩短耐张段长度，杆塔使用条件应适当留有裕度。

3　架空电力线路通过市区或森林等地区时，两侧屏蔽物的平均高度大于杆塔高度的 2/3，其最大设计风速宜比当地最大设计风速减少 20%。

5　导线、地线、绝缘子和金具

5.1　一般规定

5.1.1　架空电力线路的导线可采用钢芯铝绞线或铝绞线，地线可采用镀锌钢绞线。在沿海和其他对导线腐蚀比较严重的地区，可使用耐腐蚀、增容导线。有条件的地区可采用节能金具。

5.1.2　市区 10kV 及以下架空电力线路，遇下列情况可采用绝缘铝绞线：

1　线路走廊狭窄，与建筑物之间的距离不能满足安全要求的地段；

2　高层建筑邻近地段；

3　繁华街道或人口密集地区；

4　游览区和绿化区；

5　空气严重污秽地段；

6　建筑施工现场。

5.1.3　导线的型号应根据电力系统规划设计和工程技术条件综合确定。

5.1.4　地线的型号应根据防雷设计和工程技术条件的要求确定。

5.2　架线设计

5.2.1　在各种气象条件下，导线的张力弧垂计算应采用最大使用张力和平均运行张力作为控制条件。地线的张力弧垂计算可采用最大使用张力、平均运行张力和导线与地线间的距离作为控制条件。

5.2.2　导线与地线在挡距中央的距离，在＋15℃气温、无风无冰条件时，应符合下式要求：

$$S \geqslant 0.012L + 1 \qquad (5.2.2)$$

式中：S——导线与地线在挡距中央的距离（m）；

L——挡距（m）。

5.2.3　导线或地线的最大使用张力不应大于绞线瞬时破坏张力的 40%。

5.2.4　导线或地线的平均运行张力上限及防振措施应符合表 5.2.4 的要求。

表 5.2.4　导线或地线平均运行张力上限及防振措施

挡距和环境状况	平均运行张力上限（瞬时破坏张力的百分数）（%）		防振措施
	钢芯铝绞线	镀锌钢绞线	
开阔地区挡距＜500m	16	12	不需要
非开阔地区挡距＜500m	18	18	不需要
挡距＜120m	18	18	不需要
不论挡距大小	22	—	护线条
不论挡距大小	25	25	防振锤（线）或另加护线条

5.2.5　35kV 和 66kV 架空电力线路的导线或地线的初伸长率应通过试验确定，导线或地线的初伸长对弧垂的影响可采用降温法补偿。当无试验资料时，初伸长率和降低的温度可采用表 5.2.5 所列数值。

表 5.2.5　导线或地线的初伸长率和降低的温度

类　型	初伸长率	降低的温度（℃）
钢芯铝绞线	3×10^{-4}～5×10^{-4}	15～25
镀锌钢绞线	1×10^{-4}	10

注：截面铝钢比小的钢芯铝绞线应采用表中的下限数值；截面铝钢比大的钢芯铝绞线应采用表中的上限数值。

5.2.6 10kV及以下架空电力线路的导线初伸长对弧垂的影响可采用减少弧垂法补偿。弧垂减小率应符合下列规定：

1 铝绞线或绝缘铝绞线应采用20%；

2 钢芯铝绞线应采用12%。

5.3 绝缘子和金具

5.3.1 绝缘子和金具的机械强度应按下式验算：

$$KF<F_u \tag{5.3.1}$$

式中：K——机械强度安全系数；

F——设计荷载（kN）；

F_u——悬式绝缘子的机械破坏荷载或针式绝缘子、瓷横担绝缘子的受弯破坏荷载或蝶式绝缘子、金具的破坏荷载（kN）。

5.3.2 绝缘子和金具的安装设计可采用安全系数设计法。绝缘子及金具的机械强度安全系数应符合表5.3.2的规定。

表5.3.2 绝缘子及金具的机械强度安全系数

类型	安全系数		
	运行工况	断线工况	断联工况
悬式绝缘子	2.7	1.8	1.5
针式绝缘子	2.5	1.5	1.5
蝶式绝缘子	2.5	1.5	1.5
瓷横担绝缘子	3.0	2.0	—
合成绝缘子	3.0	1.8	1.5
金具	2.5	1.5	1.5

6 绝缘配合、防雷和接地

6.0.1 架空电力线路环境污秽等级应符合本规范附录B的规定。污秽等级可根据审定的污秽分区图并结合运行经验、污湿特征、外绝缘表面污秽物的性质及其等值附盐密度等因素综合确定。

6.0.2 35kV和66kV架空电力线路绝缘子的型式和数量，应根据绝缘的单位爬电距离确定。瓷绝缘的单位爬电距离应符合本规范附录B的规定。

6.0.3 35kV和66kV架空电力线路宜采用悬式绝缘子。在海拔高度1000m以下空气清洁地区，悬垂绝缘子串的绝缘子数量宜采用表6.0.3所列数值。

表6.0.3 悬垂绝缘子串的绝缘子数量

绝缘子型号	绝缘子数量（片）	
	线路电压35kV	线路电压66kV
XP-70	3	5

6.0.4 耐张绝缘子串的绝缘子数量应比悬垂绝缘子串的同型绝缘子多一片。对于全高超过40m有地线的杆塔，高度每增加10m，应增加一片绝缘子。

6.0.5 6kV和10kV架空电力线路的直线杆塔宜采用针式绝缘子或瓷横担绝缘子；耐张杆塔宜采用悬式绝缘子串或蝶式绝缘子和悬式绝缘子组成的绝缘子串。

6.0.6 3kV及以下架空电力线路的直线杆塔宜采用针式绝缘子或瓷横担绝缘子；耐张杆塔宜采用蝶式绝缘子。

6.0.7 海拔超过3500m地区，绝缘子串的绝缘子数量可根据运行经验适当增加。海拔为1000m～3500m的地区，绝缘子串的绝缘子数量应按下式确定：

$$n_h \geqslant n\left[1+0.1(H-1)\right] \tag{6.0.7}$$

式中：n_h——海拔为1000m～3500m地区的绝缘子数量（片）；

n——海拔为1000m以下地区的绝缘子数量（片）；

H——海拔（km）。

6.0.8 通过污秽地区的架空电力线路宜采用防污绝缘子、有机复合绝缘子或采用其他防污措施。

6.0.9 海拔为1000m以下的地区，35kV和66kV架空电力线路带电部分与杆塔构件、拉线、脚钉的最小间隙，应符合表6.0.9的规定。

表6.0.9 带电部分与杆塔构件、拉线、脚钉的最小间隙

工况	最小间隙（m）	
	线路电压35kV	线路电压66kV
雷电过电压	0.45	0.65
内部过电压	0.25	0.50
运行电压	0.10	0.20

6.0.10 海拔为1000m及以上的地区，海拔每增高100m，内部过电压和运行电压的最小间隙应按本规范表6.0.9所列数值增加1%。

6.0.11 3kV～10kV架空电力线路的引下线与3kV以下线路导线之间的距离不宜小于0.2m。10kV及以下架空电力线路的过引线、引下线与邻相导线之间的最小间隙应符合表6.0.11的规定。采用绝缘导线的架空电力线路，其最小间隙可结合地区运行经验确定。

表6.0.11 过引线、引下线与邻相导线之间的最小间隙

线路电压	最小间隙（m）
3kV～10kV	0.30
3kV以下	0.15

6.0.12 10kV及以下架空电力线路的导线与杆塔构件、拉线之间的最小间隙应符合表6.0.12的规定。采用绝缘导线的架空电力线路，其最小间隙可结合地区运行经验确定。

表6.0.12 导线与杆塔构件、拉线之间的最小间隙

线路电压	最小间隙（m）
3kV～10kV	0.20
3kV以下	0.05

6.0.13 带电作业杆塔的最小间隙应符合下列要求：

1 在海拔1000m以下的地区，带电部分与接地部分的最小间隙应符合表6.0.13的规定：

表6.0.13 带电作业杆塔带电部分与接地部分的最小间隙（m）

线路电压	10kV	35kV	66kV
最小间隙	0.4	0.6	0.7

2 对操作人员需要停留工作的部位应增加0.3m～0.5m。

6.0.14 架空电力线路可采用下列过电压保护方式：

1 66kV架空电力线路：年平均雷暴日数为30d以上的地区，宜沿全线架设地线。

2　35kV 架空电力线路：进出线段宜架设地线，加挂地线长度一般宜为 1.0km～1.5km。

3　3kV～10kV 混凝土杆架空电力线路：在多雷区可架设地线，或在三角排列的中线上装设避雷器；当采用铁横担时宜提高绝缘子等级；绝缘导线铁横担的线路可不提高绝缘子等级。

6.0.15　杆塔上地线对边导线的保护角宜采用 20°～30°。山区单根地线的杆塔可采用 25°。杆塔上两根地线间的距离不应超过导线与地线间垂直距离的 5 倍。高杆塔或雷害比较严重地区，可采用零度或负保护角或加装其他防雷装置。对多回路杆塔宜采用减少保护角等措施。

6.0.16　小接地电流系统的设计应符合下列规定：

1　无地线的杆塔在居民区宜接地，其接地电阻不宜超过 30Ω；

2　有地线的杆塔应接地；

3　在雷雨季，当地面干燥时，每基杆塔工频接地电阻不宜超过表 6.0.16 所列数值。

表 6.0.16　杆塔的最大工频接地电阻

土壤电阻率 ρ (Ω·m)	$\rho<100$	$100\leqslant\rho<500$	$500\leqslant\rho<1000$	$1000\leqslant\rho<2000$	$\rho\geqslant2000$
工频接地电阻 (Ω)	10	15	20	25	30

6.0.17　钢筋混凝土杆铁横担和钢筋混凝土横担架空电力线路的地线支架、导线横担与绝缘子固定部分之间，应有可靠的电气连接并与接地引下线相连，并应符合下列规定：

1　部分预应力钢筋混凝土杆的非预应力钢筋可兼作接地引下线；

2　利用钢筋兼作接地引下线的钢筋混凝土电杆，其钢筋与接地螺母和铁横担间应有可靠的电气连接；

3　外敷的接地引下线可采用镀锌钢绞线，其截面不应小于 25mm²；

4　接地体引出线的截面不应小于 50mm²，并应采用热镀锌。

7　杆塔型式

7.0.1　架空电力线路不同电压等级线路共架的多回路杆塔，应采用高电压在上、低电压在下的布置型式。山区架空电力线路应采用全方位高低腿的杆塔。

7.0.2　35kV～66kV 架空电力线路单回路杆塔的导线可采用三角排列或水平排列，多回路杆塔的导线可采用鼓型、伞型或双三角型排列；3kV～10kV 单回路杆塔的导线可采用三角排列或水平排列，多回路杆塔的导线可采用三角和水平混合排列或垂直排列；3kV 以下杆塔的导线可采用水平排列或垂直排列。

7.0.3　架空电力线路导线的线间距离应结合运行经验，并应按下列要求确定：

1　35kV 和 66kV 杆塔的线间距离应按下列公式计算：

$$D\geqslant0.4L_k+\frac{U}{110}+0.65\sqrt{f}\qquad(7.0.3-1)$$

$$D_X\geqslant\sqrt{D_p^2+\left(\frac{4}{3}D_z\right)^2}\qquad(7.0.3-2)$$

$$h\geqslant0.75D\qquad(7.0.3-3)$$

式中：D——导线水平线间距离（m）；

D_X——导线三角排列的等效水平线间距离（m）；

D_p——导线间水平投影距离（m）；

D_z——导线间垂直投影距离（m）；

L_k——悬垂绝缘子串长度（m）；

U——线路电压（kV）；

f——导线最大弧垂（m）；

h——导线垂直排列的垂直线间距离（m）。

2　使用悬垂绝缘子串的杆塔，其垂直线间距离应符合下列规定：

1）66kV 杆塔不应小于 2.25m；

2）35kV 杆塔不应小于 2m。

3　采用绝缘导线的杆塔，其最小线间距离可结合地区经验确定。380V 及以下沿墙敷设的绝缘导线，当档距不大于 20m 时，其线间距离不宜小于 0.2m；3kV 以下架空电力线路，靠近电杆的两导线间的水平距离不应小于 0.5m；10kV 及以下杆塔的最小线间距离，应符合表 7.0.3 的规定。

表 7.0.3　10kV 及以下杆塔最小线间距离（m）

线路电压	线间距离								
	档距								
	40 及以下	50	60	70	80	90	100	110	120
3kV～10kV	0.60	0.65	0.70	0.75	0.85	0.90	1.00	1.05	1.15
3kV 以下	0.30	0.40	0.45	0.50	—	—	—	—	—

7.0.4　采用绝缘导线的多回路杆塔，横担间最小垂直距离，可结合地区运行经验确定。10kV 及以下多回路杆塔和不同电压等级同杆架设的杆塔，横担间最小垂直距离应符合表 7.0.4 的规定。

表 7.0.4　横担间最小垂直距离（m）

组合方式	直线杆	转角或分支杆
3kV～10kV 与 3kV～10kV	0.8	0.45/0.6
3kV～10kV 与 3kV 以下	1.2	1.0
3kV 以下与 3kV 以下	0.6	0.3

注：表中 0.45/0.6 系指距上面的横担 0.45m，距下面的横担 0.6m。

7.0.5　设计覆冰厚度为 5mm 及以下的地区，上下层导线间或导线与地线间的水平偏移，可根据运行经验确定；设计覆冰厚度为 20mm 及以上的重冰地区，导线宜采用水平排列。35kV 和 66kV 架空电力线路，在覆冰地区上下层导线间或导线与地线间的水平偏移，不应小于表 7.0.5 所列数值。

表 7.0.5　覆冰地区上下层导线间或导线与地线间的最小水平偏移

设计覆冰厚度 (mm)	最小水平偏移（m）	
	线路电压 35kV	线路电压 66kV
10	0.20	0.35
15	0.35	0.50
≥20	0.85	1.00

7.0.6　采用绝缘导线的杆塔，不同回路的导线间最小水平距离可结合地区运行经验确定；3kV～66kV 多回路杆塔，不同回路的导线间最小距离应符合表 7.0.6 的规定。

表 7.0.6　不同回路的导线间最小距离（m）

线路电压	3kV～10kV	35kV	66kV
线间距离	1.0	3.0	3.5

7.0.7　66kV与10kV同杆塔共架的线路，不同电压等级导线间的垂直距离不应小于3.5m；35kV与10kV同杆塔共架的线路，不同电压等级导线间的垂直距离不应小于2m。

8　杆塔荷载和材料

8.1　荷载

8.1.1　风向与杆塔面垂直情况的杆塔塔身或横担风荷载的标准值，应按下式计算：

$$W_S=\beta\mu_S\mu_Z AW_O \tag{8.1.1}$$

式中：W_S——杆塔塔身或横担风荷载的标准值（kN）；

β——风振系数，按本规范第8.1.5条的规定采用；

μ_S——风荷载体型系数；

μ_Z——风压高度变化系数；

A——杆塔结构构件迎风面的投影面积（m^2）；

W_O——基本风压（kN/m^2）。

8.1.2　风向与线路垂直情况的导线或地线风荷载的标准值，应按下式计算：

$$W_X=\alpha\mu_S dL_W W_O \tag{8.1.2}$$

式中：W_X——导线或地线风荷载的标准值（kN）；

α——风荷载档距系数，按本规范第8.1.6条的规定采用；

d——导线或地线覆冰后的计算外径之和（m），对分裂导线，不应考虑线间的屏蔽影响；

μ_S——风荷载体型系数，当$d<17$mm，取1.2；当$d\geqslant 17$mm，取1.1；覆冰时，取1.2；

L_W——风力档距（m）。

8.1.3　各类杆塔均应按以下三种风向计算塔身、横担、导线和地线的风荷载：

1　风向与线路方向相垂直，转角塔应按转角等分线方向；

2　风向与线路方向的夹角成60°或45°；

3　风向与线路方向相同。

8.1.4　风向与线路方向在各种角度情况下，塔身、横担、导线和地线的风荷载，垂直线路方向分量和顺线路方向分量应按表8.1.4采用。

表 8.1.4　风荷载垂直线路方向分量和顺线路方向分量

风向与线路方向间夹角（°）	塔身风荷载		横担风荷载		导线或地线风荷载	
	X	Y	X	Y	X	Y
0	0	W_{Sb}	0	W_{Sc}	0	$0.25W_X$
45	$0.424(W_{Sa}+W_{Sb})$	$0.424(W_{Sa}+W_{Sb})$	$0.4W_{Sc}$	$0.7W_{Sc}$	$0.5W_X$	$0.15W_X$
60	$0.747W_{Sa}+0.249W_{Sb}$	$0.431W_{Sa}+0.144W_{Sb}$	$0.4W_{Sc}$	$0.7W_{Sc}$	$0.75W_X$	0
90	W_{Sa}	0	$0.4W_{Sc}$	0	W_X	0

注：1　X为风荷载垂直线路方向的分量，Y为风荷载顺线路方向的分量；

2　W_{Sa}为垂直线路风向的塔身风荷载；

3　W_{Sb}为顺线路风向的塔身风荷载；

4　W_{Sc}为顺线路风向的横担风荷载。

8.1.5　拉线高塔和其他特殊杆塔的风振系数β，宜按现行国家标准《建筑结构荷载规范》GB 50009的有关规定采用，也可按表8.1.5的规定采用。

表 8.1.5　杆塔的风振系数

部　位	杆塔总高度（m）		
	<30	30～50	>50
塔身	1.0	1.2	1.5
基础	1.0	1.0	1.2

8.1.6　风荷载挡距系数α应按表8.1.6采用。

表 8.1.6　风荷载挡距系数

设计风速（m/s）	20以下	20～29	30～34	35及以上
α	1.0	0.85	0.75	0.7

8.1.7　杆塔的荷载可分为下列两类：

1　永久荷载：导线、地线、绝缘子及其附件的重力荷载，杆塔构件及杆塔上固定设备的重力荷载，土压力和预应力等；

2　可变荷载：风荷载，导线或地线张力荷载，导线或地线覆冰荷载，附加荷载，活荷载等。

8.1.8　各类杆塔均应计算线路的运行工况、断线工况和安装工况的荷载。

8.1.9　各类杆塔的运行工况应计算下列工况的荷载：

1　最大风速、无冰、未断线；

2　覆冰、相应风速、未断线；

3　最低气温、无风、无冰、未断线。

8.1.10　直线型杆塔的断线工况应计算下列工况的荷载：

1　单回路和双回路杆塔断1根导线、地线未断、无风、无冰；

2　多回路杆塔，同档断不同相的2根导线、地线未断、无风、无冰；

3　断1根地线、导线未断、无风、无冰。

8.1.11　耐张型杆塔的断线工况应计算下列两种工况的荷载：

1　单回路杆塔，同档断两相导线；双回路或多回路杆塔，同档断导线的数量为杆塔上全部导线数量的1/3；终端塔断剩两相导线、地线未断、无风、无冰；

2　断1根地线、导线未断、无风、无冰。

8.1.12　断线工况下，直线杆塔的导线或地线张力应符合下列规定：

1　单导线和地线按表8.1.12的规定采用；

2　分裂导线平地应取1根导线最大使用张力的40%，山地应取50%；

3　针式绝缘子杆塔的导线断线张力宜大于3000N。

表 8.1.12　直线杆塔单导线和地线的断线张力

导线或地线种类		断线张力（最大使用张力的百分数）（%）		
		混凝土杆 钢管混凝土杆	拉线塔	自立塔
地线		15～20	30	50
导线	截面95mm^2及以下	30	30	40
	截面120mm^2～185mm^2	35	35	40
	截面210mm^2及以上	40	40	50

8.1.13 断线工况下，耐张型杆塔的地线张力应取地线最大使用张力的80%，导线张力应取导线最大使用张力的70%。

8.1.14 重冰地区各类杆塔的断线工况应按覆冰、无风、气温为−5℃计算，断线工况的覆冰荷载不应小于运行工况计算覆冰荷载的50%，并应按所有导线及地线不均匀脱冰，一侧覆冰100%，另侧覆冰不大于50%计算不平衡张力荷载。对直线杆塔，可按导线和地线不同时发生不均匀脱冰验算。对耐张型杆塔，可按导线和地线同时发生不均匀脱冰验算。

8.1.15 各类杆塔的安装工况应按安装荷载、相应风速、无冰条件计算。导线或地线及其附件的起吊安装荷载，应包括提升重力、紧线张力荷载和安装人员及工具的重力。

8.1.16 终端杆塔应按进线档已架线及未架线两种工况计算。

8.2 材料

8.2.1 型钢铁塔的钢材的强度设计值和标准应按现行国家标准《钢结构设计规范》GB 50017 的有关规定采用。钢结构构件的孔壁承压强度设计值应按表8.2.1-1采用。螺栓和锚栓的强度设计值应按表8.2.1-2采用。

表8.2.1-1 钢结构构件的孔壁承压强度设计值（N/mm²）

钢材材质		Q235	Q345	Q390
孔壁承压强度设计值	厚度≤16mm	375	510	530
	厚度17mm～25mm	375	490	510

注：表中所列数值的条件是螺孔端距不小于螺栓直径1.5倍。

表8.2.1-2 螺栓和锚栓的强度设计值（N/mm²）

材料	等级或材质	标准直径（mm）	抗托、抗压和抗弯强度设计值	抗剪强度设计值
粗制螺栓	4.8级	≤24	200	170
	5.8级	≤24	240	210
	6.8级	≤24	300	240
	8.8级	≤24	400	300
锚栓	Q235	≥16	160	—
	35#优质碳素钢	≥16	190	—

8.2.2 环形断面钢筋混凝土电杆的钢筋宜采用Ⅰ级、Ⅱ级、Ⅲ级钢筋；预应力混凝土电杆的钢筋宜采用碳素钢丝、刻痕钢丝、热处理钢筋或冷拉Ⅱ级、Ⅲ级、Ⅳ级钢筋。混凝土基础的钢筋宜采用Ⅰ级或Ⅱ级钢筋。

8.2.3 环形断面钢筋混凝土电杆的混凝土强度不应低于C30；预应力混凝土电杆的混凝土强度不应低于C40。其他预制混凝土构件的混凝土强度不应低于C20。

8.2.4 混凝土和钢筋的材料强度设计值与标准值应按现行国家标准《混凝土结构设计规范》GB 50010 的有关规定采用。

8.2.5 拉线宜采用镀锌钢绞线，其强度设计值应按下式计算：

$$f=\Psi_1\Psi_2 f_u \tag{8.2.5}$$

式中：f——钢绞线强度设计值（N/mm²）；

Ψ_1——钢绞线强度扭绞调整系数，取0.9；

Ψ_2——钢绞线强度不均匀系数，对1×7结构取0.65，其他结构取0.56；

f_u——钢绞线的破坏强度（N/mm²）。

8.2.6 拉线金具的强度设计值应按金具的抗拉强度或金具试验的最小破坏荷载除以抗力分项系数1.8确定。

9 杆塔设计

9.0.1 杆塔结构构件及连接的承载力、强度、稳定计算和基础强度计算，应采用荷载设计值；变形、抗裂、裂缝、地基和基础稳定计算，均应采用荷载标准值。

9.0.2 杆塔结构构件的承载力设计，应采用下列极限状态设计表达式：

$$\gamma_G C_G G_K+\Psi\gamma_Q\sum C_{Qi}Q_{iK}\leqslant R \tag{9.0.2}$$

式中：γ_G——永久荷载分项系数，宜取1.2，对结构构件受力有利时可取1.0；

γ_Q——可变荷载分项系数，宜取1.4；

C_G——永久荷载的荷载效应系数；

C_{Qi}——第i项可变荷载的荷载效应系数；

G_K——永久荷载的标准值；

Q_{iK}——第i项可变荷载的标准值；

Ψ——可变荷载组合值系数，运行工况宜取1.0；耐张型杆塔断线工况和各类杆塔的安装工况宜取0.9；直线型杆塔断线工况和各类杆塔的验算工况宜取0.75；

R——结构构件抗力设计值。

9.0.3 杆塔结构构件的变形、裂缝和抗裂计算，应采用下列正常使用极限状态表达式：

$$C_G G_K+\Psi\sum C_{Qi}Q_{iK}\leqslant\delta \tag{9.0.3}$$

式中：δ——结构构件的裂缝宽度或变形的限值。

9.0.4 杆塔结构正常使用极限状态的控制应符合下列规定：

1 在长期荷载作用下，杆塔的计算挠度应符合下列规定：

1）无拉线直线单杆杆顶的挠度：水泥杆不应大于杆全高的5‰，钢管杆不应大于杆全高的8‰，钢管混凝土杆不应大于杆全高的7‰；

2）无拉线直线铁塔塔顶的挠度不应大于塔全高的3‰；

3）拉线杆塔顶点的挠度不应大于杆塔全高的4‰；

4）拉线杆塔拉线点以下杆塔身的挠度不应大于拉线点高的2‰；

5）耐张型塔塔顶的挠度不应大于塔全高的7‰；

6）单柱耐张型杆杆顶的挠度不应大于杆全高的15‰。

2 在运行工况的荷载作用下，钢筋混凝土构件的计算裂缝宽度不应大于0.2mm，部分预应力混凝土构件的计算裂缝宽度不应大于0.1mm；预应力钢筋混凝土构件的混凝土拉应力限制系数不应大于1.0。

10 杆塔结构

10.1 一般规定

10.1.1 钢结构构件的长细比不宜超过表10.1.1所列数值。

表10.1.1 钢结构构件的长细比

钢结构构件	钢结构构件的长细比
塔身及横担受压主材	150
塔腿受压斜材	180
其他受压材	220
辅助材	250
受拉材	400

注：柔性预拉力腹杆可不受长细比限制。

10.1.2　拉线杆塔主柱的长细比不宜超过表10.1.2所列数值。

表10.1.2　拉线杆塔主柱的长细比

拉线杆塔主柱	拉线杆塔主柱的长细比
单柱铁塔	80
双柱铁塔	110
钢筋混凝土耐张杆	160
钢筋混凝土直线杆	180
预应力混凝土耐张杆	180
预应力混凝土直线杆	200
空心钢管混凝土直线杆	200

10.1.3　无拉线锥型单杆可按受弯构件进行计算，弯矩应乘以增大系数1.1。

10.1.4　铁塔的造型设计和节点设计，应传力清楚、外观顺畅、构造简洁。节点可采用准线与准线交会，也可采用准线与角钢背交会的方式。受力材之间的夹角不应小于15°。

10.1.5　钢结构构件的计算应计入节点和连接的状况对构件承载力的影响，并应符合现行国家标准《钢结构设计规范》GB 50017的有关规定。

10.1.6　环形截面混凝土构件的计算应符合现行国家标准《混凝土结构设计规范》GB 50010的有关规定。

10.2　构造要求

10.2.1　钢结构构件宜采用热镀锌防腐。大型构件采用热镀锌有困难时，可采用其他防腐措施。

10.2.2　型钢钢结构中，钢板厚度不宜小于4mm，角钢规格不宜小于等边角钢∟40×3。节点板的厚度宜大于连接斜材角钢肢厚度的20%。

10.2.3　用于连接受力杆件的螺栓，直径不宜小于12mm。构件上的孔径宜比螺栓直径大1mm～1.5mm。

10.2.4　主材接头每端不宜小于6个螺栓，斜材对接接头每端不宜少于4个螺栓。

10.2.5　承受剪力的螺栓，其承剪部分不宜有螺纹。

10.2.6　铁塔的下部距地面4m以下部分和拉线的下部调整螺栓应采用防盗螺栓。

10.2.7　环形截面钢筋混凝土受弯构件的最小配筋量应符合表10.2.7的要求。

表10.2.7　环形截面钢筋混凝土受弯构件最小配筋量

环形截面的外径(mm)	200	250	300	350	400
最小配筋量	8ϕ10	10ϕ10	12ϕ12	14ϕ12	16ϕ12

10.2.8　环形截面钢筋混凝土受弯构件的主筋直径不宜小于10mm，且不宜大于20mm；主筋净距宜采用30mm～70mm。

10.2.9　用离心法生产的电杆，混凝土保护层不宜小于15mm，节点预留孔宜设置钢管。

10.2.10　拉线宜采用镀锌钢绞线，截面不应小于25mm^2。拉线棒的直径不应小于16mm，且应采用热镀锌。

10.2.11　跨越道路的拉线，对路边的垂直距离不宜小于6m。拉线柱的倾斜角宜采用10°～20°。

11　基础

11.0.1　基础的型式应根据线路沿线的地形、地质、材料来源、施工条件和杆塔型式等因素综合确定。在有条件的情况下，应优先采用原状土基础、高低柱基础等有利于环境保护的基础型式。

11.0.2　基础应根据杆位或塔位的地质资料进行设计。现场浇制钢筋混凝土基础的混凝土强度等级不应低于C20。

11.0.3　基础设计应考虑地下水位季节性的变化。位于地下水位以下的基础和土壤应考虑水的浮力并取有效重度。计算直线杆塔基础的抗拔稳定时，对塑性指数大于10的粘性土可取天然重度。粘性土应根据塑性指数分为粉质粘土和粘土。

11.0.4　岩石基础应根据有关规程、规范进行鉴定，并宜选择有代表性的塔位进行试验。

11.0.5　原状土基础在计算上拔稳定时，抗拔深度应扣除表层非原状土的厚度。

11.0.6　基础的埋置深度不应小于0.5m。在有冻胀性土的地区，埋深应根据地基土的冻结深度和冻胀性土的类别确定。有冻胀性土的地区的钢筋混凝土杆和基础应采取防冻胀的措施。

11.0.7　设置在河流两岸或河中的基础应根据地质水文资料进行设计，并应计入水流对地基的冲刷和漂浮物对基础的撞击影响。

11.0.8　基础设计（包括地脚螺栓、插入角钢设计）时，基础作用力计算应计入杆塔风荷载调整系数。当杆塔全高超过50m时，风荷载调整系数取1.3；当杆塔全高未超过50m时，风荷载调整系数取1.0。

11.0.9　基础底面压应力应符合下列公式的要求：

$$P\leqslant f \qquad (11.0.9-1)$$

式中：P——作用于基础底面处的平均压力标准值（N/m^2）；

f——地基承载力设计值。

当偏心荷载作用时，除符合公式（11.0.9-1）要求外，尚应符合下式要求：

$$P_{\max}\leqslant 1.2f \qquad (11.0.9-2)$$

式中：$P_{\max}$——作用于基础底面边缘的最大压力标准值（N/m^2）。

11.0.10　基础抗拔稳定应符合下式要求：

$$N\leqslant \frac{G}{\gamma_{R1}}+\frac{G_0}{\gamma_{R2}} \qquad (11.0.10)$$

式中：N——基础上拔力标准值（kN）；

G——采用土重法计算时，为倒截锥体的土体重力标准值；采用剪切法计算时，为土体滑动面上土剪切抗力的竖向分量与土体重力之和（kN）；

G_0——基础自重力标准值（kN）；

γ_{R1}——土重上拔稳定系数，按本规范第11.0.12条的规定采用；

γ_{R2}——基础自重上拔稳定系数，按本规范第11.0.12条的规定采用。

11.0.11　基础倾覆稳定应符合下列公式的要求：

$$\gamma_S\cdot F_O\leqslant F_j \qquad (11.0.11-1)$$

$$\gamma_S\cdot M_O\leqslant M_j \qquad (11.0.11-2)$$

式中：F_O——作用于基础的倾覆力标准值（kN）；

F_j——基础的极限倾覆力（kN）；

M_O——作用于基础的倾覆力矩标准值（kN·m）；

M_j——基础的极限倾覆力矩（kN·m）；

γ_S——倾覆稳定系数，按本规范第 11.0.12 条的规定采用。

11.0.12 基础上拔稳定计算的土重上拔稳定系数 γ_{R1}、基础自重上拔稳定系数 γ_{R2} 和倾覆计算的倾覆稳定系数 γ_S，应按表 11.0.12 采用。

表 11.0.12　上拔稳定系数和倾覆稳定系数

杆塔类型	γ_{R1}	γ_{R2}	γ_S
直线杆塔	1.6	1.2	1.5
直线转角或耐张杆塔	2.0	1.3	1.8
转角或终端杆塔	2.5	1.5	2.2

12 杆塔定位、对地距离和交叉跨越

12.0.1 转角杆塔的位置应根据线路路径、耐张段长度、施工和运行维护条件等因素综合确定。直线杆塔的位置应根据导线对地面距离、导线对被交叉物距离或控制档距确定。

12.0.2 10kV 及以下架空电力线路的档距可采用表 12.0.2 所列数值。市区 66kV、35kV 架空电力线路，应综合考虑城市发展等因素，档距不宜过大。

表 12.0.2　10kV 及以下架空电力线路的档距（m）

区域	档距	
	线路电压	
	3kV～10kV	3kV 以下
市区	45～50	40～50
郊区	50～100	40～60

12.0.3 杆塔定位应考虑杆塔和基础的稳定性，并应便于施工和运行维护。不宜在下述地点设置杆塔：

1 可能发生滑坡或山洪冲刷的地点；

2 容易被车辆碰撞的地点；

3 可能变为河道的不稳定河流变迁地区；

4 局部不良地质地点；

5 地下管线的井孔附近和影响安全运行的地点。

12.0.4 架空电力线路中较长的耐张段，每 10 基应设置 1 基加强型直线杆塔。

12.0.5 当跨越其他架空线路时，跨越杆塔宜靠近被跨越线路设置。

12.0.6 导线与地面、建筑物、树木、铁路、道路、河流、管道、索道及各种架空线路间的距离，应按下列原则确定：

1 应根据最高气温情况或覆冰情况求得的最大弧垂和最大风速情况或覆冰情况求得的最大风偏进行计算；

2 计算上述距离应计入导线架线后塑性伸长的影响和设计、施工的误差，但不应计入由于电流、太阳辐射、覆冰不均匀等引起的弧垂增大；

3 当架空电力线路与标准轨距铁路、高速公路和一级公路交叉，且架空电力线路的档距超过 200m 时，最大弧垂应按导线温度为+70℃计算。

12.0.7 导线与地面的最小距离，在最大计算弧垂情况下，应符合表 12.0.7 的规定。

表 12.0.7　导线与地面的最小距离（m）

线路经过区域	最小距离		
	线路电压		
	3kV 以下	3kV～10kV	35kV～66kV
人口密集地区	6.0	6.5	7.0
人口稀少地区	5.0	5.5	6.0
交通困难地区	4.0	4.5	5.0

12.0.8 导线与山坡、峭壁、岩石之间的最小距离，在最大计算风偏情况下，应符合表 12.0.8 的规定。

表 12.0.8　导线与山坡、峭壁、岩石间的最小距离（m）

线路经过地区	最小距离		
	线路电压		
	3kV 以下	3kV～10kV	35kV～66kV
步行可以到达的山坡	3.0	4.5	5.0
步行不能到达的山坡、峭壁、岩石	1.0	1.5	3.0

12.0.9 导线与建筑物之间的垂直距离，在最大计算弧垂情况下，应符合表 12.0.9 的规定。

表 12.0.9　导线与建筑物间的最小垂直距离（m）

线路电压	3kV 以下	3kV～10kV	35kV	66kV
距离	3.0	3.0	4.0	5.0

12.0.10 架空电力线路在最大计算风偏情况下。边导线与城市多层建筑或城市规划建筑线间的最小水平距离，以及边导线与不在规划范围内的城市建筑物间的最小距离，应符合表 12.0.10 的规定。架空电力线路边导线与不在规划范围内的建筑物间的水平距离，在无风偏情况下，不应小于表 12.0.10 所列数值的 50%。

表 12.0.10　边导线与建筑物间的最小距离（m）

线路电压	3kV 以下	3kV～10kV	35kV	66kV
距离	1.0	1.5	3.0	4.0

12.0.11 导线与树木（考虑自然生长高度）之间的最小垂直距离，应符合表 12.0.11 的规定。

表 12.0.11　导线与树木之间的最小垂直距离（m）

线路电压	3kV 以下	3kV～10kV	35kV～66kV
距离	3.0	3.0	4.0

12.0.12 导线与公园、绿化区或防护林带的树木之间的最小距离，在最大计算风偏情况下，应符合表 12.0.12 的规定。

表 12.0.12　导线与公园、绿化区或防护林带的树木之间的最小距离（m）

线路电压	3kV 以下	3kV～10kV	35kV～66kV
距离	3.0	3.0	3.5

12.0.13 导线与果树、经济作物或城市绿化灌木之间的最小垂直距离，在最大计算弧垂情况下，应符合表 12.0.13 的规定。

表 12.0.13　导线与果树、经济作物或城市绿化灌木之间的最小垂直距离（m）

线路电压	3kV 以下	3kV～10kV	35kV～66kV
距离	1.5	1.5	3.0

12.0.14 导线与街道行道树之间的最小距离，应符合表 12.0.14 的规定。

12.0.15 10kV 及以下采用绝缘导线的架空电力线路，除导线与地面的距离和重要交叉跨越距离之外，其他最小距离的规定，可结合地区运行经验确定。

12.0.16 架空电力线路与铁路、道路、河流、管道、索道及各种架空线路交叉或接近的要求，应符合表 12.0.16 的规定。

表 12.0.14　导线与街道行道树之间的最小距离（m）

检验状况	最小距离		
	线路电压		
	3kV 以下	3kV～10kV	35kV～66kV
最大计算弧垂情况下的垂直距离	1.0	1.5	3.0
最大计算风偏情况下的水平距离	1.0	2.0	3.5

表 12.0.16　架空电力线路与铁路、道路、河流、管道、索道及各种架空线路交叉或接近的要求

项目		铁路			公路和道路	电车道（有轨及无轨）		通航河流		不通航河流		架空明线弱电线路	电力线路	特殊管道	一般管道、索道
导线或地线在跨越档接头		标准轨距：不得接头 窄轨：不限制			高速公路和一、二级公路及城市一、二级道路：不得接头 三、四级公路和城市三级道路：不限制	不得接头		不得接头		不限制		一、二级：不得接头 三级：不限制	35kV 及以上：不得接头 10kV 及以下：不限制	不得接头	不得接头
交叉档导线最小截面		35kV 及以上采用钢芯铝绞线为 35mm²； 10kV 及以下采用铝绞线或铝合金线为 35mm²，其他导线为 16mm²						—							
交叉档距绝缘子固定方式		双固定			高速公路和一、二级公路及城市一、二级道路为双固定	双固定		双固定		不限制		10kV 及以下线路跨一、二级为双固定	10kV 线路跨 6kV～10kV 线路为双固定	双固定	双固定
最小垂直距离（m）	线路电压	至标准轨顶	至窄轨轨顶	至承力索或接触线	至路面	至路面	至承力索或接触线	至常年高水位	至最高航行水位的最高船桅杆	至最高洪水位	冬季至冰面	至被跨越线	至被跨越线	至管道任何部分	至索道任何部分
	35kV～66kV	7.5	7.5	3.0	7.0	10.0	3.0	6.0	2.0	3.0	5.0	3.0	3.0	4.0	3.0
	3kV～10kV	7.5	6.0	3.0	7.0	9.0	3.0	6.0	1.5	3.0	5.0	2.0	2.0	3.0	2.0
	3kV 以下	7.5	6.0	3.0	6.0	9.0	3.0	6.0	1.0	3.0	5.0	1.0	1.0	1.5	1.5

续表

项目		铁　路		公路和道路			电车道（有轨及无轨）		通航河流	不通航河流	架空明线弱电线路		电力线路		特殊管道	一般管道、索道
最小水平距离（m）	线路电压	杆塔外缘至轨道中心		杆塔外缘至路基边缘			杆塔外缘至路基边缘		边导线至斜坡上缘（线路与拉纤小路平行）		边导线间		至被跨越线		边导线至管道、索道任何部分	
		交叉	平行	开阔地区	路径受限制地区	市区内	开阔地区	路径受限制地区			开阔地区	路径受限制地区	开阔地区	路径受限制地区	开阔地区	路径受限制地区
	35kV～66kV	30	最高杆（塔）高加3m	交叉：8.0 平行：最高杆塔高	5.0	0.5	交叉：8.0 平行：最高杆塔高	5.0	最高杆（塔）高		最高杆（塔）高	4.0	最高杆（塔）高	5.0	最高杆（塔）高	4.0
	3kV～10kV	5		0.5	0.5	0.5	0.5	0.5				2.0		2.5		2.0
	3kV以下	5		0.5	0.5	0.5	0.5	0.5				1.0		2.5		1.5
其他要求		35kV～66kV不宜在铁路出站信号机以内跨越		在不受环境和规划限制的地区架空电力线路与国道的距离不宜小于20m，省道不宜小于15m，县道不宜小于10m，乡道不宜小于5m			—		最高洪水位时，有抗洪抢险船只航行的河流，垂直距离应协商确定		电力线应架设在上方；交叉点应尽量靠近杆塔，但不应小于7m（市区除外）		电压高的线路应架设在电压低的线路上方；电压相同时公用线应在专用线上方		与索道交叉，如索道在上方，下方索道应装设保护措施；交叉点不应选在管道检查井处；与管道、索道平行、交叉时，管道、索道应接地	

注： 1　特殊管道指架设在地面上输送易燃、易爆物的管道；
2　管道、索道上的附属设施，应视为管道、索道的一部分；
3　常年高水位是指5年一遇洪水位，最高洪水位对35kV及以上架空电力线路是指百年一遇洪水位，对10kV及以下架空电力线路是指50年一遇洪水位；
4　不能通航河流指不能通航，也不能浮运的河流；
5　对路径受限制地区的最小水平距离的要求，应计及架空电力线路导线的最大风偏；
6　对电气化铁路的安全距离主要是电力线导线与承力索和接触线的距离控制，因此，对电气化铁路轨顶的距离按实际情况确定。

13　附属设施

13.0.1　杆塔上应设置线路名称和杆塔号的标志。35kV和66kV架空电力线路的耐张型杆塔、分支杆塔、换位杆塔前后各一基杆塔上，均应设置相位标志。

13.0.2　新建架空电力线路，在难以通过的地段可修建人行巡线小道、便桥或采取其他措施。

附录A　弱电线路等级

弱电线路应按下列要求划分等级：

一级——首都与各省、自治区、直辖市人民政府所在地及其相互间联系的主要线路；首都至各重要工矿城市、海港的线路以及由首都通达国外的国际线路；重要的国际线路和国防线路；铁道部与各铁路局及铁路局之间联系用的线路，铁路信号自动闭塞装置专用线路。

二级——各省、自治区、直辖市人民政府所在地与各地（市）、县及其相互间的通信线路，相邻两省（自治区）各地（市）、县相互间通信线路，一般市内电话线路；铁路局与各站、段及站相互间的线路，铁路信号闭塞装置的线路。

三级——县至区、乡人民政府的县内线路和两对以下的城郊线路；铁路的地区线路及有线广播线路。

附录B　架空电力线路环境污秽等级

表B　架空电力线路典型环境污湿特征与相应现场污秽度评估

示例	典型环境的描述	现场污秽度分级	盐密（mg/cm³）	瓷绝缘单位爬电距离（cm/kV）	
				中性点直接接地	中性点非直接接地
E1	很少有人类活动，植被覆盖好，且距海、沙漠或开阔干地＞50km*； 距大、中城市＞30km～50km； 距上述污染源更短距离以内，但污染源不在积污期主导风上	a 很轻**	0～0.03 （强电解质）	1.6	1.9

续表

示例	典型环境的描述	现场污秽度分级	盐密（mg/cm³）	瓷绝缘单位爬电距离（cm/kV）	
				中性点直接接地	中性点非直接接地
E2	人口密度500人/km²～1000人/km²的农业耕作区，且距海、沙漠或开阔干地＞10km～50km； 距大、中城市15km～50km； 距重要交通干线沿线1km以内； 距上述污染源更短距离以内，但污染源不在积污期主导风上； 工业废气排放强度＜1000万标m³/km²； 积污期干旱少雾少凝露的内陆盐碱（含盐量小于0.3%）地区	b轻	0.03～0.06	1.6～1.8	1.9～2.2
E3	人口密度1000人/km²～10000人/km²的农业耕作区，且距海、沙漠或开阔干地＞3km～10km***； 距大、中城市15km～20km； 距重要交通干线沿线0.5km及一般交通线0.1km以内； 距上述污染源更短距离以内，但污染源不在积污期主导风上； 包括乡镇工业在内工业废气排放强度≤1000万标m³/km²～3000万标m³/km²； 退海轻盐碱和内陆中等盐碱（含盐量0.3%～0.6%）地区	c中	0.03～0.10	1.8～2.0	2.2～2.6
E4	距上述E3污染源更远的距离（在b级污区的范围以内），但： ·在长时间（几星期或几月）干旱无雨后，常常发生雾或毛毛雨； ·积污期后期可能出现持续大雾或融冰雪的E3类地区； ·灰密为等值盐密5倍～10倍及以上的地区	c中	0.05～0.10	2.0～2.6	2.6～3.0
E5	人口密度＞10000人/km²的居民区和交通枢纽； 距海、沙漠或开阔干地3km以内； 距独立化工及燃煤工业源0.5km～2km内； 距乡镇工业密集区及重要交通干线0.2km； 重盐碱（含盐量0.6%～1.0%）地区	d重	0.10～0.25	2.6～3.0	3.0～3.5
E6	距上述E5污染源更远的距离（与c级污区对应的距离），但： ·在长时间（几星期或几月）干旱无雨后，常常发生雾或毛毛雨； ·积污期后期可能出现持续大雾或融冰雪的E5类地区； ·灰密为等值盐密5倍～10倍及以上的地区	d重	0.25～0.30	3.0～3.4	3.5～4.0
E7	沿海1km和含盐量＞1.0%的盐土、沙漠地区； 在化工、燃煤工业源区以内及距此类独立工业源0.5km； 距污染源的距离等同于d级污区，且： ·直接受到海水喷溅或浓盐雾； ·同时受到工业排放物如高电导废气、水泥等污染和水汽湿润	e很重	＞0.30	3.4～3.8	4.0～4.5

注： 计算瓷绝缘单位爬电距离的电压是最高电压。

* 大风和台风影响可能使距海岸50km以外的更远距离处测得很高的等值盐密值。

** 在当前大气环境条件下，我国中东部地区电网不宜设“很轻”污秽区。

*** 取决于沿海的地形和风力。

本规范用词说明

1 为便于在执行本规范条文时区别对待，对要求严格程度不同的用词说明如下：

1）表示很严格，非这样做不可的：

正面词采用“必须”，反面词采用“严禁”；

2）表示严格，在正常情况下均应这样做的：

正面词采用“应”，反面词采用“不应”或“不得”；

3）表示允许稍有选择，在条件许可时首先应这样做的：

正面词采用“宜”，反面词采用“不宜”；

4）表示有选择，在一定条件下可以这样做的，采用“可”。

2 条文中指明应按其他有关标准执行的写法为：“应符合……的规定”或“应按……执行”。

引用标准名录

《建筑结构荷载规范》GB 50009

《混凝土结构设计规范》GB 50010

《建筑设计防火规范》GB 50016

《钢结构设计规范》GB 50017

10 电气装置安装工程 66kV及以下架空电力线路施工及验收规范

(GB 50173—2014)

1 总则

1.0.1 为保证66kV及以下架空电力线路工程建设质量，规范施工过程中的质量控制要求和验收条件，制定本规范。

1.0.2 本规范适用于66kV及以下架空电力线路新建、改建、扩建工程的施工及验收。

1.0.3 架空电力线路工程的施工应按已批准的设计文件进行。

1.0.4 架空电力线路工程测量及检查用的仪器、仪表、量具等，应采用合格产品并在检定有效期内使用。

1.0.5 架空电力线路工程的施工及验收，除应符合本规范外，尚应符合国家现行有关标准的规定。

2 术语

2.0.1 架空电力线路 overhead power line

用绝缘子和杆塔将导线及地线架设于地面上的电力线路。

2.0.2 档距 span length

两相邻杆塔导线悬挂点间的水平距离。

2.0.3 耐张段 section of an overhead line

两相邻耐张杆塔间的线路部分，称为一个耐张段。

2.0.4 垂直档距 weight span

杆塔两侧导线最低点之间的水平距离。

2.0.5 代表档距 representative span

为一假设档距，该档距由于荷载或温度变化引起张力变化的规律与耐张段实际变化规律几乎相同。

2.0.6 弧垂 sag

一档架空线内，导线与导线悬挂点所连直线间的最大垂直距离。

2.0.7 杆塔 support structure of an overhead line

通过绝缘子悬挂导线的装置。

2.0.8 根开 root distance

两电杆根部或塔脚之间的水平距离。

2.0.9 杆上电气设备 electrical equipments on support structure

指66kV及以下架空电力线路上的变压器、断路器、负荷开关、隔离开关、避雷器、熔断器等电气设备。

2.0.10 相色 color of phase

为区分线路相位，采用颜色进行标识，并规定A相为黄色、B相为绿色、C相为红色。

2.0.11 单位工程 unit project

指具有独立的施工条件，但不独立发挥生产能力的工程，可按专业性质或建筑部位划分。

2.0.12 分部工程 parts of construction

指单位工程的组成部分，一个单位工程可由若干个分部工程组成。

2.0.13 分项工程 kinds of construction

指分部工程的组成部分，一个分部工程可由若干个分项工程组成。

3 原材料及器材检验

3.1 一般规定

3.1.1 架空电力线路工程使用的原材料及器材应符合下列规定：

1 应有该批产品出厂质量检验合格证书，设备应有铭牌。

2 应有符合国家现行标准的各项质量检验资料。

3 对砂、石等原材料应抽样并提交具有资质的检验单位检验，应在合格后再采用。

3.1.2 原材料及器材有下列情况之一者，应重作检验，并应根据检验结果确定是否使用或降级使用：

1 超过规定保管期限者。

2 因保管、运输不良等原因造成损伤或损坏可能者。

3 对原检验结果有怀疑或试样代表性不够者。

3.1.3 钢材焊接用焊条、焊剂等焊接材料的规格、型号，应符合现行国家标准《钢结构焊接规范》GB 50661的规定，且保管、使用时应采取下列措施：

1 焊条、焊丝、焊剂和熔嘴应储存在干燥、通风良好的地方，并应由专人保管。

2 焊条、焊丝、熔嘴和焊剂在使用前，应按产品技术文件的规定进行烘干。

3 焊条重复烘干次数不应超过1次，不得使用受潮的焊条。

3.2 基础

3.2.1 现场浇筑混凝土基础所使用的砂、石，应符合现行行业标准《普通混凝土用砂、石质量及检验方法标准》JGJ 52的规定。

3.2.2 水泥的质量、保管及使用应符合现行国家标准《通用硅酸盐水泥》GB 175的规定。水泥的品种与标号，应满足设计要求的混凝土强度等级。水泥保管时应防止受潮；不同品种、不同等级、不同制造厂、不同批号的水泥应分别堆放，并应标识清楚。

3.2.3 混凝土拌和用水应符合下列规定：

1 制作预制混凝土构件用水，应使用可饮用水。

2 现场拌和混凝土，宜使用可饮用水。当无可饮用水时，应采用清洁的河溪水或池塘水等。水中不得含有油脂和有害化合物，有怀疑时应送有相应资质的检验部门做水质化验，并应在合格后再使用。

3 混凝土拌和用水严禁使用未经处理的海水。

3.2.4 预制混凝土构件及现浇混凝土基础用钢筋、地脚螺栓、插入角钢等加工质量，均应符合设计要求。钢材应符合现行国家标准《钢筋混凝土用钢》GB 1499 的规定，表面应无污物和锈蚀。

3.2.5 接地装置的型号、规格应符合设计要求，当采用钢材时宜采用热镀锌进行防腐处理。

3.3 杆塔

3.3.1 环形混凝土电杆质量应符合现行国家标准《环形混凝土电杆》GB/T 4623 的规定，安装前应进行外观检查，且应符合下列规定：

1 表面应光洁平整，壁厚应均匀，应无露筋、跑浆等现象。

2 放置地平面检查时，普通钢筋混凝土电杆应无纵向裂缝，横向裂缝的宽度不应超过 0.1mm，其长度不应超过周长的 1/3。预应力混凝土电杆应无纵、横向裂缝。

3 杆身弯曲不应超过杆长的 1/1000。

4 电杆杆顶应封堵。

3.3.2 角钢铁塔、混凝土电杆铁横担的加工质量，应符合现行国家标准《输电线路铁塔制造技术条件》GB/T 2694 的规定。

3.3.3 薄壁离心钢管混凝土结构铁塔的加工质量，除应符合现行行业标准《薄壁离心钢管混凝土结构技术规程》DL/T 5030 的规定外，还应符合设计要求，安装前应进行外观检查，且应符合下列规定：

1 钢管焊缝应全部进行外观检查。

2 端头外径允许偏差应为±1.5mm；杆件长度允许偏差应为±5mm。

3 杆身弯曲度不应超过杆长的 1/1000，并不应大于 10。

3.3.4 钢管电杆的质量应符合现行行业标准《输变电钢管结构制造技术条件》DL/T 646 的规定。安装前应进行外观检查，且应符合下列规定：

1 构件的标志应清晰可见。

2 焊缝坡口应保持平整无毛刺，不得有裂纹、气割熔瘤、夹层等缺陷。

3 焊缝表面质量应用放大镜和焊缝检验尺检测，需要时可采用表面探伤方法检验。

4 镀锌层表面应连续、完整、无锈蚀，不得有过酸洗、漏镀、结瘤、积锌、毛刺等缺陷。

3.3.5 杆塔用螺栓的质量应符合现行行业标准《输电线路杆塔及电力金具用热浸镀锌螺栓与螺母》DL/T 284 的规定。防卸螺栓的型式宜符合建设方或运行方的要求。

3.3.6 裸露在大气中的黑色金属制造的附件应采取防腐措施。

3.3.7 各种连接螺栓的防松装置应符合设计要求。

3.3.8 金属附件及螺栓表面不应有裂纹、砂眼、镀层剥落及锈蚀等现象。

3.4 导地线

3.4.1 导线的质量应符合现行国家标准《圆线同心绞架空导线》GB/T 1179 的规定，架空绝缘线的质量应符合现行国家标准《额定电压 10kV 架空绝缘电缆》GB/T 14049 和《额定电压 1kV 及以下架空绝缘电缆》GB/T 12527 的规定。

3.4.2 架空电力线路使用的线材，架设前应进行外观检查，且应符合下列规定：

1 线材表面应光洁，不得有松股、交叉、折叠、断裂及破损等缺陷。

2 线材应无腐蚀现象。

3 钢绞线、镀锌铁线表面镀锌层应良好、无锈蚀。

3.4.3 采用镀锌钢绞线做架空地线或拉线时，镀锌钢绞线的质量应符合现行行业标准《镀锌钢绞线》YB/T 5004 的规定。

3.4.4 采用复合光缆作架空地线时，复合光缆应符合现行行业标准《光纤复合架空地线》DL/T 832 的规定。

3.4.5 架空绝缘线表面应平整光滑、色泽均匀、无爆皮、无气泡；端部应密封，并应无导体腐蚀、进水现象；绝缘层表面应有厂名、生产日期、型号、计米等清晰的标志。

3.5 绝缘子和金具

3.5.1 盘形悬式瓷及玻璃绝缘子的质量应符合国家现行标准《标称电压高于 1000V 的架空线路绝缘子》GB/T 1001、《标称电压高于 1000V 的架空线路绝缘子交流系统用瓷或玻璃绝缘子件盘形悬式绝缘子件的特性》GB/T 7253 和《盘形悬式绝缘子用钢化玻璃绝缘件外观质量》JB/T 9678 的规定。有机复合绝缘子的质量应符合现行国家标准《标称电压高于 1000V 的交流架空线路用复合绝缘子-定义、试验方法及验收准则》GB/T 19519 的规定。

3.5.2 绝缘子安装前应进行外观检查，且应符合下列规定：

1 绝缘子铁帽、绝缘件、钢脚三者应在同一轴线上，不应有明显的歪斜，且应结合紧密，金属件镀锌应良好。外露的填充胶接料表面应平整，其平面度不应大于 3mm，且应无裂纹。

2 瓷质绝缘子瓷釉应光滑，并应无裂纹、缺釉、斑点、烧痕、气泡或瓷釉烧坏等缺陷，外观质量不应超过表 3.5.2 的规定。

3 有机复合绝缘子表面应光滑，并应无裂纹、缺损等缺陷。

4 玻璃绝缘子应由钢化玻璃制造。玻璃件不应有折痕、气孔等表面缺陷，玻璃件中气泡直径不应大于 5mm。

表 3.5.2 瓷件外观质量

瓷件分类		单个缺陷					外表面缺陷总面积（mm^2）
类别	$H\times D$（cm^2）	斑点、杂质、烧缺、气泡等直径（mm）	粘釉或碰损面积（mm^2）	缺釉		深度或高度（mm）	
				内表面（mm^2）	外表面（mm^2）		
1	$H\times D\leqslant 50$	3	20.0	80.0	40.0	1	100.0
2	$50<H\times D\leqslant 400$	3.5	25.0	100.0	50.0	1	150.0 (100.0)
3	$400<H\times D\leqslant 1000$	4	35.0	140.0	70.0	2	200.0 (140.0)
4	$1000<H\times D\leqslant 3000$	5	40.0	160.0	80.0	2	400.0
5	$3000<H\times D\leqslant 7500$	6	50.0	200.0	100.0	2	600.0
6	$7500<H\times D\leqslant 15000$	9	70.0	280.0	140.0	2	1200.0
7	$15000<H\times D$	12	100.0	400.0	200.0	2	$100+\frac{HD}{1000}$

注：1 表中 H 为瓷件高度或长度（cm）；D 为瓷件最大外径（cm）。

2 内表面（内孔及胶装部位，但不包括悬式头部胶装部位）缺陷总面积不作规定。

3 括弧内数值适用于线路针式或悬式绝缘子的瓷件。

3.5.3 金具的质量应符合国家现行标准《电力金具通用技术条件》GB/T 2314 和《电力金具制造质量》DL/T 768 的规定；金具的验收应符合现行国家标准《电力金具试验方法 第 4 部分：验收规则》GB/T 2317.4 的规定；金具的标志与包装应符合现行国家标准《电力金具通用技术条件》GB/T 2314 的规定。

3.5.4 35kV 及以下架空电力线路金具还应符合现行行业标准《架空配电线路金具技术条件》DL/T 765.1 和《额定电压 10kV 及以下架空裸导线金具》DL/T 765.2 的规定。

3.5.5 10kV 及以下架空绝缘导线金具，应符合现行行业标准《额定电压 10kV 及以下架空绝缘导线金具》DL/T 765.3 的有关规定。

3.5.6 金具组装配合应良好，安装前应进行外观检查，且应符合下列规定：

1 铸铁金具表面应光洁，并应无裂纹、毛刺、飞边、砂眼、气泡等缺陷，镀锌应良好，应无锌层剥落、锈蚀现象。

2 铝合金金具表面应无裂纹、缩孔、气孔、渣眼、砂眼、结疤、凸瘤、锈蚀等。

3 金具型号与相应的线材及连接件的型号应匹配。

4 测量

4.0.1 测量仪器和量具使用前应进行检查。仪器最小角度读数不应大于 1′。

4.0.2 分坑测量前应依据设计提供的数据复核设计给定的杆塔位中心桩，并应以此作为测量的基准。复测时有下列情况之一时，应查明原因并予以纠正：

1 以两相邻直线桩为基准，其横线路方向偏差大于 50mm。

2 用视距法复测时，架空送电线路顺线路方向两相邻杆塔位中心桩间的距离与设计值的偏差大于设计档距的 1%。

3 转角桩的角度值，用方向法复测时对设计值的偏差大于 1′30″。

4.0.3 无论地形变化大小，凡导线对地距离可能不够的危险点标高都应测量，实测值与设计值相比的偏差不应超过 0.5m，超过时应由设计方查明原因并予以纠正。在下列地形危险点处应重点复核：

1 导线对地距离有可能不够的地形凸起点的标高。

2 杆塔位间被跨越物的标高。

3 相邻杆塔位的相对标高。

4.0.4 设计交桩后丢失的杆塔中心桩，应按设计数据予以补钉，其测量精度应符合下列要求：

1 桩之间的距离和高程测量，可采用视距法同向两测回或往返各一测回测定，其视距长度不宜大于 400m。

2 测距相对误差，同向不应大于 1/200，对向不应大于 1/150。

4.0.5 杆塔位中心桩移桩的测量精度应符合下列规定：

1 当采用钢卷尺直线量距时，两次测值之差不得超过量距的 1‰。

2 当采用视距法测距时，两次测值之差不得超过测距的 5‰。

3 当采用方向法测量角度时，两测回测角值之差不得超过 1′30″。

4.0.6 分坑时，应根据杆塔位中心桩的位置钉出辅助桩，其测量精度应满足施工精度的要求。

5 土石方工程

5.0.1 土石方开挖应按设计施工，施工完毕，应采取恢复植被的措施。铁塔基础施工基面的开挖应以设计图纸为准，应按不同地质条件规定开挖边坡。基面开挖后应平整，不应积水，边坡应有防止坍塌的措施。

5.0.2 杆塔基础的坑深应以设计施工基面为基准。当设计施工基面为零时，杆塔基础坑深应以设计中心桩处自然地面标高为基准。拉线基础坑深应以拉线基础中心的地面标高为基准。

5.0.3 杆塔基础坑深允许偏差应为－50mm～＋100mm，坑底应平整。同基基础坑应在允许偏差范围内按最深基坑操平。

5.0.4 掏挖基础应以人工掏挖为主，掏挖基础及岩石基础的尺寸不得有负偏差，开挖时应符合下列规定：

1 基坑开挖前宜根据尺寸线先挖深度 300mm 的出样洞。样洞直径宜小于设计的基础尺寸 30mm～50mm。样洞挖好后应复测根开、对角线等数据，并应在合格后再继续开挖。

2 主柱挖掘过程中，每挖 500mm 应在坑中心吊垂球检查坑位及主柱直径。开挖将至设计深度时应预留 50mm 不挖掘，并应待清理基坑时再修整。

3 人工开挖遇到松散层时，必须采取防止坍塌的措施。

4 开挖的土石方应堆放在距扩孔范围 2m 外的安全部位。

5 对于风化岩或较坚硬的岩石可采用小药量松动爆破与人工开挖相结合，炮眼深度不应超过 1m，装药量应适当，坑壁应布置多个防震孔，岩渣及松石应清除干净。

5.0.5 杆塔基础坑深超过设计坑深 100mm 时的处理，应符合下列规定：

1 铁塔现浇基础坑，其超深部分应铺石灌浆。

2 混凝土电杆基础、铁塔预制基础、铁塔金属基础等，其超深在 100mm～300mm 时，应采用填土或砂、石夯实处理，每层厚度不应超过 100mm；遇到泥水坑时，应先清除坑内泥水后再铺石灌浆。当不能以填土或砂、石夯实处理时，其超深部分应按设计要求处理，设计无具体要求时应按铺石灌浆处理。坑深超过规定值 300mm 以上时应采用铺石灌浆处理，铺石灌浆的配合比应符合设计要求。

5.0.6 拉线基础坑的坑深不应有负偏差。当坑深超深后对拉线基础安装位置与方向有影响时，应采取保证拉线对地夹角的措施。

5.0.7 接地沟开挖的长度和深度应符合设计要求，并不得有负偏差，沟中影响接地体与土壤接触的杂物应清除。在山坡上挖接地沟时，宜沿等高线开挖。

5.0.8 杆塔基础坑及拉线基础坑回填，应符合设计要求；应分层夯实，每回填 300mm 厚度应夯实一次。坑口的地面上应筑防沉层，防沉层的上部边宽不得小于坑口边宽。其高度应根据土质夯实程度确定，基础验收时宜为 300mm～500mm。经过沉降后应及时补填夯实。工程移交时坑口回填土不应低于地面。沥青路面、砌有水泥花砖的路面或城市绿地内可不留防沉土台。

5.0.9 石坑回填应以石子与土按 3∶1 掺和后回填夯实。

5.0.10 泥水坑回填应先排出坑内积水然后回填夯实。

5.0.11 冻土回填时应先将坑内冰雪清除干净，应把冻土块中的冰雪清除并捣碎后进行回填夯实。冻土坑回填在经历一个雨季后应进行二次回填。

5.0.12 接地沟的回填宜选取未掺有石块及其他杂物的泥土，并应分层夯实，回填后应筑有防沉层，其高度宜为 100mm～300mm，工程移交时回填土不得低于地面。

6 基础工程

6.1 一般规定

6.1.1 基础混凝土中掺入外加剂时应符合下列规定：

1 基础混凝土中严禁掺入氯盐。

2 基础混凝土中掺入外加剂应符合现行国家标准《混凝土外加剂应用技术规范》GB 50119 的规定。

6.1.2 基础钢筋焊接应符合现行行业标准《钢筋焊接及验收规程》JGJ 18 的规定。

6.1.3 不同品种的水泥不得在同一个浇筑体中混合使用。

6.1.4 当转角、终端塔设计要求采取预偏措施时，其基础的四个基腿顶面宜按预偏值抹成斜平面，并应共在一个整斜平面或平行平面内。

6.1.5 位于山坡、河边或沟旁等易冲刷地带基础的防护，应按设计要求进行施工。

6.2 现场浇筑基础

6.2.1 现场浇筑基础，浇筑前应支模，模板应采用刚性材料，其表面应平整且接缝严密。接触混凝土的模板表面应采取脱模措施。

6.2.2 现场浇筑基础应采取防止泥土等杂物混入混凝土中的措施。

6.2.3 现场浇筑基础中的地脚螺栓及预埋件应安装牢固。安装前应除去浮锈，螺纹部分应予以保护。

6.2.4 插入式基础的主角钢，应进行找正，并应加以临时固定，在浇筑中应随时检查其位置的准确性。整基基础几何尺寸应符合设计要求。

6.2.5 基础浇筑前，应按设计混凝土强度等级和现场浇筑使用的砂、石、水泥等原材料．并应根据现行行业标准《普通混凝土配合比设计规程》JGJ 55 进行试配确定混凝土配合比。混凝土配合比试验应由具有相应资质的检测机构进行并出具混凝土配合比报告。

6.2.6 现场浇筑混凝土应采用机械搅拌、机械捣固，个别特殊地形无法机械搅拌时，应有专门的质量保证措施。

6.2.7 混凝土浇筑过程中应严格控制水灰比。每班日或不同日浇筑每个基础腿应检查两次及以上坍落度。

6.2.8 混凝土配比材料用量每班日或每基基础应至少检查两次。

6.2.9 试块应在现场从浇筑中的混凝土取样制作，其养护条件应与基础相同。

6.2.10 试块制作数量应符合下列规定：

1 转角、耐张、终端、换位塔及直线转角塔基础每基应取一组。

2 一般直线塔基础，同一施工队每 5 基或不满 5 基应取一组，单基或连续浇筑混凝土量超过 $100m^3$ 时亦应取一组。

3 当原材料变化、配合比变更时应另外制作。

4 当需要做其他强度鉴定时，外加试块的组数应由各工程自定。

6.2.11 混凝土试块强度试验，应由具备相应资质的检测机构进行。

6.2.12 现场浇筑混凝土的养护应符合下列规定：

1 浇筑后应在 12h 内开始浇水养护，当天气炎热、干燥有风时，应在 3h 内进行浇水养护，养护时应在基础模板外加遮盖物，浇水次数应能保持混凝土表面始终湿润。

2 对普通硅酸盐和矿渣硅酸盐水泥拌制的混凝土浇水养护，不得少于 7d；对掺用缓凝型外加剂或有抗渗要求的混凝土，不得少于 14d；当使用其他品种水泥时应按有关规定养护。

3 基础拆模经表面质量检查合格后应立即回填，并应对基础外露部分加遮盖物，应按规定期限继续浇水养护，养护时应使遮盖物及基础周围的土始终保持湿润。

4 采用养护剂养护时，应在拆模并经表面检查合格后立即涂刷，涂刷后不得浇水。

5 日平均温度低于 5℃时，不得浇水养护。

6.2.13 基础拆模时的混凝土强度。应保证其表面及棱角不损坏。特殊形式的基础底模及其支架拆除时的混凝土强度应符合设计要求。

6.2.14 浇筑基础应表面平整，单腿尺寸允许偏差应符合表 6.2.14 的规定。

表 6.2.14 单腿尺寸允许偏差

项　目	允许偏差
保护层厚度（mm）	−5
立柱及各底座断面尺寸	−1%
同组地脚螺栓中心对立柱中心偏移（mm）	10
地脚螺栓露出混凝土面高度（mm）	+10，−5

6.2.15 浇筑拉线基础的允许偏差应符合表 6.2.15 的规定。

表 6.2.15 拉线基础允许偏差

项　目		允许偏差
基础尺寸	断面尺寸	−1%
	拉环中心与设计位置的偏移（mm）	20
基础位置	拉环中心在拉线方向前、后、左、右与设计位置的偏移	1%L
	X 型拉线	应符合设计要求，并保证铁塔组立后交叉点的拉线不磨碰

注：L 为拉环中心至杆塔拉线固定点的水平距离。

6.2.16 整基铁塔基础回填土夯实后尺寸允许偏差应符合表 6.2.16 的规定。

表 6.2.16 整基基础尺寸施工允许偏差

项　目		地脚螺栓式		主角钢插入式	
		直线	转角	直线	转角
整基基础中心与中心桩间的位移（mm）	横线路方向	30	30	30	30
	顺线路方向	—	30	—	30
基础根开及对角线尺寸（‰）		±2		±1	
基础顶面或主角钢操平印记间相对高差（mm）		5		5	
整基基础扭转（′）		10		10	

注：1 转角塔基础的横线路指内角平分线方向，顺线路方向指转角平分线方向。

2 基础根开及对角线指同组地脚螺栓中心之间或塔腿主角钢准线间的水平距离。

3 相对高差指地脚螺栓基础抹面后的相对高差，或插入式基础的操平印记的相对高差。转角塔及终端塔有预偏时，基础顶面相对高差不受 5mm 限制。

4 高低腿基础顶面高差指与设计标高之差。

6.2.17　现场浇筑混凝土强度应以试块强度为依据。试块强度应符合设计要求。

6.2.18　对混凝土表面缺陷的处理应符合现行国家标准《混凝土结构工程施工质量验收规范》GB 50204的规定。

6.2.19　混凝土基础防腐应符合设计要求。

6.3　钻孔灌注桩基础

6.3.1　钻孔完成后，应立即检查成孔质量，并应填写施工记录。钻孔桩成孔允许偏差应符合表6.3.1的规定。

表6.3.1　钻孔桩成孔允许偏差

项　目	允许偏差
孔径（mm）	－50
孔垂直度	＜桩长1％
孔深（mm）	≥设计深度

6.3.2　钢筋骨架应符合设计要求，钢筋制作安装允许偏差应符合表6.3.2的规定。

表6.3.2　钢筋制作安装允许偏差

项　目	允许偏差
主筋间距（mm）	±10
箍筋间距（mm）	±20
钢筋骨架直径（mm）	±10
钢筋骨架长度（mm）	±50
钢筋保护层厚度（mm）	±10

6.3.3　钢筋骨架安装前应设置定位钢环、混凝土垫块。安装钢筋骨架时应避免碰撞孔壁，符合要求后应立即固定。当钢筋骨架重量较大时，应采取防止吊装变形的措施。

6.3.4　水下灌注的混凝土应具有良好的和易性，坍落度宜选用180mm～220mm。混凝土配合比应经过试验确定。

6.3.5　开始水下灌注混凝土时，导管内的隔水球位置应临近水面，首次灌注时导管内的混凝土应能保证将隔水球从导管内顺利排出，并应将导管埋入混凝土中0.8m～1.2m。

6.3.6　水下混凝土的灌注应适时提升和拆卸导管，导管底端应始终埋入混凝土面以下不小于2m，不得将导管底端提出混凝土面。

6.3.7　水下混凝土的灌注应连续进行，不得中断。

6.3.8　混凝土灌注到地面后应清除桩顶部浮浆层，单桩基础可安装桩头模板、找正和安装地脚螺栓、灌注桩头混凝土。桩头模板与灌注桩直径应相吻合，不得出现凹凸现象。地面以上桩基础应达到表面光滑、工艺美观。群桩基础的承台应在桩质量验收合格后施工。

6.3.9　灌注桩应按设计要求验桩。灌注桩基础混凝土强度检验应以试块为依据。试块的制作应每根桩取一组。承台及连梁应每基取一组。灌注桩基础整基尺寸的施工允许偏差，应符合本规范第6.2.16条的规定。

6.3.10　钻孔灌注桩基础的施工及验收除应符合本规范外。尚应符合现行行业标准《建筑桩基技术规范》JGJ 94的有关规定。

6.4　掏挖基础

6.4.1　掏挖基础完成后应按隐蔽工程填写施工记录。掏挖基础成孔允许偏差应符合表6.4.1的规定。

表6.4.1　掏挖基础成孔允许偏差

项　目	允许偏差
孔径（mm）	0，＋100
孔垂直度	＜桩长0.5％
孔深（mm）	0，＋100

6.4.2　掏挖基础的钢筋与混凝土浇筑应符合本规范第6.1节、第6.2节的有关规定。

6.4.3　混凝土应一次连续浇筑完成，不得出现施工缝。

6.4.4　混凝土自高处倾落的自由高度，不宜超过2m，超过2m应设置串筒或溜槽。

6.4.5　整基基础的施工允许偏差应符合本规范第6.2.16条的规定。

6.5　混凝土电杆基础及预制基础

6.5.1　混凝土电杆底盘的安装，应在基坑检验合格后进行。底盘安装后，应满足电杆埋设深度的要求，其圆槽面应与电杆轴线垂直，找正后应填土夯实至底盘表面。

6.5.2　混凝土电杆卡盘安装前应先将其下部回填土夯实，安装位置与方向应符合设计图纸规定，其深度允许偏差为±50mm，卡盘抱箍的螺母应紧固，卡盘弧面与电杆接触处应紧密。

6.5.3　拉线盘的埋设方向应符合设计要求。其安装位置允许偏差应符合下列规定：

1　沿拉线方向的左、右偏差不应超过拉线盘中心至相对应电杆中心水平距离的1％。

2　沿拉线安装方向，其前后允许位移值，当拉线安装后其对地夹角值与设计值之差不应超过1°，个别特殊地形需超过1°时，应由设计提出具体规定。

3　X型拉线的拉线盘安装位置，应满足拉线交叉处不得相互磨碰的要求。

6.5.4　混凝土电杆基础设计为套筒时，应按设计图纸要求安装。

6.5.5　装配式预制基础的底座与立柱连接的螺栓、铁件及找平用的垫铁，应采取防锈措施。当采用浇灌水泥砂浆时，应与现场浇筑基础同样养护，回填土前应将接缝处以热沥青或其他有效的防水涂料涂刷。

6.5.6　钢筋混凝土枕条、框架底座、薄壳基础及底盘底座等与柱式框架的安装，应符合下列规定：

1　底座、枕条应安装平整，四周应填土或砂、石夯实。

2　钢筋混凝土底座、枕条、立柱等在组装时不得敲打和强行组装。

3　立柱倾斜时宜用热浸镀锌垫铁垫平，每处镀锌垫铁不得超过两块，总厚度不应超过5mm，调平后立柱倾斜不应超过立柱高的1％。

注：设计本身有倾斜的立柱，其立柱倾斜允许偏差值指与原倾斜值相比。

6.5.7　10kV及以下架空电力线路设计未作规定时，一般土质情况下单回路混凝土电杆的埋设深度可采用表6.5.7所列数值。遇有土质松软、水田、滩涂、地下水位较高时。应采取加固杆基措施，遇有水流冲刷地带宜加围桩或围台。

表 6.5.7　单回路混凝土电杆的埋设深度

杆长（m）	8	9	10	12	15
埋深（m）	1.5	1.6	1.7	1.9	2.3

6.6 岩石基础

6.6.1 岩石基础施工时，应逐基逐腿与设计地质资料核对，当实际情况与设计不符时应由设计单位提出处理方案。

6.6.2 岩石基础的开挖或钻孔应符合下列规定：

1 岩石构造的整体性不应受破坏。

2 孔洞中的石粉、浮土及孔壁松散的活石应清除干净。

3 软质岩成孔后应立即安装锚筋或地脚螺栓，并应浇筑混凝土。

6.6.3 岩石基础锚筋或地脚螺栓的埋入深度不得小于设计值，安装后应有临时固定措施。

6.6.4 混凝土或砂浆的浇筑应符合下列规定：

1 浇筑混凝土或砂浆时，应分层浇捣密实，并应按现场浇筑基础混凝土的规定进行养护。

2 孔洞中浇筑混凝土或砂浆的数量不得少于设计值。

3 对浇筑混凝土或砂浆的强度检验应以试块为依据，试块的制作应每基取一组。

4 对浇筑钻孔式岩石基础，应采取减少混凝土收缩量的措施。

6.6.5 岩石基础成孔允许偏差应符合表 6.6.5 的规定。

表 6.6.5　岩石基础成孔允许偏差

项　　目		允许偏差
孔径（mm）	嵌固式	≥设计值，保证设计锥度
	钻孔式	+20mm，0mm
孔垂直度		＜桩长 1%
孔深（mm）		≥设计值

6.6.6 整基基础的施工允许偏差应符合本规范第 6.2.16 条的规定。

6.7 冬期施工

6.7.1 当连续 5d、室外日平均气温低于 5℃时，混凝土基础工程应采取冬期施工措施，并应及时采取气温突然下降的防冻措施。

6.7.2 冬期施工应符合现行行业标准《建筑工程冬期施工规程》JGJ/T 104 的规定。

6.7.3 冬期钢筋焊接，宜在室内进行，当必须在室外焊接时，其最低环境温度不宜低于－20℃，并应符合现行行业标准《钢筋焊接及验收规程》JGJ 18 的规定。雪天或施焊现场风速超过 5.4m/s（3 级风）焊接时，应采取遮蔽措施，焊接后未冷却的接头不得碰到冰雪。

6.7.4 配制冬期施工的混凝土，宜选用硅酸盐水泥和普通硅酸盐水泥，并应符合下列规定：

1 当采用蒸汽养护时，宜选用矿渣硅酸盐水泥。

2 混凝土最小水泥用量不宜低于 $280kg/m^3$，水胶比不应大于 0.55，强度等级不大于 C15 的混凝土除外。

3 大体积混凝土的最小水泥用量，可根据实际情况确定。

6.7.5 冬期拌制混凝土时应采用加热水的方法，拌和水及骨料的最高温度不得超过表 6.7.5 的规定。当水和骨料的温度仍不能满足热工计算要求时，可提高水温到 100℃，但水泥不得与 80℃以上的水直接接触。

表 6.7.5　拌和水及骨料的最高温度（℃）

项　　目	拌和水	骨料
强度等度小于 42.5 普通硅酸盐水泥	80	60
强度等度等于及大于 42.5 硅酸盐水泥、普通硅酸盐水泥	60	40

6.7.6 水泥不应直接加热，宜在使用前运入暖棚内存放。混凝土拌和物的入模温度不得低于 5℃。

6.7.7 冬期施工不得在已冻结的基坑底面浇筑混凝土，已开挖的基坑底面应有防冻措施。

6.7.8 搅拌混凝土的最短时间应符合表 6.7.8 的规定。

表 6.7.8　搅拌混凝土的最短时间（s）

混凝土坍落度（mm）	搅拌机机型	搅拌机容积（L）		
		＜250	250～500	＞500
≤30	强制式	90	135	180
＞30	强制式	90	90	135

注：1 表中搅拌机容积为出料容积。

2 采用自落式搅拌机时，应比表中搅拌时间延长 30s～60s；采用预拌混凝土时，应较常温下预拌混凝土搅拌时间延长 15s～30s。

6.7.9 冬期混凝土养护宜选用覆盖法、暖棚法、蒸汽法或负温养护法。当采用暖棚法养护混凝土时，混凝土养护温度不应低于 5℃，并应保持混凝土表面湿润。

6.7.10 冬期施工混凝土基础拆模检查合格后应立即回填土。采用硅酸盐水泥或普通硅酸盐水泥配制的混凝土时，其受冻临界强度不应小于设计混凝土强度等级值的 30%；采用矿渣硅酸盐水泥、煤粉灰硅酸盐水泥、火山灰质硅酸盐水泥、复合硅酸盐水泥时，不应小于设计混凝土强度等级值的 40%。

7 杆塔工程

7.1 一般规定

7.1.1 杆塔组立应有完整可行的施工技术文件。组立过程中，应采取保证部件不产生变形或损坏。

7.1.2 杆塔各构件的组装应牢固，交叉处有空隙者，应装设相应厚度的垫圈或垫板。

7.1.3 当采用螺栓连接构件时，应符合下列规定：

1 螺栓的防卸、防松装置及防卸螺栓安装高度应符合设计要求。

2 螺栓应与构件平面垂直，螺栓头与构件间的接触处不应有空隙。

3 螺母拧紧后，螺杆露出螺母的长度，对单螺母，不应小于两个丝扣；对双螺母，应最少与螺母相平。

4 螺杆应加垫者，每端不宜超过两个垫圈，长孔应加平垫圈，每端不宜超过两个使用的垫圈尺寸应与构件孔径相匹配。

5 电杆横担安装处的单螺母应加弹簧垫圈及平垫圈。

6 不得在螺栓上缠绕铁线代替垫圈。

7.1.4 螺栓的穿入方向应符合下列规定：

1 立体结构应符合下列规定：

1）水平方向应由内向外。

2）垂直方向应由下向上。

3）斜向者宜由斜下向斜上穿，不便时应在同一斜面内取统一方向。

2 平面结构应符合下列规定：

1）顺线路方向，应按线路方向穿入或按统一方向穿入。

2）横线路方向，应两侧由内向外，中间由左向右（按线路方向）或按统一方向穿入。

3）垂直地面方向者应由下向上。

4）斜向者宜由斜下向斜上穿，不便时应在同一斜面内取统一方向。

3 个别螺栓不易安装时，穿入方向应允许变更处理。

7.1.5 杆塔部件组装有困难时应查明原因，不得强行组装。个别螺孔需扩孔时，扩孔部分不应超过3mm，当扩孔需超过3mm时，应先堵焊再重新打孔，并应进行防锈处理；不得用气割进行扩孔或烧孔。

7.1.6 杆塔连接螺栓应逐个紧固，螺杆与螺母的螺纹有滑牙或螺母的棱角磨损以致扳手打滑以及其他原因无法紧固的螺栓应更换。4.8级螺栓紧固扭矩应符合表7.1.6的规定。4.8级以上的螺栓扭矩标准值应由设计提出要求，设计无要求时，宜按4.8级螺栓紧固扭矩执行。

表7.1.6　4.8级螺栓紧固扭矩（N·m）

螺栓规格	扭矩值
M12	≥40
M16	≥80
M20	≥100
M24	≥250

7.1.7 杆塔连接螺栓在组立结束时应全部紧固一次，并应检查扭矩合格后再进行架线。架线后，螺栓还应复紧一遍。

7.1.8 杆塔组立及架线后，其允许偏差应符合表7.1.8的规定。

表7.1.8　杆塔组立及架线后的允许偏差

偏差项目	偏差值
拉线门型塔结构根开	±2.5‰
拉线门型塔结构面与横线路方向扭转	±4‰
拉线门型塔横担在主柱连接处的高差	2‰
直线塔结构倾斜	3‰
直线塔结构中心与中心桩向横线路方向位移	50mm
转角塔结构中心与中心桩向横、顺线路方向位移	50mm
等截面拉线塔主柱弯曲	2‰

7.1.9 自立式转角塔、终端塔应组立在倾斜平面的基础上，向受力反方向预倾斜，预倾斜值应由设计确定。架线挠曲后，塔顶端不应超过铅垂线而偏向受力侧。架线后铁塔的挠曲度超过设计要求时，应会同设计处理。

7.1.10 角钢铁塔塔材的弯曲度，应按现行国家标准《输电线路铁塔制造技术条件》GB/T 2694的规定验收。对运至桩位的角钢，当弯曲度超过长度的2‰，但未超过表7.1.10的规定时，可采用冷矫正法进行矫正。但矫正的角钢不得出现裂纹和镀层剥落。

表7.1.10　采用冷矫正法的角钢变形限度

角钢宽度（mm）	变形限度（‰）
40	35
45	31
50	28
56	25
63	22
70	20
75	19
80	17
90	15
100	14
110	12.7
125	11
140	10
160	9
180	8
200	7

7.1.11 工程移交时，杆塔上应有下列固定标志：

1 线路名称或代号及杆塔号。

2 耐张型杆塔前后相邻的各一基杆塔的相位标志。

3 高塔按设计要求装设的航行障碍标志。

4 多回路杆塔上的每回路位置及线路名称。

7.2 铁塔组立

7.2.1 铁塔基础符合下列规定时可组立铁塔：

1 经中间检查验收合格。

2 分解组立铁塔时，混凝土的抗压强度应达到设计强度的70%。

3 整体立塔时，混凝土的抗压强度应达到设计强度的100%；当立塔操作采取防止基础承受水平推力的措施时，混凝土的抗压强度允许为设计强度的70%。

7.2.2 铁塔组立后，各相邻节点间主材弯曲度不得超过1/750。

7.2.3 铁塔组立后，塔脚板应与基础面接触良好，有空隙时应垫片，并应浇筑水泥砂浆。铁塔经检查合格后可随即浇筑混凝土保护帽；混凝土保护帽的尺寸应符合设计要求，与塔座接合应严密，且不得有裂缝。

7.3 混凝土电杆

7.3.1 混凝土电杆及预制构件在装卸及运输中不得互相碰撞、急剧坠落和不正确的支吊。

7.3.2 钢圈连接的混凝土电杆，宜采用电弧焊接。焊接操作应符合下列规定：

1 应由有资格的焊工操作，焊完的焊口应及时清理，自检合格后应在规定的部位打上焊工的钢印代号。

2 焊前应清除焊口及附近的铁锈及污物。

3 钢圈厚度大于6mm时应用V型坡口多层焊。

4 焊缝应有一定的加强面，其高度和遮盖宽度应符合表7.3.2-1的规定。

表7.3.2-1　　焊缝高度和遮盖宽度

项　目	钢圈厚度 S（mm）	
	<10	10～20
高度 c（mm）	1.5～2.5	2～3
宽度 e（mm）	1～2	2～3
图示		

5 焊前应做好准备工作，一个焊口宜连续焊成。焊缝应呈现平滑的细鳞形，其外观缺陷允许范围及处理方法应符合表7.3.2-2的规定。

表7.3.2-2　　焊缝外观缺陷允许范围及处理方法

缺陷名称	允许范围	处理方法
焊缝不足	不允许	补焊
表面裂缝	不允许	割开重焊
咬边	母材咬边深度不得大于0.5mm，且不得超过圆周长的10%	超过者清理补焊

6 钢圈连接采用气焊时，尚应符合下列规定：

1）钢圈宽度不应小于140mm。

2）应减少不必要的加热时间。当产生宽度为0.05mm以上的裂缝时，宜采用环氧树脂进行补修。

3）气焊用的乙炔气应有出厂质量检验合格证明。

4）气焊用的氧气纯度不应低于98.5%。

7 电杆焊接后，放置地平面检查时，其分段及整根电杆的弯曲均不应超过其对应长度的2‰。超过时应割断调直。并应重新焊接。

7.3.3 钢圈焊接接头焊完后应及时将表面铁锈、焊渣及氧化层清理干净，并应按设计要求进行防锈处理。设计无规定时，应涂刷防锈漆或采取其他防锈措施。

7.3.4 混凝土电杆上端应封堵。设计无特殊要求时，下端不应封堵，放水孔应打通。

7.3.5 混凝土电杆在组立前应在根部标有明显埋入深度标志，埋入深度应符合设计要求。

7.3.6 单电杆立好后应正直，位置偏差应符合下列规定：

1 直线杆的横向位移不应大于50mm。

2 直线杆的倾斜，10kV以上架空电力线路不应大于杆长的3‰；10kV及以下架空电力线路杆顶的倾斜不应大于杆顶直径的1/2。

3 转角杆的横向位移不应大于50mm。

4 转角杆应向外角预偏，紧线后不应向内角倾斜，向外角的倾斜，其杆顶倾斜不应大于杆顶直径。

7.3.7 终端杆应向拉线受力侧预偏，其预偏值不应大于杆顶直径。紧线后不应向受力侧倾斜。

7.3.8 双杆立好后应正直，位置偏差应符合下列规定：

1 直线杆结构中心与中心桩之间的横向位移，不应大于50mm；转角杆结构中心与中心桩之间的横、顺向位移，不应大于50mm。

2 迈步不应大于30mm。

3 根开允许偏差应为±30mm。

4 两杆高低差不应大于20mm。

7.3.9 以抱箍连接的叉梁，其上端抱箍组装尺寸的允许偏差应为±50mm；分段组合叉梁组合后应正直，不应有明显的鼓肚、弯曲；各部连接应牢固。横隔梁安装后，应保持水平，组装尺寸允许偏差应为±50mm。

7.3.10 10kV及以下架空电力线路单横担的安装，直线杆应装于受电侧；分支杆、90°转角杆（上、下）及终端杆应装于拉线侧。

7.3.11 除偏支担外，横担安装应平正，安装应符合下列规定：

1 横担端部上下歪斜不应大于20mm；左右扭斜不应大于20mm。

2 双杆的横担，横担与电杆连接处的高差不应大于连接距离的5/1000；左右扭斜不应大于横担总长度的1/100。

3 导线为水平排列时，上层横担上平面距杆顶，10kV线路不应小于300mm；低压线路不应小于200mm。导线为三角排列时，上层横担距杆顶宜为500mm。

4 中、低压同杆架设多回线路，横担间层距应满足设计要求。

5 45°及以下转角杆，横担应装在转角之内角的角平分线上。

6 横担安装应平正，偏支担长端应向上翘起30mm。

7.3.12 瓷横担绝缘子安装应符合下列规定：

1 当直立安装时，顶端顺线路歪斜不应大于10mm。

2 当水平安装时，顶端宜向上翘起5°～15°；顶端顺线路歪斜不应大于20mm。

3 当安装于转角杆时，顶端竖直安装的瓷横担支架应安装在转角的内角侧，瓷横担应装在支架的外角侧。

4 全瓷式瓷横担绝缘子的固定处应加软垫。

7.3.13 对交通繁忙路口有可能被车撞击、对山坡或河边有可能被冲刷的电杆，应根据现场情况采取安装防护标志、护桩或护台的措施。

7.4 钢管电杆

7.4.1 电杆在装卸及运输中，杆端应有保护措施。运至桩位的杆段及构件不应有明显的凹坑、扭曲等变形。

7.4.2 杆段间为焊接连接时，应符合本规范第7.3节的有关规定。杆段间为插接连接时，其插接长度不得小于设计插接长度。

7.4.3 钢管电杆连接后，其分段及整根电杆的弯曲均不应超过其对应长度的2‰。

7.4.4 架线后，直线电杆的倾斜不应超过杆高的5‰，转角杆组立前宜向受力侧预倾斜，预倾斜值应由设计确定。

7.5 拉线

7.5.1 拉线盘的埋设深度和方向，应符合设计要求。拉线棒与拉线盘应垂直，连接处应采用双螺母，其外露地面部分的长度应为500mm～700mm。

7.5.2 拉线的安装应符合下列规定：

1 安装后对地平面夹角与设计值的允许偏差，应符合下列规定：

1）35kV～66kV 架空电力线路不应大于1°。

2）10kV 及以下架空电力线路不应大于3°。

3）特殊地段应符合设计要求。

2 承力拉线应与线路方向的中心线对正；分角拉线应与线路分角线方向对正；防风拉线应与线路方向垂直。

3 当采用UT型线夹及楔形线夹固定安装时，应符合下列规定：

1）安装前丝扣上应涂润滑剂。

2）线夹舌板与拉线接触应紧密，受力后无滑动现象，线夹凸肚在尾线侧，安装时不应损伤线股，线夹凸肚朝向应统一。

3）楔形线夹处拉线尾线应露出线夹200mm～300mm，用直径2mm镀锌铁线与主拉线绑扎20mm；楔形UT线夹处拉线尾线应露出线夹300mm～500mm，用直径2mm镀锌铁线与主拉线绑扎40mm。拉线回弯部分不应有明显松脱、灯笼，不得用钢线卡子代替镀锌铁线绑扎。

4）当同一组拉线使用双线夹并采用连板时，其尾线端的方向应统一。

5）UT型线夹或花篮螺栓的螺杆应露扣，并应有不小于1/2螺杆丝扣长度可供调紧，调整后，UT型线夹的双螺母应并紧，花篮螺栓应封固，应有防卸措施。

4 当采用绑扎固定安装时，应符合下列规定：

1）拉线两端应设置心形环。

2）钢绞线拉线，应采用直径不大于3.2mm的镀锌铁线绑扎固定。绑扎应整齐、紧密，最小缠绕长度应符合表7.5.2-1的规定。

表7.5.2-1　最小缠绕长度

钢绞线截面（mm^2）	最小缠绕长度（mm）				
	上段	中段有绝缘子的两端	与拉棒连接处		
			下端	花缠	上端
25	200	200	150	250	80
35	250	250	200	250	80
50	300	300	250	250	80

5 采用压接型线夹的拉线，安装时应符合现行行业标准《输变电工程架空导线及地线液压压接工艺规程》DL/T 5285的规定。

6 采用预绞式拉线耐张线夹安装时，应符合下列规定：

1）剪断钢绞线前，端头应用铁绑线进行绑扎，剪断口应平齐。

2）将钢绞线端头与预绞式线夹起缠标识对齐，先均匀缠绕长腿至还剩两个节距。

3）应将短腿穿过心形环槽或拉线绝缘子，使两条腿标识对齐后，缠绕短腿至还剩两个节距。当拉线绝缘子外形尺寸较大时，预绞式线夹铰接起点不得越过远端铰接标识点。

4）将两条腿尾部拧开，应进行单丝缠绕扣紧到位。

5）重复拆装不应超过2次。

7 拉线绝缘子及钢线卡子的安装应符合下列规定：

1）镀锌钢绞线与拉线绝缘子、钢线卡子宜采用表7.5.2-2所列配套安装。

表7.5.2-2　镀锌钢绞线与拉线绝缘子、钢线卡子配套安装

拉线型号	拉线绝缘子型号	钢线卡子型号	拉线绝缘子每侧安装钢卡数量（只）
GJ-25～35	J-45	JK-1	3
GJ-50	J-54	JK-2	4
GJ-70	J-70		
GJ-95～120	J-90	JK-3	5

2）靠近拉线绝缘子的第一个钢线卡子，其U形环应压在拉线尾线侧。

3）在两个钢线卡子之间的平行钢绞线夹缝间，应加装配套的铸铁垫块，相互间距宜为100mm～150mm。

4）钢线卡子螺母应拧紧，拉线尾线端部绑线不拆除。

5）混凝土电杆的拉线在装设绝缘子时，在断拉线情况下，拉线绝缘子距地面不应小于2.5m。

8 采用绝缘钢绞线的拉线，除满足一般拉线的安装要求外，应选用规格型号配套的UT型线夹及楔形线夹进行固定，不应损伤绝缘钢绞线的绝缘层。

7.5.3 跨越道路的水平拉线与拉桩杆的安装应符合下列规定：

1 拉桩杆的埋设深度，当设计无要求，采用坠线时，不应小于拉线柱长的1/6；采用无坠线时，应按其受力情况确定。

2 拉桩杆应向受力反方向倾斜，倾斜角宜为10°～20°。

3 拉桩杆与坠线夹角不应小于30°。

4 拉线抱箍距拉桩杆顶端应为250mm～300mm，拉桩杆的拉线抱箍距地距离不应少于4.5m。

5 跨越道路的拉线，除应满足设计要求外，均应设置反光标识，对路边的垂直距离不宜小于6m。

6 坠线采用镀锌铁线绑扎固定时，最小缠绕长度应符合本规范表7.5.2-1的规定。

7.5.4 当一基电杆上装设多条拉线时，各条拉线的受力应一致。

7.5.5 杆塔的拉线应在监视下对称调整。

7.5.6 对一般杆塔的拉线应及时进行调整收紧。对设计有初应力规定的拉线，应按设计要求的初应力允许范围且观察杆塔倾斜不超过允许值的情况下进行安装与调整。

7.5.7 架线后应对全部拉线进行复查和调整，拉线安装后应符合下列规定：

1 拉线与拉线棒应呈一直线。

2 X型拉线的交叉点处应留足够的空隙。

3 组合拉线的各根拉线应受力均衡。

7.5.8 拉线应避免设在通道处，当无法避免时应在拉线下部设反光标志，且拉线上部应设绝缘子。

7.5.9 顶（撑）杆的安装应符合下列规定：

1 顶杆底部埋深不宜小于0.5m，应采取防沉措施。

2 与主杆之间夹角应满足设计要求，允许偏差应为±5°。

3 与主杆连接应紧密、牢固。

8　架线工程

8.1　一般规定

8.1.1 放线前应编制架线施工技术文件。

8.1.2 放线过程中，对展放的导线或架空地线应按本规范第

3.4.1条进行外观检查，且应符合下列规定：

1 导线或架空地线的型号、规格应符合设计要求。

2 对制造厂在线上设有损伤或断头标志的地方，应查明情况妥善处理。

8.1.3 跨越电力线、弱电线路、铁路、公路、索道及通航河流时，应编制跨越施工技术措施。导线或架空地线在跨越档内接头应符合设计要求。当设计无规定时，应符合本规范表A.0.7的规定。

8.1.4 放线滑轮的使用应符合下列规定：

1 轮槽尺寸及所用材料应与导线或架空地线相适应。

2 导线放线滑轮轮槽底部的轮径，应符合现行行业标准《放线滑轮基本要求、检验规定及测试方法》DL/T 685的规定。展放镀锌钢绞线架空地线时，其滑轮轮槽底部的轮径与所放钢绞线直径之比不宜小于15。

3 张力展放导线用的滑轮除应符合现行行业标准《放线滑轮基本要求、检验规定及测试方法》DL/T 685的规定外，其轮槽宽应能顺利通过接续管及其护套。轮槽应采用挂胶或其他韧性材料。滑轮的磨阻系数不应大于1.01。

4 对严重上扬、下压或垂直档距很大处的放线滑轮应进行验算，必要时应采用特制的结构。

5 应采用滚动轴承滑轮，使用前应进行检查并确保转动灵活。

8.1.5 架空绝缘导线的架设应选择在干燥的天气进行，气温应符合绝缘线制造厂的规定。

8.1.6 绝缘导线应在放线施工前后进行外观检查和绝缘电阻的测量，绝缘电阻值应合格，绝缘层应无损伤。

8.1.7 放、紧线过程中，导线不得在地面、杆塔、横担、架构、绝缘子及其他物体上拖拉，对牵引线头应设专人看护。

8.1.8 对已展放的导线和地线应进行外观检查，导线和地线不应有散股、磨伤、断股、扭曲、金钩等缺陷。

8.2 非张力放线

8.2.1 由于条件限制不适于采用张力放线的线路工程及部分改建、扩建工程，可采用人力或机械牵引放线。

8.2.2 当采用绝缘线架设时，应符合下列规定：

1 展放中不应损伤导线的绝缘层和出现扭、弯等现象。

2 导线固定应牢固可靠，当采用蝶式绝缘子作耐张且用绑扎方式固定时，绑扎长度应符合本规范第8.6.2条的规定。

3 接头应符合本规范第8.4.13条的规定，破口处应进行绝缘处理。

8.2.3 导地线的修补应符合现行行业标准《架空输电线路导地线补修导则》DL/T 1069的有关规定。

8.2.4 导线损伤补修处理标准和处理方法应符合表8.2.4-1和表8.2.4-2的规定。

表8.2.4-1 导线损伤补修处理标准

导线损伤情况		处理方法
钢芯铝绞线与钢芯铝合金绞线	铝绞线铝合金绞线	
导线在同一处的损伤同时符合下列情况时： 1. 铝、铝合金单股损伤深度小于股直径的1/2； 2. 钢芯铝绞线及钢芯铝合金绞线损伤截面积为导电部分截面积的5%及以下，且强度损失小于4%； 3. 单金属绞线损伤截面积为4%及以下		不作修补，只将损伤处棱角与毛刺用0#砂纸磨光
导线在同一处损伤的程度已经超过不作修补的规定，但因损伤导致强度损失不超过总拉断力5%，且截面积损伤又不超过总导电部分截面积的7%时	导线在同一处损伤的程度已经超过不作修补的规定，但因损伤导致强度损失不超过总拉断力的5%时	以缠绕或补修预绞丝修理
导线在同一处损伤的强度损失已经超过总拉断力的5%，但不足17%，且截面积损伤也不超过导电部分截面积的25%时	导线在同一处损伤，强度损失超过总拉断力的5%，但不足17%时	以补修管补修
1. 导线损失的强度或损伤的截面积超过本规范采用补修管补修的规定时； 2. 连续损伤的截面积或损失的强度都没有超过本规范以补修管补修的规定，但其损伤长度已超过补修管的能补修范围； 3. 复合材料的导线钢芯有断股； 4. 金钩、破股已使钢芯或内层铝股形成无法修复的永久变形		全部割去，重新以接续管连接

表8.2.4-2 导线损伤补修处理方法

补修方式	处理方法
采用缠绕处理	1. 将受伤处线股处理平整； 2. 缠绕材料应为铝单丝，缠绕应紧密，回头应绞紧，处理平整，其中心应位于损伤最严重处，并应将受伤部分全部覆盖；其长度不得小于100mm
采用预绞丝处理	1. 将受伤处线股处理平整； 2. 补修预绞丝长度不得小于3个节距，或符合现行国家标准《预绞丝》GB 2337中的规定； 3. 补修预绞丝应与导线接触紧密，其中心应位于损伤最严重处，并应将损伤部位全部覆盖
采用补修管处理	1. 将损伤处的线股先恢复原绞制状态。线股处理平整； 2. 补修管的中心应位于损伤最严重处。需补修的范围应位于管内各20mm； 3. 补修管可采用钳压或液压，其操作应符合本规范第8.4节中有关压接的要求

8.2.5 用作架空地线的镀锌钢绞线，其损伤处理标准应符合表8.2.5的规定。

表8.2.5 镀锌钢绞线损伤处理标准

绞线股数	处理方法		
	用镀锌铁线缠绕	用修补管补修	割断重接
7	—	断1股	断2股及金钩、破股等形成的永久变形
19	断1股	断2股	断3股及金钩、破股等形成的永久变形

8.2.6 绝缘导线损伤补修处理应符合表 8.2.6 的规定。

表 8.2.6　　绝缘导线损伤补修处理标准

绝缘导线损伤情况	处理方法
在同一截面内，损伤面积超过线芯导电部分截面的17%，或钢芯断一股	锯断重接
1. 绝缘导线截面损伤不超过导电部分截面的 17%，可敷线修补，敷线长度应超过损伤部分，每端缠绕长度超过损伤部分不小于 100mm； 2. 若截面损伤在导电部分截面的 6%以内，损伤深度在单股线直径的 1/3 之内，应用同金属的单股线在损伤部分缠绕，缠绕长度应超出损伤部分两端各 30mm	敷线修补
1. 绝缘层损伤深度在绝缘层厚度的 10%及以上时应进行绝缘修补。可用绝缘自粘带缠绕，每圈绝缘自粘带间搭压带宽的 1/2，补修后绝缘自粘带的厚度应大于绝缘层损伤深度，且不少于两层；也可用绝缘护罩将绝缘层损伤部位罩好，并将开口部位用绝缘自粘带缠绕封住； 2. 一个档距内，单根绝缘线绝缘层的损伤修补不宜超过 3 处	绝缘自粘带缠绕

8.3　张力放线

8.3.1 在张力放线的操作中除应符合现行行业标准《超高压架空输电线路张力架线施工工艺导则》SDJJS 2 的规定外，尚应符合下列规定：

1 设计文件中明确张力放线的应采用张力放线。

2 35kV～66kV 线路工程的导线展放宜采用张力放线。

3 非钢绞线的架空地线宜采用张力放线。

8.3.2 张力机尾线轴架的制动力与反转力应与张力机匹配，张力机放线主卷筒槽底直径 D 应按下式计算：

$$D \geqslant 40d-100 \qquad (8.3.2)$$

式中：d——导线直径（mm）。

8.3.3 张力放线区段的长度不宜超过 20 个放线滑轮的线路长度，当无法满足规定时，应采取防止导线在展放中受压损伤及接续管出口处导线损伤的特殊施工措施。

8.3.4 张力放线通过重要跨越地段时，宜适当缩短张力放线区段长度。

8.3.5 直线接续管通过滑轮时，应加装保护套防止接续管弯曲。

8.3.6 牵引场应顺线路布置。当受地形限制时，牵引场可通过转向滑轮进行转向布置。张力场不宜转向布置，特殊情况下需转向布置时，转向滑轮的位置及角度应满足张力架线的要求。

8.3.7 每相导线放完，应在牵张机前将导线临时锚固，锚线的水平张力不应超过导线设计计算拉断力的 16%，锚固时导线与地面净空距离不应小于 5m。

8.3.8 张力放线、紧线及附件安装时，应防止导线损伤，在容易产生损伤处应采取防止措施。导线损伤的处理应符合下列规定：

1 外层导线线股有轻微擦伤，其擦伤深度不超过单股直径的 1/4，且截面积损伤不超过导电部分截面积的 2%时，可不补修；应使用不粗于 0# 细砂纸磨光表面棱刺。

2 当导线损伤已超过轻微损伤，但在同一处损伤的强度损失尚不超过总拉断力的 8.5%，且损伤截面积不超过导电部分截面积的 12.5%时，应为中度损伤。中度损伤应采用补修管进行补修，补修时应符合本规范第 8.2.3 条、第 8.2.4 条的规定。

3 有下列情况之一时应定为严重损伤：

1）强度损失超过设计计算拉断力的 8.5%。

2）截面积损伤超过导电部分截面积的 12.5%。

3）损伤的范围超过一个补修管允许补修的范围。

4）钢芯有断股。

5）金钩、破股已使钢芯或内层线股形成无法修复的永久变形。

4 达到严重损伤时，应将损伤部分全部锯掉，并应用接续管将导线重新连接。

8.4　连接

8.4.1 不同金属、不同规格、不同绞制方向的导线或架空地线，不得在一个耐张段内连接。

8.4.2 当导线或架空地线采用液压连接时，操作人员应经过培训及考试合格、持有操作许可证。连接完成并自检合格后，应在压接管上打上操作人员的钢印。

8.4.3 导线或架空地线，应使用合格的电力金具配套接续管及耐张线夹进行连接。连接后的握着强度，应在架线施工前进行试件试验。试件不得少于 3 组（允许接续管与耐张线夹合为一组试件）。其试验握着强度不得小于导线或架空地线设计计算拉断力的 95%。

对小截面导线采用螺栓式耐张线夹及钳压管连接时，其试件应分别制作。螺栓式耐张线夹的握着强度不得小于导线设计计算拉断力的 90%。钳压管直线连接的握着强度，不得小于导线设计计算拉断力的 95%。架空地线的连接强度应与导线相对应。

8.4.4 采用液压连接，工期相近的不同工程，当采用同制造厂、同批量的导线、架空地线、接续管、耐张线夹及钢模完全没有变化时。可免做重复性试验。

8.4.5 导线切割及连接应符合下列规定：

1 切割导线铝股时不得伤及钢芯。

2 切口应整齐。

3 导线及架空地线的连接部分不得有线股绞制不良、断股、缺股等缺陷。

4 连接后管口附近不得有明显的松股现象。

8.4.6 采用钳压或液压连接导线时，导线连接部分外层铝股在洗擦后应薄薄地涂上一层电力复合脂，并应用细钢丝刷清刷表面氧化膜，应保留电力复合脂进行连接。

8.4.7 各种接续管、耐张管及钢锚连接前应测量管的内、外直径及管壁厚度，其质量应符合现行国家标准《电力金具通用技术条件》GB/T 2314 的规定。不合格者，不得使用。

8.4.8 接续管及耐张线夹压接后应检查外观质量，并应符合下列规定：

1 用精度不低于 0.1mm 的游标卡尺测量压后尺寸，各种液压管压后对边距尺寸的最大允许值 S 可按下式计算，但三个对边距应只允许有一个达到最大值，超过规定时应更换钢模重压：

$$S=0.866\times(0.993D)+0.2 \qquad (8.4.8)$$

式中：D——管外径（mm）。

2 飞边、毛刺及表面未超过允许的损伤，应锉平并用0#砂纸磨光。

3 弯曲度不得大于2%，有明显弯曲时应校直。

4 校直后的接续管有裂纹时，应割断重接。

5 裸露的钢管压后应涂防锈漆。

8.4.9 在一个档距内每根导线或架空地线上不应超过一个接续管和三个补修管，当张力放线时不应超过两个补修管，并应符合下列规定：

1 各类管与耐张线夹出口间的距离不应小于15m。

2 接续管或补修管与悬垂线夹中心的距离不应小于5m。

3 接续管或补修管与间隔棒中心的距离不宜小于0.5m。

4 宜减少因损伤而增加的接续管。

8.4.10 钳压的压口位置及操作顺序应符合要求（图8.4.10）。连接后端头的绑线应保留。

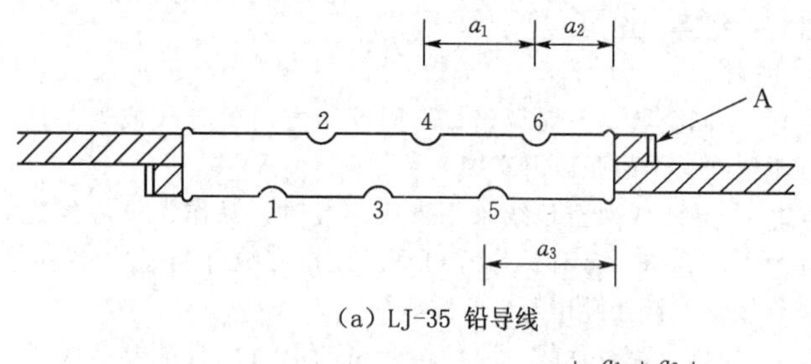

(a) LJ-35 铝导线

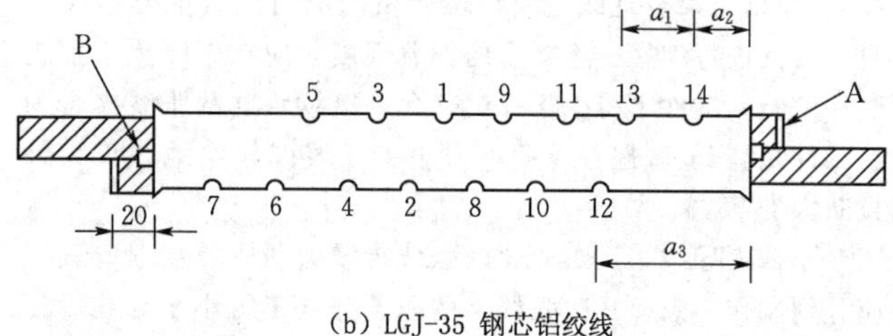

(b) LGJ-35 钢芯铝绞线

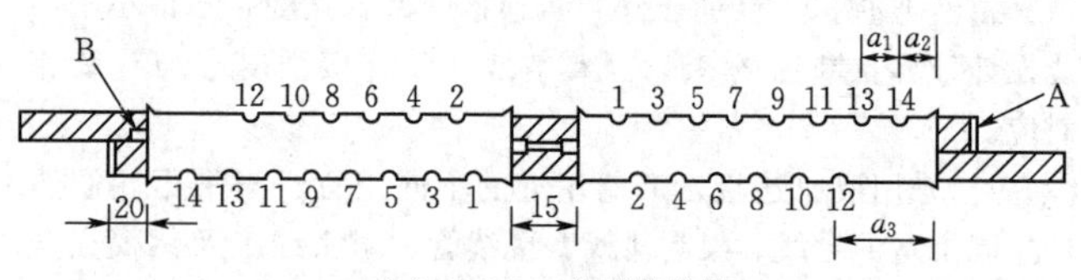

(c) LGJ-240 钢芯铝绞线

图8.4.10 钳压管连接

A—绑线；B—垫片；1、2、3……—操作顺序

8.4.11 钳压管压口数及压后尺寸应符合表8.4.11的规定。铝绞线钳接管压后尺寸允许偏差应为±1.0mm；钢芯铝绞线钳接管压后尺寸允许偏差应为±0.5mm。

表8.4.11 钳压管压口数及压后尺寸

导线型号		压口数	压后尺寸 D（mm）	钳压部位尺寸（mm）		
				a_1	a_2	a_3
铝绞线	LJ-16	6	10.5	28	20	34
	LJ-25	6	12.5	32	20	36
	LJ-35	6	14.0	36	25	43
	LJ-50	8	16.5	40	25	45
	LJ-70	8	19.5	44	28	50
	LJ-95	10	23.0	48	32	56
	LJ-120	10	26.0	52	33	59
	LJ-150	10	30.0	56	34	62
	LJ-185	10	33.5	60	35	65

续表

导线型号		压口数	压后尺寸 D（mm）	钳压部位尺寸（mm）		
				a_1	a_2	a_3
钢芯铝绞线	LGJ-16/3	12	12.5	28	14	28
	LGJ-25/4	14	14.5	32	15	31
	LGJ-35/6	14	17.5	34	42.5	93.5
	LGJ-50/8	16	20.5	38	48.5	105.5
	LGJ-70/10	16	25.0	46	54.5	123.5
	LGJ-95/20	20	29.0	54	61.5	142.5
	LGJ-120/20	24	33.0	62	67.5	160.5
	LGJ-150/20	24	36.0	64	70	166
	LGJ-185/25	26	39.0	66	74.5	173.5
	LGJ-240/30	2×14	43.0	62	68.5	161.5

8.4.12 1kV及以下架空电力线路的导线，当采用缠绕方法连接时，连接部分的线股应缠绕良好，不应有断股、松股等缺陷。

8.4.13 绝缘导线的连接不得缠绕，应采用专用的线夹、接续管连接；绝缘导线连接后应进行绝缘处理；绝缘导线的全部端头、接头应进行绝缘护封，不得有导线、接头裸露，防止进水、进潮；绝缘导线接头应进行屏蔽处理。

8.4.14 绝缘导线的承力接头的连接应采用钳压法、液压法施工，在接头处应安装绝缘护套，绝缘护套管径应为被处理部位接续管的1.5倍～2.0倍。

8.4.15 绝缘导线承力接续应符合下列规定：

1 不同金属、不同规格、不同绞向的导线不得在档距内承力连接。

2 新建线路在一个档距内，每根导线不得超过一个接头。

3 导线接头距导线固定点不应小于0.5m。

4 10kV绝缘线及低压绝缘线在档距内承力连接宜采用液压对接接续管。

5 铜绞线在档距内承力连接可采用液压对接接续管。

8.4.16 绝缘导线剥离绝缘层、半导体层时应使用专用切削工具，不得损伤导线，绝缘层剥离长度应与连接金具长度相同，误差不应大于+10mm，绝缘层切口处应有45°倒角。

8.5 紧线

8.5.1 紧线应在基础混凝土强度达到100%后施工，并应在全紧线段内杆塔已全部检查合格后再进行。

8.5.2 紧线施工前应根据施工荷载验算耐张、转角型杆塔强度，必要时应装设临时拉线或进行补强。采用直线杆塔紧线时，应采用设计允许的杆塔做紧线临锚杆塔。

8.5.3 弧垂观测档的选择应符合下列规定：

1 紧线段在5档及以下时应靠近中间选择1档。

2 紧线段在6档～12档时应靠近两端各选择1档。

3 紧线段在12档以上时靠近两端及中间可选3档～4档。

4 观测档宜选档距较大和悬挂点高差较小及接近代表档距的线档。

5 弧垂观测档的数量可根据现场条件增加，但不得减少。

8.5.4 观测弧垂时的实测温度应能代表导线或架空地线的温度，温度应在观测档内实测。

8.5.5 挂线时对于孤立档、较小耐张段过牵引长度应符合设计要求；设计无要求时，应符合下列规定：

1 耐张段长度大于 300m 时，过牵引长度不宜超过 200mm。

2 耐张段长度为 200m～300m 时，过牵引长度不宜超过耐张段长度的 0.5‰。

3 耐张段长度小于 200m 时，过牵引长度应根据导线的安全系数不小于 2 的规定进行控制，变电所进出口档除外。

8.5.6 绝缘线紧线时不宜过牵引，应使用牵引网套或面接触的卡线器，并应在绝缘线上缠绕塑料或橡皮包带。

8.5.7 紧线弧垂在挂线后应随即在该观测档检查，其允许偏差应符合下列规定：

1 弧垂允许偏差应符合表 8.5.7 的规定。

表 8.5.7 弧垂允许偏差

线路电压等级	10kV 及以下	35kV～66kV
允许偏差	±5%	+5%，−2.5%

2 跨越通航河流的跨越档弧垂允许偏差应为±1%，其正偏差不应超过 1m。

8.5.8 导线或架空地线各相间的弧垂应保持一致，当满足本规范第 8.5.7 条的弧垂允许偏差标准时，各相间弧垂的相对偏差最大值应符合下列规定：

1 相间弧垂相对偏差最大值应符合表 8.5.8 的规定。

2 跨越通航河流跨越档的相间弧垂相对偏差最大值，不应大于 500mm。

表 8.5.8 相间弧垂相对偏差最大值

线路电压等级	10kV 及以下	35kV～66kV
相间弧垂允许偏差最大值（mm）	50	200

注：对架空地线指两水平排列的同型线间。

8.5.9 相分裂导线同相子导线的弧垂应力求一致，在满足本规范第 8.5.7 条弧垂允许偏差标准时，其相对偏差应符合下列规定：

1 不安装间隔棒的垂直双分裂导线，同相子导线间不得大于 100mm。

2 安装间隔棒的其他形式分裂导线同相子导线间不得大于 80mm。

8.5.10 架线后应测量导线对被跨越物的净空距离，计入导线蠕变伸长换算到最大弧垂时应符合设计要求。

8.5.11 连续上（下）山坡时的弧垂观测，当设计有要求时应按设计要求进行观测。

8.5.12 导线架设后，线上不应有树枝等杂物。导线对地及交叉跨越安全距离，应符合设计和本规范附录 A 的有关要求。

8.6 附件安装

8.6.1 导线的固定应牢固、可靠，且应符合下列规定：

1 直线转角杆。对针式绝缘子，导线应固定在转角外侧的槽内；对瓷横担绝缘子导线应固定在第一裙内。

2 直线跨越杆导线应双固定，导线本体不应在固定处出现角度。

3 裸铝导线在绝缘子或线夹上固定应缠绕铝包带，缠绕长度应超出接触部分 30mm。铝包带的缠绕方向应与外层线股的绞制方向一致。

8.6.2 10kV 及以下架空电力线路的裸铝导线在蝶式绝缘子上作耐张且采用绑扎方式固定时，绑扎长度应符合表 8.6.2 的规定。

表 8.6.2 绑扎长度

导线截面（mm^2）	绑扎长度（mm）
LJ-50、LGJ-50 及以下	≥150
LJ-70、LGJ-70	≥200
低压绝缘线 $50mm^2$ 及以下	≥150

8.6.3 10kV～66kV 架空电力线路当采用并沟线夹连接引流线时，线夹数量不应少于 2 个。连接面应平整、光洁。导线及并沟线夹槽内应清除氧化膜，并应涂电力复合脂。

8.6.4 10kV 及以下架空电力线路的引流线（或跨接线）之间、引流线与主干线之间的连接，应符合下列规定：

1 不同金属导线的连接应有可靠的过渡金具。

2 同金属导线，当采用绑扎连接时，引流线绑扎长度应符合表 8.6.4 的规定。

3 绑扎连接应接触紧密、均匀、无硬弯，引流线应呈均匀弧度。

4 当不同截面导线连接时，其绑扎长度应以小截面导线为准。

表 8.6.4 引流线绑扎长度值

导线截面（mm^2）	绑扎长度（mm）
35 及以下	≥150
50	≥200
70	≥250

8.6.5 绑扎用的绑线，应选用与导线同金属的单股线，其直径不应小于 2.0mm。

8.6.6 3kV～10kV 架空电力线路的引下线与 3kV 以下线路导线之间的距离，不宜小于 200mm。3kV～10kV 架空电力线路的过引线、引下线与邻导线之间的最小间隙，不应小于 300mm；3kV 以下架空电力线路，不应小于 150mm。采用绝缘导线的架空电力线路，其最小间隙可结合地区运行经验确定。

8.6.7 架空电力线路的导线与杆塔构件、拉线之间的最小间隙，35kV 时不应小于 600mm；3kV～10kV 时不应小于 200mm；3kV 以下时不应小于 100mm。

8.6.8 绝缘子安装前应逐个表面清洗干净，并应逐个、逐串进行外观检查。安装时应检查碗头、球头与弹簧销子之间的间隙。在安装好弹簧销子的情况下球头不得自碗头中脱出。验收前应清除瓷、玻璃表面的污垢。有机复合绝缘子伞套的表面不应有开裂、脱落、破损等现象，绝缘子的芯棒与端部附件不应有明显的歪斜。

8.6.9 安装针式绝缘子、线路柱式绝缘子时应加平垫及弹簧垫圈，安装应牢固。

8.6.10 安装悬式、蝴蝶式绝缘子时，绝缘子安装应牢固，并应连接可靠，安装后不应积水。与电杆、横担及金具应无卡压现象，悬式绝缘子裙边与带电部位的间隙不应小于 50mm。

8.6.11 金具的镀锌层有局部碰损、剥落或缺锌时，应除锈后补刷防锈漆。

8.6.12 采用张力放线时，其耐张绝缘子串的挂线宜采用高空断线、平衡挂线法施工。

8.6.13 弧垂合格后应及时安装附件，附件（包括防振装置）安装时间不应超过5d。永久性防振装置难于立即安装时，应会同设计单位采取临时防振措施。

8.6.14 附件安装时应采取防止工器具碰撞有机复合绝缘子伞套的措施，在安装中不得踩踏有机复合绝缘子上下导线。

8.6.15 悬垂线夹安装后，绝缘子串应垂直地平面，其在顺线路方向与垂直位置的偏移角不应超过5°，连续上（下）山坡处杆塔上的悬垂线夹的安装位置应符合设计要求。

8.6.16 绝缘子串、导线及架空地线上的各种金具上的螺栓、穿钉及弹簧销子，除有固定的穿向外，其余穿向应统一，并应符合下列规定：

1 单、双悬垂串上的弹簧销子应一律由电源侧向受电侧穿入。使用W型弹簧销子时，绝缘子大口应一律朝电源侧；使用R型弹簧销子时，大口应一律朝受电侧。螺栓及穿钉凡能顺线路方向穿入者应一律由电源侧向受电侧穿入，特殊情况两边线应由内向外，中线应由左向右穿入。

2 耐张串上的弹簧销子、螺栓及穿钉应一律由上向下穿；当使用W弹簧销子时，绝缘子大口应一律向上；当使用R弹簧销子时，绝缘子大口应一律向下，特殊情况两边线可由内向外，中线可由左向右穿入。

3 当穿入方向与当地运行单位要求不一致时，可按运行单位的要求安装，但应在开工前明确规定。

8.6.17 金具上所用的闭口销的直径应与孔径相配合，且弹力应适度。

8.6.18 各种类型的铝质绞线，在与金具的线夹夹紧时，除并沟线夹及使用预绞丝护线条外，安装时应在铝股外缠绕铝包带，缠绕时应符合下列规定：

1 铝包带应缠绕紧密，其缠绕方向应与外层铝股的绞制方向一致。

2 所缠铝包带应露出线夹，但不应超过10mm，其端头应回缠绕于线夹内压住。

8.6.19 安装预绞丝护线条时，每条的中心与线夹中心应重合，对导线包裹应紧固。

8.6.20 防振锤及阻尼线与被连接的导线或架空地线应在同一铅垂面内，设计有特殊要求时应按设计要求安装。其安装距离偏差应为±30mm。

8.6.21 绝缘架空地线放电间隙的安装距离偏差应为±2mm。

8.6.22 柔性引流线应呈近似悬链线状自然下垂，其对杆塔及拉线等的电气间隙应符合设计要求。使用压接引流线时其中间不得有接头。刚性引流线的安装应符合设计要求。

8.6.23 铝制引流连板及并沟线夹的连接面应平整、光洁，安装应符合下列规定：

1 安装前应检查连接面是否平整，耐张线夹引流连板的光洁面应与引流线夹连板的光洁面接触。

2 应用汽油洗擦连接面及导线表面污垢，并应涂上一层电力复合脂，应用细钢丝刷清除有电力复合脂的表面氧化膜。

3 应保留电力复合脂，并应逐个均匀地拧紧连接螺栓。螺栓的扭矩应符合产品说明书的技术要求。

8.7 光缆架设

8.7.1 光缆盘运输到现场指定卸货点后，应进行下列项目的检查和验收：

1 光缆的品种、型号、规格。

2 光缆盘号及长度。

3 光纤衰减值（由指定的专业人员检测）。

4 光缆端头密封的防潮封口有无松脱现象。

8.7.2 光缆盘应直立装卸、运输及存放，不得平放。

8.7.3 光缆的架线施工应符合下列规定：

1 光缆架线施工应采用张力放线方法。

2 选择放线区段长度应与线盘长度相适应，不宜两盘及以上连接后展放。

8.7.4 除设计另有要求外，张力放线机主卷筒槽底直径不应小于光缆直径的70倍，且不得小于1m。

8.7.5 除设计另有要求外，放线滑轮槽底直径不应小于光缆直径的40倍，且不得小于500mm。滑轮槽应采用挂胶或其他韧性材料。滑轮的磨阻系数不应大于1.015。

8.7.6 牵张场的位置应保证进出线仰角满足厂家要求。仰角不宜大于25°，其水平偏角应小于7°。

8.7.7 放线滑轮在放线过程中，其包络角不得大于60°。

8.7.8 牵引绳与光纤复合架空地线的连接应通过旋转连接器、专用编织套或按出厂说明书要求连接。

8.7.9 张力牵引过程中，初始速度应控制在5m/min以内。正常运转后牵引速度不宜超过60m/min。

8.7.10 牵引时应控制放线张力。在满足对交叉跨越物及地面距离时的情况下，宜采取低张力展放。

8.7.11 牵张设备应可靠接地。牵引过程中牵张机的导引绳和光纤复合架空地线出口处应挂接地滑轮。

8.7.12 牵张场临锚时光缆落地处应有隔离保护措施，收余线时，不得拖放。

8.7.13 紧线时，应使用专用夹具。

8.7.14 光纤的熔接应由专业人员操作。

8.7.15 光纤的熔接应符合下列要求：

1 剥离光纤的外层套管、骨架时不得损伤光纤。

2 安装接线盒时螺栓应紧固，橡皮封条应安装到位。

3 光纤熔接后应进行接头光纤衰减值测试，不合格者应重接。

4 雨天、大风、沙尘或空气湿度过大时不应熔接。

8.7.16 光缆引下线夹具的安装应保证光缆顺直、圆滑，不得有硬弯、折角。

8.7.17 紧线完成后应及时安装附件，光缆在滑轮中的停留时间不宜超过48h。附件安装后，当不能立即接头时，光纤端头应做密封处理。

8.7.18 附件安装前光缆应接地。提线时与光缆接触的工具应包橡胶或缠绕铝包带，不得以硬质工具接触光缆表面。

8.7.19 施工全过程中，光纤复合架空地线的曲率半径不得小于设计和制造厂的规定。

8.7.20 光缆的紧线、附件安装，除本节的规定外应符合本规范第8.5节、第8.6节的有关规定。

8.7.21 光纤复合架空地线在同一处损伤、强度损失不超过总拉断力的17%时，应用光纤复合架空地线专用预绞丝补修。

9 接地工程

9.0.1 接地体埋设深度和防腐应符合设计要求。

9.0.2 接地装置应按设计图敷设，受地质地形条件限制时可作局部修改，但不论修改与否均应在施工质量验收记录中绘制接地装置敷设简图并标示相对位置和尺寸。原设计图形为环形者仍应呈环形。

9.0.3 接地装置的连接应可靠。连接前，应清除连接部位的铁锈及其附着物。

9.0.4 采用水平敷设的接地体，应符合下列规定：

1 遇倾斜地形宜沿等高线敷设。

2 两接地体间的平行距离不应小于5m。

3 接地体铺设应平直。

4 对无法满足本条第1款～第3款要求的特殊地形，应与设计协商解决。

9.0.5 采用垂直接地体时，应垂直打入，并应与土壤保持良好接触。

9.0.6 接地体的连接采用搭接焊时，应符合下列规定：

1 扁钢的搭接长度不应小于宽度的2倍，应四面施焊。

2 圆钢的搭接长度不应小于其直径的6倍。应双面施焊。

3 圆钢与扁钢连接时，其搭接长度不应小于圆钢直径的6倍，应双面施焊。

4 扁钢与钢管、扁钢与角钢焊接时，除应在其接触部位两侧进行焊接外，并应辅以由钢带弯成的弧形或直角形，应与钢管或角钢焊接。

5 所有焊接部位均应进行防腐处理。

9.0.7 当接地圆钢采用液压压接方式连接时，其接续管的型号与规格应与所压圆钢匹配。接续管的壁厚不得小于3mm；搭接时接续管的长度不得小于圆钢直径的10倍，对接时接续管的长度不得小于圆钢直径的20倍。

9.0.8 接地引下线与接地体连接应接触良好可靠并便于解开进行测量接地电阻和检修。当引下线从架空地线上引下时，接地引下线应紧靠杆身，并应每隔一定距离与杆身固定。

9.0.9 架空线路杆塔的每一腿均应与接地体引下线连接。

9.0.10 接地电阻值应符合设计要求。

10 杆上电气设备

10.1 电气设备的安装

10.1.1 电气设备的安装，应符合下列规定：

1 安装前应对设备进行开箱检查，设备及附件应齐全无缺陷，设备的技术参数应符合设计要求，出厂试验报告应有效。

2 安装应牢固可靠。

3 电气连接应接触紧密，不同金属连接，应有过渡措施。

4 绝缘件表面应光洁，应无裂缝、破损等现象。

10.1.2 变压器的安装，应符合下列规定：

1 变压器台的水平倾斜不应大于台架根开的1/100。

2 变压器安装平台对地高度不应小于2.5m。

3 一、二次引线排列应整齐、绑扎牢固。

4 油枕、油位应正常，外壳应干净。

5 应接地可靠，接地电阻值应符合设计要求。

6 套管表面应光洁，不应有裂纹、破损等现象。

7 套管压线螺栓等部件应齐全，压线螺栓应有防松措施。

8 呼吸器孔道应通畅，吸湿剂应有效。

9 护罩、护具应齐全，安装应可靠。

10.1.3 跌落式熔断器的安装，应符合下列规定：

1 跌落式熔断器水平相间距离应符合设计要求。

2 跌落式熔断器支架不应探入行车道路，对地距离宜为5m，无行车碰触的郊区农田线路可降低至4.5m。

3 各部分零件应完整。

4 熔丝规格应正确，熔丝两端应压紧、弹力适中，不应有损伤现象。

5 转轴应光滑灵活，铸件不应有裂纹、砂眼、锈蚀。

6 熔丝管不应有吸潮膨胀或弯曲现象。

7 熔断器应安装牢固、排列整齐，熔管轴线与地面的垂线夹角应为15°～30°。

8 操作时应灵活可靠、接触紧密。合熔丝管时上触头应有一定的压缩行程。

9 上、下引线应压紧，线路导线线径与熔断器接线端子应匹配且连接紧密可靠。

10 动静触头应可靠扣接。

11 熔管跌落时不应危及其他设备及人身安全。

10.1.4 断路器、负荷开关和高压计量箱的安装，应符合下列规定：

1 断路器、负荷开关和高压计量箱的水平倾斜不应大于托架长度的1/100。

2 引线应连接紧密。

3 密封应良好，不应有油或气的渗漏现象，油位或气压应正常。

4 操作应方便灵活，分、合位置指示应清晰可见、便于观察。

5 外壳接地应可靠，接地电阻值应符合设计要求。

10.1.5 隔离开关安装，应符合下列规定：

1 分相安装的隔离开关水平相间距离应符合设计要求。

2 操作机构应动作灵活，合闸时动静触头应接触紧密，分闸时应可靠到位。

3 与引线的连接应紧密可靠。

4 安装的隔离开关，分闸时，宜使静触头带电。

5 三相连动隔离开关的分、合闸同期性应满足产品技术要求。

10.1.6 避雷器的安装，应符合下列规定：

1 避雷器的水平相间距离应符合设计要求。

2 避雷器与地面垂直距离不宜小于4.5m。

3 引线应短而直、连接紧密，其截面应符合设计要求。

4 带间隙避雷器的间隙尺寸及安装误差应满足产品技术要求。

5 接地应可靠，接地电阻值符合设计要求。

10.1.7 无功补偿箱的安装，应符合下列规定：

1 无功补偿箱安装应牢固可靠。

2 无功补偿箱的电源引接线应连接紧密，其截面应符合设计要求。

3 电流互感器的接线方式和极性应正确；引接线应连接牢固，其截面应符合设计要求。

4 无功补偿控制装置的手动和自动投切功能应正常可靠。

5 接地应可靠，接地电阻值应符合设计要求。

10.1.8 低压交流配电箱安装，应符合下列规定：

1 低压交流配电箱的安装托架应具有无法借助其攀登变压器台架的结构且安装牢固可靠。

2 配置无功补偿装置的低压交流配电箱，当电流互感器安装在箱内时，接线、投运正确性要求应符合本规范第10.1.7条的规定。

3 设备接线应牢固可靠，电线线芯破口应在箱内，进出线孔洞应封堵。

4 当低压空气断路器带剩余电流保护功能时，应使馈出线路的低压空气断路器的剩余电流保护功能投入运行。

10.1.9 低压熔断器和开关安装，其各部位接触应紧密，弹簧垫圈应压平，并应便于操作。

10.1.10 低压保险丝（片）安装，应符合下列规定：

1 应无弯折、压偏、伤痕等现象。

2 不得用线材代替保险丝（片）。

10.1.11 电气设备应采用颜色标志相位。相色应符合本规范第2.0.10条的规定。

10.2 电气设备的试验

10.2.1 电气设备试验项目应符合现行国家标准《电气装置安装工程电气设备交接试验标准》GB 50150的规定。

10.2.2 变压器的试验项目，应包括下列内容：

1 绝缘油试验或SF_6气体试验。

2 测量绕组连同套管的直流电阻。

3 检查所有分接头的电压比。

4 检查变压器的三相接线组别和单相变压器引出线的极性，应与设计要求、铭牌标记、外壳上的符号相符。

5 测量与铁芯绝缘连接片可拆开的各紧固件及有外引接地线的铁芯绝缘电阻。

6 有载调压切换装置的检查和试验。

7 测量绕组连同套管的绝缘电阻、吸收比。

8 短时工频耐受电压试验。

9 额定电压下的冲击合闸试验。

10 检查相位。

10.2.3 真空断路器的试验项目，应包括下列内容：

1 测量绝缘电阻。

2 测量导电回路的电阻。

3 短时工频耐受电压试验。

4 测量断路器主触头的分、合闸时间，测量分、合闸的同期性，测量合闸时触头的弹跳时间。

5 测量分、合闸线圈及合闸接触器线圈的绝缘电阻和直流电阻。

6 断路器操动机构的试验。

10.2.4 六氟化硫（SF_6）断路器的试验项目，应包括下列内容：

1 测量绝缘电阻。

2 测量导电回路的电阻。

3 短时工频耐受电压试验。

4 测量断路器的分、合闸时间。

5 测量断路器的分、合闸速度。

6 断路器主触头分、合闸的同期性测量。

7 断路器分、合闸线圈绝缘试验。

8 断路器操动机构的试验。

9 套管式电流互感器的试验。

10 测量断路器内SF_6气体的含水量。

11 密封性试验。

12 气体密度继电器、压力表和压力动作阀的检查。

10.2.5 隔离开关、负荷开关及跌落式熔断器的试验项目，应包括下列内容：

1 测量绝缘电阻。

2 测量高压限流熔丝管熔丝的直流电阻。

3 测量负荷开关导电回路的电阻。

4 短时工频耐压试验。

5 操动机构的试验。

10.2.6 电容器的试验项目，应包括下列内容：

1 测量绝缘电阻。

2 测量电容值。

3 并联电容器交流耐压试验。

4 额定电压下的冲击合闸试验。

10.2.7 金属氧化物避雷器试验项目，应包括下列内容：

1 测量金属氧化物避雷器及基座绝缘电阻。

2 无间隙金属氧化物避雷器，测量金属氧化物避雷器直流参考电压和0.75倍直流参考电压下的泄露电流。

3 无间隙金属氧化物避雷器，检查放电计数器动作情况及监视电流表指示。

4 有间隙金属氧化物避雷器，工频放电电压试验。

10.2.8 66kV及以下架空电力线路杆塔上电气设备交接试验报告统一格式，应符合本规范附录B的规定。

11 工程验收与移交

11.1 工程验收

11.1.1 工程验收应按隐蔽工程验收检查、中间验收和竣工验收的规定项目、内容进行。

11.1.2 隐蔽工程的验收检查应在隐蔽前进行。隐蔽工程的验收，应包括下列内容：

1 基础坑深及地基处理情况。

2 现浇基础中钢筋和预埋件的规格、尺寸、数量、位置、底座断面尺寸、混凝土的保护层厚度及浇筑质量。

3 预制基础中钢筋和预埋件的规格、数量、安装位置，立柱的组装质量。

4 岩石及掏挖基础的成孔尺寸、孔深、埋入铁件及混凝土浇筑质量。

5 底盘、拉盘、长盘的埋设情况。

6 灌注桩基础的成孔、清孔、钢筋骨架及水下混凝土浇筑。

7 液压连接接续管、耐张线夹、引流管等的检查，应包括下列内容：

1）连接前的内、外径，长度及连接后的对边距和长度。

2）管及线的清洗情况。

3）钢管在铝管中的位置。

4）钢芯与铝线端头在连接管中的位置。

8 导线、架空地线补修处理及线股损伤情况。

9 杆塔接地装置的埋设情况。

11.1.3 中间验收应按基础工程、杆塔组立、架线工程、接地工程和杆上电气设备进行。分部工程完成后可实施验收，也可分批进行。各分部工程的验收应包括下列内容：

1 基础工程应进行下列项目的验收：

1）以立方体试块为代表的现浇混凝土或预制混凝土构件的抗压强度。

2）整基基础尺寸偏差。

3）现浇基础断面尺寸。

4）同组地脚螺栓中心或插入式角钢形心对立柱中心的偏移。

5）回填土情况。

2 杆塔工程应进行下列项目的验收：

1）杆塔部件、构件的规格及组装质量。

2）混凝土电杆及钢管电杆焊接后的焊接弯曲度及焊口焊接质量。

3）混凝土电杆及钢管电杆的根开偏差、迈步及整基对中心桩的位移。

4）双立柱杆塔横担与主柱连接处的高差及主柱弯曲。

5）杆塔结构倾斜。

6）螺栓的紧固程度、穿向等。

7）拉线的方位和安装质量情况。

8）NUT线夹螺栓的可调范围。

9）保护帽浇筑质量。

10）防沉层情况。

3 架线工程应进行下列项目的验收：

1）导线及架空地线的弧垂。

2）绝缘子的规格、数量，绝缘子的清洁，悬垂绝缘子串的倾斜。

3）金具的规格、数量及连接安装质量，金具螺栓或销钉的规格、数量、穿向。

4）杆塔在架线后的挠曲。

5）引流线安装连接质量、弧垂及最小电气间隙。

6）绝缘架空地线的放电间隙。

7）接头、修补的位置及数量。

8）防振锤的安装位置、规格、数量及安装质量。

9）间隔棒的安装位置及安装质量。

10）导线对地及跨越物的安全距离。

11）线路对接近物的接近距离。

12）光缆有否受损，引下线及接续盒的安装质量。

13）光缆全程测试结果。

4 接地工程应进行下列项目的验收：

1）实测接地电阻值。

2）接地引下线与杆塔连接情况。

5 杆上电气设备应进行下列项目的验收：

1）设备及材料的型号、规格符合设计要求。

2）电器设备外观应完好无缺损，经试验合格。

3）设备接地符合设计要求。

4）相位正确无误。

5）设备标志齐全。

11.1.4 竣工验收应符合下列规定：

1 竣工验收应在隐蔽工程验收检查和中间验收全部结束后实施。

2 竣工验收除应确认工程的施工质量外，尚应包括下列内容：

1）线路走廊障碍物的处理情况。

2）杆塔固定标志。

3）临时接地线的拆除。

4）遗留问题的处理情况。

3 竣工验收除应验收实物质量外，尚应包括工程技术资料。

11.1.5 架空电力线路工程应经施工、监理、设计、建设及运行各方共同确认合格后再通过验收。

11.1.6 工程质量检查（检验）项目分类，应符合下列规定：

1 检查（检验）项目可分为关键项目、重要项目、一般项目与外观项目。

2 影响工程结构、性能、强度和安全性，且不易修复或处理的项目，应为关键项目。

3 影响寿命和可靠性，但可修补和返工处理的项目，应为重要项目。

4 一般不影响施工安装和运行安全，应为一般项目。

5 显示工艺水平，环境协调及美观，应为外观项目。

11.1.7 工程质量检查验收评定标准应分为合格与不合格两个等级。66kV及以下架空送电线路施工工程类别划分见附录C，单元工程、分项工程、分部工程、单位工程施工质量检查及验收记录表见附录D。

11.1.8 单元工程的质量评定，应符合下列规定：

1 合格应符合下列要求：

1）关键、重要、外观检查项目应100%达到合格级标准。

2）一般项目中，如有一项未能达到本规范规定，但不影响使用的，可评为合格级。

2 关键、重要、外观检查项目有一项或一般检查项目有两项及以上未达到本规范合格级等级，应为不合格。

11.1.9 分项工程的质量评定，应符合下列规定：

1 分项工程中单元工程应100%达到合格级标准，应为合格。

2 分项工程中有一个及以上单元工程未达到合格级标准，应为不合格。

11.1.10 分部工程的质量评定，应符合下列规定：

1 分部工程中分项工程应100%达到合格级标准，应为合格。

2 分部工程中有一个及以上单元工程未达到合格级标准，应为不合格。

11.1.11 单位工程的质量评定，应符合下列规定：

1 单位工程中分部工程应100%达到合格级标准，应为合格。

2 单位工程中有一个及以上单元工程未达到合格级标准，应为不合格。

11.1.12 不合格项目处理及处理合格后的质量评定。应符合下列规定：

1 凡不合格的工程项目在竣工验收前自行处理合格，仍可按本标准规定参加评定。

2 返修后仍不合格的项目，经设计研究同意，建设单位认可，可降低要求或加固处理后使用，不应参加评定。

3 凡经有关方面共同鉴定，确定非施工原因造成的质量缺陷，若经修改设计或更换不合格设备、材料后。仍可参加评定。

11.2 竣工试验

11.2.1 工程在竣工验收合格后投运前，应进行下列竣工试验：

1 测定线路绝缘电阻。

2 核对线路相位。

3 测定线路参数特性，有要求时做。

4 以额定电压对空载线路冲击合闸三次。

5 带负荷试运行 24h。

11.2.2 线路工程未经竣工验收及试验判定合格前不得投入运行。

11.3 竣工移交

11.3.1 工程竣工后应移交下列资料：

1 工程施工质量验收记录。

2 修改后的竣工图。

3 设计变更通知单及工程联系单。

4 原材料和器材出厂质量合格证明和试验记录。

5 代用材料清单。

6 工程试验报告和记录。

7 未按设计施工的各项明细表及附图。

8 施工缺陷处理明细表及附图。

9 相关协议书。

11.3.2 竣工资料的建档、整理、移交，应符合现行国家标准《科学技术档案案卷构成的一般要求》GB/T 11822 的规定。

11.3.3 工程试运行验收合格后，施工、监理、设计、建设及运行各方应签署竣工验收签证书，并应及时组织竣工移交。

附录 A 对地及交叉跨越安全距离要求

A.0.1 最大计算弧垂情况下导线对地面最小距离应符合表 A.0.1 的要求。

表 A.0.1 导线对地面最小距离（m）

线路经过地区	对应线路标称电压等级（kV）		
	3 以下	3～10	35～66
人口密集地区	6.0	6.5	7.0
人口稀少地区	5.0	5.5	6.0
交通困难地区	4.0	4.5	5.0

A.0.2 当送电线路跨越无人居住且为耐火屋顶的建筑时，导线与建筑物之间的垂直距离，在最大计算弧垂情况下，不应小于表 A.0.2 所列数值。

表 A.0.2 导线与建筑物之间的垂直距离（m）

标称电压（kV）	3 以下	3～10	35	66
距离	3.0	3.0	4.0	5.0

A.0.3 边导线与城市多层建筑或城市规划建筑线间的最小水平距离，以及边导线与不在规划范围内的城市建筑物间的最小距离，在最大计算风偏情况下，应符合表 A.0.3 的规定。

线路边导线与不在规划范围内的建筑物间的水平距离，在无风偏情况下，不应小于表 A.0.3 所列数值的 50%。

表 A.0.3 导线与建筑之间的最小距离（m）

标称电压（kV）	3 以下	3～10	35	66
距离	1.0	1.5	3.0	4.0

注：1 导线与城市多层建筑或城市规划建筑线间的距离，指水平距离。

2 导线与不在规划范围内的建筑物间的距离，指净空距离。

A.0.4 送电线路通过林区，宜采用加高杆塔跨越林木不砍通道的方案。当跨越时，导线与树木（考虑自然生长高度）之间的垂直距离，不应小于表 A.0.4-1 所列数值。当砍伐通道时，通道净宽度不应小于线路宽度加林区主要树种自然生长高度的 2 倍。通道附近超过主要树种自然生长高度的个别树木应砍伐。

表 A.0.4-1 导线与林木之间的垂直距离（m）

标称电压（kV）	3 以下	3～10	35～66
距离	3.0	3.0	4.0

送电线路通过公园、绿化区或防护林带，导线与树木之间的净空距离，在最大计算风偏情况下，不应小于表 A.0.4-2 所列数值。

表 A.0.4-2 导线与林木之间的净空距离（m）

标称电压（kV）	3 以下	3～10	35～66
距离	3.0	3.0	3.5

送电线路通过果树、经济作物林或城市灌木林不应砍伐通道。导线与果树、经济作物、城市绿化灌木以及街道行道树木之间的垂直距离，不应小于表 A.0.4-3 所列数值。

表 A.0.4-3 导线与果树、经济作物、城市绿化灌木之间的垂直距离（m）

标称电压（kV）	3 以下	3～10	35～66
距离	1.5	1.5	3.0

导线与街道行道树之间的最小距离，应符合表 A.0.4-4 的规定。

表 A.0.4-4 导线与街道行道树木之间的最小距离（m）

标称电压（kV）	3 以下	3～10	35～66
最大计算弧垂情况下的垂直距离	1.0	1.5	3.0
最大计算风偏情况下的水平距离	1.0	2.0	3.5

A.0.5 最大计算风偏情况下导线与山坡、峭壁、岩石之间的最小净空距离，应符合表 A.0.5 的要求。

表 A.0.5 导线与山坡、峭壁、岩石之间的最小净空距离（m）

线路经过地区	对应线路标称电压等级（kV）		
	3 以下	3～10	35～66
步行可以到达的山坡	3.0	4.5	5.0
步行不能到达的山坡、峭壁和岩石	1.0	1.5	3.0

A.0.6 架空送电线路与甲类火灾危险性的生产厂房、甲类物品库房、易燃易爆材料堆场及可燃或易燃易爆液（气）体储罐的防火间距，不应小于铁塔高度的 1.5 倍，有特殊要求时还应满足所属特殊行业的相关规定。

A.0.7 架空电力线路与铁路、道路、河流、管道、索道及各种架空线路交叉或接近的要求，应符合表 A.0.7 的规定。

表 A.0.7　　架空电力线路与铁路、道路、河流、管道、索道及各种架空线路交叉或接近的要求

项目		铁路			公路和道路			电车道（有轨及无轨）		通航河流	不通航河流	架空明线弱电线路	电力线路	特殊管道	一般管道、索道
导线或地线在跨越档接头		标准轨距：不得接头 窄轨：不限制			高速公路和一、二级公路及城市一、二级道路：不得接头 三、四级公路和城市三级道路：不限制			不得接头		不得接头	不限制	一、二级：不得接头 三级：不限制	35kV及以上：不得接头 10kV及以下：不限制	不得接头	不得接头
交叉档导线最小截面		35kV及以上采用钢芯铝绞线为35mm²，10kV及以下采用铝绞线或铝合金线为35mm²，其他导线为16mm²											—		
交叉档距绝缘子固定方式		双固定			高速公路和一、二级公路及城市一、二级道路为双固定			双固定		双固定	不限制	10kV及以下线路跨一、二级为双固定	10kV线路跨6kV～10kV线路为双固定	双固定	双固定
最小垂直距离（m）	线路电压	至标准轨顶	至窄轨轨顶	至承力索或接触线	至路面			至路面	至承力索或接触线	—	—	—	—	—	—
	35kV～66kV	7.5	7.5	3.0	7.0			10.0	3.0	—	—	—	—	—	—
	3kV～10kV	7.5	6.0	3.0	7.0			9.0	3.0	—	—	—	—	—	—
	3kV以下	7.5	6.0	3.0	6.0			9.0	3.0	—	—	—	—	—	—
最小水平距离（m）	线路电压	杆塔外缘至轨道中心			杆塔外缘至路基边缘			杆塔外缘至路基边缘		—	—	—	—	—	—
		交叉	平行		开阔地区	路径受限制地区	市区内	开阔地区	路径受限制地区	—	—	—	—	—	—
	35kV～66kV	30	最高杆（塔）高加3m		交叉：8.0 平行：最高杆塔高	5.0	0.5	交叉：8.0 平行：最高杆塔高	5.0	—	—	—	—	—	—
	3kV～10kV	5			0.5	0.5	0.5	0.5	0.5	—	—	—	—	—	—
	3kV以下	5			0.5	0.5	0.5	0.5	0.5	—	—	—	—	—	—
其他要求		35kV～66kV不宜在铁路出站信号机以内跨越			—			—		—	—	—	—	—	—

注：1　特殊管道指架设在地面上输送易燃、易爆物的管道。

2　管、索道上的附属设施，应视为管、索道的一部分。

3　常年高水位是指5年一遇洪水位，最高洪水位对35kV线路是指百年一遇洪水位，对10kV及以下线路是指50年一遇洪水位。

4　不能通航河流指不能通航，也不能浮运的河流。

5　对路径受限制地区的最小水平距离的要求，应计及架空电力线路导线的最大风偏。

6　在不受环境和规划限制的地区架空线路与国道的距离不宜少于20m，省道不宜少于15m，县道不宜少于10m，乡道不宜少于5m。

7　对电气化铁路的安全距离主要是电力线导线与承力索和接触线的距离控制，对电气化铁路轨顶的距离按实际情况确定。

附录B 66kV及以下架空电力线路杆塔上电气设备交接试验报告统一格式

B.0.1 杆上电力变压器交接试验报告应符合表B.0.1的规定。

表B.0.1 杆上油浸式电力变压器交接试验报告

工程名称：

安装位置		用　途	
1. 设备参数			
型　号		额定容量	
额定电压比		额定电流	
接线组别		冷却方式	
短路阻抗（%）		空载电流（%）	
额定频率		相数	
产品编号		出厂日期	
制造厂			

2. 试验依据

国内标准名称、编号	国外标准名称、编号

3. 绕组连同套管的直流电阻

试验日期：　年　月　日　器身温度：　℃

绕组	分接开关位置	直流电阻（mΩ）				试验仪器及仪表名称、规格、编号
		A(A−B)相	B(B−C)相	C(C−A)相	相差（%）	
高压侧	Ⅰ					
	Ⅱ					
	Ⅲ					
	Ⅳ					
	Ⅴ					
低压侧		a(a−b)相	b(b−c)相	c(c−a)相	相差（%）	

4. 所有分接头的电压比

试验日期：　年　月　日　温度：　℃

分接开关位置	高压/低压				试验仪器及仪表名称、规格、编号
	计算变比	AB误差（%）	BC相误差（%）	CA相误差（%）	
Ⅰ					
Ⅱ					
Ⅲ					
Ⅳ					
Ⅴ					

续表

5. 变压器引出线极性

试验日期：　年　月　日　温度：　℃

线别	A+B−	B+C−	A+C−	试验仪器及仪表名称、规格、编号
a+b−				
b+c−				
a+c−				
结论				

6. 绕组连同套管的绝缘电阻、吸收比

试验日期：　年　月　日　器身温度：　℃　湿度：　%

测试绕组	绝缘电阻（MΩ）		吸收比	试验仪器及仪表名称、规格、编号
	15s	60s	R60/R15	
高压				
低压				

7. 绕组连同套管的交流耐压试验

试验日期：　年　月　日　器身温度：　℃　湿度：　%

测试绕组	高压	低压	试验仪器及仪表名称、规格、编号
试前绝缘（MΩ）			
试后绝缘（MΩ）			
试验电压（kV）			
试验时间（min）			

8. 与铁芯绝缘的各紧固件及铁芯接地线引出套管对外壳的绝缘电阻

试验日期：　年　月　日　器身温度：　℃　湿度：　%

紧固件对铁芯、外壳（MΩ）	铁芯对外壳（MΩ）	铁芯接地点	试验仪器及仪表名称、规格、编号

9. 非纯瓷套管试验
参见非纯瓷套管试验报告

10. 变压器的相位检查　试验日期：　年　月　日

变压器相位	电网相位	检查情况	试验仪器及仪表名称、规格、编号
备注：			
结论：			
试验人员			
审核人员			

B.0.2 六氟化硫断路器交接试验报告应符合表B.0.2的规定。

表 B.0.2　六氟化硫断路器交接试验报告

工程名称：

安装位置		用　途	

1. 六氟化硫断路器参数

型号		额定电压	
额定电流		额定短路开断电流	
额定开合电流		编　号	
出厂日期		制造厂	
额定操作顺序		SF_6气体额定压力	
合闸线圈电压		分闸线圈电压	

2. 试验依据

国内标准名称、编号	国外标准名称、编号

3. 绝缘电阻

试验日期：　年　月　日　环境温度：　℃　湿度：　%

相别	A	B	C	试验仪器及仪表名称、规格、编号
测量值(MΩ)				

4. 测量每相导电回路的直流电阻

试验日期：　年　月　日　温度：　℃

相别	A1	A2	B1	B2	C1	C2	试验仪器及仪表名称、规格、编号
测量值(μΩ)							

5. 交流耐压试验

试验日期：　年　月　日　环境温度：　℃　湿度：　%

测试位置		试前绝缘(MΩ)	试验电压(kV)	试验时间(mm)	试后绝缘(MΩ)	试验仪器及仪表名称、规格、编号
合闸状态	A/B、C及地					
	B/C、A及地					
	C/A、B及地					
分闸状态	A相断口					
	B相断口					
	C相断口					

6. 断路器均压电容器的试验

试验日期：　年　月　日　环境温度：　℃　湿度：　%

电容编号	绝缘电阻(MΩ)	$\tan\delta$(%)	C_x(pF)	试验仪器及仪表名称、规格、编号
A1				
A2				
B1				
B2				
C1				
C2				

续表

7. 断路器的分、合闸时间及同期性

试验日期：　年　月　日　温度：　℃

合　闸　特　性							试验仪器及仪表名称、规格、编号
相别	A1	A2	B1	B2	C1	C2	
合闸时间(ms)							
最大不同期(ms)							
分闸特性Ⅰ							
相别	A1	A2	B1	B2	C1	C2	
分闸时间(ms)							
最大不同期(ms)							
分闸特性Ⅱ							
相别	A1	A2	B1	B2	C1	C2	
分闸时间(ms)							
最大不同期(ms)							

8. 断路器的分、合闸速度　试验日期：　年　月　日　温度：　℃

相别	合闸速度(m/s)	分闸1速度(m/s)	分闸2速度(m/s)	试验仪器及仪表名称、规格、编号
A相				
B相				
C相				

9. 断路器合闸电阻的投入时间及电阻

试验日期：　年　月　日　温度：　℃

相别	合闸电阻值(Ω)	合闸电阻提前投入时间(ms)	合闸电阻投入时间差(ms)	试验仪器及仪表名称、规格、编号
A相				
B相				
C相				

10. 断路器分、合闸线圈绝缘电阻及直流电阻

试验日期：　年　月　日　环境温度：　℃　湿度：　%

相别	线　圈	直流电阻(Ω)	绝缘电阻(MΩ)	试验仪器及仪表名称、规格、编号
A	合闸线圈			
	分闸线圈Ⅰ			
	分闸线圈Ⅱ			
B	合闸线圈			
	分闸线圈Ⅰ			
	分闸线圈Ⅱ			
C	合闸线圈			
	分闸线圈Ⅰ			
	分闸线圈Ⅱ			

续表

11. 断路器操动机构的试验

11.1　合闸操作试验　　试验日期：　　年　月　日　温度：　℃

	交流操作电压（V）	直流操作电压（V）	液压操作值	试验仪器及仪表名称、规格、编号
合闸线圈	85%U_n～110%U_n	85%U_n～110%U_n	最高或最低	
合闸接触器	85%U_n～110%U_n	85%U_n～110%U_n	最高或最低	
动作情况				

11.2　分闸操作试验　　试验日期：　　年　月　日　温度：　℃

	直流操作电压（V）	交流操作电压（V）	试验仪器及仪表名称、规格、编号
可靠分闸值	65%U_n	65%U_n	
可靠不分闸值	30%U_n	30%U_n	
动作情况			

11.3　失压脱扣器的脱扣试验

试验日期：　　年　月　日　温度：　℃

电源电压与额定电源电压的比值	小于35%	大于65%	大于85%	试验仪器及仪表名称、规格、编号
失压脱扣器的工作状态	铁芯应可靠释放	铁芯不得释放	铁芯应可靠吸合	
动作情况				

11.4　过流脱扣器的脱扣试验

试验日期：　　年　月　日　温度：　℃

过流脱扣器的种类	延时动作	瞬时动作	厂家值	试验仪器及仪表名称、规格、编号
脱扣电流等级范围（A）				
每级脱扣电流的准确度				
同一脱扣器各级脱扣电流准确度				

11.5　直流电磁或弹簧机构的模拟操动试验

试验日期：　　年　月　日　温度：　℃

操作类别	操作线圈端钮电压与额定电源电压的比值（%）	操作次数	试验仪器及仪表名称、规格、编号
合、分	110	3	
合闸（自动重合闸）	85（80）	3	
分闸	65	3	
合、分、重合	100	3	

续表

11.6　液压机构的模拟操动试验

试验日期：　　年　月　日　温度：　℃

操作类别	操作线圈端钮电压与额定电源电压的比值（%）	操作液压	操作次数	试验仪器及仪表名称、规格、编号
合、分	110	最高	3	
合、分	100	额定	3	
合闸（自动重合闸）	85（80）	最低	3	
分闸	65	最低	3	
合、分、重合	100	最低	3	

12. 测量断路器内 SF_6 气体的微水含量

试验日期：　　年　月　日　环境温度：　℃　湿度：　%

相别	与灭弧室相通的气室（μL/L）	不与灭弧室相通的气室（μL/L）	试验仪器及仪表名称、规格、编号
A相			
B相			
C相			

13. 密封性试验

试验日期：　　年　月　日　环境温度：　℃　湿度：　%

相别	A相	B相	C相	试验仪器及仪表名称、规格、编号
结果				

14. SF_6 气体密度继电器检查

试验日期：　　年　月　日　环境温度：　℃　湿度：　%

相别	A相	B相	C相	试验仪器及仪表名称、规格、编号
报警动作值（MPa）				
闭锁动作值（MPa）				

15. 压力表和压力动作阀检查

试验日期：　　年　月　日　环境温度：　℃　湿度：　%

相别	A相	B相	C相	试验仪器及仪表名称、规格、编号
氮气预充压力（MPa）				
油泵启动压力（MPa）				
油泵停止压力（MPa）				
合闸闭锁压力（MPa）				
分闸闭锁压力（MPa）				
失压闭锁压力（MPa）				

续表

备注：	
结论：	
试验人员	
审核人员	

B.0.3 隔离开关交接试验报告应符合表B.0.3的规定。

表B.0.3 隔离开关交接试验报告

工程名称：

安装位置		用 途	
1. 设备参数			
型 号		额定电压	
额定电流		产品编号	
出厂日期		制造厂	

2. 试验依据

国内标准名称、编号	国外标准名称、编号

3. 传动杆绝缘电阻

试验日期： 年 月 日 环境温度： ℃ 湿度： %

相别	绝缘电阻（MΩ）	试验仪器及仪表名称、规格、编号
A		
B		
C		

4. 交流耐压试验

试验日期： 年 月 日 环境温度： ℃ 湿度： %

相别	电压（kV）	试验仪器及仪表名称、规格、编号
A相对地		
B相对地		
C相对地		

5. 操动机构线圈最低动作电压

试验日期： 年 月 日 温度： ℃

厂家值（V）	实测值（V）	试验仪器及仪表名称、规格、编号

6. 操动机构的试验 试验日期： 年 月 日 温度： ℃

项目	分合闸		二次控制线圈和电磁闭锁装置（V）	试验仪器及仪表名称、规格、编号
	电压（V）	气压（kPa）		
试验电压/气压值	80%U_n～110%U_n	85%U_n～110%P_n	80%U_n～110%U_n	
动作情况				

7. 机械和电气闭锁试验：应正确可靠

备注：	
结论：	
试验人员	年 月 日
审核人员	年 月 日

B.0.4 高压熔断器交接试验报告应符合表B.0.4的规定。

表B.0.4 高压熔断器交接试验报告

工程名称：

安装位置		用 途	
1. 设备参数			
型 号		额定电压	
额定电流		产品编号	
出厂日期		制造厂	

2. 试验依据

国内标准名称、编号	国外标准名称、编号

3. 绝缘电阻

试验日期： 年 月 日 环境温度： ℃ 湿度： %

相别	绝缘电阻（MΩ）	试验仪器及仪表名称、规格、编号
A		
B		
C		

4. 直流电阻 试验日期： 年 月 日 温度： ℃

相别	直流电阻（Ω）	试验仪器及仪表名称、规格、编号
A		
B		
C		

5. 交流耐压试验

试验日期： 年 月 日 环境温度： ℃ 湿度： %

相别	电压（kV）	试验仪器及仪表名称、规格、编号
A相对地		
B相对地		
C相对地		

备注：	
结论：	
试验人员	年 月 日
审核人员	年 月 日

B.0.5 金属氧化物避雷器交接试验报告应符合表B.0.5的规定。

表B.0.5 无间隙金属氧化物避雷器交接试验报告

工程名称：

安装位置		用 途	
1. 设备参数			
型 号		额定电压	
出厂日期		制造厂家	
相别	A	B	C
编号			
参考电压			

续表

2. 试验依据

国内标准名称、编号	国外标准名称、编号

3. 绝缘电阻

试验日期：　　年　月　日　环境温度：　℃　湿度：　%

相别	A	B	C	试验仪器及仪表名称、规格、编号
上节（MΩ）				
中节（MΩ）				
下节（MΩ）				
基座绝缘				

4. 无间隙金属氧化物避雷器的工频参考电压

试验日期：　　年　月　日　环境温度：　℃　湿度：　%

相别	人	B	C	试验仪器及仪表名称、规格、编号
上节（kV）				
中节（kV）				
下节（kV）				

5. 金属氧化物避雷器持续运行电压下的持续电流

试验日期：　年　月　日　环境温度：　℃　湿度：　%

相别	A	B	C	试验仪器及仪表名称、规格、编号
上节（kV）				
中节（kV）				
下节（kV）				

6. 无间隙金属氧化物避雷器的直流试验

试验日期：　　年　月　日　环境温度：　℃　湿度：　%

	参考电流（mA）	参考电压 U_{1mA}（kV）	$0.75U_{1mA}$ 下泄漏 U_{1mA}（μA）	试验仪器及仪表名称、规格、编号
A上				
A中				
A下				
B上				
B中				
B下				
C上				
C中				
C下				

7. 放电记数器动作情况：　试验日期：　年　月　日

相别	A	B	C	试验仪器及仪表名称、规格、编号
动作情况				
底数				

续表

8. 工频放电电压

试验日期：　年　月　日　环境温度：　℃　环境湿度：　%

相别	持续运行电压（kV）	工频放电电压（kV）	试验仪器及仪表名称、规格、编号
A相对地			
B相对地			
C相对地			
备注：			
结论：			
试验人员			
审核人员			

B.0.6 组合式金属氧化物避雷器交接试验报告应符合表B.0.6的规定。

表 B.0.6　　组合式金属氧化物避雷器交接试验报告

工程名称：

安装位置		用　途	
1. 设备参数			
型　号		额定电压	
出厂日期		制造厂家	
相别	A	B	C
编号			
参考电压			

2. 试验依据

国内标准名称、编号	国外标准名称、编号

3. 绝缘电阻

试验日期：　年　月　日　环境温度：　℃　湿度：　%

相别	A相对地	B相对地	C相对地	A相对B相	B相对C相	A相对C相	试验仪器及仪表名称、规格、编号
绝缘电阻							

4. 金属氧化物避雷器的工频参考电压

试验日期：　年　月　日　环境温度：　℃　湿度：　%

相别	A相对地	B相对地	C相对地	A相对B相	B相对C相	A相对C相	试验仪器及仪表名称、规格、编号
参考电压							

5. 金属氧化物避雷器持续运行电压下的持续电流

试验日期：　年　月　日　环境温度：　℃　湿度：　%

相别	A相对地	B相对地	C相对地	A相对B相	B相对C相	A相对C相	试验仪器及仪表名称、规格、编号
持续电流							

6. 金属氧化物避雷器的直流参考电压

试验日期：　年　月　日　环境温度：　℃　湿度：　%

续表

相别	参考电流（mA）	参考电压 U_{1mA}（kV）	$0.75U_{1mA}$下泄漏电流 U_{1mA}（μA）	试验仪器及仪表名称、规格、编号
A相对地				
B相对地				
C相对地				
A相对B相				
B相对C相				
A相对C相				

7. 放电计数器动作情况：　　　　试验日期：　年　月　日

相别	A	B	C	试验仪器及仪表名称、规格、编号
动作情况				
底数				

8. 工频放电电压
试验日期：　年　月　日　环境温度：　℃　环境湿度：　%

相别	A相对地	B相对地	C相对地	A相对B相	B相对C相	A相对C相	试验仪器及仪表名称、规格、编号
放电电压							

备注：	
结论：	
试验人员	
审核人员	

附录C　66kV及以下架空电力线路施工工程类别划分表

C.0.1　66kV及以下架空送电线路施工工程类别划分应符合表C.0.1的规定。

表C.0.1　66kV及以下架空送电线路施工工程类别划分

单位工程	分部工程	分项工程		单元工程 单位	单元工程 记录表
架空电力线路工程	一、土石方工程	1. 路径复测		耐张段	本规范表D.0.1
		2. 普通（掏挖）和拉线基础分坑		基	本规范表D.0.2
	二、基础工程	1. 灌注桩基础		基	本规范表D.0.4
		2. 钢管塔、铁塔基础	浇筑前	基	本规范表D.0.5
			浇筑后	基	本规范表D.0.6
		3. 混凝土电杆基础		基	本规范表D.0.7
	三、杆塔工程	1. 铁塔组立	自立	基	本规范表D.0.8
			钢管塔		
			拉线塔		
			钢管杆		
		2. 混凝土杆组立		基	本规范表D.0.9
		3. 铁塔拉线压接		基	本规范表D.0.10
	四、架线工程	1. 导地线（含光缆）展放		km	本规范表D.0.11
		2. 导地线接续管		个	本规范表D.0.12
		3. 导地线（含光缆）紧线		耐张段	本规范表D.0.13
		4. 附件安装（含光缆）		基	本规范表D.0.14
	五、接地工程	接地装置施工		基	本规范表D.0.17
	六、线路防护工程	线路防护设施		处	本规范表D.0.19
	七、电气工程	1. 光缆测试		盘或耐张段	本规范表D.0.15
		2. 对地、风偏与交叉跨越		处	本规范表D.0.16
		3. 杆上电气设备		处	本规范表D.0.18

注：对于一般的10kV架空送电线路基础工程、杆塔工程、架线工程（含金具及附件安装）宜采用本规范表D.0.20、表D.0.21、表D.0.22和表D.0.23填写。

附录D　66kV及以下线路工程施工质量检查及验收记录表

D.0.1　路径复测记录表（线记1）应按本规范表D.0.1填写。

表D.0.1　路径复测记录表

工程名称：　　　　　　　　　　　　线记1

桩号		档距（m）			线路转角		塔位高程（m）		桩位移（m）		被跨越物（或地形凸起点）				备注
塔号	杆塔型式	设计值	实测值	偏差值	设计值	实测值	设计值	实测值	方向	位移值	名称	高程（m）	与邻杆塔最近距离 杆塔号	与邻杆塔最近距离 距离（m）	
—															
—															
—															
—															
—															
—															
—															
—															
—															
—															
—															
—															
—															
—															
—															
—															
—															
—															
—															
—															
—															
—															
—															
—															
—															
—															
备注	1. 请注明直线转角； 2. 仪器名称：　　仪器编号：　　检验证书号：														

现场技术负责人		专职质检员		施工负责人		监理工程师	

D. 0. 2 普通（掏挖）基础和拉线基础分坑及开挖检查记录表（线记 2），应按本规范表 D. 0. 2 填写。

表 D. 0. 2　普通（掏挖）基础和拉线基础分坑及开挖检查记录表

工程名称：　　　　　　　　　　　　　　　　　　　　线记 2

设计桩号	杆塔型		基础型		施工日期	年　月　日
	呼称高		施工基面		检查日期	年　月　日

序号	检查项目	允许偏差					检查结果			备注
1	转角杆塔角度	设计值								
		1′30″								
2	直线杆塔桩位置（mm）	横线路：50								
3	基础根开及对角线尺寸（mm）	设计值	AB	BC	CD		AB		BC	
			AC	DA	BD		CD		DA	
		±2‰					AC		BD	
4	基础坑深（mm）	设计值：					A		B	
		+100，−50（+100，0）					C		D	
5	基础坑底板断面尺寸（mm）	设计值：					A		B	
		−1%					C		D	
6	拉线基础坑位置（mm）	设计值：					A	C	E	
		±1%L					B	D	F	
7	拉线基础坑深（mm）	设计值：					A	B	C	
		+100，0					D	E	F	
8	拉线坑马道坡度及方向	符合设计要求					A			
							B			
							C			
							D			
							E			
							F			
备注	1. L 为拉线基础坑中心至拉线固定总水平的距离； 2. 仪器名称：　仪器编号：　检验证书号： 3. 掏挖基础的尺寸不允许有负偏差									

现场技术负责人		专职质检员		施工负责人		监理工程师	

D. 0. 3 地基基坑（槽）检查记录表（线记 3）应按本规范表 D. 0. 3 填写。

表 D. 0. 3　地基基坑（槽）检查记录表

工程名称：　　　　　　　　　　　　　　　　　　　　线记 3

设计桩号		杆塔型		基础型		施工日期　年　月　日
		呼称高		施工基面		施工日期　年　月　日

序号	检查（检验）项目	性质	质量标准（允许偏差）	检查结果		检查结论
1	基坑（槽）底土质类别	关键	符合设计要求	A		
				B		
				C		
				D		
2	地质基坑草图： 施工单位代表：　　　　年　月　日					
3	监理鉴定意见： 监理代表：　　年　月　日			设计核查意见： 设计代表：　　年　月　日		
备注	设计有验槽要求的基础填写本表					

D. 0. 4 灌注桩基础检查记录表（线基 1）应按本规范表 D. 0. 4 填写。

表 D. 0. 4　灌注桩基础检查记录表

工程名称：　　　　　　　　　　　　　　　　　　　　线基 1

设计桩号		杆塔型		基础型		桩孔号	
现场负责人		成孔方式		灌注日期	起　年　月　日　时	浇制温度	
技术负责人					止　年　月　日　时	℃	
钻孔直径	mm	钻孔深度	mm	孔底沉淀层厚度			mm
混凝土设计标号		材料用量（kg/m³）	水	水泥	砂	石	
水泥品种		砂规格		石粒径			cm
坍落度	mm	试块强度试验报告编号	MPa	钢筋笼长度			m
钢筋笼直径	mm	箍筋间距	mm	加强筋间距			mm
主筋规格	mm	数量		间距			mm
护筒顶标高		漏斗体积	m³	导管截面积			m²
导管编组情况				导管总长度			m
封水方法			隔水栓剪断拉线时下降深度				m
充盈系数		设计混凝土量	m³	实际灌注混凝土量			m³

续表

灌注时间	拆管次序	混凝土灌注量		孔内混凝土面标高(m)	拆管长度	埋管深度	图例
		斗数	折算量（m^3）				
							漏斗 护筒 护筒标高 导管 混凝土面标高 导管埋深
备注	此记录每根桩填写一份				检查结论		
现场技术负责人		专职质检员		施工负责人		监理工程师	

D.0.5 铁塔基础浇筑检查记录表（线基2）应按本规范表D.0.5填写。

表 D.0.5　铁塔基础浇筑检查记录表

工程名称：　　　　　　　　　　　　　　　　　　　线基2

设计桩号		杆塔型		施工基面		施工日期	年　月　日		
		基础型式				检查日期	年　月　日		
序号	检查（检验）项目			性质	质量标准	检查结果			
						A	B	C	D
1	灌注桩贯入桩挖孔桩	桩深（mm）		关键	不小于设计要求				
2		桩径（mm）		重要	−50（挖孔桩：0，+100）				
3		钢筋保护层（mm）		重要	−10				
4		预制桩规格、数量		关键	符合设计要求				
5		桩顶清淤		重要	符合二次灌注要求，清淤彻底				
6	岩石锚杆基础	地质(岩石)性能		关键	符合设计要求				
7		锚杆孔径（mm）	嵌式固	关键	大于设计值				
			钻孔式		+20,0				
8		锚杆埋深(mm)		关键	符合设计要求				
9	角钢插入式基础	插入角钢规格		关键	设计值：				
10					符合设计要求				
11		基础立柱倾斜度		一般	±1%				

续表

序号	检查(检验)项目			性质	质量标准	检查结果			
						A	B	C	D
12	拉线塔基础	拉线基础埋件及钢筋规格数量		关键	符合设计要求制作工艺良好				
13		锚杆拉线基础	角度	重要	2°				
			孔径		+20mm				
			孔深		+100mm				
14	地脚螺栓(锚杆)规格、数量			关键	设计值：				
					符合设计要求				
15	主钢筋规格数量			关键	设计值：				
					符合设计要求				
16	底层(角钢插入)断面尺寸(mm)			重要	−1%				
17	基础(锚杆)埋深(mm)			重要	+100,−50				
18	钢筋保护层厚度(mm)			重要	−5				
备注	掏挖、岩石基础的尺寸不允许有负偏差					检查结论			
现场技术负责人		专职质检员		施工负责人		监理工程师			

D.0.6 铁塔基础成型检查记录表（线基3）应按本规范表D.0.6填写。

表 D.0.6　铁塔基础成型检查记录表

工程名称：　　　　　　　　　　　　　　　　　　　线基3

设计桩号		杆塔型		施工基面		施工日期	年　月　日		
		基础型式				检查日期	年　月　日		
序号	检查（检验）项目			性质	质量标准	检查结果			
						A	B	C	D
1	灌注桩贯入桩	连梁承台	标高（m）	重要	符合设计要求				
2			断面尺寸（mm）	重要	−1%	AB：	BC：	CD：	DA：
3	岩石基础	防风化层		外观	符合设计要求				
4	角钢插入式基础	角钢形心对立柱中心偏移（mm）		一般	10				
5		角钢操平印记处相对高差（mm）		一般	5				
6		角钢出基础面斜长（mm）		一般	10				
		插入角钢倾斜		一般	±1‰				
7	拉线基础	拉环中心与设计位置偏移（mm）		重要	20				
8		拉线基础中心在拉线方向的位移	左右	一般	1%L				
			前后		1°				
9		拉线棒		外观	拉棒无弯曲、锈蚀，角度方向一致整齐				

续表

序号	检查（检验）项目		性质	质量标准	检查结果			
					A	B	C	D
10	混凝土强度		关键	设计值：	试块强度： MPa			
				不小于设计值	试验报告编号：			
11	立柱断面尺寸（mm）		重要	−1%				
12	整基基础中心位移（mm）	顺线路	重要	30				
		横线路		30				
13	整基基础扭转（′）		重要	10				
14	回填土		重要	符合本规范第5.0.5条～第5.0.11条规定				
15	同组地脚螺栓中心与立柱中心偏移（mm）		一般	10	A	B	C	D
16	基础顶面高差（mm）		一般	5				
17	基础（插入式角钢顶棱）根开及对角线尺寸（mm）	设计值	一般	AB：BC：CD：	AB：		BC：	
				DA：AC：BD：	CD：		DA：	
		允许偏差		插入式±1‰，螺栓式±2‰	AC：		BD：	
18	混凝土表面质量		外观	外观质量无缺陷及表面平整光滑				
备注	L为拉线环中心至拉线固定点的水平距离				检查结论			
现场技术负责人		专职质检员		施工负责人		监理工程师		

D.0.7 混凝土电杆基础检查记录表（线基4）应按本规范表D.0.7填写。

表D.0.7　混凝土电杆基础检查记录表

工程名称：　　　　　　　　　　　　线基4

设计桩号		杆塔型		施工基面		施工日期	年 月 日
		基础型式				检查日期	年 月 日

序号	检查（检验）项目		性质	质量标准	检查结果			
1	预制件规格、数量		关键	符合设计要求				
2	预制件强度		关键	设计值：	试块强度： MPa			
				符合设计要求	试验报告编号：			
3	拉环、拉棒规格数量		关键	符合设计要求				
4	底盘埋深（mm）		关键	设计值：	左		右	
				+100，−50				
5	拉盘埋深（mm）		关键	设计值：	A	B	C	D
				+100				
6	底盘高差		关键	±20	左		右	
7	基础中心位移（mm）	顺线路	关键	50				
		横线路		50				
8	回填土		关键	符合本规范第5.0.5条～第5.0.11条规定				

续表

序号	检查（检验）项目	性质	质量标准	检查结果			
9	根开尺寸（mm）	一般	设计值：				
			±30				
10	迈步	一般	30				
11	拉线盘中心位移	一般	沿拉线方向，其左、右：1%L				
			沿拉线方向，其前、后：1°				
12	拉线棒	外观	拉棒无弯曲、锈蚀角度方向一致整齐				
备注	1. 底盘高差以立杆后横担安装孔高差为准； 2. L为拉线盘中心至拉线挂点的水平距离； 3. D为两底盘根开值； 4. 拉线基础的尺寸不允许有负偏差			检验结论			
现场技术负责人		专职质检员		施工负责人		监理工程师	

D.0.8 铁塔组立检查记录表（线塔1）应按本规范表D.0.8填写。

表D.0.8　铁塔组立检查记录表

工程名称：　　　　　　　　　　　　线塔1

设计桩号		铁塔型式		呼称高		施工日期	年 月 日
				塔全高		检查日期	年 月 日

序号	检查（检验）项目		性质	质量标准	检查结果
1	铁塔钢管塔拉线塔	节点间主材弯曲	关键	1/750	
2		螺栓与构件面接触及出扣情况	重要	符合本规范第7.1.3条规定	
3	拉线塔	拉线安装	重要	符合本规范第7.5.2条和第7.5.7条规定	
4		主柱弯曲	重要	1‰（最大30mm）	
5	钢管杆	钢杆焊接质量	关键	符合国家标准《钢结构工程施工质量验收规范》(GB 50205)规定	
6		结构倾斜	重要	5‰	
7		电杆弯曲	重要	2‰L	
8		直线杆横担高差(mm)	重要	20	
9		套接连接长度(mm)	重要	不小于设计套接长度	
10	部件规格、数量（铁塔、钢管塔、拉线塔、钢管杆）		关键	符合设计要求	

续表

序号	检查（检验）项目	性质	质量标准	检查结果	
11	转角塔、终端塔向受力反方向侧倾斜	重要	大于0，并符合设计要求	放线前	
				紧线后	
12	直线塔结构倾斜	重要	3‰		
13	螺栓防松	重要	符合设计要求紧固及无遗漏		
14	螺栓防盗	重要	符合设计要求紧固及无遗漏		
15	脚钉安装	重要	符合设计要求紧固及无遗漏		
16	爬梯安装	一般	符合设计要求紧固整齐美观		
17	螺栓紧固	一般	符合本规范第7.1.6条的规定，且紧固率：组塔后95%、架线后97%	放线前	
				紧线后	
18	螺栓穿向	一般	符合本规范第7.1.4条规定		
19	塔材镀锌	一般	组塔后锌层无脱落及磨损		
20	保护帽	外观	符合设计要求，规格统一美观		
备注				检查结论	
现场技术负责人		专职质检员		施工负责人		监理工程师	

D.0.9 混凝土电杆组立检查记录表（线塔2）应按本规范表D.0.9填写。

表D.0.9　　混凝土电杆组立检查记录表

工程名称：　　　　线塔2

设计桩号		铁塔型式		呼称高		施工日期	年　月　日
				塔全高		检查日期	年　月　日

序号	检查(检验)项目	性质	质量标准	检查结果
1	电杆规格、数量	关键	设计值：	
			符合设计要求	
2	拉线规格、数量	关键	设计值：	
			符合设计要求	
3	电杆焊接质量	关键	符合本规范第7.3.2条规定	
4	电杆纵向裂缝	关键	不允许	
5	普通杆横向裂缝(mm)	关键	0.1	
6	转角终端杆向受力反方向倾斜	关键	大于0，并符合设计要求	

续表

序号	检查(检验)项目	性质	质量标准	检查结果	
7	结构倾斜	重要	3‰H		
8	焊接弯曲	重要	2‰L		
9	横担高差	重要	5‰		
10	拉线安装	重要	符合本规范第7.5.2条和第7.5.7条规定		
11	爬梯安装	一般	符合设计要求，紧固整齐美观		
12	根开（mm）	一般	30		
13	迈步（mm）	一般	30		
14	螺栓紧固	一般	符合本规范第7.1.6条规定	放线前	
				紧线后	
15	螺栓穿向	一般	符合本规范第7.1.4条规定		
16	螺栓防松和防盗	一般	符合设计要求紧固及无遗漏		
17	电杆焊口防腐	外观	符合本规范第7.3.3条规定		
备注				检查结论	
现场技术负责人		专职质检员		施工负责人		监理工程师	

D.0.10 铁塔拉线压接管检查记录表（线塔3）应按本规范表D.0.10填写。

表D.0.10　　铁塔拉线压接管检查记录表

工程名称：　　　　线塔3

设计桩号		铁塔型式		拉线规格		施工日期	年　月　日
				压接管型		检查日期	年　月　日

拉线编号	拉线位置	管位置	测点1			测点2			外观检查	压接人及钢印代号
			d_1	d_2	平均	d_1	d_2	平均		
A	上端	1								
		2								
	下端	1								
		2								
B	上端	1								
		2								
	下端	1								
		2								
C	上端	1								
		2								
	下端	1								
		2								
D	上端	1								
		2								
	下端	1								
		2								

续表

拉线编号	拉线位置	管位置	测点1			测点2			外观检查	压接人及钢印代号
			d_1	d_2	平均	d_1	d_2	平均		
E	上端	1								
		2								
	下端	1								
		2								
F	上端	1								
		2								
	下端	1								
		2								

液压管测点位置图

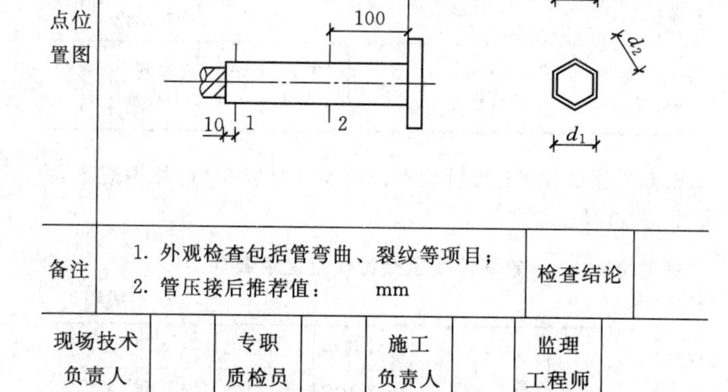

备注	1. 外观检查包括管弯曲、裂纹等项目； 2. 管压接后推荐值： mm	检查结论	

现场技术负责人		专职质检员		施工负责人		监理工程师	

D.0.11 导、地线（光缆）展放施工检查记录表（线线1）应按本规范表D.0.11填写。

表D.0.11 导、地线（光缆）展放施工检查记录表

工程名称：　　　　　　　　　　　　　　　　　　线线1

设计桩号： 号至 号	放线段长： km	施工日期	年 月 日
		检查日期	年 月 日

线类	相别	桩号 / 线别											
导线	左或上	1（上或左）											
		2（下或右）											
	中	1（上或左）											
		2（下或右）											
	右或下	1（上或左）											
		2（下或右）											
地线或光缆		左											
		右											

栏内以图表示：→耐张管；○直线管；●增加的直线管；□补修管；■预绞式接续条；W缠绕补修

续表

序号	检查（检验）项目		性质	质量标准	检查结果	
					损伤补修档数	总档数
1	导地线	严重损伤压接处理	关键	符合本规范第8.2.4条～第8.2.6条的规定		
2		中度损伤压接处理	关键	符合本规范第8.2.4、8.2.5、8.2.6条的规定		
3		轻微损伤压接处理	重要	符合本规范第8.2.4、8.2.5、8.2.6条的规定		
4		同一档内连接管与补修管数量	关键	每线最多允许：连续管1个，补修管（预绞式连续条）3个		
5		各连接管与线夹间隔棒间距	一般	距耐张线夹大于或等于15m、距悬垂线夹大于或等于5m，距间隔棒大于或等于0.5m		
6		导地线外包装质量	外观	无任何损伤		
7	光缆	光缆型号、规格	关键	符合设计要求		
8		损伤补修处理	关键	光缆在同一处损伤、强度损失不超过总拉断力的17%时，应用光缆专用预绞丝补修		
9		放线滑轮直径	重要	不应小于光缆直径的40倍，且不得小于500mm		
10		补修预绞丝与线夹距离	一般	≥5m		
备注					检查结论	

现场技术负责人		专职质检员		施工负责人		监理工程师	

D.0.12 导、地线液压管施工检查记录表（线线2）应按本规范表D.0.12填写。

表 D.0.12　导、地线液压管施工检查记录表

工程名称：　　　　□直线液压管□耐张液压管　　　　线线 2

设计耐张段桩号	号至　号	导线规格		地线规格		施工日期	年　月　日

设计桩号	送侧或受侧	相别	线别	压前铝管（mm）外径 d_2 最大	压前铝管外径 d_2 最小	压前铝管需压长度	压前钢管（mm）外径 d_1 最大	压前钢管外径 d_1 最小	压前钢管需压长度	压后铝管（mm）对边距 最大	压后铝管对边距 最小	压后铝管压接长度 1	压后铝管压接长度 2	压后钢管（mm）对边距 最大	压后钢管对边距 最小	压后钢管压接长度	外观检查	压接人	钢印代号

检查结论

1　　2

对边距

70～100　　70～100

d_1　d_2

对边距

注 1：d_1、d_2 分别为压前钢管和铝管的外径。

注 2：1、2 为压后铝管分别两处各自的压接长度。

注 3：外观检查包括管弯曲、裂纹等项目。

注 4：压后推荐值，钢管为　　mm，铝管为　　mm

现场技术负责人		专职质检员		施工负责人		监理工程师	

D.0.13　导地线（光缆）紧线施工检查及验收记录（线线 3）应按本规范表 D.0.13 填写。

表 D.0.13　导地线（光缆）紧线施工检查及验收记录表

工程名称：　　　　　　　　　　　　线线 3

耐张段号			耐张段长		导地线及光纤型号		施工日期	年　月　日
观测档号			观测档距				检查日期	年　月　日
线类	相别	线别	观测时温度	设计弧垂（mm）	实测弧垂（mm）	子导线偏差（mm）	相间偏差（mm）	子导线间偏差（mm）
导线	左或上	1（上或左）						
		2（下或右）						
	中	1（上或左）						
		2（下或右）						
	右或下	1（上或左）						
		2（下或右）						
地线或光缆		左						
		右						

序号	检查（检验）项目	性质	质量标准	检查结果
1	相位排列	关键	符合规范要求	
2	导线同相子导线弧垂偏差（mm）	重要	无间隔棒垂直双分裂导线 100，0	
			有间隔棒 80	
3	导、地线弧垂（紧线时）	重要	+5%，−2.5%	
4	导、地线相间弧垂偏差（mm）	重要	200	
5	耐张连接金具规格、数量	关键	符合设计要求	
6	耐张线夹（预绞丝）安装	关键	符合设计要求	
7	OPGW 光缆弧垂（紧线时）	关键	±2.5%	
8	光缆尾线处理	关键	缆盘最小盘径大于允许弯曲半径的 2 倍，无扭劲，端头密封良好	
备注			检查结论	

现场技术负责人		专职质检员		施工负责人		监理工程师	

D.0.14 导地线（光缆）附件安装检查记录表（线线4）应按本规范表D.0.14填写。

表D.0.14 导地线（光缆）附件安装检查记录表

工程名称： 线线4

设计桩号		杆塔型式		呼称高		施工日期	年 月 日
				塔全高		检查日期	年 月 日

序号	检查（检验）项目			性质	质量标准	检查结果		
						送侧	中	受侧
1	金具规格、数量			关键	符合设计要求			
2	开口销及弹簧销			关键	符合本规范第8.6.16条规定			
3	螺栓穿向及紧固			重要	符合设计要求			
4	预绞丝护线条安装			一般	每条的中心与线夹中心应重合，对导线包裹应紧固			
5	防振锤及阻尼线安装距离（mm）			一般	设计值： ±30			
6	导地线项目 跳线	对杆塔最小间隙（m）	左或上	关键	设计值：			
			中		符合设计要求			
			右或下					
7	导地线项目 跳线	弧垂（m）	左或上	一般	设计值：			
			中		符合设计要求			
			右或下					
8	导地线项目	跳线连板及并沟线夹连接		关键	符合本规范第8.6.23条规定			
9	导地线项目	绝缘子的规格、数量		关键	符合设计要求			
10	导地线项目	跳线制作		重要	符合本规范第8.6.22条规定			
11	导地线项目	悬垂绝缘子串倾斜偏差		一般	5°（最大70mm）			
12	导地线项目	绝缘避雷线放电间隙		一般	±2	左：		右：
13	导地线项目	铝包带缠绕		一般	符合本规范第8.6.18条规定			
14	导地线项目	间隔棒安装		一般	第一个±1.5%L 中间±3.0%L			
15	光缆项目	分流线（接地）悬垂线夹安装		关键	符合设计要求			
16	光缆项目	接线盒安装位置		重要	符合设计要求			
17	光缆项目	耐张塔引下线安装		一般	符合设计要求			
备注	L为次档距				检查结论			

现场技术负责人		专职质检员		施工负责人		监理工程师	

D.0.15 光缆测试报告（线电1）应按本规范表D.0.15填写。

表D.0.15 光缆测试报告

工程名称： 线电1

生产厂家			测试日期		年 月 日
测试地点			温度		℃
光缆盘号			光纤芯数	测试波长	μm
测试项目 □开盘测试	标称长度	m	外层损伤	光纤封头	
	实测长度	m	线盘质量		
测试项目 □接头衰减测试	接头桩号		接头塔号		
测试项目 □纤芯衰减测试	测试线路长度	km	方向	至	

纤芯序号	纤芯色别	纤芯衰减（dB/km）		纤芯序号	纤芯色别	纤芯衰减（dB/km）	
		允许值	实测值			允许值	实测值
1				25			
2				26			
3				27			
4				28			
5				29			
6				30			
7				31			
8				32			
9				33			
10				34			
11				35			
12				36			
13				37			
14				38			
15				39			
16				40			
17				41			
18				42			
19				43			
20				44			
21				45			
22				46			
23				47			
24				48			

现场技术负责人		专职质检员		施工负责人		监理工程师	

D.0.16 对地、风偏与交叉跨越检查记录表（线电2）应按本规范表D.0.16填写。

表 D.0.16　　对地、风偏与交叉跨越检查记录表

工程名称：　　　　　　　　　　　　　　　　　　线电 2

□对地、风偏	位置	档距	项目	测量对地距离	距最近杆塔设计桩号及距离（m）	测量时温度（℃）	换算至最大弧垂时对地距离（m）	质量标准允许净距（m）	判定
□交叉跨	跨越设计桩号	跨越档档距（m）	被跨越物名称及交叉角	交叉点净距（m）					
备注							检查结论		
现场技术负责人		专职质检员		施工负责人			监理工程师		

D.0.17　接地装置施工检查记录表（线电 3）应按本规范表 D.0.17 填写。

表 D.0.17　　接地装置施工检查记录表

工程名称：　　　　　　　　　　　　　　　　　　线电 3

设计桩号		接地型式		测量时气温	℃	施工日期	年　月　日
						检查日期	年　月　日

序号	检查（检验）项目		性质	质量标准	检查结果	
1	接地体规格		关键	设计值：		
				符合设计要求		
2	接地电阻值		关键	设计值：　　Ω	实测值	
				不大于设计值	计算季节系数后	
3	接地体连接	□圆钢双面焊	关键	搭接长度不小于直径的 6 倍		
		□扁钢四面焊		搭接长度不小于宽度的 2 倍		
4	接地体埋深		重要	设计值：　　mm		
				不小于设计值		
5	接地体放射线长度		重要	设计值：　　mm		
				不小于设计值		
6	降阻剂使用情况		一般	符合设计要求		
7	接地体防腐		一般	符合设计要求		
8	引下线安装		一般	与杆塔连接应接触良好牢固、整齐、统一美观		
9	回填土		一般	防沉层 100mm～300mm		
10	接地装置实际敷设简图：　　受电侧					
备注	测量接地电阻值时的季节系数为：				检查结论	
现场技术负责人		专职质检员		施工负责人		监理工程师

D.0.18　杆上电气设备安装检查记录表（线电 4）应按本规范表 D.0.18 填写。

表 D.0.18　　杆上电气设备安装检查记录表

工程名称：　　　　　　　　　　　　　　　　　　线电 4

设备杆号		设备编号		设备型号		施工日期	年　月　日
						检查日期	年　月　日

序号	检查（检验）项目		性质	检查内容及标准	检查结果
1	固定电气设备的支架		关键	应为热浸镀锌制品，紧固件及防松零件齐全	
2	电气设备接地		关键	接地牢固可靠，接地电阻值符合设计要求	
3	变压器	变压型号、规格	关键	符合设计要求	
4		台架的水平倾斜	关键	不大于 1/100	
5		台架底座对地距离	关键	不得小于 2.5m	
6		外观检查	外观	变压器油位正常、附件齐全、无渗油现象、外壳涂层完整	
7	杆上断路器、负荷开关	开关底部对地距离	关键	不少于 4.5m，不宜过高	
8		气压、油位	关键	密封良好，不应有油或气的渗漏现象，油位或气压值正常	
9		分合闸位置	一般	指示正确、清晰，操作灵活	
10		套管	外观	无裂纹、破损、脏污现象	

续表

序号	检查(检验)项目		性质	检查内容及标准	检查结果
11	跌落式熔断器	与地面垂直距离	关键	不小于5m，郊区农田线路可降低至4.5m	
12		跌落式熔断器安装的相间距离	关键	不小于500mm	
13		熔管轴线与地面的垂直夹角	重要	为15°～30°	
14		熔断器外观检查	外观	绝缘支撑件无裂纹、破损及脏污。铸件应无裂纹、砂眼及锈蚀	
15	隔离开关	裸露带电部分对地垂直距离	关键	不少于4.5m	
16		触头分闸	重要	隔离刀刃合闸时接触紧密，分闸时应有不小于200mm的空气间隙	
17		外观检查	外观	绝缘支撑件无裂纹、破损及脏污。铸件应无裂纹、砂眼及锈蚀	
18	避雷器	相间距离	关键	不小于350mm	
19		上下引线截面	重要	铜线截面积不小于16mm²，铝截面不小于25mm²	
20		外观检查	外观	完好，无破损、裂纹	
备注				检查结论	
现场技术负责人		专职质检员		施工负责人		监理工程师	

D.0.19 线路防护设施检查记录表（线防1）应按本规范表D.0.19填写。

表D.0.19　线路防护设施检查记录表

工程名称：　　　　　　　　　　　　　　　　　　　　线防1

防护设施位置	线路防护设施					检查日期	年 月 日
	排水沟	基础护坡	拦江或公路线高度限标	挡土墙	其他	检查结果	
	□	□	□	□	□		
	□	□	□	□	□		
	□	□	□	□	□		
	□	□	□	□	□		
	□	□	□	□	□		
	□	□	□	□	□		
	□	□	□	□	□		
	□	□	□	□	□		
	□	□	□	□	□		
	□	□	□	□	□		
	□	□	□	□	□		
	□	□	□	□	□		
	□	□	□	□	□		
	□	□	□	□	□		
	□	□	□	□	□		
	□	□	□	□	□		

续表

防护设施位置	线路防护设施					检查日期	年 月 日
	排水沟	基础护坡	拦江或公路线高度限标	挡土墙	其他	检查结果	
	□	□	□	□	□		
	□	□	□	□	□		
	□	□	□	□	□		
	□	□	□	□	□		
	□	□	□	□	□		
备注						检查结论	
现场技术负责人		专职质检员		施工负责人		监理工程师	

D.0.20 10kV线路杆塔基础检查记录表应按本规范表D.0.20填写。

表D.0.20　10kV线路杆塔基础检查记录表

工程名称：

设计桩号		杆塔型		施工日期	年 月 日
		基础型式		检查日期	年 月 日
序号	检查项目	检查内容及标准	性质	检查记录	
1	分坑及开挖	转角杆塔角度，1′30″	关键		
2		直线杆塔桩位置，50mm	关键		
3		基础坑深，+100mm，−50mm	重要		
4		基础根开及对角，±2%	一般		
5		基础坑底板断面尺寸，−1%	一般		
6		拉线基础坑位置，±1%L	一般		
7		拉线坑马道坡度及方向，符合设计要求	一般		
8	基础	地脚螺栓规格、数量	关键		
9		主钢筋规格、数量	关键		
10		混凝土强度，试块强度：MPa	关键		
11		立柱断面尺寸	重要		
12		钢筋保护层厚度，−5mm	重要		
13		基础埋深，+100mm，−50mm	重要		
14		整基基础中心位移（顺线路、横线路），30mm	重要		
15		整基基础扭转，10mm	重要		
16		回填土，+200mm	重要		
17		混凝土表面质量，外观质量无缺陷及表面平整光滑	外观		
18		基础根开及对角线尺寸，±2‰	一般		
19		同组地脚螺栓中心与立柱中心偏移，10mm	一般		
20		基础顶面高差5mm	一般		
备注				检查结论	
现场技术负责人		专职质检员		施工负责人		监理工程师	

D.0.21 10kV线路杆塔组立检查记录表应按本规范表D.0.21填写。

表 D.0.21 10kV线路杆塔组立检查记录表

工程名称：

设计桩号		杆塔型		施工日期	年 月 日
		基础型式		检查日期	年 月 日
序号	检查项目	检查内容及标准	性质	检查记录	
1	电杆组立	杆身弯曲不应超过杆长的1/1000	关键		
2		电杆埋深不应小于杆长1/6	关键		
3		混凝土电杆无纵横向裂纹、露筋、跑浆	重要		
4		π杆高差小于20mm	重要		
5		山坡上的杆位，应有防洪措施	一般		
6		混凝土电杆顶端应封堵	一般		
7	铁塔组立	塔材规格尺寸符合设计要求	关键		
8		热镀锌、焊接、开孔、紧固等工艺满足设计要求	重要		
9		铁塔组立架线后倾斜不超过3‰	重要		
10		螺栓防松符合设计要求，紧固及无遗漏	重要		
11		螺栓防盗符合设计要求，紧固及无遗漏	重要		
12		螺栓穿向与紧固满足设计和规范	一般		
13		保护帽，符合设计要求规格统一美观	外观		
14	接地	接地线连接可靠，接地方式及阻值满足设计要求，小于10Ω	关键		
15		水平接地体的埋深不得小于设计要求值，无设计要求时不应小于0.7m	重要		
16		圆钢的搭接长度应不小于其直径的6倍，并应双面施焊	重要		
17		扁钢的搭接长度应不小于其宽度的2倍，并应四面施焊	重要		
18		居民区钢筋混凝土电杆应接地	重要		
19		接地装置材料应热镀锌	重要		
备注			检查结论		
现场技术负责人		专职质检员		施工负责人	监理工程师

D.0.22 10kV线路金具及附件检查记录表应按本规范表D.0.22填写。

表 D.0.22 10kV线路金具及附件检查记录表

工程名称：

设计桩号		杆塔型		施工日期	年 月 日
		基础型式		检查日期	年 月 日
序号	检查项目	检查内容及标准	性质	检查记录	
1	金具	线路金具要热镀锌，规格符合设计要求	重要		
2		绝缘导线配套的金具应符合产品技术要求	重要		
3		耐张线夹安装正确	一般		
4	绝缘子	清洁完好，无裂纹、破损、气泡、烧痕等缺陷	重要		
5		安装应牢固，连接可靠	重要		
6		铁件（脚）无弯曲	一般		
7	横担	横担安装应平正，横担端部上下歪斜不应大于20mm。横担端部左右扭斜不应大于20mm	重要		
8		双杆的横担与电杆连接处的高差不应大于连接距离的5/1000，左右扭斜不应大于横担总长度的1/100	一般		
9	拉线	拉线棒露出地面的圆钢长度500mm～700mm	一般		
10		拉棒应与拉线同一方向	一般		
11		拉线与电杆夹角：宜采用45°，不应小于30°，或与设计值允许偏差：不大于3°	重要		
12		拉线回尾长度要求为300mm～500mm，绑扎80mm～100mm	重要		
13		拉线平面分角位置正确	重要		
14		楔形线夹舌板与拉线应紧密，凸肚在尾线侧，无滑动现象	重要		
15		拉盘埋深符合设计要求或不小于1800mm	重要		
16		UT线夹螺杆应露扣，并有不小于1/2螺杆丝扣长度可供调紧，调整后，双螺母应并紧	一般		
17		拉线回填土高于地面150mm	一般		
备注			检查结论		
现场技术负责人		专职质检员		施工负责人	监理工程师

D.0.23 10kV线路导线架设检查记录表应按本规范表D.0.23填写。

表D.0.23 10kV线路导线架设检查记录表

工程名称：

导线型号		设计耐张段	号至 号	施工日期	年 月 日
放线线长	km			检查日期	年 月 日

序号	检查项目	检查内容及标准	性质	检查记录
1	导线架设	导线型号、规格符合设计要求。无设计要求时导线截面，主干线不得小于70mm²；分支线不得小于35mm²	关键	
2		线路跨越公路，距离不应小于7m；架空绝缘导线对地应不小于6.5m，人口稀少地区不小于5.5m，不能通航的河湖水面不小于5m	关键	
3		10kV线路耐张段长度不宜大于1km，且不同材质、不同规格型号、不同绞制方向的导线不得在同一耐张段驳接	重要	
4		导线在跨越道路、一、二级通信线时，应双固定，在一个档距内每根导线不应超过一个接头，接头离固定点>0.5m不得有接头	重要	
5		紧线后杆端位置转角偏移小于杆头	重要	
6		线路要标示线路名称、编号、相序，及"不得攀登、高压危险"	一般	
7	导线接续	压接后的接续管弯曲度不应大于管长的2%，有明显弯曲时应校直，但不应有裂纹，两端附近导线不应有灯笼、抽筋等现象	重要	
8		钳压后导线端头露出长度，不应小于20mm，导线端头绑线应保留。接续管两端出口处、合缝处及外露部分，应涂刷电力复合脂	一般	
9	三相弛度	导线弛度误差（相差）应符合标准：误差不得超过设计值的−5%或+10%；一般档距导线弛度相差不应超过50mm	关键	
10		导线的三相弛度应平衡，无过紧、过松现象	重要	
11	电气间隙	跳线：10kV裸导线：不小于0.3m。10kV绝缘导线：不小于0.2m	关键	
12	导线对地，对交叉跨越设施及对其他线路的最小距离	人口密集地区：垂直距离为6.5m。人口稀少地区：垂直距离为5.5m。交通困难地区：垂直距离为4.5m（均为最大弧垂）	关键	
13		导线对建筑物：垂直距离为3m（最大弧垂）；绝缘导线：2.5m。水平距离为1.5m（最大风偏）；绝缘导线：0.75m	关键	
14		导线对公园、绿化区或防护林带的树木：最小距离为3m（最大风偏、最大弧垂）；绝缘导线：1m	关键	
15		导线对果树、经济作物或城市绿化灌木：垂直距离为1.5m（最大弧垂）；绝缘导线：1m	关键	
16		导线与各电压等级电力线路垂直交叉最小距离：10kV～10kV：2m。10kV～110kV：3m。10kV～220kV：4m。10kV～500kV：6m。10kV～1kV以下弱电线路：2m（均为最大弧垂）	关键	
备注			检查结论	

现场技术负责人		专职质检员		施工负责人		监理工程师	

D.0.24 分部工程质量验收统计（线统1）应按本规范表D.0.24填写。

表D.0.24 分部工程质量验收统计

工程名称： 线统1

起止施工塔号		施工日期	年 月 日至 年 月 日				
线路亘长	km	铁塔基数	基		验收检查日期	年 月 日	
分项工程名称	单元工程数	合格	不合格	返工率	一次合格率	分项工程验收	分部工程合格率
							一次验收合格率
合计							

续表

验收小组检查评语： 年 月 日		施工单位： 年 月 日			分部工程验收评级		
业主代表或监理负责人		工程验收检查组负责人		单位工程项目负责人		单位工程质检负责人	

D.0.25 单位工程质量验收统计（线统 2）应按本规范表 D.0.25 填写。

表 D.0.25　单位工程质量验收统计

工程名称：　　　　线统 2

电压等级	kV		施工日期	年 月 日开工 年 月 日竣工			
线路亘长	km		导地线规格			铁塔基数	基
分部工程名称	单元工程数	合格	不合格	合格率	一次合格率	验收	单位工程合格率
土石方工程	基	基	基	%	%		
基础工程	基	基	基	%	%		
铁塔工程	基	基	基	%	%		
架线工程 导地展放接管	km	km	km	%	%		一次验收合格率
架线工程 导地线连接管	个	个	个	%	%		
架线工程 紧线	耐张段	耐张段	耐张段	%	%		
架线工程 附件安装	基	基	基	%	%		
接地工程	基	基	基	%	%		
线路防护工程	处	处	处	%	%		
电气工程	个	个	个	%	%		
合计							
验收结论						验收评级	
参加验收单位	建设单位 （章） 授权代表： 年 月 日		监理单位 （章） 总监理工程师： 年 月 日		质检单位 （章） 质检负责人： 年 月 日		施工单位 （章） 项目经理： 年 月 日

本规范用词说明

1 为便于在执行本规范条文时区别对待，对要求严格程度不同的用词说明如下：

1）表示很严格，非这样做不可的：
正面词采用"必须"，反面词采用"严禁"；

2）表示严格，在正常情况下均应这样做的：
正面词采用"应"，反面词采用"不应"或"不得"；

3）表示允许稍有选择，在条件许可时首先应这样做的：
正面词采用"宜"，反面词采用"不宜"；

4）表示有选择，在一定条件下可以这样做的，采用"可"。

2 条文中指明应按其他有关标准执行的写法为："应符合……的规定"或"应按……执行"。

引用标准名录

《混凝土外加剂应用技术规范》GB 50119
《电气装置安装工程电气设备交接试验标准》GB 50150
《混凝土结构工程施工质量验收规范》GB 50204
《钢结构工程施工质量验收规范》GB 50205
《钢结构焊接规范》GB 50661
《通用硅酸盐水泥》GB 175
《标称电压高于 1000V 的架空线路绝缘子》GB/T 1001
《圆线同心绞架空导线》GB/T 1179
《钢筋混凝土用钢》GB 1499
《电力金具通用技术条件》GB/T 2314
《电力金具试验方法　第 4 部分：验收规则》GB/T 2317.4
《预绞丝》GB 2337
《输电线路铁塔制造技术条件》GB/T 2694
《环形混凝土电杆》GB/T 4623
《标称电压高于 1000V 的架空线路绝缘子交流系统用瓷或玻璃绝缘子件盘形悬式绝缘子件的特性》GB/T 7253
《科学技术档案案卷构成的一般要求》GB/T 11822
《额定电压 1kV 及以下架空绝缘电缆》GB/T 12527
《额定电压 10kV 架空绝缘电缆》GB/T 14049
《标称电压高于 1000V 的交流架空线路用复合绝缘子—定义、试验方法及验收准则》GB/T 19519
《输电线路杆塔及电力金具用热浸镀锌螺栓与螺母》DL/T 284
《输变电钢管结构制造技术条件》DL/T 646
《放线滑轮基本要求、检验规定及测试方法》DL/T 685
《架空配电线路金具技术条件》DL/T 765.1
《额定电压 10kV 及以下架空裸导线金具》DL/T 765.2
《额定电压 10kV 及以下架空绝缘导线金具》DL/T 765.3
《电力金具制造质量》DL/T 768
《光纤复合架空地线》DL/T 832
《架空输电线路导地线补修导则》DL/T 1069
《薄壁离心钢管混凝土结构技术规程》DL/T 5030
《输变电工程架空导线及地线液压压接工艺规程》DL/T 5285
《盘形悬式绝缘子用钢化玻璃绝缘件外观质量》JB/T 9678
《钢筋焊接及验收规程》JGJ 18
《普通混凝土用砂、石质量及检验方法标准》JGJ 52
《普通混凝土配合比设计规程》JGJ 55

《建筑桩基技术规范》JGJ 94
《建筑工程冬期施工规程》JGJ/T 104
《超高压架空输电线路张力架线施工工艺导则》SDJJS 2
《镀锌钢绞线》YB/T 5004

11 电力工程电缆设计标准

(GB 50217—2018)

1 总则

1.0.1 为使电力工程电缆设计做到技术先进、经济合理、安全适用、便于施工和维护，制定本标准。

1.0.2 本标准适用于发电、输变电、配用电等新建、扩建、改建的电力工程中500kV及以下电力电缆和控制电缆的选择与敷设设计。

本标准不适用于下列环境：矿井井下；制造、适用或贮存火药、炸药和起爆药、引信及火工品生产等的环境；水、陆、空交通运输工具；核电厂核岛部分。

1.0.3 电力工程电缆设计除应符合本标准外，尚应符合国家现行有关标准的规定。

2 术语

2.0.1 阻燃电缆 flame retardant cables

具有规定的阻燃性能（如阻燃特性、烟密度、烟气毒性、耐腐蚀性）的电缆。

2.0.2 耐火电缆 fire resistive cables

具有规定的耐火性能（如线路完整性、烟密度、烟气毒性、耐腐蚀性）的电缆。

2.0.3 金属塑料复合阻水层 metallic-plastic composite water barrier

由铝或铅箔等薄金属套夹于塑料层中特制的复合带沿电缆纵向包围构成的阻水层。

2.0.4 热阻 thermal resistance

计算电缆载流量采取热网分析法，以一维散热过程的热欧姆法则所定义的物理量。

2.0.5 回流线 auxiliary ground wtre

配置平行于高压交流单芯电力电缆线路、以两端接地使感应电流形成回路的导线。

2.0.6 直埋敷设 direct burying

电缆敷设入地下壕沟中沿沟底铺有垫层和电缆上铺有覆盖层，且加设保护板再埋齐地坪的敷设方式。

2.0.7 浅槽 channel

容纳电缆数量较少、未含支架的有盖槽式构筑物。

2.0.8 工作井 manhole

专用于安置电缆接头等附件或供牵拉电缆作业所需的有盖坑式电缆构筑物。

2.0.9 电缆构筑物 cable building

专供敷设电缆或安置附件的电缆沟、浅槽、排管、隧道、夹层、竖（斜）井和工作井等构筑物的统称。

2.0.10 挠性固定 slip fixing

使电缆随热胀冷缩可沿固定处轴向角度变化或稍有横向移动的固定方式。

2.0.11 刚性固定 rigid fixing

使电缆不随热胀冷缩发生位移的夹紧固定方式。

2.0.12 电缆蛇形敷设 snaking of cable

按定量参数要求减小电缆轴向热应力或有助自由伸缩量增大而使电缆呈蛇形状的敷设方式。

3 电缆型式与截面选择

3.1 电力电缆导体材质

3.1.1 用于下列情况的电力电缆，应采用铜导体：

1 电机励磁、重要电源、移动式电气设备等需保持连接具有高可靠性的回路；

2 振动场所、有爆炸危险或对铝有腐蚀等工作环境；

3 耐火电缆；

4 紧靠高温设备布置；

5 人员密集场所；

6 核电厂常规岛及与生产有关的附属设施。

3.1.2 除限于产品仅有铜导体和本标准第3.1.1条确定应选用铜导体外，电缆导体材质可选用铜导体、铝或铝合金导体。电压等级1kV以上的电缆不宜选用铝合金导体。

3.1.3 电缆导体结构和性能参数应符合现行国家标准《电工圆铜线》GB/T 3953、《电工圆铝线》GB/T 3955、《电缆的导体》GB/T 3956、《电缆导体用铝合金线》GB/T 30552等的规定。

3.2 电力电缆绝缘水平

3.2.1 交流系统中电力电缆导体的相间额定电压不得低于使用回路的工作线电压。

3.2.2 交流系统中电力电缆导体与绝缘屏蔽或金属套之间额定电压选择应符合下列规定：

1 中性点直接接地或经低电阻接地系统，接地保护动作不超过1min切除故障时，不应低于100％的使用回路工作相电压；

2 对于单相接地故障可能超过1min的供电系统，不宜低于133％的使用回路工作相电压；在单相接地故障可能持续8h以上，或发电机回路等安全性要求较高时，宜采用173％的使用回路工作相电压。

3.2.3 交流系统中电缆的耐压水平应满足系统绝缘配合的要求。

3.2.4 直流输电电缆绝缘水平应能承受极性反向、直流与冲击叠加等的耐压考核；交联聚乙烯绝缘电缆应具有抑制空间电荷积聚及其形成局部高场强等适应直流电场运行的特性。

3.3 电力电缆绝缘类型

3.3.1 电力电缆绝缘类型选择应符合下列规定：

1 在符合工作电压、工作电流及其特征和环境条件下，电缆绝缘寿命不应小于预期使用寿命；

2 应根据运行可靠性、施工和维护方便性以及最高允许工作温度与造价等因素选择；

3 应符合电缆耐火与阻燃的要求；

4 应符合环境保护的要求。

3.3.2 常用电力电缆的绝缘类型选择应符合下列规定：

1 低压电缆宜选用交联聚乙烯或聚氯乙烯挤塑绝缘类型，当环境保护有要求时，不得选用聚氯乙烯绝缘电缆；

2 高压交流电缆宜选用交联聚乙烯绝缘类型，也可选用自容式充油电缆；

3 500kV交流海底电缆线路可选用自容式充油电缆或交

联聚乙烯绝缘电缆；

4 高压直流输电电缆可选用不滴流浸渍纸绝缘、自容式充油类型和适用高压直流电缆的交联聚乙烯绝绿类型，不宜选用普通交联聚乙烯绝缘类型。

3.3.3 移动式电气设备等经常弯曲移动或有较高柔软性要求的回路应选用橡皮绝缘等电缆。

3.3.4 放射线作用场所应按绝缘类型要求，选用交联聚乙烯或乙丙橡皮绝缘等耐射线辐照强度的电缆。

3.3.5 60℃以上高温场所应按经受高温及其持续时间和绝缘类型要求，选用耐热聚氯乙烯、交联聚乙烯或乙丙橡皮绝缘等耐热型电缆；100℃以上高温环境宜选用矿物绝缘电缆。高温场所不宜选用普通聚氯乙烯绝缘电缆。

3.3.6 年最低温度在－15℃以下应按低温条件和绝缘类型要求，选用交联聚乙烯、聚乙烯、耐寒橡皮绝缘电缆。低温环境不宜选用聚氯乙烯绝缘电缆。

3.3.7 在人员密集场所或有低毒性要求的场所，应选用交联聚乙烯或乙丙橡皮等无卤绝缘电缆，不应选用聚氯乙烯绝缘电缆。

3.3.8 对6kV及以上的交联聚乙烯绝缘电缆，应选用内、外半导电屏蔽层与绝缘层三层共挤工艺特征的型式。

3.3.9 核电厂应选用交联聚乙烯或乙丙橡皮等低烟、无卤绝缘电缆。

3.3.10 敷设在核电厂常规岛及与生产有关的附属设施内的核安全级（1E级）电缆绝缘，应符合现行国家标准《核电站用IE级电缆　通用要求》GB/T 22577的有关规定。

3.4 电力电缆护层类型

3.4.1 电力电缆护层选择应符合下列规定：

1 交流系统单芯电力电缆，当需要增强电缆抗外力时，应选用非磁性金属铠装层，不得选用未经非磁性有效处理的钢制铠装；

2 在潮湿，含化学腐蚀环境或易受水浸泡的电缆，其金属套、加强层、铠装上应有聚乙烯外护层，水中电缆的粗钢丝铠装应有挤塑外护层；

3 在人员密集场所或有低毒性要求的场所，应选用聚乙烯或乙丙橡皮等无卤外护层，不应选用聚氯乙烯外护层；

4 核电厂用电缆应选用聚烯烃类低烟、无卤外护层；

5 除年最低温度在－15℃以下低温环境或药用化学液体浸泡场所，以及有低毒性要求的电缆挤塑外护层宜选用聚乙烯等低烟、无卤材料外，其他可选用聚氯乙烯外护层；

6 用在有水或化学液体浸泡场所的3kV～35kV重要回路或35kV以上的交联聚乙烯绝缘电缆，应具有符合使用要求的金属塑料复合阻水层、金属套等径向防水构造；海底电缆宜选用铅护套，也可选用铜护套作为径向防水措施；

7 外护套材料应与电缆最高允许工作温度相适应；

8 应符合电缆耐火与阻燃的要求。

3.4.2 自容式充油电缆加强层类型，当线路未设置塞止式接头时，最高与最低点之间高差应符合下列规定：

1 仅有铜带等径向加强层时，允许高差应为40m；当用于重要回路时，宜为30m；

2 径向和纵向均有铜带等加强层时，允许高差应为80m；当用于重要回路时，宜为60m。

3.4.3 直埋敷设时，电缆护层选择应符合下列规定：

1 电缆承受较大压力或有机械损伤危险时，应具有加强层或钢带铠装；

2 在流砂层、回填土地带等可能出现位移的土壤中，电缆应具有钢丝铠装；

3 白蚁严重危害地区用的挤塑电缆，应选用较高硬度的外护层，也可在普通外护层上挤包较高硬度的薄外护层，其材质可采用尼龙或特种聚烯烃共聚物等，也可采用金属套或钢带铠装；

4 除本条第1款～第3款规走的情况外，可选用不含铠装的外护层；

5 地下水位较高的地区，应选用聚乙烯外护层；

6 35kV以上高压交联聚乙烯绝缘电缆应具有防水结构。

3.4.4 空气中固定敷设时，电缆护层选择应符合下列规定：

1 在地下客运、商业设施等安全性要求高且鼠害严重的场所，塑料绝缘电缆应具有金属包带或钢带铠装；

2 电缆位于高落差的受力条件时，多芯电缆宜具有钢丝铠装，交流单芯电缆应符合本标准第3.4.1条第1款的规定；

3 敷设在桥架等支承较密集的电缆可不需要铠装；

4 当环境保护有要求时，不得采用聚氯乙烯外护层；

5 除应按本标准第3.4.1条第3款～第5款和本条第4款的规定，以及60℃以上高温场所应选用聚乙烯等耐热外护层的电缆外，其他宜选用聚氯乙烯外护层。

3.4.5 移动式电气设备等经常弯曲移动或有较高柔软性要求回路的电缆，应选用橡皮外护层。

3.4.6 放射线作用场所的电缆应具有适合耐受放射线辐照强度的聚氯乙烯、氯丁橡皮、氯磺化聚乙烯等外护层。

3.4.7 保护管中敷设的电缆应具有挤塑外护层。

3.4.8 水下敷设时，电缆护层选择应符合下列规定：

1 在沟渠、不通航小河等不需铠装层承受拉力的电缆可选用钢带铠装；

2 在江河、湖海中敷设的电缆，选用的钢丝铠装型式应满足受力条件；当敷设条件有机械损伤等防护要求时，可选用符合防护、耐蚀性增强要求的外护层；

3 海底电缆宜采用耐腐蚀性好的镀锌钢丝、不锈钢丝或铜铠装，不宜采用铝铠装。

3.4.9 路径通过不同敷设条件时，电缆护层选择宜符合下列规定：

1 线路总长度未超过电缆制造长度时，宜选用满足全线条件的同一种或差别小的一种以上型式；

2 线路总长度超过电缆制造长度时，可按相应区段分别选用不同型式。

3.4.10 敷设在核电厂常规岛及与生产有关的附属设施内的核安全级（1E级）电缆外护层，应符合现行国家标准《核电站用1E级电缆　通用要求》GB/T 22577的有关规定。

3.4.11 核电厂1kV以上电力电缆屏蔽设置要求应符合现行行业标准《核电厂电缆系统设计及安装准则》EJ/T 649的有关规定。

3.5 电力电缆芯数

3.5.1 1kV及以下电源中性点直接接地时，三相回路的电缆芯数选择应符合下列规定：

1 保护导体与受电设备的外露可导电部位连接接地时，应符合下列规定：

1）TN－C系统，保护导体与中性导体合用同一导体时，应选用4芯电缆；

2）TN－S系统，保护导体与中性导体各自独立时，宜选用5芯电缆；当满足本标准第5.1.16条的规定时，也可采用4

芯电缆与另外紧靠相导体敷设的保护导体组成；

3）TN-S系统，未配出中性导体或回路不需要中性导体引至受电设备时，宜选用4芯电缆；当满足本标准第5.1.16条的规定时，也可采用3芯电缆与另外紧靠相导体敷设的保护导体组成。

2 TT系统，受电设备外露可导电部位的保护接地与电源系统中性点接地各自独立时，应选用4芯电缆；未配出中性导体或回路不需要中性导体引至受电设备时，宜选用3芯电缆。

3 TN系统，受电设备外露可导电部位可靠连接至分布在全厂、站内公用接地网时，固定安装且不需要中性导体的电动机等电气设备宜选用3芯电缆。

4 当相导体截面大于240mm²时，可选用单芯电缆，其回路的中性导体和保护导体的截面应符合本标准第3.6.9条和第3.6.10条的规定。

3.5.2 1kV及以下电源中性点直接接地时，单相回路的电缆芯数选择应符合下列规定：

1 保护导体与受电设备的外露可导电部位连接接地时，应符合下列规定：

1）TN-C系统，保护导体与中性导体合用同一导体时，应选用2芯电缆；

2）TN-S系统，保护导体与中性导体各自独立时，宜选用3芯电缆；当满足本标准第5.1.16条的规定时，也可采用2芯电缆与另外紧靠相导体敷设的保护导体组成。

2 TT系统，受电设备外露可导电部位的保护接地与电源系统中性点接地各自独立时，应选用2芯电缆。

3 TN系统，受电设备外露可导电部位可靠连接至分布在全厂、站内公用接地网时，固定安装的电气设备宜选用2芯电缆。

3.5.3 3kV～35kV三相供电回路的电缆芯数选择应符合下列规定：

1 工作电流较大的回路或电缆敷设于水下时，可选用单芯电缆；

2 除本条第1款规定的情况外，应选用3芯电缆；3芯电缆可选用普通统包型，也可选用3根单芯电缆绞合构造型。

3.5.4 110kV三相供电回路，除敷设于水下时可选用3芯外，宜选用单芯电缆。110kV以上三相供电回路宜选用单芯电缆。

3.5.5 移动式电气设备的单相电源电缆应选用3芯软橡胶电缆，三相三线制电源电缆应选用4芯软橡胶电缆，三相四线制电源电缆应选用5芯软橡胶电缆。

3.5.6 直流供电回路的电缆芯数选择应符合下列规定：

1 低压直流电源系统宜选用2芯电缆，也可选用单芯电缆；蓄电池组引出线为电缆时，宜选用单芯电缆，也可采用多芯电缆并联作为一极使用，蓄电池电缆的正极和负极不应共用1根电缆；

2 高压直流输电系统宜选用单芯电缆，在水下敷设时，也可选用2芯电缆。

3.6 电力电缆导体截面

3.6.1 电力电缆导体截面选择应符合下列规定：

1 最大工作电流作用下的电缆导体温度不得超过电缆绝缘最高允许值，持续工作回路的电缆导体工作温度应符合本标准附录A的规定；

2 最大短路电流和短路时间作用下的电缆导体温度应符合本标准附录A的规定；

3 最大工作电流作用下，连接回路的电压降不得超过该回路允许值；

4 10kV及以下电力电缆截面除应符合本条第1款～第3款的要求外，尚宜按电缆的初始投资与使用寿命期间的运行费用综合经济的原则选择；10kV及以下电力电缆经济电流截面选用方法和经济电流密度曲线宜符合本标准附录B的规定；

5 多芯电力电缆导体最小截面，铜导体不宜小于2.5mm²，铝导体不宜小于4mm²；

6 敷设于水下的电缆，当需导体承受拉力且较合理时，可按抗拉要求选择截面；

7 长距离电力电缆导体截面还应综合考虑输送的有功功率、电缆长度、高压并联电抗器补偿等因素确定。

3.6.2 10kV及以下常用电缆按100%持续工作电流确定电缆导体允许最小截面时，应符合本标准附录C和附录D的规定，其载流量应考虑敷设方式的影响，并按照下列主要使用条件差异影响计入校正系数：

1 环境温度差异；

2 直埋敷设时土壤热阻系数差异；

3 电缆多根并列的影响；

4 户外架空敷设无遮阳时的日照影响。

经校正后电缆载流量实际允许值应大于回路的工作电流。

3.6.3 除本标准第3.6.2条规定外，按100%持续工作电流确定电缆导体允许最小截面时，应经计算或测试验证，并应符合下列规定：

1 含有高次谐波负荷的供电回路电缆或中频负荷回路使用的非同轴电缆，应计入集肤效应和邻近效应增大等附加发热的影响；

2 交叉互联接地的高压交流单芯电力电缆，单元系统中三个区段不等长时，应计入金属套的附加损耗发热的影响；

3 敷设于保护管中的电缆应计入热阻影响，排管中不同孔位的电缆还应分别计入互热因素的影响；

4 敷设于耐火电缆槽盒中的电缆应计人包含该型材质及其盒体厚度、尺寸等因素对热阻增大的影响；

5 施加在电缆上的防火涂料、阻火包带等覆盖层厚度大于1.5mm时，应计入其热阻影响；

6 电缆沟内电缆埋砂且无经常性水分补充时，应按砂质情况选取大于2.0K·m/W的热阻系数计入电缆热阻增大的影响；

7 35kV及以上电缆载流量宜根据电缆使用环境条件，按现行行业标准《电缆载流量计算》JB/T 10181的规定计算。

3.6.4 电缆导体工作温度大于70℃的电缆，持续允许载流量计算应符合下列规定：

1 数量较多的该类电缆敷设于未装机械通风的隧道、竖井时，应计入对环境温升的影响；

2 电缆直埋敷设在干燥或潮湿土壤中，除实施换土处理能避免水分迁移的情况外，土壤热阻系数取值不宜小于2.0K·m/W。

3.6.5 电缆持续允许载流量的环境温度应按使用地区的气象温度多年平均值确定，并应符合表3.6.5的规定。

表3.6.5　电缆持续允许载流量的环境温度

电缆敷设场所	有无机械通风	选取的环境温度
土中直埋	—	埋深处的最热月平均地温
水下	—	最热月的日最高水温平均值

续表

电缆敷设场所	有无机械通风	选取的环境温度
户外空气中、电缆沟	—	最热月的日最高温度平均值
有热源设备的厂房	有	通风设计温度
	无	最热月的日最高温度平均值另加5℃
一般性厂房、室内	有	通风设计温度
	无	最热月的日最高温度平均值
户内电缆沟	无	最热月的日最高温度平均值另加5℃*
隧道		
隧道	有	通风设计温度

注：* 当属于本标准第3.6.4条第1款的情况时，不能直接采取仅加5℃。

3.6.6 通过不同散热区段的电缆导体截面选择，宜符合下列规定：

1 回路总长度未超过电缆制造长度时，宜符合下列规定：

1）重要回路，全长宜按其中散热最差区段条件选择同一截面；

2）非重要回路，可对大于10m区段散热条件按段选择截面，但每回路不宜多于3种规格；

3）水下电缆敷设有机械强度要求需增大截面时，回路全长可选同一截面。

2 回路总长度超过电缆制造长度时，宜按区段选择电缆导体截面。

3.6.7 对非熔断器保护回路，应按满足短路热稳定条件确定电缆导体允许最小截面，并应按照本标准附录E的规定计算。对熔断器保护的下列低压回路，可不校验电缆最小热稳定截面：

1 用限流熔断器或额定电流为60A以下的熔断器保护回路；

2 熔断体的额定电流不大于电缆额定载流量的2.5倍，且回路末端最小短路电流大于熔断体额定电流的5倍时。

3.6.8 选择短路电流计算条件应符合下列规定：

1 计算用系统接线应采用正常运行方式，且宜按工程建成后5年～10年发展规划。

2 短路点应选取在通过电缆回路最大短路电流可能发生处。对单电源回路，短路点选取宜符合下列规定：

1）对无电缆中间接头的回路，宜取在电缆末端，当电缆长度未超过200m时，也可取在电缆首端；

2）当电缆线路较长且有中间接头时，宜取在电缆线路第一个接头处。

3 宜按三相短路和单相接地短路计算，取其最大值。

4 当1kV及以下供电回路装有限流作用的保护电器时，该回路宜按限流后最大短路电流值校验。

5 短路电流的作用时间应取保护动作时间与断路器开断时间之和。对电动机、低压变压器等直馈线，保护动作时间应取主保护时间；对其他情况，宜取后备保护时间。

3.6.9 1kV及以下电源中性点直接接地时，三相四线制系统的电缆中性导体或保护接地中性导体截面不得小于按线路最大不平衡电流持续工作所需最小截面；有谐波电流影响的回路，应符合下列规定：

1 气体放电灯为主要负荷的回路，中性导体截面不宜小于相导体截面。

2 存在高次谐波电流时，计算中性导体的电流应计人谐波电流的效应。当中性导体电流大于相导体电流时，电缆相导体截面应按中性导体电流选择。当三相平衡系统中存在谐波电流，4芯或5芯电缆内中性导体与相导体材料相同和截面相等时，电缆载流量的降低系数应按表3.6.9的规定确定。

表3.6.9　电缆载流量的降低系数

相电流中3次谐波分量（%）	降低系数	
	按相电流选择截面	按中性导体电流选择截面
0～15	1.0	—
>15，且≤33	0.86	—
>33，且≤45	—	0.86
>45	—	1.0

注：1 当预计有显著（大于10%）的9次、12次等高次谐波存在时，可用一个较少的降低系数；

2 当在相与相之间存在大于50%的不平衡电流时，可用更小的降低系数。

3 除本条第1款、第2款规定的情况外，中性导体截面不宜小于50%的相导体截面。

3.6.10 1kV及以下电源中性点直接接地时，配置中性导体、保护接地中性导体或保护导体系统的电缆导体截面选择，应符合下列规定：

1 中性导体、保护接地中性导体截面应符合本标准第3.6.9条的规定。配电干线采用单芯电缆作保护接地中性导体时，导体截面应符合下列规定：

1）铜导体，不应小于$10mm^2$；

2）铝导体，不应小于$16mm^2$。

2 采用多芯电缆的干线，其中性导体和保护导体合一的铜导体截面不应小于$2.5mm^2$。

3 保护导体截面应满足回路保护电器可靠动作的要求，并应符合表3.6.10-1的规定。

表3.6.10-1　按热稳定要求的保护导体允许最小截面（mm^2）

电缆相导体截面	保护导体允许最小截面
$S \leq 16$	S
$16 < S \leq 35$	16
$35 < S < 400$	$S/2$
$400 < S \leq 800$	200
$S > 800$	$S/4$

注：S为电缆相导体截面。

4 电缆外的保护导体或不与电缆相导体共处于同一外护物的保护导体最小截面应符合表3.6.10-2的规定。

表3.6.10-2　保护导体允许最小截面（mm^2）

保护导体材质	机械损伤防护	
	有	无
铜	2.5	4
铝	16	16

3.6.11 交流供电回路由多根电缆并联组成时，各电缆宜等

长，敷设方式宜一致，并应采用相同材质、相同截面的导体；具有金属套的电缆，金属材质和构造截面也应相同。

3.6.12 电力电缆金属屏蔽层的有效截面应满足在可能的短路电流作用下最高温度不超过外护层的短路最高允许温度。

3.6.13 敷设于水下的高压交联聚乙烯绝缘电缆应具有纵向阻水构造。

3.7 控制电缆及其金属屏蔽

3.7.1 控制电缆应采用铜导体。

3.7.2 控制电缆的额定电压不得低于所接回路的工作电压，宜选用450/750V。

3.7.3 控制电缆的绝缘类型和护层类型选择应符合敷设环境条件和环境保护的要求，并应符合本标准第3.3节和第3.4节的有关规定。

3.7.4 控制电缆芯数选择应符合下列规定：

1 控制、信号电缆应选用多芯电缆。当芯线截面为1.5mm² 和2.5 mm² 时，电缆芯数不宜超过24芯。当芯线截面为4mm² 和6mm² 时，电缆芯数不宜超过10芯。

2 控制电缆宜留有备用芯线。备用芯线宜结合电缆长度、芯线截面及电缆敷设条件等因素综合考虑。

3 下列情况的回路，相互间不应合用同一根控制电缆：

1）交流电流和交流电压回路、交流和直流回路、强电和弱电回路；

2）低电平信号与高电平信号回路；

3）交流断路器双套跳闸线圈的控制回路以及分相操作的各相弱电控制回路；

4）由配电装置至继电器室的同一电压互感器的星形接线和开口三角形接线回路。

4 弱电回路的每一对往返导线应置于同一根控制电缆。

5 来自同一电流互感器二次绕组的三相导体及其中性导体应置于同一根控制电缆。

6 来自同一电压互感器星形接线二次绕组的三相导体及其中性导体应置于同一根控制电缆。来自同一电压互感器开口三角形接线二次绕组的2（或3）根导体应置于同一根控制电缆。

3.7.5 控制电缆截面选择应符合下列规定：

1 保护装置电流回路截面应使电流互感器误差不超过规定值；

2 继电保护及自动装置电压回路截面应按最大负荷时电线的电压降不超过额定二次电压的3%；

3 控制回路截面应按保护最大负荷时控制电源母线至被控设备间连接电缆的电压降不应超过额定二次电压的10%；

4 强电控制回路截面不应小于1.5mm²，弱电控制回路截面不应小于0.5mm²；

5 测量回路电缆截面应符合现行国家标准《电力装置的电测量仪表装置设计规范》GB/T 50063的规定。

3.7.6 控制电缆金属屏蔽选择应符合下列规定：

1 强电回路控制电缆，除位于高压配电装置或与高压电缆紧邻并行较长需抑制干扰外，可不含金属屏蔽；

2 弱电信号、控制回路的控制电缆，当位于存在干扰影响的环境又不具备有效抗干扰措施时，应具有金属屏蔽；

3 微机型继电保护及计算机监控系统二次回路的电缆应采用屏蔽电缆；

4 控制和保护设备的直流电源电缆应采用屏蔽电缆。

3.7.7 控制电缆金属屏蔽类型选择，应按可能的电气干扰影响采取综合抑制干扰措施，并应满足降低干扰或过电压的要求，同时应符合下列规定：

1 位于110kV及以上配电装置的弱电控制电缆宜选用总屏蔽或双层式总屏蔽。

2 用于集成电路、微机保护的电流、电压和信号接点的控制电缆应选用屏蔽电缆。

3 计算机监控系统信号回路控制电缆的屏蔽选择应符合下列规定：

1）开关量信号可选用总屏蔽；

2）高电平模拟信号宜选用对绞线芯总屏蔽，必要时也可选用对绞线芯分屏蔽；

3）低电平模拟信号或脉冲量信号宜选用对绞线芯分屏蔽，必要时也可选用对绞线芯分屏蔽复合总屏蔽。

4 其他情况，应按电磁感应、静电感应和地电位升高等影响因素，选用适宜的屏蔽型式。

5 电缆具有钢铠、金属套时，应充分利用其屏蔽功能。

3.7.8 控制电缆金属屏蔽的接地方式应符合下列规定：

1 计算机监控系统的模拟信号回路控制电缆屏蔽层不得构成两点或多点接地，应集中式一点接地；

2 集成电路、微机保护的电流、电压和信号的控制电缆屏蔽层应在开关安置场所与控制室同时接地；除本条第1款、第2款情况外的控制电缆屏蔽层，当电磁感应的干扰较大时，宜采用两点接地；静电感应的干扰较大时，可采用一点接地；

3 双重屏蔽或复合式总屏蔽宜对内、外屏蔽分别采用一点、两点接地；

4 两点接地选择，尚宜在暂态电流作用下屏蔽层不被烧熔；

5 不应使用电缆内的备用芯替代屏蔽层接地。

4 电缆附件及附属设备的选择与配置

4.1 一般规定

4.1.1 电缆终端的装置类型选择应符合下列规定：

1 电缆与六氟化硫全封闭电器直接相连时，应采用封闭式GIS终端；

2 电缆与高压变压器直接相连时，宜采用封闭式GIS终端，也可采用油浸终端；

3 电缆与电器相连且具有整体式插接功能时，应采用插拔式终端，66kV及以上电压等级电缆的GIS终端和油浸终端宜采用插拔式；

4 除本条第1款～第3款规定的情况外，电缆与其他电器或导体相连时，应采用敞开式终端。

4.1.2 电缆终端构造类型选择应按满足工程所需可靠性、安装与维护方便和经济合理等因素确定，并应符合下列规定：

1 与充油电缆相连的终端应耐受可能的最高工作油压；

2 与六氟化硫全封闭电器相连的GIS终端，其接口应相互配合；GIS终端应具有与SF_6气体完全隔离的密封结构；

3 在易燃、易爆等不允许有火种场所的电缆终端应采用无明火作业的构造类型；

4 在人员密集场所、多雨且污秽或盐雾较重地区的电缆终端宜具有硅橡胶或复合式套管；

5 66kV～110kV交联聚乙烯绝缘电缆户外终端宜采用全干式预制型。

4.1.3 电缆终端绝缘特性选择应符合下列规定：

1 终端的额定电压及其绝缘水平不得低于所连接电缆额

定电压及其要求的绝缘水平；

2 终端的外绝缘应符合安置处海拔高程、污秽环境条件所需爬电距离和空气间隙的要求。

4.1.4 电缆终端的机械强度应满足安置处引线拉力、风力和地震力作用的要求。

4.1.5 电缆接头的装置类型选择应符合下列规定：

1 自容式充油电缆线路高差超过本标准第 3.4.2 条的规定，且需分隔油路时，应采用塞止接头；

2 单芯电缆线路较长以交叉互联接地的隔断金属套连接部位，除可在金属套上实施有效隔断及绝缘处理的方式外，应采用绝缘接头；

3 电缆线路距离超过电缆制造长度，且除本条第 2 款情况外，应采用直通接头；

4 电缆线路分支接出的部位，除带分支主干电缆或在电缆网络中应设置有分支箱、环网柜等情况外，应采用 Y 型接头；

5 3 芯与单芯电缆直接相连的部位应采用转换接头；

6 挤塑绝缘电缆与自容式充油电缆相连的部位应采用过渡接头。

4.1.6 电缆接头构造类型选择应根据工程可靠性、安装与维护方便和经济合理等因素确定，并应符合下列规定：

1 海底等水下电缆宜采用无接头的整根电缆；条件不允许时宜采用工厂接头；用于抢修的接头应恢复铠装层纵向连续且有足够的机械强度；

2 在可能有水浸泡的设置场所，3kV 及以上交联聚乙烯绝缘电缆接头应具有外包防水层；

3 在不允许有火种的场所，电缆接头不得采用热缩型；

4 66kV～110kV 交联聚乙烯绝缘电缆线路可靠性要求较高时，不宜采用包带型接头。

4.1.7 电缆接头的绝缘特性应符合下列规定：

1 接头的额定电压及其绝缘水平不得低于所连接电缆额定电压及其要求的绝缘水平；

2 绝缘接头的绝缘环两侧耐受电压不得低于所连接电缆护层绝缘水平的 2 倍。

4.1.8 电缆终端、接头布置应满足安装维修所需间距，并应符合电缆允许弯曲半径的伸缩节配置的要求，同时应符合下列规定：

1 终端支架构成方式应利于电缆及其组件的安装；大于 1500A 的工作电流时，支架构造宜具有防止横向磁路闭合等附加发热措施；

2 邻近电气化交通线路等对电缆金属套有侵蚀影响的地段，接头设置方式宜便于监察维护。

4.1.9 220kV 及以上交联聚乙烯绝缘电缆采用的终端和接头应由该型终端和接头与电缆连成整体的预鉴定试验确认。

4.1.10 电力电缆金属套应直接接地。交流系统中 3 芯电缆的金属套应在电缆线路两终端和接头等部位实施直接接地。

4.1.11 交流单芯电力电缆金属套上应至少在一端直接接地，在任一非直接接地端的正常感应电势最大值应符合下列规定：

1 未采取能有效防止人员任意接触金属套的安全措施时，不得大于 50V；

2 除本条第 1 款规定的情况外，不得大于 300V；

3 交流系统单芯电缆金属套的正常感应电势宜按照本标准附录 F 的公式计算。

4.1.12 交流系统单芯电力电缆金属套接地方式选择应符合下列规定：

1 线路不长，且能满足本标准第 4.1.11 条要求时，应采取在线路一端或中央部位单点直接接地（图 4.1.12－1）；

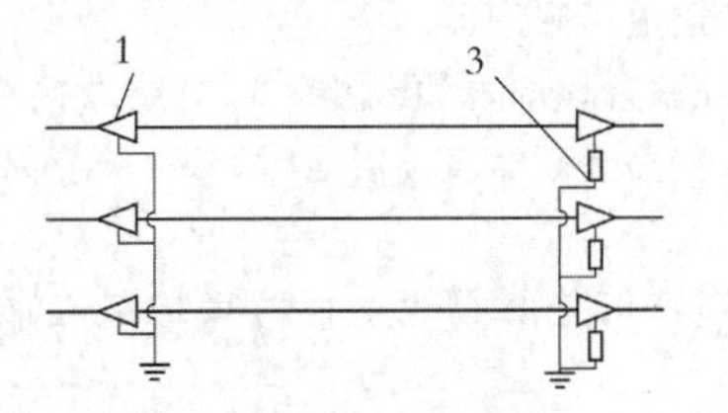

(a)线路一端单点直接接地

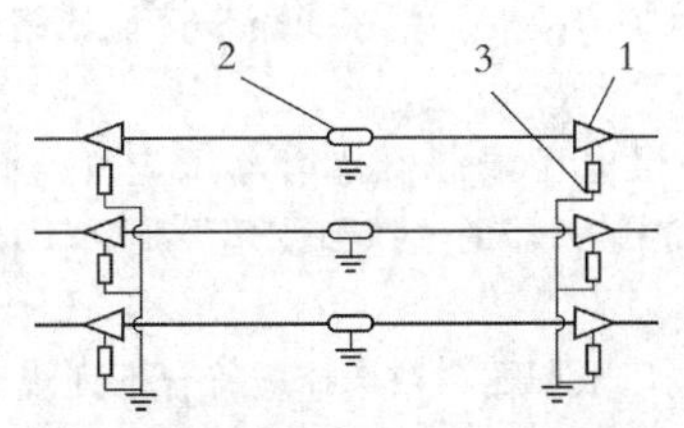

(b)线路中央部位单点直接接地

图 4.1.12－1　线路一端或中央部位单点直接接地

1—电缆终端；2—中间接头；3—护层电压限制器

注：设置护层电压限制器适合 35kV 以上电缆，35kV 及以下电缆需要时可设置。

2 线路较长，单点直接接地方式无法满足本标准第 4.1.11 条的要求时，水下电缆、35kV 及以下电缆或输送容量较小的 35kV 以上电缆，可采取在线路两端直接接地（图 4.1.12－2）；

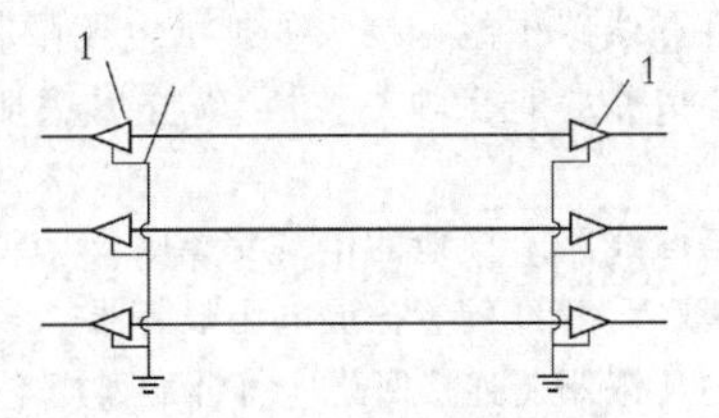

图 4.1.12－2　线路两端直接接地

1—电缆终端

3 除本条第 1 款、第 2 款外的长线路，宜划分适当的单元，且在每个单元内按 3 个长度尽可能均等区段，应设置绝缘接头或实施电缆金属套的绝缘分隔，以交叉互联接地（图 4.1.12－3）。

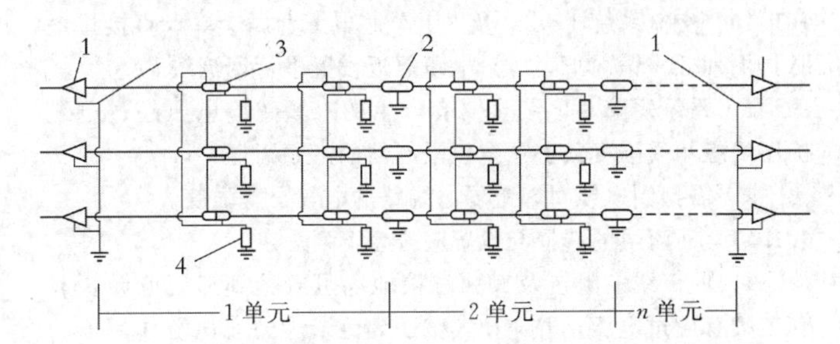

图 4.1.12－3　交叉互联接地

1—电缆终端；2—中间接头；3—绝缘接头；4—护层电压限制器

注：图中护层电压限制器配置示例按 Y_0 接线。

4.1.13 交流系统单芯电力电缆及其附件的外护层绝缘等部位应设置过电压保护，并应符合下列规定：

1 35kV 以上单芯电力电缆的外护层、电缆直连式 GIS 终端的绝缘筒，以及绝缘接头的金属套绝缘分隔部位，当其耐压水平低于可能的暂态过电压时，应添加保护措施，且宜符合下列规定：

1）单点直接接地的电缆线路，在其金属套电气通路的末端，应设置护层电压限制器；

2）交叉互联接地的电缆线路，每个绝缘接头应设置护层电压限制器。线路终端非直接接地时，该终端部位应设置护层电压限制器；

3）GIS终端的绝缘筒上，宜跨接护层电压限制器或电容器。

2 35kV及以下单芯电力电缆金属套单点直接接地，且有增强护层绝缘保护需要时，可在线路未接地的终端设置护层电压限制器。

3 电缆护层电压限制器持续电压应符合现行国家标准《交流金属氧化物避雷器的选择和使用导则》GB/T 28547的有关规定。

4.1.14 护层电压限制器参数选择应符合下列规定：

1 可能最大冲击电流作用下护层电压限制器的残压不得大于电缆护层的冲击耐压被1.4所除数值；

2 系统短路时产生的最大工频感应过电压作用下，在可能长的切除故障时间内，护层电压限制器应能耐受。切除故障时间应按2s计算；

3 可能最大冲击电流累积作用20次后，护层电压限制器不得损坏。

4.1.15 护层电压限制器的配置连接应符合下列规定：

1 护层电压限制器配置方式应按暂态过电压抑制效果、满足工频感应过电压下参数匹配、便于监察维护等因素综合确定，并应符合下列规定：

1）交叉互联线路中绝缘接头处护层电压限制器的配置及其连接，可选取桥形非接地△、Y_0或桥形接地等三相接线方式；

2）交叉互联线路未接地的电缆终端、单点直接接地的电缆线路，宜采取Y_0接线配置护层电压限制器。

2 护层电压限制器连接回路应符合下列规定：

1）连接线应尽量短，其截面应满足系统最大暂态电流通过时的热稳定要求；

2）连接回路的绝缘导线、隔离刀闸等装置的绝缘性能不得低于电缆外护层绝缘水平；

3）护层电压限制器接地箱的材质及其防护等级应满足其使用环境的要求。

4.1.16 交流系统110kV及以上单芯电缆金属套单点直接接地时，下列任一情况下，应沿电缆邻近设置平行回流线。

1 系统短路时电缆金属套产生的工频感应电压超过电缆护层绝缘耐受强度或护层电压限制器的工频耐压；

2 需抑制电缆对邻近弱电线路的电气干扰强度。

4.1.17 回流线的选择与设置应符合下列规定：

1 回流线的阻抗及其两端接地电阻应达到抑制电缆金属套工频感应过电压，并应使其截面满足最大暂态电流作用下的热稳定要求；

2 回流线的排列配置方式应保证电缆运行时在回流线上产生的损耗最小；

3 电缆线路任一终端设置在发电厂、变电站时，回流线应与电源中性导体接地的接地网连通。

4.1.18 110kV及以上高压电缆线路可设置在线温度监测装置。

4.1.19 采用金属套单点直接接地或交叉互联接地的110kV及以上高压交流电力电缆线路可设置护层环流在线监测装置。

4.1.20 高压交流电力电缆线路在线监测装置技术要求应符合现行行业标准《高压交流电缆在线监测系统通用技术规范》DL/T 1506的有关规定。

4.2 自容式充油电缆的供油系统

4.2.1 自容式充油电缆必须接有供油装置。供油装置应保证电缆工作油压变化符合下列规定：

1 冬季最低温度空载时，电缆线路最高部位油压不得小于允许最低工作油压；

2 夏季最高温度满载时，电缆线路最低部位油压不得大于允许最高工作油压；

3 夏季最高温度突增至额定满载时，电缆线路最低部位或供油装置区间长度一半部位的油压不宜大于允许最高暂态油压；

4 冬季最低温度从满载突然切除时，电缆线路最高部位或供油装置区间长度一半部位的油压不得小于允许最低工作油压。

4.2.2 自容式充油电缆允许最低工作油压必须满足维持电缆电气性能要求；允许最高工作油压、暂态油压应满足电缆耐受机械强度要求，并应符合下列规定：

1 允许最低工作油压不得小于0.02MPa；

2 铅包、铜带径向加强层构成的电缆，允许最高工作油压不得大于0.4MPa；用于重要回路时，不宜大于0.3MPa；

3 铅包、铜带径向与纵向加强层构成的电缆，允许最高工作油压不得大于0.8MPa；用于重要回路时，不宜大于0.6MPa；

4 允许最高暂态油压可按1.5倍允许最高工作油压计算。

4.2.3 供油装置应保证供油量大于电缆需要供油量，并应符合下列规定：

1 供油装置可采用压力油箱。压力油箱供油量宜按夏季高温满载、冬季低温空载等电缆运行工况下油压变化条件确定；

2 电缆供油量应计人负荷电流和环境温度变化引起的电缆线路本体及其附件的油量变化总和；

3 供油装置的供油量宜有40%的裕度；

4 电缆线路一端供油且每相仅一台工作供油箱时，对重要回路应另设一台备用供油箱；当每相配有两台及以上工作供油箱时，可不设置备用供油箱。

4.2.4 供油箱的配置应符合下列规定：

1 宜按相分别配置；

2 一端供油方式且电缆线路两端有较大高差时，宜配置在较高地位的一端；

3 线路较长且一端供油无法满足允许暂态油压要求时，可配置在电缆线路两端或油路分段的两端。

4.2.5 供油系统及其布置应保证管路较短、部件数量紧凑，并应符合下列规定：

1 按相设置多台供油箱时，应并联连接；

2 供油管的管径不得小于电缆油道管径，宜选用含有塑料或橡皮绝缘护套的铜管；

3 供油管应经一段不低于电缆护层绝缘强度的耐油性绝缘管再与终端或塞止接头相连；

4 在可能发生不均匀沉降或位移的土质地方，供油箱与终端的基础应整体相连；

5 户外供油箱宜设置遮阳措施。环境温度低于供油箱最低允许工作温度时，应采取加热等改善措施。

4.2.6 供油系统应按相设置油压过低、过高越限报警功能的监察装置，并应保证油压事故信号可靠地传到运行值班处。

5 电缆敷设

5.1 一般规定

5.1.1 电缆的路径选择应符合下列规定：

1 应避免电缆遭受机械性外力、过热、腐蚀等危害；

2 满足安全要求条件下，应保证电缆路径最短；

3 应便于敷设、维护；

4 宜避开将要挖掘施工的地方；

5 充油电缆线路通过起伏地形时，应保证供油装置合理配置。

5.1.2 电缆在任何敷设方式及其全部路径条件的上下左右改变部位，均应满足电缆允许弯曲半径要求，并应符合电缆绝缘及其构造特性的要求。对自容式铅包充油电缆，其允许弯曲半径可按电缆外径的20倍计算。

5.1.3 同一通道内电缆数量较多时，若在同一侧的多层支架上敷设，应符合下列规定：

1 宜按电压等级由高至低的电力电缆、强电至弱电的控制和信号电缆、通信电缆"由上而下"的顺序排列；当水平通道中含有35kV以上高压电缆，或为满足引入柜盘的电缆符合允许弯曲半径要求时，宜按"由下而上"的顺序排列；在同一工程中或电缆通道延伸于不同工程的情况，均应按相同的上下排列顺序配置；

2 支架层数受通道空间限制时，35kV及以下的相邻电压级电力电缆可排列于同一层支架；少量1kV及以下电力电缆在采取防火分隔和有效抗干扰措施后，也可与强电控制、信号电缆配置在同一层支架上；

3 同一重要回路的工作与备用电缆应配置在不同层或不同侧的支架上，并应实行防火分隔。

5.1.4 同一层支架上电缆排列的配置宜符合下列规定：

1 控制和信号电缆可紧靠或多层叠置；

2 除交流系统用单芯电力电缆的同一回路可采取品字形（三叶形）配置外，对重要的同一回路多根电力电缆，不宜叠置；

3 除交流系统用单芯电缆情况外，电力电缆的相互间宜有1倍电缆外径的空隙。

5.1.5 交流系统用单芯电力电缆的相序配置及其相间距离应符合下列规定：

1 应满足电缆金属套的正常感应电压不超过允许值；

2 宜使按持续工作电流选择的电缆截面最小；

3 未呈品字形配置的单芯电力电缆，有两回线及以上配置在同一通路时，应计入相互影响；

4 当距离较长时，高压交流系统三相单芯电力电缆宜在适当位置进行换位，保持三相电抗相均等。

5.1.6 交流系统用单芯电力电缆与公用通信线路相距较近时，宜维持技术经济上有利的电缆路径，必要时可采取下列抑制感应电势的措施：

1 使电缆支架形成电气通路，且计入其他并行电缆抑制因素的影响；

2 对电缆隧道的钢筋混凝土结构实行钢筋网焊接连通；

3 沿电缆线路适当附加并行的金属屏蔽线或罩盒等。

5.1.7 明敷的电缆不宜平行敷设在热力管道的上部。电缆与管道之间无隔板防护时的允许最小净距，除城市公共场所应按现行国家标准《城市工程管线综合规划规范》GB 50289执行外，尚应符合表5.1.7的规定。

表5.1.7 电缆与管道之间无隔板防护时的允许最小净距（mm）

电缆与管道之间走向		电力电缆	控制和信号电缆
热力管道	平行	1000	500
	交叉	500	250
其他管道	平行	150	100

注：1 计及最小净距时，应从热力管道保温层外表面算起；
2 表中与热力管道之间的数值为无隔热措施时的最小净距。

5.1.8 抑制对弱电回路控制和信号电缆电气干扰强度措施，除应符合本标准第3.7.6条～第3.7.8条的规定外，还可采取下列措施：

1 与电力电缆并行敷设时，相互间距在可能范围内宜远离；对电压高、电流大的电力电缆，间距宜更远；

2 敷设于配电装置内的控制和信号电缆，与耦合电容器或电容式电压互感、避雷器或避雷针接地处的距离，宜在可能范围内远离；

3 沿控制和信号电缆可平行敷设屏蔽线，也可将电缆敷设于钢制管或盒中。

5.1.9 在隧道、沟、浅槽、竖井、夹层等封闭式电缆通道中，不得布置热力管道，严禁有可燃气体或可燃液体的管道穿越。

5.1.10 爆炸性气体环境敷设电缆应符合下列规定：

1 在可能范围宜保证电缆距爆炸释放源较远，敷设在爆炸危险较小的场所，并应符合下列规定：

1）可燃气体比空气重时，电缆宜埋地或在较高处架空敷设，且对非铠装电缆采取穿管或置于托盘、槽盒中等机械性保护；

2）可燃气体比空气轻时，电缆宜敷设在较低处的管、沟内；

3）采用电缆沟敷设时，电缆沟内应充砂。

2 电缆在空气中沿输送可燃气体的管道敷设时，宜配置在危险程度较低的管道一侧，并应符合下列规定：

1）可燃气体比空气重时，电缆宜配置在管道上方；

2）可燃气体比空气轻时，电缆宜配置在管道下方。

3 电缆及其管、沟穿过不同区域之间的墙、板孔洞处，应采用防火封堵材料严密堵塞。

4 电缆线路中不应有接头。

5 除本条第1款～第4款规定外，还应符合现行国家标准《爆炸危险环境电力装置设计规范》GB 50058的有关规定。

5.1.11 用于下列场所、部位的非铠装电缆，应采用具有机械强度的管或罩加以保护：

1 非电气人员经常活动场所的地坪以上2m内、地中引出的地坪以下0.3m深电缆区段；

2 可能有载重设备移经电缆上面的区段。

5.1.12 除架空绝缘型电缆外的非户外型电缆，户外使用时，宜采取罩、盖等遮阳措施。

5.1.13 电缆敷设在有周期性振动的场所时，应采取下列措施：

1 在支持电缆部位设置由橡胶等弹性材料制成的衬垫；

2 电缆蛇形敷设不满足伸缩缝变形要求时，应设置伸缩装置。

5.1.14 在有行人通过的地坪、堤坝、桥面、地下商业设施的路面，以及通行的隧洞中，电缆不得敞露敷设于地坪或楼梯走道上。

5.1.15 在工厂和建筑物的风道中，严禁电缆敞露式敷设。

5.1.16 1kV及以下电源中性点直接接地且配置独立分开的中性导体和保护导体构成的TN－S系统，采用独立于相导体和中性导体以外的电缆作保护导体时，同一回路的该两部分电缆敷设方式应符合下列规定：

1 在爆炸性气体环境中，应敷设在同一路径的同一结构管、沟或盒中；

2 除本条第1款规定的情况外，宜敷设在同一路径的同一构筑物中。

5.1.17 电缆的计算长度应包括实际路径长度与附加长度。附加长度宜计入下列因素：

1 电缆敷设路径地形等高差变化、伸缩节或迂回备用裕量；

2 35kV以上电缆蛇形敷设时的弯曲状影响增加量；

3 终端或接头制作所需剥截电缆的预留段、电缆引至设备或装置所需的长度。35kV及以下电缆敷设度量时的附加长度应符合本标准附录G的规定。

5.1.18 电缆的订货长度应符合下列规定：

1 长距离的电缆线路宜采用计算长度作为订货长度；对35kV以上单芯电缆，应按相计算；线路采取交叉互联等分段连接方式时，应按段开列；

2 对35kV及以下电缆用于非长距离时，宜计及整盘电缆中截取后不能利用其剩余段的因素，按计算长度计入5%～10%的裕量，作为同型号规格电缆的订货长度；

3 水下敷设电缆的每盘长度不宜小于水下段的敷设长度，有困难时可含有工厂制作的软接头。

5.1.19 核电厂安全级电路和相关电路与非安全级电路电缆通道应满足实体隔离的要求。

5.2 敷设方式选择

5.2.1 电缆敷设方式选择应视工程条件、环境特点和电缆类型、数量等因素，以及满足运行可靠、便于维护和技术经济合理的要求选择。

5.2.2 电缆直埋敷设方式选择应符合下列规定：

1 同一通路少于6根的35kV及以下电力电缆，在厂区通往远距离辅助设施或城郊等不易经常性开挖的地段，宜采用直埋；在城镇人行道下较易翻修情况或道路边缘，也可采用直埋；

2 厂区内地下管网较多的地段，可能有熔化金属、高温液体溢出的场所，待开发有较频繁开挖的地方，不宜采用直埋；

3 在化学腐蚀或杂散电流腐蚀的土壤范围内，不得采用直埋。

5.2.3 电缆穿管敷设方式选择应符合下列规定：

1 在有爆炸性环境明敷的电缆、露出地坪上需加以保护的电缆、地下电缆与道路及铁路交叉时，应采用穿管；

2 地下电缆通过房屋、广场的区段，以及电缆敷设在规划中将作为道路的地段时，宜采用穿管；

3 在地下管网较密的工厂区、城市道路狭窄且交通繁忙或道路挖掘困难的通道等电缆数量较多时，可采用穿管；

4 同一通道采用穿管敷设的电缆数量较多时，宜采用排管。

5.2.4 下列场所宜采用浅槽敷设方式：

1 地下水位较高的地方；

2 通道中电力电缆数量较少，且在不经常有载重车通过的户外配电装置等场所。

5.2.5 电缆沟敷设方式选择应符合下列规定：

1 在化学腐蚀液体或高温熔化金属溢流的场所，或在载重车辆频繁经过的地段，不得采用电缆沟；

2 经常有工业水溢流、可燃粉尘弥漫的厂房内，不宜采用电缆沟；

3 在厂区、建筑物内地下电缆数量较多但不需要采用隧道，城镇人行道开挖不便且电缆需分期敷设，同时不属于本条第1款、第2款规定的情况时，宜采用电缆沟；

4 处于爆炸、火灾环境中的电缆沟应充砂。

5.2.6 电缆隧道敷设方式选择应符合下列规定：

1 同一通道的地下电缆数量多，电缆沟不足以容纳时，应采用隧道；

2 同一通道的地下电缆数量较多，且位于有腐蚀性液体或经常有地面水溢流的场所，或含有35kV以上高压电缆以及穿越道路、铁路等地段，宜采用隧道；

3 受城镇地下通道条件限制或交通流量较大的道路下，与较多电缆沿同一路径有非高温的水、气和通信电缆管线共同配置时，可在公用性隧道中敷设电缆。

5.2.7 垂直走向的电缆宜沿墙、柱敷设，当数量较多，或含有35kV以上高压电缆时，应采用竖井。

5.2.8 电缆数量较多的控制室、继电保护室等处，宜在其下部设置电缆夹层。电缆数量较少时，也可采用有活动盖板的电缆层。

5.2.9 在地下水位较高的地方，化学腐蚀液体溢流的场所，厂房内应采用支持式架空敷设。建筑物或厂区不宜地下敷设时，可采用架空敷设。

5.2.10 明敷且不宜采用支持式架空敷设的地方，可采用悬挂式架空敷设。

5.2.11 通过河流、水库的电缆，无条件利用桥梁、堤坝敷设时，可采用水下敷设。

5.2.12 厂房内架空桥架敷设方式不宜设置检修通道，城市电缆线路架空桥架敷设方式可设置检修通道。

5.3 电缆直埋敷设

5.3.1 电缆直埋敷设的路径选择宜符合下列规定：

1 应避开含有酸、碱强腐蚀或杂散电流电化学腐蚀严重影响的地段；

2 无防护措施时，宜避开白蚁危害地带、热源影响和易遭外力损伤的区段。

5.3.2 电缆直埋敷设方式应符合下列规定：

1 电缆应敷设于壕沟里，并应沿电缆全长的上、下紧邻侧铺以厚度不小于100mm的软土或砂层；

2 沿电缆全长应覆盖宽度不小于电缆两侧各50mm的保护板，保护板宜采用混凝土；

3 城镇电缆直埋敷设时，宜在保护板上层铺设醒目标志带；

4 位于城郊或空旷地带，沿电缆路径的直线间隔100m、转弯处和接头部位，应竖立明显的方位标志或标桩；

5 当采用电缆穿波纹管敷设于壕沟时，应沿波纹管顶全长浇注厚度不小于100 mm的素混凝土，宽度不应小于管外侧50mm，电缆可不含铠装。

5.3.3 电缆直埋敷设于非冻土地区时，埋置深度应符合下列规定：

1 电缆外皮至地下构筑物基础，不得小于0.3m；

2 电缆外皮至地面深度，不得小于 0.7m；当敷设于耕地下时，应适当加深，且不宜小于 1m。

5.3.4 电缆直埋敷设于冻土地区时，应埋入冻土层以下，当受条件限制时，应采取防止电缆受到损伤的措施。

5.3.5 直埋敷设的电缆不得平行敷设于地下管道的正上方或正下方。电缆与电缆、管道、道路、构筑物等之间允许最小距离应符合表 5.3.5 的规定。

表 5.3.5 电缆与电缆、管道、道路、构筑物等之间允许最小距离（m）

电缆直埋敷设时的配置情况		平行	交叉
控制电缆之间		—	0.5[①]
电力电缆之间或与控制电缆之间	10kV 及以下电力电缆	0.1	0.5[①]
	10kV 以上电力电缆	0.25[②]	0.5[①]
不同部门使用的电缆		0.5[②]	0.5[①]
电缆与地下管沟	热力管沟	2.0[③]	0.5[①]
	油管或易（可）燃气管道	1.0	0.5[①]
	其他管道	0.5	0.5[①]
电缆与铁路	非直流电气化铁路路轨	3.0	1.0
	直流电气化铁路路轨	10	1.0
电缆与建筑物基础		0.6[③]	—
电缆与道路边		1.0[③]	—
电缆与排水沟		1.0[③]	—
电缆与树木的主干		0.7	—
电缆与 1kV 及以下架空线电杆		1.0[③]	—
电缆与 1kV 以上架空线杆塔基础		4.0[③]	—

注：①用隔板分隔或电缆穿管时不得小于 0.25m；
②用隔板分隔或电缆穿管时不得小于 0.1m；
③特殊情况时，减少值不得大于 50%。

5.3.6 直埋敷设的电缆与铁路、道路交叉时，应穿保护管，保护范围应符合下列规定：

1 与铁路交叉时，保护管应超出路基面宽各 1m，或者排水沟外 0.5m。埋设深度不应低于路基面下 1m；

2 与道路交叉时，保护管应超出道路边各 1m，或者排水沟外 0.5m。埋设深度不应低于路面下 1m；

3 保护管应有不低于 1%的排水坡度。

5.3.7 直埋敷设的电缆引入构筑物，在贯穿墙孔处应设置保护管，管口应实施阻水堵塞。

5.3.8 直埋敷设的电缆接头配置应符合下列规定：

1 接头与邻近电缆的净距不得小于 0.25m；

2 并列电缆的接头位置宜相互错开，且净距不宜小于 0.5m；

3 斜坡地形处的接头安置应呈水平状；

4 重要回路的电缆接头附近宜采用留有备用量方式敷设电缆。

5.3.9 直埋敷设的电缆回填土土质应对电缆外护层无腐蚀性。

5.4 电缆保护管敷设

5.4.1 电缆保护管内壁应光滑无毛刺，应满足机械强度和耐久性要求，且应符合下列规定：

1 采用穿管方式抑制对控制电缆的电气干扰时，应采用钢管；

2 交流单芯电缆以单根穿管时，不得采用未分隔磁路的钢管。

5.4.2 暴露在空气中的电缆保护管应符合下列规定：

1 防火或机械性要求高的场所宜采用钢管，并应采取涂漆、镀锌或包塑等适合环境耐久要求的防腐处理；

2 需要满足工程条件自熄性要求时，可采用阻燃型塑料管。部分埋入混凝土中等有耐冲击的使用场所，塑料管应具备相应承压能力，且宜采用可挠性的塑料管。

5.4.3 地中埋设的保护管应满足埋深下的抗压和耐环境腐蚀性的要求。管枕配置跨距宜按管路底部未均匀夯实时满足抗弯矩条件确定；在通过不均匀沉降的回填土地段或地震活动频发地区时，管路纵向连接应采用可挠式管接头。

5.4.4 保护管管径与穿过电缆数量选择应符合下列规定：

1 每管宜只穿 1 根电缆。除发电厂、变电站等重要性场所外，对一台电动机所有回路或同一设备的低压电动机所有回路，可在每管合穿不多于 3 根电力电缆或多根控制电缆；

2 管的内径不宜小于电缆外径或多根电缆包络外径的 1.5 倍，排管的管孔内径不宜小于 75mm。

5.4.5 单根保护管使用时，宜符合下列规定：

1 每根电缆保护管的弯头不宜超过 3 个，直角弯不宜超过 2 个；

2 地下埋管距地面深度不宜小于 0.5m，距排水沟底不宜小于 0.3m；

3 并列管相互间宜留有不小于 20mm 的空隙。

5.4.6 使用排管时，应符合下列规定：

1 管孔数量宜按发展预留适当备用；

2 导体工作温度相差大的电缆宜分别配置于适当间距的不同排管组；

3 管路顶部土壤覆盖厚度不宜小于 0.5m；

4 管路应置于经整平夯实土层且有足以保持连续平直的垫块上，纵向排水坡度不宜小于 0.2%；

5 管踣纵向连接处的弯曲度应符合牵引电缆时不致损伤的要求；

6 管孔端口应采取防止损伤电缆的处理措施。

5.4.7 较长电缆管路中的下列部位应设置工作井：

1 电缆牵引张力限制的间距处。电缆穿管敷设时，允许最大管长的计算方法宜符合本标准附录 H 的规定；

2 电缆分支、接头处；

3 管路方向较大改变或电缆从排管转入直埋处；

4 管路坡度较大且需防止电缆滑落的必要加强固定处。

5.5 电缆沟敷设

5.5.1 电缆沟的尺寸应按满足全部容纳电缆的允许最小弯曲半径、施工作业与维护空间要求确定，电缆的配置应无碍安全运行，电缆沟内通道的净宽尺寸不宜小于表 5.5.1 的规定。

表 5.5.1 电缆沟内通道的净宽尺寸（mm）

电缆支架配置方式	具有下列沟深的电缆沟		
	<600	600～1000	>1000
两侧	300	500	700
单侧	300	450	600

5.5.2 电缆支架、梯架或托盘的层间距离应满足能方便地敷

设电缆及其固定、安置接头的要求，且在多根电缆同置于一层情况下，可更换或增设任一根电缆及其接头。电缆支架、梯架或托盘的层间距离最小值可按表5.5.2确定。

表5.5.2　电缆支架、梯架或托盘的层间距离最小值（mm）

<table>
<tr><th colspan="2">电缆电压等级和类型、敷设特征</th><th>支架或吊架</th><th>桥架或托盘</th></tr>
<tr><td colspan="2">控制电缆明敷</td><td>120</td><td>200</td></tr>
<tr><td rowspan="6">电力电缆明敷</td><td>6kV以下</td><td>150</td><td>250</td></tr>
<tr><td>6kV～10kV交联聚乙烯</td><td>200</td><td>300</td></tr>
<tr><td>35kV单芯</td><td>250</td><td>300</td></tr>
<tr><td>35kV 3芯</td><td rowspan="2">300</td><td rowspan="2">350</td></tr>
<tr><td>110kV～220kV</td></tr>
<tr><td>330kV、500kV</td><td>350</td><td>400</td></tr>
<tr><td colspan="2">电缆敷设于槽盒中</td><td>$h+80$</td><td>$h+100$</td></tr>
</table>

注：h为槽盒外壳高度。

5.5.3　电缆支架、梯架或托盘的最上层、最下层布置尺寸应符合下列规定：

1　最上层支架距盖板的净距允许最小值应满足电缆引接至上侧柜盘时的允许弯曲半径要求，且不宜小于本标准表5.5.2的规定；采用梯架或托盘时，不宜小于本标准表5.5.2的规定再加80mm～150mm；

2　最下层支架、梯架或托盘距沟底垂直净距不宜小于100mm。

5.5.4　电缆沟应满足防止外部进水、渗水的要求，且应符合下列规定：

1　电缆沟底部低于地下水位、电缆沟与工业水管沟并行邻近时，宜加强电缆沟防水处理以及电缆穿隔密封的防水构造措施；

2　电缆沟与工业水管沟交叉时，电缆沟宜位于工业水管沟的上方；

3　室内电缆沟盖板宜与地坪齐平，室外电缆沟的沟壁宜高出地坪100mm。考虑排水时，可在电缆沟上分区段设置现浇钢筋混凝土渡水槽，也可采取电缆沟盖板低于地坪300mm，上面铺以细土或砂。

5.5.5　电缆沟应实现排水畅通，且应符合下列规定：

1　电缆沟的纵向排水坡度不应小于0.5%；

2　沿排水方向适当距离宜设置集水井及其泄水系统，必要时应实施机械排水。

5.5.6　电缆沟沟壁、盖板及其材质构成应满足承受荷载和适合环境耐久的要求。厂、站内可开启的沟盖板，单块重量不宜超过50kg。

5.5.7　靠近带油设备附近的电缆沟沟盖板应密封。

5.6　电缆隧道敷设

5.6.1　电缆隧道、工作井的尺寸应按满足全部容纳电缆的允许最小弯曲半径、施工作业与维护空间要求确定，电缆的配置应无碍安全运行，并应符合下列规定：

1　电缆隧道内通道的净高不宜小于1.9m；与其他管沟交叉的局部段，净高可降低，但不应小于1.4m；

2　工作井可采用封闭式或可开启式；封闭式工作井的净高不宜小于1.9m；井底部应低于最底层电缆保护管管底200mm，顶面应加盖板，且应至少高出地坪100mm；设置在绿化带时，井口应高于绿化带地面300mm，底板应设有集水坑，向集水坑泄水坡度不应小于0.3%；

3　电缆隧道、封闭式工作井内通道的净宽尺寸不宜小于表5.6.1的规定。

表5.6.1　电缆隧道、封闭式工作井内通道的净宽尺寸（mm）

电缆支架配置方式	开挖式隧道	非开挖式隧道	封闭式工作井
两侧	1000	800	1000
单侧	900	800	900

5.6.2　电缆支架、梯架或托盘的层间距离及敷设要求应符合本标准第5.5.2条的规定。

5.6.3　电缆支架、梯架或托盘的最上层、最下层布置尺寸应符合下列规定：

1　最上层支架距隧道、封闭式工作井顶部的净距允许最小值应满足电缆引接至上侧柜盘时的允许弯曲半径要求，且不宜小于本标准表5.5.2的规定，采用梯架或托盘时，不宜小于本标准表5.5.2的规定再如80mm～150mm；

2　最下层支架、梯架或托盘距隧道、工作井底部净距不宜小于100mm。

5.6.4　电缆隧道、封闭式工作井应满足防止外部进水、渗水的要求，对电缆隧道、封闭式工作井底部低于地下水位以及电缆隧道和工业水管沟交叉时，宜加强电缆隧道、封闭式工作井的防水处理以及电缆穿隔密封的防水构造措施。

5.6.5　电缆隧道应实现排水畅通，且应符合下列规定：

1　电缆隧道的纵向排水坡度不应小于0.5%；

2　沿排水方向适当距离宜设置集水井及其泄水系统，必要时应实施机械排水；

3　电缆隧道底部沿纵向宜设置泄水边沟。

5.6.6　电缆隧道、封闭式工作井应设置安全孔，安全孔的设置应符合下列规定：

1　沿隧道纵长不应少于2个；在工业性厂区或变电站内隧道的安全孔间距不应大于75m；在城镇公共区域开挖式隧道的安全孔间距不宜大于200m，非开挖式隧道的安全孔间距可适当增大，且宜根据隧道埋深和结合电缆敷设、通风、消防等综合确定；

隧道首末端无安全门时，宜在不大于5m处设置安全孔；

2　对封闭式工作井，应在顶盖板处设置2个安全孔；位于公共区域的工作井，安全孔井盖的设置宜使非专业人员难以启开；

3　安全孔至少应有一处适合安装机具和安置设备的搬运，供人员出入的安全孔直径不得小于700mm；

4　安全孔内应设置爬梯，通向安全门应设置步道或楼梯等设施；

5　在公共区域露出地面的安全孔设置部位，宜避开道路、轻轨，其外观宜与周围环境景观相协调。

5.6.7　高落差地段的电缆隧道中，通道不宜呈阶梯状，且纵向坡度不宜大于15°，电缆接头不宜设置在倾斜位置上。

5.6.8　电缆隧道宜采取自然通风。当有较多电缆导体工作温度持续达到70℃以上或其他影响环境温度显著升高时，可装设机械通风，但风机的控制应与火灾自动报警系统联锁，一旦发生火灾时应可靠切断风机电源。长距离的隧道宜分区段实行相互独立的通风。

5.6.9 城市电力电缆隧道的监测与控制设计等应符合现行行业标准《电力电缆隧道设计规程》DL/T 5484 的规定。

5.6.10 城市综合管廊中电缆舱室的环境与设备监控系统设置、检修通道净宽尺寸、逃生口设置等应符合现行国家标准《城市综合管廊工程技术规范》GB 50838 的规定。

5.7 电缆夹层敷设

5.7.1 电缆夹层的净高不宜小于 2m。民用建筑的电缆夹层净高可稍降低，但在电缆配置上供人员活动的短距离空间不得小于 1.4m。

5.7.2 电缆支架、梯架或托盘的层间距离及敷设要求应符合本标准第 5.5.2 条的规定。

5.7.3 电缆支架、梯架或托盘的最上层、最下层布置尺寸应符合下列规定：

1 最上层支架距顶板或梁底的净距允许最小值应满足电缆引接至上侧柜盘时的允许弯曲半径要求，且不宜小于本标准表 5.5.2 的规定，采用梯架或托盘时，不宜小于本标准表 5.5.2 的规定再加 80mm～150mm；

2 最下层支架、梯架或托盘距地坪、楼板的最小净距，不宜小于表 5.7.3 的规定。

表 5.7.3 最下层支架、梯架或托盘距地坪、楼板的最小净距（mm）

电缆敷设场所及其特征		垂直净距
电缆夹层	非通道处	200
	至少在一侧不小于 800mm 宽通道处	1400

5.7.4 采用机械通风系统的电缆夹层，风机的控制应与火灾自动报警系统联锁，一旦发生火灾时应可靠切断风机电源。

5.7.5 电缆夹层的安全出口不应少于 2 个，其中 1 个安全出口可通往疏散通道。

5.8 电缆竖井敷设

5.8.1 非拆卸式电缆竖井中，应设有人员活动的空间，且宜符合下列规定：

1 未超过 5m 高时，可设置爬梯，且活动空间不宜小于 800mm×800mm；

2 超过 5m 高时，宜设置楼梯，且宜每隔 3m 设置楼梯平台；

3 超过 20m 高且电缆数量多或重要性要求较高时，可设置电梯。

5.8.2 钢制电缆竖井内应设置电缆支架，且应符合下列规定：

1 应沿电缆竖井两侧设置可拆卸的检修孔，检修孔之间中心间距不应大于 1.5m，检修孔尺寸宜与竖井的断面尺寸相配合，但不宜小于 400mm×400mm；

2 电缆竖井宜利用建构筑物的柱、梁、地面、楼板预留埋件进行固定。

5.8.3 办公楼及其他非生产性建筑物内，电缆垂直主通道应采用专用电缆竖井，不应与其他管线共用。

5.8.4 在电缆竖井内敷设带皱纹金属套的电缆应具有防止导体与金属套之间发生相对位移的措施。

5.8.5 电缆支架、梯架或托盘的层间距离及敷设要求应符合本标准第 5.5.2 条的规定。

5.9 其他公用设施中敷设

5.9.1 通过木质结构的桥梁、码头、栈道等公用构筑物，用于重要的木质建筑设施的非矿物绝缘电缆时，应敷设在不燃材料的保护管或槽盒中。

5.9.2 交通桥梁上、隧洞中或地下商场等公共设施的电缆应具有防止电缆着火危害、避免外力损伤的可靠措施，并应符合下列规定：

1 电缆不得明敷在通行的路面上；

2 自容式充油电缆在沟槽内敷设时应充砂，在保护管内敷设时，保护管应采用非导磁的不燃材料的刚性保护管；

3 非矿物绝缘电缆用在无封闭式通道时，宜敷设在不燃材料的保护管或槽盒中。

5.9.3 道路、铁路桥梁上的电缆应采取防止振动、热伸缩以及风力影响下金属套因长期应力疲劳导致断裂的措施，并应符合下列规定：

1 桥墩两端和伸缩缝处电缆应充分松弛；当桥梁中有挠角部位时，宜设置电缆伸缩弧；

2 35kV 以上大截面电缆宜采用蛇形敷设；

3 经常受到振动的直线敷设电缆，应设置橡皮、砂袋等弹性衬垫。

5.9.4 在公共廊道中无围栏防护时，最下层支架、梯架或托盘距地坪或楼板底部的最小净距不宜小于 1.5m。

5.9.5 在厂房内电缆支架、梯架或托盘最上层、最下层布置尺寸应符合下列规定：

1 最上层支架距构筑物顶板或梁底的净距允许最小值应满足电缆引接至上侧柜盘时的允许弯曲半径要求，且不宜小于本标准表 5.5.2 的规定，采用梯架或托盘时，不宜小于本标准表 5.5.2 的规定再加 80mm～150mm；

2 最上层支架、梯架或托盘距其他设备的净距不应小于 300mm，当无法满足时应设置防护板；

3 最下层支架、梯架或托盘距地坪或楼板底部的最小净距不宜小于 2m。

5.9.6 在厂区内电缆梯架或托盘的最下层布置尺寸应符合下列规定：

1 落地布置时，最下层梯架或托盘距地坪的最小净距不宜小于 0.3m；

2 有行人通过时，最下层梯架或托盘距地坪的最小净距不宜小于 2.5m；

3 有车辆通过时，最下层梯架或托盘距道路路面最小净距应满足消防车辆和大件运输车辆无碍通过，且不宜小于 4.5m。

5.10 水下敷设

5.10.1 水下电缆路径选择应满足电缆不易受机械性损伤、能实施可靠防护、敷设作业方便、经济合理等要求，且应符合下列规定：

1 电缆宜敷设在河床稳定、流速较缓、岸边不易被冲刷、海底无石山或沉船等障碍、少有沉锚和拖网渔船活动的水域；

2 电缆不宜敷设在码头、渡口、水工构筑物附近，且不宜敷设在疏浚挖泥区和规划筑港地带。

5.10.2 水下电缆不得悬空于水中，应埋置于水底。在通航水道等需防范外部机械力损伤的水域，应根据海底风险程度、海床地质条件和施工难易程度等条件综合分析比较后采用掩埋保护、加盖保护或套管保护等措施；浅水区的埋深不宜小于 0.5m，深水航道的埋深不宜小于 2m。

5.10.3 水下电缆严禁交叉、重叠。相邻电缆应保持足够的安全间距，且应符合下列规定：

1　主航道内电缆间距不宜小于平均最大水深的 1.2 倍，引至岸边时间距可适当缩小；

2　在非通航的流速未超过 1m/s 的小河中，同回路单芯电缆间距不得小于 0.5m，不同回路电缆间距不得小于 5m；

3　除本条第 1 款、第 2 款规定的情况外，电缆间距还应按水的流速和电缆埋深等因素确定。

5.10.4　水下电缆与工业管道之间的水平距离不宜小于 50m；受条件限制时，采取措施后仍不得小于 15m。

5.10.5　水下电缆引至岸上的区段应采取适合敷设条件的防护措施，且应符合下列规定：

1　岸边稳定时，应采用保护管、沟槽敷设电缆，必要时可设置工作井连接，管沟下端宜置于最低水位下不小于 1m 处；

2　岸边不稳定时，宜采取迂回形式敷设电缆。

5.10.6　水下电缆的两岸，在电缆线路保护区外侧，应设置醒目的禁锚警告标志。

5.10.7　除应符合本标准第 5.10.1 条～第 5.10.6 条规定外，500kV 交流海底电缆敷设设计还应符合现行行业标准《500kV 交流海底电缆线路设计技术规程》DL/T 5490 的规定。

6　电缆的支持与固定

6.1　一般规定

6.1.1　电缆明敷时，应沿全长采用电缆支架、桥架、挂钩或吊绳等支持与固定。最大跨距应符合下列规定：

1　应满足支架件的承载能力和无损电缆的外护层及其导体的要求；

2　应保持电缆配置整齐；

3　应适应工程条件下的布置要求。

6.1.2　直接支持电缆的普通支架（臂式支架）、吊架的允许跨距宜符合表 6.1.2 的规定。

表 6.1.2　普通支架（臂式支架）、吊架的允许跨距（mm）

电缆特征	敷设方式	
	水平	垂直
未含金属套、铠装的全塑小截面电缆	400*	1000
除上述情况外的中、低压电缆	800	1500
35kV 及以上高压电缆	1500	3000

注：* 能维持电缆较平直时，该值可增加 1 倍。

6.1.3　35kV 及以下电缆明敷时，应设置适当的固定部位，并应符合下列规定：

1　水平敷设，应设置在电缆线路首、末端和转弯处以及接头的两侧，且宜在直线段每隔不少于 100m 处；

2　垂直敷设，应设置在上、下端和中间适当数量位置处；

3　斜坡敷设，应遵照本条第 1 款、第 2 款因地制宜设置；

4　当电缆间需保持一定间隙时，宜设置在每隔约 10m 处；

5　交流单芯电力电缆还应满足按短路电动力确定所需予以固定的间距。

6.1.4　35kV 以上高压电缆明敷时，加设的固定部位除应符合本标准第 6.1.3 条的规定外，尚应符合下列规定：

1　在终端、接头或转弯处紧邻部位的电缆上，应设置不少于 1 处的刚性固定；

2　在垂直或斜坡的高位侧，宜设置不少于 2 处的刚性固定；采用钢丝铠装电缆时，还宜使铠装钢丝能夹持住并承受电缆自重引起的拉力；

3　电缆蛇形敷设的每一节距部位宜采取挠性固定。蛇形转换成直线敷设的过渡部位宜采取刚性固定。

6.1.5　在 35kV 以上高压电缆的终端、接头与电缆连接部位宜设置伸缩节。伸缩节应大于电缆允许弯曲半径，并应满足金属套的应变不超出允许值。未设置伸缩节的接头两侧应采取刚性固定或在适当长度内电缆实施蛇形敷设。

6.1.6　电缆蛇形敷设的参数选择，应保证电缆因温度变化产生的轴向热应力无损电缆的绝缘，不致对电缆金属套长期使用产生应变疲劳断裂，且宜按允许拘束力条件确定。

6.1.7　35kV 以上高压铅包电缆在水平或斜坡支架上的层次位置变化端、接头两端等受力部位，宜采用能适应方位变化且避免棱角的支持方式，可在支架上设置支托件等。

6.1.8　固定电缆用的夹具、扎带、捆绳或支托件等部件，应表面平滑、便于安装、具有足够的机械强度和适合使用环境的耐久性。

6.1.9　电缆固定用部件选择应符合下列规定：

1　除交流单芯电力电缆外，可采用经防腐处理的扁钢制夹具、尼龙扎带或镀塑金属扎带；强腐蚀环境应采用尼龙扎带或镀塑金属扎带；

2　交流单芯电力电缆的刚性固定宜采用铝合金等不构成磁性闭合回路的夹具，其他固定方式可采用尼龙扎带或绳索；

3　不得采用铁丝直接捆扎电缆。

6.1.10　交流单芯电力电缆固定部件的机械强度应验算短路电动力条件，并宜满足下式要求：

$$F \geqslant \frac{2.05 i^2 L k}{D} \times 10^{-7} \qquad (6.1.10-1)$$

对于矩形断面夹具：

$$F = bh\sigma \qquad (6.1.10-2)$$

式中　F——夹具、扎带等固定部件的抗张强度（N）；

i——通过电缆回路的最大短路电流峰值（A）；

D——电缆相间中心距离（m）；

L——在电缆上安置夹具、扎带等的相邻跨距（m）；

k——安全系数，取大于 2；

b——夹具厚度（mm）；

h——夹具宽度（mm）；

σ——夹具材料允许拉力（Pa），对铝合金夹具，σ 取 80×10^6 Pa。

6.1.11　电缆敷设于直流牵引的电气化铁路附近时，电缆与金属支持物之间宜设置绝缘衬垫。

6.2　电缆支架和桥架

6.2.1　电缆支架和桥架应符合下列规定：

1　表面应光滑无毛刺；

2　应适应使用环境的耐久稳固；

3　应满足所需的承载能力；

4　应符合工程防火要求。

6.2.2　电缆支架和桥架除支持工作电流大于 1500A 的交流系统单芯电缆外，宜选用钢制。在强腐蚀环境，选用其他材料的电缆支架、桥架时，应符合下列规定：

1　电缆沟中普通支架（臂式支架），可选用耐腐蚀的刚性材料制作；

2　可选用满足现行行业标准《防腐电缆桥架》NB/T 42037 规定的防腐电缆桥架。

6.2.3　金属制的电缆支架和桥架应有防腐处理，且应符合下列规定：

1 大容量发电厂等密集配置场所或重要回路的钢制电缆桥架，应根据一次性防腐处理具有的耐久性，按工程环境和耐久要求，选用合适的防腐处理方式；

2 型钢制臂式支架，轻腐蚀环境或非重要性回路的电缆桥架，可采用涂漆处理。

6.2.4 电缆支架的强度应满足电缆及其附件荷重和安装维护的受力要求，且应符合下列规定：

1 有可能短暂上人时，应计入900N的附加集中荷载；

2 机械化施工时，应计入纵向拉力、横向推力和滑轮重量等影响；

3 在户外时，应计入可能有覆冰、雪和大风的附加荷载；

4 核电厂安全级电路电缆支架应满足抗震Ⅰ类物项设计要求，应同时采用运行安全地震震动和极限安全地震震动进行抗震设计。

6.2.5 电缆桥架的组成结构应满足强度、刚度及稳定性要求，且应符合下列规定：

1 桥架的承载能力不得超过使桥架最初产生永久变形时的最大荷载除以安全系数为1.5的数值；

2 梯架、托盘在允许安全工作载荷作用下的相对挠度值，钢制不宜大于1/200；铝合金制不宜大于1/300；

3 钢制托臂在允许承载下的偏斜与臂长比值不宜大于1/100；

4 核电厂安全级电路电缆桥架应满足抗震Ⅰ类物项设计要求，应同时采用运行安全地震震动和极限安全地震震动进行抗震设计。

6.2.6 电缆支架型式选择应符合下列规定：

1 明敷的全塑电缆数量较多，或电缆跨越距离较大时，宜选用电缆桥架；

2 除本条第1款规定的情况外，可选用普通支架、吊架。

6.2.7 电缆桥架型式选择应符合下列规定：

1 需屏蔽外部的电气干扰时，应选用无孔金属托盘加实体盖板；

2 在易燃粉尘场所，宜选用梯架，每一层桥架应设置实体盖板；

3 高温、腐蚀性液体或油的溅落等需防护场所，宜选用有孔托盘，每一层桥架应设置实体盖板；

4 需因地制宜组装时，可选用组装式托盘；

5 除本条第1款～第4款规定的情况外，宜选用梯架。

6.2.8 梯架、托盘的直线段超过下列长度时，应留有不少于20mm的伸缩缝：

1 钢制30m；

2 铝合金或玻璃钢制15m。

6.2.9 金属制桥架系统应设置可靠的电气连接并接地。采用玻璃钢桥架时，应沿桥架全长另敷设专用保护导体。

6.2.10 振动场所的桥架系统，包括接地部位的螺栓连接处，应装置弹簧垫圈。

6.2.11 要求防火的金属桥架，除应符合本标准第7章的规定外，尚应对金属构件外表面施加防火涂层，防火涂料应符合现行国家标准《钢结构防火涂料》GB 14907的规定。

7 电缆防火与阻止延燃

7.0.1 对电缆可能着火蔓延导致严重事故的回路、易受外部影响波及火灾的电缆密集场所，应设置适当的防火分隔，并应按工程重要性、火灾概率及其特点和经济合理等因素，采取下列安全措施：

1 实施防火分隔；

2 采用阻燃电缆；

3 采用耐火电缆；

4 增设自动报警和/或专用消防装置。

7.0.2 防火分隔方式选择应符合下列规定：

1 电缆构筑物中电缆引至电气柜、盘或控制屏、台的开孔部位，电缆贯穿隔墙、楼板的孔洞处，工作井中电缆管孔等均应实施防火封堵。

2 在电缆沟、隧道及架空桥架中的下列部位，宜设置防火墙或阻火段：

1）公用电缆沟、隧道及架空桥架主通道的分支处；

2）多段配电装置对应的电缆沟、隧道分段处；

3）长距离电缆沟、隧道及架空桥架相隔约100m处，或隧道通风区段处，厂、站外相隔约200m处；

4）电缆沟、隧道及架空桥架至控制室或配电装置的入口、厂区围墙处。

3 与电力电缆同通道敷设的控制电缆、非阻燃通信光缆，应采取穿入阻燃管或耐火电缆槽盒，或采取在电力电缆和控制电缆之间设置防火封堵板材。

4 在同一电缆通道中敷设多回路110kV及以上电压等级电缆时，宜分别布置在通道的两侧。

5 在电缆竖井中，宜按每隔7m或建（构）筑物楼层设置防火封堵。

7.0.3 实施防火分隔的技术特性应符合下列规定：

1 防火封堵的构成，应按电缆贯穿孔洞状况和条件，采用相适合的防火封堵材料或防火封堵组件；用于电力电缆时，宜对载流量影响较小；用在楼板孔、电缆竖井时，其结构支撑应能承受检修、巡视人员的荷载；

2 防火墙、阻火段的构成，应采用适合电缆敷设环境条件的防火封堵材料，且应在可能经受积水浸泡或鼠害作用下具有稳固性；

3 除通向主控室、厂区围墙或长距离隧道中按通风区段分隔的防火墙部位应设置防火门外，其他情况下，有防止窜燃措施时可不设防火门；防窜燃方式，可在防火墙紧靠两侧不少于1m区段的所有电缆上施加防火涂料、阻火包带或设置挡火板等；

4 防火封堵、防火墙和阻火段等防火封堵组件的耐火极限不应低于贯穿部位构件（如建筑物墙、楼板等）的耐火极限，且不应低于1h，其燃烧性能、理化性能和耐火性能应符合现行国家标准《防火封堵材料》GB 23864的规定，测试工况应与实际使用工况一致。

7.0.4 非阻燃电缆用于明敷时，应符合下列规定：

1 在易受外因波及而着火的场所，宜对该范围内的电缆实施防火分隔；对重要电缆回路，可在适当部位设置阻火段实施阻止延燃；防火分隔或阻火段可采取在电缆上施加防火涂料、阻火包带；当电缆数量较多时，也可采用耐火电缆槽盒或阻火包等；

2 在接头两侧电缆各约3m区段和该范围内邻近并行敷设的其他电缆上，宜采用防火涂料或阻火包带实施阻止延燃。

7.0.5 在火灾概率较高、灾害影响较大的场所，明敷方式下电缆的选择应符合下列规定：

1 火力发电厂主厂房、输煤系统、燃油系统及其他易燃易爆场所，宜选用阻燃电缆；

2 地下变电站、地下客运或商业设施等人流密集环境中的回路，应选用低烟、无卤阻燃电缆；

3 其他重要的工业与公共设施供配电回路，宜选用阻燃电缆或低烟、无卤阻燃电缆。

7.0.6 阻燃电缆的选用应符合下列规定：

1 电缆多根密集配置时的阻燃电缆，应采用符合现行行业标准《阻燃及耐火电缆　塑料绝缘阻燃及耐火电缆分级及要求　第1部分：阻燃电缆》GA 306.1 规定的阻燃电缆，并应根据电缆配置情况、所需防止灾难性事故和经济合理的原则，选择适合的阻燃等级和类别；

2 当确定该等级和类别阻燃电缆能满足工作条件下有效阻止延燃性时，可减少本标准第7.0.4条的要求；

3 在同一通道中，不宜将非阻燃电缆与阻燃电缆并列配置。

7.0.7 在外部火势作用一定时间内需维持通电的下列场所或回路，明敷的电缆应实施防火分隔或采用耐火电缆：

1 消防、报警、应急照明、断路器操作直流电源和发电机组紧急停机的保安电源等重要回路；

2 计算机监控、双重化继电保护、保安电源或应急电源等双回路合用同一电缆通道又未相互隔离时的其中一个回路；

3 火力发电厂水泵房、化学水处理、输煤系统、油泵房等重要电源的双回供电回路合用同一电缆通道又未相互隔离时的其中一个回路；

4 油罐区、钢铁厂中可能有熔化金属溅落等易燃场所；

5 其他重要公共建筑设施等需有耐火要求的回路。

7.0.8 对同一通道中数量较多的明敷电缆实施防火分隔方式，宜敷设于耐火电缆槽盒内，也可敷设于同一侧支架的不同层或同一通道的两侧，但层间和两侧间应设置防火封堵板材，其耐火极限不应低于1h。

7.0.9 耐火电缆用于发电厂等明敷有多根电缆配置中，或位于油管、有熔化金属溅落等可能波及场所时，应采用符合现行行业标准《阻燃及耐火电缆　塑料绝缘阻燃及耐火电缆分级及要求　第2部分：耐火电缆》GA 306.2 规定的A类耐火电缆（ⅠA级～ⅣA级）。除上述情况外且为少量电缆配置时，可采用符合现行行业标准《阻燃及耐火电缆　塑料绝缘阻燃及耐火电缆分级及要求　第2部分：耐火电缆》GA 306.2 规定的耐火电缆（Ⅰ级～Ⅳ级）。

7.0.10 在油罐区、重要木结构公共建筑、高温场所等其他耐火要求高且敷设安装和经济合理时，可采用矿物绝缘电缆。

7.0.11 自容式充油电缆明敷在要求实施防火处理的公用廊道、客运隧洞、桥梁等处时，可采取埋砂敷设。

7.0.12 在安全性要求较高的电缆密集场所或封闭通道中，应配备适用于环境的可靠动作的火灾自动探测报警装置。明敷充油电缆的供油系统宜设置反映喷油状态的火灾自动报警和闭锁装置。

7.0.13 在地下公共设施的电缆密集部位，多回充油电缆的终端设置处等安全性要求较高的场所，可装设水喷雾灭火等专用消防设施。

7.0.14 用于防火分隔的材料产品应符合下列规定：

1 防火封堵材料不得对电缆有腐蚀和损害，且应符合现行国家标准《防火封堵材料》GB 23864 的规定；

2 防火涂料应符合现行国家标准《电缆防火涂料》GB 28374 的规定；

3 用于电力电缆的耐火电缆槽盒宜采用透气型，且应符合现行国家标准《耐火电缆槽盒》GB 29415 的规定；

4 采用的材料产品应适用于工程环境，并应具有耐久可靠性。

7.0.15 核电厂常规岛及其附属设施的电缆防火还应符合现行国家标准《核电厂常规岛设计防火规范》GB 50745 的规定。

附录A　常用电力电缆导体的最高允许温度

表A　常用电力电缆导体的最高允许温度

电缆			最高允许温度（℃）	
绝缘类别	型式特征	电压（kV）	持续工作	短路暂态
聚氯乙烯	普通	≤1	70	160(140)
交联聚乙烯	普通	≤500	90	250
自容式充油	普通牛皮纸	≤500	80	160
	半合成纸	≤500	85	160

注：括号内数值适用于截面大于 $300mm^2$ 的聚氯乙烯绝缘电缆。

附录B　10kV及以下电力电缆经济电流截面选用方法和经济电流密度曲线

B.0.1 10kV及以下电力电缆经济电流密度宜按下式计算：

$$j=\frac{I_{max}}{S_{ec}}=(A/\{F\rho_{20}B[1+\alpha_{20}(\theta_m-20)]\})^{0.5}/1000 \quad (B.0.1-1)$$

$$F=N_P N_C(\tau P+D)Q/(1+i/100) \quad (B.0.1-2)$$

$$CT=CI+I_{max}^2 RLF \quad (B.0.1-3)$$

$$Q=\sum_{n=1}^{N}(r^{n-1})=(1-r^N)/(1-r) \quad (B.0.1-4)$$

$$r=(1+a/100)^2(1+b/100)/(1+i/100) \quad (B.0.1-5)$$

$$B=(1+Y_P+Y_S)(1+\lambda_1+\lambda_2) \quad (B.0.1-6)$$

式中：j——导体的经济电流密度（A/mm^2）；

A——与导体截面有关的费用的可变部分[元/($m\cdot mm^2$)]；

I_{max}——导体最大负荷电流（A）；

S_{ec}——导体的经济截面（mm^2）；

ρ_{20}——导体直流电阻率（Ω·m）；

α_{20}——实际导体材料20℃时电阻温度系数（1/K）；

θ_m——导体温度（℃）；

N_P——每回路的相线数目；

N_C——传输同样型号和负荷值的回路数；

τ——最大损耗的运行时间（h/a）；

P——在相关电压水平上1kW·h的成本[元/(kW·h)]；

D——供给电能损耗的额外供电容量成本[元/(kW·a)]；

CI——导体本体及安装成本（元）；

CT——导体总成本（元）；

R——单位长度的交流电阻（Ω/m）；

L——电缆长度（m）；

a——负荷年增长率（%）；

b——能源成本增长率（%），不计及通货膨胀的影响；

i——贴现率（%），不包括通货膨胀的影响；

N——导体经济寿命期（a）；

Y_P、Y_S——集肤效应系数和邻近效应系数；

λ_1、λ_2——金属套系数和铠装损耗系数。

B.0.2 10kV及以下电力电缆经济电流密度宜按经济电流密度曲线查阅，并应符合下列规定：

1 图B.0.2-1～图B.0.2-6：适用于单一制电价；

2 图B.0.2-7～图B.0.2-12：适用于两部制电价［D值取424元/(kW·a)］；

3 曲线1：适用于VLV-1(3芯、4芯)及VLV_{22}-1(3芯、4芯)电力电缆；

4 曲线2：适用于YJLV-10、$YJLV_{22}$-10、YJLV-6及$YJLV_{22}$-6电力电缆；

5 曲线3：适用于YJLV-1(3芯、4芯)及$YJLV_{22}$-1(3芯、4芯)电力电缆；

6 曲线4：适用于YJV-1(3芯、4芯)、YJV_{22}-1(3芯、4芯)、YJV-6、YJV_{22}-6、YJV-10及YJV_{22}-10电力电缆；

7 曲线5：适用于VV-1(3芯、4芯)及VV_{22}-1(3芯、4芯)电力电缆。

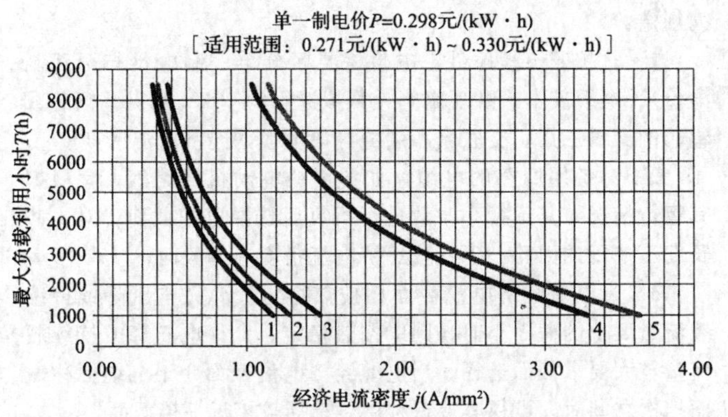

图B.0.2.1 铜、铝电缆经济电流密度
［单一制电价P=0.298元/(kW·h)］

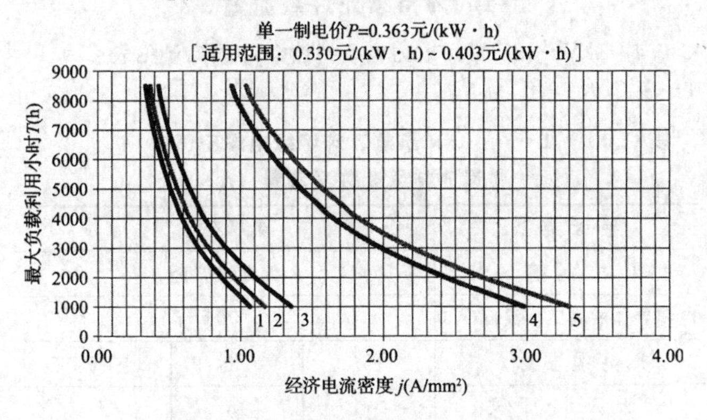

图B.0.2-2 铜、铝电缆经济电流密度
［单一制电价P=0.363元/(kW·h)］

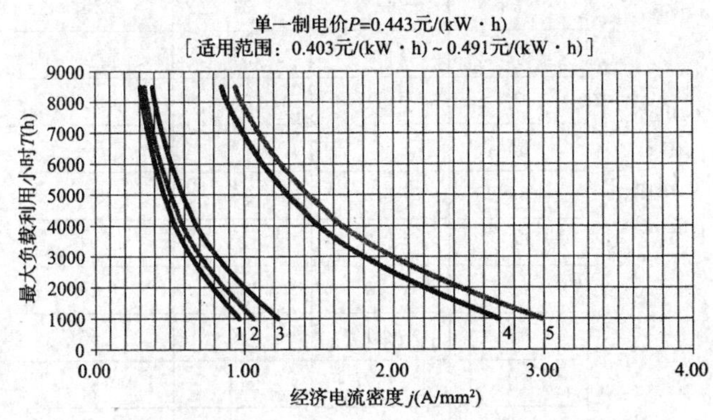

图B.0.2-3 铜、铝电缆经济电流密度
［单一制电价P=0.443元/(kW·h)］

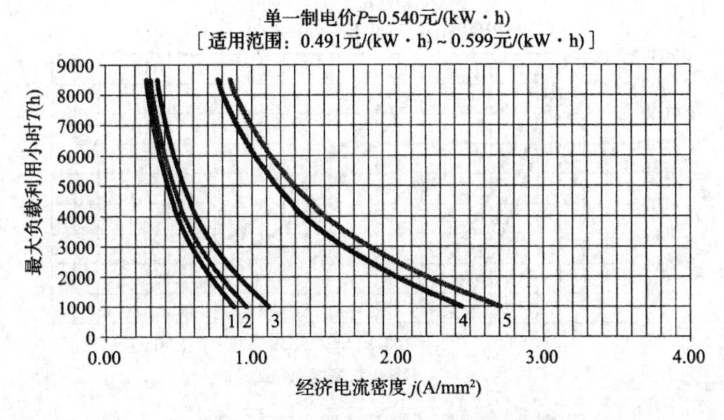

图B.0.2-4 铜、铝电缆经济电流密度
［单一制电价P=0.540元/(kW·h)］

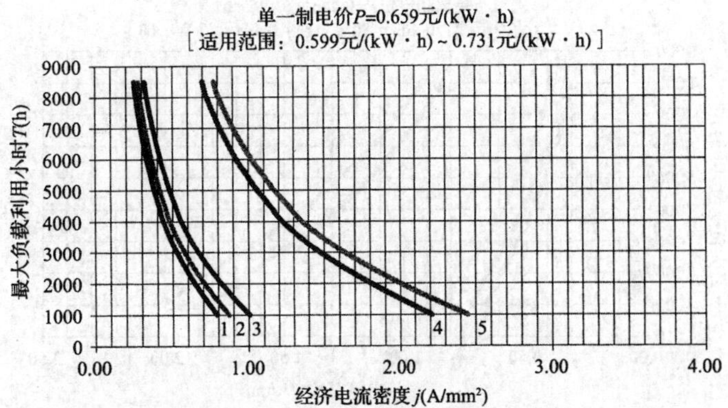

图B.0.2-5 铜、铝电缆经济电流密度
［单一制电价P=0.659元/(kW·h)］

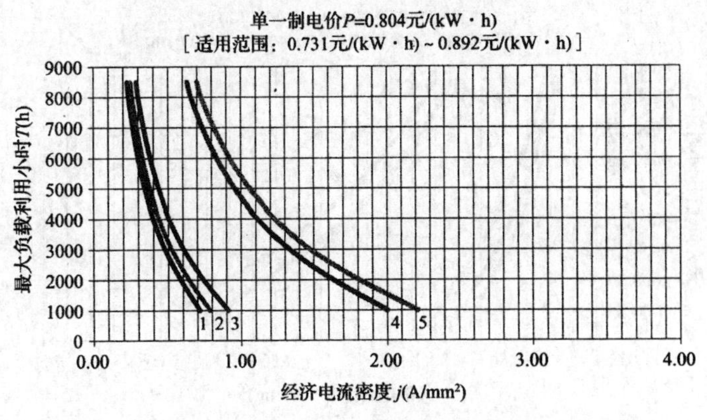

图B.0.2-6 铜、铝电缆经济电流密度
［单一制电价P=0.804元/(kW·h)］

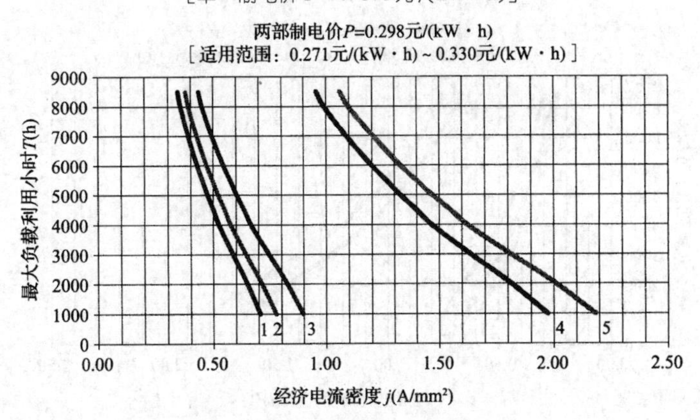

图B.0.2-7 铜、铝电缆经济电流密度
［两部制电价P=0.298元/(kW·h)］

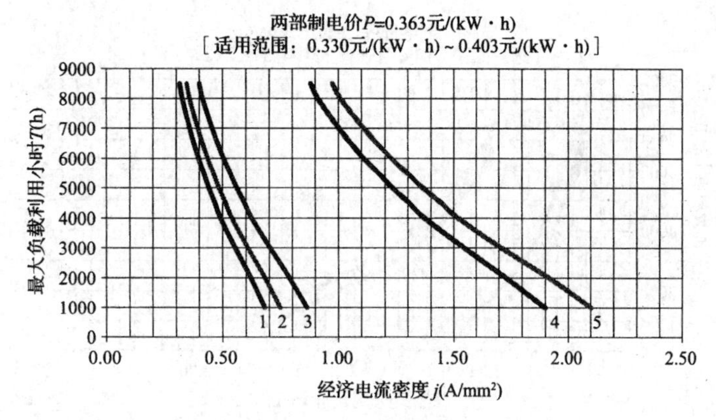

图 B.0.2-8 铜、铝电缆经济电流密度
[两部制电价 P=0.363 元/(kW·h)]

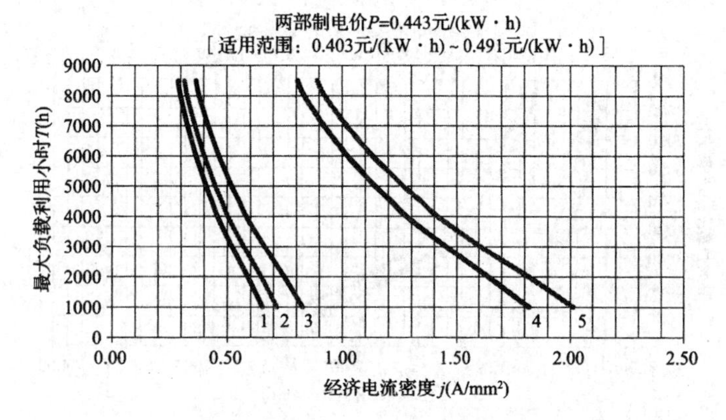

图 B.0.2-9 铜、铝电缆经济电流密度
[两部制电价 P=0.443 元/(kW·h)]

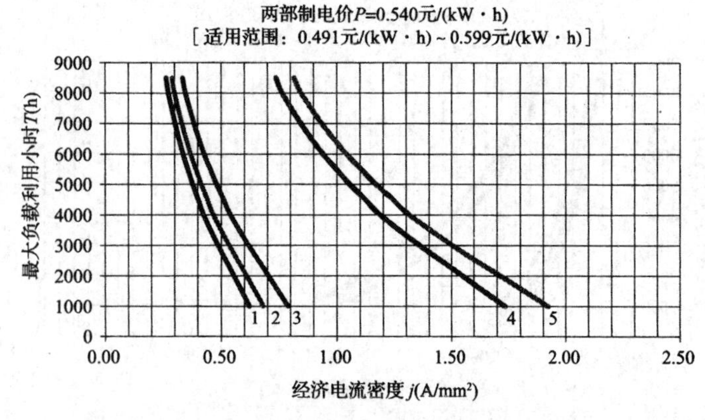

图 B.0.2-10 铜、铝电缆经济电流密度
[两部制电价 P=0.540 元/(kW·h)]

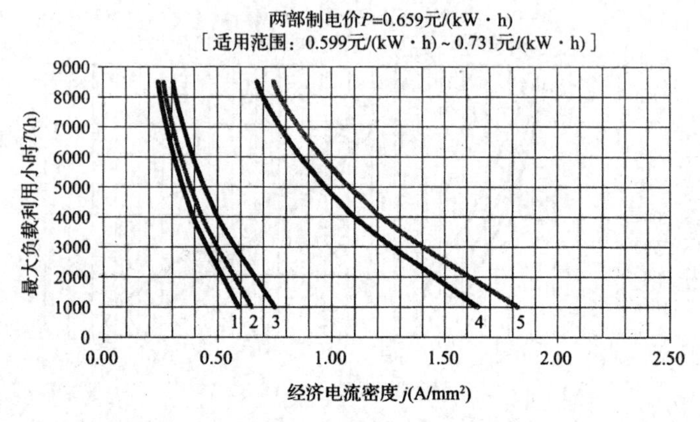

图 B.0.2-11 铜、铝电缆经济电流密度
[两部制电价 P=0.659 元/(kW·h)]

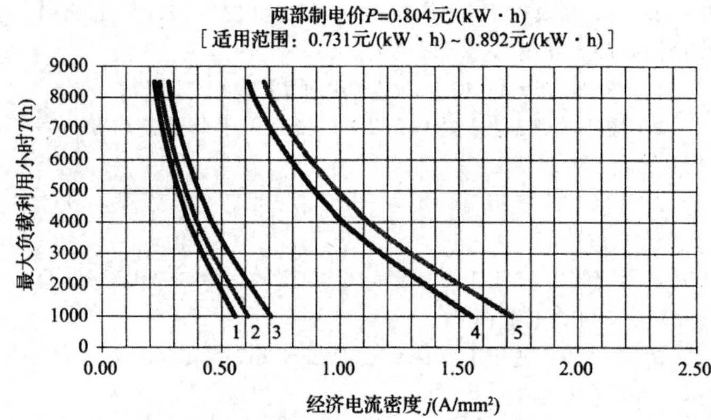

网 B.0.2-12 铜、铝电缆经济电流密度
[两部制电价 P=0.804 元/(kW·h)]

B.0.3 10kV 及以下电力电缆按经济电流截面选择，应符合下列规定：

1 宜按照工程条件、电价（要区分单一制电价与两部制电价）、电缆成本、贴现率等计算拟选用的 10kV 及以下铜芯或铝芯的聚氯乙烯、交联聚乙烯绝缘等电缆的经济电流密度值；

2 对备用回路的电缆，如备用的电动机回路等，宜根据其运行情况对其运行小时数进行折算后选择电缆截面。对一些长期不使用的回路，不宜按经济电流密度选择截面；

3 当电缆经济电流截面比按热稳定、允许电压降或持续载流量要求的截面小时，则应按热稳定、允许电压降或持续载流量较大要求截面选择。当电缆经济电流截面介于电缆标称截面挡次之间时，可视其接近程度，选择较接近一挡截面。

附录 C 10kV 及以下常用电力电缆 100%持续允许载流量

C.0.1 1kV～3kV 常用电力电缆持续允许载流量见表 C.0.1-1～表 C.0.1-4。

表 C.0.1-1 1kV 聚氯乙烯绝缘电缆空气中敷设时持续允许载流量（A）

绝缘类型		聚氯乙烯		
护套		无钢铠护套		
电缆导体最高工作温度(℃)		70		
电缆芯数		单芯	2芯	3芯或4芯
电缆导体截面（mm²）	2.5	—	18	15
	4	—	24	21
	6	—	31	27
	10	—	44	38
	16	—	60	52
	25	95	79	69
	35	115	95	82
	50	147	121	104
	70	179	147	129
	95	221	181	155
	120	257	211	181
	150	294	242	211

续表

绝缘类型		聚氯乙烯		
护套		无钢铠护套		
电缆导体最高工作温度（℃）		70		
电缆芯数		单芯	2芯	3芯或4芯
电缆导体截面（mm^2）	185	340	—	246
	240	410	—	294
	300	473	—	328
环境温度（℃）		40		

注：1 适用于铝芯电缆，铜芯电缆的持续允许载流量值可乘以1.29。

2 单芯只适用于直流。

表C.0.1-2 1kV聚氯乙烯绝缘电缆直埋敷设时持续允许载流量（A）

绝缘类型		聚氯乙烯					
护套		无钢铠护套			有钢铠护套		
电缆导体最高工作温度（℃）		70					
电缆芯数		单芯	2芯	3芯或4芯	单芯	2芯	3芯或4芯
电缆导体截面（mm^2）	4	47	36	31	—	34	30
	6	58	45	38	—	43	37
	10	81	62	53	77	59	50
	16	110	83	70	105	79	68
	25	138	105	90	134	100	87
	35	172	136	110	162	131	105
	50	203	157	134	194	152	129
	70	244	184	157	235	180	152
	95	295	226	189	281	217	180
	120	332	254	212	319	249	207
	150	374	287	242	365	273	237
	185	424	—	273	410	—	264
	240	502	—	319	483	—	310
	300	561	—	347	543	—	347
	400	639	—	—	625	—	—
	500	729	—	—	715	—	—
	630	846	—	—	819	—	—
	800	981	—	—	963	—	—
土壤热阻系数（K·m/W）		1.2					
环境温度（℃）		25					

注：1 适用于铝芯电缆，铜芯电缆的持续允许载流量值可乘以1.29。

2 单芯只适用于直流。

表C.0.1-3 1kV～3kV交联聚乙烯绝缘电缆空气中敷设时持续允许载流量（A）

电缆芯数		3芯		单芯							
单芯电缆排列方式				品字形				水平形			
金属套接地点				单侧		两侧		单侧		两侧	
电缆导体材质		铝	铜	铝	铜	铝	铜	铝	铜	铝	铜
电缆导体截面（mm^2）	25	91	118	100	132	100	132	114	150	114	150
	35	114	150	127	164	127	164	146	182	141	178
	50	146	182	155	196	155	196	173	228	168	209
	70	178	228	196	255	196	251	228	292	214	264
	95	214	273	241	310	241	305	278	356	260	310
	120	246	314	283	360	278	351	319	410	292	351
	150	278	360	328	419	319	401	365	479	337	392
	185	319	410	372	479	365	461	424	546	369	438
	240	378	483	442	565	424	546	502	643	424	502
	300	419	552	506	643	493	611	588	738	479	552
	400	—	—	611	771	579	716	707	908	546	625
	500	—	—	712	885	661	803	830	1026	611	693
	630	—	—	826	1008	734	894	963	1177	680	757
环境温度（℃）		40									
电缆导体最高工作温度（℃）		90									

注：1 持续允许载流量的确定还应符合本标准第3.6.4条的规定；

2 水平形排列电缆相互间中心距为电缆外径的2倍。

表C.0.1-4 1kV～3kV交联聚乙烯绝缘电缆直埋敷设时持续允许载流量（A）

电缆芯数		3芯		单芯			
单芯电缆排列方式				品字形		水平形	
金属套接地点				单侧		单侧	
电缆导体材质		铝	铜	铝	铜	铝	铜
电缆导体截面（mm^2）	25	91	117	104	130	113	143
	35	113	143	117	169	134	169
	50	134	169	139	187	160	200
	70	165	208	174	226	195	247
	95	195	247	208	269	230	295
	120	221	282	239	300	261	334
	150	247	321	269	339	295	374
	185	278	356	300	382	330	426
	240	321	408	348	435	378	478
	300	365	469	391	495	430	543
	400	—	—	456	574	500	635
	500	—	—	517	635	565	713
	630	—	—	582	704	635	796
电缆导体最高工作温度（℃）		90					
土壤热阻系数（K·m/W）		2.0					
环境温度（℃）		25					

注：水平形排列电缆相互间中心距为电缆外径的2倍。

C.0.2 6kV 3芯交联聚乙烯绝缘电缆持续允许载流量见表C.0.2。

表 C.0.2 6kV 3芯交联聚乙烯绝缘电缆持续允许载流量（A）

绝缘类型		交联聚乙烯			
钢铠护套		无		有	
电缆导体最高工作温度(℃)		90			
敷设方式		空气中	直埋	空气中	直埋
电缆导体截面（mm^2）	25	—	87	—	87
	35	114	105	—	102
	50	141	123	—	118
	70	173	148	—	148
	95	209	178	—	178
	120	246	200	—	200
	150	277	232	—	222
	185	323	262	—	252
	240	378	300	—	295
	300	432	343	—	333
	400	505	380	—	370
	500	584	432	—	422
环境温度(℃)		40	25	40	25
土壤热阻系数(K·m/W)		—	2.0	—	2.0

注：1 适用于铝芯电缆，铜芯电缆的持续允许载流量值可乘以1.29。
2 电缆导体工作温度大于70℃时，持续允许载流量还应符合本标准第3.6.4条的规定。

C.0.3 10kV 3芯交联聚乙烯绝缘电缆持续允许载流量见有C.0.3。

表 C.0.3 10kV 3芯交联聚乙烯绝缘电缆持续允许载流量（A）

绝缘类型		交联聚乙烯			
钢铠护套		无		有	
电缆导体最高工作温度(℃)		90			
敷设方式		空气中	直埋	空气中	直埋
电缆导体截面（mm^2）	25	100	90	100	90
	35	123	110	123	105
	50	146	125	141	120
	70	178	152	173	152
	95	219	182	214	182
	120	251	205	246	205
	150	283	223	278	219
	185	324	252	320	247
	240	378	292	373	292
	300	433	332	428	328
	400	506	378	501	374
	500	579	428	574	424
环境温度(℃)		40	25	40	25
土壤热阻系数(K·m/W)		—	2.0	—	2.0

注：1 适用于铝芯电缆，铜芯电缆的持续允许载流量值可乘以1.29。
2 电缆导体工作温度大于70℃时，持续允许载流量还应符合本标准第3.6.4条的规定。

附录D 敷设条件不同时电缆持续允许载流量的校正系数

D.0.1 10kV及以下电缆在不同环境温度时的载流量校正系数见表D.0.1。

表 D.0.1 10kV及以下电缆在不同环境温度时的载流量校正系数

敷设位置		空气中				土壤中			
环境温度（℃）		30	35	40	45	20	25	30	35
电缆导体最高工作温度（℃）	60	1.22	1.11	1.0	0.86	1.07	1.0	0.93	0.85
	65	1.18	1.09	1.0	0.89	1.06	1.0	0.94	0.87
	70	1.15	1.08	1.0	0.91	1.05	1.0	0.94	0.88
	80	1.11	1.06	1.0	0.93	1.04	1.0	0.95	0.90
	90	1.09	1.05	1.0	0.94	1.04	1.0	0.96	0.92

D.0.2 除表D.0.1以外的其他环境温度下载流量的校正系数可按下式计算：

$$K=\sqrt{\frac{\theta_m-\theta_2}{\theta_m-\theta_1}} \tag{D.0.2}$$

式中 θ_m——电缆导体最高工作温度（℃）；

θ_1——对应于额定载流量的基准环境温度（℃）；

θ_2——实际环境温度（℃）。

D.0.3 不同土壤热阻系数时电缆载流量的校正系数见表D.0.3。

表 D.0.3 不同土壤热阻系数时电缆载流量的校正系数

土壤热阻系数（K·m/W）	分类特征（土壤特性和雨量）	校正系数
0.8	土壤很潮湿，经常下雨。如湿度大于9%的沙土，湿度大于10%的沙-泥土等	1.05
1.2	土壤潮湿，规律性下雨。如湿度大于7%但小于9%的沙土，湿度为12%～14%的沙-泥土等	1.00
1.5	土壤较干燥，雨量不大。如湿度为8%～12%的沙-泥土等	0.93
2.0	土壤干燥，少雨。如湿度大于4%但小于7%的沙土，湿度为4%～8%的沙-泥土等	0.87
3.0	多石地层，非常干燥。如湿度小于4%的沙土等	0.75

注：1 透用于缺乏实测土壤热阻系数时的粗略分类，对110kV及以上电缆线路工程，宜以实测方式确定土壤热阻系数；
2 校正系数仅适用于本标准附录C中表C.0.1-2采取土壤热阻系数为1.2K·m/W的情况，不适用于三相交流系统的高压单芯电缆。

D.0.4 土壤中直埋多根并行敷设时电缆载流量的校正系数见表D.0.4。

表 D.0.4　土壤中直埋多根并行敷设时电缆载流量的校正系数

并列根数		1	2	3	4	5	6
电缆之间净距（mm）	100	1	0.90	0.85	0.80	0.78	0.75
	200	1	0.92	0.87	0.84	0.82	0.81
	300	1	0.93	0.90	0.87	0.86	0.85

注：本表不适用于三相交流系统单芯电缆。

D.0.5　空气中单层多根并行敷设时电缆载流量的校正系数见表 D.0.5。

表 D.0.5　空气中单层多根并行敷设时电缆载流量的校正系数

并列根数		1	2	3	4	5	6
电缆中心距	$S=d$	1.00	0.90	0.85	0.82	0.81	0.80
	$S=2d$	1.00	1.00	0.98	0.95	0.93	0.90
	$S=3d$	1.00	1.00	1.00	0.98	0.97	0.96

注：1　S 为电缆中心间距，d 为电缆外径；
2　按全部电缆具有相同外径条件制订，当并列敷设的电缆外径不同时，d 值可近似地取电缆外径的平均值；
3　本表不适用于三相交流系统单芯电缆。

D.0.6　电缆桥架上无间距配置多层并列电缆载流量的校正系数见表 D.0.6。

表 D.0.6　电缆桥架上无间距配置多层并列电缆载流量的校正系数

叠置电缆层数		1	2	3	4
桥架类别	梯架	0.80	0.65	0.55	0.50
	托盘	0.70	0.55	0.50	0.45

注：呈水平状并列电缆数不少于 7 根。

D.0.7　1kV～6kV 电缆户外明敷无遮阳时载流量的校正系数见表 D.0.7。

表 D.0.7　1kV～6kV 电缆户外明敷无遮阳时载流量的校正系数

电缆截面（mm^2）				35	50	70	95	120	150	185	240
电压（kV）	1	芯数	3	—	—	—	0.90	0.98	0.97	0.96	0.94
	6		3	0.96	0.95	0.94	0.93	0.92	0.91	0.90	0.88
			单	—	—	—	0.99	0.99	0.99	0.99	0.98

注：运用本表系数校正对应的载流量基础值，是采取户外环境温度的户内空气中电缆载流量。

附录 E　按短路热稳定条件计算电缆导体允许最小截面的方法

E.1　固体绝缘电缆导体允许最小截面

E.1.1　电缆导体允许最小截面应按下列公式确定：

$$S \geqslant \frac{\sqrt{Q}}{C} \tag{E.1.1-1}$$

$$C=\frac{1}{\eta}\sqrt{\frac{Jq}{\alpha K\rho}\ln\frac{1+\alpha(\theta_m-20)}{1+\alpha(\theta_p-20)}}\times10^{-2} \tag{E.1.1-2}$$

$$\theta_p=\theta_o+(\theta_H-\theta_o)\left(\frac{I_p}{I_H}\right)^2 \tag{E.1.1-3}$$

式中　S——电缆导体截面（mm^2）；

J——热功当量系数，取 1.0；

q——电缆导体的单位体积热容量[$J/(cm^3\cdot℃)$]，铝芯取 2.48$J/(cm^3\cdot℃)$，铜芯取 3.4$J/(cm^3\cdot℃)$；

θ_m——短路作用时间内电缆导体最高允许温度（℃）；

θ_p——短路发生前的电缆导体最高工作温度（℃）；

θ_H——电缆额定负荷的电缆导体最高允许工作温度（℃）；

θ_o——电缆所处的环境温度最高值（℃）；

I_H——电缆的额定负荷电流（A）；

I_p——电缆实际最大工作电流（A）；

α——20℃时电缆导体的电阻温度系数（1/℃），铜芯为 0.00393/℃、铝芯为 0.00403/℃；

ρ——20℃时电缆导体的电阻系数（$\Omega\cdot cm^2/cm$），铜芯为 $0.01724\times10^{-4}\Omega\cdot cm^2/cm$、铝芯为 $0.02826\times10^{-4}\Omega\cdot cm^2/cm$；

η——计入包含电缆导体充填物热容影响的校正系数，对 3kV～10kV 电动机馈线回路，宜取 $\eta=0.93$，其他情况可取 $\eta=1.00$；

K——电缆导体的交流电阻与直流电阻之比值，可由表 E.1.1 选取。

表 E.1.1　K 值选择用表

电缆类型		6kV～35kV 挤塑					自容式充油		
导体截面（mm^2）		95	120	150	185	240	240	400	600
芯数	单芯	1.002	1.003	1.004	1.006	1.010	1.003	1.011	1.029
	多芯	1.003	1.006	1.008	1.009	1.021	—	—	—

E.1.2　除电动机馈线回路外，均可取 $\theta_p=\theta_H$。

E.1.3　Q 值确定方式应符合下列规定：

1　对发电厂 3kV～10kV 断路器馈线回路，机组容量为 100MW 及以下时：

$$Q=I^2(t+T_b) \tag{E.1.3-1}$$

式中：I——系统电源供给短路电流的周期分量起始有效值（A）；

t——短路持续时间（s）；

T_b——系统电源非周期分量的衰减时间常数（s）。

2　对发电厂 3kV～10kV 断路器馈线回路，机组容量大于 100MW 时 Q 值表达式见表 E.1.3。

表 E.1.3　机组容量大于 100MW 时 Q 值表达式

t(s)	T_b(s)	T_d(s)	Q 值（$A^2\cdot s$）
0.15	0.045	0.062	$0.195I^2+0.22II_d+0.09I_d^2$
	0.060		$0.21I^2+0.23II_d+0.09I_d^2$
0.20	0.045	0.062	$0.245I^2+0.22II_d+0.09I_d^2$
	0.060		$0.26I^2+0.24II_d+0.09I_d^2$

注：1　T_d 为电动机反馈电流的衰减时间常数（s），I_d 为电动机供给反馈电流的周期分量起始有效值之和（A）；
2　对于电抗器或 U_d% 小于 10.5 的双绕组变压器，取 $T_b=0.045$s，其他情况取 $T_b=0.060$s；
3　对中速断路器，t 可取 0.15s，对慢速断路器，t 可取 0.20s。

3　除发电厂3kV～10kV断路器馈线外的情况：

$$Q=I^2 t \tag{E.1.3-2}$$

E.2　自容式充油电缆导体允许最小截面

E.2.1　电缆导体允许最小截面应满足下式：

$$S^2+\left(\frac{q_0}{q}S_0\right)S\geqslant\left[\alpha K\rho I^2 t/Jq\ln\frac{1+\alpha(\theta_m-20)}{1+\alpha(\theta_p-20)}\right]\times10^4 \tag{E.2.1}$$

式中　S_0——不含油道内绝缘油的电缆导体中绝缘油充填面积（mm^2）；

q_0——绝缘油的单位体积热容量[J/(cm^3·℃)]，可取1.7J/(cm^3·℃)。

E.2.2　除对变压器回路的电缆可按最大工作电流作用时的θ_p值外，其他情况宜取$\theta_p=\theta_H$。

附录F　交流系统单芯电缆金属套的正常感应电势计算方法

F.0.1　交流系统中单芯电缆线路1回或2回的各相按通常配置排列情况下，在电缆金属套上任一点非直接接地处的正常感应电势值可按下式计算：

$$E_S=LE_{SO} \tag{F.0.1}$$

式中　E_S——感应电势（V）；

L——电缆金属套的电气通路上任一部位与其直接接地处的距离（km）；

E_{SO}——单位长度的正常感应电势（V/km）。

F.0.2　E_{SO}的表达式见表F.0.2。

表F.0.2　E_{SO}的表达式

电缆回路数	每根电缆相互间中心距均等时的配置排列特征	A相或C相（边相）	B相（中间相）	符号Y	符号a（Ω/km）	符号b（Ω/km）	符号X_S（Ω/km）
1	2根电缆并列	IX_S	IX_S	—	—	—	$\left(2\omega\ln\frac{S}{r}\right)\times10^{-4}$
	3根电缆呈等边三角形	IX_S	IX_S	—	—	—	$\left(2\omega\ln\frac{S}{r}\right)\times10^{-4}$
	3根电缆呈直角形	$\frac{I}{2}\sqrt{3Y^2+\left(X_S-\frac{a}{2}\right)^2}$	IX_S	$X_S+\frac{a}{2}$	$(2\omega\ln2)\times10^{-4}$	—	$\left(2\omega\ln\frac{S}{r}\right)\times10^{-4}$
	3根电缆呈直线并列	$\frac{I}{2}\sqrt{3Y^2+(X_S-a)^2}$	IX_S	X_S+a	$(2\omega\ln2)\times10^{-4}$	—	$\left(2\omega\ln\frac{S}{r}\right)\times10^{-4}$
2	两回电缆等距直线并列（同相序）	$\frac{I}{2}\sqrt{3Y^2+\left(X_S-\frac{b}{2}\right)^2}$	$I\left(X_S+\frac{a}{2}\right)$	$X_S+a+\frac{b}{2}$	$(2\omega\ln2)\times10^{-4}$	$(2\omega\ln5)\times10^{-4}$	$\left(2\omega\ln\frac{S}{r}\right)\times10^{-4}$
	两回电缆等距直线并列（逆相序）	$\frac{I}{2}\sqrt{3Y^2+\left(X_S-\frac{b}{2}\right)^2}$	$I\left(X_S+\frac{a}{2}\right)$	$X_S+a-\frac{b}{2}$	$(2\omega\ln2)\times10^{-4}$	$(2\omega\ln5)\times10^{-4}$	$\left(2\omega\ln\frac{S}{r}\right)\times10^{-4}$

注：1. $\omega=2\pi f$；
2. r为电缆金属套的平均半径（m）；
3. I为电缆导体正常工作电流（A）；
4. f为工作频率（Hz）；
5. S为各电缆相邻之间中心距（m）；
6. 回路电缆情况，假定I、r均等。

附录G　35kV及以下电缆敷设度量时的附加长度

表G　35kV及以下电缆敷设度量时的附加长度

项目名称		附加长度（m）
电缆终端的制作		0.5
电缆接头的制作		0.5
由地坪引至各设备的终端处	电动机（按接线盒对地坪的实际高度）	0.5～1.0
	配电屏	1.0
	车间动力箱	1.5
	控制屏或保护屏	2.0
	厂用变压器	3.0
	主变压器	5.0
	磁力启动器或事故按钮	1.5

注：对厂区引入建筑物，直埋电缆因地形及埋设的要求，电缆沟、隧道、吊架的上下引接，电缆终端、接头等所需的电缆预留量，可取图纸量出的电缆敷设路径长度的5%。

附录H　电缆穿管敷设时允许最大管长的计算方法

H.0.1　电缆穿管敷设时的允许最大管长应按不超过电缆允许拉力和侧压力的下列公式确定：

$$T_{i=n}\leqslant T_m \quad 或 \quad T_{j=m}\leqslant T_m \tag{H.0.1-1}$$

$$P_j\leqslant P_m\ (j=1,2\cdots\cdots) \tag{H.0.1-2}$$

式中　$T_{i=n}$——从电缆送入管端起至第n个直线段拉出时的牵引力（N）；

$T_{j=m}$——从电缆送入管端起至第m个弯曲段拉出时的牵引力（N）；

T_m——电缆允许拉力（N）；

P_j——电缆在j个弯曲管段的侧压力（N/m）；

P_m——电缆允许侧压力（N/m）。

H.0.2　水平管路的电缆牵拉力可按下列公式计算：

1　直线段：

$$T_i=T_{i-1}+\mu CWL_i \tag{H.0.2-1}$$

2　弯曲段：

$$T_j=T_i\cdot e^{\mu\theta_j} \tag{H.0.2-2}$$

式中 T_{i-1}——直线段入口拉力（N），起始拉力 $T_0 = T_{i-1}$ （i=1），可按 20m 左右长度电缆摩擦力计，其他各段按相应弯曲段出口拉力计；

μ——电缆与管道间的动摩擦系数；

W——电缆单位长度的重量（kg/m）；

C——电缆重量校正系数，2 根电缆时，C_2=1.1，3 根电缆品字形时，$C_3 = 1 + \left[\frac{4}{3} + \left(\frac{d}{D-d}\right)^2\right]$；

L_i——第 i 段直线管长（m）；

θ_j——第 j 段弯曲管的夹角角度（rad）；

d——电缆外径（mm）；

D——保护管内径（mm）。

H.0.3 弯曲管段电缆侧压力可按下列公式计算：

1 1 根电缆：

$$P_j = T_j / R_j \quad (H.0.3-1)$$

式中 R_j——第 j 段弯曲管道内半径（m）。

2 2 根电缆：

$$P_j = 1.1\ T_j / 2R_j \quad (H.0.3-2)$$

3 3 根电缆呈品字形：

$$P_j = C_3 T_i / 2R_j \quad (H.0.3-3)$$

H.0.4 电缆允许拉力应按承受拉力材料的抗张强度计入安全系数确定。可采取牵引头或钢丝网套等方式牵引。

用牵引头方式的电缆允许拉力可按下式计算：

$$T_m = k\sigma qs \quad (H.0.4)$$

式中 k——校正系数，电力电缆 k=1，控制电缆 k=0.6；

σ——导体允许抗拉强度（N/m²），铜芯取 68.6×10^6 N/m²、铝芯取 39.2×10^6 N/m²；

q——电缆芯数；

s——电缆导体截面（m²）。

H.0.5 电缆允许侧压力可采取下列数值：

1 分相统包电缆，P_m=2500N/m；

2 其他挤塑绝缘或自容式充油电缆，P_m=3000N/m。

H.0.6 电缆与管道间动摩擦系数可取表 H.0.6 所列数值。

表 H.0.6 电缆与管道间动摩擦系数

管壁特征和管材	波纹状	平滑状		
	聚乙烯	聚氯乙烯	钢	石棉水泥
μ	0.35	0.45	0.20	0.65

注：电缆外护层为聚氯乙烯，敷设时加有润滑剂。

本标准用词说明

1 为便于在执行本标准条文时区别对待，对要求严格程度不同的用词说明如下：

1）表示很严格，非这样做不可的：

正面词采用"必须"，反面词采用"严禁"；

2）表示严格，在正常情况下均应这样做的：

正面词采用"应"，反面词采用"不应"或"不得"；

3）表示允许稍有选择，在条件许可时首先应这样做的：

正面词采用"宜"，反面词采用"不宜"；

4）表示有选择，在一定条件下可以这样做的，采用"可"。

2 条文中指明应按其他有关标准执行的写法为："应符合……的规定"或"应按……执行"。

引用标准名录

《电工铜圆线》GB/T 3953

《电工圆铝线》GB/T 3955

《电缆的导体》GB/T 3956

《核电站用 1E 级电缆 通用要求》GB/T 22577

《钢结构防火涂料》GB 14907

《防火封堵材料》GB 23864

《电缆防火涂料》GB 28374

《交流金属氧化物避雷器的选择和使用导则》GB/T 28547

《耐火电缆槽盒》GB 29415

《电缆导体用铝合金线》GB/T 30552

《电力装置的电测量仪表装置设计规范》GB/T 50063

《爆炸危险环境电力装置设计规范》GB 50058

《城市工程管线综合规划规范》GB 50289

《核电厂常规岛设计防火规范》GB 50745

《城市综合管廊工程技术规范》GB 50838

《高压交流电缆在线监测系统通用技术规范》DL/T 1506

《电力电缆隧道设计规程》DL/T 5484

《500kV 交流海底电缆线路设计技术规程》DL/T 5490

《核电厂电缆系统设计及安装准则》EJ/T 649

《阻燃及耐火电缆 塑料绝缘阻燃及耐火电缆分级及要求 第 1 部分：阻燃电缆》GA 306.1

《阻燃及耐火电缆 塑料绝缘阻燃及耐火电缆分级及要求 第 2 部分：耐火电缆》GA 306.2

《电缆载流量计算》JB/T 10181

《防腐电缆桥架》NB/T 42037

12 20kV 及以下变电所设计规范

(GB 50053—2013)

1 总则

1.0.1 为使变电所设计做到保障人身和财产的安全、供电可靠、技术先进、经济合理、安装和维护方便，制定本规范。

1.0.2 本规范适用于交流电压为 20kV 及以下的新建、扩建和改建工程的变电所设计。

1.0.3 20kV 及以下变电所设计应根据工程特点、负荷性质、用电容量、所址环境、供电条件、节约电能、安装、运行和维护要求等因素，合理选用设备和确定设计方案，并应考虑发展的可能性。

1.0.4 20kV 及以下变电所设计除应符合本规范外，尚应符合国家现行有关标准的规定。

2 所址选择

2.0.1 变电所的所址应根据下列要求，经技术经济等因素综合分析和比较后确定：

1 宜接近负荷中心；

2 宜接近电源侧；

3 应方便进出线；

4 应方便设备运输；

5　不应设在有剧烈振动或高温的场所；

6　不宜设在多尘或有腐蚀性物质的场所，当无法远离时，不应设在污染源盛行风向的下风侧，或应采取有效的防护措施；

7　不应设在厕所、浴室、厨房或其他经常积水场所的正下方处，也不宜设在与上述场所相贴邻的地方，当贴邻时，相邻的隔墙应做无渗漏、无结露的防水处理；

8　当与有爆炸或火灾危险的建筑物毗连时，变电所的所址应符合现行国家标准《爆炸和火灾危险环境电力装置设计规范》GB 50058 的有关规定；

9　不应设在地势低洼和可能积水的场所；

10　不宜设在对防电磁干扰有较高要求的设备机房的正上方、正下方或与其贴邻的场所，当需要设在上述场所时，应采取防电磁干扰的措施。

2.0.2　油浸变压器的车间内变电所，不应设在三、四级耐火等级的建筑物内；当设在二级耐火等级的建筑物内时，建筑物应采取局部防火措施。

2.0.3　在多层建筑物或高层建筑物的裙房中，不宜设置油浸变压器的变电所，当受条件限制必须设置时，应将油浸变压器的变电所设置在建筑物首层靠外墙的部位，且不得设置在人员密集场所的正上方、正下方、贴邻处以及疏散出口的两旁。高层主体建筑内不应设置油浸变压器的变电所。

2.0.4　在多层或高层建筑物的地下层设置非充油电气设备的配电所、变电所时，应符合下列规定：

1　当有多层地下层时，不应设置在最底层；当只有地下一层时，应采取抬高地面和防止雨水、消防水等积水的措施；

2　应设置设备运输通道；

3　应根据工作环境要求加设机械通风、去湿设备或空气调节设备。

2.0.5　高层或超高层建筑物根据需要可以在避难层、设备层和屋顶设置配电所、变电所，但应设置设备的垂直搬运及电缆敷设的措施。

2.0.6　露天或半露天的变电所，不应设置在下列场所：

1　有腐蚀性气体的场所；

2　挑檐为燃烧体或难燃体和耐火等级为四级的建筑物旁；

3　附近有棉、粮及其他易燃、易爆物品集中的露天堆场；

4　容易沉积可燃粉尘、可燃纤维、灰尘或导电尘埃且会严重影响变压器安全运行的场所。

3　电气部分

3.1　一般规定

3.1.1　配电装置的布置和导体、电器、架构的选择，应符合正常运行、检修以及过电流和过电压等故障情况的要求。

3.1.2　配电装置各回路的相序排列宜一致。

3.1.3　在海拔超过 1000m 的地区，配电装置的电器和绝缘产品应符合现行国家标准《特殊环境条件高原用高压电器的技术要求》GB/T 20635 的有关规定。当高压电器用于海拔超过 1000m 的地区时，导体载流量可不计海拔高度的影响。

3.1.4　电气设备的接地应符合现行国家标准《交流电气装置的接地设计规范》GB/T 50065 和《低压电气装置》（或《建筑物电气装置》）GB/T 16895 系列标准的有关规定。

3.2　主接线

3.2.1　配电所、变电所的高压及低压母线宜采用单母线或分段单母线接线。当对供电连续性要求很高时，高压母线可采用分段单母线带旁路母线或双母线的接线。

3.2.2　配电所专用电源线的进线开关宜采用断路器或负荷开关-熔断器组合电器。当进线无继电保护和自动装置要求且无须带负荷操作时，可采用隔离开关或隔离触头。

3.2.3　配电所的非专用电源线的进线侧，应装设断路器或负荷开关-熔断器组合电器。

3.2.4　从同一用电单位的总配电所以放射式向分配电所供电时，分配电所的进线开关宜采用隔离开关或隔离触头。当分配电所的进线需要带负荷操作、有继电保护、有自动装置要求时，分配电所的进线开关应采用断路器。

3.2.5　配电所母线的分段开关宜采用断路器；当不需要带负荷操作、无继电保护、无自动装置要求时，可采用隔离开关或隔离触头。

3.2.6　两个配电所之间的联络线，应在供电侧装设断路器，另一侧宜装设负荷开关、隔离开关或隔离触头；当两侧都有可能向另一侧供电时，应在两侧装设断路器。当两个配电所之间的联络线采用断路器作为保护电器时，断路器的两侧均应装设隔离电器。

3.2.7　配电所的引出线宜装设断路器。当满足继电保护和操作要求时，也可装设负荷开关-熔断器组合电器。

3.2.8　向频繁操作的高压用电设备供电时，如果采用断路器兼做操作和保护电器，断路器应具有频繁操作性能，也宜采用高压限流熔断器和真空接触器的组合方式。

3.2.9　在架空出线或有电源反馈可能的电缆出线的高压固定式配电装置的馈线回路中，应在线路侧装设隔离开关。

3.2.10　在高压固定式配电装置中采用负荷开关-熔断器组合电器时，应在电源侧装设隔离开关。

3.2.11　接在母线上的避雷器和电压互感器，宜合用一组隔离开关。接在配电所、变电所的架空进、出线上的避雷器，可不装设隔离开关。

3.2.12　由地区电网供电的配电所或变电所的电源进线处，应设置专用计量柜，装设供计费用的专用电压互感器和电流互感器。

3.2.13　变压器一次侧高压开关的装设，应符合下列规定：

1　电源以树干式供电时，应装断路器、负荷开关-熔断器组合电器或跌落式熔断器；

2　电源以放射式供电时，宜装设隔离开关或负荷开关。当变压器安装在本配电所内时，可不装设高压开关。

3.2.14　变压器二次侧电压为 3kV～10kV 的总开关可采用负荷开关-熔断器组合电器、隔离开关或隔离触头。但当有下列情况之一时，应采用断路器：

1　配电出线回路较多；

2　变压器有并列运行要求或需要转换操作；

3　二次侧总开关有继电保护或自动装置要求。

3.2.15　变压器二次侧电压为 1000V 及以下的总开关，宜采用低压断路器。当有继电保护或自动切换电源要求时，低压侧总开关和母线分段开关均应采用低压断路器。

3.2.16　当低压母线为双电源、变压器低压侧总开关和母线分段开关采用低压断路器时，在总开关的出线侧及母线分段开关的两侧，宜装设隔离开关或隔离触头。

3.2.17　有防止不同电源并联运行要求时，来自不同电源的进线低压断路器与母线分段的低压断路器之间应设防止不同电源并联运行的电气联锁。

3.3　变压器

3.3.1　当符合下列条件之一时，变电所宜装设两台及以上变压器：

1 有大量一级负荷或二级负荷时；

2 季节性负荷变化较大时；

3 集中负荷较大时。

3.3.2 装有两台及以上变压器的变电所，当任意一台变压器断开时，其余变压器的容量应能满足全部一级负荷及二级负荷的用电。

3.3.3 变电所中低压为0.4kV的单台变压器的容量不宜大于1250kVA，当用电设备容量较大、负荷集中且运行合理时，可选用较大容量的变压器。

3.3.4 动力和照明宜共用变压器。当属于下列情况之一时，应设专用变压器：

1 当照明负荷较大或动力和照明采用共用变压器严重影响照明质量及光源寿命时，应设照明专用变压器；

2 单台单相负荷较大时，应设单相变压器；

3 冲击性负荷较大，严重影响电能质量时，应设冲击负荷专用变压器；

4 采用不配出中性线的交流三相中性点不接地系统（IT系统）时，应设照明专用变压器；

5 采用660（690）V交流三相配电系统时，应设照明专用变压器。

3.3.5 高层主体建筑内变电所应选用不燃或难燃型变压器；多层建筑物内变电所和防火、防爆要求高的车间内变电所，宜选用不燃或难燃型变压器。

3.3.6 在多尘或有腐蚀性气体严重影响变压器安全运行的场所，应选用全封闭型或防腐型的变压器，也可采取防尘或防腐措施。

3.3.7 在低压电网中，配电变压器宜选用D，yn11接线组别的三相变压器。

3.4 所用电源

3.4.1 配电所的所用电源宜从就近的配电变压器的220/380V侧母线引进；距配电变压器较远的配电所，宜设所用变压器；重要或规模较大的配电所宜设所用变压器，并宜设两回路所用电源；当有两回路所用电源时，宜装设备用电源自动投入装置。

3.4.2 大中型配电所、变电所宜设检修电源。

3.5 操作电源

3.5.1 大中型配电所、变电所直流操作电源装置宜采用免维护阀控式密封铅酸蓄电池组的直流电源。

3.5.2 配电所、变电所采用弹簧储能操动机构的断路器时，宜采用110V蓄电池组作为合、分闸操作电源；当采用永磁操动机构或电磁操动机构时，宜采用220V蓄电池组作为合、分闸操作电源。

3.5.3 当小型变电所采用弹簧储能交流操动机构且无低电压保护时，宜采用电压互感器作为合、分闸操作电源；当有低电压保护时，宜采用电压互感器作为合闸操作电源、采用在线式不停电电源（UPS）作为分闸操作电源；也可采用在线式不停电电源（UPS）作为合、分闸操作电源。

3.6 预装式变电站

3.6.1 预装式变电站的选用和设计应符合现行国家标准《高压/低压预装式变电站》GB 17467的有关规定。

3.6.2 预装式变电站的高压进线侧宜采用断路器或负荷开关-熔断器组合电器。

3.6.3 预装式变电站单台变压器的容量不宜大于800kVA。

3.6.4 预装式变电站的进、出线宜采用电缆。

4 配变电装置的布置

4.1 型式与布置

4.1.1 变电所型式的选择应符合下列规定：

1 负荷较大的车间和动力站房，宜设附设变电所、户外预装式变电站或露天、半露天变电所；

2 负荷较大的多跨厂房，负荷中心在厂房的中部且环境许可时，宜设车间内变电所或预装式变电站；

3 高层或大型民用建筑内，宜设户内变电所或预装式变电站；

4 负荷小而分散的工业企业，民用建筑和城市居民区，宜设独立变电所或户外预装式变电站，当条件许可时，也可设附设变电所；

5 城镇居民区、农村居民区和工业企业的生活区，宜设户外预装式变电站，当环境允许且变压器容量小于或等于400kVA时，可设杆上式变电站。

4.1.2 非充油的高、低压配电装置和非油浸型的电力变压器，可设置在同一房间内，当二者相互靠近布置时，应符合下列规定：

1 在配电室内相互靠近布置时，二者的外壳均应符合现行国家标准《外壳防护等级（IP代码）》GB 4208中IP2X防护等级的有关规定；

2 在车间内相互靠近布置时，二者的外壳均应符合现行国家标准《外壳防护等级（IP代码）》GB 4208中IP3X防护等级的有关规定。

4.1.3 户内变电所每台油量大于或等于100kg的油浸三相变压器，应设在单独的变压器室内，并应有储油或挡油、排油等防火设施。

4.1.4 有人值班的变电所，应设单独的值班室。值班室应与配电室直通或经过通道相通，且值班室应有直接通向室外或通向变电所外走道的门。当低压配电室兼作值班室时，低压配电室的面积应适当增大。

4.1.5 变电所宜单层布置。当采用双层布置时，变压器应设在底层，设于二层的配电室应设搬运设备的通道、平台或孔洞。

4.1.6 高、低压配电室内，宜留有适当的配电装置备用位置。低压配电装置内，应留有适当数量的备用回路。

4.1.7 由同一配电所供给一级负荷用电的两回电源线路的配电装置，宜分开布置在不同的配电室；当布置在同一配电室时，配电装置宜分列布置；当配电装置并排布置时，在母线分段处应设置配电装置的防火隔板或有门洞的隔墙。

4.1.8 供给一级负荷用电的两回电源线路的电缆不宜通过同一电缆沟；当无法分开时，应采用阻燃电缆，且应分别敷设在电缆沟或电缆夹层的不同侧的桥（支）架上；当敷设在同一侧的桥（支）架上时，应采用防火隔板隔开。

4.1.9 大、中型和重要的变电所宜设辅助生产用房。

4.2 通道与围栏

4.2.1 室内、外配电装置的最小电气安全净距应符合表4.2.1的规定。

4.2.2 露天或半露天变电所的变压器四周应设高度不低于1.8m的固定围栏或围墙，变压器外廓与围栏或围墙的净距不应小于0.8m，变压器底部距地面不应小于0.3m。油重小于1000kg的相邻油浸变压器外廓之间的净距不应小于1.5m；油

表 4.2.1　　室内、外配电装置的最小电气安全净距（mm）

监控项目	场所	额定电压（kV）						符号
		≤1	3	6	10	15	20	
无遮拦裸带电部分至地（楼）面之间	室内	2500	2500	2500	2500	2500	2500	—
	室外	2500	2700	2700	2700	2800	2800	
裸带电部分至接地部分和不同的裸带电部分之间	室内	20	75	100	125	150	180	A
	室外	75	200	200	200	300	300	
距地面 2500mm 以下的遮拦防护等级为 IP2X 时，裸带电部分与遮护物间水平净距	室内	100	175	200	225	250	280	B
	室外	175	300	300	300	400	400	
不同时停电检修的无遮拦裸导体之间的水平距离	室内	1875	1875	1900	1925	1950	1980	—
	室外	2000	2200	2200	2200	2300	2300	
裸带电部分至无孔固定遮拦	室内	50	105	130	155	—	—	—
裸带电部分至用钥匙或工具才能打开或拆卸的栅栏	室内	800	825	850	875	900	930	C
	室外	825	950	950	950	1050	1050	
高低压引出线的套管至户外通道地面	室外	3650	4000	4000	4000	4000	4000	—

注：1　海拔高度超过 1000m 时，表中符号 A 后的数值应按每升高 100m 增大 1%进行修正，符号 B、C 后的数值应加上符号 A 的修正值；

2　裸带电部分的遮拦高度不小于 2.2m。

重 1000kg～2500kg 的相邻油浸变压器外廓之间的净距不应小于 3.0m；油重大于 2500kg 的相邻油浸变压器外廓之间的净距不应小于 5m；当不能满足上述要求时，应设置防火墙。

4.2.3　当露天或半露天变压器供给一级负荷用电时，相邻油浸变压器的净距不应小于 5m；当小于 5m 时，应设置防火墙。

4.2.4　油浸变压器外廓与变压器室墙壁和门的最小净距，应符合表 4.2.4 的规定。

表 4.2.4　　油浸变压器外廓与变压器室墙壁和门的最小净距（mm）

变压器容量（kVA）	100～1000	1250 及以上
变压器外廓与后壁、侧壁	600	800
变压器外廓与门	800	1000

注：不考虑室内油浸变压器的就地检修。

4.2.5　设置在变电所内的非封闭式干式变压器，应装设高度不低于 1.8m 的固定围栏，围栏网孔不应大于 40mm×40mm。变压器的外廓与围栏的净距不宜小于 0.6m，变压器之间的净距不应小于 1.0m。

4.2.6　配电装置的长度大于 6m 时，其柜（屏）后通道应设两个出口，当低压配电装置两个出口间的距离超过 15m 时应增加出口。

4.2.7　高压配电室内成排布置的高压配电装置，其各种通道的最小宽度，应符合表 4.2.7 的规定。

表 4.2.7　高压配电室内各种通道的最小宽度（mm）

开关柜布置方式	柜后维护通道	柜前操作通道	
		固定式开关柜	移开式开关拒
单排布置	800	1500	单手车长度+1200
双排面对面布置	800	2000	双手车长度+900
双排背对背布置	1000	1500	单手车长度+1200

注：1　固定式开关柜为靠墙布置时，柜后与墙净距应大于 50mm，侧面与墙净距宜大于 200mm；

2　通道宽度在建筑物的墙面有柱类局部凸出时，凸出部位的通道宽度可减少 200mm；

3　当开关柜侧面需设置通道时，通道宽度不应小于 800mm；

4　对全绝缘密封式成套配电装置，可根据厂家安装使用说明书减少通道宽度。

4.2.8　低压配电室内成排布置的配电屏的通道最小宽度，应符合现行国家标准《低压配电设计规范》GB 50054 的有关规定；当配电屏与干式变压器靠近布置时，干式变压器通道的最小宽度应为 800mm。

5　并联电容器装置

5.1　一般规定

5.1.1　采用并联电力电容器装置作为无功补偿装置时，宜就地平衡补偿，并应符合下列规定：

1　低压部分的无功功率应采用低压电容器补偿；

2　高压部分的无功功率宜采用高压电容器补偿；

3　补偿后的功率因数应符合现行国家标准《供配电系统设计规范》GB 50052 的有关规定。

5.1.2　并联电力电容器的选择应符合下列规定：

1　电容器的额定电压应按电容器接入电网处的运行电压计算，电容器应能承受 1.1 倍长期工频过电压；

2　电容器的绝缘水平应根据电容器接入电网处的电压等级和电容器组接线方式、安装方式的要求进行计算，并应根据电容器产品标准电压选取；

3　电容器选型应符合电容器使用环境条件的要求；

4　高压电容器宜采用难燃介质的电容器，低压电容器宜采用自愈式电容器。

5.1.3　变电所并联电容器装置的无功补偿容量、投切方式、无功自动补偿的调节方式、电容器的分组容量，应符合现行国家标准《供配电系统设计规范》GB 50052 的有关规定。

5.1.4　并联电容器装置的电器和导体应符合在当地环境条件下正常运行、过电压状态和短路故障的要求，其载流部分的长期允许电流应按稳态过电流的最大值确定。并联电容器装置的总回路和分组回路的电器和导体的稳态过电流应为电容器组额定电流的 1.35 倍；单台电容器导体的允许电流不宜小于单台电容器额定电流的 1.5 倍。

5.1.5　用于并联电容器装置的断路器应符合电容器组投切的设备要求，技术性能除应符合一般断路器的技术要求外，尚应符合下列规定：

1　断路器应具备频繁操作电容器的性能；

2　断路器关合时触头弹跳不应大于限定值，开断时不应重击穿；

3 断路器应能承受关合涌流，以及工频短路电流和电容器高频涌流的联合作用。

5.1.6 并联电容器装置总回路中的断路器，应具有切除和闭合所连接的全部电容器组的额定电流和开断总回路短路电流的能力。

5.1.7 电容器组应装设放电器件，放电线圈的放电容量不应小于与其并联的电容器组容量。放电器件应满足断开电源后电容器组两端的电压从$\sqrt{2}$倍额定电压降至50V所需的时间，高压电容器不应大于5s，低压电容器不应大于3min。

5.2 电气接线及附属装置

5.2.1 高压电容器组应采用中性点不接地的星形接线，低压电容器组可采用三角形接线或星形接线。

5.2.2 高压电容器组应直接与放电器件连接，中间不应设置开关或熔断器，低压电容器组宜与放电器件直接连接，也可设置自动接通接点。

5.2.3 电容器组应装设单独的控制和保护装置。当电容器组直接并接入单台用电设备的主回路作为设备无功功率的就地补偿装置时，可与该设备共用控制和保护装置。

5.2.4 单台高压电容器的内部故障保护应采用专用熔断器，熔丝额定电流宜为电容器额定电流的1.37倍～1.50倍。

5.2.5 当电容器装置附近有高次谐波，且含量超过规定允许值时，应在回路中设置抑制谐波的串联电抗器。

5.2.6 电容器的额定电压与电力网的标称电压相同时，应将电容器的外壳和支架接地；当电容器的额定电压低于电力网的标称电压时，应将每相电容器的支架绝缘，绝缘等级应和电力网的标称电压相配合。

5.3 布置

5.3.1 高压电容器装置宜设置在单独的房间内，当采用非可燃介质的电容器且电容器组容量较小时，可设置在高压配电室内。

低压电容器装置可设置在低压配电室内，当电容器总容量较大时，宜设置在单独的房间内。

5.3.2 装配式电容器组单列布置时，网门与墙的距离不应小于1.3m；当双列布置时，网门之间的距离不应小于1.5m。

5.3.3 成套电容器柜单列布置时，柜前通道宽度不应小于1.5m；当双列布置时，柜面之间的距离不应小于2.0m。

5.3.4 室内电容器装置的布置和安装设计，应符合设备通风散热条件并保证运行维修方便。

6 对有关专业的要求

6.1 防火

6.1.1 变压器室、配电室和电容器室的耐火等级不应低于二级。

6.1.2 位于下列场所的油浸变压器室的门应采用甲级防火门：

1 有火灾危险的车间内；

2 容易沉积可燃粉尘、可燃纤维的场所；

3 附近有粮、棉及其他易燃物大量集中的露天堆场；

4 民用建筑物内，门通向其他相邻房间；

5 油浸变压器室下面有地下室。

6.1.3 民用建筑内变电所防火门的设置应符合下列规定：

1 变电所位于高层主体建筑或裙房内时。通向其他相邻房间的门应为甲级防火门，通向过道的门应为乙级防火门；

2 变电所位于多层建筑物的二层或更高层时，通向其他相邻房间的门应为甲级防火门，通向过道的门应为乙级防火门；

3 变电所位于单层建筑物内或多层建筑物的一层时，通向其他相邻房间或过道的门应为乙级防火门；

4 变电所位于地下层或下面有地下层时，通向其他相邻房间或过道的门应为甲级防火门；

5 变电所附近堆有易燃物品或通向汽车库的门应为甲级防火门；

6 变电所直接通向室外的门应为丙级防火门。

6.1.4 变压器室的通风窗应采用非燃烧材料。

6.1.5 当露天或半露天变电所安装油浸变压器，且变压器外廓与生产建筑物外墙的距离小于5m时，建筑物外墙在下列范围内不得有门、窗或通风孔：

1 油量大于1000kg时，在变压器总高度加3m及外廓两侧各加3m的范围内；

2 油量小于或等于1000kg时，在变压器总高度加3m及外廓两侧各加1.5m的范围内。

6.1.6 高层建筑物的裙房和多层建筑物内的附设变电所及车间内变电所的油浸变压器室，应设置容量为100%变压器油量的储油池。

6.1.7 当设置容量不低于20%变压器油量的挡油池时，应有能将油排到安全场所的设施。位于下列场所的油浸变压器室，应设置容量为100%变压器油量的储油池或挡油设施：

1 容易沉积可燃粉尘、可燃纤维的场所；

2 附近有粮、棉及其他易燃物大量集中的露天场所；

3 油浸变压器室下面有地下室。

6.1.8 独立变电所、附设变电所、露天或半露天变电所中，油量大于或等于1000kg的油浸变压器，应设置储油池或挡油池，并应符合本规范第6.1.7条的有关规定。

6.1.9 在多层建筑物或高层建筑物裙房的首层布置油浸变压器的变电站时，首层外墙开口部位的上方应设置宽度不小于1.0m的不燃烧体防火挑檐或高度不小于1.2m的窗槛墙。

6.1.10 在露天或半露天的油浸变压器之间设置防火墙时，其高度应高于变压器油枕，长度应长过变压器的贮油池两侧各0.5m。

6.2 建筑

6.2.1 地上变电所宜设自然采光窗。除变电所周围设有1.8m高的围墙或围栏外，高压配电室窗户的底边距室外地面的高度不应小于1.8m，当高度小于1.8m时，窗户应采用不易破碎的透光材料或加装格栅；低压配电室可设能开启的采光窗。

6.2.2 变压器室、配电室、电容器室的门应向外开启。相邻配电室之间有门时，应采用不燃材料制作的双向弹簧门。

6.2.3 变电所各房间经常开启的门、窗，不应直通相邻的酸、碱、蒸汽、粉尘和噪声严重的场所。

6.2.4 变压器室、配电室、电容器室等房间应设置防止雨、雪和蛇、鼠等小动物从采光窗、通风窗、门、电缆沟等处进入室内的设施。

6.2.5 配电室、电容器室和各辅助房间的内墙表面应抹灰刷白，地面宜采用耐压、耐磨、防滑、易清洁的材料铺装。配电室、变压器室、电容器室的顶棚以及变压器室的内墙面应刷白。

6.2.6 长度大于7m的配电室应设两个安全出口，并宜布置在配电室的两端。当配电室的长度大于60m时，宜增加一个安全出口，相邻安全出口之间的距离不应大于40m。

当变电所采用双层布置时，位于楼上的配电室应至少设一个通向室外的平台或通向变电所外部通道的安全出口。

6.2.7 配电装置室的门和变压器室的门的高度和宽度，宜按最大不可拆卸部件尺寸，高度加 0.5m，宽度加 0.3m 确定，其疏散通道门的最小高度宜为 2.0m，最小宽度宜为 750mm。

6.2.8 当变电所设置在建筑物内或地下室时，应设置设备搬运通道。搬运通道的尺寸及地面的承重能力应满足搬运设备的最大不可拆卸部件的要求。当搬运通道为吊装孔或吊装平台时，吊钩、吊装孔或吊装平台的尺寸和吊装荷重应满足吊装最大不可拆卸部件的要求，吊钩与吊装孔的垂直距离应满足吊装最高设备的要求。

6.2.9 变电所、配电所位于室外地坪以下的电缆夹层、电缆沟和电缆室应采取防水、排水措施；位于室外地坪下的电缆进、出口和电缆保护管也应采取防水措施。

6.2.10 设置在地下的变电所的顶部位于室外地面或绿化土层下方时，应避免顶部滞水，并应采取避免积水、渗漏的措施。

6.2.11 配电装置的布置宜避开建筑物的伸缩缝。

6.3 采暖与通风

6.3.1 变压器室宜采用自然通风，夏季的排风温度不宜高于 45℃，且排风与进风的温差不宜大于 15℃。当自然通风不能满足要求时，应增设机械通风。

6.3.2 电容器室应有良好的自然通风，通风量应根据电容器允许的温度，按夏季排风温度不超过电容器所允许的最高环境空气温度计算；当自然通风不能满足要求时，可增设机械通风。电容器室、蓄电池室、配套有电子类温度敏感器件的高、低压配电室和控制室，应设置环境空气温度指示装置。

6.3.3 当变压器室、电容器室采用机械通风时，其通风管道应采用非燃烧材料制作。当周围环境污秽时，宜加设空气过滤器。装有六氟化硫气体绝缘的配电装置的房间，在发生事故时房间内易聚集六氟化硫气体的部位，应装设报警信号和排风装置。

6.3.4 配电室宜采用自然通风。设置在地下或地下室的变、配电所，宜装设除湿、通风换气设备；控制室和值班室宜设置空气调节设施。

6.3.5 在采暖地区，控制室和值班室应设置采暖装置。配电室内温度低影响电气设备元件和仪表的正常运行时，也应设置采暖装置或采取局部采暖措施。控制室和配电室内的采暖装置宜采用钢管焊接，且不应有法兰、螺纹接头和阀门等。

6.4 其他

6.4.1 高、低压配电室、变压器室、电容器室、控制室内不应有无关的管道和线路通过。

6.4.2 有人值班的独立变电所内宜设置厕所和给、排水设施。

6.4.3 在变压器、配电装置和裸导体的正上方不应布置灯具。当在变压器室和配电室内裸导体上方布置灯具时，灯具与裸导体的水平净距不应小于 1.0m，灯具不得采用吊链和软线吊装。

本规范用词说明

1 为便于在执行本规范条文时区别对待，对要求严格程度不同的用词说明如下：

1）表示很严格，非这样做不可的：

正面词采用“必须”，反面词采用“严禁”；

2）表示严格，在正常情况下均应这样做的：

正面词采用“应”，反面词采用“不应”或“不得”；

3）表示允许稍有选择，在条件许可时首先应这样做的：

正面词采用“宜”，反面词采用“不宜”；

4）表示有选择，在一定条件下可以这样做的，采用“可”。

2 条文中指明应按其他有关标准执行的写法为：“应符合……的规定”或“应按……执行”。

引用标准名录

《供配电系统设计规范》GB 50052

《低压配电设计规范》GB 50054

《爆炸和火灾危险环境电力装置设计规范》GB 50058

《交流电气装置的接地设计规范》GB/T 50065

《外壳防护等级（IP 代码）》GB 4208

《高压/低压预装式变电站》GB 17467

《特殊环境条件高原用高压电器的技术要求》GB/T 20635

《低压电气装置》（或《建筑物电气装置》）GB/T 16895 系列标准

13 高压/低压预装式变电站

（GB 17467—2010）

1 概述

1.1 范围

本标准规定了高压侧交流额定电压 3.6kV～40.5kV、包含一台或多台变压器、频率 50Hz 及以下、安装在公众可接近地点的高压/低压或低压/高压户外预装式变电站的使用条件、额定特性、一般结构要求和试验方法。该变电站是通过电缆连接的，可以从它的内部（进入型）或外部（非进入型）进行操作。

注：对于架空线路的预装式变电站，也可参照本标准。

预装式变电站能够在地面上，或部分或全部在地面下安装。

通常，预装式变电站包括下述主要元件（功能）和部件：

——外壳；

——电力变压器；

——高压开关设备和控制设备；

——低压开关设备和控制设备；

——高压和低压内部连接线；

——辅助设备和回路。

本标准中的相关规定适用于并非上述所有元件都存在的设计（例如，只有电力变压器和低压开关设备和控制设备构成的设施）。

注：非预装式的变电站应满足 IEC 61936－1：2002 的使用要求。

1.2 规范性引用文件

下列文件中的条款通过本标准的引用而成为本标准的条款。凡是注日期的引用文件，其随后所有的修改单（不包括勘误的内容）或修订版均不适用于本标准，然而，鼓励根据本标准达成协议的各方研究是否可使用这些文件的最新版本。凡是不注日期的引用文件，其最新版本适用于本标准。

GB/T 230.1 金属材料 洛氏硬度试验 第 1 部分：试验方式（A、B、C、D、E、F、G、H、K、N、T 标尺）

GB 1094.1 电力变压器 第 1 部分：总则（eqv IEC 60076－1）

GB 1094.2 电力变压器 第 2 部分：温升（eqv IEC

60076-2)

GB 1094.3　电力变压器　第3部分：绝缘水平、绝缘试验和外绝缘空气间隙（IEC 60076-3，MOD）

GB 1094.5　电力变压器　第5部分：承受短路的能力（IEC 60076-5，MOD）

GB/T 1094.7　电力变压器　第7部分：油浸式电力变压器负载导则（IEC 60076-7，MOD）

GB/T 1094.10　电力变压器　第10部分：声级测定（IEC 60076-10，MOD）

GB 1094.11　电力变压器　第11部分：干式变压器（IEC 60076-11，MOD）

GB/T 1408.1　绝缘材料电气强度试验方法　第1部分：工频下试验（IEC 60243-1，IDT）

GB/T 2423（所有部分）　电工电子产品环境试验（IEC 60068，IDT）

GB/T 2900.20—1994　电工术语　高压开关设备（neq IEC 60050）

GB 3906—2006　3.6kV～40.5kV交流金属封闭开关设备和控制设备（IEC 62271-200：2003 MOD）

GB 4208—2008　外壳的防护等级（IP代码）（IEC 60529：2001，IDT）

GB/T 4796　电工电子产品环境条件分类　第1部分：环境参数及其严酷程度（IEC 60721-1，IDT）

GB/T 4797.4　电工电子产品自然环境条件　太阳辐射与温度（IEC 60721-2-4，IDT）

GB/T 4797.5　电工电子产品环境条件分类　自然环境条件　降水和风（IEC 60721-2-2，MOD）

GB/T 5464　建筑材料不燃性方法（ISO 1182，IDT）

GB 7251.1—2005　低压成套开关设备和控制设备　第1部分：型式试验和部分型式试验成套设备（IEC 60439-1：1999，IDT）

GB/T 11022—1999　高压开关设备和控制设备标准的共用技术要求（eqv IEC 60694：1996）

GB/T 13540　高压开关设备抗地震性能试验

GB 14048.1　低压开关设备和控制设备　第1部分：总则（IEC 60947-1，MOD）

GB/T 14402　建筑材料及制品的燃烧性能　燃烧热值的测定（ISO 1716，IDT）

GB/T 15166.6—2008　高压交流熔断器　第6部分：用于变压器回路的高压熔断器的熔断件选用导则（IEC 60787：1983，MOD）

GB 16895.21　建筑物电气装置　第4-41部分：安全防护　电击防护（IEC 60364-4-41，IDT）

GB/T 16935.1—2008　低压系统内设备的绝缘配合　第1部分：原理、要求和试验（IEC 60664-1：1997，IDT）

GB/T 17211　干式电力变压器负载导则（eqv IEC 60905）

GB/T 17627.1　低压设备的高电压试验技术　第一部分：定义和试验要求（eqv IEC 61180-1）

GB/T 20138　电器设备外壳对外界机械碰撞的防护等级（IK代码）（IEC 62262，IDT）

IEC/TR 60815　绝缘子关于污秽条件下的选用导则

IEC 61936-1：2002　超过1kV的电力设施　第1部分：公用规则

IEC 62271-201　额定电压1kV以上38kV及以下交流绝缘封闭开关设备和控制设备

ISO/IEC导则51：1999　安全方面　标准中涉及安全内容的导则

2　正常和特殊使用条件

2.1　正常使用条件

除非本标准另有规定，预装式变电站应设计成能在符合GB/T 11022—1999的正常户外使用条件下使用。

假定外壳内部满足GB/T 11022—1999的正常户内条件。但是，预装式变电站外壳内部的周围空气温度可能不同于3.111中定义的周围空气温度。

如果变电站内部的周围空气温度高于相关产品标准中对元件规定的限值，可能有必要降低容量，且应按照GB/T 1094.1的规定考虑试验条件。

2.1.1　高压开关设备和控制设备

GB/T 11022—1999适用。

2.1.2　低压开关设备和控制设备

GB 7251.1—2005适用。

2.1.3　变压器

外壳内的变压器在额定电流下，其温升比敞开条件下的要高，可能会超过GB 1094.2或GB 1094.11规定的温度极限。

变压器的使用条件应按安装地点外部的使用条件和外壳级别来确定（见4.10.2）。

预装式变电站的制造厂或用户能够据此计算出变压器可能的使用容量降低值（见附录D）。

2.2　特殊使用条件

当预装式变电站的使用条件和2.1的正常使用条件不同时，采用以下规定。

2.2.1　海拔

对下列设备应采取措施。

2.2.1.1　高压开关设备和控制设备

对于海拔超过1000m的设备，见GB/T 11022—1999。

2.2.1.2　低压开关设备和控制设备

对于海拔超过2000m的设备，见GB 7251.1—2005。

2.2.1.3　变压器

对于海拔超过1000m的设备，见GB 1094.3或GB 1094.11。

2.2.2　污秽

在外壳内部有外绝缘的情况下，应在考虑了空气中的盐分或者经过通风口进入的而不能被雨水冲洗掉的工业污秽的条件下选择污秽等级。在此类环境下外壳内部的污秽等级可能比外壳外部的污秽等级更苛刻。

对于准备安装在IEC/TR 60815规定的Ⅲ、Ⅳ级污秽环境中的预装式变电站，如果有暴露的绝缘，则应该设计成能够耐受这些污秽。替代的方法是采取措施防止暴露的绝缘表面沉积污秽。

对于处于污秽空气中的预装式变电站，其污秽等级应按下列设备相应标准的规定。

2.2.2.1　高压开关设备和控制设备

GB/T 11022—1999的2.2.2适用。

2.2.2.2　低压开关设备和控制设备

GB/T 16935.1—2008和GB 7251.1—2005适用。

2.2.2.3　变压器

GB 1094.1和GB/T 1094.11没有将污秽作为特殊使用条

件。具体的要求由预装式变电站制造厂与用户协商。

2.2.3 温度

预装式变电站安装处的周围空气温度超出 2.1 中为外壳规定的正常使用条件时，其优先选用的温度范围规定如下：

对严寒气候，−50℃和+40℃。

对酷热气候，−5℃和+50℃。

3 术语和定义

GB/T 11022—1999 的第 3 章适用，并做如下补充或修改：

3.101

预装式变电站 prefabricated substation

预装的并经过型式试验的成套设备，它包括本标准 1.1 中述及的元件（功能）及外壳。

3.102

运输单元 transport unit

预装式变电站的一部分，它在装运时不需拆卸。

3.103

外壳 enclosure

预装式变电站的一种部件，它保护变电站免受外部的影响，并为运行人员和一般公众提供规定的防护等级以防止其接近或触及带电部件和触及运动部件。

3.104

隔室 compartment

预装式变电站的一部分，除了内部连接、控制或通风需用的通道外，它是封闭的。

注：隔室可以由其中包含的主要元件来命名，例如分别称为变压器隔室、高压开关设备和控制设备隔室、低压开关设备和控制设备隔室。

3.105

元件 component

预装式变电站中提供一种或几种特定功能的基本部件（例如变压器、高压开关设备和控制设备、低压开关设备和控制设备等）。

3.106

隔板 partition

预装式变电站中将一个隔室和另一个隔室分开的部件。

3.107

主回路 main circuit

预装式变电站内包含全部导电部件用于传送电能的回路。

3.108

辅助和控制回路 auxiliary and control circuit

预装式变电站内包含的全部导电部件（不同于主回路）用于控制、测量、信号、调节、照明等的回路。

3.109

额定值 rated value

一般是由制造厂对预装式变电站规定的运行条件所指定的量值。

［GB/T 2900.20—1994 的 6.1，修改］

3.110

防护等级（IP 代码） degree of protection（IP code）

由外壳提供的、并经标准的试验方法验证的防护程度，用以防止触及危险部件、防止外来物体进入和/或防止水分浸入。

3.111

周围空气温度 ambient air temperature

在规定条件下测定的预装式变电站外壳周围的空气温度。

3.112

外壳级别 class of enclosure

在本标准 2.1 规定的正常使用条件下，变压器在外壳内的温升和同一台变压器在外壳外的温升之差。该变压器的额定值（容量和损耗）相应于预装式变电站的最大额定值。

3.113

变压器的负荷系数 transformer load factor

在恒定的额定电压下变压器能够给出的恒定电流标幺值。

3.114

内部电弧级的预装式变电站 internal arc classified prefabricated substations

通过适当的试验验证的、在内部故障电弧事件下满足对人员防护的规定判据的预装式变电站。

3.114.1

IAC-A 内部电弧级 internal arc classification IAC-A

在预装式变电站的高压侧正常操作期间，对于操作人员提供防护的预装式变电站。

3.114.2

IAC-B 内部电弧级 internal arc classification IAC-B

在预装式变电站的所有侧对于附近的一般公众提供防护的预装式变电站。

3.114.3

IAC-AB 内部电弧级 internal arc classification IAC-AB

对于授权人员和一般公众，均能够提供防护的预装式变电站。

3.115

防止机械撞击的防护等级（IK 代码） degree of protection against mechanical impacts（IK code）

由外壳提供的防止有害机械撞击并经过标准的试验方法验证的设备的保护程度（水平）。

4 额定值

预装式变电站的额定值如下：

a）额定电压（U_r）；

b）额定绝缘水平；

c）额定频率（f_r）；

d）主回路的额定电流（I_r）；

e）主回路和接地回路的额定短时耐受电流（I_k）；

f）主回路和接地回路的额定峰值耐受电流（I_p），适用时；

g）主回路和接地回路的额定短路持续时间（t_k）；

h）合分闸装置以及辅助和控制回路的额定电源电压；

i）合分闸装置以及辅助和控制回路的额定电源频率；

j）预装式变电站的额定最大容量；

k）每台变压器的额定容量；

l）变压器在额定电压和额定电流下的总损耗；

m）额定外壳级别。

4.1 额定电压

对高压开关设备和控制设备，见 GB/T 11022—1999。

对低压开关设备和控制设备，见 GB 14048.1 和 GB 7251.1—2005。

4.2 额定绝缘水平

对高压开关设备和控制设备，见 GB/T 11022—1999；对低压开关设备和控制设备，见 GB 14048.1 和 GB

7251.1—2005。

低压开关设备和控制设备的最低额定雷电冲击耐受电压至少应为GB/T 16935.1—2008表1中对Ⅳ类过电压给出的值。根据不同的使用条件，可能需要选取较高的绝缘水平。

4.3 额定频率

对于高压开关设备和控制设备，见GB/T 11022—1999；对于低压开关设备和控制设备，见GB 7251.1—2005。

4.4 额定电流和温升

4.4.1 额定电流

对于高压开关设备和控制设备，见GB/T 11022—1999；对于低压开关设备和控制设备见GB 7251.1—2005。

4.4.2 温升

在不考虑太阳辐射效应的前提下，预装式变电站外壳的可触及部分的最高允许温度不应超过70℃（见GB/T 11022—1999表3的项9）。

对于高压开关设备和控制设备，见GB/T 11022—1999。

对于低压开关设备和控制设备，见GB 7251.1—2005。

预装式变电站的某些元件，它们不被GB/T 11022—1999和GB 7251.1—2005的范围所覆盖，遵从专门的规范，应不超过各元件相应标准中规定的最高允许温度和温升极限。

对于高压和低压内部连接线，它的最大允许温升是GB/T 11022—1999和GB 7251.1—2005中规定的适用于触头、连接以及和绝缘材料接触的金属部件的值。对于变压器，应按本标准第2章设计，其负荷系数见附录D，并参见GB/T 1094.7和GB/T 17211。

4.5 额定短时耐受电流

对于高压开关设备和控制设备，见GB/T 11022—1999；对于低压开关设备和控制设备，见GB 7251.1—2005。

接地回路也应规定额定短时耐受电流。该值可以不同于主回路的值。

4.6 额定峰值耐受电流

对于高压开关设备和控制设备，见GB/T 11022—1999；对于低压开关设备和控制设备，见GB 7251.1—2005。

接地回路也应规定额定峰值耐受电流。该值可以不同于主回路的值。

注：原则上，主回路的额定短时耐受电流和额定峰值耐受电流不应超过回路中串联连接的最弱元件的相应额定值。但是，对于每个回路和隔室，可以采用限制短路电流的装置，如限流熔断器、电抗器等。

4.7 额定短路持续时间

对于高压开关设备和控制设备，见GB/T 11022—1999；对于低压开关设备和控制设备，见GB 7251.1—2005；对于变压器，见GB 1094.5和GB 1094.11。

接地回路也应规定额定短路持续时间。该值可以不同于主回路的值。

4.8 合分闸装置以及辅助和控制回路的额定电源电压

对于高压开关设备和控制设备，见GB/T 11022—1999；对于低压开关设备和控制设备，见GB 7251.1—2005。

4.9 合分闸装置以及辅助和控制回路的额定电源频率

对于高压开关设备和控制设备，见GB/T 11022—1999；对于低压开关设备和控制设备，见GB 7251.1—2005。

4.10 预装式变电站的额定最大容量和外壳级别

4.10.1 预装式变电站的额定最大容量

预装式变电站的额定最大容量是设计变电站时指定的变压器的最大额定值。

变压器的额定值是GB 1094.1或GB 1094.11中规定的变压器的额定容量和额定总损耗。

注：根据外壳级别和周围温度条件能将预装式变电站的输出容量限制到小于其额定最大容量。

4.10.2 额定外壳级别

额定外壳级别是与预装式变电站额定最大容量相对应的外壳级别。

额定外壳级别用来决定变压器的负荷系数，使变压器的温度不超过GB 1094.2或GB 1094.11中给出的并在附录D中述及的限值。

有六个额定外壳级别：级别5、10、15、20、25和30，分别对应于5K、10K、15K、20K、25K和30K变压器的最大温升差值（见图1和图2）。

注：对应于变压器不同的容量和损耗值，制造厂对同一外壳可以指定几个级别。这些附加的级别应按6.5进行试验确认（也可见8.2）。

5 设计和结构

预装式变电站应设计成能够安全地进行正常使用、检查和维护。此外，预装式变电站的设计和制造应能最大程度保证未经授权的人员触及时的人身安全。应注意铰链、通风口的盖板、联锁机构的设计和制造。

5.1 对开关设备和控制设备中液体的要求

对于高压开关设备和控制设备，按GB/T 11022—1999中5.1的规定。

5.2 对开关设备和控制设备中气体的要求

对于高压开关设备和控制设备，按GB/T 11022—1999中5.2的规定。

5.3 接地

应提供一个将不属于设备主回路和/或辅助回路的预装式变电站的所有金属部件接地的主接地导体系统。每个元件通过单独的连接线与之相连，该连接线应包含在主接地导体中。

如果外壳的框架、水泥的加强筋是金属螺栓或焊接材料制成的，也可以作为主接地导体系统使用。

附录E给出了接地系统的一些典型示例。

主接地系统的导体应设计成能够在系统的中性点接地条件下耐受额定短时和峰值耐受电流。

在规定的故障条件下，接地导体的电流密度，如用铜导体，当额定短路持续时间为1s时应不超过$200A/mm^2$；当额定短路持续时间为3s时应不超过$125A/mm^2$。但其横截面积不应小于$30mm^2$。它的端部应有合适的接线端子，以便和装置的接地系统连接。如果接地导体不是铜导体，则应满足等效的热的和机械应力的要求。

接地系统在可能要通过的电流产生的热和机械应力作用后，其连续性应得到保证。

注：用户应建立定期检查或者在短路电流流经接地系统后检查接地系统所有部件（内部的和外部的）完整性的程序。

连接到接地回路的元件应包括：

——预装式变电站的外壳，如果是金属的；

——高压开关设备和控制设备的外壳，如果是金属的，从其接地端子处连接；

——高压电缆的金属屏蔽及接地导体；

——变压器的箱体或干式变压器的金属框架；

——低压开关设备和控制设备的框架和/或外壳，如果是金属的；

——自控和遥控装置的接地连接。

如果预装式变电站的外壳是金属的，该外壳的盖板、门和其他可触及的金属部件应设计成从其自身到预装式变电站的主接地点能够在承载 30A（直流）时电压降不超过 3V。在预装式变电站的周围提供充分的接地措施，以防止危险的接触电压和跨步电压。

如果预装式变电站的外壳不是金属的，除非存在带电部件和该外壳的盖板、门和其他可触及的金属部件接触的危险，否则没有必要将其和接地回路连接。

5.4　辅助设备

对于预装式变电站内的低压装置（例如照明、辅助电源等），如果适用，见 GB 16895.21 或 GB 7251.1—2005。

5.5　动力操作

对于高压开关设备和控制设备，按 GB/T 11022—1999 中 5.5 的规定。

5.6　储能操作

对于高压开关设备和控制设备，按 GB/T 11022—1999 中 5.6 的规定。

5.7　不依赖人力的操作

对于高压开关设备和控制设备，按 GB/T 11022—1999 中 5.7 的规定。

5.8　脱扣器的操作

对于高压开关设备和控制设备，按 GB/T 11022—1999 中 5.8 的规定。

5.9　低压力和高压力闭锁和监视装置

对于高压开关设备和控制设备，按 GB/T 11022—1999 中 5.9 的规定。

5.10　铭牌

每台预装式变电站应提供一耐久、清晰、易识别的铭牌，铭牌至少应包括下列内容：

——制造厂名或商标；

——型号；

——外壳级别；

——内部电弧标识，适用时；

——质量（kg）；

——出厂编号；

——本标准的编号；

——制造日期。

5.11　联锁装置

对于高压开关设备和控制设备，按 GB/T 11022—1999 中 5.11 的规定。

5.12　位置指示

对于高压开关设备和控制设备，按 GB/T 11022—1999 中 5.12 的规定。

5.13　防护等级

5.13.1　防护等级

防止人员触及危险部件以及防止外来物体进入和水分浸入设备的保护是必需的。

预装式变电站外壳的最低防护等级应为 GB 4208—2008 的 IP23D。更高的防护等级可以按 GB 4208—2008 予以规定。

对于间隔（隔室）型预装式变电站，可以对外壳相应于每个隔室的每一部分确定防护等级。

注：当预装式变电站/隔室的门打开（例如，操作或检查等）时，预装式变电站的防护等级有可能降低。可能需要采取其他预防措施来防止人员触及危险部件，以满足 IEC 61936－1：2002 的 8.1 的安全措施。

5.13.2　预装式变电站对机械应力的防护

预装式变电站的外壳应有足够的机械强度，并应耐受以下的负荷和撞击：

a）顶部负荷：

● 最小值为 2500N/m²（竖立负荷或其他负荷）；

如果预装式变电站安装在可能出现更高负荷的地点（例如，位于机动车交通区域的地下变电站，雪负荷等），则应予以考虑，且适用时，按照国家或地方关于力方面的法规或者用户的技术要求。

● 雪负荷（根据当地气候条件确定）；

b）外壳上的风负荷：

● 风负荷按 GB/T 11022—1999 的 2.1.2；

c）在面板、门和通风口上的外部机械撞击：

● 外部机械撞击的撞击能量为 20J，对应的防护等级为 GB/T 20138 的 IK10。

大于该值的意外机械撞击（例如车辆的碰撞）未包含在本标准中，但应予以防止，如果需要，可在预装式变电站外部及周围采取其他措施。

5.13.3　归因于内部缺陷的环境保护

在内部缺陷导致有害液体从设备（例如，变压器的油，开关设备的油）中流出的情况下，应采取措施拦住有害液体以防止土壤污染。

如果将一个或几个收集箱作为外壳的一部分，它们的容积至少应为：

——对于每一个单独的箱体：总的有害液体容积相应于有害液体的收集部件（例如，变压器、开关设备等）；

——对于一个公用箱体：总的有害液体容积相应于最大的有害液体收集部件（例如，变压器、开关设备等）。

5.14　爬电距离

对于高压开关设备和控制设备，按 GB/T 11022—1999 中 5.14 的规定。对于低压开关设备和控制设备，按 GB 7251.1—2005 的 7.1.2 规定。

5.15　气体和真空的密封

对于高压开关设备和控制设备，按 GB/T 11022—1999 中 5.15 的规定。

5.16　液体的密封

对于高压开关设备和控制设备，按 GB/T 11022—1999 中 5.16 的规定。

5.17　易燃性

按 GB/T 11022—1999 中 5.17 的规定。

5.18　电磁兼容性（EMC）

对于高压开关设备和控制设备，GB/T 11022—1999 的 5.18 适用；对于低压开关设备和控制设备，GB 7251.1—2005 的 7.10 适用。

5.101　内部故障

满足本标准要求设计的预装式变电站原则上能够防止内部故障的出现。

为了达到此目标，预装式变电站的制造厂应保证正确地制造并通过按照第 7 章进行出厂试验来验证。其次，用户应该根据电网特性、操作程序和运行条件（见第 8 章）进行适当的选择。

如果预装式变电站按照制造厂提供的说明书进行安装、操作和维护，在整个使用寿命期间，出现内部故障的概率应很小，但不能完全忽视。

在预装式变电站中，由缺陷、异常使用条件或误操作造成的故障会引发内部电弧，如果有人员在场，可能会构成危害。故障可能出现在变电站的任一部分。但是，由于低压开关设备和变压器在它们的标准中没有规定内部电弧试验程序，因此，本标准中仅考虑了封闭高压开关设备和控制设备以及高压连接外壳内出现的故障（见 6.102）。

对于没有高压开关设备的预装式变电站的布置，见附录 A.3。

考虑到这种危害，必须区分操作人员和一般公众。操作人员可以在预装式变电站的内部（如果在内部操作）或者在其正面（如果在外部操作）。但是，一般公众可能在任何时间位于预装式变电站的周围。一般公众永远不会处于变电站的内部或者在门打开进行操作（如果在外部操作）时处于距变电站操作侧非常近的位置。这些区域应该考虑成为仅对操作人员限制触及的区域。

可能要求在内部故障情况下对一般公众和/或操作人员提供防护方面设计有效性的证据。这些证据应该通过按照附录 A 对预装式变电站进行的试验获得。成功通过试验的变电站划为 IAC－A、IAC－B 或 IAC－AB 类。

在出现内部电弧的情况下，可能存在某些具有毒性的气体。但是，在此情况下预装式变电站的开关室的排风是强制的，因此不会危及操作人员的安全。随后，在重新进入以前必须对小室通风。

设备排出的任何气体的快速扩散将会导致其聚集，因为时间很短，可以忽略，因此不会影响到公众的安全。

5.102　外壳

5.102.1　概述

外壳应满足下列条件。

——防护等级应符合本标准的 5.13。

——用非导电材料制作的外壳的部件应满足特定的绝缘要求。验证符合性的试验在 6.2.1.3.3 中规定。

——应采取各种措施以免在按制造厂的说明进行运输或装卸时外壳发生变形。

——应提供保证安全运行的设施，例如打开门或在需要时卸下面板来改变变压器的分接头或进行检查。

——预装式变电站的冷却应采用自然通风。

注：预装式变电站采用其他冷却方式（例如强迫冷却），须经制造厂和用户协商同意。

——允许元件的部分外壳成为变电站外壳的一部分。在这种情况下，本部分应同时满足本标准和元件的相关产品标准的适用要求。

5.102.2　防火性能

在预装式变电站外壳结构中使用的材料应具备下述防止在预装式变电站内部或外部着火时的最低性能水平。

这些材料应该是不可燃的，若使用合成材料，则应符合 5.102.2.2。

注 1：在防火性能上，只考虑了材料对火的反应。至于耐火性，应按照地方法规由制造厂和用户间协议来考虑。

注 2：由于美学方面的原因，可能采用不满足不可燃性试验的表面处理材料。这些材料不应该成为预装式变电站外壳结构的一部分。

5.102.2.1　传统材料

下列材料适用于预装式变电站且认为是不可燃的：

——混凝土；

——金属（钢、铝等）；

——灰泥；

——玻璃纤维或陶瓷棉。

5.102.2.2　合成材料

合成材料应按 GB/T 5464 和 GB/T 14402 进行试验。特性应符合表 1 中给出的最低值。

表 1　合成材料特性

特　性	要求值	标　准
燃烧的 PCS 净热量/(MJ/kg)	≤3.0	GB/T 14402
温升 T/K	≤50	GB/T 5464
质量损耗 Δm/%	≤50	G13/T 5464
燃烧时间 t_f/s	20	GB/T 5464

5.102.2.3　其他材料

制造厂应证明所使用的材料的不可燃性，它们至少应等效于 5.102.2.2。

5.102.3　腐蚀

外壳可以由不同材料（混凝土、金属、合成材料等）制成。如果按照制造厂的说明书进行了维护，外壳材料在其预期的使用寿命期间且在环境条件下（见第 2 章）应不会劣化。

可以采用附加的涂层或表面处理。

可以采用适用的标准评价这些处理的性能。

GB/T 2423 系列标准给出了环境试验程序和试验严酷度方面的信息。

涂层材料和油漆的性能应该由制造厂说明。附录 F 中给出了附加的信息。

如果外壳是主接地导体系统的一部分，为了保持在其预期的寿命期间的载流能力，应采取措施防止接地回路中元件和接触表面的腐蚀。

5.102.3.1　混凝土

混凝土应该防止水的浸入、炭化、霜冻、氯化物的扩散效应以及化学作用。

适用时可以采用油漆和打底子用的油漆。粘着力、老化（湿热）和抗脱落应予以考虑。

5.102.3.2　金属

应通过采用适当的材料或者对于暴露的表面采用适当的保护涂层来保证防止金属腐蚀。

涂层和油漆的特性为：附着力、老化（湿热）和抗脱落。

可以使用没有防护的不锈钢和铝。

5.102.3.3　合成和复合材料

老化（干热和湿热）和紫外线辐射应予以考虑。此外，这些材料可以通过适当的涂层和油漆来防护。

5.102.4　面板和门

面板和门是外壳的一部分。当它们关上时，应符合对外壳规定的防护等级。当通风口放在面板或门上时，见 5.102.5。

根据进入预装式变电站隔室的方式，把面板和门分成两类：

a）一类是正常操作时需要开启（可移开的面板、门），开启和移开时不需要工具。除非人员的安全已通过合适的联锁装置来保证，否则，此类面板或门上应装锁。

b）所有其他的面板、门或顶板。它们应装锁，或在用于正常操作的门打开之前，它们不能被开启或移开。打开或移开它们需要专用工具。

门应能向外打开至少 90°，并备有定位装置使它保持在打开位置。地面下安装的预装式变电站要有一个供进出的舱门，为运行人员和行人提供安全保障。该舱门可由一个人操作即可。

当操作人员在预装式变电站内部或者在变电站的外部对设备进行工作时，应有可靠装置锁定舱门防止其关闭。

5.102.5 通风口

通风口的设置或遮护，应使它保持与外壳相同的防护等级（IP 代码）和对于机械冲击具有相同的防护等级（IK 代码）。

只要 IK 等级得以保证，通风口可以用金属网或类似材料制作。

5.102.6 隔板

如果有隔板，它的防护等级应按 GB 4208—2008 予以规定。

5.103 其他规定

5.103.1 关于电缆绝缘试验的规定

为了进行电缆的绝缘试验，高压开关设备和控制设备的高压电缆箱和/或电缆的试验点应提供安全的连接方法。

5.103.2 附件

应有足够的空间存放附件，例如接地装置、操作手柄等。

5.103.3 操作通道

预装式变电站内部的操作通道的宽度应适于进行任何操作和维护。该通道的宽度应为 800mm 或更大。预装式变电站内部的开关设备和控制设备的门应朝出口方向关闭，或者是转动的但不应减小通道的宽度。在任一开启位置的门或开关设备和控制设备突出的机械传动装置不应将通道的宽度减小到 500mm 以下。

5.103.4 标牌

警告用和载有制造厂使用说明等的标牌，以及按地方标准和法规应设置的标牌，应该是耐久和清晰易读的。

5.104 声发射

预装式变电站的声发射水平应由制造厂和用户商定，可以通过试验来评估外壳对变压器声发射的效应。试验方法应按附录 B。

5.105 对元件的要求

所有的元件应符合各自相关的标准。

特别是：

——变压器，按 GB 1094.1 或 GB 1094.11；

——高压开关设备和控制设备，按 GB 3906—2006 或 IEC 62271-201；

——低压开关设备和控制设备，按 GB 7251.1—2005。

5.106 金属外壳防腐蚀的要求

在其运行期间，应采取措施防止对设备的腐蚀。外壳的所有螺栓和螺钉部件都应易于拆卸。特别是，因为可能导致丧失密封性，接触的不同材料间的电镀腐蚀应予以考虑。考虑到螺栓和螺钉的腐蚀应保证接地回路的电气连续性。

6 型式试验

6.1 概述

GB/T 11022—1999 的 6.1 适用，并做如下补充。

原则上，型式试验应在一台完整的预装式变电站的各种元件组成的典型结构上进行。预装式变电站中的元件应是按相应的标准通过型式试验的产品（见 5.105）。

应该注意，任何预装式变电站的型式试验参数没有负偏差。

由于元件的类型、额定参数和它们的组合具有多样性，实际上不可能对预装式变电站的所有方案都进行型式试验，所以，型式试验只能在典型的功能单元上进行。任何一种具体布置方案的性能可用可比布置方案的试验数据来验证。

包含有机绝缘材料的预装式变电站，除按下述规定进行试验外，还应按制造厂和用户之间的协议进行补充试验（如果有）。

型式试验的试品应与正式生产产品的图样和技术条件相符合，下列情况下，预装式变电站应进行型式试验：

a）新试制的产品，应进行全部型式试验；

b）转厂及异地生产的产品，应进行全部型式试验；

c）当产品的设计、工艺或生产条件及使用的材料发生重大改变而影响到产品性能时，应做相应的型式试验；

d）正常生产的产品每隔八年应进行一次绝缘试验、温升试验、接地回路的短时耐受电流和峰值耐受电流试验、功能试验；

e）不经常生产的产品（停产三年以上），再次生产时应进行 d）规定的试验；

f）对系列产品或派生产品，应进行相关的型式试验，部分试验项目可引用相应的有效试验报告。

型式试验和验证项目如下。

——强制的型式试验：

a）验证预装式变电站绝缘水平的试验（6.2）；

b）检验预装式变电站中主要元件的温升试验（6.5）；

c）检验主回路和接地回路承受额定峰值和额定短时耐受电流能力的试验（6.6）；

d）验证防护等级的试验（6.7）；

e）EMC 试验（6.9）；

f）验证预装式变电站的外壳耐受机械应力的试验（6.101）；

g）对于 IAC-A、IAC-B 或者 IAC-AB 类预装式变电站，评估内部故障引起的电弧效应的试验（6.102）；

h）检验能满意操作的功能试验（6.103）。

——选用的型式试验（制造厂和用户商定）：

i）验证预装式变电站声级的试验（附录 B）。

型式试验可能使一些部件损坏，妨碍其继续投入使用。因此，用于型式试验的样品在没有制造厂和用户的协议之前不应投入使用。

6.1.1 试验的分组

GB/T 11022—1999 的 6.1.1 适用，并做如下修改：

强制的型式试验［不包括项 e）和项 g)］应最多在四台样品上完成。

6.1.2 确认试品需要的资料

GB/T 11022—1999 的 6.1.2 适用。

6.2 绝缘试验

由于预装式变电站包含的高压开关设备和控制设备、变压器和低压开关设备和控制设备已按相应标准进行了型式试验，本条款只适用于元件间的内部连接线。因此，设备应进行的绝缘试验如下：

——高压开关设备和变压器间的连接；

——变压器和低压开关设备间的连接。

6.2.1 高压连接的试验

6.2.1.1 通用条件

当高压连接是由和通过型式试验的带接地屏蔽的接头相连的高压电缆，或是由和其他型式的端子（该端子在预装式变电站的安装条件下，在高压开关设备和变压器高压侧均已通过型式试验）相连的高压电缆组成时，不需进行绝缘试验。

在所有其他情况下，高压连接线应按 6.2.1.3～6.2.1.5 进行绝缘试验。

绝缘试验可以将变压器用能重现变压器套管的电场结构的复制品代替后进行。

进行试验时，高压连接线通过高压开关设备连接到试验电源。只有串联在电源回路中的开关装置是闭合的，所有其他开关装置都是打开的。

绝缘试验期间，电压限制装置应断开。

电流互感器的二次端子应短路并接地。电压互感器应断开。

6.2.1.2 试验时的周围空气条件

GB/T 11022—1999 的 6.2.1 适用。

6.2.1.3 试验电压的施加

6.2.1.3.1 施加在高压连接上

施加电压时，应将主回路每相的导体依次连接到试验电源的高压端子。主回路和辅助回路的所有其他导体应该连接到框架的接地导体上，并和试验电源的接地端子相连。

6.2.1.3.2 试验电压

GB/T 11022—1999 的 6.2.6 适用。

6.2.1.3.3 对于非导电材料的外壳

在高压开关设备和控制设备与变压器之间的内部连接线的非接地屏蔽的带电部件与外壳的可触及表面之间的绝缘应耐受 6.2.1.4 和 6.2.1.5 规定的试验电压。

为了检验符合性，绝缘材料制造的外壳的可触及表面，应在它可触及的一侧覆盖一个圆形或方形的金属箔并与地相连，金属箔的面积应尽可能地大，但不超过 $100cm^2$。金属箔应放在对试验最不利的位置。如果对何处最为不利有怀疑，则试验应在不同的位置上重复进行。

高压开关设备和控制设备到变压器间的非接地屏蔽连接线的带电部件与面对它们的外壳的绝缘材料内表面之间的绝缘应耐受 150％预装式变电站的额定电压 1min。

为了检查符合这一要求，在朝向非接地屏蔽连接线的非导电材料的内表面覆一和地连接的金属泊后，高压开关设备到变压器的非接地屏蔽连接线非导电材料制成的外壳的可触及表面和外壳的非导电材料内表面之间应承受 150％额定电压的工频试验 1min。

应采用 GB/T 1408.1 中规定的方法进行试验以满足相关的要求。

6.2.1.4 雷电冲击电压试验

高压连接线应按照 GB/T 11022—1999 的规定承受雷电冲击电压试验，并做如下补充。

雷电冲击电压试验时，冲击发生器的接地端子应与预装式变电站外壳的接地导体相连。

6.2.1.5 工频电压耐受试验

高压连接线应在干状态下按照 GB/T 11022—1999 的规定承受 1min 工频电压耐受试验，并做如下补充。

工频电压试验时，试验变压器的一端应接地并连接到预装式变电站的接地导体上。

6.2.2 低压连接的试验

6.2.2.1 通用条件

当低压连接线的部分或全部被非金属外壳覆盖时，非金属外壳应该用和地相连的圆形或方形金属箔包覆并与地相连，金属箔的面积应尽可能地大，但不应超过 $100cm^2$。金属箔应包覆在操作人员可能触及的所有表面上。

试验时，低压连接线通过低压开关设备连接到试验电源上。只有串联在电源回路中的开关装置是闭合的，所有其他的开关装置都打开。

6.2.2.2 雷电冲击电压试验

低压连接线应进行雷电冲击电压试验。如果额定冲击电压试验按本标准的 4.2 来选择，试验电压在 GB/T 16935.1—2008 的表 5 中规定。

限制过电压的设施应断开，试验应按 GB/T 17627.1 进行。

每一极性应施加 1.2/50μs 冲击电压 3 次，最小间隔时间 1s。

施加电压时，应将主回路每相的导体依次连接到试验电源的高压端子。主回路和辅助回路的所有其他导体应该连接到接地导体或框架上，并和试验电源的接地端子相连。

试验中不应发生破坏性放电。

6.2.2.3 爬电距离的验证

应测量相间、不同电压的回路的导体间以及带电的和外露的导电部件间的最短爬电距离。对于不同的材料组合和污秽等级，测得的爬电距离应符合 GB/T 16935.1—2008 表 4 的要求。

6.2.3 辅助回路的绝缘试验

GB/T 11022—1999 的 6.2.10 适用。

6.3 无线电干扰电压（r.i.v.）试验

不适用。

6.4 回路电阻的测量

不适用。

6.5 温升试验

本试验的目的是校验预装式变电站外壳设计的正确性，且不缩短变电站内元件的预期寿命。如果没有超过绝缘经过热效应劣化的接受限值，则不会影响它们的预期寿命。根据温升试验的结果，可能有必要对元件降容使用。

试验应证明：变压器在外壳内部的温升超过同一变压器在外壳外部测得的温升的数值，不应大于确定外壳级别的数值，例如，5K、10K、15K、20K、25K 或 30K。见图 1 和图 2。

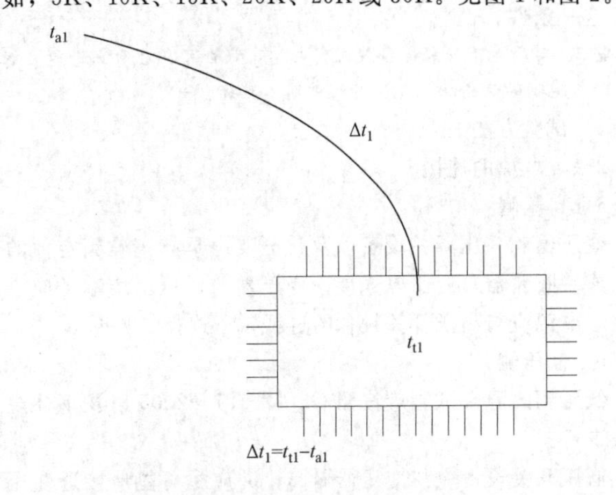

图中：t_{a1}——实验室的周围空气温度；

t_{t1}——按 GB 1094.2 和 GB 1094.11 测得的变压器温度；

Δt_1——变压器在外壳外面的温升。

图 1 在周围空气中变压器温升 Δt_1，的测量（见 6.5）

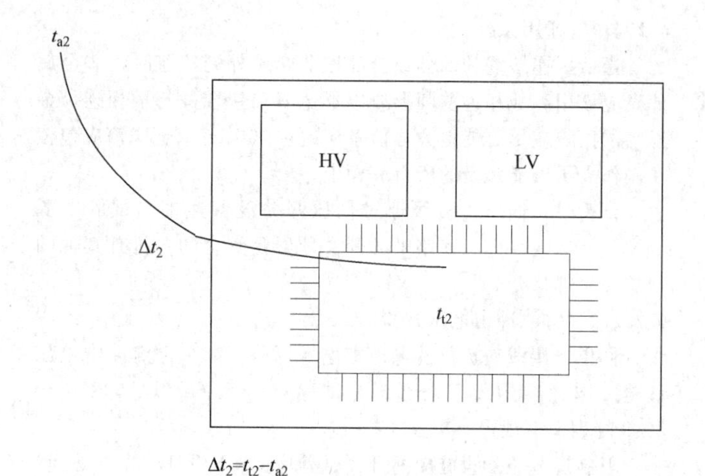

图中：t_{a2}——实验室的周围空气温度；

t_{t2}——按 GB 1094.2 和 GB 1094.11 测得的变压器温度；

Δt_2——变压器在外壳内部的温升。

接受准则：$\Delta t=\Delta t_2-\Delta t_1$；级别 5：$\Delta t\leqslant 5K$；级别 10：$\Delta t\leqslant 10K$；级别 15：$\Delta t\leqslant 15K$；级别 20：$\Delta t\leqslant 20K$；级别 25：$\Delta t\leqslant 25K$；级别 30：$\Delta t\leqslant 30K$。

图 2　在外壳中变压器温升 Δt_2 的测量（见 6.5）

6.5.1　试验条件

外壳应完整，元件的布置和使用时的一样。门应关上，电缆接口处应按使用条件予以封闭。变压器的容量和损耗应为与 4.10.1 定义的预装式变电站的额定最大容量对应的值。

变压器、高压连接线、低压连接线和低压设备的温升试验应同时进行。

高压开关设备的温升试验不要求。

注 1：通常的实践是高压开关设备在比其额定值低很多的电流（负荷）下运行。考虑到这一点，在大多数情况下，预装式变电站外壳内部运行引起的温度的额外提高不会对高压开关设备要求的载流能力有影响。

温升试验在室内进行，房间的大小、保温或空气情况应保持在室内的周围空气温度低于 40℃，且在试验期间，在 1h 内测得的温度变化不超过 1K。

环境应无明显的空气流动，受试设备发出的热量产生的空气流动除外。实际上，如果空气速度小于 0.5m/s，则认为达到了这一条件。

注 2：对于地下安装的预装式变电站，试验可在地面上进行。经验表明，与地下的试验相比，温升的差别不显著。

6.5.2　试验方法

6.5.2.1　电源的连接

a）高压侧

变压器和高压开关设备以及其分支（具有正确额定值的熔断器或者断路器）应予以连接，变压器的低压出线端子应予以短路。电源应与高压开关设备的进线端子连接。见图 3。

b）低压侧

低压侧的温升试验应按照 GB 7251.1—2005 以及下述规定要求进行。

低压开关设备应与变压器隔离，并应尽可能地接近变压器端子。在靠近变压器端子的一个方便的点上将变压器和低压开关设备的连接线短路。试验电流应通过出线施加到低压开关设备。见图 3。

6.5.2.2　试验电流的施加

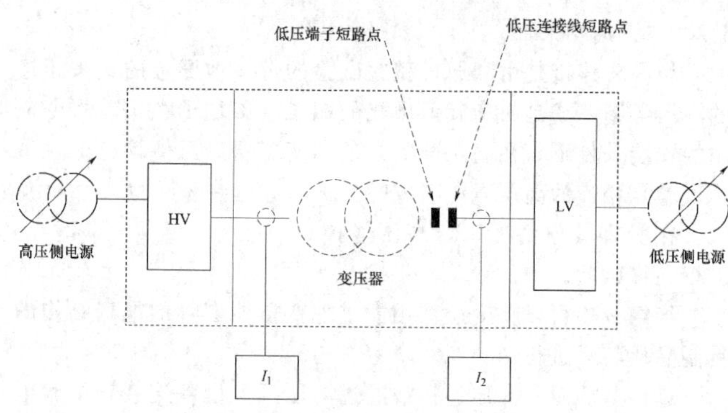

I_1——产生变压器总的额定损耗的电流；

I_2——变压器的低压侧额定电流。

图 3　温升试验接线图（见 6.5.2）

a）高压侧

在其参考温度下，变压器回路应通一足够的电流来产生变压器的总损耗，可以采用 GB 1094.2 或者 GB 1094.11 中的方法。

注 1：该试验要求在额定电流上增加小百分比的电流流过完整的回路以便补偿变压器的空载损耗。

注 2：试验期间，电阻可能随着变压器温度的变化而变化。因此，在整个试验期间试验电源的电流应根据保持产生的损耗恒定等于总的变压器损耗来变化。

b）低压侧

低压回路应通一受试变压器的额定低压电流。

该电源电流在低压出线中的分配应选择发热方面最不利的情况。

6.5.3　测量

6.5.3.1　周围空气温度的测量

周围空气温度是预装式变电站周围空气的平均温度（对封闭式变电站，指的是外壳外部的空气温度）。温度应在最后的四分之一试验周期内，至少用四只温度计、热电偶或其他的温度检测装置进行测量。这些测量装置放在载流导体的平均高度上，均匀分布在预装式变电站的四周，距预装式变电站约 1m 处。对于地下变电站，这些装置应布置在通风口的中间高度处。温度计或热电偶应防止空气流动和热的不适当的影响。

为了避免温度快速变化引起的指示误差，温度计或热电偶可以放在装有 500mL 油的小瓶内。

在最后的四分之一试验周期内，周围空气温度的变化在 1h 内不应超过 1K。如试验室因不利的温度条件而无法满足，则可用处在相同条件下的一台相同的但不通电的预装式变电站的温度来代替周围空气温度。这台附加的预装式变电站不应承受不适当的热量。

试验时，周围空气温度应高于＋10℃，但低于＋40℃。在周围空气温度的这一范围内试验时，温升值不需修正。

6.5.3.2　变压器

应按 GB 1094.2 测量充液变压器液面温升。应按 GB 1094.11 测量干式变压器的平均绕组温升。

6.5.3.3　低压开关设备和控制设备

应按 GB 7251.1—2005 测量低压开关设备和控制设备的温升。

如果其他结构与经过试验的结构类似，没有必要重复温升试验，除非低压侧的损耗高于受试的结构，或者有说明表示新的低压开关设备本身可能不在规定的温度限值内运行。

应测量低压连接线及其端子的温度和温升。

应测量电子设备（如果装有的话）安装处的空气温度。

6.5.3.4 高压开关设备和控制设备

应测量高压连接线及其端子的温度和温升。

应测量电子设备（如果装有的话）安装处的空气温度。

6.5.4 验收规则

如果满足以下各点，则认为预装式变电站通过了温升试验：

a）变压器的温升不应超过同一变压器在无外壳时的温升测量值与预装式变电站的外壳级别对应的温升差值之和；

b）高压连接线及其端子的温升和温度不超过 GB/T 11022—1999 的要求；

c）低压连接线和低压开关设备的温升和温度不超过 GB 7251.1—2005 的要求；

d）预装式变电站外壳的温度和温升不超过 GB/T 11022—1999 中关于在正常运行期间可被触及的部件的要求（见 GB/T 11022—1999 的表 3）。

6.6 主回路和接地回路的短时和峰值耐受电流试验

预装式变电站的主回路，高压连接线 GB/T 11022—1999 进行试验，低压连接线按 GB 7251.1—2005 进行试验，接地导体系统按 GB/T 11022—1999 进行试验，并增加下述内容：

不要求对经过型式试验的元件（高压开关设备、变压器、低压开关设备、高压和低压连接线）的主回路和接地回路重复进行型式试验。

试验后，主接地导体和到元件的接地连接线有些变形是允许的，但应保持接地回路的连续性。

通常，如果已经证明设计是充分的，不需要对金属盖板及门和主接地导体的连接进行试验。但是，如有怀疑，应在 30A（直流）时进行试验，电压降应小于 3V。

6.7 防护等级检验

6.7.1 IP 代码

5.13.1 中规定的防护等级，应按 GB 4208—2008 规定的要求进行验证。

6.7.2 IK 代码

对外壳可能是薄弱的部位，如门、面板和通风口，应进行机械撞击试验。试验程序见附录 C。

6.8 密封试验

不适用。

6.9 电磁兼容性（EMC）试验

对于高压开关设备和控制设备，GB/T 11022—1999 的 6.9 适用。

对于低压开关设备和控制设备，GB 7251.1—2005 适用。

6.101 验证外壳耐受机械应力的试验

试验程序再现了风压、顶部负载和机械撞击产生的机械应力对外壳的效应。见 5.13.2。

6.101.1 风压

风压对预装式变电站的机械效应可以用计算校核。

6.101.2 顶部负载

预装式变电站的顶部负荷的机械效应可以用计算校核。

6.102 内部电弧试验

这些试验适用于划分为 IAC－A、IAC－B 或 IAC－AB 级的预装式变电站，对应于高压侧出现内部电弧事件时对人员的防护。该试验应按照附录 A 进行。

这些试验涵盖了故障导致电弧出现在预装式变电站内部的高压开关设备和高压连接线且门关闭（IAC－B）或者用于触及高压开关设备的门打开（IAC－A）（见附录 A）的情况。

在特定设计的预装式变电站或其典型的部件上进行的试验的有效性可以扩展至另外一种（见 6.1），只要原先的试验更严酷且后面的设计在下述所有方面可以认为与试验过的类似：

——电弧电流和燃弧时间；

——内部电弧产生的气流方向；

——预装式变电站的尺寸和布置；

——外壳、地板和隔板（如果有的话）的结构和强度；

——通风网；

——压力释放装置（如果有的话）的性能。

6.103 功能试验

应该证明能在预装式变电站上完成所有需要的交接、运行和维护工作。

这些工作包括：

——开关设备和控制设备的操作；

——预装式变电站门的机械操作；

——绝缘挡板的定位；

——变压器温度和液面的检查；

——电压指示的检查；

——接地装置的连接；

——电缆的试验；

——熔断器的更换，如果适用；

——变压器分接开关的操作；

——通风网的清洁。

如果不同的元件之间有联锁，其功能应该予以试验。

7 出厂试验

出厂试验应在每一台完整的预装式变电站上或在每一个运输单元上、在制造厂内（如果切实可行）进行，以保证产品与进行过型式试验的设备是一致的。

出厂试验和验证项目如下：

——主回路的绝缘试验；

——辅助和控制回路的绝缘试验；

——设计和外观检查；

——接线正确性检查；

——接地连续性试验；

——功能试验；

——现场装配后的试验。

7.1 主回路的绝缘试验

7.1.1 高压连接的试验

按照 GB/T 11022—1999 对高压开关设备及其与变压器之间的高压连接线进行工频电压试验。

变压器按照 GB 1094.1 进行工频耐压试验。

如果预装的高压连接作为变电站的一个分装单独进行出厂试验，则不需要进行工频试验。

7.1.2 低压连接的试验

按 6.2.2 的规定进行。

7.2 辅助和控制回路的绝缘试验

GB/T 11022—1999 的 7.2 适用。

7.3 主回路电阻的测量

不适用。

7.4 密封试验

不适用。

7.5 设计和外观检查

GB/T 11022—1999 的 7.5 适用。

7.101 接线正确性检查

应验证接线与接线图相符。

7.102 接地连续性试验

预装式变电站内任一可能接地的点到变电站的主接地点应在 30A（DC）电流条件下试验，电压降不应超过 3V。

7.103 功能试验

应进行功能试验，以保证产品符合 6.103 中所述的要求。

7.104 现场装配后的试验

如果高压连接线的绝缘试验事先在工厂做过，则不需要在现场重复。但是，如果预装式变电站由于运输而部分分装后然后在现场组装，应按 7.101 和 7.102 进行试验，以保证它能正确地运行。

8 预装式变电站的选用导则

预装式变电站可以采用变革的技术和功能要求的各种形式组成。预装式变电站的选择主要涉及运行设施功能要求的确认以便最好地满足这些要求。

这些要求应考虑到适用的法律和用户的安全规程。

表 2 给出了起草预装式变电站技术要求时需要考虑的因素的摘要。

表 2　预装式变电站的技术要求和额定值摘要

使用条件资料		本标准的章条	参　见	用户的要求
周围空气温度： 平均 最低 最高 太阳辐射 海拔 污秽 覆冰 风扬沙 风扬雪 风 凝露或渗透 振动 地震的风险 其他振动的风险 二次系统中感应的电磁干扰	 ℃ ℃ ℃ W/m² M 等级 级别 m/s	2	GB/T 11022—1999 GB/T 4796 HV：GB/T 11022—1999 LV：GB 7251.1—2005 见附录 G 的项 12 GB/T 11022—1999 GB/T 4797.5 GB/T 4797.5 GB/T 4797.5 GB/T 4797.5 GB/T 13540 GB/T 13540 GB/T 4796 GB/T 11022—1999	
预装式变电站额定值的信息				
高压侧额定电压 低压侧额定电压	kV V	4.1	HV：GB/T 11022—1999 LV：GB 7251.1—2005	
额定电压（高压侧）	kV	4.1	GB 1094.1 GB 1094.11	
额定电压（低压侧）	V	4.1	GB 1094.1 GB 1094.11	
相数		4.1	GB 1094.1 GB 1094.11	
高压侧中性点接地类型 接地故障电流的最大预期值	 kA	4.5	用户	
低压侧中性点接地类型 接地故障电流的最大预期值	 kA	4.5	用户	
预装式变电站的额定最大容量	kVA	4.10.1	GB 1094.1 GB 1094.11	
外壳级别	级别	4.10.2		
声级	dB		GB/T 1094.10	
内部电弧类别 故障电流 持续时间	IAC-A /IAC-B /IAC-AB kA s	5.101		
额定绝缘水平 额定短时工频耐受电压（U_d） 通用值 隔离断口间 额定雷电冲击耐受电压 通用值 隔离断口间	HV/1V kV/V kV/V kV/V kV/V kV/V kV/V	4.2	HV：GB/T 11022—1999 LV：GB 7251.1—2005	
额定频率（f_r）	Hz	4.3	HV：GB/T 11022—1999 LV：GB 7251.1—2005	
额定电流（I_r） 高压开关设备 进线 母线 馈线 高压和变压器之间的连接线 低压开关设备 进线 母线 低压馈线 辅助回路	 A A A A A A A A	4.4	HV：GB/T 11022—1999 LV：GB 7251.1—2005	
额定短时耐受电流（I_k） 高压 低压 接地回路	kA kA kA	4.5	GB/T 11022—1999 GB 7251.1—2005 GB/T 11022—1999	

续表

使用条件资料		本标准的章条	参　见	用户的要求
额定峰值耐受电流（I_p）				
高压	kA	4.6	GB/T 11022—1999	
低压	kA		GB 7251.1—2005	
接地回路	kA		GB/T 11022—1999	
额定短路持续时间（t_k）				
高压	s	4.7	GB/T 11022—1999	
低压	s		GB 7251.1—2005	
变压器	s		GB 1094.5 GB 1094.11	
接地回路	s		GB/T 11022—1 999	
合闸和分闸装置以及辅助和控制回路的额定电源电压（U_a）	HV	4.8	GB/T 11022—1999	
	LV		GB 7251.1—2005	
合闸和分闸	V			
指示	V			
控制	V			
合闸和分闸装置以及辅助和控制回路的额定电源频率		4.9		
高压	Hz		GB/T 11022—1999	
低压	Hz		GB 7251.1—2005	

8.1　额定值的选择

对于给定的运行要求，选用预装式变电站时，要按正常负荷条件和故障情况的要求来选择其元件的各个额定值。

最好如本标准建议的，即按系统的特性和它预期的未来发展来选择额定值。额定值的完整列表在第4章中给出。其他参数，如当地的大气和气候条件以及在海拔超过1000m的场所使用，也应予以考虑。

8.2　外壳级别的选择

外壳级别的选择取决于现场的（平均）周围空气温度以及变压器的负荷系数。对某一给定的额定外壳级别，变压器的允许负荷系数取决于变电站安装处的周围空气温度。

附录D可以用来确定外壳的级别或变压器的负荷系数。并给出了一些例子验证外壳级别、负荷系数以及周围温度之间的关系和制约。对变动的负荷条件，可按GB/T 1094.7或GB/T 17211采用一个修正系数。

制造厂根据特定变电站的外壳级别给出的信息是基于具有给定通风网以及其连续施加的最大容量和变压器损耗的变电站的型式试验（符合6.5）。

该连续的满负荷条件可能要求更苛刻且完全不同于运行中预期的负荷周期。在这种情况下，与为了避免变压器过热而增加的通风要求相比可能不需要很强的通风。

为了减少这种超过要求的任何可能的不理想的负面效应（例如，成本、设备污秽的过大危害等），经过估算预期的运行条件后，用户可以规定一个更高的外壳温度级别，该外壳具有小量的通风且相同的标称容量和损耗。如果最大容量和变压器损耗低于经过型式试验的方案，用户也可以规定更高的温度等级。

这些相对于经过型式试验的结构的偏差/修改应与变电站制造厂协商。

注1：按照GB/T 1094.7的规定，变压器的老化率随着温度的提高而增加。

注2：预装式变电站内部的温升可能影响高压开关设备部件的性能。作为例子，应采用熔断器的选用导则（GB/T 15166.6—2008）。

8.3　内部电弧等级的选择

选择预装式变电站时，应根据对操作人员和一般公众提供可接受的保护水平的目标适当地确定内部电弧的概率。

该保护的取得是通过将风险降低到可接受的水平。按照ISO/IEC导则51：1999，风险是危害出现的概率和危害的严酷度的组合（见ISO/IEC导则51：1999的第5章关于安全性的概念）。

因此，与内部故障导致电弧相关的预装式变电站的选择，应该由风险达到可接受的水平的程序来控制。该程序在ISO/IEC导则51：1999的第6章中规定。该程序基于的假设为用户有降低风险的职责。

作为导则，表3给出了经验证明的最有可能出现故障的部位清单。还给出了故障的可能起因以及降低内部电弧概率的可能措施。在内部电弧情况下，可以采取其他措施对人员提供最高等级的保护。这些措施的目标旨在限制此类事件的外部影响。表4给出了限制内部电弧影响的措施示例。

表3　内部电弧的部位、起因以及降低概率的措施举例

易发生内部电弧的部位（1）	内部电弧可能发生的原因（2）	预防措施举例（3）
电缆室	设计不当	选择合适的尺寸、使用合适的材料
	错误安装	避免电缆交叉连接；在现场进行质量检查；合适的力矩
	固体或流体绝缘损坏（缺陷或丧失）	工艺检查和/或现场绝缘试验；定期检查液面（适用时）
隔离开关、负荷开关、接地开关	误操作	加联锁（见GB 3906—2006的5.11）；延时再分闸；不依赖人力操作；负荷开关和接地开关的关合能力；人员培训
螺栓连接和触头	腐蚀	使用防腐蚀的涂层和/或油脂；采用电镀；如有可能则加以封闭
	装配不当	采用适当的方法检查工艺；正确的力矩；足够的联锁措施
互感器	铁磁谐振	采用适当的回路设计，以避免此类现象的影响
	电压互感器的低压侧短路	通过适当的措施，如保护盖、低压熔断器，以避免短路
断路器	维护不足	按规程定期进行维护；人员培训

续表

易发生内部电弧的部位（1）	内部电弧可能发生的原因（2）	预防措施举例（3）
所有的部位	工作人员的失误	用遮栏限制人员接近；用绝缘包裹带电部分；人员培训
	电场作用下的老化	出厂做局部放电试验
	污染、潮气、灰尘和小动物等的进入	采取措施保证达到规定的使用条件（见第2章）；采用充气隔室
	过电压	过电压保护；合适的绝缘配合；现场进行绝缘试验
连接线	绝缘故障	相间、相对地足够的间隙；采用绝缘连接线，优先采用接地屏蔽型

表4　　限制内部电弧影响的措施举例

限制内部电弧影响的措施举例
通过光、压或热敏探头或者差动母线保护触发的快速故障排除时间
远控操作
压力释放装置，承压外壳（包括门、地板、通风网等）
变压器采用独立的断路器保护或者适当的熔断器与负荷开关的组合来限制允通电流和故障持续时间
气流控制和冷却装置

在内部电弧情况下对人员提供保护的预装式变电站设计的有效性可以通过附录A的试验来验证。成功通过试验的预装式变电站划为IAC-A、IAC-B或IAC-AB内部电弧级变电站。

IAC-A是用来验证在操作预装式变电站的设备时对操作人员的保护且仅限于授权的人员（A类可触及性，见A.2.1）。它适用于从内部操作的变电站（进入型）或者从外部操作高压设备的变电站（非进入型）。

IAC-B是用来验证对预装式变电站周围的一般公众的保护且未经授权触及变电站的所有侧面（B类可触及性，见附录A.2.2）。试验期间，变电站的所有门均关闭。

IAC-AB是用来验证在操作预装式变电站的设备时对运行人员和变电站周围的一般公众的保护。在这种情况下，变电站按照IAC-A和IAC-B进行试验。

对于这三个级别，重要的是清楚内部电弧试验与预装式变电站在变压器、高压和低压开关设备的位置和型式方面的特定结构有关。试验的结果取决于变电站中特定开关设备的型式。确定为内部电弧级后限制了变电站内开关设备的自由选择。

如果选用了符合GB 3906—2006的具有内部电弧级的开关设备，在验证IAC-A或IAC-B内部电弧级时，预装式变电站内设备的布置应真实重现原始型式试验的房间模拟（亦可见图A.4和图A.5）。

作为选择预装式变电站的导则，在内部电弧方面，可以采用下述判据：

——在内部电弧引起的风险可以忽略不计的场合：不需要选择IAC-A、IAC-B或IAC-AB级预装式变电站；

——在与内部电弧引起的风险相关的场合：只能选择IAC-A、IAC-B或IAC-AB级预装式变电站。

对于第2种情况，选择时应该考虑到可预见的故障最大电流和持续时间，与经过型式试验的设备的额定值比较。此外，应遵循制造厂的说明书（见本标准的第10章）。

内部电弧事件期间人员的位置至关重要。根据试验布置，制造厂应该指明预装式变电站的哪些部分是可以触及部分且用户应认真遵循说明书。允许人员进入没有设计为可触及的区域可能有导致人员伤害的风险。

内部电弧级给出了在正常运行条件下经过验证的人员保护水平，如附录A.1中定义的。它不涉及维护条件下人员的防护以及运行连续性。

8.4　资料

表2给出了确定预装式变电站额定值时需要考虑的一些因素的摘要。表5给出了预装式变电站的设计与结构方面的要求。

表5　　预装式变电站的设计与结构

预装式变电站的设计与结构信息		本标准的章条	参见	用户的要求
关门状态下外壳的防护等级 低压隔室的防护等级 高压隔室的防护等级 变压器隔室的防护等级		5.13.1	GB 4208—2008	
元件的类型： 高压开关设备 低压开关设备 变压器			用户	
预装式变电站的类型： 从内部操作 从外部操作 地上 局部处于地下 地下			用户	
变压器的额定值 容量 负载损耗 P_{cu} 空载损耗 P_0 空载电流 I_0 短路阻抗 温升 绝缘	 kVA W W A % K	4.10.1	GB 1094.1 GB 1094.11 GB 1094.2 GB 1094.3	
外壳的材料		5.102.2.1		
外壳的表面处理		5.102.3		
机械撞击能量	J	5.13.2	GB/T 20138	
由施加的机械力： 顶部的雪负荷 顶部负荷 风压	 N/m^2 N/m^2 N/m^2	5.13.2	GB/T 11022—1999	
尺寸和质量		9.2		
最大高度 最大宽度 总高度 地面上的长度 地面上的宽度 地面上的高度 每个运输单元的质量 预装式变电站的总质量	mm mm mm mm mm mm kg kg			

9　与询问单、标书和订单一起提供的资料

本章列出了能够使用户对预装式变电站进行适当的查询和供货方提供足够的标书所需要的信息。

9.1　与询问单和订单一起提供的资料

在查询或订购预装式变电站时，应提供所有设备和服务的范围。包括与供方合作的培训、技术和布置方案以及要求。查询方应提供下列资料：

a）系统的特点

系统的标称电压、频率以及系统中性点接地类型。

b）使用条件

最低和最高的周围空气温度；偏离正常使用条件或影响设备正常运行的任何情况，例如：海拔超过 1000m，快速的温度变化，风沙和风雪，在水蒸气、潮气、烟雾、爆炸性气体、过量的尘埃或盐分（例如由车辆或工业污染引起的）下的过度暴露；地震或其他由外部的原因引起的振动均应提供。

c）预装式变电站的特点和电气性能：

1）高压侧和低压侧额定电压；

2）预装式变电站的额定最大容量；

3）额定频率；

4）额定绝缘水平；

5）额定短路时耐受电流；

6）额定短路持续时间；

7）额定峰值耐受电流；

8）元件（高压及低压开关设备和控制设备、变压器、连接线）的额定值；

9）相数；

10）元件的型式（例如空气或气体绝缘的开关设备和控制设备，充液变压器）；

11）外壳级别；

12）回路接线图；

13）包括高压和低压开关设备，预装式变电站的外壳及其隔板（如果有的话）的防护等级；

14）预装式变电站在地下、部分在地下或在地面安装；

15）从内部或外部操作；

16）外壳的材料和表面处理；

17）机械应力（例如雪负荷、顶部负荷、风压等）；

18）最大允许尺寸和影响预装式变电站布置（总体布置）的特殊要求；

19）根据所采用的高压和低压系统中性点接地类型或者适用于接地回路的短路电流额定值所确定的最大预期接地故障电流值；

20）内部电弧级（如果适用）的试验电流（kA）和持续时间（s）；

21）所有特殊的设计布置，如接地回路的方案（见附录E）；如果适用，外壳作为接地系统一部分的应用准则（见5.3）；连锁装置、标签的类型等。

除了以上各项，查询方应说明所有可能影响投标和订货的条件，例如：特殊的安装条件（例如靠近周围的墙壁、预埋在壳体内的、影响通风的元件等）、外部的高压连接线的位置、地方的防火和噪声控制法规以及预期的寿命。如果需要特殊的型式试验，应提供相关资料。

9.2　与标书一起提供的资料

制造厂应给出下列资料（包括说明书和图样）：

a）9.1 的项 b）和项 c）中列举的额定值和性能；

b）要求提供的型式试验证书或报告的清单，如果适用，还包括 IAC－A、IAC－B 或 IAC－AB 级内部电弧试验选择的判据；

c）结构特征，例如：

1）各个运输单元的质量；

2）预装式变电站的总质量；

3）预装式变电站的外形尺寸和布置（总体布置）；

4）变压器的最大允许尺寸；

5）外部连接线的布置说明；

6）运输和安装要求；

7）运行和维护的说明；

8）元件相关标准要求的信息；

9）预装式变电站周围推荐的最小距离；

10）滞留油的箱体（如果有的话）的容积。

d）要求用户采购的推荐的备件清单；

e）外壳材料以及适用时表面处理或涂层的特性和在规定的环境条件下评估它们性能所进行的试验；

f）预装式变电站符合本标准的声明。

10　运输、安装、运行、维护和寿命终了规程

预装式变电站或其运输单元的运输、储存和安装以及使用时的运行和维护，必须按照制造厂的说明书进行。

因此，制造厂应提供关于预装式变电站的运输、储存、安装、运行和维护的说明书。关于运输和储存的说明书，应在交货前某一方便的时间给出，而关于安装、运行和维护的说明书则最迟应在交货前给出。

不同元件的相关标准规定了有关运输、安装、运行和维护的特殊规则，如果适用，它们应包括在预装式变电站的总的说明书内。

下面给出的资料，可以补充到预装式变电站制造厂提供的极重要的附加说明书中。

10.1　运输、储存和安装时的条件

如果在订单中规定的使用条件在运输、储存和安装过程中不能得到保证，制造厂和用户之间应就此达成一项特别的协议。特别是，如果通电前所处的环境条件，外壳不能提供适当的保护，应给出防止绝缘过度吸潮或受到不可消除的污染的说明。

为了避免运输过程中预知的振动和冲击造成损伤，可能需要给出指导和/或提供特别的措施以保护元件（开关设备和电力变压器）的安全。

10.2　安装

对每种型式的预装式变电站，制造厂提供的说明书至少应包括以下各点。

10.2.1　开箱和起吊

每个运输单元的质量应由制造厂声明，且最好应标在该运输单元上。

应该配备能够起吊每个单元的运输质量的足够的起吊架。

说明书应该清楚地规定安全起吊预装式变电站的优选方法以及如果不适用于连续户外使用的起吊架的拆除。

10.2.2　组装

当预装式变电站不能完全组装起来运输时，所有的运输单元应该清楚地加以标记，并应提供这些单元的组装图。

10.2.3　安装

制造厂应提供全部必需的资料，以便完成现场的准备工

作，例如：

——挖掘土方工作的要求；

——外部的接地端子以及等电位螺栓（如果需要时）；

——电缆入口的位置；

——和外部雨水排泄管路的连接，如有的话，包括管道的尺寸和布置。

10.2.4 最后的安装检查

在安装和连接之后，对预装式变电站检查和试验的说明书至少应包括推荐在现场进行的试验清单。

10.3 运行

除了每个元件的使用说明书外，制造厂应提供以下的补充资料，以便用户能够充分理解涉及的主要原理：

——预装式变电站安全特性的说明，出于安全的目的而提供的特种设施和工具的清单以及它们的使用说明；

——通风设施、联锁和挂锁的操作。

10.4 维护

制造厂应出版一本维护手册，至少包括以下资料：

——按相关标准的要求给出主要元件完整的维护说明；

——外壳的维护说明，如有的话，包括维护的频度和程序。

10.5 寿命终了时的拆卸、回收以及处理

制造厂应提供允许最终用户对寿命终了的预装式变电站进行拆卸、回收以及处理的相关资料。这些资料应考虑到对工人和环境的保护。

11 安全

仅当预装式变电站按照制造厂的说明安装和运行时，才能对操作人员和一般公众提供规定的保护水平。其次，用户可以建立安装和运行的特定程序。

元件的安全方面由相关的产品标准规定，对于高压设备为GB/T 11022—1999。

本标准的下述条款描述了针对各种危害对运行人员和一般公众提供防护的附加特性。

11.1 电气方面

——接地（非直接接触）（见5.3）；

——IP代码（直接接触）（见5.13）。

11.2 机械方面

——机械应力（见5.13.2）。

11.3 热的方面

——可触及部件的最高温度（见6.5.4的项d））、可燃性（见5.102.2）。

11.4 内部电弧方面

——内部故障（见5.101）。

附录A
（规范性附录）
预装式变电站内部故障电弧试验方法

A.1 引言

本附录适用于IAC－A、IAC－B和IAC－AB级预装式变电站。

本分类的目的是在内部电弧事件中对于正常运行的预装式变电站进行操作的人员且其高压开关设备和控制设备处于相关标准中规定的正常运行状态（IAC－A）以及变电站的门关闭时其附近的人员（IAC－B）提供防护的试验水平。

注：本标准仅涉及内部电弧出现在高压侧的情况，包括高压连接线（例如，高压开关设备和电力变压器之间）。

变压器和低压开关设备内的内部电弧没有予以考虑（见5.101关于该条除外的解释）。

预装式变电站可在多处出现内部电弧并伴随着各种物理现象。例如，在变电站内部空气中或在高压开关设备外壳内的其他绝缘流体中产生的电弧，它析出的能量将导致内部的过压力和局部的过热，对变电站的外壳造成机械的和热的应力。此外，内部的材料可能受热分解，产生气体或蒸汽，它们可能被泄放于变电站的内部，随后泄放到变电站外壳的外部。

IAC级内部电弧允许作用在面板、门、观察窗等部件上的过压力。也考虑到电弧或外壳上的弧根的热效应以及喷射出的灼热气体和流动微粒的热效应，但不应损坏在正常运行条件下不可触及的内部隔板和活门。

下面描述的内部电弧试验是为了验证内部电弧情况下在人员保护方面设计的有效性。它不包括可能造成危害的全部效应，例如故障后可能存在的具有潜在毒性的气体。

内部电弧后火灾传播到可（易）燃材料或者变电站附近的设备的危害不包括在本试验中。

A.2 内部电弧的分类

在内部电弧情况下，考虑了三类防护。

A.2.1 IAC－A级预装式变电站

按照本标准的3.114.1的A类可触及性，这些变电站对于在其内部或变电站正面进行正常操作的人员防护满足规定的判据。

为了验证对于操作人员的防护，根据其操作模式（从内部或外部操作），必须区别两种类型的变电站：

a）从内部操作的变电站

授权的人员在变电站内部且门打开。

b）从外部操作的变电站

授权的人员在变电站的高压侧操作且门打开。

A.2.2 IAC－B级预装式变电站

这些变电站对于变电站附近的一般公众的防护满足规定的判据。

为了确定该类变电站，未经授权的可触及性（按照本标准的3.114.2的B类可触及性）考虑了变电站的所有侧面且门关闭，而不论变电站的操作模式（从内部或者外部操作）。

A.2.3 IAC－AB级预装式变电站

这些变电站对于操作人员和一般公众的防护均能满足规定的判据。

为了确定该类变电站，这些变电站应该满足A.2.1和A.2.2的要求，且试验电流和持续时间相同。

A.3 试验的选择

划分为IAC－A和IAC－B级的预装式变电站，应该承受两个不同的试验系列，一次对于高压开关设备，另一次对高压连接线。划分为IAC－AB级的变电站，应该承受IAC－A和IAC－B的试验系列。

高压开关设备的试验程序和试验次数取决于该高压开关设备是否具有符合GB 3906—2006的IAC类别。

连接线的试验程序和试验次数取决于变电站中变压器的保护类型和连接线的类型。

高压完全绝缘且接地屏蔽的连接线不需要进行内部电弧试验。

对于要求的试验，图 A.4、A.5、A.6 和图 A.7 给出了试验选择的原则以及需要进行的试验类型和相应的次数。

对于没有高压开关设备但由高压电缆直接连接到变压器套管的预装式变电站，试验应按下述进行：

——在敞开的空气中连接的情况下，应进行三相试验；

——在插入式绝缘连接的情况下，按照 GB 3906—2006 的 A.5.2 进行单相或者两相试验。

在由带有熔断器的装置替代高压开关设备的情况下，应在带有熔断器的装置的馈线侧进行三相试验。

A.4　试验布置

A.4.1　概述

应遵循下述几点：

——试验应在事先没有承受电弧的预装式变电站或者其代表性的部分上进行，或者，如果经受过电弧，但其状态不影响试验结果。

——变电站应装配完整。只要和原始元件具有相同的体积和外部材料，允许采用内部元件的模拟品。

——如果变电站需要和地相连，则应在提供的接地端子上连接。

A.4.2　房间模拟

为了验证在预装式变电站内部对操作人员提供防护的内部电弧试验应该采用具有变电站外壳的试品进行。如果可行，对于大型的变电站，只要不低于在气流方向、外壳强度和压力释放装置方面的条件，试验可以在模拟操作区域的房间内进行。只要它们和运行时一样安装，可以采用所有其他的元件或者它们有效的模拟品。

预装式变电站设计为户外设施。因此，为了验证对于变电站外部提供的防护等级的内部电弧试验不需要进行变电站周围的房间模拟。但是，如果怀疑变电站周围的地面对变电站的性能有影响，可能需要进行地面模拟。

如果制造厂声明变电站的设计要求连接电缆的通道和/或所有其他抽排内部电弧期间产生的气体的排泄管道，则制造厂应明确其横截面尺寸和位置。试验应在能够模拟这些排泄管道的条件下进行。

特别地，该要求对于有效的 IAC 类在其说明书中应该清楚地予以规定。

A.4.3　指示器（用来确定气体的热效应）

A.4.3.1　概述

指示器是一些黑色的棉布片，布置时不要让它们的切边朝向试验单元。

对于 A 类可触及性，应该采用黑色的窗帘布（棉纤维制品，单位面积质量约为 $150g/m^2$）作指示器。对于 B 类可触及性，应该采用黑色的棉麻细布（单位面积质量约为 $40g/m^2$）作指示器。

应当注意保证垂直指示器不能相互点燃。这可以通过将它们固定在钢板制成的、两个深度为 30^{0}_{-3} mm 安装框上（见图 A.1）来实现。

对于水平指示器，应注意飞出的粒子不应累积。这可以通过将它们安装在框架上来实现（见图 A.2）。

指示器的尺寸约为 150×150（$^{+15}_{0}$）(mm)。

A.4.3.2　指示器的布置

指示器应布置在高度 2m 及以下的检查板上、垂直于预装式变电站的所有可触及侧、朝向气体可能喷出的所有各点（例如，接缝、观察窗、门）。

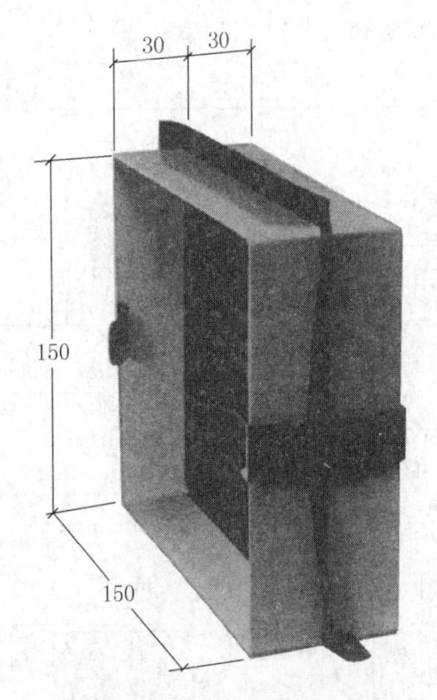

图 A.1　垂直指示器的安装框架

图 A.2　水平指示器

在考虑了从受试表面以最大 45°角逸出热气体的可能性后，安装架的长度应该大于相应的受试区域。这意味着，只要变电站的布置和试验的布置不会限制这一延伸，对于 B 类可触及性，安装架的两端均应长出试品 100mm；对于 A 类可触及性两端均应长出试品 300mm。

注 1： 在所有情况下，垂直安装的指示器到试品的距离是从外壳的表面量起，不考虑凸出的元件（例如，手柄、电器的框架等等）。如果试品的表面不规则，指示器的位置应尽可能实际地模拟操作人员和一般公众在设备前可能站立的位置，按照可触及性的类别布置在上述位置。

a）验证对操作人员的防护水平。A 类可触及性（限制的可触及性）

如果对于从内部操作的变电站（A.2.1a））的高压开关设备内部进行内部电弧试验，指示器的布置应按照 GB 3906—2006 的附录 A 的 A 类可触及性的要求。

注 2： 通常，对于敞开在空气中的导体和连接，某些种类的隔板或障板提供了“不可触及”的条件。

如果对于从外部操作的变电站（A.2.1b））的高压开关设备内部进行内部电弧试验，指示器应布置在距离开关设备 300mm 的操作侧（门打开）的前面。如果高压开关设备的前面有超过 300mm 位于变电站内部，指示器应位于门关闭的位置。指示器还应水平布置在地面 2m 以上覆盖距离高压开关设备 300mm 到 800mm 的整个区域，见图 A.3a。指示器应均匀分布在检查板上，覆盖40%～50%的区域。

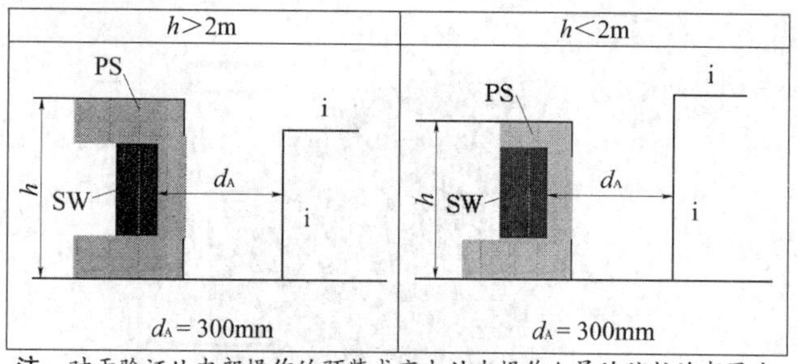

注：对于验证从内部操作的预装式变电站内操作人员的防护的布置应遵循GB 3906—2006的附录A

a）从外部操作的预装式变电站的开门侧前面操作人员的防护

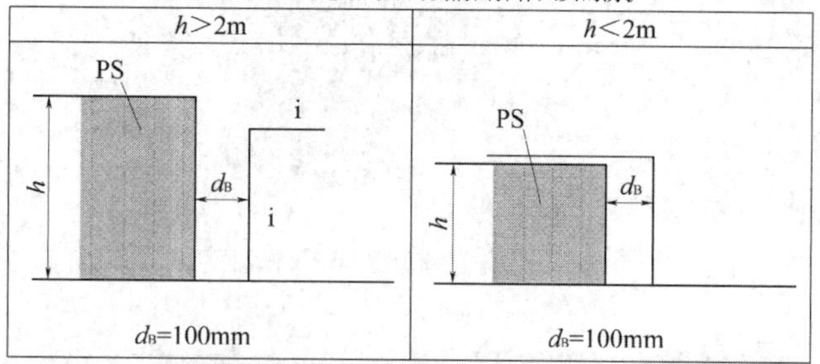

b）门关闭时预装式变电站周围一般公众的防护

图中：i——指示器的位置；

h——预装式变电站的高度；

d_A——指示器到开关设备和控制设备的水平距离；

d_B——指示器到预装式变电站的水平距离；

SW——高压开关设备和控制设备；

PS——预装式变电站。

图 A.3 指示器的布置

如果对高压连接线进行内部电弧试验，指示器应位于距离在正常操作条件下操作人员可能出现的最近位置300mm的所有可触及侧。

b）验证对一般公众的防护水平。B类可触及性（无限制的可触及性）

应该采用黑色的棉麻细布（单位面积质量约为$40g/m^2$）作指示器。如果没有对变电站进行操作，所有的盖板和门应和正常运行条件一样关闭并锁定。

指示器应垂直布置在高度为2m及以下预装式变电站的所有可触及侧。如果变电站的实际高度小于1.9m，垂直指示器应该安装高于试品100mm的高度（见图A.3b）。

指示器应均匀分布在检查板上，覆盖40%～50%的区域。

指示器到变电站的距离应为100mm±5mm。

如果预装式变电站的高度超过2m，也应如图A.3b的规定在地面上布置水平指示器，并覆盖距离预装式变电站100mm和800mm之间的整个区域。

如果变电站的高度小于2m，指示器应安装在检查板上位于变电站的顶部并朝向气体可能逸出的所有各点（例如，接缝）。此外，如果通风口和压力释放装置作为顶部设计的一部分，位于检查板上的指示器应朝向开口处并相距100mm。

对于低于800mm的变电站，其整个顶部应封闭。

A.5 起弧点

涉及高压开关设备内部故障的内部电弧试验应该按照GB 3906—2006的附录A对于IAC级金属封闭开关设备的要求进行，包括起弧点。

涉及高压连接线故障的情况，或者，还不能按照GB 3906—2006划分为IAC类的高压开关设备，如果适用，应按照GB 3906—2006附录A的相关规定进行试验。

起弧点应该位于距离电源最远的可触及点。送电的方向应该和运行中正常的预期能量流动方向一致。

A.6 外施的电压和电流

GB 3906—2006的A.4适用。

A.7 试验程序

GB 3906—2006的A.5适用。

A.8 接受准则

A.8.1 IAC-A级预装式变电站

如果满足下述要求，变电站可划分为IAC-A级。

——高压开关设备的每次内部电弧试验后满足GB 3906—2006的附录A的A.6中的5个判据，列于图A.4中；

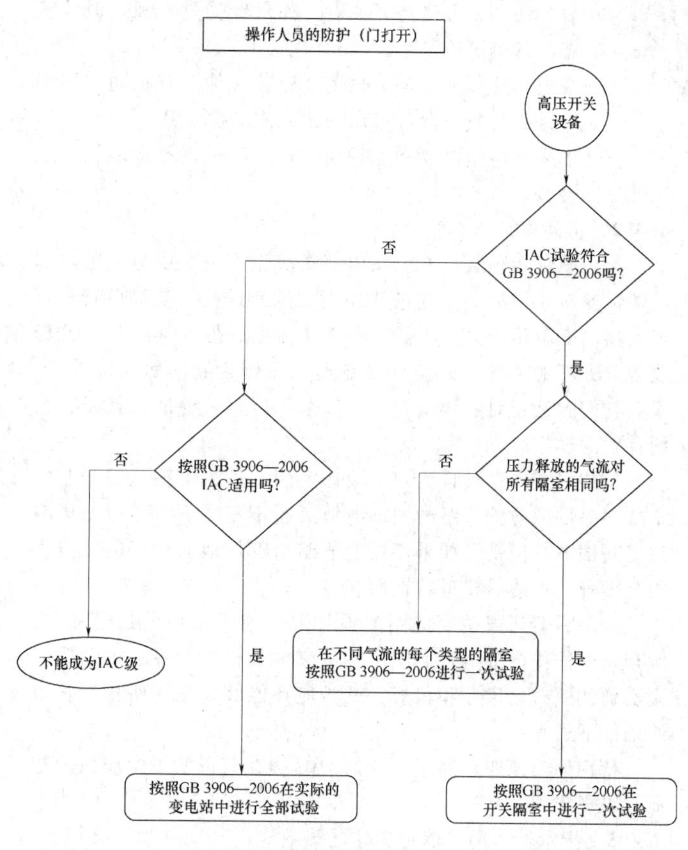

图 A.4 IAC-A级高压开关设备试验的选择

注：如果变电站的设计包括地板下用来收集排出气体的空间，应该从站在地板上面的操作人员安全的角度出发评估该地板的性能。

——如果适用（见图A.6），高压连接线经过试验后应满足下列判据。

判据1：高压连接线的隔板、障板或外壳（如果有的话）没有移动或超过指示器位置的进一步变形。

判据2：没有单个质量超过60g的小件射出。

注：60g的数值来源于GB 3906—2006。如果GB 3906—2006在此方面进行了修改，本标准应采用新的数值。

判据3：电弧的燃烧没有在高压连接线外包的可触及侧造成孔洞，如果该侧是完全封闭的。

判据4：因火焰或热气体的效应指示器没有点燃。

有可能在试验期间指示器开始燃烧，如果有证据能够说明是由喷出的粒子而不是热气体导致的燃烧，则评估判据可以认为已经满足。试验室可以采用高速摄影机、录像和任何其他合适的方法获得照片来建立证据。

燃烧的油漆或粘着剂点燃指示器也应排除在外。

判据 5：如果高压连接线受接地外壳的保护，那么外壳和其接地点仍保持连接。

A.8.2 IAC－B级预装式变电站

如果对于高压开关设备以及高压连接线（如果适用）分别经过图 A.5 和图 A.7 列出的试验后能够满足下述判据，变电站可划分为 IAC－B 级。

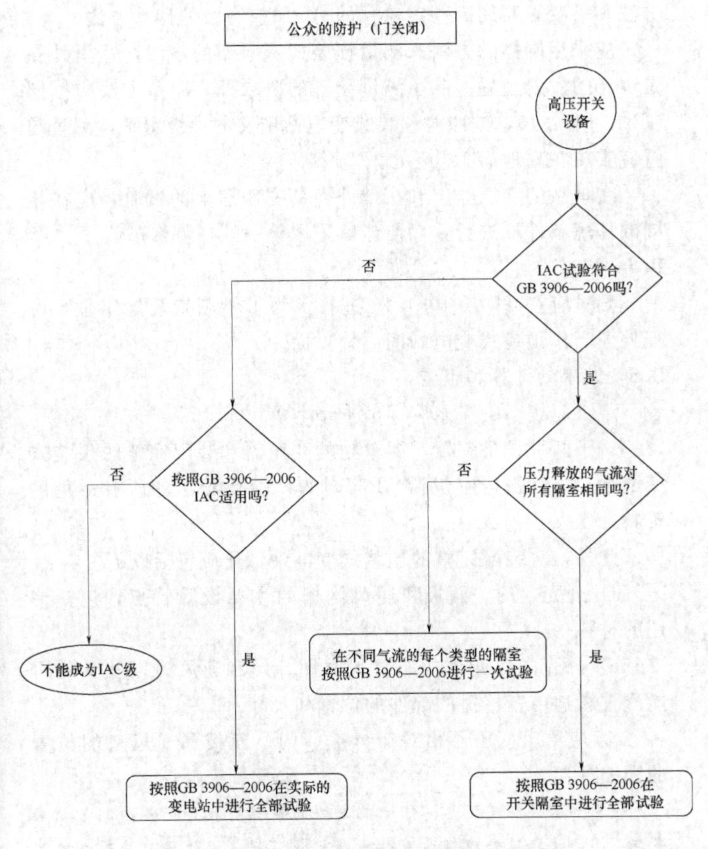

图 A.5 IAC－B 级高压开关设备试验的选择

判据 1：正确锁定的变电站的盖板和门没有打开。只要在任何一侧没有部件达到指示器的位置，变形是可以接受的。试验后变电站不必符合它的 IP 代码。

判据 2：在规定的试验时间内没有出现外壳的碎片。

可以接受单个质量直到 60g 的小件射出。

注：60g 的数值来源于 GB 3906—2006。如果 GB 3906—2006 在此方面进行了修改，本标准应采用新的数值。

判据 3：电弧的燃烧没有在顶部和高度直到 2m 的可触及侧面造成孔洞。

判据 4：因热气体的效应指示器没有点燃。

有可能在试验期间指示器开始燃烧，如果有证据能够说明是由喷出的粒子而不是热气体导致的燃烧，则评估判据可以认为已经满足。试验室可以采用高速摄影机、录像和任何其他合适的方法获得照片来建立证据。

燃烧的油漆或粘着剂点燃指示器也应排除在外。

判据 5：外壳和其接地点仍保持连接。外观检查通常足以判定这一符合性。如有怀疑，应检查接地连接的连续性。

A.8.3 IAC－AB 级预装式变电站

满足本标准的 A.8.1 和 A.8.2 要求的变电站可以划分为 IAC－AB 级。

A.9 试验报告

试验报告中应给出如下的资料：

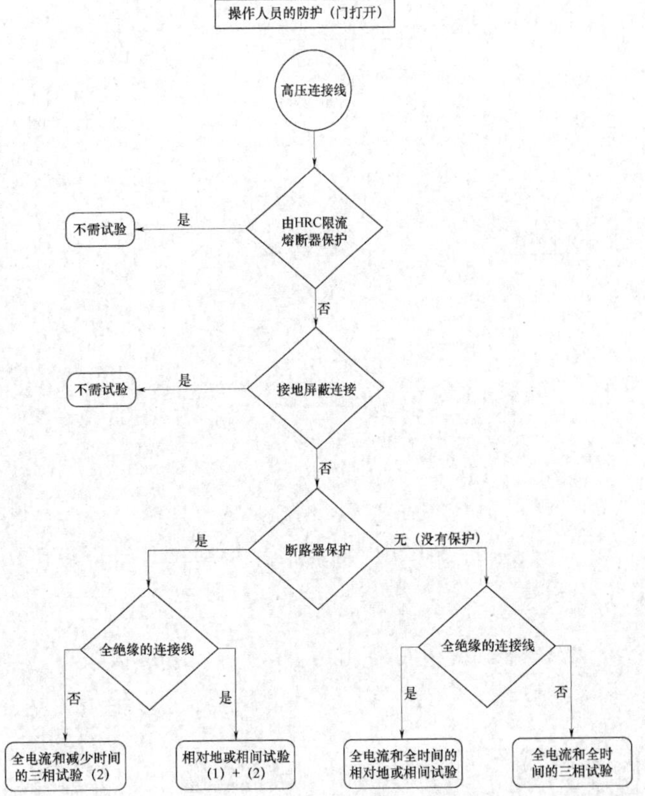

（1）按照 GB 3906—2006 的 A.5.2 中的判据，相对地和相间故障的适用性：

——对于相对地试验，电流值由制造厂规定；

——对于相间试验，电流值应为额定短时耐受电流的 87%。

（2）考虑到保护的时间整定值，时间可以由制造厂规定。

图 A.6 IAC－A 级高压连接线试验的选择

——变电站的额定值和描述，在图样中标明主要的尺寸、与机械强度相关的细节、压力释放帘板的布置以及把高压开关设备和控制设备固定到地板和/或墙壁上的方法；

——试验连接线的布置；

——内部电弧引燃的位置（点）和方法；

——试验布置图（试品和指示器安装架）；

——外施的电压和频率；

——对预期或试验电流：

a）在最初三个半波内的交流分量有效值；

b）最大峰值；

c）实际试验持续时间内交流分量的平均值；

d）试验持续时间。

——表示电流和电压的示波图；

——试验结果的评价，包括按照 A.8 进行观察的记录；

——试验前和试验后，受试样品的照片；

——其他相关意见；

——管道（如果用来排放气体）的布置。

A.10 内部电弧级标识

在 IAC－A、IAC－B 或者 IAC－AB 级按照 6.102 和本附录经过试验证明的情况下，预装式变电站可按下述标识。

概述：

——IAC（内部电弧级的开始）。

外壳的等级：

——A（如果证明了对于操作人员的防护）；

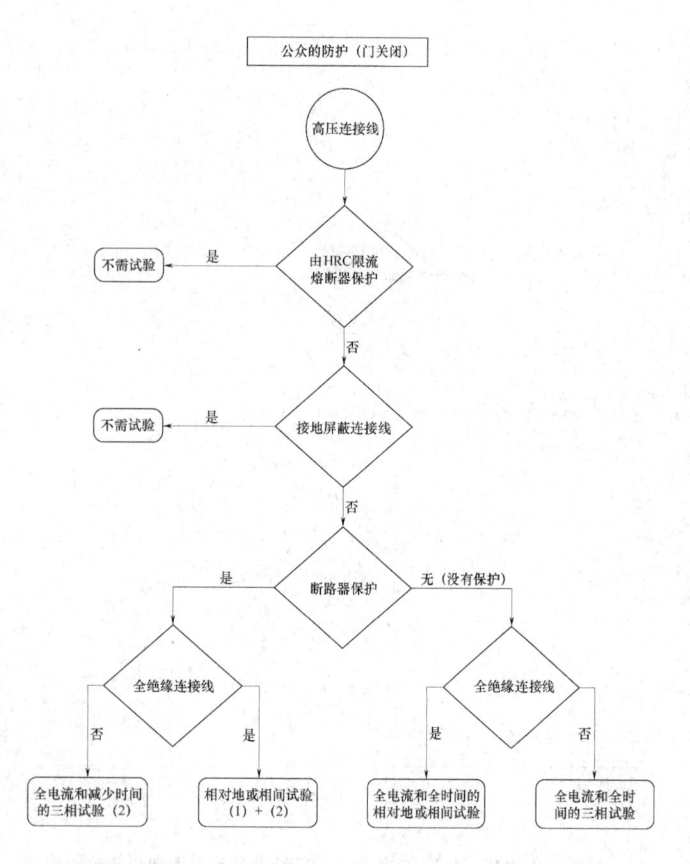

（1）按照GB 3906—2006的A.5.2中的判据，相对地和相间故障的适用性：

——对于相对地试验，电流值由制造厂规定；

——对于相间试验，电流值应为额定短时耐受电流的87%。

（2）考虑到保护的时间整定值，时间可以由制造厂规定。

图A.7 IAC-B级高压连接线试验的选择

——B（如果证明了对一般公众的防护）；

——AB（如果证明了对操作人员和一般公众的防护）。

试验的额定值：

——以kA表示的试验电流有效值，以s表示的持续时间。

举例：

一台故障电流为16kA（有效值），持续时间0.5s且对于操作人员进行防护（A.2.1）试验的预装式变电站：

标识：IAC-A-16kA-0.5s。

一台故障电流为12.5kA，持续时间1s且对一般公众进行防护（A.2.2）试验的预装式变电站：

标识：IAC-B-12.5kA-1s。

附录B
（规范性附录）
验证预装式变电站声级的试验

B.1 目的

试验的目的是计算一台给定的单独变压器的声级与装在预装式变电站内的同一台变压器的声级的差别。

通过这两个数值的比较来评估预装式变电站外壳的声特性。希望外壳不会增高变压器的声级。

注：由于共振现象，外壳可能提高变压器的声级。

试验数值仅对在额定电压和频率下的被试总装有效。如果所用的变电站装有不同的元件、部件，和/或连接到具有不同电源电压或频率的电网上，外壳的特性可能不同。

B.2 试品

试验用的变压器应为规定预装式变电站额定值的最大额定容量和损耗的变压器。

试验用的预装式变电站应装配完整，包括所有的设备和配件。

B.3 试验方法

试验应按CB/T 1094.10进行。GB/T 1094.10规定了试验方法和沿变压器周围指定轮廓的A-加权声级的计算方法。

应采用同样的方法来测量预装式变电站的声级，这里外壳是声音的发射边界。除了测量装置的要求外，测量方法应按照GB/T 1094.10，按照对预装式变电站定义的声级水平，测量装置应安放在离地面1.5m处。

在单独的变压器上和在带外壳的变压器上的试验，应在相同的环境条件下进行，以便能够采用单一的环境修正值。

B.4 测量

测量应按GB/T 1094.10进行。为了给测量装置定位，应把外壳当作预装式变电站的主辐射面。

B.5 结果的计算和报告

声级应按GB/T 1094.10进行计算。

对于两种设备配置，即单独的变压器和装配完整的预装式变电站，试验报告应包括GB/T 1094.10中给出的所有适用的资料。

此外，对装配完整的预装式变电站，还应包括以下资料：

a）外壳、门、面板和通风网栅的主要设计特点，包括使用的材料；

b）外壳内各元件的布置尺寸图，门和通风口以及其他可能严重影响声音传播的部件的位置和尺寸；

c）应给出变压器相对于外壳、门、面板和通风口的位置的详细资料。

注：如果预装式变电站任一侧测得的声级和在另一侧的测量结果显著不同，试验报告应将所有的数值记录下来，以便用户能够在安装预装式变电站时考虑这些差别。

附录C
（规范性附录）
机械撞击试验

C.1 验证抵抗机械撞击的试验

试验应在预装式变电站外壳外露部分的薄弱点（例如面板、门和通风口）上进行。

试验应使用GB/T 20138中规定的试验方法。撞击能量应为20J。对于水平表面，可以用垂直放置的管子给打击元件导向。

如果在正常使用条件下，温度的变化对外壳部件所用材料（例如合成材料）的机械撞击强度有显著的影响，应在最低使用温度下对这些部件进行撞击试验。

试验时，外壳应按制造厂的使用说明书安装。

预装式变电站的每一垂直面或顶部，最多的撞击次数为5次。在同一位置（点）只撞击1次。

满足以下判据认为试验成功：

——应保持外壳的防护等级；

——控制机构、手柄等的操作，不应损坏；

——外壳的损伤或变形既不应妨碍设备的继续使用，也不得降低绝缘耐受电压（或电气间隙，或爬电距离）的规定值；

——表面的损伤，例如掉漆和小的凹陷是允许的。

C.2 验证防止机械损害的装置

试验装置本质上由一个绕其上端在垂直平面内旋转的摆锤构成。支点轴心在测量点上方1000mm处，撞击元件应符合图C.1的要求。

摆臂的质量和撞击元件组合质量之比应不大于0.2，撞击元件的重心应落在摆臂的轴线上。

撞击元件端头到测量点的距离为60mm±20mm。

为了避免二次撞击，即反弹，在初次撞击后应抓住撞击元件使锤头停住，同时要避开摆臂以防其变形。

在每次撞击前，应目测检查撞击元件的嵌入端，保证其上没有会影响试验结果的损伤。

设备承受的撞击由锤头的质量和下落的高度来决定，这一高度是撞击锤升起位置和撞击点之间的垂直距离。

锤头的等效质量为5kg，下落的高度为400mm，产生的撞击能量为20J。

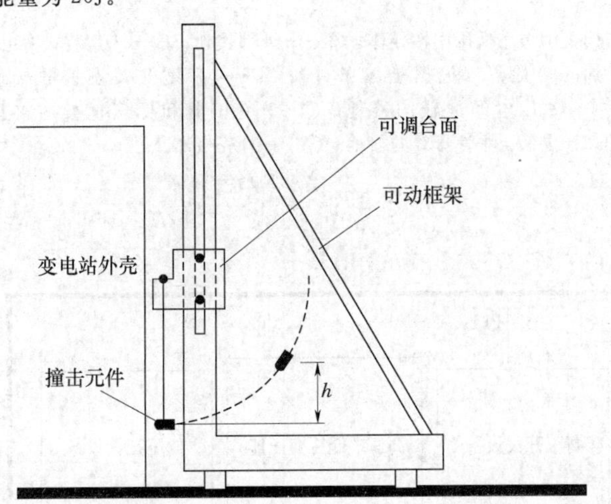

图中：撞击能量＝20J；

等效质量＝5kg±0.25kg；

撞击锤的端头：按GB/T 20138；

锤的材料：按FE 490－2；按照GB/T 230.1，洛氏硬度HRE 80～85；

标称的下落高度h＝400mm±4mm。

图C.1 撞击试验装置

附录D
（资料性附录）
外壳中变压器的额定值

与预装式变电站额定最大容量对应的变压器对于不同的外壳级别和周围温度，能够带不同的负荷。本附录对充液变压器或干式变压器给出了确定负荷系数的方法。

注1：变压器的最高热点温度应保持与外壳无关，且因为如此，有必要降低变压器的容量来保证不超过该热点温度。对于充液变压器，GB/T 1094.7中给出了最高热点温度，对于干式变压器，在GB 1094.11中给出了取决于绝缘材料的温度等级。

注2：由于采用一条曲线不存在测量误差，对于空载/负载损耗比给出了一组曲线。这些曲线对于损耗比在1∶2和1∶12之间有效。

D.1 充液变压器

建议按下述各条使用图D.1的曲线：

a）选出代表外壳级别的曲线；

b）在纵轴上找到预装式变电站安装处已知的周围温度平均值；

c）外壳级别线和周围温度线的交点给出了变压器的负荷系数。

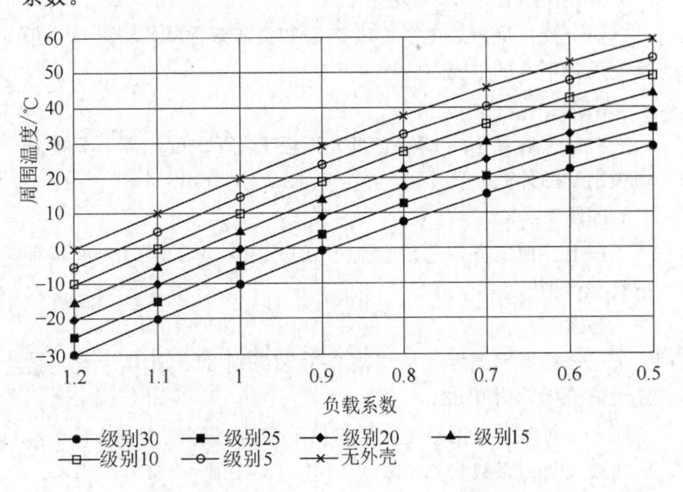

图D.1 外壳中充液变压器的负荷系数

D.2 干式变压器

建议按下述各条使用图D.2的曲线：

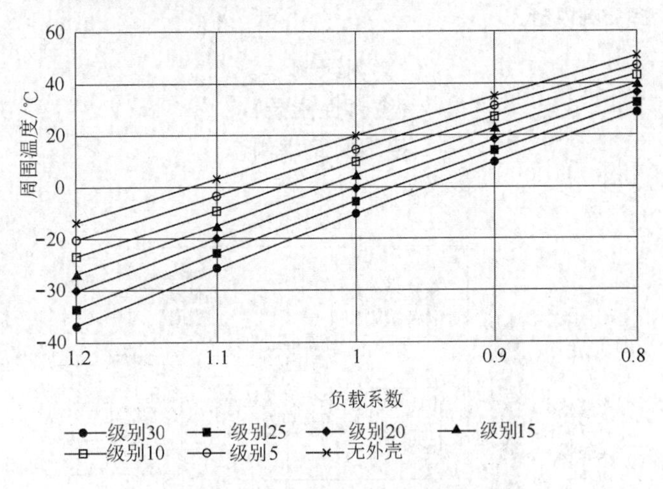

图D.2 外壳中干式变压器的负荷系数

a）选出代表外壳级别的曲线；

b）在纵轴上找到预装式变电站安装处已知的周围温度平均值；

c）外壳级别线和周围温度线的交点给出了变压器的负荷系数。

D.3 示例

前提：

安装处周围温度的年平均值为20℃；

——在冬季周围温度的平均值为－5℃；

——在夏季周围温度的平均值为30℃；

——要求的年平均负荷值为700kVA；

——在冬季负荷的平均值为600kVA；

——在夏季负荷的平均值为800kVA。

问题1：

对1000kVA，12kW总损耗的充液变压器，其热点温度和液面温度均不超过最大值，需选用哪种额定外壳级别？

答案：

——对周围温度年平均值20℃和负荷系数0.7，图D.1推荐使用级别25的外壳；

——对冬季周围温度年平均值－5℃和负荷系数0.6，图D.1推荐使用级别30的外壳；

——夏季周围温度平均值30℃和负荷系数0.8，图D.1推荐使用级别5的外壳。

结论：

对最大容量1000kVA、最大损耗12kW的变压器，只能选用级别5的外壳。

问题2：

在上述前提下，选用级别30的外壳，变压器的允许负荷系数是多少？

答案：

——对周围温度年平均值20℃和级别30，图D.1给出的最大负荷系数为0.63；

——对冬季周围温度年平均值－5℃和级别30，图D.1给出的最大负荷系数为0.95；

——夏季周围温度平均值30℃和级别30，图D.1给出的最大负荷系数为0.48。

结论：

如果选用级别30的外壳，除了在冬季，变压器的负荷必须受到限制。

附录E
（资料性附录）
接地回路举例

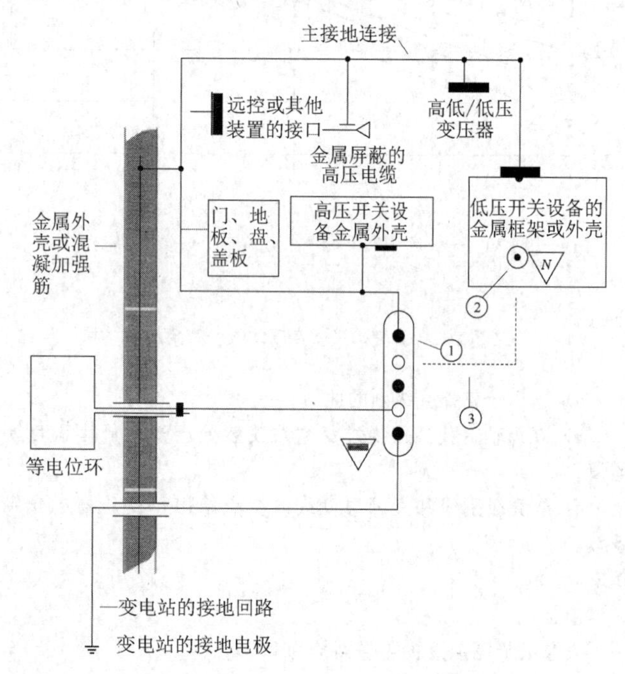

图例：①——接地板。

②——连接到地的低压中性端子。

③——低压中性线连接至接地板，替代的方式是按照绝缘规则与独立的低压中性接地电极连接。

图E.1　接地回路举例

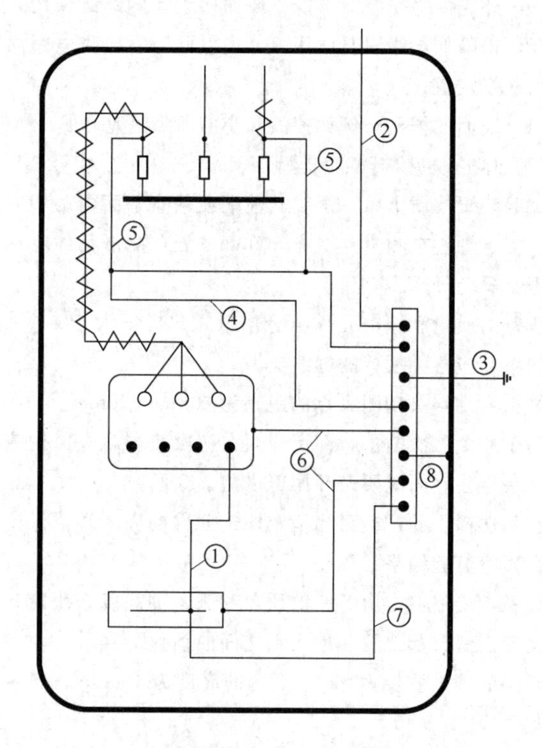

图例：①——低压中性导体；②——外部接地；③——预装式变电站附加的接地点（根据土壤条件）；④——高压开关设备的接地；⑤——高压电缆屏蔽的接地；⑥——变压器和低压框架的接地；⑦——主低压中性母线的接地；⑧——外壳接地。

图E.2　接地回路举例

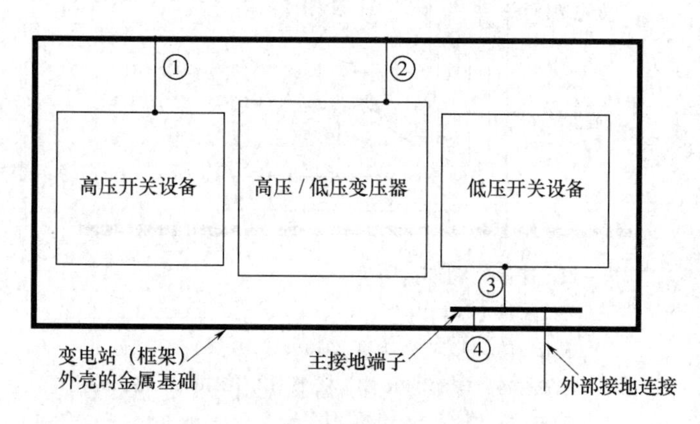

图例：①——高压开关设备到金属基础的接地连接；②——变压器箱体到金属基础的接地连接；③——低压开关设备到金属基础的接地连接；④——主接地端子到金属基础的接地连接。

图E.3　框架内作为主接地导体的接地回路举例

附录F
（资料性附录）
外壳材料的特性

F.1　金属

F.1.1　涂层

大量的涂层可以使用。表F.1列出了推荐的涂层的一些例子。

表 F.1　　　　涂层的处理

处理	标准	基础	
		钢	铝
热浸镀锌	GB/T 13825—1992　金属覆盖层黑色金属材料热镀锌层的质量测定称量法	×	
	GB/T 13912—2002　金属覆盖层钢铁制件热浸镀锌层技术要求及试验方法		
电镀锌涂层	GB/T 9799—1997　金属覆盖层钢铁上的锌电镀层	×	
化学置换涂层	GB/T 15519—2002　化学转化膜钢铁黑色氧化膜　规范和试验方法	×	
	GB/T 17460—1998　化学转化膜铝及铝合金上漂洗和不漂洗铬酸盐转化膜		×

F.1.2　油漆

表 F.2 列出了用于检验油漆的标准。

表 F.2　　　　涂层的试验

试验	标　准
粘着性	GB/T 9286—1998　色漆和清漆　漆膜的划格试验
盐雾	GB/T 10125—1997　人造气氛腐蚀试验　盐雾试验
人工老化	ISO 11997：2005　油漆和清漆——耐周期性腐蚀的测定
磨损	ISO 7784：2006　油漆和清漆——抗磨损性的确定
腐蚀	ISO 12944：1998　第 1-8 部分：油漆和清漆——油漆保护的钢结构的腐蚀防护

F.2　混凝土

腐蚀可能出现在混凝土以及加强混凝土的钢材上。因此，应该考虑 5.102.3.1 中列出的可能影响腐蚀的主要因素。

混凝土的某些特性的限值，例如，最大的水和水泥比、最低的混凝土强度、最低的水泥含量以及覆盖于钢加强筋的最少混凝土等应予以考虑。

表 F.3 列出了可以用来试验混凝土性能的一些标准。

油漆/涂层可以改善抗腐蚀性以及产品特性。

表 F.3　　　　混凝土的试验

试　验	标　准
混凝土强度	GB/T 14902—2003　预拌混凝土
耐受氯化物扩散的试验（去冰盐雾）	GB/T 50080　普通混凝土——拌和物性能试验方法 ISO/DIS 4846　混凝土——暴露于去冰化学条件下的表面的耐受比例的确定
密度/孔隙率	GB/T 50081　普通混凝土——力学性能试验方法 GB/J 82　普通混凝土——长期性能和耐久性能试验方法
技术要求、性能、生产和一致性	EN 206—1：2000　混凝土——第 1 部分：技术要求、性能、生产和一致性 ASTM C94/C 94M　准备混合的混凝土的标准技术要求

14　农村低压电力技术规程

(DL/T 499—2001)

1　范围

本标准规定了农村低压电力网的基本技术要求，适用于 380V 及以下农村电力网的设计、安装、运行及检验。对用电有特殊要求的农村电力用户应执行其他相关标准。

各级电力管理部门从事农电的工作人员、电力企业从事农电的工作人员、农村电力网中用户单位的电气工作人员应熟悉并执行本标准。

2　引用标准

下列标准所包含的条文，通过在本标准中引用而构成为本标准的条文。本标准出版时，所示版本均为有效。所有标准都会被修订，使用本标准的各方应探讨使用下列标准最新版本的可能性。

GB 12527—1990　额定电压 1kV 及以下架空绝缘电缆

GB 13955—1992　漏电保护器安装和运行

GB 50173—1992　电气装置安装工程 35kV 及以下架空电力线路施工及验收规范

GB 4623—1994　环形预应力混凝土电杆

GB 6829—1995　剩余电流动作保护器的一般要求

GB/T 6915—1986　高原电力电容器

GB/T 773—1993　低压绝缘子瓷件技术条件

GB/T 1386.1—1997　低压电力线路绝缘子第 1 部分：低压架空电力线路绝缘子

GB/T 16934—1997　电能计量柜

GB/T 6916—1997　湿热带电力电容器

GB/T 1179—1999　圆线同心绞架空导线

GB/T 17886.1—1999　标称电压 1kV 及以下交流电力系统用非自愈式并联电容器，第一部分：总则一性能试验～安全要求一安装和运行导则

GB/T 11032—2000　交流无间隙金属氧化物避雷器

GBJ 63—1990　电力装置的电测量仪表装置设计规范

GBJ 149—1990　电气装置安装工程　母线装置施工及验收规范

DL/T 601—1996　架空绝缘配电线路设计技术规程

DL/T 602—1996　架空绝缘配电线路施工及验收规程

JB 2171—1985　额定电压 450/750V 及以下农用直埋铝芯塑料绝缘塑料护套电线

JB 7113—1993　低压并联电容器装置

JB 7115—1993　低压无功就地补偿装置

电力工业部第 8 号令《供电营业规则》1996 年 10 月 8 日

3　低压电力网

3.1　低压电力网的构成

自配电变压器低压侧或直配发电机母线，经由监测、控制、保护、计量等电器至各用户受电设备的 380V 及以下供用电系统组成低压电力网。

3.2 配电变压器的装置要求

3.2.1 农村公用配电变压器应按“小容量、密布点、短半径”的原则进行建设与改造，配电变压器应选用节能型低损耗变压器，变压器的位置应符合下列要求：靠近负荷中心；避开易爆、易燃、污秽严重及地势低洼地带；高压进线、低压出线方便；便于施工、运行维护。

3.2.2 正常环境下配电变压器宜采用柱上安装或屋顶式安装，新建或改造的非临时用电配电变压器不宜采用露天落地安装方式。经济发达地区的农村也可采用箱式变压器。

3.2.3 柱上安装或屋顶安装的配电变压器，其底座距地面不应小于2.5m。

3.2.4 安装在室外的落地配电变压器，四周应设置安全围栏，围栏高度不低于1.8m，栏条间净距不大于0.1m，围栏距变压器的外廓净距不应小于0.8m，各侧悬挂“有电危险，严禁入内”的警告牌，变压器底座基础应高于当地最大洪水位，但不得低于0.3m。

3.2.5 安装在室内的配电变压器，室内应有良好的自然通风。可燃油油浸变压器室的耐火等级应为一级。变压器外廓距墙壁和门的最小净距不应小于表1规定。

表1　可燃油油浸变压器外廓与变压器室墙壁和门的最小净距

变压器容量　kVA	100～1000	1250及以上
变压器外廓与后壁、侧壁净距　mm	600	800
变压器外廓与门净距　mm	800	100

3.2.6 配电变压器的容量应根据农村电力发展规划选定，一般按5年考虑。若电力发展规划不明确或实施的可能性波动很大，则可依当年的用电情况按下式确定：

$$S = R_S P$$

式中：S——配电变压器在计划年限内（5年）所需容量（kVA）；

P——一年内最高用电负荷（kW）；

R_S——容载比，一般取1.5～2。

3.2.7 配电变压器应在铭牌规定的冷却条件下运行。油浸式变压器运行中的顶层油温不得高于95℃，温升不得超过55K。

3.2.8 配电变压器连接组别宜采用为Y，yn0或D，yn11。配电变压器的三相负荷应尽量平衡，不得仅用一相或两相供电。对于连接组别为Y，yn0的配电变压器，中性线电流不应超过低压侧额定电流的25%；对于连接组别为D，yn11的配电变压器，中性线电流不应超过低压侧额定电流的40%。

3.2.9 配电变压器的昼夜负荷率小于1的情况下，可在高峰负荷时允许有适量的过负荷，过负荷的倍数和允许的持续时间可参照图1的曲线确定。

3.2.10 配电变压器各相负荷不平衡时，按如下两式确定过负荷电流：

$$I_U^2 + I_V^2 + I_W^2 \leqslant 3I_N^2$$

$$I_U、I_V、I_W \leqslant 1.3I_N$$

式中：I_U、I_V、I_W——U、V、W相负荷电流；

I_N——低压侧额定电流。

3.3 供电半径和电压质量

3.3.1 低压电力网的布局应与农村发展规划相结合，一般采用放射形供电，供电半径一般不大于500m，也可根据具体情况参照表2确定。

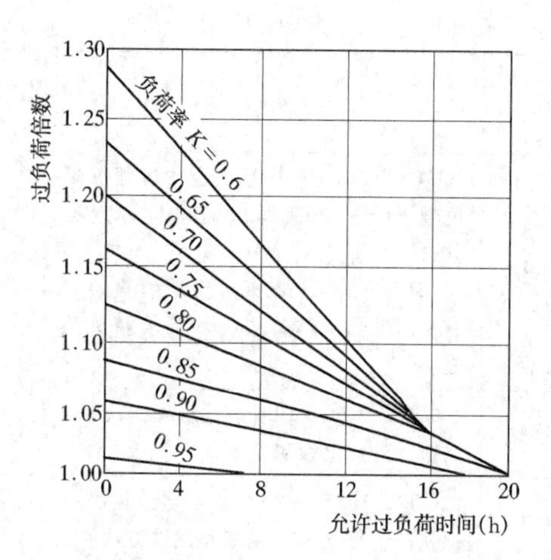

图1　变压器负荷率小于1允许过负荷时间和倍数

表2　受电设备容量密度与供电半径参考值

供电半径 km ＼ 受电设备容量密度 kW/km² ＼ 供电区域地形	<200	200～400	400～1000	>1000
块状（平地）	0.7～1.0	<0.7	<0.5	0.4
带状（山地）	0.8～1.5	<0.7	<0.5	—

3.3.2 供电电压偏差应满足的要求：

380V为±7%；

220V为－10%～＋7%。

对电压有特殊要求的用户，供电电压的偏差值由供用电双方在合同中确定。

注：供电电压系指供电部门与用户产权分界处的电压，或由供用电合同所规定的电能计量点处的电压。

3.4 低压电力网接地方式及装置要求

3.4.1 农村低压电力网宜采用TT系统，城镇、电力用户宜采用TN－C系统；对安全有特殊要求的可采用IT系统。

同一低压电力网中不应采用两种保护接地方式。

3.4.2 TT系统：变压器低压侧中性点直接接地，系统内所有受电设备的外露可导电部分用保护接地线（PEE）接至电气上与电力系统的接地点无直接关连的接地极上，如图2所示。

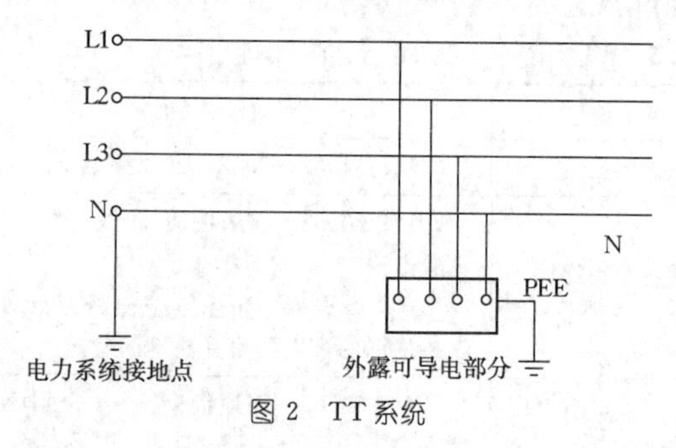

图2　TT系统

3.4.3 TN－C系统：变压器低压侧中性点直接接地，整个系统的中性线（N）与保护线（PE）是合一的，系统内所有受电设备的外露可导电部分用保护线（PE）与保护中性线（PEN）相连接，如图3所示。

3.4.4 IT系统：变压器低压侧中性点不接地或经高阻抗接地，系统内所有受电设备的外露可导电部分用保护接地线（PEE）单独

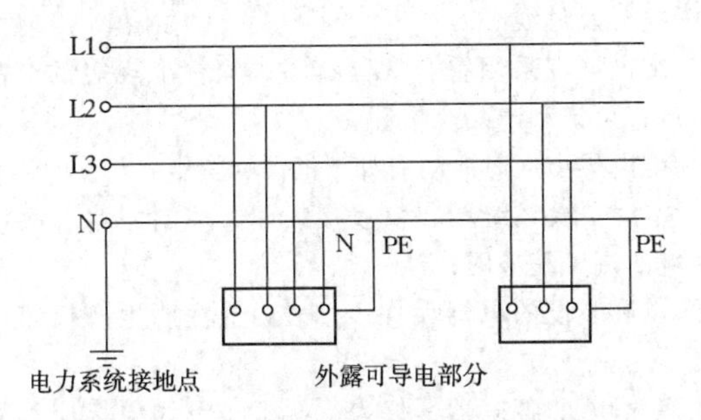

图 3 TN-C 系统

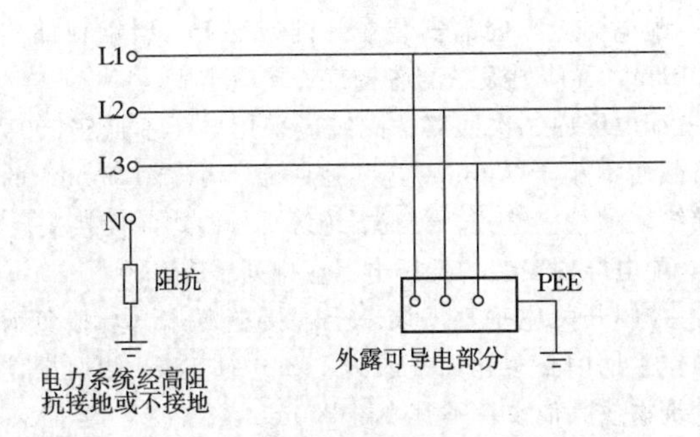

图 4 IT 系统

的接至接地极上，如图 4 所示。

3.4.5 采用 TT 系统时应满足如下要求：

3.4.5.1 除变压器低压侧中性点直接接地外，中性线不得再行接地，且应保持与相线同等的绝缘水平。

3.4.5.2 为防止中性线机械断线，其截面不应小于表 3 的规定。

表 3 按机械强度要求中性线与相线的配合截面 mm^2

相线截面 S	$S \leqslant 16$	$16 < S \leqslant 35$	$S > 35$
中性线截面 S_0	S	16	$S/2$

注：相线的材质与中性线的材质相同时有效。

3.4.5.3 必须实施剩余电流保护，包括：

——剩余电流总保护、剩余电流中级保护（必要时），其动作电流应满足第 5.5.1 条的要求；

——剩余电流末级保护。

剩余电流末级保护应满足以下条件：

$$R_e I_{op} \leqslant U_{lim}$$

式中：R_e——受电设备外露可导电部分的接地电阻（Ω）；

U_{lim}——通称电压极限（V），在正常情况下可按 50V（交流有效值）考虑；

I_{op}——剩余电流保护器的动作电流（A），应满足 5.5.2 的要求。

3.4.5.4 中性线不得装设熔断器或单独的开关装置。

3.4.5.5 配电变压器低压侧及各出线回路，均应装设过电流保护，包括：

——短路保护；

——过负荷保护。

3.4.6 采用 NT-C 系统时应满足如下要求：

a）为了保证在故障时保护中性线的电位尽可能保持接近大地电位，保护中性线应均匀分配地重复接地，如果条件许可，宜在每一接户线、引接线处接地。

b）用户端应装设剩余电流末级保护，其动作电流按 5.5.2 的要求确定。

c）保护装置的特性和导线截面必须这样选择：当供电网内相线与保护中性线或外露可导电部分之间发生阻抗可忽略不计的故障时，则应在规定时间内自动切断电源。

为了满足本项要求，应满足以下条件：

$$Z_{sc} I_{op} \leqslant U_0$$

式中：Z_{sc}——故障回路阻抗（Ω）；

I_{op}——保证在表 4 所列时间内保护装置动作电流（A）；

U_0——对地标称电压（V）。

表 4 最大接触电压持续时间

最大切断时间 t s	预期的接触电压（交流有效值） V	最大切断时间 t s	预期的接触电压（交流有效值） V
5	50	0.2	110
1	75	0.1	150
0.5	90	0.05	220

d）保护中性线的截面不应小于表 3 的规定值。

e）配电变压器低压侧及各出线回路，应装设过流保护，包括：

——短路保护；

——过负荷保护。

f）保护中性线不得装设熔断器或单独的开关装置。

3.4.7 采用 IT 系统时应满足如下要求：

a）配电变压器低压侧及各出线回路均应装设过流保护，包括：

——短路保护；

——过负荷保护。

b）网络内的带电导体严禁直接接地。

c）当发生单相接地故障，故障电流很小，切断供电不是绝对必要时，则应装设能发出接地故障音响或灯光信号的报警装置，而且必须具有两相在不同地点发生接地故障的保护措施。

d）各相对地应有良好的绝缘水平，在正常运行情况下，从各机测得的泄漏电流（交流有效值）应小于 30mA。

e）不得从变压器低压侧中性点配出中性线作 220V 单相供电。

f）变压器低压侧中性点和各出线回路终端的相线均应装设高压击穿熔断器。

3.5 电气接线要求

3.5.1 变压器低压侧的电气接线应满足如下基本要求：

a）装设电能计量装置；

b）变压器容量在 100kVA 以上者，宜装设电流表及电压表；

c）低压进线和出线应装设有明显断开点的开关；

d）低压进线和出线应装设自动断路器或熔断器。

3.5.2 严禁利用大地作相线、中性线、保护中性线。

4 配电装置

4.1 一般要求

4.1.1 配电变压器低压侧应按下列规定设置配电室或配电箱：

a）宜设置配电室的配电变压器：

1）周围环境污秽严重的地方；

2）容量较大、出线回路较多而不宜采用配电箱的；

3）供电给重要用户需经常监视运行的。

b）除 4.1.1a）所述以外的配电变压器低压侧可设置配电箱。

c）排灌专用变压器的配电装置可安装于机泵房内。

4.1.2 配电变压器低压侧装设的计收电费的电能计量装置，应符合 GBJ63 标准和《供电营业规则》的规定。

4.1.3 配电变压器低压侧配电室或配电箱应靠近变压器，其距离不宜超过 10m。

4.2 配电箱

4.2.1 配电变压器低压侧的配电箱，应满足以下要求：

a）配电箱的外壳应采用不小于 2.0mm 厚的冷轧钢板制作并进行防锈蚀处理，有条件也可采用不小于 1.5mm 厚的不锈钢等材料制作；

b）配电箱外壳的防护等级（参见附录 A），应根据安装场所的环境确定。户外型配电箱应采取防止外部异物插入触及带电导体的措施；

c）配电箱的防触电保护类别（参见附录 H）应为Ⅰ类或Ⅱ类；

d）箱内安装的电器，均应采用符合国家标准规定的定型产品；

e）箱内各电器件之间以及它们对外壳的距离，应能满足电气间隙、爬电距离以及操作所需的间隔；

f）配电箱的进出引线，应采用具有绝缘护套的绝缘电线或电缆，穿越箱壳时加套管保护。

4.2.2 室外配电箱应牢固的安装在支架或基础上，箱底距地面高度不低于 1.0m，并采取防止攀登的措施。

4.2.3 室内配电箱可落地安装，也可暗装或明装于墙壁上。落地安装的基础应高出地面 50mm～100mm。暗装于墙壁时，底部距地面 1.4m；明装于墙壁时，底部距地面 1.2m。

4.3 配电室

4.3.1 配电室进出引线可架空明敷或暗敷，明敷设宜采用耐气候型电缆或聚氯乙烯绝缘电线，暗敷设宜采用电缆或农用直埋塑料绝缘护套电线，敷设方式应满足下列要求：

a）架空明敷耐气候型绝缘电线时，其电线支架不应小于 40mm×40mm×4mm 角钢，穿墙时，绝缘电线应套保护管。出线的室外应做滴水弯，滴水弯最低点距离地面不应小于 2.5m。

b）采用农用直埋塑料绝缘塑料护套电线时，应在冻土层以下且不小于 0.8m 处敷设，引上线在地面以上和地面以下 0.8m 的部位应有套管保护。

c）采用低压电缆作进出线时，应符合第 8 章低压电力电缆的规定。

4.3.2 配电室进出引线的导体截面应按允许载流量选择。主进回路按变压器低压侧额定电流的 1.3 倍计算，引出线按该回路的计算负荷选择。

4.3.3 配电室一般可采用砖、石结构，屋顶应采用混凝土预制板，并根据当地气候条件增加保温层或隔热层，屋顶承重构件的耐火等级不应低于二级，其他部分不应低于三级。

4.3.4 配电室内应留有维护通道：

固定式配电屏为单列布置时，屏前通道为 1.5m；

固定式配电屏为双列布置时，屏前通道为 2.0m；

屏后和屏侧维护通道为 1.0m，有困难时可减为 0.8m。

4.3.5 配电室的长度超过7m时，应设两个出口，并应布置在配电室两端，门应向外开启；成排布置的配电屏其长度超过 6m 时，屏后通道应设两个出口，并宜布置在通道的两端。

4.4 配电屏及母线

4.4.1 配电屏宜采用符合我国有关国家标准规定的产品，并应有生产许可证和产品合格证。

4.4.2 配电屏出厂时应附有如下的图和资料：

a）本屏一次系统图、仪表接线图、控制回路二次接线图及相对应的端子编号图；

b）本屏装设的电器元件表，表内应注明生产厂家、型号规格。

4.4.3 配电屏的各电器、仪表、端子排等均应标明编号、名称、路别（或用途）及操作位置。

4.4.4 配电屏应牢固的安装在基础型钢上，型钢顶部应高出地面 10mm，屏体内设备与各构件连接应牢固。

4.4.5 配电屏内二次回路的配线应采用电压不低于500V，电流回路截面不小于 $2.5mm^2$，其他回路不小于 $1.5mm^2$ 的铜芯绝缘导线。配线应整齐、美观、绝缘良好、中间无接头。

4.4.6 配电屏内安装的低压电器应排列整齐。

4.4.7 控制开关应垂直安装，上端接电源，下端接负荷。开关的操作手柄中心距地面一般为 1.2m～1.5m；侧面操作的手柄距建筑物或其他设备不宜小于 200mm。

4.4.8 控制两个独立电源的开关应装有可靠的机械和电气闭锁装置。

4.4.9 母线宜采用矩形硬裸铝母线或铜母线，截面应满足允许载流量、热稳定和动稳定的要求。

4.4.10 支持母线的金属构件、螺栓等均应镀锌，母线安装时接触面应保持洁净，螺栓紧固后接触面紧密，各螺栓受力均匀。

4.4.11 母线相序排列应符合表5的规定（面向配电屏）。

表 5　母线的相序排列

相　别	垂直排列	水平排列	前后排列
U	上	左	远
V	中	中	中
W	下	右	近
N、PEN	最下	最右	最近

注：1　在特殊情况下，如果按此相序排列会造成母线配置困难，可不按本表规定；

2　N 线或 PEN 线如果不在相线附近并行安装，其位置可不按本表规定。

4.4.12 母线应按下列规定涂漆相色：

U 相为黄色，V 相为绿色，W 相为红色，中性线为淡蓝色，保护中性线为黄和绿双色。

4.4.13 室内配电装置的母线应满足如下安全距离：

带电体至接地部分：20mm；

不同相的带电体之间：20mm；

无遮拦裸母线至地面：屏前通道为 2.5m，低于 2.5m 时应加遮护，遮护后护网高度不应低于 2.2m；屏后通道为 2.3m，当低于 2.3m 时应加遮护，遮护后的护网高度不应低于 1.9m。不同时停电检修的无遮拦裸母线之间水平距离为 1875mm；与电器连接处不同相裸母线最小净距离为 12mm。

4.4.14 母线与母线、母线与电器端子连接时，应符合下列规定：

a）铜与铜连接时，室外高温且潮湿或对母线有腐蚀性气体的室内，必须搪锡，在干燥的室内可直接连接；

b）铝与铝连接时，可采用搭接，搭接时应净洁表面并涂以导电膏；

c）铜与铝连接时，在干燥的室内，铜导体应搪锡，室外或较潮湿的室内应使用铜铝过渡板，铜端应搪锡。

4.4.15 相同布置的主母线、分支母线、引下线及设备连接线应一致，横平竖直，整齐美观。

4.4.16 硬母线搭接连接时，应符合以下要求：

a）母线应矫正平直，切断面应平整；

b）矩形母线的搭接连接，应符合表 6 的规定；

表 6　矩形母线搭接要求

搭接形式	类别	序号	连接尺寸 mm			钻孔要求		螺栓规格
			b_1	b_2	a	ϕ mm	个数	
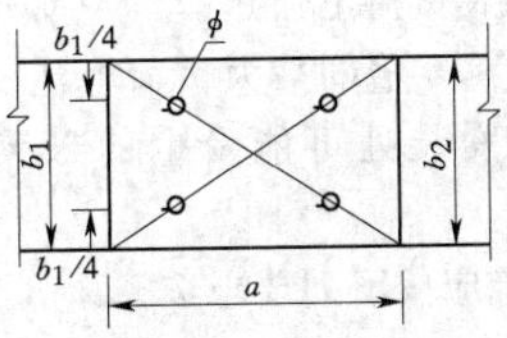	直线连接	1	125	125	b_1 或 b_2	21	4	M20
		2	100	100	b_1 或 b_2	17	4	M16
		3	80	80	b_1 或 b_2	13	4	M12
		4	63	63	b_1 或 b_2	11	4	M10
		5	50	50	b_1 或 b_2	9	4	M8
		6	45	45	b_1 或 b_2	9	4	M8
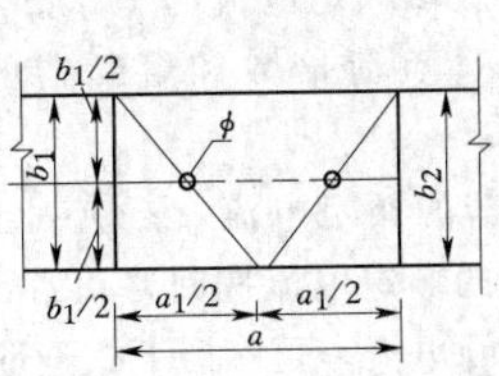	直线连接	7	40	40	80	13	2	M12
		8	31.5	31.5	63	11	2	M10
		9	25	25	50	9	2	M8
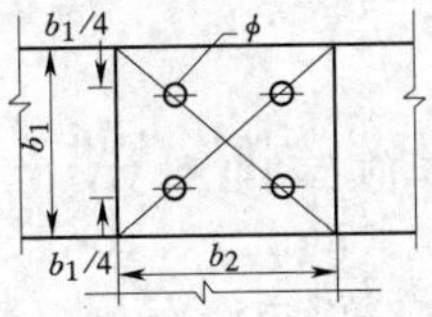	垂直连接	10	125	125		21	4	M20
		11	125	100～80		17	4	M16
		12	125	63		13	4	M12
		13	100	100～80		17	4	M16
		14	80	80～63		13	4	M12
		15	63	63～50		11	4	M10
		16	50	50		9	4	M8
		17	45	45		9	4	M8
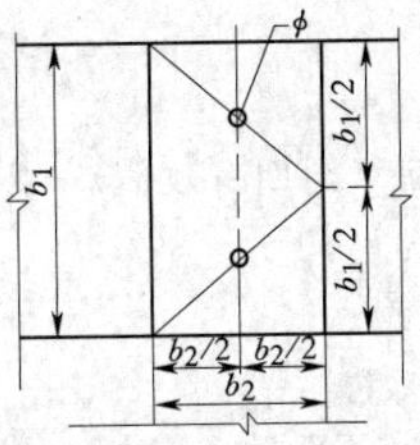	垂直连接	18	125	50～40		17	2	M16
		19	100	63～40		17	2	M16
		20	80	63～40		15	2	M14
		21	63	50～40		13	2	M12
		22	50	45～40		11	2	M10
		23	63	31.5～25		11	2	M10
		24	50	31.5～25		9	2	M8
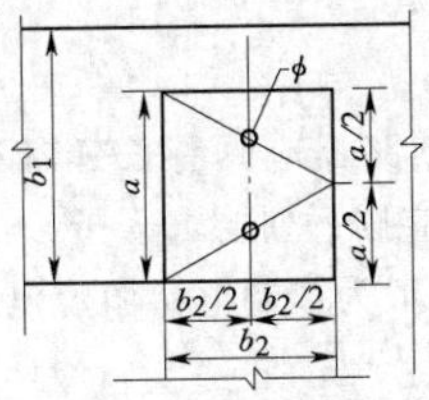	垂直连接	25	125	31.5～25	60	11	2	M10
		26	100	31.5～25	50	9	2	M8
		27	80	31.5～25	50	9	2	M8
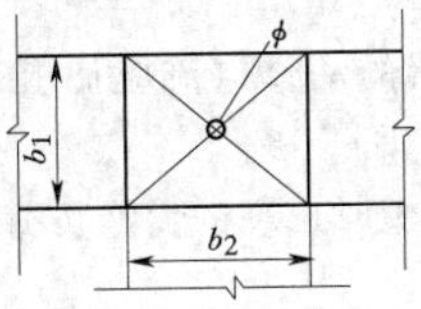	垂直连接	28	40	40～31.5		13	1	M12
		29	40	25		11	1	M10
		30	31.5	31.5～25		11	1	M10
		31	25	22		9	1	M8

c）母线弯曲时应符合以下规定（见图 5）：

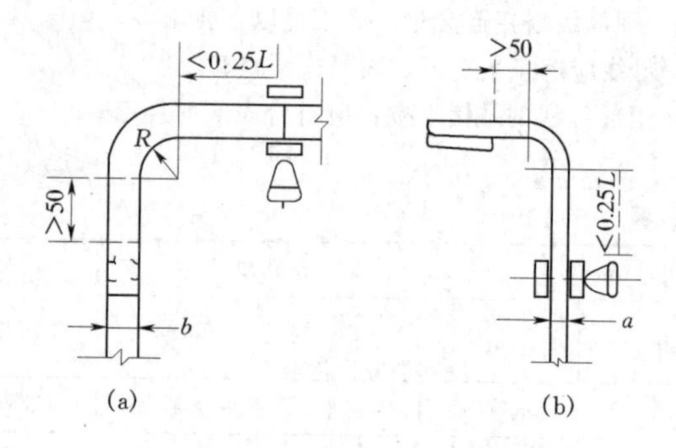

图 5　硬母线的立弯与平弯

（a）立弯母线；（b）平弯母线

a—母线厚度；b—母线宽度；L—母线两支持点间的距离

1）母线开始弯曲处距最近绝缘子的母线支持夹板边缘不应大于 0.25L，但不得小于 50mm；

2）母线开始弯曲处距母线连接位置不应小于 50mm；

3）矩形母线应减少直角弯曲，弯曲处不得有裂纹及显著的折皱，母线的最小弯曲半径应符合表 7 的规定；

表 7　　　　母线最小弯曲半径（R）值　　　　mm

母线种类	弯曲方式	母线断面尺寸	最小弯曲半径		
			铜	铝	钢
矩形母线	平弯	50mm×5mm 及其以下	$2a$	$2a$	$2a$
		125mm×10mm 及其以下	$2a$	$2.5a$	$2a$
	立弯	50mm×5mm 及其以下	$1b$	$1.5b$	$0.5b$
		125mm×10mm 及其以下	$1.5b$	$2b$	$1b$

4）多片母线的弯曲度应一致。

d）矩形母线采用螺栓固定搭接时，连接处距支柱绝缘子的支持夹板边缘不应小于 50mm；上片母线端头与下片母线平弯开始处的距离不应小于 50mm，见图 6。

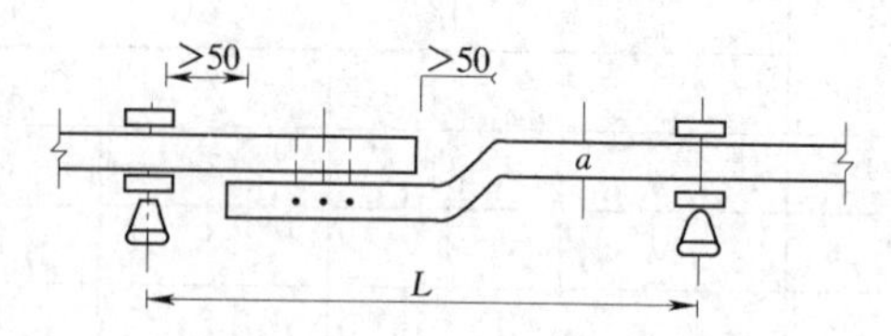

图 6　矩形母线搭接

L—母线两点支持点之间的距离；a—母线厚度

e）母线扭转 90°时，其扭转部分的长度应为母线宽度的 2.5～5 倍，见图 7。

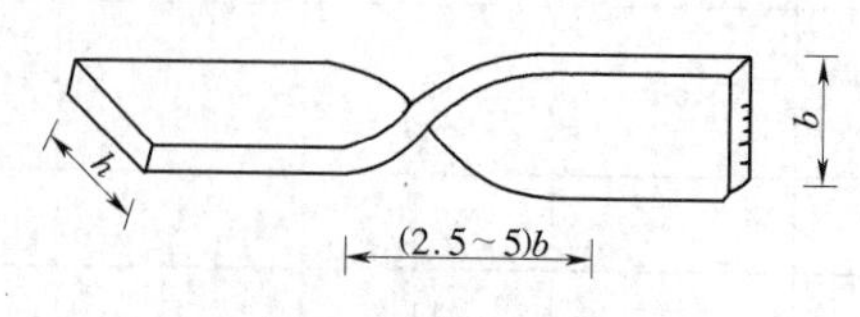

图 7　母线扭转 90°

b—母线的宽度

4.4.17　母线接头螺孔的直径宜大于螺栓直径1mm；钻孔应垂直，螺孔间中心距离的误差不超过±0.5mm。

4.4.18　母线的接触面加工必须平整、无氧化膜。经加工后其截面减少值：铜母线不应超过原截面的 3%；铝母线不应超过原截面的 5%。

4.4.19　矩形母线的弯曲、扭转宜采用冷弯，如需热弯时，加热温度不应超过 250℃。

4.5　控制与保护

4.5.1　配电室（箱）进、出线的控制电器和保护电器的额定电压、频率应与系统电压、频率相符，并应满足使用环境的要求。

4.5.2　配电室（箱）的进线控制电器按变压器额定电流的 1.3 倍选择；出线控制电器按正常最大负荷电流选择。手动开断正常负荷电流的，应能可靠地开断 1.5 倍的最大负荷电流；开断短路电流的，应能可靠地切断安装处可能发生的最大短路电流。

4.5.3　熔断器和熔体的额定电流应按下列要求选择：

a）配电变压器低压侧总过流保护熔断器的额定电流，应大于变压器低压侧额定电流，一般取额定电流的 1.5 倍，熔体的额定电流应按变压器允许的过负荷倍数和熔断器的特性确定。

b）出线回路过流保护熔断器的额定电流，不应大于总过流保护熔断器的额定电流，熔体的额定电流按回路正常最大负荷电流选择，并应躲过正常的尖峰电流，可参照下式选取。

对于综合性负荷回路：

$$I_N \geqslant I_{max \cdot st} + (\sum I_{max} - I_{max \cdot N})$$

对于照明回路：

$$I_N \geqslant K_m \sum I_{max}$$

式中：I_N——熔体额定电流（A）；

$I_{max \cdot st}$——回路中最大一台电动机的起动电流（A）；

$\sum I_{max}$——回路正常最大负荷电流（A）；

$I_{max \cdot N}$——回路中最大一台电动机的额定电流（A）；

K_m——熔体选择系数，白炽灯、荧光灯 K_m 取 1，高压汞灯、钠灯 K_m 取 1.5。

c）熔断器极限分断能力应满足下式：

$$I_{oc} \geqslant I_k^{(3)}$$

式中：I_{oc}——熔断器极限分断能力，A；

$I_k^{(3)}$——安装处的三相短路电流（周期有效值），A。

d）熔断器的灵敏度应满足下式：

$$I_{min \cdot k} \geqslant K_{op} I_N$$

式中：K_{op}——熔体动作系数，一般取 4；

$I_{min \cdot k}$——被保护线段的最小短路电流，A，对于 TT、TN－C 系统为单相短路电流，对于 IT 系统为两相短路电流；

I_N——熔体额定电流，A。

4.5.4　配电变压器低压侧总自动断路器应具有长延时和瞬时动作的性能，其脱扣器的动作电流应按下列要求选择：

a）瞬时脱扣器的动作电流，一般为控制电器额定电流的 5 或 10 倍；

b）长延时脱扣器的动作电流可根据变压器低压侧允许的过负荷电流确定。

4.5.5　出线回路自动断路器脱扣器的动作电流应比上一级脱扣器的动作电流至少应低一个级差。

a）瞬时脱扣器，应躲过回路中短时出现的尖峰负荷。

对于综合性负荷回路：

$$I_{op} \geqslant K_{rel}(I_{max \cdot st} + \sum I_{max} - I_{max \cdot N})$$

对于照明回路：

$$I_{op} \geqslant K_c \sum I_{max}$$

式中：I_{op}——瞬时脱扣器的动作电流，A；

K_{rel}——可靠系数，取 1.2；

$I_{max \cdot st}$——回路中最大一台电动机的起动电流，A；

$\sum I_{max}$——回路正常最大负荷电流，A；

$I_{max \cdot N}$——回路中最大一台电动机的额定电流，A；

K_c——照明计算系数，取 6。

b）长延时脱扣器的动作电流，可按回路最大负荷电流的 1.1 倍确定。

4.5.6 选出的自动断路器应作如下校验：

a）自动断路器的分断能力应大于安装处的三相短路电流（周期分量有效值）。

b）自动断路器灵敏度应满足下式要求：

$$I_{min} \geqslant K_{op} I_{op}$$

式中：I_{min}——被保护线段的最小短路电流，A，对于 TT、TN-C 系统，为单相短路电流，对于 IT 系统为两相短路电流；

I_{op}——瞬时脱扣器的动作电流 A；

K_{op}——动作系数，取 1.5。

注：一般单相短路电流较小，很难满足要求，可用长延时脱扣器作后备保护。

c）长延时脱扣器在 3 倍动作电流时，其可返回时间应大于回路中出现的尖峰负荷持续的时间。

5 剩余电流保护

5.1 保护范围

5.1.1 剩余电流动作保护是防止因低压电网剩余电流造成故障危害的有效技术措施，低压电网剩余电流保护一般采用剩余电流总保护（中级保护）和末级保护的多级保护方式。

a）剩余电流总保护和中级保护的范围是及时切除低压电网主干线路和分支线路上断线接地等产生较大剩余电流的故障。

b）剩余电流末级保护装于用户受电端，其保护的范围是防止用户内部绝缘破坏、发生人身间接接触触电等剩余电流所造成的事故，对直接接触触电，仅作为基本保护措施的附加保护。

5.1.2 剩余电流动作保护器对被保护范围内相—相、相—零间引起的触电危险，保护器不起保护作用。

5.2 一般要求

5.2.1 剩余电流动作保护器，必须选用符合 GB 6829 标准，并经中国电工产品认证委员会认证合格的产品。

5.2.2 剩余电流动作保护器安装场所的周围空气温度，最高为＋40℃，最低为－5℃，海拔不超过 2000m，对于高海拔及寒冷地区及周围空气温度，高于＋40℃低于－5℃运行的剩余电流动作保护器可与制造厂家协商定制。

5.2.3 剩余电流动作保护器的安装场所应无爆炸危险、无腐蚀性气体，并注意防潮、防尘、防震动和避免日晒。

5.2.4 剩余电流动作保护器的安装位置，应避开强电流电线和电磁器件，避免磁场干扰。

5.3 保护方式

5.3.1 采用 TT 系统方式运行的，应装设剩余电流总保护和剩余电流末级保护。对于供电范围较大或有重要用户的农村低压电网可增设剩余电流中级保护。

5.3.2 剩余电流总保护有如下方式：安装在电源中性点接地线；安装在电源进线回路上；安装在各条配电出线回路上。

5.3.3 剩余电流中级保护可根据网络分布情况装设在分支配电箱的电源线上。

5.3.4 剩余电流末级保护可装在接户或动力配电箱内，也可装在用户室内的进户线上。

5.3.5 TT 系统中的移动式电器，携带式电器、临时用电设备、手持电动器具，应装设剩余电流末级保护（Ⅱ类和Ⅲ类电器除外）。

5.3.6 剩余电流动作保护器动作后应自动开断电源，对开断电源会造成事故或重大经济损失的用户，其装置方式按 GB 13955 规定执行。

5.3.7 剩余电流保护方式，可根据实际运行需要进行选定。

5.4 剩余电流保护装置

5.4.1 剩余电流总保护、剩余电流中级保护及三相动力电源的剩余电流末级保护，宜采用具有漏电保护、短路保护或过负荷保护功能的剩余电流断路器，当采用组合式保护器时，宜采用带分励脱扣的低压断路器。

5.4.2 单相剩余电流末级保护，应选用剩余电流保护和短路保护为主的剩余电流断路器。

5.4.3 剩余电流断路器、组合式剩余电流动作保护器的电源控制开关，其通断能力应能可靠的开断安装处可能发生的最大短路电流。

5.4.4 组合式剩余电流动作保护器的零序电流互感器为穿心式时，其穿越的主回路导线宜并拢，并注意防止在正常工作条件下不平衡磁通引起的误动作。

5.4.5 组合式剩余电流动作保护器外接控制回路的电线，应采用单股铜芯绝缘电线，截面不应小于 $1.5mm^2$。

5.4.6 单独安装的剩余电流断路器或组合式保护器的剩余电流继电器，宜安装在配电盘的正面便于操作的位置。

5.5 额定剩余动作电流

5.5.1 剩余电流总保护在躲过农村低压电网正常剩余电流情况下，额定剩余动作电流应尽量选小，以兼顾人身间接接触触电保护和设备的安全。剩余电流总保护的额定剩余动作电流宜为固定分档可调，其最大值可参照表 8 确定。

表 8 剩余电流总保护额定剩余动作电流 mA

电网剩余电流情况	非阴雨季节	阴雨季节
剩余电流较小的电网	50	200
剩余电流较大的电网	100	300

注：剩余电流动作保护器主要特征参数见附录 B。

5.5.2 农村低压电网选用二级保护时，额定剩余动作电流可参照表 9 确定。

表 9 二级保护额定剩余动作电流 mA

二级保护	总保护	末级保护
额定剩余动作电流	100～200	≤30[1)]

1）家用电器、固定安装电器、移动式电器、携带式电器及临时用电设备为 30mA；手持式电动器具为 10mA；特别潮湿的场所为 6mA（常用低压电器技术数据参见附录 J）。

5.5.3 农村低压电网选用三级保护时，额定剩余动作电流可参照表 10 确定。

表 10　　三级保护额定剩余动作电流　　mA

三级保护	总保护	中级保护	末级保护
额定剩余动作电流	200～300	60～100	≤30[1]

1）家用电器、固定安装电器、移动式电器及临时用电设备为30mA；手持式电动器具为10mA；特别潮湿的场所为6mA（常用低压电器技术数据参见附录J）。

5.6　剩余电流动作保护器分断时间

5.6.1　快速动作型保护器，其最大分断时间应符合表11的规定。

表 11　　快速动作型保护器分断时间

$I_{\Delta n}$[1] A	I_n[2] A	最大分断时间 s		
		$I_{\Delta n}$	$2I_{\Delta n}$	$5I_{\Delta n}$
≥0.03	任何值	0.2	0.1	0.04
	只适用≥40[3]	0.2	—	0.15

1）$I_{\Delta n}$为额定剩余动作电流。

2）I_n为保护器额定电流。

3）为组合式剩余电流动作保护器（包括断路器的断开时间）。

5.6.2　农村低压电网选用二级保护时，为确保保护器动作的选择性，总保护必须选用延时型剩余电流动作保护器，其分断时间与末级保护的分断时间应符合表12的规定。

表 12　　二级保护的最大分断时间

二级保护	总保护	末级保护
最大分断时间	0.3	≤0.1

注：延时型剩余电流动作保护器的延时时间的级差为0.2s。

5.6.3　农村低压电网选用三级保护时，为确保保护器动作的选择性，总保护和中级保护必须选用延时型剩余电流动作保护器，其相互间的配合应符合表13的规定。

5.7　各级保护的技术参数

各级保护的技术参数如表14所示。

表 13　　三级保护的最大分断时间　　s

三级保护	总保护	中级保护	末级保护
最大分断时间	0.5	0.3	≤0.1

表 14　　额定剩余动作电流、分断时间表

三级保护	总保护	中级保护	末级保护
额定剩余动作电流 mA	200～300	60～100	≤30
最大分断时间 s	0.5	0.3	≤0.1

5.8　检测

5.8.1　安装剩余电流总保护的农村低压电网，其剩余电流不应大于剩余电流动作保护器额定剩余动作电流的50%。

5.8.2　装设剩余电流动作保护器的电动机及其他电气设备的绝缘电阻不应小于0.5MΩ。

5.8.3　装设在进户线的剩余电流动作保护器，其室内配线的绝缘电阻，晴天不宜小于0.5MΩ；雨天不宜小于0.08MΩ。

5.8.4　剩余电流动作保护器安装后应进行如下检测：

a）带负荷分、合开关3次，不得误动作；

b）用试验按钮试跳3次，应正确动作；

c）各相用1kΩ左右试验电阻或40W～60W灯泡接地试跳3次，应正确动作。

6　架空电力线路

6.1　一般要求

6.1.1　计算负荷：应结合农村电力发展规划确定，一般可按五年考虑。

6.1.2　路径选择应符合下列要求：

a）应与农村发展规划相结合，方便机耕，少占农田；

b）路径短，跨越、转角少，施工、运行维护方便；

c）应避开易受山洪、雨水冲刷的地方，严禁跨越易燃、易爆物的场院和仓库。

6.1.3　线路设计的气象条件：应根据当地的气象资料（采用10年一遇的数值）和附近已有线路的运行经验确定。如选出的气象条件与典型气象区接近时，一般采用典型气象区所列数值（典型气象区参见附录J）。

6.1.4　当采用架空绝缘电线时，其气象条件应按DL/T601标准的规定进行校核。

6.1.5　线路设计要考虑地区污染和大气污染情况（架空线路污秽分级标准参见附录K）。

6.2　导线

6.2.1　农村低压电力网应采用符合GB/T 1179标准规定的导线。禁止使用单股、破股（拆股）线和铁线。

居民密集的村镇可采用符合GB 12527标准规定的架空绝缘电线（参见附录C），但应满足6.1.4规定的条件。

6.2.2　铝绞线、钢芯铝绞线的强度安全系数不应小于2.5；架空绝缘电线不应小于3.0。强度安全系数K可用下式表示：

$$K \geqslant \frac{\sigma}{\sigma_{max}}$$

式中：σ——导线的抗拉强度，N/mm²；

σ_{max}——导线的最大使用应力，N/mm²。

6.2.3　选择导线截面时应符合下列要求：

a）按经济电流密度选择，见图8；

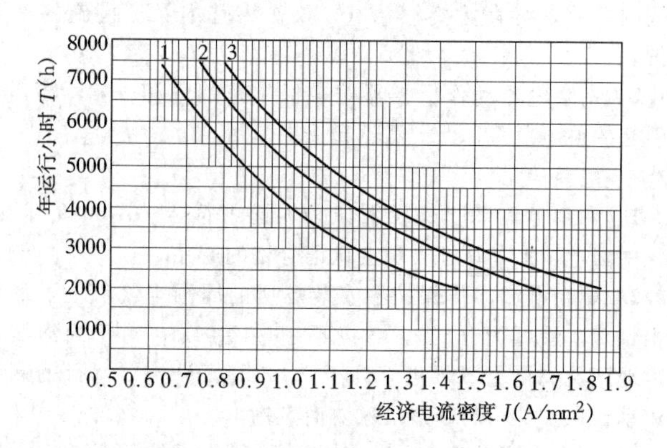

图8　软导线经济电流密度

曲线1—导线为LJ线，10kV及以下导线；曲线2—导线为LGJ型，10kV及以下导线；曲线3—导线为LGJ、LGJQ型，35～220kV导线

b）线路末端的电压偏差应符合3.3.2的规定；

c）按允许电压损耗校核时：自配电变压器二次侧出口至线路末端（不包括接户线）的允许电压损耗不大于额定低压配

电电压（220V、380V）的7%；

d）导线的最大工作电流，不应大于导线的允许载流量；

e）铝绞线、架空绝缘电线的最小截面为$25mm^2$，也可采用不小于$16mm^2$的钢芯铝绞线；

f）TT系统的中性线和TN－C系统的保护中性线，其截面应按允许载流量和保护装置的要求选定，但不应小于3.4.5.2中表3的规定。单相供电的中性线截面应与相线相同。

6.2.4 施放导线时，应采取防止导线损伤的措施，并应进行外观检查：铝绞线、钢芯铝绞线表面不得有腐蚀的斑点、松股、断股及硬伤的现象。架空绝缘电线：表面不得有气泡、鼓肚、砂眼、露芯、绝缘断裂及绝缘霉变等现象。

6.2.5 铝绞线、钢芯铝绞线、架空绝缘电线有硬弯或钢芯铝绞线钢芯断一股时应剪断重接，接续应满足下列要求：

a）铝绞线、钢芯铝绞线：宜采用压接管；

b）架空绝缘电线：芯线采用圆形压接管；外层绝缘恢复宜采用热收缩管；

c）导线接续前应用汽油清洗管内壁及被连接部分导线的表面，并在导线表面涂一层导电膏后再行压接。

6.2.6 同一档距内，每根导线只允许一个接头，接头距导线固定点不应小于0.5m，不同规格、不同金属和纹向的导线，严禁在一个耐张段内连接。

6.2.7 铝绞线在同一截面处不同的损伤面积应按下列要求处理：

a）损伤截面占总截面5%～10%时，应用同金属单股线绑扎，单股线直径应不小于2mm，绑扎长度不应小于100mm。

b）损伤截面占总截面10%～20%时，应用同金属单股线绑扎，单股线直径应不小于2mm，绑扎长度不应小于：

1）LJ－35型及以下：140mm；

2）LJ－95型及以下：280mm；

3）LJ－185型及以下：340mm。

c）损伤截面积超过20%或因损伤导致强度损失超过总拉断力的5%时，应将损伤部分全部割去，应采用压接管重新接续。

6.2.8 钢芯铝绞线在同一截面处不同的损伤面积，应按GB50173标准的规定要求处理；架空绝缘导线在同一截面处不同的损坏面积应按DL/T 602标准的规定要求处理。

6.2.9 架空绝缘电线的绝缘层操作时，应用耐气候型号的自粘性橡胶带至少缠绕5层作绝缘补强。

6.2.10 架空绝缘电线施放后，用500V兆欧表摇测1min后的稳定绝缘电阻，其值应不低于0.5MΩ。

6.2.11 导线的设计弧垂，各地可根据已有线路的运行经验或按所选定的气象条件计算确定。考虑导线初伸长对弧垂的影响，架线时应将铝绞线和绝缘铝绞线的设计弧垂减少20%，钢芯铝绞线设计弧垂减少12%。

6.2.12 档距内的各相弧垂应一致，相差不应大于50mm。同一档距内，同层的导线截面不同时，导线弧垂应以最小截面的弧垂确定。

6.2.13 常用导线结构及技术指标见附录D。

6.3 绝缘子

6.3.1 架空导线应采用与线路额定电压相适应的绝缘子固定，其规格根据导线截面大小选定。

6.3.2 绝缘子应采用符合GB/T 773、GB/T 1386.1标准的电瓷产品。

6.3.3 直线杆一般采用针式绝缘子或蝶式绝缘子，耐张杆采用蝶式或线轴式绝缘子，也可采用悬式绝缘子。中性线、保护中性线应采用与相线相同的绝缘子。

6.3.4 绝缘子在安装前应逐个清污并作外观检查，抽测率不少于5%。

a）绝缘子的铁脚与瓷件应结合紧密，铁脚镀锌良好，瓷釉表面光滑、无裂纹、缺釉、破损等缺陷。

b）用2500V兆欧表摇测1min后的稳定绝缘电阻，其值不应小于20MΩ。

6.4 横担及铁附件

6.4.1 线路横担及其铁附件均应热镀锌或其他先进的防腐措施。镀锌铁横担具体规格应通过计算确定，但不应小于：

直线杆采用角钢时：50mm×50mm×5mm；

承力杆采用角钢时：2根50mm×50mm×5mm。

6.4.2 单横担的组装位置，直线杆应装于受电侧；分支杆、转角杆及终端杆应装于拉线侧。横担组装应平整，端部上、下和左右斜扭不得大于20mm。

6.4.3 用螺栓连接构件时，应符合下列要求：

a）螺杆应与构件面垂直，螺头平面与构件间不应有间隙；

b）螺母紧好后，露出的螺杆长度，单螺母不应少于两个螺距；双螺母可与螺母相平。当必须加垫圈时，每端垫圈不应超过两个；

c）螺栓穿入方向：顺线路者从电源侧穿入；横线路者面向受电侧由左向右穿入；垂直地面者由下向上穿入。

6.5 导线排列、档距及线间距离

6.5.1 导线一般采用水平排列，中性线或保护中性线不应高于相线，如线路附近有建筑物，中性线或保护中性线宜靠近建筑物侧。同一供电区导线的排列相序应统一。路灯线不应高于其他相线、中性线或保护中性线。

6.5.2 线路档距，一般采用下列数值：

a）铝绞线、钢芯铝绞线：集镇和村庄为40m～50m；田间为40m～60m；

b）架空绝缘电线：一般为30m～40m，最大不应超过50m。

6.5.3 导线水平线间距离，不应小于下列数值：

a）铝绞线或钢芯铝绞线：档距50m及以下为0.4m；档距50m～60m为0.45m；靠近电杆的两导线间距离，不应小于0.5m。

b）架空绝缘电线：档距40m及以下为0.3m；档距40m～50m为0.35m；靠近电杆的两导线间距为0.4m。

6.5.4 低压线路与高压线路同杆架设时，横担间的垂直距离，不应小于下列数值：

直线杆：1.2m；

分支和转角杆：1.0m。

6.5.5 未经电力企业同意，不得同杆架设广播、电话、有线电视等其他线路。低压线路与弱电线路同杆架设时电力线路应敷设在弱电线路的上方，且架空电力线路的最低导线与弱电线路的最高导线之间的垂直距离，不应小于1.5m。

6.5.6 同杆架设的低压多回线路，横担间的垂直距离不应小于下列数值：直线杆为0.6m；分支杆、转角杆为0.3m。

6.5.7 线路导线每相的过引线、引下线与邻相的过引线、引下线或导线之间的净空距离，不应小于150mm；导线与拉线、电杆间的最小间隙，不应小于50mm。

6.6 电杆、拉线和基础

6.6.1 电杆宜采用符合GB 4623标准规定的定型产品，杆长

宜为 8m，梢径为 150mm。

6.6.2 混凝土电杆的最大使用弯矩，不应大于混凝土电杆的标准检验弯矩（参见附录 E）。

6.6.3 各类电杆的运行工况，应计算下列工况的荷载：

a）最大风速、无冰、未断线；

b）覆冰、相应风速、未断线；

c）最低温度、无冰、无风、未断线（适用于转角杆、终端杆）。

6.6.4 混凝土电杆组立前应作如下检查：

a）电杆表面应光滑，无混凝土脱落、露筋、跑浆等缺陷；

b）平放地面检查时，不得有环向或纵向裂缝，但网状裂纹、龟裂、水纹不在此限；

c）杆身弯曲不应超过杆长的 1/1000；

d）电杆的端部应用混凝土密封。

6.6.5 电杆的埋设深度，应根据土质及负荷条件计算确定，但不应小于杆长的 1/6。电杆的倾覆稳定安全系数不应小于：直线杆为 1.5；耐张杆为 1.8；转角、终端杆为 2.0。

6.6.6 电杆组立后（未架线），杆位横向偏离线路中心线不应大于 50mm。

6.6.7 架线后，杆身倾斜：直线杆杆梢位移，不应大于杆梢直径的 1/2；转角杆应向外倾斜；终端杆应向拉线侧倾斜，其杆梢位移不应大于杆梢直径。

6.6.8 转角、分支、耐张、终端和跨越杆均应装设拉线，拉线及其铁附件均应热镀锌。

6.6.9 拉线一般固定在横担下不大于0.3m处。拉线与电杆夹角为 45°，若受地形限制，不应小于 30°。

6.6.10 跨越道路(非公路)的水平拉线，对路面的垂直距离不应低于 5m,拉线柱应向张力反方向倾斜 10°～20°。

6.6.11 拉线宜采用镀锌钢纹线，强度安全系数不应小于 2.0，截面不应小于 $25mm^2$。

6.6.12 拉线的底把宜采用直径不大于16mm的热镀锌圆钢制成的拉线棒，连接处应采用双螺母，其外露地面部分的长度应为露出地面 0.5m～0.7m。

6.6.13 拉线盘需具有一定抗弯强度，宜采用钢筋混凝土预制块，其规格不应小于150mm×250mm×500mm。

6.6.14 拉线的埋设深度，应根据土质条件和电杆的倾覆力矩确定，其抗拔稳定安全系数不应小于：直线杆为 1.5；耐张杆为 1.8；转角杆、终端杆为 2.0。

6.6.15 穿越和接近导线的电杆拉线必须装设与线路电压等级相同的拉线绝缘子。拉线绝缘子应装在最低导线以下，应保证在拉线绝缘子以下断拉线情况下，拉线绝缘子距地面不应小于 2.5m。

6.6.16 拉紧绝缘子的强度安全系数不应小于3.0。

6.6.17 拉线坑、杆坑的回填土，应每填 0.3m 夯实一次，最后培起高出地面 0.3m 的防沉土台，在拉线和电杆易受洪水冲刷的地方，应设保护桩或采取其他加固措施。

6.7 对地距离和交叉跨越

6.7.1 导线对地面和交叉跨越物的垂直距离，应按导线最大弧垂计算；对平行物的水平距离，应按导线最大风偏计算，并计及导线的初伸长和设计、施工误差。

6.7.2 裸导线对地面、水面、建筑物及树木间的最小垂直和水平距离，应符合下列要求：

a）集镇、村庄（垂直）：6m；

b）田间（垂直）：5m；

c）交通困难的地区（垂直）：4m；

d）步行可达到的山坡（垂直）：3m；

e）步行不能达到的山坡、峭壁和岩石（垂直）：1m；

f）通航河流的常年高水位（垂直）：6m；

g）通航河流最高航行水位的最高船桅顶（垂直）：1m；

h）不能通航的河湖冰面（垂直）：5m；

i）不能通航的河湖最高洪水位（垂直）：3m；

j）建筑物（垂直）：2.5m；

k）建筑物（水平）：1m；

l）树木（垂直和水平）：1.25m。

6.7.3 架空绝缘电线对地面、建筑物、树木的最小垂直、水平距离应符合下列要求：

a）集镇、村庄居住区（垂直）：6m；

b）非居住区（垂直）：5m；

c）不能通航的河湖冰面（垂直）：5m；

d）不能通航的河湖最高洪水位（垂直）：3m；

e）建筑物（垂直）：2m；

f）建筑物（水平）：0.2m；

g）街道行道树（垂直）：0.2m；

h）街道行道树（水平）：0.5m。

6.7.4 低压电力线路与弱电线路交叉时，电力线路应架设在弱电线路的上方；电力线路电杆应尽量靠近交叉点但不应小于对弱电线路的倒杆距离。电力线路与弱电线路的交叉角以及最小距离应符合下列规定：

a）与一级弱电线路的交叉角不小于 45°；

b）与二级弱电线路的交叉角不小于 30°；

c）与弱电线路的距离（垂直、水平）：1m。

弱电线路等级参见附录 L。

6.7.5 低压电力线路与铁路、道路、通航河流、管道、索道及各种架空线路交叉或接近时，应符合表 15 的要求。

表 15　架空电力线路与各种工程设施交叉接近时的基本要求

编号	项目	一		二		三		四		五					六	
		铁路		道路		通航河流		弱电线路		电力线路（kV）					特殊管道	铁索道
		标准轨距	窄轨	一、二级公路	三、四级公路	主要	次要	一、二级	三级	1.0以下	6～10	35～110	154～220	330		
1	导线最小截面	铝绞线及铝合金线为 $35mm^2$，其他导线为 $16mm^2$														
2	导线在跨越档内的接头	不应接头	—	不应接头	—	不应接头	—	—	—	—	—	—	—	—	不应接头	
3	导线支持方式	双固定		双固定	单固定	双固定	单固定	双固定	单固定	单固定	—	—	—	—	双固定	

续表

编号	项目		一		二		三		四		五					六	
			铁路		道路		通航河流		弱电线路		电力线路（kV）					特殊管道	铁索道
			标准轨距	窄轨	一、二级公路	三、四级公路	主要	次要	一、二级	三级	1.0以下	6～10	35～110	154～220	330		
4	最小垂直距离（m）	项目/线路电压	至轨顶		至路面		至50年一遇洪水位		至被跨越线		至导线					电力线在上面	
			至承力索或接触线				至最高航行水位的最高船桅顶									电力线在下面	电力线在下面时至电力线上的保护设施
		低压	7.5	6.0	6.0		6.0		1.0		1	2	3	4	5	1.5	
			3.0	3.0			1.0									1.5	
5	最小水平距离（m）	项目/线路电压	电杆外缘至轨道中心		电杆中心至路面边缘		与拉纤小路平行的线路，边导线至斜坡上缘		在路径受限制地区、两线路边导线间		在路径受限制地区，两线路外边侧导线间					在路径受限制地区至管索道任何部分	
		低压	交叉：5.0 平行：杆高加3.0		0.5		最高电杆高度		1.0		2.5	2.5	5.0	7.0	9.0	1.5	
6	备注				公路分级见附录		开阔地区的最小水平距离不得小于电杆高度		两平行线路在开阔地区的水平距离不应小于电杆高度		两平行线路在开阔地区的水平距离不应小于电杆高度					在路径不受限制地区与管索道的水平距离不应小于电杆高度	

注：低压架空电力线路与二、三级弱电线路、低压线路、公路交叉跨越的导线最小截面可按6.2.3规定执行。

7 地埋电力线路

7.1 一般要求

7.1.1 地埋电力线路（简称地埋线）的电线必须符合JB 2171标准的规定（参见附录F）。

7.1.2 白蚁聚居、鼠类活动频繁、土壤中含有腐蚀塑料的物质、岩石或碎石地区，不宜敷设地埋线。

7.1.3 地埋线的敷设路径和电线的计算负荷，应与农村发展规划相结合通盘考虑，一般不应少于5年。

7.2 地埋线

7.2.1 地埋线的型号选择，北方宜采用耐寒护套或聚乙烯护套型；南方采用普通护套型，严禁用无护套的普通塑料绝缘电线代替。

7.2.2 地埋线的截面选择，除应满足6.2.3有关规定外，其截面不应小于4mm²。

7.2.3 地埋线的接续宜采用压接。接头处的绝缘和护套的恢复，可用自粘性塑料绝缘带缠绕包扎或用热收缩管的办法。

当采用缠绕包扎时，一般至少缠绕5层作绝缘恢复，再缠5层作为护套。包扎长度应在接头两端各伸延100mm，缠绕时严防灰尘、水分混入，严禁用黑胶布包扎接头。

7.2.4 地埋线的接续也可引出地面用接线箱连接。

7.3 敷设

7.3.1 地埋线应敷设在冻土层以下，其深度不宜小于0.8m。

7.3.2 地埋线一般应水平敷设，线间距离为50mm～100mm，电线至沟边距离不应小于50mm。

7.3.3 地埋线的沟底应平坦坚实，无石块和坚硬杂物，并铺设一层100mm～200mm厚的松软细土或细砂，当地形高度变化时应作平缓斜坡。线路转向时，拐弯半径不应小于地埋线外径的15倍。

7.3.4 地埋线施放前，必须浸水24h后，用2500V兆欧表摇测1min，其稳定绝缘电阻应符合有关技术标准的规定。

7.3.5 环境温度低于0℃或雨、雪天，不宜敷设地埋线。

7.3.6 放线时，应作外表检查：

a）绝缘护套不得有机械损伤、砂眼、气泡、鼓肚、漏芯、粗细不匀等现象；

b）芯线不偏心、无硬弯、无断股；

c）无腐蚀霉变现象。

7.3.7 放线时应将地埋线托起，严禁在地面上拖拉。谨防打卷、扭折和其他机械损伤。

7.3.8 地埋线在沟内应水平面蛇形敷设，遇有接头、接线箱、转弯处、穿管处，应留有余度伸缩弯的半径不应小于地埋线外径的15倍，沟内各相接头应错开。

7.3.9 地埋线与其他地下工程设施相互交叉、平行时，其最小距离应符合表16的规定。

表16 地埋线与其他地下设施交叉、平行时允许的最小距离 m

地下设施名称	平　行	交　叉
地埋电力线路	0.5	0.5（0.25）
10kV及以下电力电缆	0.5	0.5（0.25）
通信电缆	0.5	0.5（0.25）
自来水管	0.5	0.5（0.25）

注：表中括号内数字是指地埋线有穿管保护或加隔板的最小距离。

7.3.10 地埋线穿越铁路、公路时，应加钢管套保护，管的内径不应小于地埋线外径的1.5倍，管内不得有接头，保护管距公路路面、铁轨路基面，不应小于1.0m。

7.3.11 地埋线引出地面时，自埋设深处起至接线箱应套装硬质保护管，管的内径不应小于地埋线外径的1.5倍。

7.4 接线箱

7.4.1 地埋线路的分支、接户、终端及引出地面的接线处，应装设地面接线箱，其位置应选择在便于维护管理、不易碰撞的地方。

7.4.2 接线箱内应采用符合我国有关国家标准的产品，并应满足4.2.1的规定。

7.4.3 接线箱应牢固安装在基础上，箱底距地面不应小于1m。

7.5 填埋

7.5.1 回填土前应核对相序，做好路径、接头与地下设施交叉的标志和保护。

7.5.2 回填土应按以下步骤进行：

1）回填土应从放线端开始，逐步向终端推移，不应多处同时进行。

2）电线周围应填细土或细砂，覆土200mm后，可放水让其自然下沉或用人排步踩平，禁用机械夯实。

3）用2500V兆欧表复测绝缘电阻，并与埋设前所测电阻相比，若阻值明显下降时，应查明原因进行处理。

4）当复测绝缘电阻无明显下降时，才可全面回填土，回填土时禁用大块泥土投击，回填土应高出地面200mm。

8 低压电力电缆

8.1 农村低压电力电缆选用要求

8.1.1 一般采用聚氯乙烯绝缘电缆或交联聚乙烯绝缘电缆；

8.1.2 在有可能遭受损伤的场所，应采用有外护层的铠装电缆；在有可能发生位移的土壤中（沼泽地、流沙、回填土等）敷设电缆时，应采用钢丝铠装电缆；

8.1.3 电缆截面的选择，一般按电缆长期允许载流量和允许电压损耗确定，并考虑环境温度变化、土壤热阻率等影响，以满足最大工作电流作用下的缆芯温度不超过按电缆使用寿命确定的允许值。聚氯乙烯电缆允许载流量及持续工作的缆芯工作温度见表17。

表17 聚氯乙烯绝缘电缆允许持续载流量（建议性基础值）

敷设方式		空气中数值 A		直埋数值 A			
护套		无钢铠护套		无钢铠护套		有钢铠护套	
缆芯数		二芯	三芯或四芯	二芯	三芯或四芯	二芯	三芯或四芯
缆芯截面 mm²	10	44	38	62	52	59	50
	16	60	52	83	70	79	68
	25	79	69	105	90	100	87
	35	95	82	136	110	131	105
	50	121	104	157	134	152	129
	70	147	129	184	157	180	152
	95	181	155	226	189	217	180
	120	211	181	254	212	249	207
	150	242	211	287	242	273	237
	185	—	246	—	273	—	264
	240	—	294	—	319	—	310
	300	—	328	—	347	—	347
缆芯最高工作温度℃		70					
环境温度℃		40		25			

注：1 表中系铝芯电缆数值，铜芯电缆的允许持续载流量可以乘以1.29；

2 直埋敷设土壤热阻系数不小于1.2。

8.1.4 农村三相四线制低压供电系统的电力电缆应选用四芯电缆。

8.2 电缆路径

敷设电缆应选择不易遭受各种损坏的路径。

a）应使电缆不易受到机械、振动、化学、水锈蚀、热影响、白蚁、鼠害等各种损伤。

b）便于维护。

c）避开规划中的施工用地或建设用地。

d）电缆路径较短。

8.3 电缆敷设

8.3.1 敷设电缆前，应检查电缆表面有无机械损伤；并用1kV兆欧表摇测绝缘，绝缘电阻一般不低于10MΩ。

8.3.2 敷设电缆时应符合的要求

a）直埋电缆的深度不应小于0.7m，穿越农田时不应小于1m。直埋电缆的沟底应无硬质杂物，沟底铺100mm厚的细土或黄砂，电缆敷设时应留全长0.5%～1%的裕度，敷设后再加盖100mm的细土或黄砂，然后用水泥盖板保护，其覆盖宽度应超过电缆两侧各50mm，也可用砖块替代水泥盖板。

b）电缆穿越道路及建筑物或引出地面高度在2m以下的部分，均应穿钢管保护。保护管长度在30m以下者，内径不应小于电缆外径的1.5倍，超过30m以上者不应小于2.5倍，两端管口应做成喇叭形，管内壁应光滑无毛刺，钢管外面应涂防腐漆。电缆引入及引出电缆沟、建筑物及穿入保护管时，出入口和管口应封闭。

c）交流四芯电缆穿入钢管或硬质塑料管时，每根电缆穿一根管子。单芯电缆不允许单独穿在钢管内（采取措施者除外），固定电缆的夹具不应有铁件构成的闭合磁路。

8.3.3 电缆的埋设深度，电缆与各种设施接近与交叉的距离，电缆之间的距离和电缆明装时的支持间距离应符合表18的规定。

8.3.4 敷设电缆时，应防止电缆扭伤和过分弯曲。电缆弯曲半径与电缆外径比值，不应小于下列规定：

聚氯乙烯护套多芯电力电缆为10倍；

交联聚乙烯护套多芯电力电缆为15倍。

8.3.5 低压塑料绝缘电力电缆室内终端头可采用自粘性绝缘带包扎或采用预制式绝缘首套；室外终端头宜采用热缩终端头加绝缘带包扎或预制式绝缘首套加绝缘带包扎的方式。

表 18　　电缆装置中的最小距离　　m

项目		最小距离	
		平行	交叉
电力电缆间及其与控制电缆间	一般情况	0.1	0.5
	穿管或用隔板隔开	0.1	0.25
电缆与各种设施接近与交叉净距离	公路	1.5	1.0
	集镇街道路面	1.00	0.70
	可燃气体与易燃液体管道（沟）	1.00	0.50
	热力管道（沟）	2.00	0.50
	其他管道	0.50	0.50
	建筑物基础（边线）	0.60	—
	杆基础（边线）	1.00	—
	排水沟	1.00	0.50

8.3.6　直埋电缆拐弯、接头、交叉、进入建筑物等地段，应设明显的方位标桩。直线段应适当增设标桩，标桩露出地面以150mm为宜。

8.3.7　电缆经过含有酸碱、矿渣、石灰等场所，不应直接埋设。若必须经过该地段时，应采用缸瓦管、水泥管等防腐保护措施。在有腐蚀性气体的场所电缆明敷时，应采用防腐型电缆。

8.3.8　直埋电缆不应平行敷设在各种管道上面或下面。

8.3.9　电缆沿坡敷设时，中间接头应保持水平，多条电缆同沟敷设时，中间接头的位置应前、后错开，其净距不应小于0.5m。

8.3.10　在钢索上悬吊电缆固定点间的距离应符合设计要求，无特殊规定的不应超过下列数值：

水平敷设：电力电缆为750mm；

垂直敷设：电力电缆为1500mm。

8.3.11　电缆钢支架及安装应符合的要求

所用钢材应平直，无显著扭曲，切口处应无卷边、毛刺；

支架应安装牢固、横平竖直；

支架必须先涂防腐底漆、油漆应均匀完整；

安装在湿热、盐雾以及有化学腐蚀地区的电缆支架，应作特殊的防腐处理或热镀锌，也可采用其他耐腐蚀性能较好的材料制作支架。

8.3.12　电缆在支架上敷设时，支架间距离不应大于下列数值：

水平敷设：电力电缆为0.8m；

垂直敷设：电力电缆为1.5m。

8.3.13　易燃、易爆及腐蚀性气体场所内电缆明敷时，应穿管保护，管口应封闭。

8.3.14　同一电缆芯线的两端，相色应一致，且与连接的母线相色相同。

8.3.15　三相四线制系统中，不应采用三芯电缆另加单芯电缆作零线，严禁利用电缆外皮作零线。

9　接户与进户装置

9.1　接户线、进户线的确定

9.1.1　用户计量装置在室内时，从低压电力线路到用户室外第一支持物的一段线路为接户线；从用户室外第一支持物至用户室内计量装置的一段线路为进户线。

9.1.2　用户计量装置在室外时，从低压电力线路到用户室外计量装置的一段线路为接户线；从用户室外计量箱出线端至用户室内第一支持物或配电装置的一段线路为进户线。

9.2　计量装置

9.2.1　低压电力用户计量装置应符合GB/T 16934的规定。

9.2.2　农户生活用电应实行一户一表计量，其电能表箱宜安装于户外墙上。

9.2.3　农户电能表箱底部距地面高度宜为1.8m～2.0m，电能表箱应满足坚固、防雨、防锈蚀的要求，应有便于抄表和用电检查的观察窗。

9.2.4　农户计量表后应装设有明显断开点的控制电器、过流保护装置。每户应装设末级剩余电流动作保护器。

9.3　接户线、进户线装置要求

9.3.1　接户线的相线和中性线或保护中性线应从同一基电杆引下，其档距不应大于25m，超过25m时，应加装接户杆，但接户线的总长度（包括沿墙敷设部分）不宜超过50m。

9.3.2　接户线与低压线如系铜线与铝线连接，应采取加装铜铝过渡接头的措施。

9.3.3　接户线和室外进户线应采用耐气候型绝缘电线，电线截面按允许载流量选择，其最小截面应符合表19的规定。

表 19　　接户线和室外进户线最小允许截面　　mm^2

架设方式	档距	铜线	铝线
自电杆引下	10m及以下	2.5	6.0
	10m～25m	4	10.0
沿墙敷设	6m及以下	2.5	6.0

9.3.4　沿墙敷设的接户线以及进户线两支持点间的距离，不应大于6m。

9.3.5　接户线和室外进户线最小线间距离一般不小于下列数值：

自电杆引下：150mm；

沿墙敷设：100mm。

9.3.6　接户线两端均应绑扎在绝缘子上，绝缘子和接户线支架按下列规定选用：

a）电线截面在$16mm^2$及以下时，可采用针式绝缘子，支架宜采用不小于50mm×5mm的扁钢或40mm×40mm×4mm角钢，也可采用50mm×50mm的方木；

b）电线截面在$16mm^2$以上时，应采用蝶式绝缘子，支架宜采用50mm×50mm×5mm的角钢或60mm×60mm的方木。

9.3.7　接户线和进户线的进户端对地面的垂直距离不宜小于2.5m。

9.3.8　接户线和进户线对公路、街道和人行道的垂直距离，在电线最大弧垂时，不应小于下列数值：

公路路面：6m；

通车困难的街道、人行道：3.5m；

不通车的人行道、胡同：3m。

9.3.9　接户线、进户线与建筑物有关部分的距离不应小于下列数值：

与下方窗户的垂直距离：0.3m；

与上方阳台或窗户的垂直距离：0.8m；

与窗户或阳台的水平距离：0.75m；

与墙壁、构架的水平距离：0.05m。

9.3.10 接户线、进户线与通信线、广播线交叉时，其垂直距离不应小于下列数值：

接户线、进户线在上方时：0.6m；

接户线、进户线在下方时：0.3m。

9.3.11 进户线穿墙时，应套装硬质绝缘管，电线在室外应做滴水弯，穿墙绝缘管应内高外低，露出墙壁部分的两端不应小于10mm；滴水弯最低点距地面小于2m时进户线应加装绝缘护套。

9.3.12 进户线与弱电线路必须分开进户。

10 无功补偿

10.1 一般要求

10.1.1 低压电力网中的电感性无功负荷应用电力电容器予以就地充分补偿，一般在最大负荷月的月平均功率因数应达到下列规定：

农村公用配电变压器不低于0.85；

100kVA以上的电力用户不低于0.9。

10.1.2 应采取防止无功向电网倒送的措施。

10.1.3 低压电力网中的无功补偿应按下列原则设置：

a）固定安装年运行时间在1500h以上，且功率大于4.0kW的异步电动机，应实行就地补偿，与电动机同步投切；

b）车间、工厂安装的异步电动机，如就地补偿有困难时可在动力配电室集中补偿。

10.1.4 异步电动机群的集中补偿应采取防止功率因数角超前和产生自励过电压的措施。

10.2 补偿容量

10.2.1 单台电动机的补偿容量，应根据电动机的运行工况确定：

a）机械负荷惯性小的（切断电源后，电动机转速缓慢下降的），补偿容量可按0.9倍电动机空载无功功率配置，即：

$$Q_{com} = 0.9\sqrt{3}U_N I_0$$

式中：Q_{com}——电动机所需补偿容量，kvar；

U_N——电动机额定电压，kV；

I_0——电动机空载电流，A。

电动机的空载电流，可由厂家提供，如无，可参照下式确定：

$$I_0 = 2I_N(1-\cos\varphi_N)$$

式中：I_0——电动机空载电流，A；

I_N——电动机额定电流，A；

$\cos\varphi_N$——电动机额定负荷时功率因数。

b）机械负荷惯性较大时（切断电源后，电动机转速迅速下降的）：

$$Q_{com} = (1.3 \sim 1.5)Q_0$$

式中：Q_{com}——电动机所需补偿容量，kvar；

Q_0——电动机空载无功功率，kvar。

10.2.2 车间、工厂集中补偿容量 Q_{com}，可按下式确定，也可直接查表20得出：

$$Q_{com} = P_{av}(\mathrm{tg}\varphi_1 - \mathrm{tg}\varphi_2)$$

式中：P_{av}——用户最高负荷月平均有功功率，kW；

$\mathrm{tg}\varphi_1$——补偿前功率因数角的正切值；

$\mathrm{tg}\varphi_2$——补偿到规定的功率因数角正切值。

10.2.3 配电变压器的无功补偿容量可按表20进行配置。容量在100kVA以上的专用配电变压器，宜采用无功自动补偿装置。

表20　无功补偿容量表

补偿前	为得到所需 $\cos\varphi_2$ 每千瓦负荷所需电容器千乏数											
$\cos\varphi_1$	0.70	0.75	0.80	0.82	0.84	0.86	0.88	0.90	0.92	0.94	0.96	0.98
0.30	2.16	2.30	2.42	2.49	2.53	2.59	2.65	2.70	2.76	2.82	2.89	2.98
0.35	1.66	1.80	1.93	1.98	2.03	2.08	2.14	2.19	2.25	2.31	2.38	2.47
0.40	1.27	1.41	1.54	1.60	1.65	1.70	1.76	1.81	1.87	1.93	2.00	2.09
0.45	0.97	1.11	1.24	1.29	1.34	1.40	1.45	1.50	1.56	1.62	1.69	1.78
0.50	0.71	0.85	0.98	1.04	1.09	1.14	1.20	1.25	1.31	1.37	1.44	1.53
0.52	0.62	0.76	0.89	0.95	1.00	1.05	1.11	1.16	1.22	1.28	1.35	1.44
0.54	0.54	0.68	0.81	0.86	0.92	0.97	1.02	1.08	1.14	1.20	1.27	1.36
0.56	0.46	0.60	0.73	0.78	0.84	0.89	0.94	1.00	1.05	1.12	1.19	1.28
0.58	0.39	0.52	0.66	0.71	0.76	0.81	0.87	0.92	0.98	1.04	1.11	1.20
0.60	0.31	0.45	0.58	0.64	0.69	0.74	0.80	0.85	0.91	0.97	1.04	1.13
0.62	0.25	0.39	0.52	0.57	0.62	0.67	0.73	0.78	0.84	0.90	0.97	1.06
0.64	0.18	0.32	0.45	0.51	0.56	0.61	0.67	0.72	0.78	0.84	0.91	1.00
0.66	0.12	0.26	0.39	0.45	0.49	0.55	0.60	0.66	0.71	0.78	0.85	0.94
0.68	0.06	0.20	0.33	0.38	0.43	0.49	0.54	0.60	0.65	0.72	0.79	0.88
0.70	—	0.14	0.27	0.33	0.38	0.43	0.49	0.54	0.60	0.66	0.73	0.82
0.72	—	0.08	0.22	0.27	0.32	0.37	0.43	0.48	0.54	0.60	0.67	0.76
0.74	—	0.03	0.16	0.21	0.26	0.32	0.37	0.43	0.48	0.55	0.62	0.71
0.76	—	—	0.11	0.16	0.21	0.26	0.32	0.37	0.43	0.50	0.56	0.65
0.75	—	—	0.05	0.11	0.16	0.21	0.27	0.32	0.38	0.44	0.51	0.60
0.80	—	—	—	0.05	0.10	0.16	0.21	0.27	0.33	0.39	0.46	0.55
0.82	—	—	—	—	0.05	0.10	0.16	0.22	0.27	0.33	0.40	0.49
0.84	—	—	—	—	—	0.05	0.11	0.16	0.22	0.28	0.35	0.44
0.86	—	—	—	—	—	—	0.06	0.11	0.17	0.23	0.30	0.39
0.88	—	—	—	—	—	—	—	0.06	0.11	0.17	0.25	0.33
0.90	—	—	—	—	—	—	—	—	0.06	0.12	0.19	0.28
0.92	—	—	—	—	—	—	—	—	—	0.06	0.13	0.22
0.94	—	—	—	—	—	—	—	—	—	—	0.07	0.16

10.3 就地补偿装置应符合JB 7115标准的规定

10.3.1 直接起动的电动机补偿电容器，可采用低压三相电容器直接并于电动机的接线端子上，如图9所示。

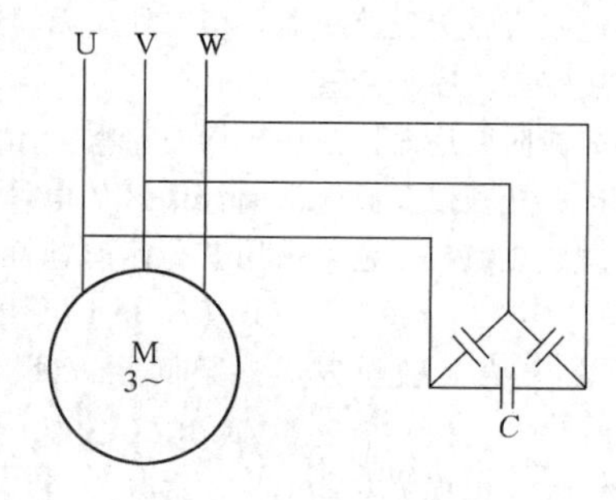

图9　三相电容器并联接线

10.3.2 星—三角起动的电动机的补偿电容器，可采用如图10的接线方式。

10.3.3 集中补偿电容器装置应符合JB 7113规定，其接线原理示意如图11。

10.3.4 电容器开关容量应能断开电容器回路而不重燃和通过涌流能力，其额定电流一般可按电容器额定电流的1.3～1.5倍选取。

10.3.5 为抑制开断时的过电压及合闸涌流，集中补偿的电容器宜加装切合电阻，其阻值应按电容器组容抗的0.2～0.3倍选取。

10.3.6 电容器（组）应装设熔断器，其断流量不应低于电容器（组）的短路故障电流，熔断器的额定电流一般可按电容器

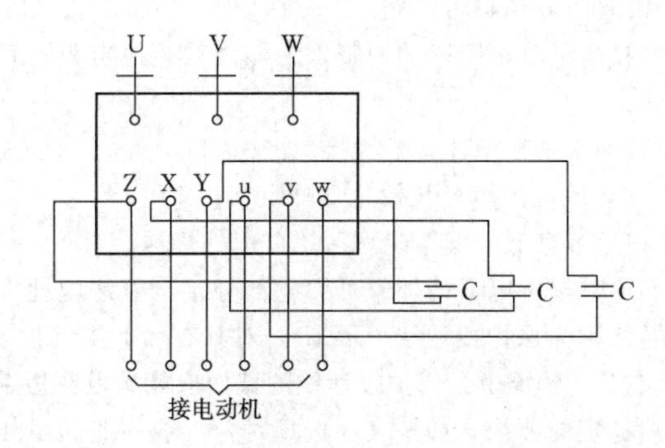

图10　星—三角起动电动机的补偿电容器接线

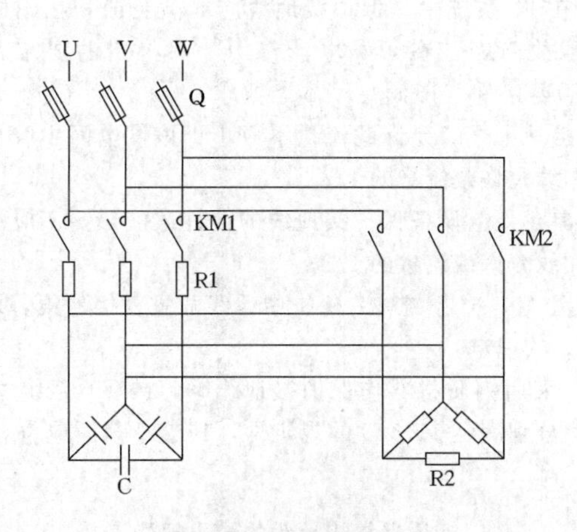

图11　集中补偿的电容器接线

Q—跌开式熔断器；KM1、KM2—接触器；

R1—切合电阻；R2—放电电阻

注：1. 关合：先合KM1，延时0.2ms～0.5ms后合KM2。

2. 断开：先开KM2，延时后再开KM1。

额定电流的1.5～2.5倍选取。

10.3.7　电容器（组）应设放电电阻，但以下情况可不再另装设放电电阻：

a）不经开断电器直接与电动机绕组相连接的电容器；

b）出厂时，电容器内已装设放电电阻。

10.3.8　电容器的放电电阻，应满足如下要求：

a）非自动切换的电容器组，电容器断电1min后，其端电压不应超过75V，放电电阻值可按下式确定：

$$R = t_1/[C\ln(\sqrt{2U_C}/75)]$$

式中：R——放电电阻，Ω；

t_1——放电降到75V以下所需时间，s；

C——电容器电容，F；

U_C——电容器额定电压，V。

b）自动切换的电容器组，开合时电容器上的残压不应高于$0.1U_C$，放电电阻值可按下式确定：

$$R = 0.38t_2/C$$

式中：t_2——切合之间的最短时间间隔，s。

c）放电电阻按长期运行条件考虑，有功损耗不应大于1W/kvar。

10.4　安装

10.4.1　电容器（组）的连接电线应用软导线，截面应根据允许的载流量选取，电线的载流量可按下述确定：

单台电容器为其额定电流的1.5倍；

集中补偿为总电容电流的1.3倍。

10.4.2　电容器的安装环境，应符合产品的规定条件：

a）海拔不超过1000m的地区（非湿热带）可采用符合GB/T 17886.1标准规定的定型产品；

b）海拔在1000m～5000m的高原地区，应采用符合GB/T 6915标准规定的定型产品；

c）海拔在1000m以下的热带地区，应采用符合GB/T 6916标准规定的定型产品。

10.4.3　室内安装的电容器（组），应有良好的通风条件，使电容器由于热损耗产生的热量，能以对流和辐射散发出来。

10.4.4　室外安装的电容器（组），其安装位置，应尽量减小电容器受阳光照射的面积。

10.4.5　当采用中性点绝缘的星形连接组时，相间电容器的电容差不应超过三相平均电容值的5%。

10.4.6　集中补偿的电容器组，宜安装在电容器柜内分层布置，下层电容器的底部对地面距离不应小于300mm，上层电容器连线对柜顶不应小于200mm，电容器外壳之间的净距不宜小于100mm（成套电容器装置除外）。

10.4.7　电容器的额定电压与低压电力网的额定电压相同时，应将电容器的外壳和支架接地。当电容器的额定电压低于电力网的额定电压时，应将每相电容器的支架绝缘，且绝缘等级应和电力网的额定电压相匹配。

11　接地与防雷

11.1　工作接地

11.1.1　TT、TN-C系统配电变压器低压侧中性点直接接地。

11.1.2　电流互感器二次绕组（专供计量者除外）一端接地。

11.2　保护接地

11.2.1　在TT和IT系统中，除Ⅱ类和Ⅲ类电器外，所有受电设备（包括携带式和移动式电器）外露可导电部分应装设保护接地。

11.2.2　在TT和IT系统中，电力设备的传动装置、靠近带电部分的金属围栏、电力配线的金属管、配电盘的金属框架、金属配电箱以及配电变压器的外壳应装设保护接地。

11.2.3　在IT系统中，装设的高压击穿熔断器应装设保护接地。

11.2.4　在TN-C系统中，各出线回路的保护中性线，其首末端、分支点及接线处应装设保护接地。

11.2.5　与高压线路同杆架设的TN-C系统中的保护中性线，在共敷段的首末端应装设保护接地。

11.3　接保护中性线

11.3.1　在TN-C系统中，除Ⅱ类和Ⅲ类电器外，所有受电设备（包括携带式、移动式和临时用电电器）的外露可导电部分用保护线接保护中性线。

11.3.2　在TN-C系统中，电力设备的传动装置、配电盘的金属框架、金属配电箱，用保护线接保护中性线。

11.3.3　在TN-C系统中，保护中性线的接法应正确，如图3所示，即是从电源点保护中性线上分别连接中性线和保护线，其保护线与受电设备外露可导电部分相连，严禁与中性线串接。

11.3.4　保护线应采用绝缘电线，其截面应能保证短路时热稳定的要求，如按表3选择时，一般均能满足热稳定要求，可不作校验。

11.4　接地电阻

11.4.1　工作接地和保护接地的电阻（工频）在一年四季中均应符合本规程的要求。

11.4.2 配电变压器低压侧中性点的工作接地电阻，一般不应大于4Ω，但当配电变压器容量不大于100kVA时，接地电阻可不大于10Ω。

11.4.3 非电能计量的电流互感器的工作接地电阻，一般可不大于10Ω。

11.4.4 在IT系统中装设的高压击穿熔断器的保护接地电阻，不宜大于4Ω，但当配电变压器容量不大于100kVA时，接地电阻可不大于10Ω。

11.4.5 TN－C系统中保护中性线的重复接地电阻，当变压器容量不大于100kVA，且重复接地点不少于3处时，允许接地电阻不大于30Ω。

11.4.6 TT系统中，在满足5.5.2～5.5.3的情况下，受电设备外露可导电部分的保护接地电阻，可按下式确定：

$$R_e \leqslant \frac{U_{lom}}{I_{op}}$$

式中：R_e——接地电阻，Ω；

U_{lom}——通称电压极限，V，在正常情况下可按50V（交流有效值）考虑；

I_{op}——按5.5.2～5.5.3所确定的剩余电流保护器的动作电流，A。

11.4.7 在IT系统中，受电设备外露可导电部分的保护接地电阻，必须满足：

$$R_e \leqslant \frac{U_{lom}}{I_k}$$

式中：R_e——接地电阻，Ω；

U_{lom}——通称电压极限，V，在正常情况下可按50V（交流有效值）考虑；

I_k——相线与外露可导电部分之间发生阻抗可忽略不计的第一次故障电流，I_k值要计及泄露电流，A。

11.4.8 电力设备的传动装置、靠近带电部分的金属围栏、电力金属管配线、配电屏的金属框架、金属配电箱的保护接地电阻，在TT系统中应满足11.4.6的要求，在TT系统中应满足11.4.7的要求。

11.4.9 在IT系统中的高土壤电阻率的地区（沙土、多石土壤）保护接地电阻可允许不大于30Ω。

11.4.10 不同用途、不同电压的电力设备，除另有规定者外，可共用一个总接地体，接地电阻应符合其中最小值的要求。

11.5 接地体和保护接地线

11.5.1 接地体可利用与大地有可靠电气连接的自然接地物，如连接良好的埋设在地下的金属管道、金属井管、建筑物的金属构架等，若接地电阻符合要求时，一般不另设人工接地体。但可燃液体、气体、供暖系统等金属管道禁止用作保护接地体。

11.5.2 利用自然接地体时，应用不少于两根保护接地线在不同地点分别与自然接地体相连。

11.5.3 人工接地体应符合下列要求：

a）垂直接地体的钢管壁厚不应小于3.5mm；角钢厚度不应小于4.0mm，垂直接地体不宜少于2根（架空线路接地装置除外），每根长度不宜小于2.0m，极间距离不宜小于其长度的2倍，末端入地0.6m；

b）水平接地体的扁钢厚度不应小于4mm，截面不小于48mm²，圆钢直径不应小于8mm，接地体相互间距不宜小于5.0m，埋入深度必须使土壤的干燥及冻结程度不会增加接地体的接地电阻值，但不应小于0.6m；

c）接地体应作防腐处理。

11.5.4 在高土壤电阻率的地带，为能降低接地电阻，宜采用如下措施：

a）延伸水平接地体，扩大接地网面积；

b）在接地坑内填充长效化学降阻剂；

c）如近旁有低土壤电阻率区，可引外接地。

11.5.5 自被保护电器的外露可导电部分接至接地体地上端子的一段导线称为保护接地线（PEE），对其有如下要求：

a）在TT系统中，保护接地线的截面应能满足在短路电流作用下热稳定的要求，如按表3选择时，一般均能满足热稳定要求，可不作校验。

b）在IT系统中，保护接地线应能满足两相在不同地点产生接地故障时，在短路电流作用下热稳定的要求，如果满足了下述条件，即满足了本条要求：

1）接地干线的允许载流量不应小于该供电网中容量最大线路的相线允许载流量的1/2。

2）单台受电设备保护接地线的允许载流量，不应小于供电分支相线允许载流量的1/3。

c）在TN－C系统中，保护中性线的重复接地线，应满足11.5.5a）的规定。

11.5.6 采用钢质材料作保护接地线时，在TT系统中和IT系统中除分别满足11.5.5的规定外，其最小截面应符合表21的要求。

表21　钢质保护接地线的最小规格　mm²

类别	室内	室外	类别	室内	室外
圆钢直径	5	6	扁钢厚度	3	4
扁钢截面	24	48	角钢厚度	2	2.5

11.5.7 采用铜铝线作保护接地线时，在TT系统中和IT系统中除分别满足11.5.5的规定外，其最小截面应符合表22的要求。不得用铝线在地下作接地体的引上线。

表22　铜、铝保护接地线的最小截面　mm²

种　类	铜	铝	种　类	铜	铝
明设裸导线	4.0	6.0	电缆的保护接地芯线	1.0	1.5
绝缘电线	1.5	2.5	—		

11.5.8 钢质保护接地线与铜、铝导线的等效导电截面按表23确定。

11.6 接地装置的连接

11.6.1 接地装置的地下部分应采用焊接，其搭接长度：扁钢为宽度的2倍；圆钢为直径的6倍。

地下接地体应有引上地面的接线端子。

11.6.2 保护接地线与受电设备的连接应采用螺栓连接，与接地体端子的连接，可采用焊接或螺栓连接。采用螺栓连接时，应加装防松垫片。

11.6.3 每一受电设备应用单独的保护接地线与接地体端子或接地干线连接，该接地干线至少应有两处在不同地点与接地体相连。禁止用一根保护接地线串接几个需要接地的受电设备。

11.6.4 携带式、移动式电器的外露可导电部分必须用电缆芯线作保护接地线或作保护线。该芯线严禁通过工作电流。

表 23　　钢、铝、铜的等效截面

扁　钢	铝 (mm^2)	铜 (mm^2)	扁　钢	铝 (mm^2)	铜 (mm^2)
15mm×2mm	—	1.3～2.0	40mm×4mm	25	12.5
15mm×3mm	6	3	60mm×5mm	35	17.5～25
20mm×4mm	8	5	80mm×8mm	50	35
30mm×4mm 或 40mm×3mm	16	8	100mm×8mm	75	47.5～50

11.7　接地装置形式及其计算电阻（工频）

11.7.1　配电变压器和车间、作坊的接地装置，宜采用复合式环形闭合接地网。

复合式环形闭合接地网的垂直接地体不少于 2 根，水平接地网面积不小于 $100m^2$ 时，接地网的工频接地电阻可按下式计算：

$$R=\rho\left(\frac{1}{4r}+\frac{1}{L}\right)$$

式中：R——工频接地电阻，Ω；

r——接地网的等效半径，m；

L——水平接地体和垂直接地体的总长度，m；

ρ——土壤电阻率，Ω·m。

ρ 的取值：砂质粘土为 100；黄土为 250；砂土为 500。

11.7.2　固定安装电器以及其他需作保护接地的设施，可根据周围地形和土壤种类参照表 24 选择接地型式。

表 24　　人工接地装置工频接地电阻值

型式	简图	材料尺寸（mm）及用量（m）				土壤电阻率（Ω·m）		
		圆钢 φ20mm	钢管 φ50mm	角钢 50mm×50mm ×5mm	扁钢 40mm ×4mm	100	250	500
						工频接地电阻 Ω		
单根	0.6m 2.5m	2.5	2.5	2.5		30.2 37.2 32.4	75.4 92.9 81	151 186 162
2 根	5m		5.0	5.0	2.5 2.5	10.0 10.5	25.1 26.2	50.2 52.5
3 根	5m　5m		7.5	7.5	5.0 5.0	6.65 6.92	16.6 17.3	33.2 34.6
4 根	5m　5m　5m		10.0	10.0	7.5 7.5	5.08 5.29	12.7 13.2	25.4 26.5
6 根	5m　3×5m　5m		15.0	15.0	25.0 25.0	3.58 3.73	8.95 9.32	17.9 18.6

11.8　防雷保护

11.8.1　在下列场所应装设符合 GB 11032 标准规定要求的低压避雷器：

a）多雷区（年平均雷电日大于 40 日的地区）和易受雷击地段的配电变压器低压侧各出线回路的首端；

b）在多雷区和易受雷击的地段，直接与架空电力线路相连的排灌站、车间和重要用户的接户线；

c）在多雷区和易受雷击的地段，架空线路与电缆或地埋线路的连接处。

11.8.2　在下列处所应将绝缘子铁脚接地：

a）在多雷区和易受雷击地段的接户线；

b）人员密集的教室、影剧院、礼堂等公共场所的接户线；

c）电动机的引接线。

11.8.3　防雷接地电阻，按雷雨季考虑，而且按工频值计及。

11.8.4　低压避雷器的接地电阻不宜大于10Ω。

11.8.5　绝缘子铁脚的接地电阻不宜大于30Ω，但在 50m 内另有接地点时，铁脚可不接地。

11.8.6　雷电区的划分见附录 M。

12　临时用电

12.1　临时用电是指小型基建工地、农田基本建设和非正常年景的抗旱、排涝等用电，时间一般不超过 6 个月。临时用电不包括农业周期性季节用电，如脱粒机、小电泵、黑光灯等电力设备。

12.2　临时用电架空线路应满足的要求

a）应采用耐气候型的绝缘电线（参见附录 G），最小截面为 $6mm^2$；

b）电线对地距离不低于 3m；

c）档距不超过 25m；

d）电线固定在绝缘子上，线间距离不小于 200mm；

e）如采用木杆，梢径不小于 70mm。

12.3　临时用电应装设配电箱，配电箱内应配装控制保护电器、剩余电流动作保护器和计量装置。配电箱外壳的防护等级应按周围环境确定，防触电类别可为Ⅰ类或Ⅱ类。

12.4　如临时用电线路超过50m或有多处用电点时，应分别在电源处设置总配电箱，在用电点设置分配电箱，总、分配电箱内均应装设剩余电流动作保护器。

12.5　配电箱对地高度宜为1.3m～1.5m。

12.6　临时线路不应跨越铁路、公路（公路等级参见附录 N）和一、二级通信线路，如需跨越时必须满足本标准 6.7.4 及 6.7.5 的规定。

附录 A
（标准的附录）
电器外壳防护等级

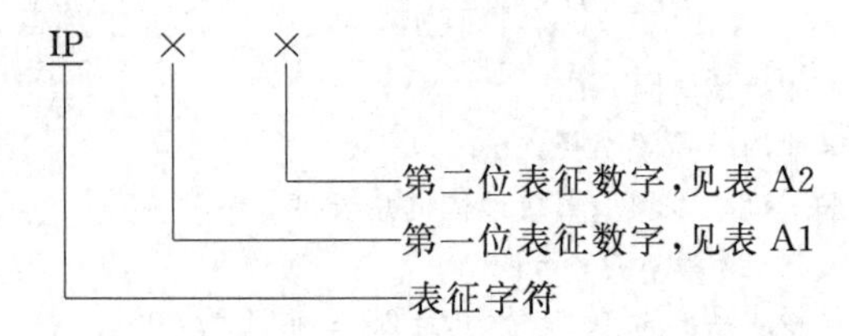

表 A1　　第一位表征数字

第一位表征数字	防护等级	
	简　述	含　　义
2	防止大于12mm的固体异物	能防止手指或长度不大于80mm的类似物体触及壳内带电部分或运动部件 能防止直径大于12mm的固体异物进入壳内
3	防止大于2.5mm的固体异物	能防止直径（或厚度）大于2.5mm的工具、金属线等进入壳内 能防止直径大于2.5mm的固体异物进入壳内
4	防止大于1mm的固体异物	能防止直径（或厚度）大于1mm的工具、金属线等进入壳内 能防止直径大于1mm的固体异物进入壳内
5	防尘	不能完全防止尘埃进入壳内，但进尘量不足以影响电器的正常运行
6	尘密	无尘埃进入

表 A2　　第二位表征数字

第二位表征数字	防护等级	
	简　述	含　　义
0	无防护	无专门防护
1	防滴水	垂直滴水应无有害影响
2	15°防滴	当电器从正常位置的任何方向倾斜至15°以内任一角度时，垂直滴水应无有害影响
3	防淋水	与垂直线成60°范围以内的淋水应无有害影响
4	防溅水	承受任何方向的溅水应无有害影响
5	防喷水	承受任何方向的喷水应无有害影响
6	防海浪	承受猛烈的海浪冲击或强烈喷水时，电器的进水量应不致达到有害的影响

附录 B
（标准的附录）
剩余电流动作保护器主要特性参数

B1　额定频率，Hz。

额定频率的优选值为50Hz。

注：本附录内容依据国家标准 GB 6829 的规定。

B2　额定电压，U_N。

额定电压的优选值为220V、380V。

B3　辅助电源额定电压，U_{SN}。

辅助电源额定电压的优选值：

直流：12、24、48、60、110、220V。

交流：12、24、48、220、380V。

B4　额定电流，I_N。

额定电流优选值：

6、10、16、20、25、32、40、50、63、80、100、125、160、200A。

B5　额定剩余动作电流，$I_{\Delta on}$。

额定剩余电流的优选值为：

0.006、0.01、0.03、0.05、0.1、0.3、0.5A。

B6　额定剩余不动作电流（$I_{\Delta no}$）的优选值为$0.5I_{\Delta n}$。

a）带短路保护的剩余电流动作保护器额定接通分断能力，如主电路接通分断应符合 GB 10963 的要求，如采用低压断路器时，应符合 GB 14048.2 的要求。

b）不带短路保护的剩余电流动作保护器的额定短路接通分断能力的最小值如表 B1 所示。

B7　主回路中不导致误动作的过流极限值

在主回路没有剩余电流情况下，能够流过而不导致剩余电流动作保护器动作的最大电流值不应小于$6I_N$（平衡或不平衡负载）。

表 B1　　额定短路接通分断能力的最小值　　A

额定电流 I_N	额定短路接通分断电流 I_m	额定电流 I_N	额定短路接通分断电流 I_m
$I_N \leqslant 10$	500（300）	$100 < I_N \leqslant 150$	1500
$10 < I_N \leqslant 50$	500	$150 < I_N \leqslant 200$	2000
$50 < I_N \leqslant 100$	1000	$200 < I_N \leqslant 250$	2500

注：括号内的值目前仍允许使用。

附录 C
（标准的附录）
额定电压 1kV 及以下架空绝缘电缆（GB 12527）标准

表 C1　　架空绝缘电缆型号

型　号	名　　称	额定电压 U_0/U kV	芯数	导体截面 mm²
JKV	架空铜芯聚氯乙烯绝缘电缆	0.6/1.0	1,2,4	16～240/10～120
JKLV	架空铝芯聚氯乙烯绝缘电缆			
JKLH	架空铝合金芯聚氯乙烯绝缘电缆			
JKY	架空铜芯聚乙烯绝缘电缆			
JKLY	架空铝芯聚乙烯绝缘电缆			
JKLHY	架空铝合金芯聚乙烯绝缘电缆			
JKYJ	架空铜芯交联聚乙烯绝缘电缆			
JKLYJ	架空铝芯交联聚乙烯绝缘电缆			
JKLHYJ	架空铝合金芯交联聚乙烯绝缘电缆			

注：J—架空线；V—聚氯乙烯；L—铝芯；Y—聚乙烯；HL—铝合金；YJ—交联聚乙烯。

表 C2　　架空绝缘电缆结构和技术参数

导体标称截面 mm²	导体中最少单线根数 紧压圆		导体外径（参考值） mm	绝缘标称厚度 mm	单芯电缆平均外径上限 mm	20℃时导体电阻不大于 Ω/km				额定工作温度时最小绝缘电阻率 MΩ·km		电缆拉断力 N		
	铜芯	铝、铝合金芯				铜芯 硬铜	铜芯 软铜	铝芯	铝合金芯	70℃	90℃	硬铜芯	铝芯	铝合金芯
10	6	6	3.8	1.0	6.5	1.906	1.83	3.08	3.574	0.0067	0.67	3471	1650	2514
16	6	6	4.8	1.2	8.0	1.198	1.15	1.91	2.217	0.0065	0.65	5486	2517	4022
25	6	6	6.0	1.2	9.4	0.749	0.727	1.20	1.393	0.0054	0.54	8465	3762	6284
35	6	6	7.0	1.4	11.0	0.540	0.524	0.868	1.007	0.0054	0.54	11731	5177	8800
50	6	6	8.4	1.4	12.3	0.399	0.387	0.641	0.744	0.0046	0.46	16502	7011	12569
70	12	12	10.0	1.4	14.1	0.276	0.268	0.443	0.514	0.0040	0.40	23461	10354	17596
95	15	15	11.6	1.6	16.5	0.1999	0.193	0.320	0.371	0.0039	0.39	31759	13727	23880
120	18	15	13.0	1.6	18.1	0.158	0.153	0.253	0.294	0.0035	0.35	39911	17339	30164
150	18	15	14.6	1.8	20.2	0.128	—	0.206	0.239	0.0035	0.35	49505	21033	37706
185	30	30	16.2	2.0	22.5	0.1021	—	0.164	0.190	0.0035	0.35	61846	26732	46503
240	34	30	18.4	2.2	25.6	0.0777	—	0.125	0.145	0.0034	0.34	79823	34679	60329

表 C3　　架空绝缘电缆在空气温度为 30℃ 时的长期允许载流量

导体标称截面 mm²	铜导体 A		铝导体 A		铝合金导体 A	
	PVC	PE	PVC	PE	PVC	PE
16	102	104	79	81	73	75
25	138	142	107	111	99	102
35	170	175	132	136	122	125
50	209	216	162	168	149	154
70	266	275	207	214	191	198
95	332	344	257	267	238	247
120	384	400	299	311	276	287
150	442	459	342	356	320	329
185	515	536	399	416	369	384
240	615	641	476	497	440	459

注：1　PVC—聚氯乙烯为基材的耐气候性能的绝缘材料；
PE—聚乙烯为基材的耐气候性能的绝缘材料。
2　当空气温度不为 30℃时，应将表中架空绝缘电线的长期允许载流量乘以校正系数 K，其值见表 C4。

表 C4　　架空绝缘电线长期允许载流量的温度校正系数 K

在下列温度（℃）时载流量校正系数 K 的值									
−40	−30	−20	−10	0	+10	+20	+30	+35	+40
1.66	1.58	1.50	1.41	1.32	1.22	1.12	1.00	0.94	0.87

附录 D
（标准的附录）
常用导线结构及技术指标

表 D1　　　　铝　绞　线

标称截面 mm²	实际截面 mm²	结构尺寸根数/直径根/mm	计算直径 mm	20℃时直流电阻 Ω/km	拉断力 N	弹性系数 N/mm²	热膨胀系数（10^{-6}/℃）	载流量 A			计算质量 kg/km	制造长度 m
								70℃	80℃	90℃		
25	24.71	7/2.12	6.36	1.188	4	60	23.0	109	129	147	67.6	4000
35	34.36	7/2.50	7.50	0.854	5.55	60	23.0	133	159	180	94.0	4000
50	49.48	7/3.55	9.00	0.593	7.5	60	23.0	166	200	227	135	3500
70	69.29	7/3.55	10.65	0.424	9.9	60	23.0	204	246	280	190	2500
95	93.27	19/2.50	12.50	0.317	15.1	57	23.0	244	296	338	257	2000
95	94.23	19/4.14	12.42	0.311	13.4	60	23.0	246	298	341	258	2000
120	116.99	19/2.80	14.00	0.253	17.8	57	23.0	280	340	390	323	1500
150	148.07	19/3.15	15.75	0.200	22.5	57	23.0	323	395	454	409	1250
185	182.80	19/3.50	17.50	0.162	27.8	57	23.0	366	450	518	504	1000
240	236.38	19/3.98	19.90	0.125	33.7	57	23.0	427	528	610	652	1000
300	297.57	37/3.20	22.40	0.099	45.2	57	23.0	490	610	707	822	1000

注：资料来自 1989 年版工程师通用手册。

表 D2　　　　钢芯铝绞线

标称截面 mm²	实际截面 mm²		铝钢截面比	结构尺寸根数/直径根/mm		计算直径 mm		直流电阻 20℃ Ω/km	拉断力 N	热膨胀系数×10^{-6}（1/℃）	弹性系数 N/mm²	载流量 A			计算质量 kg/km	制造长度不小于 m
	铝	钢		铝	钢	导线	钢芯					70℃	80℃	90℃		
16	15.3	2.54	6.0	6/1.8	1/1.8	5.4	1.8	1.926	5.3	19.1	78	82	97	109	61.7	1500
25	22.8	3.80	6.0	6/2.2	1/2.2	6.6	2.2	1.289	7.9	19.1	89	104	123	139	92.2	1500
35	37.0	6.16	6.0	6/2.8	1/2.8	8.4	2.8	0.796	11.9	19.1	78	138	164	183	149	1000
50	48.3	8.04	6.0	6/3.2	1/3.2	9.6	3.2	0.609	15.5	19.1	78	161	190	212	195	1000
70	68.0	11.3	6.0	6/3.8	1/3.8	11.4	3.8	0.432	21.3	19.1	78	194	228	255	275	1000
95	94.2	17.8	5.03	28/2.07	7/1.8	13.68	5.4	0.315	34.9	18.8	80	248	302	345	401	1500
95	94.2	17.8	5.03	7/4.14	7/1.8	13.68	5.4	0.312	33.1	18.8	80	230	272	304	398	1500
120	116.3	22.0	5.3	28/2.3	7/2.0	15.20	6.0	0.255	43.1	18.8	80	281	344	394	495	1500
120	116.3	22.0	5.3	7/4.6	7/2.0	15.20	6.0	0.253	40.9	18.8	80	256	303	340	492	1500
150	140.8	26.6	5.3	28/2.53	7/2.2	16.72	6.6	0.211	50.8	18.8	80	315	387	444	598	1500
185	182.4	34.4	5.3	28/2.88	7/2.5	19.02	7.5	0.163	65.7	18.8	80	368	453	522	774	1500
240	228.0	43.1	5.3	28/3.22	7/2.8	21.28	8.4	0.130	78.6	18.8	80	420	520	600	969	1500
300	317.5	59.7	5.3	28/3.8	19/2	25.2	10.0	0.0935	111	18.8	80	511	638	740	1348	1000

附录 E
（标准的附录）
环形预应力混凝土电杆标准检验弯矩

表 E1　　环形预应力混凝土电杆标准检验弯矩

kgf・m*

梢径(mm)荷重** L(m)	L_1(m)	L_2(m)	ϕ100mm		ϕ130mm			
			50	75	75	100	125	150
6.0	4.75	1.0	238	356	356	475	594	712
6.5	5.15	1.1	258	386	386	515	644	772
7.0	5.55	1.2	278	416	416	555	694	832
7.5	6.0	1.25	—	—	450	600	750	900
8.0	6.45	1.3	—	—	484	645	806	968
8.5	6.85	1.4	—	—	—	—	—	—
9.0	7.25	1.5	—	—	—	—	—	1088

*　1kgf・m＝9.806N・m。

**　1kgf＝9.806N。

注：1　标准检验弯矩即支持点断面处弯矩，等于荷重乘以荷重点高度；

2　破坏弯矩为标准检验弯矩的两部；

3　L 表示杆长；L_1 表示荷重点高度；L_2 表示支持点高度；

4　梢端至荷重点距离为 0.25m。

附录 F
（标准的附录）
额定电压 450/750V 及以下农用直埋铝芯塑料绝缘塑料护套电线（JB2171 标准）

表 F1　　型号和名称

型　号	名　称	适用地区
NLYV	农用直埋铝芯聚乙烯绝缘，聚氯乙烯护套电线	一般地区
NLYV-H	农用直埋铝芯聚乙烯绝缘，耐寒聚氯乙烯护套电线	一般及寒冷地区
NLYV-Y	农用直埋铝芯聚乙烯绝缘，防蚁聚氯乙烯护套电线	白蚁活动地区
NLYY	农用直埋铝芯聚乙烯绝缘，黑色聚乙烯护套电线	一般及寒冷地区
NLVV	农用直埋铝芯聚氯乙烯绝缘，聚氯乙烯护套电线	一般地区
NLVV-Y	农用直埋铝芯聚氯乙烯绝缘，防蚁聚氯乙烯护套电线	白蚁活动地区

注：横线前面字符，N 表示农用直埋，L 表示铝芯，Y 表示聚乙烯，V 表示聚氯乙烯；横线后面字符，H 表示防寒性，Y 表示防白蚁。

表 F2　　规　格

标准截面 mm²	根数/单线标称直径 mm	绝缘标称厚度 mm		护套标称厚度 mm		平均外径 mm 非紧压导电线芯	
		PE	PVC	PVC	PE	下限	上限
4	1/2.25	0.8		1.2		6.0	6.9
6	1/2.76	0.8		1.2		6.4	7.4
10	7/1.35	1.0		1.4		8.2	9.8
16	7/1.70	1.0		1.4		9.2	10.9
25	7/2.14	1.2		1.4		10.8	12.8
35	7/2.52	1.2		1.6		12.2	14.4
50	19/1.79	1.4		1.6		13.5	16.2
70	19/2.14	1.4		1.6		15.0	18.5
95	19/2.52	1.6		2.0		18.2	21.5

标准截面 mm²	平均外径 mm 紧压导电线芯		20℃时导体电阻 Ω/km	绝缘电阻不小于 MΩ・km NLYV，NLYY NLYV-H，NLYV-Y		NLVV NLVV-Y	
	下限	上限	不大于	20℃	70℃	20℃	70℃
4	—	—	7.39	6.00	300	8	0.0085
6	—	—	4.91			7	0.0070
10			3.08			7	0.0085
16	9.1	10.9	1.91			6	0.0058
25	10.5	12.6	1.20	600	300	5	0.0050
35	11.8	14.1	0.868			5	0.0040
50	13.2	15.7	0.641			5	0.0045
70	14.8	17.4	0.443			5	0.0035
95	17.6	20.5	0.320			5	0.0035

表 F3　　地埋线的允许载流量

标称截面mm²	长期连续负荷允许载流量 A
4	31
6	40
10	55
16	80
25	105
35	135
50	165
70	205
95	250

注：1　土壤温度 25℃；

2　导电线芯最高允许工作温度：65℃；

3　如土壤温度不为 25℃时，允许载流量乘以温度校正系数，见表 F4。

表 F4　　温度校正系数

实际环境温度℃	校正系数 K	实际环境温度℃	校正系数 K	实际环境温度℃	校正系数 K
5	1.22	25	1.00	40	0.791
10	1.17	30	0.935	45	0.707
15	1.12	35	0.865	—	—
20	1.06				

附录G
（标准的附录）
其他用途的绝缘电线

G1 额定电压300/500V及以下橡皮绝缘固定敷设电线（JB/DQ7141标准）见表G1、表G2。

表G1 额定电压300/500V及以下橡皮绝缘固定敷设电线

型号	名　称	主要用途
BXW	铜芯橡皮绝缘氯丁护套电线	适用于户内明敷和户外
BLXW	铝芯橡皮绝缘氯丁护套电线	特别是寒冷地区
BXY	铜芯橡皮绝缘黑色聚乙烯护套电线	适用于户内穿管和户外
BLXY	铝芯橡皮绝缘黑色聚乙烯护套电线	特别是寒冷地区

注：B表示固定敷设，X表示橡皮绝缘，W表示氯丁护套，Y表示聚乙烯护套，L表示铝芯；铜芯无字符表示。

表G2 BXW、BLXW、BXY、BLXY型橡皮绝缘电线

导体标称截面 mm^2	导电线芯根数/单线标称直径 mm/mm	绝缘与护套厚度之和标称值 mm	绝缘最薄点厚度不小于 mm	护套最薄点厚度不小于 mm	平均外径上限 mm	20℃时导体电阻不大于 Ω/km		
						铜芯	镀锡铜芯	铝芯
0.75	1/0.97	1.0	0.4	0.2	3.9	24.5	24.7	—
1.0	1/1.13	1.0	0.4	0.2	4.1	13.1	18.2	—
1.5	1/1.38	1.0	0.4	0.2	4.4	12.1	12.2	—
2.5	1/1.78	1.0	0.6	0.2	5.0	7.41	7.56	11.8
4	1/2.25	1.0	0.6	0.2	5.6	4.61	4.70	7.39
6	1/2.76	1.2	0.6	0.25	6.8	3.08	3.11	4.91
10	7/1.35	1.2	0.75	0.25	8.3	1.83	1.84	3.08
16	7/1.70	1.4	0.75	0.25	10.1	1.15	1.16	1.91
25	7/2.14	1.4	0.9	0.30	11.8	0.727	0.731	1.20
35	7/2.52	1.6	0.9	0.30	13.8	0.524	0.529	0.868
50	19/1.78	1.6	1.0	0.30	15.4	0.387	0.391	0.641
70	19/2.14	1.8	1.0	0.35	18.2	0.263	0.270	0.443
95	19/2.52	1.8	1.1	0.35	20.6	0.193	0.195	0.320
120	37/2.03	2.0	1.2	0.40	23.0	0.153	0.154	0.253
150	37/2.25	2.0	1.3	0.40	25.0	0.124	0.126	0.206
185	37/2.52	2.2	1.3	0.40	27.9	0.0991	0.100	0.164
240	61/2.25	2.4	1.4	0.40	31.4	0.0754	0.0762	0.125

G2 橡皮绝缘编织软电线（GB 3958）

适用于交流300V及以下室内照明灯具、家用电器和工具的绝缘电线型号，如表G3、G4、G5所列。

表G3 RX型软电线

标称截面 mm^2	导电线芯结构根数/单线直径 mm	绝缘标称厚度 mm	电线外径 mm				直流电阻不大于 Ω/km	
			2芯		3芯			
			最小	最大	最小	最大	不镀锡铜芯	镀锡铜芯
0.3	16/0.15	0.6	4.1	6.0	4.3	6.4	71.3	73.0
0.4	23/0.15	0.6	4.5	6.4	4.8	6.9	49.6	51.1
0.5	28/0.15	0.8	5.4	7.6	5.7	8.1	40.2	41.3
0.75	42/0.15	0.8	5.8	8.0	6.2	8.6	26.8	27.5
1	32/0.20	0.8	6.2	8.4	6.6	9.0	20.1	20.6
1.5	43/0.20	0.8	8.8	9.0	7.2	9.6	13.7	14.1
2.5	77/0.20	1.0	9.3	12.1	10.0	13.0	8.2	8.46
4	126/0.20	1.0	10.4	13.3	11.1	14.3	5.1	5.24

表G4 RXH型软电线

标称截面 mm^2	导电线芯结构根数/单线直径 mm	绝缘标称厚度 mm	电线外径 mm				直流电阻不大于 Ω/km	
			2芯		3芯			
			最小	最大	最小	最大	不镀锡铜芯	镀锡铜芯
0.3	16/0.15	0.6	4.3	5.7	4.6	6.1	69.2	71.2
0.4	23/0.15	0.6	4.7	6.1	5.0	6.5	48.2	49.6
0.5	28/0.15	0.6	4.9	6.3	5.2	6.7	39.0	40.1
0.75	42/0.15	0.6	5.4	6.8	5.7	7.2	26.0	26.7
1.0	32/0.20	0.6	5.7	7.2	6.1	7.6	19.5	20.0
1.5	43/0.20	0.8	7.1	8.7	7.6	9.3	13.3	13.7
2.5	77/0.20	0.8	9.8	11.6	10.5	12.4	7.98	8.21
4.0	126/0.20	0.8	10.9	12.7	11.7	13.6	4.95	5.09

表G5 RXS型软电线

标称截面 mm^2	导电线芯结构根数/单线直径 mm	绝缘标称厚度 mm	每根编织绝缘线芯平均外径最大值 mm	软电线直流电阻不大于 Ω/km	
				不镀锡铜芯	镀锡铜芯
0.3	16/0.15	0.6	3.0	69.2	71.2
0.4	23/0.15	0.6	3.1	48.2	49.6
0.5	28/0.15	0.6	3.2	39.0	40.1
0.75	42/0.15	0.6	3.4	26.0	26.7
1	32/0.20	0.6	3.6	19.5	20.0
1.5	43/0.20	0.8	4.4	13.3	18.7
2.5	77/0.20	0.8	5.2	7.98	8.21
4	126/0.20	0.8	5.7	4.95	5.09

注：R表示软电线，X表示橡皮绝缘，H表示橡皮保护层总编织圆形，S表示编织双绞。

附录H
（提示的附录）
按防触电方式的电器分类

H1 O类电器

依靠基本绝缘来防止触电危险的电器。它没有接地保护的连接手段。

H2 Ⅰ类电器

该类电器的防触电保护不仅依靠基本绝缘，而且还需要一个附加的安全预防措施。其方法是将电器外露可导电部分与已安装在固定线路中的保护接地导体连接起来。

H3 Ⅱ类电器

该类电器在防触电保护方面，不仅依靠基本绝缘，而且还有附加绝缘。在基本绝缘损坏之后，依靠附加绝缘起保护作用。其方法是采用双重绝缘或加强绝缘结构，不需要接保护线或依赖安装条件的措施。

H4 Ⅲ类电器

该类电器在防触电保护方面，依靠安全电压供电，同时在电器内部任何部位均不会产生比安全电压高的电压。

附录 I
（提示的附录）
农村常用低压电器型号及技术数据

表 I1　　HK2 系列开启式负荷开关（瓷底胶盖熔断器式刀开关）

额定电流 A	极数	额定电压 V	控制异步电动机功率 kW	熔体额定电流 A	熔体最大分断电流 ($\cos\phi=0.6$) A
10	2	250	1.1	10	500
15	2	250	1.5	15	500
30	2	250	3.0	30	1000
15	3	380	2.2	15	500
30	3	380	4.0	30	1000
60	3	380	5.5	60	1500

注： 开关触刀最大分断能力，当 $\cos\phi=0.6$ 时，为额定电流的 2 倍。

表 I2　　HH10□系列开关熔断器组

型号规格	额定电流 A		接通电流 I A	分断电流 I_c A	接通电压 V	熔断短路电流 kA
	AC－21、AC－22	AC－23				
HH10□－20	20	8	80	64	1.1×415	50
HH10□－32	32	14	140	112		
HH10□－63	63	25	250	200		
HH10□－100	100	40	400	320		

表 I3　　HH11□系列熔断器式开关

型号规格	额定电流 A	接通电流 A		分断电流 A		熔断短路电流 kA
	AC－22、AC－23	AC－22	AC－23	AC－22	AC－23	
HH11□－100	100	300	400	300	320	50
HH11□－200	200	600	800	600	640	
HH11□－315	315	945	1000	945	800	
HH11□－400	400	1200	1300	1200	1000	

注： 1　AC－21 表示通断电阻性负荷，包括适当过负荷；
2　AC－22 表示通断电阻和电感混合负荷，包括适当的过负荷；
3　AC－23 表示通断电感性负荷、电动机负荷。

表 I4　　RT14 系列有填料封闭管式圆筒形熔断器

额定电压 V	额定电流 A		额定分断能力		熔体耗散功率 W
	支持件	熔断体	kA	$\cos\phi$	
380	20	2、4、6、10、16、20	100	0.1～0.2	≤3
	32	2、4、6、10、16、20、25、32			≤5
	63	10、16、20、25、32、40、50、63			≤9.5

熔体额定电流 I_N A	约定时间 h	约定不熔断电流 I_{Nf} A	约定熔断电流 I_f A
$I_N\leqslant4$	1	$1.5I_N$	$2.1I_N$
$4<I_N\leqslant10$			$1.9I_N$
$10<I_N\leqslant25$		$1.4I_N$	$1.75I_N$
$25<I_N\leqslant63$		$1.3I_N$	$1.6I_N$

表 I5　　QJ10 系列自耦减压起动器

型　号	被控 Y 系列电动机功率 kW	Y 系列电动机额定电流 A	热继电器动作电流 A	一次或数次连续起动时间 s
QJ10－11	11	24.6	24.6	30
QJ10－15	15	31.4	31.4	
QJ10－18.5	18.5	37.6	37.6	40
QJ10－22	22	43	43	
QJ10－30	30	58	58	
QJ10－37	37	71.8	71.8	
QJ10－45	45	85.2	85.2	60
QJ10－55	55	105	105	
QJ10－75	75	142	142	

表 I6　　QX4 系列自动星—三角起动器技术数据

型　号	控制功率 kW	额定电压 V	额定电流 A	热元件动作电流 A	延时调节范围 s	短时工作操作频率 次/h
QX4－17	17	380	33	19	13	30
QX4－30	30	380	58	34	17	30
QX4－55	55	380	105	61	24	30
QX4－75	75	380	142	85	30	30
QX4－125	125	380	260	100～160	14～60	30

表 I7　　万能式（框架式）空气断路器

型号	壳架等级额定电流 A	可选定额定电流 I_N A	额定通断能力 kA	保护功能		操作方法	
				过负荷	短路	手动	电动
DW10－200	200	100、150、200	10	√	√	√	√
DW10－400	400	100、150、200、250、300、350、400	15	√	√	√	√
DW10－600	600	500、600	15	√	√	√	√
DW10－1000	1000	400～1000	20	√	√	√	电磁铁
DW15－200	200	100、160、200	200/50	√	√	√	电磁铁
DW15－400	400	200、315、400	250/88	√	√	√	电磁铁
DW15－630	630	315、400、630	300/126	√	√	√	电磁铁
DW15－1000	1000	630、800、1000	400/300	√	√	√	电动

注： 分子为瞬时通断能力，分母为延时通断能力。

表 I8　　　　**塑壳式空气断路器**

型　号	壳架等级额定电流 A	可选定额定电流 I_N A	额定通断能力 kA	保护功能		操作方法	
				过负荷	短路	手动	电动
DZ10-100	100	15、20、25、50、100	6、9、12	√	√	√	×
DZ10-250	250	100、120、140、170、200、225、250	30①	√	√	√	√
DZ10-600	600	200、250、300、350、400、500、600	50①	√	√	√	√
DZ15-40	40	6、10、15、20、30、40	2.5	√	√	√	×
DZ15-60	60	10、15、20、40、60	5.0	√	√	√	
DZ20-100	100	16、20、32、48、50、63、80、100	18	√	√	√	
DZ20-200	200	100、125、160、180、200	25	√	√		
DZ20-400	400	200、250、315、400	42	√	√		
DZ20-630	630	400、500、600	30	√	√		
DZ20-1250	1250	630、700、800、1000、1250	50	√	√		
DZ12	60	15、20、30、40、50、60	3.0	√	√	√	
DZX19-63	63	10、20、30、40、50、63	10	√	√	√	

① DZ10 的通断能力为短路峰值。

表 I9　　　　**交流接触器**

型　号	额定绝缘电压 V	AC-1		AC-2		AC-3 Ⅰ类 AC-4		额定控制功率 AC-3 kW
		额定电压 220V、380V		额定电压 220V、380V		额定电压 220V、380V		
		额定电流 A	操作频率 次/h	额定电流 A	操作频率 次/h	额定电流 A	操作频率 次/h	
CJ20-10	660	10	1200	—	—	10	1200/300	2.2
CJ20-16	660	16	1200	—	—	16	1200/300	4.5
CJ20-25	660	32	1200	—	—	25	1200/300	5.5
CJ20-40	660	55	1200	—	—	40	1200/300	11.0
CJ20-63	660	80	1200	63	300	63	1200/300	18.0
CJ20-100	660	125	1200	100	300	100	1200/300	28.0
CJ20-160	660	200	1200	160	300	160	1200/300	48.0
CJ20-250	660	315	600	250	300	250	600/30	80.0
CJ20-400	660	400	600	400	300	400	600/30	115.0
CJ20-630	660	630	600	630	300	630	600/30	175.0

注：表中操作频率栏中，分子是 AC-3 Ⅰ类，分母是 AC-4 类。

表 I10　　　　**低压无间隙金属氧化物避雷器**

避雷器额定电压（有效值）kV	系统额定电压（有效值）kV	避雷器持续运行电压（有效值）kV	标称放电电流 1.5kA	
			雷电冲击电流残压（峰值）不大于 kV	直流（mA）参考电压不小于 kV
0.28	0.22	0.240	1.3	0.6
0.500	0.38	0.420	2.6	1.2

附录 J
（提示的附录）
典型气象区

表 J1　　典型气象区

气象区		Ⅰ	Ⅱ	Ⅲ	Ⅳ	Ⅴ	Ⅵ	Ⅶ
大气温度℃	最高	+40						
	最低	−5	−10	−5	−20	−20	−40	−20
	导线覆冰	—	−5					
	最大风	+10	+10	−5	−5	−5	−5	−5
风速 m/s	最大风	30	25	25	25	25	25	25
	导线覆冰	10						
	最高、最低气温	0						
覆冰厚度，mm		—	5	5	5	10	10	15
冰的密度		0.9						

注：最大风速系指离地面 10m 高、10 年一遇 10min 平均最大值。

附录 K
（提示的附录）
架空线路污秽分级标准（GB 50061 标准）

污秽等级	污秽条件		瓷绝缘单位泄漏距离 cm/kV	
	污秽特征	盐密 mg/cm	中性点直接接地	中性点非直接接地
0	大气清洁地区及离海岸 50km 以上地区	0～0.03（强电解质） 0～0.06（弱电解质）	1.6	1.9
1	地区轻度污染地区或地区中等污染地区 盐碱地区，炉烟污秽地区，离海岸 10km～50km 的地区，在污闪季节中干燥少雾（含毛毛雨）或雨量较多时	0.03～0.10	1.6～2.0	1.9～2.4
2	大气中等污染地区：盐碱地区，炉烟污秽地区，离海岸 3km～10km 地区，在污闪季节潮湿多雾（含毛毛雨），但雨量较少时	0.05～0.10	2.0～2.5	2.4～3.0
3	大气严重污染地区：大气污秽而又有重雾的地区，离海岸 1km～3km 地区及盐场附近重盐碱地区	0.10～0.25	2.5～3.2	2.4～3.0
4	大气特别污染地区：严重盐雾侵袭地区，离海岸 1km 以内地区	>0.25	3.2～3.8	3.8～4.5

附录 L
（提示的附录）
弱电线路等级

一级——首都与各省（市）、自治区政府所在地及其相互间联系的主要线路；首都至各重要工矿城市、海港的线路以及由首都通达国外的国际线路；由邮电部指定的其他国际线路和国防线路。

铁道部与各铁路局及各铁路局之间联系用的线路；以及铁路信号自动闭塞装置专用线路。

国家电力公司与各网、省电力公司的中心调度所以及国家电力公司中心调度所联系的线路；各网、省电力公司之间及其内部的多通道回路、遥控线路。

二级——各省（市）、自治区政府所在地与各地（市）、县及其相互间的通信线路；相邻两省（自治区）各地（市）、县相互间的通信线路；一般市内电话线路。

铁路局与各站、段及站段相互间的线路，以及铁路信号闭塞装置的线路。

各网、省电力公司的中心调度所与各地（市）电力公司调度所及各主要发电厂和变电所联系的线路、遥测线路。

三级——县至乡、镇、村的县内线路和两对以下的城郊线路；铁路的地区线路及有线广播线路。

各网、省电力公司所属的其他弱电流线路。

其他各部门及机关（包括军事机关）所属弱电流线路等级可参照本附录与有关单位磋商确定。

附录 M
（提示的附录）
雷电区划分

雷电区名称	年平均雷暴日数（日）
少雷区	不超过 15
多雷区	超过 40
雷电活动特殊强烈区	超过 90 或根据运行经验雷害特别严重地区

附录 N
（提示的附录）
公路等级

高速公路：专供汽车分向、分车道行驶，并全部控制出入的干线公路。

四车道：一般能适应按各种汽车折合成小客车的远景设计年限 20 年，年平均昼夜交通量为 25000～55000 辆；

六车道：一般能适应按各种汽车折合成小客车的远景设计年限 20 年，年平均昼夜交通量为 45000～80000 辆；

八车道：一般能适应按各种汽车折合成小客车的远景设计年限 20 年，年平均昼夜交通量为 60000～100000 辆。

一级公路：供汽车分向、分车道行驶的公路。一般能适应按各种汽车折合成小客车的远景设计年限 20 年，年平均昼夜交通量为 15000～30000 辆。

二级公路：一般能适应按各种车辆折合成中型载重汽车的远景设计年限 15 年，年平均昼夜交通量为 3000～7500 辆。

三级公路：一般能适应按各种车辆折合成中型载重汽车的远景设计年限 10 年，年平均昼夜交通量为 1000～4000 辆。

四级公路：一般能适应按各种车辆折合成中型载重汽车的远景设计年限 10 年，年平均昼夜交通量为：双车道 1500 辆以下，单车道 200 辆以下。

附录 O
（提示的附录）
名 词 术 语

受电设备 The electric power acceptor

与低压电力网有电气连接的一切设备，它包括：

1）供给用户电能时需要设置的电路、监测、控制、保护、计量等电器；

2）将电能转换为其他能源的电器。

中性线 The neutral wire

字符 N，与变压器低压侧中性点连接用来传输电能的导线。

保护线 The protective wire

字符 PE，在某些故障情况下电击保护用的电线，在本规程中系指在 TN－C 系统中受电设备外露可导电部分与保护中性线连接的电线。

保护中性线 The protective neutral lead

字符 PEN，超中性线与保护线两种作用的导线。

保护接地线 The protective earthing lead

字符 PEE，在某些故障情况下电击保护用的电线，在本规程中系指在 TT 系统与 IT 系统中受电设备外露可导电部分与接地体地面上的接线端子连接的导线。

外露可导电部分 Exposed conductive part

受电设备能被触及的可导电部分，它在正常时不带电，但在故障情况下可能带电。

直接接触 Direct contact

人或家畜与带电部分的接触。

间接接触 Indirect contact

人或家畜与故障情况下已带电的外露可导电部分的接触。

接触电压 Contact voltage

绝缘损坏时能同时触及部分之间出现的电压。

预期接触电压 The anticipative contact voltage

在受电设备中发生阻抗可忽略不计的故障时，可能出现的最高接触电压。

通称电压极限 The generally called voltage limit

在正常情况下人能允许的最高接触电压的极限。一般为交流 50V（有效值），特殊情况下可能低于此值。

耐气候型绝缘电线 The climate bearable insulated wire

系指符合 JB/DQ 7147 规定的绝缘电线。

剩余电流 The remnant current

系指通过剩余电流保护器主回路的电流矢量和。

分级保护 The classified protection

由剩余电流总保护、剩余电流中级保护和剩余电流末级保护组成的保护系统。

保护器分断时间 The disjuction time of the protection instrument

为了切断电路使剩余电流保护器的主触头从闭合位置转换到打开位置的动作时间。

额定剩余动作电流 The rated remnant operant current

在规定的条件下使剩余电流保护器动作的电流。

弱电线路 The light current circuitry

系指电报、电话、有线广播、信号等线路。

净空距离 The headroom distance

架空线路的导线、过引线、引下线在最大风偏时，过引线、引下线之间或导线、过引线、引下线对电杆、拉线的空间相对几何尺寸。

电气间隙 The electric clearance

两导体部件间的最短直线距离。

爬电距离 The creepage distance

在两个导体之间，沿绝缘材料表面的最短距离。

污秽 Nastiness

任何附加的外界固态、液态或气态（游离气体）的物质，凡能使绝缘的电气强度或绝缘电阻降低，均称作污秽。

电感性无功负荷 Inductive character reactive termination

在负荷电路里，电流与电压不同相，电流滞后电压 90°相位角，负荷与电源之间仅是相互传递功率而不消耗电能。

电容性无功负荷 Capacitive reactive termination

在负荷电路里，电流与电压不同相，电压滞后电流 90°相位角，负荷与电源之间仅是相互传递功率而不消耗电能。

就地补偿 Retrieve on the spot

在供给电感性无功负荷时，尽量使无功电流不在电路里相互传递，或者减少其传递量值和传递距离，为此在感性负荷的就近处对所需的无功电流进行适量补偿。

机械负荷惯性 The inertia of the mechanical load

泛指物体（或机械器具）从静止状态转变为运动状态时所需力或力矩的大小程度。

放电电阻 Discharge resistance

当电容器从电源断开后能有效地把电容器上的剩余电压降低到安全值之下装设的电阻。

切合电阻 The cutoff and close resistance

为了降低电容器（组）投合时的涌流和防止开关重燃而引起的过电压而装设的电阻。

涌流 Surge current

当电容器（组）投入回路时可能产生高频率和高幅值的过渡过电流。

残压 Residual voltage

当电容器（组）断电并放电到一定时限（本规程规定为 1min）后其端子上残存的电压（本规程规定为 75V）。

自激过电压 Self-excitation excess voltage

电动机退出运行时，电容器对其定子绕组放电产生的过电压。

工作接地 Working earthing

电力网运行时需要的接地，如配电变压器低压侧中性点的直接接地等。

保护接地 Protective earthing

为防止人身触电而作的接地，如 TT 系统、IT 系统中受电设备外露可导电部分所作的接地。

防雷接地 Lightningproof earthing

为将雷电流泄入大地而作的接地，如线路绝缘子的铁脚接地等。

接地电阻 Earthing resistance

电流经金属接地体流入大地土壤时呈现的电气阻力，其值等于接地体的对地电压与通过接地体流入大地电流的比值。

如果通过接地体流入大地的电流是50Hz（我国的电能频率是50Hz）的交变电流，则呈现的电气阻力即称作工频接地电阻。

如果通过接地体的电流是雷电流，则呈现的电气阻力即称作雷电接地电阻或冲击接地电阻。

雷电日 Thunder day

在一天24h内，如果发生了雷电现象，不管其雷电的次数是多少，就算一个雷电日。

泄漏电流 Leakge current

系指网络中各相导线通过绝缘阻抗向大地泄漏的电流。

高土壤电阻率地带 High soil resistivity area

系指土壤电阻率$\rho \geqslant 500\Omega \cdot m$的地区。

低土壤电阻率地带 Low soil resistivity area

系指土壤电阻率$\rho \leqslant 200\Omega \cdot m$的地区。

导电能力 Conducting power

系指金属导体通过电流的难易程度，用导电率表示。

携带式电器 Carriable electrical equipment

非固定使用，工作需要时可随身携带至任何地点的电器。

固定式电器 Fixed electrical equipment

固定使用或质量超过18kg又无携带手柄的电器。

移动式电器 Movable type electrical equipment

非长期固定使用，工作时可以移动或在连接电源后能容易地从一处移到另一处的电器。

附录P
（提示的附录）
本规程表示严格程度的用词说明

P1 执行本规程条文时，要求严格程度的用词，说明如下，以便在执行中区别对待。

P1.1 表示很严格，非这样做不可的用词：

正面词一般采用“必须”；

反面词一般采用“严禁”。

P1.2 表示严格，在正常情况下均应这样做的用词：

正面词一般采用“应”；

反面词一般采用“不应”或“不得”。

P1.3 表示允许稍有选择，在条件许可时首先应这样做的用词：

正面词一般采用“宜”或“一般”；

反面词一般采用“不宜”。

P1.4 表示一般情况下均应这样做，但硬性规定这样做有困难时，采用“应尽量”。

P1.5 表示允许有选择，在一定条件下可以这样做的，采用“可”。

P2 条文中必须按指定的标准、规范或其他有关规定执行的写法为“按……执行”或“符合……要求”。非必须按所指的标准、规范或其他规定执行的写法为“参照……”。

15 通用用电设备配电设计规范

（GB 50055—2011）

1 总则

1.0.1 为使通用用电设备配电设计做到保障人身安全、配电可靠、技术先进、经济合理、节约能源和安装维护方便，制定本规范。

1.0.2 本规范适用于下列通用用电设备的配电设计：

1 额定功率大于或等于0.55kW的一般用途电动机。

2 电动桥式起重机、电动梁式起重机、门式起重机和电动葫芦；胶带输送机运输线、载重大于300kg的电力拖动的室内电梯和自动扶梯。

3 电弧焊机、电阻焊机和电渣焊机。

4 电镀用的直流电源设备。

5 牵引用铅酸蓄电池、起动用铅酸蓄电池、固定型阀控式密闭铅酸蓄电池和镉镍蓄电池的充电装置。

6 直流电压为40kV～80kV的除尘、除焦油等静电滤清器的电源装置。

7 室内日用电器。

1.0.3 通用用电设备配电设计应采用符合国家现行标准的产品，并应采用效率高、能耗低、性能先进的电气产品。

1.0.4 通用用电设备配电的设计除应符合本规范外，尚应符合国家现行有关标准的规定。

2 电动机

2.1 电动机的选择

2.1.1 电动机的工作制、额定功率、堵转转矩、最小转矩、最大转矩、转速及其调节范围等电气和机械参数应满足电动机所拖动的机械（以下简称机械）在各种运行方式下的要求。

2.1.2 电动机类型的选择应符合下列规定：

1 机械对起动、调速及制动无特殊要求时，应采用笼型电动机，但功率较大且连续工作的机械，当在技术经济上合理时，宜采用同步电动机。

2 符合下列情况之一时，宜采用绕线转子电动机：

1）重载起动的机械，选用笼型电动机不能满足起动要求或加大功率不合理时。

2）调速范围不大的机械，且低速运行时间较短时。

3 机械对起动、调速及制动有特殊要求时，电动机类型及其调速方式应根据技术经济比较确定。当采用交流电动机不能满足机械要求的特性时，宜采用直流电动机；交流电源消失后必须工作的应急机组，亦可采用直流电动机。

4 变负载运行的风机和泵类等机械，当技术经济上合理时，应采用调速装置，并选用相应类型的电动机。

2.1.3 电动机额定功率的选择应符合下列规定：

1 连续工作负载平稳的机械应采用最大连续定额的电动机，其额定功率应按机械的轴功率选择。当机械为重载起动时，笼型电动机和同步电动机的额定功率应按起动条件校验；对同步电动机，尚应校验其牵人转矩。

2 短时工作的机械应采用短时定额的电动机，其额定功率应按机械的轴功率选择；当无合适规格的短时定额电动机时，可按允许过载转矩选用周期工作定额的电动机。

3 断续周期工作的机械应采用相应的周期工作定额的电动机，其额定功率宜根据制造厂提供的不同负载持续率和不同起动次数下的允许输出功率选择，亦可按典型周期的等值负载换算为额定负载持续率选择，并应按允许过载转矩校验。

4 连续工作负载周期变化的机械应采用相应的周期工作定额的电动机，其额定功率宜根据制造厂提供的数据选择，亦可按等值电流法或等值转矩法选择，并应按允许过载转矩校验。

5 选择电动机额定功率时，应根据机械的类型和重要性计入储备系数。

6 当电动机使用地点的海拔和冷却介质温度与规定的工作条件不同时，其额定功率应按制造厂的资料予以校正。

2.1.4 电动机的额定电压应根据其额定功率和配电系统的电压等级及技术经济的合理性确定。

2.1.5 电动机的防护形式应符合安装场所的环境条件。

2.1.6 电动机的结构及安装形式应与机械相适应。

2.2 电动机的起动

2.2.1 电动机起动时，其端子电压应能保证机械要求的起动转矩，且在配电系统中引起的电压波动不应妨碍其他用电设备的工作。

2.2.2 交流电动机起动时，配电母线上的电压应符合下列规定：

1 配电母线上接有照明或其他对电压波动较敏感的负荷，电动机频繁起动时，不宜低于额定电压的90%；电动机不频繁起动时，不宜低于额定电压的85%。

2 配电母线上未接照明或其他对电压波动较敏感的负荷，不应低于额定电压的80%。

3 配电母线上未接其他用电设备时，可按保证电动机起动转矩的条件决定；对于低压电动机，尚应保证接触器线圈的电压不低于释放电压。

2.2.3 笼型电动机和同步电动机起动方式的选择应符合下列规定：

1 当符合下列条件时，电动机应全压起动：

1）电动机起动时，配电母线的电压符合本规范第2.2.2条的规定。

2）机械能承受电动机全压起动时的冲击转矩。

3）制造厂对电动机的起动方式无特殊规定。

2 当不符合全压起动的条件时，电动机宜降压起动，或选用其他适当的起动方式。

3 当有调速要求时，电动机的起动方式应与调速方式相匹配。

2.2.4 绕线转子电动机宜采用在转子回路中接入频敏变阻器或电阻器起动，并应符合下列规定：

1 起动电流平均值不宜超过电动机额定电流的2倍或制造厂的规定值。

2 起动转矩应满足机械的要求。

3 当有调速要求时，电动机的起动方式应与调速方式相匹配。

2.2.5 直流电动机宜采用调节电源电压或电阻器降压起动，并应符合下列规定：

1 起动电流不宜超过电动机额定电流的1.5倍或制造厂的规定值。

2 起动转矩和调速特性应满足机械的要求。

2.3 低压电动机的保护

2.3.1 交流电动机应装设短路保护和接地故障的保护。

2.3.2 交流电动机的保护除应符合本规范第2.3.1条的规定外，尚应根据电动机的用途分别装设过载保护、断相保护、低电压保护以及同步电动机的失步保护。

2.3.3 每台交流电动机应分别装设相间短路保护，但符合下列条件之一时，数台交流电动机可共用一套短路保护电器：

1 总计算电流不超过20A，且允许无选择切断时。

2 根据工艺要求，必须同时起停的一组电动机，不同时切断将危及人身设备安全时。

2.3.4 交流电动机的短路保护器件宜采用熔断器或低压断路器的瞬动过电流脱扣器，亦可采用带瞬动元件的过电流继电器。保护器件的装设应符合下列规定：

1 短路保护兼作接地故障的保护时，应在每个不接地的相线上装设。

2 仅作相间短路保护时，熔断器应在每个不接地的相线上装设，过电流脱扣器或继电器应至少在两相上装设。

3 当只在两相上装设时，在有直接电气联系的同一网络中，保护器件应装设在相同的两相上。

2.3.5 当交流电动机正常运行、正常起动或自起动时，短路保护器件不应误动作。短路保护器件的选择应符合下列规定：

1 正确选用保护电器的使用类别。

2 熔断体的额定电流应大于电动机的额定电流，且其安秒特性曲线计及偏差后应略高于电动机起动电流时间特性曲线。当电动机频繁起动和制动时，熔断体的额定电流应加大1级或2级。

3 瞬动过电流脱扣器或过电流继电器瞬动元件的整定电流应取电动机起动电流周期分量最大有效值的2倍～2.5倍。

4 当采用短延时过电流脱扣器作保护时，短延时脱扣器整定电流宜躲过起动电流周期分量最大有效值，延时不宜小于0.1s。

2.3.6 交流电动机的接地故障的保护应符合下列规定：

1 每台电动机应分别装设接地故障的保护，但共用一套短路保护的数台电动机可共用一套接地故障的保护器件。

2 交流电动机的间接接触防护应符合现行国家标准《低压配电设计规范》GB 50054的有关规定。

3 当电动机的短路保护器件满足接地故障的保护要求时，应采用短路保护器件兼作接地故障的保护。

2.3.7 交流电动机的过载保护应符合下列规定：

1 运行中容易过载的电动机、起动或自起动条件困难而要求限制起动时间的电动机，应装设过载保护。连续运行的电动机宜装设过载保护，过载保护应动作于断开电源。但断电比过载造成的损失更大时，应使过载保护动作于信号。

2 短时工作或断续周期工作的电动机可不装设过载保护，当电动机运行中可能堵转时，应装设电动机堵转的过载保护。

2.3.8 交流电动机宜在配电线路的每相上装设过载保护器件，其动作特性应与电动机过载特性相匹配。

2.3.9 当交流电动机正常运行、正常起动或自起动时，过载保护器件不应误动作。过载保护器件的选择应符合下列规定：

1 热过载继电器或过载脱扣器整定电流应接近但不小于电动机的额定电流。

2 过载保护的动作时限应躲过电动机正常起动或自起动时间。热过载继电器整定电流应按下式确定：

$$I_{zd} = K_k K_{jx} \frac{I_{ed}}{nK_h} \qquad (2.3.9)$$

式中：I_{zd}——热过载继电器整定电流（A）；

I_{ed}——电动机的额定电流（A）；

K_k——可靠系数，动作于断电时取1.2，动作于信号时取1.05；

K_{jx}——接线系数，接于相电流时取1.0，接于相电流差时取$\sqrt{3}$；

K_h——热过载继电器返回系数，取0.85；

n——电流互感器变比。

3 可在起动过程的一定时限内短接或切除过载保护器件。

2.3.10 交流电动机的断相保护应符合下列规定：

1 连续运行的三相电动机，当采用熔断器保护时，应装设断相保护；当采用低压断路器保护时，宜装设断相保护。

2 断相保护器件宜采用断相保护热继电器，亦可采用温度保护或专用的断相保护装置。

2.3.11 交流电动机采用低压断路器兼作电动机控制电器时，可不装设断相保护；短时工作或断续周期工作的电动机亦可不装设断相保护。

2.3.12 交流电动机的低电压保护应符合下列规定：

1 按工艺或安全条件不允许自起动的电动机应装设低电压保护。

2 为保证重要电动机自起动而需要切除的次要电动机应装设低电压保护。次要电动机宜装设瞬时动作的低电压保护。不允许自起动的重要电动机应装设短延时的低电压保护，其时限可取0.5s～1.5s。

3 按工艺或安全条件在长时间断电后不允许自起动的电动机，应装设长延时的低电压保护，其时限按照工艺的要求确定。

4 低电压保护器件宜采用低压断路器的欠电压脱扣器、接触器或接触器式继电器的电磁线圈，亦可采用低电压继电器和时间继电器。当采用电磁线圈作低电压保护时，其控制回路宜由电动机主回路供电；当由其他电源供电，主回路失压时，应自动断开控制电源。

5 对于需要自起动不装设低电压保护或装设延时低电压保护的重要电动机，当电源电压中断后在规定时限内恢复时，控制回路应有确保电动机自起动的措施。

2.3.13 同步电动机应装设失步保护。失步保护宜动作于断开电源，亦可动作于失步再整步装置。动作于断开电源时，失步保护可由装设在转子回路中或用定子回路的过载保护兼作失步保护。必要时，应在转子回路中加装失磁保护和强行励磁装置。

2.3.14 直流电动机应装设短路保护，并根据需要装设过载保护。他励、并励及复励电动机宜装设弱磁或失磁保护。串励电动机和机械有超速危险的电动机应装设超速保护。

2.3.15 电动机的保护可采用符合现行国家标准《低压开关设备和控制设备　第4-2部分：接触器和电动机起动器　交流半导体电动机控制器和起动器（含软起动器）》GB 14048.6保护要求的综合保护器。

2.3.16 旋转电机励磁回路不宜装设过载保护。

2.4 低压交流电动机的主回路

2.4.1 低压交流电动机主回路宜由具有隔离功能、控制功能、短路保护功能、过载保护功能、附加保护功能的器件和布线系统等组成。

2.4.2 隔离电器的装设应符合下列规定：

1 每台电动机的主回路上应装设隔离电器，但符合下列条件之一时，可数台电动机共用一套隔离电器：

1）共用一套短路保护电器的一组电动机。

2）由同一配电箱供电且允许无选择地断开的一组电动机。

2 电动机及其控制电器宜共用一套隔离电器。

3 符合隔离要求的短路保护电器可兼作隔离电器。

4 隔离电器宜装设在控制电器附近或其他便于操作和维修的地点。无载开断的隔离电器应能防止误操作。

2.4.3 短路保护电器应与其负荷侧的控制电器和过载保护电器协调配合。短路保护电器的分断能力应符合现行国家标准《低压配电设计舰范》GB 50054的有关规定。

2.4.4 控制电器的装设应符合下列规定：

1 每台电动机应分别装设控制电器，但当工艺需要时，一组电动机可共用一套控制电器。

2 控制电器宜采用接触器、起动器或其他电动机专用的控制开关。起动次数少的电动机，其控制电器可采用低压断路器或与电动机类别相适应的隔离开关。电动机的控制电器不得采用开启式开关。

3 控制电器应能接通和断开电动机堵转电流，其使用类别和操作频率应符合电动机的类型和机械的工作制。

4 控制电器宜装设在便于操作和维修的地点。过载保护电器的装设宜靠近控制电器或为其组成部分。

2.4.5 导线或电缆的选择应符合下列规定：

1 电动机主回路导线或电缆的载流量不应小于电动机的额定电流。当电动机经常接近满载工作时，导线或电缆载流量宜有适当的裕量；当电动机为短时工作或断续工作时，其导线或电缆在短时负载下或断续负载下的载流量不应小于电动机的短时工作电流或额定负载持续率下的额定电流。

2 电动机主回路的导线或电缆应按机械强度和电压损失进行校验。对于向一级负荷配电的末端线路以及少数更换导线很困难的重要末端线路，尚应校验导线或电缆在短路条件下的热稳定。

3 绕线式电动机转子回路导线或电缆载流量应符合下列规定：

1）起动后电刷不短接时，其载流量不应小于转子额定电流。

当电动机为断续工作时，应采用导线或电缆在断续负载下的载流量。

2）起动后电刷短接，当机械的起动静阻转矩不超过电动机额定转矩的50%时，不宜小于转子额定电流的35%；当机械的起动静阻转矩超过电动机额定转矩的50%时，不宜小于转子额定电流的50%。

2.5 低压交流电动机的控制回路

2.5.1 电动机的控制回路应装设隔离电器和短路保护电器，但由电动机主回路供电且符合下列条件之一时，可不另装设：

1 主回路短路保护器件能有效保护控制回路的线路时。

2 控制器回路接线简单、线路很短且有可靠的机械防护时。

3 控制回路断电会造成严重后果时。

2.5.2 控制回路的电源及接线方式应安全可靠、简单适用，并应符合下列规定：

1 当TN或TT系统中的控制回路发生接地故障时，控制回路的接线方式应能防止电动机意外起动或不能停车。

2 对可靠性要求高的复杂控制回路可采用不间断电源供电，亦可采用直流电源供电。直流电源供电的控制回路宜采用不接地系统，并应装设绝缘监视装置。

3 额定电压不超过交流 50V 或直流 120V 的控制回路的接线和布线应能防止引入较高的电压和电位。

2.5.3 电动机的控制按钮或控制开关宜装设在电动机附近便于操作和观察的地点。当需在不能观察电动机或机械的地点进行控制时，应在控制点装设指示电动机工作状态的灯光信号或仪表。

2.5.4 自动控制或连锁控制的电动机应有手动控制和解除自动控制或连锁控制的措施；远方控制的电动机应有就地控制和解除远方控制的措施；当突然起动可能危及周围人员安全时，应在机械旁装设起动预告信号和应急断电控制开关或自锁式停止按钮。

2.5.5 当反转会引起危险时，反接制动的电动机应采取防止制动终了时反转的措施。

2.5.6 电动机旋转方向的错误将危及人员和设备安全时，应采取防止电动机倒相造成旋转方向错误的措施。

2.6 3kV～10kV 电动机

2.6.1 3kV～10kV 异步电动机和同步电动机的保护和二次回路应符合现行国家标准《电力装置的继电保护和自动装置设计规范》GB/T 50062 的有关规定。

2.6.2 3kV～10kV 异步电动机和同步电动机的开关设备和导体选择应符合现行国家标准《3～110kV 高压配电装置设计规范》GB 50060 的有关规定。

3 起重运输设备

3.1 起重机

3.1.1 电动桥式起重机、电动梁式起重机和电动葫芦宜采用安全滑触线或铜质刚性滑触线供电，亦可采用钢质滑触线供电。在对金属有强烈腐蚀的环境中应采用软电缆供电。

3.1.2 滑触线或软电缆的电源线应装设隔离电器和短路保护电器，并应装设在滑触线或软电缆附近便于操作和维修的地点。

3.1.3 滑触线或软电缆的截面选择应符合下列规定：

1 载流量不应小于负荷计算电流。

2 应能满足机械强度的要求。

3 对交流电源供电，在尖峰电流时，自供电变压器的低压母线至起重机任何一台电动机端子上的电源的总电压降最大不得超过额定电压的 15%。

3.1.4 起重机供电线路的设计宜采取下列措施减少电压降：

1 电源线尽量接至滑触线的中部。

2 采用安全滑触线或铜质刚性滑触线。

3 适当增大滑触线截面或增设辅助导线。

4 增加滑触线供电点或分段供电。

5 增大电源线或软电缆截面。

6 提高供电电压等级。

3.1.5 固定式滑触线跨越建筑物伸缩缝处以及钢质滑触线在其长度每隔 50m 处，应装设膨胀补偿装置，其间隙宜为 20mm。在跨越伸缩缝处，辅助导线亦应采取膨胀补偿。安全滑触线及铜质刚性滑触线装设膨胀补偿装置的要求应根据产品技术参数确定。

3.1.6 采用角钢作固定式滑触线时，其固定点的间距及角钢规格应符合下列规定：

1 小于或等于 3t 的电动梁式起重机和电动葫芦，固定点的间距不应大于 1.5m，角钢规格不应小于 25mm×4mm。

2 小于或等于 10t 的电动桥式起重机，固定点的间距不应大于 3m，角钢规格不应小于 40mm×4mm。

3 大于 10t 并小于或等于 50t 的电动桥式起重机，固定点的间距不应大于 3m，角钢规格不应小于 50mm×5mm。

4 大于 50t 的电动桥式起重机，固定点的间距不应大于 3m，角钢规格不应小于 63mm×6mm。

5 采用角钢作固定式滑触线，角钢最大的规格不宜大于 75mm×8mm。

3.1.7 分段供电的固定式滑触线，各分段电源当允许并联运行时，分段间隙宜为 20mm，当不允许并联运行时，分段间隙应大于集电器滑触块的宽度，并应采取防止滑触块落入间隙的措施。

3.1.8 数台起重机在同一固定式滑触线上工作时，宜在起重机轨道的两端设置检修段；中间检修段的设置应根据生产检修的需要确定。检修段长度应比起重机桥身宽度大 2m。采用安全滑触线，且起重机上的集电器能与滑触线脱开时，可不设置检修段。

3.1.9 固定式滑触线的工作段与检修段之间的绝缘间隙宜为 50mm。工作段与检修段之间应装设隔离电器，隔离电器应装设在安全和便于操作的地方。

3.1.10 装于起重机梁的固定式裸滑触线，宜装于起重机驾驶室的对侧；当装于同侧时，对人员上下可能触及的滑触线段应采取防护措施。安全滑触线宜与起重机驾驶室装于同侧，并可不采取防护措施。

3.1.11 裸滑触线距离地面的高度不应低于 3.5m，在室外跨越汽车通道处不应低于 6m。当不能满足要求时，应采取防护措施。

3.1.12 固定式裸滑触线应装设灯光信号，安全滑触线宜装设灯光信号，灯光信号应装设在便于观察的地点或滑触线两端。

3.1.13 在起重机的滑触线上严禁连接与起重机无关的用电设备。

3.1.14 门式起重机的配电宜符合下列规定：

1 移动范围较大，容量较大的门式起重机，根据生产环境，宜采用地沟固定式滑触线或悬挂式滑触线供电。

2 移动范围不大，且容量较小的门式起重机，根据生产环境，宜采用悬挂式软电缆或卷筒式软电缆供电。

3 抓斗门式起重机，当贮料场有上通廊时，宜在上通廊顶部装设固定式滑触线供电，集电器应采用软连接。

4 卷筒式的软电缆宜采用重型橡套电缆，悬挂式的软电缆可根据具体情况采用重型或中型橡套电缆。

5 悬挂式滑触线宜采用钢绳吊挂双沟形铜电车线。

3.1.15 起重机的负荷等级应按中断供电造成损害的程度确定，其分级及供电要求应符合现行国家标准《供配电系统设计规范》GB 50052 的有关规定。

3.1.16 起重机轨道的接地除应符合国家现行有关接地标准外，尚应符合下列规定：

1 在轨道的伸缩缝或断开处应采用足够截面的跨接线连接，并应形成可靠通路。

2 安装在露天的起重机，其轨道除应符合本条第 1 款的规定外，其接地点不应少于 2 处。

3.1.17 当采用固定式裸滑触线，且起重机的吊钩钢绳摆动能触及到滑触线时，或多层布置时的各下层滑触线应采取防止意外触电的防护措施。

3.2 胶带输送机运输线

3.2.1 同一胶带输送机运输线（以下简称胶带运输线）的电

气设备的供电电源宜取自同一供电母线，若胶带运输线较长或电气设备较多时，可按工艺分段采用多回路供电。当主回路和控制回路由不同线路或不同电源供电时，应装设连锁装置。

3.2.2 胶带运输线的电动机起动时，起动电压应符合本规范第2.2.1条和第2.2.2条的规定，当多台同时起动不能满足要求时，应按分批起动设计。

3.2.3 胶带运输线的电气连锁应符合工艺和安全的要求。

3.2.4 胶带运输线中的料流信号及胶带跑偏、打滑、纵向撕裂、断带、超速、堵料等信号检测装置的电气设计应符合工艺对其要求。

3.2.5 胶带运输线起动和停止的程序应按工艺要求确定。运行中，任何一台连锁机械故障停车时，应使给料方向的连锁机械立即停车。当运输线设有中间贮料装置时，可不立即停车。

3.2.6 胶带运输线应能解除连锁实现机旁控制。单机调试起停按钮或开关的安装地点应便于操作和维修。

3.2.7 胶带运输线的控制应符合下列规定：

1 当连锁机械少且分散时，宜采用连锁分散控制。

2 当连锁机械较少且集中或连锁机械虽较多但工艺允许分段控制时，宜按系统或按工艺分段采用连锁局部集中控制。

3 当连锁机械较多、工艺流程复杂时，宜在控制室内集中控制或自动控制。

3.2.8 胶带运输线上的除铁器应在胶带输送机起动前先接通电源。当采用悬挂式除铁器时，应在胶带运输线停车后人工断电；胶带运输线上的除尘风机应在胶带输送机起动前先起动，并在胶带输送机停车后延时停风机。

3.2.9 胶带运输线应采取下列安全措施：

1 沿线设置起动预告信号。

2 在值班点设置事故信号、设备运行信号、允许起动信号。

3 控制箱（屏、台）面上设置事故断电开关或自锁式按钮。

4 胶带运输线宜每隔20m～30m在连锁机械旁设置事故断电开关或自锁式按钮。事故断电开关宜采用钢绳操作的限位开关或防尘密闭式开关。

3.2.10 控制室或控制点与有关场所的联系宜采用声光信号。当联系频繁时，宜设置通讯设备。

3.2.11 控制箱（屏、台）面板上的电气元件应按控制顺序布置。较复杂的控制系统宜采用可编程序控制器或计算机进行控制。

3.2.12 控制室和控制点位置的确定宜符合下列规定：

1 便于观察、操作和调度。

2 通风、采光良好。

3 振动小、灰尘少。

4 线路短，进出线及检修方便。

3.2.13 胶带卸料小车及移动式配合胶带输送机宜采用悬挂式软电缆供电。

3.2.14 胶带运输线上各电气设备的接地应符合现行国家标准《交流电气装置的接地设计规范》GB 50065的有关规定。胶带卸料小车及移动式胶带输送机的接地宜采用移动电缆的第四根芯线作接地线。

3.3 电梯和自动扶梯

3.3.1 各类电梯和自动扶梯的负荷分级及供电应符合现行国家标准《供配电系统设计规范》GB 50052的有关规定。

3.3.2 每台电梯或自动扶梯的电源线应装设隔离电器和短路保护电器。电梯机房的每路电源进线均应装设隔离电器，并应装设在电梯机房内便于操作和维修的地点。

3.3.3 电梯的电力拖动和控制方式应根据其载重量、提升高度、停层方案进行综合比较后确定。

3.3.4 电梯或自动扶梯的供电导线应根据电动机铭牌额定电流及其相应的工作制确定，并应符合下列规定：

1 单台交流电梯供电导线的连续工作载流量应大于其铭牌连续工作制额定电流的140%或铭牌0.5h或1h工作制额定电流的90%。

2 单台直流电梯供电导线的连续工作载流量应大于交直流变流器的连续工作制交流额定输入电流的140%。

3 向多台电梯供电，应计入需要系数。

4 自动扶梯应按连续工作制计。

3.3.5 电梯的动力电源应设独立的隔离电器。轿厢、电梯机房、井道照明、通风、电源插座和报警装置等，其电源可从电梯动力电源隔离电器前取得，并应装设隔离电器和短路保护电器。

3.3.6 向电梯供电的电源线路不得敷设在电梯井道内。除电梯的专用线路外，其他线路不得沿电梯井道敷设。在电梯井道内的明敷电缆应采用阻燃型。明敷线路的穿线管、槽应是阻燃的。消防电梯的供电尚应符合现行国家标准《建筑设计防火规范》GB 50016和《高层民用建筑设计防火规范》GB 50045的有关规定。

3.3.7 电梯机房、轿厢和井道的接地应符合下列规定：

1 机房和轿厢的电气设备、井道内的金属件与建筑物的用电设备应采用同一接地体。

2 轿厢和金属件应采用等电位联结。

3 当轿厢接地线采用电缆芯线时，不得少于2根。

4 电焊机

4.0.1 每台电焊机的电源线应符合下列规定：

1 手动弧焊变压器或弧焊整流器的电源线应装设隔离电器、开关和短路保护电器。

2 自动弧焊变压器、电渣焊机或电阻焊机的电源线应装设隔离电器和短路保护电器。

3 隔离电器、开关和短路保护电器应装设在电焊机附近便于操作和维修的地点。

4.0.2 单台交流弧焊变压器、弧焊整流器或电阻焊机采用熔断器保护时，其熔体的额定电流应符合下列规定：

1 交流弧焊变压器、弧焊整流器宜符合下式的要求：

$$I_{er} \geqslant K_{js} I_{eh} \sqrt{\varepsilon_h} \quad (4.0.2-1)$$

式中：I_{er}——熔断器熔体的额定电流（A）；

K_{js}——计算系数，一般取1.25；

I_{eh}——电焊机一次侧额定电流（A）；

ε_h——电焊机额定负载持续率（%）。

2 电阻焊机宜符合下式的要求：

$$I_{er} \geqslant 0.7 I_{eh} \quad (4.0.2-2)$$

4.0.3 电焊机电源线的载流量不应小于电焊机的额定电流；断续周期工作制的电焊机的额定电流应为其额定负载持续率下的额定电流，其电源线的载流量应为断续负载下的载流量。

4.0.4 多台单相电焊机宜均匀地接在三相线路上。

4.0.5 电渣焊机、容量较大的电阻焊机宜采用专用线路供电。大容量的电焊机可采用专用变压器供电。

4.0.6 空载运行次数较多和空载持续时间超过5min的中小型电焊机宜装设空载自停装置。

4.0.7 无功功率较大的电焊机线路上宜装设电力电容器进行补偿，并应计人谐波对电容器的影响。

5 电镀

5.0.1 电镀用的直流电源设备应采用硅整流或可控硅整流。

5.0.2 整流设备的选择应符合下列规定：

1 直流额定电压应大于并接近镀槽工作电压。对需要冲击电流的镀槽，整流设备的额定电压尚应符合冲击的要求。

2 直流额定电流不应小于镀槽所需电流。对需要冲击电流的镀槽，整流设备的额定电流应根据镀槽冲击电流值及电源设备短时允许过载能力确定。当多槽共用整流设备时，其额定电流不应小于各槽所需电流之和乘以同时使用系数及负荷系数。

3 整流设备的整流结线方式应根据电镀工艺的要求确定。

4 工艺需要自动换向的电镀应采用带有自动换向的可控硅整流设备。

5.0.3 用硅整流设备作直流电源时，其调压方式应符合下列规定：

1 工艺要求电流调节精度高，经常使用但额定负荷小于或等于30%的镀槽宜采用自耦变压器或感应调压器。

2 经常使用且额定负荷大于30%的镀槽，可采用饱和电抗器调压方式。

5.0.4 用可控硅整流设备作直流电源时，宜采用带恒电位仪或电流密度自动控制的可控硅整流设备。

5.0.5 电镀槽的电源宜采用一台整流设备供给一个镀槽。当工艺条件许可时，对电压等级相同的镀槽亦可采用一台整流设备供给几个镀槽用电。对不同时使用的两个镀槽，其工作电压、电流参数相近，位置又接近时，可合用一台整流设备供电。

5.0.6 当一台整流设备向一个镀槽供电，且整流设备集中放置时，应在镀槽附近设置防腐型就地控制箱，其内部应装设电流调节装置、测量仪表和开停整流设备的控制按钮。

5.0.7 当一台整流设备向几个镀槽同时供电时，应在镀槽附近设置防腐型就地控制箱，其内部应装设电流调节装置及测量仪表。

5.0.8 直流线路截面的选择应符合下列规定：

1 线路的允许载流量不应小于镀槽的计算电流。

2 在额定负荷下，电力整流设备至电镀槽的母线电压降不应大于1.0V。

5.0.9 每台整流设备的供电线路应装设隔离电器和短路保护电器。隔离电器的额定电流及供电线路的载流量不应小于整流设备的额定输入电流。

5.0.10 直流线路电压小于60V时，宜采用铜母线、铜芯塑料线或铜芯电缆。当采用铝母线时，在母线连接处应采用铜铝过渡板，铜端应搪锡。电源接入镀槽处应采用铜编织线或铜母线。当线路电压大于或等于60V时，直流线路应采用电缆或绝缘导线。

5.0.11 集中放置整流设备的电源间应符合下列规定：

1 宜接近负荷中心，并宜靠外墙设置；电源间不得设置在镀槽区的下方，亦不应设置在厕所或浴室的正下方或与之贴邻。

2 正面操作通道不宜小于1.5m；当需在整流设备背面检修时，其背面距墙不宜小于0.8m；与整流器配套的调压器距墙不宜小于0.8m。

3 室内夏季温度不宜超过40℃，冬季温度不宜低于5℃。当自然通风不能满足电源间要求时，应采用机械通风，并保持室内正压。

4 镀槽排风系统的管道、地沟及其他与电源间无关的管道不得通过电源间。

5.0.12 控制系统较复杂的自动生产线的控制台应设在专用的控制室内，控制室应设观察窗。当控制室门开向生产车间时，控制室宜有正压通风。

5.0.13 电镀间内的电气设备应采用防腐型，其线路及金属支架等应采取防腐措施。

5.0.14 直接安放在镀槽旁的整流设备，其底部应设有高出地面不小于150mm的底座。

5.0.15 在电镀间内，整流设备的金属外壳及配电箱、控制箱、操作箱的金属外壳、金属电缆桥架、配线槽、保护钢管等应与交流配电系统的保护线或保护中性线可靠连接。电镀间内各种接地系统宜采用共用接地的方式。

6 蓄电池充电

6.0.1 蓄电池充电用直流电源，应采用硅整流、可控硅整流设备或高频开关电源。

6.0.2 除固定型阀控式密闭铅酸蓄电池、镉镍蓄电池外，铅酸蓄电池与其充电用整流设备不宜装设在同一房间内。

6.0.3 酸性蓄电池与碱性蓄电池应在不同房间内充电及存放。

6.0.4 蓄电池车充电时，每辆车宜采用单独充电回路，并应能分别调节。

6.0.5 当采用恒电流充电方式时，整流设备的直流额定电压不宜低于蓄电池组电压的150%。

6.0.6 整流设备的选择应根据蓄电池组容量、数量和不同的充电方式确定。

6.0.7 整流设备应装设直流电压表和直流电流表。并联充电的各回路应装设单独的调节装置和直流电流表。

6.0.8 充电间的设计应符合下列规定：

1 铅酸蓄电池充电间的墙壁、门窗、顶部、金属管道及构架等宜采取耐酸措施，地面应能耐酸，并应有适当的坡度及给排水设施。

2 铅酸蓄电池充电间的地面下不宜通过无关的沟道和管线。

3 充电间应通风良好，当自然通风不能满足要求时，应采用机械通风，每小时通风换气次数不应少于8次。

4 防酸式铅酸蓄电池充电间内的电气照明应采用增安型照明器。充电间内不应装设开关、熔断器或插座等可能产生火花的电器。

5 充电间内的固定式线路应采用铜芯绝缘线穿保护管敷设或铜芯塑料护套电缆，并有防止外界损伤的措施；移动式线路应采用铜芯重型橡套电缆。

7 静电滤清器电源

7.0.1 每个单静电滤清器电场应由单独的整流设备供电。多电场静电滤清器的每个电场宜由单独的整流设备供电，但工作条件相近的电场可共用一套整流设备。

7.0.2 户内式整流设备宜装设在靠近静电滤清器的单独房间内，并应按现行国家标准《建筑灭火器配置设计规范》GB

50140的有关规定配置灭火器。每套整流设备的高压整流器、变压器和转换开关应装设在单独的隔间内。整流隔间遮栏宜采用金属网制作，网孔尺寸不应大于40mm×40mm，高度不应低于2.5m。

7.0.3 户外式整流设备应装设在电滤器上。

7.0.4 直流40kV～80kV户内式配电装置的设备绝缘等级不应低于工频35kV的绝缘等级。配电装置的导体及带电部分的各项电气净距不应小于下列数值：

1 带电部分之间以及带电部分至接地部分之间为300mm。

2 带电部分至栅状遮栏之间为1050mm。

3 带电部分至网状遮栏之间为400mm。

4 带电部分至板状遮栏之间为330mm。

5 无遮拦裸导体至地面之间为2600mm。

6 平行的不同时停电检修的无遮拦裸导体之间为2100mm。

7 通向屋外的高压出线套管至屋外通道的路面为4000mm。

7.0.5 户内式整流器的整流隔间的门上应装设开门后断开交流电源的电气连锁装置；户外式整流器的交流电源侧应装设连锁装置；当检修整流设备或操作高压隔离开关时，应先断开交流电源。

7.0.6 户内式整流设备的控制屏应装设在整流隔间外附近的地方，整流隔间与控制屏间的通道不宜小于2m。户外式整流设备的控制屏应装设在静电滤清器附近的房间内。

7.0.7 户内式整流器负极与电滤器电晕电极之间的连接线宜采用专用高压电缆。户内式或户外式整流器正极与电滤器收尘电极之间的连接线不应少于2根，并应接地。连接线宜采用25mm×4mm的镀锌扁钢，不得利用设备外壳或金属结构作为连接线。接地电阻不应大于4Ω。

7.0.8 整流设备因故障停电时，值班室应有声光信号。

8 室内日用电器

8.0.1 固定式日用电器的电源线应设置隔离电器、短路保护电器、过载保护电器及间接接触防护。

8.0.2 移动式日用电器的供电回路应装设隔离电器和短路、过载及剩余电流保护电器。

8.0.3 功率小于或等于0.25kW的电感性负荷以及小于或等于1kW的电阻性负荷的日用电器，可采用插头和插座作为隔离电器，并兼作功能性开关。

8.0.4 室内日用电器的间接接触防护和剩余电流保护应符合现行国家标准《低压配电设计规范》GB 50054的有关规定。

8.0.5 日用电器的插座线路，其配电应按下列规定确定：

1 插座的计算负荷应按已知使用设备的额定功率计，未知使用设备应按每出线口100W计。

2 插座的额定电流应按已知使用设备的额定电流的1.25倍计，未知使用设备应按不小于10A计。

3 插座线路的载流量：对已知使用设备的插座供电时，应按大于插座的额定电流计；对未知使用设备的插座供电时，应按大于总计算负荷电流计。

8.0.6 插座的形式和安装要求应符合下列规定：

1 对于不同电压等级的日用电器，应采用与其电压等级相匹配的插座；选用非220V单相插座时，应采用面板上有明示使用电压的产品。

2 需要连接带接地线的日用电器的插座必须带接地孔。

3 采用插拔插头使日用电器工作或停止工作危险性大时，宜采用带开关能切断电源的插座。

4 在潮湿场所，应采用具有防溅电器附件的插座，安装高度距地不应低于1.5m。

5 在装有浴盆、淋浴盆、桑拿浴加热器和泳池、水池以及狭窄的可导电场所，其插座及安装应符合现行国家标准《建筑物电气装置》GB 16895的有关规定。

6 在住宅和儿童专用活动场所应采用带保护门的插座。

本规范用词说明

1 为便于在执行本规范条文时区别对待，对要求严格程度不同的用词说明如下：

1）表示很严格，非这样做不可的：

正面词采用“必须”，反面词采用“严禁”；

2）表示严格，在正常情况下均应这样做的：

正面词采用“应”，反面词采用“不应”或“不得”；

3）表示允许稍有选择，在条件许可时首先应这样做的：

正面词采用“宜”，反面词采用“不宜”；

4）表示有选择，在一定条件下可以这样做的，采用“可”。

2 条文中指明应按其他有关标准执行的写法为：“应符合……的规定”或“应按……执行”。

引用标准名录

《建筑设计防火规范》GB 50016

《高层民用建筑设计防火规范》GB 50045

《供配电系统设计规范》GB 50052

《低压配电设计规范》GB 50054

《3～110kV高压配电装置设计规范》GB 50060

《电力装置的继电保护和自动装置设计规范》GB/T 50062

《交流电气装置的接地设计规范》GB 50065

《建筑灭火器配置设计规范》GB 50140

《低压开关设备和控制设备　第4－2部分：接触器和电动机起动器　交流半导体电动机控制器和起动器（含软起动器）》GB 14048.6

《建筑物电气装置》GB 16895

16 高压配电装置设计规范

(DL/T 5352—2018)

1 总则

1.0.1 为规范高压配电装置设计，贯彻国家法律、法规，执行国家的建设方针和技术经济政策，符合安全可靠、技术先进、运行维护方便、经济合理、环境保护的要求，制定本标准。

1.0.2 本标准适用于发电厂和变电站工程中交流3kV～1000kV配电装置设计。

1.0.3 配电装置的设计应根据电力负荷性质、容量、环境条件、运行维护等要求，坚持节约用地的原则，合理地选用设备和制定布置方案。在技术经济合理时应选用效率高、能耗小的电气设备和材料。

1.0.4 配电装置的设计应根据工程特点、建设规模和发展规划，做到远、近期结合，以近期为主。

1.0.5 配电装置的设计除应执行本标准的规定外，尚应符合国家现行有关标准的规定。

2 基本规定

2.1 敞开式配电装置

2.1.1 配电装置的布置和导体、电气设备、架构的选择应满足当地环境条件下正常运行、安装检修、短路和过电压时的安全要求，并满足规划容量要求。

2.1.2 配电装置各回路的相序排列宜按面对出线，从左到右、从远到近、从上到下的顺序，相序为A、B、C。对屋内硬导体及屋外裸导体应有相色标志，A、B、C相色标志应为黄、绿、红三色。

2.1.3 配电装置内的母线排列顺序，靠变压器侧布置的母线宜为Ⅰ母，靠线路侧布置的母线宜为Ⅱ母；双层布置的配电装置中，下层布置的母线宜为Ⅰ母，上层布置的母线宜为Ⅱ母。

2.1.4 110kV及以上电压等级的屋外配电装置不宜带电作业。

2.1.5 110kV～220kV电压等级配电装置母线避雷器和电压互感器宜合用一组隔离开关；330kV及以上电压等级配电装置进、出线和母线上装设的避雷器及进、出线电压互感器不应装设隔离开关，母线电压互感器不宜装设隔离开关。

2.1.6 330kV及以上电压等级的线路并联电抗器回路不宜装设断路器或负荷开关。330kV及以上电压等级的母线并联电抗器回路应设断路器和隔离开关。

2.1.7 对于66kV及以上电压等级的配电装置，断路器两侧的隔离开关靠断路器侧、线路隔离开关靠线路侧、变压器进线的变压器侧应配置接地开关。

2.1.8 每段母线上应装设接地开关或接地器；接地开关或接地器的安装数量应根据母线上电磁感应电压和平行母线的长度以及间隔距离进行计算确定。

2.1.9 330kV及以上电压等级的同杆架设或平行回路的线路侧接地开关应具有开合电磁感应和静电感应电流的能力，其开合水平应按具体工程情况经计算确定。220kV同杆架设或平行回路的线路侧接地开关的开合水平可按具体工程情况经计算确定。

2.1.10 110kV及以上电压等级配电装置的电压互感器可采用按母线配置方式，也可采用按回路配置方式。

2.1.11 当220kV及以下电压等级屋内配电装置设备低式布置时，间隔应设置防止误入带电间隔闭锁装置。

2.1.12 充油电气设备的布置应满足带电观察油位和油温时安全、方便的要求，并应便于抽取油样。

2.1.13 配电装置的布置位置应使场内道路和低压电力、控制电缆的长度最短。发电厂内宜避免不同电压等级的架空线路交叉。

2.2 气体绝缘金属封闭开关设备（GIS）配电装置

2.2.1 气体绝缘金属封闭开关设备（GIS）配电装置的接地开关配置应满足运行检修的要求。与GIS配电装置连接并需单独检修的电气设备、母线和出线均应配置接地开关，出线回路的线路侧接地开关宜采用具有关合动稳定电流能力的快速接地开关。

2.2.2 GIS配电装置的母线避雷器和电压互感器、电缆进出线间隔的避雷器、线路电压互感器宜设置独立的隔离断口或隔离开关。

2.2.3 GIS配电装置应在与架空线路连接处装设敞开式避雷器，其接地端应与GIS管道金属外壳连接。500kV及以上电压等级GIS母线避雷器的装设宜经雷电侵入波过电压计算确定。

2.2.4 正常运行条件下，GIS配电装置外壳和支架上的感应电压不应大于24V；故障条件下，GIS配电装置外壳和支架上的感应电压不应大于100V。

2.2.5 在GIS配电装置间隔内，应设置一条贯穿所有GIS间隔的接地母线或环形接地母线，并应将GIS配电装置的接地线引至接地母线，由接地母线再与接地网连接。

2.2.6 GIS配电装置宜采用多点接地方式。当选用分相设备时，应设置外壳三相短接线，并在短接线上引出接地线通过接地母线接地。外壳的三相短接线的截面应能承受长期通过的最大感应电流，并应按短路电流校验。当设备为铝外壳时，其短接线宜用铝排；当设备为钢外壳时，其短接线宜采用铜排。

2.2.7 GIS配电装置每间隔应分为若干隔室，隔室的分隔应满足正常运行条件和间隔元件设备检修要求。

3 环境条件

3.0.1 屋外配电装置中的绝缘子和电气设备外绝缘应符合现行国家标准《污秽条件下使用的高压绝缘子的选择和尺寸确定 第1部分：定义信息和一般原则》GB/T 26218.1、《污秽条件下使用的高压绝缘子的选择和尺寸确定 第2部分：交流系统用瓷和玻璃绝缘子》GB/T 26218.2、《污秽条件下使用的高压绝缘子的选择和尺寸确定 第3部分：交流系统用复合绝缘子》GB/T 26218.3的规定。

3.0.2 屋外配电装置位置的选择宜避开自然通风冷却塔和机力通风冷却塔的水雾区及其常年盛行风向的下风侧。屋外配电装置与冷却塔的距离应符合现行行业标准《火力发电厂总图运输设计规范》DL/T 5032的规定。

3.0.3 电气设备的正常使用环境温度不宜超过40℃，且24h内测得的温度平均值不宜超过35℃。屋外电气设备最低环境温度的优选值宜为－10℃、－25℃、－30℃、－40℃；屋内电气设备低环境温度的优选值宜为－5℃、－15℃、－25℃。选择导体和电气设备的环境温度宜符合表3.0.3的规定。

表3.0.3 选择导体和电气设备的环境温度

类别	安装场所	环境温度	
		最高	最低
裸导体	屋外	最热月平均最高温度	—
	屋内	该处通风设计温度	—
电气设备	屋外 SF_6 绝缘设备	年最高温度	极端最低温度
	屋外其他	年最高温度	年最低温度
	屋内电抗器	该处通风设计最高排风温度	—
	屋内其他	该处通风设计温度	—

注：1 年最高或最低温度为一年中所测得的最高或最低温度的多年平均值。

2 最热月平均最高温度为最热月每日最高温度的月平均值，取多年平均值。

3 选择屋内裸导体及其他电气设备的环境温度，若该处无通风设计温度资料时，可取最热月平均最高温度加5℃。

3.0.4 选择导体和电气设备的环境相对湿度应采用当地湿度最高月份的平均相对湿度。当无资料时，相对湿度可比当地湿度最高月份的平均相对湿度高5%。在湿热带地区应采用湿热带型电气设备产品。在亚湿热带地区可采用普通电气设备产品，但应根据当地运行经验采取加强防潮、防凝露、防水、防锈、防霉及防虫害等防护措施。

3.0.5 周围环境温度低于电气设备、仪表和继电器的最低允许温度时，应装设加热装置或采取其他保温设施。在积雪、覆冰严重地区，应采取防止冰雪引起事故的措施。隔离开关的破冰厚度不应小于安装场所的最大覆冰厚度。

3.0.6 330kV及以下电压等级屋外配电装置的导体和电气设备最大风速的选择可采用离地10m高，30年一遇10min平均最大风速；500kV、750kV屋外配电装置的导体和电气设备最大风速的选择宜采用离地10m高，50年一遇10min平均最大风速；1000kV屋外配电装置的导体和电气设备最大风速的选择宜采用离地面10m高，100年一遇10min平均最大风速。最大风速宜按导体和电气设备的安装高度进行修正。对于最大设计风速大于34m/s的地区，在屋外配电装置的布置中应采取相应措施。

3.0.7 配电装置的抗震设计应符合现行国家标准《电力设施抗震设计规范》GB 50260的规定。对于重要电力设施中的电气设施，当抗震设防烈度为7度及以上时，应进行抗震设计。对于一般电力设施中的电气设施，当抗震设防烈度为8度及以上时，应进行抗震设计。

3.0.8 选择导体和电气设备时，应根据当地地震烈度选择能够满足地震要求的产品。重要电力设施中的电气设施可按抗震设防烈度提高1度设防，当抗震设防烈度为9度及以上时不再提高。

3.0.9 对于海拔超过1000m的地区，配电装置应选择适用于高海拔的电气设备、电瓷产品，其外绝缘强度应符合高压电气设备绝缘试验电压的有关规定。

3.0.10 配电装置设计应重视对噪声的控制，降低有关运行场所的连续噪声级。配电装置紧邻居民区时，其围墙外侧的噪声标准应符合现行国家标准《声环境质量标准》GB 3096、《工业企业厂界环境噪声排放标准》GB 12348的要求。

3.0.11 330kV及以上电压等级配电装置内设备遮栏外离地1.5m的静电感应场强水平不宜超过10kV/m，少部分地区可允许达到15kV/m。配电装置围墙外侧非出线方向为居民区时，离地1.5m的静电感应场强水平不宜大于4kV/m。

3.0.12 当干扰频率为0.5MHz时，配电装置围墙外非出线方向20m地面处无线电干扰限值应符合表3.0.12的规定。

表3.0.12　　无线电干扰限值

电压（kV）	110	220～330	500	750～1000
无线电干扰限值 dB(μV/m)	46	53	55	55～58

3.0.13 110kV及以上电压等级的电气设备及金具，在1.1倍最高工作相电压下，晴天夜晚不应出现可见电晕，110kV及以上电压等级导体的电晕临界电压应大于导体安装处的最高工作电压。

3.0.14 布置在直接空冷平台下方的电气设备，其外绝缘宜采用e级污秽等级要求。

4　导体和电气设备的选择

4.1　一般规定

4.1.1 导体和电气设备的选择应符合现行行业标准《导体和电气设备选择设计技术规定》DL/T 5222的规定。

4.1.2 电气设备的最高工作电压不应低于所在系统的最高运行电压；电气设备的额定电流和导体的长期允许电流不应小于各种工况下回路持续工作电流，并应根据海拔和环境条件进行修正。

4.1.3 验算导体和电气设备额定峰值耐受电流、额定短时耐受电流以及电气设备开断电流所用的短路电流应按实际工程的设计规划容量计算，并应考虑电力系统远景发展规划，留有一定裕度。

4.1.4 验算裸导体短路热效应的计算时间宜采用主保护动作时间加相应的断路器全分闸时间。当主保护有死区时，应采用对该死区起作用的后备保护动作时间，并应采用相应的短路电流值。验算电气设备短路热效应的计算时间宜采用后备保护动作时间加相应的断路器全分闸时间。

4.1.5 选择耐热导体时，应考虑温度对连接设备的影响，并采取防护措施。

4.1.6 在正常运行和短路时，电气设备引线的最大作用力不应大于电气设备端子允许的荷载。

4.2　导体的选择

4.2.1 220kV及以下电压等级的软导线宜选用钢芯铝绞线，330kV～500kV软导线宜选用钢芯铝绞线或扩径空芯导线，750kV～1000kV软导线宜选用耐热型扩径空芯导线。在空气中含盐量较大的沿海地区或周围气体对铝有明显腐蚀的场所，宜选用防腐型铝绞线或铜绞线。

4.2.2 220kV及以下电压等级的软导线宜选用单根导线，根据导线载流量的要求也可采用双分裂导线；330kV软导线宜选用单根扩径导线或双分裂导线；500kV软导线宜选用双分裂导线；750kV软导线可选用双分裂导线，也可选用四分裂导线；1000kV软导线宜选用四分裂导线。

4.2.3 硬导体可选用矩形、双槽形和圆管形。20kV及以下电压等级回路中的正常工作电流在4kA及以下时，宜选用矩形导体；在4kA～8kA时，宜选用双槽形导体或管形导体；在8kA以上时，宜选用圆管形导体。66kV及以下电压等级配电装置硬导体可采用矩形导体，也可采用管形导体。110kV及以上电压等级配电装置硬导体宜采用管形导体。

4.2.4 硬导体的设计应考虑不均匀沉降、温度变化和振动等因素的影响。

4.3　电气设备的选择

4.3.1 35kV及以下电压等级的断路器宜选用真空断路器或SF_6断路器，66kV及以上电压等级的断路器宜选用SF_6断路器。在高寒地区，SF_6断路器宜选用罐式断路器，并应考虑SF_6气体液化问题。

4.3.2 隔离开关应根据正常运行条件和短路故障条件的要求选择。

4.3.3 单柱垂直开启式隔离开关在分闸状态下，动静触头间的最小电气距离不应小于配电装置的最小安全净距B_1值。

4.3.4 电流互感器宜采用套管式，也可采用独立式电流互感器。

4.3.5 35kV及以上电压等级配电装置宜选用电容式电压互感器，当条件不允许时也可采用电磁式电压互感器。

4.3.6 35kV及以下电压等级采用真空断路器的回路宜根据被操作的容性或感性负载，选用金属氧化锌避雷器或阻容吸收器进行过电压保护。

4.3.7 66kV及以上电压等级配电装置内的过电压保护宜采用金属氧化锌避雷器。

4.3.8 装设在屋外的消弧线圈宜选用油浸式；装设在屋内的

消弧线圈宜选用干式。

4.3.9 当有冰雪时，3kV～20kV屋外支柱绝缘子和穿墙套管宜采用提高一级电压的产品；对3kV～6kV者可采用提高两级电压的产品。

4.3.10 330kV及以上电压等级的GIS或HGIS与变压器之间采用气体绝缘管道连接时，应采取适当措施降低快速暂态过电压（VFTO）的影响。

5 配电装置的型式与布置

5.1 最小安全净距

5.1.1 配电装置的最小安全净距宜以金属氧化物避雷器的保护水平为基础确定。

5.1.2 屋外配电装置的最小安全净距不应小于表5.1.2-1、表5.1.2-2的规定。

5.1.3 屋外配电装置使用软导线时，在不同条件下，带电部分至接地部分和不同相带电部分之间的最小空气间隙，应根据表5.1.3-1、表5.1.3-2的规定进行校验，并采用其中最大数值。

5.1.4 屋内配电装置的安全净距不应小于表5.1.4的规定。

5.1.5 当屋外配电装置的电气设备外绝缘体最低部位距地小于2500mm时，应装设固定遮栏；屋内配电装置的电气设备外绝缘体最低部位距地小于2300mm时，应装设固定遮栏。

5.1.6 配电装置中相邻带电部分的额定电压不同时，应按较高的额定电压确定其最小安全净距。

5.1.7 屋外配电装置带电部分的上面或下面不应有照明、通信和信号线路架空跨越或穿过；屋内配电装置的带电部分上面不应有明敷的照明、动力线路或管线跨越。

表5.1.2-1　3kV～500kV屋外配电装置的最小安全净距（mm）

符号	适应范围	图号	系统标称电压（kV）									备注
			3～10	15～20	35	66	110J	110	220J	330J	500J	
A_1	1. 带电部分至接地部分之间； 2. 网状遮栏向上延伸线距地2.5m处与遮栏上方带电部分之间	5.1.2-1 5.1.2-2	200	300	400	650	900	1000	1800	2500	3800	—
A_2	1. 不同相的带电部分之间； 2. 断路器和隔离开关的断口两侧引线带电部分之间	5.1.2-1 5.1.2-3	200	300	400	650	1000	1100	2000	2800	4300	—
B_1	1. 设备运输时，其外廓至无遮栏带电部分之间； 2. 交叉的不同时停电检修的无遮栏带电部分之间； 3. 栅状遮栏至绝缘体和带电部分之间①	5.1.2-1 5.1.2-2 5.1.2-3	950	1050	1150	1400	1650	1750	2550	3250	4550	$B_1=A_1+750$
B_2	网状遮栏至带电部分之间	5.1.2-2	300	400	500	750	1000	1100	1900	2600	3900	$B_2=A_1+70+30$
C	1. 无遮栏裸导体至地面之间； 2. 无遮栏裸导体至建筑物、构筑物顶部之间	5.1.2-2 5.1.2-3	2700	2800	2900	3100	3400	3500	4300	5000	7500②	$C=A_1+2300+200$
D	1. 平行的不同时停电检修的无遮栏带电部分之间； 2. 带电部分与建筑物、构筑物的边沿部分之间	5.1.2-1 5.1.2-2	2200	2300	2400	2600	2900	3000	3800	4500	5800	$D=A_1+1800+200$

注：1　110J、220J、330J、500J系指中性点直接接地系统。

2. 海拔超过1000m时，A值应按本标准附录A进行修正。

3. 500kV的A_1值，分裂软导线至接地部分之间可取3500mm。

① 表示对于220kV及以上电压，可按绝缘体电位的实际分布，采用相应的B_1值进行校验。当无给定的分布电位时，允许栅状遮栏与绝缘体的距离小于B_1值按线性分布计算。校验500kV相间通道的安全净距，亦可用此原则。

② 表示500kV配电装置C值由地面静电感应的场强水平确定，距地面1.5m处空间场强不宜超过10kV/m，但少部分地区可按不大于15kV/m考核。

表5.1.2-2　750kV、1000kV屋外配电装置的最小安全净距（mm）

符号	适应范围	图号	系统标称电压（kV）		备注
			750J	1000J	
A'_1	带电导体至接地架构	5.1.2-4 5.1.2-5	4800	6800（分裂导线至接地部分、管形导体至接地部分）	—

续表

符号	适应范围	图 号	系统标称电压（kV）		备 注
			750J	1000J	
A''_1	带电设备至接地架构	5.1.2-5	5500	7500（均压环至接地部分）	—
A_2	带电导体相间	5.1.2-1 5.1.2-3 5.1.2-4	7200	9200（分裂导线至分裂导线） 10100（均压环至均压环） 11300（管形导体至管形导体）	—
B_1	1. 带电导体至栅栏①； 2. 运输设备外轮廓线至带电导体； 3. 不同时停电检修的垂直交叉导体之间	5.1.2-1、5.1.2-2 5.1.2-3、5.1.2-4 5.1.2-5	6250	8250	$B_1=A_1+750$
B_2	网状遮栏至带电部分之间	5.1.2-2	5600	7600	$B_2=A_1+70+30$
C	带电导体至地面	5.1.2-2 5.1.2-3	12000	17500（单根管形导体） 19500（分裂架空导线）	C值由地面场强确定②
D	1. 不同时停电检修的两平行回路之间水平距离； 2. 带电导体至围墙顶部； 3. 带电导体至建筑物边缘	5.1.2-1 5.1.2-2	7500	9500	$D=A_1+1800+200$

注： 1　750J、1000J 系指中性点直接接地系统。

2　交叉导体之间应同时满足 A_2 和 B_1 的要求。

3　平行导体之间应同时满足 A_2 和 D 的要求。

4　海拔超过 1000m 时，A 值应按附录 A 进行修正。

①　表示对于 750kV 及 1000kV 电压等级，可按绝缘体电位的实际分布，采用相应的 B_1 值进行校验。此时，允许栅状遮栏与绝缘体的距离小于 B_1 值，当无给定的分布电位时，可按线性分布计算。校验 750kV 及 1000kV 相间通道的安全净距，也可用此原则。

②　表示 750kV 及 1000kV 配电装置 C 值由地面静电感应的场强水平确定，距地面 1.5m 处空间场强不宜超过 10kV/m，但少部分地区可按不大于 15kV/m 考核。

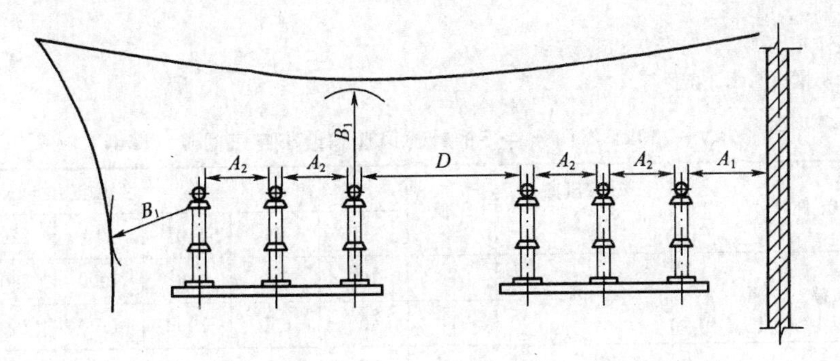

图 5.1.2-1　屋外 A_1、A_2、B_1、D 值校验图

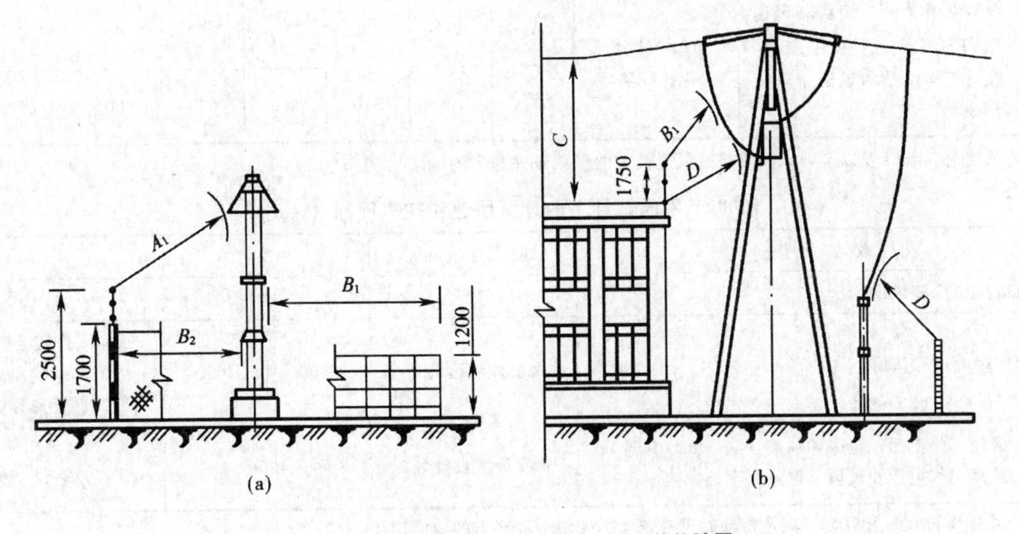

图 5.1.2-2　屋外 A_1、B_1、B_2、C、D 值校验图

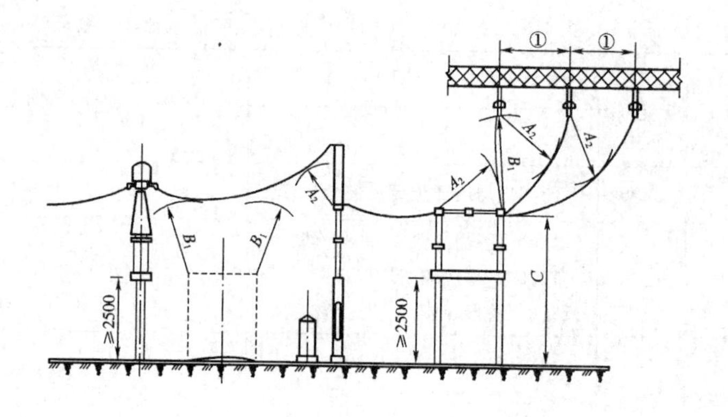

图 5.1.2-3　屋外 A_2、B_1、C 值校验图
①—按照本标准第 5.1.3 条执行

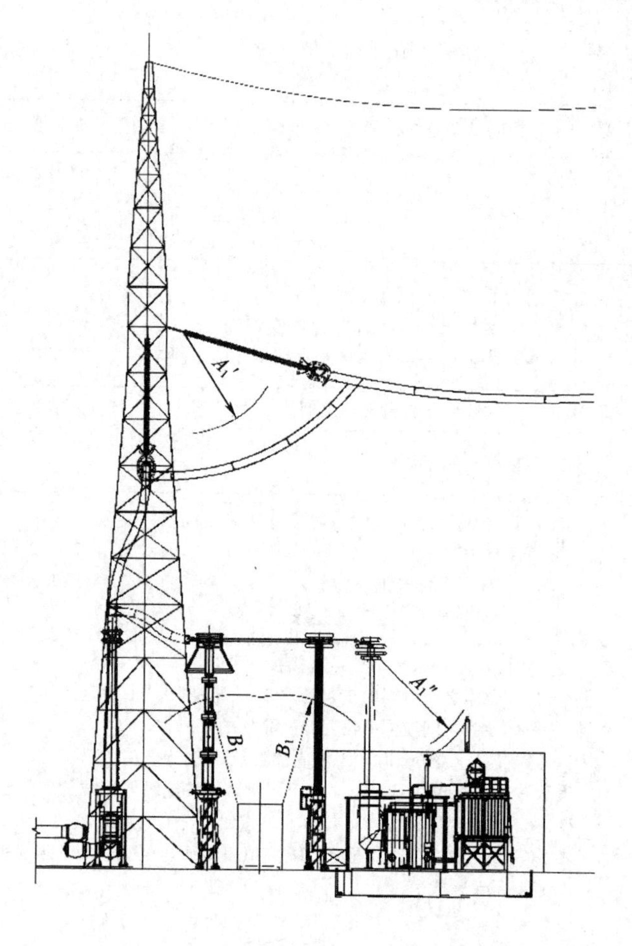

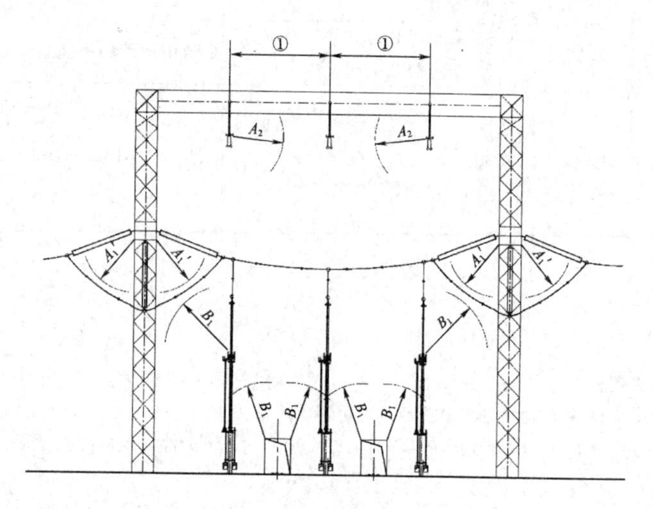

图 5.1.2-4　屋外 A'_1、A_2、B_1 值校验图
①—按照本标准第 5.1.3 条执行

图 5.1.2-5　屋外 A'_1、A''_1、B_1 值校验图

表 5.1.3-1　　35kV～750kV 不同条件下的计算风速和最小空气间隙（mm）

条件	校验条件	计算风速（m/s）	A 值	额定电压（kV）							
				35	66	110J	110	220J	330J	500J	750J
雷电电压	雷电过电压和风偏	10[注]	A_1	400	650	900	1000	1800	2400	3200	4300
			A_2	400	650	1000	1100	2000	2600	3600	4800
操作电压	操作过电压和风偏	最大设计风速的 50%	A_1	400	650	900	1000	1800	2500	3500	4800
			A_2	400	650	1000	1100	2000	2800	4300	6500
工频电压	1. 最高工作电压、短路和风偏（取 10m/s 风速）； 2. 最高工作电压和风偏（取最大设计风速）	10 或最大设计风速	A_1	150	300	300	450	600	1100	1600	2200
			A_2	150	300	500	500	900	1700	2400	3750

注：在最大设计风速为 34m/s 及以上，以及雷暴时风速较大的气象条件恶劣的地区用 15m/s。

表 5.1.3-2　　1000kV 不同条件下的计算风速和空气间隙（mm）

条　件	校验条件	计算风速（m/s）	A'_1	A''_1	A_2
雷电电压	雷电过电压和风偏	10[注]	5000		5000
操作电压	操作过电压和风偏	最大设计风速的 50%	6800	7500	9200（分裂导线至分裂导线） 10100（均压环至均压环） 11300（管形导体至管形导体）
工频电压	1. 最高工作电压、短路和风偏（取 10m/s 风速）； 2. 最高工作电压和风偏（取最大设计风速）	10 或最大设计风速	4200		6800

注：在最大设计风速为 34m/s 及以上，以及雷暴时风速较大的气象条件恶劣的地区用 15m/s。

表 5.1.4　　屋内配电装置的最小安全净距（mm）

符号	适应范围	图号	系统标称电压（kV）								
			3	6	10	15	20	35	66	110J	220J
A_1	带电部分至接地部分之间 网状和板状遮栏向上延伸线距地 2.3m 处与遮栏上方带电部分之间	5.1.4-1	75	100	125	150	180	300	550	850	1800
A_2	不同相的带电部分之间 断路器和隔离开关的断口两侧引线带电部分之间	5.1.4-1	75	100	125	150	180	300	550	900	2000
B_1	栅状遮栏至带电部分之间 交叉的不同时停电检修的无遮栏带电部分之间	5.1.4-1 5.1.4-2	825	850	875	900	930	1050	1300	1600	2550
B_2	网状遮栏至带电部分之间①	5.1.4-1	175	200	225	250	280	400	650	950	1900
C	无遮栏裸导体至地（楼）面之间	5.1.4-1	2500	2500	2500	2500	2500	2600	2850	3150	4100
D	平行的不同时停电检修的无遮栏裸导体之间	5.1.4-1	1875	1900	1925	1950	1980	2100	2350	2650	3600
E	通向屋外的出线套管至屋外通道的路面	5.1.4-2	4000	4000	4000	4000	4000	4000	4500	5000	5500

注：1　110J、220J 系指中性点有效接地电网。

2　海拔超过 1000m 时，A 值应按照本标准附录 A 的规定进行修正。

3　通向屋外配电装置的出线套管至屋外地面的距离，不应小于本标准表 5.1.2-1 中所列屋外部分之 C 值。

①　表示当为板状遮栏时，其 B_2 值可取（A_1+30）mm。

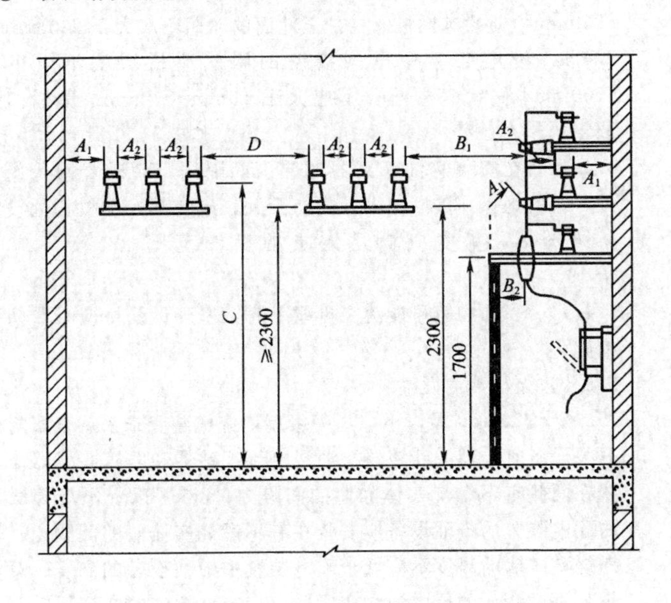

图 5.1.4-1　屋内 A_1、A_2、B_1、B_2、C、D 值校验图

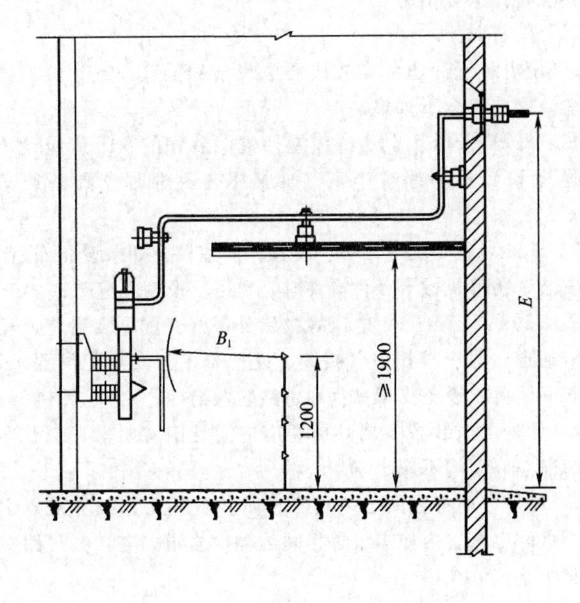

图 5.1.4-2　屋内 B_1、E 值校验图

5.2　型式选择

5.2.1　配电装置型式的选择应根据设备选型及进出线方式，结合工程实际情况，因地制宜，并与发电厂或变电站以及相应水利水电工程总体布置协调，通过技术经济比较确定。在技术经济合理时，宜采用占地少的配电装置型式。

5.2.2　3kV～20kV 电压等级的配电装置宜采用金属封闭开关设备型式。

5.2.3　35kV 配电装置宜采用金属封闭开关设备型式，也可采用屋外中型配电装置或其他型式。

5.2.4　110kV 和 220kV 电压等级的配电装置可采用屋外中型配电装置、GIS 配电装置或屋内配电装置。

5.2.5　330kV～750kV 电压等级的配电装置宜采用屋外中型配电装置。e 级污秽地区、海拔高度大于 2000m 地区、布置场地受限的 330kV～750kV 电压等级配电装置，当经技术经济比较合理时，可采用 GIS 配电装置或 HGIS 配电装置。

5.2.6　1000kV 配电装置宜采用 GIS 配电装置或 HGIS 配电装置。

5.2.7　抗震设防烈度为 8 度及以上地区的 110kV 及以上电压等级配电装置宜采用 GIS 配电装置。

5.2.8　抗震设防烈度为 8 度及以上地区的 110kV 及以上电压等级配电装置不宜采用敞开支持型硬母线配电装置。

5.3　布置

5.3.1　配电装置的布置应结合接线方式、设备型式及发电厂和变电站的总体布置综合考虑。

5.3.2　对于 35kV～110kV 电压等级单母线接线方式，当采用软母线配双柱式隔离开关时，屋外敞开式配电装置应采用中型布置。断路器宜采用单列式或双列式布置。

5.3.3　对于 35kV 电压等级双母线接线方式，当采用软母线配单柱式或双柱式隔离开关时，屋外敞开式配电装置宜采用中型布置。断路器宜采用单列式或双列式布置。

5.3.4　对于 110kV～220kV 电压等级双母线接线方式，当采用管形母线配双柱式或三柱式隔离开关时，屋内敞开式配电装置应采用双层布置。断路器可采用单列式或双列式布置。

5.3.5 对于110kV～500kV电压等级双母线接线方式，当采用软母线或管形母线配双柱式、三柱式、双柱伸缩式或单柱式隔离开关时，屋外敞开式配电装置宜采用中型布置。断路器宜采用单列式或双列式布置。

5.3.6 对于220kV～750kV电压等级3/2断路器接线方式，当采用软母线或管形母线配双柱式、三柱式、双柱伸缩式或单柱式隔离开关时，屋外敞开式配电装置应采用中型布置。断路器宜采用三列式、单列式或“品”字形布置。

5.3.7 1000kV配电装置宜采用屋外布置。

5.3.8 110kV及以上电压等级GIS配电装置宜采用屋外布置，当环境条件特殊时，也可采用屋内布置。

5.3.9 当采用管形母线时，110kV及以上电压等级配电装置应考虑下列因素：

1 管形母线宜选用单管结构，其固定方式可采用支持式或悬吊式，当抗震设防烈度为8度及以上时，宜采用悬吊式；

2 支持式管形母线在无冰无风状态下的挠度不宜大于(0.5～1.0)倍的导体直径，悬吊式管形母线的挠度可放宽；

3 采用支持式管形母线时还应分别对端部效应、微风振动及热胀冷缩采取措施。

5.4 通道与围栏

5.4.1 配电装置通道的布置应便于设备的操作、搬运、检修和试验，并应符合下列规定：

1 220kV及以上电压等级屋外配电装置的主干道应设置环形通道和必要的巡视小道，如成环有困难时应具备回车条件；

2 500kV屋外配电装置可设置相间道路。如果设备布置、施工安装、检修机械等条件允许时，也可不设相间道路；

3 750kV～1000kV电压等级屋外敞开式配电装置宜设相间运输通道，并应根据电气接线、设备布置和安全距离要求，确定相间距离、设备支架高度和道路转弯半径；

4 屋外配电装置主要环形通道应满足消防要求，道路净宽度和净空高度均不应小于4m。

5.4.2 屋外中型布置配电装置内的环形道路及500kV及以上电压等级配电装置内如需设置相间运输检修道路时，其道路宽度不宜小于3m。

5.4.3 配电装置内的巡视道路应根据运行巡视和操作需要设置，并充分利用地面电缆沟的布置作为巡视路线。

5.4.4 屋内配电装置采用金属封闭开关设备时，室内各种通道的最小宽度（净距）不宜小于表5.4.4的规定。

表5.4.4 配电装置室内各种通道的最小宽度（净距）(mm)

布置方式	通道分类		
	维护通道	操作通道	
		固定式	移开式
设备单列布置时	800	1500	单车长＋1200
设备双列布置时	1000	2000	双车长＋900

注：1 通道宽度在建筑物的墙柱个别突出处，允许缩小200mm。

2 手车式开关柜不需进行就地检修时，其通道宽度可适当减小。

3 固定式开关柜靠墙布置时，柜背离墙距离宜取50mm。

4 当采用35kV开关柜时，柜后通道不宜小于1m。

5.4.5 对于就地检修的室内油浸变压器，室内高度可按吊芯所需的最小高度再加700mm，宽度可按变压器两侧各加800mm确定。室内油浸变压器外廓与变压器室四壁的净距不应小于表5.4.5的规定。

表5.4.5 室内油浸变压器外廓与变压器室四壁的最小净距(mm)

变压器容量(kV·A)	1000kV·A及以下	1250kV·A及以上
变压器与后壁、侧壁之间	600	800
变压器与门之间	800	1000

注 若变压器室内布置有中性点接地开关、避雷器或电缆终端装置时，除满足布置上的要求外，还应考虑到这些设备在做试验时所要求的电气距离。

5.4.6 设置于室内的无外壳干式变压器，其外廓与四周墙壁的净距不应小于600mm。干式变压器之间的距离不应小于1000mm，并应满足巡视维修的要求。对全封闭型干式变压器可不受上述距离的限制，但应满足巡视维护的要求。

5.4.7 发电厂屋外配电装置的周围宜设置高度不小于1500mm的围栏，并在其醒目的地方设置警示牌。

5.4.8 配电装置中电气设备的栅状遮栏高度不应小于1200mm，栅状遮栏最低栏杆至地面的净距不应大于200mm。

5.4.9 配电装置中电气设备的网状遮栏高度不应小于1700mm，网状遮栏网孔不应大于40mm×40mm；围栏门应装锁。

5.4.10 在安装有油断路器的屋内间隔内，除设置网状遮栏外，对就地操作的断路器及隔离开关，应在其操动机构处设置防护隔板，宽度应满足人员的操作范围，高度不应低于1900mm。

5.4.11 当外物有可能落在母线上时，屋外母线桥应采取防护措施。

5.5 防火与蓄油设施

5.5.1 当35kV及以下电压等级屋内配电装置未采用金属封闭开关设备时，其油断路器、油浸电流互感器和电压互感器应设置在两侧有不燃烧实体隔墙的间隔内；35kV以上电压等级屋内配电装置的带油设备应安装在有不燃烧实体墙的间隔内，不燃烧实体墙的高度不应低于配电装置中带油设备的高度。总油量超过100kg的屋内油浸变压器应安装在单独的变压器间，并应有灭火设施。

5.5.2 屋内单台电气设备的油量在100kg以上时，应设置挡油设施或储油设施。挡油设施的容积宜按容纳设备油量的20%设计，并应有将事故油排至安全处的设施，排油管的内径不宜小于150mm，管口应加装铁栅滤网；当不能满足上述要求时，应设置能容纳设备全部油量的储油设施。

5.5.3 屋外充油电气设备单台油量在1000kg以上时，应设置挡油设施或储油设施。挡油设施的容积宜按容纳设备油量的20%设计，并应有将事故油排至安全处的设施，且不应引起污染危害，排油管的内径不宜小于150mm，管口应加装铁栅滤网。当不能满足上述要求时，应设置能容纳相应电气设备全部油量的储油设施。储油和挡油设施应大于设备外廓每边各1000mm。储油设施内应铺设卵石层，其厚度不应小于250mm，卵石直径宜为50mm～80mm。

5.5.4 当设置有总事故储油池时，其容量宜按其接人的油量最大一台设备的全部油量确定。

5.5.5 发电厂单台容量为90MV·A及以上的油浸变压器和变

电站单台容量为125MV·A及以上的油浸变压器应设置水喷雾灭火系统、泡沫喷雾灭火系统或其他固定式灭火装置系统。

5.5.6 油量为2500kg及以上的屋外油浸变压器或油漫电抗器之间的最小间距应符合表5.5.6的规定。

表5.5.6 屋外油浸变压器或油浸电抗器之间的最小间距（m）

电压等级	最小间距
35kV及以下	5
66kV	6
110kV	8
220kV及330kV	10
500kV及以上	15

5.5.7 当油量在2500kg及以上的屋外油浸变压器或油浸电抗器之间的防火间距不满足本标准表5.5.6的要求时，应设置防火墙。防火墙的耐火极限不宜小于3h。防火墙的高度应高于变压器或电抗器油枕，其长度应大于变压器或电抗器储油池两侧各1000mm。

5.5.8 油量在2500kg及以上的屋外油浸变压器或油浸电抗器与本回路油量为600kg以上且2500kg以下的带油电气设备之间的防火间距不应小于5m。

5.5.9 在防火要求较高的场所宜选用非油绝缘的电气设备。

5.5.10 配电装置及部分建（构）筑物生产过程中火灾危险性类别及最低耐火等级应符合现行国家标准《火力发电厂与变电站设计防火规范》GB 50229的规定。

6 配电装置对建（构）筑物的要求

6.1 屋内配电装置的建筑要求

6.1.1 主控制楼、屋内配电装置楼各层及电缆夹层的安全出口不应少于2个，其中1个安全出口可通往室外楼梯。当屋内配电装置楼长度超过60m时，应加设中间安全出口。配电装置室内任一点到房间疏散门的直线距离不应大于15m。

6.1.2 汽机房、屋内配电装置楼、主控制楼、集中控制楼及网络控制楼与油浸变压器的外廓间距不宜小于10m。当其间距小于5m时，在变压器外轮廓投影范围外侧各3m内的汽机房、屋内配电装置楼、主控制楼、集中控制楼及网络控制楼面向油浸变压器的外墙不应设置门、窗、洞口和通风孔，且该区域外墙应为防火墙；当其间距在5m～10m时，在上述外墙上可设置甲级防火门，变压器高度以上可设防火窗，其耐火极限不应小于0.9h。

6.1.3 屋内装配式配电装置的母线分段处宜设置有门洞的隔墙。

6.1.4 充油电气设备间的门若开向不属配电装置范围的建筑物内时，其门应为非燃烧体或难燃烧体的实体门。

6.1.5 变压器室、配电装置室、发电机出线小室、电缆夹层、电缆竖井等室内疏散门应为乙级防火门，上述房间中间隔墙上的门可为不燃烧材料制作的门。

6.1.6 配电装置室可开固定窗采光，但应采取防止雨、雪、小动物、风沙及污秽尘埃进入的措施。

6.1.7 配电装置室的顶棚和内墙应作耐火处理，耐火等级不应低于二级。地（楼）面应采用耐磨、防滑、高硬度地面。

6.1.8 配电装置室有楼层时，其楼面应有防渗水措施。

6.1.9 配电装置室应按事故排烟要求，装设足够的事故通风装置。

6.1.10 配电装置室应设置通风、除湿、防潮设备。

6.1.11 配电装置室内通道应保证畅通无阻，不得设立门槛，并不应有与配电装置无关的管道通过。

6.1.12 布置在屋外配电装置区域内的继电器小室宜考虑防尘、防潮、防强电磁干扰和静电干扰的措施。

6.1.13 配电装置与各建（构）筑物之间的防火间距应符合现行国家标准《火力发电厂与变电站设计防火规范》GB 50229的规定。

6.2 屋外配电装置架构的荷载条件要求

6.2.1 计算用气象条件应按当地的气象资料确定。

6.2.2 独立架构应按终端架构设计，连续架构可根据实际受力条件分别按终端或中间架构设计。架构设计不考虑断线。

6.2.3 架构设计应考虑正常运行、安装、检修时的各种荷载组合。正常运行时，应取设计最大风速、最低气温、最厚覆冰三种情况中最严重者；安装紧线时，不考虑导线上人，但应考虑安装引起的附加垂直荷载和横梁上人的2000N集中荷载；检修时，对导线跨中有引下线的110kV及以上电压等级的架构，应考虑导线上人，并分别验算单相作业和三相作业的受力状态，导线集中荷载宜按表6.2.3的规定选取。

表6.2.3 导线上人集中荷载取值表

电压等级	检修状态	导线集中荷载
110kV～330kV	单相作业	1500N
	三相作业	1000N/相
500kV及以上	单相作业	3500N
	三相作业	2000N/相

6.2.4 110kV及以上电压等级配电装置的架构宜设置上横梁的爬梯。当配置有检修车时，220kV及以下电压等级配电装置的架构可不设上横梁的爬梯。

6.3 气体绝缘金属封闭开关设备（GIS）配电装置对土建的要求

6.3.1 GIS配电装置应考虑其安装、检修、起吊、运行、巡视以及气体回收装置所需的空间和通道。

6.3.2 GIS配电装置设备基础应满足不均匀沉降的要求。同一间隔GIS配电装置的布置应避免跨土建结构缝。

6.3.3 屋内GIS配电装置室内应清洁、防尘。地面宜采用耐磨、防滑、高硬度地面。

6.3.4 屋内GIS配电装置室内应配备SF_6气体净化回收装置，低位区应配有SF_6泄露报警仪及事故排风装置。

6.3.5 屋内GIS配电装置室两侧应设置安装检修和巡视的通道，主通道宜靠近断路器侧，宽度宜为2000mm～3500mm；巡视通道不应小于1000mm。

6.3.6 屋内GIS配电装置室应设置起吊设施，其容量应能满足起吊最大检修单元要求，并满足设备检修要求。

附录A 35kV～1000kV配电装置最小安全净距的海拔修正

A.0.1 当海拔大于1000m时，35kV～500kV配电装置A值的修正可根据图A.0.1获得，或按表A.0.1所列海拔高度分级查取。最小安全净距B、C、D值可根据本标准第5.1节的规定推算。

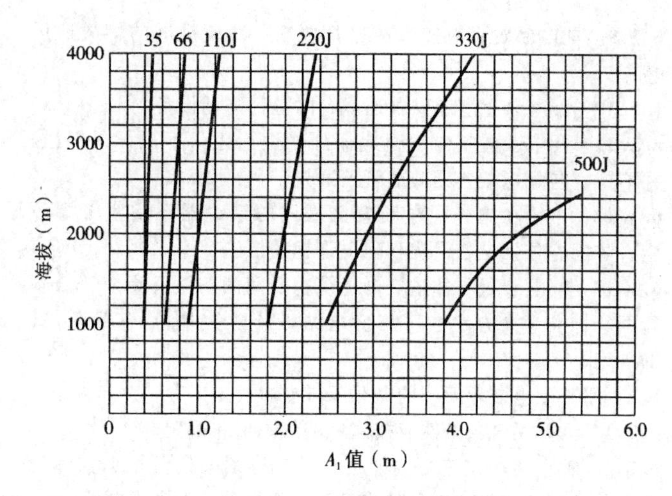

图 A.0.1 35kV～500kV 配电装置海拔大于 1000m 时 A 值的修正

注：A_2 值和屋内的 A_1、A_2 值可按本图之比例递增。

表 A.0.1 35kV～500kV 配电装置海拔大于 1000m 时 A 值的修正值表

系统标称电压（kV） 海拔 H（m）	35	66	110J	220J	330J	500J
H≤1000	0.40	0.65	0.90	1.80	2.50	3.80
1000<H≤1100	0.41	0.66	0.91	1.82	2.54	3.90
1100<H≤1200	0.41	0.67	0.92	1.84	2.57	3.95
1200<H≤1300	0.41	0.68	0.94	1.86	2.60	4.00
1300<H≤1400	0.42	0.68	0.95	1.88	2.65	4.07
1400<H≤1500	0.42	0.69	0.96	1.90	2.70	4.15
1500<H≤1600	0.42	0.69	0.97	1.92	2.75	4.25
1600<H≤1700	0.43	0.70	0.98	1.94	2.80	4.30
1700<H≤1800	0.43	0.70	0.99	1.96	2.85	4.45
1800<H≤1900	0.43	0.71	1.00	1.98	2.90	4.60
1900<H≤2000	0.44	0.72	1.02	2.00	2.95	4.70
2000<H≤2100	0.44	0.72	1.03	2.02	3.00	4.80
2100<H≤2200	0.44	0.73	1.05	2.04	3.05	4.95
2200<H≤2300	0.45	0.74	1.07	2.06	3.10	5.10
2300<H≤2400	0.45	0.74	1.08	2.08	3.15	5.30
2400<H≤2500	0.45	0.75	1.09	2.19	3.20	5.40
2500<H≤2600	0.46	0.76	1.10	2.10	3.25	—
2600<H≤2700	0.46	0.77	1.11	2.12	3.30	—
2700<H≤2800	0.46	0.77	1.13	2.14	3.35	—
2800<H≤2900	0.47	0.78	1.14	2.16	3.40	—
2900<H≤3000	0.47	0.79	1.15	2.18	3.45	—
3000<H≤3100	0.47	0.80	1.16	2.20	3.50	—
3100<H≤3200	0.48	0.80	1.17	2.22	3.65	—
3200<H≤3300	0.48	0.81	1.18	2.24	3.70	—
3300<H≤3400	0.48	0.82	1.19	2.26	3.75	—
3400<H≤3500	0.49	0.83	1.20	2.28	3.80	—
3500<H≤3600	0.49	0.84	1.21	2.30	3.90	—
3600<H≤3700	0.49	0.85	1.22	2.32	3.95	—
3700<H≤3800	0.50	0.86	1.23	2.33	4.05	—
3800<H≤3900	0.50	0.87	1.24	2.34	4.10	—
3900<H≤4000	0.50	0.88	1.25	2.35	4.15	—

A.0.2 海拔在 1000m 及以上时，750kV、1000kV 配电装置最小安全净距的修正值可按照表 A.0.2－1、表 A.0.2－2 所列海拔高度分级查取。

表 A.0.2－1 750kV 配电装置最小安全净距的海拔修正（m）

符号	含　义	海拔 1000	海拔 1500	海拔 2000	海拔 2500	海拔 3000
A'_1	带电部分至接地部分之间	4.80	5.10	5.40	5.60	6.00
A''_1	带电设备至接地部分之间	5.50	5.75	5.95	6.30	6.60
A_2	不同相的带电部分之间	7.20	7.55	8.00	8.40	8.80
B_1	1. 栅状遮栏至带电部分之间； 2. 设备运输时，其外廓至无遮栏带电部分之间； 3. 交叉的不同时停电检修的无遮栏带电部分之间	6.25	6.50	6.70	7.05	7.35
C	无遮栏裸导体至地面之间	12.00	12.00	12.00	12.00	12.00
D	1. 平行的不同时停电检修的无遮栏带电部分之间； 2. 带电部分与建筑物、构筑物的边沿部分之间	7.50	7.75	7.95	8.30	8.60

表 A.0.2－2 1000kV 配电装置最小安全净距的海拔修正（m）

符号	适用范围		海拔 1000	海拔 1250	海拔 1350
A'_1	分裂导线至接地部分之间 管形导体至接地部分之间		6.80	6.80	6.80
A''_1	均压环至接地部分之间		7.50	7.78	7.86
A_2	带电导体相间	分裂导线至分裂导线	9.20	9.27	9.31
		均压环至均压环	10.10	10.28	10.31
		管形导体至管形导体	11.30	12.12	12.17
B_1	1. 带电导体至栅栏； 2. 运输设备外轮廓线至带电导体； 3. 不同时停电检修的垂直交叉导体之间		8.25	8.53	8.61
C	带电导体至地面	单根管形导体	17.50	17.50	17.50
		分裂架空导线	19.50	19.50	19.50
D	1. 不同时停电检修的两平行回路之间水平距离； 2. 带电导体至围墙顶部； 3. 带电导体至建筑物边缘		9.50	9.78	9.86

注：目前 1000kV 变电站尚无海拔高于 1350m 地区投运经验，故本表暂不涉及海拔高于 1350m 地区 1000kV 屋外配电装置最小安全净距。

本标准用词说明

1 为便于在执行本标准条文时区别对待，对要求严格程度不同的用词说明如下：

1）表示很严格，非这样做不可的：

正面词采用“必须”，反面词采用“严禁”；

2）表示严格，在正常情况下均应这样做的：

正面词采用“应”，反面词采用“不应”或“不得”；

3）表示允许稍有选择，在条件许可时首先应这样做的：

正面词采用“宜”，反面词采用“不宜”；

4）表示有选择，在一定条件下可以这样做的，采用“可”。

2 条文中指明应按其他有关标准执行的写法为：“应符合……的规定”或“应按……执行”。

引用标准名录

《建筑设计防火规范》GB 50016

《火力发电厂与变电站设计防火规范》GB 50229

《电力设施抗震设计规范》GB 50260

《声环境质量标准》GB 3096

《工业企业厂界环境噪声排放标准》GB 12348

《污秽条件下使用的高压绝缘子的选择和尺寸确定　第1部分：定义信息和一般原则》GB/T 26218.1

《污秽条件下使用的高压绝缘子的选择和尺寸确定　第2部分：交流系统用瓷和玻璃绝缘子》GB/T 26218.2

《污秽条件下使用的高压绝缘子的选择和尺寸确定　第3部分：交流系统用复合绝缘子》GB/T 26218.3

《火力发电厂总图运输设计规范》DL/T 5032

《导体和电器选择设计技术规定》DL/T 5222

17 配电网规划设计规程

(DL/T 5542—2018)

1 总则

1.0.1 为规范配电网规划设计原则和技术要求，贯彻国家相关政策，制定本标准。

1.0.2 本标准适用于110kV及以下电压等级电网的规划设计。

1.0.3 配电网规划设计应从实际出发，结合地区特点，积极采用成熟的新技术、新材料、新工艺，推广采用节能、降耗、环保的先进技术和产品。

1.0.4 配电网规划设计除应符合本标准的规定外，还应符合国家现行有关标准的规定。

2 术语

2.0.1 配电网　distribution network

从电源侧（输电网和各类发电设施）接受电能，并通过配电设施就地或逐级分配给各类用户的电力网络。其中，110kV～35kV电网为高压配电网，10（20、6）kV电网为中压配电网，380/220V电网为低压配电网。

2.0.2 变电站　substation

电力系统的一部分，它集中在一个指定的地方，主要包括变压器、输电或配电线路开关设备的终端或建筑物。通常还包括电力系统安全和控制所需的设施（如保护装置）。

2.0.3 配电站　distribution substation

一种设有中压配电进出线、对功率进行再分配的配电装置。按进出线保护配置和开关设备的不同，分为开关站、环网室、环网箱、配电室、箱式变电站、电缆分支箱等。配电站可根据需要配置或不配置配电变压器。

2.0.4 年最大负荷　annual maximum load

全年各小时整点供电负荷中的最大值。

2.0.5 饱和负荷　saturated load

区域经济社会水平发展到一定阶段后，电力消费增长趋缓，总体上保持相对稳定（连续5年负荷增速小于2%，或电量增速小于1%），负荷呈现饱和状态，此时的负荷为该区域的饱和负荷。

2.0.6 空间负荷　spatial load

规划区内各功能地块的电力负荷。

2.0.7 层级负荷　voltage class net load

通过该电压等级电网所供电的电力负荷，是确定各电压等级变电容量的重要条件。

2.0.8 容载比　capacity-load ratio

容载比一般分电压等级计算，指某一供电区域、同一电压等级电网的公用变电设备容量与对应的供电负荷的比值。一般用于评估某一供电区域内35kV及以上电网的容量裕度，是配电网规划宏观控制各电压等级变电容量的重要指标。

2.0.9 供电半径　power supply radius

变电站供电半径指变电站供电范围的几何中心到边界的平均值。

中低压配电网线路的供电半径指从变电站（配电变压器）二次侧出线到其供电的最远负荷点之间的线路长度。

2.0.10 供电质量　quality of power supply

提供合格、可靠电能的能力和程度，包括电能质量和供电可靠性两个方面。

2.0.11 电能质量　quality of electric energy supply

电网公共连接点电能的质量，衡量电能质量的主要指标有电压、频率和波形，包括电压偏差、电压波动与闪变、电压三相不平衡、谐波等。

2.0.12 供电可靠性　reliability of power supply

配电网向用户持续供电的能力。

2.0.13 转供能力　transfer capability

某一供电区域内，当电网元件或变电站发坐停运时，电网转移负荷的能力，一般量化为可转移的负荷占该区域总负荷的比例。

2.0.14 双电源　double power

分别来自两个不同变电站，或来自不同电源进线的同一变电站内两段母线，为同一用户负荷供电的两路供电电源，称为双电源。

2.0.15 双回路　double circuit

为同一用户负荷供电的两回供电线路。

2.0.16 分布式电源　distributed resources

接入35kV及以下电压等级、位于用户附近、就地消纳为主的电源，包括同步发电机、异步发电机、变流器等类型。

2.0.17 中压主干线　MV trunk line

变电站的10（20、6）kV出线，并承担主要电力传输的线路段为中压主干线，具有联络功能的线路段是主干线的一部分。

2.0.18 中压开关站　MV switching station

也称开闭站，设有中压配电进出线、对功率进行再分配的配电装置，相当于变电站母线的延伸，可用于解决变电站进出线间隔有限或进出线走廊受限，并在区域中起到电源支撑的作用。中压开关站内必要时可附设配电变压器。

2.0.19 环网柜　ring main unit

用于中压电缆线路环进环出及分接负荷的配电装置。环网柜中用于环进环出的开关采用负荷开关，用于分接负荷的开关采用负荷开关或断路器。环网柜按结构可分为共箱型和间隔型，一般按每个间隔或每个开关称为一面环网柜。

2.0.20 环网室　rlng maln unlt room

由多面环网柜组成，用于中压电缆线路环进环出及分接负荷，且不含配电变压器的户内配电设备及土建设施的总称。

2.0.21 环网箱 ring main unit cabinet

安装于户外、由多面环网柜组成、有外箱壳防护，用于中压电缆线路环进环出及分接负荷，且不含配电变压器的配电设施。

2.0.22 配电室 distribution room

也称配电房，为低压电力用户配送电能的户内配电场所，主要设有中压进线（可有少量配出线）、配电变压器和低压配电装置。

2.0.23 箱式变电站 cabinet/pad-mounted distribution substation

由中压开关、配电变压器、低压出线开关、无功补偿装置和计量装置等设备共同安装于一个封闭箱体内的户外配电装置，包括预装式变电站和组合式变电站。

2.0.24 柱上变压器 pole-mounted transformer

安装在电杆上的户外式配电装置，主要由跌落式熔断器、避雷器、配电变压器、低压综合配电箱、绝缘器件、电杆和金具等户外架空设施构成。

2.0.25 中压电缆分支箱 MV cable branch box

也称中压电缆分接箱，完成配电系统中电缆线路的汇集和分接功能，但一般不配置开关，不具备控制测量等二次辅助配置的户外专用电气连接设备。

2.0.26 低压电缆分支箱 LV cable branch box

也称低压电缆分接箱，完成配电系统中电缆线路的汇集和分接功能，配置塑壳式断路器保护或熔断器-刀闸保护，一般采取户外或户内、落地或挂墙安装。

2.0.27 直埋敷设 direct burying

电缆敷设入地下壕沟中，沿沟底铺有垫层、电缆上铺有覆盖层，且加设保护板再埋齐地坪的敷设方式。

2.0.28 电抗率 reactance ratio

串接于并联电容器组回路中的小电抗器感抗与并联电容器容抗之比。

2.0.29 配电自动化 distriburion automation

以一次网架和设备为基础，综合利用计算机、信息及通信等技术，实现对配电网的监测与控制，并通过与相关应用系统的信息集成，实现配电系统的科学管理。

2.0.30 配电自动化系统 distribution automation system

实现配电网的运行监视和控制的自动化系统，具备配电SCADA（supervisory control and data acquisition）、馈线自动化、电网分析应用及与相关应用系统互连等功能，主要由配电主站、配电终端、配电子站（可选）和通信通道等部分组成。

2.0.31 配电 SCADA distribution SCADA

也称 DSCADA，指通过人机交互，实现配电网的运行监视和远方控制，为配电网的生产指挥和调度提供服务。

2.0.32 配电主站 master station of distribution automation system

配电自动化系统的核心部分，主要实现配电网数据采集与监控等基本功能和电网分析应用等扩展功能。

2.0.33 配电终端 remote terminal unit of distribution automation system

安装于中压配电网现场的各种远方监测、控制单元的总称，主要包括馈线终端（即 FTU，feeder terminal unit）、配变终端（即 TTU，transformer terminal unit）、站所终端（即 DTU，distribu-tion terminal unit）等。

2.0.34 配电子站 slave station of distribution automation system

为优化系统结构层次、提高信息传输效率、便于配电通信系统组网而设置的中间层，实现所辖范围内的信息汇集、处理或故障处理、通信监视等功能。

2.0.35 馈线自动化 feeder automation

利用自动化装置或系统，监视配电线路的运行状况，及时发现线路故障，迅速诊断出故障区间并将故障区间隔离，快速恢复对非故障区间的供电。

2.0.36 重要电力用户 important electric power customer

在国家或某个地区（城市）的社会、政治、经济生活中占有重要地位，对其中断供电将可能造成人身伤亡、较大环境污染、较大政治影响、较大经济损失、社会公共秩序严重混乱的用电单位或对供电可靠性有特殊要求的用电场所。按照供电可靠性的要求以及中断供电的危害程度，重要电力用户可分为特级、一级、二级和临时性四个等级。

2.0.37 充换电设施 charging/battery swap infrastructure

为电动汽车提供充换电服务的相关设施的总称，一般包括充电站、电池更换站、电池配送中心、集中或分散布置的充电桩等。

2.0.38 公共连接点 point of common coupling

电力系统中一个以上用户的公共连接处，一般作为电能质量的监测和控制点，简称 PCC。

2.0.39 *N*—1 停运 first circuit outage

110kV～35kV 电网中一台变压器或一条线路故障或计划退出运行。10（20）kV 配电网线路中一个分段（包括架空线路的一个分段，电缆线路的一个环网单元或一段电缆进线本体）故障或计划退出运行。

2.0.40 *N*—1—1 停运 second circuit outage

110kV～35kV 电网中一台变压器或一条线路计划停运情况下，同级电网中相关联的另一台变压器或一条线路因故障退出运行。10（20）kV 中压配电网线路中一个分段（包括架空线路的一个分段，电缆线路的一个环网单元或一段电缆进线本体）计划停运情况下，同级电网中相关联的另一分段因故障退出运行。

3 基本规定

3.0.1 配电网规划设计年限应与国民经济和社会发展规划的年限相一致，可分为近期（5年）、中期（10年）、远期（15年及以上）三个阶段。配电网规划设计宜以近期（5年）为主，如有必要地区可视具体要求开展中远期规划工作。配电网规划设计应实现近期与远期相衔接，以远期规划指导近期规划。高压配电网近期规划宜每年进行滚动修编，中低压配电网宜每年对规划项目库进行滚动修编。

1 近期规划设计研究重点为解决当前配电网存在的主要问题，提高供电能力和可靠性，满足负荷需要，并依据近期规划设计编制年度项目计划；

2 中期规划设计研究重点为将现有配电网网架逐步过渡到目标网架，预留变电站站址和线路通道；中期规划应与近期规划相衔接，明确配电网发展目标，对近期规划起指导作用；

3 远期规划设计研究侧重于战略性研究和展望，主要考虑配电网的长远发展目标，根据饱和负荷水平的预测结果，提出配电网发展需求，确定目标网架，预留高压变电站站址及高、中压线路廊道。

3.0.2 配电网规划设计应坚持协同规划的原则，统筹考虑城乡电网、输配电网和电网电源之间协调发展，统筹配电网一次系统与二次系统、通信系统等其他专项规划，促进配电网规划设计与其他公共设施规划相协调。

3.0.3 开展配电网规划设计应调查收集国民经济总体规划、

城乡发展规划、电源发展规划和配电网相关情况等资料，主要包括如下内容：

1　收集规划区域的统计年鉴，获取规划区域近5年及以上用电负荷、用电量、用电构成、各类型电源装机容量等电力工业概况，国内生产总值及年增长率、三次产业增加值及年增长率、产业结构、人口数及户数，城乡人口结构、城镇化率等经济社会发展情况；

2　收集规划区域总体规划、产业规划、控制性详细规划、修建性详细规划等市政规划，获取用地规划、行业发展规划、主要规划项目等地区城乡发展规划；

3　按照电压等级和并网类型等调查收集规划区域内各类能源资源（包括可再生能源）、装机规模、建设时序及布局；

4　按照电压等级和资产归属等调查收集规划区域变电规模、线路规模、网架结构和运行情况等配电网情况；

5　收集规划区域电力大用户接人电压等级、接入容量、年用电量、经营情况和发展规划等信息。

3.0.4　配电网规划应纳入城乡总体规划、土地利用总体规划和控制性详细规划，按规划布局和管线综合的要求，合理预留变电站、配电站站点及线路走廊用地。配电设施应与城乡其他基础设施同步规划。

3.0.5　配电网规划应坚持差异化和标准化的原则，配电网覆盖范围大，各地区应因地制宜制定不同建设标准；同一地区要坚持统一标准、统一规划，实现配电网接线规范化和设施标准化。

3.0.6　烘电区域划分应主要依据行政级别或未来负荷发展情况确定，也可参考经济发达程度、用户重要性、用电水平等因素，具体划分可参考现行行业标准《配电网规划设计技术导则》DL/T 5729的相关规定。

3.0.7　配电网电压等级的选择应符合现行国家标准《标准电压》GB/T 156的规定，电压等级序列的采用可参考现行行业标准《配电网规划设计技术导则》DL/T 5729的相关规定。

3.0.8　配电网应进行分区供电，各分区应有相对明确的供电范围，并避免交叉、重叠。当有电源及负荷发生变化时，应对原有供电分区进行相应调整。对于供电可靠性要求较高的区域，应在分区间构建负荷转移通道。同时，根据需要提出对上一级电网的建设需求。

3.0.9　配电网规划应充分考虑对分布式电源的消纳能力，满足分布式电源广泛接入的要求，并确保可再生能源发电就地优先利用。

3.0.10　配电网规划应充分考虑当地电动汽车、煤改电、油改电、可再生能源清洁供暖等发展需求。

3.0.11　在电网建设的初期及过渡期，可根据城乡规划实施要求和目标网架结构，在满足供电安全的前提下选择合适的过渡电网结构，分阶段逐步建成目标网架。

3.0.12　设备选型应实现标准化、序列化。在同一地区，应优化设备序列，简化设备类型，规范技术标准，推行功能模块化、接口标准化，提高配电网设备通用性、互换性。

3.0.13　在可靠性要求较高、环境条件恶劣（如高海拔、高寒、盐雾、污秽严重等）以及灾害高发等区域适当提高设备配置标准。

3.0.14　为满足事故备用和重要用户供电可靠性要求，配电网应能具有必备的负荷转移能力。

3.0.15　为更好地适应规划区域内经济发展，配电网规划设计宜逐年评估和滚动调整。当有下列情况之一发生时，应对配电网发展目标、建设方案和投资估算等进行修编：

1　城乡发展规划发生调整或修改后；

2　上级电网规划发生调整或修改后；

3　接入配电网的电源规划发生重大调整或修改后；

4　预测负荷水平有较大变动时；

5　电网技术有较大发展时。

4　电力需求预测

4.0.1　电力需求预测应包括用电量需求预测、最大负荷需求预测以及负荷特性分析等。电力需求预测工作应在长期调查分析的基础上，收集和积累本地区用电量和负荷的历史数据以及城市建设和各行各业发展的信息，充分研究国民经济和社会发展各种相关因素与电力需求的关系。

4.0.2　电力需求预测的流程宜先分析现状电网的用电量和负荷，再选取合理的预测方法，预测规划期内的用电量和最大负荷。

4.0.3　电力需求预测的基础数据包括经济社会发展规划、城市总体规划、城市控制性详细规划、电力需求历史数据、重大项目建设情况和上级电网规划负荷预测成果等。政府部门、各企事业单位、电力用户等应配合做好电力需求数据的调查与收集工作，提升电力需求预测的准确性。

4.0.4　配电网电力需求预测应分期进行，与配电网规划设计的期限保持一致。近期规划宜列出逐年预测结果，为逐年输变电项目安排提供依据；中期规划可列出规划水平年预测结果，为阶段性规划方案提供依据；远期规划宜侧重饱和负荷预测，为高压变电站站址和高、中压线路廊道等电力设施布局规划提供参考，并为目标网架规划提供依据。

4.0.5　电量需求预测常用的预测方法宜符合本标准附录A相关要求；

4.0.6　电力负荷预测常用的预测方法宜符合本标准附录B相关要求。

4.0.7　电力需求宜采用多种方法进行预测和校核。对于地市及以上范围的配电网规划，本着上级规划指导下级，下级规划校核上级的原则，电力需求预测宜采取“自上而下”和“自下而上”方式综合选用三种及以上适合的方法进行预测，并可参考上级电网规划的电力需求预测结果进行校核。

4.0.8　对于涉及研究新能源消纳的配电网规划，宜对负荷特性进行分析预测。

4.0.9　对于大用户负荷比重较大的地区，宜采用大电力用户法与其他预测方法相结合进行预测。

4.0.10　对于具备条件地区的区域电网规划，为变（配）电站选址与定容、目标网架、配电线路线径选择及廊道需求等提供设计依据时，需开展规划区的空间负荷预测，宜采用负荷密度指标法。

4.0.11　如有特殊需要，电力需求预测可考虑用户终端用电方式变化和负荷特性变化，分析电动汽车、储能装置等新型负荷接入以及电力负荷需求侧管理对预测结果的影响。

5　高压配电网规划

5.1　变电容量需求分析

5.1.1　变电容量需求分析应通过计算层级负荷，获得各电压等级变电容量需求，结合现有变电容量确定新增变电容量需求，作为确定规划水平年输变电项目安排的主要依据。

5.1.2　高压配电网层级负荷计算应在负荷预测的基础上，计算各电压等级配电网供电的负荷。

1　配电网110（66）kV层级负荷$P_{110(66)}$可按下式计算：

$$P_{110(66)}=P_{\Sigma}-P_{c}-P_{z2}-P_{j2}-P_{f2} \quad (5.1.2-1)$$

式中：P_{Σ}——全社会用电负荷（MW）；

P_c——厂用电；

P_{z2}——220kV及以上专用变电站负荷（MW）；

P_{j2}——220kV直降为35kV和10（20）kV的负荷（MW）；

P_{f2}——35kV及以下上网且参与变电容量需求分析的电源出力（MW）。

2 35kV层级负荷P_{35}可按下式计算：

$$P_{35} = P_{\Sigma} - P_c - P_{z3} - P_{j3} - P_{f3} \quad (5.1.2-2)$$

式中：P_{Σ}——全社会用电负荷（MW）；

P_c——厂用电（MW）；

P_{z3}——110（66）kV及以上专用变电站负荷（MW）；

P_{j3}——220kV和110（66）kV直降10（20）kV供电负荷（MW）；

P_{f3}——10（20）kV及以下上网且参与变电容量需求分析的电源出力（MW）。

5.1.3 变电容量需求用于确定各电压等级变电设备的容量，应分年度、分区、分电压等级进行。变电容量需求可按下式计算：

$$S = (P - P_z) \times R_s \quad (5.1.3)$$

式中：S——某电压等级配电网变电容量需求（MV·A）；

P——某电压等级层级负荷（MW）；

P_z——某电压等级专用变电站负荷（MW）；

R_s——某电压等级容载比。

5.1.4 根据规划区域的经济增长和社会发展的不同阶段，对应的配电网负荷增长速度可分为较慢、中等、较快三种情况，相应电压等级配电网的容载比取值宜控制在1.8～2.2范围之间。

5.1.5 对处于负荷发展初期以及负荷快速发展期的地区、重点开发区或负荷较为分散的偏远地区，可适当提高容载比的取值；对于网络发展完善（负荷发展已进入饱和期）或规划期内负荷明确的地区，在满足用电需求和可靠性要求的前提下，可以适当降低容载比的取值。

5.1.6 当区域较大、负荷发展水平极度不平衡、负荷特性差异较大、分区最大负荷出现在不同季节的地区，可分区计算容载比。

5.1.7 在计算新增变电容量需求或核算容载比时，对于主要作用为将水电、风电、光伏等电源升压接入电网的变电站，应将参与计算变电容量的全部或部分进行核减。

5.1.8 如有需要，计算容载比时可考虑各类新能源、电动汽车充换电设施、储能设备等的影响。

5.2 变电站

5.2.1 同一规划区域中，相同电压等级的主变压器单台容量规格不宜超过3种，同一变电站的主变压器宜统一规格。变电站的主变压器台数最终规模不宜多于4台。各类供电区域变电站主变容量及台数可参考表5.2.1选取。

表5.2.1 各类供电区域变电站最终容量配置推荐表

电压等级	供电区域类型	台数（台）	单台容量（MV·A）
110kV	A+、A类	3～4	80、63、50
	B类	2～3	63、50、40
	C类	2～3	50、40、31.5
	D类	2～3	50、40、31.5、20
	E类	1～2	31.5、20、12.5、10
66kV	A+、A类	3～4	50、40
	B类	2～3	50、40、31.5
	C类	2～3	40、31.5、20
	D类	2～3	20、10、6.3
	E类	1～2	20、10、6.3
35kV	A+、A类	2～3	31.5、20
	B类	2～3	31.5、20、10
	C类	2～3	20、10、6.3
	D类	1～3	10、6.3、3.15
	E类	1～2	3.15、2

注：1 A+、A、B类区域中31.5MV·A变压器（35kV）适用于电源来自220kV变电站的情况。

2 对于负荷密度高的供电区域，若变电站布点困难，可选用大容量变压器以提高供电能力，同时加强上下级电网的联络。

3 藏区及偏远农牧地区可根据自身实际用电需求考虑适宜的变压器容量序列。

4 对于中压出线电压等级为20kV的变压器，容量选择范围可适当放宽。

5.2.2 装有2台及以上变压器的变电站，当一台变压器退出运行时，其余主变压器的容量应满足全部一、二级负荷用电的要求。

5.2.3 变电站按最终规模设计，可分期建设投运，一期投产规模应结合当地负荷发展与电网建设难度综合考虑。变电站一期投产容量宜满足3年～5年内不扩建的原则。A+、A、B类地区一期主变规模不宜少于2台；对于有重要负荷的C类区域若无法形成10kV站间互联时，可考虑一期一次投产2台主变压器；在D、E类地区，一期建设规模应视负荷发展情况确定。

5.2.4 变电站布点以负荷分布为依据，考虑行政建制并兼顾电网结构和建设条件，统筹考虑、统一规划。新建变电站座数可根据新增容量需求、单台主变参考容量来初步确定。结合新建变电站座数初算结果，制定变电站布点方案，逐个落实规划变电站站址，优化变电站供电范围和调整变电站布点规划，避免造成站点间负荷分布不均衡，提高设备利用率和投资效益。

5.2.5 变电站主接线形式应根据变电站在电网中的地位、出线回路数、设备特点、负荷性质及电源与用户接人条件等因素确定，并结合远期电网结构预留扩展空间。变电站电气主接线应满足供电可靠、运行灵活、适应远方控制、操作检修方便、节约投资、便于扩建以及规范、简化等要求。变电站的高压侧以桥式、环入环出、单母线分段接线为主，也可采用线变组接线；中、低压侧以单母线分段接线为主，A+、A类供电区域变电站的10kV侧也可采用环形接线。

5.2.6 为简化电压等级或减少重复降压容量，对于无35kV电压等级地区，可采用110(66)/10(20)kV双绕组变压器；对于有35kV用户需求区域，可选用110/35/10kV三绕组变压器。

5.2.7 主变压器阻抗根据电力系统稳定、无功分配、继电保护、短路电流、调相调压和并联运行等方面进行综合考虑进行选择，可参考以下条款：

1 变压器阻抗宜选择标准型，为限制母线短路电流不超过限定值，可选择高阻抗型；各电压等级短路电流限定值可参考本标准第 10.4.2 条；

2 三绕组普通型和自耦型变压器根据提供短路电流的电源位置来确定最大阻抗设置于高～中压侧或高～低压侧。

5.2.8 配电网降压变压器宜采用有载调压方式。

5.2.9 110kV～35kV 变电站无功补偿设备容量按高峰负荷时功率因数不低于 0.95，低谷负荷时仍为感性进行配置，并可随用电负荷的增减调节输出容量：

1 容性补偿容量应经计算确定，宜为主变压器容量的 10%～30%；

2 发电厂并网变电站和以 110kV 电缆出线为主的变电站，应根据无功计算结果选择补偿型式和容量。

5.2.10 无功补偿容量过大时应分组。投切一组补偿设备引起接入母线的电压波动应小于现行国家标准《电能质量　电压波动和闪变》GB/T 12326 规定的限值。电容器和低压电抗器分组容量可按下式计算：

$$Q_{fz} = dS_d \tag{5.2.10}$$

式中：d——电压波动限值（%）；

S_d——低压电抗器和电容器接入母线的最小三相短路容量。

5.2.11 电容器补偿装置分组在不同组合方式下投切时，应不引起谐波放大甚至谐振。110kV 变电站宜对电容器补偿装置投切过程的谐波谐振问题进行校验。引起谐波谐振的容量可按下式近似计算：

未装设串联电抗器时：

$$Q_x = \frac{S_d}{n^2} \tag{5.2.11-1}$$

装设串联电抗器时：

$$Q_x = S_d\left(\frac{1}{n^2} - A\right) \tag{5.2.11-2}$$

式中：S_d——低压电抗器和电容器接入母线的三相短路容量；

n——谐波次数；

A——并联电容器的电抗率。

5.2.12 中性点接地方式应综合考虑供电可靠性和单相接地时健全相最大工频电压的升高值、单相接地时最大故障电流以及对继电保护影响进行选择，可参考以下条款：

1 110kV 系统应采用直接接地方式；

2 66kV 系统宜采用经消弧线圈接地方式；

3 35kV 单相接地故障电容电流小于 10A 时宜采用中性点不接地方式；单相接地故障电容电流大于或等于 10A 且小于 150A 时，宜采用中性点经消弧线圈接地方式；单相接地故障电容电流大于或等于 150A 或全部为电缆线路时，宜采用中性点经低电阻接地方式。单相接地电容电流及消弧线圈容量计算方法可分别参考本标准附录 G 和附录 H。

5.3 网架结构

5.3.1 110kV～35kV 电网结构可分为辐射、环网、T 接、链式四类，各类接线的结构特点、可靠性和适用范围宜符合下列规定：

1 辐射结构分为单辐射和双辐射两种类型，接线简单，适应发展性强，但可靠性较差；双辐射结构适用于 C、D 类供电区域，也可作为网络形成初期、上级电源变电站布点不足时 A+、A、B 类供电区域的过渡性结构；单辐射结构可用于 D、E 类供电区域；

2 环式结构分为单环网和双环网两种类型，在正常运行方式下开环运行，对电源布点要求低，扩展性强，但电源单一，网络供电能力小；双环网适用于 C、D 类供电区域，也可作为网络形成初期、上级电源变电站布点不足时 A+、A、B 类供电区域的过渡性结构；单环网结构可用于 D 类供电区域；

3 T 接分为双 T 和三 T 两种类型，组网较为容易，双侧电源 T 型接线供电可靠相对较高，主要适用于以架空线路为主的 A、B、C 类供电区域，也可用于对以电缆为主的 A+、A、B 类供电区域（利用变电站高压侧配电装置实现 T 接）；

4 链式分为单链、双链和三链三种类型，运行灵活，供电可靠高，但出线回路数多，投资大；适用于对 A+、A、B 类供电区域，也可用于以电缆为主的 C 类供电区域。

5.3.2 通过配电网建设与改造，分阶段逐步实现目标网架结构。各供电区域 110kV～35kV 高压配电网初期接线、过渡接线和目标接线形式可参考表 5.3.2。

表 5.3.2　配电网目标网架结构过渡表

电压等级	供电分区	网架结构		
		初期接线	过渡接线	目标接线
110kV～35kV	A+、A、B	双辐射	双辐射、双环网、双链	双链
		双辐射	双侧电源双 T	双侧电源双 T、双侧电源三 T
		单链	双链	双链、三链
	C	单辐射、双辐射	双辐射	双辐射、双环网
		单辐射、双辐射	双辐射、双侧电源双 T	双侧电源双 T、双侧电源三 T
		单辐射、双辐射	双辐射、双链	双链、三链
	D	单辐射	单辐射、单环网	单辐射、单环网、双环网
		单辐射	单链	单链
		单辐射、双辐射	双辐射	双辐射、双侧电源双 T
	E	单辐射	单辐射	单辐射、双辐射、单链

5.3.3 高压配电网宜采用以 220kV（330kV）变电站为中心、分片供电的模式，各供电片区正常方式下相对独立，但同时具备事故情况下相互支援的能力。

5.3.4 110kV～35kV 典型电网结构示意图可参考本标准附录 C。

5.4 线路

5.4.1 线路建设形式应根据市政规划、自然条件、污染水平、走廊宽度、电网结构及运行要求等方面综合论证确定。

5.4.2 高压配电网线路导线截面规格不宜过多，每个电压等级不宜超过 3 种。配电网电缆线路载流量应与该区域架空线路相匹配。高压配电网线路常用规格可参考表 5.4.2。

表 5.4.2　高压配电网线路常用导线截面参考序列

电压等级	导线截面（mm^2）	
	架 空 线	电 缆 线 路
110kV	2×300、630、400、300、240、185	1200、800、630、500、400
66kV	2×300、2×240、300、240	1200、800、500
35kV	300、240、185、150、120	630、400、300、240、185

5.4.3　配电网线路导线截面的选择应满足负荷发展的需求，宜按远期规模考虑、参考饱和负荷值选择线路导线截面。

5.4.4　配电网线路导线截面应与电网结构、变压器容量和台数相匹配。配电网线路导线截面选择与校核时，任一元件 N—1故障方式下（相关线路、主变、母线）线路输送容量不应大于线路的持续极限输送容量。故障方式下线路输送容量计算时宜符合下列规定：

1　对于中低压侧具备联络通道的变电站宜考虑变压器短时过载能力，2台主变时按负载率65%核算，3台主变时按负载率87%核算，4台主变时根据中低压侧接线型式确定主变负载率；

2　对于中低压侧不具备联络通道的变电站，2台主交时按负载率50%核算，3台主变时按负载率67%核算，4台主变时根据中低压侧接线型式确定主变负载率；

3　对变压器负载率有特殊要求的变电站按实际负荷进行计算。

常用导线的持续极限输送容量可参见本标准附录E。

5.4.5　110kV～35kV新建架空线路不宜使用耐热导线。受客观条件限制，改造中选用常规导线无法满足要求的，可采用耐热导线。

6　中低压配电网规划

6.1　一般规定

6.1.1　中低压配电网规划应解决现状配电网存在的问题，以满足用电需求、提高供电质量、促进智能互联为目标，结合不同的供电区域类型，重点研究分析供电能力、网架结构、装备水平、供电质量、智能化水平、分布式电源接纳能力等问题，并按照差异化需求选择合适的网架结构。规划重点研究应包括以下内容：

1　梳理供电能力不足、可靠性低等存在的问题，按照差异化需求提升配电网供电能力，实现中心城市（区）高可靠供电，满足城镇增长的用电需求，消除低压电网瓶颈，解决农村低电压问题和边远贫困地区用电问题；

2　分析网架结构薄弱环节，解决网架结构不清晰问题；合理设置线路分段点和联络点，提升线路联络率，提高配电网转供能力，提高供电安全水平；

3　提高配电自动化水平，根据可靠性需求、网架结构与设备状况合理选择故障处理模式、终端配置及通信方式；

4　分析配电网装备水平，统计老旧设备，高损耗配变，提出改造需求。

6.1.2　中压配电网规划主要依据负荷预测结果、空间分布和上级变电站位置、容量、供电范围，按照“先定目标、远近结合、分区分片”的思路开展编制工作，主要流程应符合下列规定：

1　结合上级变电站供电范围、市政路网规划，初步确定中压主干线路的主要走向，沿市政道路、自然地理条件划分供电片区；

2　按供电片区所在的供电分区、负荷性质和负荷密度选取适当的中压目标网架结构；

3　根据中压目标网架结构确定主干线路正常运行方式下的负载率，依据负荷预测结果和空间分布确定主干线路走向、条数以及开关站、环网室（箱）、柱上开关等配电设施数量；

4　依据负荷性质、负荷预测结果、空间分布以及现状配变情况确定配变建设改造规模，规划配电室、箱式变电站、柱上变压器建设改造数量；

5　对于现状线路结构薄弱、重过载、线路截面偏小、供电距离长、跨区供电、迂回供电、装见容量偏高、大容量分支等问题，结合市政道路建设和变电站建设时序，安排上级变电站新出中压线路或中压线路间负荷切改予以解决。

6.1.3　10(20)kV层级负荷 $P_{10(20)}$ 可按下式计算：

$$P_{10(20)} = P_{\Sigma} - P_{c} - P_{z4} - P_{j4} - P_{f4} \quad (6.1.3)$$

式中：P_{Σ}——全社会用电负荷（MW）；

P_{c}——10kV及以上并网电源厂用电（MW）；

P_{z4}——35kV及以上专用变电站负荷（MW）；

P_{j4}——35kV直降0.4kV电源出力（MW）；

P_{f4}——380/220V及以下上网且参与变电容量需求分析的电源负荷（MW）。

6.1.4　中压配电网在规划期内的建设规模，新建线路数量和配变容量可根据中压配电网层级负荷进行估算：

1　新建线路数量可根据10（20）kV层级负荷、导线截面、供电半径以及现状线路情况进行估算；

2　新建配变容量可根据10（20）kV层级负荷、10（20）kV专用配变负荷、配变负载率以及现状配变情况进行估算。

6.1.5　低压配电网在规划期内的建设规模，新建线路数量可根据中压配变规划方案、低压线路导线截面、供电半径进行估算。

6.1.6　中低压配电网供电半径宜符合现行行业标准《配电网规划设计技术导则》DL/T 5729的规定。

6.2　中压网架结构

6.2.1　中压架空网的典型接线方式主要有辐射式、多分段单联络、多分段适度联络3种类型，结构特点、可靠性和适用范围宜符合下列要求：

1　辐射式接线简单清晰、运行方便、建设投资低。当线路或设备故障、检修时，用户停电范围大；当电源故障时，则将导致整条线路停电，供电可靠性差，不满足 N—1要求；主干线正常运行时的负载率可达到100%；宜适用于D、E类地区，也可作为网络形成初期、上级电源变电站布点不足时A+、A、B、C类供电区域网络形成的初期结构；

2　多分段适度联络结构是通过多个联络开关，将变电站的一条馈线与来自不同变电站（开关站）或相同变电站不同母线的其他多条馈线连接起来；任何一个区段故障，闭合联络开关，将非故障段负荷转供到相邻馈线完成转供，满足 N—1要求；宜适用于A+、A、B、C类地区；当仅通过一个联络开关将两条馈线连接起来时，称之为多分段单联络，联络点宜位于两条馈线主干线的末端，此时每条馈线正常运行时的负载率不大于50%，宜适用于A+、A、B、C类地区，D类地区也可适当采用；

3　典型电网结构示意图可参考本标准附录D。

6.2.2　中压电缆网的典型接线方式主要有单射式、双射式、单环式、双环式、N供一备、花瓣式6种，结构特点、可靠性和适用范围宜符合下列要求：

1　单射式简单清晰、运行方便、建设投资低，不满足 N—1要求；主干线正常运行时的负载率可达到100%；不宜用于目标网架，作为电网建设初期的一种过渡结构；

2　双射式考虑了线路的备用容量，由于对用户采用双回路供电，一条电缆本体故障时，用户配变可自动切换到另一条电缆上，满足 N—1要求；正常运行时线路最大负载率不大于50%；适用于多数用户容量较大、需采用双电源供电的C类地区，也可作为电网建设初期的一种过渡结构；

3　单环式的开环点宜为环网室（箱）或开关站；正常运行时线路最大负载率不大于50%，各个环网点都有两个负荷开关（或断路器），可以隔离任意一段线路的故障，满足 N—1 要求；适用于 B、C 类地区及多为单电源用户的 A+、A 类，也可作为一种过渡结构；

4 双环式的开环点宜为环网室（箱）或开关站；双环式可以使客户同时得到两个方向的双回电源，正常运行时线路最大负载率不大于 50%，满足 N—1 要求，供电可靠性高，运行较为灵活；适用于多数用户为双电源用户的 A+、A 类地区；

5 N 供一备式的开环点宜为环网室（箱）或开关站；N 供一备是指 N 条电缆线路（$2 \leqslant N \leqslant 4$）连成电缆环网运行，另外 1 条线路作为公共备用线，正常运行时供电线路最大负载率可达到 100%，满足 N—1 要求，供电可靠性高，运行较为灵活；适用于多数用户为单电源用户的 A+、A、B 类地区；

6 花瓣式中同一"花瓣"的首端出线出自同一段母线，"花瓣"闭环运行；不同"花瓣"之间相互联络，正常运行方式下联络开关断开运行；负荷发展初期可设置独立的"花瓣"，联络方案的选择应为"花瓣"间形成联络提供便利；芷常运行时线路最大负载率不大于 50%，可运用于特殊需要地区；

7 典型电网结构示意图可参考本标准附录 D。

6.2.3 中压配电网非辐射线路宜为闭环建设，开环运行。拓扑结构包括常开点、常闭点、负荷点、电源接入点等，在规划时需合理配置，以保证供电可靠灵活。

6.2.4 中压配电网规划应充分考虑中心城市、城镇、乡村不同区域的供电可靠性要求，合理选择适合本地区特点的规范化网架结构。对于供电可靠性要求较高的区域，还应加强站间中压主干线路之间的联络，形成分区之间负荷转移通道，转移容量宜满足本标准第 6.2.2 条的要求。

6.2.5 中压 10(20)kV 架空线路主干线应根据线路长度和负荷分布情况进行分段，并装设分段开关。10kV 线路分段不宜超过 5 段，每段容量不宜超过 3MVA。

6.2.6 10kV 架空线路重要分支线路首端宜安装分支开关，下列情况可在第一级分支线与主干线 T 接处加装分支开关：

1 对于 B、C、D 类供电区域，当第一级分支线长度超过 5km，供电配变数量大于 5 台，或分支线长度超过 10km，供电配变数量大于 3 台；其他供电区域可根据实际情况进行调整；

2 对于线路故障率较高或跨越山丘、河流、池塘等抢修困难地形的第一级分支线；

3 其他特殊情况。

6.2.7 通过配电网建设与改造，分阶段逐步实现目标网架结构。各供电区中压配电网初期接线、过渡接线和目标接线型式可参考表 6.2.7。

表 6.2.7　配电网目标网架结构过渡表

电压等级	供电分区	网架结构		
		初期接线	过渡接线	目标接线
电缆网	A+、A	单射式、双射式	双射式、单环式	双环式、单环式、N 供一备、花瓣式
	B	单射式、双射式	双射式、单环式	单环式、N 供一备
	C	单辐射	单环式	单环式
架空网	A+、A、B、C	辐射式	多分段单联络	多分段单联络、多分段适度联络
	D	辐射式	辐射式	辐射式、多分段单联络
	E	辐射式	辐射式	辐射式

6.3 配电设施

6.3.1 开关站、环网室、环网箱、电缆分支箱、配电室、箱式变电站、柱上变压器和柱上开关的适用范围宜符合下列规定：

1 开关站宜适用于解决变电站进出线间隔有限或进出线走廊受限，作为上级变电站 10kV 母线的延伸和扩展，在区域中起到电源支撑的作用，也可作为分布式电源的接入点；

2 环网室（箱）宜适用于接入 10kV 电缆单环网、双环网，作为电缆环网节点，起分段、联络和分接负荷作用；环网室（箱）也可作为分布式电源的接入点；

3 电缆分支箱宜用于非主干回路的分支线路，作为末端负荷接入使用，适用于分接中小用户负荷，不应接入主干线路及联络线路中；

4 配电室宜适用于小区配套，商业办公，企业等具备条件的区域；

5 箱式变电站宜适用于配电室建设改造困难，用地紧张，有景观要求地区，或用于施工、临时用电；

6 柱上变压器宜适用于架空线路各类型供电区域；

7 柱上开关作为架空线路重要节点，起分段、联络和分接负荷作用。

6.3.2 配电室、箱式变电站、柱上变压器位置宜靠近负荷中心并满足低压供电半径的要求。如有困难，末端用户电压质量应满足现行国家标准《电能质量　供电电压偏差》GB/T 12325 的要求。

6.3.3 电缆网开关站、环网室、环网箱、电缆分支箱、配电室和箱式变电站的典型设计方案可参考表 6.3.3。

表 6.3.3　10(20)kV 电缆网配电设施常用设计方案

类型	电气主接线	单段母线环进/环出/分段	单段母线出线数	环进/环出/分段设备	出线设备	配电变压器	单段低压母线出线数
开关站	单母线分段/两个独立单母线/单母线三分段	2～3	1～4/6～8	负荷开关/断路器	断路器/负荷开关	*	无
环网室	单母线/单母线分段/两个独立单母线/单母线三分段	2～3	1～3	负荷开关/断路器	断路器/负荷开关	无	无
环网箱	单母线	2	1～4	负荷开关	负荷开关/断路器/负荷开关＋熔断器组合电器	无	无
电缆分支箱	单母线	1～2	1～4	—	—	无	无
配电室	单母线/单母线分段/两个独立单母线	2～3	1～4	负荷开关/断路器	负荷开关/断路器/负荷开关＋熔断器组合电器	1～4	4～10
箱式变电站	单母线	2	1～2	负荷开关	断路器/负荷开关＋熔断器组合电器	1	4～6

注：* 如有必要，开关站内也可配置配电变压器。

6.3.4 导线截面选择应系列化，同一规划区的主干线导线截面不宜超过3种。中压配电网线路常用规格可参考表6.3.4。

表6.3.4 中压配电网线路常用导线截面参考序列

类型	导线截面（mm²）	
	架空线	电缆线路
主干线	240、185、150、120	400、300、240、185
分支线	150、120、95、70、50	240、185、150、120

6.3.5 中压配电网应有较强的适应性，主干线截面宜综合饱和负荷状况、线路全寿命周期一次选定。常用架空线路导线长期允许载流量可参见本标准附录F，常用电缆线路导线持续极限输送容量应符合现行国家标准《电力工程电缆设计规范》GB 50217的规定。

6.3.6 10kV配电变压器台数和容量的确定宜符合下列规定：

1 配变容量需求可根据计算负荷和负载率计算得出，参照配电变压器容量序列向上取最相近容量的变压器，负载率宜取40%～60%；

2 常用配电变压器额定容量序列：30kVA、50kVA、80kVA、100kVA、125kVA、160kVA、200kVA、250kVA、315kVA、400kVA、500kVA、630kVA、800kVA、1000kVA、1250kVA、1600kVA、2000kVA、2500kVA。单相变压器容量不宜超过100kVA，三相变压器容量不宜小于50kVA；

3 配电室配电变压器宜按两台配置，单台变压器容量不宜超过1250kVA，箱式变电站单台变压器容量一般不宜超过630kVA，柱上变压器单台容量一般不宜超过500kVA。

6.3.7 三相配电变压器绕组宜采用D，yn11联结组别，根据实际情况需要选用单相配电变压器时应均衡接入三相线路中。配电室宜独立建设，并可结合开关站共同建设，当条件受限必须进楼时，配电变压器宜选用干式，并采取屏蔽、减震、防潮措施，预留设备运输和维护通道。

6.3.8 配电变压器宜选用节能型产品，具备条件的可选用非晶合金变压器。配电设施和装置，导线和电缆等宜选用环境友好型材料，减少生产制造和淘汰报废等阶段对环境的影响。

6.3.9 配电站站址选择应满足防洪、防涝、防震、消防等相关要求，充分考虑与周围环境相应影响，满足环境保护要求，避开易燃易爆及严重污染区，避免或减轻噪声、震动等影响。配电室原则上设置在地面以上，受条件所限必须进楼时，可设置在地下一层，但不宜设置在最底层。宜减少箱式配电站点的使用，确需采用的，应满足防涝、防盗、消防等要求。建筑物内电缆宜采用耐火电缆做好阻燃措施，对于中高层建筑和有防火要求的应按相关规定采用低烟阻燃电缆。

6.3.10 中压配电网中性点接地方式可采用不接地、消弧线圈接地或低电阻接地方式。同一规划区域内宜采用相同的中性点接地方式。单相接地电容电流及消弧线圈容量计算方法可分别参考本标准附录G和附录H。

6.3.11 采用中性点经低电阻接地方式的中压电缆和架空混合型配电网，应采取下列措施：

1 提高架空线路绝缘化程度，降低单相接地跳闸次数；

2 完善线路分段和联络，提高负荷转供能力；

3 降低配电网设备、设施的接地电阻，将单相接地时的跨步电压和接触电压控制在规定范围内。

6.3.12 中压配电设备应做好防雷保护，对于故障不易查找区域可适当提高防护等级。架空线路防雷保护应满足现行国家标准《66kV及以下架空电力线路设计规范》GB 50061要求，架空绝缘线路应采用适当措施防止雷击断线。电气设备接地电阻应符合现行国家标准《交流电气装置的接地设计规范》GB/T 50065的规定。

6.4 低压配电网

6.4.1 低压配电网的典型接线方式主要有放射式、联络式两种，结构特点和适用范围宜符合下列规定：

1 放射式接线投资小、接线简单、安装维护方便，适用于负荷容量较大、分布较为集中或较为重要的低压用户；

2 联络式接线为配电站两条380V线路形成联络，联络低压线路可以来自同一变压器，也可以来自不同变压器。可在供电可靠性要求较高的环境采用，同时应结合当地生产运行要求配置相应的运维管理制度和安全技术措施；

3 典型电网结构示意图可参考本标准附录D。

6.4.2 低压配电网结构宜采用以配电室、箱式变电站、柱上变压器为中心的放射式接线方式，当对供电可靠性有特殊要求时可采用联络式接线方式。低压架空线路不采用联络式。

6.4.3 低压配电网应实行分区供电的原则，低压线路应有明确的供电范围。

6.4.4 在供电半径、供电质量和容量等不能满足需要时，宜考虑新增配电变压器布点。

6.4.5 低压配电网应重视三相不平衡问题，配电变压器低压出口电流不平衡度不宜超过10%，低压干线及主干支线始端的电流不平衡度不宜超过20%。

6.4.6 低压配电网应有较强的适应性，主干线宜一次建成，中性线与相线截面宜相同。导线截面选择应系列化，同一规划区内主干线导线截面不宜超过3种。低压架空线路宜采用绝缘线路。主干线导线截面推荐表见表6.4.6。

表6.4.6 低压线路主干线导线截面推荐表

线路形式	供电区域类型	主干线（mm²）
电缆线路	A+、A、B、C类	≥120
架空线路	A+、A、B、C类	≥120
	D、E类	≥50

注：1 推荐表中电缆线路为铜芯，架空线路为铝芯，当采用不同线路导体时应进行转换计算。

2 实际应用中应根据台区负荷电流进行计算匹配。

6.4.7 低压配电网的供电制式主要有单相两线制、三相三线制和三相四线制，低压配电网主要采用TN、TT、IT接地形式，其中TN接地方式可分为TN-C-S、TN-S，可参考现行国家标准《供配电系统设计规范》GB 50052。

6.4.8 低压电缆的芯数根据低压配电系统的接地形式确定，TT系统、TN-C（或TN-C-S）系统宜采用四芯电缆；TN-S系统宜采用五芯电缆。

6.4.9 无功补偿装置应根据分层分区、就地平衡和便于调整电压的原则进行配置，以电压为约束条件，根据无功需量进行分组分相自动投切。无功补偿装置可采用分散和集中补偿相结合的方式进行配置，在配电站低压侧母线装设无功补偿装置时，容量宜按配电变压器容量的20%～40%考虑；在公网负荷端安装时，容量宜按配置容量的15%～30%考虑，或根据负荷性质进行配置；在用户负荷端安装时，容量宜按补偿计算容量的100%考虑。

7 电力设施空间布局规划

7.1 一般规定

7.1.1 配电网规划应纳入城乡总体规划、土地利用总体规划、控制性详细规划，并同步编制电力设施空间布局专项规划，合理预留变电站、配电站站点及线路走廊用地，配电设施应与城乡其他基础设施同步规划，并纳入城市综合管廊规划。

7.1.2 原则上A+、A、B类地区宜进行电力设施空间布局规划，用地紧张的C类地区也宜进行电力设施空间布局规划，有条件的D、E类地区也可进行电力设施空间布局规划，为后期的电力建设提供保障。

7.1.3 在现有电力走廊地区，根据需要可有条件地依托和改造原有电力设施；对于新开辟电力走廊地区，应与城市建设规划相互协调。电力设施迁改要结合远景规划。

7.1.4 进行电力设施布局规划的同时应综合考虑安全性、可靠性、经济性、协调性。

7.1.5 变电站（开关站）用地和线路走廊的预留应能满足后期建设用地需求。

7.2 变电站站址选择

7.2.1 变电站建设型式选择宜符合下列规定：

1 应结合城市规划合理选择变电站建设形式，满足市政规划、环境、景观的控制要求；

2 变电站建设型式还宜结合地区自然条件、污染水平及其他特殊要求等综合确定；

3 在满足以上条件要求之外区域，不应提高建设形式标准。

7.2.2 变电站布点应符合下列规定：

1 根据供电区分类及负荷分布情况进行合理规划布点，满足供电能力、供电范围、网架结构、供电可靠性等方面的要求；

2 站址选择宜靠近规划区域的负荷中心并考虑原有网架结构，实现就近供电，降低损耗和投资；

3 站址进出线条件较好，能满足各电压等级出线对走廊的需求。

7.2.3 变电站站址选择应根据电力系统规划设计的网络结构、负荷分布、城乡规划、征地拆迁和下列条款的要求进行全面综合考虑，通过技术经济比较和效益分析，选择最佳的站址方案。

1 选择站址时，应充分考虑节约用地，合理使用土地；尽量不占或少占耕地和经济效益高的土地，并注意尽量减少土石方量；

2 站址选择应按审定的本地区电力系统远景发展规划，充分考虑出线条件，留出架空和电缆线路的出线走廊，避免或减少架空线路交叉跨越和电缆线路之间的交叉布置；架空线路终端塔的位置和站内电力出线通道宜在站址选择规划时统一安排；

3 站址选择宜靠近交通干线，方便进站道路引接和大件运输；

4 站址选择应具有适宜的地质、地形条件，应避开滑坡、泥石流、明和暗的河塘、塌陷区和地震断裂地带等不良地质构造；避开溶洞、采空区、岸边冲刷区、易发生滚石的地段，还应注意尽量避免或减少破坏林木和环境自然地貌；

5 站址选择应避让重点保护的自然区和人文遗址，也不应设在有重要开采价值的矿藏上；

6 应满足防洪及防涝要求，否则应采取防洪及防涝措施；

7 选址时应考虑变电站与邻近设施、周围环境的相互影响和协调，并取得有关协议；站址距飞机场、导航台、地面卫星所、军事设施、通信设施以及易燃易爆等设施的距离应符合现行相关国家标准；

8 站址不宜设在大气严重污秽地区和严重盐雾地区；必要时，应采取相应的防污措施；

9 站址的地震基本烈度应按现行国家标准《中国地震动参数区划图》GB 18306确定，站址位于地震烈度区分界线附近难以正确判断时，应进行烈度复核。

7.2.4 变电站的布置应因地制宜、紧凑合理，尽可能节约用地。原则上，A+、A、B类供电区域可采用户内或半户内站，根据情况可考虑采用紧凑型变电站，A+、A类供电区域如有必要也可考虑与其他建设物混合建设；B、C、D、E类供电区域可采用半户内或户外站，沿海或污秽严重地区，可采用户内站。

7.2.5 变电站的用地面积应按照变电站最终规模预留。规划新建的35kV～110kV变电站规划用地面积控制指标可参考现行国家标准《城市电力规划规范》GB/T 50293。

7.3 高压线路走廊

7.3.1 结合地区电网接线特点、规划网架方案、供电区分类等编制线路走廊规划，线路走廊应与城乡总体规划相结合，应和其他市政设施统一安排，且应征得规划部门的认可。

7.3.2 架空线路应根据应用环境要求，合理选择杆塔类型。积极采用节地节材技术，减少对土地资源的占用和分割。在满足运行和检修维护的安全要求的前提下，积极采用多回路共塔技术。

7.3.3 电缆线路宜用于市政规划要求入地区域、重要风景名胜区、对架空线路有严重腐蚀地区、架空线无法通过的走廊狭窄地区，以及其他特殊要求地区。

7.3.4 电缆线路敷设方式应包括直埋、穿管、电缆沟、隧道以及综合管廊等。电缆管沟、隧道应按终期规划一次建成，以满足电网发展的需求。

7.3.5 线路走廊规划应充分考虑并合理利用现有高压走廊和管线。

7.3.6 A+、A类供电区域电力通道主要考虑电缆敷设的方式，在环境及建设条件允许的情况下，B、C、D、E类地区宜采用架空线方式。

7.3.7 高压配电架空线路宜符合下列规定：

1 架空线路路径的选择应综合考虑运行、施工、交通条件和路径长度等因素，统筹兼顾，进行多方案的比较，做到经济合理、安全适用；

2 市区架空电力线路的路径应与城市总体规划相结合；线路路径走廊位置应与各种管线和其他市政设施统一安排；

3 不应跨越储存易燃、易爆物的仓库区域；架空电力线路与火灾危险性的生产厂房和库房、易燃易爆材料堆场以及可燃或易燃、易爆液（气）体储罐的防火间距，应符合相关国家标准的有关规定；

4 路径选择宜避开不良地质地带和采动影响区，当无法避让时，应采取必要的措施；宜避开重冰区、易舞动区及影响安全运行的其他地区；宜避开原始森林、自然保护区和风景名胜区。

7.3.8 高压配电架空线路按多回路同塔架设宜符合下列规定：

1 在满足电网安全运行的前提下，结合远景规划，同一方向的两回线路为节约走廊资源宜采用同杆塔架设，必要时也可同塔多回架设；

2 架空配电线路不同电压等级线路共架时，应采用高电压在上、低电压在下的布置型式。

7.3.9 架空线路走廊规划宽度宜符合下列规定：

1 架空线路走廊规划宽度应为杆塔两侧边导线的宽度与

两侧架空电力线路保护区宽度之和；

2 架空电力线路保护区：导线边线向外侧水平延伸并垂直于地面所形成的两平行面内的区域，在一般地区 35kV～110kV 导线的边线延伸距离为 10m；

3 110（66）kV 两条平行走廊中心间距不小于 15m，35kV 两条平行走廊中心间距不小于 12m；

4 城市电力规划架空走廊宽度应符合现行国家标准《城市电力规划规范》GB/T 50293 的相关规定。

7.3.10 高压配电电缆线路应符合下列规定：

1 电缆线路路径应与城市总体规划相结合，应与各种管线和其他市政设施统一安排，且应征得城市规划部门认可；

2 电缆敷设路径应综合考虑路径长度、施工、运行和维护方便等因素，统筹兼顾，做到经济合理，安全适用；

3 电缆通道应按电网远景规划预留，并一次建成；

4 不宜采用中高压电缆共通道，特殊情况下应采取物理隔离措施。

7.3.11 高压配电电缆线路敷设方式应符合下列规定：

1 电缆敷设方式的选择应根据道路断面宽度、规划线路回路数等因素，以及满足运行可靠、便于维护和技术经济合理的原则来选择，并应满足终期规模电缆载流量的要求；

2 城市地下电缆和其他管道集中地段，根据管道综合规划要求，电力电缆宜进入综合管廊；

3 35kV～110kV 电缆共通道的，15 根及以上宜采用隧道方式敷设；15 根以下可采用排管或沟槽方式敷设。

7.3.12 高压配电电缆通道宽度应符合下列规定：

1 电缆排管的通道宽度应根据排管孔数、孔径、间距以及排列方式确定，电缆排管覆土深度应满足相关规范要求；

2 电缆沟槽、电缆隧道宽度应根据支架长度、净空宽度以及沟槽深度确定；

3 典型的电缆通道宽度可按表 7.3.12 选取。

表 7.3.12 电缆通道规划尺寸

序号	电缆根数	通道类型	通道内净空尺寸（m）	通道整体宽度（m）
1	12	沟槽(高压)	1.6×1.3($B\times H$)	1.9×1.6($B\times H$)
2	12	沟槽(中压)	1.24 ×1.2($B\times H$)	1.54×1.5($B\times H$)
3	9	电缆排管 14 孔	1.6×2.1($B\times H$)	1.9×2.3($B\times H$)
4	12	电缆排管 20 孔	2.2×2.1($B\times H$)	2.5×2.3($B\times H$)
5	18	电缆隧道（方形）	2.5×2.4($B\times H$)	3.1×3.0($B\times H$)
6	18	电缆隧道（顶管）	ϕ2.5	ϕ3.1
7	24	电缆隧道（方形）	2.5×2.8($B\times H$)	3.1×3.4($B\times H$)
8	24	电缆隧道（顶管）	ϕ3	ϕ3.6

注：B 表示宽度，H 表示高度。

7.3.13 在市政工程建设前期，电力部门应提出电缆通道需求，宜与市政工程同步建设，以避免重复开挖，节省建设成本。

7.4 中压配电线路

7.4.1 线路路径应与城市总体规划相结合，应与各种管线和其他市政设施统一安排，且应与城市规划部门协商。

7.4.2 中压配电线路 A+、A 供电区域宜选用电缆方式，B、C、D、E 供电区域宜选用架空方式。

7.4.3 若规划走廊上同一方向有两回及以上中压架空线路，为节约走廊资源和建设成本可考虑同杆架设。中压架空线路走廊规划宽度不宜小于线路两侧向外各延伸 2.5m；

7.4.4 供敷设电缆用的土建通道及工作井宜按电网远景规划一次建成，且宜预留电力通信管道。

7.4.5 中压配电电缆线路敷设方式应符合下列规定：

1 电缆敷设方式的选择应视工程条件、环境特点和电缆类型、数量等因素，以及满足运行可靠、便于维护和技术经济合理的原则来选择；

2 中压电缆敷设方式宜按照表 7.4.5 进行选择；

表 7.4.5 不同敷设方式的电缆根数

敷设方式	电缆根数	敷设方式	电缆根数
直埋	4 根及以下	电缆沟	30 根及以下
排管	20 根及以下	隧道	20 根以上

3 电缆直埋敷设宜用于电缆数量少、敷设距离短、地面荷载比较小的地方；路径选择地下管网比较简单、不易经常开挖和没有腐蚀土壤的地段；

4 排管敷设宜用于城市道路边人行道下、电缆与各种道路交叉处、广场区域及小区内电缆条数较多、敷设距离长等地段；电缆排管敷设根据电缆线路敷设路径的要求及所敷设路段情况不同分为开挖排管和非开挖拉管、顶管；

5 开挖排管数量（层数×孔数）：2×2、2×3、3×3、3×4、3×5、3×6、3×7、4×4、4×5；

6 非开挖拉管、顶管：拉管数量不大于 7 孔，顶管数量不大于 36 孔；

7 电缆沟敷设方式与电缆排管、电缆工作井等敷设方式进行相互配合使用，适用于变电站出线、电缆较多、道路弯曲或地坪高低变化较大的地段；

8 电缆隧道敷设适用于地下水位低，电缆线路较集中的电力主干线，一般敷设电缆数量较多；

9 通过交叉路口的电缆通道应进行抗压处理。

7.4.6 中压配电电缆通道规划宽度应符合下列规定：

1 电缆线路路径应按照地区建设规划统一安排，结合道路建设同步进行，重要道路两侧均应预留电缆通道，通道的宽度、深度及电缆容量应考虑远期发展的要求，主要道路路口应预留电缆横穿过街管道，综合利用地下管线资源，实现过路、过江、过河电缆敷设；

2 沿市政道路建设的中压配电电缆通道的建设规模应根据中压配电网规划、规划上级变电站的投产时序及过渡方案研究确定；

3 直埋电缆的覆土深度不得小于 0.7m，当位于行车道或耕地下时，应适当加深，且不宜小于 1.0m。直埋方式敷设电缆通道需求如表 7.4.6-1 所示；直埋敷设的电缆，严禁位于地下管道的正上方或正下方；在化学腐蚀或杂散电流腐蚀的土壤范围内，不得采用直埋；

表 7.4.6-1 直埋方式敷设电缆通道尺寸

序 号	电缆回路数	通道尺寸（m）
1	1	0.64×0.95($B\times H$)
2	2	0.84×0.95($B\times H$)
3	3	1.04×0.95($B\times H$)
4	4	1.24 ×0.95($B\times H$)

注：B 表示宽度，H 表示高度。

4 电缆排管的管孔内径，不宜小于电缆外径的 1.5 倍，不宜小于 75mm，一般中压排管管径为 100mm、150mm、175mm、200mm；每管宜只穿 1 根电缆；城市主干道宜采用 16 孔或 20 孔排管，分支干道宜采用 12 孔排管。排管方式敷设电缆通道需求如表 7.4.6-2 所示；

表 7.4.6-2　排管方式敷设电缆通道尺寸

序　号	电缆回路数	通道尺寸（m）
1	12	$1.5\times1.45(B\times H)$
2	16	$1.5\times1.7(B\times H)$
3	20	$1.75\times1.7(B\times H)$
4	12（顶管）	$\phi1.2$
5	16（顶管）	$\phi1.5$

注：B 表示宽度，H 表示高度。

5 电缆沟敷设多根电缆时应采用支架，上下层支架的净间距不应小于 200mm，可采用单侧或双侧支架现浇电缆沟；电缆沟方式敷设电缆通道需求如表 7.4.6-3 所示；

表 7.4.6-3　电缆沟方式敷设电缆通道尺寸

序　号	电缆回路数	支架层数	通道尺寸（m）
1	12	4×500mm 单侧	$1.78\times1.27(B\times H)$
2	12	3×350mm 双侧	$2.18\times1.02(B\times H)$
3	18	3×500mm 双侧	$2.48\times1.02(B\times H)$
4	16	4×350mm 双侧	$2.18\times1.27(B\times H)$
5	24	4×500mm 双侧	$2.48\times1.27(B\times H)$

注　B 表示宽度，H 表示高度。

6 电缆隧道敷设适用于电缆线路高度集中、路径选择难度较大或市政规划要求极高的区域。隧道方式敷设电缆通道需求如表 7.4.6-4 所示。

表 7.4.6-4　隧道方式敷设电缆通道尺寸

序号	排列方式	通道尺寸（m）
1	单侧（明挖）	$1.65\times2.1(B\times H)$
2	双侧（明挖）	$2.0\times2.1(B\times H)$
3	单侧（暗挖）	$1.65\times2.3(B\times H)$
4	双侧（暗挖）	$2.0\times2.3(B\times H)$

注　B 表示宽度，H 表示高度。

7.5 电动汽车充换电设施

7.5.1 充换电设施近远期发展规划需考虑充电站选址，宜纳入政府控制性详规。

7.5.2 充换电站选址和数量主要根据人口密度和电动汽车分布情况进行布置，宜在高密度居民居住区、商业区以及主要交通道路旁，高速公路上也应根据车流量进行合理布置。

7.5.3 充换电站主要分为城市立体充电站、城市平面充电站、高速公路快充电站和电动车换电站。

7.5.4 城市平面充电站根据实际需求确定场地大小、配电容量和充电机数量。

7.5.5 城市立体充电站主要布置于中心城区土地资源有限的位置，其占地大小设备规模根据充电站规模和现场实际情况确定。

7.5.6 高速公路快充电站宜布置于高速公路服务区内，配置 4 台～6 台充电设施，占地面积 $150m^2$～$300m^2$。

7.5.7 电动汽车换电站包含站内建筑、站内行车道、消防沙坑等部分。站内建筑由单工位换电车间和辅助用房组成，换电车间设置公交车车道、电池箱更换设备、充电架、充电机柜等，其占地大小设备规模根据充电站规模和现场实际情况确定。

8 二次及智能化规划

8.1 二次规划

8.1.1 继电保护与安全自动装置、自动化系统、通信系统的建设和改造应与电网一次系统统一规划，同步建设、同步投运。

8.1.2 配电网应按现行国家标准《继电保护和安全自动装置技术规程》GB/T 14285 的要求配置继电保护与自动装置。根据电网结构和运行特点等多方面因素，合理配置继电保护与安全自动装置，满足可靠性、选择性、灵敏性和速动性要求。

8.1.3 110（66）kV 配电网继电保护配置应符合下列规定：

1 110kV 电源并网专用线路、转供第一级专用线路宜配置一套纵联保护，存在稳定问题时配置两套纵联保护。终端线路配置一套阶段式距离保护，零序电流保护；

2 110kV 变压器按两套完整的、独立的主保护及一套独立的后备保护，也可按两套主保护及后备保护一体配置；

3 存在稳定问题的 110kV 母线配置双套母差保护；

4 110kV 变电站应配置故障录波装置；

5 根据不同运行方式，应装设必要的低压、低周减载、备用电源自投、事故解列、事故联切、接地选线等装置。

8.1.4 35kV 配电网继电保护配置应符合下列规定：

1 35kV 电源并网（包含分布式电源）专用线路宜配置一套纵联保护，终端线路应配置一套过流，速断线路保护。对于有架空部分的电源（包含分布式电源）线路，应根据现场情况，宜配置线路 PT，用于检无压重合闸；

2 35kV 变压器应配置两套完整的、独立的主保护及一套独立的后备保护配置，也可按两套主后一体配置；

3 重要的 35kV 变电站应配置故障录波装置；

4 根据不同运行方式，应装设必要的低压、低周减载、备用电源自投、事故解列、事故联切、接地选线等装置。

8.1.5 10kV 配电网继电保护配置应符合下列规定：

1 10kV 电源并网（包含分布式电源）专用线路宜配置一套纵联保护，终端线路应配置一套过流、速断线路保护。对于有架空部分的电源（包含分布式电源）线路，应根据现场情况，宜配置线路 PT，用于检无压重合闸；

2 10kV 变压器应配置一套完整的、独立的主后备保护；

3 根据不同运行方式，应装设必要的低压、低周减载、备用电源自投、事故解列、事故联切、接地选线等装置。

8.1.6 380V 系统配电网继电保护配置应符合下列规定：

1 以出线方式接入分布式电源的 380V 断路器应选择框架型断路器，并至少包含 1 对辅助触点；

2 断路器其脱扣器可根据需要选配过流、失压保护、数据采集和通信功能模块；

3 断路器具备长延时、短延时、瞬时、接地等保护功能。

8.1.7 调度自动化系统应符合下列规定：

1 调度自动化系统应满足电网调度、安全经济运行、变电站自动化、信息管理系统和电力市场运营与管理的要求。调度自动化系统之间实现计算机联网通信；

2 调度自动化系统应考虑新能源电源的调度要求，并根据需要增加应用分析功能；

3　调度自动化系统应具备相应的网络安全防护。

8.1.8　变电站自动化应符合下列规定：

1　变电站侧远动信息采集应满足各级调度自动化系统、变电站集控和当地计算机系统要求，远动功能应与变电站监控系统统一设计；反映一次系统运行方式的隔离开关位置一律纳入遥信采集，新建变电站隔离开关状态应用点对点遥信采集，改造工程宜采用与变电站“五防装置”通信方式获得；

2　厂站端自动化系统或远动设备应具备一发多收功能，适应多种通信通道，满足各级调度自动化主站系统、集控中心对于信息采集、安全监视及控制操作的需要；

3　35kV～110kV变电站及并网的各类发电项目到调度中心的自动化系统的远动通道采用主备方式，其中主通道宜采用调度数据专用网通道，35kV以下电压等级变（配）电站、10kV及以下电压等级并网的各类发电项目到调度中心的自动化系统的远动通道可适当简化；

4　接入电能量计量系统主站的电量采集装置宜统一传输规约；

5　新建及改造变电站宜采用电子式电能表，以总线通信方式采集电能表数据，电量采集装置应具有调度数据专用网络等多种通信接口。

8.1.9　电能量信息采集与管理的主站架构、功能和性能要求应按现行行业标准《电能信息采集与管理系统》DL/T 698执行。

8.1.10　电力二次系统安全防护应符合下列规定：

1　应符合现行国家信息安全的相关条例和规定、电力监控系统安全防护相关规定要求；

2　坚持“安全分区、网络专用、横向隔离、纵向加密”的原则；应具备安全检测与审计、防病毒等系统级安全防护；终端信息应通过加密与认证，可采用非对称加密、数字签名等技术；光纤、无线专网或公网宜通过安全接入区接入，无线公网可通过安全平台接入。

8.1.11　配电网规划设计可采用一二次融合成套设备、智能配变终端等新型设备，有条件的地区可开展主动配电网建设，并向低压智能化进行延伸。

8.2　配电自动化

8.2.1　配电自动化规划设计应遵循经济实用、标准设计、差异区分、资源共享、同步建设的原则，并满足安全防护要求。

8.2.2　配电自动化故障处理应符合下列规定：

1　应根据供电可靠性要求、一次网架、配电设备等情况合理选择故障处理模式，并合理配置主站与终端；

2　A+、A类供电区域宜在无需或仅需少量人为干预的情况下，实现对线路故障段快速隔离和非故障段恢复供电；

3　故障处理应能适应各种电网结构，能够对永久故障、瞬时故障等各种故障类型进行处理；

4　故障处理策略应能适应配电网运行方式和负荷分布的变化；

5　配电自动化应与继电保护、备自投、自动重合闸等协调配合；

6　当自动化设备异常或故障时，应尽量减少事故扩大的影响。

8.2.3　故障处理模式可采用馈线自动化方式或故障监测方式，其中馈线自动化可采用集中式、智能分布式和就地型重合器式三类方式。集中式馈线自动化方式可采用全自动方式和半自动方式。故障监测可采用故障指示器实现。

8.2.4　故障处理模式选择应根据配电自动化实施区域的供电可靠性需求、一次网架、配电设备等情况合理选择故障处理模式。A+类供电区域宜采用集中式（全自动方式）或智能分布式，A、B类供电区域可采用集中式、智能分布式或就地型重合器式，C、D类供电区域可根据实际需求采用就地型重合器式或故障监测方式，E类供电区域可采用故障监测方式。

8.2.5　配电主站应根据配电网规模和应用需求进行差异化配置，配电网实时信息量主要由配电终端信息采集量、EMS系统交互信息量和营销业务系统交互信息量等组成。地市级及以上电力公司宜部署配电自动化主站系统。配网实时信息量在10万点以下，宜建设小型主站；配网实时信息量在10万点～50万点，宜建设中型主站；配网实时信息量在50万点以上，宜建设大型主站。县级电力公司依据实际的电网规模可进行单独建设（实时信息量大于30万点），或者与上级地市公司共用主站（“地县一体化”模式）。

8.2.6　配电主站宜通过信息交换总线与其他相关系统的信息交互，实现数据共享和数据互补，支撑配电网分析应用，支持配电故障抢修、配电生产管理、营配信息融合等互动化应用。

8.2.7　配电主站系统应实现基本功能，可依据实际情况选择扩展功能，应符合下列规定：

1　在不涉及系统具体实现的平台、架构、技术选择的情况下，配电自动化主站的基本功能宜包括但不限于：数据采集处理与记录、操作与控制、模型图形管理、设备异动管理、综合告警分析、馈线自动化、拓扑分析应用、事故反演、配电接地故障分析、配电网运行趋势分析、配电终端管理、信息共享与发布；

2　配电自动化主站的扩展功能宜包括但不限于：分布式电源接入与控制、状态估计、潮流计算、解合环分析、负荷预测、网络重构、操作票、自愈控制、配电网经济运行、配网仿真与培训。配电主站功能应用及模块可参考表8.2.7。

表8.2.7　配电主站功能应用及模块

主站功能	功能模块	应用推荐
基本功能	数据采集处理与记录、操作与控制、模型图形管理、设备异动管理、综合告警分析、馈线自动化、拓扑分析应用、事故反演、配电接地故障分析、配电网运行趋势分析、配电终端管理、信息共享与发布	应全部实现
扩展功能	分布式电源接入与控制、状态估计、潮流计算、解合环分析、负荷预测、网络重构、操作票、自愈控制、配电网经济运行、配网仿真与培训	可依据实际情况选择

8.2.8　配电终端根据检测对象的不同可分为馈线终端（FTU）、站所终端（DTU）、配变终端（TTU）和具备远程通信功能的故障指示器等。配电终端根据应用功能可分为“三遥”终端、“二遥”终端和“一遥”终端。

8.2.9　配电终端功能应按照现行行业标准《配电自动化系统技术规范》DL/T 814执行。

8.2.10　配电终端配置原则应按照现行行业标准《配电自动化技术导则》DL/T 1406执行，且应符合下列要求：

1　配电终端应根据不同的应用对象选择相应的类型；配电自动化系统应根据实际配电网架结构、设备状态和应用需求合理选用配电终端，对网架中的关键性节点，如联络开关和分段开关等，宜采用“三遥”配置；对网架中的一般性节点，如分支开关、无联络的末端站室，可采用“两遥”或“一遥”配置；

2 根据实施配电自动化区域的具体情况及节类型选择合适的终端配置方式，可参照表8.2.10。

表8.2.10 配电自动化终端选择

供电区域	终端配置方式
A+	三遥
A	根据具体情况选配三遥或二遥
B	以二遥为主，联络开关和特别重要的分段开关也可配置三遥
c	二遥
D	二遥或一遥
E	二遥或一遥

8.3 配电网通信

8.3.1 在配电网一次网架规划时，应同步进行通信网规划，并预留相应位置和通道。

8.3.2 配电网通信系统应支持配电信息的传输，满足调度和配电自动化终端通信需求，配电通信系统应根据实施区域具体情况选择适宜的通信方式（光纤、无线、载波通信等），实现规范接入。

8.3.3 配电网通信系统应满足配电自动化、用电信息采集系统、分布式电源、电动汽车充换电站及储能装置站点的通信需求。

8.3.4 配电网通信方式可采用光纤通信、无线通信和电力线载波三类，应符合下列规定：

1 光纤通信具有传输速度快、信道容量大的优势；依赖通信实现故障自动隔离的馈线自动化区域宜采用光纤专网通信方式，满足实时响应需要，配电网骨干通信网宜采用光纤传输网络；当配电通信网采用EPON、GPON或光以太网络等技术组网时，应使用独立纤芯或独立波长；

2 无线通信可采用无线公网或无线专网；采用无线公网通信方式时，应采用专线APN或VPN访问控制、认证加密等安全措施；采用无线专网通信方式时，应采用国家无线电管理部门授权的无线频率进行组网，并采取双向鉴权认证、安全性激活等安全措施；

3 在其他通信方式实施比较困难的站点，可考虑采用电力线载波通信；电力线载波通信易受短路及断线故障的影响，对所传信息可靠性、实时性要求不高，不宜传输保护信息。

8.3.5 根据实施配电自动化区域的具体情况选择合适的通信方武。A+类供电区域以光纤通信方式为主，A、B、C类供电区域应根据配电自动化终端的配置方式确定采用光纤或无线通信方式，D、E类供电区域无线通信、载波通信。各类供电区域的通信方式可参照表8.3.5。

表8.3.5 配电终端通信方式推荐表

供电区域	通信方式
A+	光纤通信为主
A、B、C	根据配电终端的配置方式确定光纤通信、无线通信
D、E	根据配电终端的配置方式确定无线通信、载波通信

8.3.6 配电通信网规划宜符合下列技术原则：

1 通信骨干传输网应以光纤通信为主，无线（包括微波、卫星等）通信作为光纤通信的应急备用和补充方式；

2 35kV及以上变电站光纤通信应实现全覆盖，具备光缆路由的，宜成环建设；

3 重要的35kV及以上厂站、各级调度机构应做到光纤至少双路由、双方向接入；

4 光纤型号采用G652光纤。通信专用光缆芯数不少于24芯，继保通信合用光缆芯数不少于48芯；

5 综合数据网的IP交换由路由器实现，传输应因地制宜采用IPoverSDH、专用光纤等多种方式；

6 电力通信传输网络、交换网络等具体技术要求应按照电网相关通信技术配置原则执行；

7 通信设施应具备充分的防雷措施，现有通信设备，如防雷措施不完全的要加强反措；

8 110kV、35kV变电站和10kV开关站等重要通信节点应配置一套通信电源及蓄电池；对通信设备的环境、电源进行改造时，应将其相应的安全技术防卫措施以及环境、电源监控纳入相应的管理平台中；

9 10kV的电缆网应随电缆敷设光缆，电缆网接入的公共配电室、用户分界室、公共箱变均采用光纤通信方式；

10 10kV架空网主要采用公共通信网进行通信；

11 10kV已运行的电缆网电缆无法敷设先缆时，也可采用公共通信网进行通信。

9 接入系统设计

9.1 电源接入系统

9.1.1 电源应符合国家政策，满足国家、行业有关的技术标准规范和电源调度管理的要求。分布式电源、微电网接入配电网应遵循分层、分区、分散接入的原则。

9.1.2 电源接入系统电压等级宜为1级，最多不超过2级，以两级电压接入系统的发电厂内不宜设两级电压的联络变压器。电源并网电压等级可根据装机容量进行初步选择，可参考表9.1.2。最终并网电压等级应根据电网条件，通过技术经济比选论证确定。

表9.1.2 电源并网电压等级参考表

电源总容量范围	并网电压等级
8kW及以下	220V
8kW～400kW	380V
400kW～6MW	10kV
6MW～50MW	20kV、35kV、66kV、110kV

9.1.3 接入系统方案应根据电源的送出容量、送电距离、电网安全以及电网条件等因素论证后确定。当接入公共连接点处或T接于同一条线路上有一个以上的电源时，应总体考虑它们对电网的影响。

9.1.4 接入线路上的电源总容量不应超过所接线路的允许容量，接入配电站低压侧的电源总容量不应超过配电变压器的额定容量。

9.1.5 电源接入系统应进行电力平衡计算，应对接入的线路载流量、变压器容量、开关的短路电流遮断能力、无劝等进行校核，必要时对高压配电网要进行潮流、稳定计算。

9.1.6 电源接入电网后电能质量、电压、频率、功率因数等指标应满足国家及地区的相关标准规定。

9.1.7 接入高压、中压配电网的电源接入电网应具有有功功率调节能力及低电压穿越的能力。

9.1.8 接入高压、中压配电网的分布式电源应在并网点安装易操作、可闭锁，具有明显开断点、带接地功能、具备开断故障电流能力的开断设备。

9.1.9 分布式电源应具备快速监测孤岛且立即断开与电网连接的能力。

9.1.10 电源接入电网的继电保护及调度自动化配置应满足本标准第8.1节的要求。

9.1.11 电源接入系统通信应满足本标准第8.3节的要求。

9.2 电力客户接入系统

9.2.1 电力用户的供电电压等级应根据当地电网条件、用户分级、用电最大需量、用电设备容量或受电设备总容量，经过技术经济比较后确定。接入电压等级可参照表9.2.1确定。供电半径较长、负荷较大的用户，当电压不满足要求时，宜采用高一级电压供电。

表9.2.1 配电网用户接入电压等级和容量选择推荐表

供电电压等级	用电设备容量	受电变压器总容量
220V	10kW及以下单相设备	—
380V	100kW及以下	50kVA及以下
10kV	—	50kVA～15MVA
20kV	—	50kVA～20MVA
35kV	—	5MVA～40MVA
66kV	—	15MVA～40MVA
110kV	—	20MVA～100MVA

注：无20kV、35kV、66kV电压等级的电网，10kV电压等级受电变压器总容量为50kVA～20MVA。

9.2.2 用户接入系统方案制定应根据客户的负荷等级、用电性质、用电容量、当地供电条件等因素进行技术经济比较后确定。

9.2.3 高压配电网用户接入容量较大，宜考虑由变电站专线供电。

9.2.4 用户变电站接入系统设计应符合下列规定：

1 高压配电网用户在高峰负荷时的功率因数不宜低于0.95；其他用户和大、中型电力排灌站，功率因数不宜低于0.90；农业用电功率因数不宜低于0.85；

2 重要电力用户供电电源配置应符合现行国家标准《重要电力用户供电电源及自备应急电源配置技术规范》GB/Z 29328的规定；重要电力用户供电电源应采用多电源、双电源或双回路供电，当任何一路或一路以上电源发生故障时，至少仍有一路电源应能满足保安负荷供电要求；特级重要电力用户宜采用双电源或多电源供电；一级重要电力用户宜采用双电源供电；二级重要电力用户宜采用双回路供电；重要电力用户应自备应急电源，电源容量至少应满足全部保安负荷正常供电的要求，并应符合国家有关安全、消防、节能、环保等技术规范和标准要求；重要电力用户供电电源的切换时间和切换方式宜满足重要电力用户允许断电时间的要求；切换时间不能满足重要负荷允许断电时间要求的，重要电力用户应自行采取技术手段解决；重要电力用户供电系统应当简单可靠，简化电压层级；如果用户对电能质量有特殊需求，应当自行加装电能质量控制装置；

3 用户因畸变负荷、冲击负荷、波动负荷和不对称负荷对公用电网造成污染的，应按照"谁污染、谁治理"和"同步设计、同步施工、同步投运、同步达标"的原则，在开展项目前期工作时提出治理、监测措施。必要时须开展特殊负荷接入系统专题论证。对电能质量有特殊要求且超过国家标准的电能质量敏感负荷用户，除在电网结构和继电保护和自动化装置的配置上应采取必要措施外，用户应自行装设电能质量治理装置。

9.3 电动汽车充换电设施接入系统

9.3.1 交流充电桩宜采用低压单相220V供电方式，直流充电机宜采用低压三相380V供电方式。

9.3.2 充电站供电方式根据充电站规模，分类如下：

1 大、中型充电站宜采用10kV专用配电变压器供电，并设有源滤波无功补偿设备；

2 小型充电站宜采用380V低压供电方式。

9.3.3 电池更换站宜采用10kV专用配电变压器供电。

9.3.4 大量建设充电设施应考虑到区域内配电网现有电力容量是否能够支撑新建的充电设施容量。

9.3.5 电动汽车充换电设施属于谐波源负荷，谐波治理工程按照"同时设计、同时施工、同时验收、同时投运"的原则进行。谐波监测点为充电设施接入点，考核标准应符合现行国家标准《电能质量 公用电网谐波》GB/T 14549、《电磁兼容 限值 对额定电流大于16A的设备在低压供电系统中产生的谐波电流的限制》GB/Z 17625.6等规定。

9.3.6 对于大、中型充电站、电池更换站，应采用有源滤波技术在低压母线集中补偿，有源滤波器补偿容量按不小于充电机总功率的20%配置。小型充电站、直流充电机、交流充电桩结合现场监测实际综合治理。

10 电气计算

10.1 一般规定

10.1.1 配电网电气计算宜包括潮流计算、短路计算、稳定计算、无功补偿计算以及其他必要计算。

10.1.2 计算分析中应采用满足所分析问题需要的准确模型和参数，以保证仿真计算的准确度。应通过建模研究和实测工作，建立适用于配电网电气计算的各种元件的模型和参数。

10.2 潮流计算

10.2.1 潮流计算应根据给定的运行方式和网络拓扑结构确定配电网的运行状态。

10.2.2 具备条件的地区，配电网规划宜开展潮流计算。

10.2.3 对存在环网运行、电源接入，以及结构或运行方式发生变化的配电网设计，宜开展潮流计算。

10.2.4 潮流计算应按规划设计水平年典型运行方式开展。

10.2.5 中压配电潮流计算可按分区、变电站或线路计算到节点或等效节点。

10.2.6 在潮流计算基础上，应根据区域供电安全水平标准，进行供电安全水平分析。

10.3 稳定计算

10.3.1 稳定计算应确定系统稳定特征和稳定水平，分析和研究提高稳定水平的措施，指导规划设计等相关工作。

10.3.2 配电网规划设计可不开展稳定计算，必要时应按照现行电力行业标准《电力系统安全稳定导则》DL/T 755的有关规定执行。

10.4 短路计算

10.4.1 短路计算应确定短路电流水平，选择电气设备参数，继电保护装置选型和整定，提出限制短路电流的措施等。

10.4.2 变电站内母线的短路电流水平不宜超过表 10.4.2 中的对应数值。

表 10.4.2 各电压等级的短路电流限定值

电压等级（kV）	短路电流限定值（kA）		
	A+、A、B类供电区域	C类供电区域	D、E类供电区域
110	40	40	31.5、40
66	31.5	31.5	31.5
35	31.5	25、31.5	25、31.5
10(20)	20、25	16、20	16、20

10.4.3 最大短路电流计算应按可能发生最大短路电流的正常运行方式进行计算。

10.4.4 应按具体项目的设计容量计算，并考虑工程建成后 5 年至 10 年的电力系统发展规划，通过计算软件或手算方式进行计算。

10.4.5 配电网短路电流计算以上级变电站的中低压侧母线短路电流计算结果为基础，综合考虑电源接入情况，计算至场站母线。

10.4.6 配电网中接入电源及大型电动机，应考虑其对短路电流影响，逆变器设备提供的短路电流可按设备额定电流的 1.2 倍～1.5 倍进行估算。

10.4.7 短路电流应留有适当裕度，当短路电流达到或接近控制水平时应通过技术经济比较选择合理的限流措施，可采用限流措施。

10.5 无功规划计算

10.5.1 无功补偿计算应分析规划设计范围内无功分布和无功盈亏情况，判断无功电源规划和无功补偿装置的配置是否合理，提出规划设计无功补偿方案。

10.5.2 应按分层分区基本平衡的原则研究无功补偿方案，远近结合确定终期规模及本期规模。

10.5.3 无功补偿方案的优化分析，可结合节点电压允许偏差范围，节点功率因数要求，变压器、线路、无功设备参数，以及不同运行方式下的负荷水平开展，以达到无功设备投资最小或网损最小的目标。

10.5.4 宜进行大方式无功补偿计算，若电缆线路比例较高，宜进行小方式无功补偿计算。必要时，可进行特殊方式无功补偿计算。

10.5.5 感性无功补偿方案应结合上级电网无功补偿计算综合考虑确定。

10.5.6 无功补偿设备宜采用电容、电抗，必要时可采用可连续调节无功设备。

11 供电质量

11.1 电能质量

11.1.1 配电网规划设计应保证配电网中各节点满足电压损失及其分配要求，配电网与用户公共连接点 PCC 处的电压偏差应符合现行国家标准《电能质量　供电电压偏差》GB/T 12325 的规定。电力系统正常运行情况下，配电网在与用户的公共连接点 PCC 处的电压允许偏差应符合下列规定：

1 110(66)kV、35kV 电压供电的，电压正负偏差的绝对值之和不超过标称电压的 10%；

2 10(20)kV 及以下三相供电的，为标称电压的±7%；

3 220V 单相供电的，为标称电压的－10%，＋7%。

11.1.2 配电网规划应按照无功就地平衡原则配置无功补偿设备，保证分层分区的无功平衡。高峰负荷期，配电网与用户的公共连接点 PCC 处的功率因数应符合下列规定：

1 供电电压为 10kV 及以上的，功率因数不低于 0.95；

2 其他电力用户和大、中型排灌站，功率因数不低于 0.9；

3 农业用电，功率因数不低于 0.85。

11.1.3 配电网规划设计可通过加装线路调压器、缩短供电半径及平衡三相负荷等措施改善电压质量。

11.1.4 公用电网谐波电压限值应满足现行国家标准《电能质量　公用电网谐波》GB/T 14549 的规定。具体限值应满足表 11.1.4 要求：

表 11.1.4 公用配电系统谐波电压（相电压）的允许值

供电电压等级（kV）	谐波电压畸变率总极限值	各次谐波电压含有率	
		奇次	偶次
0.38	5.0	4.0	2.0
6～10	4.0	3.2	1.6
35～63	3.0	2.1	1.2
110	2.0	1.6	0.8

注： 20kV 参照 10kV 标准执行，当国家标准有规定时，按国家标准执行。

11.1.5 用户在电网公共连接点处对电网的干扰水平不应超过国家标准中的规定限值，同时应符合下列规定：

1 用户注入电网的谐波电流，不得超过国家标准的规定，超过标准时，用户应采取措施消除；用户接入电网时应综合考虑背景谐波影响，注入公共连接点的谐波电流分量（方均根值）不应超过表 11.1.5 的允许值；当公共连接点处最小短路容量不同于基准容量时，表中的谐波电流允许值换算见现行国家标准《电能质量　公用电网谐波》GB/T 14549；

表 11.1.5 注入公共连接点的谐波电流允许值

标称电压（kV）	基准短路容量（MVA）	谐波次数及谐波电流允许值（A）											
		2	3	4	5	6	7	8	9	10	11	12	13
0.38	10	78	62	39	62	26	44	19	21	16	28	13	24
6	100	43	34	21	34	14	24	11	11	8.5	16	7.1	13
10	100	26	20	13	20	8.5	15	6.4	6.8	5.1	9.3	4.3	7.9
35	250	15	12	7.7	12	5.1	8.8	3.8	4.1	3.1	5.6	2.6	4.7
66	500	16	13	8.1	13	5.4	9.3	4.1	4.3	3.3	5.9	2.7	5.0
110	750	12	9.6	6.0	9.6	4.0	6.8	3.0	3.2	2.4	4.3	2.0	3.7
标称电压（kV）	基准短路容量（MVA）	谐波次数及谐波电流允许值（A）											
		14	15	16	17	18	19	20	21	22	23	24	25
0.38	10	11	12	9.7	18	8.6	16	7.8	8.9	7.1	14	6.5	12
6	100	6.1	6.8	5.3	10	4.7	9.0	4.3	4.9	3.9	7.4	3.6	6.8
10	100	3.7	4.1	3.2	6.0	2.8	5.4	2.6	2.9	2.3	4.5	2.1	4.1
35	250	2.2	2.5	1.9	3.6	1.7	3.2	1.5	1.8	1.4	2.7	1.3	2.5
66	500	2.3	2.6	2.0	3.8	1.8	3.4	1.6	1.9	1.5	2.8	1.4	2.6
110	750	1.7	1.9	1.5	2.8	1.3	2.5	1.2	1.4	1.1	2.1	1.0	1.9

注： 20kV 参照 10kV 标准执行，当国家标准有规定时，按国家标准执行。

2 引起的电力系统三相不平衡量应满足现行国家标准《电能质量 三相电压不平衡》GB/T 15543 的规定；

3 在电力系统公共连接点产生的电压波动的影响应符合现行国家标准《电能质量 电压波动和闪变》GB/T 12326 的规定。

11.1.6 公用电网频率偏差不应超过现行国家标准《电能质量 公用电网谐波》GB/T 14549 的规定的限值，同时应符合下列规定：

1 公用电网正常运行条件下频率偏差限值为±0.2Hz；

2 当系统容量较小时可偏差限制可放宽到±0.5Hz；

3 冲击负荷引起的系统频率变化宜不大于±0.2Hz。

11.1.7 分布式电源及用户的冲击性负荷、波动负荷、非对称负荷对电能质量产生影响或对其他用户安全运行构成干扰和妨碍时，用户必须采取措施消除并达到国家标准规定的要求。

11.1.8 应在配电网设置足够数量并具有代表性的电压监测点在线监测电压质量。电压质量的评估和监测应符合现行行业标准《电能质量评估技术导则 供电电压偏差》DL/T 1208 的规定。

11.1.9 电能质量指标计算方法可参考本标准附录 J。

11.2 供电可靠性

11.2.1 配电网运行的可靠性评价采用供电可靠率指标 RS，表征意义为统计期内用户有效供电时间总小时数与统计期间小时数的比值，具体计算可参考本标准附录 K。

11.2.2 配电网规划中供电可靠性采用停电程度来评价。计算指标包括系统期望平均停电频率（*SAIFI*）、系统平均停电时间（*SAIDI*）、短时平均停电频率（*MAIFI*）指标等。具体计算可参考现行行业标准《供电系统供电可靠性评价规程》DL/T 836。

11.2.3 对可靠性的量化分析是配电网规划设计的成效分析的一个重要的组成部分，宜包括以下内容：

1 对历史配电系统可靠性的统计、分析及评价，目的是分析系统及其历史运行数据，用以评估现有可靠性水平，找出有问题的区域并确定问题的原因；

2 对规划水平年配电网可靠性的预测评估，目的是针对规划设计方案预测系统未来可靠性水平；

3 若将短时停电指标作为一个单独的停电指标，则 *MAIFI* 应单独计算。*MAIFI* 阈值宜取 5min～15min。

11.2.4 配电网规划可靠性目标的确定需要与规划设计方案的经济分析相结合，即需分析确定供电可靠性和全寿命周期内投资费用的最佳组合。

12 投资估算与技术经济分析

12.1 一般规定

12.1.1 配电网规划设计应对拟建项目所需总投资进行预测和计算，并编制投资估算。

12.1.2 配电网规划设计应对拟建项目的财务可行性和经济合理性进行分析论证，应包括财务评价（也称财务分析）和国民经济评价（也称经济分析）。

12.1.3 配电网项目可行性研究阶段宜进行技术经济分析，项目规划、机会研究、项目建议书阶段的技术经济分析可适当简化。

12.1.4 在项目规划、机会研究、项目建议书、可行性研究等阶段，均可运用技术经济方法进行规划设计方案比选。

12.1.5 对于企业投资的配电网项目，可从投资主体角度进行财务评价。项目投资或规模较大，或者系统中功能重要的工程，可能对国民经济产生影响时，可做经济评价。

12.1.6 技术经济分析应符合我国现行法律法规及政策，以技术上可行为前提，遵循定量分析与定性分析相结合，动态分析与静态分析相结合的原则。

12.1.7 规划方案决策时可参考技术经济分析，同时应兼顾各方面综合效益。

12.2 投资估算

12.2.1 投资估算应参照近年典型工程对规划期内项目总投资进行估算。

12.2.2 投资估算宜根据不同的投资目的、投资地区、投资类型、电压等级，投资主体等类别分别进行统计。

12.2.3 投资估算宜从单位变电容量造价、单位长度线路造价等方面统计主要估算指标。

12.3 方案技术经济分析

12.3.1 宜选择规划区内合适的典型区域，从技术经济层面比较不同规划方案的优劣。

12.3.2 方案比选宜对备选方案进行技术指标及经济指标计算，并根据不同地区特点，确定各指标最佳平衡点，综合评选出最优方案。

12.3.3 评价指标应包括技术指标和经济指标两类。常用指标可参考本标准附录 K。

12.3.4 技术指标宜包括下列内容：

1 供电能力，供电能力宜以容载比为主要表征指标，用以反映地区负荷与变电容量合理性；

2 转供能力，转供能力宜以主变 *N*—1 通过率、线路 *N*—1 通过率为主要表征指标。计算该指标时，需合理考虑本级电网和下级电网的转供能力；

3 供电可靠性，供电可靠性多采用 *RS* 指标，规划设计阶段主要利用概率统计的数学方法进行预测，根据规划设计方案中网络结构完善提升转供能力、设备水平提升、降低故障率以及配电自动化实施后减少停电时间等因素，对 *RS* 指标进行预测；

4 综合电压合格率，综合电压合格率是一个运行指标，在规划层面，该指标主要体现在潮流计算中，电压越限节点数量与规划区内同等电压等级下节点数量的比值；

5 网损率，网损率是一个运行指标，在规划层面，该指标主要体现在潮流计算中，线路及变压器损耗的有功功率与发电有功功率的比值；

6 平均负载率，规划区域内设备负载率的平均值反映了整个规划地区配电网设备的利用状态。

12.3.5 经济指标宜包括下列内容：

1 总投资，总投资应取各地区近年来典型工程的平均投资为单位投资，结合各规划方案工程量进行总投资的估算；

2 电能损耗费，根据规划方案电压等级的网损值与向下一级电网售电单价，计算本电压等级的电能损耗费；电能损耗费主要应用于比较不同规划方案导致的费用损失；

3 运行费用，主要包括检修维护、故障维修、退役处置等费用；

4 财务效益，规划方案在运营期所能取得的增供电量的效益和降低损耗的效益。

12.3.6 在进行方案的技术经济比选时，多个指标宜因地制宜，根据当地具体情况选择合适的指标和权重进行综合评价。

12.4 财务评价

12.4.1 财务评价是在国家现行财税制度和价格体系的前提下，从项目的角度出发，计算项目范围内的财务效益和费用，分析项目的盈利能力和清偿能力，评价该项目在财务上的可行性。财务评价应在项目财务效益与费用估算的基础上进行。

12.4.2 财务评价可采用净现值、内部收益率法评价规划设计项目的可行性。也可通过给定期望的财务内部收益率，测算规划设计项目的电量分摊费用和容量电价，与政府主管部门发布的现行输配电价标准对比，判断项目的财务可行性。

12.4.3 财务评价宜包括盈利能力分析和偿债能力分析。盈利能力分析的主要指标包括财务内部收益率、财务净现值、项目投资回收期等，偿债能力分析的主要指标包括资产负债率、利息备付率、偿债备付率等。

12.4.4 财务评价阶段可进行不确定性分析，宜包括盈亏平衡分析和敏感性分析。

12.4.5 配电网项目的盈亏平衡分析应根据年销售收入、固定成本、可变成本、单位电量分摊金额和税金等数据，计算电量或电价的盈亏平衡点，分析研究项目成本与收入的平衡关系。

12.4.6 敏感性分析应研究不确定性因素对财务指标的影响程度，评价项目承受财务风险的能力。根据配电网规划项目特点，不确定性因素主要包括建设投资、增售电量、购售电价、供电可靠性目标（容载比）等。当给定内部收益率测算电价时，敏感性分析主要指建设投资、增售电量等不确定因素；当给定期望的电价测算财务内部收益率时，敏感性分析主要指建设投资、增售电量、购售电价差、容载比等不确定因素。

12.5 国民经济评价

12.5.1 国民经济评价应在合理配置社会资源的前提下，从国家经济整体利益的角度出发，计算配电网项目对国民经济的贡献，分析项目的经济效率、效果和对社会的影响，评价项目在宏观经济上的合理性。

12.5.2 国民经济评价宜采用经济费用效益分析方法，对项目所涉及的所有成员及群体的费用和效益做全面分析，合理确定效益和费用的空间范围和时间跨度，正确识别和调整转移支付。经济效益的计算遵循支付意愿原则和接受补偿意愿原则，经济费用的计算遵循机会成本原则。

12.5.3 如果配电网项目的经济费用和效益能够进行货币化，应在费用效益识别和计算的基础上，编制经济费用效益流量表，计算经济净现值、经济内部收益率、经济效益费用比等分析指标，分析项目投资的经济效率。

12.5.4 如果经济费用效益无法完全进行货币化和定量分析，可采用定性分析方法，分析配电网项目对规划区域内国民经济的整体影响。

附录A 电量需求预测方法

A.0.1 电力弹性系数法。

1 电力消费弹性系数的定义。

电力消费弹性系数是指一定时期内用电量年均增长率与国民生产总值年均增长率的比值，是反映一定时期内电力发展与国民经济发展适应程度的宏观指标。可按下式计算：

$$\eta = \frac{W_t}{V_t} \qquad \text{(A.0.1-1)}$$

式中：η——电力弹性系数；

W_t——一定时期内用电量的年均增长速度；

V_t——一定时期内国民生产总值的年均增长速度。

2 预测方法及步骤。

电力消费弹性系数法是根据历史阶段电力弹性系数的变化规律，预测今后一段时期的电力需求的方法。该方法可以预测全社会用电量，也可以预测分产业的用电量（分产业弹性系数法）。主要步骤如下：

1）以历史数据为基础，使用某种方法（增长率法、回归分析法等）预测或确定未来一段时期的电力弹性系数 η。

2）根据政府部门未来一段时期的国民生产总值的年均增长率预测值与电力消费弹性系数，推算出第 n 年的用电量，可按下式计算：

$$W_n = W_0 \times (1 + V_t \eta_t)^n \qquad \text{(A.0.1-2)}$$

式中：W_0——计算期初期的用电量（kW·h）；

W_n——计算期末期的用电量（kW·h）。

3 适用范围。

由于电力消费弹性系数是一个具有宏观性质的指标，描述一个总的变化趋势，不能反映用电量构成要素的变化情况。电力消费弹性系数受经济调整等外部因素影响大，短期可能出现较大波动，而长期规律性好，适合做较长周期（比如3年～5年或更长周期）对预测结果的校核或预测时使用。这种方法的优点是对于数据需求相对较少。

A.0.2 产值用电单耗法。

产值用电单耗法先分别对一、二、三产业进行用电量预测，得到三产产业用电量，对居民生活用电量进行单独预测；然后用三产产业用电量加上居民生活用电量计算得到地区用电量。

1 产值单耗法定义。

每单位国民经济生产总值所消耗的电量称为产值单耗。产业产值单耗法是通过对国民经济三大产业单位产值耗电量进行统计分析，根据经济发展及产业结构调整情况，确定规划期分产业的单位产值耗电量，然后根据国民经济和社会发展规划的指标，计算得到规划期的产业（部门）电量需求预测值。

2 预测步骤。

1）根据负荷预测区间内的社会经济发展规划及已有的规划水平年GDP及分产业结构比例预测结果，计算至规划水平年逐年的分产业增加值。

2）根据分产业历史用电量和分产业的用电单耗，使用某种方法（专家经验、趋势外推或数学方法，如平均增长率法等）预测得到各年分产业的用电单耗。

3）各年分产业增加值分别乘以相应年份的分产业用电单耗，分别得到各年份分产业的用电量，可按下式计算：

$$W = k \times G \qquad \text{(A.0.2-1)}$$

式中：W——预测年的需电量指标（kW·h）；

k——某年某产业产值的用电单耗（kW·h/万元）；

G——预测水平相应年的GDP增加值（万元）。

4）分产业的预测电量相加，得到各年份的三产产业用电量，可按下式计算：

$$W_{行业} = W_{一产} + W_{二产} + W_{三产} \qquad \text{(A.0.2-2)}$$

式中：$W_{行业}$——预测年的三大产业用电量（kW·h）；

$W_{一产}$——预测年的第一产业用电量（kW·h）；

$W_{二产}$——预测年的第二产业用电量（kW·h）；

$W_{三产}$——预测年的第三产业用电量（kW·h）。

5）居民生活用电量预测。

对居民生活用电量进行单独预测，主要的预测方法有人均居民用电量指标法、增长率法、回归法等。以人均居民用电量指标法为例，对居民生活用电量预测过程说明如下：

根据城市相关规划中的人口增长速度，预测出规划期各年的总人口，再根据规划的城镇化率，计算出规划期各年的城镇人口和农村人口；

根据城市相关规划的城镇和乡村现状及规划年人均可支配收入，分别预测出规划期各年的城镇、乡村人均可支配收入；

根据居民人均可支配收入和居民人均用电量进行回归分析，分别得到规划期内各年的城镇、农村人均用电量；

通过规划期各年的人均用电量和人口相乘，分别得到规划期各年的城镇、乡村用电量；

将城镇、乡村用电量相加，得到规划期内各年的居民用电量。

3 适用范围。

单耗法方法简单，对短期负荷预测效果较好，但计算比较笼统，难以反映经济、政治、气候等条件的影响，一般适用于有单耗指标的产业负荷。

A.0.3 分行业（部门）预测法。

1 分行业（部门）预测定义。

用电量预测可按电力负荷所属行业预测，分行业（部门）预测法是对各行业用电量分别进行预测，再进行叠加得到地区用电量的方法。电力负荷按照行业可以分为城乡居民生活用电和国民经济行业用电，国民经济行业用电又可分为7大类：

1）农、林、牧、渔、水利业：包括这些行业的生产用电及有关的服务业用电；

2）工业：包括有重工业、轻工业和农副产品加工及乡村办的工业企业的生产用电；

3）地质普查和勘探业：包括矿产、石油、海洋、水文地质调查业、水文、工程和环境地质调查业等的用电；

4）建筑业：凡属于建筑业生产经营活动过程的用电（包括基本建设和更新改造），即包括各行各业与建筑业有关的用电；

5）交通运输、邮电通信业：交通运输业用电除包括铁路、公路、航空、水上运轴用电外，还包括石油、天然气、煤炭等的管道运输业用电。邮电通信业用电包括邮政业、电信业的用电；

6）商业、公共饮食业、宾馆、广告、物资供销和仓储业的用电；

7）其他事业：包括房地产管理业、公用事业、居民服务和咨询服务业、卫生、体育和社会福利、教育、文化艺术等的用电。

2 分行业（部门）预测步骤。

1）用不同方法对不同行业用电量、居民生活用电量分别进行预测。

2）各行业用电量及居民用电量累加得到地区用电量预测值，可按下式计算：

$$W = W_1 + W_2 + W_3 + W_4 + W_5 + W_6 + W_7 + W_{城乡居民} \tag{A.0.3}$$

式中：W——预测期的需电量指标(kW·h)；

W_1、W_2、…、W_7、$W_{城乡居民}$——分别为国民经济7大类行业用电量（kW·h）和城乡居民用电量（kW·h）。

3 适用范围。

分行业（部门）预测法分类详细，能够对不同产业、行业分别预测，但不同产业、行业的预测依赖于其他预测方法，一般用于中、长期预测。

A.0.4 类比法。

1 类比法定义。

类比法，即选择一个可比较对象（地区），把其经济发展及用电情况与待预测地区的电力消费做对比分析，从而估计待预测区的电量水平。

2 预测步骤。

1）收集对比对象历年经济发展资料（如GDP、分产业结构比例、人均GDP等）及相应年份的人均用电量、用电单耗、城市建成区面积等基础信息。

2）收集待预测区基准年、规划水平年的GDP、人口、城市建成区面积、用电量等相关指标。

3）确定待预测区规划水平年的人均GDP指标相当于对比对象的哪一年，及对比对象相应水平年的人均用电量、用电单耗指标。

4）计算待预测区规划水平年的用电量、负荷密度。

3 适用范围。

计算简单，易于操作，但预测结果受人口因素影响显著，一般适用于短、中期电量需求预测。

A.0.5 平均增长率法。

1 平均增长率法定义。

平均增长率法是利用电量时间序列数据求出平均增长率，再设定在以后各年，电量仍按这样一个平均增长率向前变化发展，从而得出时间序列以后各年的电量预测值。

2 预测步骤。

1）使用t年历史时间序列数据计算年均增长率α_t。

$$\alpha_t = (Y_t/Y_1)^{\frac{1}{t-1}} - 1 \tag{A.0.5-1}$$

2）根据历史规律测算以后各年的用电情况。

$$y_n = y_0 \times (1+\alpha_t)^n \tag{A.0.5-2}$$

式中：y_n——计算期末期的预测量（kW·h）；

y_0——预测基准值（kW·h）；

α_t——第t年预测量的增长率；

n——预测年限。

3 适用范围。

方法理论清晰，计算简单，适用于平稳增长（减少）且预测期不长的序列预测。一般用于近期预测。

A.0.6 一元线性回归法。

1 一元线性回归模型。

如果两个变量呈现线性相关趋势，通过一元回归模型将这些分散的、具有线性关系的相关点之间拟合一条最优的直线，说明具体变动关系。一元线性回归模型为：

$$y_t = a + bt \tag{A.0.6-1}$$

式中：y_t——随时间线性变化的预测量。

2 计算步骤。

用最小二乘法估计式（A.0.6-1）中系数a和b。

$$\begin{cases} a = \overline{y} - b\overline{t} \\ b = \dfrac{\sum t_i y_i - \overline{y}\sum t_i}{\sum t_i^2 - \overline{t}\sum t_i} \end{cases}$$

代入式（A.0.6-1）的y_t回归方程，进而可推测未来值：

$$y_t = a + bt' \tag{A.0.6-2}$$

式中：a和b——回归方程系数；

t_i——年份计算编号（以样本年中间年份编号为0，之前年份为−1，−2，…，之后为1，2，…）；

$\overline{t}$——各t_i之和的平均值；y_i为历年样本值；

$\overline{y}_i$——第i年数（样本年数）预测对象的平均数。

3 适用范围。

一元线性回归（线性增长趋势预测）法是对时间序列明显趋势部分的描述，因此对推测的未来“时间段”不能太长。对非线性增长趋势的，不宜采用该模型。该方法既可以应用于电量预测，也可以应用于负荷预测，一般用于预测对象变化规律性较强的近期预测。

A.0.7 人均综合用电量法。

1 人均综合用电量法。

人均综合用电量法是根据地区常住人口和人均综合用电量来推算地区总的年用电量，可按下式计算：

$$W = P \times D \tag{A.0.7}$$

式中：W——用电量（kW·h）；

P——人口（人）；

D——年人均综合用电量（kW·h/人）。

指标选取可参考现行国家标准《城市电力规划规范》GB/T 50293。

2 适用范围。

人均综合用电量法用于有人口相对固定的较大区域电力需求负荷预测，一般作为负荷预测结果的校核手段。人均综合用电量法一般与类比法相结合，适合用于新建区域或缺少历史数据的区域做粗略预测；对于历史数据积累较好的区域预测，此方法更适合做远期预测时使用。

附录B 电力负荷预测方法

B.0.1 平均增长率法。

平均增长率法是根据历史规律和未来国民经济发展规划，估算今后负荷的平均增长率，并以此测算水平年的负荷情况。可按下式计算：

$$y_n = y_0 \times \prod_{t=1}^{n}(1+\alpha_t) \tag{B.0.1}$$

式中：y_n——计算期末期的预测量（万 kW）；

y_0——预测基准值（万 kW）；

α_t——第 t 年预测量的增长率；

n——预测年限。

B.0.2 最大负荷利用小时数法。

1 预测方法。

在已知未来年份电量预测值的情况下，可利用最大负荷利用小时数计算该年度的年最大负荷预测值，可按下式计算：

$$P_t = W_t / T_{\max} \tag{B.0.2}$$

式中：P_t——预测年份 t 的年最大负荷；

W_t——预测年份 t 的年电量；

$T_{\max}$——预测年份 t 的年最大负荷利用小时数，可根据历史数据采用外推方法或其他方法得到。

2 适用范围。

最大负荷利用小时数法计算简单，易于操作，需要首先计算出用电量后计算得到，近、中、长期预测均可使用。由于系统最大负荷受需求侧管理、拉闸限电等外部因素影响较大，规律性较差，因此通常采用最大负荷利用小时数法计算。

3 计算步骤。

1）根据历史年逐年电量及负荷数据，计算历史年 $T_{\max}$。

2）根据 $T_{\max}$ 历史数据，采用外推法、时间序列法或专家估计等方法对 $T_{\max}$ 进行预测。

3）根据已知未来年份电量预测值、预测的 $T_{\max}$ 值，计算相应年度的年最大负荷预测值。

B.0.3 大电力用户法。

1 预测方法。

大电力用户法是用点负荷增长与区域负荷自然增长相结合的方法进行预测。可按下式计算：

$$P_m = P_0 \times (1+K\%)^m + \left[\sum_{n=1}^{n}(S_n \times K_d) \times \eta_d\right] \times \eta \tag{B.0.3}$$

式中：P_m——预测水平年最高负荷，预测下一年时 $m=1$，预测下两年时 $m=2$，以此类推（万 kW）；

P_0——基准年最高负荷扣除已有大用户负荷（万 kW）；

K——最高负荷扣除大用户的自然增长率；

S_n——第 n 个大用户的装接容量（万 kW）；

K_d——第 n 个大用户所对应的 d 行业需用系数；

η_d——d 行业的同时率；η 为各行业之间的同时率。

地区现有用户的自然增长因素、地区新增用户的申请容量、新增用户的需用系数等主要计算参数，可由规划人员根据历史数据、专家经验及同行业参考值确定。

2 适用范围。

大电力用户法主要大用户负荷占比较高的地区，或掌握大用户详细资料的地区。

B.0.4 负荷密度指标法。

1 预测方法。

负荷密度指标法指根据规划区域的控规中各地块的用地性质和容积率，以及负荷密度指标、需用系数、同时率，得出各地块用电负荷情况。可按下式计算：

$$P = K_c \times \sum_{n=1}^{n=i}(S_n \times R_n \times d_n \times K_d) \tag{B.0.4}$$

式中：P——区域空间负荷；

K_c——同时率；

S——用地单元占地面积（m^2）；

R——容积率；

d——用地单元负荷密度指标（W/m^2）；

K_d——用地单元需用系数。

2 参数选取。

指标选取可参考现行国家标准《城市电力规划规范》GB/T 50293。现行国家标准《城市电力规划规范》GB/T 50293 中规定居住建筑用电（$30W/m^2 \sim 70W/m^2$）、公共建筑用电（$40W/m^2 \sim 150W/m^2$）、工业建筑用电（$40W/m^2 \sim 120W/m^2$）三大类指标。为了详细区分不同性质用地的电力负荷情况，规划设计人员也可通过对发达地区大中型城市的同类型负荷的负荷密度情况调查，结合实际情况，提出规划区单位建筑面积用电指标，也可参考表 B.0.4-1 选取。

表 B.0.4-1 负荷密度及需用系数参考指标

用地名称				负荷密度（W/m^2）	需用系数（%）
R	居住用地	R1	一类居住用地	25	35
		R2	二类居住用地	15	25
		R3	三类居住用地	10	15
C	公共设施用地	C1	行政办公用地	50	65
		C2	商业金融用地	60	85
		C3	文化娱乐用地	40	55
		C4	体育用地	20	40
		C5	医疗卫生用地	40	50
		C6	教育科研用地	20	40
		C9	其他公共设施	25	45

续表

用地名称				负荷密度（W/m^2）	需用系数（%）
M	工业用地	M1	一类工业用地	20	65
		M2	二类工业用地	30	45
		M3	三类工业用地	45	30
W	仓储用地	W1	普通仓储用地	5	10
		W2	危险品仓储用地	10	15
S	道路广场用地	S1	道路用地	2	2
		S2	广场用地	2	2
		S3	公共停车场	2	2
U	市政设施用地			30	40
T	对外交通用地	T1	铁路用地	2	2
		T2	公路用地	2	2
		T23	长途客运站	2	2
G	绿地	G1	公共绿地	1	1
		G21	生产绿地	1	1
		G22	防护绿地	0	0
E	河流水域	—	—	0	0

一般同时率的大小与电力客户的多少、各用户的用电特点等有关，当无实际统计资料时，可参考表 B.0.4－2 选取（体现规模范围与取值的关系）。不同地区、不同负荷特性、不同规模，取值不同。建议针对地区用电特点斟酌选取。

表 B.0.4－2　　同时率参考指标

类　型	同　时　率
各用户之间	0.85～1.0
用户少或有特大用电负荷时	0.95～1.0
用户特别多时	0.7～0.85
地区或系统之间	0.9～0.95

3　适用范围。

负荷密度指标法用于总体规划、控制性详细规划的经济开发区等小区局域电网规划，预测不同用电性质地区负荷分布的地理位置、数量和时序。

附录 C　110kV～35kV 典型电网结构示意图

C.0.1　辐射（图 C.0.1－1、图 C.0.1－2）。

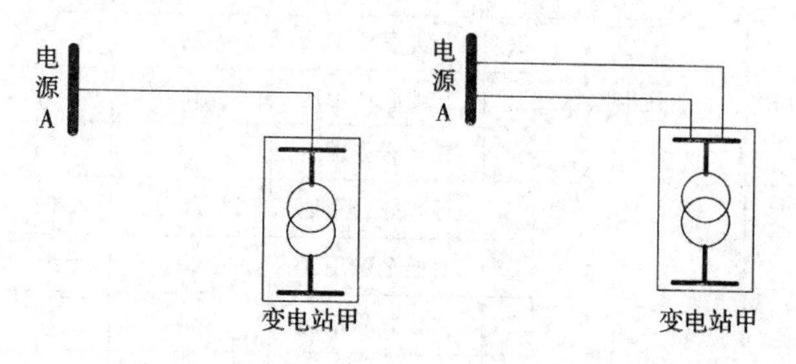

图 C.0.1－1　单辐射　　　图 C.0.1－2　双辐射

C.0.2　环网（环形结构，开环运行）（图 C.0.2－1、图 C.0.2－2）。

C.0.3　T 接（图 C.0.3－1～图 C.0.3－3）。

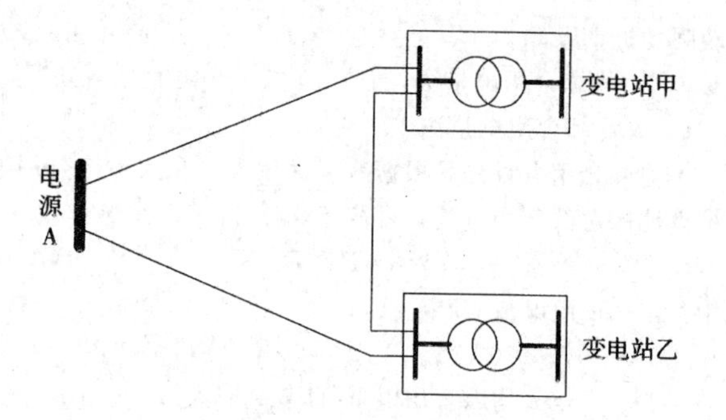

图 C.0.2－1　单环网

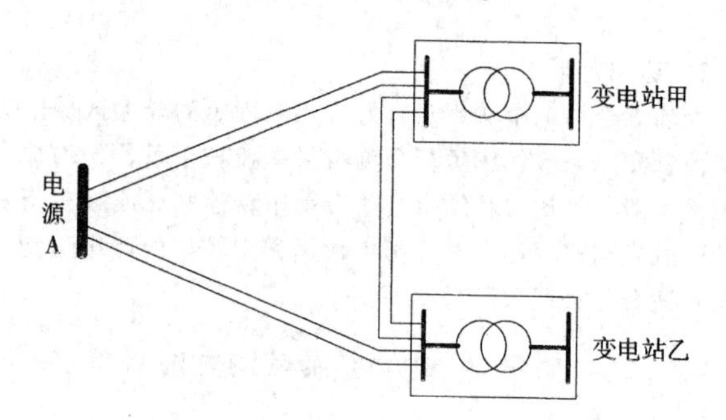

图 C.0.2－2　双环网

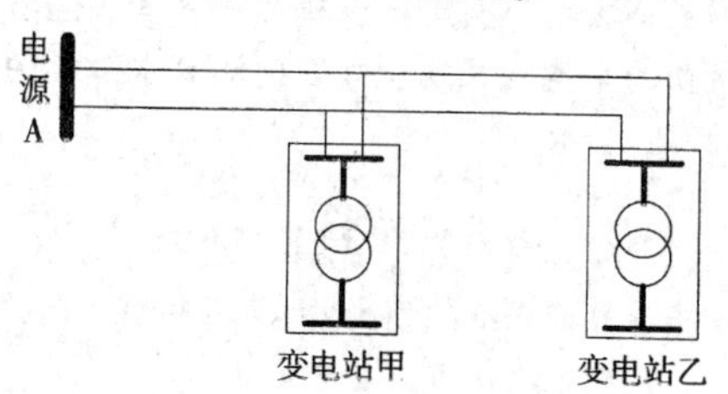

图 C.0.3－1　单测电源双 T

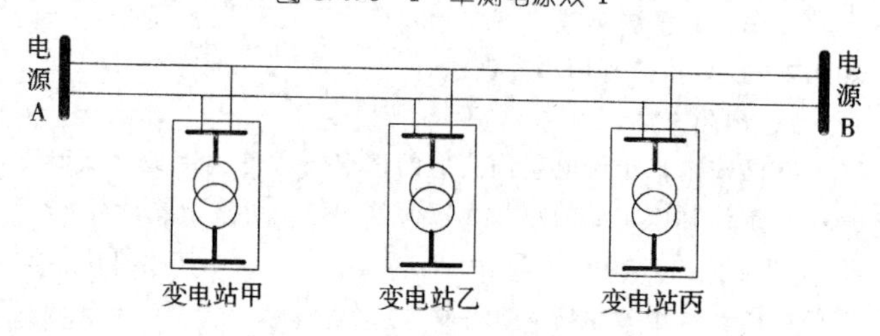

图 C.0.3－2　双测电源双 T

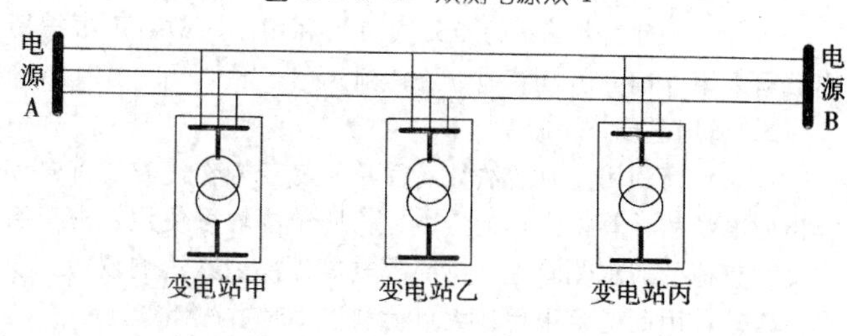

图 C.0.3－3　双测电源三 T

C.0.4　链式（图 C.0.4－1～图 C.0.4－3）。

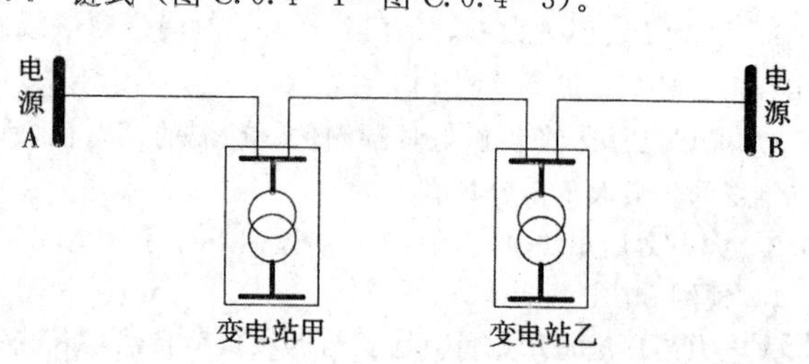

图 C.0.4－1　单链

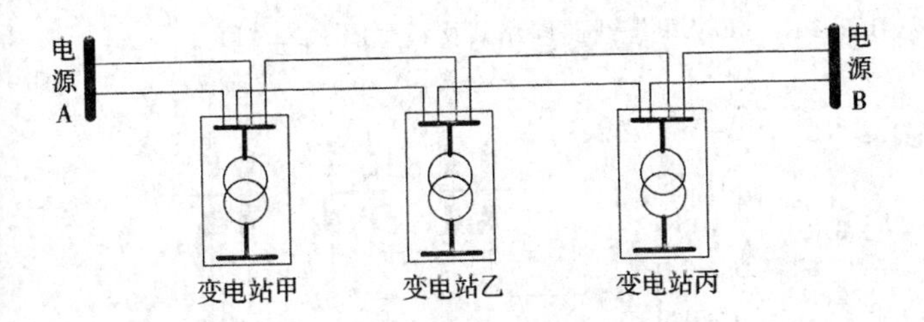

图 C.0.4－2　双链

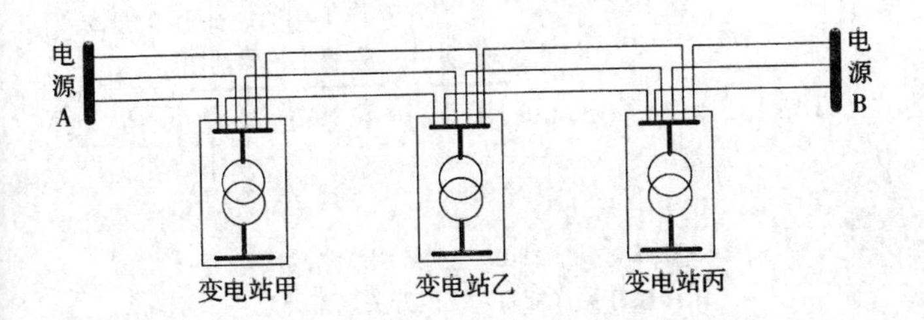

图 C.0.4－3　三链

注：110kV～35kV 变电站，变电站电气主接线可采用桥式、环入环出、单母线分段、线变组接线等。

附录 D　中低压配电网典型电网结构示意图

D.0.1　10kV 架空，单辐射（图 D.0.1）。

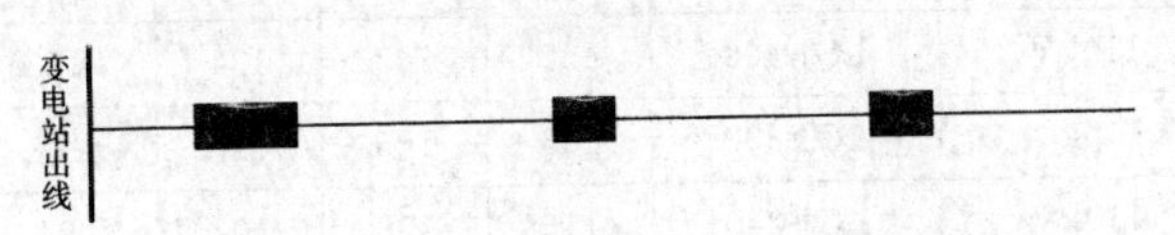

图 D.0.1　单辐射（10kV 架空）

■出口断路器　■分段开关（常闭）

D.0.2　10kV 架空，多分段适度联络（图 D.0.2）。

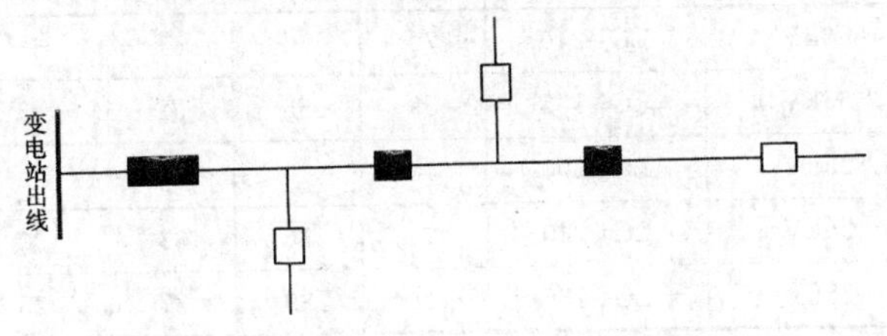

图 D.0.2　多分段适度联络（10kV 架空）

■出口断路器　■分段开关（常闭）　□联络开关（常开）

D.0.3　10kV 电缆，单辐射（图 D.0.3）。

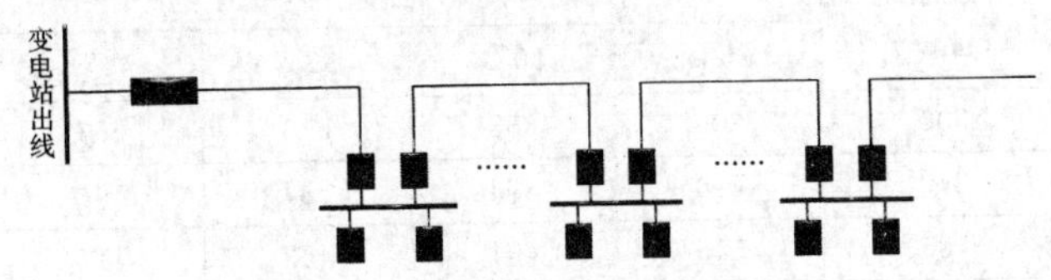

图 D.0.3　单辐射（10kV 电缆）

■出口断路器　■开关（常闭）

D.0.4　10kV 电缆，双辐射（对射）（图 D.0.4）。

D.0.5　10kV 电缆，单环式（图 D.0.5）。

D.0.6　10kV 电缆，双环式（图 D.0.6）。

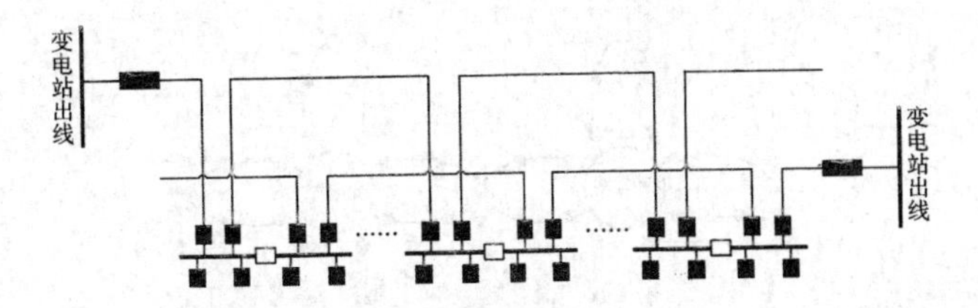

图 D.0.4　双辐射（对射）（10kV 电缆）

■出口断路器　■开关（常闭）　□联络开关（常开）

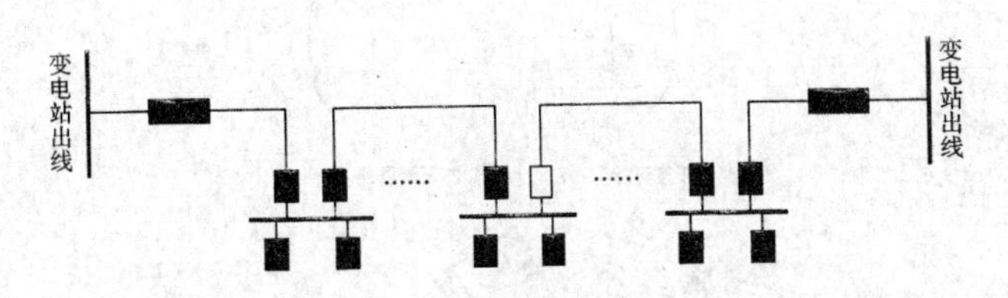

图 D.0.5　单环式（10kV 电缆）

■出口断路器　■开关（常闭）　□联络开关（常开）

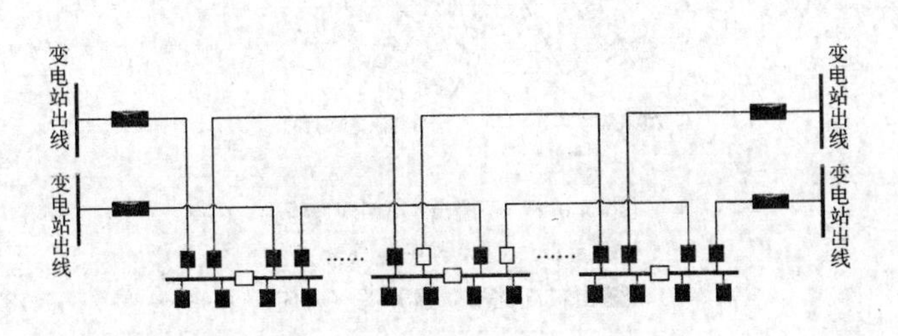

图 D.0.6　双环式（10kV 电缆）

■出口断路器　■开关（常闭）　□联络开关（常开）

D.0.7　10kV 电缆，*N* 供一备（图 D.0.7）。

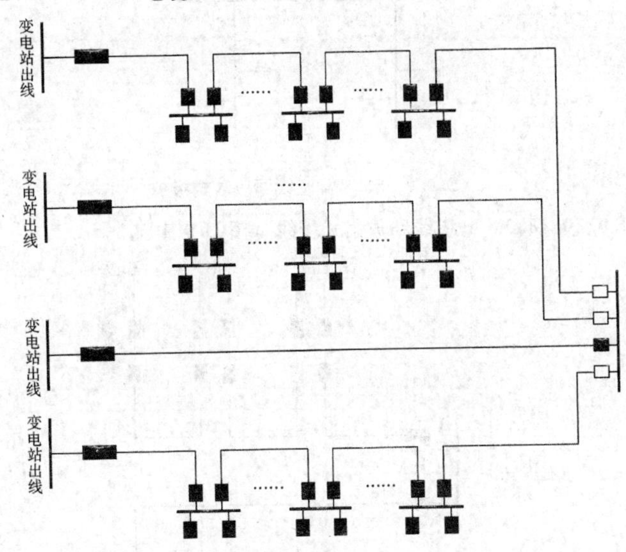

图 D.0.7　*N* 供一备（10kV 电缆）

■出口断路器　■开关（常闭）　□联络开关（常开）

D.0.8　10kV 电缆，花瓣式（图 D.0.8）。

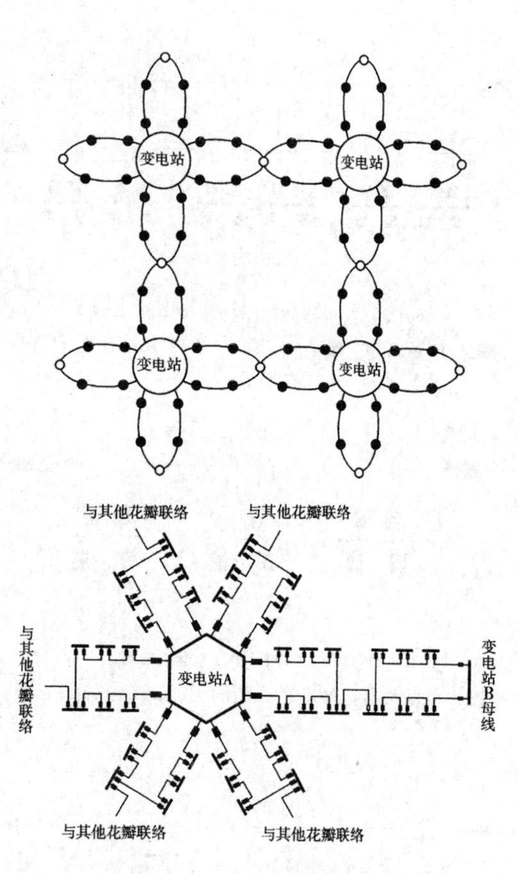

图 D.0.8 花瓣式（10kV 电缆）

●负荷 ○联络开关（常开）

▬出口断路器 ■开关（常闭）

D.0.9 380V 架空线路放射式接线（图 D.0.9）。

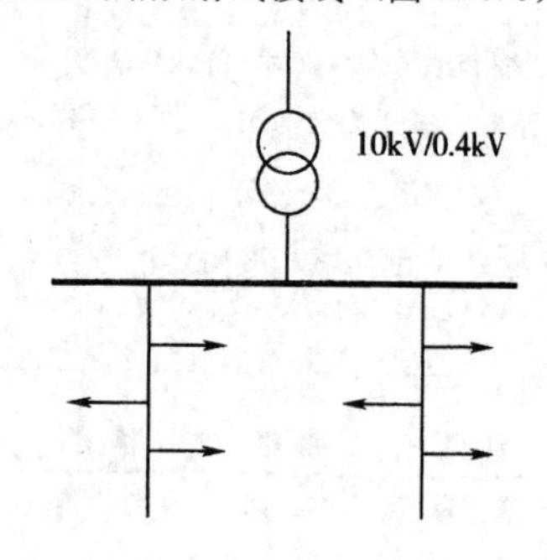

D.0.9 380V 架空线路放射式接线

D.0.10 380V 电缆线路放射式接线（图 D.0.10）。

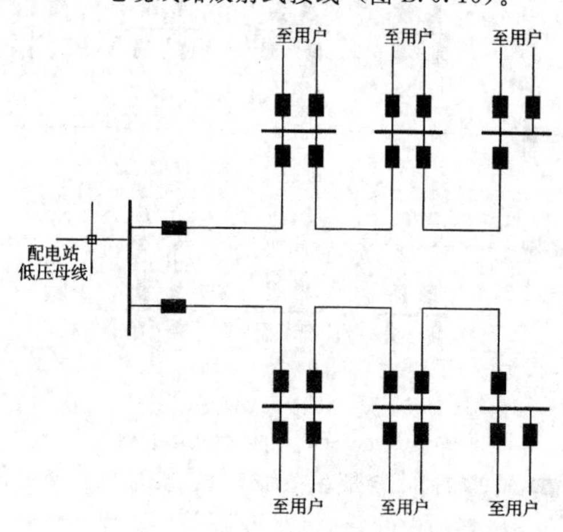

图 D.0.10 380V 电缆线路放射式接线

■开关（常闭）

D.0.11 380V 电缆线路联络式接线（图 D.0.11）。

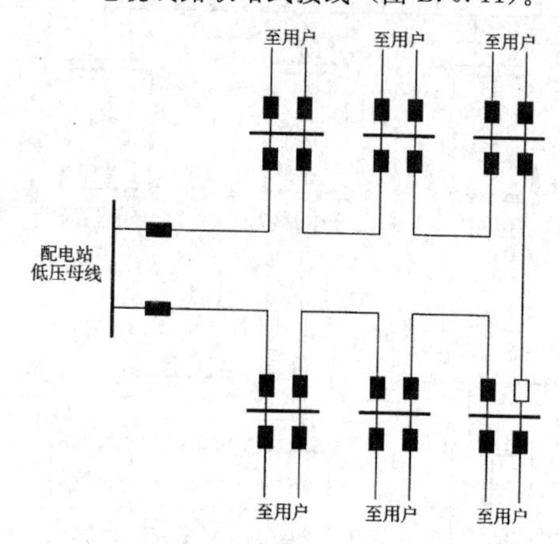

图 D.0.11 380V 电缆线路联络式接线

■开关（常闭） □开关（常开）

附录 E 110kV～35kV 线路常用导线持续极限输送容量

表 E 110kV～35kV 线路常用导线持续极限输送容量

电压等级	导线型号	持续极限输送容量（MVA）			
		25℃	30℃	35℃	40℃
110kV	LGJ-630	224	211	197	181
110kV	LGJ-400	152	143	134	123
110kV	LGJ-300	133	125	117	108
110kV	LGJ-240	116	109	102	94
110kV	LGJ-185	98	92	86	79
66kV	LGJ-2×300	160	150	141	130
66kV	LGJ-2×240	139	131	123	113
66kV	LGJ-300	80	75	70	65
66kV	LGJ-240	70	66	61	56
66kV	LGJ-185	59	55	52	48
35kV	LGJ-300	42	40	37	34
35kV	LGJ-240	37	35	33	30
35kV	LGJ-185	31	29	27	25

注：表中温度为当地最热月平均温度。

附录 F 10kV 线路常用导线长期允许载流量

表 F-1 配电网架空裸线路常用导线长期允许载流量

导线截面（mm^2）	长期容许电流（A）			
	25℃	30℃	35℃	40℃
300	700	658	616	567
240	610	573	537	494
185	515	484	453	417
150	445	418	392	360
120	380	357	334	308
95	335	315	295	271
70	275	259	242	223
50	220	207	194	178

注：表中温度为当地最热月平均最高温度，适用于海拔 1000m 以下地区。

表 F-2　配电网架空绝缘线路常用导线长期允许载流量

导线截面（mm^2）	长期容许电流（A）	
	铝导线	铜导线
35	145	191
70	227	286
120	323	412
150	375	—
185	430	—
240	520	—

注：绝缘导线无温度修正系数。

附录 G　单相接地电容电流计算

G.0.1　配电网电容电流应包括有电气连接的所有架空线路、电缆线路、发电机、变压器及母线和电器的电容电流，并应考虑电网 5 年～10 年发展。在变电站接入系统设计阶段，由于分布式电源不确定且一般经升压变升压后接入电网，一般忽略发电机电压回路的电容电流。

1　架空线路的电容电流可按下式估算：

$$I_c = KU_N L \times 10^{-2} \quad (G.0.1-1)$$

式中：I_c——电网或发电机回路的电容电流（A）；

K——系数，无架空地线的线路取 2.7，有架空地线的线路取 3.3；

U_N——电网的额定电压（kV）；

L——线路长度（km）。

同塔双回线路的电容电流为单回线路的 1.3 倍～1.6 倍。

由变电所增加的接地电容电流可参考表 G.0.1-1 计算。

表 G.0.1-1　变电所增加的接地电容电流

额定电压（kV）	6	10	20	35	66	110
附加值（A）	18	16	15	13	12	10

2　电缆线路的电容电流可按下式估算：

$$I_c = KU_N L \quad (G.0.1-2)$$

式中：I_c——电网或发电机回路的电容电流（A）；

K——10kV 取 0.13，20kV 取 0.11，35kV 取 0.08；

U_N——电网的额定电压（kV）；

L——线路长度（km）。

10kV～35kV 电缆线路单相接地时电容电流计算可参考表 G.0.1-2。

表 G.0.1-2　10kV～35kV 电缆线路单相接地时电容电流参考值（A/km）

导线截面（mm^2）	10kV	20kV	35kV
70	0.76	1.30	1.59
95	0.84	1.43	1.74
120	0.91	1.55	1.86
150	0.98	1.66	1.98
180	1.06	1.81	2.13
240	1.18	2.00	2.33
300	1.28	2.16	2.51
400	1.43	2.40	2.76

附录 H　消弧线圈容量计算方法

H.0.1　消弧线圈的补偿容量，宜按下式计算：

$$Q = KI_c U_N / \sqrt{3} \quad (H.0.1)$$

式中：Q——补偿容量（kVA）；

K——系数，过补偿取 1.35，欠补偿按脱谐度确定；

I_c——电网或发电机回路的电容电流（A）；

U_N——电网或发电机回路的额定电压（kV）。

装在电网变压器中性点的消弧线圈以及具有直配线的发电机中性点的消弧线圈应采用过补偿方式。对于采用单元连接的发电机中性点的消弧线圈，宜采用欠补偿方式，在正常方式下脱谐度不宜小于±30%［脱谐度 $v = (I_c - I_L)/I_L$，I_L 为消弧线圈电感电流］。

附录 I　电能质量指标计算方法

I.0.1　电压指标。

电压偏差指实际运行电压对系统标称电压的偏差相对值，其数学表达式为：

$$\delta_U = \frac{U_{re} - U_N}{U_N} \times 100\% \quad (I.0.1)$$

式中：δ_U——电压偏差；

U_{re}——实际电压（kV）；

U_N——系统标称电压（kV）。

I.0.2　谐波指标。

1　谐波含有率是指周期性交流量中含有的第 h 次谐波分量的方均根值与基波分量的方均根值之比。第 h 次谐波电压含有率以 HRU_h 表示，电流总谐波畸变率以 HRI_h 表示。其数学表达式为：

$$\begin{cases} HRI_h = \dfrac{I_h}{I_1} \times 100\% \\ HRU_h = \dfrac{U_h}{U_1} \times 100\% \end{cases} \quad (I.0.2-1)$$

式中：I_h——第 h 次谐波电流的方均根值（kA）；

U_h——第 h 次谐波电压的方均根值（kV）；

I_1——基波电流的方均根值（kA）；

U_1——基波电压的方均根值（kV）。

2　总谐波畸变率是指周期性交流量中的谐波含量的方均根值与其基波分量的方均根值之比。电压总谐波畸变率以 THD_u 表示，电流总谐波畸变率以 THD_i 表示。其数学表达式为：

$$\begin{cases} THD_i = \dfrac{\sqrt{\sum_{h=2}^{\infty} I_h^2}}{I_1} \times 100\% \\ THD_u = \dfrac{\sqrt{\sum_{h=2}^{\infty} U_h^2}}{U_1} \times 100\% \end{cases} \quad (I.0.2-2)$$

式中：I_h——第 h 次谐波电流的方均根值（kA）；

U_h——第 h 次谐波电压的方均根值（kV）；

I_1——基波电流的方均根值（kA）；

U_1——基波电压的方均根值（kV）。

I.0.3　用户干扰水平指标。

1　当公共连接点处的最小短路容量不同于基准短路容量时，按下式修正谐波电流允许值：

$$I_h = \frac{S_{k1}}{S_{k2}} I_{hp} \quad (I.0.3-1)$$

式中：I_h——电路容量为S_{k1}时的第h次谐波电流允许值；

S_{k1}——公共连接点的最小短路容量（MVA）；

S_{k2}——基准短路容量（MVA）；

I_{hp}——第h次谐波电流允许值（A）。

同一公共连接点的每个用户向电网注入的谐波电流允许值按此用户在该点的协议容量与其公共连接点的供电设备容量之比进行匹配。

2 三相电压不平衡是指三相电压的幅值或相位不对称（相位相差不是120°），其数学表达式为：

$$\begin{cases} \varepsilon_{U_2} = \dfrac{U_2}{U_1} \times 100\% \\ \varepsilon_{U_0} = \dfrac{U_0}{U_1} \times 100\% \end{cases} \quad (I.0.3-2)$$

式中：U_1——三相电压的正序分量方均根值，单位为伏（V）；

U_2——三相电压的负序分量方均根值，单位为伏（V）；

U_0——三相电压的零序分量方均根值，单位为伏（V）。

在没有零序分量的三相系统中，当已知三相量a、b、c时也可以用以下式求负序不平衡度（不平衡度的准确表达式）：

$$\varepsilon_2 = \sqrt{\frac{1-\sqrt{3-6L}}{1+\sqrt{3-6L}}} \times 100\% \quad (I.0.3-3)$$

其中$L=(a^4+b^4+c^4)/(a^2+b^2+c^2)^2$。

设公共连接点的正序阻抗与负序阻抗相等，则负序电压不平衡度为（不平衡度的近似计算式）：

$$\varepsilon_{U_2} = \frac{\sqrt{3} I_2 U_L}{S_K} \times 100\% \quad (I.0.3-4)$$

式中：I_2——负序电流值，单位为安（A）；

S_K——公共连接点的三相短路容量，单位为伏安（VA）；

U_L——线电压，单位为伏（V）。

相间单相负荷引起的负序电压不平衡度可近似为：

$$\varepsilon_{U_2} \approx \frac{S_L}{S_K} \times 100\% \quad (I.0.3-5)$$

式中：S_L——单相负荷容量，单位为伏安（VA）。

电压不平衡度限值：

电网正常运行时，负序电压不平衡度不超过2%，短时不得超过4%；

低压系统零序电压限值暂不作规定，但各相电压必须满足现行国家标准《电能质量　供电电压偏差》GB/T 12325的要求；

接于公共连接点的每个用户引起该点负序电压不平衡度允许值一般为1.3%，短时不超过2.6%。根据连接点的负荷状况以及邻近发动机、继电保护和自动装置安全运行要求，该允许值可以做适当变动。

3 电压波动是指电压方均根值（有效值）一系列的变动或连续的改变，其定义表达式为：

$$d = \frac{\Delta U}{U_N} \times 100\% \quad (I.0.3-6)$$

式中：ΔU——电压方均根值曲线上相邻两个极值电压之差；

U_N——系统标称电压。

当已知三相负荷的有功功率和无功功率的变化量分别为ΔP_i和ΔQ_i时，可用下式计算：

$$d = \frac{R_L \Delta P_i + X_L \Delta Q_i}{U_N^2} \times 100\% \quad (I.0.3-7)$$

式中：R_L、X_L——电网阻抗的电阻、电抗分量。

在高压电网中，一般$X_L \gg R_L$，则：

$$d \approx \frac{\Delta Q_i}{S_{sc}} \times 100\% \quad (I.0.3-8)$$

式中：S_{sc}——考察点（一般为PCC）在正常较小方式下的短路容量。

在无功功率的变化量为主要成分时（例如大容量电动机启动），可采用下式进行粗略估算。

1）对于平衡的三相负荷：

$$d \approx \frac{\Delta S_i}{S_{sc}} \times 100\% \quad (I.0.3-9)$$

式中：ΔS_i——三相负荷的变化量。

2）对于相间单相负荷：

$$d \approx \frac{\sqrt{3}\Delta S_i}{S_{sc}} \times 100\% \quad (I.0.3-10)$$

式中：ΔS_i——相间单相负荷的变化量。

电压波动限值：

对于电压变动频率较低（$r \leqslant 1000$次/h）或规则的周期性电压波动，可通过测量电压方均根值曲线$U(t)$确定其电压变动频度和电压变动值。

表 I.0.3　电压波动限值

r（次/h）	d（%）	
	LV、MV	HV
r≤1	4	3
1<r≤10	3	2.5
10<r≤100	2	1.5
100<r≤1000	1.25	1

对于变动频率少于1次/日的，电压波动限值还可放宽。对于随机性不规则的电压波动，规定依据95%概率大值，电压波动的限值为：110(66)kV，$d_1=1.5\%$；35kV、10kV和380/220V，$d_2=2.0\%$。

附录J　供电可靠性指标

J.0.1 供电可靠率。

在统计期间内，对用户有效供电时间总小时数与统计期间小时数的比值，记作*RS*-1，可按下式计算：

$$RS\text{-}1 = \left(1 - \frac{T_{user}}{T_{st}}\right) \times 100\% \quad (J.0.1-1)$$

式中：T_{user}——用户平均停电时间；

T_{st}——统计期间时间。

若不计外部影响时，则记作*RS*-2，其计算式为：

$$RS\text{-}2 = \left(1 - \frac{T_{user} - T_{out}}{T_{st}}\right) \times 100\% \quad (J.0.1-2)$$

式中：T_{out}——用户平均受外部影响停电时间。

若不计系统电源不足限电时，则记作*RS*-3，其计算式为：

$$RS\text{-}3 = \left(1 - \frac{T_{user} - T_{lim}}{T_{st}}\right) \times 100\% \quad (J.0.1-3)$$

式中：T_{lim}——用户平均限电停电时间。

J.0.2 平均停电频率。

系统平均停电频率（*SAIFI*）是指每个由系统供电的用户在单位时间内的平均停电次数，可按下式计算：

$$SAIFI = \frac{\sum N_i}{N_1} = \frac{\text{用户停电总次数}}{\text{用户总数}} \quad (J.0.2-1)$$

式中：N_i——报告时间段内每次停电事件中停电的用户数；

N_1——由系统供电的用户数。

系统平均停电时间（*SAIDI*）是指由系统供电的用户在一年中的平均停电时间，其计算式为：

$$SAIDI=\frac{\sum r_iN_i}{N_1}=\frac{\sum \text{用户停电持续时间}}{\text{用户总数}} \tag{J.0.2-2}$$

式中：r_i——每次停电事件的恢复供电时间。

短时平均停电频率（*MAIFI*）是指瞬时停电的平均次数，其计算式为：

$$MAIFI=\frac{\sum ID_iN_i}{N_1}=\frac{\text{用户瞬时停电总次数}}{\text{用户总数}} \tag{J.0.2-3}$$

式中：ID_i——停电设备操作次数。

附录K　经济技术比较常用指标

K.0.1　方案比选技术性常用指标。

容载比＝规划区供电容量/规划区供电负荷

主变 $N-1$ 通过率(%)＝满足 $N-1$ 的主变台数/规划区内同等电压等级下主变总台数

线路 $N-1$ 通过率(%)＝满足 $N-1$ 的线路条数/规划区内同等电压等级下线路总条数

网损率(%)＝正常运行方式下规划区全网损耗有功功率/规划区全网发电有功功率

平均负载率＝*AVG*（规划区域内的设备负载率）

供电可靠率：在统计期间内，对用户有效供电时间总小时数与统计期间小时数的比值，记作 *RS*-1；若不计外部影响时，则记作 *RS*-2；若不计系统电源不足限电时，则记作 *RS*-3。综合电压合格率（%）＝电压越限节点数量/规划区内同等电压等级下节点数量。

K.0.2　方案比选经济性常用指标。

总投资＝典型工程平均投资×建设规模

电能损耗费＝网损电量×单位购电成本

运行费用 $CO=CM+CF+CD$

其中，*CM* 为检修维护成本；*CF* 为故障成本，包括故障检修费用与故障损失成本；*CD* 为退役处置成本，包括设备退役时处置的人工设备费用以及运输费和设备退役处理时的环保费用，并应减去设备退役时的残值（万元）。

财务效益＝增供电量×单位供电收入＋降损电量×单位购电成本

K.0.3　盈利分析常用指标。

1　净现值：

$$ENPV=\sum_{t=1}^{n}(C_I-C_O)_t(1+i)^{-t} \tag{K.0.3-1}$$

式中：*ENPV*——净现值；

C_I——现金流入量（万元）；

C_O——现金流出量（万元）；

$(C_I-C_O)_t$——第 t 年的净现金流量（万元）；

n——计算年限。

2　内部收益率：

$$\sum_{t=1}^{n}(C_I-C_O)_t(1+i)^{-t}=0 \tag{K.0.3-2}$$

式中：C_I——现金流入量（万元）；

C_O——现金流出量（万元）；

$(C_I-C_O)_t$——第 t 年的净现金流量（万元）；

n——计算年限；

i——内部收益率。

内部收益率采用试差法求得。

3　投资回收期：

动态投资收回收期＝［累计折现值开始出现正值的年数－1］＋上年累计折现值的绝对值/当年净现金流量的折现值。

K.0.4　偿债能力常用指标。

1　资产负债率：

$$LOAR=\frac{TL}{TA}\times 100\% \tag{K.0.4-1}$$

式中：*TL*——期末负债总额（万元）；

TA——期末资产总额（万元）。

2　利息备付率：

$$ICR=\frac{EBIT}{PI} \tag{K.0.4-2}$$

式中：*EBIT*——息税前利润；

PI——计入总成本费用的应付利息。

利息备付率应分年计算。利息备付率越高，表明利息偿付的保障程度越高。

3　偿债备付率：

$$DSCR=\frac{EBITAD-TAX}{PD} \tag{K.0.4-3}$$

式中：*EBITAD*——息税前利润加折旧和摊销；

TAX——企业所得税；

PD——应还本付息金额，包括还本金额和计入总成本费用的全部利息。融资租赁费用可视同借款偿还。运营期内的短期借款本息也应纳入计算。

K.0.5　不确定性分析常用指标。

1　盈亏平衡分析：

$$BEP_P=\frac{C_F}{P_P-C_u-T_u}\times 100\% \tag{K.0.5-1}$$

式中：BEP_P——以电量计算的盈亏平衡点；

C_F——年固定成本（万元）；

P_P——单位电量收入（万元）；

C_u——单位可变成本（万元）；

T_u——年税金及附加（万元）。

2　敏感性分析：

$$S_{AF}=\frac{\Delta A/A}{\Delta F/F} \tag{K.0.5-2}$$

式中：$\Delta F/F$——不确定性因素 F 变化率；

$\Delta A/A$——不确定性因素 F 发生 ΔF 变化时，评价指标 A 的相应的变化率。

其中，变化率参考值为±20%、±15%、±10%、±5%。

K.0.6　国民经济评价常用指标。

1　经济净现值（*ENPV*）：

$$ENPV=\sum_{t=1}^{n}(B-C)_t(1+i_s)^{-t} \tag{K.0.6-1}$$

式中：B——经济效益流量；

C——经济费用流量；

$(B-C)_t$——第 t 期的经济净效益流量；

i_s——社会折现率；

n——项目计算期。

在经济费用效益分析中，如果经济净现值大于零或等于零，表明项目可达到符合社会折现率的效率水平，认为该项目从经济资源配置的角度可以被接收。

2 经济内部收益率（*EIRR*）：

$$\sum_{t=1}^{n}(B-C)_t(1+EIRR)^{-t}=0 \qquad (K.0.6-2)$$

如果经济内部收益率大于或等于社会折现率，表明项目经济资源配置的效率达到了可以被接收的水平。

3 经济效益费用比（*RBC*）：

$$RBC=\frac{\sum_{t=1}^{n}B_t(1+i_s)^{-t}}{\sum_{t=1}^{n}C_t(1+i_s)^{-t}} \qquad (K.0.6-3)$$

式中：B_t——第 t 期的经济效益；

C_t——第 t 期的经济费用。

如果经济效益费用比大于1，表明项目经济资源配置的经济效率达到了可以被接收的水平。

本标准用词说明

1 为便于在执行本标准条文时区别对待，对要求严格程度不同的用词说明如下：

1）表示很严格，非这样做不可的：

正面词采用“必须”，反面词采用“严禁”；

2）表示严格，在正常情况下均应这样做的：

正面词采用“应”，反面词采用“不应”或“不得”；

3）表示允许稍有选择，在条件许可时首先应这样做的：

正面词采用“宜”，反面词采用“不宜”；

4）表示有选择，在一定条件下可以这样做的，采用“可”。

2 条文中指明应按其他有关标准执行的写法为：“应符合……的规定”或“应按……执行”。

引用标准名录

《供配电系统设计规范》GB 50052

《66kV及以下架空电力线路设计规范》GB 50061

《交流电气装置的接地设计规范》GB/T 50065

《电力工程电缆设计规范》GB 50217

《城市电力规划规范》GB/T 50293

《标准电压》GB/T 156

《电能质量　供电电压偏差》GB/T 12325

《电能质量　电压波动和闪变》GB/T 12326

《继电保护和安全自动装置技术规程》GB/T 14285

《电能质量　公用电网谐波》GB/T 14549

《电能质量　三相电压不平衡》GB/T 15543

《电能质量　电力系统频率偏差》GB/T 15945

《中国地震动参数区划图》GB 18306

《电磁兼容　限值　对额定电流大于16A的设备在低压供电系统中产生的谐波电流的限制》GB/Z 17625.6

《重要电力用户供电电源及自备应急电源配置技术规范》GB/Z 29328

《电能信息采集与管理系统》DL/T 698

《电力系统安全稳定导则》DL/T 755

《配电自动化系统技术规范》DL/T 814

《供电系统供电可靠性评价规程》DL/T 836

《电能质量评估技术导则　供电电压偏差》DL/T 1208

《配电自动化技术导则》DL/T 1406

《配电网规划设计技术导则》DL/T 5729

18 单三相混合配电方式设计规范

（DL/T 5718—2015）

1 总则

1.0.1 为了规范和统一单三相混合配电方式设计的技术原则和技术要求，更好地指导单三相混合配电方式建设工作，制订本规范。

1.0.2 本规范适用于10(20)kV及以下配电网单三相混合配电方式设计。

1.0.3 单三相混合配电方式设计，除应符合本规范外，尚应符合国家现行有关标准的规定。

2 术语

2.0.1 单相配电方式　monophase distribution mode

采用单相配电变压器供电的配电方式，低压侧采用单相二线或单相三线供电制式。

2.0.2 三相配电方式　triphase distribution mode

采用三相配电变压器供电的配电方式，变压器低压线路主干线一般采用三相四线或三相三线供电制式。

2.0.3 单三相混合配电方式　monophase and triphase hybrid distribution mode

在一个供电小区中，单相配电方式与三相配电方式共存的配电方式。

3 基本规定

3.0.1 配电方式应满足当地经济社会发展和人民群众物质文化、生活水平提高的需要，与环境相适应。

3.0.2 配电方式应综合考虑负荷性质、供电质量、线损及投资等因素，因地制宜，远近结合，统筹规划，经技术经济比较后确定。

3.0.3 存在三相用电负荷的供电区，不宜采用单相配电方式。符合下列要求的单相负荷供电区，可以采用单相配电方式或单三相混合配电方式：

1 农村居住区。

2 城镇低压供电系统需改造的老旧居住区。

3 单相供电的公共设施负荷，如路灯、收费站、大型广告牌、景观照明等。

4 棚户区、临时安置点等临时、过渡性用电地区以及其他一些具有特殊条件的区域。

3.0.4 适用单相配电方式的供电区，当规划配电变压器容量不超过10kVA时，宜选择单相二线配电方式；当规划配电变压器容量超过30kVA时，宜选择单相三线配电方式。

3.0.5 单相配电变压器高压侧进线应采用单相二线供电制式。严禁采用一线一地供电制式。

4 中压系统

4.0.1 中压线路的主干线宜采用三相三线供电制式。

4.0.2 次干线、分支线供电制式宜结合配电方式，经技术经济比较后确定，符合下列规定：

1 供电区域内包含三相配电方式的，次干线、分支线应采用三相三线供电制式。

2 向多台单相配电变压器供电的中压线路，宜按投资、年费用最优进行方案比较后选取供电制式。

4.0.3 单相配电变压器接入系统方式宜根据中压网现状、配电变压器规划布局等情况制订。单相配电变压器应均匀分布到各相，保持三相负荷平衡。

4.0.4 导线宜采用水平、垂直排列方式。线间距离应符合《10kV及以下架空配电线路设计技术规程》DL/T 5220、《架空绝缘配电线路设计技术规程》DL/T 601的规定。

5 配电变压器

5.0.1 单相配电变压器宜选用低压侧为单相三线制（440V/220V）的配电变压器。

5.0.2 三相配电方式不宜采用三台单相配电变压器供电。特殊情况下需要采用三台单相配电变压器向用户供电的，三台单相配电变压器应集中安装，挂接负荷宜均等。严禁采用安装于不同位置的三台单相配电变压器向三相负荷供电。不宜采用二台单相配电变压器组成VV接线向用户供电。特殊条件下需要采用VV接线的，二台配电变压器的中性点不应同时接地。

5.0.3 三相配电变压器宜选用Dyn11接线组别。在系统接地型式为TN及TT的低压电网中，当选用Yyn0接线组别的三相变压器时，其由单相不平衡负荷引起的中性线电流不得超过低压绕组额定电流的25%，且其一相的电流在满载时不得超过额定电流值。

5.0.4 配电变压器容量选择以现有负荷为基础，适当留有裕度。柱上单相配电变压器单台容量不宜大于100kVA。当采用箱式变压器时，单台单相配电变压器容量不宜低于80kVA。

5.0.5 配电变压器布置与安装方式应符合下列规定：

1 配电变压器应靠近负荷中心。

2 单相配电变压器宜采用单杆柱上安装方式。安装单相配电变压器杆塔高度不宜低于8m，杆塔采用混凝土电杆时宜选用普通钢筋混凝土杆，台架按最终容量一次建成。

3 单相配电变压器低压出线宜按1回～3回设计，三相配电变压器低压出线宜按2回～4回设计。

4 柱上及屋顶安装的配电变压器底部对地面净空距离不得小于2.5m，并在明显位置设置安全警示标志。

5 配电变压器的布置与安装、型式选择等应符合《农村电力网规划设计导则》DL/T 5118、《农村电网建设与改造技术导则》DL/T 5131的规定。

5.0.6 单相配电变压器高压侧应安装避雷器和熔断器。

6 低压线路

6.1 接线方式

6.1.1 低压电网接线宜采用辐射接线。

6.1.2 低压线路为电缆的，可采用环式接线。以单相配电变压器与三相配电变压器为电源的低压电网不宜组成环式接线供电。

6.2 导体和电器选择

6.2.1 导体和电器选择应符合《低压配电设计规范》GB 50054—2011第3.1、3.2节的规定。

6.2.2 低压架空导线宜采用绝缘线，三相四线制的主干线不宜采用架空集束绝缘导线。

6.2.3 单相二线制的低压线路零线截面，应与相线截面相同。三相四线、单相三线制的低压线路零线截面，宜与相线截面相同。采用环式接线线路的导线截面宜相同。

6.3 供电半径

6.3.1 低压线路供电半径应综合考虑供电电压、供电可靠性、供电能力及投资水平，经优化计算后确定。

6.3.2 低压单相三线制（440V/220V）配电方式低压线路供电半径参考《农村电力网规划设计导则》DL/T 5118第7.2.3的表4确定。低压单相二线供电制式低压线路供电半径不宜超过250m。

6.3.3 三相四线制式低压线路供电半径按《农村电力网规划设计导则》DL/T 5118、《农村电网建设与改造技术导则》DL/T 5131规定执行。

6.4 敷设方式

6.4.1 中、低压线路宜采用架空敷设。

6.4.2 中、低压配电线路符合下列要求的可采用电缆线路：

1 架空线路难以通过的地区。

2 易受热带风暴侵袭沿海地区主要城镇的重要供电区域。

3 电网结构或安全运行的特殊需要。

6.4.3 架空敷设的三相四线制低压线路导线宜采用水平排列或四角形排列；低压单相二线、单相三线制线路导线宜采用水平排列。沿建筑物敷设的线路零线宜置于建筑物一侧，沿道路敷设的线路零线宜置于靠近道路一侧。

6.4.4 低压电缆宜采用电缆沟槽、直埋或排管敷设方式。电缆敷设应满足《低压配电设计规范》GB 50054—2011相关规定。

6.5 其他规定

6.5.1 低压配电线路的选型与布置还应符合《低压配电设计规范》GB 50054—2011、《电力工程电缆设计规范》GB 50217、《架空绝缘配电线路设计技术规程》DL/T 601、《10kV及以下架空配电线路设计技术规程》DL/T 5220、《农村电力网规划设计导则》DL/T 5118及《农村电网建设与改造技术导则》DL/T 5131等相关标准的规定。

7 接地

7.1 低压系统

7.1.1 低压系统接地可采用TN、TT和IT型式，宜分别符合下列要求：

1 TN系统：系统有一点直接接地，电气装置的外露可导电部分通过保护线与该接地点相连接。根据中性导体（N）和保护导体（PE）的配置方式，TN系统可分为如下三类：

1）TN-C系统：整个系统的N、PE线是合一的（见图7.1.1-1）。

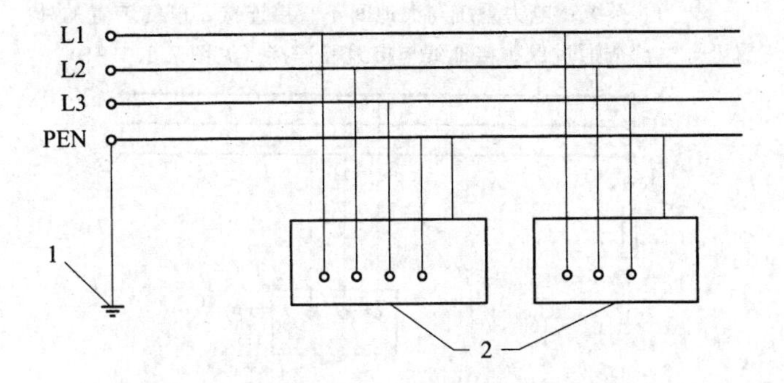

图7.1.1-1 TN-C系统

1—电力系统接地点；2—外漏可导电部分

2）TN-C-S系统：系统中有一部分线路的N、PE线是合一的（见图7.1.1-2）。

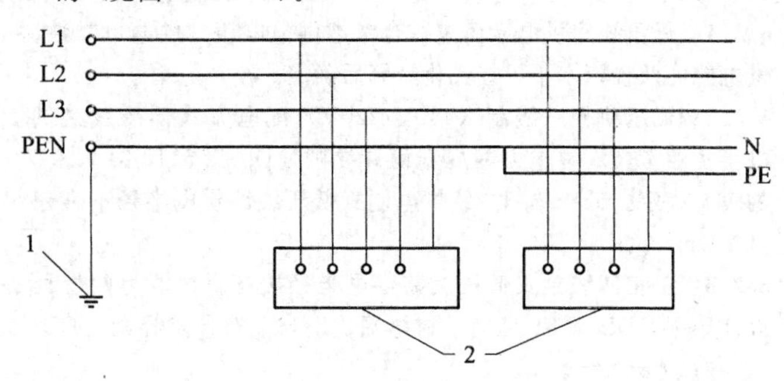

图7.1.1-2　TN-C-S系统

1—电力系统接地点；2—外漏可导电部分

3）TN-S系统：整个系统的N、PE线是分开的（见图7.1.1-3）。

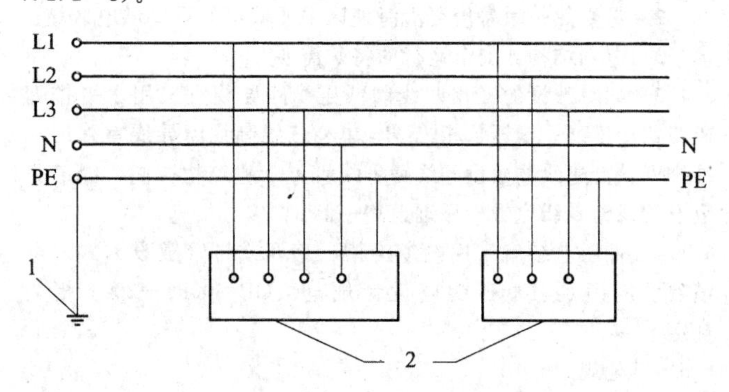

图7.1.1-3　TN-S系统

1—电力系统接地点；2—外漏可导电部分

2　TT系统：系统有一点直接接地，电气设备的外露可导电部分通过保护线接至与电力系统接地点无关的接地极（见图7.1.1-4）。

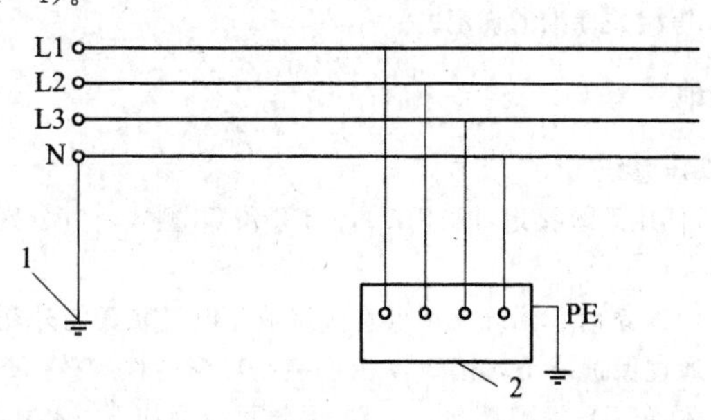

图7.1.1-4　TT系统

1—电力系统接地点；2—外漏可导电部分

3　IT系统：电力系统与大地间不直接连接，电气装置的外露可导电部分通过保护接地线与接地极连接（见图7.1.1-5）。

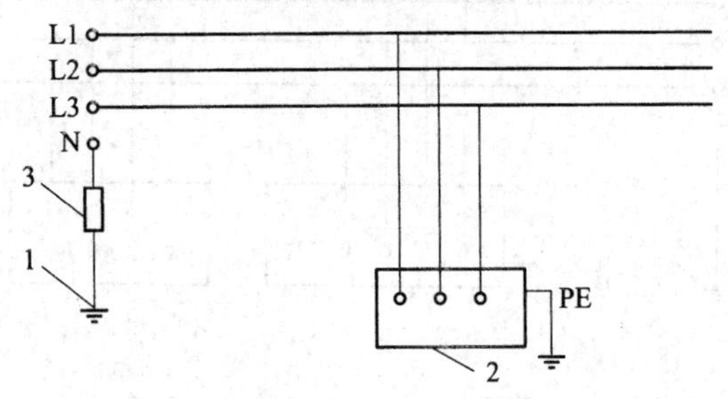

图7.1.1-5　IT系统

1—电力系统接地点；2—外漏可导电部分；3—阻抗

7.2　农村低压系统

农村单相二线、三相四线制低压系统宜采用TT接地方式；单相三线制低压系统宜采用TN接地方式。

7.3　城镇低压系统

城镇低压系统宜采用TN接地方式，零线除在配电变压器低压侧接地外，在主干线路末端及各分支末端重复接地。

7.4　其他规定

配电变压器的接地电阻应按《交流电气装置的接地设计规范》GB/T 50065—2011的规定执行。

8　保护

8.0.1　配电线路应装设短路保护和过负荷保护。

8.0.2　短路保护、过负荷保护应按《低压配电设计规范》GB 50054—2011第6.2、6.3条的规定执行。

8.0.3　剩余电流保护应按《农村低压电力技术规程》DL/T 499规定执行。

9　电能质量

9.0.1　配电系统中的波动负荷产生的电压变动和闪变在电网公共连接点的限值，应符合《电能质量　电压波动和闪变》GB 12326的规定。

9.0.2　配电系统中的谐波电压和在公共连接点注入的谐波电流允许限值宜符合《电能质量　公用电网谐波》GB/T 14549的规定。

9.0.3　供配电系统中在公共连接点的三相电压不平衡度允许限值宜符合《电能质量　三相电压不平衡》GB/T 15543的规定。

9.0.4　电压偏差应符合《电能质量　供电电压偏差》GB 12325—2008的规定。计算电压偏差时，应计入采取下列措施后的调压效果：

1　自动或手动调整并联补偿电容器、并联电抗器。

2　改变供配电系统运行方式。

9.0.5　配电系统的设计应符合下列要求：

1　应正确选择变压器的电压分接头。

2　应降低系统阻抗。

3　应采取补偿无功功率措施。

4　宜使三相或二相负荷平衡。

9.0.6　设计低压配电系统时宜采取下列措施，降低低压配电系统的不对称度：

1　220V单相用电设备接入220V/380V三相系统时，宜使三相平衡；接入220V/440V系统时，宜使二相平衡。

2　由单相供电的220V负荷，线路电流小于等于60A时，可采用单相二线制供电；大于60A时，宜采用单相三线制供电。

9.0.7　对波动负荷的供电，除电动机启动时允许的电压下降情况外，当需要降低波动负荷引起的电网电压波动和电压闪变时，宜采取下列措施：

1　采用专线供电。

2　与其他负荷共用配电线路时，降低配电线路阻抗。

3　较大功率的波动负荷或波动负荷群与对电压波动、闪变敏感的负荷，分别由不同的变压器供电。

4　对于大功率电弧炉的炉用变压器由短路容量较大的电网供电。

5　采用动态无功补偿装置或动态电压调节装置。

9.0.8 控制各类非线性用电设备所产生的谐波引起的电网电压正弦波形畸变率，宜采用三相配电方式，配电变压器选用Dyn11接线组别。

10 无功补偿

10.0.1 无功补偿应坚持全面规划、合理布局、全网优化、分级补偿、就地平衡”的原则。按照集中补偿与分散补偿相结合，高压补偿与低压补偿相结合，调压与降损相结合的补偿策略，确定最佳补偿方案。

10.0.2 无功优化补偿应积极应用信息化和自动化技术，实现电压无功综合治理和优化控制。

10.0.3 补偿后的功率因数应符合下列要求：

1 容量为100kVA及以上的公用配电变压器，其低压侧功率因数应达到0.9，其他公用配电变压器低压侧功率因数宜达到0.9。

2 容量为100kVA及以上的10kV电力用户，其低压侧功率因数不低于0.95，其他电力用户低压侧功率因数不低于0.9。

3 农业用户配电变压器低压侧功率因数不低于0.85。

10.0.4 中压线路补偿点以一处为宜，不宜超过两处，补偿容量依据局部电网配电变压器空载损耗和无功负荷两部分来确定。

10.0.5 配电变压器低压侧的无功补偿容量应包括下列两部分之和。当数据不足无法计算时，宜按配电变压器容量的10%～30%进行配置（宜取较低值）。

1 按变压器最大负载率为75%时，变压器自身消耗的无功功率（约为配电变压器容量的4%～6%）。

2 把低压侧的负荷功率因数补偿到10.0.3的规定值需要的补偿容量。

10.0.6 100kVA及以上配电变压器无功补偿装置宜采用具有电压、无功功率、功率因数等综合控制功能的自动装置。

本规范用词说明

1 为便于在执行本规范条文时区别对待，对要求严格程度不同的用词说明如下：

1）表示很严格，非这样做不可的用词：

正面词采用“必须”；反面词采用“严禁”。

2）表示严格，在正常情况下均应这样做的用词：

正面词采用“应”；反面词采用“不应”或“不得”。

3）表示允许稍有选择，在条件许可时首先应这样做的用词：

正面词采用“宜”；反面词采用“不宜”。

4）表示有选择，在一定条件下可以这样做的用词，采用“可”。

2 条文中指明应按其他有关标准执行的写法为：“应符合……的规定”或“应按……执行”。

引用标准名录

《供配电系统设计规范》GB 50052—2009
《低压配电设计规范》GB 50054—2011
《交流电气装置的接地设计规范》GB/T 50065—2011
《电力工程电缆设计规范》GB 50217
《电能质量　供电电压偏差》GB 12325—2008
《电能质量　电压波动和闪变》GB 12326
《电能质量　公用电网谐波》GB/T 14549—2008
《电能质量　三相电压不平衡》GB/T 15543—2008
《农村低压电力技术规程》DL/T 499
《架空绝缘配电线路设计技术规程》DL/T 601
《农村电力网规划设计导则》DL/T 5118
《农村电网建设与改造技术导则》DL/T 5131
《10kV及以下架空配电线路设计技术规程》DL/T 5220

参 考 文 献

[1] 中国建筑标准设计研究院．国家建筑标准设计图集 03D103 10kV及以下架空线路安装［M］．北京：中国计划出版社，2009.

[2] 中国建筑标准设计研究院．国家建筑标准设计图集 03D201-4 10kV/0.4kV变压器室布置及变配电所常用设备构件安装［M］．北京：中国计划出版社，2008.

[3] 中国建筑标准设计研究院．国家建筑标准设计图集 04D201-3室外变压器安装［M］．北京：中国计划出版社，2009.

[4] 中国建筑标准设计研究院．国家建筑标准设计图集 06DX008-1电气照明节能设计［M］．北京：中国计划出版社，2007.

[5] 中国建筑标准设计研究院．国家建筑标准设计图集 07J912-1变配电所建筑构造［M］．北京：中国计划出版社，2008.

[6] 中国建筑标准设计研究院．国家建筑标准设计图集 D101-1～7电缆敷设（2002年合订本）（其中09D101－6代替00D101－6）［M］．北京：中国计划出版社，2010.

[7] 中国建筑标准设计研究院．国家建筑标准设计图集 99D201-2干式变压器安装［M］．北京：中国计划出版社，2009.

[8] 中国建筑标准设计研究院．国家建筑标准设计图集 D301-1～3室内管线安装（2004年合订本）［M］．北京：中国计划出版社，2009.

[9] 中国建筑标准设计研究院．国家建筑标准设计图集 08X101-1综合布线系统工程设计与施工［M］．北京：中国计划出版社，2008.

[10] 林福光．民用建筑电气设计与安装图集［M］．北京：中国水利水电出版社，2004.

[11] 郭海斯．10kV及以下变配电工程通用图集（设计·加工安装·设备材料）（上、下册）（附CAD光盘）［M］．北京：中国水利水电出版社，2010.

[12] 董恩普，董振环．配电工程图集（设计·施工·安装）［M］．北京：中国电力出版社，2010.

[13] 司策．10kV及以下配电线路工程图集（设计·加工·安装）［M］．3版．北京：中国电力出版社，2005.

[14] 韩淑英，李文生，司策．电力电缆敷设工程图集（设计·加工·安装）［M］．北京：中国电力出版社，2011.

[15] 艾占生，张磊，王伟，等．10kV电力电缆接头安装图集［M］．北京：中国电力出版社，2012.

[16] 崔元春．低压成套馈电及电控设备二次回路工程图集（设计·加工安装·设备材料）（附CAD光盘）［M］．北京：中国水利水电出版社，2010.

[17] 崔元春．低压成套配电设备二次回路工程图集（设计·加工安装·设备材料）（附CAD光盘）［M］．北京：中国水利水电出版社，2010.

[18] 崔元春．通用电控及楼宇消防控制设备二次回路工程图集（设计·加工安装·设备材料）（附CAD光盘）［M］．北京：中国水利水电出版社，2010.

[19] 曾义．欧式箱式变电站标准工程图纸集粹（设计·加工·安装·材料）［M］．北京：中国水利水电出版社，2004.

[20] 刘文武，张军，刘海岚．高压/低压预装式变电站实用工程图集（零级、10级箱变设计·加工·安装材料）［M］．北京：中国水利水电出版社，2011.

[21] 河南省电力公司．河南省新建住宅配电工程［M］．北京：中国水利水电出版社，2012.

[22] 河北省电力公司农电工作部．农网变配电工程标准化施工图集［M］．北京：中国水利水电出版社，2013.

[23] 湖南省电力公司《电力需求侧10kV配电系统典型设计》编委会．电力需求侧10kV配电系统典型设计［M］．北京：中国水利水电出版社，2011.

[24] 中国南方电网有限责任公司．南方电网公司电能计量装置典型设计 第四卷 35kV变电站电能计量卷［M］．北京：中国水利水电出版社，2012.

[25] 中国南方电网有限责任公司．南方电网公司电能计量装置典型设计 第五卷 10kV开关站电能计量卷［M］．北京：中国水利水电出版社，2012.

[26] 中国南方电网有限责任公司．南方电网公司电能计量装置典型设计 第六卷 10kV用电客户电能计量卷［M］．北京：中国水利水电出版社，2012.

[27] 中国南方电网有限责任公司．南方电网公司电能计量装置典型设计 第七卷 低压用电客户电能计量卷［M］．北京：中国水利水电出版社，2012.